내면소통

내면소통

삶의 변화를 가져오는 마음근력 훈련

김주환 지음

**INNER
COMMUNICATION**

INFLUENTIAL
인플루엔셜

마음근력의 핵심은 모든 두려움에서 완전히 벗어나는 것이다.

몸과 마음의 모든 병은 두려움에서 비롯된다.

회복탄력성은 반드시 성공하겠다는 불굴의 의지나
집착에서 오는 것이 아니라
실패를 두려워하지 않는 마음에서 온다.

천천히 호흡하면서
고개 한번 돌려
나의 내면을 조용히 들여다보면
거기에 텅 빈 평온함과 온전한 자유가 있다.

　　소통은 당연히 외부와 하는 것인 줄 알았다. 그러나 모든 소통은 '내면소통'에서 시작한다. 내면소통을 잘하려면 마음근육을 길러야 하는데, 가장 좋은 운동 방법이 바로 명상이다. 김주환 교수가 규정하는 명상은 운동 구루들이 말하는 그런 판에 박은 명상이 아니다. 최첨단 뇌과학과 물리학에 기반하여 통섭적으로 구축한 명상이다. 내면소통 명상은 경험자아와 기억자아를 연결시켜주는 주체인 배경자아를 인지하고 단련한다. 천천히 호흡하며 마음의 근육을 단련하면 감각정보가 언어로 승화하며 사회적 톱니바퀴가 움직이기 시작한다. 언젠가 우리 모두 양치질하듯 명상하는 날이 오면 개인의 마음근력뿐 아니라 사회의 마음근력도 튼튼해질 것이다. 개인과 사회가 모두 건강한 세상을 꿈꾼다.

ー최재천
이화여대 에코과학부 석좌교수, 생명다양성재단 이사장

　　마음먹기에 따라 행동이 달라진다는 것은 누구나 알지만 마음을 정확히 해석하기란 어렵다. 그간 철학, 심리학 등에서 다양한 연구와 실험을 통해 얻은 상관관계 혹은 인과관계로 마음을 설명해왔지만 미흡한 점이 많았다. 마음은 뇌에서 생성되는 것으로 알았지만, 최근의 연구 성과로 뇌와 몸의 내면소통의 결과물이라는 사실이 밝혀지고 있다. 김주환 교수의 이번 저서는 인간의 마음이 어떻게 작동하는가를 뇌과학을 통해 설명하며, 마음에 관한 수많은 의문을 해갈해준다. 나아가 마음근력을 키울 수 있는 근거와 구체적인 훈련법까지 소개하는 역작이다. 인생을 잘 살아가려면 몸과 마음이 모두 편해야 한다. 따라서 몸의 근력과 함께 마음의 근력도 키워야 한다. 몸짱보다 더 값진 '마음짱'이 되려는 분들에게 일독을 권한다.

—권오현
전 삼성전자 부회장, 《초격차》 저자

이 책은 뇌신경과학의 정수를 넘어 양자역학까지 현대 과학의 탄탄한 기반 아래 인간의 두뇌가 어떻게 작동하는가를 명확하게 밝혀주고 우리 삶에서 가장 중요한 내면소통의 모든 것을 알려준다. 마음과 정신건강의 모든 것을 내면소통이라는 키워드로 정리한 저자의 혜안이 놀라울 뿐이다. 흔한 자기계발서처럼 그냥 이리저리하라고 주장하는 것이 아니라, 엄밀한 과학적·철학적 배경을 통섭해 탄탄하고 조밀하게 쌓아올리면서 뇌가 작동하는 방식을 논리적으로 설명한다. 능동적 추론이 뇌의 기본 작동 방식이라는 통찰은 마음의 고통에서 근본적으로 자유로워지는 단초를 제공한다.

우리의 교육이 단순한 임금 노동자를 길러내는 데 집중해온 기존 패러다임을 깨고 비인지능력을 강화하는 방향으로 바뀐다면, 자기조절력·대인관계력·자기동기력을 갖춘 인재들이 새로운 세상을 구축할 수 있을 것이라는 가슴 벅찬 기대도 갖게 해준다. 특히 타고나지 못했다는 열등감에 젖어 있는 사람들에게 뇌의 신경연결망을 바꾸어 얼마든지 새로운 삶을 살 수 있다는 설득은 일종의 복음이다. 이렇게 스스로 자신을 변화시킬 수 있다는 것을 믿고 저자의 안내를 따라간다면 '소통하기 때문에 고로 존재한다'라는 진리와 나를 바꿈으로써 세상을 바꿀 수 있다는 놀라운 사실을 확인할 수 있을 것이다. 특히 어떻게 앉고 서고 누워야 하는지뿐만 아니라 호흡법과 움직임, 고유 감각훈련을 포함한 다양한 명상법을 동영상을 통해 직접 해볼 수 있게 한 것은 독자를 배려한 훌륭한 소통법이다. 몹시도 바쁜 저자가 엄청난 양의 지식을 정리해 이런 대작을 세상에 내놓을 수 있도록 시간을 만들어준 코로나 시대에 감사한 마음이 들 정도다. 두려움, 분노, 통증, 감정조절장애에 시달리는 사람들을 평생 진료해온 정신과 의사로서, 우리 모두가 저자가 소개하는 마음근력 훈련법을 익혀 정신적으로 건강하게 살아가게 되기를 기대한다.

—채정호
가톨릭대학교 서울성모병원 정신건강의학과 교수,
한국트라우마스트레스학회 및 대한명상의학회 창립회장

실리콘밸리의 명상 문화는 이미 많이 알려져 있다. 나 또한 저자와의 만남을 통해 명상을 배우고 달라진 나를 경험했다. 이 책은 종교가 아닌 과학적 접근, 즉 수많은 뇌과학 이론을 바탕으로 명상을 풀어낸 귀한 책이다. 독자 모두 명상을 통한 내면의 소통, 교육과 훈련을 통한 마음근력을 키워나가길 바란다.

—김봉진
배달의민족 의장, 《책 잘 읽는 방법》 저자

인간은 나약하고 현실은 두렵다. 가장 원천적인 인간으로서의 조건(conditio humana)이라 할 수 있다. 하지만 반드시 그래야만 할까? 김주환 교수의 《내면소통》은 뇌과학, 철학, 물리학적 근거를 기반으로 이렇게 제안한다. 명상을 통해 두려움을 극복할 수 있고, 두려움을 극복한 자만이 진정한 자유를 얻을 수 있다고. 21세기의 에피쿠로스, 쇼펜하우어, 키르케고르를 읽는 듯한, 정말 오랜만에 많은 걸 배우고 생각하게 만든 책이다.

—김대식
카이스트 교수, 《메타버스 사피엔스》 저자

30년을 강사로 열심히 달려 왔다. 힘 있게 달렸던 시절도 있었지만, 두 무릎이 꺾이는 순간도 있었다. 그때 깨닫게 되었다. 인생이 무너지는 순간에 필요한 근육이 있다는 것을. 다시 일어서기 위해서. 그것이 바로 저자가 강조하는 '마음근력'이다. 이 책을 통해 시련과 위기의 순간마다 다시 일어설 수 있는 마음근력을 키우게 되길 바란다.

—김미경

MKYU 대표, 《김미경의 마흔 수업》 저자

"사람은 바뀌지 않아." 이런 이야기를 자주 듣습니다. 하지만 사람은 바뀝니다. 매우 어려울 뿐이죠. 바뀌기 위해서는 자기 자신 안에 있는 여러 모습을 제대로 바라보고, 스스로를 변화시킬 힘이 필요한데, 이 책이 바로 이것을 이야기하고 있습니다. 어떻게 하면 자기 자신을 제대로 알고, 변화할 수 있는 힘을 기를 수 있는지 최신 뇌과학과 심리학 연구들을 기반으로 친절하게 알려줍니다. 뇌에는 근육이 없지만 마음은 근육처럼 강화할 수 있다고 말하고 있죠. 여러 번에 걸쳐 읽고 또 읽고 싶은 책입니다. 무엇보다, 자기 자신을 넘어서 세상을 바꾸기 위해 변화가 필요하다는 이 책의 메시지에 크게 동감합니다. 그 어느 때보다 세상은 많은 변화가 필요하고, 그 시작은 더 강한, 꺾이지 않는 마음입니다.

—장동선

뇌과학자, 궁금한뇌연구소장, 《뇌 속에 또 다른 뇌가 있다》 저자

디지털 대전환 시대에 인류가 겪는 근본적인 변화는 스마트폰을 통해 엄청난 정보를 습득하면서 달라진 뇌 활동과 그로 인해 변모한 사회적 관계라고 할 수 있다. 수년 전 나는 김주환 교수가 《회복탄력성》에서 소개한 마음근력 이론을 보고 깜짝 놀랐다. 아침마다 무심히 스마트폰을 들고 알고리즘이 제안하는 뉴스와 영상을 즐기는 디지털 인류가 과거 어느 때보다 마음근력이 약할 수밖에 없는 환경에 처해 있다는 걸 깨달았기 때문이다.

디지털 인류에게도 가장 중요한 것은 여전히 뇌다. 최근 모든 학문이 뇌과학과의 연계성을 찾아 연구 방향을 잡는 건 아주 당연하다. 지난 20여 년간 커뮤니케이션 능력과 뇌과학의 연계성을 깊이 있게 연구한 김 교수는 이 책을 통해 내면소통과 마음근력이 인간에게 얼마나 중요한지를 다시 흥미롭게 펼쳐냈다. 나는 최근 MZ 세대가 즐겨 노는 메타버스 게임 플랫폼에

서 그들이 아바타를 어떻게 인지하는지, 서로 어떻게 소통하는지, 왜 그런 세계를 만드는 데 열광하는지 탐구 중이다. 팬덤경제라는 디지털 세상의 성공 비결이 그곳에 있기 때문이다. 이 책은 새로운 변화의 원인을 근본적으로 다시 생각하게 하는 놀라운 연구 결과들로 가득하다. 자기계발은 물론 디지털 신문명을 준비하는 데도 꼭 필요한 보물 같은 책이다. 심지어 어떻게 준비하고 훈련해야 하는지도 친절하게 가르쳐준다. 마음근력이 탄탄해져야 디지털 근육도 탄탄해진다. 미래 디지털 문명 시대를 준비하는 모든 이에게 그야말로 필독서다.

—최재붕
성균관대학교 부총장, 《포노 사피엔스》 저자

내면소통

서문

마음에도 근육이 있다. 몸의 근육처럼 마음근력도 체계적이고도 반복적인 훈련을 하면 강해진다. 마음근력을 키우면 적어도 세 가지 좋은 일이 생긴다.

첫째, 정신건강에 큰 도움이 된다. 불안과 통증의 고통으로부터 자유로워질 수 있으며 감정조절력이 향상되어 마음이 늘 평온해지고 행복한 상태가 오랫동안 지속된다. 그렇다고 해서 분노를 억누르거나 불안을 견디는 힘이 강해진다는 뜻은 아니다. 그보다는 아예 처음부터 분노와 두려움과 불안이 일어나지 않는다.

둘째, 신체적 건강에도 큰 도움이 된다. 면역력이 강화될 뿐만 아니라 신체의 여러 기능이 향상되고 노화도 늦춰진다. 근력운동이 몸의 급속한 노화를 막아주듯이 마음근력 훈련은 뇌의 노화를 막아준다. 수많은 최신 연구 결과가 이를 과학적으로 명확히 입증하고 있다.

셋째, 성취 역량과 수행 능력이 높아진다. 뇌의 편도체를 안정화하고 전전두피질 중심의 신경망을 활성화함으로써 전반적인 인지능력이 향상된다. 일반적인 업무 수행력이 향상되고, 특히 문제해결력, 집중력, 창의력, 설득력 있는 소통능력 등이 향상된다. 마음근력이 향상되면 공부, 스포츠, 비즈니스, 연구, 창작 활동 등 무슨 일이든 더 잘할 수 있다.

이상은 나의 견해나 주장이 아니라 이 책에서 소개할 수많은 뇌과학 연구결과들을 간략히 요약한 것이다. 간단히 말해서 마음근력 훈련은 더 건강하고 행복하게 풍요로운 삶을 살 수 있도록 하는 구체적이고도 확실한 방법이다. 어린 시절부터 자연스럽게 마음근력 훈련을 접할 수 있다면 훨씬 더 큰 효과를 얻을 수 있다. 많은 사람이 스스로 자신의 몸과 마음을 건강하게 하는 방법을 터득한다면, 우리 사회의 많은 문제가 자연스레 해결될 것이다. 이 책을 다 읽고 나면 독자분들도 나와 같은 생각을 하게 되리라 믿는다.

마음근력을 키우기 위한 체계적이고도 구체적인 방법을 제안하기 위해 이 책은 두 가지 목표를 갖고 있다. 하나는 내면소통의 개념 정립을 통해 내면소통 명상이 마음근력을 어떻게 강화할 수 있는가를 밝히는 이론적인 목표이고, 다른 하나는 마음근력을 향상할 수 있는 구체적인 내면소통 명상 방법을 제시하는 실용적인 목표다. 이 책의 핵심을 한마디로 요약하자면 마음근력을 향상하기 위한 가장 효율적인 훈련법이 명상이고, 명상의 본질은 내면소통이라는 것이다.

현대인은 누구나 운동의 중요성과 근력운동의 효과를 안다. 현대인이라면 누구나 운동을 하고 있거나 적어도 운동을 해야 한다는 생각은 할 것이다. 하지만 명상은 그렇지 않다. 명상의 중요성이나 마음근력 훈련이 아직 널리 받아들여지지 않은 이유는 무엇일까? 아무래도 명상이라고 하면 종교적인 느낌이 많이 들기 때문일 것이다. 수천 년의 역사를 지닌 기존의 종교들은 수행의 한 방법으로 명상을 발전시켜왔다. 그 덕분에 명상이 많이 발전한 것은 사실이지만, 현대인에게는 접근하기 어려운 느낌을 주는 것도 사실이다. 게다가 한국은 서구 국가에 비하면 명상에 관한 연구나 인식 수준이 상당히 낮은 편이다. 일상생활에서 운동처럼 꾸준히 명상하는 사람들의 비율도 다른 선진국에 비해 현저하게 적다. 종교나 신비주의와 상관없이 그저 몸과 마음의 건강을 위해 마치 운동하듯이 일상적인 명상을 하고자 하는 사람들을 위한 정보나 교육 프로그램은 찾아보기 힘들다.

지난 수십 년 동안 달리기 같은 유산소 운동이나 다양한 근력운동은 일상생활에 깊이 파고들었다. 그러나 1970년대 이전만 하더라도 매일 운동을 하는 것은 운동선수에게만 해당하는 일로 여겨졌다. 누구나 일상생활에서 꾸준히 운동해야 한다는 생각이 '상식'으로 자리 잡기 시작한 것은 불과 수십 년밖에 되지 않았다. 이제는 마음근력 향상을 위해 누구나 다 일상적으로 명상을 해야 한다는 관념 역시 빠르게 상식으로 자리 잡아가고 있다.

원래 인류는 양치질을 전혀 하지 않았다. 그런데 오늘날에는 전 세계 거의 모든 사람이 매일 양치질을 한다. 양치질이라는 새로운 습관이 인간의 보편적인 행동양식으로 자리 잡기까지는 100년도 채 걸리지 않았다. 마찬가지로 명상 수행도 곧 그렇게 될 수 있다고 나는 믿는다. 양치질이 인간의 건강에 큰 도움을 준 것처럼 명상도 현대인의 몸과 마음의 건강에 큰 도움을 줄 것이 확실하기 때문이다.

이 책에서 소개하는 내면소통 명상은 종교나 신비주의와는 상관없이 누구나 일상생활에서 쉽게 수행할 수 있는 것들이다. 나는 지난 10년간 과학적인 명상 훈련 프로그램을 만들고자 여러 노력을 기울여왔으며, 이제 그 결과물을 세상에 내어놓게 되어서 기쁘다. 수많은 전통 명상 기법들을 두루 섭렵하고 그 효과를 철저하게 뇌과학적 관점에서 고찰해 편도체 안정화를 위한 훈련과 전전두피질 신경망 활성화를 위한 훈련으로 체계화한 것이 내면소통 명상이다.

이 책의 이론적인 목표를 위해서는 우선 명상의 뇌과학적인 근거를 제시하고자 했다. 명상이 이러저러한 효과가 있을 것이라는 피상적인 정보를 전달하기보다는 최신 뇌과학 이론을 바탕으로 뇌의 기본적인 작동방식에 관해 설명하고, 이를 기반으로 명상이 어떤 원리로 어떤 효과를 낳는지 밝히고자 했다. 내면소통 명상의 이론적 기반의 핵심은 오늘날의 뇌과학을 선도하는 '예측 모형'이다. 나는 칼 프리스턴(Karl Friston)의 자유에너지 원칙으로 널리 알려진 '능동적 추론' 이론과 '마코프 블랭킷' 모델을 통해서 감정조절장애나 만성통증의 근본적인 원인을 파헤치고, 그것을 예방하는 방법으로 뇌신경계 이완 훈련, 내부감각과 고유감각 훈련, 움직임 명상, 자기참조과정 등의 마음근력 훈련법을 제시했다.

나는 소통한다, 고로 존재한다

이 책에서는 명상을 내면소통의 한 형태로 설명하고 있지만, 사실 내면소통 이론은 단지 명상을 설명하기 위한 이론이 아니다. 내면소통 이론은 인간의 의식과 자의식의 본질을 내면소통 과정으로 파악함으로써 모든 형태의 소통 과정과 효과를 설명하는 보편적인 커뮤니케이션 이론이다. 특히 능동적 추론과 내재적 질서를 기반으로 하는 내면소통의 관점은 근대 철학이 마련해놓은 선험적인 개인, 기계론적 세계관, 인과론 등의 고정관념을 넘어서서 인간과 사회를 새로운 관점에서 바라볼 수 있게 해준다.

세상의 존재를 인식의 주체와 대상으로 양분한 르네 데카르트(René Descartes)는 "나는 생각한다, 고로 존재한다(I think therefore I am)"라고 말했다. 관찰하고 바라보는 인식의 주체 혹은 영혼이 인간성의 본질이라 주장한 것이다. 이러한 객관주의가 기계론적 세계관을 낳았고 현대인의 의식구조에 결정적인 영향을 미쳤다. 우리가 받은 의무교육 교과과정을 지배하는 기계론적 세계관은 여전히 우리의 상식으로 작동하고 있다. 상대성이론과 양자역학이 등장한 지 100년도 넘었건만 우리는 아직도 300년 전의 데카르트적 사고방식에서 벗어나지 못하고 있다.

뇌과학자 안토니오 다마지오(Antonio Damasio)는 '신체표지가설'을 제안하면서 몸을 기반으로 하는 감정이 의식의 본질이라고 주장했다. 감정은 몸의 문제이지 생각이나 마음의 문제가 아니고, 인간의 영혼이나 마음 역시 몸의 문제라는 것이다. 그래서 그의 책 제목도 《데카르트의 오류(Descartes' Error)》였다.[1] 그의 주장은 "나는 느낀다, 고로 존재한다(I feel therefore I am)"로 요약할 수 있다.

뇌과학자 로돌포 이나스(Rodolfo Llinás)는 여기서 한걸음 더 나아가 몸의 움직임을 위한 의도의 생성과 그 실현을 뇌 기능의 본래 목적으로 본다.[2] 의식이라는 것도 결국 움직임의 의도를 제대로 실현하기 위한 뇌의 한 기능인 것이다. 따라서 그의 주장을 한마디로 요약하자면 "나는 움직인다, 고로 존재한다(I move therefore I am)"가 된다.

한편 현대 뇌과학을 선도하고 있는 칼 프리스턴은 자유에너지 원칙과 예측오류 최소화의 원칙을 바탕으로 의식을 능동적 추론의 최고사령탑으로 규정한다. 가장 높은 층위에 있는 생성모델이 곧 의식인 셈이다. 따라서 그는 "나는 존재한다, 고로 생각한다(I am therefore I think)"라는 제목의 논문도 쓰고 강연도 하고 있다.[3]

프리스턴의 자유에너지 원칙과 마코프 블랭킷 모델을 토대로 나는 의식을 지속적인 내면소통의 과정으로 파악하고, 나아가 자의식을 '소통의 내향적 펼쳐짐'의 결과로 보았다. 특히 기계론적 세계관을 통렬하게 비판한 데이비드 봄(David Bohm)의 내재적 질서와 내향적 펼쳐짐의 개념을 통해 내면소통의 개념을 정립했다. 프리스턴의 능동적 추론 이론과 봄의 내재적 질서의 관점을 통합한 것이 바로 내면소통의 개념이라 할 수 있다. 이러한 나의 관점은 "나는 소통한다, 고로 존재한다(I communicate therefore I am)"라고 요약할 수 있다. 물론 여기에서의 소통은 내면소통을 의미한다.

우리는 혼자 무슨 생각을 할 때, 특정한 언어를 사용한다. 누구든 자신 안에서 일어나는 내면소통을 위해서는 모국어 등 자신에게 익숙한 언어를 사용한다. 생각이나 혼잣말 등의 내면소통은 언어를 기반으로 이뤄진다. 언어는 다른 인간과 소통하기 위해 만들어낸 사회적 규약이다. 그런데 사람들은 왜 혼자 생각할 때도 언어를 사용하는 걸까? 왜 개인적이고 내부적인 경험이 즉각적으로 사회적 소통이 가능한 언어로 표상되는 걸까?

의식의 본질은 나의 개인적인 경험을 다른 사람에게 이야기할 수 있는 것으로 끊임없이 바꿔나가는 과정 그 자체다. 나의 개인적인 경험을 "다른 사람에게 보고할 만한 것으로 계속 만들어내는 과정"이 곧 의식이다.[4] 의식 자체가 내면소통 과정이며 타인의 존재를 전제로 한다. 의식이 존재하는 근본 이유는 능동적 예측 모형의 위계질서 안에서 최상단에 존재하는 생성질서가 예측오류를 최소화하기 위해서는 궁극적으로 타인과 소통할 수밖에 없기 때문이다. 이것이 의식의 본질이다.

만약 내가 타인의 내부상태에 존재하는 의식과 현저하게 다른 지각이나 스토리텔링을 하는 경우 나는 환각이나 망상을 지닌 것이 된다. 그런데 이러한 능동적 추론의 결과가 정상이냐 비정상이냐를 결정짓는 기준은 어떤 외부적이고도 객관적인 사실이 아니다. 오직 타인과의 소통으로 주어질 뿐이다. 즉 다른 사람들의 평균적인 추론의 결과로부터 얼마나 벗어나 있느냐에 의해서 결정될 뿐이다. 모두가 환각에 빠져 있거나 모두가 망상에 빠져 있다면 아무도 환각이나 망상에 빠져 있지 않은 것이 된다. 혹은 대부분의 사람이 빠져 있는 환상과 망상으로부터 우리가 빠져나올 수 있다면 그것이야말로 진정한 행복이고 자유다.

내면소통은 내가 나와 하는 소통이다. 혼자 생각하는 것, 기억하는 것, 느끼는 것, 혼자 중얼대는 것 등이 모두 내면소통이다. 또 다른 사람들과 대화를 할 때도 내면소통이 내 안에서 계속 진행되고 있음을 뇌과학의 여러 연구결과가 보여주고 있다. 다른 사람의 의도나 감정을 파악하는 것도 내면소통이다. 책을 읽거나 영화를 보거나 음악을 들을 때 혹은 소셜미디어를 사용할 때나 글을 읽을 때나 글을 쓸 때도 내면소통은 항상 일어나고 있다. 한마디로 모든 소통은 내면소통에서 시작해서 내면소통으로 귀결된다.

내면소통의 결과가 의견이자 생각이고 의사결정이며, 또 의식이자 스토리텔링이고 기억이며 나 자신이다. 내면소통은 '나'의 작동방식이며 '나'라는 것의 생성과정이다. 이러한 의식작용뿐 아니라 시각이나 청각 등의 감각기관이 올려보내는 감각정보, 심장이나 내장 등 여러 장기가 올려보내는 내부감각 정보, 그리고 팔과 다리 등 신체 각 부위가 올려보내는 고유감각 정보를 해석하고 통합해서 외부세계의 이미지를 구축하는 능동적 추론의 과정까지도 모두 내면소통의 과정이다. 즉 내면소통의 개념은 나와 나 자신이 언어로 소통하는 의식적인 과정뿐 아니라 다양한 감각정보에 대한 무의식적인 추론 과정까지 모두 포괄한다. 이러한 무의식적인 능동적 추론 과정을 강조하는 이유는 그것이 감정이나 통증이 생성되는 기본 과정이기 때문이다. 이러한 무의식적인 능동적 추론의 잘못된 습관을 바꿔나가는 것이 마음근력 훈련의 핵심이다.[5]

명상은 마음근력 훈련이다

마음근력을 강화하는 것은 내가 나를 변화시키는 것이다. 그런데 자기

동일자는 스스로를 변화시킬 수 없는데 어떻게 '나'는 나를 변화시킬 수 있는 것일까? 그것이 가능한 이유는 '나'라는 존재가 하나가 아니기 때문이다. 내면소통이 내 안에서 일어난다는 것 자체가 이미 내 안에 '자아'가 여러 개 존재한다는 것을 의미한다. 뇌과학과 심리학은 이미 다양한 자아에 대해 개념화하고 이론화했다. 여러 자아에 대한 분류법은 몇 가지가 존재하지만, 일반적으로 널리 받아들여지는 방법은 '지금 여기서 특정한 경험을 하는 경험자아'와 '경험한 것을 일화기억으로 축적하는 기억자아'로 구분하는 것이다. 기억자아는 개별자아 혹은 에고(ego)라고도 불리며 일상적인 자아정체성을 의미한다. 그리고 경험자아나 기억자아의 존재를 알아차리는 배경자아가 있다. 예를 들어 보자. 나는 지금 음악을 듣고 있다. 이때 지금 듣고 있는 음악이 참 좋다고 느끼는 것은 경험자아다. 그리고 음악을 들으며 '예전에 누구와 어디에서 이 음악을 들었었지'와 같은 기억을 떠올리는 것이 기억자아다. 이러한 경험자아와 기억자아의 존재를 알아차리는 것이 배경자아다. 다양한 형태의 내면소통 중에서도 마음근력 훈련의 핵심이 되는 것이 바로 이 배경자아의 알아차림이다.

배경자아의 존재는 조용히 늘 우리의 의식 저편에 있기에 우리는 일상생활 속에서 그 존재를 잊고 지낸다. 그저 경험자아나 기억자아가 나의 본모습이라 착각하고 살아가는 것이다. 배경자아는 인식의 대상이 아니라 인식의 주체이기에 묘사하거나 설명하기도 어렵다. 그러나 우리는 그 존재를 늘 느낄 수 있다. 창문을 닫으면 방 안은 어두워지고, 창문을 열면 환해진다. 그렇다고 해서 창문이 빛의 원천인 것은 아니다. 단지 햇빛을 통과시켜줄 뿐이다. 경험자아는 마치 창문과도 같다. 그것은 지금 여기서 햇빛을 통과시켜주는 존재다. 그 창문 위에 덧입혀진 여러 가지 모양과 색깔의 커튼은 기억자아에 비유할 수 있다. 커튼은 제한된 개성과 정체성으로 창문을 통해 들어오는 빛에 다양한 변화를 가져온다. 그러나 창문이나 커튼은 빛의 원천인 태양에는 아무런 영향도 미치지 못한다. 배경자아는 태양과도 같다. 경험자아를 통해 드러나고 기억자아에 의해 제한되거나 가려지지만, 배경자아는 늘 그대로 있다. 배경자아를 '나'의 본질적인 모습으로 파악하고자 하는 노력이 곧 다양한 명상 수행이다.

배경자아는 인식의 주체이며 경험자아와 기억자아를 늘 알아차리는 존재다. 배경자아는 그저 텅 비어 있고 고요하다. 그래서 평온하고 온전하다. 생각, 감정, 경험, 기억, 행위 등은 모두 경험자아와 기억자아가 일으키는 일종의 소음이다. 감정도 생각도 경험도 넘어선 곳에, 모든 소음이 사라진 그곳에 고요함은 떠오른다. 엄밀히 말하자면 없었던 고요함이 새로 떠오르거나 하는 것은 아니다. 고요함은 원래 거기 그렇게 변함없이 있었고, 다만 소음이 고요함을 잠시 가렸다가 사라지는 것뿐이다.

내면소통 명상의 핵심은 내가 얼마나 완벽하게 명상을 잘해내는가, 얼마만큼 생각과 마음을 통제할 수 있는가, 무엇을 얼마나 해낼 수 있는가에 달려 있지 않다. 오히려 얼마나 놓아버릴 수 있는가, 얼마나 통제하고 조절하려는 의도를 내려놓을 수 있는가에 달려 있다. 마음근력 훈련의 핵심은 늘 거기 그렇게 고요함으로 존재하는 배경자아를 알아차리는 것이기 때문이다. 고요함은 무엇을 애써서 해야 얻어지는 것이 아니다. 무엇을 하게 되면 오히려 시끄러운 소음만 생길 가능성이 크다. 고요함은 오히려 아무것도 하지 않으려 할 때 떠오른다. 나의 고요함은 늘 거기 그대로 있다. 아무것도 하지 않음으로써 가장 중요한 것을 해내는 것이 명상이다.

명상은 우리를 편안하고 행복하게 한다. 만약 지금 명상을 하고 있는데 고통스럽고 괴롭다면 아마도 명상이 아니라 다른 무엇을 하고 있을 가능성이 크다. 산길을 걷는데 커다란 돌덩어리가 하나 나타났다고 하자. 그 돌은 무거운가? 그 돌을 굳이 들어 올리려 한다면 엄청 무거울 것이다. 그러나 그 돌을 들어 올리지 않는 사람에게는 전혀 무거운 돌이 아니다. 돌을 들고 있으면서 내려놓지 못하는 사람에게만 돌은 무거움의 고통을 준다.

내면소통 명상은 "나는 왜 지금 이 무거운 돌을 들고 있는가" 하는 질문에서 시작한다. 악착같이 이 돌을 들고 있어야겠다는 집착은 어디서 왔는가? 이 돌을 내려놓는 것이 마치 삶이 끝나기라도 하는 것처럼 두렵게 느껴지는 이유는 무엇인가? 이 두려움의 근원은 무엇인가? 나는 '당연히' 이 돌을 꼭 들어야 한다는 당연함은 어디서 왔는가? 사회적 통념? 주변의 시선? 확실한 것은 나의 이러한 생각들이 배경자아로부터 온 것은 아니라는 사실이다. "나는 반드시 이 돌을 들어야만 하는 사람이다"라고 생각하는 것은 기억자아이고, "돌이 너무 무거워서 고통스럽다"라고 느끼는 것은 경험자아다.

배경자아는 이러한 집착과 고통을 조용히 알아차릴 뿐이다. 무거운 돌을 들고 있겠다는 집착을 내려놓는 데는 용기가 필요하다. 돌을 내려놓는 힘이 곧 마음근력이다. 명상은 집착을 내려놓는 훈련이다.

나를 바꾸는 것이 곧 세상을 바꾸는 것

내면소통 명상에 대한 강의를 할 때면 종종 이런 질문을 받는다. 산적한 사회문제나 구조적인 문제를 외면하고 혼자 앉아서 명상이나 하고 있으면 되겠는가, 너무 '나'의 문제만 파고드는 것은 아닌가, 혹은 정치적·사회적 문제를 모두 개인적인 차원의 문제로 환원시키는 것은 아닌가 하는 질문들이다. 모두 맞는 이야기다. 개인적인 차원만 들여다봐서는 안 된다. 그러나 그렇다고 해서 개인적인 차원을 아예 들여다보지 않는 것은 더욱 곤란하다.

사회구조적인 문제를 잘 들여다보고 해결하려는 노력은 중요하다. 하지만 그렇게 하기 위해서는 먼저 사회구성원의 마음근력을 튼튼하게 만들어 줘야 한다. 모든 것을 사회구조적인 문제로 돌리는 것에서 그쳐서는 안 된다. 사회구조적인 문제만을 탓하고 있는 것으로는 어떠한 변화도 가져오기 힘들기 때문이다. 구조적인 문제를 인식했으면 그것을 바꾸고자 시도해야 한다. 그리고 그러한 시도가 가능하려면 반드시 개개인의 마음근력이 강화되어야 한다. 마음근력이 약하면 그러한 시도 자체가 불가능해진다.

마음근력에는 크게 세 종류가 있는데 모두 '나'에 관한 것이다. 마음근력은 '내가' 나 자신을(자기조절력), '내가' 다른 사람을(대인관계력), '내가' 세상일을(자기동기력) 더 잘 다루는 능력이다. 마음근력을 강화한다는 것은 곧 나를 바꾼다는 뜻이다. 나를 바꾼다는 것은 곧 세상을 바꾼다는 것과 같은 뜻이다. 내가 달라지면 내가 사는 삶과 환경이 달라진다. 내가 몸담고 살아가는 나의 환경과 세상은 나의 존재 이전에 고정된 실체로서 주어지는 것이 아니다. 나의 환경은 나와 세상이 만나서 형성되는 지각편린들에 의해서 구성된다. 나의 세상은 내 몸과 세상과의 상호작용의 결과로 생산되는 것이다. 세상을 바꾸는 것은 곧 나를 바꾸는 것이고, 또한 나를 바꿈으로써만 세상을 바꿀 수 있다. 그래서 나를 바꾸는 것은 세상을 바꾸는 것만큼 어려운 일이기도 하다.

개인의 마음근력은 따라서 개인적인 차원의 문제가 아니다. 그러나 안타깝게도 전통적으로 거의 모든 학문은, 특히 각종 인문학과 사회과학은 개인을 늘 피동적인 존재로만 봐왔다. 한 인간을 역사와 사회구조로부터 수동적으로 영향을 받기만 하는 나약한 존재로 보는 유구하고도 변함없는 관점을 자랑하는 것이 오늘날의 인문사회과학이다. 사람의 태도와 행동과 인식이 객관적인 역사적·사회적·경제적·문화적·정치적 조건에 의해서 결정된다고 보는 것이다. 말하자면 정치구조가 투표 등의 정치 행태를 결정하고, 경제적 조건이 경제활동 방식을 결정하며, 역사와 문화 등이 한 개인의 생각과 행동을 결정한다고 보는 것이다. 즉 인간의 의지 밖에 존재하는 '사회적 구조'가 독립변인이고, 인간의 생각과 행동은 그에 의해서 결정되는 종속변인이라는 것이다. 물론 그런 측면도 있다. 그러나 그런 측면만 있는 것은 아니다. 이런 식의 세계관으로는 근본적인 변화나 혁명은 처음부터 아예 불가능해진다. 의무교육에서는 인간의 의지, 행동, 생각이 독립변인일 수도 있다는 것을 전혀 가르치지 않는다. 인간 하나하나를 사회적 톱니바퀴의 부품으로 생산해내고 있는 것이 현재 교육 시스템의 목표이기 때문이다.

더 나은 세상을 원한다면 개인이 구조를 바꿀 수 있음을 분명하게 가르쳐야 한다. 역사는 결국 개인들이 만들어가는 것임을 분명히 깨우쳐주어야 한다. 현대사회에서는 스티브 잡스의 말처럼 "내가 세상을 바꿀 수 있다"라고 믿는 사람은 소수의 '미친 사람' 취급을 받는다. 의무교육이 제공하는 학교 수업으로부터 세뇌당하지 않은 사람들이다. 그들은 늘 예외적인 존재다. 그러나 역사는 항상 그런 예외적인 '미친 사람들'에 의해서 이뤄졌다. 그런 미친 사람들이 항상 세상에 커다란 변화를 가져왔다. 우리가 살아가는 세상은 그러한 미친 사람들의 아이디어와 노력의 결과물이다. 변화를 원한다면, 내가 살아가는 사회구조에 근본적인 변화를 꿈꾼다면 인간을 독립변인으로 보는 시각이 필요하다.

한 인간이 정치적·사회적 조건에 의해서 얼마나 영향을 받는지만 살펴볼 것이 아니라, 한 인간이 자신이 속한 정치적·사회적 조건에 어떻게, 언제, 얼마만큼 영향을 미칠 수 있는지도 살펴보아야 한다. 한 인간에게 사회구조를 바꾸겠다는 '변화의 의지'가 어떻게 발현되며, 그러한 의지를 관철하는 힘은 무엇인지도 연구해야 한다. 그런데 아직 그러한 것을 연구하는 학문은 존재하지 않는다. 어떻게 개인이 전체 사회구조를 바꿀 수 있겠는지를 설명하는 이론도 들어본 적이 없다. 따라서 학교에서도 개인이 어떻게 자기가 몸담고 있는 사회와 구조를 스스로 바꿀 수 있는지는 가르칠 수조차 없다.

　인간이 사회구조를 변화시키려 할 때 꼭 필요한 것이 강력한 마음근력이다. 자신의 감정을 조절하는 자기조절력, 타인과의 협력과 설득을 이뤄내는 대인관계력, 자신이 하고자 하는 일에 끊임없는 열정을 불러일으키기는 자기동기력 없이는 어떠한 일도 성취해낼 수 없기 때문이다. 마음근력이 약한 사람은 자신이 살아가는 세상을 결코 원하는 방향으로 바꿔나갈 수 없다. 몸과 마음이 모두 건강해야 변화와 혁명을 일으킬 수 있다. 마음근력이 강한 사람, 즉 자기가치감과 자기존중심을 바탕으로 강력한 자기조절력을 발휘할 수 있는 사람만이 높은 수준의 도덕성과 책임감, 인간에 대한 존중과 배려를 발휘할 수 있다. 비도덕적으로 타락한 사람들, 타인에 대해 유형·무형의 비인간적 폭력을 행사하는 사람들은 한결같이 마음근력이 나약한 사람들이다. 그들은 대개 자기파괴적이다. 문제는 그들이 스스로 자기 자신을 파괴하기 전에 항상 주변의 사람들을 먼저 파괴한다는 것이다.

　민주주의의 반대는 폭력이다. 폭력으로부터 얼마나 자유로운가가 그 사회의 민주주의의 척도다. 공정과 정의도 폭력을 기반으로 한다면 그것은 민주주의가 아니다. 정치 과정에서 모든 폭력을 몰아내는 것이 민주주의다. 인간의 폭력은 두려움과 분노 등 부정적 정서를 기반으로 한다. 마음근력이 약한 사람은 두려움과 분노를 기반으로 폭력을 행사하게 마련이다. 건강한 민주주의 사회를 만들어나가려면 감정조절력과 건강한 마음근력을 지닌 구성원들이 필요하다. 마음근력을 키우자는 것은 따라서 더 나은 세상을 만들기 위한 근본적인 조건을 만들어가자는 제언이다. 교육과 훈련을 통해 사회구성원들의 마음근력을 키워야 한다는 것은 따라서 개인적인 차원의 문제제기라기보다는 오히려 정치적이고도 공동체적인 제안인 셈이다.

이 책의 개요

이 책의 개요는 다음과 같다. 제1장에서는 왜 마음근력 훈련이 필요한 가부터 설명했다. 우리 뇌의 기본적인 작동방식은 동굴에서 살면서 수렵과 채집으로 먹고살았던 원시인과 크게 다르지 않다. 위기 상황에서는 편도체가 활성화되고 전전두피질의 신경망은 기능 저하가 일어난다. 이러한 작동방식은 원시인에게는 합리적이었다. 왜냐면 그들이 마주했던 '위기'는 주로 근육의 힘을 써서 싸우든가 도망치든가 해야 해결되는 문제였기 때문이다. 그러나 우리 현대인에게는 잘 맞지 않는다. 우리가 처리해야 하는 위기 상황은 대부분 근육보다는 전전두피질의 신경망을 활용해야 하기 때문이다. 따라서 편도체를 안정화하는 마음근력 훈련은 현대인에게 꼭 필요한 것이다.

제2장에서는 마음근력 개념의 이론적·철학적 배경을 설명하고, 자기조절력과 대인관계력, 자기동기력이라는 세 가지 마음근력의 뇌과학적 기반에 대해서 다뤘다.

제3장에서는 마음근력 훈련이 가능한 이유를 설명했다. 많은 사람이 유전자의 힘이라는 환상에 빠져서 '나'의 많은 부분이 선천적으로 결정된 것이라는 착각 속에서 살아간다. 우리가 '선천적'이라고 믿는 것들이 사실은 '환경'의 영향이라는 것을 보여주었고, 나아가 유전자의 발현 과정과 관련해서 환경과의 상호작용을 고려하는 후성유전학의 관점을 소개했다. 그리고 마음근력 '훈련'을 한다는 것의 의미는 신경가소성에 따라 뇌의 기능적인 연결성과 구조적인 연결성에 변화를 가져오는 것임을 설명했다.

제4장에서는 내가 스스로 나 자신을 변화시킨다는 것의 의미와 그것이 어떻게 가능한지를 논의하면서 '나'는 여러 개의 자아로 이뤄졌음을 설명했다. '여러 개의 자아'라는 개념은 내면소통의 이론적 출발점이기도 하다. 나아가 뇌과학적 관점에서 의식의 본질이 내면소통임을 설명했고, 의식의 중요한 특성들에 대해서도 다루었다.

제5장에서는 뇌의 기본적인 작동방식을 칼 프리스턴의 자유에너지 원칙과 능동적 추론 이론을 통해 설명했다. 특히 현대 뇌과학 이론에서 주요 개념으로 등장한 '예측' 혹은 '추론'의 본질이 결국 찰스 샌더스 퍼스(Charles

Sanders Peirce)가 말하는 '가추(abduction)'임을 밝히고, 추론의 방식을 바꾸기 위해서는 생성모델을 변화시켜야 함을 설명했다. 이것이 중요한 이유는 훈련을 통해 마음근력을 향상시킨다는 것은 결국 새로운 추론 과정을 뇌에 습관화하는 것이기 때문이다. 즉 마음근력 훈련의 본질을 능동적 추론 이론에 입각해서 이론화한 것이다.

제6장에서는 데이비드 봄의 내재적 질서와 내향적 펼쳐짐의 개념을 통해서 내면소통의 '내면'의 의미를 논의했다. 내면소통을 내재적 질서로 파악하는 것은 모든 소통의 과정과 효과를 생성질서로 이해할 수 있는 길을 열어준다. 뇌과학이든 커뮤니케이션학이든 혹은 그 어떤 과학이든 기계론적 세계관을 넘어서 인과론적 사고방식의 협소한 틀을 극복할 필요가 있음을 강조했다.

제7장에서는 내면소통의 개념을 뇌과학적 관점에서 정리하고 이론화했다. 내면소통의 다양한 효과를 일별한 후에 명상의 본질이 내면소통 훈련임을 강조했고, 내면소통이 마음근력 훈련의 핵심임을 설명했다.

제8장에서는 편도체 안정화를 위한 내면소통 명상의 구체적인 방법들을 제시했다. 이를 위해 우선 감정과 통증은 능동적 추론 이론의 관점에서 볼 때 동일한 방식으로 발생한다는 것을 밝히고, 감정과 통증의 지속적인 문제를 일으키는 추론 과정의 오류를 마음근력 훈련을 통해서 어떻게 바로잡을 수 있는지를 설명했다. 그리고 그 구체적인 방법으로 뇌신경계 이완과 내부감각 자각 능력 향상을 위한 명상 훈련법을 소개했다.

제9장에서는 편도체 안정화를 위한 또 다른 방법으로 고유감각 자각 능력 향상을 위한 다양한 전통의 '움직임 명상' 훈련법을 소개했다. 이를 위해서 움직임의 중요성과 고유감각 훈련을 통한 정서조절의 가능성에 대한 뇌과학 기반의 관점을 소개했다.

제10장에서는 전전두피질 신경망의 활성화를 위한 방법으로 자기참조과정과 자타긍정 내면소통 명상을 소개했다. 보다 구체적으로 자기참조과정 훈련의 세 가지 단계를 강조하면서 특히 격관 명상의 중요성에 관해 설명했다. 자기긍정과 타인긍정은 전전두피질을 활성화하고 행복감을 높여주는 것으로 널리 알려져 있다. 내면소통 명상에서는 용서 – 연민 – 사랑 – 수용 –

감사 - 존중으로 이어지는 여섯 가지 자타긍정의 방법이 있음을 설명했다.

제11장에서는 다양한 전통 명상 중에서 마음근력 훈련과 관련된 명상 기법들을 선별해 소개했다. 특히 모든 명상의 기초가 되는 호흡 명상을 아나빠나사띠를 통해 자세히 알아보았다.

한 가지 주의할 점은 이 책에서 소개하는 마음근력 훈련들은 불안장애나 우울증, 트라우마 스트레스 등의 질환을 예방하거나 재발을 방지하는 데 도움이 되는 것이지 치료법은 아니라는 것이다. 말하자면 헬스장에서 하는 근육 운동은 근골격계에 별다른 이상이 없는 사람이 자신의 몸을 더욱 건강하게 만들기 위해서 하는 것이지 질병을 치료하기 위해서 하는 것이 아니다. 마음근력 훈련 역시 감정조절능력과 인지능력을 향상시키고 더 건강해지기 위해서 하는 것이지 질환을 치료하기 위해서 하는 것이 아니다. 각종 불안장애나 우울증 등의 진단을 받은 경우라면 마음근력 훈련을 시작하기 전에 우선 의사의 처방에 따라 질병에서 벗어나도록 노력해야 한다.

내면소통이라는 새로운 개념에 대해 이론화 작업을 하다 보니 최신 뇌과학 이론을 섭렵할 수밖에 없었고 내면소통 훈련을 과거의 명상 전통들과 연결시키다 보니 참고해야 할 연구 문헌들이 엄청나게 늘어났다. 수년간 이 책의 원고 작업을 하다 보니 커뮤니케이션 학자로서 내가 세상에 공헌할 수 있는 가장 의미 있는 일이 '내면소통'이라는 개념과 이론을 정립하는 것이라는 생각이 점차 확고해졌다. 그러다 보니 사명감 혹은 책임감 비슷한 것마저 생겨 처음 생각했던 것보다 더 많은 것을 공부하게 되었고 원고 분량은 두 배 이상으로 늘어났다. 결과적으로 계획했던 것보다 원고의 완성이 많이 늦어지게 되었다. 한없이 지연되는 원고를 끝까지 기다려준 인플루엔셜의 문태진 대표님께 깊이 감사드린다. 편집자로서 편집, 디자인, 도판 등 여러 가지 일을 진행하느라 노고를 아끼지 않은 한성수 부장님과 교정 단계에서 유용한 피드백을 많이 준 김현경 선생님께도 감사드린다. 덕분에 여러 주제를 한꺼번에 다루느라 다소 난삽하게 느껴졌던 초고의 상당 부분을 완전히 다시 쓸 수 있었고, 전체적으로 원고를 재구성할 수 있었다.

그나마 이제라도 탈고를 할 수 있었던 것은 아이러니하게도 코로나

사태 덕분이다. 지난 2년간은 혼자 하루 종일 책상 앞에만 앉아 있을 수 있는 합리적인 핑곗거리가 생긴 것이었다. 학교 수업도 모두 책상 앞에 앉아 온라인으로 하게 되었고, 여러 회의나 논문 심사는 물론 강연이나 학회 발표, 세미나 등도 모두 온라인으로 하게 되니 엄청나게 시간이 절약되었다. 게다가 여러 가지 행사나 모임도 거의 다 취소되었다. 여기저기 이동하느라 길에서 낭비하는 시간도 없어졌다. 그야말로 대부분의 시간을 원고 작업에 쏟아부을 수 있었다.

　　내면소통 이론의 핵심은 칼 프리스턴의 자유에너지 원칙과 능동적 추론 이론, 그리고 데이비드 봄의 내재적 질서와 내향적 펼쳐짐의 개념이라 할 수 있다. 책 원고 작업을 하면서 프리스턴 교수에게 내면소통 이론을 설명하게 되었고, 결국 능동적 추론의 개념을 적용한 두 편의 논문도 쓰게 되었다.[6] 이 모든 것이 가능했던 것 역시 비대면 모임이 일상화되며 해외에 있는 학자들과 온라인으로 소통하고 논의하는 분위기가 널리 퍼졌기 때문이다. 이 자리를 빌려 능동적 추론 이론과 마코프 블랭킷 모델에 관해 많은 피드백을 주었던 UCL의 프리스턴 교수에게 감사의 마음을 전한다.

2023년 2월
석수 김주환

차례

일러두기

• 이 책은 국립국어원의 표준어 규정 및 외래어 표기법을 따랐으나 일부 인명은 실제 발음을 따라 표기했다.
• 본문에 실린 일부 URL은 도서 발행일 이후 해당 채널의 사정으로 게시가 종료될 수 있다.

마음근력 훈련이
필요한 이유

뇌는 생존하기 위해
세상을 왜곡한다

마음근력은 인간이 어떠한 일을 해내기 위한 기본적인 성취역량이다. 강력한 마음근력을 지닌다는 것은 스스로 원하는 일을 해낼 높은 성취역량을 지닌다는 것이기도 하다. 마음근력에 대해 자세히 설명하기에 앞서 마음근력 훈련이 필요한 이유를 먼저 살펴보고자 한다. 그래야 마음근력이 무엇인지에 대해 자세히 알아보고자 하는 동기부여가 되리라 생각하기 때문이다.

마음근력 강화 훈련이 필요한 이유를 살펴보기 전에 먼저 두 가지 사실에 주목할 필요가 있다. 하나는 뇌의 기본적인 작동방식 가운데 일부는 현대사회를 살아가는 우리에게 잘 부합하지 않는다는 점이고, 다른 하나는 적절한 훈련을 한다면 뇌의 작동방식을 얼마든지 변화시킬 수 있다는 점이다.

마음근력 훈련을 하지 않거나 혹은 입시 위주의 경쟁적 교육 등을 통해 잘못된 방향으로 훈련하게 되면 몸과 마음의 고통을 피하기 어렵다. 지금 우리 뇌의 작동방식은 수렵·채집이 기본적인 생존방식이었던 원시사회에나 어울리는 것이다. 고작 1만 년 전에 시작된 농업혁명 이후의 급격한 사회적·문화적 변화에 진화론적으로 적응하기에는 시간이 너무 짧았다. 현대사회를 살아가는 인간의 생존방식은 크게 변화했는데 뇌의 작동방식은 여전히 구석기시대에 머물러 있는 것이다. 이러한 뇌의 작동방식과 현대인의 삶에서 발생하는 불일치를 극복하는 데 필요한 것이 바로 체계적이고 반복적인 마음근력 훈련이다.

인간의 뇌는 세상의 모습을 있는 그대로 정확하게 인지하고 이해하기 위해 존재하는 것이 아니다. 어두컴컴한 두개골 안에 홀로 앉아 있는 뇌의 입장에서는 바깥세상의 사물들을 얼마나 정확하게 반영해내는가가 그다지 중요하지 않다. 그보다는 주어진 환경에서 살아남을 확률을 최대한 높이는 것이 훨씬 더 중요하다. 뇌의 인지작용은 세상의 모습을 정확하게 파악하기 위해서가 아니라 우리의 생존과 번식에 유리하도록 세상을 적절히 왜곡해서 받아들이는 방향으로 진화해왔다.

뇌의 핵심 기능은 세상을 '왜곡'하는 것이다. 우리가 흔히 똑똑함의 척도로 생각하는 '지능'의 핵심 역시 '왜곡'이다. 나는 뇌의 핵심 기능이 세상을 정확하게 반영하는 것이라는 착각이 인공지능의 발전을 가로막고 있다고 생각한다. 인간의 지능을 가장 그럴듯하게 흉내 내는 진정한 인공지능이라면 오히려 착시를 일으킬 수 있어야 하고 소통에서 오해를 할 수 있어야 한다. 착시와 오해의 능력이 강한 인공지능으로 가는 핵심이다. 착시를 뇌의 정보처리 과정에서 발생한 단순한 오류로 보는 관점은 뇌의 기본적인 작동방식에 대한 뿌리 깊은 오해를 반영한다. 이에 대해서는 '능동적 추론(active inference)' 이론을 중심으로 제5장에서 자세히 살펴볼 것이다. 지금은 일단 뇌가 나름의 방식으로 세상을 왜곡한다는 점에 집중하기로 하자.

그렇다면 뇌가 세상을 '왜곡'한다는 것은 무슨 의미일까. 이는 뇌가 신체의 감각기관을 통해 전달되는 여러 가지 감각정보에 '나름의' 의미부여를 한다는 뜻이다. 이러한 의미부여가 언어를 기반으로 이뤄지는 것이 스토리텔링이며, 이것이 뇌에서 이뤄지는 의식작용의 핵심이다.

우리가 살아가는 세상은 '있는 그대로의' 실체가 아니라 '뇌가 만들어낸' 실체다. 몸의 움직임이나 뇌의 작동방식 등은 모두 생존에 최적화되어 있다. 살아남기 위해서 인간의 뇌는 세상으로부터 주어지는 여러 감각정보에 대해 나름의 추론을 통해 의미를 부여하고, 이를 기반으로 감정과 통증을 일으키기도 하며, 나아가 몸의 여러 움직임을 만들어내기도 한다. 이것이 뇌의 기본적인 작동방식이다.

인간의 뇌는 지난 200만 년간 진화하면서 환경에 잘 적응하여 별문제

없이 작동했다. 그런데 현대사회에 와서는 뇌의 작동방식이 생존에 도움을 주기는커녕 해를 끼치는 경우가 잦아졌다. 오늘날의 사회구조와 삶의 방식에 잘 부합하지 않게 된 것이다. 그러한 부적합성으로 인해 나타나는 문제를 잘 보여주는 대표적인 예가 감정조절장애와 만성통증과 같은 증상들이다. 지금 우리 주변을 돌아보면 감정조절의 문제를 겪지 않는 사람을 찾아보기 힘들 정도다. 어디 한군데 아프지 않은 멀쩡한 사람도 찾아보기 어렵다. 당신만 불안하고 화나거나 무기력하고 우울해지는 것이 아니다. 당신만 여기저기 아픈 것도 아니다. 이는 전 세계 현대인의 공통적인 특징이다. 왜 이렇게 되었을까?

원시인의 뇌로
살아가는 현대인

    인류는 약 200만 년 전부터 3만 5000년 전까지 천천히 진화해왔다. 이 시기에 인간 삶의 방식은 유전적 변화에 주로 의존했다. 재레드 다이아몬드(Jared Diamond)는 인류의 생존방식이 3만 5000년 전부터 비약적으로 달라졌다면서 이를 '대약진(Great Leap Forward)'이라고 표현했다. 우리 삶의 방식은 대약진의 시기부터 유전적 진화가 아니라 문화나 기술의 진보를 기반으로 변화하게 되었다.[7] 현대인의 생물학적 구조는 기본적으로 3만 5000년 전의 크로마뇽인과 유사하다. 다이아몬드는 지금 우리가 3만 5000년 전의 크로마뇽인을 만난다면 비행기 조종술을 가르치는 것도 가능할 것이라고 설명한다. 문화적 차이만 있을 뿐 기본적인 지능이나 언어 능력은 비슷하기 때문이다. 이는 우리 뇌의 구조나 기본적인 작동방식이 구석기시대 원시인의 그것과 별반 다르지 않음을 의미한다.

    현대인이 원시인의 뇌로 살아가면서 부딪히는 가장 큰 문제는 위기 상황에 대한 반응 방식에서 일어난다. 뇌는 생존의 위협을 느끼면 온몸에 비상사태를 선포하고 그것을 극복하기 위한 체제로 돌입한다. 원시인이 사냥하던 도중에 멧돼지를 만났다고 가정해보자. 멧돼지 몇 마리가 갑자기 공격을 해오면 원시인의 뇌는 이를 생존에 대한 위협으로 판단하고 비상사태를 선포한다. 순식간에 자신의 몸을 싸우거나 도망가기 위한 최적의 상태로 만드는 것이다.

우선 필요한 것은 근육의 힘이기 때문에 심박수를 올려서 근육세포에 더 많은 에너지와 산소를 공급한다. 또 어깨근육, 목근육, 안면근육, 특히 이를 악물 때 사용하는 턱근육 등 일련의 근육들을 수축시킨다. 평소 뇌는 소화기관에 많은 에너지를 보낸다. 위기 상황에서는 소화기관에 보낼 에너지까지 끌어와서 근육으로 집중시키고 소화기능은 저하시킨다. 멧돼지와 결전을 벌여야 하는데 한가하게 아침에 먹은 식사를 소화하는 데 신경 쓸 겨를이 없지 않겠는가. 또 면역시스템을 유지하는 데도 많은 에너지가 필요하다. 일단 시급한 멧돼지 문제에 집중하기 위해 뇌는 면역 기능도 급격히 떨어트린다. 이것이 전형적인 스트레스 반응이다. 아울러 전전두피질이 중심이 되어 수행하는 합리적이고 논리적으로 생각하는 능력도 급격히 저하된다. 침착하고 차분하게 문제해결 방안을 고민하는 전전두피질의 인지 기능은 평화로운 시기에나 필요한 것이다. 눈앞에 멧돼지가 나타났을 때는 본능적이고 직관적으로 대응해야 한다.

이처럼 위기 상황에서 우리는 전전두피질 중심의 신경망보다는 편도체 중심의 신경망에 더 많이 의존한다. 편도체는 위기 상황이 되면 일단 두려움과 공포라는 감정을 불러일으킨다. 그러한 감정이 생존에 도움이 되기 때문이다. 두려움과 공포가 속히 해결되지 않으면 흔히 분노나 공격성향으로 표출된다. 내면의 불안감을 외부에 대한 공격으로 해소하고자 하는 이러한 감정을 우리는 '분노'라고 부른다. 그러니 분노는 사실 두려움의 다른 이름일 뿐이다.

수렵·채집이 중요한 생존방식이었던 원시시대에 이러한 뇌의 작동방식은 매우 합리적이었다. 원시인이 맞닥뜨리는 위협은 대개 근육의 힘을 통해서 싸우든지 도망치든지 해야 해결되었기 때문이다. 하지만 현대인에게 생존의 위협을 가하는 문제들은 근육의 힘으로 해결될 수 있는 것들이 아니다. 수능을 앞둔 수험생, 취업면접을 앞둔 취업준비생, 혹은 중요한 프로젝트 결과 발표를 앞둔 직장인에게 불안감을 유발시키고, 소화 기능·면역 기능·인지능력을 저하시키며, 어깨·목·얼굴·혀근육 등을 수축시키는 스트레스 반응은 오히려 문제해결에 방해가 될 뿐이다.

현대인에게 주어지는 대부분의 중요한 문제들은 전전두피질 중심의

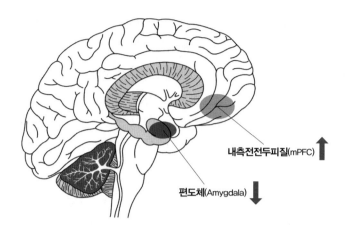

내측전전두피질(mPFC)

편도체(Amygdala)

[그림 1-1] 현대사회를 살아가는 원시인의 뇌. 내측전전두피질(mPFC)과 편도체
(Amygdala)는 밀접하게 연결되어 있으며 서로를 통제한다. 하나의 기능이 활발해질 경
우 다른 쪽의 기능은 저하된다. 마치 시소처럼 하나가 올라가면 다른 하나는 내려가는 식
으로 작동한다.

신경망을 사용해야 효율적으로 해결할 수 있을 텐데 오히려 뇌는 '위기'라고
판단하여 편도체 중심의 신경망을 통해 감정적인 대응을 하려고 하니 어려
움이 생길 수밖에 없다.

　　현대인의 뇌는 각자 삶의 중요한 순간, 즉 대학 진학을 위한 수능을 비
롯해 취업면접이나 프로젝트 발표 등을 앞두고 있을 때 원시인이 멧돼지와
맞닥뜨렸을 때와 같은 반응을 한다. 시험을 잘 보거나 면접을 잘 치르려면 전
전두피질을 활성화해서 논리적 사고력과 문제해결력을 끌어올려야 하는데
오히려 편도체를 활성화해서 몸의 근육을 긴장시키고, 심박수를 높이고, 두
려움과 공포를 느끼게 하며, 집중력과 문제해결력은 저하시키는 것이다.

　　현대사회에는 근육으로 해결되는 비상사태가 별로 없다는 것을 우리
뇌는 아직 모른다. 이러한 원시인의 뇌를 가진 채 현대사회를 살아가야 하는
우리는 뇌의 기본적인 작동방식을 잘 이해하고 조절해서 환경에 적응하는
능력을 키워야만 한다. 이것이 바로 마음근력 훈련의 핵심 목표다.

　　　　　　　　　　　　　　　　　　　　　　　　　내면소통

두려움
: 뇌가 비상사태에 대처하는 방식

마음근력 훈련에서 중요한 뇌 부위는 전전두피질을 중심으로 하는 신경망들이다. 그중에서도 특히 핵심은 mPFC(내측전전두피질) 중심의 신경망들이다. 마음근력을 강화하려면 무엇보다도 mPFC를 중심으로 하는 신경망을 활성화해야 한다. 그런데 전전두피질 중심의 기능을 활성화하기 위해서는 그 전제조건으로 일단 편도체부터 안정화시켜야 한다.

전전두피질이 뇌의 겉부분이라면 편도체는 저 깊은 속부분이다. '감정 중추'라고도 불리는 변연계의 핵심 부위가 바로 편도체다. 위기 상황이라고 판단되는 순간 가동되는 '공포 회로'의 중심축 역시 편도체다.[8] 편도체는 비상사태가 일어났을 때 이를 온몸에 알림으로써 위기를 효율적으로 극복하기 위한 일종의 경보장치라 할 수 있다.

편도체에서도 중심부에 자리 잡은 '핵(nucleus)'은 두려움의 순간에 심박수를 급격히 변화시켜 매우 빨리 뛰게 하거나 혹은 갑자기 천천히 뛰게도 한다. 쥐의 경우에는 깜짝 놀라거나 반대로 꼼짝 못하고 얼어붙는 반응을 보이기도 한다. 한번 심한 두려움을 경험하게 되면 '공포 학습' 효과로 인해 비슷한 자극에도 더 강하게 반응한다.[9] 편도체의 작동방식은 쥐와 사람이 매우 유사하다. 사람을 대상으로 한 실험에서도 먼저 일상적인 소리를 들려준 직후에 쾅 하는 소리를 들려줘 깜짝 놀라게 했더니 나중에 일상적인 소리를 들려줬을 때도 편도체가 활성화되는 것이 발견되었다.[10] "자라 보고 놀란 가슴

솥뚜껑 보고도 놀란다"라는 속담은 바로 이러한 공포 학습을 한마디로 요약한 것이다.

쥐의 편도체에 전기 자극을 준다든지 해서 활성화시켜놓으면 같은 소리를 들려줘도 편도체가 활성화되지 않았을 때보다 훨씬 더 크게 깜짝 놀란다.[11] 이처럼 편도체가 활성화된 상태에서는 동일한 자극에 대해서도 더 격렬한 공포 반응을 보인다. 더 크게 화들짝 놀라고, 더 격하게 화를 내고, 더 심한 공격성을 보이게 되는 것이다.

반면에 편도체에 이상이 생겨 자극이 주어져도 활성화되지 않으면 두려움을 느낄 수 없게 된다. 편도체는 좌뇌와 우뇌에 똑같은 크기와 모양으로 하나씩 있다. 만일 한쪽 편도체에 이상이 생겼다 해도 다른 한쪽의 편도체만으로 상당한 양의 정보를 처리할 수 있으므로 어느 정도 두려움을 느낄 수 있다. 하지만 좌우 편도체 모두에 장애가 생긴 환자는 두려움을 느끼지 못한다. 그런 환자에게 공포에 질린 여성의 비명소리를 들려주면 그 목소리의 주인공이 두려워하고 있다는 점은 분명히 인지하면서도 자기 자신은 그로 인한 두려움이나 불쾌감을 느끼지 않는다.[12] 일반인에게 같은 비명소리를 들려주면 편도체가 활성화되고 짜증이나 두려움 등의 부정적 감정이 일어난다.

좌우 편도체에 장애가 생긴 환자에게 두려움을 느껴 잔뜩 몸을 움츠린 사람의 이미지를 보여줄 때도 비슷한 현상이 관찰된다. 환자는 그 사람이 두려워하고 있다는 사실은 인지할 수 있으나 본인도 같이 두려움이나 불쾌감을 느끼지는 않는다.[13] 어떤 사람의 표정에 담긴 두려운 감정을 인지하는 데도 편도체가 중요한 역할을 하는 것이다. 편도체에 이상이 생긴 환자는 누군가의 놀라는 표정을 봐도 그 사람의 감정 상태를 인지하지 못한다. 다만 그 사람이 누구인지를 알아보는 데는 아무런 문제가 없다.[14]

우리가 두려움을 느끼는 데에 편도체가 핵심 역할을 한다는 점을 결정적으로 보여주는 여러 실험이 있다. 좌우 편도체에 이상이 생긴 환자는 살아있는 뱀이나 거미를 가까이에서 보더라도, 놀이공원의 으스스한 유령의 집에 들어가서도, 온갖 귀신이 출몰하는 공포영화를 보면서도 두려움을 느끼지 않았다. 한 실험에서는 3개월간 실제 일상생활을 하면서 겪는 여러 가지 경험에 대한 감정 반응을 기록하게 했는데, 무언가를 두려워하는 공포 반

응은 찾아보기 어려웠다. 하지만 두려움 이외의 다른 감정들은 아무런 문제 없이 경험했다.[15]

공황장애를 포함한 불안장애 환자에게는 편도체의 과도한 활성화가 관찰된다는 연구결과도 여럿 찾아볼 수 있다.[16] 특히 여러 연구결과를 한데 모아 분석하는 메타분석 연구결과는 불안장애와 PTSD(외상후스트레스장애) 환자가 일반인과 비교해 편도체와 뇌섬엽이 과도하게 활성화된다는 것을 확인했다. 특히 PTSD 환자의 경우에는 편도체가 더 활성화될 뿐만 아니라 감정 조절에서 중요한 역할을 담당하는 dACC(배측전방대상피질)와 vmPFC(복내측전전두피질)는 오히려 덜 활성화된다는 사실도 발견되었다.[17]

이처럼 편도체는 두려움과 공포의 감정을 유발하는 중심축이다. 분노나 짜증, 무기력이나 우울감 등의 부정적 감정은 두려움이 지속될 때 나타나는 좌절감의 표현이다. 모든 부정적 감정의 근원이 두려움이다. 편도체가 활성화되면 두려움을 느끼게 되고, 반복적으로 활성화되는 편도체는 자그마한 자극에도 크게 반응하는 공포 회로를 형성한다. 이때, 마음근력의 기반인 전전두피질의 신경망의 기능은 저하된다.

얼룩말이 위궤양에
안 걸리는 이유

편도체는 거의 모든 포유류의 뇌에서 발견된다. 역할도 매우 비슷하다. 위기가 닥치면 그 위기를 벗어나는 데 모든 생체 에너지를 쓸 수 있도록 비상사태에 돌입하는 프로세스를 작동시킨다. 가령 사자에게 쫓기는 얼룩말의 편도체는 엄청나게 활성화되면서 다양한 신경전달물질과 호르몬 작용을 통해 일시적으로 근육의 출력을 최대치로 높이는 몸 상태를 만든다. 이때 여러 가지 호르몬이 분출돼 심장을 더 빨리 뛰게 하고 근육에 더 많은 혈액이 공급되도록 한다. 이러한 역할을 하는 호르몬들 가운데 대표적인 것이 일명 '스트레스 호르몬'으로 알려진 코르티솔이다.

사자에게 쫓기는 얼룩말이나 멧돼지와 마주친 원시인에게 필요한 것은 근육의 힘이다. 위기의 순간에 온몸에 퍼지는 스트레스 호르몬은 근육에 되도록 많은 에너지를 보내는 역할을 한다. 이것이 스트레스 반응이다. 이때 평소에는 중요하지만 잠시 멈출 수 있는 기능들은 거의 다 일시 정지된다. 대표적인 것이 소화 기능이다. 소화기관의 활동을 잠시 중단시키고 위장으로 갈 혈액까지 모두 근육으로 동원하는 것이 스트레스 반응이다. 마찬가지로 생식 기능도 저하되고 면역 기능도 저하된다. 이러한 급격한 스트레스 상태가 잠시 계속되는 것은 신체에 별 무리를 주지 않는다. 혈액 순환을 촉진하고 몸의 활력을 높이기도 해서 오히려 건강에 도움이 되기도 한다. 문제는 이러한 스트레스 상태가 오랫동안 지속되는 경우다. 만성적인 스트레스 상태에 있

내면소통

게 되면 소화 기능, 생식 기능, 면역 기능에 심각한 장애가 생기게 마련이다.

사자에게 쫓기는 순간에 얼룩말의 체내에는 엄청난 양의 스트레스 호르몬이 분비된다. 하지만 늘 사자의 공격 위험에 노출된 채 살아가는 얼룩말에게는 신기하게도 만성적인 스트레스란 것이 없다. 사자의 추격이라는 비상사태는 금방 결판이 나기 마련이기 때문이다. 잡아먹히든지 도망치든지 수분 이내에 상황은 종료된다. 《얼룩말은 왜 위궤양에 걸리지 않는가?(Why zebras don't get ulcers?)》라는 재미있는 제목의 책에서 미국 스탠퍼드대학교의 로버트 새폴스키(Robert Sapolsky) 교수는 사자의 추격을 성공적으로 물리친 얼룩말은 다시 평화롭게 눈앞의 풀을 뜯어 먹을 뿐이라고 주장한다.[18] 자신을 공격했던 사자를 떠올리며 분노하지도 않고, 내일 또 사자가 나타나면 어떡하나 미리 걱정하지도 않는다. 그저 지금 여기에 집중할 뿐. 그러다가 사자가 또 나타나면 그때 다시 열심히 도망친다.

멧돼지를 마주친 원시인도 마찬가지였을 것이다. 위기 모드가 오래 계속되지 않았던 원시인에게는 만성 스트레스가 매우 드문 일이었다. 하지만 현대인이 마주하는 멧돼지들 가운데 10분 이내에 해결되는 것은 거의 없다. 고등학교 수험생에게 스트레스 반응을 유발하는 멧돼지는 대학입시다. 수능이라는 엄청난 멧돼지는 수년간 학생들을 압박하며 다가온다. 도무지 편도체가 가라앉을 틈을 주지 않는다. 직장인이나 자영업자도 마찬가지다. 강압적인 직장 상사, 업무평가, 진상 고객, 경쟁업체, 경기침체, 고유가 등 수많은 멧돼지가 현대인의 편도체를 지속적인 활성화 상태로 만든다. 가족 간 불화가 있는 경우라면 아예 멧돼지와 함께 살아가는 것이나 마찬가지다. 그 결과 많은 사람이 소화 기능, 생식 기능, 면역 기능 저하로 고생하고, 이유 없이 여기저기 아프고 무기력에 시달리며, 마음근력이 약해지면서 각종 불안장애와 우울증을 경험하게 된다. 만성적인 스트레스는 마음근력의 최대의 적이다.

만성 스트레스로 인한 가장 큰 문제 중 하나는 면역 기능에 이상이 생기는 것이다. 만성 스트레스는 암세포로부터 우리 몸을 지켜주는 자연살해(natural killer: NK) 세포와 T세포의 기능을 크게 떨어트린다. 만성 스트레스는 불안장애와 수면장애를 초래하며, 수면 부족 자체도 면역 기능을 떨어트린다. 대학생들을 대상으로 한 실험에서 단 하루 수면시간을 네 시간으로 줄였더니 바로 그다음 날 암세포 억제와 관련해 중요한 기능을 담당하는 NK세포의 활동이 70퍼센트나 감소했다는 연구결과도 있다.[19]

만성 스트레스는 또한 면역체계가 정상조직을 공격하는 자가면역질환과도 관련이 깊다. 자가면역질환의 종류는 다발성경화증, 천식, 류머티즘 관절염, 크론병, 궤양성 대장염, 루푸스병, 베체트병, 건선, 아토피 등 100가지가 넘는다. 이러한 질환의 공통점은 정확한 원인이 밝혀지지 않았다는 것이다. 다만 환경과 유전적 요인이 모두 관여하는데, 그중에서도 만성적인 스트레스가 가장 큰 원인으로 지목된다.

오늘날 루푸스나 류머티즘 관절염, 다발성경화증 등의 자가면역질환은 보통 남성보다는 여성의 발병률이 훨씬 더 높다. 이것만 놓고 보면 환경보다는 유전적 요인이 더 큰 원인처럼 생각될 수도 있다. 남자나 여자나 서로 다른 환경에서 사는 것은 아니며, 술·담배 등 유해물질에 여성이 더 많이 노출된다고 보기도 힘들기 때문이다. 그러나 가보르 마테(Gabor Maté) 박사는 전반적인 트렌드를 봐야 한다고 주장한다.

1940년대만 해도 남녀의 다발성경화증 유병률이 1 대 1로 같았다. 그러다가 점점 여성의 발병률이 높아지면서 2010년대에는 그 비율이 1 대 3.5에 이르렀다. 여성이 무려 3.5배나 더 높은 발병률을 보이게 된 것이다. 70년의 짧은 기간에 유전자 변화가 이토록 크게 이뤄졌다고 보기는 힘들며, 또 지난 70년간 여성만 오염된 환경에 더 많이 노출됐다고 보기도 힘들다는 것이 마테의 주장이다. 다만 여성이 겪는 만성적 스트레스가 지난 70년 동안 꾸준히 증가했다고 보는 것이 타당하다는 것이다. 또 다른 예로 북아메리카 지역의 인종 차별을 경험한 흑인 여성들은 같은 지역의 남성들에 비해 천식 발병률이 더 높았다. 마테는 사회적 경험이라는 요인이 환경이나 유전적 요인을 압도한다는 점에서 천식 발병의 주된 원인 역시 만성 스트레스에 있는 것으로 봐야 한다고 주장했다.

자가면역질환에 대한 가장 일반적인 치료제는 스트레스 호르몬이다. 효과성이 입증돼 널리 사용되는 천식 치료제는 대부분 아드레날린과 코르티솔 성분을 복제한 약으로 다발성경화증 역시 코르티솔 등의 스트레스 호르몬을 통해 자가면역 반응을 조절하는 방식으로 치료한다. 아토피나 피부 발진, 류머티즘 관절염에도 스테로이드로 치료하는데 이 역시 코르티솔 성분이다.[20] 이처럼 스트레스 호르몬에는 면역 기능을 억제하는 강력한 효과가 있다.

편도체 활성화는 만성 스트레스를 유발해 몸만 아프게 하는 것이 아니라 전전두피질의 기능도 크게 떨어트린다. 편도체의 지속적인 활성화는 전전두피질을 중심으로 하는 신경망의 활성도를 전반적으로 약화해 마음근력을 제대로 발휘하기 어렵게 만든다. 반대로 전전두피질이 활성화되면 편도체를 억제하고 통제할 수 있다. 이제 편도체와 전전두피질의 밀고 당기는 관계에 대해 좀 더 자세히 살펴보자.

편도체와 전전두피질의
시소 관계

편도체를 안정화하는 습관을 뇌에 새기기

편도체와 전전두피질은 하나가 활성화되면 다른 하나는 비활성화되는 경향이 강하다. 하나가 올라가면 다른 하나는 내려간다는 점에서 둘의 관계는 마치 시소와도 같다. 따라서 마음근력의 핵심이 되는 전전두피질을 활성화하기 위해서는 우선 편도체부터 안정화할 필요가 있다. 스트레스에 시달리는 대다수 현대인은 편도체가 과도하게 활성화돼 있기에 더욱더 그러하다. 근육보다는 머리를 써야 벗어날 수 있는 위기 상황임에도 불구하고 여전히 원시인처럼 편도체를 활성화하는 뇌의 작동방식을 바꿔야 한다. 일단 편도체부터 안정화하지 않으면 전전두피질 활성화를 위한 마음근력 훈련이 효과를 보기 어렵다.

그렇다면 편도체가 활성화될 때 전전두피질의 활성도는 왜 저하되는 것일까? 전전두피질은 논리적이고 이성적인 정보처리를 하는 기관이다. 노벨경제학상을 받은 심리학자 대니얼 카너먼(Daniel Kahneman)의 개념을 빌리자면, 합리적인 '천천히 생각하기(slow thinking)'를 하는 기관이다.[21] 끈기와 과제지속력(perseverance)을 발휘하기도 하고, 상대방의 입장과 나의 입장을 동시에 고려하기도 하며, 창의성을 발휘해 문제를 해결하는 기능을 담당한다. 그런데 생존이 위협을 받는 위기 상황에서는 이러한 논리적이고도 이성적인

'천천히 생각하기'는 별 도움이 되지 않는다.

수렵과 채집이 기본적인 생존방식이었던 원시시대의 선조들을 잠시 생각해보자. 토끼를 사냥하려고 돌도끼 하나 메고 산을 돌아다니는데 갑자기 멧돼지가 떼로 나타나서 덤벼든다. 한마디로 비상사태다. 이때 인간의 뇌는 매우 합리적으로 작동한다. 절체절명의 순간임을 알아챈 뇌는 편도체를 활성화하고 '천천히 생각하기'를 하는 전전두피질의 기능을 잠시 멈춰 세운다. 그럼으로써 직관적이고도 감정적인 '빨리 반응하기'에 의존하는 시스템으로 전환해버리는 것이다. 눈앞에 멧돼지가 나타나서 덤벼들 때는 차근차근 논리적으로 문제해결 방안을 생각하는 것은 도움이 되지 않는다. 나는 어떤 상태인가, 멧돼지의 입장은 어떠한가, 멧돼지의 의도는 무엇인가 등을 파악하는 것도 긴박한 위기 상황에서는 별 도움이 되지 않는다. 그보다는 차라리 모든 에너지를 근육으로 보내서 당장 도망가든지 아니면 싸우든지 해야 한다. 생각은 나중에 하고 일단 반응해야 살아남을 확률이 높아지는 것이다.

스트레스 상황에서는 의식하지 않아도 저절로 근육들이 긴장되며 수축한다. 근육이 과도하게 긴장하면 여러 가지 문제가 발생한다. 가령 과도한 턱근육 긴장으로 이를 악물게 되면 턱관절 장애나 수면 중 이갈이 현상의 원인이 되기도 한다. 목과 어깨의 지속적이고 과도한 근육 긴장은 거북목을 만들고 목디스크나 어깨관절 장애를 유발하는 것으로 알려져 있다. 만성적인 스트레스는 불필요한 근육의 긴장으로 불균형한 자세를 만들어내고 이는 여러 근골격계 질환의 근본 원인으로 작용한다. 단순화의 오류를 무릅쓰고 간단하게 말하자면, 만성 스트레스는 편도체가 지속적으로 활성화된 상태다. 이러한 상태는 몸을 망가뜨릴 뿐만 아니라 마음근력도 약화시킨다.

근본적인 문제는 동굴에 살면서 사냥으로 먹을 것을 구하던 시대에 적합했던 방식으로 작동하는 뇌를 가진 채 복잡한 현대사회를 살아가야 한다는 데 있다. 길을 가는데 갑자기 불량배가 나타나 주먹을 휘두르거나, 등산 갔다가 산짐승과 마주치거나 했을 때, 즉 정말로 근육의 힘이 필요한 상황에서는 편도체가 활성화되는 것이 도움이 된다. 그러나 수능 수학 시험지를 받아들거나, 입사면접을 위해 면접관 앞에 앉았을 때, 혹은 중요한 모임에서 여러 사람 앞에서 설득력 있는 발표를 해야 할 때라면? 이런 순간에도 편도체가 활성화되면 매우 곤란하다. 이럴 때일수록 필요한 것은 몸의 근육이 아니라 전전두피질의 기능이기 때문이다. 따라서 이러한 순간에는 편도체를 안정화하고 전전두피질을 활성화할 필요가 있다. 그러나 여전히 원시시대와 동일한 방식으로 작동하는 우리 뇌는 이러한 상황에서도 습관적으로 편도체를 활성화한다. 그 결과 긴장되는 중요한 순간일수록 심장이 두근거리고, 호흡이 빠르고 얕아지며, 목과 어깨근육이 긴장되고, 이를 악물게 되며, 손바닥에 땀이 흥건해진다.

이러한 현상이 일어나는 것은 모두 편도체가 활성화됨에 따라 정작 필요한 전전두피질의 기능은 심각하게 저하되었음을 의미한다. 그에 따라 집중력, 판단력, 창의력, 문제해결력 등 마음근력도 모두 저하되면서 자기 역량을 제대로 발휘할 수 없게 되는 것이다. 긴장되는 중요한 순간일수록 의도적으로 편도체를 안정화하고 전전두피질을 활성화해야 하는 이유는 바로 그래야만 자기 역량을 최대한 발휘할 수 있기 때문이다. 중요하고 긴장되는 순간일수록 오히려 편도체를 안정화하고 전전두피질을 활성화하는 새로운 습관을 뇌에 새기는 것, 이것이 바로 마음근력 훈련이다.

전전두피질과 편도체의 기능적 연결성

편도체가 활성화되면 전전두피질의 기능이 저하되고, 반대로 전전두피질이 활성화되면 편도체를 안정적으로 억제할 수 있게 된다. mPFC(내측전전두피질)와 편도체와의 기능적 연결성이 강한 상관관계를 보이는 사람일수록 위기관리 능력이 뛰어날 가능성이 크다.[22] 위기 상황에서도 침착하고 차분하게 감정을 조절하는 사람은 실패를 두려워하지 않고 적극적인 도전성을 발휘할 수 있다. 전전두피질에서도 특히 안쪽에 있는 mPFC는 편도체를 안정화해 감정을 조절하고 나아가 회복탄력성을 발휘하는 데에도 핵심적인 역할을 담당한다.[23]

여러 관련 연구가 전전두피질과 편도체 사이의 기능적 연결성(functional connectivity)이 강한 사람일수록 감정을 잘 조절한다는 사실을 밝혀내고 있으

내면소통

며,[24] 특히 mPFC 활성도가 높고 편도체와의 기능적 연결성이 강할수록 감정을 조절하는 능력이 더 뛰어난 것으로 나타났다.[25] 피험자를 부정적 자극물에 노출시켜 부정적 감정을 유발하고 이때의 뇌 활성화 상태를 fMRI(기능적 자기공명영상)로 측정한 실험도 있다. 즉 피험자의 기분을 나쁘게 해서 편도체를 활성화하는 동시에 실시간으로 편도체 활성화 정도를 피험자에게 알려주어 스스로 감정을 조절하게 함으로써 편도체를 안정화하는 훈련을 한 것이다. 이러한 뉴로피드백(neurofeedback) 실험을 통해서 mPFC 부위가 많이 활성화되는 사람일수록 편도체가 더 안정화된다는 사실이 다시 한번 확인되었다.[26]

편도체와 전전두피질 사이의 기능적 연결성은 유년기부터 청년기에 이르기까지 계속 발달하며, 이는 스트레스를 조절하는 능력과 밀접한 관련이 있다.[27] 우리 몸에는 항상성 유지를 위한 자동온도조절장치와 같은 시스템이 있는데, 모든 호르몬은 이 시스템에 의해서 조절된다. 가령 스트레스 호르몬이 지나치게 많이 분비되면 곧바로 그것을 감지해서 다시 스트레스 호르몬 분비를 낮추는 시스템이 가동되는 식이다. 그런데 어려서부터 왕따, 학대 등의 경험으로 심각한 스트레스에 오랫동안 노출된 사람은 스트레스 호르몬을 자동적으로 조절하는 기능에 이상이 생긴다. 이런 경우 편도체와 전전두피질 간의 기능적 연결성이 약해지기도 한다.

4세부터 23세까지의 사람들을 대상으로 뇌의 기능적 연결성을 살펴본 또 다른 연구에 따르면, 편도체와 다른 여러 뇌 부위 간의 기능적 연결성은 나이가 들수록 점차 발달하는 경향을 보이는데, 그중에서도 가장 현저한 발달을 보이는 것은 편도체와 전전두피질 간의 기능적 연결성이다.[28] 다시 말해 편도체와 전전두피질 간의 연결망은 날 때부터 확고하게 자리 잡힌 것이 아니라 성장하면서 교육과 환경의 영향을 받으며 차츰 발달해간다. 이것이 함의하는 바는 유년기나 청소년기의 부정적 정서와 관련된 경험과 학습혹은 감정조절에 관한 훈련이 편도체와 전전두피질 간의 기능적 연결망 발달에 큰 영향을 미칠 수 있다는 사실이다.

뇌 발달에 관한 또 다른 연구에서는 편도체와 전전두피질 간의 기능적 연결성이 10세 미만의 어린 시절까지는 편도체가 활성화될 때 전전두피질도 같이 활성화되는 정적(positive)인 상관관계를 보이다가 사춘기로 접어들면서 한 부위가 활성화되면 다른 부위의 활성도는 억제되는 부적(negative)인 상관관계를 보였다.[29] 이 시기부터 자신의 의도와 의지에 따라 전전두피질을 활성화함으로써 편도체를 억제할 수 있게 되고 이에 따라 스스로 부정적인 감정을 조절하는 능력을 키우면서 감정적으로 더욱 성숙해진다. 청소년기에 이러한 능력을 잘 발달시키지 못하면 감정조절장애를 겪을 가능성이 커진다. 따라서 청소년기에 접어들기 전부터 편도체를 안정화하고 전전두피질을 활성화하는 마음근력 훈련을 시작할 필요가 있다.

뇌과학의 지나친 환원주의를 경계하며

지금까지 우리는 mPFC를 중심으로 한 전전두피질의 신경망이 마음근력의 핵심적인 기반이고, 편도체의 활성화는 두려움이나 분노 등 부정적 감정을 유발하고 전전두피질의 기능을 저하시킨다는 사실을 살펴보았다. 하지만 이러한 설명은 복잡하고 모순적으로까지 보이는 다양한 뇌 기능을 알기 쉽게 대폭 단순화해서 설명한 것임을 밝혀두고자 한다.

뇌과학에서 지나친 환원주의는 늘 경계해야 한다. 뇌의 특정 부위나 신경망의 활성화가 곧 특정 기능의 발휘와 일대일 대응을 하는 경우는 거의 없다. 피아노를 칠 때 손가락 근육이 활성화되는 것은 맞지만 그렇다고 해서 손가락 근육의 활성화가 곧 피아노 연주를 의미하는 것은 아닌 것과 마찬가지다. 행복한 기분이 들거나 긍정적 정서가 유발된 사람들의 뇌는 안와전두피질(OFC)이 대체로 활성화된다. 그러나 분노나 공격성이 표출될 때도 마찬가지로 OFC가 활성화되는 것으로 알려져 있다. 'OFC 활성화=행복감 증가'와 같은 식의 획일적인 단순화는 위험하다. 그럼에도 다른 모든 조건이 동일할 때 OFC가 활성화되면 긍정적 정서가 유발되었을 가능성이 크다고 보는 것은 여전히 합리적인 해석이다.

편도체 활성화 역시 마찬가지다. 편도체는 하나의 작은 뇌 부위이지만 여기에도 다양한 신경망이 존재하며, 편도체의 앞쪽과 뒤쪽은 각기 다른 방식으로 다른 뇌 부위의 신경망과 연결되면서 다양한 기능과 현상으로 나타난다. 매우 기분이 좋을 때, 관심 있는 대상에 주의를 집중할 때도 편도체가 활성화된다. 즉 편도체 활성화가 곧 부정적 감정의 유발이라고 획일적으로 단언할 수는 없다. 그럼에도 불구하고 편도체의 기본적인 기능이 두려움에 반응해 온몸에 긴장을 유발하는 것이라는 설명은 여전히 옳다. 분노나 공격성이 표출될 때 편도체는 활성화된다. 물론 이때 편도체만 활성화되는 것은 아니며 OFC를 비롯해서 뇌의 다양한 부위와 연결되면서 역동적인 신경망을 만들어낸다. 그럼에도 다른 모든 조건이 동일할 때 편도체 활성화를 분노나 공격성의 중요한 지표로 볼 수 있는 것은 분명하다.

사실상 수많은 뇌 영상 연구들이 편도체뿐 아니라 다른 뇌 부위에 대해서도 각기 조금씩 다르고 모순이 되기도 하는 결과를 내놓고 있다. 현재 뇌과학은 아직 초기 연구 단계를 벗어나지 못한 신흥학문이기에 더욱 그러하다. 매년 새로운 측정 도구와 분석 기법이 개발되고 있으나 여전히 fMRI는 섬세한 뇌 작용에 비해 거칠고 투박하기만 한 연구 도구다. 그렇기에 뇌 영상 연구에서는 결과 자체보다는 결과에 대한 해석이 훨씬 더 중요하다.[30] 이러한 한계에도 불구하고 현재까지의 뇌과학 연구들은 우리가 일상생활에서 마음근력을 강화하기 위해서 어떠한 노력을 해야 하는지에 관한 기본적인 방향을 명확하게 제시해준다.

마음근력 훈련과 관련해 뇌과학 이론과 기술을 적용하고 효과성을 밝히는 것은 뇌과학자들의 몫이다. 마음근력을 강화하고자 하는 사람이라면 편도체 안정화와 전전두피질 활성화가 필요하다는 것과 특히 mPFC를 중심으로 하는 신경망의 기능적 연결성을 강화하는 것이 중요하다는 점을 기억하는 것만으로 충분하다. 이제 마음근력 훈련을 위해서는 두 가지 요소가 필요하다는 것이 분명해졌다. 하나는 편도체를 안정화시키는 훈련으로, 내 몸과의 내면소통에 기반한 것이고, 다른 하나는 전전두피질을 활성화시키는 훈련으로, 내 마음과 내면소통에 기반한 것이다.

마음근력 강화를 위한
교육의 중요성

교육의 영향을 많이 받는 전전두피질

　　뇌의 부위별 발달 순서를 보면 mPFC(내측전전두피질)를 중심으로 하는 전전두피질 부위가 가장 늦게 완성된다. 환경과 교육의 영향을 가장 많이 받는 부위도 전전두피질이다. 이 전전두피질이 완전히 성장하는 나이는 25세 정도로 알려져 있다.[31] 20대 중반은 지나야 전전두피질이 충분히 성장해 편도체 활성화를 억제함으로써 스스로 감정과 충동성을 통제하고 이성적으로 판단할 수 있는 능력을 갖추게 되는 것이다. 그전에는 감정을 잘 조절하지 못하고 충동적일 수밖에 없으며 판단력과 미래에 대한 예측력도 부족하다. 자동차 보험회사가 26세부터 보험료를 대폭 깎아주는 데는 다 이유가 있는 것이다. 범죄 통계를 보더라도 25세 이전에는 충동적인 폭력범의 비중이 높다가 26세 이후에는 점차 경제사범 등 지능형 범죄의 비율이 높아진다.

　　전전두피질의 성장은 20대 중반에나 완성되나 편도체는 그보다 훨씬 더 빨리 완성된다. 청소년기에는 편도체가 활발하게 작동하면서 온갖 부정적 정서와 충동성을 유발하는 데 반해 전전두피질은 아직 미성숙해서 제대로 기능하지 않는다. 이러한 간극이 가장 크게 벌어지는 것이 중학교 2학년 때쯤이다. 전전두피질은 기능을 제대로 발휘하지 못하는데 편도체만 날뛰는 이 시기의 아이들은 술을 마시지 않더라도 감정적으로는 만취 상태에 빠진 것이나 다름없는 상태라고 할 수 있다.

중·고등학교에서 일어나는 학교폭력을 근절하기 위해서는 이 간극을 줄힐 수 있는, 즉 편도체를 안정화하고 전전두피질을 활성화하는 교육 환경을 만드는 것이 중요하다. 처벌을 강화하는 것은 별 소용이 없다. "학교폭력 가해자는 엄벌에 처한다"라는 규정이 효력을 발휘하려면 아이들 뇌의 전전두피질이 제대로 작동해야 한다. 폭력을 행사하고 싶다가도 엄한 처벌 규정을 떠올리며 '처벌'이 가져올 고통을 '예측'해보고, 이를 바탕으로 '판단'하여 폭력을 행사하지 않기로 '의사결정'한 다음, 그러한 의사결정에 따라 자신의 행동을 '통제'할 수 있으려면 전전두피질의 신경망이 잘 작동해야 한다. 그런데 중·고등학교 청소년들에게 이러한 전전두피질의 기능을 기대하기란 어렵다. 모든 처벌 규정은 뇌의 전전두피질에 호소하는 것이다. 그러나 청소년의 뇌에서는 그러한 처벌 규정에 반응하기 위한 전전두피질 활성화가 잘 이뤄지지 않기 때문에 편도체가 이끄는 대로 감정의 폭발에 따라 전후좌우 가리지 않고 충동적으로 공격적 행동을 하게 되는 것이다.

청소년 폭력을 줄이는 가장 효율적인 방법은 마음근력 훈련을 통해 편도체를 안정화시켜주는 것이다. 만성적 스트레스 상태를 최대한 완화시켜주고 부정적 감정의 유발 습관을 최소화할 수 있도록 도와주어야 한다.

자녀를 둔 부모가 특히 유념해야 할 점은 편도체 활성화는 전염성이 매우 강하다는 사실이다. 인간의 뇌는 공동체의 어느 한 구성원이 느끼는 공포와 두려움이 다른 구성원에게도 즉각적으로 전달되도록 진화해왔다. 한 동굴에 사는 어떤 사람이 멧돼지를 발견해서 편도체가 활성화되었다면 이는 같이 생활하는 주변 사람들에게도 위기 상황이 되므로 구성원 모두의 편도체가 자동으로 같이 활성화되도록 뇌는 진화해온 것이다.

우리의 뇌는 원시인의 뇌와 마찬가지 방식으로 작동한다. 가정이나 직장에서 함께 지내는 누군가가 부정적 감정을 표출하면 놀랄 만큼 빠른 속도로 다 같이 편도체가 활성화된다. 특히 부모가 화를 내거나, 짜증을 내거나, 불안해하거나, 걱정을 하게 되면 즉각적으로 자녀의 편도체도 활성화된다. 부정적 감정을 표출하는 부모는 아이의 편도체만 강화하고 전전두피질은 약화하는 양육을 하게 된다. 한마디로 아이를 정서적으로 불안하고 무능력한 사람으로 키우는 것이다. 따라서 특히 자녀를 키우는 부모들은 스스로 마음근력 훈련을 꾸준히 해서 자신의 편도체 안정화와 전전두피질 활성화를 위해 노력해야 한다. 뒤에서 살펴볼 후성유전학(epigenetics)의 관점에서도 부모의 정서 상태는 아이의 건강한 두뇌 발달에 강력한 영향을 미치는 매우 중요한 환경이다.[32] 부모는 아이 앞에서 늘 행복한 사람이 돼야 한다. 그래야 아이도 행복하고 능력 있는 사람으로 성장할 수 있다.

학교 교육도 마찬가지다. 아이들의 편도체 안정화와 전전두피질 활성화를 우선적인 교육 목표로 삼아야 한다. 이와 관련해 주목할 만한 것은 교육 현장에 널리 알려진 SEL(Social and Emotional Learning: 인간관계와 정서 학습)이다. SEL의 핵심 요소는 자기인식, 자기관리, 대인관계인지, 대인관계기술, 책임 있는 의사결정 등이다.[33] 구체적으로 살펴보자면, '자기인식'은 자신의 감정 상태에 대한 인지를 포함하는 것으로 일종의 자기이해 능력이다. '자기관리'는 자신의 감정을 조절하는 능력을 포괄하는 자기조절력이라고 할 수 있다. '대인관계인지'는 타인의 감정 상태를 인지하고 의도를 파악하는 능력이다. '대인관계기술'은 타인과의 소통 기술로서 표현력은 물론 공감력과 역지사지 능력도 포함된다. '책임 있는 의사결정'은 상황과 맥락을 파악해 자율적이고 주도적으로 문제를 파악하고 해결하는 능력으로 문제해결력, 창의성, 도덕성, 판단력 등을 포함한다. 제2장에서 자세히 살펴보겠지만, 마음근력의 세 가지 요소는 자기조절력, 대인관계력, 자기동기력이다. 사회정서학습은 이 세 가지 마음근력을 강화하는 것과 밀접하게 관련되어 있다. 자기인식과 자기관리는 '자기조절력'과, 대인관계인지와 대인관계기술은 '대인관계력'과, 그리고 책임 있는 의사결정은 '자기동기력'과 각각 연관이 있다.

SEL을 바탕으로 한 교육은 자신과 타인의 감정을 이해하고 조절하는 능력, 조화로운 인간관계를 유지하는 능력을 키워줄 뿐 아니라 학업성취도 향상에도 큰 도움이 된다. 편도체 안정화와 전전두피질 활성화로 끈기, 과제지속력, 집중력 등이 높아질 뿐만 아니라 문제해결력도 향상되기 때문이다. 학교 현장에서 다양한 방식으로 실시되고 있는 SEL의 효과를 다룬 논문들에 대한 메타분석 결과를 살펴보자.[34] 모두 213편의 논문을 바탕으로 유아부터 고등학생(5~18세) 27만 명 이상을 대상으로 한 사회정서학습의 효과에 대한 메타분석에 따르면, 아이들의 감정조절력과 대인관계력이 높아졌을 뿐만 아니라 자기 자신과 타인에 대한 태도도 긍정적으로 바뀌었다. 문제해결력이 향상되었고, 일상생활에서 가족이나 친구와의 관계도 더 긍정적으로 변한 것으로 나타났다. 우울과 불안 등의 심리적 문제는 줄어드는 한편 학업성취도에 있어서는 뚜렷한 향상을 보였다.

SEL은 일종의 마음근력 강화 훈련으로 이해돼야 하며, 초·중·고 학생들에게 더 폭넓게 교육해야 한다. 비인지능력을 키우는 교육을 해야 한다는 공감대가 전 세계에 확산되면서 우리나라에서도 SEL에 대한 관심이 높아지고 있는 것은 다행스러운 일이다. 그러나 실제 교육 현장에서는 여전히 비인지능력 교육이 학업과는 별 상관이 없는 인성교육쯤으로 받아들여지고 있다. 안타까운 일이다. 단지 지식으로 전달하는 데 그쳐서는 안 되고 마음근력이 향상될 수 있도록 '훈련'을 시켜야 한다. 편도체 안정화와 전전두피질 활성화라는 변화가 실제로 아이들의 뇌에서 일어날 수 있도록 꾸준히 훈련시켜야 한다. 그래야 아이들이 몸과 마음이 건강하고 자신의 잠재력을 충분히 발휘하는 행복한 사람으로 성장할 수 있을 것이다.

> Note **'소셜하다(social)'라는 것의 의미**
>
> 우리나라에서 SEL(Social and Emotional Learning)은 흔히 '사회정서학습'으로 번역된다. 그러나 이는 오해의 소지가 많은 번역이다. 여기서 'social'을 '사회'라고 번역하는 것은 적절치 않다. 오역에 가깝다. 'social'에는 두 가지 뜻이 있다. 하나는 '친구나 주변 사람들과의 인간관계'라는 뜻인데 'social'은 이러한 뜻으로 쓰는 경우가 훨씬 더 많다. 예컨대 'social activities'는 어떤 사회적 활동보다는 친구들과 만나서 어울려 노는 사교적 활동을 의미한다. 어떤 사람에게 'social'하다고 할 때 그 의미는 '사람들을 만나 교류하는 것을 좋아한다'는 것이다. 즉 '사교성'이 좋다는 것이지 '사회적'이란 뜻이 아니다. 페이스북이나 인스타그램을 "소셜미디어"라고 하는 것도 "사회적 매체"라는 뜻이 아니라 "사교적 매체"라는 뜻이다. 코로나 확산 예방책으로 시행한 '사회적 거리 두기' 역시

'사람 사이의 물리적 거리'를 둔다는 것이지 '사회적'인 어떤 '간격'을 두자는 것이 아니다.

'social'의 두 번째 뜻이 공동체 혹은 사회라는 뜻이다. 한국어의 '사회적'이라는 표현에서 지칭하는 '사회'는 주로 한국 사회, 미국 사회 등처럼 특정 범위의 전체 공동체를 뜻한다. 따라서 한국어의 '사회적'이란 말은 영어로는 'social'이라기보다는 차라리 'societal'이라 해야 한다.

'society'도 마찬가지다. 메리엄웹스터사전을 보면 'society'의 1번, 2번 뜻은 사교 클럽이라는 뜻이고 3번, 4번, 5번의 뜻이 공동체 혹은 전체 사회라는 뜻이다.[35] 따라서 영화 제목 〈Dead Poets Society〉를 〈죽은 시인의 사회〉라 번역한 것은 대표적인 오역이다. 〈죽은 시인의 모임〉 혹은 〈죽은 시인의 동호회〉 정도로 번역해야 맞는다. 'Social Psychology'도 흔히 '사회심리학'이라 번역되는데, 이것 역시 '인간관계심리학'이라 번역하는 것이 타당하다. '사회심리학'이라고 하면 한국 사회의 심리나 미국 사회의 심리 현상을 다루는 학문으로 착각할 소지가 있기 때문이다.

'Social and Emotional Learning'을 '사회정서학습'이라고 번역하면 도대체 무엇을 하자는 것인지 학생이나 교사나 모두 얼른 이해하기 어렵다. 한국 사회의 정서를 학습하는 무슨 사회 과목 같은 느낌도 난다. 그런 뜻이 아니다. 학생들이 친구나 가족 등 주변 사람들과 잘 지낼 수 있도록 '사교성' 혹은 '대인관계력'을 높여주는 교육 프로그램이란 뜻이다. 이를 위해서는 자신의 감정 상태를 잘 들여다보고 조절하는 능력, 타인의 감정 상태에 둔감하지 않고 잘 이해할 수 있는 능력이 필요하다. 자기 생각이나 감정을 제대로 잘 드러내는 기술 역시 필요하다. 따라서 SEL은 '사회정서학습'이 아니라 '인간관계와 정서학습'이라 번역해야 한다. 그래야 가르치는 교사나 배우는 학생 모두 오해하지 않고 제대로 교육하고 교육받을 수 있다.

비인지능력 향상에 초점을 맞추는 교육

평생 살아가야 할 세상에서 요구하는 능력과 우리 뇌의 기본적인 작동방식이 잘 부합하지 않기에 우선 의무교육을 통해서라도 모든 청소년에게 마음근력 훈련법을 가르쳐야 한다. 세계 각국의 의무교육이 여전히 언어나 수학 위주인 것은 매우 안타까운 일이다. 교육의 근본 방향은 이제 마음근력 키우기로 바뀌어야 한다. 인지능력이 필요한 웬만한 일들은 이제 인공지능에 맡겨도 되는 시대가 빠르게 다가오고 있다. 덕분에 최근 교육 현장에서도 마음근력의 중요성을 강조하기 시작했으나 여전히 대부분의 교과과정은 인지능력 향상에만 초점을 맞추고 있다.

인간의 능력에는 두 종류가 있다. 하나는 인지능력이고, 다른 하나는 비인지능력이다.

흔히 머리가 좋고 똑똑한 사람에게 인지능력이 뛰어나다고 말한다. 사람들은 오랫동안 인지능력이 인간의 기본적인 성취역량을 결정짓는다고 믿었다. 대학이나 기업에서도 인지능력이 뛰어난 '인재'를 선발하기 위해서 노력해왔다. 똑똑하면 공부도 잘하고 일도 잘한다고 믿었기 때문이다. 나아가 높은 성취를 이룬 사람들은 똑똑하고 머리가 좋기 때문이라고 생각했다.

그러나 여러 연구결과들이 계속해서 밝혀내는 것은 어떤 분야에서든 높은 성취를 이뤄내는 사람들은 끈기, 집념, 동기, 회복탄력성, 열정, 집중력 등의 비인지능력 수준이 높다는 사실이다.[36] 마음근력은 대표적인 비인지능력이다. 어떤 분야에서든 크게 성공한 사람들의 공통점은 마음근력이 강하다는 것이다. 아이큐(IQ)와 같은 지능지수로 대표되는 인지능력 자체는 우리가 무언가를 해내는 것에 그리 큰 영향을 미치지 못한다. 지능이 높은 것은 다만 새로운 것을 빨리 학습할 수 있음을 뜻할 뿐이다. 머리가 좋고 똑똑하다고 해서 무조건 성공할 수 있는 것은 아니다. 오히려 강력한 마음근력을 지닌 사람이야말로 자신이 해내고자 하는 일을 성공적으로 성취해낼 가능성이 매우 크다.

인지능력과 비인지능력 사이에는 뚜렷한 상관관계가 없다. 인지능력과 비인지능력이 둘 다 높을 수도 있고, 둘 다 낮을 수도 있으며, 둘 중 하나만

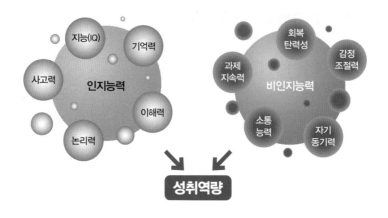

[그림 1-2] 인지능력과 비인지능력. 무엇인가를 해내는 인간의 역량은 인지능력과 비인지능력이라는 두 요소에 의해서 결정된다.

높을 수도 있다. 즉 머리가 좋다고 해서 마음근력도 강하다는 보장이 없고, 마음근력이 약하다고 해서 반드시 머리가 나쁜 것도 아니다. 머리만 좋고 한없이 허약한 마음근력을 지닌 사람도 있으며, 머리는 나쁘지만 강력한 마음근력을 지닌 사람도 얼마든지 있을 수 있다. 어떤 경우든 얼마나 강한 마음근력을 지녔느냐가 성취 역량을 결정짓는 근본 요인이다. 마음근력이 약한 사람은 머리가 좋고 나쁨을 떠나서 어떤 일을 해내는 힘이 약할 수밖에 없기 때문이다.

마음근력이 강한 사람인지 아닌지를 쉽게 판별하는 방법이 있다. 자기조절력, 자기동기력, 대인관계력이 높을수록 마음근력이 강한 사람이다. 이들은 성실하고 꾸준하고 정직하며, 집중력과 끈기를 발휘하고, 타인을 배려하고 존중할 수 있는 능력의 소유자들이다. 한번 실패했다고 해서 좌절하지 않으며, 자그마한 성공에 흥분하거나 들뜨지도 않는다. 감정조절력과 충동조절력도 뛰어나다. 이러한 비인지능력이 뛰어난 사람은 훌륭한 성품과 인성을 가질 가능성도 크기 때문에 비인지능력을 '성취역량인성'이라 부르기도 한다.

마음근력은 체계적인 노력과 반복적인 훈련을 통해 얼마든지 향상시킬 수 있다. 이는 마치 운동을 통해 몸의 근육을 단련할 수 있는 것과 마찬가지다. 마음근력도 몸의 근육처럼 어느 정도는 선천적으로 타고난다. 타고난 마음근력이 강한 사람도 있고 허약한 사람도 있다. 그러나 몸의 근육처럼 후천적인 습관과 노력이 훨씬 더 중요하다.

현재 당신의 팔근육이 얼마만큼의 근력을 발휘하는가는 선천적으로 타고난 근력과는 거의 관계가 없다. 오히려 최근 몇 달 동안 얼마나 자주 팔을 움직이고 운동했는지와 훨씬 더 관계가 있다. 선천적으로 근육이 발달한 사람이라 할지라도 부상 등의 이유로 두어달 동안 팔을 전혀 움직이지 못한다면 팔의 근육은 형편없이 약해진다. 반대로 약골로 태어난 사람이라 하더라도 꾸준히 운동하고 단련하면 탄탄한 근육을 가질 수 있다. 마음근력도 이와 같다. 꾸준히 석 달 이상 노력하면 누구든 강력한 마음근력을 지닐 수 있다. 몸의 근육이나 마음의 근육이나 모두 후천적인 노력이 훨씬 더 중요하다.

마음근력 훈련을 통해 성취역량을 강화한다는 것이 많이 들어본 이야기처럼 여겨질지도 모른다. 그러나 제도권 교육의 관점에서 보자면 매우 새롭고도 획기적인 이야기다. 전통적인 교육학이나 심리학은 어떤 사람의 역량이 주로 인지능력에 의해 결정된다고 믿었기 때문에 학교나 기업에서의 교육 역시 지식의 습득이나 지적 능력 개발에 초점을 맞춰왔다.

사실 비인지능력이 중요하다는 것을 모르는 사람은 없다. 우리 대부분 원하는 바를 성취하려면 끈기와 노력하는 힘이 있어야 하고, 시험이나 경기에서 좋은 성적을 내려면 집중력이 높아야 한다는 것을 잘 안다. 직장에서 성과를 내려면 협업력과 리더십이 중요하다는 점 역시 누구나 인정한다. 감정조절력이나 충동통제력이 뛰어난 성취역량의 조건이라는 점을 부인하는 사람 역시 없을 것이다. 그런데도 정규 교과과정에는 끈기, 집중력, 과제지속력 등의 성취역량 향상을 위한 교육이 전혀 없다. 협업을 위한 설득력이나 리더십 강화를 위한 체계적인 교육 커리큘럼도 없다. 감정조절력이나 충동통제력 향상을 위한 교과목도 마찬가지로 찾아볼 수 없다. 그저 언어와 수학만 강조해서 가르치는 것이 전 세계 의무교육 시스템의 공통점이다.

비인지능력에 초점을 맞춘 교육을 통해 성취역량이 높은 사람을 길러낼 수 있다는 것은 지난 100여 년간 이어온 의무교육 시스템에 반기를 드는 주장이다. 또 수많은 사람의 고정관념에 배치되는 것이고, 교육과 인재개발

분야 종사자들의 역할에 대해 근본적인 의문을 제기하는 것이기도 하다. 이는 관련된 여러 사람의 자존심을 건드리고 그들의 존재 의의를 위협하는 관점이라는 뜻이기도 하다. 내가 이 책에서 아무리 과학적인 근거를 토대로 논리적이고 합리적인 이야기를 하더라도 독자들을 설득하고 나아가 우리 사회의 고정관념을 바꾸는 것은 거의 불가능할 정도로 어려운 일이란 것을 잘 안다. 그럼에도 나는 그 불가능한 여정을 향해 한걸음 한걸음 나아가려 한다. 이제는 잘못된 고정관념을 바꿔나가기 시작해야 한다고 굳게 믿기 때문이다. 나 자신을 포함해서 우리 모두는 인지능력 중심 교육의 희생자라고 생각하기 때문이기도 하다. 지난 수십 년간의 뇌과학과 행동과학 연구성과들은 인지능력 향상에만 초점을 맞추는 교육 시스템은 더 이상 유지될 수 없다는 점을 너무도 분명히 말해주고 있다. 나는 그리 머지않은 미래에 교육의 핵심은 언어와 수학이 아니라 마음근력 훈련이 되리라는 것을 믿는다.

마음근력이 교육과 인재개발의 핵심 목표가 돼야 하는 이유

20세기 이래 인간에 대한 학문은 인간을 '능동적인' 행위자가 아닌 자극에 반응하는 '수동적인' 존재로만 파악했다. 주변 환경을 비롯한 외부적 변인이 인간의 태도, 생각, 행동에 어떠한 영향을 주느냐에만 관심을 가져온 것이다. '특정 행동이나 과업을 자발적으로 수행해내고 스스로 자기 운명을 개척해가는 인간'이라는 개념은 심리학이든 교육학이든 경제학이든 정치학이든 사회학이든 그 어떠한 학문에도 존재하지 않는다. 경제학의 구매행위에 관한 이론이든 정치학의 투표행태론이든 거의 모든 사회과학이론들은 사회구조와 환경이 인간의 생각과 행동을 어떻게 결정짓는가에 관한 것에 불과하다. 가격이 구매 의사를 결정지으며, 사회구조와 문화가 인간의 의식과 행동 변화를 이끈다는 식이다.

오늘날의 모든 '과학'은 외부에서 주어진 환경과 사회구조 및 시스템이 인간의 태도, 생각, 행동을 결정한다고 본다. 자발성을 지닌 인간이 어떻게 주도적으로 스스로의 환경과 세상에 변화와 영향을 줄 수 있는가 하는 문제에 대해서는 어떠한 '과학적인' 연구도 이루어진 적이 없다. 정말 신기한 일이다.

현대 교육의 목표 역시 주어진 환경에 잘 적응할 수 있도록 지식이나 정보를 주입하는 것이다. 전 세계 어느 나라의 의무교육도 '스스로 자기 주변 환경을 변화시키고 세상을 바꿔나갈 수 있는 역량을 키워주는 것'을 중요한 교육 목표로 삼고 있지는 않다. 한국을 포함해 의무교육제도를 도입한 모든 국가에서 학교 교육의 목표는 평균적인 민주시민을 길러내는 것이다. 벽돌 한 장 한 장 찍어내듯이 균일화된 사고방식의 사람들을 생산해내는 것이 현대 의무교육 시스템의 존재 이유다.

세계 각국에서 언어와 수학 과목이 중요 과목으로 강조되는 이유는 세계적인 교육학자 켄 로빈슨 경(Sir Ken Robinson)의 말처럼 임금노동자를 길러내기 위해서일 뿐이다.[37] 현대의 의무교육 시스템은 '기본적인 구조는 이미 주어진 것이므로 바꿀 수 없는 것'이라는 사고방식을 사람들에게 끊임없이 심어준다. 학교 교육을 통해 취업하는 것이 당연하고 보편적인 길이라고 가르치는 것이다. 사실 학교 교육 시스템과 교과과정 자체가 평생 임금노동자로 살아가기 위한 생활습관과 사고방식 및 세계관을 심어주는 것을 목표로 한다. 이러한 교육만 받은 사람들은 세상을 보다 나은 방향으로 스스로 바꿔나갈 수 있다는 신념을 지니기 어렵다. 아예 그러한 생각조차 들지 않도록 원천적으로 봉쇄하는 것이 현대 의무교육의 본질이다.

마음근력 훈련을 통해 비인지능력과 성취역량을 향상시킬 수 있다는 것은 우리가 자신의 기본 역량을 스스로 발전시킬 수 있다는 것을, 나아가 자신이 처한 환경을 주도적으로 변화시킬 수 있다는 것을 의미한다. 즉 자기 자신을 스스로 변화시킴으로써 세상을 바꿀 수 있다는 가능성을 심어주는 것이다. 이것은 교육에 있어서 매우 새로운 관점이다. 앞으로의 교육은 세상을 변화시키려면 자기 자신이 먼저 능동적으로 변화해야 한다는 것과 그러한 변화가 가능하다는 것을 가르쳐야만 한다. 자신이 속한 사회구조를 스스로 바꿔나갈 수 있다는 유능성과 자율성을 키워주고 동기를 부여해야 한다. 더 나은 세상을 만들기 위해서 스스로 자기 삶의 방식과 신념체계를 돌아보고 이를 끊임없이 재구성할 수 있도록 교육해야 한다.

끊임없이 자기성찰을 하고 계속 변화해갈 수 있는 마음근력을 지닌 인간으로 성장하여 스스로의 운명을 개척해나갈 수 있도록 해야 한다.

인쇄매체가 지배하던 시기에는 지식이나 정보 전달이 교육의 핵심 목표였다. 디지털 기술이 모든 것을 근본적으로 바꿔놓은 오늘날에는 학교 교육뿐 아니라 기업의 인재개발 목표 역시 지식 습득에서 역량 강화로 전환돼야만 한다. 구글은 1998년에, 페이스북은 2004년에, 카카오톡은 2010년에, 챗GPT는 2022년에 시작했다. 앞으로 10년 혹은 20년 뒤에는 지금은 존재하지 않는 회사와 서비스가 새롭게 등장해 세상을 지배하게 될 것이다. 앞으로 어떠한 변화가 온다 해도 거기에 잘 적응하고 발전해갈 수 있는 기본적인 '성취역량'을 길러주는 것이 미래 교육과 인재개발의 핵심이 돼야 한다. 이 기본적인 성취역량이 바로 마음근력이다.

앞으로 학교 교육과 기업 인력개발의 핵심 목표는 기본적인 성취역량, 즉 마음근력을 강화하는 것이 돼야 한다. 오늘날 마음근력 훈련이 더욱 중요해진 가장 큰 이유는 세상이 너무나 빠르게 근본적으로 변하고 있기 때문이다. 세상이 빨리 변한다는 말은 너무 당연해서 상투적으로 들리겠지만 그래도 이것이 가장 큰 이유다. 누구도 상상할 수 없었던 속도와 깊이로 세상은 빠르게 변하고 있다.

특히 인공지능 시대의 도래는 성취역량과 같은 비인지능력의 강화가 교육과 인력개발의 핵심이 돼야 한다는 사실을 더욱 분명하게 드러내고 있다. 이제 인공지능은 현실이 되었다. 인공지능은 빠르게 발전하면서 우리 삶의 곳곳에 스며들고 있다. 인공지능은 인간의 인지능력과 관련된 영역을 가장 먼저 대체하게 될 것이다. 논리력, 계산력, 전략적 판단력 등의 역량은 인공지능이 인간을 훨씬 앞지르게 될 것이 분명하다. 그런데도 인공지능과 함께 살아갈 다음 세대의 학생들에게 여전히 언어와 수학 위주의 교육을 하는 것은 '불도저가 밀려오고 있는데 아직도 삽질하는 방법을 열심히 가르치는 것'이나 마찬가지다. 지금 삽질하고 있을 때가 아니다. 삽의 크기나 종류를 따지고 있을 때도 아니다. 삽날을 땅에 밀어 넣는 효율적인 각도 따위를 암기하고 있을 때도 아니다. 과감히 삽을 던져버리고 불도저를 사용할 수 있는 잠재력과 역량을 키워야 할 때다.

이제 미래 교육과 인재개발의 핵심 목표는 인지능력 향상에서 비인지 능력 향상으로 전환돼야 한다. 이미 많은 전문가가 미래사회에서 갖춰야 할 능력으로 공감력, 도덕성, 소통능력, 문제해결력, 창의성, 시민의식, 협동력 등을 꼽고 있다. 모두 비인지능력과 관련된 것이다. 이건 먼 미래의 이야기가 아니다. 지금 당장 개혁이 시급하다.

평균 수명 100세 시대가 현실로 다가왔다. 현재 20대인 젊은이들은 2100년까지 살게 될 것이다. 이들에게 우리가 물려줘야 하는 것은 금세 낡아서 용도 폐기될 지식이 아니다. 검색만 하면 누구나 쉽게 찾아낼 수 있는 정보도 아니다. 앞으로 80년을 더 살아가야 할 젊은이들에게 필요한 것은 어떠한 세상이 되더라도 잘 대처할 수 있는 적응력과 나아가 더 나은 세상을 만들어갈 수 있는 성취역량으로서의 마음근력이다.

마음근력은 마치 몸의 근육처럼 체계적이고 반복적인 훈련을 통해 얼마든지 강화할 수 있다. 이러한 마음근력의 핵심 요소는 세 가지다. 목표를 세우고 꾸준히 노력하는 끈기와 집념을 발휘할 수 있는 자기조절력, 호감과 신뢰를 바탕으로 자신의 아이디어에 대해 다른 사람들을 설득하고 리더십을 발휘할 수 있는 대인관계력, 스스로 하는 일에서 의미와 재미를 발견하고 열정을 발휘하는 자기동기력이 그것이다. 이러한 마음근력을 강화하면 실패를 두려워하지 않는 적극적인 도전성과 역경을 새로운 도약의 발판으로 삼는 회복탄력성도 지니게 된다.

제2장에서는 이러한 세 가지 마음근력에 대해 하나씩 자세히 살펴보도록 하자.

융합형 인재의 시대에
필요한 교육은?

　　모든 일이 스포츠로만 이뤄진 세상에 살고 있다고 가정해보자. 현재 통용되는 상식에 따르자면 훌륭한 축구 선수가 되고 싶은 학생은 일류대학의 축구학과에 진학해 드리블, 프리킥, 코너킥, 태클 등의 과목을 이수하고 축구 학위를 받아 축구 선수를 필요로 하는 회사에 취직하면 된다. 야구 선수가 되고 싶은 학생은 야구학과에 진학해 야구를 전공하는 것이 유리하다. 그런데 갑자기 축구나 야구 등 전통적인 스포츠 종목의 인기가 시들해지더니 축구와 야구를 교묘하게 결합한 '축야'라는 새로운 종목이 등장해 폭발적인 인기를 끈다. 한편에서는 배구와 농구를 결합한 '배농'이라는 새로운 종목이 등장해 시장을 평정해나간다. 이러한 새로운 종목은 공차기와 공 던지기, 혹은 슛과 스파이크를 모두 할 수 있는 '융합형' 인재를 요구한다.

　　지금 우리는 모든 분야에서 융합형 인재를 필요로 하는 세상에 살고 있다. 세상을 지배하는 게임의 법칙이 바뀌면 필요로 하는 인재상도 바뀔 수밖에 없다. 그런데도 학문적 전통과 권위를 중시하는 대학이나 각급 교육기관은 여전히 전통적 방식의 교육을 고집하고 있다. 사실 그럴 수밖에 없다. 대부분 교수는 축야나 배농을 한번도 제대로 연구하거나 배워본 적이 없어 가르칠 수조차 없다. 그들은 대부분 수십 년간 축구에서도 특정한 세부 분야만 연구해왔다. 평생 코너킥이나 프리킥 혹은 드로잉이나 오프사이드만 연구해온 그야말로 특정 분야의 '전문가'다.

오늘날 대학에 개설된 여러 과목은 이러한 세부 전문성을 바탕으로 구성된다. 대부분 과목은 교수들이 그동안 가르쳐왔으니까 혹은 가르칠 수 있으니까 등의 이유로 개설되고 있다. 미래를 살아갈 학생들의 현실적인 필요를 고려해 새로운 과목이 개설되는 경우는 매우 드물다. 대부분의 교수는 논문을 많이 써내라는 압박에 시달릴 뿐이다. 미래를 살아갈 학생들을 위한 교육 콘텐츠를 개발하라는 요구는 거의 받지 않는다. 연구 중심의 종합대학일수록 더욱 그러하다. 그러한 대학의 교수들은 학생들을 위한 교과목 내용보다는 자신을 위한 연구논문 작성에 더욱 몰두한다. 살아남기 위해서는 그럴 수밖에 없다. 그 결과 성실하고 진지하고 학자다운 교수들일수록 자신이 늘 해오던 전문분야만을 집중적으로 연구함으로써 결과적으로 미래를 살아가야 할 학생들을 배반하게 된다. 무언가 잘못 흘러가고 있음이 분명하다.

많은 사람이 대학의 위기를 이야기한다. 등록금이 동결되어 재정이 어렵고, 학생 선발에 대한 자율권이 없으며, 교수들의 연구역량이 저하되고 있다는 등의 이야기를 한다. 물론 심각한 문제들이다. 그러나 진정한 대학 위기의 본질은 그런 데 있지 않다. 진정한 대학의 위기는 기성세대가 젊은 세대의 미래를 위한 교육을 하지 못하고 있다는 데 있다.

대학에는 여러 분야의 전공들이 개설된다. 각 전공은 해당 분야의 전문가를 양성한다. 그래서 로스쿨 나오면 법조인이 되고, 공대 나오면 엔지니어가 되고, 의대 나오면 의사가 된다. 심리학 전공자는 심리상담사가 되고, 간호학과 전공자는 간호사가 된다. 물론 모든 졸업생이 자기 전공을 살려 직업을 갖는 것은 아니지만, 적어도 대학 '전공'의 취지는 특정 분야의 전문가를 양성하는 데 있다.

그런데 오늘날 전 세계 젊은이들이 가장 선호하는 직장인 구글이나 메타에 취직하기 위해서는 무엇을 전공해야 하는가? 아마존이나 애플에 취직하기 위해서는? 카카오나 네이버에 취직하는 데 유리한 전공은? 아무도 모른다. 블록체인이나 인공지능에 기반한 혁신적인 서비스를 개발해 새로운 가치를 창출하기 위해서는 어떤 전공과목을 공부해야 하는가? 그런 것을 가르치는 전공과목은 없다.

현재의 대학이나 초·중·고 교육 제도의 근간은 19세기나 그 이전에 만들어진 것이며 근본적으로 변한 것이 없다. 현재 교육 시스템으로는 학생들이 미래를 대비하도록 돕기는커녕 당장 필요한 능력도 제대로 가르쳐주지 못한다. 그런데도 학생들이 대학에 진학하기 위해 입시 지옥을 마다하지 않는 것은 일류대학에 가면 양질의 교육 서비스를 받을 수 있어서가 아니다. 다만 어느 대학을 나왔다는 졸업장(학벌)을 얻기 위함이다. 오늘날 대학들의 업의 본질은 교육 콘텐츠 제공이라기보다는 졸업장과 학위 판매다.

지금까지 일류대학 간판이 나름의 가치를 지닐 수 있었던 것은 학벌이 평생직장을 보장해주었기 때문이다. 좋은 대학을 나오면 좋은 직장을 얻거나 전문직에 진출하기가 유리하기에 어느 정도 먹고사는 것이 보장되었다. 그러나 학위가 좋은 직장과 밥벌이를 보장해주던 시대는 급속히 저물어가고 있다. 좋은 대학을 나왔다는 사실 자체가 좋은 직장을 보장해주지 않는다는 사실이 알려지게 되면서 대학의 학위 장사는 종말을 고해가고 있다.

이미 그러한 조짐을 대학원 교육의 몰락에서 찾아볼 수 있다. 일류대라 할지라도 유능한 학생은 이제 더 이상 대학원에 진학하려 하지 않는다. 대학원 학위가 밥벌이에 도움이 되지 않는다는 것이 이미 널리 알려졌기 때문이다. 대학이 살아남으려면(그리고 특정 전공이나 학과가 살아남으려면) 이제 스스로가 제공하는 '교육 콘텐츠'가 밥벌이에 확실한 도움이 된다는 점을 입증해야만 한다. 전국의 모든 의과대학에 최고의 인재들이 몰리는 이유는 의대를 나오면 의사가 되어 평생 먹고살 수 있다는 인식이 공유되었기 때문이다. 이런 효용 가치를 입증하지 못하면 순수학문을 할 여력도 얻을 수가 없다.

역사상 시대와 나라를 막론하고 대학과 각급 교육기관에서 밥벌이에 도움이 안 되는 '순수학문'만 가르쳤던 적은 없다. 시대에 맞지 않고 장기적인 효용 가치가 없다고 해서 곧 순수학문이 되는 것은 아니다. 시대에 맞지 않는 낡은 학문과 순수학문은 반드시 구별돼야 한다. 순수학문은 '장기적으로', 응용학문은 '단기적으로' 밥벌이에 도움이 되는 학문이란 뜻이다. 그러나 현재 대부분의 교육기관은 장기적으로든 단기적으로든 학생들의 미래를 가장 우선으로 염두에 두지 않는다. 대학과 각급 학교에서 제공하는 교육 커리큘럼의 상당 부분은 학생들의 미래 밥벌이를 위한 것이라기보다는 가르치는 사람들의 현재 밥그릇을 위한 것에 불과하다.

우리가 젊은이들에게 미래를 위해 길러줘야 하는 것은 세상이 아무리 변해도 변치 않을 인간의 기본적인 성취역량이다. 즉 특정 기술이나 지식보다는 '기초체력'에 해당하는 성취역량을 길러주는 데 더 많은 관심을 기울여야 한다. 스포츠에 비유하자면 축구의 드리블 기술이나 야구의 공 던지기 기술을 가르치기보다는 심폐기능과 코어 근육을 강화하는 훈련법을 알려줘야 한다. 앞으로 당면할 어떤 변화에도 능동적으로 잘 대처하려면 이러한 기초체력이 매우 중요하며, 기초체력이 튼튼한 인재가 세상을 이끌게 될 것이다. 마음근력이 바로 이러한 기초체력이다.

제2장

세 가지 마음근력의
뇌과학적 근거

인간 존재의
세 가지 범주와 마음근력

　　우리가 살아가면서 마주치는 문제는 크게 세 가지 범주로 나눌 수 있다. 첫째는 나 자신과의 문제이고, 둘째는 다른 사람들과의 문제이며, 셋째는 사물 혹은 사건(일)과의 문제다. 세 가지 범주는 여러 언어에서 1인칭(나), 2인칭(나와 관계 맺고 대화하는 너), 3인칭(그것들) 등의 구분으로 나타난다. 세 가지 범주는 인간 존재의 기본적인 영역이며 인간 의식의 기본 틀이기도 하다. 많은 철학자들이 다양한 방식으로 이 세 가지 범주에 대해 논의했다.

　　위대한 기호학자이자 철학자인 찰스 샌더스 퍼스 역시 '나'를 일차적인 것(Firstness), '너'를 이차적인 것(Secondness), '그것'을 삼차적인 것(Thirdness)으로 구분한 바 있다. 이러한 기본적인 구분은 퍼스의 이론체계의 출발점이다. 퍼스에 따르면 일차적인 '나(I)'는 추상적인 세계로 신학의 영역이다. 이차적인 '너(Thou)'는 정신의 세계를 나타내며 심리학과 신경학의 대상이다. 그리고 삼차적인 '그것(It)'은 감각적인 물질의 세계를 가리키며 우주론의 궁극적인 대상이다.[38]

　　건강하고 행복하게 살아가려면 세 가지 범주의 존재를 각기 잘 다룰 수 있어야 한다. 강한 마음근력을 지닌다는 것은 세 가지 범주와 각각 좋은 관계를 맺고 잘 다스릴 수 있다는 뜻이며, 자신이 원하는 방향으로 움직여갈 수 있다는 뜻이기도 하다.

　　세 가지 범주는 서로 다른 방식으로 존재하므로 이를 다루는 마음근력도 각기 다르다. 먼저 '나'를 잘 조절하고 다스리는 능력은 '자기조절력'이다. 그다음 '너'를 비롯해 주변 사람들과 좋은 관계를 맺는 능력은 '대인관계력'이다. 그리고 '그것', 즉 여러 가지 세상일을 스스로 동기부여를 해서 열정을 갖고 해내는 능력은 '자기동기력'이다.

세 가지 마음근력은 세 가지 범주를 대상으로 하지만 결국에는 모두 나(I)가 하는 소통이기도 하다. 나(I)가 자기 자신과 잘 소통하는 것이 자기조절력이고, 나(I)가 타인과 잘 소통하는 것이 대인관계력이며, 나(I)가 세상일과 잘 소통하는 것이 자기동기력이다.

모두 '나(I)'에 관한 것이기에 세 가지 범주 중 가장 기본이 되는 것은 자기조절력이다. 자기조절력이야말로 모든 마음근력의 핵심이다. 자기조절력이 타인에게 투사된 것이 대인관계력이고, 사물에 투사된 것이 자기동기력이라고 할 수 있다.

마음근력이 약한 사람은 자기와의 소통을 부정적으로 하기 쉽다. 자기 자신에 대해 부정적인 사람은 주변 사람들이나 스스로 하는 일에 대해서도 부정적인 관점을 갖게 된다. 이렇게 되면 내면이 분노와 증오로 가득하게 되어 결국 불행해질 수밖에 없다. 반대로 자기 자신에 대해 자부심을 느끼고, 주변 사람들을 존중하고 배려하며, 스스로 하는 일에서 의미를 찾고 즐거워하는 사람은 행복해지게 마련이다. 세 가지 범주와 어떻게 소통하고 관계를 맺느냐에 따라 나를 둘러싼 세상과 나의 삶이 달라진다.

인간의 기본적인 마음근력이 세 가지로 이뤄져 있다는 이론적 근거는 하이데거를 통해서도 살펴볼 수 있다. 하이데거에 따르면 '인간은 이 세상에 휙 던져진 존재'다. 자신의 의지와 계획에 따라 이 세상에 등장한 사람은 하나도 없다. 자기 의사와 상관없이 세상에 그렇게 '던져진 존재(there Being)'가 곧 '현존재(Dasein)'이고 인간이다. 이러한 현존재의 기본적인 속성이 '세계내적존재'다.

세계는 다른 사람과 사물로 이루어진다. 세계'내적'존재라고 해서 현존재가 세계 '안'에 존재한다는 것으로 해석해선 안 된다. 물이 물컵 안에 혹은 옷이 옷장 안에 있는 것처럼 세계 '안'에 존재한다는 의미가 아니다. 세계'내적'이라 함은 세계의 다른 존재들과 끊임없이 소통한다는 것이며, 세계

내면소통

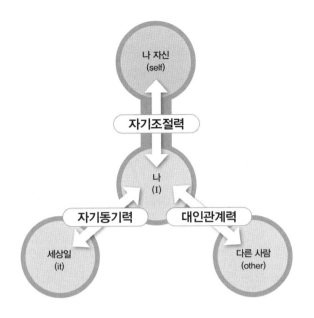

[그림 2-1] 세 가지 마음근력
자기조절력(핵심 근육): 나 자신과의 소통능력. 자기성찰
대인관계력(연결 근육): 타인과의 소통능력. 통합과 연결
자기동기력(열정 근육): 세상과의 소통능력. 열정과 변화

에 관심을 기울이고 보살피며 배려한다는 뜻이다.[39] 나와 계속 커뮤니케이션
하는 존재들이 곧 나의 세계다. 내가 관심을 기울이며 들여다보는 것이 나의
세계다. 내가 배려하는 대상이 나의 세계다. 내가 인식하지 못하는 것, 내가
관심을 두지 않는 것은 나의 세계가 아니다. 나는 세상과 끊임없이 소통하며
동시에 이러한 소통을 통해 내가 몸담고 살아가는 세계를 끊임없이 구성하
고 생산해낸다. 이 세상은 나의 관심과 소통의 결과인 것이다. 하이데거가 현
존재의 기본적인 속성이라고 한 '세계내적존재'는 결국 끊임없이 소통하는
존재라는 뜻이다.[40]

　　하이데거에 따르면 인간은 관심을 갖고 돌보는(Sorge) 존재다. 다른 사
람을 돌보고 보살피는 것은 배려(Fürsorge)이고, 이는 대인관계력과 관련이 있
다. 주변 사물을 돌보고 보살피는 것은 관심(Besorgen)이며 이는 자기동기력과
관련이 깊은 개념이다.

한편 하이데거는 어떤 대상을 이해하는 데는 다양한 형태의 통찰력 (Sicht=insight)이 요구된다고 본다. 자기 자신을 깊이 성찰해 세계내적존재로 서 자기 자신을 철저하게 이해하는 통찰력을 '꿰뚫어봄(Durchsichtigkeit)'이 라 하고, 주변 사람들을 되돌아보아 배려하고 이해하는 통찰력은 '되돌아봄 (Rücksicht)'이라고 한다. 그리고 주변 사물에 관심을 기울이고 바라보아 이해 하는 통찰력은 '둘러봄(Umsicht)'이라고 한다. '꿰뚫어보는' 통찰력이 자기조 절력의 핵심이라면, 주변 사람들을 '되돌아보는' 통찰력은 대인관계력의 핵 심이다. 나아가 주변 사물을 폭넓게 '둘러보는' 통찰력은 자기동기력의 핵심 이라 할 수 있다.[41]

사르트르 역시 존재의 기본 방식을 세 가지로 구분한다. 우선 하이데 거와 마찬가지로 사물 존재와 인간 존재를 구분한다.[42] 사르트르에 따르면 '의식'이 없는 사물은 그 자체로 그저 존재하는 즉자(en-soi)존재이며, 이는 인 간의 의식과는 독립적으로 존재한다. 반면에 의식을 지닌 인간은 대자(pour- soi)존재다. 사르트르는 인간의 의식은 항상 어떤 '대상'을 지닌다고 본다. 즉 의식은 항상 어떤 대상을 향하여 있다. 사르트르 또한 제3의 존재 양식을 이 야기하는데, 그것이 바로 대타(pour-autrui)존재다. 대타존재는 타인과의 관계 에서만 존재하는 것으로 타인의 시선을 전제로 한다. 즉 어떤 사람과의 관계 에서만 드러나는 존재가 바로 대타존재다. 사르트르의 개념을 빌려 마음근 력 세 가지를 설명하자면, 대자존재와의 관계에 대한 것이 자기조절력이고, 대타존재와의 관계에 대한 것이 대인관계력이며, 즉자존재와의 관계에 대한 것이 곧 자기동기력이다.

Note 현존재(Dasein)란 무엇인가

나는 'Dasein'을 '현존재'라 번역하는 관행에 동의하지 않는다. 하이 데거는 사물이 존재하는 방식과 인간이 존재하는 방식이 다르다는 것을 분명히 하기 위해 '사람이 존재하는 방식'을 'Dasein'이라는 신조어를 통해서 지칭한 것이다. 따라서 그것은 '인간 존재' 혹은 그냥 '사람'이라 번역하는 것이 더 타당하다. 'Dasein'을 '인간'이 아닌 '현존재'로 번역하

내면소통

는 순간 하이데거 철학은 매우 어렵게 느껴질 수밖에 없다. 한편 '사물이 존재하는 방식'은 '존재자(Seiende)'라 부른다. 즉 어떤 것이 존재(Sein)하는 데는 두 가지 방식이 있는데, 인간 존재는 'Dasein'이고, 사물 존재는 'Seiende'라는 것이다.

하이데거가 'Dasein'이라는 새로운 개념을 만들어낼 필요가 있었던 것은 독일어의 '있다'라는 단어 'Sein'이 사람과 사물을 구분하지 않고 쓰이기 때문이다. 하이데거는 사물이 '있는 것'과 사람이 '있는 것'의 의미가 다르다는 점을 강조한다. 그것을 강조하기 위해 일반적인 사물의 존재를 지칭하는 단어인 'Sein'과는 구분되는 새로운 단어 'Dasein'을 만들어내 '인간의 있음'을 지칭하는 말로 사용한 것이다.

다행히도 한국어에는 이러한 불편이 없다. '있다'라는 말 이외에도 '계시다'라는 존칭어가 있으며, 이는 인간에 대해서만 사용되기 때문이다. 즉 일반적인 사물은 '있는 존재'지만, 인간은 '계시는 존재'라는 구분이 우리말로는 얼마든지 가능하다. 이는 일본어도 마찬가지다(사물이 있는 것은 'ある', 사람이 있는 것은 'いる'라고 표현한다). 한국어나 일본어와는 달리 사물의 존재와 인간의 존재를 구분하는 단어가 서구어에는 없다. 영어에서는 사물이나 인간 모두에 'be' 동사를 쓸 수밖에 없다. 독일어 역시 인간이나 사물 모두에 'Sein'을 사용한다. 이러한 언어적 한계 때문에 하이데거는 인간의 존재 방식만을 표현하는 단어인 'Dasein'이라는 신조어를 만들어낼 수밖에 없었다. 한마디로 'Sein'은 사물이 '있는' 것이고 'Dasein'은 인간이 '계시는' 것이다. 인간 존재인 'Dasein'의 핵심은 끊임없이 다른 인간과 그리고 세상과 관계 맺고 소통한다는 데 있다. 'Dasein'은 한마디로 소통하는 존재다. 소통이야말로 인간 존재의 핵심이라는 것이 하이데거 철학의 핵심이다. 인간 존재의 핵심이 소통에 있다는 것은 내면소통 이론의 기본 입장이기도 하다.

세 가지 범주와의 소통능력이 마음근력이다

하이데거와 사르트르의 공통점은 인간 존재의 핵심을 타자와의 관계, 즉 소통으로 본다는 것이다. 타인과의 소통이 끊긴 상태가 곧 즉자존재이며, 이는 진정한 의미의 인간 존재가 아니다. 그저 살덩어리일 뿐이다. 다른 사람들과 지속적으로 소통하며 관계를 맺어야만 세계내적존재가 될 수 있으며 진정한 의미의 인간이 될 수 있다. 하이데거의 관점으로 사르트르의 개념을 풀어보면, 사물인 즉자존재가 곧 존재자이며, 인간인 대타존재가 곧 현존재다.

내가 대하는 대상에 따라서 '나'라는 존재의 성격이 규정된다는 마르틴 부버(Martin Buber)의 개념 역시 세 가지 마음근력과 밀접한 관련이 있다. 부버에 따르면 '나'라는 존재는 어떠한 대상과 관계를 맺느냐에 따라 그 성격이 달라진다. 사물을 대하는 '나'와 사람을 대하는 '나'는 서로 다른 성격을 지니기에 하나의 단어 '나(I)'로 표기하기가 곤란하다. 따라서 부버는 '나'를 두 종류로 구분해서 부르자고 제안한다. 사물을 대하는 '나'는 '나-그것(I-it)'으로, 사람을 대하는 '나'는 '나-너(I-thou)'로 구분하자는 것이다.[43]

내가 목이 말라서 물병을 집어 들 때 내 존재의 성격은 '나-그것(I-it)'이지만, 내가 친구와 대화를 나눌 때 내 존재의 성격은 '나-너(I-thou)'가 된다. '나'라는 존재의 성격은 내가 어떠한 대상과 관계를 맺느냐에 따라서 결정된다. 다시 말해, 나라는 고정적 실체가 우선 존재하고 그다음에 사물이나 사람과 관계를 맺는다기보다 내가 어떤 대상과 관계를 맺느냐에 따라서 나라는 존재의 성격이 비로소 규정되는 것이다.

　　사람과 관계를 맺는다는 것은 곧 소통을 한다는 뜻이다. 내가 진정한 '나-너(I-thou)'가 되려면 대화가 필요하다. 즉 상대방을 '사람'으로서 존중과 배려의 마음으로 대해야 한다. 소통이라는 행위를 위해서는 자기 자신보다는 항상 상대방을 먼저 고려해야 한다. 타인에 대한 인식이 자기 자신에 대한 인식에 선행해야 한다. 따라서 대화는 근본적으로 상대방을 우선시하는 지극히 윤리적인 행위다. 이기적인 인간은 대화 능력이 부족하다. 대화 능력을 키우려면 상대방을 먼저 배려하고 존중하는 마음부터 길러야 한다. 소통의 가장 근본적인 원형이 '대화'다. 대화는 상대방과 '함께하는' 하나의 '행위'다. 서로를 인간으로 대하는 관계에서만 진정한 대화가 가능하다. 부버는 너와 내가 대화를 통해서 새로운 존재로 고양되는 것을 진정한 '대화적 순간 (dialogic moments)'이라고 부른다.[44] 복잡한 얘기를 간단하게 하자면, 사람을 사람으로 대해야 나도 진정한 인간이 될 수 있다는 뜻이다. 상대방을 소통의 대상으로 존중하지 않는 한 나는 진정한 인간이 될 수 없다는 뜻이다.

　　엘리베이터가 사람들로 꽉 차 있다고 하자. 막 문이 닫히려는 순간 어떤 사람이 엘리베이터 안으로 한쪽 발을 들여놓는다. 그때 정원 초과 경고음이 울려 퍼진다. 엘리베이터 안에 있는 사람들 모두 그 사람이 내리기를 바란다면 그 사람은 이미 대화의 대상이 아니다. 엘리베이터 문이 닫히도록 덜어내야 할 그저 무거운 단백질과 지방 덩어리일 뿐이다. 이때 엘리베이터 안의 사람들은 '나-너'로서 그 사람을 대하는 것이 아니라 '나-그것'으로 대하는 것이다. 혼잡한 지하철에서 서로 부대끼는 사람들 역시 서로에게 '나-너'의 존재라기보다는 '나-그것'의 존재다. 소통의 대상이 아니라 나를 불편하게 하는 '살덩어리'일 뿐이기 때문이다. 관객의 머릿수를 돈으로만 환산하는 극장 주인 역시 관객을 '나-그것'으로 대하는 것이다. 즉 내가 어떤 사람을 상대한다고 해서 저절로 '나-너'의 존재가 되는 것이 아니라 그 사람을 소통과 대화의 상대로 존중할 때만 '나-너'의 존재가 되는 것이다. 한편, 사물을 대할 때도 우리는 '나-너'의 존재가 될 수 있다. 어려서부터 늘 함께했던 친구처럼 자라난 뜰 앞의 참나무를 쓰다듬으면서 친근한 마음으로 말을 건넨다면 그 순간 나는 '나-너'의 존재로서 그 참나무를 대하는 것이다.

부버의 '나-너'와 '나-그것'의 개념에 나는 하나의 개념을 더 추가하고자 한다. 내가 자기 자신을 돌아보며 마주할 때의 나는 '나-너'의 존재도 '나-그것'의 존재도 아니다. 그것은 바로 '나-나(I-me)'의 존재다. '나-나'는 내가 나를 바라보고 나와 이야기하고 나를 관조할 때의 나의 존재 방식이다. 앞으로 살펴볼 '내면소통'을 위해 필요한 것이 바로 '나-나'다. 이렇게 확장된 부버의 개념에 따라 세 가지 마음근력을 살펴보자면, '나-나(I-me)'의 관계를 잘 맺고 소통하는 능력이 자기조절력이다. 건강한 '나-너(I-thou)'의 관계를 잘 맺는 능력이 대인관계력이고, 생산적이고도 효율적인 '나-그것(I-it)'의 관계를 맺는 능력이 자기동기력이다.

하이데거의 현존재나 사르트르의 대타존재, 부버의 나-너 존재는 서로 일맥상통하는 개념이다. 모두 인간 존재의 핵심을 다른 사람과의 소통으로 본다. 인간이 되기 위해서는 소통해야만 한다. 세 가지 마음근력은 자기와의 소통, 타인과의 소통, 세상일과의 소통을 잘하고 건강한 관계를 맺는 능력이다.

자기조절력
: 나 자신과의 소통능력

자기조절력이란 무엇인가

자기조절력은 스스로 목표를 설정하고 그 목표 달성을 위해 집념과 끈기를 발휘하는 능력이다. 또 자기 자신의 감정을 잘 조절하는 능력이기도 하다. 내가 나를 제대로 존중하고 조절하는 능력이 곧 자기조절력이다. 하위 요소로는 감정조절력, 긍정성, 자기절제, 충동통제력, 성실성, 도덕성, 정직성, 끈기, 집념 등이 포함된다.

내가 나를 조절하고 통제한다는 뜻의 '자기조절'이라는 말은 얼핏 듣기에 논리적 모순이자 형용모순처럼 들릴 수도 있다. 조절하는 주체와 대상이 '나'라는 동일자이기 때문이다. 그러나 제4장에서 자세히 논의하겠지만 '나'는 하나의 존재가 아니다. '나'는 '나'에 대해 만족하거나 불만을 품을 수 있고, 반성할 수도 있고 칭찬할 수도 있다. '나'는 나 자신에게 셀프토크(self-talk)를 할 수도 있다. 이러한 사실은 이미 '나'라는 존재가 하나가 아니라 복수의 존재임을 암시한다. 내가 '나'를 바라보기 위해서는, '나'와 소통하기 위해서는, '나'를 조절하고 통제하는 대상으로 삼기 위해서는 '나'와 분리되어 있어야 하기 때문이다.

자기조절력을 발휘한다는 것은 순간순간 조절하려는 '나'와 조절의 대상이 되는 '나'를 구분해내는 능력을 발휘한다는 뜻이다. 자기조절력을 발휘하려면 현재 '나'의 상태를 인지하는 능력과 그러한 '나'의 현재 상태와 도달하고 싶으나 아직 구현되지 않은 '나'의 미래 상태를 구별해내는 능력이 필요하다. '나'의 현재 상태를 아직 존재하지 않는 '나'의 상태를 향해 몰고 가는 능력이 바로 자기조절력이다.

자기조절을 하는 '나'는 주관적 자아(I)이며, 조절의 대상이 되는 '나'는 객관적 자아(me)다. 객관적 자아의 다른 이름은 셀프(self)다. 내가 나에 대해서 생각한다고 할 때, 지금 여기서 생각하고 있는 주체(I)가 있고 그 주체가 생각하는 대상(me)이 있다. 대상으로서 나(me)의 모습, 행동, 경험, 정체성 등의 총합을 가리키는 또 다른 이름이 셀프(self)다.

카너먼의 개념을 빌려서 말하자면, 자기조절력을 발휘하기 위해서는 '경험하는 자아(experiencing self)'가 '기억하는 자아(remembering self)'를 잘 통제할 수 있어야 한다. '경험하는 자아'는 지금-여기에 존재하면서 현재 내가 경험하고 있다는 사실을 아는 자아다. 반면에 '기억하는 자아'는 과거의 경험을 기억의 형태로 저장해둠으로써 생겨나는 자아 개념이다.[45] 말하자면 '경험하는 자아'는 주관적 자아(I)이고, '기억하는 자아'는 객관적 자아(self)다.

경험하는 자아가 '나는 지금 여기서 하나의 경험을 하고 있다'라고 심리적으로 느끼는 '순간'의 지속 시간은 대략 3초 내외다. 따라서 우리는 자는 시간을 제외하고 하루 평균 2만 번의 '지금 이 순간의 경험'을 하게 된다.[46] 우리가 만일 80년 남짓 산다면 평생 대략 6억 번가량 '지금 이 순간의 경험'을 하는 셈이다. 그런데 이러한 경험은 대부분 즉시 사라져버린다. 우리 기억 속에 아예 남지 않는 것이다. 이중 극히 일부만 특정한 이야기로 편집되어 저장된다. 이러한 이야기가 쌓여 '기억하는 자아'를 만들어낸다. 나의 어린 시절, 인간관계, 직업 등 온갖 경험에 관한 기억들이 모두 일화기억(episodic memory)을 이룬다. 즉 나는 수많은 경험 가운데 극히 일부만을 선택해 자의적으로 통합하거나 각색하고 편집해서 나름의 의미부여를 한 다음 하나의 이야기로 기억한다. 그리고 이러한 이야기들에 대한 기억들의 집합체가 곧 '기억하는 자아'이자 객관적 자아(self)다. 기억하는 자아는 수많은 경험이 쌓여 형성된다. 따라서 기억하는 자아는 지금 여기에서 수많은 경험을 쌓는 '경험하는 자아'를 존중하고 조절할 수 있어야 한다. 이것이 곧 주관적 나(I)와 객관적 나

(self)의 건강한 관계이기도 하다.

내가 '나 자신'으로 여기는 자아(self)는 내가 만나는 다른 사람들이나 내가 하는 일들을 통해서 생생하게 느낄 수 있다. 주관적 자아(I)가 객관적 자아(self)를 아무런 매개체 없이 그 자체로 인식하고 소통하는 것은 매우 힘든 일이다. 내(I)가 나(self)를 발견하는 것은 주변 사람들이나 직업 활동 등이 매개체 역할을 해줌으로써 가능하다. 내(I)가 하는 일과 만나는 사람들은 내(self) 모습을 비춰주는 거울이다. 결국 세상 만물과 사람들이 나의 모습을 비춰주는 거울이 되어주는 셈이다. 달리 표현하자면, 나를 통해서 세상 만물과 사람들이 서로 연결된다고도 할 수 있다.

특히 내 주변 사람들은 나 자신을 비추는 거울이다. 미국의 사회심리학자 조지 허버트 미드(George Herbert Mead)에 따르면, '내가 지금까지 살아오면서 커뮤니케이션했던 수많은 사람과의 경험을 추상화하여 적분한 것'이 곧 '나 자신'이다. 즉 내(I)가 생각하는 나 자신(me)이란 타자와 상호작용한 결과로서 일반화된 타자다(me=generalized other). '나'라는 개념에는 이미 내가 살면서 경험한 수많은 '다른 사람'이 들어 있다.[47] 내가 생각하는 나라는 존재는 그동안 내가 소통하고 상호작용했던 사람들이 나를 어떻게 대했는가에 의해 결정되는 산물이다. 가령 태어나면서부터 만났던 모든 사람이 나를 왕자로 대하면서 떠받들었다면 나는 나 자신을 '왕자'로 여길 수밖에 없는 것이다.

자기조절력은 이렇듯 서로 구분된 내(I)가 스스로 나 자신(me)을 돌아보고 조절할 수 있는 능력이다. 나(me)를 조절할 수 있는 존재는 나 자신(I)밖에 없다. 스스로 나의 감정과 생각과 의도를 바라보는 능력이 자기조절력의 핵심이다.

억제하는 능력으로서의 자기조절력

대부분의 심리학자는 '자기조절'을 자신이 하고자 하는 일을 하는 데 방해가 되는 습관적이고도 자동적인 행동, 충동, 감정, 욕구 등을 자제하거나 억누르는 것이라 정의해왔다.[48] 인간 행동의 많은 부분이 인지적 노력이나 애씀 없이 저절로 혹은 습관적으로 이뤄진다. 이러한 일상적이고도 전형적인 혹은 자동적인 행동을 분명한 의도를 바탕으로 억제하고 충동을 통제하는 것이 '자기조절력'이다.[49] 예컨대 식사 후에 늘 담배를 피우는 습관이 있는 사람이 담배를 피우지 않으려면 흡연이라는 자동화된 습관을 억제할 수 있는 능력이 필요한데 이것이 자기조절력이다. 금연을 한다는 것은 '건강을 위해서'거나 '규칙이나 약속을 지키기 위해서' 혹은 '훗날의 건강을 생각해서' 등의 분명한 의도를 갖고 자신의 자동화된 습관을 억누르는 것이다.[50] 이처럼 특정한 의도를 갖고 자신의 행동이나 생각을 의식적으로 억제하거나 마음먹은 대로 조절하는 능력은 vlPFC(복외측전전두피질)와 mPFC(내측전전두피질)를 중심으로 한 신경망과 관련이 깊다.

지루한 수업이나 회의 시간에도 바른 자세를 유지한다거나, 예견되는 위험에 대비하는 행동을 한다거나, 눈앞의 유혹을 참아낸다거나, 분노에 따른 공격적인 행동을 억제한다거나 하는 등등의 다양한 자기조절력을 발휘하는 데에 모두 vlPFC가 관여한다. 특히 rvlPFC(우측복외측전전두피질)은 충동을 통제하는 능력과 관련된 여러 신경망에 공통으로 관여하는 핵심 부위이며, 습관적인 감정이나 행동의 조절뿐 아니라 만성적인 통증을 견뎌내는 능력과도 관련이 깊다. ADHD 환자를 비롯해 약물중독자, 도박중독자 등을 관찰한 결과 이 부위가 제대로 기능하지 못하고 있음이 발견되었다.[51] 반면에 자기조절력의 수준이 높은 사람은 약물이나 알코올에 잘 중독되지 않는다는 여러 연구결과도 나와 있다.[52]

발휘하는 능력으로서의 자기조절력

전통적으로 심리학은 자기조절력을 무언가를 '억제'하는 능력으로 이해했다. 물론 끈기나 과제지속력을 발휘하려면 일상적이고 습관적인 행동을 억눌러야 하는 경우가 많긴 하다. 그러나 마음근력의 한 요소로서 자기조절력은 억제하는 능력을 넘어서는 더 포괄적인 개념이다. 무언가를 억제한다기보다는 오히려 집중력이나 주의력을 끌어올려서 하고자 하는 일에 자기에너지를 집중적으로 쏟아붓는 것 역시 자기조절력의 중요한 측면이다.

어떤 습관적 행동을 의도적으로 억누른다고 해서 집중력이 저절로 생겨나진 않는다. 운동선수가 경기에 집중하려면, 혹은 수험생이 시험 문제 풀이에 집중하려면 무언가를 의도적으로 억제하거나 자제하는 것을 넘어서 하고자 하는 일에 자신의 에너지와 주의력을 한데 모을 수 있는 능력이 필요하다.

목표와 그에 따른 계획을 세우고 이를 달성해내려면 적어도 두 가지 능력이 요구된다. 첫 번째는 '자기 자신'에 집중할 수 있는 능력이다. 나 자신에 집중한다는 것은 순간순간 끊임없이 자신을 되돌아보며 현재 상태를 알아차린다는 뜻이다. 자신의 현재 상태를 잘 알아차려야 하고자 하는 일에 에너지를 온전히 쏟아부을 수 있다. 이렇듯 지금 현재 나 자신의 상태를 지속해서 돌아보며 알아차리는 의식의 기능을 뇌과학에서는 자기참조과정(self-referential processing)이라 한다. 자기참조과정은 마음근력 향상을 위해 매우 중요한 요소이며 전통적인 명상 수행의 핵심이기도 하다. 자기참조과정에 주로 관여하는 것은 mPFC(내측전전두피질)를 중심으로 PCC(후방대상피질)와 설전부(precuneus)를 연결하는 신경망이다. 끈기나 집중력을 발휘하려면 우선 자신에 대한 정보처리가 원활하게 이뤄져야 하는데 그러한 일을 담당하는 부위가 바로 mPFC-PCC/precuneus로 연결되는 신경망이다.[53]

어떤 목표와 계획을 달성해내는 데 필요한 두 번째 능력은 자신이 하고자 하는 일, 즉 특정한 '대상'에 집중할 수 있는 능력이다. 자기 자신과 대상에 동시에 주의를 집중할 수 있어야 자기조절력이 발휘된다. 특정한 대상에 주의를 집중하는 데 필요한 뇌 부위는 dlPFC(배외측전전두피질)로 알려져 있다. dlPFC는 주로 mPFC와 연결되어 작동한다. mPFC와 dlPFC 간의 기능적 연결성이 강할수록 목표를 위해 에너지를 집중하고 지속적인 노력을 쏟아부을 수 있는 능력인 성취역량이 높다.[54]

또 끈기와 과제지속력을 발휘하려면 지금 당장 약간의 만족을 얻는 선택보다는 나중에 더 큰 만족을 얻는 선택을 할 수 있어야 한다. 이것이 바로 '만족의 지연'인데, 여기에는 미래에 이룰 성취에 더 높은 가치를 둠으로써 현재의 괴로움과 유혹을 참아내는 인내심도 포함된다. 이러한 만족의 지연과 특히 관련된 뇌 부위는 '전전두엽에서 두정엽 쪽으로 펼쳐져 나가는 신경망

(frontoparietal task control network)'인데, 이 신경망 역시 mPFC를 중심으로 한 전전두피질이 중심축이라 할 수 있다.[55] 일시적으로 mPFC를 마비시키면 만족의 지연 행위는 사라지고 더 충동적인 행동을 보인다는 연구결과도 있다.[56] 또 다른 연구 역시 mPFC를 중심으로 한 신경망이 충동성을 억제하고 목표를 위해 끈기 있게 일할 수 있는 능력과 밀접한 관련이 있다는 것을 발견했다. mPFC와 보상체계 간의 연결성이 좋을수록 눈앞의 유혹을 참아내고 원하는 목표에 더 잘 집중할 수 있다는 것이다.[57] 반면에 mPFC의 기능을 일시적으로 떨어트리면 이러한 목표지향적인 행위를 해내는 능력이 저하된다.[58]

Note **뇌의 각 부위를 지칭하는 방법**

전전두엽(prefrontal lobe) 혹은 전전두피질(prefrontal cortex: PFC)은 전두엽의 앞부분인데 바로 이마 한가운데쯤이다. 전전두피질은 다시 위쪽, 아래쪽, 가운데 안쪽, 양쪽 바깥쪽 등으로 나뉜다. 해부학적으로 선명하게 나뉜다기보다는 편의상 대략 나누어 부르는 것이다. 전전두피질의 위쪽은 등이라는 뜻의 '배(背; dorso-)'라는 접두어를 붙이고, 아래쪽은 배라는 뜻의 '복(腹; ventro-)'이라는 접두어를 붙이며, 안쪽은 '내측(medial-)', 옆쪽은 '외측(lateral-)'이라는 접두어를 붙인다. 그리고 특정 부위의 앞쪽(얼굴 쪽)은 '전방(anterior)', 뒤쪽은 '후방(posterior)'이라는 형용사를 사용한다. 손바닥 쪽을 아래로 향하게 하여 주먹을 쥐어보자. 위쪽으로 향해 있는 손등 부분에 'dorso-', 아래쪽인 손가락 첫째 둘째마디 부위 쪽에 'ventro-', 손바닥 가운데 안쪽 부분에 'medial-', 양 옆쪽, 즉 엄지손가락과 새끼손가락 부분에 'lateral-'이라는 접두어를 붙이는 것이다. 주먹 안쪽 손바닥 부분이 mPFC(내측전두피질)이고, mPFC에서도 더 아랫쪽, 즉 손가락 끝 첫째 마디와 손바닥이 만나는 부위쯤이 vmPFC(복내측(腹內側)전전두피질)이며, 위쪽 양옆 부위, 즉 손등과 엄지손가락 혹은 새끼손가락 쪽이 만나는 부위가 dlPFC(배외측(背外側)전전두피질), 아래쪽 양옆 부위가 vlPFC(복외측(腹外側)전전두피질)이다. 그리고 vmPFC 바로 아래 양 옆쪽, 즉 안구 바로 윗부분이 OFC(안와(眼窩)전두

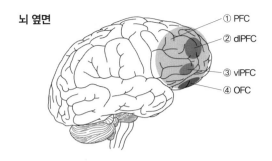

뇌 옆면

① PFC
② dlPFC
③ vlPFC
④ OFC

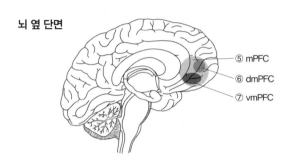

뇌 옆 단면

⑤ mPFC
⑥ dmPFC
⑦ vmPFC

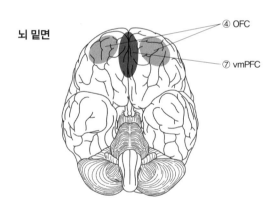

뇌 밑면

④ OFC
⑦ vmPFC

① PFC(prefrontal cortex): 전전두피질
② dlPFC(dorso-lateral prefrontal cortex): 배외측전전두피질
③ vlPFC(ventro lateral prefrontal cortex): 복외측전전두피질
④ OFC(orbitofrontal cortex): 안와전두피질
⑤ mPFC(medial prefrontal cortex): 내측전전두피질
⑥ dmPFC(dorso-medial prefrontal cortex): 배내측전전두피질
⑦ vmPFC(ventro-medial prefrontal cortex): 복내측전전두피질

[그림 2-2] 마음근력과 관련된 전전두피질(PFC)의 여러 부위

피질)이다. 마음근력의 기반이 되는 신경망들은 대부분 mPFC, vmPFC, dlPFC, vlPFC, OFC와 관련이 깊다.

감정조절 능력으로서의 자기조절력

자기조절력의 또 하나 중요한 요소는 감정조절의 능력이다. 감정조절은 단순히 분노나 두려움 등의 부정적 감정을 억누르고 참는 것을 의미하는 것이 아니다. 그것은 감정의 '억제(suppression)'이지 조절이 아니다. 진정한 의미의 감정조절은 한걸음 떨어져서 자기 자신을 객관적으로 바라봄으로써 감정 상태에 대해 올바로 알아차리고 '재평가하는(reappraisal)' 것이다.[59] 자신의 감정에 주의를 집중하고 인지하며 재평가해 스스로 조절하는 능력과 관련된 핵심적인 뇌 부위로 널리 알려진 것이 vmPFC(복내측전전두피질)이다. 여러 연구에서 자신의 감정 상태를 알아차리는 능력과 의식적으로 감정을 조절하는 능력 모두 vmPFC를 중심으로 한 신경망에 의해서 주로 발휘된다는 것이 밝혀졌다.[60]

이처럼 vmPFC는 감정을 인지하고 조절하는 능력과 관련된 중요한 뇌 부위인데 특히 긍정적 정서가 유발되었을 때 더욱 활성화된다.[61] 긍정적 정서의 유발은 단순히 기분이 좋아지고 행복해지는 상태를 만들어줄 뿐 아니라 vmPFC 등의 신경망 활성화를 통해서 부정적 감정을 더 잘 조절할 수 있게 해준다. 특히 vmPFC는 감사함을 느끼는 상황에서 가장 활성화된다는 보고도 있다.[62]

vmPFC가 감정조절력에 관련된 핵심 부위임을 더 직접적인 방식으로 밝혀낸 연구도 있다. 뇌의 특정한 부위에 약한 직류 전기를 통해 자극을 주는 tDCS(경두개직류자극술)를 통해 vmPFC를 활성화했더니 부정적 감정이 일어날 만한 상황에서도 감정조절력이 향상되어 분노와 공격성향이 줄어들었다는 것이다.[63]

감정조절력의 핵심 부위인 vmPFC(복내측전전두피질)는 의사결정 과정에도 관여한다. 가령 특정 음식을 먹을지 말지 결정할 때 자기조절력을 발휘해서 정크푸드를 먹지 않는 사람들의 vmPFC는 그 음식의 맛에 대한 정보뿐 아니라 건강에 미치는 영향에 관한 정보에도 반응한다. 그러나 자기조절력이 약해서 정크푸드 유혹에 잘 빠지는 사람들의 vmPFC는 건강과 관련된 정보에는 반응하지 않고 오로지 음식의 맛과 관련된 정보에만 반응하는 것으로 나타났다. 즉 vmPFC는 어떤 행동을 할 때 자기조절력을 발휘할지 말지를 결정짓는 중요한 역할을 담당하는 것이다. 특히 vmPFC는 dlPFC(배외측전 전두피질)와 함께 네트워크를 이루어서 자기조절력을 발휘하게 한다.[64] 한편 vmPFC는 감정조절과 자기절제에 관여함으로써 도덕적 행동을 하도록 하는 기반이기도 하다. 가령 비도덕적이고 잔혹한 범죄를 저지르는 사이코패스는 정신질환의 일종인 인격장애 환자와 비슷한 특성을 보이는데, 바로 vmPFC와 편도체에 장애가 있다는 것이 밝혀지기도 했다.[65]

마음의 근육으로서의 자기조절력

자기조절력은 몸의 근육과 비슷하다. 근육은 짧은 시간 내에 집중적으로 사용하면 금방 지치게 된다. 무거운 물건을 들었다 놨다 수차례 반복하면 근육은 더 이상 힘을 발휘하지 못한다. 근육의 자원은 제한되어 있는데 그것이 쉽게 고갈되기 때문이다.

자기조절력도 이와 비슷하다. 어떤 과제를 수행하느라 자기조절력을 쓰고 나면 그다음 과제를 수행할 때는 자기조절력을 제대로 발휘하지 못하게 된다. 유혹을 참거나 감정을 조절해야 하는 과제를 수행하게 한 후에 곧바로 두 번째 과제를 수행하게 하면(즉, 자기조절력을 발휘해야 하는 과제를 연달아 수행하도록 하면) 두 번째 과제를 수행할 때는 자기조절력이 현저히 저하되는 것이다. 가령 눈앞에 놓인 달콤한 쿠키와 시원한 음료수를 먹지 못하게 함으로써 인내심과 절제력을 사용하게 한 후에 곧바로 수학 문제를 풀게 하면 문제를 푸는 능력이 저하된다. 이러한 현상은 여러 연구를 통해 반복적으로 확인되었다.[66]

근육의 또 다른 특성은 지칠 만큼 에너지를 썼다가 회복하는 과정을 반복하면, 즉 반복적으로 일정한 부하를 걸어주는 훈련을 하면 점점 더 강해진다는 것이다.[67] 이와 마찬가지로 자기조절력도 반복적인 훈련을 통해 강화될 수 있다.[68] 자기조절력 향상을 위해 인류가 수천 년 전부터 해왔던 훈련이 바로 '명상'이다. 명상을 꾸준히 하면 스스로 설정한 목표를 향해 나아갈 힘이 길러져 더욱 집중적으로 목표지향적인 행동을 할 수 있게 된다.[69]

전통적인 명상 수행법은 여러 가지가 있는데 모든 명상 수행의 보편적인 공통점은 주의집중력을 향상시키는 데 도움을 준다는 것이다. 실제로 명상을 통해 주의집중력을 높이면 dlPFC(배외측전전두피질), mPFC(내측전전두피질), ACC(전방대상피질) 등의 부위가 동시에 활성화된다.[70] 명상을 통해 자기조절력의 기반이 되는 신경망이 활성화되며, 이를 반복하게 되면 신경가소성(neuroplasticity)에 의해 자기조절력이 점차 강화되는 것이다. 신경가소성에 대해서는 제3장에서 자세히 다룬다.

지금까지 자기조절력에 억제하는 능력, 발휘하는 능력, 감정조절 능력 등의 여러 측면이 있다는 것을 살펴보았다. 이러한 다양한 능력에 관여하는 신경망들의 공통점은 모두 mPFC를 핵심 부위로 해서 연결된다는 것이다. 이제부터 살펴볼 마음근력의 또 다른 요소인 대인관계력의 발휘에도 mPFC가 핵심적인 역할을 담당한다.

내면소통

대인관계력
: 타인과의 소통능력

뇌는 대인관계를 생존의 문제로 여긴다

대인관계력은 다른 사람을 존중하고 배려하고 다른 사람의 마음을 헤아리고 아픔이나 느낌에 공감하는 능력이다. 대인관계력이 높은 사람은 자신의 뜻을 잘 전달하고, 타인의 의도를 잘 파악하고, 설득하고, 리더십을 발휘할 수 있게 된다. 하위요소로는 공감능력, 관계성, 자기표현력 등이 포함된다.

나 이외의 모든 사람은 '다른 사람'이다. 다른 사람 중에서 나의 대화 상대가 될 때 그 사람은 '너'가 된다. 소통은 '너'와 '나'의 관계를 만들고, 그것을 바탕으로 나와 너를 구성해내는 과정이다. 다른 사람을 존중하고 배려하고 다른 사람의 마음을 헤아리고 아픔이나 느낌에 공감하는 능력이 대인관계력이다.

나 자신과 내가 하는 세상일은 타인을 통해 연결된다. 어떤 일을 하든 타인과의 관계 속에서 하게 마련이다. 지금 내가 이 책을 열심히 쓰고 있는 것 역시 이 책을 읽을 불특정 다수의 독자가 존재하기에 가능한 일이다. 그러한 독자(타인)가 존재하기에 나는 집필(세상일)에 빠져들 수 있다. 타인은 나 자신과 세상일을 묶어주며, 동시에 세상일은 나와 타인을 연결한다.

나는 내 주변의 타인과 제대로 관계 맺어야 한다. 자신이 원하는 방향으로 타인을 이끌 수 있어야 한다. 그것이 설득력이고 리더십이다. 어떤 일을 해낸다는 것은 대부분 그 일과 관련된 사람들을 설득함으로써만 가능하다. 타인과 사랑과 존중의 관계를 맺는 사람이 호감과 신뢰를 줄 수 있다. 호감과 신뢰는 설득력과 리더십의 기본이다.

　　인간은 혼자서는 살 수 없다. 뇌는 타인과의 인간관계를 스스로의 몸만큼이나 중요시한다. 그렇기에 뇌는 관계의 단절을 몸의 부상만큼이나 생존을 위협하는 일로 받아들인다. 타인에게 거절당하거나 따돌림당할 때 몸을 다칠 때만큼 고통스러운 것도 그런 이유다.

　　우리가 무언가에 강하게 부딪혀서 통증을 느낄 때 뇌에서는 두 개의 시스템이 작동한다. 하나는 촉감이나 감각 등을 느끼는 부위인 두정엽 쪽의 감각피질인데 이를 통해 무엇인가가 내 몸에 부딪혔다는 것을 알게 된다. 다른 하나의 시스템은 배측전방대상피질(dACC)과 전방섬엽(anterior insula: AI)인데 이를 통해서 고통과 괴로움을 느낀다. 즉 무언가에 부딪혔다는 정보와 아프다는 정보가 뇌의 다른 부위에서 별도로 처리되는 것이다. 만약 뇌졸중으로 배측전방대상피질과 전방섬엽이 손상되었다면 어떻게 될까? 이러한 환자는 무언가에 강하게 부딪혀 상처를 입는 상황에서도 아픔을 전혀 느끼지 못한다. 강하게 부딪혔다는 것을 알아차릴 뿐 아픔은 느끼지 못하는 것이다. 몸을 다쳐도 아무런 아픔을 느끼지 못하면 위험한 상황이 초래될 수 있다. 앞에서도 말했듯이 고통은 뇌의 경고신호다. 덕분에 우리는 생존의 위험을 받는 상황이 닥치면 다시 고통을 느끼지 않기 위해 조심하게 된다. 그런데 고통을 느끼지 못하는 사람은 이런 경고신호를 받지 못하는 셈이니 생존에 위협이 되는 상황에 노출될 위험이 훨씬 커지는 것이다.

　　몸이 다쳤을 때 고통을 느끼는 이유는 몸의 손상은 생존을 위협하는 일이기 때문이다. 뇌는 우리가 고통을 느끼게 함으로써 부상이라는 위험에 대한 경고신호를 보낸다. 관계가 단절되었을 때도 뇌는 생존이 위협받고 있다는 경고신호로 고통을 느끼게 한다. 인간관계에서 거절을 당하거나 따돌림을 당할 때 신체적 폭력을 당했을 때 고통을 느끼는 뇌 부위가 활성화된다는 아이젠버거(Naomi Eisenberger)의 일련의 연구들[71]이 이러한 사실을 분명하게 보여준다.

　　　　　　　　　　　　　　　　　　　　　　　　　　　　　　　　내면소통

타인과 갈등을 겪을 때, 일방적으로 차이거나 헤어질 때, 혹은 동료들로부터 왕따를 당할 때도 우리는 몸에 상처를 입었을 때와 마찬가지로 고통을 느낀다. 이때 배측전방대상피질과 전방섬엽 부위가 강하게 활성화된다. 사고를 당하거나 감기몸살을 앓는 등 몸이 아플 때와 똑같은 부위가 활성화되는 것이다. 실제로 많은 사람이 인간관계에서의 갈등과 좌절로 인해 가슴이 찢어지고 심장이 부서지는 듯한 고통을 느낀다. 뇌과학자들은 인간관계에서 오는 괴로움이 신체적 고통과 마찬가지로 정말 '아픈' 것이라는 점을 증명했다.[72] 심지어 타이레놀 등의 진통제를 먹으면 이별의 고통이나 왕따로 인한 괴로움이 한층 완화된다는 사실도 입증했다.[73]

뇌는 인간관계에서 겪는 어려움을 신체적 훼손만큼이나 치명적인 것으로 받아들인다. 그것이 함께 어울려 살아야만 하는 우리에게 심각한 위협이 된다는 점을 뇌는 본능적으로 아는 것이다.[74]

나와 타인의 마음을 읽는 대인관계력

대인관계력의 핵심은 자기 자신과 타인에 대한 정보를 잘 처리하는 능력을 일컫는 소통능력이다. 소통을 잘하기 위해서는 자기 생각, 감정, 의도를 스스로 알아차려야 하며 동시에 타인의 생각, 감정, 의도도 잘 파악해야 한다. 한마디로 나와 타인에 대한 실시간 정보처리를 잘해야 한다. 나와 타인에 대한 정보처리의 핵심 중추 역시 mPFC(내측전전두피질)다.[75] 더 구체적으로 보자면, 나 자신의 마음 상태에 대한 추론은 mPFC에서도 보다 아래쪽 부위인 vmPFC(복내측전전두피질)에서 주로 처리되고, 타인의 마음 상태에 대한 추론은 보다 위쪽인 dmPFC(배내측전전두피질)에서 처리된다.[76]

대인관계력에 있어서는 상대방의 의도를 파악하는 능력도 중요한데, 타인의 의도 파악에 있어서 핵심적인 역할을 담당하는 뇌 부위도 역시 mPFC다.[77] 예컨대 부부간의 소통에 있어서도 mPFC가 중요하다는 연구결과가 있는데, 배우자의 의도를 파악하는 데 있어서 mPFC를 중심으로 한 신경망이 핵심 역할을 담당하기 때문이다.[78]

나의 마음이 이러저러하게 흘러가니 타인의 마음도 그렇겠구나 하고 추론하는 것, 다시 말해 나의 마음을 다른 사람의 입장에 투영해서 바라보는 능력의 핵심에도 mPFC가 있다.[79] 이처럼 타인의 입장이 되어서 그의 관점으로 세상을 바라보는 것을 '역지사지'라고 한다. 역지사지 능력이 부족하면 타인의 입장을 헤아리기 어렵다. 이러한 사람들은 흔히 이기적이고 비도덕적이라는 비난을 받는다. 타인의 입장을 헤아릴 수 있으면서도 이기심과 욕심 때문에 비도덕적인 행위를 하는 경우도 물론 있겠지만, mPFC의 기능 저하로 인해 타인의 관점에서 사물을 바라보는 능력이 부족한 사람도 있다.

　　뇌과학에서는 역지사지 능력을 '마음이론(Theory of Mind: ToM)'이라고 한다. 마음이론은 마음에 관한 어떤 이론이 아니다. 마음이론은 다른 사람의 입장이나 의도를 파악하고 이해할 수 있는 능력을 의미한다. 마음이론은 보통 만 3세 반 무렵에 생긴다. 마음이론이 형성되기 전의 어린아이는 자신의 관점과 타인의 관점을 구분하지 못한다. 자신이 TV를 등지고 엄마 앞에 서면 엄마가 TV를 잘 볼 수 없다는 사실을 깨닫지 못한다. 나의 관점과 타인의 관점을 구분하지 못한다는 것은 사실 자아의 개념이 제대로 형성되지 않았다는 뜻이기도 하다. 타인의 관점을 이해하려면 자아의식이 분명해야 한다. 다시 말해서 '나'라는 개념이 생기려면 '너'라는 개념이 동시에 생겨야 한다는 뜻이다. 만 3세 반 이전의 아이는 타인에 대한 개념이 분명하지 않을 뿐만 아니라 자아의식도 뚜렷하지 않다. 자아의식이 없으므로 '나'에 대한 기억도 남지 않는다. 내가 의식하는 '나'는 내 경험의 일부를 편집한 이야기들이 쌓임으로써 형성된다. 따라서 자아의식이 없을 때는 '나'를 주어로 하는 이야기를 만들 수 없고 '나'에 대한 기억도 없게 마련이다. 대부분의 사람이 대개 만 3세 반 이후부터의 일을 기억하게 되는 것은 이런 이유다. 엄밀히 말하자면 '나'라는 존재는 태어나는 순간에 시작되는 것이 아니라 만 3세 반 이후 마음이론을 갖게 되면서부터 시작된다고 할 수 있다.

　　타인의 입장이나 의도를 파악하는 마음이론과 더불어 스스로에 대해 알아차리는 자아자각(self-awareness) 능력 역시 대인관계력의 핵심인데, 이와 관련해서도 mPFC 신경망이 매우 중요한 역할을 담당한다.[80] 특히 mPFC와 TPJ(측두엽-두정엽 연접부) 간의 신경망은 마음이론과 소통능력에서 핵심 역할

　　　　　　　　　　　　　　　　　　　　　　　　　　　　　　　　내면소통

을 담당하는 부위로 알려져 있다. 마음이론과 자아자각 능력에 이상이 생겨 소통능력을 발휘하지 못하는 질환이 곧 자폐증(autism)인데, 자폐아들은 대개 mPFC-TPJ 신경망이 제대로 발달되어 있지 않은 것으로 나타났다.[81]

한편 감정표현불능증(alexithymia)은 자기 자신의 감정을 스스로 인지하지 못하고 밖으로도 표현하지 못하는 일종의 인지행동장애다. 자신과 타인의 감정을 잘 느끼지 못하므로 감정조절도 잘하지 못한다. 이러한 장애를 겪는 사람들은 대개 인간관계를 맺고 유지하는 데 큰 어려움을 겪는다. 감정표현불능증 환자들 역시 특히 mPFC-TPJ 신경망의 발달이 현저히 뒤떨어져 있음이 밝혀졌다.[82]

긍정적 정서가 대인관계력을 키워준다

소통능력이 뛰어난 사람은 타인을 존중하고 배려하며 사교적인 활동을 잘하게 마련인데, 여러 연구에서 이러한 사람들의 mPFC 신경망이 잘 발달했다는 것이 밝혀졌다. 특히 감정조절의 핵심 부위인 vmPFC가 자기 자신과 타인에 대한 정보처리에 더 많이 관여할수록, 더 나아가서 mPFC 신경망과 선조체 등 다른 뇌 부위와의 연결성이 강할수록 타인에게 더 친절하고 배려하는 성향을 보인다.[83]

대인관계력이 뛰어난 사람은 인간관계에서 높은 수준의 긍정적 정서를 보인다. 이들은 밝고 명랑하며 환하고 행복한 사람들이다. 나와 타인의 행복(wellbeing)에 관한 정보 역시 앞에서 자기참조과정에 주로 관여한다고 설명했던 mPFC-PCC(후방대상피질)/설전부(precuneus) 신경망을 통해 처리된다. 다른 사람의 행복에 관한 긍정적 정보는 mPFC 앞쪽과 PCC/precuneus 위쪽에서 주로 처리되고, 나 자신의 행복에 관한 긍정적 정보는 mPFC의 뒤쪽과 PCC/precuneus 아래쪽에서 주로 처리된다. 나와 타인에 관한 긍정적 정보처리는 mPFC를 중심축으로 해서 PCC/precuneus와 연결되는 신경망을 활성화한다.[84] 행복한 사람일수록 우측설전부(right precuneus)가 더 발달하고 용적도 더 크다는 것이 발견되었다.[85] 이는 마음근력과 관련해서 매우 중요한

함의를 지닌다. 즉 나와 타인에 관한 긍정적 정보처리를 하는 것이 마음근력 강화를 위한 매우 효과적인 훈련법임을 의미하는 것이다.

인간관계의 행복과 관련한 정보를 주로 처리하는 부위가 mPFC와 PCC의 신경망이라면, 인간관계의 갈등과 괴로움에 관한 정보를 주로 처리하는 부위는 mPFC와 ACC(전방대상피질)의 신경망이다.

ACC 중에서도 특히 위쪽의 dACC(배측전방대상피질)와 전방섬엽(anterior insula)은 앞에서 살펴본 것처럼 인간관계에서 비롯되는 고통이나 아픔을 느낄 때 활성화되는 부위다.

한편, 인간관계에서의 갈등의 가능성이나 혹은 내 삶에 도움이 되지 않는 잠재적 위험인물의 등장 등을 가장 먼저 감지하는 신체 부위는 내장이다. 이 내장에서 보내는 내부감각 신호를 감지해 감정이라는 정보로 처리될 수 있도록 하는 뇌 부위가 mPFC-ACC 신경망이다. 따라서 mPFC-ACC는 대인관계력을 키우고 발휘하는 데 매우 중요한 신경망이라 할 수 있다. 이에 대해서는 제8장에서 자세히 다룬다.

지금까지 살펴본 바와 같이 대인관계력과 관련된 여러 신경망에도 대부분 mPFC가 포함되어 있음을 알 수 있다. 이제 마음근력의 세 번째 요소인 자기동기력에 대해 살펴보자.

자기동기력
: 세상과의 소통능력

나와 타인을 연결해주는 세상일

자기동기력은 자신이 하는 세상일에 대해 열정을 발휘하는 능력이다. 하위요소로는 내재동기, 자율성, 유능성, 열정 등이 포함된다. 어떤 것을 디자인하고 그러한 아이디어를 현실 세계에 구체적으로 만들어내는 힘이 자기동기력이다. 머릿속의 계획이나 이미지를 투사하는 능력을 바탕으로 우리는 끊임없이 세상을 변화시키고 만들어간다.

세상일은 나와 사람들을 연결시켜준다. 우리가 만나서 열심히 이야기하고 의견을 나누는 것은 어떤 세상일에 대해서다. 그런 점에서 세상일은 '나'와 '너'를 연결해주는 교량이기도 하다. 세상일은 나와 너의 관계 속에 존재한다. 우리는 늘 마주하는 세상 혹은 '일'과 제대로 관계 맺어야 한다. 나는 내가 하는 일에 의미를 부여할 수 있어야 한다. 돌을 나르는 것이 아니라 성을 쌓는 사람이 발전하고 성장한다. 스스로 하는 일을 존중할 수 있어야 한다. 그래야 내가 하는 일에서 다른 사람이 느끼지 못하고 보지 못하는 것을 볼 수 있으며, 깊은 의미를 발견할 수 있고, 그 일에 몰입할 수 있다.

세상이 나를 결정짓는다는 생각에서 벗어나 내가 능동적으로 세상을 바꿔나갈 수 있음을 믿어야 한다. 그래야 일을 열정적으로 해낼 수 있는 '동기'가 생긴다. 세상을 변화시킴으로써 사람은 스스로 변화하고 성장한다. 사람은 자기 뜻에 따라 주변 환경을 변화시키고 싶어 하는 본능적인 욕망을 갖고 있다. 어린아이는 끊임없이 세상을 변화시키려 한다. 그것이 '놀이'이고 거기서 '재미'를 느낀다. 그것이 내재동기다. 이러한 내재동기는 긍정적 정서를 향상시키며, 긍정적 정서는 창의성과 문제해결 능력의 기반이 된다.

사람은 자기 뜻에 따라 주변 환경을 변화시킴으로써 즐거움을 느낀다. 아이는 주변을 변화시킴으로써 스스로 성장한다. 나를 둘러싼 환경을 변화시키는 일이야말로 스스로 성장할 수 있는 유일한 방법이다.[86] 아이들이 책을 찢고, 휴지를 계속 뽑아대고, 모래장난과 물놀이와 레고 놀이를 좋아하는 것도 자신의 행위로 인해 대상을 변화시킬 수 있기 때문이다. 아무리 만지고 두드리고 흔들고 해봐야 변하지 않는 고정된 사물은 재미가 없으니 가지고 놀려 하지 않는다. 어른도 마찬가지다. 사람들이 돈과 권력을 그토록 탐내는 이유는 돈과 권력이 있어야 주변에 영향을 미칠 수 있고 환경에 변화를 가져올 수 있기 때문이다.

자기결정성과 문제해결력

자기동기력은 하고자 하는 일에 대해 스스로 동기를 부여할 수 있는 능력이다. 이러한 능력의 기반이 되는 것은 세상일 자체에서 즐거움을 느끼는 내재동기이며, 내재동기는 자율성에서 비롯된다. 자율성은 내 삶과 환경의 주인이 다름 아닌 바로 '나 자신'이라는 믿음이다. 그러한 믿음이 있어야 내가 살아가는 삶을 스스로 결정하고 변화시킬 수 있다는 자기결정성과 유능성이 생긴다. 이처럼 자기 자신에 대해 높은 수준의 긍정성이 있어야 강한 자기동기력을 지닐 수 있다. 그간의 많은 연구들은 긍정적 정서의 수준이 높은 사람일수록 창의성과 문제해결 능력도 높다는 것을 밝혀냈다.

내재동기와 관련하여 가장 유명한 이론 중 하나가 미국 스탠퍼드대학교 심리학과 교수인 캐럴 드웩(Carol Dweck)의 능력성장신념(growth mindset)이다.[87] 자기 자신의 노력을 통해 스스로 유능성을 향상할 수 있을 것이라는 믿음이 능력성장신념인데, 이러한 믿음을 지닌 사람들은 내재동기의 수준이 높기 마련이다.[88] 뇌과학은 능력성장신념이 강한 사람일수록 좌우 양쪽의 dlPFC-mPFC 신경망이 발달되어 있음을 밝혀냈다. 특히 끈기와 과제지속력을 발휘하는 '그릿(grit)'이 강한 사람일수록 우측 dlPFC와 mPFC를 중심으로 한 신경망의 연결성이 강하다.[89]

자기동기력이 강한 사람은 높은 수준의 문제해결력을 발휘한다. 문제해결력은 단 하나의 정답을 찾아내는 능력이 아니다. 그보다는 당면한 문제를 해결하기 위해 주어진 인적·물적 자원에 새로운 의미와 기능을 부여함으로써 최적의 솔루션을 제시하는 능력이다. 문제해결력의 다른 이름은 창의성 혹은 창의적 사고다. 창의성과 문제해결력이 뛰어난 사람일수록 mPFC를 중심으로 한 신경망이 발달되어 있는데, 특히 DMN(디폴트모드네트워크)과의 연결성이 강하다. 아무것도 하지 않고 가만히 있을 때, 혹은 편안하게 명상할 때 활성화되는 신경망인 DMN은 창의성과 관련이 깊은 것으로 알려져 있다.

Note **세 가지 마음근력과 비인지능력의 관련성**

세 가지 마음근력은 매우 보편적인 범주다. 비인지능력에 관한 대표적인 이론들이 강조하는 핵심 개념들 역시 세 가지 마음근력 중 하나에 해당한다.

먼저 자기조절력과 관련된 이론과 개념에는 대니얼 골먼(Daniel Goleman)이 감성지능이론에서 말하는 자기인식과 자기조절,[90] 하워드 가드너(Howard Gardner)가 다중지능이론에서 말하는 자기이해지능,[91] 제임스 헤크먼(James Heckman)이 강조하는 소프트스킬 혹은 인성기질(personality traits)의 한 축인 감정조절력이나 과제지속력,[92] 앤절라 덕워쓰(Angela Duckworth)의 끈기[93] 등이 있다.

그다음 대인관계력과 관련된 이론과 개념에는 대니얼 골먼이 감성지능이론에서 말하는 공감력과 대인관계기술,[94] 하워드 가드너가 다중지능이론에서 말하는 대인관계지능,[95] 리처드 라이언(Richard Ryan)과 에드워드 디씨(Edward Deci)가 자기결정성 이론에서 말하는 관계성,[96] 제임스 헤크먼이 말하는 소프트스킬의 또 다른 축인 사회성[97] 등이 있다.

세 가지 마음근력과 비인지능력에 관한 이론들의 핵심 개념

마음근력 (김주환)	자기조절력	대인관계력	자기동기력
감성지능 (대니얼 골먼)	자기인식 자기조절	공감력 대인관계기술	동기력
다중지능 (하워드 가드너)	자기이해지능	대인관계지능	
자기결정성 (디씨와 라이언)		관계성	유능성 자율성
소프트스킬 (제임스 헤크먼)	과제지속력	사회성	
그릿 (앤절라 덕워쓰)	끈기		
능력성장신념 (캐럴 드웩)			능력성장신념

　　자기동기력과 깊은 관련이 있는 개념들에는 대니얼 골먼이 감성지능 이론에서 말하는 동기력,[98] 라이언과 디씨가 자기결정성이론에서 말하는 자율성과 유능성,[99] 캐럴 드웩의 능력성장신념,[100] 앨리스 아이젠(Alice Isen)이 말하는 창의적 문제해결력의 원천인 긍정적 정서[101] 등이 있다.

마음근력의
뇌과학적 근거

마음근력의 바탕이 되는 내측전전두피질

지금까지 살펴본 대로 자기조절력, 대인관계력, 자기동기력이라는 세 가지 마음근력의 바탕이 되는 가장 중요한 신경망은 mPFC(내측전전두피질)를 중심으로 한 것들이다. 그런데 두려움이나 분노 같은 부정적 감정의 유발과 관련된 편도체의 활성화는 mPFC를 비롯해 전전두피질을 중심으로 하는 신경망의 기능을 전체적으로 약화시킨다. 따라서 마음근력 훈련이라는 것은 결국 편도체의 활성화를 줄이고 전전두피질을 중심으로 하는 신경망을 강화하는 것이다.

마음근력 훈련에서 가장 중요한 뇌 부위인 mPFC에 관해 좀 더 살펴보자. mPFC는 뇌의 다양한 기능을 '통합'하는 부위로 널리 알려져 있다.[102] 지금까지 살펴본 것처럼 mPFC는 자기조절력(끈기, 과제지속력, 집중력, 감정조절력, 충동통제력 등), 대인관계력(자신과 타인에 대한 정보처리, 타인의 의도 파악 등), 자기동기력(내재동기, 문제해결력, 창의성 등)의 세 가지 마음근력과 밀접한 관련이 있다. 물론 mPFC라는 한 부위가 마음근력과 관련된 모든 기능을 담당하는 것은 아니다. 뇌의 다양한 기능은 여러 부위가 동시에 참여하는 신경망에 의해 발휘된다. 뇌의 여러 부위가 동시다발적으로 혹은 순차적으로 연결됨으로써 특정 기능을 담당하는 것이다. 그런데 mPFC는 마음근력과 관련된 거의 모든 신경망에서 핵심적인 허브의 역할을 담당한다.

특히 전전두피질의 안쪽인 mPFC는 3층 구조라 할 수 있는 대뇌피질의 맨 앞부분이면서 이마 앞쪽에서 안쪽으로 말려 있는 형태여서 '파충류의 뇌'라 불리는 1층 구조인 뇌간, '포유류의 뇌'라 불리는 2층 구조인 변연계와도 거의 맞닿아 있다. mPFC는 편도체를 포함하는 변연계와 '구조적'으로 가까울 뿐만 아니라 '기능적'으로도 밀접하게 연계되기 때문에 '확장된 변연계'라는 별칭도 갖고 있다. '이성적인 뇌'라 불리는 전두엽에서도 맨 끝에 위치한 mPFC가 '감정의 뇌'라고도 불리는 변연계와 맞닿아 있는 것이다. mPFC는 3층의 넓은 대뇌피질인 두정엽의 다양한 부위들과도 수평적으로 넓게 연결되어 있을 뿐만 아니라 1층 및 2층과의 수직적 연결까지 담당하고 있다. 이처럼 mPFC는 다양한 수직적·수평적 연결을 통해 통합을 이뤄내기에 '통합의 뇌'라 불리기도 한다.

mPFC는 디폴트모드네트워크의 중심축이기도 하다. 본래 인간의 뇌에 '쉬는 상태'는 존재하지 않는다. 아무것도 하지 않고 가만히 있다 해도 뇌는 생명현상 유지를 위한 일을 하고, 이런저런 생각도 떠올리고, 소리도 듣고, 시각정보도 처리해야 한다. 어떤 사람은 옛날 일을 떠올리며 추억에 잠기기도 하고, 또 어떤 사람은 미래 계획을 세우기도 하는 등 서로 다른 생각과 기억을 계속 떠올리기 때문에 '가만히 있다'라는 것의 의미는 사람마다 다를 수 있다. 어찌 보면 비과학적이고 이상한 개념인 '아무것도 하지 않고 있을 때의 뇌 신경망'이 왜 중요한 개념이 되었는지를 설명하려면 뇌 영상 연구의 기본이 되는 fMRI에 대해 간략하게 살펴볼 필요가 있다. 아울러 '뇌의 어느 부위가 활성화되었다'라는 것이 무엇을 의미하는지, 뇌 영상 연구의 핵심인 fMRI 연구가 어떻게 이뤄지는지 간략하게나마 정리해두는 것은 앞으로의 논의에 많은 도움이 되리라 생각한다.

fMRI를 이용한 뇌 영상 연구

fMRI를 이용한 뇌 영상 연구는 1990년대부터 시작되었다. MRI는 강력한 자기장에서 수소원자핵에 공명을 일으켜서 신체 내부 이미지를 촬영하는 기술이다. '기능적'이라는 말이 붙은 것은 MRI 기계로 2초에 한 번씩 지속해서 뇌 전체 이미지를 스캐닝하면서 여러 가지 실험 자극이 가해질 때 뇌의 활성화 패턴이 어떻게 변하는지 살펴보는 MRI라는 뜻이다. 보통 우리가 병원에서 찍는 MRI는 몸 내부의 일부 '구조'를 선명하게 찍는 것이다. 하나의 영상을 얻으려면 대개 20~30분 이상 소요된다. 뇌도 이런 식으로 선명하게 '구조'를 찍을 수 있다. 혹시 어디 종양이 있지 않은지, 뇌혈관은 괜찮은지 등을 살펴보려면 뇌의 구조를 선명하게 찍어서 들여다보면 된다.

fMRI는 이렇게 한 장의 이미지를 자세히 찍는 것이 아니라 2초에 한 번씩 그야말로 대충 뇌 전체를 훑듯이 찍는 기술이다. 계속 찍으면서 일정 시점에 애인 사진을 보여준다든가, 술병을 보여준다든가, 어떤 냄새를 맡게 한다든가, 소리를 들려준다든가, 퀴즈를 풀게 한다든가 하는 등등의 방법으로 실험 자극물을 제시한다. 그러고 나서 실험 자극물 제시 직전의 뇌 상태와 직후의 뇌 상태를 비교해서 본다. 이렇듯 fMRI는 뇌가 특정한 자극에 반응할 때 어느 부위가 얼마만큼 달라지는가를 대략으로나마 측정할 수 있는 기술이다. 이때 fMRI는 뇌혈관 속에 흐르는 혈액의 산소농도의 차이를 통계적으로 감지해낸다. 그것이 전부다. 사진 찍듯이 어떤 이미지를 찍어내는 것이 아니다.

현재 fMRI 기기가 보여줄 수 있는 정보는 뇌의 특정 부위의 활성화에 관한 것이다. 측정단위 혹은 해상도는 복셀(voxel=볼륨+픽셀)이라고 하는 2×2×2밀리미터의 정육면체다. 뇌의 특정 부위가 '활성화'된다는 것은 해당 부위에 있는 수십만에서 수백만 개의 신경세포 다발 근처 혈액에서 상대적으로 높은 산소농도가 관찰된다는 것을 뜻할 뿐이다. 신경세포가 '활성화'된다는 것은 세포핵이 있는 신경세포체로부터 특정한 축삭돌기로 전기신호가 전해지고, 이로써 축삭돌기 말단의 시냅스에 특정한 신경전달물질을 내뿜으며 다른 신경세포의 수상돌기와 연결된 시냅스에 화학신호를 일으키고, 이는 다시 다음 신경세포의 전기신호를 일으키는 일련의 과정이 순식간에 동시다발적으로 일어난다는 뜻이다[그림 2-3] 참조). 이러한 일을 하기 위해서 신경세포들은 에너지가 필요하게 마련이고, 에너지를 얻기 위해 신경세포들은

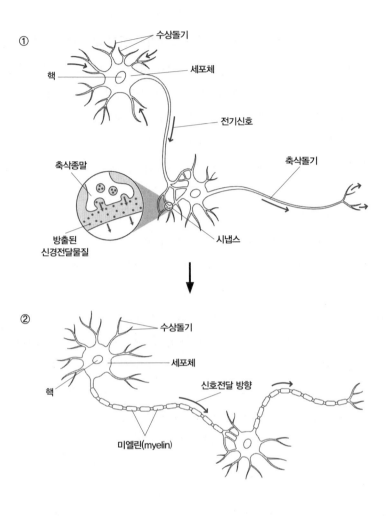

[그림 2-3] **신경세포 활성화의 의미.** 신경세포의 축삭(axon)을 지나 말단까지는 전기가 흘러 신호가 전달된다. 말단에서는 신경전달물질이 배출되어 시냅스를 거쳐 다음 신경세포로 신호가 전달된다. 즉 전기신호→화학신호→전기신호→화학신호가 반복되면서 신경세포 간의 신호가 전달되는 것이 신경세포들의 '활성화(activation)'다. 특정 신경세포들 간의 활성화가 반복되면 위 그림의 ②처럼 축삭돌기에 미엘린이 감싸지는 등의 변화가 생긴다. 이것이 뒤에서 살펴볼 신경가소성이다.

산소농도가 상대적으로 더 높은 새로운 혈액을 더 많이 공급받게 된다. fMRI 기기는 신경세포의 활성화 자체를 측정하는 것이 아니라 다만 특정 뇌 부위의 신경세포 다발에 공급되는 혈중산소농도를 통해 신경세포의 활성화 정도를 추정하는 것이다.

뇌의 특정 부위에서 혈중산소농도가 높아진다는 것은 해당 부위의 신경세포들이 산소와 에너지를 더 필요로 할 만큼 열심히 일한다는 뜻이다. 근력운동을 하면 해당 부위에 일시적으로 피가 몰려서 '펌핑' 효과가 나타난다. 뇌도 특정 부위를 많이 사용하면 해당 부위에 에너지와 산소를 공급하기 위해 순간적으로 새로운 혈액이 몰리면서 혈중산소농도가 높아진다.

"알코올중독 환자에게 술병을 보여주었을 때 뇌의 어느 부위가 활성화되었다"라고 하는 등의 뉴스 기사를 보면 뇌의 여기저기가 울긋불긋하게 표시되어 있다. 하지만 정작 fMRI 영상에는 뇌의 활동 모습이 울긋불긋하게 나타나지 않는다. 다만 술병을 보기 전과 본 후에 뇌의 특정 부위에서 혈중산소농도가 상대적으로 달라진다는 것만을 통계적 분석을 통해 추론할 뿐이다. 연구자는 이러한 통계적 분석을 통해 혈중산소농도 수치가 유의미한 변화를 보이는 특정 뇌 부위를 특정한 자극에 의해 활성화된 부위라고 결론 내리게 된다. 차이 나게 활성화된 부위가 다양한 색깔로 울긋불긋하게 나타나는 것은 연구자가 자기 취향에 맞는 색깔로 보기 좋게 칠해놓은 것에 불과하다. 따라서 fMRI 뇌 영상에 대한 과다한 해석은 금물이다.

뇌는 백지 상태에 있다가 특정한 자극을 받는 순간 그와 관련된 뇌 부위만 갑자기 활성화되는 것이 아니다. 뇌는 생명현상과 관련된 기본적이고도 지속적인 정보처리를 하느라 늘 바쁘다. 여러 부위가 끊임없이 계속 활성화되어 있는 상태인 것이다. 게다가 개인 간의 차이도 상당히 크다. 따라서 특정한 자극에 의해 활성화되는 부위를 확인하려면 그 자극이 없을 때를 기준으로 해서 차이를 살펴보는 수밖에 없다. 즉 모든 fMRI 영상은 이처럼 '기준이 되는 상태'와 '자극에 노출된 상태' 사이의 차이를 통해서만 나타나는 정보다.

따라서 뇌 영상 연구에서는 피험자가 실험 과제나 활동을 하기 전에 아무것도 하지 않고 가만히 있는 '기준이 되는 상태'의 뇌 활성화 패턴을 먼저 찍는다. 이것을 휴식상태 또는 베이스라인(baseline) 이미지라고 한다. 이러한 기준이 되는 베이스라인 이미지가 필요한 이유는 우리가 아무 것도 하지 않고 가만히 있을 때도 뇌는 부지런히 일하고 있기 때문이다. 호흡도 해야 하고 소화도 시켜야 한다. 이런저런 생각도 하고 몸도 계속 조금씩 움직여야 한다. 어디선가 들려오는 청각정보도 처리해야 하고, 눈으로 들어오는 온갖 시각정보도 처리해야 하고, 또 그에 따라 여러 가지 기억도 떠올리는 등 뇌는 쉬지 않고 부지런하게 움직인다. 즉 뇌의 여러 부위는 어떤 패턴으로든 계속해서 활성화되기 마련이다. 그래서 뇌 영상 연구는 언제나 자극을 받거나 기능을 수행하는 상태의 활성도와 휴식상태의 활성도를 '비교'함으로써 이뤄진다. 휴식상태의 뇌 활성화 패턴은 모든 뇌 영상 연구의 기본이 되는 셈이다.

모든 fMRI 뇌 영상 연구에서는 이처럼 기준이 되는 뇌 활성화 패턴이 필요하다. 그런데 휴식상태를 뇌 활성화 패턴의 기준으로 삼는 것은 적절하지 않을 가능성이 높다. 가령 술병을 보고 있는 상태의 뇌 활성화 패턴을 알아내고자 할 때 아무것도 보지 않고 가만히 있는 상태의 뇌 활성화 패턴을 기준으로 삼는 것은 곤란하다. 왜냐하면 술병 사진을 본다고 할 때 '술병'에 반응하는 뇌 부위도 있겠지만, 사진이나 이미지 자체에 반응하는 뇌 부위도 있고, 특정한 색깔이나 모양에 반응하는 뇌 부위도 있기 때문이다. 따라서 '술병'에 의해 활성화되는 뇌 부위를 정확하게 감지해내려면 술병과 비슷하나 술병은 아닌 다른 이미지를 보고 있는 상태를 기준으로 삼는 것이 더 적절하다. 애인 사진을 볼 때 활성화되는 뇌 부위를 알아내는 데 필요한 '기준'은 무엇일까. 마찬가지로 애인은 아니지만 평소 친밀감을 느끼는 익숙한 얼굴의 사진을 보여줄 필요가 있다. 이럴 때 흔히 쓰이는 것이 누구나 잘 아는 인기 연예인의 사진이다. 듣도 보도 못한 불특정 인물의 사진과 애인 사진을 보여주면서 뇌 활성화를 비교하는 것은 곤란하다. 애인 사진이 주는 자극에는 '애인'이라는 측면 외에도 '아는' 사람, '친밀한' 사람 등의 다양한 자극이 혼합되어 있고 거기에 반응하는 뇌 부위도 다양하기 때문이다. 이러한 복잡성을 고려해 가장 효율적인 '기준 자극물'을 마련하는 것은 늘 어려운 도전이다.

뇌 활성화 패턴과 기능 수행의 관계

뇌 영상을 찍는다고 해서 그 사람이 무슨 생각을 하는지, 어떤 감정 상태인지를 들여다볼 수 있는 것은 아니다. 비유를 들자면, 팔근육 세포의 혈중 산소농도 변화를 측정한다고 해서 팔이 하는 일의 내용까지 구체적으로 알기는 어려운 것과 마찬가지다. 다만 팔근육 중에서 어떤 부위를 사용하는지 알 수 있을 뿐이다. 팔근육의 어떤 부위를 사용하는지 알면 팔을 이용해 젓가락으로 음식을 먹는지, 아니면 펜을 잡고 글씨를 쓰는지는 추론할 수 있다. 하지만 어떤 음식을 먹는지, 어떤 내용을 쓰는지는 전혀 알 수가 없다.

사정이 이러한데도 많은 fMRI 연구자가 뇌 활성화 패턴을 통해서 각 부위의 고유한 기능을 추론하고자 했다. 불과 10여 년 전까지만 해도 뇌의 활성화 패턴을 통해서 뇌가 무슨 일을 하는지 알아내려는 시도가 많았다. 이는 연필을 잡고 종이에 글을 써 내려갈 때 손가락근육과 팔근육의 활성화 패턴을 측정해서 손이 어떤 글을 쓰는지 알아내려 하는 것에 비유할 수 있다. 이러한 분석을 통해 특정한 글자를 쓸 때 어느 손가락과 팔근육들의 활성화 패턴이 발견되었다고 치자. 그렇다고 해서 나중에 그러한 근육 활성화의 패턴에 따라 특정한 글자를 썼다고 추론하는 것은 곤란한 것이다. 마찬가지로 뇌가 특정 기능을 수행할 때 특정 활성화 패턴을 보이는 것은 맞지만, 바로 그 특정 활성화 패턴이 발견되었다고 해서 뇌가 예의 그 특정 기능을 수행하고 있다고 결론지을 수는 없다. 그 이유는 특정 뇌 부위가 한 가지 기능에만 관여하는 것은 아니기 때문이다. 가령 글자를 쓸 때 사용되는 손가락근육과 팔근육은 특정한 글자가 아닌 다른 글자들을 쓸 때도 거의 비슷하게 사용된다. 또 글을 쓸 때 사용되는 손가락근육과 팔근육은 젓가락질이나 피아노 연주를 할 때도 사용된다.

이처럼 뇌의 활성화 패턴과 뇌의 기능 사이에는 일대일 관계가 성립하지 않는다. 하나의 특정 기능과 하나의 활성화 패턴을 고정적으로 짝지어 해석해서는 안 된다는 의미다. 하나의 활성화 패턴이 여러 기능과 연관되기도 하고, 여러 활성화 패턴이 하나의 기능과 연관되기도 한다. 말하자면 자판으로 같은 텍스트를 입력하는데 어떤 사람은 독수리 타법으로 두드릴 수도 있다. 즉 손가락근육의 활성화 패턴은 전혀 다르지만 결과적으로 동일한 텍스트를 써낼 수 있는 것이다. 뇌 활성화 패턴의 개인 간 차이는 이보다 더 크다고 보면 된다.

또 다른 측면에서도 살펴보자. 뇌가 특정 기능을 수행할 때 해당 기능과 연관된 것으로 알려진 뇌 부위가 활성화되는 것이 그 기능을 잘 수행하고 있다는 근거가 될 수 있을까? 예컨대 수학 문제를 푸는 것과 관련된 뇌 부위는 수학을 잘하는 사람에게서 더 활성화될까, 아니면 수학을 잘하지 못하는 사람에게서 더 활성화될까? 이에 대해서도 많은 오해가 있다. 관련 뇌 부위가 활성화돼야 기능을 더 잘 수행하리라 믿는 사람들이 많다. 과연 그럴까?

다시 손가락근육을 예로 들어 생각해보자. 젓가락질을 오랫동안 한 사람은 젓가락질과 관련된 손가락근육이 발달해 해당 근육을 조금만 활성화해도 젓가락질을 능숙하게 해낼 수 있다. 어떤 행위를 능숙하게 하고 관련된 근육이 발달한 사람일수록 그 행위를 할 때 해당 근육의 활성화 정도가 더 낮게 나타난다. 반면 젓가락질에 익숙하지 못한 초보자는 손가락 근육에 잔뜩 힘이 들어가고 긴장하게 된다. 이러면 손 전체의 근육뿐 아니라 팔과 어깨의 근육까지 긴장되어 활성화될 것이다.

마찬가지로 수학을 잘하는 사람은 관련 뇌 부위가 거의 활성화되지 않은 상태에서도 문제를 척척 풀어낸다. 반대로 수학에 약한 사람의 뇌는 문제를 풀 때 매우 높은 활성도를 보인다. 그렇다면 뇌가 덜 활성화될수록 더 뛰어난 기능을 발휘하는가? 언제나 그런 것은 아니다. 바둑 기사의 뇌는 몇 수를 미리 내다보며 복잡한 경우의 수를 계산하느라 엄청난 활성도를 보인다. 하지만 바둑 초보자는 수를 읽는 능력이 부족하므로 오히려 뇌가 별로 활성화되지 않는다. 이처럼 특정 기능과 관련된 뇌 부위의 활성화가 갖는 의미는 상황과 조건에 따라 다르게 해석될 수 있다. 즉 '특정 뇌 부위가 활성화되었다'라는 말의 의미는 매우 다양할 수 있기에 신중하고 조심스럽게 해석해야 한다.

우리가 만일 특정 부위의 근육을 발달시키고자 한다면 정확하게 해당 부위를 단련하는 동작이나 행위를 체계적으로 반복해야 한다. 반복적인 훈련을 통해서 특정 부위의 근육이 확실하게 단련되고 나면 해당 동작이나 행위를 할 때 훈련을 하지 않은 사람과 비교해 해당 근육이 덜 활성화된다. 마음근력 훈련의 원리도 이와 같다. 꾸준한 마음근력 강화 훈련을 통해서 강력한 mPFC(내측전전두피질) 신경망이 구축되면 특별한 노력이나 애씀 없이도 마음근력을 충분히 발휘할 수 있게 된다. 즉 mPFC 신경망이 강력하게 구축된 사람은 그 신경망이 거의 활성화되지 않은 상태에서도 마음근력과 관련한 다양한 능력을 발휘할 수 있다. 반면에 mPFC 신경망이 약한 사람이 마음근력을 발휘하려고 하면 전전두피질 부위를 훨씬 더 많이 활성화해야만 한다. 한 가지 확실한 점은 누구든 mPFC 신경망을 강화하기 위해서는 mPFC 신경망이 활성화될 수 있는 마음근력 훈련을 꾸준히 해야 한다는 것이다.

디폴트모드네트워크가 중요한 이유

휴식상태에서의 기능적 연결망을 처음 발견한 사람은 1995년 당시 위스콘신대학교 대학원생이었던 바라트 비스왈(Bharat Biswal)이다.[103] 하지만 이 개념을 더욱 발전시킨 사람은 미국 신경과학자인 마커스 라이클(Marcus Raichle)이다. 그는 2001년에 휴식상태의 기능적 연결망을 DMN(디폴트모드네트워크)이라고 부르기 시작했다.[104]

처음에 뇌과학자들은 피험자에게 아무것도 하지 않고 가만히 쉬라고 하면 뇌도 휴식상태가 될 것으로 생각했다. 즉 아무런 과제도 주어지지 않을 때는 뇌의 모든 부위에서 활성화 정도가 줄어들 것이고, 그러다가 과제를 주면 그제야 뇌의 여기저기가 활성화되고 에너지도 더 많이 사용하게 되리라고 생각했다. 그런데 아무것도 안 하고 가만히 있을 때도 뇌는 열심히 일하고 있다는 사실이 밝혀졌다. 목표지향적 행위나 과제를 수행할 때와 아무것도 하지 않을 때 뇌가 사용하는 에너지 차이는 5퍼센트 미만에 불과했다. 게다가 아무것도 하지 않을 때 활성화되었던 부위는 특정한 일이나 과제에 주의를 집중하게 되면 오히려 활성도가 감소한다는 것도 발견되었다. 아무것도 하지 않고 가만히 있을 때 더 활성화되는 신경망이 바로 DMN이며, 이 신경망의 핵심에는 역시 mPFC가 있다.

DMN은 자기 자신에 대한 정보를 처리하는 자기참조과정 때 활성화되는 부위와 상당히 겹친다는 사실도 밝혀졌다.[105] 이때 피험자의 자기참조과정은 자기 자신을 잘 나타내는 형용사를 고르거나 자신의 현재 상태나 느낌에 대해 생각하는 방식으로 이뤄졌다. 이처럼 자기 자신에 대해 생각하거나 타인의 눈에 비친 자신을 의식할 때도 DMN이 활성화된다. 따라서 자기참조과정 훈련을 하게 되면 스스로 자신의 감정이나 생각을 바라보게 됨으로써 mPFC와 관련된 신경망이 활성화되는 것이다. 이때 자기동기력의 핵심인 창의성과 문제해결력도 높아진다.

창의성이 높은 사람은 DMN과 IFG(아래이마이랑) 간의 기능적 연결성이 강한 것으로 나타났다.[106] 창의적인 사고를 하는 능력 역시 mPFC와 IFG를 중심으로 한 신경망이 핵심이다. 특히 FPN(전두-두정네트워크)이라고 하는 신경망이야말로 창의적 사고의 핵심인데, 이 FPN은 DMN과 밀접한 관련이 있으며 그 핵심에는 mPFC가 있다.[107] 한편 호기심과 자기효능감 사이에는 밀접한 관련이 있으며 이는 창의성의 기반이 된다. 그런데 창의성의 기반이 되는 호기심과 자기효능감을 유발하는 신경망 역시 전전두피질을 중심으로 한 신경망과 밀접한 기능적 연결성을 지닌다.[108]

각 뇌 부위를 가리키는 낯선 명칭이 연속해서 나오니 어떤 독자는 복잡하고 혼란스럽게 느낄지도 모르겠다. 하지만 약간의 복잡함을 감수하고 연구결과들을 잘 들여다보면 명쾌한 사실 한 가지를 발견할 수 있을 것이다. 마음근력과 관련된 거의 모든 신경망에서 mPFC가 마치 약방의 감초처럼 여기저기에 꼭 포함된다는 것이다.

끈기와 집중력을 발휘해서 어떤 일을 해내려면 나 자신에 관한 정보처리도 실시간으로 해야 하고, 대상에 대한 주의력과 집중력도 발휘해야 하고, 충동성도 억제해야 하고, 만족의 지연도 해야 하고, 능력성장신념도 지녀야 하는 등 다양한 뇌의 기능이 요구된다. 이러한 다양한 뇌의 기능들은 여러 부위들이 서로 연결된 다양한 신경망이 각각 담당하고 있는데, 이러한 신경망들에는 거의 예외 없이 mPFC가 자리 잡고 있다.

독자들께서는 자기조절력, 대인관계력, 자기동기력의 세 가지 마음근력 강화를 위해서는 mPFC를 중심으로 하는 신경망을 활성화해야 한다는 점을 꼭 기억하시기 바란다. mPFC를 활성화하는 데 가장 효과적인 훈련법은 명상이다. 이는 여러 과학적 연구를 통해 이미 밝혀진 사실이다. 이에 대해서는 뒤에서 한 가지씩 자세히 살펴볼 것이다. 제3장에서는 우선 후성유전학과 신경가소성 이론의 관점에서 마음근력 훈련이 어떻게 뇌 신경망에 영향을 미치고 스스로 자기 자신을 변화시킬 수 있는지 살펴보도록 하자.

제3장

마음근력 훈련을 한다는 것

· 유전자 결정론의 환상에서 벗어나야 한다

· 마치 유전처럼 보이는 환경의 영향

· 후성유전학의 관점에서 본 마음근력 훈련

· 신경가소성: 마음근력 훈련이 가져오는 변화

유전자 결정론의 환상에서
벗어나야 한다

유전자에 대한 환상은 마음근력 훈련을 방해한다

체계적이고 반복적인 운동을 지속적으로 하면 근육이 생기고 몸이 달라진다. 마찬가지로 꾸준히 훈련하면 마음근력이 강해지고 생각과 행동이 달라지며 성취역량이 향상된다. 한마디로 사람이 달라진다. 마음근력 훈련을 통해 자기 자신을 근본적으로 변화시키려면 훈련 효과에 대한 확신이 반드시 필요하다. 그래야 꾸준히 노력할 수 있고, 또 뒤에서 살펴볼 '내면소통'의 효과를 극대화할 수 있기 때문이다.

내가 지난 10여 년간 학생, 운동선수, 직장인, 전문가, 리더, 임원들을 대상으로 마음근력 훈련을 실시하면서 한 가지 깨달은 점이 있다. 똑같이 마음근력 훈련을 하더라도 그 효과는 사람마다 큰 편차를 보인다는 사실이다. 거기에는 여러 가지 원인이 있겠지만, 가장 큰 원인은 스스로 얼마만큼 변화할 수 있는지에 대한 각자의 생각 차이다. 마음근력 훈련의 효과를 방해하는 가장 강력한 요소는 스스로 변화에 한계가 있다고 여기는 고정관념이다. '나는 원래 이러저러한 사람이다. 이런 나 자신은 변하기 어렵다'라는 고정관념이야말로 마음근력 훈련의 가장 큰 적이다.

효과적인 마음근력 훈련을 위해서는 먼저 변화에 대한 한계를 설정해두는 고정관념을 버려야 한다. 대표적인 고정관념 중 하나가 '유전자에 대한 환상'이다. 사람의 능력이나 행동 방식이 유전자에 의해서 결정된다는 생각은 현대사회에 대단히 넓게 뿌리내리고 있다. 우리는 유전자 작동방식에 대해 과학적 사실에 근거해 찬찬히 살펴볼 필요가 있다. 마음근력 훈련을 위해서 우리는 먼저 선천성이나 유전적 영향이라는 환상에서 벗어나야 하기 때문이다.

물론 똑똑한 사람은 있다. 어린 시절부터 비상한 능력을 보이는 사람도 있다. 남보다 월등히 뛰어난 사람은 어느 분야에서든 발견된다. 이러한 똑똑함, 유능성, 영재성, 업무처리능력 등은 지능에 의해서 결정되지 않는다. 더군다나 유전자에 따라 선천적으로 결정되는 것은 더더욱 아니다. 그렇다면 그러한 '유능성'과 '능력'은 어디에서 비롯되는 걸까?

유능성과 능력의 차이가 태어날 때부터 선천적으로 결정되어 있다고 믿는 사람들이 근거로 드는 것은 자신들의 경험이다. 그들은 "부모가 공부를 잘했으면 아이들도 공부를 잘하더라. 부모가 뛰어난 음악가이면 아이들도 음악에 재능을 보이고, 부모가 운동선수 출신이면 아이들도 운동신경이 발달했더라. 이게 유전이 아니면 무엇이란 말인가?"라고 쉽게 결론 내린다. 하지만 조금만 더 생각해보면 부모가 자녀에게 물려주는 것이 생물학적인 유전자만은 아니라는 사실을 알 수 있다. 음악가인 부모의 자녀는 어려서부터 음악 교육에 더 많이 노출되고, 운동선수 출신 부모의 자녀는 운동을 접하고 배울 더 많은 기회를 얻는다. 부모는 유전자의 원천이기 이전에 매우 중요한 환경적 요인이다.

지능은 성취역량을 결정하지 않는다

기본적인 성취역량인 마음근력을 체계적이고 반복적인 훈련을 통해 얼마든지 강화할 수 있음은 여러 과학적 연구결과가 입증하고 있다. 그런데 지금까지 내가 강의나 수업을 통해 만나본 대부분의 사람은 이를 믿지 않았다. 학생이든 학부모든 어른이든 아이든 상관없이, 그리고 학자, 운동선수, 대기업 임원, 영업사원, 연구원 등 직업과 상관없이 대부분의 사람이 "기본적으로 한 인간의 능력은 선천적으로 결정되어 있다"라는 환상에 사로잡혀 있다.

　　하지만 지난 100여 년간 수많은 과학적 연구결과는 인간의 성취역량이 선천적으로 결정되는 것이 아니라는 점을 분명히 보여줬다. 그중에서도 루이스 터먼(Lewis Terman)의 연구는 지능에 대한 환상, 즉 학업성취도나 업무 성취도가 지능에 의해서 결정되고 이 지능은 유전적으로 결정된다는 고정관념을 완전히 깨버렸다.[109]

　　1921년 스탠퍼드대학교의 저명한 심리학자인 터먼은 정부로부터 막대한 연구비를 받아서 지능과 성취도의 연관성에 관한 대대적인 연구를 수행했다. 인간의 능력이 선천적으로 결정된다고 확신했던 터먼은 오늘날 널리 사용되는 '지능지수(IQ) 테스트'를 개발한 학자이기도 하다. 그는 미국 전역의 초·중등학교 교사들로부터 추천을 받아 공부를 잘하는 아이들 25만 명을 선발했다. 이 우수한 학생들을 대상으로 자신이 개발한 지능지수 테스트를 해서 IQ가 140 이상인 아이들 1470여 명을 추려냈다. 그야말로 영재 중의 영재라 할 수 있는 아이들을 선발한 것이다. 그런 다음 수십 년간 그들을 계속 추적 관찰했다. 터먼은 자신이 선발한 천재들이 여러 분야에서 뛰어난 성취를 이루리라는 사실을 믿어 의심치 않았다.

　　그러나 수십 년이 지나도 천재 그룹에서는 세상을 놀라게 할 만한 뛰어난 업적을 거둔 사람은 나오지 않았다. 물론 사회적으로 성공을 거둔 사람들은 몇몇 있었으나 그 비율은 평범한 아이들 1400여 명 가운데 성공한 사람이 나오는 비율과 비슷했다. 선발된 천재 그룹에서는 단 한 명의 노벨상 수상자도 나오지 않았지만, IQ가 140 이하여서 조사 대상에서 제외되었던 아이들 그룹에서는 오히려 두 명의 노벨상 수상자가 나왔다. 천재 그룹의 아이들은 어른이 되었을 때 대부분 평범한 일에 종사하는 보통 사람으로 살아갔다. 수십 년의 연구 끝에 터먼은 다음과 같은 결론을 내릴 수밖에 없었다. "IQ와 성취도 사이에는 그 어떠한 상관관계도 없다."

　　모든 것이 유전자에 의해서 선천적으로 결정되는 것은 아니다. 물론 유전자에 의한 개인 차이가 어느 정도 존재하긴 한다. "제 아비 닮아서 하는 짓이 똑같다"라는 말을 들어보았을 것이다. 이 말은 유전자의 영향력에 대한 강한 신념이 담긴 것으로 해석할 수도 있겠지만, 다른 한편으로는 어릴 때부터 아비를 보고 배우다 보니 후천적으로 똑같아졌다는 뜻으로 해석할 수도 있다.

키나 생김새 등 신체적 형질은 유전적 요인으로부터 강력한 영향을 받는다. 동일한 유전자를 공유하는 일란성 쌍둥이는 키나 몸무게가 매우 비슷하다. 하지만 신체적 형질을 넘어서는 성격이나 행동 혹은 능력과 관련해선 유전적 요인이 얼마나 영향을 미치는지 알기 어렵다. 확실한 것은 성격, 행동, 능력 등은 신체적 형질과 비교해 후천적인 환경과 학습으로부터 훨씬 더 큰 영향을 받는다는 점이다.

마음근력은 후천적으로 더 많이 결정된다

그렇다면 마음근력은 얼마나 선천적으로 결정되고 또 얼마나 후천적인 노력에 의해 변화될 수 있는 것일까? 이 문제가 중요한 이유는 우리가 앞으로 살펴볼 내용의 핵심이 내면소통 훈련을 통해 마음근력과 성취역량을 향상시키는 것이기 때문이다. 도대체 개인 역량의 선천적인 차이는 얼마나 결정되어 있으며, 후천적인 노력의 결과는 얼마나 기대해볼 수 있는 것일까? 이 문제를 생각해보려면 지난 수십 년간 여러 성과를 보여준 후성유전학의 연구들에 대해 잠시 살펴볼 필요가 있다.

후성유전학은 한마디로 환경과 유전자의 상호작용으로 이뤄지는 유전자의 발현을 연구하는 학문이다. 특정한 유전자가 발현될 것인지 아닌지, 혹은 형질을 얼마만큼 발현시킬 것인지는 유전자 자체에 의해서가 아니라 여러 가지 환경적인 요인이나 신체적 조건에 의해서 영향을 받는다. 우리 몸의 모든 세포의 DNA에는 우리 몸을 이루는 전체 설계도가 들어 있다. 그러나 DNA는 설계도에 불과하다. 실제로 어떤 집이 지어질지는 DNA 이외에도 많은 다른 요소들에 의해서 결정된다.

근육세포나 신경세포나 심장세포 하나하나에는 모두 동일한 DNA 정보가 들어 있다. 그로부터 어떠한 유전자가 발현되느냐에 따라 어떤 세포는 근육이 되고 어떤 세포는 뇌가 된다. DNA로부터 RNA 전사(transcription)가 일어나고 이로부터 다양한 단백질이 형성되는 과정을 유전자 조절(gene regulation)이라고 한다. 그런데 이 과정은 우리 몸이 경험하는 다양한 환경적 조건에 의해서 많은 영향을 받는다. 대를 이어 전승되는 형질이어서 유전적 영향으로 보이는 것도 알고 보면 성장 환경에서 비롯된 영향인 경우가 많다.

자녀가 부모와 비슷한 유전형질의 발현을 보이면 우리는 이를 유전적 영향의 결과라고 생각하기 쉬우나 사실은 부모라는 '환경'에 의한 결과인 경우가 많다. 성취역량이나 성격 등 행동적 측면과 관계된 것들은 더욱 그러하다. 부모는 자녀에게 유전자만 물려주는 것이 아니다. 환경 자체를 만들어준다. 좀 더 정확하게 말하자면 부모는 자녀의 몸과 마음과 삶 전체에 엄청난 영향을 미치는 환경 그 자체다. 부모라면 '나는 내 아이에게 어떠한 환경인가'에 대해 늘 깊이 생각해야 한다. 나아가서 '나는 나 자신에게 어떠한 환경인가'도 아울러 고민해야 한다.

우리가 선천적이라고 믿는 것들 가운데 상당수는 주어진 환경과 반복된 행동에 따라서 후천적으로 만들어진 것들이다. 마음근력 역시 어느 정도는 유전자에 의해서 결정되나 그보다는 환경과 습관에 의해서 훨씬 더 많이 결정된다. 마음근력을 강화하고 나 자신을 변화시킨다는 것은 후천적인 습관 형성을 위한 새로운 환경을 만들어간다는 것이기도 하다. 환경과 후천적 습관이 우리 몸과 마음에 얼마만큼 커다란 영향을 미치는지 이해하기 위해 후성유전학의 관점을 열어준 몇 가지 기념비적인 연구들을 살펴보도록 하자.

마치 유전처럼 보이는
환경의 영향

대를 이어 전해지는 후성유전학적 변화

후성유전학의 관점을 열어준 대표적인 연구 사례 중 하나는 네덜란드의 '겨울 기근(Hongerwinter)'이다. 제2차 세계대전의 막바지였던 1944년 9월, 연합군의 공격으로 독일군이 수세에 몰렸고 나치 지배하에 있던 네덜란드에서는 저항운동이 더욱 거세졌다. 나치는 이에 대한 보복으로 네덜란드의 모든 식량을 독일로 실어 보낸 후 완전히 봉쇄해버렸다. 외부로부터 식량 공급이 끊긴 상태에서 추운 겨울이 닥치자 네덜란드 사람들은 먹을 것을 구하지 못해 굶주릴 수밖에 없었다. 이것이 그 유명한 네덜란드의 '겨울 기근' 사건이다. 1945년 5월 봉쇄가 풀리기까지 불과 수개월 사이에 약 2만 2000명이 영양실조로 사망했을 만큼 끔찍한 사건이었다.

봄이 되어 독일군이 물러간 뒤에도 기근의 여파는 계속되었다. 어머니 뱃속에서 '굶주린 겨울'을 보내고 봄에 태어난 아이들은 훗날 여러 질병을 앓게 된다. 임신 3기(임신 마지막 석 달)에 어머니 뱃속에서 겨울 기근을 겪은 아이들은 다른 시기에 태어난 아이들과 비교해 고도비만이 되는 확률이 19배나 높았을 뿐만 아니라 대부분 당뇨병 등 심각한 대사증후군에 시달렸다. 또 이들이 30년 후 어른이 되어서 낳은 아이들조차 비만과 당뇨병을 앓는 비율이 높았다. 대체 이들에게 무슨 일이 일어났던 걸까?

어머니 뱃속에서 겨울 기근을 겪은 태아는 산모가 제대로 먹지 못한 탓에 충분한 영양분을 공급받지 못했다. 이때 태아의 몸은 자신이 놓인 환경에 영양분이 충분치 않다는 사실을 체득하게 된다. 탯줄을 통한 영양 공급이 충분하지 않은 상태가 수개월 지속되면서 태아의 신체는 영양부족 환경에 적응해간다. 그 결과 태아의 몸에는 '절약형 신진대사(thrift metabolism)' 시스템이 갖춰진다. 이는 신체의 각 기관이 영양부족에 대비해 최대한 많은 열량과 염분을 체내에 축적하는 시스템을 말한다. 예컨대 췌장은 혈액 속에 약간의 당분이라도 남아 있으면 인슐린을 충분히 분출해 이를 모두 지방의 형태로 저장하려 하고, 콩팥은 혈액 속 염분을 충분히 배출하지 않고 몸에 저장해두려고 한다. 이처럼 살아남기 위해 힘든 환경에 적응하는 과정에서 신체는 적응하려는 노력을 하게 되며, 유전자 조절 과정을 통해서 절약형 신진대사 시스템을 후천적으로 갖추게 되는 것이다.

수개월간의 굶주린 겨울이 끝나고 봄이 찾아왔을 때 어머니 뱃속에서 영양부족에 시달리던 아이들은 태어난 후 충분한 영양공급을 받을 수 있었다. 하지만 이 신생아들의 몸은 이미 절약형 신진대사 시스템을 갖춘 후였다. 따라서 영양분 공급이 충분한데도 당과 염분을 계속 체내에 축적하려는 경향을 보였고, 결국 비만과 당뇨병을 얻게 된 것이다.[110]

네덜란드에서 겨울 기근의 문제는 세대를 넘어서 계속되었다. 세월이 흘러 비만과 당뇨병 등 대사증후군을 지닌 아이들이 어른이 되어 임신을 했다. 그때도 이들의 몸은 여전히 절약형 신진대사 시스템을 유지하고 있었다. 혈액 속 당분을 최대한 빨아들여 지방으로 축적하고 있던 탓에 다른 산모들에 비해 혈액 속 영양분이 훨씬 부족했다. 그 결과 이들의 태아 역시 어머니 뱃속에서 영양이 부족한 환경에 직면하게 되었고, 어머니가 할머니 뱃속에서 그랬던 것처럼 태아 시절의 유전자 조절을 통해 절약형 신진대사 시스템을 구축하게 되었다. 결과적으로 이 아이들도 어머니가 그랬던 것처럼 성장하면서 비만과 당뇨병에 시달릴 수밖에 없었다. 절약형 신진대사 시스템이라는 신체적 특성이 세대를 넘어 할머니로부터 손주들에게까지 영향을 미치게 된 것이다.[111]

비만과 당뇨병을 앓는 어머니에게서 태어난 아이가 역시 똑같이 비만과 당뇨병을 앓는다고 하면 우리는 이를 '유전'이라고 생각하기 쉽다. 그러나 이는 유사한 조건의 환경에 적응하느라 만들어진 특정 형질의 세대 간 전승일 뿐 '유전'과는 아무런 관련이 없다. 어머니와 아이 모두 태내에서 영양부족의 환경에 놓이면서 비슷한 유전자 조절을 거쳐 특정 형질을 가짐으로써 같은 질병을 앓게 된 것뿐이다. 이렇듯 부모에게서 자녀에게 유전된 것처럼 보이지만 실상은 비슷한 환경에서 자녀가 부모의 여러 가지 체질이나 성향을 닮게 된 경우가 많다.

과도한 스트레스에 노출된 산모가 있다고 하자. 산모가 평균 이상의 스트레스를 계속 받게 되면 혈액 속 스트레스 호르몬 수치가 높게 유지된다. 산모의 스트레스 호르몬은 태아에 영향을 미쳐 뇌 발달이 전반적으로 저조해지는 결과를 낳는다. 뇌가 충분히 발달하지 못한 채 태어난 아이는 학습능력과 기억력이 저하될 뿐 아니라 불안장애를 앓는 경우도 많다. 특히 산모의 스트레스 호르몬에 많이 노출된 태아는 이 호르몬을 조절하는 뇌 부위(글루코코르티코이드의 분비를 억제하는 신호를 보내는 뇌 부위)가 작아지고 기능도 약해진 채 태어난다. 그 결과 더 높은 수준의 혈중 스트레스 호르몬을 유지한 채 살아가게 된다. 나중에 임신하게 되면 그 태아 역시 높은 수준의 스트레스 호르몬에 노출되므로 태아는 자신의 어머니와 마찬가지로 스트레스 호르몬을 조절하는 뇌 부위가 작아진 상태로 태어난다.[112] 결국 신경질적이고 불안장애에 시달리는 산모는 자기처럼 신경질적이고 불안장애에 시달리는 아이를 낳을 확률이 높다. 드러난 현상만 보면 어머니의 불안장애가 아이에게 유전된 것으로 보이지만, 사실은 비슷한 환경 조건의 영향으로 후성유전학적 변화가 대를 이어 전승된 것이다. 앞서 살펴본 겨울 기근을 겪고 태어나 비만과 당뇨병을 얻게 된 환자들과 매우 비슷한 경우다.

부모 자체가 중요한 환경이다

스트레스와 불안장애에 시달리는 산모가 똑같이 스트레스와 불안장애를 가진 아이를 낳는 것이 전적으로 환경 조건 때문인지, 아니면 유전적 요인도 일부 작용하는지에 대한 의문은 여전히 남는다. 이러한 의문을 해결하기 위해서는 실험연구를 해야 한다. 그러나 인간을 대상으로 이러한 실험을 할 수는 없는 노릇이다. 두 신경과학자 마이클 미니(Michael Meaney)와 달린 프랜시스(Darlene Francis)는 쥐를 대상으로 한 교차양육(cross-fostering)실험을 통해서 이에 대한 해답을 얻고자 했다.

쥐도 사람과 마찬가지로 자기 나름의 양육방식으로 새끼를 키운다. 어떤 어미 쥐는 새끼를 자주 '핥고 쓰다듬는(licking and grooming)' 습성이 있다. 이러한 어미에게서 자란 새끼 쥐는 정서적으로 안정되어 있으며, 체내 스트레스 호르몬 수치가 낮고 불안장애도 보이지 않는다. 학습능력과 기억력도 뛰어나 '미로 찾기' 등의 과제도 잘 수행해낸다. 반면 새끼를 잘 보살피지도 않고 핥거나 쓰다듬지도 않는 어미의 새끼 쥐는 체내 스트레스 호르몬 수치가 높았으며 불안감을 보였다. 학습능력과 기억력도 현저하게 낮았다. 이처럼 어미 쥐의 양육방식은 새끼 쥐의 뇌 발달에 커다란 영향을 미친다. '어미의 애정 표현'이라는 환경적 요인이 새끼 쥐의 뇌 유전자 발현에 영향을 미치는 것이다.[113]

실험실의 연구원들이 갓 태어난 새끼 쥐를 어미 쥐로부터 격리한 후 일부 쥐만 매일 일정 시간 쓰다듬어줬더니 스킨십을 받지 못한 새끼 쥐와 비교해 스트레스 호르몬 수치가 훨씬 더 낮았다. 뇌가 더 발달했으며 기억력과 학습능력도 더 뛰어났다. 어미의 손길과 사랑, 핥고 쓰다듬는 스킨십은 쥐뿐 아니라 원숭이의 뇌 발달과 학습능력 향상에도 결정적인 영향을 끼친다는 것이 그동안 여러 연구를 통해 밝혀졌다.

미니와 프랜시스는 스트레스 수준이 높은 어미 쥐에서 태어난 새끼 쥐와 보통의 어미 쥐에서 태어난 새끼 쥐를 태어나자마자 12시간 이내에 서로 교차해서 양육시키는 실험을 통해 생물학적 어미 쥐보다는 양육한 어미 쥐의 스트레스 수준이 새끼 쥐의 스트레스 조절 관련 유전형질(genetic character) 발현에 훨씬 더 큰 영향을 미친다는 것을 발견했다.[114] 스트레스 수준이 높은 어미 쥐는 유전자보다는 행동(양육방식)을 통해 새끼 쥐의 유전형질 발현에 더 큰 영향을 미친다는 사실이 밝혀진 것이다. 다시 말해서 어미 쥐는 유전자보다는 행동과 양육방식을 통해서 새끼 쥐의 형질 발현에 더 큰 영향을 미친다.

프랜시스 교수팀은 한걸음 더 나아가 태어나기 전의 양육환경을 바꾸는 교차양육(prenatal cross-fostering) 실험까지 시도했다. 이를 위해 임신한 두 어미 쥐의 배를 가른 다음 먼저 한 쥐의 수정란 일부를 꺼내어 다른 어미 쥐 태반의 수정란의 일부와 교환해서 이식했다. 정교한 수술로 어미가 바뀌었는데도 태아 쥐들은 임신 기간을 다 채우고 건강하게 태어났다.[115] 일부 수정란이 이식된 쥐들은 서로 다른 유전자를 가졌지만, 어미의 태반이라는 '환경'을 공유하게 된 것이다. 유전적으로 불안증을 지닌 어미 쥐의 유전자를 물려받았으나 정상 어미 쥐의 태반으로 이식된 쥐는 태어난 후 불안증세를 거의 보이지 않았다. 반면 유전적으로 정상인 어미 쥐의 새끼는 불안증이 있는 산모 쥐의 태반에 이식되어 태어나자 높은 수준의 불안증을 보였다. 태아가 출생 이후에 스트레스와 불안증을 겪을지의 여부는 유전자로 결정되는 것이 아니라 산모의 태반에 흐르는 혈액 속의 스트레스 호르몬 수치가 얼마나 높은가에 달려 있음을 결정적으로 보여준 실험이었다. 이러한 종류의 연구들은 태아 때 경험한 '어미 뱃속'이라는 환경이 출생 후 성체가 될 때까지도 계속 영향을 미칠 수 있다는 점을 보여준다. 모두 '환경'이 유전자 발현의 변화를 가져옴을 보여주는 후성유전학적인 연구들이라 할 수 있다.

교차양육 연구결과가 함의하는 바는 두 가지다. 하나는 선천적이고 유전적인 영향처럼 보이는 것들 가운데 상당수는 부모의 영양 상태, 스트레스 수준, 양육방식 등과 같은 '환경'이 원인으로 작용해서 얻어진 것들이라는 점이다. 다른 하나는 부모라는 환경 조건은 다양한 유전자 조절 과정과 유전자 발현에 영향을 미치며, 그 결과 뇌의 발달과 신체 작동방식에까지 지속적인 영향을 줄 정도로 강력하다는 점이다.

조현병에 대한 일란성 쌍둥이 연구

유전이냐 환경이냐의 문제와 관련해서 살펴볼 만한 또 다른 중요한 연구는 1960년대에 시모어 케티(Seymour Kety)에 의해 이루어진 '입양된 조현병 환자'에 관한 것이다.[116] 1950년대까지만 해도 부모의 잘못된 양육방식이 조현병(정신분열증)의 주된 발병 원인이라고 여겨졌다. 자녀가 조현병을 앓으면 부모가 잘못 키웠기 때문이라는 믿음이 강한 시절이었기에 환자들의 부모는 엄청난 죄책감에 시달려야 했다. 조현병을 비롯한 많은 정신질환은 본질적으로 '한 인간이 도저히 견뎌내기 힘든 상황에 대처하기 위해 선택한 어쩔 수 없는 전략'이라는 것이 당시 널리 퍼진 믿음이었다. 따라서 치료법 역시 어린 시절의 나쁜 경험에 대한 기억을 재해석하고 풀어내는 식의 정신분석학 기반의 상담치료가 주를 이루었다. 당시 이러한 '의학적 상식'이 무언가 잘못되었다고 생각한 케티는 데이터 분석을 통해서 그러한 상식에 도전하는 연구를 해보기로 했다.

케티와 그의 동료들은 덴마크에서 어린 시절 입양된 아이들 5500명에 관한 데이터를 분석했다. 그 결과 생모가 조현병을 앓았던 아이들은 조현병을 앓지 않는 부모에게 입양되어 길러졌음에도 조현병 발병률이 매우 높게 나타났다. 참고로, 조현병은 대부분 10대 후반에서 20대 초반에 처음 증상이 나타나기 시작한다. 만약 부모의 양육방식이 조현병을 유발하는 주된 원인이라면 생모의 조현병 여부는 아이의 조현병 발병률에 큰 영향을 미치지 않아야 한다. 하지만 입양아를 대상으로 한 조사에서는 조현병 발병률에 큰 영향을 미치는 것이 생모의 조현병 유무였던 것으로 드러났다.

또 조현병 입양아의 양부모나 가족 중에 조현병 환자가 있는 비율과 건강한 입양아의 양부모나 가족 중에 조현병 환자가 있는 비율은 비슷했다. 즉 입양아의 조현병 발병률은 생모의 조현병 여부와 관계가 깊고 양부모와는 별 관련이 없다는 사실이 방대한 자료 분석으로 밝혀진 것이다. 그리고 후속 연구들은 조현병 자체뿐만 아니라 우울증이나 알코올중독 등 다른 정신질환 역시 이러한 경향을 보인다는 것을 밝혀냈다.[117]

케티의 연구는 여러 정신질환이 어린 시절의 나쁜 경험이나 기억보다는 생물학적 원인에 의해 주로 발병한다는 획기적인 관점의 전환을 가져다주었다. 그런데 연구결과를 좀 더 자세히 들여다보면 단순히 유전에 의해서만 발병되는 것은 아니라는 점을 알 수 있다. 입양아 중에 생모나 양부모가 모두 조현병이 없는 경우의 발병률은 1퍼센트 내외였다. 이는 조현병의 일반적인 발병률 수치다. 인구 100명 중에 한두 명이 걸리는 것이 조현병이다. 그런데 생모가 조현병이 있을 경우 그 입양아의 발병률은 9퍼센트로 나타났다. 조현병이 유전적 영향을 받는다는 점을 강하게 암시하는 수치다. 그런데 생모에게 조현병이 없어도 양부모 중에 조현병 환자가 있는 경우에는, 즉 아이가 조현병 가족이라는 '환경'에서 성장한 경우에는 발병률이 3퍼센트에 이르렀다. 다시 말해 유전적 영향이 없는 상태에서 환경 요인만으로도 조현병 발병률이 높아졌다. 더욱 놀라운 것은 생모와 양부모 모두에게 조현병 병력이 있는 경우 입양아의 조현병 발병률이 17퍼센트로 치솟았다는 사실이다. 즉 똑같이 조현병 유전자를 지닌 경우에도 양부모의 조현병 유무에 따라서 발병률이 9퍼센트에서 17퍼센트로 상승한 것이다.[118] 이러한 연구결과는 유전자와 가정환경이 상호작용하여 어떤 시너지 효과를 낳고, 이것이 그 사람의 자질과 질병 유무 등 여러 측면에서 강력한 영향을 미친다는 사실을 보여준다.

　　유전자에 관한 수많은 연구결과를 종합해보면 유전자는 스스로 특정한 생물학적 사건을 만들어내는 존재가 아니다. 즉 특정한 유전자가 있다고 해서 그것이 항상 발현되지는 않는다. 유전자는 일종의 설계도에 불과하다. 그 설계도를 읽는 과정이 '전사(transcription)'이며 그에 따라 건물을 짓는 과정이 '유전자 조절(gene regulation)'이다. 그런데 환경은 이러한 전사와 유전자 조절 과정에 강력한 영향을 미친다. 여기서 '환경'이란 세포의 분자생물학적 차원에서부터 한 인간이 겪는 개인적 혹은 공동체적 경험에 이르기까지 모든 차원의 환경적 조건을 의미한다. 환경은 유전자 자체의 염기서열을 바꾸기보다는 대부분 전사의 과정을 변화시킴으로써 유전자의 작동방식에 영향을 미친다.[119] 이러한 영향으로 나타난 변화의 효과는 어떠한 변화냐에 따라 짧은 시간 동안 지속될 수도 있고 평생 지속될 수도 있으며 심지어 다음 세대에까지 영향을 미칠 수도 있다.

후성유전학의 관점에서 본
마음근력 훈련

유전자와 환경의 상호작용

유전자와 환경이 상호작용한 결과로 특정 형질이 발현된다는 후성유전학의 관점을 잘 설명해주는 것은 로버트 새폴스키 교수의 스탠퍼드대학교 학부 수업인 '인간 행동 생물학' 강의다.[120] 새폴스키 교수는 가상의 사례를 들어 유전자와 환경의 관계와 상호작용에 관해 설명한다. 좀 더 이해하기 쉽게 여기서는 다른 가상의 사례를 통해 설명해보고자 한다. 어떤 식물의 성장과 관련된 세 가지 유전자 변형체 1, 2, 3이 존재한다고 가정하자.

사례 1
사막에 사는 이 식물의 경우 1, 2, 3의 유전자 변형체를 지닌 개체들의 키가 모두 50센티미터이고, 습한 정글 지역에 사는 이 식물들의 키는 모두 1미터다(환경의 영향이 100퍼센트).

사례 2
사막에 사는 이 식물의 키는 1번 유전자 변형체(GMO)를 지녔을 때 10센티미터, 2번을 지녔을 때는 50센티미터, 3번을 지녔을 때는 1미터다. 한편 정글에 사는 식물에도 이러한 경향이 동일하게 나타난다(유전자 영향이 100퍼센트).

사례 3

사막에 사는 이 식물은 1, 2, 3번 유전자 변형체에 따라 각각 키가 10센티미터, 50센티미터, 1미터다. 그런데 정글에 사는 이 식물은 1, 2, 3번 유전자 변형체에 따라 키가 각각 1미터, 50센티미터, 10센티미터다(유전자와 환경의 상호작용).

사례 1의 경우에는 유전자가 식물의 키에 영향을 미치지 않으며 오직 환경만이 100퍼센트 영향을 미친다. 습기가 많은 곳에서는 유전자 변형체와 관계없이 이 식물은 크게 자란다.

사례 2의 경우에는 유전자가 100퍼센트 영향을 미치고 환경의 영향은 없다. 즉 습기가 많은 곳이든 건조한 곳이든 상관없이 1번 유전자 변형체를 지닌 식물은 키가 작고, 2번을 지니면 중간 키, 3번을 지니면 키가 커진다.

사례 3의 경우에는 환경과 유전자가 상호작용을 한다. 이 유전자의 1, 2, 3번 변형체는 기후라는 조건에 따라 작동방식이 다르다. 즉 사막과 같은 건조한 지역에서는 1번 유전자 변형체가 키를 작게 하고 3번은 크게 하는 데 반해, 정글과 같은 습한 지역에서는 1번이 키를 크게 하고 3번은 작게 한다. 이때는 환경과 유전자의 영향을 동시에 고려해야만 한다. 사례 3의 경우에 각각의 유전자 변형체가 식물의 키에 어떤 영향을 미치는지 묻는 것은 무의미하다. 그것은 기후에 달려 있기 때문이다. 마찬가지로 기후가 식물의 키에 어떤 영향을 미치는지 묻는 것 역시 무의미하다. 그것은 어떤 유전자 변형체를 갖고 있느냐에 달려 있기 때문이다. 즉 환경의 영향은 유전자에 의해서 조건 지워지고 동시에 유전자의 영향은 환경에 의해서 조건 지워진다.

현실에서는 사례 1이나 사례 2와 같이 유전자와 환경 중 한 가지만 전적으로 영향을 미치는 경우는 매우 드물다. 사례 3처럼 유전자와 환경이 상호작용하여 영향을 미치는 경우가 대부분이다. 상호작용의 방식이 좀 더 복잡하고 미묘한 경우도 많다. 예컨대 사막에서는 유전자 변형체 1, 2, 3번 모두 키에 별다른 영향을 미치지 않는 데 반해 정글에서는 매우 강한 영향을 미

내면소통

치는 식이다. 따라서 사막에서 자란 식물만 관찰한다면 이 유전자 변형체 1, 2, 3번은 키와 관련이 없다고 잘못 해석할 수도 있다.

유전자 결정론에 빠져 있는 사람은 유전자가 마치 사례 2처럼 작동한다고 생각한다. 환경의 중요성을 이야기하면 사례 1을 언급하는 것으로 착각한다. 그러나 실제로 유전자의 발현은 사례 3이 압도적으로 많다. 환경이 중요하다는 것은 사례 3의 경우를 이야기하는 것이지 사례 1을 얘기하는 것이 아니다.

MAO-A 유전자 논란

사례 3처럼 환경과 상호작용하여 인간의 행동과 정신건강에 영향을 미치는 유전자로 알려져 널리 연구된 것이 모노아민 산화효소A(monoamine oxidase A: MAO-A)를 생산해내는 유전자다. 이 효소를 생산하는 유전자의 이름 역시 편의상 MAO-A 유전자라고 불린다.[121]

MAO-A는 시냅스에 존재하는 세로토닌 등의 신경전달물질을 산화시켜 없애버리는 효소다. MAO-A 유전자의 변형으로 인해(좀 더 정확히 말하자면 MAO-A 촉진유전자의 기능 이상으로 인해) 모노아민 산화효소가 제대로 생산되지 않는 경우 다른 조건이 동일하다면 시냅스 사이에는 보다 많은 세로토닌이 존재하게 된다.

실제로 모노아민 산화효소를 억제하면 시냅스 사이에 존재하는 세로토닌의 양이 증가하는데, 이를 이용한 우울증 치료제가 MAO 억제제(MAO Inhibitor: MAOI)다. MAOI는 선택적 세로토닌 재흡수 억제제(Selective Serotonin Reuptake Inhibitor: SSRI)와 함께 대표적인 우울증 치료 약물이다. 모노아민 산화효소를 억제해서 세로토닌이 산화되는 것을 막아주는 MAOI와 한 번 분비된 세로토닌이 시냅스에서 재흡수되어 사라지는 것을 막아주는 SSRI 계통의 약물은 모두 시냅스 사이에 존재하는 세로토닌의 양을 증가시키는 효과가 있다. 그 결과 기분도 좋아지고 우울증도 사라진다. SSRI 계열의 대표적인 약물인 '프로작'은 '행복알약(happy pills)'이라는 별명으로 불리며 행복을 만들어주는 신비의 묘약처럼 인식되었다. 마치 시냅스 사이에 존재하는 세로토닌의 양만 늘리면 행복감을 느낄 수 있다는 식의 지나친 단순화를 불러온 것이다. 하지만 인간의 뇌는 그리 단순하게 작동하지 않는다.

MAO-A 유전자에 대한 관심을 촉발한 유명한 논문은 1993년에 학술지 〈사이언스〉에 게재된 네덜란드의 한 가족에 관한 논문이다.[122] 이 가족의 구성원들은 MAO-A 유전자의 변형으로 인해 세로토닌 등을 분해하는 효소를 전혀 생산해내지 못했다. 따라서 시냅스 사이에 존재하는 세로토닌의 양이 매우 많았을 텐데도 불구하고 극심한 분노조절장애와 충동적인 공격성향을 보였다. 이러한 경향은 남자 성인에게서 더 확연하게 드러났다. 이 논문의 저자들은 혼란에 빠졌다. 그동안 많은 연구에서 세로토닌의 양이 적을수록 공격적 성향을 보인다는 사실을 보고해왔고 그것이 정설로 받아들여졌기 때문이다. 이 논문의 저자들은 결론에서 자신들의 연구결과를 제대로 설명하지 못한 채 다만 몇 가지 추측만을 내세웠다. 그러고는 후속 연구에서 동물실험 등을 통해 이 네덜란드의 가족처럼 MAO-A 유전자가 작동하지 않도록 해보는 실험이 필요하다고 주장했다.

이러한 주장에 응답하는 논문이 2년 뒤에 역시 같은 학술지인 〈사이언스〉에 게재되었다.[123] 이 논문의 연구자들은 쥐를 대상으로 MAO-A 유전자 조작을 해서 마치 네덜란드 가족처럼 세로토닌 등을 분해하는 효소를 생성하지 못하게 했다. 그 결과 쥐들은 지나친 공포 반응을 보였고, 특히 수컷 어른 쥐에게서 강한 공격성향이 나타났다. 그런데 놀랍게도 이들 쥐의 세로토닌의 양은 정상 쥐와 비교해 무려 9배에 달한다는 사실이 발견되었다.

신체 혈관 속의 세로토닌 양을 측정하거나 약물을 통해 일시적으로 세로토닌의 양을 조절하는 여러 연구에서는 '세로토닌의 양이 적을수록' 높은 수준의 공격성과 스트레스 반응을 보인다는 사실을 발견했다. 그러나 MAO-A 유전자를 연구하는 논문들은 유전자 변형으로 모노아민 산화효소가 분비되지 않아 '세로토닌의 양이 많은 경우' 높은 수준의 공격성과 스트레스 반응을 보인다고 보고했다. 이처럼 모순되는(엄밀히 말하면 모순되는 것처럼 보이는) 연구결과들은 학자들을 혼란에 빠뜨렸고 구구한 억측과 다양한 해석이 등장했다. 도대체 어떻게 된 것일까?

MAO-A 유전자를 둘러싼 논란은 신경체계의 작동방식이 그렇게 단순하지 않다는 것을 보여주는 대표적인 사례다. 시냅스 사이의 세로토닌 양은 스트레스와 공격성 수준에 어떤 영향을 미치는가? 이 질문에 대한 답은 '경우에 따라 다르다'이다. 예컨대 스트레스와 우울증 증상으로 인해 정상적인 수준보다 세로토닌이 고갈된 상태인 우울증 환자의 경우라면 MAOI 혹은 SSRI 계통의 약물을 써서 세로토닌의 양을 늘려주는 것이 도움이 된다. 이런 경우에는 세로토닌의 양을 늘리는 것이 공격성을 낮추고 우울증 증세도 가라앉혀주는 것이다.

반면에 유전적인 결함으로 MAO-A 유전자가 처음부터 제대로 작동하지 못하는 경우라면 이야기가 다르다. 신체가 여러 가지 방식으로 적응하기 때문이다. 유전자 변형이 있는 사람은 모노아민 산화효소가 처음부터 부족했으므로 신경세포들은 이러한 난관을 극복하기 위해 산화시키지 못하는 세로토닌을 재흡수하는 기능이 강력하게 작동하는 시스템을 갖추게 된다. 동시에 세로토닌이 신경전달물질로 작동하도록 하는 세로토닌 수용체 자체를 대폭 줄여버림으로써 시냅스 사이에 존재하는 많은 양의 세로토닌이 별다른 작용을 하지 못하도록 만들기도 한다. 이러한 이유로 해서 약물 등을 통해 일시적으로 늘어난 세로토닌의 양과 MAO-A 유전자의 변형으로 인해 원래부터 많았던 세로토닌의 양은 결과적으로 정반대의 행동 패턴을 보이게 되는 것이다.[124] 나는 MAO-A 유전자 변형에 따른 세로토닌의 효과를 둘러싼 논란에 대해 이렇게 논리적이고도 깔끔하게 정리해낸 새폴스키 교수를 존경할 수밖에 없다. 물론 그의 해석에도 약점이 있을 수 있고 훗날 다른 연구가 이러한 해석이 잘못되었다는 것을 밝힐 수도 있겠지만, 지금까지 많은 MAO-A 유전자 관련 논문과 논의들이 혼란에 빠진 모습을 보여준 것과 비교해볼 때 새폴스키 교수의 논리적 해석은 매우 설득력이 있다.

MAO-A 유전자가 변형으로 인해 효소를 잘 생산해내지 못하는 경우 공격성향을 보인다는 사실에 흥분한 나머지 일부 학자들은 이를 '전사(warrior)의 유전자'라고까지 부르는 촌극이 벌어졌다.[125] 뉴질랜드 원주민인 마오리족에는 변형된 MAO-A 유전자, 즉 '전사유전자'를 지닌 사람의 비율이 높아서 더 폭력적일 수 있다는 해석이 나오는가 하면,[126] 급기야 살인범에 대한 법원 판결에서 이 유전자를 지닌 사람의 형을 경감해주는 일까지 벌어졌다. 그 범죄자는 '전사유전자'로 인해 운명적으로 공격성을 타고났으므로 판결에 고려해야 한다는 변호인의 주장이 받아들여졌던 것이다.[127] '전사유전자' 개념은 많은 비판에 직면했으며,[128] 이 논란은 유전자가 인간의 행동에 미치는 영향에 대한 섣부른 단순화가 불러올 수 있는 문제점을 고스란히 드러낸 사례라 할 수 있다. 많은 사람이 특정 유전자가 위에서 살펴본 사례 2처럼 작동할 것이라고 착각한다. 그러나 대부분의 유전자는 MAO-A처럼 사례 3과 같이 작동한다.

MAO-A 유전자 변형을 지닌 사람은 어린 시절에 학대를 받은 경험이 있는 경우에만 반사회적이고 폭력적인 성향을 보였다. MAO-A 유전자 변형을 지녔더라도 어린 시절에 학대를 받은 경험 없이 좋은 환경에서 자랐다면 폭력성향이나 정신건강 면에서 오히려 MAO-A 유전자가 정상인 사람보다 더 나았다. 즉 MAO-A 유전자 변형은 좋은 환경에서 자란 사람에게는 바람직한 결과를 가져오고 나쁜 환경에서 자란 사람에게만 폭력성향을 증폭시킨다는 사실이 밝혀진 것이다.[129] 다른 연구들 역시 MAO-A 유전자의 변형은 어린 시절에 학대를 받은 경우에만 감정조절력과 사회인지능력을 낮춘다는 결과를 보고했다.[130] MAO-A 유전자 변형이 어떤 결과를 가져올지는 그 사람의 살아온 환경에 달려 있고, 그 사람의 성장 환경이 어떤 영향을 미칠지는 MAO-A 유전자 변형에 달린 것이다. 그야말로 전형적인 사례 3이다.

한편 MAO-A 유전자뿐 아니라 5HTT 유전자 변형 역시 비슷한 방식으로 작동한다. 5HTT 유전자는 시냅스 사이의 세로토닌을 재흡수하는 단백질을 생산하는 유전자다. 5HTT 유전자 변형은 우울증과 연관이 많다고 알려져 있는데, 특히 스트레스 상황을 지속해서 경험한 사람에게서 그 영향력이 크게 나타난다는 것이 밝혀졌다.[131] 5HTT 유전자 변형이 있으면서 스트레스를 많이 겪어야 우울증 발병 소지가 커지는 것이니 이 역시 전형적인 사례 3의 경우다.

MAO-A 유전자 변형은 어린 시절에 학대나 트라우마를 겪은 사람에 한해서 성인이 되었을 때 공격성과 반사회적 행동을 유발한다는 연구결과는 지속적으로 보고되고 있다.[132] MAO-A 유전자(정확하게 말하면 MAO-A 촉진유전자) 변형의 효과를 어린 시절의 학대와 트라우마 경험과 관련지어 살펴본 27

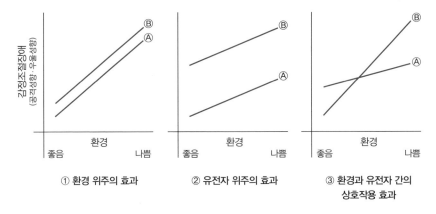

[그림 3-1] 유전자와 환경의 상호작용 개념도. 첫 번째 그래프는 환경 위주의 효과를 나타내고, 두 번째 그래프는 유전자 위주의 효과를 나타낸다. 그러나 많은 경우 유전자 변형의 효과는 세 번째 그래프처럼 환경과의 '상호작용' 효과를 통해서 나타난다. 유전자 변형의 의미나 효과의 방향 자체가 환경에 의해서 조절되는 것이다.

개의 연구에 대한 메타분석 결과에 따르면, 이러한 경향은 특히 남성에게서 강하게 나타났다. 아마도 MAO-A 유전자가 X염색체 위에 존재하기 때문일 것이다. 여성의 경우에는 MAO-A 유전자 변형의 효과가 어린 시절의 학대와 별다른 상호작용을 하지 않는 것으로 나타났다. 다만 학대받은 경험이 약하게나마 반사회적 행동을 유발하는 요인으로 작용했다.[133] 즉 여성의 경우 MAO-A 유전자 변형 여부보다는 어린 시절의 학대라는 환경적 요인이 공격성향과 반사회적 행동을 유발하는 더 큰 원인으로 작용한 것이었다.

유전자가 인간의 성향이나 행동에 영향을 미치는 방식은 크게 세 종류로 볼 수 있다. 어린 시절 정서적·신체적 학대를 당하는 등 나쁜 환경을 경험한 사람일수록 성인이 되었을 때 불안장애, 우울성향, 공격성향 등의 감정조절장애를 보일 가능성이 높아진다고 가정해보자. [그림 3-1]에 나타난 세 가지 그래프는 모두 환경이 나쁠수록 감정조절장애의 유발 가능성은 높아지고 있음을 나타낸다. 그런데 유전자의 효과에 따라 그래프의 형태가 달라진다.

첫 번째 그래프는 유전자 변형 여부와 상관없이 환경이 나쁠수록 감정조절장애가 나타날 가능성이 현저하게 높아진다. 물론 유전자 변형이 있는 경우가 없는 경우보다는 조금 더 높게 나타나지만 그 차이는 미미하다. 여기서 중요한 것은 환경이다.

두 번째 그래프는 환경이 좋든 나쁘든 상관없이 특정한 유전자 변형이 있는 경우에 감정조절장애가 나타날 가능성이 현저하게 높다. 물론 환경이 나쁠수록 가능성은 조금 더 높아지지만 그 차이는 미미하다. 이 경우에는 유전자 변형 여부가 훨씬 더 중요하다.

그런데 현실적으로 첫 번째나 두 번째 그래프처럼 환경이나 유전자가 일방적으로 주도적인 영향력을 행사하는 경우는 드물다. 유전자의 효과는 대부분의 경우 세 번째 그래프처럼 나타난다. 즉 환경과의 '상호작용'을 통해 나타나는 것이다. 여기서는 유전자 변형이 없는 경우에는 환경이 나쁠수록 감정조절장애가 나타날 가능성은 조금 더 높아진다. 그러나 유전자 변형이 있는 경우에는 환경이 나쁠수록 감정조절장애가 훨씬 더 심하게 나타난다. 재미있는 현상은 유전자 변형이 있는 경우에 환경이 좋다면 감정조절장애가 나타날 가능성은 유전자 변형이 없는 경우보다도 더 낮다는 것이다. 그러나 환경이 나쁘다면 유전자 변형이 있는 경우에 그 가능성은 훨씬 더 높아진다. 즉 환경이 이 유전자의 의미를 완전히 바꿔버리는 것이다. 환경이 좋을 경우 그 유전자 변형이 있으면 더 좋다. 환경이 나쁠 경우 그 유전자 변형이 있으면 더 나쁘다. 따라서 그 유전자 변형은 감정조절장애 유발과 관련은 있지만 좋은 영향을 끼칠 수도 있고 나쁜 영향을 끼칠 수도 있다. 즉 그 유전자 변형을 일률적으로 "감정조절장애 유발 가능성을 높이는 나쁜 것"이라고 단정지을 수 없다는 뜻이다. 굳이 의미를 부여하자면 그 유전자 변형은 환경에 반응하는 '민감성'을 높이는 유전자라 해야 한다. 그 유전자 변형이 있을수록 환경에 더 민감하게 반응하기에 좋은 환경에서는 더 좋은 효과를 나타내고 나쁜 환경에서는 더 나쁜 효과를 나타내는 것이다. 많은 유전자 변형이 이런 식으로 작동한다. 대표적인 사례가 우리가 살펴본 MAO-A 유전자 변형과 5HTT 유전자 변형인 것이다.

인간의 성향이나 행동이 특정한 유전자에 의해서 일방적으로 결정되는 일은 없다. 특정 유전자에 의해서 강하게 영향을 받는 특정 성향이라 할지라도 반드시 환경적 요인에 의해서 조절되며 그 유전자 영향의 의미가 달라지게 마련이다. 마음근력 훈련을 한다는 것은 우리의 몸과 마음에 건강한 경험적 조건과 환경을 지속해서 제공하는 것이라 할 수 있다. 후성유전학적 관점에서 유전자 발현과 관련된 좋은 환경을 만들어주는 것이 마음근력 훈련의 목적인 것이다.

주의력결핍장애에 대한 환경적 영향

일란성 쌍둥이에 관한 연구들은 유전자의 힘을 과장되게 해석하는 경우가 많다. 그러나 유전적으로 똑같은 일란성 쌍둥이에 관한 연구결과가 곧 유전자의 선천적 유전(heredity) 효과를 입증한다고 보기 어려운 경우도 많다. 첫째는 일란성 쌍둥이와 이란성 쌍둥이를 단순 비교하는 데 있어서의 문제점이다. 일란성 쌍둥이는 생김새도 비슷하고 성별이 같다. 이란성 쌍둥이는 생긴 것(몸집, 체형, 얼굴)도 다르고 성별이 다를 수도 있다. 따라서 성장 과정에서 부모나 가족 등 주변 사람들이 이 아이들을 대하는 방식도 달라지게 된다. 즉 일란성 쌍둥이와 이란성 쌍둥이는 유전자 차이만 있는 것이 아니라 제공되는 환경에도 차이가 생겨나는 것이다.

둘째, 주의력결핍장애(attention deficit disorder: ADD)의 경우 서로 다른 가정에 입양된 일란성 쌍둥이 중 하나가 ADD일 경우 다른 쪽도 ADD일 가능성은 50퍼센트 이상이다. 이것을 단순히 '유전적 효과'로만 볼 수는 없다. 이를 유전적 효과라고 할 수 있으려면 유전자가 완전하게 똑같은 일란성 쌍둥이의 경우 환경에 상관없이 거의 100퍼센트 일치율을 보여야 하는데 그렇지 않기 때문이다. 게다가 '입양' 자체가 주는 효과도 있다. 입양되지 않은 다른 보통 아이들과 비교해 '입양' 과정을 거치는 아이들은 어린 시절 엄청난 스트레스를 경험하게 된다. 새로운 가족의 일원이 된다는 것은 아이에게 엄청난 스트레스다.

일란성 쌍둥이는 설혹 다른 가정에 따로 입양된다 하더라도 출생 전과 직후라는 매우 결정적인 시기에는 똑같은 환경을 경험한다. 입양은 대개 아무리 빨라도 출생 후 수개월이 지난 후에 진행된다. 다시 말해 일란성 쌍둥이는 어머니 뱃속에서 9개월여간 같은 환경을 공유할 뿐만 아니라 출생 후 수개월 동안에도 거의 같은 환경 조건을 경험하게 된다. 입양을 결정하는 이유는 대개 아이를 키울 형편이 안 되어서다. 그렇기에 자신의 아이를 입양 보내는 산모는 임신 기간에 다른 산모에 비해 훨씬 더 높은 수준의 스트레스에 노출되었을 가능성도 크다. 앞에서 살펴봤듯이 산모의 혈중 스트레스 호르몬 수치는 태아의 두뇌 발달과 신체 발달에 상당한 영향을 끼친다. 출생 전과 후에 경험하게 되는 산모의 스트레스 수준 역시 서로 다른 가정에 입양되어 성장하는 일란성 쌍둥이에게 똑같이 주어졌던 환경 조건인 셈이다.

일반적으로 형제자매는 비록 쌍둥이만큼은 아니더라도 상당한 정도의 유전자를 공유한다. 그러나 같은 부모에게서 태어나 성장하더라도 첫째냐 둘째냐에 따라 ADD 발병률이 확연히 달라진다. 보통 첫째 아이에게서 ADD가 더 많이 나타난다. 그 이유는 물론 유전적인 차이가 아니라 환경의 차이다.

같은 부모에게서 태어나 같은 가정에서 자라나는 아이들은 같은 집에서 살며, 같은 동네의 학교에 다니고, 같은 음식을 먹는 등 비슷한 환경을 경험한다. 그런데 마테 박사의 설명에 따르면, 이는 아이들의 두뇌 발달과 관련해서는 부차적으로 중요한 사항일 뿐이다.[134] 아이의 두뇌 발달과 정신건강에 가장 중요한 환경은 '부모의 감정 상태'다. 특히 부모의 심리적인 긴장 상태는 자녀의 ADD를 유발하는 가장 보편적이고도 주된 원인이다. 어린아이는 부모를 통해서 세상을 인식하고 경험한다. 비록 부모가 의도하지 않았다 하더라도 부모의 표정, 목소리, 미묘한 불안감이나 짜증 등 모든 감정적인 신호는 아이들이 세상을 어떻게 인식하고 경험할지를 결정짓는 중요한 요소로 작용한다는 것이다. 이 때문에 첫째와 둘째가 경험하는 부모의 감정 상태에는 상당한 차이가 있게 된다.

대개 첫째로 태어난 아이들은 인생의 첫 시기를 '유일한 자녀'로 자라게 된다. 부모 사이에 끼어든 유일한 존재이므로 기본적으로 자기 존재에 대한 불안감이 크다. 그러나 둘째는 다르다. 태어나 보니 자신과 비슷한 처지의

내면소통

'동료'가 이미 한 명 있기 때문이다. 게다가 대부분의 가정에서는 첫째를 낳아서 기를 때보다 둘째를 낳아서 기를 때 부모의 소득이 더 증가해 있는 등 좀 더 안정적인 삶을 영위하고 있을 가능성이 높다. 첫째를 낳아서 기를 때보다 둘째를 낳아서 기를 때 아이 양육에 대한 부모의 스트레스는 훨씬 적다. 이미 한 번 경험한 일이기 때문이다. 게다가 보통 부모들의 기대는 첫째에게 더 집중된다. 첫째는 무엇이든 먼저 도달해서 먼저 개척해야 한다. 학교도 먼저 들어가서 학생의 역할도 해내야 하고, 중학생도 고등학생도 먼저 되어서 동생에게 모범을 보여야 한다는 기대를 받게 된다. 이로 인해 첫째는 보통 엄청난 스트레스에 시달리게 된다.

첫째의 부모는 대부분 양육 경험이 없는 미숙한 사람들이고, 경제적으로도 열악하며, 더 큰 스트레스를 스스로 받으면서도 아이에 대한 기대 수준은 더 높다. 둘째가 태어날 때의 부모는 양육 경험도 있고, 더 여유 있으며, 경제적으로도 더 풍족하고, 스트레스도 덜 받으며 아이에 대한 기대 수준이 상대적으로 더 낮다. 말하자면 첫째와 둘째는 '서로 다른' 부모와 가정이라는 환경을 경험하게 되는 것이다. 참고로 성인 ADD 진단을 50세 넘어서 받은 가보르 마테 박사의 경우, 자신은 2차 세계대전 직전, 나치의 헝가리 침공 직전에 태어났으며, 동생들은 전쟁이 끝나고 평화가 찾아온 다음에 출생했다고 한다.

후성유전학의 관점에서 본 마음근력 훈련의 의미

이제 우리의 질문으로 다시 돌아가보자. 유전자와 환경 중 어느 것이 더 중요한가? 물론 둘 다 중요하다. 두 가지가 함께 인간의 성향에 영향을 미치므로. 이는 마치 사각형의 넓이가 가로 변과 세로 변의 길이에 의해서 결정되는 상황과 비슷하다. '유전자와 환경 중 어느 것이 더 중요한가?'라는 물음은 사각형의 면적을 알기 위해서 가로 길이와 세로 길이 중 어느 것이 더 중요하냐고 묻는 것과 비슷하다.

그렇다면 유전자와 환경 모두 중요하다는 답변으로 만족해야 할까?

물론 그렇지 않다. 우리는 마음근력을 강화해 성취역량이 커지길 원한다. 마음근력은 유전자와 환경적 요인의 상호작용으로 결정된다. 유전자는 이미 주어진 것이므로 유전자 자체를 바꾸는 것은 어렵다. 하지만 유전자의 작동방식과 발현에 영향을 미치는 환경을 바꾸는 것은 가능하다. 따라서 우리에게 현실적으로 더 중요한 것은 언제나 환경이다.

MAO-A 유전자 변형으로 인해 공격성향이 높고 반사회적 행동을 하는 사람은 마음근력이 약하다고 할 수 있다. 이러한 성향은 편도체의 활성화와 관련이 높다. 편도체가 활성화되면 마음근력의 핵심인 전전두피질의 기능은 약해지기 때문이다. 앞에서 살펴봤듯이 MAO-A 유전자 변형을 지녔더라도 어린 시절에 학대를 받지 않은 좋은 가정환경에서 자랐다면 공격성이 높고 마음근력이 약한 사람으로 성장하지 않는다. 따라서 아이가 공격성향이 높은 사람으로 성장하지 않도록 하려면 유전자가 아니라 바람직한 가정환경을 만들어주는 데 집중해야 한다. 가정에서 충분한 애정과 관심을 받는 아이들은 그렇지 않은 아이들에 비해 전전두피질 활성도가 높고 마음근력이 튼튼한 사람으로 성장할 가능성이 크다. 사회 전체가 바람직한 가정환경의 중요성을 인식함으로써 제도적이고 문화적인 노력을 기울인다면 더 많은 아이가 건강한 마음근력을 지닌 사람으로 성장하도록 도울 수 있을 것이다.

유전자의 작동방식에 영향을 주는 '환경'은 우리 몸을 구성하는 세포 내 분자생물학의 차원에서부터 세포, 호르몬과 신경계, 감정적 습관, 몸의 움직임, 개인, 집단, 조직, 공동체와 문화에 이르기까지 다양한 층위에 걸친 조건들을 모두 포함한다. 미세한 차원에서부터 거시적인 차원에 이르기까지 모든 환경 조건이 유전자 발현에 영향을 미친다. 특히 이 책에서 관심을 두고 살펴볼 '환경'은 우리의 몸과 마음이 일상생활에서 겪는 다양한 경험들이다. 일상생활에서 반복적이고도 체계적인 훈련을 통해 우리의 몸과 뇌가 경험하는 환경에 지속적인 변화를 가져오고자 하는 것이 곧 마음근력 훈련이다.

훈련을 한다는 것 자체가 몸과 마음을 일정한 환경에 반복적으로 놓이도록 하는 것이다. 이렇게 함으로써 우리는 유전자 자체를 바꿀 순 없으나 유전자 조절과 발현방식에는 영향을 미칠 수 있다. MAO-A 유전자 변형 자체는 선천적인 것이므로 바꿀 수 없지만, 아이가 학대나 트라우마를 경험하지 않도록 바람직한 환경을 조성해줌으로써 MAO-A 유전자의 작동방식을 원하는 방향으로 조절할 수 있는 것처럼 말이다.

우리는 살아가면서 자신의 몸과 마음에 끊임없이 다양한 환경을 제공한다. 우리가 먹는 음식, 움직임이나 운동, 감정의 유발, 수면 습관, 생각하고 말하는 방식, 타인과의 소통방식과 인간관계 등이 모두 다양한 유전자 발현과 조절과정에 영향을 미치는 환경 조건들이다. 이 책에서 다루는 내면소통 훈련을 통한 마음근력 향상은 우리의 몸과 마음이 경험하는 환경을 바꿈으로써 나 자신의 몸과 마음을 내가 원하는 방향으로 변화시켜가는 것을 목표로 한다. 이 책에서는 특히 '내 몸과의 소통'방식을 개선함으로써 편도체를 안정화하고, '내 마음과의 소통'방식을 바꿈으로써 전전두피질을 활성화하는 훈련법들을 살펴볼 것이다. 마음근력 훈련은 나와 내 몸, 나와 내 마음 사이의 바람직하고 건강한 소통 습관을 익히는 훈련이기도 하다.

신경가소성
: 마음근력 훈련이 가져오는 변화

뇌의 신경가소성과 효율성

반복적인 마음근력 훈련은 유전자 발현에 영향을 미칠 뿐만 아니라 신경세포 간의 연결망에도 변화를 가져온다. 신경가소성(neuroplasticity)이라 불리는 신경세포 간의 연결망 변화는 기능적 연결성뿐 아니라 구조적 연결성의 변화를 통해 행동방식, 감정조절, 성취역량 등에 큰 영향을 미칠 수 있다. 신경가소성 덕분에 체계적이고도 반복적인 훈련은 수 주 혹은 수개월 내에 뇌의 특정한 신경망을 약화하거나 강화할 수 있다. 훈련을 통해 마음근력을 강화한다는 것은 '신경가소성'에 의해 뇌의 신경망에 일정한 변화를 가져온다는 뜻이기도 하다. 후성유전학적인 연구들과 신경가소성에 관한 다양한 연구들은 마음근력 훈련을 통해 우리의 몸과 마음을 실제로 변화시킬 수 있다는 것을 보여준다.

제1장과 제2장에서 살펴봤듯이 마음근력을 발휘하는 힘은 주로 전전두피질을 중심으로 하는 신경망에서 나온다. 특히 mPFC(내측전전두피질)를 중심으로 한 여러 신경망은 마음근력과 관련한 여러 기능을 담당한다. 자기 자신 및 타인에 대한 정보처리와 타인의 의도 파악, 자아 개념의 투사, 예측·기획·실행을 위한 의지력의 발현, 끈기와 집중력의 발휘, 과제지속, 판단, 의사결정, 감정조절, 충동조절 등이 모두 mPFC를 중심으로 한 신경망들에서 담

당하는 기능이다. 마음근력 훈련을 하는 것은 이 신경망들이 잘 작동하도록 강화하는 것이다.

　　뇌의 신경세포 간의 연결 네트워크인 신경망에는 변화의 가능성, 즉 가소성이 있어서 반복적인 자극을 통해 얼마든지 연결성을 강화하거나 변화시킬 수 있다. 이것이 신경과학의 단 하나의 법칙이라고까지 말할 수 있는 '헤비안 원칙(Hebbian principle)'이다. 1949년에 도널드 헵(Donald Hebb)이 제안한 것으로 알려진 "함께 활성화되는 신경세포들은 함께 연결된다(Neurons that fire together, wire together)"라는 명제다.[135]

　　신경과학이 발달하기 훨씬 이전인 20세기 초 제1차 세계대전 이후부터 심리학자들은 이미 위아래가 뒤집힌 혹은 좌우가 바뀐 이미지를 사람들이 어떻게 지각하는가를 꾸준히 연구해왔다. 특히 에리스만(Theodor Erismann)이라는 스위스 심리학자는 사람에게 이미지가 거꾸로 보이는 고글을 씌워준 실험으로 유명하다. 1939년부터 에리스만은 제자 코흘러(Ivo Kohler)에게 이미지가 거꾸로 보이는 고글을 온종일 쓰고 있게 하는 연구를 진행했다. 이미지가 위아래로 뒤집히거나 좌우가 반대로 보이는 고글을 착용하면 처음에는 어지럽고 혼란스럽지만 수일이 지나면 점차 익숙해지기 시작한다는 사실을 발견했다. 좌우가 바뀐 고글을 착용한 실험 참가자들은 빠르면 열흘 뒤에는 자전거를 타거나 스키도 탈 수 있게 되었고,[136] 한 달 뒤에는 모터사이클도 탈 수 있게 되었다.[137] 이런 일을 가능하게 하는 것이 바로 신경가소성이다.

　　가소성(plasticity)은 인간의 뇌가 마치 말랑말랑한 찰흙이나 플라스틱처럼 변형 가능하다는 뜻이다. 인간의 뇌는 딱딱한 컴퓨터와 같은 기계가 아니다. 뇌의 특정 부위가 담당하는 기능은 대체적으로 정해져 있기는 하지만 상황에 따라 얼마든지 변화할 수 있다. 뇌의 각 부위의 기능이나 작동방식은 체계적이고 반복적인 자극을 주면 바뀌게 된다. 새로운 자극이 뇌에 반복해서 들어오면 그러한 새로운 정보를 처리하기 위해서 신경세포 간의 연결구조에 생물학적 변화가 생긴다. 이것이 바로 '습관'의 본질이며 훈련의 효과다.

　　예를 들어보자. 사고로 눈을 다쳐 시력을 잃게 되면 시각정보가 더 이상 후두엽에 있는 시각중추로 전달되지 않는다. 시각정보 처리를 담당하던 뇌 부위는 할 일이 없어 놀게 된다. 하지만 매우 효율적인 기관인 우리 뇌는 이렇게 놀고 있는 부위를 그냥 놔두지 않는다. 수개월이 지나면 원래 시각정보를 다루던 뇌 부위가 차츰 청각정보나 공간정보 등을 처리하기 시작한다. 후천적으로 시력을 잃은 시각장애인의 시각중추 신경들은 청각정보 등을 처리하도록 재조직된다. 원래 보는 것을 담당했던 뇌의 일부가 더 이상 눈으로 들어오는 시각정보가 없어서 할 일이 없어지자 청각정보 처리를 도와주도록 스스로를 변화시키는 것이다. 덕분에 시각장애인은 청각정보에 더 예민하고 섬세하게 반응할 수 있게 된다.

신경가소성에 대해서는 노먼 도이지(Noman Doidge)의 《스스로 변화하는 뇌(The Brain That Changes Itself)》에 많은 사례가 언급되어 있다.[138] 인간의 뇌의 신경망은 나이가 든다고 해서 굳어지거나 하지 않는다. 시냅스로 이루어진 신경세포 간의 연결망은 평생 계속 변화한다. 따라서 '배움에는 때가 있다'라는 것은 전혀 사실이 아니다. 아무리 나이가 들어도 새로운 것을 배울 수 있고 훈련할 수 있고 새로운 습관을 들일 수 있다. 모국어 습득 이외에는 얼마든지 새로 배우고 습득할 수 있다. 뇌는 어떻게 쓰느냐에 따라서 달라진다. 아무리 나이가 들어도 마음근력 훈련을 하면 뇌는 변화한다.

실제로 특정 활동을 꾸준히 반복하면 뇌의 작동방식이 달라진다. 가령 피아니스트의 뇌는 손가락의 움직임을 조절하는 부위가 특별하게 발달한다. 프로 골프 선수와 아마추어 초보 골퍼의 뇌 사용방식 역시 완전히 다르다. 이를 확연히 보여주는 뇌 영상 연구가 있다.[139] 피험자에게 골프 스윙하는 장면을 생생하게 상상하도록 했더니 평균 스코어가 100이 넘는 초보자들의 뇌는 변연계를 포함해 여기저기 온통 활성화되는 것으로 나타났다. 반면에 프로 선수들의 뇌는 두정엽 부위의 운동중추와 관련된 부위만 살짝 활성화되었다([그림 3-2]). 골프 스윙하는 장면을 상상할 때 프로 선수들의 뇌에선 부정적 감정이 거의 유발되지 않은 데 반해 초보자들의 뇌에선 여러 부정적 감정이 유발되었던 것이다.

골프 스윙이라는 같은 동작을 할 때 뇌 작동방식이 초보자와 프로는 완전히 다르다. 프로 선수는 대체로 침착함과 차분함을 유지하는 반면에 초보자는 스윙을 하기도 전에 두려움, 긴장, 짜증, 좌절감 등 부정적 정서에 함몰되고 마는 것이다. 같은 수학 시험지를 받아 들고 문제 풀이에 집중할 수

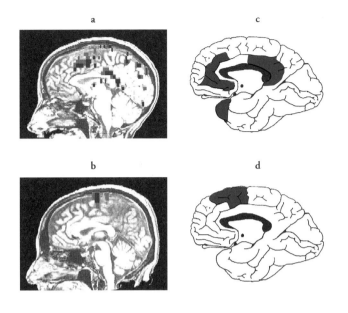

[그림 3-2] **프로 골퍼와 초보 골퍼의 뇌.** 프로 골프 선수(LPGA 투어 프로)와 초보자(핸디 26에서 36 이상)들의 뇌 활성화 모습의 차이. 필드에서 스윙을 하는 장면을 생생하게 상상할 때 프로 골퍼들의 뇌는 운동관련 부위가 주로 활성화된 반면에(그림 b와 d), 초보 골퍼들은 주로 감정 유발과 관련이 깊은 변연계를 중심으로 많은 부위가 활성화되었다 (그림 a와 c). 출처: Milton et al., 2007

있느냐 혹은 시험불안증으로 실력 발휘를 못하느냐도 이와 비슷하다. 일상 생활 속에서 뇌가 습관적으로 '프로 선수'처럼 침착하고 차분하게 반응하도록 변화시킴으로써 성취역량을 향상시키는 것이 바로 마음근력 훈련이다.

뇌의 습관적 작동방식을 바꿔야 한다

마음근력이 약한 사람과 강한 사람은 같은 행위를 하더라도 뇌의 작동방식이 다르다. 마음근력이 약하면 쉽게 좌절하고 두려워하고 분노하고 짜증을 낸다. 편도체는 활성화되고 전전두피질의 기능은 저하되어서 어떤 일을 하건 능력을 발휘하기가 어렵게 되는 것이다. 뇌의 이러한 습관적인 작동 방식은 어느 날 갑자기 마음을 고쳐먹는다고 달라지지 않는다. 골프 초보자가 이제 침착하고 차분하자고 마음을 굳게 먹는다고 해서 곧바로 편도체가 안정화될 수 있는 것이 아니란 뜻이다. 시험불안증에 시달리던 학생이 시험지를 받아 들고 긴장하지 말고 실수하지 말자며 스스로 마음을 다독인다고 해서 갑자기 집중력이 높아지지도 않는다. 이는 마치 16킬로그램의 무게를 겨우 들어 올리는 사람이 굳게 마음을 먹고 의지를 불태운다고 해서 갑자기 32킬로그램의 무게를 들어 올릴 수 없는 것과 마찬가지 이치다. 더 큰 힘을 발휘하려면 꾸준히 훈련해서 근육을 강화해야 한다. 마찬가지로 더 큰 성취역량을 발휘하려면 마음근력을 강화해야 하는 것이다.

마음근력을 강화한다는 것은 뇌의 습관적 작동방식을 바꾼다는 뜻이다. 시냅스 연결로 이루어진 신경망의 구조를 바꾸려면 새로운 방식으로 뇌를 사용하는 방법을 꾸준히 훈련해야 한다. 마음근력을 강화하려면 편도체를 안정시키고 전전두피질이 잘 활성화되도록 신경망의 연결성을 강화해야 한다. 그러기 위해서는 그러한 방식으로 뇌를 사용하는 반복적인 훈련이 필요하다. 마음근력을 강화한다는 것은 결국 신경가소성을 이용해 새로운 습관을 뇌 신경망에 고착화한다는 뜻이다.

마음근력을 키운다는 것은 어떠한 지식이나 기술을 습득한다는 뜻이 아니다. 하체근육이나 등근육을 발달시키는 방법을 배운다고 해서 저절로 그러한 근육이 생기지 않는다. 체계적이고 반복적인 훈련을 해야만 근육이 발달하고 몸이 달라진다. 마음근력이 강화된다는 것은 사람이 달라진다는 이야기다. 마음근력이 강화되면 더 강한 자기조절력으로 자신의 감정이나 생각이나 행동을 스스로 원하는 방향으로 더 잘 조절할 수 있게 된다. 자기조절력이 향상되면 높은 수준의 도덕성이나 윤리성을 지니게 되고, 타인을 존중하고 배려하게 되며, 일을 할 때 끈기와 집중력을 발휘하게 되고, 감정조절력과 충동통제력도 높아지게 된다. 더 강하고 더 올바르며 더 유능한 사람, 한마디로 이전과는 '다른 사람'이 된다.

물론 사람은 어차피 달라지게 마련이다. 세월의 흐름에 따라 늙어가기도 하고 성격이나 몸도 달라진다. 하지만 이러한 변화는 의도되거나 계획된 것이 아닌 데 반해 마음근력을 강화하는 것은 '의도된 달라짐'이다. 즉 내가 원하는 방향으로 나 자신을 근본적으로 변화시킨다는 뜻이다. 늘 바쁜 현대인은 어제 같은 오늘을 살고, 오늘 같은 내일을 살아간다. 나의 내일은 나의 어제와 비슷하기 마련이고 똑같은 하루가 반복된다. 일상적인 삶에는 강한 관성이 작용하기에 별다른 변화 없이 하루하루 지나가게 마련이다.

일상생활에서 나 자신을 근본적으로 바꾸기란 매우 힘들다. 그냥 살던 대로 살아가도 별문제를 느끼지 못한다. 그런데 그것이 가장 큰 문제다. 현재 당신의 모습은 당신이 구현할 수 있는 최선의 모습이 아닐 가능성이 크기 때문이다. 사람은 누구나 더 발전하고 강해질 수 있다. 당신은 현재보다 훨씬 더 강하고 유연해질 수 있으며, 지금으로선 상상하지 못할 정도의 뛰어난 능력을 발휘할 수도 있다. 한마디로 우리는 대부분 더 발전할 잠재력이 있는데도 불구하고 그저 습관의 관성에 따라 '별문제 없이' 그렇게 하루하루 살아간다. 남들도 다 그렇게 살아가니 나도 그냥 그렇게 살아가는 것뿐이다. 정말 안타까운 일이다.

한 가지 강조하고 싶은 것은 마음근력을 '강화하자'고 굳게 결심하거나 마음먹는 것은 별 소용이 없다는 사실이다. 내 몸의 근육을 강화하겠다고 스스로 동기부여를 하고 의지를 불태워도 그것뿐이라면 아무런 소용이 없는 것과 마찬가지다. 중요한 것은 '훈련'이고 '실행'이다. 우리가 결심을 하고 강한 의도를 발휘해야 하는 것은 마음근력을 강화하기 위한 '훈련'이다. 진정한 변화를 원한다면 일상생활 속에서 어떻게 마음근력 '훈련'을 할 것인가에 대한 결단과 결심이 필요하다.

마음근력 훈련은 뇌 신경세포의 연결망을 바꾸는 것

나 자신을 스스로 변화시키기 위해서는 구체적인 방법이 필요하다. 이 책의 목표는 마음근력에 관한 이론뿐 아니라 마음근력을 강화할 수 있는 구체적인 훈련법을 소개하는 데 있다. 이 책에서 소개하는 마음근력 훈련법은 대부분 뇌과학과 심리학의 연구결과를 바탕으로 개발된 것들이다. 연구실이나 실험실에서뿐만 아니라 이미 국내외 여러 지역에서 학생, 직장인, 영업사원, 운동선수, 자영업자, 기업 임원, 군인 등 다양한 분야의 사람들이 마음근력 강화 훈련의 효과를 체험했다. 매일 꾸준히 운동하면 몸의 근육이 단련되는 것처럼 매일 밤 잠들기 전에 10분씩만이라도 마음근력 훈련을 꾸준히 하게 되면 빠르면 1개월, 늦어도 3개월 뒤에는 스스로 느낄 수 있을 만큼의 변화가 찾아오기 시작할 것이다.

마음근력을 '강화'한다는 것은 추상적인 이야기가 아니다. 은유적인 표현도 아니다. 무슨 생각이나 관점을 바꾸거나 하는 것은 더더욱 아니다. 마음근력 훈련은 뇌 특정 부위의 신경망의 습관적 작동방식을 변화시킨다는 뜻이다. 훈련을 통해 새로운 습관을 갖게 된다는 것은 예전과는 다른 방식으로 뇌 부위들의 연결망이 활성화되도록 새로운 시냅스 연결을 강화한다는 뜻이다. 모든 종류의 훈련이나 학습은 이처럼 새로운 형태의 시냅스 연결망 강화를 목표로 한다. 노벨상을 받은 에릭 캔들(Eric Kandel)의 연구결과가 보여주는 것처럼 시냅스 연결의 생물학적 변화가 곧 모든 기억의 본질이다.[140] 기억의 생성에는 시냅스 간의 새로운 단백질 합성이라는 생물학적 과정이 존재한다. 학습이나 훈련의 결과로 생겨나는 모든 기억에는 분자생물학적 기반이 있다는 뜻이다. 기억은 신경세포 안에 저장되는 것이 아니라 신경세포들 사이의 새로운 연결망 형태로 저장된다. 다시 말해 뇌가 보존하는 정보는 세포 내에 존재하는 것이 아니라 세포와 세포의 연결망 구조로 존재하는 것이다. 마음근력을 강화하는 것 역시 새로운 기억을 뇌에 심어주는 것이며, 따라서 신경세포들의 새로운 연결망을 만들어내는 일이다.

마음근력 훈련은 뇌의 연결망을 바꾸는 것이다. 뇌의 기능적 연결성과 구조적 연결성을 바꾼다는 뜻이다. 기능적 연결성은 뇌가 특정한 자극에 반응하거나 어떠한 일을 해낼 때 여러 부위의 신경세포들이 상호작용하는 일정한 패턴을 말한다. 특정 과제에 대한 훈련을 하면 그 일을 해내는 데 관여하는 신경세포 간의 연결망이 더 효과적인 네트워크를 이루게 된다. 구조적 연결성은 이러한 기능적 연결성이 반복적으로 발생하게 되면 특별한 자극을 받거나 일을 하지 않을 때도 그러한 연결성이 강화된 상태를 유지하는 것을 말한다. 이 역시 몸의 근육에 비유할 수 있다. 특정 부위의 근력운동을 집중적으로 하게 되면 그 부위에 '펌핑'이 일어나서 순간적으로 관련된 근육들의 볼륨이 커지게 된다. 그러나 일정한 시간이 지나면 다시 원래 상태로 돌아온다. 이것은 '기능적 연결성'에 비유할 수 있다. 그리고 그러한 근력운동을 계속 반복적으로 하게 되면 근섬유 자체가 점차 비대해져서 특별히 힘을 주거나 운동을 하지 않아도 근육의 볼륨이 커진 상태로 유지된다. 이것이 '구조적 연결성'에 해당한다고 할 수 있다.

　　뇌의 기능과 관련해서 한 가지 유념해야 할 사항은 뇌의 특정 부위가 하나의 특정 기능을 담당하는 경우는 거의 없다는 점이다. 특정 기능과 특정 뇌 부위는 일대일로 대응되지 않는다. 따라서 특정 뇌 부위의 '기능'을 묻는 것은 마치 엄지손가락의 기능이 무엇인가를 묻는 것과 비슷하다. 엄지손가락은 무엇인가를 누를 수도 있고 잡을 수도 있고 긁을 수도 있고 찌를 수도 있다. 엄지손가락은 컴퓨터 자판 두드리기, 피아노 연주, 젓가락질, 포크볼 던지기 등 다양한 방식으로 사용될 수 있다. 그런데 이러한 다양한 기능들은 엄지손가락 하나만으로는 발휘될 수 없다. 반드시 다른 손가락이나 손목, 팔목, 어깨, 심지어 온몸의 다양한 근육들과 조화를 이뤄야만 발휘되는 기능들이다.

　　마찬가지로 뇌가 해내는 다양한 인지 기능과 운동 기능은 뇌의 여러 부위가 다양한 신경망으로 연결되어 동시에 또는 순차적으로 작동하면서 이뤄진다. 여러 뇌 부위가 하나의 기능을 위해 동시에 동원되기도 하며, 하나의 뇌 부위가 이러저러한 기능을 위한 다양한 신경망에 동원되기도 한다. 이는 마치 자판을 두드리기 위해서는 손과 팔의 특정한 근육들이 하나의 네트워크가 동원되며, 피아노를 연주할 때 역시 또 다른 근육들의 네트워크가 동원되는 것과 마찬가지다. 동일한 근육이 자판 두드리기와 건반 두드리기에 동원되기도 하고, 동시에 자판 두드리기 혹은 건반 두드리기에만 고유하게 사용되는 근육도 있다.

　　피아니스트가 연주 연습을 하는 것은 건반 두드리기와 페달 밟기에 필요한 다양한 근육들을 통제하는 뇌 신경망을 강화한다는 뜻이다. 운동선수들의 훈련 역시 마찬가지다. 연습과 훈련은 뇌에 반복적인 자극을 가함으로써 그러한 기능을 담당하는 신경망이 더욱 효율적으로 작동할 수 있도록 하는 것이다. 반복적인 훈련은 그 기능과 관련된 신경세포들의 축삭돌기를 지방질로 이루어진 미엘린이 감싸거나 시냅스 부위에 새로운 단백질 합성이 일어나게 해서 그 신경망의 연결성을 '강화'한다. 신경세포의 축삭돌기 부분에는 전기신호가 흐르는데 이것을 전기가 잘 통하지 않는 미엘린이 감싸는 것은 마치 구리로 된 전깃줄을 고무와 같은 절연체로 감싸는 것과 비슷하다. 이렇게 함으로써 전기신호가 다른 곳으로 흘러가지 않고 빠르고 효율적으로 축삭돌기 말단의 시냅스로 흐를 수 있게 된다. 이처럼 뇌의 신경망은 반복적인 자극을 통해 생물학적으로 변화하게 된다. 이것이 어떤 훈련이든 그 효과가 나타나는 원리이자 의미이며, 마음근력 훈련 역시 마찬가지다.

에피네프린이나 아세틸콜린과 같은 신경전달물질이 관여하는 뇌 활성화가 일어나면 신경가소성의 변화가 좀 더 효율적으로 일어날 수도 있다. 말하자면 일정한 종류의 스트레스나 좌절감이 동반되는 훈련이라면 신경망의 변화가 더 빨리 일어날 수 있다는 뜻이다. 훈련에서도 회복탄력성의 원칙은 유지되는 셈이다. 더 힘들고 좌절감을 느낄수록, 쉽게 되지 않을수록 원하는 것을 더 빨리 배울 수도 있다. 마음근력 훈련을 할 때도 잘되지 않는다고 좌절할 필요는 없다. 좌절감이 느껴진다면 오히려 감사히 받아들이면 된다. 뇌가 변화할 준비를 하고 있다는 의미니까 말이다.[141]

신경가소성은 좋은 방향으로도 나쁜 방향으로도 일어난다

운동, 악기 연주, 무술, 수학 문제 풀이, 외국어 학습, 자전거 타기, 온라인 게임, 자동차 운전 등 무엇이든 반복 훈련을 통해 익숙해진다는 것은 그러한 '일'을 보다 효율적으로 해낼 수 있는 신경망이 강화된다는 뜻이다. 모든 훈련의 효과는 뇌의 신경가소성을 통해서 나타난다. 그런데 축삭돌기를 미엘린이 감싸거나 시냅스 부위에 새로운 단백질 합성이 일어나는 생물학적 변화는 주로 자는 동안에 이루어진다.[142] 신경가소성은 잠을 안 자면 약해지는 경향을 보이지만 다시 방해받지 않고 숙면을 취하면 회복된다는 연구결과도 있다.[143] 그만큼 잠은 중요하다. 악기 연습이든 수학 문제 풀이든 외국어 학습이든 마음근력 훈련이든 연습과 훈련의 결과를 뇌에 효율적으로 잘 새겨두려면 훈련이나 연습을 열심히 한 날에는 잠을 푹 자야 한다.

　　마음근력을 키우려면 잠자리에 들기 직전에 뇌의 상태를 잘 관리하는 것이 매우 중요하다. 분노와 불안감 없이 평온한 마음을 유지해서 편도체를 안정화하고, 자기참조과정 훈련을 하거나 자신과 타인에 대해 긍정적인 정보를 처리함으로써 전전두피질이 활성화된 상태에서 잠들도록 해야 한다(이러한 편도체 안정화와 전전두피질 활성화 방법이 뒤에서 설명할 마음근력 훈련의 핵심이다). 반대로 잠들기 전에 내일 일을 걱정하거나 누군가를 원망하거나 복수심에 불타는 등 편도체가 활성화된 상태에서 잠들곤 하는 것을 반복하면 부정적 정서의 신경망이 점점 더 강화된다. 그 결과 습관적으로 불안해지거나 불면증에 시달릴 수 있다. 또 무기력해지거나 분노조절이 안 되는 상태의 뇌가 될 수 있다. 이것이 마음근력이 점차 약해지는 과정이다. 이처럼 신경가소성은 좋은 방향으로도 나쁜 방향으로도 작동할 수 있다. 좋은 운동을 하면 몸이 건강해지고 나쁜 자세를 반복적으로 취하면 건강을 해치게 되는 것과 마찬가지 이치다.

　　마음근력 훈련은 새로운 지식이나 정보를 학습해서 그에 따라 행동하거나 생각한다는 뜻이 아니라 마치 몸의 근육을 강화하는 것처럼 특정한 신경망의 연결상태를 생물학적으로 변화시킨다는 뜻이다. 몸의 어떤 근육이 강화되면 그 신체 부위가 발휘할 수 있는 역량이 증가하는 것처럼, 마음근력이 강화되면 전전두피질이 발휘할 수 있는 역량이 향상된다. 따라서 지속적인 훈련을 통해 마음근력을 강화하면 기질과 성향 자체가 바뀌게 된다. 이렇게 훈련을 통해 달라지는 기질이 대니얼 골먼과 리처드 데이비드슨(Richard Davidson)이 말하는 '변화된 기질(altered traits)'이다.[144] 이것이 바로 '사람이 달라진다'는 뜻이다.

　　마음근력 강화로 인한 기질의 변화는 다음과 같이 나타난다. 좀 더 침착하고 차분해지며, 평화롭고 잔잔한 마음 상태를 유지하게 된다. 스스로 하고자 하는 일에 더 잘 집중하고, 꾸준히 노력하는 힘과 끈기를 발휘할 수 있게 된다. 공감능력과 타인의 의도 파악 능력이 향상되고, 존중과 배려의 마음이 자연스럽게 흘러나오게 된다. 세상일에 좀 더 깊은 관심과 흥미를 갖게 되고, 실패를 두려워하지 않아 적극적인 도전성을 지니게 되며, 역경을 극복하고 다시 튀어오르는 회복탄력성이 강화된다.

선천적으로 몸이 약한 사람도 꾸준히 운동하면 건강한 사람이 될 수 있고, 선천적인 음치도 꾸준히 훈련하면 노래를 잘 부를 수 있게 되는 것처럼 마음근력도 꾸준한 노력을 통해 얼마든지 강화할 수 있다. 더욱이 이러한 변화는 나이에 상관없이 얼마든지 가능하다. 마음근력을 강화하는 훈련은 남녀노소 누구나 할 수 있다.

마음근력 훈련과
알코올

마음근력을 강화하려면 전전두피질의 신경망이 활성화되도록 자극하는 훈련을 통해서 특히 mPFC(내측전전두피질)와 편도체 간의 기능적 연결성을 강화해야 한다. 마음근력 훈련을 시작하기로 마음먹은 독자라면 이와 관련해 염두에 둬야 할 사항이 있다. 바로 '전전두피질 기능억제제'다. 우리가 일상생활에서 흔히 접할 수 있는 전전두피질 기능억제제는 바로 알코올이다.

술은 특히 전전두피질 기능을 억제한다. 전전두피질은 동물적 본능이나 충동성, 감정을 억제하고 이성적으로 판단하는 기능을 주로 담당하는데, 이러한 '억제 기능을 억제(disinhibition)'하는 것이 알코올이다. 술은 전전두피질의 편도체 억제 기능을 억제하게 되어 편도체가 통제되지 않는 상태에 놓이게 된다. 한마디로 온갖 부정적 감정을 통제되지 않은 채 분출하게 되는 것이다. 그래서 술은 사람을 기분 나쁘게 하고, 화나게 하고, 짜증 나게 하고, 슬픔을 느끼게도 한다. 무기력하거나 충동적이 되게 하며, 공격성과 폭력성이 강해지도록 만들기도 한다. 술은 휴식에도 전혀 도움이 되지 않는다. 알코올은 숙면을 방해한다. 술은 긴장을 완화시키지도 않고 오히려 더 각성시킨다. 불안감과 분노와 짜증을 더 유발시킨다.

술이 사람을 기분 좋게 한다는 것은 잘못된 고정관념이다. 술 한잔 마시면 왠지 기분이 좋아지는 것 같다는 착각은 주로 여러 사람과 어울려서 마시는 상황 때문에 발생한다. 사람들과 기분 좋게 웃고 떠들면서 술을 마시기 시작하는 경우가 대부분이기 때문에 술을 마시면 기분이 좋아진다고 착각하게 되는 것이다. 방에 앉아서 혼자 마시기 시작하면 술은 결코 기분을 좋게 만들지 않는다. 술에 취하면 더욱 불쾌함을 느끼게 된다. 그래서 술에 취한 사람은 결국 화를 내거나 싸우거나 공격성향을 표출하게 되는 것이다. 술이 깰 때쯤이면 더욱더 불쾌감이 엄습한다. 그것을 누르기 위해 술을 한잔 더 하게 되는 것이 알코올중독으로 가는 과정이다. 아직도 술이 사람을 기분 좋게 만든다고 생각하는 사람이 있다면 알코올 중독자들을 만나보기 바란다. 만약 술이 사람을 기분 좋게 한다면 알코올 중독자들은 다 행복한 상태에 있어야 한다. 행복한 알코올 중독자를 본 적이 있는가? 그들 대부분은 우울증 증세나 불안장애, 감정조절장애 등으로 고통을 받는다.

인간이 긍정적 정서를 느끼고 행복을 느낄 때 활성화되는 부위가 안와전두피질을 포함한 전전두피질이다. 그런데 이 전전두피질을 억누르는 것이 술이다. 따라서 불행한 일을 당한 친구에게 위로한답시고 술 한잔 사주는 사람은 좋은 친구라고 할 수 없다. 그러지 않아도 실직이나 실연 등을 겪느라 전전두피질은 가라앉고 편도체는 활성화돼 있을 친구에게 술을 주는 것은 매우 나쁜 선택이다. 그런 친구에게는 따뜻한 꿀물을 한잔 타주고 환한 햇살 아래서 함께 산책해주는 것이 훨씬 더 바람직하다. 가장 나쁜 '위로주'는 기분 안 좋은 일이 있을 때 내가 나를 위로한답시고 혼자 마시는 술이다. 혼자 마시는 위로주가 습관이 되면 알코올중독으로 가기 쉬우니 조심해야 한다. 어쨌든 술로 무엇인가를 혹은 누군가를 위로한다는 것은 어불성설이니 명심해야 할 일이다.

그렇다면 술이 필요한 때는 언제인가? 전전두피질이 마구 활성화될 때, 즉 너무 행복할 때다. 술은 기분 좋을 때 마시는 것이지 기분 나쁠 때 마시는 것이 아니다. 아주 기쁜 일이 생겨 축하하고 싶을 때 행복한 마음에 너무 들뜨지 말고 기분 좀 가라앉히라는 뜻에서 '축하주'를 한잔 사주는 사람은 좋은 친구다. 술은 행복감이 아니라 불행감을 가져다줄 뿐이라는 사실을 잊어서는 안 된다. 위로주는 말이 안 되는 것이고 술은 축하주로만 적당히 마셔야 한다.

　특히 이제부터 편도체를 안정화하고 전전두피질을 강화하려는 독자라면 적어도 마음근력 훈련을 하는 동안만큼은 술을 완전히 끊는 것이 좋다. 만약 한 방울도 마시지 않는 것이 어렵다면 취하지 않을 정도로 조금만 마셔야 한다. 마음근력 훈련을 통해서 뇌의 새로운 신경망을 강화하려면 신경가소성이 생겨날 수 있는 2~3개월간 매일 꾸준히 편도체 안정화와 전전두피질 활성화 상태를 만들어야 하는데, 이 기간에 만취하도록 술을 마시면 마음근력 훈련의 효과를 크게 저해하게 된다. 그러니 신경가소성에 의해 뇌에 새로운 습관이 완전히 장착될 수 있도록 적어도 마음근력 훈련을 하는 2~3개월 동안만이라도 술을 절제하는 것이 좋다.

제4장

내가 나를
변화시킨다는 것

내가 나를 변화시키는 것이
가능한 이유

내가 나를 변화시키는 것이 어떻게 가능할까?

마음근력을 강화한다는 것은 결국 내가 나를 변화시킨다는 것이다. 그런데 과연 그것이 어떻게 가능할까? 내가 나를 변화시킨다고 했을 때, 주어로서의 '나'와 목적어로서의 '나'는 동일한 존재인가 아니면 다른 존재인가? 이 질문에 답할 수 있어야 마음근력 향상에 왜 '내면소통' 훈련이 필요한지를 이해할 수 있다. 이 질문에 답하기 위해서 이제 우리는 의식과 자의식이 무엇인지, 뇌는 어떤 이유로 그리고 어떻게 의식과 자의식을 만들어내게 되었는지를 살펴봐야 한다.

어떤 존재가 자기 자신을 스스로 변화시킨다는 것은 사실 논리적인 모순이다. 자기동일자는 스스로를 변화시킬 수 없다. A는 외부의 도움 없이 자기 자신만의 힘으로 A가 아닌 다른 어떤 것으로 변화될 수 없다. 물론 사람은 세월이 흘러감에 따라 변화한다. 자라나고 늙어간다. 그러나 그것은 본래 그렇게 프로그램된 대로 변화하는 것이다. 그렇게 성장하고 달라지도록 이미 정해진 것이다. 따라서 A가 성장하거나 늙어가는 것은 그냥 A인 상태로 있는 것이지 A가 아닌 다른 어떤 것이 되는 것이 아니다. 예컨대 씨앗에서 싹이 나서 자라는 것이나 번데기에서 성충이 나오는 것은 변화가 아니다. 원래 프로그램된 대로 시간이 흘러감에 따라 자신의 모습을 드러내는 것에 불과하다.

콩을 심었는데 콩이 나서 콩으로 자라나는 것은 변화가 아니다. 진정한 변화란 콩에서 팥이 나온다든지, 나방의 번데기에서 나비 성충이 나오는 것이다. 그런데 콩 한 알이 오직 자신의 힘만으로 팥으로 변해갈 수 있을까? 나방의 번데기가 스스로 나비 성충으로 변화할 수 있을까? 유전자 조작 등 외부의 개입이 없는 한 불가능해 보인다. 논리적으로 A는 자기 자신의 힘만으로는 A가 아닌 다른 어떤 것으로 변화할 수 없다.

사람 역시 마찬가지 아닐까? 과연 내가 스스로 나 자신을 변화시키는 것이 가능할까? 애초에 불가능한 일이 아닐까? 그렇지 않다. 사람은 분명 스스로 자기 자신을 변화시킬 수 있는 존재다. 나는 나 자신을 얼마든지 바꿀 수 있다. 왜냐하면 '나'는 자기동일자가 아니기 때문이다. 즉 '나'라는 존재는 하나의 실체가 아니며 여러 구성요소로 이뤄진 복합체다. 우리는 흔히 '나 자신'이 하나의 실체라 여기며 살아간다. 하지만 그것이 착각이고 환상임은 현대 뇌과학에 의해서 분명하게 밝혀졌다. '나'는 하나의 실체가 아니라 여러 다양한 실체의 복합물이다. 게다가 이러한 여러 실체가 끊임없이 상호작용하며 살아 움직이는 존재다.

'나'라는 자의식은 실체라기보다는 하나의 기능이며 현상이다. 자동차에 비유하자면 '나'는 자동차라는 실체보다는 자동차의 '달리기'에 해당한다. '나'라는 개념은 그래서 명사가 아닌 동사다. '자아'는 자기 자신과 타인에 대한 정보를 처리하며 끊임없이 소통한다. 좀 더 정확히 말하면, 지속적인 내면소통의 과정 자체가 바로 '자아'다.

자아는 지속적인 내면소통 그 자체다

'자아'는 어떤 실체나 사물이 아니다. 많은 학자가 자아 또는 '나'라는 자의식을 '지속적인 스토리텔링 그 자체'로 본다.[145] 즉 자신의 경험에 의미를 부여하고 끊임없이 이야기를 만들어내는 존재가 곧 '나'라는 자의식이다. '내 인생'이라는 것은 본질적으로 내러티브의 성격을 지닌다. 삶의 본질은 이야기로 이루어지는 일화기억 그 자체다. 자아(self)라는 것 자체가 이야기를 통해 자기 자신을 스스로 구성한다.[146] 자아라는 개념 자체가 본질적으로 이야기로 구성된다는 점은 감정을 이해하는 데도 큰 도움을 준다.[147] 강렬한 감정이 일어나는 배경에는 대개 극적인 이야기가 있기 마련이다.

의식은 다양한 경험들을 하나의 플롯으로 만들어서 의미 있는 사건으로 구성해낸다. 의식의 본질은 이러한 '플롯 만들기(emplotment)'에 있다.[148] 마틴 콘웨이(Martin Conway)는 스토리텔링에 기반한 일화기억이 자아 구성의 기반이 되는 시스템을 자아-기억체계(Self-Memory System: SMS)로 개념화하기도 한다.[149] 이 SMS는 자의식이 생겨나고 작동하는 본질적인 기반이다. 마음근력이 약해지면 자의식과 관련된 스토리텔링이 부정적이거나 무의미한 것이 된다. 내면소통에 문제가 생기는 것이다.

우리는 '나'라는 존재가 먼저 있고 나서 내가 생각도 하고 소통도 한다고 느끼지만 사실 이는 환상에 불과하다. 내가 하는 생각과 의식 자체가 이미 하나의 소통이다. 즉 '나'는 내가 하는 소통 그 자체다. 내가 소통을 하는 것이라기보다는 사실 '나'는 내가 하는 소통의 결과로 생산되는 것이다.

'나'라는 관념, 즉 '자의식'은 내 몸이 지각하는 온갖 경험에 대한 스토리텔링의 결과다. 그런데 나의 경험에 대한 스토리텔링 혹은 의미부여는 다른 사람과 공유됨으로써 완성된다. 내가 아름답게 본 저녁노을을 너도 아름답다고 하고, 내가 맛있게 먹는 밥을 너도 맛있다고 함으로써 나의 경험은 공유된다. 경험의 공유를 통해 저녁노을이나 밥은 객관적인 실체로 떠오른다. 너와 나에게 동일한(그러나 정말 동일한지는 영원히 알 수 없는) 경험을 제공하는 어떤 것은 나의 주관적인 경험을 넘어서는 객관적인 실체일 수밖에 없다는 느낌이 들게 되는 것이다.

'나'라는 실체도 마찬가지다. 네가 나를 '나'로서 인정하고 그렇게 대해주기 때문에 나는 비로소 '나'라는 실체를 갖게 된다. 이것이 바로 미드(mead)가 말하는 일반화된 타자로서의 '나'다.[150] 이처럼 너와의 소통을 통해 하나의 고정된 실체로서의 '나'라는 관념이 형성되고 강화된다. '나'라는 실체는 주어로서의 나(I)와 객체로서의 나(me, self) 사이의 끊임없는 소통 과정 그 자체이므로 나는 나와의 내면소통의 방식과 내용을 바꿈으로써 얼마든지 '나'를 변화시킬 수 있다. 주어로서의 나(I)는 객체로서의 나(self)를 변화시킬 수 있다.

'나'는 단 하나의
고정된 실체라는 환상

'내' 부모님이 아니라 '우리' 부모님인 이유

앞에서 살펴보았듯이, 내 안에는 여러 개의 '자아(self)'가 있다. 이 여러 개의 자아는 내 의식의 표면에 떠오르기 위해 치열하게 경쟁한다. 우리는 '나 자신'이 하나의 실체로서 내가 경험하는 것들을 파악하여 순간순간 나의 행동을 결정한다고 여기며 살아간다. 하지만 이는 환상에 불과하다. 인지과학자 마빈 민스키(Marvin Minsky)에 따르면, 우리의 의식은 '하나의 마음'이라기 보다는 '여러 마음들의 모임'이다.[151] 나는 하나의 '마음'을 지닌 실체가 아니라 여러 '마음들'이 모여서 서로 경쟁하며 살아가는 마음의 공동체다. '나'라는 하나의 존재가 뇌에 자리를 잡고 앉아서 내 경험을 파악하고 내 행동을 통제한다는 직관적인 느낌은 허상이며 착각이다.

스티븐 핑커(Steven Pinker)는 의식이 고정된 실체가 아니라 뇌 전체에 퍼져 있는 수많은 사건이 서로 경쟁하는 혼란스러운 소용돌이라고 본다. 뇌는 그중에서 가장 큰 목소리를 내는 사건에 대해 가장 합리적인 해석을 사후적으로 내리는데, 그 결과 하나의 자아가 모든 것을 관할하고 통제한다는 느낌을 만들어내게 된다.[152] 저명한 뇌과학자들인 리타 카터(Rita Carter)와 크리스 프리스(Chris Frith)에 따르면, 우리 뇌에는 자기 나름의 고유한 인격, 욕망, 자의식 등을 지닌 별개의 인격체가 존재한다. 이 인격체는 우리가 일상생활

에서 경험하는 '나'와는 전혀 다른 인격체일 수도 있다.[153]

　　나 자신이 하나의 실체가 아닐뿐더러 내 안에 있는 여러 자아의 요소가 상호작용한다는 개념은 이 책의 핵심 주제인 '내면소통'의 개념과 직결된다. 내면소통은 내가 스스로 나 자신과 하는 소통이다. 그런데 소통은 두 개 이상의 실체 사이에서만 가능하다. 내가 나에게 무엇인가 말할 수 있다는 것, 내 안에 내 말을 듣는 어떤 존재가 있다는 것은 '나'가 하나의 실체가 아니라 복수의 실체로 구성되어 있음을 암시한다. 내가 '나'라고 생각하는 자의식은 사실 두 개 이상의 존재다. 많은 뇌과학자들이 강조하고 있듯이 하나의 '나'란 존재가 나의 생각과 행동을 통제하고 조종하고 있다는 느낌은 환상에 불과하다.[154]

　　일종의 사회적 규약인 언어를 이용한 내면소통이 가능하다는 사실 자체가 우리 내면에 두 개 이상의 실체가 있다는 것을 의미한다. 내면소통이 이뤄지는 순간 분명 말하는 '나'와 그것을 듣는 '나'가 있다. 내면소통에서는 '말하기'와 '듣기'가 동시에 이뤄진다. 내 안에 내가 여럿 있다는 것은 '하나의 실체로서의 나'는 없다는 뜻이기도 하다. 내가 생각하는 '나'는 유일한 존재가 아니며 변치 않는 고정된 실체도 아니다. 내가 생각하는 '나'는 존재하지 않는 허상이다. 이것을 분명히 깨달아야 마음근력을 강화할 수 있다. 특히 이것을 깊이 깨달아야 진정한 자기조절력 향상 훈련이 가능해진다.

　　우리는 '나'라는 존재가 내가 생각하고 느낄 수 있는 존재를 넘어서는 복수의 실체라는 것을 막연하게나마 알고 있다. 우리는 친구를 부를 때 '내 친구'라고 하지 '우리 친구'라고 하지 않는다. 또 '내 남편' 혹은 '내 아내'라고 하지 '우리 남편' 혹은 '우리 아내'라고 하지 않는다. 그런데 자신의 부모님은 '내 어머니' 혹은 '내 아버지'라고 하지 않고 언제나 '우리 어머니' 혹은 '우리 아버지'라고 한다. 왜 그럴까?

　　우리는 부모님을 '나의 몸을 포함한 나의 모든 것을 낳아주신 분'으로 인식하기 때문이다. 부모님 앞에서 나는 단수가 아니라 복수다. 나는 곧 '우리'다. 부모님은 내가 나라고 생각하는 나만 낳아주신 것이 아니라 내가 미처 알지도 느끼지도 보지도 못하고 때로는 잊어버리기까지 하는, 내가 나라고 생각하는 실체를 넘어서는 나까지도 모두 낳아주신 것이다. 그래서 '내 부모님'이라기보다는 '우리 부모님'이다. 부모님 앞에서 나는 내가 하나의 실체가 아니라 복수의 실체임을 본능적으로 느낀다. 친구와의 관계에서는 내가 의도하고 의식하는 '나'만이 주로 관여되므로 '내 친구'라고 자연스럽게 부르지만, 부모님은 내가 의도하거나 의식하는 나를 넘어서는 실체까지도 낳아주신 분이므로 '우리 부모님'이 되는 것이다.

복수의 자아에 관한 뇌과학 연구 사례들

한 사람 안에 복수의 자아가(혹은 자의식 모듈이) 존재한다는 뇌과학적인 증거는 많다. 자동차 사고로 뇌의 특정 부위에 심한 손상을 입은 환자인 제이슨의 경우를 살펴보자. 제이슨은 반쯤 의식이 있는 식물인간이다. 눈은 뜨고 있으나 가족이나 친구를 전혀 알아보지 못한다. 말을 하지도 못하고 알아듣지도 못한다. 걷지도 못한다. 그냥 눈 뜨고 멍하니 침대에 누워 있을 뿐이다. 그런데 놀랍게도 그의 아버지가 옆방에서 전화를 걸어오면 제이슨은 갑자기 딴사람이 된 듯 의식을 회복한다. 전화를 통해서는 멀쩡하게 아버지와 대화를 나눌 수 있다. 자연스럽게 통화를 하다가도 그의 아버지가 전화를 끊고 방으로 들어오면 그는 다시 아무 말도 하지 못하는 좀비 상태가 되고 만다. 제이슨의 몸에는 마치 전혀 다른 두 사람이 공존하고 있는 것처럼 보인다. 의식이 멀쩡하고 전화로는 대화도 할 수 있는 제이슨, 그리고 거의 의식 없이 좀비와 같은 상태로 누워만 있는 제이슨이 있는 것이다. 신경과학자 라마찬드란(Vilayanur Ramachandran)은 제이슨의 증상을 '텔레폰 증후군'이라 이름 붙였다.[155]

우리 뇌에는 시각정보를 처리하는 시각중추 시스템과 청각정보를 처리하는 청각중추 시스템이 별도로 존재한다. 그리고 시각정보와 청각정보를 통합해서 처리하는 상위 시스템인 ACC(전방대상피질)가 있다. 제이슨은 시각중추와 ACC가 연결되는 부위가 많이 손상된 상태였다. 그래서 시각정보가 주어지는 순간 그의 의식은 전체적으로 마비되었다. 그러나 청각중추를 중심으로 한 시스템과 이것이 ACC와 연결되는 부위는 손상되지 않았기 때문에 전화 통화로 청각정보만 주어질 때에는 의식이 제대로 작동할 수 있었다. 아버지가 옆방에서 전화를 할 때에는, 즉 시각정보 없이 청각정보만 주어질 때에는 의식을 회복하고 전화로 대화도 나눌 수 있다. 그러다가 전화를 끊고 아버지가 눈앞에 나타나 시각정보와 청각정보가 동시에 주어지면 그 순간 그의 뇌는 정상적인 작동을 멈추게 되는 것이다.

제이슨의 사례는 인간의 의식이 단일 개체가 아니며, 여러 일차적 시스템 위에서 작동하는 이차적 상위 시스템이라는 점을 보여준다. 우리 뇌에는 진화 초창기에 만들어졌을 것으로 추측되는 다양한 일차적 시스템이 여전히 존재한다. 일차적인 시스템은 빛, 소리, 냄새 등 외부 감각에 따라 단순한 표현과 일차적인 감각만을 생성해낸다. 우리 뇌는 점차 진화하면서 일차적인 시스템이 제공하는 정보들을 종합하고 이에 다양한 의미와 스토리텔링을 부여하는 이차적인 시스템을 만들어냈는데, 이것이 곧 의식이다.[156] 결국 우리의 '의식'은 다양한 하위 시스템들이 서로 경쟁하고 선택적으로 통합되면서 떠오르는 현상이라 할 수 있다.

시각중추의 일차적인 부위가 손상되어 시각장애인이 된 환자의 경우를 살펴보자.[157] 1970년대에 바이스크란츠(Lawrence Weiskrantz)가 발견한 환자 GY의 경우, 왼쪽 시각중추가 심하게 손상되어서 오른쪽 영역을 전혀 볼 수가 없었다. 벽에다 빛을 쏘아도 GY는 그것을 보지 못했다. 빛의 위치를 손으로 짚어보라고 하면 아무것도 보이지 않는데 뭘 짚어보라는 거냐며 투덜댔다. 그런데 추측을 해서라도 빛의 위치를 짚어보라고 하자 빛이 있는 곳을 정확히 짚어냈다. GY는 아무 데나 대충 짚은 것이라고 말했지만 대부분 빛의 위치를 정확히 짚어냈던 것이다.[158]

환자 GY의 경우는 일차적 시스템인 시각중추와 상위 시스템인 의식중추를 연결하는 신경망이 손상된 상태였다. 그는 실제로 아무것도 볼 수 없었다. 그러나 눈의 시신경에서 두정엽으로 직접 연결되는 일차적인 연결망은(아마도 진화 초기에 형성되었을 원시적인 시신경망은) 여전히 살아 있기에 이러한 현상이 가능한 것이었다. 이러한 시각장애인은 빛의 색깔이나 선의 방향 등도 곧잘 '추측'해낸다. 이러한 환자들은 의식 영역에서의 시각정보는 처리하지 못하지만 무의식 영역에서의 시각정보는 계속 처리할 수 있다. GY의 사례는 정상적인 인간의 뇌 역시 시각정보를 시각중추를 통한 의식의 영역에서뿐만 아니라 무의식의 영역에서도 동시에 처리하고 있음을 보여준다. 우리의 의식은 보지 못하는 것을 우리의 무의식은 늘 보고 있다. 우리가 평소 느끼는 하나의 '나' 이외에도 또 다른 '나'들이 내 안에 있는 것이다.

배경자아와
내면소통

경험자아와 배경자아

내가 의식하고 통제할 수 있는 나의 생각이나 행동은 나 자신의 극히 일부에 불과하다. 지금 '내가 생각하는 나'는 나의 모든 것이 아니다. '나는 책을 읽는다'라고 할 때 '주어로서의 나'는 자의식 표면에 떠오른 나 자신일 뿐이다. 내 의식에 떠오르지 않은 '또 다른 나'는 의식 저 뒤편 혹은 저 아래 어딘가에 숨어 있다. 지금 오른손을 들어 당신의 왼쪽 가슴에 대보라. 심장이 뛰고 있음을 느낄 것이다. 지금 내 심장을 뛰게 하는 것은 누구인가? 바로 나 자신이다. 이 세상 다른 누구도 아니다. 그러나 당신은 '지금 나는 내 심장을 뛰게 해야겠다'라는 의도를 가져본 적이 없을 것이다.

당신이 스스로 '나의 심장을 뛰게 해야겠다'고 의도하거나 의식하지 않아도 당신은 지금 당신의 심장을 뛰게 하고 있다. 그런데도 당신은 심장박동에 대해 '내가 관여하고 있다'는 생각이나 느낌을 도저히 가질 수가 없다. 심장뿐만이 아니다. 당신 몸의 여러 기관이나 세포에서 일어나는 수많은 일은 물론 감정의 유발까지 모두 당신 자신이 하는 것임에도 불구하고 '내가 한다'는 사실을 알 수도 없고 느낄 수조차 없다. 이처럼 나의 자의식은 '나'라는 실체에 있어서 지극히 일부분과 관련될 뿐이다.

우리는 자의식이 '나'라는 모든 실체를 다 관할하지는 못한다는 것을 막연하게나마 알고 있다. 내 의식에 잘 드러나지 않는 '또 다른 나'는 '잠재의식'이라 불리기도 한다. 잠재의식은 우리 자신이 하는 생각과 행동에 수시로 영향을 미치지만 스스로 깨닫지 못하는 경우가 많다. 대표적인 예가 이름과 직업의 연관성이다. 로렌스(Lawrence)라는 이름을 가진 사람 중에 유난히 변호사(lawyer)가 많고, 데니스(Denise, Dennis)라는 이름을 가진 사람 중에 유난히 치과의사(dentist)가 많다. 이를 학자들은 '이름 유사성 효과'라고 부른다. 직업뿐 아니라 이름 유사성 효과는 결혼 상대나 이사 갈 곳을 고르는 데에도 영향을 미친다. 직업, 배우자, 거주하는 도시나 동네를 정할 때 자신도 모르는 사이에 자기 이름과 비슷한 곳을 선택하는 경향이 있음이 밝혀진 것이다.[159] 그러니 아이 이름을 함부로 지어서는 안 된다!

합리적인 이성의 소유자라면 물론 내 이름이 데니스이니 덴티스트(치과의사)가 돼야겠다는 식으로 자신의 진로를 결정하지는 않는다. 그러나 이는 '의식' 차원의 이야기다. '잠재의식'에서는 어려서부터 계속 불려온 자신의 이름과 비슷한 직업이나 이성에 왠지 끌리게 된다. 잠재의식에 '나는 데니스다'라는 생각이 자연스레 고정되고 이는 삶의 여러 측면에서 강력한 영향을 미친다. '이름 유사성 효과'는 자의식 저편에 또 다른 자아가 존재한다는 증거다.

일상생활에서 우리는 외부자극에 끊임없이 반응한다. 그렇게 반응하는 존재로 느껴지는 것이 '자의식' 또는 일상적인 의미에서의 '나'다. 이 '나'는 내 의식에 그리고 다른 사람들에게 '드러나는' 자아다. 배고픔을 느끼고, 밥을 먹고, 피곤함을 느끼고, 잠을 자는 '나'다. 우리는 어떤 행위에 몰입하거나 세상일에 마음을 쓰고 있을 때 그저 '내가 무언가를 한다'라고만 느낄 뿐이다. 그러면서 '내가 밥을 먹을 것이고, 나는 특정한 곳에 언제까지 가야 하고, 나는 그 사람에게 이러저러한 말을 할 것이고, 나는 이러저러한 일을 처리할 것이다'라는 의식을 갖고 움직인다. 우리가 일상적으로 '나'라고 생각하는 존재는 세상에 드러나는 존재이고, 행동하고 생각하는 존재이며, 느끼고 반응하는 존재다.

이렇게 의식에 드러난 '나'가 곧 자아인데, 자아는 기억의 덩어리이고 따라서 이야기의 덩어리다. 자아를 이루는 모든 기억은 이야기 형태로 저장된다. 내가 무언가 의도를 갖고 행동할 때 그러한 행위를 결정하고 실행하는 실체가 우리가 흔히 생각하는 '나'다. 이 '나'는 나에게 그리고 타인에게 '나'라는 실체로 드러난다. 그러나 나의 내면에는 '드러나는 나'만 있는 것이 아니다. '드러나는 나' 혹은 '앞에 있는 나'의 뒤에는 항상 나를 바라보고 지켜보는 '또 다른 나'가 있다. 이 '또 다른 나'는 일상적인 경험을 하는 나, 즉 '경험자아(figure self)'를 언제나 뒤에서 지켜본다. 이렇게 '드러나는 나'의 뒤에서 항상 '나'를 지켜보고 배경으로 존재하는 좀 더 근본적인 자아가 있는데 이를 '배경자아(background self)'라고 한다. 이처럼 내 의식과 다른 사람과 세상 앞에 나서서 끊임없이 움직이고 경험하는 나가 곧 '앞에 있는 나'이고 '경험하는 나'다. 그리고 이러한 나를 조용히 뒤에서 지켜보는 또 다른 나가 바로 '뒤에 있는 나'이고 '지켜보는 나'다.

배경자아 알아차리기

우리는 배경자아의 존재를 분명히 느낄 수는 있으나 하나의 대상으로서 바라보거나 인지할 수는 없다. 배경자아는 '인식의 주체'이지 대상이 아니기 때문이다. 인식 대상이 아니기에 의식에는 떠오르지 않는다. 우리의 생각과 언어의 세계에서 '나'는 자의식을 지칭하지만, 실제로 '나'는 자의식을 포괄하면서도 그것을 훨씬 더 뛰어넘는 존재다. 자의식 밖에 있으면서도 자의식을 계속 지켜보고 있는 존재가 바로 '배경자아'다.

나의 '뒤에 있는 나'인 배경자아는 언제나 나와 함께 있다. 그런데도 우리는 '배경자아'를 잊은 채 살아간다. 외부세계의 여러 감각정보와 행위에 집중하느라 '경험자아'로서만 살아가는 것이다. 하지만 배경자아의 존재를 알아차리는 순간이 우리가 진정 '지금 여기'에 존재하는 순간이다. 언제든 내면에 주의를 집중하기만 하면 우리는 '경험자아'의 바쁜 움직임 뒤에 조용히 존재하는 '배경자아'를 알아차릴 수 있다. 마음근력을 강화하기 위해서는 이 배경자아의 존재를 의식적으로 알아차리고 경험자아의 습관적인 스토리텔링 방식을 한걸음 떨어져서 바라보는 능력을 길러야 한다. 그래야 경험자아가 습관적으로 만들어내는 '이야기'에 수동적으로 휩쓸리지 않고 건강한 방향으로 능동적으로 바꿔나갈 수 있기 때문이다.

지금 당신의 배경자아를 발견해보자. 사실 배경자아는 인식의 대상이 아니므로 '발견'이라기보다는 그냥 '알아차리기'라고 하는 것이 더 정확한 표현일 것이다. 지금 당신은 이 글을 읽고 있다. 독서라는 행위를 하는 것이다. 이 책을 읽으면서 지금 저자인 내가 하는 이야기에만 집중한다면 당신은 그저 책을 읽는 중이고 따라서 '경험자아'로서만 존재하는 것이다. 잠시 호흡에 집중하면서 마음을 차분히 가라앉힌 뒤에 책을 계속 읽어가되 '지금 내가 책을 읽고 있다'라는 사실에도 집중해보자. 지금 이 순간 책을 읽으면서, 바로 여기 이 문장을 읽으면서 동시에 이 문장을 읽는 당신 자신을 바라보라. 이때 당신은 '나는 지금 책을 읽고 있다'라는 사실을 알아차릴 수 있다. 이러한 자각이 곧 '알아차림(awareness)'이다.

이 알아차림의 순간, 당신에게는 '책 읽기를 하는 자아'와 '책 읽기를 하는 나를 알아차리는 자아'라는 두 자아가 존재한다. 이 '알아차리는 나'가 배경자아다. '알아차리는 나'는 어떤 행위나 경험을 하는 자아가 아니다. 오히려 항상 지금 여기에 존재하면서 지속해서 다양한 경험을 하는 나를 그저 바라보는 자아다. 배경자아와 경험자아를 동시에 느낄 수 있어야 우리는 비로소 내가 나를 훈련시키는, 내가 나를 변화시키는, 내가 나의 마음근력을 강화하는 훈련을 시작할 수 있다. 배경자아를 알아차리는 것이야말로 내면소통의 출발점이자 마음근력 훈련의 첫걸음이다.

대부분의 부정적 정서는 변하지 않는 고정된 실체로서의 '나'라는 개념에서 비롯된다. 고정된 실체로서의 '나'라는 것이 일종의 환상이자 몽상이고 거품이자 허상이라는 것을 깊이 깨닫게 되면, 그 순간 두려움이나 분노는 즉시 사라진다. 우리가 다른 사람들과 갈등과 괴로움을 겪는 근본적인 이유는 '나 자신'이 하나의 견고한 실체로서 영원히 지속되리라는 환상을 갖고 있기 때문이다. 그러나 '나'는 견고한 실체가 아니다. 스쳐 지나가는 봄바람 같은 존재이고, 물거품이나 이슬방울처럼 잠시 머물다 사라지는 존재이며, 게다가 하나가 아니라 여럿이다. 이러한 "변치 않는 실체로서의 '나'라고 할 수 있는 것은 아무것도 없다"라는 깨달음에서 깊은 평정심을 얻게 된다. 그래야 편도체는 차분해지고 전전두피질은 활성화된다. 그래야 깊이 있는 내면소통이 가능해지며, 진정한 자유와 행복감을 누릴 수 있다. 그래야 마음근력이 강화된다.

배경자아와 진정한 '나'

배경자아와 경험자아의 관계는 영화관의 스크린과 그 스크린에 비치는 영상에 비유할 수 있다. 배경자아는 스크린과도 같다. 스크린은 항상 거기에 있으며 그 자체에는 어떠한 이미지도 색깔도 모양도 없다. 그렇기에 영사기를 통해 쏟아져 들어오는 다양한 이미지를 그대로 담아낼 수 있다. 스크린에 비치는 영화 내용이 바로 '경험자아'다. 스크린 위에 시시각각 나타나는 영상은 우리 의식에 끊임없이 드러나는 경험이다. 영화를 볼 때 우리는 스크린을 바라보면서도 영화에 집중하느라 스크린의 존재를 느끼지 못한다. 그러나 우리는 스크린이 거기 그렇게 존재한다는 사실을 언제든지 알아차릴 수 있다.[160]

배경자아와 경험자아의 관계는 바다와 파도의 관계에 비유할 수도 있다. 바다는 항상 변함없이 거기 그렇게 존재한다. 시시각각 변화하는 것은 바다의 표면에 잠시 나타났다 사라지는 파도다. 파도가 일렁일 때 우리는 그 파도를 볼 수 있고 경험할 수 있다. 이 파도와 저 파도를 구분할 수도 있다. 그러나 그러한 개별적인 파도는 곧 사라지고 만다. 파도와 바다는 서로 구분되지만 그러한 구분은 일시적인 것일 뿐 근본적인 구분은 아니다. 바다와 파도는 실상은 동일한 존재다. 파도가 일렁이는 것은 바다의 수면에서뿐이다. 수면 아래에는 거대한 바다가 고요하게 존재한다. 깊은 바닷속에는 고요함과 평화가 존재한다. 마치 스크린 자체에는 아무런 영상도 없는 것처럼 배경자아는 그 자체로서 평화롭고 고요한 존재다.

배경자아의 목소리는 누군가에게는 때로 '신의 목소리'로 들려오기도 한다. 또 누군가에게는 마음속 저 깊은 곳 어디에선가 울려오는 '내면의 목소리'이며, 혹은 아무 말 없이 나를 지켜보는 '시선'으로만 느껴지는 존재이기도 하다. 내가 나의 마음작용과 감정을 지켜본다고 할 때 그 지켜보는 주체가 바로 '배경자아'다.

호흡을 가다듬고 내 마음과 생각과 느낌이 흘러가는 것을 한걸음 떨어져서 조용히 지켜볼 때, 우리는 '내 뒤에 있는 또 다른 나'의 존재를 느낄 수 있다. 뇌과학에서는 외부 사물이나 사건보다는 자기 자신에 주의를 집중하는 것(또는 내가 나에 대해 생각하거나 나 자신을 돌이켜보는 것)을 포괄적으로 '자기참조과정'이라고 한다. 제10장에서 자세히 살펴보겠지만, 자기참조과정에 집중하는 것은 마음근력 훈련의 중요한 요소다.

진정한 '나'는 자의식의 뒤편 어딘가에 배경으로 존재하는 '배경자아'임을 통찰력 있게 노래하는 시가 하나 있다. 노벨문학상 수상자이기도 한 후안 라몬 히메네스(Juan Ramón Jiménez)가 쓴 〈나는 내가 아니다(Yo no soy yo)〉라는 시다. 그는 이 시에서 내 뒤에 있는 진정한 나를 "내가 알지 못해도 늘 내 옆에 있는 / 때로 내가 볼 수도 있지만 / 때로는 잊어버리는, 그런 존재"라고 표현했다. 내가 '죽을 때에도 여전히 내 곁에 서 있을' 그런 존재가 진짜 '나'이며 그것이 곧 배경자아다.

내가 나에게 하는 이야기의 힘

'나'라는 실체가 하나가 아닌 둘 이상이라는 사실은 '내가 스스로 나 자신을 변화시킬 수 있다'는 근거가 된다. 나 자신을 변화시키기 위해서는 두 가지가 필요하다. 하나는 변화의 대상이 되는 자아이고, 다른 하나는 그 자아를 변화시키려는 의지를 지닌 자아다. 변화의 대상이 되는 자아는 기존의 습관의 지배를 받는 자아다. 이 습관은 외부로부터 주어진, 정형화된 자아에 관한 스토리텔링 그 자체다. 별생각 없이 관성에 따라 습관적으로 고정관념에 의거해 살아가는 자아다. 이러한 기존의 자아를 바꾸고자 하는 자아는 변화의 의지를 지닌 자아다. 새로운 스토리텔링을 시도하는 자아다. 기존의 나에 대해 변화를 선언하는 새로운 나다. 습관적인 셀프토크를 폐기하고 새로운 셀프토크의 습관을 만들어가는 나다. 이러한 근본적인 자아 변환이 가능하

려면 변화의 대상이 되는 기존의 자기 자신을 객관적으로 바라볼 수 있어야
한다.

　　자아는 이야기 덩어리다. 자아는 일화기억의 집적물이다. 내가 내면
소통을 통해서 나 자신을 바꿀 수 있는 이유는 '자아'가 하나의 이야기 덩어
리이기 때문이다. 자아는 '내가 나에게 한 이야기'의 집적물이다. 그렇기에
내면소통을 통해서, 즉 내가 나에게 이야기하는 방식을 바꿈으로써 나는 나
자신을 근본적으로 변화시킬 수 있다.

　　우리는 경험에 대해 소통한다기보다는 소통을 통해 경험을 재구성한
다. 의식은 경험을 매 순간 쉬지 않고 편집하고 재구성해서 하나의 이야기로
만들어낸다. 모든 기억은 이러한 이야기로 이루어져 있다. 기억이 모여서 자
아를 만들어낸다. 자아는 기억된 이야기 덩어리다. 따라서 이러한 '이야기'를
어떻게 구성하느냐에 따라서 자아가 달라진다. 나 자신이라는 실체는 생물
학적으로만 결정되는 것도 아니고, 사회적 관계에 의해서만 결정되는 것도
아니며, 내가 속한 사회나 문화나 조직이나 가족에 의해서만 결정되는 것도
아니다. 의식은 여러 종류의 요인들을 엮어서 의미를 부여하고 이야기를 만
들어냄으로써 '나'를 생산해낸다. 그러한 의미부여와 이야기 과정이 곧 내면
소통이다.

　　내가 스스로 나 자신을 변화시킨다는 것은 곧 습관적이고 자동화된
이야기 방식을 바꾼다는 뜻이다. 새로운 내면소통 방식을 체득하고 습관화
한다는 뜻이다. 나와의 소통방식과 내용이 달라지면 '나'라는 사람 자체가 달
라진다. 다시 한번 강조하지만 나 자신은 내 기억의 덩어리이고, 그 기억은
일화기억의 집적물이다. 그리고 일화기억의 본질은 경험에 관한 내 스토리
텔링 그 자체다. 좀 더 정확히 말하자면, 우리는 '이야기'로 바꿔서 저장할 수
있는 것만을 내가 한 '경험'으로 기억한다. 이런 의미에서 '나'를 이루는 모든
경험과 기억의 본질은 이야기다. 그렇기에 내가 나의 내면에서 끊임없이 만
들어내는 이야기의 방식과 내용을 바꾼다면 나는 얼마든지 나 자신을 바꿀
수 있다.

　　내가, 나에 대해서, 나에게, 진정으로 하는 이야기는 적어도 나에게는
절대적인 힘을 지닌다. 만약 내가 진심으로 "나는 솔직한 사람이다"라고 나

자신에게 마음속으로 말한다면, 즉 그렇게 진정으로 생각한다면(이러한 '생각하기'가 내면소통의 대표적인 한 형태다), 나는 결코 거짓말을 하는 위선자가 될 수 없다. "나는 이러한 고통쯤은 참아낼 수 있다"라고 진심으로 나 자신에게 이야기하면 나는 그러한 고통을 극복해내게 된다. "나는 이 일에서 보람을 느끼고 이 일을 하는 것이 즐겁다"라고 진심으로 나 자신에게 이야기하면 실제로 그렇게 된다. "이 약은 새로 개발된 진통제니까 효과가 있을 것이다"라고 진심으로 생각하면 식염수나 밀가루를 먹어도 강력한 진통제 효과가 나타난다.

반대로 나 자신에게 "나는 이 정도밖에 하지 못한다"라고 진심으로 말한다면 실제로 그 정도밖에 하지 못하게 된다. "이것은 나의 능력 밖의 일이다"라고 진심으로 생각하면 실제로 그것은 내 능력 밖의 일이 되고 만다. 스스로 "나는 나약하고 힘이 없다"라고 진정으로 말하면 실제로 온몸에 힘이 빠진다.

이처럼 내가 나에게 '나는 이렇다'라고 진심으로 선언하는 것에는 절대적이고도 즉각적인 힘이 있다. 내가 나에게 진심으로 이야기하면 그것은 그렇게 된다. 그러므로 나는 나 자신에게 있어서만큼은 마치 신과도 같은 존재다. 내가 나 자신에게 하는 이야기에는 말한 대로 이루어지는 강력한 힘이 있기 때문이다.

하지만 물론 내가 나에게 '진심으로' 이러한 이야기를 하는 것은 쉬운 일이 아니다. 더 뛰어난 능력을 지니고 싶은 사람은 흔히 "나는 능력이 부족하다"는 생각을 어느 정도 하고 있을 가능성이 높다. 그럼에도 불구하고 "나는 능력이 뛰어나다"라고 이야기하는 것은 내가 나에게 거짓말을 하는 것이 된다. 내가 나에게 "나는 뛰어난 능력을 지니고 있다"라고 진심으로 이야기할 수 있으려면 스스로에게 자신의 '능력'을 증명해 보여야 한다. 이 말은 이미 능력이 있는 사람만이 자신에게 "능력이 있다"라고 진심으로 말할 수 있다는 뜻이 되고 만다. 동어반복적 모순이다. 그렇다면 스스로 능력이 부족하다고 생각하는 사람은 내면소통을 통해 자신의 능력을 향상시키는 것이 불가능할까? 그렇지는 않다. 핵심가치에 대한 단계적인 내면소통을 하는 간접적인 방법인 '자기가치확인(self-affirmation)'을 통해 얼마든지 가능하다.

내가 나와 소통하며 건네는 이야기의 힘은 이미 다양한 개념적 틀에 의해 과학적으로 입증되었다. 그중 대표적인 것이 '자기가치확인'인데, 이는 자신의 핵심가치에 대해 진심으로 생각하는 것과 믿는 것에 대해 이야기하거나 글로 쓰는 것에 관한 효과다.[161] 사람들은 자신이 스스로의 핵심가치에 부합해서 살아가고 있다고 믿는 경향이 있다. 그렇지 않다는 모순적인 정보에 대해서는 본능적으로 저항하게 마련이다. 따라서 자신의 핵심가치에 대해 글을 쓰거나 말을 하게 하면, 자신의 핵심가치를 내면화하고 그에 부합하도록 자신의 행동 패턴을 바꾸어나가게 된다. 나아가 스스로에 대해서도 긍정적인 태도를 지니게 된다.[162]

자기가치확인 연구에서는 보통 다양한 영역과 관련해서 자신의 핵심가치에 대한 짧은 글을 쓰게 한다. 예컨대 개인의 행복, 건강, 가족, 커리어, 문화예술, 인간관계, 학문이나 지식 추구, 종교나 도덕성, 정치나 사회적 이슈 등과 관련해서 자신이 가장 중요하게 생각하는 가치가 무엇인지를 적게 한다. 그리고 나서 그러한 가치가 자신에게 어떠한 의미를 지니며, 그것을 위해 어떠한 노력을 해왔으며 또 앞으로 해나갈 것인지에 대해 쓰게 하는 식이다.[163] 스스로의 가치에 대해 나만을 위해 글을 쓴다는 것은 일종의 강력한 내면소통이다. 이러한 방식으로 제프리 코헨(Geoffrey Cohen)은 자기가치확인 에세이 쓰기를 통해 흑인 학생들의 여러 가지 지표와 학업성취도가 유의미하게 향상될 수 있음을 보여주었으며,[164] 그러한 효과가 2년 이상 지속됨을 보인 바 있다.[165]

이처럼 셀프토크의 일종이라 할 수 있는 자기가치확인은 효과적인 마음근력 훈련의 하나라 할 수 있다. 회복탄력성이 증가한다는 연구결과도 있으며,[166] 자기조절력이 향상된다는 연구결과도 있다.[167] 또한 부정적 내면소통을 줄여주고 병적인 자기비판이나 자기학대도 완화해준다.[168] 자기가치확인은 스트레스 상황에서도 스트레스 호르몬의 증가를 억제해주는 효과가 있다는 사실도 밝혀졌다.[169]

내가 근본적으로 변화시킬 수 있는 유일한 사람은 나 자신뿐이다. 다른 사람을 변화시키려 하기 전에 내가 먼저 변화해야 한다. 가령 내가 미워하고 증오하는 누군가에게 복수하려고 내심 벼르고 있다고 가정해보자. 이로써 내 존재의 일부는 누군가의 적으로 규정된다. 그러한 나의 모습을 순간적으로 바꿔버릴 수 있는 유일한 사람은 바로 나 자신이다. 진심을 내어 평정심을 되찾고 누군가를 용서하면, 측은지심과 자애로운 마음으로 누군가를 용서하면 나는 순간적으로 '다른 사람'이 되어버린다. 누군가의 적으로 규정되었던 존재 일부가 사라지면서 다른 사람이 되는 것이다. 물론 내가 용서한다고 해서 상대방이 갑자기 달라지지는 않을 것이다. 그러나 적어도 '나'는 확실히 달라진다. 이것이 내면소통의 힘이다. '나'를 이렇게 순간적으로 확 변화시키는 힘을 지닌 사람은 나 자신밖에 없다. 나를 근본적으로 바꿀 수 있는 사람은 나 자신뿐이다.

나는 나에게 끊임없이 이야기하는 존재다. 나의 의식은 끊임없이 소통하는 존재다. 나의 생각, 의도, 의지, 계획, 마음 등등은 모두 다양한 종류의 내면소통이다. 이 책에서 소개하는 다양한 마음근력 훈련들은 모두 본질적으로 내면소통이라는 공통점을 지닌다. 내가 나 자신에게, 내가 내 주변 사람들에게, 나 자신이 내가 하는 일에 대해서 각각 어떤 이야기를 하느냐에 따라 자기조절력, 대인관계력, 자기동기력이 결정된다.

지속적인
내면소통으로서의 의식

양원의식의 붕괴와 의식의 탄생

의식의 본질에 관해 탐구하는 안토니오 다마지오, 마이클 가자니가(Michael Gazzaniga), 라마찬드란, 데이비드 이글먼(David Eagleman) 등의 현대 뇌과학자들은 모두 의식의 본질이 일종의 '스토리텔링'에 있다고 본다. 특히 다마지오는 마음(mind)과 의식(consciousness)을 구분한다. 마음은 좀 더 기본적인 것이고 거기에 부가적으로 부여된 기능이 의식이다. 즉 마음이 하는 여러 가지 일을 지켜보고 알아차리는 것이 의식이다.[170] 마음은 의식 없이도 작동할 수 있으나 마음이 하는 일을 지켜보는 유일한 통로는 의식뿐이다. 나는 의식을 통해서만 나 자신의 마음작용을 엿볼 수 있다. 의식이 마음작용을 '지켜본다'는 것은 곧 마음작용에 대해 스토리텔링을 한다는 뜻이다. 알아차리고 지켜보는 것은 그것에 의미를 부여해 하나의 이야기로 만들어낸다는 것이다. 이처럼 내가 무언가를 생각하는 것, 무언가를 느끼고 경험하는 것 자체가 모두 스토리텔링이다.

1976년에 처음 발간된《의식의 기원(The Origin of Consciousness)》이라는 저서를 통해 줄리언 제인스(Julian Jaynes)는 인간의 의식이 원래 좌뇌와 우뇌 사이의 내면소통을 통해서 발전했다는 독특한 주장을 펼친다.[171] 제인스에 따르면 고대인에게는 현재 우리가 지닌 것과 같은 '의식'이 없었다. 좌뇌와 우뇌에 기반을 두는 '양원적인 마음(bicameral mind)'만 있었을 뿐이다. 그것이 무너져 내리면서 현대인의 이성적이고 논리적이며 순차적인 '의식'이 발생했다는 것이다. 순차적인 의식은 글쓰기와 글 읽기의 영향 때문이다. 단선적이고 인과적이며 논리적인 이야기로서의 사유가 생겨난 이유는 인간의 이야기 방식이 쓰기와 읽기로부터 영향을 받았기 때문이다.

제인스에 따르면 인간에게 의식이 생겨난 것은 언어의 사용에서 비롯되었다. 우리의 의식이 언어를 사용한다기보다는 언어의 사용이 인간의 자의식을 생산해냈다는 것이다. 문자가 존재하기 이전에 인간이 하는 생각의 본질은 목소리였다. 목소리는 특정한 방향성이 없다. 어디서나 다 들린다. 목소리는 360도로 퍼져나간다. 인과적이거나 논리적이지도 않다. 인과성이나 논리성은 글말의 본질이지 입말의 본질이 아니다.[172] 목소리는 시간에 따라 단선적으로 흘러간다는 느낌도 없다. 여러 가지 목소리가 인간의 머릿속에서 서로 울림을 주고받는다. 좌뇌와 우뇌가 서로 이야기를 하고 듣기도 한다. 과거에 들었던 다른 사람들의 목소리가 다시 내 머릿속에서 떠돌기도 한다. 그야말로 전형적인 내면소통이다. 이것이 제인스가 이야기하는 양원적인 마음이다. 원시시대 인간의 의식 속에는 다양한 목소리가 혼재해서 떠돌았다.

문자의 발명은 인류의 사고방식에 큰 변화를 가져왔다. 많은 사람이 글을 쓰고 읽게 되면서 인류는 차츰 순차적이고 단선적인 사유구조를 지니게 되었다. 문자는 좌에서 우로, 혹은 우에서 좌로, 혹은 위에서 아래로라는 확실한 방향성을 갖는다. 글은 방향성을 갖고 순서대로 쓰이고 순서대로 읽히게 마련이다. 이러한 방향성은 자연스레 인과적이고 논리적인 사유구조를 낳게 되었다. 이처럼 인류의 소통방식이 입말 문화에서 글말 문화로 바뀌면서 인과적이면서 논리적인 사유가 마치 자연적이면서 당연한 것처럼 널리 확산되었다. 월터 옹(Walter Ong)이 말하는 입말 문화(orality)로부터 글말 문화(literacy)로의 전환의 핵심이 바로 이러한 순차적이고도 인과적인 사유방식으로의 전환이다.[173]

현대인에게는 더 이상 순수한 입말 문화가 존재하지 않는다. 이와 관련해서는 수천 년의 호메로스 입말 문화의 전통을 간직한 음유시인을 찾아나서는 이스마일 카다레의 소설《H 서류》를 한번 읽어볼 것을 강력 추천한다. 문자 발명 이전 시대의 '입말'과 현대의 '입말'은 그 구조와 기능에서 상당한 차이가 있다. 오늘날에는 입으로 말하는 것조차 모두 문자화된 텍스트를 발화하는 것처럼 들리고 그렇게 인식된다. 말하는 사람도 듣는 사람도 모두 문자를 전제하면서 입말을 구사한다. 방향성과 인과성을 지닌 텍스트를 기반으로 하지 않는 순수한 '스피치'는 더 이상 존재하지 않는다. 우리가 아무리 입으로 이야기를 한다 해도 그것은 이제 글말을 입으로 발화하는 것뿐이다.

제인스 이론에서 핵심적인 개념은 '양원의식(bicameral consciousness)'이다. 입말 문화를 기반으로 했던 고대인에게는 하나의 '의식'이 아니라 좌뇌와 우뇌라는 분리된 두 개(bi-)의 방(camera)에 각각 존재하는 별도의 의식이 있었다는 것이다. 이들은 우뇌에서 비롯되는 목소리를 신의 목소리로 받아들여 좌뇌로 처리했다. 중요한 순간마다 들려오는 목소리에 따라 의사결정을 하고 그대로 행동했다. 즉 단일한 '자아의지'가 존재하지 않았던 고대인은 자기 내면에서 들려오는 명령(혹은 신의 목소리)에 따라서 그대로 행동했다. 현대인의 단일한 '의식'은 원래 존재했던 것이 아니라 이러한 양원의식이 붕괴하면서 생겨났다는 것이다. 양원의식의 붕괴에 따라 좌뇌는 모든 것을 혼자서 결정하는 독자적인 '나'가 되었고, 우뇌는 더 이상 아무런 목소리도 낼 수 없는 영원히 '침묵하는 죄수'가 되어버린 것이다.

현대인도 우뇌의 목소리를 듣는 경우가 있다. 이를 현대인은 '환청'이라고 한다. 조현병의 대표적인 증상이다. 실제로 환청을 듣는 환자들에 대한 뇌 영상 연구결과를 보면 환청이 들릴 때 청각과 관련된 대뇌피질이 활성화되기도 한다.[174] 현대인의 관점에서 보자면 고대인은 모두 조현병 환자였던 셈이다. 좌뇌와 우뇌의 연결망이 끊어진 환자를 대상으로 한 가자니가의 연구들이 보여주는 것처럼 좌뇌와 우뇌가 완전히 분리되면 좌뇌가 우뇌에 대한 통제권을 발휘할 수 없게 되어 우뇌 역시 독자적인 의식작용과 스토리텔링을 하게 된다.[175]

제인스의 주장에 따르면 양원의식의 붕괴는 기원전 18세기에 서서히 시작되어 약 10세기에 걸쳐서 이뤄졌다. 사회조직의 발달과 더불어 특히 문자문명의 확산에 따라 양원의식은 점차 단일한 자의식으로 전환되었다. 양원적 상태에서 좌뇌 중심의 단일한 주관적 의식으로의 전환이 완료된 시기는 대략 기원전 7세기다. 제인스는 현대사회의 종교들은 양원의식 시대에 존재했던 신의 목소리를 찾기 위한 노력의 결과라고 설명한다. 나아가 그는 다양한 역사적·신화적 증거를 토대로 양원적 문화 잔재가 인류 문명 곳곳에 남아 있다고 주장한다.

오래전부터 구전으로 전해져온 신화를 호메로스가 기원전 8세기경에 문자로 기록한《일리아드》를 살펴보자. 이 서사시에 등장하는 사람들은 서로 아무런 논의도 하지 않는다. 의사결정도 내리지 않는다. 스스로 생각하거나 고민하지도 않는다. 중요한 의사결정을 내릴 때는 늘 어떤 목소리가 들려와서 어떻게 해야 하는지 이야기해준다. 그리고 사람들은 이 목소리에 즉시 복종한다. 제인스는 이러한 사실을 양원적 의식이 존재했다는 증거로 제시하고 있다.[176]

과연 제인스의 주장대로 인간은 과거에 양원적 마음을 지녔었는데 불과 수천 년 사이에 그러한 붕괴가 일어났을까? 그의 주장은 객관적인 증거에 의해 입증되었다고 보기는 힘들다. 호메로스의 서술에 기초해서《일리아드》의 등장인물들이 주체적 인격을 갖고 있지 않았을 것이라는 주장 역시 얼른 수긍하기 어렵다. 내가 보기에는 오늘날의 우리와 지극히 비슷해 보인다. 물론 그들이 내면적으로 고민하거나 스스로 결단을 내리는 모습을 보여주지는 않는다. 하지만 이러한 '개인'이라는 인간상은 오히려 근대 소설의 산물이 아닌가. 인간이 근본적으로 달라졌다기보다는 호메로스와 근대 소설 사이에 존재하는 인간에 대한 관점의 변화라고 봐야 하지 않을까?[177]

제인스가 자신의 주장을 엄밀하게 과학적으로 입증하는 데 성공했다고 보기는 어렵다. 그럼에도 불구하고 제인스의 주장에는 상당한 통찰력과 시사점이 있다. 그래서인지 여전히 많은 사람이 제인스의 주장에 관심을 기울이며, 심지어 그의 가설이 현대 뇌과학에 의해 입증되었다고 보고하는 학자들도 있다.[178]

제인스가 설명하는 '의식'의 개념은 일종의 '메타의식(meta consciousness)'이다. 즉 내가 무엇인가를 지각하고, 경험하고, 느끼고, 생각하고 있다는 것을 알아채는 그것이 바로 의식이라는 것이다. 그리고 이러한 의식은 언어적인 기반을 갖는다는 점에서 다른 동물들의 주의력이나 의도와는 확연히 구분된다. 제인스의 논의에서 핵심 개념은 '유사자아(analogue I)'다. 유사자아는 실제로 존재하는 신체자아의 유사체 혹은 일종의 메타포다. 제인스에게 있어서 실제로 존재하는 나는 행동하고 말하고 생각하고 살아가는 몸으로서의 나, 즉 '신체자아(bodily I)'다. 신체자아만 행동하고, 말하고, 고민하고, 번뇌한다. 유사자아는 다만 이를 지켜볼 뿐이다.

신체자아의 유사체인 유사자아의 핵심적인 기능은 역시 '이야기하기(narratization)'를 수행하는 것이다. 유사자아는 신체자아가 하는 행동에 자동적이면서 즉각적으로 의미를 부여하고 이야기를 만들어가는 존재다. 유사자아는 나의 행동, 말, 고민, 번뇌를 그저 지켜보고 알아차릴 뿐이다. 유사자아가 바로 의식의 본질이다. 유사자아는 인식에 대해 인식하고, 경험에 대해 경험하는 메타의식이다. 의식에 대한 이러한 이해는 다마지오나 스타니슬라스 드한느(Stanislas Dehaene)를 비롯한 최신 뇌과학자들의 견해와 용어만 다를 뿐 그 내용은 기본적으로 일치한다.

제인스의 유사자아는 앞에서 살펴본 배경자아와 매우 비슷한 개념이다. 칸트의 '초월적 자아(transcendental ego)'와도 비슷한 개념이다. 칸트에게 있어서 자아라는 개념은 곧 초월적 자아인데, 이 자아는 다양한 범주의 정보들을 통합하는 주체다. 초월적 자아는 인식의 대상이 아니라 인식을 가능하게 하는 전제조건이다. 따라서 인식 자체에 대해서는 어떠한 설명이나 묘사도 불가능하다. 대상이나 객체가 아니기 때문이다. 이는 또 에드문트 후설(Edmund Husserl)의 '순수의식(pure consciousness)'과도 비슷한 개념이다. 후설의 순수의식 역시 모든 것을 대상으로 삼는 절대적 주체다. 모든 의미의 기반이자 의미 부여자다. 순수의식 역시 결코 인식의 대상이 아니며 인식의 주체일 뿐이다.

의식이 시공간을 만들어낸다

칸트, 후설, 하이데거, 사르트르는 모두 의식을 투명하고 순수한 어떤 것으로 파악한다. 사르트르에 따르면, 의식은 어떤 대상과의 관계 속에서만 그 존재가 확인될 뿐이고 그 자체로서는 그저 '아무것도 아닌 것(Néant)'이다.

의식은 그 자체로서는 내용이 없고 투명하며 항상 외부의 어떤 대상을 향해 있다.[179] 하이데거와 칸트 역시 의식을 하나의 고정된 실체, 즉 선험적인 어떤 실체로 상정하고 있다.

유럽 근대철학자들에게 한 사람이 두 개 이상의 '의식'을 지닐 수 있다는 것은 상상도 하지 못할 일이었다. 의식은 객관적인 사물 존재를 경험하는 단일한 불변의 주체라고 전제했기 때문이다. 그들은 인식의 주체와 대상을 엄격하게 구분했다. 그리고 인식주체가 대상을 경험하기 위해 선험적 조건으로 주어지는 것이 객관적인 시공간이라고 여겼다.

칸트는 시간과 공간은 절대적 조건으로서 경험 이전에 이미 주어진 것이라고 보았다. 인간의 경험은 시공간 속에서만 가능하며, 시공간은 그러한 경험의 조건일 뿐 경험의 대상이 아니라는 것이다. 우리는 시곗바늘의 움직임을 경험할 수는 있으나 시간 자체는 경험할 수 없다. 움직이는 물건을 경험할 수는 있으나 공간 자체를 경험할 수는 없다. 칸트적 세계관에 따르자면, 우리는 시간이나 공간 자체를 경험할 수는 없고 시간과 공간 속에서 벌어지는 일련의 사건들만 경험할 수 있다. 우리는 이러한 칸트식의 시공간 개념을 당연한 상식처럼 받아들이고 있다. 칸트 이래 근대철학과 근대과학이 구성해놓은 세계관이 우리가 받은 의무교육 전반에 대전제로 깔려 있기 때문이다.

시간과 공간이 선험적으로 주어진 것이라고 굳게 믿었던 칸트가 들으면 기절초풍할 일이지만, 양자물리학을 비롯한 현대 과학의 여러 발견은 시간과 공간이 사실은 인간의 생물학적 조건에 의해서 생산된 것이란 점을 강력하게 암시한다.[180] 시간과 공간을 포함해 우리가 경험하는 실체가 사실은 머릿속의 내러티브 시스템에 의해 생산된 것이고, 그 내러티브 시스템 자체가 바로 자의식이라는 사실을 받아들이는 물리학자나 뇌과학자들이 점차 늘어나고 있다. 주어진 시공간에서 인간이 스토리텔링을 한다기보다는, 의식의 스토리텔링이 인과관계를 만들어냈고 다시 이것이 시공간이라는 개념을 만들어냈다는 것이다. 인간의 의식이 없다면 우주에는 시간도 공간도 없다는 뜻이다. 인간의 의식이 이야기를 만들어냈고, 인간의 이야기가 인과관계를, 인과관계가 시공간을, 시공간이 우주를 만들어냈다. 태초에 있었던 것은 의식과 이야기, 즉 로고스(logos)였다!

의식에 관한
양자역학의 통찰

인간의 의식과 물리적 세계의 연관성

인간의 의식에 관심을 기울이는 것은 철학자나 뇌과학자들만이 아니다. 물리학자들도 오래전부터 인간의 의식에 대한 이론을 제시해왔다. 인간의 의식과 물리적 세계는 밀접하게 연관되어 있다. 1963년에 노벨물리학상을 받은 유진 위그너(Eugene Wigner)는 "의식 있는 인간의 관찰만이 파동함수를 붕괴시킬 수 있다"라고 주장했다.[181] '인간의 의식이 물질의 존재 방식에 근본적인 변화를 가져온다'라는 것은 하이젠베르크(Werner Heisenberg)와 보어(Niels Bohr)의 코펜하겐 해석 이래 현대 물리학자들 사이에서는 이미 100여 년이나 지난 오래된 상식이 되어버렸다. 하지만 뉴턴(Isaac Newton)의 고전역학 패러다임에서 여전히 벗어나지 못한 우리 일반인에게는 받아들이기 힘든 '상식'이다. 나의 의식이 물리 세계에 변화를 가져온다니! 정신세계와 물질세계를 근본적으로 구분하는 데카르트적 세계관에 바탕을 둔 교육을 받아온 일반인의 고정관념으로는 도저히 받아들이기 힘든 이야기다.

양자역학에서는 의식을 지닌 존재가 관찰을 해야 물질의 상태가 결정된다. 가느다란 두 개의 슬릿(틈새)이 있을 때 전자(electron)가 어느 슬릿을 지나갔는지는 관찰에 의해서 결정된다. 의식을 지닌 존재가 관찰하지 않으면 전자는 두 슬릿을 모두 통과한 것과 비슷한 중첩상태(superposition)에 놓이고 마치 파동처럼 행동한다. 그러다가 인간이 관찰하면 파동함수는 붕괴하고 마치 입자처럼 행동하게 된다. 인간의 의식이 우주를 이루는 기본적인 입자의 상태를 근본적으로 바꾸는 것이다.

물질의 상태가 의식을 지닌 존재의 관찰에 의해서만 결정된다는 것은 데카르트나 칸트적 세계관에 함몰된 우리의 '상식'으로는 받아들이기 어렵게만 느껴진다. 한 곳에서 사라진 입자가 다른 곳에서 불쑥 나타나기도 하고, 시간을 거슬러 나중 것이 먼저 것의 상태를 결정하기도 하며, 하나의 입자가 두 곳에 동시에 존재할 수도 있다는 것이 양자역학이 우리에게 알려주는 세계의 모습이다.

거시적인 세계와 구별되는 별도의 미립자 세계가 있는 것도 아니다. 우리의 몸, 지구, 우주 전체가 모두 미립자로 이뤄져 있다. 우리가 직관적으로 양자역학의 이론을 기묘하게 느끼고 상식적으로 받아들이기 어려워하는 이유는 사실 양자역학의 문제라기보다 우리의 직관이나 상식이 사실과는 다른 세계상을 바탕으로 하고 있기 때문이다. 우리는 양자역학이 슬쩍슬쩍 드러내어 보여주는 우주의 진짜 모습과 '사실'보다는 우리가 그동안 지녀왔던 직관과 상식이라는 '환상'에 더 익숙한 것일 뿐이다.

양자역학이 다루는 미립자의 세계는 모순과 역설로 가득 차 있다. 일상생활과 별 관련 없는 기묘한 이야기로만 느껴지기도 한다. 그러나 양자역학은 우리의 일상적인 삶을 엄청나게 바꿔놓았다. 우선 정보통신기술의 핵심인 반도체는 고전역학으로는 다룰 수 없고 양자역학으로만 설명이 가능하다. 반도체의 성질은 전자들의 상태에 따라 결정되는 것으로 그 자체가 양자역학의 현상이다. 반도체는 물론 인터넷, 와이파이, 내비게이션 시스템을 가능하게 하는 GPS, 레이저 광선 등도 모두 양자역학 덕분에 가능한 기술이다. 이러한 양자역학 기반 기술이 없었더라면 우리가 매일 사용하는 스마트폰의 여러 기능은 아예 불가능했을 것이다. '비상식적'이라고 여겨지는 양자역학 덕분에 우리는 스마트폰으로 와이파이를 통해 인터넷도 하고 내비게이션으로 길도 찾아가는 '상식적인' 일을 하며 살아간다.

우리는 쉬지 않고 숨을 쉰다. 그런데 호흡을 통해 세포 하나하나에 산소를 공급한다는 것 자체가 양자역학을 통해서만 설명되는 현상이다. 산소는 헤모글로빈이라는 단백질에 실려서 세포 구석구석까지 이동한다. 산소와 헤모글로빈의 결합, 산소의 에너지 대사 과정 등이 모두 양자역학을 통해서만 제대로 설명될 수 있다. DNA 역시 양자역학을 통해 이해할 수 있다. 유전자 검사에 이용되는 DNA 전기영동법(electrophoresis) 역시 양자역학을 이용한 기술이다. 다시 말해서 양자역학이 보여주는 세계는 실제 우주의 모습에 더 가까운 것들이다. 양자역학이 보여주는 세계가 이상하게 느껴진다면 그것은 우리의 상식과 직관이 실제 우주의 모습과 맞지 않기 때문이다.

물리학과 생물학은 별도의 연구대상을 다루는 별개의 학문이었다. 그러나 20세기 이후 동일한 세계관과 접근법으로 설명될 수 있는 하나의 현상을 다루는 학문으로 통합되고 있다. 물리학의 근본 법칙을 통해 모든 생명현상을 설명하려는 시도가 이제는 당연한 것으로 받아들여지고 있다. 유전자에 대한 분자생물학적 접근이나 광합성 과정에 대한 양자역학적 설명 등이 그러하다.

물리학과 생물학을 하나의 학문으로 통합시키려는 최초의 시도는 슈뢰딩거(Erwin Schrödinger)에 의해서 이뤄졌다. 양자역학의 기초를 놓은 슈뢰딩거는 1944년에 《생명이란 무엇인가(What is Life?)》라는 책에서 "살아 있는 생명체의 경계(boundary) 안이라는 공간과 시간에서 발생하는 사건들에 대해 물리학이나 화학이 어떠한 설명을 할 수 있겠는가?"라는 근본적인 질문을 제기하면서 생명현상도 분자나 원자 수준에서 이해돼야 한다고 주장했다.[182] 슈뢰딩거는 원자나 미립자 단위에서 생명현상을 가능하게 하는 물리학적 법칙이 분명 있을 것이라고 보았으며, 그 원리는 양자역학 원리일 것이라고 믿었다. 이 책은 많은 과학자에게 생명현상과 물리현상을 동일한 이론을 통해 설명할 수 있다는 영감을 주었다. 실제로 훗날 DNA의 이중나선 구조를 밝힌 왓슨(James Watson)과 크릭(Francis Crick)도 슈뢰딩거의 책을 읽고 많은 영향을 받았다고 한다. 현대 생명과학은 이제 완전히 슈뢰딩거의 관점을 받아들이게 되었다. 물리학의 법칙을 초월하는 신비로운 생명현상 같은 개념을 굳이 고수하지 않아도 모든 생명현상에 대한 단일한 물리학적 관점을 적용할 수 있다고 보게 된 것이다.

양자역학에 따르면 우주의 모든 것은 우주 파동함수로 표현된다. 이

함수는 양자역학 법칙에 따라 변하고 여러 가지 사건들이 생길 확률을 결정한다. 어떤 사건이 발생하는 것은 우주 파동함수의 일부가 붕괴했다는 뜻이다. 인간의 의식이 물질의 상태에 직접적인 영향을 미치는 이유가 사실은 인간의 의식작용 자체가 양자적 신경작용의 결과이기 때문인지도 모른다.

양자역학이 설명하는 의식의 특성

2020년 노벨물리학상을 받은 펜로즈(Roger Penrose)와 같은 물리학자는 인간의 의식이 미립자에 직접적인 영향을 미칠 수 있는 이유는 의식작용 자체가 일종의 양자중력에 의해서 생기는 현상이기 때문이라는 주장을 오래전부터 해오고 있다.[183] 펜로즈와 해머로프(Stuart Hameroff)에 따르면 우주 파동함수가 일부 붕괴하는 과정이 우리 뇌에서도 끊임없이 일어나는데, 신경세포의 미세소관(microtubules)을 구성하는 튜불린(tubulin) 단백질에서도 파동함수의 붕괴가 일어난다는 것이다. 튜불린 안에서는 양자가 스스로 붕괴하는 객관적 수축(objective reduction: OR)이 일어나고, 그중 우연히 양자결맞음(coherence)이라는 조화로운(Orchestrated) 현상이 생기게 되면 양자중력도 발생한다는 것이다. 양자중력은 신경세포 속 다른 곳에 위치한 양자들을 이끌림(attraction) 현상을 통해 집약시킨다. 이러한 일련의 과정이 미립자 세계에서 조화롭게 연속적으로 일어나면 결국 세포 간의 시냅스 연결에까지 영향을 미치게 되는데, 이에 따라 의식의 흐름이 발생한다는 것이다.[184]

노벨상을 비롯해 수많은 상과 기사 작위까지 받은 저명한 물리학자가 수학적으로 정교하게 논증하며 인간의 뇌가 마치 양자컴퓨터처럼 의식을 생산해낸다는 주장을 오랜 시간에 걸쳐 설득력 있게 해나가자 많은 사람이 당황했다. 논란이 있긴 하나 살아 있는 신경세포 속에서 일어나는 미립자의 작동방식에 관한 이러한 주장을 실험으로 입증해내기란 현재로서는 불가능해 보인다. 입증도 어렵지만 틀렸다고 반증하는 것 또한 어렵다. 그렇다 해도 수리물리학자인 펜로즈의 이론은 수학적으로는 상당히 설득력이 있다.

물론 테그마크(Max Tegmark)와 같은 물리학자는 펜로즈와 해머로프의 주장을 강하게 비판한다. 인간의 뇌에서 양자결맞음이 일어난다 하더라도 그러한 현상이 지속되는 시간은 지나치게 짧아서(10의 마이너스 13승에서 10의 마이너스 20승 초) 신경세포의 작동(1000분의 1초에서 10분의 1초 정도로 상대적으로 긴 시간이 소요됨)과 연관되는 것이 불가능하다는 것이 비판의 요지다. 한마디로 인간의 뇌는 결코 양자컴퓨터가 될 수 없다는 것이다.[185] 이러한 비판에 대해 해머로프와 펜로즈는 자신들의 이론을 재정비하고 재반박했을 뿐만 아니라, 양자적 신경작용이 실제로 발생하고 있다는 많은 간접적인 증거들이 그동안 축적되었다고 주장하고 있다.[186]

한편 보다 거시적인 관점에서 양자역학을 기반으로 이론화를 해야 한다고 주장하는 물리학자도 있다. 스탭(Henry Stapp)은 고전물리학적인 관점으로는 뇌의 작동방식과 의식작용을 설명할 수 없으며 양자역학적 관점이 반드시 필요하다는 점에서는 펜로즈 등과 같은 입장이다. 특히 하이젠베르크와 보어의 코펜하겐 해석 전통이 의식의 본질을 설명하는 데 유용하다고 본다. 하지만 스탭은 미립자 레벨에서의 양자결맞음 등으로는 의식의 작동방식을 제대로 설명할 순 없다고 하면서, 오히려 의식을 두뇌 전체의 양자적 사건으로 파악하고 이론화해야 한다고 주장한다.[187]

한편 카파토스(Menas Kafatos)는 스탭과 마찬가지로 코펜하겐 해석의 전통을 이어받으면서도 좀 더 파격적인 주장을 한다. 인간의 의식은 모두 연결되어 있으며 하나의 우주적 의식의 표현일 뿐이라는 것이다. 나와 너의 개별적인 의식이 서로 연결된 정도가 아니라 하나의 우주적 의식이 나와 너를 통해 나타날 뿐이라는 것이다.[188] 카파토스의 '우주적 의식(cosmic consciousness)'의 개념은 인도철학의 핵심 개념인 보편적이고도 순수한 의식의 개념을 양자역학을 통해 재해석해낸 것으로 보인다. 펜로즈와 해머로프처럼 의식을 양자역학적 관점에서 설명하기보다는 오히려 양자 현상을 의식의 관점에서 설명하는 입장이라고 할 수 있다. 카파토스에게 있어서 우주는 곧 의식적인 우주(conscious universe)이며 인간적인 우주(human universe)다. 카파토스에 따르면, 우주적 의식의 기본 작동방식에는 다음과 같은 것들이 있다.[189]

보완성(complementarity)

하나는 항상 반대되는 어떤 것과 짝을 이뤄 존재한다. 물질이 있으면 반물질이 있고, 양이 있으면 음이 존재하게 마련이다.

창조적 상호작용성(creative interactivity)

스스로 조직되는 자발성을 지니면서 다른 존재와 상호작용을 통해 새로운 것으로 거듭난다. 타자를 인지하고 거기에 대응하여 스스로 변화하는 의식은 인간만이 지닌 것이 아니다. 우주적 존재 모두 이러한 의식적 능력을 지니고 있다.

진화성(evolution)

스스로 새로운 것으로 발전해가는 진화 능력은 지구라는 작은 행성의 생물에게서만 일어나는 일이 아니다. 그것은 우주 전체에서 일어나고 있는 일이다.

숨겨진 전체성(veiled nonlocality)

어느 한곳에서 일어나는 사건이 멀리 떨어진 곳에서 일어나는 사건과 알 수 없는 힘에 의해 근본적으로 연결되어 있다. 우주에서 어느 한곳에서만 일어나는 별개의 사건이란 존재하지 않는다.

우주적 통제성(cosmic censorship)

우주적 의식은 우리가 우주를 어떻게 파악하든, 물리학적으로 이야기하든 생물학적으로 이야기하든, 어떤 수많은 이론과 이야기를 하든 서로 모순되지 않도록 결과적으로는 하나의 통합적 관점을 유지한다.

반복유사성(recursion)

우주의 어느 부분이든 구조적으로 유사하다. 미시적인 세계를 바라보는 사람과 거시적인 세계를 바라보는 사람이 서로 이해할 수 있는 것은 우주의 모든 차원에서 구조적 유사성이 반복적으로 일어나기 때문이다.

이러한 우주의 작동방식은 우리 몸의 세포 하나하나의 작동방식과도 정확히 일치한다. 세포 하나하나는 서로 보완적이고 창조적 상호작용성을 지니며 끊임없이 진화한다. 어느 한곳의 세포는 신체 전체의 상황을 정확하게 인지하는 숨겨진 전체성을 지니고 있으며, 모든 세포는 생물학의 기본 원칙을 따른다. 신체의 어느 세포든 '반복유사성'을 지닌다. 우리 몸은 소우주가 아니라 우주 자체인 셈이다. 카파토스의 우주관은 제5장과 제6장에서 살펴볼 프리스턴의 능동적 추론 이론과 봄의 내재적 질서의 관점과 일맥상통한다.

카파토스의 주장대로 우주의 존재 기반이 의식이라면, 그리고 인간의 의식이 우주적 의식의 한 부분이라면, 인간의 경험이 생산해내는 '퀄리아(qualia)'는 결국 감각의 문제이므로 의식보다는 몸이 더 근본적인 어떤 것이라 할 수 있다. 인간의 의식이 몸의 움직임을 위한 것이라는 점을 고려한다면, 인간의 몸은 우주적 의식을 가능하게 하는 어떤 근본적인 것이다. 우주는 인간 몸과의 상호작용을 통해 퀄리아와 어포던스(affordance)로서 생산된 것이다. 이 우주는 물론 인간의 우주다. 윅스퀼(Jakob von Uexküll)과 깁슨(James Gibson)의 개념을 확장해서 말하자면, 우리에게 의미 있게 존재하는 단 하나의 우주는 우리 몸을 기반으로 해서 생산된 우주다.[190]

점차 많은 물리학자가 양자역학을 기반으로 '의식'에 대한 이론화를 시도하고 있으므로 의식과 물질 간의 관련성에 대해 앞으로 좀 더 보편적인 이론이 등장할 가능성이 커 보인다. 양자역학의 관점에서 인간의 의식에 대해 또 다른 근본적인 문제를 제기한 것은 물리학자 위그너다. 그는 다음과 같은 사고실험(thought experiment)을 제안한다.[191] 만약 인간의 의식이 물질세계에 직접적인 영향을 미친다면 각 개인의 의식에 따라 각자 서로 다른 우주에 살게 되는가? 그렇지 않고 만약 우주가 하나라면 모든 사람의 의식도 다 연결된 하나라고 보아야 하는가?

'위그너의 친구' 문제로 알려진 위그너의 사고실험은 슈뢰딩거의 고양이 실험의 확장판이다. 고양이 실험에서 관찰자가 상자를 열어보기 전까지 고양이는 죽은 것도 아니고 산 것도 아닌 중첩상태에 있다. 이 상황에서 위그너는 자신의 '친구'를 끌어들인다. 위그너의 친구가 실험실에서 슈뢰딩

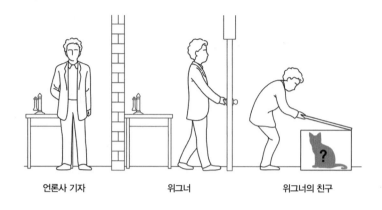

언론사 기자 　　　 위그너 　　　 위그너의 친구

[그림 4-1] '위그너의 친구' 문제. 위그너의 친구는 연구실 안에서 슈뢰딩거의 고양이 실험을 하면서 상자를 열어 상태를 확인했다. 그러나 연구실 문 밖에 있는 위그너는 아직 고양이 상태를 확인하지 않은 상태. 위그너가 연구실 문을 열고 상자 안의 고양이 상태를 확인한다 해도 건물 밖에서 이 둘을 지켜보는 기자에게 고양이 상태는 여전히 중첩된 상태로 남게 된다.

거의 고양이 상자를 관찰하는 실험을 한다고 가정해보자. 그런데 위그너는 친구 실험실의 문 바깥에 있다. 실험실 안에 있는 위그너의 친구는 고양이 상자를 열어 상태를 확인했다. 따라서 파동함수는 붕괴하고 고양이는 죽거나 살아 있는 상태로 결정된다. 그러나 실험실 바깥의 위그너는 아직 실험실의 문을 열지 않았다. 따라서 고양이의 생사가 위그너 친구에게는 결정되었으나 위그너에게는 아직 결정되지 않았다는 이상한 상황이 발생하게 된다. 물론 위그너가 실험실 안에 있고 그의 친구가 밖에 있어도 상황은 마찬가지다. 한편으론 이 모든 상황을 건물 밖에서 지켜보는 제3자(가령 언론사 기자)도 있을 수 있다([그림 4-1] 참조).

　　'위그너의 친구'는 '관찰이란 무엇인가'라는 문제뿐만 아니라 '관찰하는 의식이란 무엇인가'라는 근본적인 문제까지 제기한다. 유아론(solipsism)적 관점에서 보자면 각 개인은 독자적이고도 개별적인 의식을 지닌다. 따라서 우주의 상태는 관찰자 또는 개별 의식에 대해 각각 별도로 존재한다. 고양이 상태는 위그너의 친구에게는 결정되었으나 위그너에게는 결정되지 않은 상태로 남아 있게 된다. 위그너와 그의 친구는 각기 서로 다른 우주에 살게 되는 것이다.

반면에 의식은 모두 연결된 하나의 존재라는 관점도 있다. 의식의 본질은 개인을 넘어서는 하나의 통일된 에너지이고 그 에너지가 개인의 몸을 통해 발현되는 것으로 보는 것이다. 마치 의식은 전선을 흐르는 전기와도 같은 하나의 에너지라고 볼 수도 있다. 그 전선에 크리스마스트리 장식처럼 수많은 전구가 달려 있고 제각기 빛을 발한다고 가정해보자. 각각의 전구는 마치 각각의 사람들처럼 구분될 수 있고 저마다의 특색과 색깔과 수명을 지니고 있지만, 모두 하나의 에너지 흐름에 의해 발현되는 존재들이며 서로 다 연결되어 있다. 하나의 전구에 일어난 사건은 다른 모든 전구에 순식간에 영향을 미칠 수도 있다. 이러한 관점에서 보자면 위그너의 친구가 관찰한 결과는 곧 방문 밖에 있는 위그너가 직접 관찰한 것과 마찬가지의 결과를 가져오게 된다. 뿐만 아니라 건물 밖에 있는 기자와 전 인류에게도 동일한 결과를 가져온다. 그들은 직접 고양이를 관찰하지 않았지만 위그너 친구의 관찰 결과를 공유하게 되는 것이다.

카파토스의 우주적 의식은 바로 이러한 관점의 극단이라 할 수 있다. 하지만 카파토스의 논의는 과학을 떠나 신비주의의 세계로 지나치게 멀리 가버린 듯한 느낌이 없지 않다. 위그너나 카파토스와 비슷한 문제의식을 지녔으면서도 훨씬 더 엄밀하고 정교한 개념을 통해 우주와 인식의 '연결성' 혹은 '통합성'을 전개한 사람이 20세기의 가장 중요한 이론물리학자 중 한 명인 데이비드 봄이다. 봄의 기본 개념들은 내면소통과 깊은 관련이 있으므로 제6장에서 자세히 살펴볼 것이다.

일상적인 의식과 감정을 지닌 나 자신(ego)을 관찰하는 배경자아 역시 위그너의 친구와 비슷하다. 배경자아를 바라보는 제2의 배경자아가 있을 수 있고, 그를 바라보는 제3, 제4의 배경자아도 얼마든지 있을 수 있다. 내가 나의 행동이나 생각을 바라보는 순간 배경자아가 지금 내가 하는 행동과 생각을 바라본다는 것을 알아차릴 수 있다. 그런데 뒤에 있는 내(배경자아)가 앞에 있는 나(ego)를 바라본다는 것을 알아차리기 위해서는 이 두 가지 '나'를 동시에 바라보는 또 다른 제3의 시선이 필요하다. 이 제3의 시선을 지닌 '나'는 깊은 나의 내면에 존재하며, 뒤에 있는 배경자아와 앞에 있는 나를 '하나의 나'

라는 틀로 묶어내면서 동시에 둘을 구분하며 바라보는 나다. 내가 하나가 아니라 둘 이상임을 깨닫게 해주는 제3의 나다.

산술적으로 말하자면 1이 있어야 2가 있을 수 있고, 2가 있어야 3이 존재할 수 있다. 그러나 관계적으로 말하자면 삼자관계는 양자관계에 선행한다. 셋이 있어야 둘이 관계를 맺을 수 있다. 이것이 변증법적 논리의 기본 원칙이다. 사르트르는 이렇게 말한다. "양자관계의 외부에서 그 둘을 묶어주는 제3의 존재가 있어야만 둘이 존재할 수 있다."[192] 예컨대 두 사람이 부부가 되려면 제3자인 주례(혹은 하객, 혹은 두 사람이 부부임을 인정하는 다른 사람들)가 반드시 있어야 한다. 사르트르는 《변증법적 이성비판》에서 삼자관계는 논리적으로나 존재론적으로나 항상 양자관계에 선행한다고 통찰력 있게 주장했다. 두 개의 개체가 일정한 관계에 돌입해 하나의 통일체를 이루려면 그 둘을 묶어주는 제3의 존재가 반드시 필요하다. 사르트르는 의식의 본질에 관해 투명하다느니 어쩌니 하며 상당한 오해를 했지만, 적어도 의식과 사물의 관계가 지닌 변증법적 관계에 대해서는 핵심을 짚었다. 변증법적인 관계에서는 셋이 있어야 둘이 존재할 수 있고, 둘이 존재한 연후에야 하나가 있을 수 있다. 우리는 제3의 자아를 깨닫는 순간 그 제3의 자아를 바라보는 또 다른 제4의 자아의 관점이 필요함을 알 수 있다. 그리고 그 과정은 무한히 반복될 수 있다. 이러한 반복의 과정이 우리를 깊은 내면소통으로 안내한다.

이처럼 현대 과학은 과거 철학자들이 이해했던 의식에 대한 개념을 상당 부분 파괴해버렸다. 특히 뇌과학은 인간의 의식이 하나의 독립적 실체라기보다는 머릿속에서 경합하는 수많은 의식의 후보들 가운데 순간순간 선택되는 하나일 뿐이라는 사실을 밝혀냈다. 칸트나 후설이 얘기하는 것처럼 의식은 투명하거나 순수하기는커녕 사전지식과 선입견으로 꽉 들어찬 '내적모델(internal model)'이 핵심에 자리하고 있다. 제5장에서 자세히 다루겠지만, 내적모델은 여러 감각기관이 받아들이는 감각정보의 의미를 해석해내는 데 꼭 필요한 '해석의 틀'이다. 또 사전 경험이나 지식으로 이뤄진 내적모델은 능동적 추론의 핵심 개념이기도 하다.

사르트르가 얘기하는 것처럼 의식은 '아무것도 아닌 것'이 아니다. 오히려 인간이 경험하는 모든 것을 적극적이고 선택적으로 왜곡해서 받아들이

내면소통

고, 능동적으로 추론하고 이야기를 만들어내는 사실상 '모든 것'이다. 의식은 언제나 외부 존재를 향해서만 열려 있는 것은 아니다. 스스로의 내부를 향해 있는 부분이 훨씬 더 많다. 외부에서 유입되는 감각정보뿐 아니라 내부에서 올라오는 내부감각 정보도 의식작용에 커다란 영향을 미친다. 의식은 외부의 사물과 대상을 투명하게 받아들이는 존재라기보다 내적모델을 외부에 투사해 적극적으로 '추측'하고 실수를 최소화하기 위해 노력하는 시스템이다.

의식의 특성과 뇌가 만들어내는 환상
: 단일성, 동시성, 연속성, 체화성, 수동성

의식에 관한 믿음과 환상들

우리는 '나는 이러저러한 사람이다'라든가, '나는 이러한 행동을 한다'라든가, '나는 이러한 느낌이 든다'라는 등의 생각을 하며 살아간다. 이때 '나는…'이라는 주어 자리에 존재하는 것이 곧 '나'라는 의식이다. '나'라는 의식은 다른 사람이 들여다볼 수도 없고 관여할 수도 없는 나만의 고유한 개별성을 지닌다고 믿는다. 뇌과학적 발견들은 우리가 당연하게 받아들이는 '나'라는 의식에는 단일성(unity), 동시성(synchronicity), 연속성(continuity), 체화성(embodiment), 수동성(passivity) 같은 여러 특성이 있음을 알려준다.

우리는 '나'라는 존재가 여러 개일 수 없으며 단 하나의 존재라고 굳게 믿는다(단일성). 오감을 통해 얻는 여러 종류의 감각정보를 통합해서 '나'는 하나의 사건 혹은 하나의 세상을 보고 있다고 믿는다(동시성). '나'는 어린 시절의 과거로부터 현재에 이르기까지 시간의 흐름에서 연속적으로 존재한다고 믿는다(연속성). 나는 내 생각과 행동을 통제할 수 있으며, 내 몸을 통해 세상과 상호작용하고 있다고 믿는다(체화성). 그리고 나는 외부세계의 사건이나 사물을 있는 그대로 보고 들을 수 있다고 믿는다(수동성).

'나'라는 존재에 대한 이러한 믿음은 확고하다. 하지만 이러한 믿음은 사실 뇌가 만들어내는 일종의 환상이다. 그런데 '나'라는 존재 자체가 하나의 환상이라는 것을 나 스스로에게 설명하거나 설득하기는 매우 힘들다. 확고한 오랜 믿음이 한낱 환상에 불과하다는 것을 입증하려면 그러한 믿음을 완전히 대체할 만한 다른 현상을 보여줘야 하는데 우리는 자의식을 떠나서는 다른 어떠한 생각이나 경험을 할 수조차 없기 때문이다. 하지만 이러한 믿음이 과연 확고한 사실에 근거한 것인지 의심할 만한 합리적인 이유는 많다. 특히 최근의 뇌과학 성과들은 '나'라는 의식이 고정된 실체라기보다는 뇌가 만들어내는 하나의 '환상'이라는 사실을 강력하게 암시한다.

'나'라는 의식의 여러 특성이 발견된 것은 모두 뇌의 특정 부위에 이상이 생긴 환자들을 통해서다. 우리가 자연스럽고도 당연하게 받아들이는 '나'의 핵심적인 특성들은 사실 뇌의 특정한 기능들이 만들어낸 일종의 허구이고 환상이며 꿈이다. 의식은 여러 감각정보와 운동정보를 효율적으로 처리하기 위한 뇌의 특별한 작용의 결과물이다. 인간이라는 존재가 자신에게 주어진 환경과 효율적으로 상호작용하며 잘 살아갈 확률을 높이도록 만들어진 기능이다. 물론 상황에 따라서는 이러한 기능들이 오히려 역효과를 내기도 한다.

의식의 특성들은 자연적이고도 고정적으로 주어진 생물학적인 것이라기보다는 뇌의 오랜 습관이다. 우리가 스스로 '나 자신'을 바꾼다고 할 때의 '나'는 의식에 기반을 둔 '나'다. 즉 '나'는 곧 나의 '의식'이다. 따라서 의식이 어떠한 특성을 지니고 있는지를 이해해야만 '나'를 잘 조절하고 변화시킬 수 있다. 적어도 나의 뇌가 나의 의식에 어떤 특이한 환상들을 부여하고 있는지를 이해하는 것은 마음근력 훈련을 통해 내가 스스로 나 자신을 변화시키는 데에 큰 도움이 될 것이다.

단일성: '나는 하나의 실체다'라는 환상

우리 의식은 '나' 자신이 통합된 하나의 실체라는 느낌을 준다. 우리 몸은 여러 감각기관을 통해서 빛, 소리, 냄새, 맛, 촉감 등 다양한 종류의 감각정보를 받아들인다. 눈은 망막을 자극하는 광자에너지를 전기신호로 바꿔

시각중추로 보내고, 귀는 고막이 감지하는 공기의 진동에너지를 전기신호로 바꿔 청각중추로 보낸다. 이처럼 우리 뇌에 주어지는 것은 별도의 감각기관에 의해 주어지는 매우 이질적인 감각정보들뿐이다. 그런데도 우리 뇌는 '나'라는 하나의 주인공이 하나의 세상을 경험한다는 느낌을 준다. 이러한 느낌은 너무나 자연스러워서 "나라는 '하나의 실체'가 내가 경험하는 '하나의 세상'을 살아간다"라는 것이 뇌가 만들어낸 일종의 환상이라는 사실을 선뜻 받아들이기 어렵다.

의식으로부터 독립된 '하나의 사건'이라는 것은 존재하지 않는다. 우리 뇌는 다양한 형태의 이질적인 정보들을 수시로 받아들이고 있을 뿐이다. 그러한 정보를 바탕으로 하나의 사건을 경험한다는 인식 자체가 생겨나는 것이 곧 뇌가 만들어내는 일종의 환상이다. 우리는 이 환상을 만들어내는 기능을 '의식'이라 부른다. 지금 손뼉을 쳐보라. 손바닥이 마주치는 것이 눈에 보이고, 귀에는 손뼉 소리가 들리며, 손바닥끼리 마주치는 촉감이 전해진다. 시각정보, 청각정보, 촉각정보 등 완전히 이질적인 정보가 서로 다른 루트를 통해 서로 다른 뇌 부위에 전달된다. 손뼉을 치는 순간에도 뇌에는 심장이나 내장으로부터 다양한 정보가 전달되고 있다. 또 '박수'라는 사건 이외에도 수많은 사건에 대한 다양한 정보가 뇌의 여러 부위에서 처리되고 있다. 뇌는 시시각각 전달되는 수많은 정보 가운데 손뼉을 치는 것과 관련된 정보들만 한데 묶어서 '박수'라는 하나의 사건을 인식하는 것이다. 이렇게 '하나로 묶어내는' 기능을 담당하는 주체가 곧 의식이다.

인지과학자인 드넷(Daniel Dennett)에 따르면, 우리가 하나의 사건을 경험할 때 뇌는 다양한 종류의 정보를 받아들이고 처리하면서도 그중 일부만 취사선택해서 '하나의 사건에 대한 경험'이라는 환상을 만들어낸다.[193] 우리 뇌는 여러 정보를 '통합'한다기보다는 일부만 '취사선택'한다고 보는 것이 드넷의 입장이다.

반면에 인지심리학자 버나드 바스(Bernard Baars)는 뇌에는 다양한 정보가 한데 모이는 일종의 '광역작업공간(Global Workplace)'이 존재하는데 이것이 바로 의식의 본질이라고 주장한다.[194] 광역작업공간에 들어오는 정보는 마치 방송국의 송신탑이 여러 지역에 전파를 보내듯이 다시 뇌의 각 영역에 뿌려져서 '통일된 하나의 경험'이라는 느낌을 만들어낸다는 것이다.

　　인지심리학자이자 뇌과학자인 스타니슬라스 드한느는 바스의 개념을 받아들여서 이를 더욱 정교하게 발전시켰다. 드한느는 '의식'이 각성상태나 주의집중과는 구별된다고 말하면서, 의식의 본질적인 모습은 '의식적 접근(conscious access)'이라고 주장했다. 즉 우리의 다양한 경험을 종합해서 파악하고 그것을 '다른 사람에게 보고할 만한 것(something reportable to others)으로 만들어내는 주체'가 곧 의식이라는 것이다.[195] 개인적이고도 내부적인 경험을 즉각적으로 사회적 소통이 가능한 언어로 표상하는 것이 의식의 본질이다. 나의 경험을 타인에게 이야기할 수 있는 것으로 끊임없이 전환하는 과정이 곧 의식이다. 의식 자체가 스토리텔링 과정이며, 타인의 존재를 전제로 하는 것이다.

　　그렇다면 의식은 왜 그러한 일을 하는가? 왜 자신의 내면적인 경험을 사회적 규약인 언어를 사용해서 다른 사람들과 소통할 준비를 끊임없이 하는 것일까? 왜 혼자 생각할 때에도 다른 인간들과 소통하기 위한 도구인 언어를 사용하는 것일까? 이에 대해서는 제5장에서 마코프 블랭킷 모델을 통해 자세히 다룰 것이다. 간단히 말해서 의식이 존재하게 된 근본 이유는 능동적 예측 모형의 위계질서 속에서 최상단에 위치한 생성질서가 예측오류를 최소화하기 위해서는 궁극적으로 타인과 소통할 수밖에 없기 때문이다. 이것이 의식이 끊임없이 내면소통을 하는 이유다.

　　드한느에 따르면 우리 몸과 뇌는 수많은 감각정보를 끊임없이 처리한다. 텔레폰증후군의 제이슨이나 시각중추 손상 환자 GY의 사례에서 보았듯이 우리 뇌에서는 여러 시스템이 서로 경쟁하고 있다. 그중 일부만 '의식적 접근'이 가능한 상태로 떠오른다. 그것이 곧 의식이다. 의식은 감각정보를 뇌의 다양한 부분으로 넓게 퍼트려서(broadcasting) 처리되도록(즉 의식적 접근이 가능하도록) 만든다. 그럼으로써 기억도 하고, 해석도 하고, 각색도 하고, 계획도 세우고, 타인과 소통도 할 수 있는 상태로 만든다는 것이다. 드한느는 이러한 의미에서 의식을 '신경세포의 광역작업공간'이라 부른다.

　　한편 오랫동안 좌뇌와 우뇌가 분리된 환자를 연구해온 가자니가의 연구결과를 보면 바스나 드한느가 말하는 '광역작업공간' 혹은 '스토리텔링의 주체'는 우리 좌뇌에 있는 듯하다.[196] 가자니가에 따르면 좌뇌에는 여러 가지 정보를 통합해 그럴듯한 스토리텔링을 만들어내는 일종의 '해설가(interpreter)'가 있다. 우리의 '자아'는 좌뇌에 들어 있는 셈이다. 한편 의식의 표면에 잘 드러나지 않는 '종속적인 자아'는 우뇌에 존재한다. 정상인의 좌뇌와 우뇌는 뇌량(corpus callosum)이나 전교련(anterior commissure) 등을 통해 강력하게 연결되어 있어서 좌뇌의 '해설가'가 하나의 통일된 '의식'을 만들어낸다. 우뇌에는 의식에 떠오르지 못하는 종속적인 자아가 마치 '침묵하는 죄수(the muted prisoner)'처럼 조용히 갇혀 있다.

정상인에게서는 우뇌에 갇힌 '조용한' 자아의 존재를 확인하기 어렵다. 그런데 좌뇌와 우뇌가 분리된 환자들의 경우 좌뇌의 통제가 우뇌에까지 미치지 못한다. 극심한 뇌전증을 앓는 환자는 뇌 전체가 한꺼번에 발화되는 것을 막기 위해 좌뇌와 우뇌를 분리하는 수술을 종종 한다. 가자니가는 이러한 환자들을 통해서 우뇌에 별도로 존재하는 종속적인 자아를 발견했다. 좌뇌와 우뇌가 분리된 환자에게 좌뇌에는 닭발을 보여주고 우뇌에는 눈 내리는 풍경을 보여주면서 무엇이 보이느냐고 물으면 환자는 자연스레 닭발이 보인다고 대답한다. 좌뇌와 우뇌가 분리된 환자에게 좌뇌와 우뇌에 각기 다른 것을 보여주면 좌뇌가 보는 것만이 보인다고 대답한다. 언어중추와 '해설가'가 모두 좌뇌에 있기 때문이다. 우뇌는 눈 내리는 풍경을 보고 있지만, 그것은 우뇌에만 머무를 뿐이다. 우뇌는 언어중추에 접근할 수도 없고 좌뇌가 지배하는 의식에 접근할 수도 없다. 따라서 환자의 의식에는 눈 내리는 풍경은 보이지 않고 닭발만이 보이는 것이다.

이 환자에게 보이는 이미지와 관련된 그림을 골라서 오른손으로 짚어보라고 하면 물론 닭을 가리킨다. 오른손은 좌뇌의 지배를 받기 때문이다. 그런데 우뇌의 지배를 받는 왼손으로 짚으라고 하면 놀랍게도 눈 치우는 삽 그림을 가리킨다. 분명히 닭발을 보고 있다고 인식하면서도 눈 내리는 풍경과 관련된 눈 치우는 삽을 가리키는 것이다. 이때 왜 삽을 가리켰냐고 물어보면 환자는 천연덕스럽게 "닭장 똥 치우는 데 삽이 필요해서"라는 식으로 순간적으로 그럴듯한 답변(스토리)을 만들어낸다([그림 4-2] 참조).[197]

이 환자는 거짓말을 하는 것이 아니다. 진짜 그렇게 생각하는 것이

[그림 4-2] 좌뇌와 우뇌가 분리된 환자에 대한 실험. 좌우 뇌를 분리시키는 수술을 받은 환자들의 좌뇌와 우뇌에는 각각 별개의 독립적인 의식이 존재한다. 환자의 왼쪽 뇌에는 닭발을, 오른쪽 뇌에는 눈 내리는 풍경의 이미지를 보여주면 닭발 그림만이 보인다고 대답한다. 그러나 관련된 이미지를 고르라고 하면 좌뇌의 지배를 받는 오른손으로는 닭 그림을 고르지만 우뇌의 지배를 받는 왼손으로는 눈 치우는 삽을 고른다.

다. 이것이 스토리텔링을 하는 좌뇌의 기능이다. 질문을 알아듣고 답변을 하는 것은 언어중추가 있는 좌뇌다. 하지만 이 환자의 경우 좌뇌와 우뇌의 연결이 끊어져 있으므로 좌뇌는 우뇌에서 벌어지는 일을 알 수가 없다. 왜 자기가 눈 치우는 삽을 가리켰는지 실은 이유를 알 수 없는 것이다. 그런데도 좌뇌의 '스토리텔러'는 자신의 행동에 대해 순간적으로 그럴듯한 이야기를 만들어 낸다. 이처럼 좌뇌의 '해설가'는 여러 가지 상황과 자신의 행동 등에 대해 일관성 있는 스토리를 자연스럽게 만들어내는 전문가다. 이 스토리텔링의 전문가 덕분에 우리는 '하나의 나'가 스스로의 행동과 생각을 결정하고 조절할 수 있다는 환상을 유지한 채 살아간다. 그 환상이 바로 '나'라는 의식이다.

좌뇌와 우뇌가 연결된 정상인은 우뇌에 갇혀 있는 또 다른 '나'의 생각이나 의식은 느끼지 못한 채 살아간다. 그러나 좌뇌와 우뇌가 분리된 환자들의 경우에는 좌·우뇌에 각각 존재하는 의식들이 전혀 다른 성향을 보이거나 매우 다른 신념체계를 갖고 있기도 한다. 좌뇌는 매우 진보적인데 우뇌는 매우 보수적인 경우도 있고, 심지어 좌뇌는 무신론인데, 우뇌는 독실한 신자인 경우도 있다. 천국이 있다면 우뇌만 가야 할 판이다. '나'가 하나가 아니므로 아마도 내 '영혼'도 하나가 아닐 테니 사후 세계가 있다면 '나'의 영혼들은 여기저기 뿔뿔이 흩어져야 할지도 모르겠다.

동시성: 정보 발생의 시차를 편집하는 뇌

우리 뇌는 다양한 감각정보를 받아들이고 처리하는데 이를 수동적으로 처리하지는 않는다. 오히려 입력되는 다양한 정보에 적극적으로 의미를 부여하고 편집도 한다. 대표적인 예가 '동시성'이다. 간단한 실험을 통해 뇌의 편집 과정을 살펴보자.

잠시 책을 내려놓고 두 손을 들어 손뼉을 쳐보라. 당신은 두 손바닥이 마주치는 모습을 보고(시각정보), 손뼉 소리를 듣고(청각정보), 두 손바닥이 마주치는 촉감을 느낄 수 있다(촉각정보). 우리는 이 세 종류의 전혀 다른 감각을 동시에 느낀다. 당연한 일이다. '손뼉치기'라는 하나의 사건에 관련된 세 가지 서로 다른 정보가 동시에 주어지는 것은 당연한 일이다. 그런데 이게 그렇게 당연한 일만은 아니다. 세 가지 감각정보가 우리 뇌에 도달하는 데는 상당한 시간차가 존재하기 때문이다. 촉각정보나 청각정보는 시각정보보다 훨씬 더 빨리 뇌에 도착한다.

한 연구에 따르면 청각의 반응속도는 0.28초가량인 데 반해 시각의 반응속도는 0.33초다.[198] 그런데 실제로 해보면 이보다 더 큰 차이가 나는 듯하다. 직접 실험해보면 적어도 0.1초 이상 차이가 난다.[199] 단거리 달리기 선수에게 번쩍이는 빛으로 출발 신호를 주었을 때의 반응속도는 190밀리세컨드였지만, 총소리로 출발 신호를 주었을 때의 반응속도는 160밀리세컨드였다는 연구결과도 있다.[200]

이러한 차이가 나는 이유는 청각정보가 의식이 존재하는 대뇌피질에 도착하는 데는 8~10밀리세컨드가 걸리는 데 반해 시각정보가 대뇌피질에

도착하는 데는 20~40밀리세컨드가 걸리기 때문이다. 게다가 시각정보는 처리되는 데도 더 긴 시간이 필요하다. 따라서 뇌에는 손뼉 소리가 먼저 도착하고 조금 후에 두 손이 마주치는 장면이 도착한다. 촉각정보는 청각정보보다도 더 빨리 처리된다. 뇌는 손의 감촉을 먼저 느끼고, 손뼉 소리를 듣고 나서, 두 손이 마주치는 모습을 보는 것이다. 만약 뇌가 주어지는 정보를 수동적으로 처리하는 존재라면 손뼉을 칠 때마다 소리를 먼저 듣고 나서 손뼉이 마주치는 모습을 보게 될 것이다. 마치 비디오와 오디오의 싱크가 안 맞는 영화를 볼 때처럼 말이다.

그러나 우리의 의식은 이런 '시간 차이'를 없애버린다. 뇌는 '수동적으로 지각하는 존재'가 아니라 '능동적으로 편집하는 존재'다. 손뼉치기라는 것이 하나의 사건임을 알고 시차를 두어 대뇌에 도착하는 여러 가지 정보를 한데 묶어서 동시에 발생하는 것처럼 인식하는 것이다. 그리하여 우리는 손바닥이 부딪히는 바로 그 순간에 손뼉 소리도 듣게 된다. 손뼉 소리와 손바닥이 부딪히는 장면이 동시에 지각되어 그것이 하나의 사건임을 아는 것이 아니라 그것이 하나의 사건임을 이미 알기 때문에 시차를 두고 전달되는 청각정보와 시각정보를 하나의 사건으로 묶어내는 것이다.

간단한 실험을 하나 더 해보자. 집게손가락으로 콧등을 만져보라. 손가락이 콧등에 닿는 촉감과 코가 손가락 끝에 닿는 촉감이 동시에 느껴질 것이다. 그러나 실제로는 콧등에서 뇌로 가는 촉각정보가 손가락 끝에서 팔을 거쳐 뇌로 가는 촉각정보보다 먼저 도착한다. 우리 뇌는 콧등의 촉감을 먼저 받아들이고 나서 손가락에서의 촉감을 받아들인다. 그런데 의식은 이러한 차이를 없애버리고 '손가락으로 콧등 만지기'를 하나의 동시적 사건으로 인지하도록 만든다. 이러한 동시성을 만들어내고 경험하는 주체가 바로 의식이다. 우리가 경험하는 '현실'은 이처럼 뇌가 만들어서 의식에 전달하는 것이다. 우리의 의식은 결코 주어지는 감각정보를 수동적으로 반영하지 않는다. 늘 '말이 되도록' 편집해서 하나의 이야기로 만들고 의미를 부여한다. 이러한 '편집' 또는 '스토리텔링'의 기능 자체가 의식의 본질이다. 데이비드 이글먼을 포함한 많은 뇌과학자가 우리가 경험하는 현실은 뇌가 만들어내는 것이라고 단언한다.[201]

일찍이 원효대사가 해골 물을 마시고 설파했다는 말씀이 떠오른다. 삼계유심 만법유식(三界唯心 萬法唯識). 세상에 존재하는 것은 마음뿐이며 모든 실체가 우리의 의식에 달려 있다. 심외무법 호용별구(心外無法 胡用別求). 마음 외에 어떠한 실체도 없는데 또 무엇을 구하겠는가. 이는《화엄경》〈사구게〉 에서 말하는 바와도 같다. 응관법계성 일체유심조(應觀法界性 一切唯心造). 세상 모든 실체의 본성은 마음이 만들어내는 것임을 마땅히 깨달아야 한다는 것이다. '일체유심조'는 "세상만사가 그저 마음먹기에 달렸다"라는 정도의 뜻이 아니다. 훨씬 더 깊고 근본적인 의미를 담은 말이다. 물질적 대상이든 정신적 대상이든, 구체적인 사물이든, 추상적인 개념이든, 우리가 경험하는 모든 실체(objects of mind=dhamma=法)가 지각과 인식작용의 산물이라는 것이다. 이는 결코 메타포나 과장이 아니다. 종교적인 주장도 아니다. 뇌과학적으로 입증된 사실이다.

우리의 뇌가 끊임없이 받아들이는 다양한 종류(모드)의 정보(때로는 모순적이고, 시간차도 있고, 뒤죽박죽에 비논리적인 정보)를 하나의 의미 있는 덩어리(혹은 하나의 실체, 경험, 의미)로 통합하는 존재가 바로 의식이다. 다양한 외부적인 감각 정보와 내부적인 기억정보를 하나로 묶고 이를 바탕으로 능동적 추론 과정을 거쳐서 하나의 '이야기'를 만들어내는 역할을 담당하는 것이 의식인 것이다. 이 과정에서 자연스럽게 자기확증적(self-evidencing)으로 떠오르게 되는 주체(agent)가 바로 '나'라는 의식이다.

연속성: 시간의 흐름은 상대적이다

'나'라는 의식은 여러 경험이 일련의 시간의 축을 따라서 발생한다는 느낌을 갖는다. 시간이 마치 강물처럼 연속성을 갖고 흐르며 그 시간을 따라서 삶을 살아간다고 느끼는 것이다. 그런데 과연 시간은 흐르는 것일까? 아니면 단지 우리가 그렇게 느끼는 것일까? 객관적인 실체로서 '흐르는 시간'이 과연 존재하는 걸까? 아니면 뇌가 만들어내는 환상일까?

우리 뇌가 구성해내는 공간적 재현에는 운동신경이 매우 중요한 요소

내면소통

로 관여한다. 공간은 몸의 움직임과 그에 대한 피드백을 통해 인식된다. 몸의 움직임이 없다면 우리에게는 공간이라는 개념도 주어지지 않았을 것이다. 이글먼은 뇌가 인지하는 시간의 흐름이라는 개념에서 운동신경이 매우 중요한 역할을 한다는 사실을 밝혀냈다. 시간의 흐름을 인지하는 독립적이고 객관적인 내재적 시계는 우리 뇌에 존재하지 않는다. 대신 시간의 흐름을 예측하고 처리하는 여러 개의 독자적이고 역동적인 별도의 시계 시스템이 존재한다. 이러한 시간의 흐름을 인식하고 느끼는 과정에서 움직임이나 운동과 관련된 신경시스템이 중요한 역할을 담당한다.[202] 이처럼 시간의 흐름이라는 인식은 뇌가 움직임을 기반으로 능동적으로 만들어내는 감각이므로 시각적 '착시'와 마찬가지로 시간의 흐름에 대해서도 뇌는 다양한 '착각'을 만들어낸다.[203]

　　칸트나 데카르트가 말하는 선험적으로 주어지는 절대적인 시간이나 공간이라는 것은 일종의 허구다. 시간과 공간 모두 뇌가 몸의 효율적인 움직임을 위해 구성해내고 생산해내는 것이다. 주어진 환경에 잘 적응해 살아가려면 몸의 효율적인 움직임이 필요했고, 이를 위해 의식이 탄생했으며, 이 의식이 시간과 공간 개념을 만들어낸 것이다. 로버트 란자(Robert Lanza)나 미치오 카쿠(Michio Kaku)와 같은 물리학자들은 이러한 관점에서 한걸음 더 나아가 '시간의 흐름'을 물리학으로는 도저히 설명할 수 없는 현상으로 본다. 시간의 흐름은 물리적 현상이라기보다 일종의 생물학적 현상이며, 근본적으로 우리 의식이 만들어낸 창조물이라는 것이다. 의식과 기억이 '나'라는 존재가 시간에 따라 움직이고 변화한다고 느끼는 것일 뿐 의식을 떠나서 객관적이고 물리적인 현상으로 발생하는 '시간의 흐름'이란 존재하지 않는다.[204]

　　시간의 흐름은 '상대적'이다. 우리가 그렇게 느낀다는 것이 아니라 객관적으로도 그렇다는 것이다. 속도가 빨라지면 시간의 흐름은 느려진다. 만약 우리가 빛의 속도에 근접한 속도로 매우 빠르게 날아가는 우주선 안에 있다고 가정하자. 그 우주선 안에서의 시간은 매우 느리게 흐른다. 내 우주선 안에서의 1시간이 내 우주선의 바깥 세상에서는 100만 년이 될 수도 있다. 속도가 빛에 무한히 가까워진다면 시간은 무한히 느려진다. 광속에 가까운 속도로 날아간다면 나는 순식간에 우주 어느 곳으로든 갈 수 있게 된다. 지구로부터 250만 광년이 떨어진 안드로메다 은하로 빛에 가까운 속도로 날아간다고 가정하자. 내 우주선 밖에서 보면 나의 우주선은 250만 광년 동안 날아가고 있는 것으로 보일 테지만, 우주선 안에서의 내 시계로는 단 1초가 지났을 수도 있다. 좀 더 속도를 올린다면 나는 단 1초 만에 130억 광년 떨어진 우주의 끝까지도 날아갈 수 있다.

따라서 공간도 상대적인 것이 된다. 순식간에 어디든 갈 수 있는 나에게는 공간이란 무의미한 것이 된다. 빛의 속도에 가깝게 이동할 수만 있다면 나는 우주의 모든 곳에 어디든 거의 동시에 다 존재할 수 있게 된다.[205] 나의 위치를 특정짓는 것도 무의미하고 따라서 나에게 공간이란 것 자체가 무의미한 것이 되고 만다. 우주 어디에나 편재하는 신이 있다면 그 신은 분명 광속으로 움직이는 존재일 것이다.

우리가 지금 과거에서 미래로 시시각각 바뀌는 현재에 존재한다는 느낌, 즉 시시각각 흘러가는 시간의 흐름 맨 끝에 존재한다는 느낌도 우리 의식이 만들어낸 환상에 불과하다. 수백억 년에 걸친 시간의 흐름에서 우리가 어떻게 '우연히도' 정확하게 시간의 흐름의 맨 끝에 존재하게 되었을까를 설명해내기란 불가능하다.

체화성: 뇌가 만들어내는 몸 이미지

나의 의식은 내가 몸을 통해 세상을 살아간다는 느낌을 준다. 나는 '내 몸'을 전반적으로 통제하는 컨트롤타워라는 느낌을 주는 것이다. 그러나 '내 몸'이라는 이미지는 뇌가 만들어내는 일종의 환상에 불과하다. 내 몸에 대한 인식은 물질적 실체로서의 몸 자체를 기반으로 하는 것이라기보다는 뇌가 편의상 만들어내는 것이다. 내가 인식하는 나의 몸은 뇌의 특정 기능이 생산해내는 자의적인 이미지에 불과하다.

우리는 다른 사람을 볼 때 그 사람의 몸을 본다. 다른 사람이 보는 나의 몸은 물리적 신체(physical body)다. 그러나 내가 자각하는 나의 몸은 '소매틱 신체(somatic body)'다. 나의 몸은 타인에게는 물리적 신체지만 나에게는 소매틱 신체다. 다른 사람이 내 손이 '있다'는 사실을 인지하기 위해서는 보거나 만지거나 해야 한다. 즉 경험해야만 한다. 다른 물리적 사물의 존재를 인지할 때와 마찬가지다. 그러나 내가 내 손이 '있다'는 사실을 인지하는 것은 보거나 만지거나 하는 경험을 통해서가 아니다. 나는 내 손을 보거나 만지지 않아도 내 손이 있다는 것을 알 수 있다. 이것이 소매틱 신체다. 소매틱 신체는 말하자면 뇌가 생산해낸 내 몸의 이미지다.

신체 각 부위에서 받아들이는 감각신호는 주로 두정엽에 모여서 일종의 '신체 이미지 지도'를 그린다. 그리고 이러한 신호는 위쪽두정소엽(superior parietal lobule: SPL)이라는 부위에서 처리된다. 달팽이관이 보내오는 신체균형 정보, 시각피질이 보내오는 시각정보, 팔과 다리 등 신체 각 부위가 보내오는 고유감각(proprioception) 정보 등이 SPL에서 한데 합쳐져서 실시간으로 '내 몸'이라는 신체 이미지가 만들어진다.

신체 이미지를 만들어내는 뇌 기능에 이상이 생기면 몸이 받아들이는 감각정보와 뇌가 만들어내는 신체 이미지 사이에 불일치가 생긴다. 그러면 뇌는 특정 신체 부위에 대해 '내 몸'이 아니라고 느끼게 된다. 이 느낌은 매우 거추장스럽고 불편하다. 신체절단집착증(apotemnophilia)은 바로 이러한 불편한 느낌 때문에 팔이나 다리를 절단하고 싶은 충동을 지속적으로 느끼는 질환이다. 이러한 증상을 겪는 절반 이상의 환자들이 결국 자신의 팔이나 다리를 잘라내버린다. 실로 무시무시한 병이다.

뇌과학이 발달하기 전까지는 신체절단집착증은 심리적 원인으로 발병한다는 것이 오랜 통설이었다. 프로이트(Sigmund Freud)의 정신분석학에서는 신체절단집착증을 신체변형장애의 한 형태로 보고 어린 시절의 특별한 경험이나 왜곡된 성적 욕망이 근본 원인이라고 보았다. 그러나 라마찬드란에 따르면, 이러한 질병은 신체 이미지와 관련된 SPL 영역의 뇌 기능 문제 때문에 발생하는 것이다.[206] 이 증상을 겪는 환자들은 그저 '오른쪽 팔을 절단하고 싶다'라는 막연한 충동이 아니라 '팔꿈치에서 2센티미터 위의 특정한 선을 따라 절단하고 싶다'라는 식의 매우 구체적인 충동을 느낀다. 매우 구체적이고도 구불구불한 선의 안쪽이 뇌가 유지하는 신체 이미지다. 그 특정한 선의 바깥 부위, 즉 잘라내고 싶은 부위를 다른 사람이 만지면 깜짝 놀라면서 극단적인 불쾌감을 드러낸다. 실제로 스트레스 반응의 지표인 피부전도도가 급격히 올라간다. 잘라내고 싶은 특정선 바깥쪽 신체 부위는 뇌의 신체 이미지에서는 '내 몸'으로 여겨지지 않는 신체 외부 부위인데 여기서 감각정보가 올라오니 깜짝 놀랄 정도로 불쾌한 느낌이 드는 것이다. 그러나 그 선 바로 안쪽을 만지는 것에 대해서는 별다른 불쾌감을 느끼지 않는다. 신체절단집착증은 우리가 생각하는 '내 몸'이라는 것이 어떤 실체가 아니라 뇌가 만들어내는 일종의 이미지라는 사실을 분명히 보여준다.

신체분열망상증(somatoparaphrenia) 역시 신체 이미지를 만들어내는 뇌 기능에 이상이 생겼을 때 나타나는 증상이다. 주로 우뇌에 뇌졸중이 와서 좌반신이 마비되는 경우에 발병한다. 이미 살펴보았듯이 '나'라는 의식을 주도하고 지배하는 것은 좌뇌다. 따라서 의식의 기반이 되는 좌뇌의 뇌졸중으로는 이러한 증상이 나타나지 않는다. 반면에 우반구의 뇌졸중으로 좌반신이 마비된 환자들은 자신이 반신마비가 되었다는 사실을 인정하려 들지 않는다. 의식의 기반이 되는 좌뇌가 멀쩡하기 때문이다. 알면서도 부정하는 것이 아니라 자신이 반신마비 상태라는 사실을 아예 깨닫지 못하는 것이다. 이러한 환자에게 우뇌의 지배를 받는 왼팔을 움직일 수 있냐고 물어보면 당연히 움직일 수 있다고 대답한다. 물론 실제로 왼팔을 움직여보라고 하면 조금도 움직이지 못한다. 자신의 오른팔을 이용해서 왼팔을 겨우 들어 올리면서도 환자는 자신의 왼팔이 마비된 상태임을 인지하지 못한다. 이런 좌반신마비 환자 중에서 특히 신체 감각신호를 처리하는 부위 등에 이상이 생긴 경우 자기 팔을 다른 사람의 팔이라고 주장하기도 한다.[207] 팔로부터 입력되는 감각신호가 전혀 없으므로 자기 팔처럼 느껴지지 않는 것이다.

이와 관련된 실험도 있다. 정상인인 피험자의 한쪽 팔에 마취 주사를 놓아 감각을 마비시킨다. 그러고는 피험자 앞에 다른 사람이 서서 자신의 팔을 만진다. 이때 피험자는 맞은편의 사람이 자기 팔을 만지는 모습을 그저 바라보기만 하는데도 마치 누군가 피험자 자신의 팔을 만지는 것처럼 느끼게 된다.[208] 피험자의 팔은 마취가 되었으므로 어떤 감각정보도 받아들일 수 없다. 평소라면 미세한 공기 흐름이나 근육의 움직임, 팔의 무게 등이 느껴질 테지만 이러한 감각정보가 뇌에 전혀 전달되지 않는 것이다. 그런데도 눈앞에서 타인이 자기 팔을 만지는 장면을 보게 되면 '거울신경(mirror neuron)'의 작용으로 팔을 만질 때 느끼는 신경이 활성화되는 것이다. 평소 상황이라면 이러한 거울신경 작용의 느낌은 실제 자기 팔에서 올라오는 느낌(아무도 내 팔을 만지고 있지 않다는 감각정보)에 의해 상쇄된다. 참고로, 이러한 '상쇄'가 제5장에서 설명하게 될 예측오류의 수정 과정이다. 그런데 팔의 감각정보가 마비된 상태에서는 거울신경이 주는 느낌을 상쇄시켜줄 어떠한 감각정보도 팔로부터 올라오지 않으므로 마치 누군가 내 팔을 만지는 것처럼 느껴지는 것이다.

이처럼 우리 자신의 몸에 대한 이미지는 몸의 물리적 특성에 따라 수동적으로 주어지는 것이라기보다는 뇌가 적극적으로 만들어내는 것이다. 내 몸과 다른 사람의 몸이 확실히 구분된다는 느낌이나, 내 몸의 경험은 나만의 것이라는 개인성 역시 의식의 산물이다. 내가 느끼는 감정이나 나의 생각 자체가 나만의 고유한 것이라는 개인성 역시 그러하다. 나의 감정이나 나의 생각 자체가 '나'의 핵심적인 정체성이라는 생각 역시 일종의 환상이다. 이러한 환상에서 완전히 벗어날 수는 없다 하더라도, 적어도 이러한 것이 환상임을 깨닫는 것만으로도 마음의 고통과 괴로움에서 벗어나는 데 큰 도움이 된다.

수동성: 뇌는 능동적으로 추론한다

우리 의식은 마치 거울처럼 외부 사물이나 사건을 있는 그대로 투명하게 반영한다는 느낌을 준다. 의식이 보고 듣고 경험하는 것은 세상에 존재하는 '실체'라는 착각을 심어주는 것이다. 그러나 우리 뇌는 외부로부터 유입되는 온갖 감각정보에 적극적으로 내적모델을 적용해 끊임없이 과감하고도 적극적인 '예측'을 한다. 그리고 예측의 실수를 줄이고자 계속 내적모델을 수정하는 작업을 한다. 이러한 일들은 의식에는 잘 떠오르지 않는다. 그러한 적극적인 예측을 스스로 의도하지도 않는다. 다만 뇌의 기능적 특성상 이러한 예측과 수정은 의식 저 밑바닥에서 끊임없이 작동한다. 그럼으로써 마치 의식이 외부 사물을 거울처럼 비춘다는 느낌을 주는 것이다.

가령 누군가와 대화를 나누는 상황을 가정해보자. 우리 뇌는 대화를 할 때 적극적으로 맥락을 파악해 그다음에 나올 것 같은 단어를 미리 '예측' 한다. 뇌는 수동적으로 사물을 보거나 들려오는 상대방의 말을 그저 듣기만 하지 않는다. 오히려 보거나 들을 것이라 예상되는 것을 매 순간 적극적으로 예측한다. 여러 뇌과학 연구들은 뇌가 상황에 따라 특정한 사건이 발생하리라는 것을 적극적으로 예측한다는 것을 보여주고 있다.[209]

우리 뇌가 장차 경험할 것으로 추정되는 것을 적극적으로 모델링하고 예측하는 이유는 효율성 때문이다. 계단을 걸어 내려갈 때를 생각해보자. 우리는 계단 하나하나의 높이를 매번 확인하고 계산해가면서 발을 내딛지 않는다. 만약 한 걸음 내디딜 때마다 그래야 한다면 뇌는 매번 엄청나게 많은 정보를 처리해야 할 것이다. 우리의 뇌는 한두 계단 내려간 다음 계단의 높이가 일정할 것이라는 내적모델을 만들어서 '예측'을 하고 이를 외부 환경에 투사한다. 그렇기에 계단의 구조와 높이에 대한 추측을 바탕으로 계단을 일일이 확인하지 않고도 효율적이고 빠르게 내려갈 수 있는 것이다. 이러한 '예측'을 통해서 뇌가 처리해야만 하는 정보량은 대폭 줄어든다. 물론 계단 하나의 높이가 살짝 다를 경우 우리는 삐끗하거나 넘어질 수도 있다. 그러나 그럴 가능성은 매우 적다. 따라서 거의 없을 가능성에 대비해 계단 하나하나의 높이를 일일이 계산하는 것은 매우 비효율적이다. 오히려 계단의 구조와 높이에 대해 일반적인 내적모델을 만들어두고 그에 따라 행동하는 것이 훨씬 더 효율적이다. 우리의 행동이나 경험은 모두 이러한 내적모델에 입각한 예측으로 이뤄진다. 우리 뇌가 아무런 예측이나 모델링 없이 무슨 소리를 듣거나 무언가를 바라보기만 하는 일은 없다.

시각정보 역시 마찬가지다. 우리의 시각 경험은 눈을 통해서 들어오는 빛보다 머릿속에서 만들어내는 내적모델에 훨씬 더 많이 의존한다. [그림 4-3]의 1번 그림을 보자. 가운데에 삼각형이 보인다면, 그것은 당신의 의식이 주어진 시각정보를 바탕으로 추론한 결과다. 삼각형은 내적모델을 외적 환경에 투사한 결과다. 시각세포가 포착할 수 없는 존재하지 않는 삼각형이 보인다는 것은 그러한 이미지를 뇌가 만들어낸다는 것을 의미한다. 이탈리아의 심리학자 카니자(Gaetano Kanizsa)는 1976년도에 한 논문을 통해 이러한 '환상'을 보여주는 이미지를 여러 개 만들어서 발표했다. 삼각형이나 사각형

　　　　　　　　　　　　　　　　　　　　　　　　내면소통

① 삼각형은 존재하지 않지만 우리 눈에는 분명히 삼각형이 보인다.
② 정형화된 형태뿐만 아니라 다양한 비정형의 이미지도 여러 이미지를 만들어낸다.
③ 우리의 뇌는 입체 도형도 만들어낸다. A가 왼쪽 앞에 있는 정육면체를 볼 수도 있고,
   B가 위쪽에 있는 정육면체를 볼 수도 있다.

[그림 4-3] 의식이 능동적으로 만들어내는 이미지

등의 정형화된 형태뿐 아니라 2번 그림에서 보는 것처럼 비정형의 다양한 형태들도 이러한 '환상'을 만들어낼 수 있다.[210]

3번 그림에서는 정육면체가 보이기도 하는데, 꼭짓점 A가 더 앞쪽에 있는 정육면체를 볼 수도 있고 또는 꼭짓점 B가 더 앞쪽에 있는 정육면체를

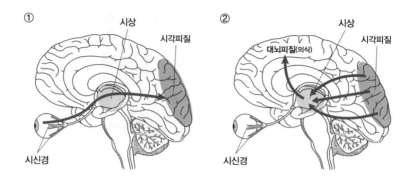

[그림 4-4] 시각을 만들어내는 뇌. 눈을 통해 시상을 거쳐 시각중추로 유입되는 정보보다 시각중추에서 시상으로 가는 정보량이 훨씬 더 많다. 시상은 의식으로 통하는 관문이다. 우리는 무언가를 볼 때, 눈으로 새로 들어오는 정보보다는 시각피질에 이미 저장되어 있는 내적모델에 더 많이 의존한다.

볼 수도 있다. 모두 이러한 시각정보를 뇌가 어떻게 추론하고 해석하느냐에 달렸다. 이렇듯 우리가 보는 모든 대상은 뇌가 능동적으로 투사하는 이미지다.

시신경 구조를 보면 이러한 사실이 더욱 분명하게 드러난다([그림 4-4] 참조). 시각정보는 눈의 망막에서 시작되어 시상을 거쳐 후두엽에 있는 시각피질로 전달된다(①). 그런데 후두엽에 넓게 퍼져 있는 시각중추에는 내적모델이 저장되어 있어 이를 바탕으로 하는 예측정보 역시 시상으로 전달된다. 시상은 의식의 관문이다. 눈을 통해 시상으로 들어오는 신경다발보다 후두엽에서 시상으로 향하는 신경다발이 무려 10배나 많다. 눈을 통해 들어오는 정보와 시각피질에 저장되었던 예측정보는 한데 통합되어서 시상을 거쳐 의식이 있는 대뇌피질로 올라간다. 뿐만 아니라 뇌 여러 부위에 저장되어 있는 시각적 기억 역시 내적모델로 시각피질에 전달된다(②). 이러한 것을 모두 종합한 후에야 우리는 비로소 무엇인가를 볼 수 있게 된다. 우리는 말 그대로 눈으로 보기보다는 뇌로 보는 것이다.

시상이 하는 일은 시각피질에서 만들어져 거꾸로 들어오는 예측정보와 눈의 시신경으로부터 들어오는 정보를 비교하는 것이다. 예측정보와 실제 시각정보 간에 별 차이가 없으면 시각피질로 거의 아무런 정보도 전달되

206   내면소통

지 않는다. 다시 말해 시각피질이 받아들이는 정보는 내적모델이 생산한 예측정보와는 무언가 '다른' 정보뿐이다.[211] 이처럼 뇌는 눈을 비롯해 신체 각 기관을 통해 정보가 들어오기도 전에 내적모델을 통해 우리가 경험하는 세상과 실체를 구성해내고 있는 것이다.

　　대화에서의 '듣기' 경험 역시 마찬가지다. 뇌에는 상대방의 말을 듣고 해석하는 시스템과 내가 들으리라 생각되는 말을 적극적으로 예측하는 시스템이 동시에 존재한다. 물론 예측하는 내적인 모델링에 기반한 정보량이 훨씬 더 많다. 그러한 내적인 예측 모델에서 벗어나는 것에 우리는 주의를 기울이게 된다. 다른 사람의 말을 들으면서 우리는 자신도 모르는 사이에 자기 내면에서 생산되는 목소리를 더 많이 듣는 것이다. 다른 사람의 말을 들을 때에도 사실 우리는 내가 생산하는 나의 말을 훨씬 더 많이 듣는 셈이다. 상대방의 말을 들을 때도 뇌는 순간순간 자신이 들으리라 생각되는 말을 적극적으로 예측한다. 그러다가 그 예측이 틀렸을 때 특히 더 주의를 기울인다. 그것이 효율적이기 때문이다. 예측과 다른 정보에 대해서만 집중적으로 처리하는 것이 뇌의 기본적인 기능이다. 예측오류의 최소화가 곧 자유에너지의 최소화이며, 이러한 과정이 능동적 추론이고 이것이 곧 뇌의 기본적인 작동방식이다. 이에 대해서는 제5장에서 자세히 살펴볼 것이다.

　　이상의 논의를 간략히 정리해보면 다음과 같다. 의식의 본질은 지속적인 내면소통의 과정이고, 그러한 내면소통을 하는 주체가 곧 '나'다. '나'에는 외부 사건과 사물에 대해 일상적인 경험을 하는 경험자아와 그러한 경험자아의 경험을 알아차리는 배경자아가 있다. 마음근력 훈련을 한다는 것은 '나'의 습관적이고도 지속적인 내면소통의 내용과 방식을 건강한 방향으로 바꿔가는 것을 의미한다. 이를 위해서는 뇌의 기본적인 작동방식을 좀 더 심도 있게 들여다볼 필요가 있다. 이를 위해서 칼 프리스턴의 능동적 추론 이론을 통해서 뇌의 기본적인 작동방식을 살펴볼 것이다. 아울러 제6장에서는 내면소통에서 '내면'의 의미에 대해 데이비드 봄의 '내재적 질서'와 '내향적 펼쳐짐'의 개념을 통해 살펴보려 한다.

제5장

뇌는 어떻게
작동하는가

추론
: 뇌의 기본 작동방식

뇌는 감각자료에 대해 추론하여 감각정보를 생산한다

지금까지 우리는 의식이 단일성, 동시성, 연속성, 체화성, 수동성을 만들어내며 그 결과 안정적이고도 일관적인 스토리텔링의 주체인 의식이 완성된다는 것을 살펴보았다. 그렇다면 뇌는 과연 어떻게 이러한 일을 해내는 것일까? 답은 뇌의 '추론(inference)' 능력에 있다.

눈, 귀, 피부 등 다양한 감각기관이 우리 뇌에 전달하는 감각정보는 매우 이질적이다. 뇌는 전혀 다른 특성을 지닌 다양한 감각정보들을 통합해 지각편린(percepts)을 생성하고, 이를 바탕으로 앞에 펼쳐진 사건과 사물들을 구성하며, 더 나아가 '내가 지금 몸담은 환경'이라는 하나의 의미 있는 스토리텔링을 만들어낸다. 여기서 '의미 있는'의 뜻은 '내게 주어진 환경에서 효율적으로 생존하기에 적절하다'라는 것이다. 우리 뇌가 어떻게 개별적인 감각시스템에 의해서 별도로 처리되는 정보들을 하나의 의미 있는 경험으로 통합해낼 수 있는가 하는 문제가 바로 '통합의 문제(binding problem)'다.[212] 이는 뇌과학의 오랜 난제다. 분명한 사실은 이러한 '통합'이 의식의 본질적인 기능이라는 점이다.

다양한 정보로부터 하나의 의미를 만들어낸다는 것은 순간순간 발생하는 개별적인 감각정보들을 통합하고 거기에 의미와 해석을 붙여 이야기로 만들어가는 과정인데, 이러한 이야기 하나하나가 곧 기억의 단위가 된다. 이것이 경험에 대한 모든 일화기억이 이야기로 이뤄지는 이유다. 의식은 스스로 만들어내는 즉각적인 기억의 집합체이기도 하다.[213] 의식은 끊임없이 자동적으로 스토리텔링을 한다.

우리가 하는 경험은 감각자료에 의식의 스토리텔링이 덧씌워진 것이다. 고통, 슬픔, 두려움, 즐거움 등의 감정적 반응은 주어진 경험에 어떤 스토리텔링이 더해지느냐에 따라 결정된다. 마음근력 향상을 위한 내면소통 훈련의 출발점은 바로 의식이 스토리텔링을 덧씌우기 이전의 원재료인 감각정보에 직접 접근해보는 것이다. 현상학적으로 말하자면 판단중지(epoché)이고, 성리학적으로 말하자면 미발체인(未發體認)이다. 이는 우리가 경험하는 바를 있는 그대로 바라본다는 뜻이다.

하지만 우리는 기존의 습관 때문에 일상의 경험을 제공하는 대상과 사건들을 있는 그대로 직접 바라보는 것이 매우 어렵다. 그래서 간접적인 방법을 동원하게 되는데, 그것이 바로 배경자아를 알아차리는 것이다. 경험자아가 스토리텔링에 의해서 주어지는 경험들을 느끼고 체험하는 자아라고 한다면, 배경자아는 그러한 경험자아의 스토리텔링을 들어주고, 바라보고, 알아차리는, 더 근본적이고도 본질적인 자아다. 그렇기에 경험자아는 고통과 괴로움도 느끼고 즐거움과 행복감도 느끼지만 배경자아는 그렇지 않다. 다만 다양한 경험을 하는 경험자아를 조용히 알아차릴 뿐이다.

이를 통해서 우리는 경험자아의 의식이 평소 하는 기능에 대한 깨달음을 얻을 수 있다. 자동으로 이뤄지는 의식의 스토리텔링 과정을 한걸음 떨어져서 바라볼 수 있게 되면 그러한 스토리텔링에 더 이상 휘둘리지 않게 된다. 지극히 평온하고 고요한 마음 상태에 들 수 있게 된다. 이것이 내면소통이다. 내면소통은 시끄러운 대화가 아니라 고요한 침묵이다. 배경자아를 알아차리는 내면소통 훈련 방법에 대해서는 제10장에서 자세히 설명하기로 하고, 여기서는 일단 배경자아를 알아차리는 것은 강력한 자기참조과정 훈련이라는 사실만을 언급해두고자 한다.

의식의 스토리텔링을 위해서는 의미부여가 필요하고, 의미부여를 위해서는 적극적인 추론이 필요하다. 시각이든 청각이든 특정 감각자료로부터 어떠한 지각편린을 얻어내는 과정에는 적극적인 추론의 과정이 요구된다. 감각자료는 우리가 지각하는 대상을 저절로 표상하지 않는다. 감각자료로 주어지는 것은 빛에 의한 시각세포의 활성화, 소리에 의한 청각세포의 활성화 등일 뿐이다. 그러한 감각자료는 항상 우리 몸을 통해 유발된다. 우리 의식은 유입되는 다양한 감각자료를 기존의 내적모델을 바탕으로 추론해낸다. 우리의 뇌가 지각하는 모든 정보는 감각자료라는 원료를 바탕으로 의식이 생산해내는 것이다.

능동적 추론의 결과로 나타나는 착시 현상

[그림 5-1]을 보자.[214] 무슨 이미지인지 얼른 알아보기 힘들 것이다. 알아보기 힘든 이런 그림을 볼 때 뇌는 평소보다 더 바쁘게 작동하며 열심히 '추론'을 한다. 주어진 시각정보에 어떤 의미를 부여할지 결정하기 위해 부지런히 일하는 것이다. 적절한 내적모델도 열심히 찾고 있을 것이다. 그러나 비슷한 이미지를 경험해본 적이 없기에 시각중추는 혼란에 빠진다.

그러면 이제 [그림 5-2](229쪽)를 보자. 소의 이미지라는 것이 분명히 보일 것이다. 다시 [그림 5-1]을 보자. 이제는 [그림 5-1]도 소의 이미지로 보일 것이다. [그림 5-2]를 보기 전에 무엇의 이미지인지 알아보기 힘들었던 조금 전의 '원래 상태'로 되돌아가는 것은 이제 불가능하다. [그림 5-1]로부터 눈이 받아들이는 시각적 자료에는 아무런 변화가 없다. 다만 [그림 5-2]에 의해 적절한 내적모델이 독자의 뇌에 생긴 것뿐이다. 이제 우리의 의식은 [그림 5-1]을 볼 때 자동적으로 가장 도움이 되는 내적모델을 적용해 [그림 5-1]이 제공하는 감각자료를 추론하는 것이다.

형태에 대한 시지각뿐 아니라 색상에 대한 시지각 역시 뇌의 강력한 추론에 의존한다. 색이 있어서 색을 본다기보다는 그러한 색을 저 물체가 지녔을 것이라는 추론에 따라서 색을 지각한다. [그림 5-3](702쪽)을 보자. 학생들이 여러 가지 색의 티셔츠를 입고 있는 컬러사진처럼 보일 것이다. 하지만 이 사진은 흑백사진이다. 아이들의 옷도 모두 흑백이다. 다만 아이들 옷 위에

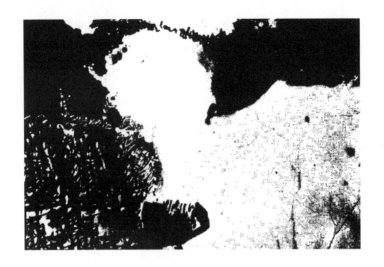

[그림 5-1] 시각적 추론 과정에서의 내적모델의 작동 1.

이 그림을 보면 처음에는 무슨 이미지인지 알아보기 힘들다. 이 이미지가 무엇인지 얼른 알아보기 힘든 동안에 시각피질은 능동적 추론 작업을 열심히 수행하고 있다. 그러나 과거에 비슷한 이미지를 본 적이 없으므로 시각중추에는 이 이미지의 의미를 해석하기 위한 적절한 내적모델이 없어 얼른 알아보지 못하는 것이다. 　출처: Dallenbach, K. M., 1951

여러 가지 색의 선을 교차해 그려 넣었을 뿐이다. 그러나 우리 뇌는 '선'의 색이 곧 학생들이 입은 옷의 색일 것이라 추론하고, 나아가 하나의 옷은 특별한 무늬가 없는 한 같은 색일 것이라고 추론한다. 물론 추론의 근거는 지금까지 살아오면서 경험한 다양한 시지각에 대한 정보들, 즉 색상 인지에 관한 내적모델이다. 우리 뇌는 색상 인지에 관한 내적모델에 따라서 아이들이 입고 있는 옷 전체가 노란색이나 연두색일 것이라고 추론한다. 그 결과 아이들이 여러 가지 색의 옷을 입고 있는 것으로 보이게 되는 것이다. 이처럼 형태든 색상이든 우리가 무엇인가를 본다는 것은 '눈을 통해 뇌로 보는 것'이다. 청각이나 촉각 등 다른 감각시스템도 마찬가지다.

　시각적 추론의 또 다른 예를 보자. [그림 5-4](703쪽)에서 윗부분은 짙은 회색으로 보이고 아랫부분은 흰색에 가까운 밝은색으로 보인다. 하지만 윗부분과 아랫부분의 색깔은 실제로는 똑같다. 이미 살펴보았듯이 우리의 시지각 시스템은 눈으로 들어오는 시각자료에 대해 이미 지니고 있는 내적

　　　　　　　　　　　　　　　　　　　　　　　　　　　　　내면소통

모델에 입각해서 추론을 해낸다. 우리는 지금까지의 경험에 비추어서 빛은 대부분 위에서 아래로 비추고 있다는 것을 안다. 태양빛이든 전등 조명이든 다 위에서 아래로 비춘다. 따라서 윗부분은 보통 빛을 더 많이 받아서 환하고 밝게 보이기 마련이다. 반면에 아랫부분은 그림자에 가려서 더 어둡게 보일 것이다.

그런데 이 그림에서 실제 눈으로 들어오는 위아래 부분의 색은 밝기가 똑같은 회색이다. 따라서 우리는 기존의 내적모델에 입각해서 눈으로 들어오는 시각자료를 수정하는 능동적 추론을 해낸다. 아랫부분과 윗부분이 같은 색으로 보인다면 분명 윗부분이 훨씬 더 어둡고 아랫부분이 훨씬 더 밝은 색일 것이라고 '추론'하고 그 결과를 '보게' 되는 것이다. 헬름홀츠가 말한 무의식적이고도 자동적인 추론의 기제가 작동하는 것이다.

이제 이 그림의 윗부분과 아랫부분의 경계를 가려보라. 순식간에 위아래가 같은 색으로 보일 것이다. 손가락으로 가운데를 가리면 그 순간 우리 뇌는 이 두 물체를 하나의 덩어리로 판단한다. 따라서 같은 색일 것이라고 '추론'하는 것이다. 이 사진 역시 우리는 눈으로 보는 것이 아니라 뇌로 본다는 사실을 분명히 말해주고 있다. 이러한 추론은 무의식적인 수준에서 자동적으로 일어난다. 우리가 논리적으로 따져서 의식적으로 색에 대한 추론을 해내는 것이 아니다. 그렇기에 위아래가 같은 색임을 확인한 후에도 손가락을 떼면 우리에게는 여전히 위아래의 색이 달라 보이는 것이다.

가추법
: 추론의 논리 구조

연역법과 귀납법 그리고 가추법

뇌가 내적모델을 바탕으로 '추론'한다는 것은 뇌가 외부자극을 수동적으로 받아들이는 거울과 같은 존재가 아니라는 뜻이다. 오히려 외부자극에 적극적으로 개입해 그것에 의미를 부여하고 조작하여 재생산해낸다. 이러한 의미부여 과정의 기본적인 논리 구조가 바로 찰스 샌더스 퍼스가 말하는 '가설적 추론(hypothetical inference)' 혹은 '가추(abduction)'이다.

붉은색의 부드러운 꽃잎을 가진 꽃 한 송이를 보며 '장미꽃'이라고 지각하는 과정에도 가추가 필요하며, 꽃을 '꽃'이라 지각하는 것이나 혹은 붉은색을 '붉은색'이라 지각하는 과정에도 가추가 필요하다. 가추는 기존의 지식(과거의 경험으로부터 주어진 원칙들)과 주어진 자극에 따라서 '아, 이것은 붉은색이겠구나'라고 적극적으로 추론하는 것이다. 확률론적으로 말하자면 일종의 '베이지안 추론(Bayesian inference)'이다. 베이지안 추론은 추론하고자 하는 사건의 확률적 사전정보와 추가로 주어지는 정보를 종합해서 특정 사건이 발생할 사후 확률의 분포를 추정하는 것이다.

우리가 무엇인가를 보고 듣는 것은 뇌가 무엇인가를 적극적으로 끊임없이 예측하고 추론한 결과다. 셜록 홈스가 범죄 현장의 '단서'를 기호로 파악하고 그것의 의미를 해석해서 범인을 추리해내는 것도 가추이고, 누군가

장미꽃의 형태와 색을 보고 그것을 장미꽃이라고 지각하는 것도 가추이며, 나아가 장미꽃이 '열정적 사랑'을 표현한다고 해석하는 것도 가추다.[215] 모리스 메를로-퐁티(Maurice Merleau-Ponty)가 강조하는 것처럼 '지각'은 수동적 받아들임이라기보다는 능동적이고도 적극적인 행위다.[216]

　　이제 퍼스의 논의를 통해 가추의 의미에 대해 살펴보자. 퍼스는 아리스토텔레스가 주장한 삼단논법의 여러 형태에 대한 논의를 이어가다가 전형적인 세 가지 논증 형태인 연역법, 귀납법, 가추법을 비교하면서 가추법의 중요성을 강조했다.[217] 연역법은 '규칙→사례→결과'의 순서로 진행되는 논리 구조다. 우리에게 익숙한 예로는 다음과 같은 것이 있다. '모든 사람은 죽는다'라는 규칙이 있고 '에녹은 사람이다'라는 사례가 있는 경우, 그 결과로서 '에녹은 죽는다'라는 결론이 도출되는 것이다.[218] 이어서 퍼스는 유명한 콩 주머니 예를 통해 연역법, 귀납법, 가추법의 세 가지 논증 형태를 비교한다.[219]

연역(Deduction)

규칙: 이 주머니 안에 있는 모든 콩은 하얗다.

사례: 이 콩은 이 주머니에서 나온 것이다.

결과: 이 콩은 하얗다.

귀납(Induction)

사례: 이 콩은 이 주머니에서 나온 것이다.

결과: 이 콩은 하얗다.

규칙: 이 주머니 안에 있는 모든 콩은 하얗다.

가설(Hypothesis)

규칙: 이 주머니 안에 있는 모든 콩은 하얗다.

결과: 이 콩은 하얗다.

사례: 이 콩은 이 주머니에서 나온 것이다.

　　이 콩 주머니 예를 설명할 때 퍼스는 아직 '가설적 추론'을 뜻하는 단어로 'abduction'을 제안하지 않은 상태였고 이를 '가설(hypothesis)'이라 불렀다. 퍼스의 저술을 보면 가추법을 가설을 비롯해 추론(inference), 가설적 추론(hypothetical inference), 가정(presumption) 등의 다양한 용어로 표현하고 있다. 그러다가 마침내 이 세 번째 논증법을 'abduction'이라고 부르자고 제안한다.[220] 퍼스는 이 세 번째 논증 형태에 대해 "아리스토텔레스가 《분석론 전서》 제2권 25장에서 아파고게(apagōgé)라는 이름으로 불완전하게 묘사했던 논증 형태와 같은 것이라고 믿는다"라고 밝히고 있다.[221] 사실 아리스토텔레스의 '아파고게'라는 논증법은 수천 년 동안 인류 역사에서 사라지다시피 했었다. 퍼스에 따르면 이것은 전적으로 '멍청한 아펠리콘' 때문이다.[222]

아리스토텔레스가 죽고 그의 유고는 200년 넘게 세상의 빛을 보지 못했다. 이것을 거액을 주고 사들인 것이 테오스 출신의 부자이자 서적 수집가였던 아펠리콘이다. 그는 여기저기 손상된 텍스트를 보완하는 등 아리스토텔레스의 방대한 저술을 최초로 편집하는 역할을 했다. 퍼스에 따르면 "이 멍청한 아펠리콘이 알아볼 수 없게 된 단어 대신에 자기 마음대로 엉뚱한 단어를 집어넣는 바람에 아리스토텔레스의 아파고게에 관한 설명이 무슨 소리인지 도무지 알 수 없게 되었다."

후에 아리스토텔레스의 저작물들은 로마로 옮겨지고 유명한 소요학파 학자였던 티라니온에게 전달되었는데 뛰어난 문법학자이기도 했던 티라니온 역시 "아펠리콘의 편집은 지나칠 정도로 엉터리였다"라고 평가했다.[223] 어쨌든 퍼스는 "내 추측이 혹시 잘못된 것이라 할지라도 적어도 아리스토텔레스가 '아파고게'라는 이름으로 '가설적 추론'에 대해 설명하고 있는 것은 분명하며, 나는 이것을 영어로 'abduction'이라고 번역하겠다"라고 밝히고 있다.[224]

아리스토텔레스의 삼단논법 가운데 대표적인 것이 연역법, 귀납법, 가추법인데 그중 가추법은 세상에 제대로 알려지지 않고 잠들어 있었다. 이것을 퍼스가 새로이 발굴하여 2000년 이상 잠들어 있던 아리스토텔레스의 세 번째 논증 방법에 '가추법'이라는 이름을 붙이고 그것의 의미를 새롭게 조명한 것이다.

Note	**'abduction'을 가추법으로 번역하기까지**

나는 움베르토 에코(Umberto Eco)와 토마스 세벅(Thomas Sebeok)의《The Sign of Three》[225]라는 책을 번역하면서 '옮긴이 해제'에 가추법에 대해 자세히 정리해놓은 바 있다(이 책의 한국어판은 1994년도에《논리와 추리의 기호학》이라는 제목으로 출간되었다가 절판되었고, 2015년에 새로 번역한 개정판이《셜록 홈스, 기호학자를 만나다》라는 제목으로 출간되었다).

퍼스 철학과 기호학에서 핵심 개념인 'abduction'을 '가설적 추론' 혹은 줄여서 '가추법'이라고 번역하기까지 나는 많은 고민을 했다. 이 책을 처음 번역하던 1994년 당시만 하더라도 퍼스 철학은 우리나라 학계에 잘 알려지지 않았고, 통일된 번역어도 존재하지 않았다. 퍼스의 기호학에 대해서는 1991년 이탈리아 정부 장학생으로 볼로냐대학에서 움베르토 에코의 기호학 수업을 들으면서 처음 접하게 되었다. 'deduction'은 연역법, 'induction'은 귀납법으로 확실한 용어가 있었지만 'abduction'만큼은 어떻게 번역하는 것이 좋을지 도무지 알 수가 없었다. 요즈음처럼 인터넷 검색엔진이 발달하기 전이라 여러 문헌을 검색해보기도 힘들었다. 그나마 찾아본 몇몇 번역서에는 'abduction'이 역자마다 제각기 다르게 번역되어 있었다. 가령 위르겐 하버마스(Jürgen Habermas)의《인식과 관심》에는 '발상법'으로, 움베르토 에코의《기호학 이론》과《기호학과 언어철학》에는 '추리법'으로 번역되어 있었다. 그런데 왜 그렇게 번역했는지에 대한 설명은 전혀 없었다. 도서관에 가서 두꺼운 영한사전도 찾아보고 혹시 일본어로는 어떻게 번역되어 있나 궁금해서 영일, 불일 사전 등을 다 뒤져봤으나 여전히 적당한 번역어를 발견할 수 없었다. 'abduction'이라는 단어 하나를 번역하기 위해서 쏟아부은 시간과 노력은 거의 책 한 권 번역하는 데 소요된 것과 비슷했다. 당시 찾아봤던 것 중 몇 가지 대표적인 것을 살펴보면 다음과 같다.

- 가설 설정 형성: 불가해한 사상을 결론으로 하여 설명할 수 있을 만한 가설; 귀납, 연역과 함께 논증의 삼분법 중의 하나라고 퍼스가 명명. (*Random House English Japanese Dictionary*, 2nd edition, Shogakukan : New York, 1994)

- 퍼스의 용어로서 어떤 현상을 설명하는 가설의 수를 사전에 미리 줄여 가는 추론상의 조작. (*Dictionnaire Francais-Japanais Royal*, Obunsha: Tokyo, 1985)

- 아파고게: 삼단논법에서 그 대전제는 확실하나 소전제가 개연적 (probable)인 것. (《영한 대사전》, 시사영어사/랜덤하우스, 1991)

- 1. 아파고게(apagoge): 간접 환원법; 대전제가 참이며 소전제가 개연적으로 참인 삼단논법에 대한 아리스토텔레스의 명명 2. 가설 설정(발상): 퍼스가 연역, 귀납과 함께 과학적 탐구의 3개의 발전 단계의 하나로 생각하여 명명한 것. (《영한 대사전》, 금성출판사, 1992)

하지만 '가설 설정'이나 '추론상의 조작' 등을 포함해서 어떠한 용어도 'abduction'의 개념을 적절히 담아내지 못한다고 여겨졌다. 그런데 퍼스가 'abduction'을 설명하면서 가장 강조하는 두 개념이 가설(hypothesis)과 추론(inference)이다. 가설적 추론(hypothetical inference)이라는 용어도 사용하고 있다. 나는 '가설적 추론'이야말로 퍼스의 'abduction'의 개념을 가장 적확하게 표현하는 용어라고 생각했다. 그리고 퍼스 자신이 'abduction'을 연역법 및 귀납법과 대비해서 설명하고 있으므로 '가설적 추론법'을 세 글자로 줄여서 '가추법'이라고 부르는 것이 적절하겠다고 판단했다. 1994년에 최초로 'abduction'을 '가추' 혹은 '가추법(가설적 추론법)'으로 번역한 이후 가추법이라는 용어는 이제 여러 저서와 학술논문 등에서 폭넓게 사용되고 있다.

셜록 홈스의 추리와 가추법의 구조

이제 셜록 홈스의 추리과정을 통해 가추법에 대해 좀 더 살펴보자. 어느 날 자신을 찾아온 한 여성을 보자마자 홈스는 "당신은 타자수(typist)지요"라고 한번에 알아맞힌다. 여성은 타자수임을 인정하면서 역시 소문대로 대단하신 분이라며 감탄한다. 코넌 도일(Arthur Conan Doyle)은 셜록 홈스의 뛰어난 추리력이 그의 '관찰력' 덕분이라고 서술하고 있으나 사실 관찰력보다는 뛰어난 가추 능력 덕분이다.

홈스는 "타자를 많이 치면 소매가 반들반들해진다"라는 규칙(Rule)을 이미 알고 있었다. 또 "여자의 옷소매가 반들반들하다"라는 결과(Result)를 관찰했다. 이러한 규칙과 결과로부터 홈스는 "그 여자는 타자를 많이 치는 사람, 즉 타자수다"라는 사례(Case)를 추론해냈다. 이를 도식화하면 다음과 같다.

가추법
규칙: 타자를 많이 치면 옷소매가 반들반들해진다.
결과: 여자의 옷소매가 반들반들하다.
사례: 여자는 타자를 많이 쳤다(따라서 타자수다).

이처럼 규칙과 결과로부터 사례에 도달하는 것이 가설적 추론법 또는 줄여서 가추법이다. 가추법이 규칙과 결과로부터 사례에 도달하는 반면에, 연역법은 규칙과 사례로부터 결과에 도달한다. 연역법을 위의 경우에 적용하면 다음과 같다.

연역법
규칙: 타자를 많이 치면 옷소매가 반들반들해진다.
사례: 여자는 타자를 많이 쳤다(타자수다).
결과: 따라서 여자의 옷소매는 반들반들할 것이다.

연역법의 특징은 결론(여자의 옷소매가 반들반들하다)이 두 전제(규칙과 사례)로부터 필연적으로 도출된다는 데 있다. 연역법은 틀릴 가능성이 없는 논리다. '규칙'이 옳다는 것을 받아들이고 그 '사례'를 관찰하면 우리는 100퍼센트의 확신으로 그 결과에 대해 자신 있게 이야기할 수 있다. 즉 타자를 많이 치면 옷소매가 반들반들해진다는 것을 일반적인 규칙으로 받아들이고 구체적인 사례로 어떤 사람이 타자를 많이 쳤다는 것을 알게 되면, 당연히 그 사람의 옷소매는 반들반들하리라는 결론을 내릴 수 있게 된다. 연역법은 이처럼 잘못된 결론에 도달할 가능성이 전혀 없는 논리 구조다. 그러나 그렇기에 연역법은 우리에게 아무런 새로운 정보나 지식을 제공하지 않는다.

한편 귀납법은 사례와 결과로부터 규칙을 도출한다.

귀납법

사례: 여자는 타자를 많이 쳤다.

결과: 여자의 옷소매가 반들반들하다.

규칙: 타자를 많이 치면 (타자수라면) 옷소매가 반들반들해진다.

귀납법은 근대과학의 기본적인 논리 구조다. 객관적인 관찰을 통해 사례와 결과를 발견함으로써 진리로서의 법칙을 발견하고자 한다. 이런 점에서 귀납법은 어느 정도 새로운 지식을 생산해낼 수 있다. 그러나 아무리 많은 사례와 결과가 있어도 100퍼센트의 확신으로 규칙을 생산해낼 수는 없다. 예컨대 타자를 많이 친 A의 옷소매가 반들반들해졌고, B도 타자를 많이 치니 옷소매가 반들반들해졌고, C도 그렇고, D 역시 그렇고⋯ N까지도 그렇다 해도 그로부터 도출되는 규칙은 언제나 뒤집힐 가능성이 있는 것이다. 포퍼 식으로 이야기하자면 '반증가능성(falsifiability)'이 있다.[226] 그렇기에 귀납법은 연역법에 비해서 새로운 지식을 생산해낼 가능성은 더 높지만, 결론의 확실성은 상대적으로 낮다.

한편 가추법은 결론의 확실성이라는 측면에서 보자면 가장 형편없고 불확실한 논증법이다. '타자를 많이 치면 옷소매가 반들반들해진다'라는 규칙을 받아들이고, '여자의 옷소매가 반들반들하다'라는 결과를 관찰했다 하더라도 우리는 '여자는 타자를 많이 쳤다(따라서 타자수다)'라는 결론을 확신할 수는 없다. 우리는 그저 '추측'할 수 있을 따름이다. 옷소매가 반들반들해진 이유가 타자를 많이 쳐서가 아니라 강박증 때문에 소맷부리를 어딘가에 문지르는 버릇 때문일 수도 있다. 혹은 타자수인 사람의 옷을 잠시 빌려 입은 것일 수도 있다.

이처럼 가추법의 정확성은 연역법은 말할 것도 없고 귀납법에도 전혀 미치지 못한다. 가추법은 가장 불확실하고 위험한 논증법이다. 그러나 가추법에는 엄청난 장점이 있다. 바로 새로운 지식을 낳을 수 있는 '생산성'이다. 퍼스에 따르면 모든 과학적 발견의 출발점이 가추법이고 새로운 모든 과학적 지식은 가추법에서 비롯된다. 우리는 어떤 관찰이나 연구를 하기 전에 항상 가설을 먼저 세우기 마련인데, 이러한 가설 세우기에 필수적인 것이 바로 가추법이다. 그렇기에 퍼스는 이를 '가설적 추론'이라고도 불렀던 것이다.[227]

움베르토 에코가 지적했듯이, 케플러(Johannes Kepler)가 행성이 타원을 그리면서 움직인다는 것을 발견한 것도 '행성이 관찰된 여러 위치를 부드럽고 아름답게 이을 수 있는 타원이라는 도형'을 가설로 세우고 추론한 결과다.[228] 실제로 관찰된 점들을 연결할 수 있는 도형의 수는 무한히 많았다. 마치 옷소매가 반들반들해지는 이유가 무한히 많을 수 있는 것처럼 말이다. 하지만 케플러는 놀랍게도 행성들이 '타원의 궤도'를 따라 움직일 것이라는 사실을 가추법으로 추측해냈다. 타원이라는 결론은 관찰에 따른 필연적인 결과가 아니라 상상력의 산물이었다. 과학적 발견은 상상력에 기반한 가추법에서 나온다.

가추법은 연역법이나 귀납법과는 달리 논리학자나 과학자의 전유물이 아니다. 우리가 일상생활에서 연역적 혹은 귀납적 논증을 수행하는 경우는 그리 많지 않다. 그런데 우리는 매일 가추를 하며 산다. 가령 우리는 어느 음식점 앞에 사람들이 많이 모여 있는 것을 보고 그 집 음식이 맛있는 모양이라고 추측한다. 음식점 앞에 늘어선 긴 줄을 음식이 맛있다는 사실을 뜻하는 기호로 받아들이는 것이다. 또 아침에 일어나 땅이 젖은 것을 보면 간밤에 비가 왔나 보다 하고 생각한다. '비가 오면 땅이 젖는다'라는 규칙과 '땅이 젖었다'라는 관찰 결과로부터 '비가 왔을 것'이라는 사례를 가추해내는 것이다.

우리는 일상생활에서 '비가 오면 땅이 젖는다'라는 규칙을 바탕으로 실제 비가 오는 날 과연 땅이 젖었는지를 확인해보는 연역을 수행하지는 않는다. 비가 올 때마다 땅이 젖는다는 사실을 일일이 확인해서 '비가 오면 땅이 젖는다'라는 규칙을 귀납적으로 도출하려는 사람도 드물 것이다. 그러나 음식점 앞에 길게 줄 선 사람들을 보면서는 '아, 저 집 음식이 맛있나 보다'라고 자연스레 가추를 한다. 퍼스에 따르면, 가추법은 우리가 미래를 이성적으로 다룰 수 있는 유일한 가능성을 제공한다. 잔뜩 찌푸린 하늘을 보며 자연스럽게 비가 오리라고 생각하는 것도 가추이지 연역이나 귀납이 아니다. 연역이나 귀납으로는 그러한 단순한 추측조차 할 수 없다.

퍼스는 자신의 실제 경험을 한 사례로 든다. "어느 날 나는 터키 지방의 항구 도시에서 방문할 곳을 향해 걷고 있었다. 우연히 말을 탄 사람을 만났는데 네 명의 호위병이 각자 말을 타고 커다란 캐노피를 그 사람의 머리 위로 떠받치고 있었다. 이렇게 귀인 대접을 받을 만한 사람은 그 지방을 다스리는 통치자밖에 없을 것이라고 추론했다. 이것이 가설(가추법)이다."[229] 퍼스가 드는 또 다른 가추 사례는 화석이다. 물고기 화석이 바다로부터 먼 내륙지방에서 발견되었을 때 우리는 한때 그 땅에 바닷물이 있었다는 것을 추론할 수 있다. 이것 또한 가추법이다.

물론 가추에는 항상 오류의 가능성이 있다. 그것이 가추의 약점이자 매력이다. 어느 음식점 앞에 기다리는 사람이 많은 것은 맛집이어서가 아니라 그날 무슨 행사가 있어서거나 혹은 알바생을 고용해서 줄을 서게 한 것일 수도 있다. 땅이 젖은 것은 비가 와서가 아니라 건조한 날씨 때문에 살수차가 물을 뿌리고 간 것일 수도 있고 상수도관이 터져서 물이 넘친 것일 수도 있다. 그러나 대부분의 경우 우리는 올바른 결론에 도달한다.

퍼스는 우리 모두에게 올바로 가추할 수 있는 천부적 능력이 있다고 말한다. 그것은 마치 병아리가 알에서 깨어나자마자 모이를 쪼아 먹을 수 있는 능력이나 어린 새가 스스로 하늘을 날 수 있는 것처럼 자연적 본능에 가까운 것이다. 셜록 홈스의 '놀라운' 추리력은 사실 그리 놀라운 것이 못 된다. 그것은 마치 새가 하늘을 나는 것처럼 자연스러운 일이기 때문이다. 우리는 누구나 일상생활에서 셜록 홈스처럼 가추를 하며 살아간다.

퍼스에 따르면 장미꽃 한 송이를 장미꽃으로 지각하는 과정에도 가추가 필요하다. 우리는 축적된 경험을 통해서 '장미꽃은 이러이러하게 생겼다'(규칙)라는 것을 이미 알고 있다. 그래서 '이러이러하게 생긴 것'(결과)을 보았을 때 '이것은 장미꽃이다'(사례)라고 가추하게 된다.[230] 어떤 두 사람이 똑같은 사물이나 현상을 보면서 서로 다른 것을 느끼거나 다른 의미로 받아들이는 이유는 주어진 '결과'에 서로 다른 경험에 따른 상이한 '규칙'을 적용하기 때문이다. 우리가 겪는 모든 오해의 근원도 따지고 보면 서로 다른 경험에 따른 서로 다른 가추법적 '규칙'들을 갖고 있기 때문이다.

인간이 모든 지각 과정에서 반드시 '가추'를 하게 된다는 퍼스의 통찰은 현대 뇌과학과 특히 인공지능 설계자들에게 많은 영감을 제공했다.[231] 우리는 감각자료를 통해 어떤 대상을 '지각'할 때 반드시 '추론'의 과정을 거치게 된다. 뇌에는 어떤 가설모델(내적모델)이 존재하고 이것은 지각을 통해 유입되는 감각자료에 투사된다. 내적모델은 곧 '규칙'이고, 유입되는 감각자료는 '결과'이며, 이를 바탕으로 추론한 결과가 우리가 보고 듣는 '사례'가 된다.

우리가 경험하는 것에 대해 의식이 지속적인 스토리텔링을 하는 데 있어서 그 출발점은 언제나 가추법적인 '규칙'이다. 이 규칙을 다른 말로 표현하자면 바로 베이지안 추론에 있어서의 사전지식이 된다. 마음근력 훈련을 통해서 습관적인 스토리텔링의 방식과 내용을 변화시키고자 할 때 가장 집중해야 하는 것이 바로 이 '규칙'을 바꾸는 것이다. '규칙'은 내부상태에 생성모델(generative model)로 존재한다. 이 생성모델은 여러 감각시스템에서 올라오는 다양한 감각정보에 의미를 부여한다. 결국 '규칙'을 바꾼다는 것은 '생성모델'을 바꾸는 것이다.[232] 다시 말해 내면소통 훈련을 통해 마음근력을 강화한다는 것은 바로 이 생성모델을 바꾸고자 하는 것이다. 이에 관한 구체적인 방법에 대해서는 편도체를 안정화하는 내면소통 명상 등을 통해 자세히 설명할 것이다.

무의식적 추론과 딥러닝 모델의 시작

16세기 이탈리아의 화가 아르침볼도(Giuseppe Arcimboldo)의 그림을 보자([그림 5-5], 704쪽). 채소와 과일 바구니가 보일 것이다(위). 그런데 이 그림을 180도 돌리면 갑자기 사람 얼굴이 보인다(아래). 두 그림으로부터 주어지는 시각자료는 완전히 똑같다. 그런데 왜 아래 그림에서는 사람 얼굴이 보일까? 우리 뇌에는 어떤 대상에서 사람 얼굴이나 표정을 파악해내려는 강한 내적모델이 있다. 우리가 뒤집어진 채소와 과일 바구니에서 '사람 얼굴'을 보는 이유는 그림 자체에서 비롯된 것이라기보다 우리 내부에 있는 어떤 해석의 틀 때문이다. 물론 이때 추론의 논리 구조는 퍼스가 말하는 가추법이다.

물리학자이자 생리학자인 헬름홀츠(Hermann von Helmholtz)는 뇌가 무엇인가를 지각할 때 반드시 추론 과정을 거친다는 아이디어를 퍼스보다 앞선 약 150년 전에 최초로 제시했다. 헬름홀츠는 열역학뿐 아니라 시지각과 관련한 뇌 활동에도 많은 관심을 갖고 이론을 정립했다. 눈으로 무엇인가를 볼 때 무의식적이고 자동적으로 이뤄지는 메커니즘을 헬름홀츠는 '무의식적 추론(unconscious inference)'이라고 개념화했다.[233] 무의식적 추론은 우리가 무엇을 보거나 들을 때마다 언제나 일어나고 있다. 앞에서 살펴본 여러 착시 현상은 무의식적 추론의 대표적인 사례들이다.

헬름홀츠에 따르면 시지각은 의식의 통제를 넘어서는 자체적인 법칙을 따른다. 가령 우리 눈에는 해가 동쪽에서 떠서 서쪽으로 지는 것으로 보인다. 지구가 자전한다는 사실을 안다 해도 그러한 지식이 시지각 작용에 영향을 미치지는 않는다. 우리 의식은 지구가 자전한다는 것을 분명히 알고 있지만 그렇다고 해서 서쪽 하늘로 지는 태양이 갑자기 가만히 있는 것으로 보이고 대신 지구가 움직이는 것으로 보이지는 않는다는 것이다.

헬름홀츠는 시지각 작용 과정에서 무의식적인 추론이 자동적으로 일어나는 것은 감각자료가 의식이나 마음에 의해서 처리되지 않고 그보다 하위인 감각신경시스템에서 처리된다는 증거라고 보았다. 우리가 어떤 것을 '사실'로 지각하는 것은 감각시스템에 의해서 의식에 주어지는 것인데, 이 감각 과정에 의식이 개입해서 영향을 줄 수 없다고 본 것이다. 이러한 무의식적 추론은 인간관계에서도 작동한다. 우리는 다른 사람과 소통할 때 상대방의 비언어적 단서들을 무의식적으로 자동 해석해 상대방의 의도나 감정을 파악한다.

헬름홀츠는 이러한 무의식적 추론이 귀납적 논리에 기반한다고 생각했다. 하지만 퍼스는 지각 과정에서의 추론은 상당히 다른 논리 구조를 가진다는 점을 강조하면서 "과연 지각이 무의식적 추론인가?"라는 질문을 던져 헬름홀츠의 아이디어에 반론을 제기했다.[234] 지각의 과정에 '추론'이 존재한다는 점은 인정하되 그 추론의 논리 구조는 귀납법이 아니라 가추법임을 강

내면소통

조한 것이었다. 퍼스는 여기서 한걸음 더 나아가 모든 지각 과정뿐 아니라 역사적 사실에 대한 인식과 개인적인 기억까지도 가추법에 따라서 작동한다고 보았다. 가령 '내가 어제 이러저러한 일을 겪었다'라고 기억하는 것은 내가 지금 지닌 기억의 파편들과 느낌들로부터 추론해낸 것이라고 본 것이다.[235] 경험에 대한 기억과 사실에 대한 인식이 생성모델의 하향식(top-down) 과정을 통해 이루어졌다고 본 점에서 이제 우리가 살펴볼 프리스턴의 능동적 추론 이론과 일맥상통한다.

　　　분명한 사실은 헬름홀츠가 뇌의 기본 작동방식에서 핵심은 '무의식적 추론' 시스템이라는 것을 가장 먼저 이론화했다는 점이다. 그런데 너무 빨랐다. '추론은 의식만 할 수 있는 것'이라는 철학자와 심리학자들의 고정관념에 가로막혀 그의 아이디어는 100년 이상 외면받았으며 오랫동안 빛을 보지 못했다. 그러나 뇌의 본질을 '추론하는 기계'로서 파악했던 헬름홀츠의 아이디어는 1995년 피터 다얀(Peter Dayan)과 제프리 힌튼(Geoffrey Hinton) 등의 〈헬름홀츠 머신〉이라는 논문을 통해 머신러닝(machine learning)을 위한 기본 알고리즘의 하나로 부활해 인공지능의 발달에 큰 도움을 주었다.[236] 재미있는 사실은 딥러닝의 알고리즘을 창안해낸 제프리 힌튼 역시 헬름홀츠와 마찬가지로 생리학, 물리학, 심리학에 정통한 학자라는 사실이다.

　　　'헬름홀츠 머신'은 인간의 지각 시스템을 통계적 추론 엔진으로 보아 모델링한 것으로서 인지(cognitive)모델과 생성(generative)모델의 결합으로 이뤄진다. 인지모델은 외부로부터 유입되는 감각자료를 바탕으로 특정한 감각을 불러일으키는 가능성 있는 원인들의 확률분포를 추론하는 것이다. 생성모델은, 이것 또한 학습되는 것인데, 이러한 인지모델을 훈련하는 데 사용된다. 이러한 모델을 통해 헬름홀츠 머신은 유입되는 감각자료에 대해 '레이블을 붙여주는 지도교사'가 따로 없어도 감각자료의 원인에 대해 확률적 추론을 할 수 있음을 보여준다.

　　　헬름홀츠 머신의 비지도학습 알고리즘은 추론을 하는 신경시스템이 다층(multilayer)으로 이뤄진 확률적 신경망으로 구성되어 있다고 전제한다. 인지연결망은 유입되는 감각정보에 반응해 네트워크를 이루고 이러한 연결망의 형태정보는 숨겨진 상위 신경망으로 올라간다. 반면에 생성연결망은 상위 단계에서 내려오는 형태정보를 바탕으로 연결형태의 정보를 재구성해서 하위 신경망으로 내려보낸다.

감각정보에 관한 연결망 정보를 계속 상위로 올려주는 상향식(bottom-up) 과정을 힌튼은 '각성상태(wake phase)'라고 불렀는데, 이때는 주로 인지연결망 중심의 인공뉴런들이 작동해 생성연결망의 예측 확률을 높일 수 있도록 재구성하고 변화시킨다. 한편 내적모델을 바탕으로 계속 하위 신경망에 영향을 주는 하향식 과정이 '수면상태(sleep phase)'인데, 이때는 주로 생성연결망 중심의 신경들이 작동해서 인지연결망의 예측 확률을 높일 수 있도록 재구성하고 변화시킨다. 각성상태가 상향 적응과정(감각정보로부터 내적모델을 구축하고 재구성하는 과정)이고, 수면상태는 하향 적응과정(내적모델을 기반으로 감각정보를 처리하는 모델을 구축하고 재구성하는 과정)이다. 상위에 있는 생성모델이 유입되어 올라오는 감각정보에 대해 하향식으로 영향을 미친다는 아이디어는 헬름홀츠에 의해서 최초로 제시되었으므로, 이러한 알고리즘을 '헬름홀츠 머신'이라 부르게 된 것이다.[237]

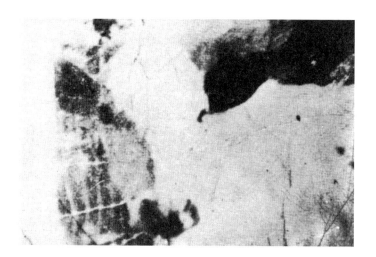

[그림 5-2] 시각적 추론 과정에서의 내적모델의 작동 2.

이 그림은 '소' 이미지라는 것을 보다 쉽게 알 수 있다. 이제 [그림 5-1](214쪽)로 돌아가
보자. [그림 5-1]이 '소'로 보일 것이다. 위의 그림을 통해서 [그림 5-1]을 해석할 내적모
델이 갖추어진 것이다. 이제는 [그림 5-1]을 처음 봤을 때처럼 이 이미지가 낯설게 보이
는 상태로 되돌아가기는 어렵다. [그림 5-1]의 이미지는 전혀 달라지지 않았다. 그러나
이제는 달라 보인다. 능동적 추론을 위한 내적모델이 달라졌기 때문이다.

출처: Dallenbach, K. M., 1951

예측오류와
자유에너지 원칙

자유에너지 최소화의 법칙

칼 프리스턴은 영국 유니버시티칼리지런던(UCL)의 신경과학 교수로 서 오늘날 뇌과학 분야에서 가장 영향력 있는 학자 중 한 명으로 꼽힌다. 의학이나 생리학 분야에서 노벨상을 받을 만한 후보 리스트가 매년 발표되는데, 프리스턴은 뇌과학자로서는 유일하게 여러 차례 이 리스트에 이름을 올렸다.

프리스턴은 현재 fMRI 뇌 영상을 연구하는 전 세계 뇌과학자들이 대부분 사용하고 있는 통계 패키지 프로그램인 SPM(Statistical Parametric Mapping)[238]을 개발한 것으로도 유명하다. 이 엄청난 프로그램은 놀랍게도 오픈소스이며 무료로 배포되고 있다. SPM 개발과 보급만으로도 프리스턴은 뇌과학 발전에 지대한 공덕을 쌓은 셈이다. 그러나 그의 진정한 업적은 '자유에너지 원칙(free energy principle)'을 뇌과학에 도입한 데 있다.

프리스턴의 자유에너지 원칙은 현대 뇌과학에 있어서 계산신경학, 신경과학, 인공지능, 정신건강의학, 행동과학 등 여러 분야에 걸쳐서 실질적이고도 의미 있는 영향을 미치고 있다. 마음근력의 의미와 그것의 향상을 위한 내면소통 훈련과 관련해서도 자유에너지 원칙의 관점은 많은 통찰을 주고 있으니 이제부터 좀 더 자세히 살펴보도록 하자.

프리스턴의 자유에너지 원칙은 기본적으로 뇌를 일종의 '헬름홀츠 머신'으로 보는 것에서 시작한다. 즉 뇌를 상향적 과정 및 하향적 과정을 통해 능동적 추론과 예측적 조절(predictive regulation)을 수행하는 다층적이고도 위계적인 네트워크로 파악한다. 이는 두 가지 이론적 전통을 결합한 것인데, 하나는 위계적 예측 모형에 입각한 헬름홀츠의 '지각의 심리학'이고, 다른 하나는 통계적 확률론에 입각한 '베이지안 추론'이다.[239]

감각자료를 바탕으로 지각편린을 생산하는 과정이 '헬름홀츠 머신'의 인지모델이고, 그러한 지각편린에 대한 사전지식을 바탕으로 지각이라는 경험을 생산(=예측오류의 최소화)하는 것이 생성모델이다. 앞에서 보았던 소의 이미지([그림 5-1], [그림 5-2])를 통해서 경험했던 것과 같은 지각적 학습과 추론은 현재 유입되는 감각자료와 관련된 과거의 예측을 끌어오는 데 필요하다.

시지각을 예로 들자면, 우리 뇌는 모든 감각자료를 제로베이스에서 분석해 시지각을 형성하는 것이 아니다. 오히려 이미 가지고 있던 내적모델을 기반으로 '예측오류(prediction error)'에 집중해 처리한다. 이 내적모델이 가추법에서 말하는 주어진 '규칙'이고, 베이지안 추론에서 말하는 '사전확률'이다. 이렇게 하는 것이 엄청난 양의 감각정보를 처리하는 데 훨씬 더 효율적이기 때문이다. 우리의 뇌는 이처럼 '예측오류'를 최소화하려는 본질적인 경향을 지니고 있다.

뇌는 여러 감각시스템을 통해서 받아들인 감각자료를 바탕으로 그러한 감각자료를 발생시킨 원인을 최대한 정확하게 추론해내고자 한다. 물론 어두운 두개골 속에 갇혀 있는 뇌는 외부적 '원인'에 직접 접근해 확인할 수는 없다. 뇌에는 시각·청각 등의 감각시스템을 통해 유입되는 일련의 감각자료만 주어질 뿐이다. 뇌는 이를 바탕으로 되도록 '정확한' 세상의 모습을 추론해내야만 한다. 여기서 '정확하다'라는 것은 객관적 정확성을 의미한다기보다 주어진 환경에서 효율적으로 생존하고 번식하는 데 도움이 된다는 뜻이다. 지금 들려오는 소리가 위험한 맹수가 내는 소리인지 아닌지, 혹은 지금 눈앞에 보이는 저 붉은색이 먹을 수 있는 사과인지 아닌지 등을 최대한 정확하게 추론해내야만 한다.

자유에너지 원칙에 따르면 모든 생명 시스템은 내부와 외부를 구별하는 경계를 지니고 있는데, 이 경계 밖에서 주어지는 외적 정보와 경계 안에 존재하는 내적모델 간의 괴리가 곧 '서프라이즈'이며 예측의 오류다. 가령 물 밖에 나와 퍼덕이는 물고기의 상태가 곧 서프라이즈의 상태다. 모든 생명체는 이러한 '서프라이즈'를 줄이기 위해 끊임없이 자신의 내적모델을 수정한다. 내적모델을 수정함으로써 예측오류를 최소화하고 서프라이즈를 줄여가는 것을 '자유에너지 최소화의 법칙'이라고 한다.

하나의 생명체가 자신의 움직임의 결과를 추론하는 것은 과거로부터 적절한 데이터를 가져와서 미래를 예측한다는 뜻이다. 의도에 따른 움직임을 위한 능동적 추론에는 반드시 과거와 미래에 관한 개념, 즉 '시간적 두께(temporal thickness)'가 필요하다.[240] 능동적 추론은 베이지안 원칙에 기반한 확률적 추론을 통해 수행된다. 지금 주어진 감각자료의 의미, 즉 이 감각자료를 발생시킨 외부 원인이 무엇인가에 대한 해석은 과거의 비슷한 경험을 통해 형성된 '사전지식'으로부터 영향을 받는다.

뇌는 다양한 감각기관에서 전달되는 정보와 사전에 이미 주어진 정보를 바탕으로 추론해서 지각편린을 생산해낸다. 보고 듣고 느끼는 모든 것이 뇌의 추론의 결과다. 물론 퍼스가 이야기했듯이 이러한 추론의 논리 구조는 가추법이다. 프리스턴은 이를 능동적 추론(active inference)[241]이라고 부르는데, 이는 감각정보에 대해서 나의 움직임의 결과가 영향을 미칠 수 있다는 의미다.

예측오류 수정에 움직임이 관여한다는 개념은 헬름홀츠도 이미 갖고 있었던 것 같다. 헬름홀츠는 지각에 대한 글에서 다음과 같이 이야기하고 있다. "우리는 움직이면서도 지각한다. 몸을 움직이면서 어떤 사물을 계속 바라볼 때 우리는 계속해서 같은 대상을 바라보는 것이지만 유입되는 시각정보는 약간씩 달라지게 마련이다. 이것은 일종의 검증이라 할 수 있다. 즉 우리가 애초에 이해한 것이 맞는지를 특정한 공간적 관계에서 계속 테스트해보는 것이다."[242]

이처럼 헬름홀츠는 비록 '예측오류'라는 용어 자체는 사용하지 않았으나 뇌가 지각 과정에서 움직임을 통해 자신의 가설을 테스트한다고 보았다는 점에서 프리스턴의 능동적(혹은 행위적) 추론과 매우 비슷한 생각을 갖고 있었다고 볼 수 있다. 움직임을 통해 감각정보를 다양하게 획득함으로써 기존의 믿음을 계속 업데이트한다고 본 점에서 헬름홀츠도 이미 능동적 추론의 개념을 어느 정도 갖고 있었던 것이다. 물론 움직임이 시지각 처리 과정에 필요하다는 것은 오늘날에는 단순한 가설이 아니라 이미 과학적으로 입증된 사실이다.[243]

자유에너지를 최소화하는 주체, 자의식

프리스턴의 자유에너지 원칙은 감각정보의 처리 과정과 행위정보의 처리 과정이 본질적으로 같은 구조를 지닌다고 본다. 실제로 움직이는 물체를 바라보는 안구운동을 분석해보면 안구는 물체의 움직임을 '예측'해서 움직이고, 그렇게 움직이는 안구는 계속 새로운 시각정보를 유입시켜 생성모델을 업데이트한다. 감각정보에 따른 행위와 그러한 행위의 결과에 따른 감각정보에 대한 예측적 추론(혹은 예측오류)의 피드백이라는 순환 과정을 계속하는 것이다. 이러한 감각과 행위가 소용돌이치는 중심에는 자연스레 행위를 하고 자신의 행위에 대한 피드백을 받는 어떤 '주체(agent)'가 떠오르게 되는데, 이것이 곧 자의식이다.[244] 자의식의 발생은 능동적 추론의 필연적인 결과인 셈이다.

자유에너지 원칙에 따라 뇌의 작동방식을 설명하자면, 내부상태를 주관하고 자유에너지를 최소화하는 어떤 주체, 즉 '에이전트(agent)'의 존재가 꼭 필요하다. 이러한 에이전트가 곧 '나'라는 자의식이 된다. 특정 감각이 발생했을 때 그 감각의 발생 원인에 대해 최적의 확률 모델을 수립해서 이를 바탕으로 수많은 감각자료로부터 유용하고 의미 있는 것들을 골라내는 존재가 곧 '나'다. 이것이 지각과 행위가 환경을 통해 상호작용한다는 의미이고, 능동적 추론의 목표는 서프라이즈(예측오류)를 최소화하는 것이다.[245]

정리하자면, 능동적 추론은 감각자료에 대한 베이지안 추론을 통해서 자유에너지를 최소화하는 것이다. 이미 주어진 기존 정보들 가운데 현재 주어진 감각자료를 해석하는 데 필요한 정보를 적극적으로 선택하고 이를 바탕으로 서프라이즈를 최소화하는 방향으로 예측을 하는 것이다. 즉 능동적 추론의 목표는 행위(움직임, 지각, 해석 등)를 통해서 예상되는 서프라이즈(엔트로피 또는 불확실성)를 최소화하는 것이다. 이 과정에는 배고픔을 피하고 싶다거나 다치고 싶지 않다는 등의 '의도'가 개입되고, 이것이 바로 의식의 기반이 된다. 이러한 관점에서 보자면 의식은 나의 의도나 행동이 가져올 수 있는 미래에 관한 추론 그 자체라고도 설명할 수 있겠다.[246]

뇌에 전달되는 감각정보에는 외부 환경에 대한 것만 있는 것은 아니다. 내 몸의 움직임이나 위치에 대한 고유감각(proprioception) 자료와 신체 내부의 내장기관으로부터 전해지는 내부감각(interoception) 자료도 지속적으로 주어진다. 이러한 내부로부터의 감각자료에 대해서도 뇌는 끊임없이 능동적 추론을 한다. 뇌는 특히 내부감각에 대한 추론을 바탕으로 통증이나 감정을 구성해낸다.[247]

특히 특정 감각정보가 나의 내부와 외부 중 어디에서 오는지 정확하게 구분하는 것은 움직임과 관련해 매우 중요하다. 이러한 과정에서 고유감각과 내부감각을 받아들이고 처리하는 주체를 포괄적으로 '나'라고 느끼게 되는 것이다. 자의식 역시 다양한 감각정보에 대한 베이지안 원칙에 따른 능동적 추론의 결과물임이 분명하다.[248] 다만 추론 과정에 문제가 발생하면 자의식의 혼란이나 감정조절에 있어서 심각한 장애가 발생할 수도 있다.

정리하자면, '자유에너지 최소화의 법칙'에 따라 모든 생명체의 뇌는 자신의 내적모델과 외부로부터 주어지는 감각정보 간의 괴리를 최소화하려 하고, 이에 따라 예측오류를 줄이려는 내재적 시스템이 구축되는데, 이 시스템의 최상단에는 추론하는 주체인 자의식이 등장하게 된다. 즉 자의식은 예측오류 최소화 과정의 논리적이고도 필연적인 귀결이다.[249]

이와 관련해서 중요한 개념이 '자기확증(self-evidencing)'이다. 자기확증이란 어떠한 가설에 대한 근거가 하나의 특정 사건밖에 없고, 동시에 그 사건 자체의 의미는 전적으로 그 가설에 의존하는 상태다. 자기확증에는 설명-증명의 순환(explanatory-evidentiary circle)이 존재한다. 즉 가설은 사건을 설명하고 동시에 사건은 가설의 근거가 되는 것이다. 예측오류를 최소화하다 보면 결국에는 자기확증의 상태에 이르게 된다. 감각정보의 유입과 능동적 추론을

내면소통

통한 예측오류의 최소화라는 '사건' 자체가 에이전트의 존재라는 '가설'을 증명하는 설명-증명의 순환 관계가 성립하는 것이다. 이러한 의미에서 우리 뇌는 본질적으로 '자기확증적'이다.[250] 능동적 추론에 따른 스토리텔링(의미부여)이 있는 곳에 필연적으로 등장하는 자기확증적인 에이전트가 바로 자의식이다.

　　뇌는 자유에너지를 최소화하기 위해 존재하는 시스템이기 때문에 우리의 모든 행동, 지각, 학습, 의사결정 등도 자유에너지 최소화의 법칙을 따를 수밖에 없다.[251] 자유에너지 최소화의 법칙은 수학적 모델을 통해서 인간의 지각, 인지, 운동, 감정, 의사결정 등 폭넓은 뇌의 작동기제를 모두 설명하고자 하는 야심찬 이론이라 할 수 있다. 뇌가 서프라이즈를 줄이기 위해 내적모델을 수정한다는 것은 곧 환경과 상호작용하며 움직임에 관해 끊임없는 의미부여와 예측을 한다는 뜻이다. 우리 의식에는 자유에너지 최소화의 과정이 곧 스토리텔링으로 나타난다. 의식의 본질은 지속적인 스토리텔링이고, 이러한 스토리텔링이 곧 내면소통이다.

마코프 블랭킷
: 능동적 추론 과정을 위한 모형

마코프 체인과 마코프 블랭킷

　　자유에너지 원칙은 뇌의 기능만을 설명하기 위한 이론이 아니다. 살아 있는 생명체는 물론 인간사회의 조직이나 인공지능 시스템 등 유사 생명현상을 설명하는 데도 자유에너지 원칙은 유용한 이론적 틀이 될 수 있다. 생명현상에 대해 논의하려면 살아 있는 것과 그렇지 않은 것을 구분하는 경계(boundary)에 대해 먼저 논의해야 한다. 살아 있는 생명체 내부와 외부 환경을 구분할 수 없으면 생명현상이란 있을 수 없다. 그러나 생명체의 경계는 내부와 외부를 완전히 차단하는 단절과는 다르다. 내부와 외부(환경)를 구분하면서도 에너지와 물질을 끊임없이 받아들이고 배출할 수 있어야 한다. 생명현상의 핵심인 경계는 통계적 의미에서 내부와 외부를 구분하는데, 시간이 지남에 따라 확률함수가 '무작위적으로 계속 변화해가는 속성(probabilistic stochastic)'을 지닌다.[252]

　　경계는 외부에서 내부를 직접 관찰할 수 없게 한다. 오직 내부를 둘러싸고 있는 경계만이 관찰될 수 있을 뿐이다. 내부상태와 경계는 베이지안 추론을 통해서 항상성(homeostasis)을 유지하고 나아가 자기생성(autopoiesis)을 할 수 있게 된다.[253] 이러한 유기체의 '경계'를 어떻게 개념화하고 이론화하는가가 자유에너지 원칙에서는 매우 중요한 과제다. 프리스턴은 유기체의 경계를 '마코프 블랭킷(Markov blanket)'으로 개념화할 것을 주장한다. 생명체의 경계가 '마코프 블랭킷'이라는 의미는 내부상태가 자기 경계의 자유에너지를 최소화하기 위해 작동한다는 뜻이다.

　　마코프 블랭킷은 '마코프 체인(Markov chains)'이라는 개념을 유데아 펄(Judea Pearl)[254]이 확장해서 발전시킨 것이므로 먼저 마코프 체인의 의미에 대해 간략히 살펴보자. 수학자 안드레이 마코프(Andrey Markov)는 하나의 사건이 다른 사건에 확률적인 영향을 미치는 과정을 논의하면서 '마코프 체인'의 개념을 제안했다. 하나의 사건이 발생할 확률이 그 이전의 사건에 영향을 받을 때 두 사건은 마코프 체인으로 묶여 있다고 정의한다. 동전 던지기를 계속한다고 가정해보자. n번째에 앞면이 나올 확률은 그 직전이나 그 이전에 앞면이 나왔는지 뒷면이 나왔는지에 전혀 영향을 받지 않는 독립적인 사건이다. 그 직전에 무엇이 나왔는지와 상관없이 동전을 던질 때마다 앞면이 나올 확률은 항상 2분의 1이다.

　　하지만 우리는 동전 던지기처럼 사전에 무슨 일이 벌어졌는지에 전혀 영향을 받지 않는 독립적인 사건들의 관계에는 별 관심이 없다. 가령 내가 오늘 저녁에 무엇을 먹었는지는 내일 비가 내릴 확률에 영향을 미치지 않는다. 따라서 두 사건은 독립적이고 우리는 두 사건이 어떠한 관계인지에 별 관심을 기울이지 않는다. 물론 얼핏 보기에는 전혀 상관없어 보이는 일들이 복잡계로 얽혀 있을 수는 있다. 하지만 여기서는 확률론적으로 얽혀 있지 않은 독립적인 두 사건은 일반적으로 함께 고려하지 않는다는 점에 집중하도록 하자. 우리가 일상생활이나 과학에서 확률적 관심을 두는 사건들은 대부분 서로 영향을 주고받는 것들이다.

　　한 지역구에서 이번 선거에 어느 당 후보가 당선됐는가는 다음 선거 결과에 적잖은 영향을 미칠 것이다. 따라서 두 사건은 마코프 체인으로 연결돼 있다. 오늘 내가 무슨 색 옷을 입을지는 아마도 내가 어제 무슨 색 옷을 입었는지에 영향받을 가능성이 크고, 내일 무슨 색 옷을 입을지에 영향을 줄 가능성도 크다. 점심때 무엇을 먹었는지는 아마도 저녁 메뉴 선택에 영향을 미칠 것이다. 이러한 사건들은 모두 마코프 체인으로 연결돼 있는 셈이다.

　　마코프 체인 개념이 특히 유용한 분야는 커뮤니케이션이다. 한 음절이나 단어의 의미는 바로 직전이나 직후에 등장하는 음절이나 단어에 상당한 영향을 받는다. 누군가가 "아이 엠 어 보이, 아이…"라고 말할 때 두 번째 나오는 '아이'의 의미는 영어 'I(나)'일 가능성이 크다. 앞 문장이 영어이기 때문에 그다음 문장도 영어일 가능성이 큰 것이다. 반면에 "아이들이 참 많네. 아이…"라는 말에서는 두 번째 나오는 '아이'의 의미가 한국어 '아이(child)'일 가능성이 더 크다. 그 직전에 나온 문장이 한국어이므로 그다음에 나올 단어도 한국어일 가능성이 크기 때문이다. 이처럼 소통에서는 앞에서 어떤 문장이 발화되었는지가 나중에 나오는 동일한 음가를 가진 단어의 의미 해석(추측)에 커다란 영향을 미치게 마련이다. 문맥(context)에 따라 문장의 의미가 달라지거나, 상황에 따라 발화의 의미가 달라지는 모든 화용론적 현상의 바탕에는 마코프 체인이 있다. 이러한 특성으로 인해 마코프 체인은 오래전부터 인공지능에서의 자연어처리(NLP) 기술에 기본적인 알고리즘을 제공하는 이론적 기반이 되었다. 인공지능 스피커가 인간이 말하는 자연어를 알아듣고 답변할 때 그 뒤에는 마코프 체인을 기반으로 한 알고리즘이 작동하고 있을 것이다.

마코프 블랭킷은 마코프 체인으로 묶인 여러 사건의 네트워크에 관한 것이다. 펄은 각 사건(변인) 간의 확률적인 관계를 그림으로 묘사하는 그래프 모델에 대해 논의하면서 마코프 블랭킷을 다음과 같이 정의한다.[255] 여러 사건의 발생 확률이 복잡하게 얽혀서 서로 영향을 주고받는 네트워크를 이루고 있다고 가정해보자. 이때 하나의 특정 사건 혹은 노드(node) A가 어떤 상태인지 예측하는 데 필요한 다른 노드들의 최소한의 집합이 곧 특정 노드 A의 마코프 블랭킷이다. 달리 말해서 노드 A의 마코프 블랭킷은 그것들의 상태에 대한 정보가 주어지면 그밖의 다른 모든 노드들의 상태가 어떻게 되든 영향을 받지 않고 노드 A의 상태를 확률적으로 조건 짓는다. 이것이 마코프 '블랭킷'인 이유는 마치 담요처럼 타깃이 되는 특정 노드 A를 둘러싸서 보호하는 듯한 느낌을 주기 때문이다. 요약하자면, 마코프 블랭킷은 특정 노드(내부)와 다른 모든 노드(외부)를 구분하는 경계로서의 노드다.

어떤 유기체의 내부를 노드X라고 하자. 이때 마코프 블랭킷은 노드X를 둘러싼 일종의 '경계'다. X에게 영향을 미치는 부모와 X의 영향을 받는 자

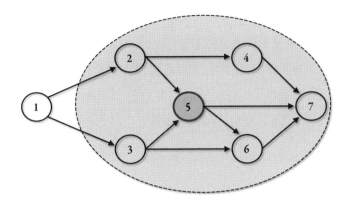

[그림 5-6] 마코프 블랭킷 모델의 개념도. 내부 노드 5번을 둘러싸고 있는 2, 3, 4, 6, 7번 노드들이 5번 노드의 마코프 블랭킷이다.

출처: Kirchhoff et al., 2018

녀와 그 자녀에게 영향을 미치는 또 다른 배우자 노드들을 모두 모아놓은 집합이 곧 블랭킷이다. 참고로 여기서 부모와 자녀라는 것은 확률론적 의미에서 영향을 미치는 관계임을 뜻한다. 즉 영향을 주는 것이 부모이고 영향을 받는 것이 자녀이며, 특정 자녀에게 영향을 함께 미치는 것이 배우자다. 마코프 블랭킷의 의미는 블랭킷 노드들의 모든 정보가 주어진다면 다른 외부 노드 Y의 정보가 추가로 주어진다고 해서 X에 대해 추가로 더해지는 정보는 없다는 뜻이다.

[그림 5-6]에서 중앙에 파란색 원으로 표시된 '5'가 내부(노드X)이며, 2, 3, 4, 6, 7은 노드 5를 둘러싸고 있는 경계, 즉 5를 내부로 삼아 둘러싸고 있는 5의 블랭킷이다. 블랭킷을 이루는 것에는 내부(5)에 영향을 주는 부모(2, 3)와 영향을 받는 자녀(6, 7)가 있고, 자녀에게 함께 영향을 미치는 배우자(4)가 있다. 이 상태에서는 5의 블랭킷인 2, 3, 4, 6, 7의 정보만 모두 주어지면 5의 상태에 대해 충분히 예측할 수 있다. 블랭킷 바깥에 있는 외부인 노드 1에 관한 정보가 추가로 주어진다고 해서 5에 대해 더 주어지는 정보가 없다는 뜻이다.[256] 이 그림에서 회색으로 표시된 부분이 생명체다. 노드 5가 내부이며, 노드 1이 환경이고, 마코프 블랭킷인 2, 3, 4, 6, 7이 통계적 의미에서의 경계다.

마코프 블랭킷은 공간적 관점에서 보자면 내부와 외부의 '경계'지만, 시간적 관점에서 보자면 과거를 바탕으로 미래를 예측하는 '현재'다. 미래를 예측하는 데 필요한 과거 경험으로부터의 정보는 지금 여기에 존재한다는 뜻이다. 마코프 블랭킷은 안과 밖을, 나와 남을, 과거와 현재를 통계적 관점에서 구분 지으며 동시에 연결해주는 존재다.

마코프 블랭킷을 통해 본 생명체의 네 가지 상태

자유에너지 원칙에 따르면 생명체에는 외부, 내부, 감각, 행위의 네 가지 상태(states)가 있다([그림 5-7] 참조).[257]

감각상태와 행위상태의 작동방식은 매우 비슷하다. 둘 다 예측오류를 생산하며 동시에 예측오류에 의해서 업데이트된다. 가령 어떤 시각정보가 유입되면 그것을 해석하는 데 가장 적합한 과거 정보를 골라내고 그 시각정보가 발생한 원인을 추론한다. 추론한 결과를 계속 유입되는 시각정보에 적용할 때 차이가 나게 마련인데, 이 차이가 바로 예측오류다. 뇌는 이 예측오류를 줄이기 위해서 추론을 계속 업데이트하고 수정해나간다.

외부로부터 주어지는 감각정보와 내적모델에서 생성하는 예측 간의 차이가 바로 예측오류이고, 이 예측오류를 바탕으로 감각정보를 바꾸기 위한 것이 행위(눈을 크게 뜨고 다시 본다든지, 더 가까이 다가가서 본다든지)다. 그리고 예측오류를 바탕으로 예측 내용을 바꾸는 것이 지각이다.

이러한 과정을 [그림 5-8](705쪽)을 통해 살펴보자. 먼저 그림자를 보았다고 하자(①). 그것의 의미를 해석하기 위해서 뇌는 즉각적으로 이미 사전정보로 저장된 다양한 내적모델로부터 가장 적절한 모델을 적용해서 일차적으로 의미를 추론해낸다(②). 그다음 한걸음 뒤로 물러선다든지 하는 여러 '행위'를 통해서 이전과는 다른 정보들을 계속 얻고 거기서 얻게 되는 예측오류를 바탕으로 감각정보들을 계속 업데이트함으로써 시지각을 생산해낸다(③). 물론 [그림 5-8]에 표현된 예측오류 수정의 과정은 일종의 비유다. 실제로 예측오류의 수정 과정은 무의식적이고도 자동적으로 빠르게 처리된다.

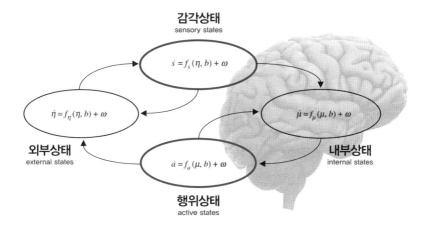

감각상태
sensory states

$$\dot{s} = f_s(\eta, b) + \omega$$

$$\dot{\eta} = f_\eta(\eta, b) + \omega$$

$$\dot{\mu} = f_\mu(\mu, b) + \omega$$

$$\dot{a} = f_a(\mu, b) + \omega$$

외부상태
external states

내부상태
internal states

행위상태
active states

[그림 5-7] **생명체의 네 가지 상태.** 생명체에는 외부상태, 내부상태, 감각상태, 행위상태 등 네 가지 상태가 있다. 이 중 감각상태와 행위상태가 내부상태의 마코프 블랭킷이다. 뇌를 하나의 내부상태로 본다면 몸은 감각상태와 행위상태로 이루어진 마코프 블랭킷이다.

출처: Ramstead et al., 2021

뇌의 추론 시스템은 예측오류를 바탕으로 행위를 통해 새로운 감각정보를 얻고 동시에 감각정보에 대한 예측을 바꾸어서 지각내용을 업데이트한다. 이러한 '추론'과 '예측오류'에 대한 설명은 일종의 비유적인 것이라 할 수 있다. 수많은 감각정보를 실시간으로 처리할 때마다 '아! 내 예측이 틀렸으니 수정해야겠다'라는 구체적인 의도를 갖는다는 뜻이 아니다. 실제 감각시스템은 여러 층위로 이뤄져 있고, '감각정보에서 올라오는' 예측오류와 '생성모델에서 내려오는' 예측오류가 실시간으로 각 층위에 피드백을 주는데, 이러한 과정 자체는 우리의 의식 저변에서 저절로 이뤄진다. 즉 예측오류의 최소화 과정은 모든 층위의 신경시스템의 차원에서 자동으로 이뤄지는 것이며, 그 최상위 시스템에 존재하는 주체가 '의식'이다. 이처럼 감각기관으로부터 유입되는 불분명한 노이즈도 시각, 청각, 촉각 등의 감각정보를 바탕으로 끊임없이 능동적 추론을 해서 구체적인 지각편린(percepts)으로 생산해내는 것이 뇌의 기본 임무다.

마코프 블랭킷의 행위상태는 환경에 영향을 미칠 수 있으며 내부상태와 마코프 블랭킷 자체의 엔트로피를 감소시킬 수 있다. 행위는 구조적-기능

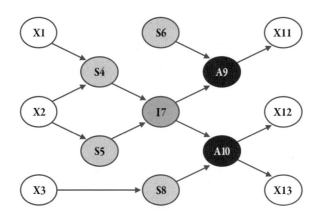

[그림 5-9] 마코프 블랭킷을 통해 본 네 가지 상태. 이 모델에서는 감각상태(S4, S5, S6, S8)와 행위상태(A9, A10)가 내부상태 (I7)를 둘러싼 마코프 블랭킷이다. 나머지 노드들 (X1, X2, X3, X11, X12, X13)은 외부상태다.   출처: Kim et al., 2022

적 통합성이 유지되도록 한다. 이것을 스스로 조직하고 만들어낸다는 의미에서 '자기생성(autopoiesis)' 과정이라 할 수 있을 것이다. 내부상태는 베이지안 추론에 근거해 감각상태의 원인이 되는 외부 환경에 대해 추론하게 된다. 행위를 통해 스스로 추론하는 대상에 영향을 미칠 수 있다는 점에서 프리스턴은 이를 '능동적(active)' 추론이라 부른 것이다.[258]

생명체의 외부상태, 내부상태, 행위상태, 감각상태의 상호작용 방식을 마코프 블랭킷을 통해 보다 구체적으로 살펴보는 것은 앞으로 논의하게 될 내면소통의 개념화에 큰 도움이 된다.[259]

[그림 5-9]를 보면서 좀 더 구체적으로 살펴보자. 우선 '외부상태'는 마코프 블랭킷 바깥에 있는 것(X1, X2, X3, X11, X12, X13)으로 생명체가 몸담고 살아가는 환경이나 세상이다. 여기서 외부상태는 객관적인 외부 환경 그 자체라기보다는 마코프 블랭킷 시스템의 감각상태나 행위상태에 대해 확률론적으로 투영된 것이다. 그래서 '외부'가 아니라 '외부상태'다. 제4장에서 이미 살펴보았듯이 우리가 경험하는 모든 실체는 지각과 인식작용의 산물이다. 마코프 블랭킷의 외부상태가 바로 이러한 개념에서의 실체(objects of mind=dhamma=法)다.

'내부상태'는 안에 있는 것(I7)으로 능동적 추론 과정의 최상단에 존재하는 의식이라 할 수 있다.

'행위상태'는 내부상태로부터 영향을 받아 외부상태에 영향을 주는 것(A9, A10)으로 근육을 움직이고 움직임을 만들어내는 것이 그 예다.

'감각상태'에는 두 종류가 있다. 하나는 내부상태에 영향을 주는 것(S4, S5)이고, 다른 하나는 내부상태를 거치지 않고 바로 행위상태에 영향을 주는 것(S6, S8)이다. 내부상태에 영향을 주는 감각상태가 바로 의식으로 전달되는 감각이나 지각이고, 내부상태에 영향을 주지 않고 곧바로 행위상태에 영향을 주는 감각상태가 무의식적으로 처리되는 감각정보들이다. 예컨대 의식에 떠오르지는 않으나 통증이나 감정에 영향을 주는 내부감각이나 고유감각이 이에 해당한다. 다시 한번 강조하자면, 이 모형에서 '화살표'는 마코프 체인을 의미한다. 결정적 영향이라기보다는 '확률적 영향'이라는 뜻이다.

뇌의 내부(의식, 판단, 예측하는 부분, I7)와 외부 환경 사이에는 마코프 블랭킷 역할을 하는 몸이 있다. 몸은 감각상태(S4, S5, S6, S8)와 행위상태(A9, A10)를 담당한다. 우리 뇌는 감각상태로부터 유용한 정보를 선택적으로 샘플링해 내적모델을 바탕으로 능동적 추론을 하며 그 추론을 바탕으로 예측해서 항상성과 알로스태시스(allostasis)를 달성하기 위해 여러 가지 움직임을 발생시킨다.

의식은 '움직임 자체가 주는' 감각정보와 '움직임이 외부 환경을 변화시킴으로써 얻어지는' 감각정보를 통합해서 세상에 관한 단일한 이미지를 생산해낸다. 여기서 '움직임 자체가 주는 정보'의 대표적인 것은 관절, 근막, 근육에 분포해 팔다리의 움직임이나 위치를 감지하는 고유감각 정보다. [그림 5-9]에 표현하자면 A9이나 A10에서 S6나 S4로 영향을 미치는 화살표로 나타낼 수 있을 것이다. '움직임이 외부 환경을 변화시킴으로써 얻어지는 감각정보'란 내가 사물을 움직이면서 그 모습을 눈으로 보거나, 내가 움직이는 사물의 소리를 귀로 듣거나, 내가 손으로 사물을 움직이면서 동시에 그 움직임을 내 손으로 느끼는 것을 말한다. 이는 X11이나 X12에서 S4로 향하는 화살표로 표현할 수 있을 것이다. 이러한 정보들에 대해 의식(I7)은 지속적인 샘플링과 리샘플링을 하고, 능동적 추론을 바탕으로 예측적 조절을 하며, 그 결과로서 제4장에서 살펴보았던 단일성, 동시성, 연속성, 체화성, 수동성 등을 생산해내게 된다.

[그림 5-9]에서 X1과 S4의 관계를 다시 한번 살펴보자. X1은 외부 사물 혹은 환경이 주는 상태 정보다. S4는 몸의 일부인 감각기관이다. 그런데 S4는 X1을 수동적으로 그냥 받아들이는 것이 아니다. S4에도 지각의 과정에서 능동적 추론을 하는 신경시스템이 있다. S4는 자신의 내적모델을 바탕으로 가장 적절한 추론을 통해 예측오류를 최소화하는 방향으로 X1에 대한 지각편린을 생산한다. 외부상태인 X1이 S4와의 상호작용을 통해 지각편린으로서 X1'이 생산되고 이는 I7에 전달된다. I7에 주어지는 외부 사물이나 환경은 항상 마코프 블랭킷인 우리 몸에 의해서 의미가 부여되고 생산된 지각편린이다.[260]

한편 I7이 S4를 통해서 지각편린 X1'을 받아들이는 과정에서도 능동적 추론을 한다. 지각편린 X1'을 바탕으로 의미 있는 기호나 스토리텔링을 함으로써 X1'을 다시 X1''으로 생산해낸다. 이것이 의식의 본질이 스토리텔링이라는 뜻이다. 의식 I7은 X1'을 바탕으로 X1''을 생산해낼 때 A9이나 A10을 고려하게 된다. 여기서 A9은 X1에 영향을 미친다. X1을 사과라 가정해보자. 사과(X1)를 보고 사과를 집기 위해서 손을 뻗는(A9) 상황을 생각해보라. 이때 행위상태(A9)의 다양한 가능성은 의식(I7)이 X1'(지각편린으로서의 사과)을 X1''(의미를 지닌 사과, 즉 이야기)으로 생산해내는 과정에 필연적으로 영향을 미치게 된다. 이것이 바로 특정 대상에 대한 행위 가능성이 그 대상에 대한 지각에 영향을 미친다는 뜻이다. 프란시스코 바렐라(Francisco Varela)는 이를 '행위적 인지(enactive cognition)' 혹은 '체화된 행위(embodied action)로서의 인지'라 개념화했다.[261]

I7이 S4를 통해서 X1을 인지하는 과정에는 I7이 A9을 통해 지각 대상인 외부상태에 대해 행위를 할 수 있는 다양한 가능성이 추론 과정에 강한 영향을 미친다. I7→A9→X1→S4→I7, 이렇게 의식에서 출발해서 의식으로 되돌아오는 '신기한 루프'[262]가 생기게 되며, 이것이 의식의 본질적 특성이다. 또한 내면소통의 본질적 형태인 자기참조과정의 작동방식이기도 하다. 이를 '신기한' 루프라 부르는 이유는 대상을 인식한다는 것은 결국 나를 인식하는 것이고, 나에 대한 인식은 대상을 통해서 가능해지며, 동시에 대상을 인식하

내면소통

는 것에는 나의 행위 가능성이 투사되기 때문이다.

의식은 행위와 지각, 대상과 인식 사이의 끊임없는 소용돌이로부터 떠오른다. 의식은 능동적 추론의 주체이면서 동시에 능동적 추론 과정에 의해 생산되는 산물이기도 하다. 이러한 의식은 주로 이야기와 의도를 생산하지만, 감각상태나 행위상태의 마코프 블랭킷이 처리하는 모든 정보에 일일이 관여하지 않는다. 나는 "컵을 들어 커피를 마셔야겠다"라는 의도만 가질 뿐이다. 그러한 행위를 실현하는 데 필요한 모든 행위상태 정보와 감각상태 정보를 의식하지 않으며 그럴 수도 없다. 의식이 컵을 드는 데 필요한 모든 근육과 신경에 일일이 명령을 내리는 것은 불필요할 뿐만 아니라 불가능한 일이다.

대개의 감각-행위 관련 정보는 마코프 블랭킷의 자체적인 능동적 추론 시스템으로 처리된다. 내 의식은 내 몸이 느끼는 모든 감각이나 내 행위에 필요한 모든 정보를 다 알지 못하며 다 처리하는 것도 아니다. 다만 이 모든 것의 소용돌이 한가운데에 태풍의 눈처럼 고요하게 존재하는 것이 바로 '나'다. 이것이 바로 뇌과학자 로돌포 지나스(Rodolfo Llinás)가 말하는 '소용돌이로서의 나'의 의미다.[263]

마코프 블랭킷과
내면소통

마코프 블랭킷 관점에서 본 소통

I7의 입장에서는 S4가 생산해낸 지각편린 X1'이나 자신이 생산해낸 X1"이 얼마나 정확한지(즉 자신의 능동적 추론의 결과가 얼마나 정확한지) 판단해 예측오류가 있다면 이를 계속 수정해나가야 한다. 예측오류 판단을 하는 방법에는 크게 네 가지가 있다.

첫째,

X1의 감각자료에 대해 S4가 지속적인 리샘플링을 통해 정보를 계속 수집하는 것이다. 즉 사과라고 지각한 것이 맞는지 보고 또 보는 것이다.

둘째,

다른 감각정보를 처리하는 S5로부터 X1에 대한 정보를 얻는 것이다. S4가 시각정보를 처리하는 시지각 시스템이라면 S4가 X1에 대해 생산해낸 시지각 결과를 S5가 얻는 촉각정보 또는 후각정보와 비교해보는 것이다. 다시 말해 앞에 있는 사물이 정말 사과인지 눈으로 볼 뿐만 아니라 만져보기도 하고 냄새도 맡아보는 것이다. 물론 이러한 촉각 또는 후각정보를 얻기 위해 손을 내밀거나 코를 들이미는 '행위'를 해야 한다면

A9이나 A10의 행위상태의 도움이 필요하다.

셋째,

X1에 대해 A9을 통해 일정한 행위를 하고 그 피드백을 받아보는 것이다. 말하자면 정말 사과가 맞는지 먹어보는 것이다.

넷째,

I7이 생산해낸 최종적인 해석의 결과, 즉 '이것은 사과다'라는 이야기가 과연 맞는지 다른 사람(다른 마코프 블랭킷의 내부상태)을 통해 확인하는 것이다. 말하자면 옆 사람에게 "이것이 사과가 맞냐?"라고 물어보는 것이다. 이것이 바로 경험의 공유로서의 소통이다.

의식이라는 스토리텔러가 존재하게 된 근본 이유는 능동적 추론 과정의 위계질서에서 최상단에 존재하는 생성질서(generative order)가 예측오류를 최소화하기 위해서는 궁극적으로 타인과 소통할 수밖에 없기 때문이다. 이것이 바로 의식이 자신의 경험을 항상 '다른 사람에게 보고할 만한 것'으로 바꾸는 이유다.[264] 능동적 추론 과정이라는 내면소통은 항상 타인과의 대면소통으로 완성되는 것이고, 동시에 모든 대면소통에는 내면소통이 전제되어 있다.

이 네 가지 방법 중에서 앞의 세 가지 방법에서 능동적 추론 과정에 심각한 예측오류가 발생하는 것이 '환각'이고, 네 번째 방법에서 그러한 문제가 발생하는 것이 '망상'이다. 그런데 I7의 입장에서는 자기가 받아들인 지각이나 생산해낸 이야기가 환각이나 망상인지를 자체적으로 판단할 수 있는 근거가 없다. 이를 위해서는 반드시 다른 사람과의 소통이 필요하다. 그렇기에 만약 이 지구상에 단 한 사람만 존재한다면 환각이나 망상이라는 개념 자체가 성립하지 않는다.

다른 사람들의 마코프 블랭킷에 존재하는 내부상태들과 현저하게 다른 스토리텔링을 하는 경우 I7은 환각이나 망상을 지닌 것이 된다. 능동적 추론 과정이 정상이냐 비정상이냐를 구분하는 기준은 어떤 외부적이고 객관적인 사실도 아니고 수학이나 논리도 아니다. 이 기준은 오직 타인과의 커뮤니케이션에 의해서만 주어질 뿐이다. 즉 다른 사람들의 평균적인 추론의 결과에서 얼마나 벗어나 있는가에 따라서 결정될 뿐이다. 모두가 환각에 빠져 있거나 모두가 망상에 빠져 있다면 아무도 환각이나 망상에 빠져 있지 않은 것이 된다.[265]

　　다른 사람과 소통한다는 것은 I7-1과 I7-2가 각자의 마코프 블랭킷을 통해 정보를 주고받는다는 뜻이다. 다른 사람의 의식이나 의도에 대해서 우리는 항상 그 사람의 마코프 블랭킷인 몸을 통해서 능동적 추론을 해낼 수밖에 없다. 그의 몸이 만들어내는 목소리, 표정, 몸짓 등을 통해 의도와 감정 등을 가추법으로 추론하는 것이다. 그래서 소통은 마음의 문제이기 이전에 몸의 문제인 것이다. 이것이 바로 현상학의 세계적인 석학인 정화열 교수가 "우리는 항상 몸으로 다른 사람에게 드러나며, 따라서 몸은 모든 인간 관계에서의 존재 양식(social placement)이다"라고 강조하는 이유다.[266]

나는 존재한다, 고로 생각한다

　　내부상태인 의식(I7)은 감각상태에서 유입되는 정보에 대해 중요한 추론을 해야 한다. 즉 "지금 '내'가 느끼는 이 감각이 어디서 비롯된 것인가"를 추론해야 한다. 이 감각을 일으킨 것은 나인가 아니면 너인가? 지금 내 팔에 느껴지는 이 촉감은 내 몸이 내 팔에 닿아서 생기는 것인가, 아니면 누군가 내 팔을 만지는 것인가? 지금 내가 손에 쥔 물건이 움직이는 것처럼 느껴지는 것은 내가 이 물건을 움직인 결과인가, 아니면 이 물건이 지금 스스로 움직이고 있는 것인가? 지금 내 발이 떠오르고 있는 것은 내 다리 움직임의 결과인가, 아니면 내 발이 딛고 있는 바닥이 솟아오르고 있는 것인가?

　　'지금 내가 느끼는 감각의 근원이 나의 내부인가, 아니면 외부인가' 하는 것은 나의 움직임을 계획하고 또 그 결과를 예상하는 데 있어서 매우 중요한 문제다. 팔과 다리를 움직여서 걸어갈 때에는 나의 의도에 따른 움직임이 가져오는 감각과 외부 작용에 의한 감각이 마구 섞여서 들어온다. 이때 수많은 감각정보 가운데 어느 것이 나의 움직임에서 비롯된 것이고 어느 것이 외부에서 비롯된 것인지를 순간순간 끊임없이 판단하는 것은 내게 주어진 환경에서 움직이기 위한 매우 중요한 문제다. 이때 움직임이나 감각 생성의 근원이 나의 내부상태일 때 그 원인 제공자를 하나의 주체(에이전트)로 상정하게 되는데, 이것이 자의식의 근원임은 이미 살펴본 바와 같다. 이것이 '나'라는 자의식이 움직임을 위한 능동적 추론의 필연적인 결과물인 이유이고, 결국 내부상태인 I7에 자의식이 등장하는 이유다.

　　나를 다른 사람과 구분해서 인식하는 것은 자의식의 기본 요소다. 하지만 자기인식에 대한 정보가 뇌에서 어떻게 처리되는지에 관해서는 아직 분명하게 밝혀진 바가 없다. 그럼에도 자유에너지 원칙은 자기인지 과정에 대한 이론적 틀을 만드는 데 큰 도움을 준다. 뇌는 몸이 받아들이는 정보를 베이지안 방식으로 처리함으로써 '나'라는 인식을 만들어낸다. 감각정보에 대한 확률론적 표현이 위계적으로 상향 전달되고 상층부에서는 여러 종류의 정보를 통합한다. 감각시스템으로부터 상향으로 전달되는 감각정보들은 '서프라이즈' 신호로서의 특성을 띤다. 상층부의 신경계는 다양한 루트를 통해 올라오는 여러 '서프라이즈' 정보들을 하향식으로 조절해 뇌 전체에서 발생하는 예측오류를 최소화한다.

　　이 과정에서 움직임을 위해 내부감각과 외부감각에 대한 구분(외적 원인에 의해 발생하는 감각과 내 행위로 인해 발생하는 감각에 대한 구분 포함)이 필연적으로 발생하고 여러 층위로 이뤄진 '경계'로서의 마코프 블랭킷이 형성된다. 이 '경계'에 둘러싸인 하나의 중심축 혹은 '내부'가 상정되는데 이것이 바로 자의식 발생의 핵심적인 과정이다.[267] 이 모든 과정이 지향하는 목표는 '항상성' 유지를 위한 끊임없는 원상복귀보다는 성장과 발전을 위한 '알로스태시스'의 성취다.

　　자의식은 실제 경험하는 것과는 다른 현실을 내 의도에 따라 만들어낼 수 있다는 자기확신의 결과물이다. 내 행위의 결과가 지금 내가 경험하는 것과 다른 것을 만들어낼 것이라는 추론 과정에 의해서 '시간적 두께'도 구성된다. 다시 말해 시간의 흐름이라는 인식은 결국 의도와 움직임의 상관관계에 대한 인식에서 도출되는 것이다. 이러한 관점에서 보자면 결국 의식이란 나의 미래에 대한 추론 혹은 아직 실현되지는 않았으나 나의 의도에 따라 실현될 내 행위의 결과에 대한 스토리텔링이라 할 수 있다.

시간적 두께의 가장 근본적인 형태는 움직임에서 찾아볼 수 있다. '내가 손을 뻗으면 저 나무에 열린 사과를 잡을 수 있다'라는 추론이 자의식을 생성하는 기본 단위들이다. 이러한 추론이 움직임에 대한 의도이며, 내 의도에 따른 행동의 결과를 추론함으로써 인과관계가 생겨나고, 그러한 인과관계가 시간의 흐름이라는 느낌이 들게 한다. 인간의 기본적인 지각 과정, 인과적 사유, 스토리텔링, 언어적 표현 등이 모두 움직임에 대한 추론에서 비롯하며, 이러한 과정을 통합하고 조정하기 위해 의식이 생성된다. 그러한 경험과 의식의 주체로서 자의식이 떠오르게 되는 것이다.

지금까지의 논의를 종합해보면 인식의 주체로서의 자의식은 생물학적으로 존재하는 마코프 블랭킷인 우리 몸의 감각작용과 행위작용의 결과로서 생성된 것이다. 즉 내 몸이 먼저 존재하기에 '나'라는 자의식이 탄생하게 되는 것이다. 따라서 프리스턴은 데카르트의 "나는 생각한다, 고로 존재한다"라는 명제는 틀렸으며, "나는 존재한다, 고로 생각한다"가 옳다고 주장한다.[268] 몸과 뇌가 먼저 존재하는 것이고, 마코프 블랭킷이 우선 존재해야 내면적인 스토리텔링, 곧 의식으로서의 내면소통이 존재할 수 있기 때문이다.[269]

우리의 자의식은 항상 외부에 대한 인식, 지각과 행위의 연속으로 이루어진다. 감각과 행위가 일어나는 바로 그 지점이 경험자아다. 따라서 경험자아의 본질은 마코프 블랭킷의 감각상태와 행위상태라 할 수 있다. 그리고 마코프 블랭킷이 감싸고 있는 '내부'가 바로 의식으로서의 배경자아가 있는 곳이고, 외부로부터 직접적인 영향을 받지 않으면서 감각상태와 행위상태를 바라볼 수 있는 자리다.

마코프 블랭킷에 의해서 나와 타인 간의 구분, 나와 환경 간의 구분이 일어난다. 그 경계가 곧 '나'라는 자의식을 구축하는 토대가 된다. 그 경계에서 세상에 대한 지각이 일어나고, 세상을 향한 행위가 일어난다. 이것이 바로 "의식이 타인과 자신을 향해 동시에 열려 있다"라는 것의 의미다.[270]

고통과 번민 역시 바로 그 경계에 있다. 그 경계에 서서 외부만을 바라보는 것이 일상생활이다. 그래서 인생은 고달프기 마련이다. 내면소통 훈련으로서 명상은 바로 그 경계를 알아차리고 그 경계가 둘러싸고 있는 내면을 동시에 바라보고자 하는 것이다. 내면을 향하는 순간 경계는 확장된다. 경계에서 경계를 바라보고 경계에 머무는 순간, 내부에도 외부에도 그 어디에도 얽매이지 않는 자유로운 존재가 된다.

의식이 있는 곳에는 항상 자의식이 있는가? 당연한 것 같기도 하지만 그것을 증명하거나 입증하기는 쉽지 않다.[271] 하지만 우리는 인간의 모든 경험에는 그 경험의 주체인 경험자아와 그것을 알아차리는 배경자아가 동시에 존재한다는 것을 이미 살펴보았다. 의식적 경험 뒤에는 기본적인 자의식이 배경으로서 존재한다는 아이디어는 이미 여러 철학자나 뇌과학자들이 제기한 바 있다. 단 자하비(Dan Zahavi)는 후설의 자아개념에 대해 논의하면서 일상적인 경험자아와 구분되는 보다 근본적인 '전회고적 자의식(pre-reflective self consciousness)'의 개념을 주장하는데, 이것은 배경자아와 매우 유사한 개념이다.[272] 후설은 자아를 세 가지로 구분한다. 원초적인 순수자아(pure I), 타인에게 드러나는 인격자아(personal I), 그리고 이 모든 것의 기본이 되는 근원자아(primal I = Ur-Ich)가 그것이다. 근원자아는 판단중지를 하는 자아다. 후설의 순수자아와 인격자아는 자하비가 말하는 일상적인 경험자아에 해당하고, 근원자아가 '스스로를 돌이켜보기 이전에 존재하는 자아'인데 이것이 곧 '내가 나임(I am that I am)'을 인식하는 주체다. 이것이 내면소통의 주체인 배경자아이고 자의식의 근원이다.

의식이 있다는 것은 깨어 있는 상태, 즉 '각성'상태에 있는 것을 의미한다. 토마스 메칭거(Thomas Metzinger)에 따르면 의식의 각성상태에는 두 종류가 있다. 하나는 '위상 각성(phasic alertness)'인데, 이는 보통 현저한 외부자극에 의해 상향(bottom-up)으로 유발되어 짧은 시간 동안 유지되는 각성이다. 불규칙적으로 가끔 발생하여 예측하기 어려운 외부자극에 대한 반응이다. 보통 새로운 대상으로 주의를 전환하거나 스스로 의도의 방향을 급격히 바꾸는 경우에 떠오르는 의식이다.

다른 하나는 '토닉 각성(tonic alertness)'인데, 이는 외부자극에 의해서가 아니라 하향(top-down)으로 내부에서 유발되는 각성상태를 수 분에서 수 시간 동안 유지하는 의식상태다. 이는 지속해서 내재적인 의식상태를 동일하

게 유지하는 '동일한 깨어 있음'의 상태를 의미한다.[273]

배경자아는 불이론(non-dualism)[274]에서 말하는 '순수의식'과 관련이 깊은데, 이는 결국 지속적인 토닉 각성상태의 베이지안적 표현 혹은 예측 모형의 내용이라 할 수 있다.[275] '불이론'은 주관과 객관이 근본적으로 다르지 않다고 보는 것이다. 그렇다고 '일원론'은 아니다. 둘이 하나라는 뜻이 아니라 둘은 둘이되 서로 다르지 않다는 것이다. 관찰 주체와 관찰 대상이 다르지 않으며, 나와 우주가 근본적으로 다르지 않다는 것이다.[276]

메를로-퐁티의 몸 철학 역시 인간의 몸을 단순한 살과 피의 덩어리(객관적 실체)로만 보지 않는다. 그보다는 주관과 객관이 결합한 경험자의 장(場)으로 본다는 점에서 불이론과 일맥상통한다.[277] 관찰 주체와 대상이 하나로 연결되어 있다는 데이비드 봄의 전체적인(wholeness) 우주관 역시 불이론의 물리학적 표현이라 할 수 있다.[278]

불이론에 입각한 수행전통이 '불이론적 알아차림(non-dual awareness: NDA)'인데, 그 핵심은 일상적인 경험의 기반이 되는 주관과 객관의 이분법을 넘어서는 것이다. 특히 의식의 내용을 텅 비게 만들어서 순수의식의 상태에 도달하고자 하는 수행법이다.[279] 불이론적 알아차림 역시 '배경자아의 알아차림'을 지향하는 수행이라 할 수 있다. 실제로 불이론적 알아차림 수행자를 대상으로 한 뇌 연구결과를 보면 일반적인 알아차림 중심의 명상 수행자들과 마찬가지로 자기참조과정과 관련된 신경망(주로 설전부와 dlPFC)의 기능적 연결성이 증가했음을 알 수 있다.[280] 제10장에서 다룰 자기참조과정 훈련의 마지막 단계인 '격관 명상'은 이러한 불이론적 알아차림에 누구나 쉽게 접근할 수 있도록 구성된 것이다.

마코프 블랭킷 관점에서 본 소매틱 운동

메칭거에 따르면 '자아(self)'는 이 세상에 존재하는 실체가 아니다. 누구도 자아를 '갖고' 있지 않으며, 자아'였던' 적도 없다. 자아는 뇌가 구성해낸 '내적 이미지'일 뿐이다.[281] 하지만 자의식은 자기 스스로가 이미지에 불과한 허상이라는 것을 경험할 수 없다. 존재하는 것은 우리의 의식 경험에 떠오르는 허상으로서의 자의식일 뿐이다. 그것은 고정된 실체라기보다는 지속적인 과정이고 투명한 자아 모델의 내용일 뿐이다.[282] 앞에서 살펴본 바와 같이 자의식은 결국 지속적인 스토리텔링 그 자체다.

메칭거의 주장처럼 우리가 경험하는 모든 것은 가상현실에서의 가상 자아에 의한 것일지도 모른다. 그렇다면 왜 인간의 뇌는 자의식을 만들어내는 방향으로 진화하게 되었는가? 메칭거는 자의식이 뇌의 기능에 의해 생산되는 가상현실임은 매우 설득력 있게 논증했으나 뇌가 그러한 방향으로 진화한 이유에 대해서는 정확한 답을 내놓지 못했다. 나는 이에 대한 답을 '움직임'에서 찾아야 한다고 믿는다. 모든 감각상태와 행위상태를 알아차리는 주체인 자아의 본질이 바로 내부상태인 I7이다. 마음근력 훈련의 핵심인 내면소통 명상이나 자기참조과정을 포함한 여러 전통의 명상 수행은 모두 I7에 집중하는 훈련이라 할 수 있다. 우리나라 전통 참선의 대표적 화두인 '이뭣고' 역시 I7에 대한 단도직입적인 질문이다. 이 몸뚱어리(마코프 블랭킷)를 이끌고 다니는 내부상태인 I7이 과연 무엇이냐고 묻고 있는 것이다.

내부감각은 마코프 블랭킷의 일부인 내 몸으로부터 전해지는 감각정보다. 시각, 청각, 촉각 등이 외부 환경에 대한 정보라면 내부감각은 내 몸의 상태에 대한 정보다. 제8장에서 자세히 살펴보겠지만 내 몸의 상태에 대한 정보는 감정인지나 감정조절과 직결된다. 이것이 내부감각에 집중하는 '소매틱 운동'이 감정조절 훈련에 매우 효과적인 이유다.

소매틱 운동은 외부 환경이 제공하는 감각보다는 내 몸이 보내는 고유감각에 집중하는 운동이다. 어떻게 공을 던져야 원하는 방향으로 보낼지, 어떻게 해야 무거운 바벨을 제대로 들어 올릴지 등에 집중하는 것은 일반적인 신체(physical) 운동이다. 반면에 소매틱 운동은 공을 쥔 손의 느낌에 집중하거나 땅을 딛고 선 다리에 전해지는 감각의 변화에 집중하는 것이다. 고유감각 훈련과 소매틱 운동 가운데 대표적인 것으로 타이치, 기공, 펠덴크라이스요법, 알렉산더테크닉 등이 있다. 특히 태극권은 운기(運氣)를 중요시 한다. '기'의 존재를 믿든 안 믿든 상관없이 기를 느끼는 훈련은 전적으로 내부감각을 발달시키는 훈련이다. 기는 시각이나 촉각 등의 감각으로 보거나 만질 수 있는 것이 아니다. 내 몸안에서 느껴지는 어떤 에너지의 흐름 같은 느낌이다. 태극권의 투로 동작은 이 기를 잘 조절하고 운전하는 운기의 방법을 모아놓은 것이다. 천천히 움직이며 내 몸이 나에게 주는 감각에 집중할 수밖에 없는 운동이라는 점에서 일반적인 물리적 신체 운동과는 매우 다르다. 이에 대해서는 제9장에서 자세히 다룬다.

　　나의 상태와 움직임을 지각하고 반응하는 것은 곧 경계와 내면 간의 소통이다. 그것이 곧 수행이다. 가만히 앉거나 서 있는 상태를 유지하기 위해서도 경계와 내면이 끊임없이 소통해야 한다. 호흡에 집중하거나 걷기 명상을 할 때도 외부와의 상호작용보다는 자기 내면과의 상호작용에 더 집중해야 한다. 그렇기에 모든 수행은 곧 내면소통이다.

　　제한된 공간에서 외부자극의 변화 없이 혼자 특정한 움직임을 반복하며 내부감각에 집중하는 것(타이치, 쿤달리니 요가, 기공 등)은 효과적인 내면소통 훈련이다. 메이스벨이나 페르시안밀과 같은 특정한 무게의 기구를 사용하며 고유감각을 기반으로 하는 운동인 고대진자운동 역시 강력한 내면소통 훈련이다. 반면에 누군가와 함께하는 탁구, 축구, 농구 등의 스포츠는 내면소통보다는 끊임없이 변화하는 외부 환경과의 상호작용에 초점을 맞춘다. 이러한 활동에도 내면소통 훈련의 요소가 전혀 없는 것은 아니지만 상대적으로 적다고 할 수 있다. 움직임을 통한 내면소통 훈련은 잘못된 예측에 따른 '서프라이즈'의 최소화를 지향한다. 이것이 곧 자유에너지의 최소화 혹은 예측오류의 최소화를 지향하는 움직임 기반 명상이다.

정신질환과 보상체계에 대한
새로운 이해

능동적 추론의 관점과 정밀정신의학

예측 과정을 뇌의 핵심적 작동방식으로 보는 능동적 추론 모델은 일반적인 뇌의 작동방식뿐 아니라 조현병을 비롯한 여러 정신질환의 원인에 대해서도 매우 중요한 시사점을 준다. 능동적 추론 모델에 입각해서 정신질환의 원인과 치료법에 대해 설명하려는 시도는 어찌 보면 당연한 것이다. 정신의학의 전통적인 관점은 인간의 뇌가 지각, 인지, 행위라는 세 가지 정보처리 과정을 순서대로 진행한다는 '샌드위치 모델'에 입각해 있었다. 이제 이 '낡은' 모델은 좀 더 구성주의적이고 행위주의적이면서 재귀적인 상호작용과 역동적인 인과관계를 고려하는 새로운 예측 모델에 의해 급속히 대체되고 있다.[283]

프리스턴의 능동적 추론 모델에 근거해 조현병의 환각과 망상에 대한 설명이 처음 시도된 이래로 다양한 정신질환을 뇌의 추론 기능에 장애가 생긴 것으로 파악하는 관점이 급속히 확산되고 있다.[284] 정신질환은 결국 이미 지니고 있는 사전믿음과 새로이 유입되는 감각정보 사이의 적절한 균형을 유지하는 시스템에 오류가 생긴 것이라는 관점이 널리 퍼지고 있는 것이다. 건강한 뇌라면 여러 감각정보 가운데 무의미한 정보나 오류는 무시하고, 예측오류에 따라서 사전믿음을 수정하여 유의미하고 중요한 정보에 가중치를 두며 추론하게 된다. 능동적 추론 모델에 따르면 이러한 시스템에 이상이 생긴 것이 바로 각종 정신질환이다.

예측오류는 유입되어서 올라오는 상향적 감각자료와 위에서 아래로 내려오는 하향적 예측 모델 간의 '차이'에서 발생한다. 이 차이의 정보, 즉 예측오류는 상위층으로 가서 최초 가설인 사전믿음을 업데이트한다. 추론하는 기계로서의 뇌는 상향되는 예측오류와 하향되는 예측의 상호작용을 통해 환경과 세상에 대한 최선의 설명을 만들어내고자 노력한다. 이때 예측오류는 아직 설명되지 않은 가치 있는 정보라 할 수 있다. 뇌에는 여러 감각기관으로부터 전달되어 올라오는 다양한 종류의 감각자료가 쏟아져 들어온다. 이때 많은 종류의 예측오류가 발생하는데 뇌는 어떤 정보에 가중치를 두어 주의를 기울일지 결정해야만 한다. 여기서 중요한 것이 '정확성(precision)'이다. 베이지안 추론을 하는 뇌의 입장에서는 예측오류가 사전믿음보다 더 정확하고 믿을 만한 고품질의 정보다. 따라서 더 높은 가중치가 주어지며 지각에 더 큰 영향을 미치게 된다.[285]

생리학적으로 보자면, 뇌가 제대로 된 종류의 예측오류를 선택하는 것은 '주의에 관한 볼륨 조절(attentional gain control)'과 관련된 시냅스의 볼륨 조절 기제에 의해서 매개되는 것이라 할 수 있다. '볼륨 조절'이라는 개념은 다양한 차원의 관점을 가능하게 한다. 가장 단순하게는 '고전적인 시냅스 기제'에 관한 관점에서 바라볼 수도 있을 것이고, 또는 조금 더 복잡하게 동시적 볼륨 조절 기능을 기반으로 하는 '활성-억제의 균형 모델'로도 설명할 수 있을 것이다. 말하자면 억제성 인터뉴런(interneuron)에 의해 조절되어 재빨리 동기화하는 신경세포에 의한 예측오류 시스템의 역동적 선택이라 볼 수도 있다는 것이다. 이러한 관점은 계산신경학의 논리적 필요성과 신경생물학의 기제를 연결해준다. 즉 심리적 병리학과 병리적 생리학을 연결해주는 관점인 것이다.[286]

이러한 관점에서 보자면 자폐증은 무의미하고 노이즈에 불과한 감각정보에 대해서 가중치를 줄이는 시스템에 이상이 생긴 상태다. 그 결과 자폐증 환자는 무의미하고 중요하지도 않은 감각정보들에 대해서 '볼륨 조절'을 하지 못하기에 과도하게 민감한 반응을 보이게 되는 것이다.[287] 마찬가지 방식으로 감정과 관련된 예측오류를 제대로 처리하지 못하는 상태는 우울증을 유발하거나[288] 불안장애의 원인이 되기도 한다.[289]

프리스턴의 능동적 추론과 예측 모델은 뇌과학자들뿐만 아니라 정신의학자들 사이에서도 점차 각광을 받고 있다. 다양한 정신질환에 대해 새로운 관점에서의 명쾌한 설명이 가능해졌을 뿐만 아니라 진단과 치료에 관한 새로운 접근법도 열리게 된 것이다. 프리스턴 자신은 이를 '정밀정신의학(precision psychiatry)'이라 부른다.[290] 그런데 이것은 일종의 중의법이다. 정밀의료란 원래 진단과 치료에 있어서 유전자, 환경, 생활습관 등 개인의 특성과 이와 관련된 방대한 빅데이터를 활용하여 개인별로 정확히 진단하고 맞춤형 치료를 하는 새로운 의료 시스템을 의미한다. 2015년 미국 정부가 정밀의료 추진계획(precision medicine initiative)을 발표한 이후에 정밀의료에 대한 관심이 고조되었고, 이에 따라 정신의학계에서도 정밀정신의학의 도입을 주장하는 목소리가 커지고 있다.[291]

프리스턴은 "일종의 말장난(wordplay)을 해보고 싶은 충동"을 느낀다며, '정밀(precision)'의 의미를 살짝 비틀어서 사용한다.[292] '정밀'의료의 원래 의미는 개인에 대한 다양한 정보를 바탕으로 정밀한 맞춤 진단과 처방을 내리는 것이다. 그런데 프리스턴이 말하는 '정밀'정신의학은 뇌가 정보를 얼마나 정확하고 정밀하게 처리하는가의 문제를 정신질환의 핵심으로 보자는 것이다. 프리스턴은 자신이 말하는 정밀정신의학과 본래적 의미의 정밀의료 사이에는 밀접한 관계가 있음을 강조한다.

환자들은 개인별로 서로 다른 사전믿음과 예측 패턴을 갖고 있다. 프리스턴은 이러한 예측 패턴을 환자 개인별로 알아낼 수 있어야, 다시 말해 환자의 뇌가 어떤 잘못된 방식의 추론을 하는지 정확하게 측정하고 진단할 수 있어야 진정한 의미의 '정밀정신의학'이 될 수 있다고 강조한다. 단지 유전자나 생활습관의 개인차만을 들여다볼 것이 아니라 능동적 추론 과정에서의 구체적인 개인별 특성을 파악해야만 진정한 정밀정신의학에 도달할 수 있다는 것이다.

환각과 망상에 대한 새로운 이해

원래 조현병을 전문적으로 다루던 정신과 의사답게 프리스턴은 조현병의 핵심을 능동적 추론 과정의 문제라고 본다.[293] 자유에너지 원칙의 관점에서 보자면 불안장애나 우울증 등 감정조절장애는 물론이고 자폐증이나 조현병 같은 정신질환의 근본 원인도 능동적 추론 과정에서의 교란이다. 이것이 조현병을 비롯해 여러 정신질환의 뚜렷한 생물학적 기전이 밝혀지지 않는 이유다. 실증적인 연구결과들은 실제로 조현병 환자들에게서 추론 과정에 장애가 발견되고 있음을 보고하고 있다.[294] 감각정보와 내적모델 사이에 순환적 추론 장애가 발생한다는 사실이 밝혀진 것이다. 특히 상향적 추론에서 순환적 장애가 발생하는 것은 양성증상과 관련이 깊고, 하향적 추론에서 순환적 장애가 발생하는 것은 음성증상과 관련이 깊은 것으로 나타났다.

조현병의 증상에는 일반적으로 음성증상과 양성증상, 두 종류가 있다. 음성증상은 일반인에게는 존재하나 환자에게는 없거나 현저하게 저하되는 증상으로 언어장애, 무동기증, 무욕증, 무감정증 등이 있다. 양성증상은 일반인에게는 나타나지 않고 환자에게만 나타나는 증상으로 환각과 망상이 대표적이다.

환각은 실제로는 존재하지 않는 것을 보거나 듣는 것이다. 누군가 내게 자꾸 이야기하는 목소리가 들린다든지 귀에 도청장치가 있어 소리가 들린다고 하는 것이 '환청'이고, 다른 사람들 눈에는 보이지 않는 무엇인가를 보는 것이 '환시'다. 마코프 블랭킷 모델에 따르자면 감각상태에서의 능동적 추론 과정에 이상이 생겨 예측오류에 대한 수정이 잘 일어나지 않을 때 이러한 장애가 발생한다. 일반인이라면 감각상태는 유입되는 감각자료에 대해 능동적 추론을 통해 지각편린을 생산하고, 생산된 지각편린에 대해서는 계속 새롭게 유입되는 감각자료와 대조해 예측오류를 지속적으로 수정해나가는 과정을 거치게 된다. 이러한 에러-수정 추측 모델에 이상이 생기면 실재하지 않거나 왜곡된 지각편린을 생산하게 되고, 이것이 환각으로 나타나는 것이다.[295] 기존의 사전믿음을 바탕으로 무엇인가 만들어내는 생성모델은 새로 유입되는 감각정보에 의해 계속 수정되고 업데이트돼야 하는데, 그러한 예측오류를 바로잡는 추론 시스템이 제대로 작동하지 않는 상태라 할 수 있다.

실재하지 않는 것을 보거나 듣는 것은 조현병 환자에게만 일어나는 일은 아니다. 건강한 일반인도 환각을 경험한다. 바로 꿈을 꾸고 있을 때다. 일반인의 뇌가 렘수면으로 전환될 때의 작동방식은 조현병 환자의 뇌 작동 방식과 놀랄 만큼 유사하다.[296] 우리가 꿈속에서 경험하는 온갖 일들이 비논리적이고 환상적인 이유는 깨어 있을 때와는 달리 잠을 자는 동안에는 능동적 추론의 오류를 제어할 수 있는 감각정보가 뇌에 전달되지 않기 때문이다. 꿈을 꾸는 동안에는 다리를 감싸고 있는 이불의 감각이 마치 거대한 괴물이 다리를 잡고 있는 것처럼 느껴진다. 깨어 있을 때에는 다리를 통해 계속 유입되는 이불의 감각에 의해 '괴물의 공격'이라는 잘못된 예측오류가 즉각적으로 수정될 것이다. 하지만 자는 동안에는 감각자료의 유입이 차단되어 예측오류가 수정되지 않기 때문에 뇌의 추론 시스템은 황당한 스토리텔링을 계속 이어나가게 되는 것이다. 즉 능동적 추론에 대한 오류 수정의 메커니즘이 작동하지 않기 때문에 꿈을 꾸는 동안에는 마치 조현병 환자처럼 비논리적인 환각을 경험하게 되는 것이다.

눈을 감고 명상을 할 때도 마찬가지다. 깨어 있는 동안에는 보통 눈을 통해 새로운 시각정보가 계속 유입되고 그것을 바탕으로 예측오류를 수정함으로써 무엇인가를 제대로 '보게' 된다. 그런데 깨어 있으면서도 한참동안 눈을 감고 있으면 뇌의 생성모델은 계속 이러저러한 이미지를 늘 하던 대로 만들어내지만 이를 수정해줄 새로운 시각정보의 유입이 차단된 상태에 놓이게 된다. 즉 하향식으로 생성되는 이미지들은 상향식으로 유입되는 시각정보에 의해서 실시간으로 예측오류의 수정이 이뤄져야 하는데, 눈을 감고 있어 새로운 시각정보가 유입되지 않으므로 뇌의 생성모델이 자유롭게(그야말로 자유에너지가 충만한 상황이다) 만들어내는 온갖 이미지들이 생생하게 '보이게' 된다.

시험 삼아 눈을 감은 상태에서 졸지 말고 집중해서 눈앞에 무엇인가를 보려고 해보라. 눈을 감은 상태에서 대략 30분 정도 잠들지 않고 무엇인가를 보려고 하면 감각상태의 생성모델이 활발하게 작동한다. 보통 사람 얼굴이나 동물의 모습이 생생하게 보이기도 하고 환한 빛이나 다양한 종류의 색깔이 보이기도 한다. 눈을 뜬 채 한곳만 계속 바라보아도 대상물이 점차 왜곡되어 보이기 시작한다. 마룻바닥이나 창틀을 계속 바라보면 그것들이 움직이는 것처럼 보이기도 하고 여러 가지 무늬가 평면이 아니라 입체로 보이기도 한다. 이때 눈동자를 움직이지 않는 것이 중요하다. 눈동자를 움직이면 새로운 종류의 시각정보가 유입되어서 즉각적으로 예측오류가 수정되기 때문이다. 이리저리 눈동자를 굴리지 말고 그저 한곳만 집중해서 한참을 보면 보이는 것이 달라지는 시각 경험을 하게 될 것이다.

전통적인 명상 수행을 할 때도 눈앞에 무언가 보이는 때가 있는데, 이를 '니미따(nimitta)'라고 해서 수행이 한 단계 높은 경지로 올라갔다는 지표로 여기기도 한다. 니미따에 대해서는 뒤에서 수행에 대해 다루는 부분에서 좀 더 자세히 설명하기로 하고, 여기서는 우선 눈앞에 무언가가 보이는 현상이 명상 수행의 효과와는 별 관계가 없다는 점만 밝혀둔다. 그냥 눈만 감고 있거나 완전히 깜깜한 곳에 오랫동안 있으면 누구든지 이러저러한 이미지나 빛을 보게 된다. 따라서 명상할 때 눈앞에 무언가 보인다고 해도 이는 명상 자체와는 아무 관련이 없다. 그저 시각중추와 관련된 뇌의 능동적 추론 시스템과 하향적 생성모델이 잘 작동하고 있다는 증거일 뿐이다.

확률적 추론에 따른 생성모델의 결과라는 점에서 보자면 환각이나 니미따뿐 아니라 상상과 꿈, 나아가 일반적인 지각도 모두 그 본질은 같다. 꿈이 일반적인 지각과 차이가 있다면 유입되는 감각정보로부터 예측오류에 관한 업데이트를 받지 않는다는 것뿐이다. 눈을 감고 집중하는 명상을 할 때 나타나는 니미따 역시 유입되는 시각정보가 제한되기 때문에 나타나고, 조현병의 환각은 예측오류 업데이트 과정에서 오류 때문에 나타난다. 뇌가 보거나 듣는 것은 그것이 일반적인 지각이든 아니면 환각이나 꿈이든 모두 능동적 추론의 결과물이라는 점에서 본질적으로 같다.[297] 이것을 달리 표현한 것이 《반야심경》의 '색즉시공 공즉시색(色卽是空 空卽是色)'이며 '수상행식 역부여시(受想行識 亦復如是)'다.

환각이 없는 것을 보거나 듣는 것이라면, 망상은 헛것을 믿는 것이다. 부적절한 근거를 바탕으로 한 굳은 신념을 지닌 상태가 곧 망상이다. 일반인이 보기에는 말도 안 되는 황당한 신념인 경우가 많다. 망상을 지닌 환자는 아무리 이성적인 논증이나 명백한 반박 증거를 들이대도 절대 신념을 바꾸지 않는다. 이러한 망상은 거짓 정보나 잘못된 정보, 지어낸 이야기, 도그마, 착각, 환상 등에서 비롯된 잘못된 믿음과는 다르다.

조현병 환자가 아닌 일반인도 환각뿐만 아니라 망상도 경험할 수 있다. 다시 말해 황당한 '믿음'을 지녔다고 해서 곧 조현병 환자는 아니다. 예컨대 자신이 외계인에게 납치되었다가 돌아왔다거나, 죽은 사람과 대화할 수 있다고 굳게 믿는 이들도 있다. 수면과 각성 사이의 전이에 문제가 생겨서 이러한 환상적인 믿음을 갖게 되었다는 가설도 있으나, 어쨌든 이들은 '환자'가 아니다. 이러한 황당한 믿음을 가진 사람은 얼핏 보기에 조현병의 양성증상을 보이는 환자들과 매우 비슷해 보이지만 적어도 두 가지 점에서 확실히 다르다.[298]

첫째는 이러한 믿음이 이들을 불행하게 하거나 힘들게 하지 않는다는 것이다. 오히려 이러한 '경험'에 대해 자부심이나 즐거움을 느끼는 경우가 많다. 외계인에게 납치되었던 사실을 주변에 자랑스럽게 얘기하며 즐거워하거나, 죽은 사람과 대화하는 자신의 능력에 대해 자부심을 느끼는 것이다.

둘째는 이러한 믿음이 사회생활을 막는 것이 아니라 오히려 이러한 믿음을 가진 사람들끼리 서로 지지하고 응원함으로써 더 활발한 인간관계를 만들어낸다는 것이다. 보통 조현병 환자의 경우는 망상 때문에 고통스러워하고 사회생활에 심각한 어려움을 겪는다. 인간관계의 단절이나 심각한 갈등은 망상 환자들의 전형적인 특징이다. 하지만 내가 보기에 첫 번째 특징은 두 번째 특징의 결과에 불과하다. 주변 사람들의 지지와 응원이 있기에 자신의 경험에 대해 자부심을 느끼고 즐거워할 수 있으니 말이다. 따라서 특징은 두 가지가 아니라 한 가지라고 하는 것이 더 옳다.

양성증상을 보이는 환자들과 단순한 망상을 지닌 일반인의 결정적인 차이점은(즉 정신질환 환자냐 아니냐를 구분하는 결정적인 기준은) 망상이라는 증상 자체에 있는 것이 아니라 그러한 망상이 어떠한 결과를 가져오느냐에 있다. 감정적으로 별로 괴롭지 않고 인간관계도 별문제 없이 유지하며, 더 나아가 비슷한 망상을 지닌 사람들끼리 동호회를 만든다든지 해서 사회적 지지까지 받는다면 아무리 이상한 망상을 가졌다 해도 적어도 치료를 받아야 하는 환자는 아니다. 즉 주변 사람들의 수용 여부가 결정적으로 중요하다.

타인들의 내부상태가 만들어내는 평균적인 스토리텔링에서 현저하게 벗어난 스토리텔링이 곧 망상이다. 그런데 어떤 스토리텔링이 망상이냐 아니냐를 결정짓는 기준은 그 스토리텔링의 '허황됨'이 아니라 타인과의 '소통 가능성'이다. 즉 나의 이야기에 진심으로 공감하고 지지해주는 사람들이 있으면 나는 더 이상 '환자'가 아니게 된다. 주변 사람들의 지지가 있으면, 즉 소통 가능성이 있으면 망상조차도 신기하고 귀한 경험이 되어 자랑스러워하고 긍정적으로 받아들일 수 있게 되는 것이다.

한 사람의 추론(스토리텔링)이 다른 사람의 추론에 얼마나 큰 영향을 미칠 수 있는지 보여주는 대표적인 사례는 두 사람이 같은 망상에 사로잡히는 현상, 즉 '감응성 정신병(folie a deux)'이다. 이는 정신적으로 건강한 사람이 망상에 사로잡힌 환자의 망상을 자신의 것으로 받아들이고 공유하게 되는 현상이다. 보통 정신질환자와 가깝고 친밀하게 지내는 사람에게서 이러한 증상이 나타난다. 망상 증상은 그 원인이 되는 환자의 망상이 치료되거나 혹은 두 사람이 서로 갈라서면 바로 사라진다. 한 사람의 추론이 다른 사람의 추론에 얼마나 강한 영향을 미칠 수 있는지 보여주는 대표적인 사례라 할 수 있다. 망상의 확산은 두 사람의 관계를 넘어서 집단 차원에서도 일어날 수 있다.

사실과 다른 비현실적 믿음이나 부적절한 근거를 바탕으로 한 확고한 믿음을 망상이라고 정의한다면, 우리는 누구나 정도의 차이는 있을지언정 '망상'을 지니고 있다. 인류가 수천 년간 진실이라고 여겨온 '해가 동쪽에서 떠서 서쪽으로 진다'라는 믿음은 과연 망상이 아닌가? 인류는 오랫동안 긴장하거나 두려움을 느끼면 심장이 두근거리는 경험을 통해서 마음이 심장에 있다고 믿었다. 이러한 믿음은 망상인가 아닌가? 영혼이 있다는 믿음이나 내세가 있다는 믿음은 또 어떠한가? 손금이나 사주나 궁합을 믿는 것은? 주로 한국과 일본에 널리 퍼져 있는 혈액형이 사람의 성격을 결정짓는다는 허황된 믿음은? 원자핵과 전자 사이에는 텅 빈 공간이 있다. 원자 내부는 아주 작은 핵과 더 작은 전자 외에는 빈 공간으로 이뤄졌다. 그러한 원자로 이뤄진 사물을 보며 딱딱하고 고정된 '실체'라고 확고하게 믿는 것은 망상인가 아닌가? 일상생활에서의 경험을 바탕으로 하는 '직관적 판단'을 어느 정도

믿어야 하는가? 지구가 평평하다는 '관찰 결과'에 따른 믿음은 어떠한가? 땅에 두 발을 딛고 서서 사방천지 어디를 봐도 지구가 둥근 구형이라는 경험은 할 수가 없다. 끝없이 넓게 펼쳐진 들판에 서면 지구는 한없이 평평해 보인다. 사실과 다른 모든 믿음을 망상이라고 한다면 인류 전체가 수천 년간 망상에 빠져 있었다고 해야 한다. 여전히 구형 지구가 거짓이고 평평한 지구가 진실이라고 확고부동하게 믿는 사람들이 점점 늘고 있다는 놀라운 소식도 들려온다.

　　　사실 눈에 보이는 것이 곧 과학적 사실과 부합하는 일은 매우 드물다. 지구는 평평해 보이지만 사실 구형이며, 태양이 움직이는 것 같지만 사실 지구가 움직이는 것이고, 모친과 부친으로부터 공평하게 반반씩 유전자 정보를 물려받는 것 같지만 사실은 모친으로부터 훨씬 더 많은 유전자를 물려받으며,[299] 내 몸은 고정된 실체 같지만 사실 지금 이 순간 숨 한 번 쉴 때마다 많은 세포가 죽고 다시 태어나길 반복하면서 강물처럼 흘러가는 유동적인 존재이고, 나 자신이 하나의 지속적인 실체 같지만 사실 나에게는 여러 개의 자아가 존재하고, 외부 사물을 있는 그대로 보고 있는 것 같지만 내가 보는 이미지들은 사실 내적모델을 투영해서 예측한 결과다.

　　　인간의 감각기관은 우주의 비밀이나 실체를 아는 데에는 매우 비효율적이다. 우리가 감각기관을 통해 얻는 지각정보는 대개 객관적이고 과학적인 실체와는 거리가 먼데, 그 이유는 그것이 생존에 유리하기 때문이다. 사냥을 하든 농사를 짓든 지구에서 살아가려면 해가 뜨고 진다고 지각하는 것이 지구가 자전한다고 지각하는 것보다 더 효율적이다. 다만 효율성을 위해 진화해온 지각과 추론의 과정에서 예측오류를 최소화하는 메커니즘에 이상이 생긴 경우에 비정상적인 지각(환각)이나 비정상적인 신념(망상)을 갖게 되는 것이다.[300]

　　　역사상 존재해왔고 지금도 여전히 존재하는 온갖 정치적 이데올로기나 종교적 신념은 망상과 다른가? 다르지 않다. 인간에게 망상과 환각을 객관적으로 구분할 기준이나 방법이 있는가? 전혀 없다. 우주적 진리의 기준에서 보자면 인간의 뇌는 다만 살아남기 위해서 망상과 환각을 생산해내는 정교한 시스템에 불과하다. 망상과 환각을 여러 사람이 공유하면 그 다수는 정상인 취급을 받게 되는 것뿐이다.

정치나 종교적 신념은 어떠한가? 인류 역사를 돌이켜보면 과학적 진리에 대한 믿음은 정치적 신념이나 종교적 신앙과 직결되었고 지금도 여전히 그렇다. 정치적 신념이든 과학적 신념이든 구분하지 않고 사람들은 자신의 망상이나 환각을 '진리'라고 생각한다. 그것이 뇌가 수행하는 기본적 임무다. 이러한 신념이 상충할 때 뇌는 상대방을 위협적인 존재로 받아들이고 자기 안전을 위해 제거해야 할 '미친 사람'이나 '악마'로 취급하게 된다. 그리하여 자신의 진리에 대한 확고한 신념은 늘 폭력을 불러온다. 그것이 인류의 역사다.

망상은 항상 '진리'라는 이름으로 우리 앞에 등장한다. 따라서 우리는 각자의 확고한 신념을 돌이켜보고 그것의 본질이 모두 망상임을 깨달아야 한다. 우리 삶에 등장하는 모든 실체와 진리의 본모습이 사실은 거꾸로 뒤집힌 헛된 꿈임을 깨달아야 한다. 이것이 바로《반야심경》이 말하는 '전도몽상(顚倒夢想)'이다.

나아가 뭔가를 '진리'라고 확실하게 주장하는 사람들을 경계할 필요가 있다. 진리와 정의를 위해 자기 자신마저 희생할 준비가 된 사람들은 사실상 다른 사람에게 폭력을 가할 준비가 된 것이나 마찬가지다. 민주주의의 반대는 독재라기보다는 폭력이다. 모든 정치 과정에서 폭력을 제거해가는 것이 민주화의 진정한 의미다. 그것을 위해서는 각자 자신이 가진 신념의 본질이 궁극적으로는 망상임을 깨닫고 겸허해져야 한다.

움베르토 에코의 소설《장미의 이름》말미에서 윌리엄 수도사는 제자 아드소에게 이런 당부를 남긴다. "진리를 위해 죽을 준비가 되어 있는 자들을 두려워하라. 그들은 다른 많은 사람들을 저와 함께 죽게 하거나, 혹은 저보다 먼저, 때로는 저 대신 죽게 하기 마련이다. (…) 인류를 사랑하는 자에게 주어진 임무는 사람들로 하여금 진리를 비웃게 하고, 진리로 하여금 웃게 하는 일인 듯하다. 왜냐하면 진리에 대한 미친 듯한 집착으로부터 우리를 자유롭게 하는 것, 오직 이것만이 진정한 진리에 이르는 길이기 때문이다."[301]

내면소통

도파민과 보상체계에 관한 새로운 관점

자유에너지 원칙은 뇌과학이나 정신건강의학뿐 아니라 행동과학에도 커다란 관점의 전환을 가져왔다. 대표적인 것이 보상과 강화 학습에 대한 새로운 관점이다. 전통적으로 심리학이나 교육학에서는 사람이나 동물의 행동을 변화시키거나, 새로운 것을 학습시키기 위해서는 보상과 처벌을 적절히 사용해야 한다고 굳게 믿었다. 특정 행위에 대한 보상이나 처벌 회피를 약속하면 그 행위를 하고자 하는 '동기'가 발생하고 그에 따라 같은 행위가 반복됨으로써 학습이나 기억이 더 강화된다는 것이 이른바 '강화이론 (reinforcement theory)'의 핵심이다. 오랫동안 뇌과학과 신경생물학 연구자들은 이러한 과정에서 도파민이 가치(보상)의 예측을 인코딩한다고 믿었고, 이러한 믿음을 바탕으로 한 수많은 연구결과들을 생산해냈다.[302]

자유에너지 원칙은 지각 과정(투입)과 행위 과정(산출)이 '자유에너지의 최소화'라는 동일 원칙에 따라 작동한다고 보는 통합적인 이론적 관점을 제공한다. 이에 따라 오랫동안 뇌의 기본적인 작동방식으로 간주되었던 '보상'이나 '가치(좋은 것 혹은 유용한 것)'가 사실은 불필요한 개념이라는 점이 밝혀지고 있고, 아울러 보상에 반응하는 것으로 알려진 도파민의 역할도 새롭게 재평가되기 시작했다.[303]

그동안 전통적인 보상반응 실험에서는 뇌가 주어진 자극을 '보상'으로 판단했기 때문에 도파민이 분비되었다는 것을 당연한 결론으로 받아들였다. 하지만 프리스턴은 주어진 자극이 '보상이기 때문에' 도파민 회로가 작동한 것은 아니라고 주장한다. 그는 뇌가 주어진 자극을 '새롭고 현저한' 경험으로 파악했고, 이 경험에 대한 '능동적 추론이 정확했기 때문에' 도파민이 분비된 것이라고 보았다. 즉 그동안의 수많은 보상반응 실험에서 피험자에게 주어진 자극은 '보상'의 역할을 했던 것이라기보다는 '새롭고 현저한 자극'의 역할을 했다는 것이다.[304] 도파민 시스템은 '보상에 대한 반응' 시스템이 아니라 새로운 자극에 대한 '추론의 결과에 반응하는' 시스템으로 봐야 한다. 만약 이것이 사실이라면 우리는 지난 100여 년간 인간에 대해 엄청난 오해를 했던 것이고, 심리학은 물론이고 특히 교육학이나 경영학의 여러 기본 개념과 이론들을 대폭 수정해야만 한다.

전통적인 보상은 반드시 그 가치와 존재가 알려진 것임을 전제로 한다. 저 쿠키는 맛있다는 것, 그리고 내가 저 쿠키를 먹을 가능성도 있다는 것을 알아야 '쿠키'는 내게 보상의 역할을 할 수 있다. 그러나 이럴 경우에 쿠키는 '예측'의 대상이 되지 않아 뇌에 별다른 자극을 주지 않는다. 그렇다면 지금까지 쿠키(혹은 이와 유사한 '달콤한' 보상)를 사용한 수많은 보상의 효과에 대한 실험연구는 어떻게 나온 것일까?

보상과 처벌의 효과에 대한 대부분의 실험연구들은 주로 하나의 에이전트가 다른 에이전트에게 보상을 약속하는 상황이었다. 말하자면 실험 조건에서 보상을 걸고 과제를 시킨다든지 혹은 교사가 학생을 가르친다든지 하는 경우뿐이었다. 이 경우에 보상에 관한 약속은 불확실한 것이기에 활발한 능동적 추론이 요구되었고 그러한 추론이 정확한 것이었을 때 도파민 시스템이 작동한 것이라 보아야 한다. 반면에 피험자가 스스로 확실하다고 판단하는 보상은 별다른 예측을 불러일으키지 않기 때문에 보상 자극으로 작동하지 못한다. 당연하다고 여기는 자극에 대해서는 도파민이 나오지 않는 것이다. 내가 받을 것이라는 확신을 갖고 기대했던 선물은 아무리 비싼 것이라도 보상으로서 작동하지 않는 이유다. 무언가 예측을 넘어서야, 즉 예측오류의 가능성을 유발해야, 또는 미처 기대도 안 했던 것이 새로운 자극으로 주어져야 보상으로 작동한다. 달리 표현하자면, 도파민 시스템은 서프라이즈의 가능성이 있는 새로운 자극에 의해서만 가동된다. 서프라이즈 파티는 '파티'여서가 아니라 '서프라이즈'여서 도파민 시스템이 활성화되는 것이고 즐거움을 주는 것이다.

도파민은 감각상태와 행위상태의 예측오류에 대해서도 정확성을 인코딩할 뿐이다. 도파민 시스템은 지금까지 알려진 것처럼 보상체계에도 관여하고 그와 상관없어 보이는 근육의 움직임에도 관여하는 것이 아니다. 도파민은 오직 하나의 기본 기능, 즉 '예측오류의 정확성을 인코딩하기'에만 관여할 뿐이다. 그렇기에 감각상태나 행위상태에서의 예측오류와 관련된 도파민 체계에 이상이 발생하면 파킨슨병과 같은 움직임 장애가 발생할 수도 있고 다른 한편으론 강화 학습에 문제가 생길 수도 있다.[305]

특정 자극이 도파민 반응을 유발한다는 것은 예측이 정확하다는 신호를 주는 것이다. 이 예측은 고유감각에 관한 것으로 능동적 추론을 통해서 행동 반응을 하게 한다. 보상이든 감각이든 무슨 자극이든 상관없이 예측이 정확한 경우에는 도파민 신호를 불러일으킨다. 이것이 주의를 끄는 현저한 자극들이 보상 자극이 아닌데도 도파민 반응을 불러일으키는 이유다. 따라서 인간관계에서든 행동실험 상황에서든 한 사람의 행동을 바꾸려면 새로운 환경에 놓이게 하거나 새로운 사전 자극을 제공해주면 된다.

자유에너지 원칙의 관점에서 보자면 보상과 처벌은 아무런 차이가 없다. 둘 다 서프라이즈일 뿐이다. 신경생물학의 관점에서 보자면 도파민은 '가치의 예측오류(좋은 것이냐 나쁜 것이냐, 혹은 당근이냐 채찍이냐)'를 인코딩하지 않는다. 다만 '예측오류의 가치(예측오류 자체가 좋으냐 나쁘냐, 즉 예측이 맞았냐 틀렸느냐)'를 인코딩하고 이에 따라 예측오류가 정확하도록 감각과 행위상태를 조정해갈 뿐이다.[306]

맛있는 간식이나 칭찬이 주어질 것 같다고 해서 도파민이 나오는 것이 아니다. 다시 말해서 예측되는 가치(좋은 거냐 나쁜 거냐)에 따라 도파민 시스템이 작동하는 것이 아니라, 내가 지금 하고 있는 예측(감각에 대한 것이든 행위에 대한 것이든)이 정확하냐 아니냐에 따라 도파민 시스템은 작동한다. 도파민의 본질적 기능은 예측오류를 인코딩해서 그것을 최소화하는 방향으로 신경망을 계속 업데이트하는 것이다. 도파민 반응을 불러일으키는 자극은 예측이 정확한지 여부만 알려준다. 새롭거나 주목을 끄는 현저한 자극이면 보상이든 아니든 상관없이 도파민 반응을 불러일으키는 이유가 바로 이것이다.

도파민 회로의 기능이 보상에 반응하는 것이 아니라 예측오류의 정확성을 인코딩하는 데 있다는 것이 사실이라면 전통적인 강화 학습에 대한 해석이나 보상에 따른 동기부여에 관한 모든 이론은 재검토돼야 한다. 말하자면 달콤한 보상을 약속하거나 강력한 처벌을 예고하는 것보다는 새롭거나 불확실한 자극을 제공하는 것이 더 큰 학습 효과와 근본적인 행동 변화를 가져올 것이기 때문이다. 학교 교육의 상벌 시스템이나 기업의 보상체계(보너스나 상벌제도 등)도 이러한 관점에서 근본적인 발상의 전환이 필요하다.

뇌의 보상체계에 관한 전통적인 관점을 프리스턴이 뒤흔들어놓은 이래 최근 뇌과학의 여러 실증적인 연구가 프리스턴의 주장을 뒷받침하기 시작했다. 도파민을 보상체계의 핵심으로 보는 것보다 일반적인 예측오류의 인코딩을 그 역할로 보는 것이 타당하다는 결과들이 잇달아 나오고 있는 것이다. 실제로 도파민 회로는 보상 그 자체보다는 새롭고 낯선 자극을 받았을 때 활성화되며, 특히 예측오류를 인코딩한다는 연구결과도 발표되었다.[307] 또 도파민 회로가 전통적인 보상 자극에 의해서만 활성화되는 것이 아니라 보상과 전혀 관련이 없는 일반적인 감각에 대한 예측오류에 대해서도 활성화된다는 사실도 아울러 검증되었다.[308]

도파민 회로로도 알려진 우리 뇌의 보상체계는 사실 보상에 대해서만 활성화되는 것이 아니라 불확실성과 새로운 것을 탐색하는 과정에서도 활성화된다는 연구결과도 있다.[309] 즉 불확실한 환경에 대한 반응이 학습을 강화하며, 환경에 대한 새로운 믿음과 학습을 업데이트하는 데 있어서 도파민이 중요한 역할을 한다는 것이다. 즉 예측적 조절과 예측오류의 최소화 과정에서 도파민은 핵심 기능을 담당하고 있다.

이는 심리학, 교육학, 경영학 등 여러 학문 분야와 관련해 매우 중요하면서 의미심장한 발견이라 할 수 있다. 도파민 회로의 기능이 단지 보상에 반응하는 보상체계가 아니라 더 폭넓은 예측오류와 관련해서 작동하는 시스템이라는 의미이기 때문이다. 도파민이 강화이론에 따라 학습을 강화하고 행동의 변화를 가져오는 것처럼 보였던 것은 사실 '보상(자극의 가치)'에 의한 것이 아니라 '예측오류(보상에 관한 것이든 아니든 일반적인 예측오류)'에 의한 것이었다.

이러한 연구결과들을 종합해보면 도파민 회로는 보상과 관련이 없는 일반적인 학습 과정에서도 매우 중요한 역할을 하리라는 사실이 분명해진다. 특히 도파민 시스템의 기능 이상으로 발생하는 정신질환은 추론 과정에서의 교란이 가져오는 내적모델의 왜곡과 변환이 근본 원인일 가능성이 크다.[310] 따라서 예측오류와 추론 과정에서 도파민이 하는 역할을 좀 더 깊이 탐구하는 것은 심리학, 교육학, 경영학뿐 아니라 정신건강의학에도 큰 발전을 가져올 것으로 보인다.

마음근력 훈련의 관점에서 보자면 명료한 의식으로 깨어 있는 알아차림의 상태는 지금 이 순간 벌어지는 모든 일을 마치 생전 처음 마주하듯이 대하는 것이다. 무엇인가를 당연하다고 여기는 순간 뇌는 그에 대한 정보들을 상당 부분 처리하지 않은 채 생략해버린다. 마음근력을 강화하는 것은 특정한 신경망을 강화함으로써 새로운 습관을 만들어간다는 뜻이다. 그러한 과정이 효율적으로 이루어지려면 우리 뇌는 늘 무언가를 처음 마주하는 상태인 것처럼 작동해야 한다. 그래야 도파민 회로가 활성화되고, 그래야 새로운 마음의 습관이 형성된다. 그래야 행복해진다.

　　도파민 회로의 작동방식과 보상에 대한 새로운 이해는 명상의 효과를 좀 더 깊이 이해하는 데도 중요한 암시를 준다. 모든 것을 새롭고도 현저한 자극으로 받아들이는 내부상태를 유지하는 것이 바로 명료한 의식상태다.[311] 자유에너지 원칙의 관점에서 보자면 '알아차림 명상'은 모든 감각상태와 내부상태가 능동적 추론과 예측적 조절에 활발히 몰입하는 상태이며, 주어지는 모든 자극을 새로운 자극으로 받아들여 지속적으로 도파민 회로가 작동하는 상태라 할 수 있다. 이것이 바로 알아차림 명상과 '아나빠나사띠'와 같은 호흡 명상이 지극한 기쁨과 행복감을 주는 이유다.

마코프 블랭킷의 중첩구조와
내면소통 훈련

확장된 마코프 블랭킷으로서의 미디어

자유에너지 원칙은 인간의 뇌 작용에만 적용되는 원칙이 아니다. 하나의 세포에서부터 한 생명체, 나아가 집단에 이르기까지 다양한 차원에 모두 적용될 수 있다. 한 사람에게 있어서는 그의 몸이 곧 마코프 블랭킷이다. 조직이나 국가 단위에도 '경계'는 분명히 존재한다. 가령 한 회사의 경계는 조직을 외부 환경과 구분하면서도 인적·물적 자원을 받아들이고 생산물이나 서비스를 내보내는 여러 제도나 시스템이다. '미시세계의 구조는 거시세계에서도 반복된다'[312]라는 척도불변(scale invariance)의 원칙은 마코프 블랭킷에도 정확히 적용된다([그림 5-10] 참조, 706쪽).[313]

마코프 블랭킷의 개념은 '규모(scale)'의 관점뿐 아니라 '기능'의 관점에서도 확장될 수 있다. 대표적인 것이 각종 '미디어'다. 마셜 맥루한(Marshall McLuhan)은 매체의 본질을 '몸의 확장(extention of the body)'으로 보았다.[314] 말하자면 카메라는 눈의 확장이고, 마이크는 목소리의 확장이라는 것이다. 인간은 몸을 가진 존재이기에 시공간의 제한을 받는다. 지금 여기에 있으면서 동시에 다른 곳에 있을 수 없다. 하지만 '몸의 확장'인 미디어 덕분에 우리는 시공간을 뛰어넘어 소통할 수 있다.

디지털 미디어의 발전 덕분에 언제 어디서나 전 세계 사람과 문자, 목소리, 영상을 실시간으로 주고받을 수 있게 되었다. 미디어는 몸의 확장으로서 감각상태와 행위상태의 기능을 담당한다. 자유에너지 원칙의 관점에서 보자면 매체는 인간의 감각상태와 행위상태 정보처리의 기능을 담당하고 있는 확장된 마코프 블랭킷인 셈이다.

　　매체는 외부 환경에 속하는 다른 사물들과는 달리 감각상태에 시각, 청각, 촉각 등의 정보를 전달해주는 역할을 담당한다. 스마트폰 스크린에 비친 동영상을 보거나 컴퓨터 모니터를 통해 게임을 할 때 우리의 감각상태가 받아들이는 정보는 사물로서의 스마트폰 스크린이나 컴퓨터 모니터 자체가 아니라 그것을 통해 보고 듣는 여러 가지 감각정보다. 우리는 스크린이나 모니터 자체를 외부 환경으로 받아들이기보다는 그것이 전달해주는 시각정보나 청각정보를 외부 환경으로 받아들인다. 즉 스크린이나 모니터는 우리 몸과 외부 환경 사이에 투명하게 존재하며, 감각상태의 대상이라기보다는 감각상태의 일부처럼 기능하고 있다. 이를 프리스턴 식으로 말하자면, 매체는 '확장된 감각상태(extended sensory states)'다. 웨어러블 컴퓨팅, VR 기기, 메타버스 등의 관련 기술이 더 발전하고 보편화되면 디지털 미디어가 점점 더 '몸친화적'으로 되면서 확장된 마코프 블랭킷의 성격을 띠게 될 것이다.

　　앤디 클라크(Andy Clark)는 매체가 단지 '확장된 감각'만 가져오는 것이 아니라 '확장된 인지(extended cognizing)'도 함께 가져온다고 주장한다.[315] 스마트폰이나 노트북 컴퓨터는 물론 하다못해 필기도구인 종이나 연필도 정보를 처리, 보관, 변형하는 데에 중요한 역할을 하는 마코프 블랭킷의 일부로 봐야 한다는 것이다. 즉 다양한 종류의 매체 기술은 감각이나 인식을 위한 외적 도구라기보다는 그 자체로서 능동적 추론 과정의 한 부분을 구성한다. 종이와 연필을 사용해서 특정 계산과 사고작용을 완성했다면 그 종이와 연필은 인지 과정의 한 부분이다. 이렇게 보면 의식이나 정신작용이 반드시 생물학적 존재 안에만 머무를 이유는 없으며 그 유기체가 몸담고 살아가는 환경으로까지 확대된다. 인간은 스스로 마코프 블랭킷을 만들어내고 확장도 할 수 있는 독특한 유기체인 셈이다.[316]

　　한편 미디어를 몸의 확장이라 볼 수 있는 만큼, 몸을 일종의 미디어로 개념화할 수도 있다. 처음에는 인간 뇌의 작동방식을 모방해서 컴퓨터 시스템을 구축했지만, 이제는 컴퓨터 시스템을 통해서 인간 뇌의 작동방식을 이해하려는 노력이 늘고 있는 것과 비슷한 관점이다. 감각정보와 행위정보인 기호를 실어 나르는 '기호운반체(sign-vehicle)'로서의 기능에 초점을 맞춘다면 마코프 블랭킷으로의 몸의 본성을 일종의 미디어로 파악할 수 있을 것이다. 이는 다양한 기호학과 매체 이론을 통해 마코프 블랭킷으로서의 몸에 대한 이론화가 더 깊어질 가능성이 있음을 의미한다.

마코프 블랭킷 모델의 중첩구조와 척도불변

내면소통은 자기 내면에서 일어나는 여러 층위에서의 모든 소통을 의미한다. 내면소통 역시 마코프 블랭킷 모델을 통해서 설명할 수 있다. 이미 살펴본 바와 같이 마코프 블랭킷은 인간의 뇌나 의식작용뿐 아니라 모든 생명현상을 하나의 이론적 틀로 설명할 수 있는 효율적인 모델이다. 슈뢰딩거가 제기했던 '생명이란 무엇인가'라는 근본적인 질문에 답할 수 있는 모델이기도 하다.[317]

우리는 앞에서 마코프 블랭킷의 모델로 기본적인 인식과 지각의 일반적인 과정을 살펴보았다. 살아 있는 생명체에는 이러한 마코프 블랭킷이 두 뇌 단위에만 존재하는 것이 아니라 여러 층위에 존재한다. 세포가 하나의 생명체로 살아 있으려면 주변 환경과 자기 자신을 구분하는 경계로서의 세포막이 필요하다. 세포 하나하나가 마코프 블랭킷이다. 그러한 세포들이 모인 심장, 위장, 콩팥 등의 장기들도 각각 마코프 블랭킷으로서의 경계를 지니고 있다. 가령 심장은 하나의 기관으로서 심막으로 둘러싸여 있으며, 뇌를 포함한 몸의 다른 부위와 끊임없이 정보를 주고받으면서도 독자적인 판단과 메모리 기능을 갖고 있다. 콩팥이나 위장 등의 다른 기관도 마찬가지다. 각각의 장기들은 자신의 내부와 외부를 구분 짓는 경계를 지니고 있다.

온갖 장기들의 모임인 인간의 몸 역시 전체적으로는 하나의 마코프 블랭킷이다. 또 여러 인간이 모여 이뤄진 조직이나 사회 역시 하나의 커다란 마코프 블랭킷이라 할 수 있다. 모든 국가는 내부와 외부를 구분하는 경계를 유지하고 있으며 그 경계를 넘어 여러 가지 자원과 정보를 유입하고 또 유출한다. 따라서 하나의 국가도 마코프 블랭킷이다. 이처럼 하나의 마코프 블랭킷은 상위의 더 커다란 마코프 블랭킷의 하나의 노드처럼 작동하기도 하고, 동시에 그 자신 안에 하위의 더 작은 여러 마코프 블랭킷의 네트워크를 지니고 있기도 하다. 이러한 특성을 마코프 블랭킷의 '중첩구조'라고 부른다.[318] [그림 5-11](707쪽)을 보면 주황색과 노란색 원들이 마코프 블랭킷의 감각상태와 행위상태이고, 그 안에 있는 빨간색 원들이 내부상태이며, 바깥에 있는 회색 원들이 외부상태다. 각각의 원 하나하나를 들여다보면 그 안에서 다시 마코프 블랭킷의 구조를 발견할 수 있다.

　뇌를 포함한 몸 자체가 하나의 마코프 블랭킷인 것처럼 몸의 신경시스템을 이루는 구성요소 중 하나인 시각중추 시스템 역시 하나의 마코프 블랭킷으로 볼 수 있다. 시각중추의 외부는 의식과 더불어 안구와 시신경 등이다. 안구와 시신경이라는 외부상태가 시각중추의 마코프 블랭킷을 통해 특정 정보를 전달하고 그것이 시각중추 내부에서 처리되어 다시 시상을 거쳐 의식으로 전달된다. 마치 행위상태를 통해 나의 의식작용이 외부로 전달되는 것과 같은 구조다. 동일한 중첩구조를 심장, 간, 위장 등 여러 장기와 조직에서도 발견할 수 있다.

　[그림 5-12](708쪽)는 구조적 네트워크뿐 아니라 기능적 네트워크에서도 이러한 '네트워크 속의 네트워크'가 여러 층위에 걸쳐 존재한다는 것을 보여준다.[319] 그림에서 A는 신경다발의 구조적인 모습을 보여주는 DTI(diffusion tensor imaging: 확산텐서이미징) 이미지이고, B는 이러한 DTI 이미지를 바탕으로 뇌의 주요 부위 사이의 구조적 연결성을 보여주는 것이며, C는 휴식상태에서의 fMRI 이미지들이다.[320] 물론 뇌는 휴식상태에서도 결코 쉬는 법이 없다. 휴식상태와 작업상태를 오갈 때 몇 가지 고유한 '내재연결네트워크(intrinsic connectivity networks: ICNs)'가 나타나는데, 대표적으로 디폴트모드네트워크, 주의집중네트워크, 중앙수행네트워크, 현저성네트워크 등이 있다.

　D는 휴식상태에서 나타나는 네트워크를 보여준다. 그중 PCC(후방대상피질)-ACC(전방대상피질) 네트워크를 살펴보면 각각의 모듈에 ACC-mPFC(내측전전두피질), PCC-Precuneus(설전부) 등의 하위 모듈이 존재하는데, 다시 그

하위 모듈을 이루는 구성요소들의 내부를 살펴보면 신경세포의 다발 혹은 덩어리인 복셀을 구성요소로 하는 네트워크가 존재함을 알 수 있다. 이처럼 신경망을 이루는 노드 하나하나가 마코프 블랭킷이며, 그 하위 구성요소들 역시 더 작은 여러 개의 마코프 블랭킷으로 구성된 중첩구조를 이루고 있음을 알 수 있다. 이러한 분석은 기능적 연결성과 구조적 연결성 사이에 밀접한 관련성이 있음을 보여준다.[321]

'뇌'라는 하나의 덩어리는 상호작용하는 여러 하위 부위(노드) 간의 네트워크로 이뤄져 있고, 그 각각의 부위는 더 하위의 작은 노드들이 상호작용하는 네트워크로 이뤄져 있다. 여기에서 노드는 사건이면서 동시에 일정한 뇌 부위이기도 하다. 개념적으로 마코프 블랭킷 모델에서 노드는 각각의 확률분포를 지닌 사건들이다. 위계적 시스템을 지닌 신경망들이 특정 자극을 처리해 추론할 때 그 추론은 사전지식 혹은 내적모델로 존재하는 확률분포를 따르게 된다. 따라서 노드는 사건이자 확률분포이고, 신경세포이면서 신경망인 동시에 뇌 부위인 셈이다.

물론 한 단계 더 올라가서 거시적으로 보자면 여러 뇌 부위는 상호작용하는 네트워크를 이뤄서 조직을 만들고 사회를 구성하고 있다. 또 한 단계씩 내려가면서 하나의 뇌 부위를 이루는 하위 요소들을 살펴보면 신경세포의 다발, 신경세포, 신경세포 속의 단백질 등의 레벨에서의 분석도 가능하다. 이러한 네트워크를 이루는 각 층위의 노드들은 모두 중첩된 마코프 블랭킷으로서의 속성을 지닌다. 노드가 하나의 단위로 존재하려면, 즉 다른 노드들과 구분되어 상호작용하려면 '경계'가 필요하고 이러한 경계는 마코프 블랭킷의 속성을 갖게 되기 때문이다. 이러한 모든 노드들은 각각 자유에너지 최소화의 원칙에 따라 예측오류를 최소화하려는 시스템을 지닌다.

[그림 5-13](709쪽)에서 A 부분은 연세대 의과대학 박해정 교수의 논문[322]에 나오는 그림 중 하나를 그대로 가져온 것이다. 이 그림은 중첩된 마코프 블랭킷이 예측오류의 최소화를 위한 위계질서를 갖고 있음을 표현하고 있다. 빨간색 삼각형은 상향하는 감각정보에서 비롯되는 예측오류를 나타내고, 검은색 삼각형은 생성모델로부터 하향하는 사후예측(예측오류에 의해서 업데이트된 예측)을 나타낸다. 상향과 하향의 과정이 모두 여러 층위를 거쳐서 오르

내린다. 이것이 '심층적인 능동적 추론(deep active inference)'의 과정이다. 이러한 위계적 능동적 추론 과정은 뇌 부위 사이에도 존재하고, 하나의 뇌 부위 안에 있는 더 작은 노드들 사이에도 존재하며, 그 아래의 신경세포 단계에도 존재한다. 이처럼 마코프 블랭킷의 구조만 중첩된 것이 아니라 능동적 추론 과정역시 중첩되어 있다. 즉 구조적 측면과 기능적 측면 모두 중첩된 구조를 이루고 있는 것이다.

마코프 블랭킷 모델에 따른 세 가지 내면소통 훈련

내면소통은 다양한 층위의 마코프 블랭킷 간의 상호작용이다. 내면소통은 신경세포와 신경세포의 상호작용이기도 하고, 여러 뇌 부위들의 상호작용이기도 하며, 뇌와 다른 신체 조직과의 상호작용이기도 하다. 내면소통 대부분은 우리의 의식 저 아래에서 이뤄진다. 우리가 알 수도 없고, 느낄 수도 없으며, 따라서 통제할 수도 없이 우리 몸의 내부에서 일어나는 생명현상의 핵심이다. 우리가 인식할 수 있고 나아가 의도를 갖고 통제할 수 있는 내면소통은 이러한 무의식적 과정의 기반 위에서 일어나는 상층부의 현상이다.

마음근력 강화라는 의도를 갖고 하는 내면소통 훈련은 우리가 의식할 수 있는 상위 차원의 내면소통에 국한되어 이뤄진다. 뒤에서 살펴보게 될 여러 내면소통 훈련 역시 이러한 상위 차원의 내면소통이다. 다만 상위 차원의 내면소통은 하위 차원의 무의식적인 내면소통에도 많은 영향을 미친다. 후성유전학, 신경가소성, 플라시보 등의 현상은 모두 의식 차원의 내면소통이 무의식 차원의 생명현상으로서의 내면소통에도 영향을 미칠 수 있음을 보여주는 사례다.

프리스턴의 마코프 블랭킷 모델에 따라 분류하자면, 내면소통 훈련에는 크게 보아 감각상태, 행위상태, 내부상태의 세 가지가 있을 수 있다. 첫 번째는 '감각상태' 영역의 내부소통 훈련이다. 이는 오감을 비롯해 고유감각, 내부감각 등 여러 감각기관이 전해주는 감각정보의 처리 과정과 관련된다. 감각상태의 내면소통 훈련은 우선 몸에 대한 자각으로 시작한다. 호흡이 주는 느낌에 집중한다든지 시각이나 청각에 집중해서 돌이켜본다든지 하는 것이다. 여러 형태의 호흡 훈련이나 소리 명상, 빛 명상, 보디스캔 명상 등이 여기에 포함된다. 이렇게 감각에 집중하는 훈련은 시각·청각·촉각 등의 감각정보가 처리되는 대뇌피질을 폭넓게 활성화함으로써 편도체 중심의 감정중추를 안정시켜주는 효과를 가져온다.

감각상태의 내면소통 훈련은 다시 두 단계로 나뉜다. 외부 사물이 나의 몸에 전달하는 감각정보에 주의를 기울이는 1단계와, 그러한 감각정보가 내부상태로 올라오는 것에 주의를 기울이는 2단계가 있다. 1단계는 감각정보에 아무런 의미부여나 스토리텔링(혹은 멘탈 코멘터리)을 하지 않고 느낌을 느낌 그대로 바라보는 것이다. 2단계는 감각정보를 내가 어떻게 받아들이고 습관적으로 어떤 의미부여를 하는지, 이로써 감각정보가 나의 감정과 생각에 어떤 변화를 자동적으로 가져다주는지를 알아차리고 살펴보는 것이다.[323]

두 번째는 '행위상태' 영역의 내면소통 훈련인데, 의식적이든 무의식적이든 다양한 움직임을 만들어내는 과정과 관련된다. 행위상태에 주의를 두는 것은 움직임에 대한 예측오류를 통해 끊임없이 예측적 조절 시스템을 업데이트하는 훈련으로, 움직임을 통한 내면소통 훈련이 이에 해당한다. 대표적인 것이 의도와 움직임 간의 관계에 집중하는 소매틱 운동이다. 그중에서도 펠덴크라이스요법과 알렉산더테크닉은 모두 일정한 습관에 따라 무의식적으로 행해지는 자기 몸의 움직임을 명료하게 알아차리는 훈련이다. 의도와 움직임 사이에는 항상 괴리가 발생한다. 자기 몸의 자세나 움직임에 대해 스스로 가지고 있는 이미지와 실제의 움직임 사이에도 크고 작은 차이가 있다. 게다가 그러한 차이는 개인마다 다른 양상으로 나타난다. 일종의 고유감각 훈련이기도 한 소매틱 운동은 나의 의도와 움직임에 대한 기존의 습관적인 연결 방식을 뒤흔들어놓음으로써 그 변화와 차이를 알아차리고 재정립하는 과정이다. 고대 인도 요기들이 하던 운동인 가다(메이스벨)나 페르시아 전사들이 하던 운동인 페르시안밀 등은 모두 손을 어깨 뒤로 넘겨 등 뒤에서 진자운동을 유발함으로써 고유감각을 집중적으로 향상시키는 전통적인 움직임 명상이다.

그 밖에 내부감각에 집중하는 훈련이 있다. 주로 내 몸의 여러 부위나 내부 장기로부터 느껴지는 다양한 감각에 집중하는 훈련으로 타이치나 기공이 대표적인 훈련법이다. 하타 요가나 쿤달리니 요가는 물론 펠덴크라이스 요법이나 알렉산더테크닉을 통해서도 고유감각 훈련과 더불어 내부감각 훈련을 함께 진행할 수 있다. 행위상태 영역에 대한 알아차림 훈련은 감정인지와 감정조절 능력을 강화하는 효과가 있어 트라우마 스트레스나 불안장애, 우울증 등의 치료에도 점차 폭넓게 사용되고 있다.[324] 이에 대해서는 제9장에서 자세히 다룬다.

세 번째는 '내부상태' 영역의 내면소통 훈련인데, 이는 감각상태에서 올라오는 여러 가지 감각, 느낌, 감정 등을 인지하고 특정 움직임에 대한 의도를 유발하는 과정에 대한 훈련이다. 내부상태에 관한 내면소통 훈련에는 우선 자기 내면에서 일어나는 여러 가지 감정이나 생각을 알아차리는 자기참조과정 훈련이 있다. 자기 내면에서 일어나는 여러 가지 경험을 있는 그대로 알아차리고 바라보는 존재가 배경자아이고, 그러한 배경자아를 알아차리는 것은 최고의 자기참조과정 훈련이다. 또 내부상태에서 자동으로 생성되는 스토리텔링 습관을 알아차리고 이를 의도하는 방향으로 바꿔나가는 것도 내부상태 영역에 집중하는 내면소통 훈련의 한 방법이다. 이와 관련해서는 제10장에서 자세히 다룬다.

능동적 추론과 마코프 블랭킷 모델은 내부상태 상층부에 존재하는 생성모델이 행동, 지각, 인식에 커다란 영향을 미친다는 것을 보여준다. 이 생성모델의 최상층부에 있는 것이 스토리텔러로서의 의식이며, 그러한 스토리텔링의 에이전트가 자의식이다. 자동적인 스토리텔링은 우리가 경험하고 의도하는 모든 것에 일정한 의미를 부여하고 멘털 코멘터리를 단다. 마음근력을 위한 내면소통 훈련의 핵심 중 하나는 이 자동적 스토리텔링의 내용과 방식을 긍정적으로 변화시키는 것이다. 특히 자기 자신과 타인에 대한 긍정적인 스토리텔링 습관을 만들어가는 것이 중요하다. 불안과 우울 증세를 보이는 등 마음근력이 허약한 사람들은 공통적으로 자신과 타인에 대한 부정적이고 강박적인 스토리텔링 습관을 지니고 있기 때문이다. 불안장애나 우울증이 있어서 부정적인 스토리텔링 습관이 생기기도 하지만, 동시에 부정적인 스토리텔링 습관으로 인해 불안장애나 우울증이 더 악화되기도 한다. 부정적인 스토리텔링은 불안장애나 우울증의 원인이면서 동시에 그 결과이기도 하다.

이처럼 내부상태 영역에 주의를 두는 내면소통 훈련은 배경자아에 대한 자각 및 자신과 타인에 대한 정보처리가 핵심이라 할 수 있는데, 이는 모두 mPFC(내측전전두피질)를 중심으로 한 전전두피질 신경망의 활성화와 관련이 깊다. 편의상 감각상태 중심, 행위상태 중심, 내부상태 중심의 내면소통 훈련으로 분류했지만, 사실 어느 훈련이든 mPFC를 중심으로 한 전전두피질 신경망을 활성화하고 편도체를 안정화한다는 공통점을 지닌다. 모든 내면소통 훈련은 세 가지 영역과 관련되어 있다. 다만 어느 영역에 중심을 두느냐의 차이가 있을 뿐이다. 호흡 명상을 예로 들자면 호흡에 따른 움직임의 결과(행위상태)이면서, 호흡이 주는 느낌(감각상태)이면서, 동시에 나의 정체성과 의식에 대한 재정립(내부상태)에 관한 것이다. 움직임 명상인 고대진자운동이나 타이치도 마찬가지이고, 자기참조과정 효과를 극대화하기 위한 종소리 명상도 마찬가지다. 다만 호흡 훈련은 주로 감각상태, 움직임 명상은 행위상태, 자기참조과정 훈련은 내부상태에 더 중점을 두는 것뿐이다.

앞으로 살펴볼 내면소통 훈련들은 모두 알아차림 훈련의 요소를 지니고 있다. 몸이 느끼는 감각에 주의를 집중하는 것, 나의 움직임에 집중하는 것, 나의 생각이나 감정에 집중하는 것 등은 모두 알아차림 훈련이다. 일상생활에서 우리의 주의(attention)는 대개 외부로 향해 있다. 처리해야 할 일이나 마주해야 할 사람 등 주로 외부 환경에 집중하며 살아가는 것이다. 외부상태로 향하는 나의 주의는 주로 '행동' 모드와 관련된다. 과거에 내가 무엇을 했고 세상이 나에게 무엇을 했는가에 집중하는 부정적 감정 상태가 곧 분노이고, 미래에 내가 무엇을 해야 하고 세상은 나에게 무엇을 할 것인가에 집중하는 부정적 감정 상태가 곧 불안이다. 늘 행동 모드로 살다 보면 마음근력이 소진되고 약해질 수밖에 없다. '행동' 모드를 잠시나마 멈추고 '존재' 모드로 전환함으로써 분노와 불안을 제거하는 것이 마음근력 향상을 위한 내면소통 명상이다. 그러기 위해서는 내 주의의 방향을 외부상태로부터 감각상태, 행위상태, 내부상태 등 나의 내면으로 돌리는 것이 꼭 필요하다.

제6장

내재적 질서와
내면소통

기계론적 세계관을 벗어나야
내면소통이 보인다

기계론적 세계관과 우주의 기본질서

내면소통은 개인 간의 대화나 매스커뮤니케이션 같은 '외적인 소통'의 반대 개념이 아니다. 오히려 이를 포괄하면서 동시에 그것의 기반이 되는 개념이다. 즉 외적인 소통은 내면소통의 특수한 한 가지 형태다. 내면소통은 결코 여러 종류의 소통 중의 하나가 아니다. 내면소통은 모든 소통의 본질적인 특성이 '내면적'임을 강조하는 개념이다.

'내면적'이라 함은 의식의 본질적인 모습을 가리키는 것이며, 우주의 기본 작동원리와 직결되는 개념이기도 하다. 내면소통이 '우주의 작동원리'와 직결된다는 주장은 얼핏 소통의 중요성을 지나치게 강조하려는 한 커뮤니케이션 학자의 과대망상적 발언처럼 들릴지도 모르겠다. 하지만 이제부터 살펴볼 물리학자 데이비드 봄의 기본 개념들을 차근차근 들여다보면 이것이 결코 과장된 이야기가 아님을 알게 될 것이다.

내면소통에 있어서 '내면(inner)'은 여러 가지 뜻이 함축된 단어지만, 그중 가장 핵심적인 것은 데이비드 봄의 핵심 개념인 '내재적 질서(implicate order)'와 '내향적 펼쳐짐(enfolding)'이다. '펼쳐짐'이란 '넓직하게 퍼지다'라는 뜻이다. 내향적으로(안으로) 펼쳐진다는 것은 얼핏 모순처럼 들리는데, 사실 그것은 우리가 기계론적 세계관에 익숙하기 때문이다.

기계론적 세계관에서는 우주의 모든 현상을 내향적 펼쳐짐이 아닌 '외향적 펼쳐짐(unfolding)'으로 본다. 우리가 어떤 대상을 바라본다고 하자. 은하계나 태양계여도 좋고, 하나의 원자 알갱이든 혹은 한 사람이나 한 국가든 어떤 대상이든 상관없다. 이 모든 대상은 더 작은 구성요소들로 이뤄졌다고 보는 것이 기계론적 세계관의 핵심이다. 그러한 구성요소들이 외부적으로 상호작용해서 더 큰 조직이나 실체를 만들어낸다고 보는 것이다. 그래서 우주의 모든 현상은 더 작은 알갱이들의 외향적 펼쳐짐이 된다.

외향적 펼쳐짐은 기계론적 세계관의 기본 관점이다. 기계론적 세계관에 따르면 실재하는 것이나 본질적인 것은 모두 더 작은 구성요소이며, 부분이 모여서 전체를 만들어낸다고 본다. 그래서 항상 중요한 것은 부분이고 구성요소다. 전체는 항상 부분을 통해 설명된다. 그래서 요소들 간의 관계를 밝혀내는 분석이 과학의 핵심이 된다. 부분이 실재하는 것이고 전체는 인간이 자의적으로 만들어낸 추상적인 개념 틀에 불과하다고 보는 것이다. 가령 태양, 지구, 금성 등이 실재하는 것이고, 태양계는 인간이 만들어낸 추상적 개념이라는 식이다. 언제나 중요한 것은 부분과 요소들이고, 부분들의 인과관계와 요소들의 상호작용이다. 따라서 부분들의 인과관계를 통해서 전체 현상을 설명해내는 것이 모든 과학의 임무가 된다.

데이비드 봄은 이러한 기계론적 관점을 근본적으로 뒤엎고자 한다. 양자역학이나 그 밖의 여러 현대물리학이 보여주는 우주의 모습과 작동원리는 기계론적 세계관으로는 설명되지 않기 때문이다. 봄에 따르면 구체적인 실체는 부분이 아니라 항상 '전체로서의 우주'다. '부분'이 오히려 인간이 자의적으로 나눈 추상적 개념에 불과하다는 것이다. 말하자면 실재하는 것은 태양계이지 태양과 행성이 아니다. 태양과 행성이라는 구분 자체가 인간의 자의성이 반영된 개념적 틀에 불과하다. 중요한 것은 전체로서의 우주를 이해하는 것이다. 부분이 모여서 전체가 되는 것이 아니라 우주는 본래 하나로서의 전체다. 부분으로 나뉠 수 없고, 구성요소들로 환원될 수도 없는 것이 우주다.

우주의 기본질서는 부분들이 외적으로 상호작용하면서 바깥으로 펼쳐지는 것이 아니라 '전체로서의 우주가 내향적으로 펼쳐져 들어가는' 것으

내면소통

로 보아야 한다. 전체로서의 우주는 '외향적 펼쳐짐'을 하지 않고 안으로 말려 들어가고 접혀 들어가는 '내향적 펼쳐짐'을 한다. 양자역학이나 홀로그래피 우주론 등 현대물리학이 보여주는 다양한 우주의 모습은 우주의 기본질서가 내향적 펼쳐짐이라는 사실을 강력하게 시사한다. 나아가 봄은 인간의 의식 역시 내향적 펼쳐짐의 대표적인 사례로 본다. 내면소통 이론 역시 모든 소통을 인간의 의식에 내향적으로 펼쳐져 들어가는 질서로 파악한다.

고전물리학의 세계관이 쉽게 느껴지는 이유

내면소통의 개념적 기반이 되는 데이비드 봄의 개념들을 이해하기 위해서는 먼저 고전물리학의 토대가 되는 기계론적 세계관의 한계를 살펴볼 필요가 있다. 봄은 고전물리학의 바탕이 되는 기계론적 세계관의 한계를 지적하면서 그 대안으로서 내재적 질서와 전체성을 기반으로 하는 새로운 세계관을 제시했기 때문이다.

흔히 '뉴턴 물리학'이라 불리는 고전물리학이 보여주는 세계는 이해하기 쉬운 데 반해 양자역학을 포함한 여러 현대물리학의 이론이 제시하는 우주의 모습은 이해하기 어렵다고들 한다. 현대물리학은 이론 자체가 어렵고 그 바탕이 되는 수학이 어려워서 그렇다고 많은 사람들이 오해한다. 그러나 상대성이론이나 양자역학이 어렵게 느껴지는 이유는 그것을 설명하는 수학이 어려워서가 아니다. 뉴턴의 물리학이나 중력의 법칙도 수학적으로 이해하기에 그리 녹록하지 않다. 사람들이 고전물리학이 상대적으로 '쉽다'고 느끼는 것은 그 기반이 되는 복잡한 방정식을 수학적으로 완전히 이해해서가 아니다. 가시광선의 특성을 설명하는 뉴턴의 광학 이론을 수학적으로 잘 이해하고 있어서 빛이 무엇인지 이해하는 것도 아니다.

고전물리학이 쉽게 느껴지는 이유는 고전물리학이 그려내는 우주의 모습과 움직임의 법칙이 우리가 일상생활 속에서 경험하는 내용과 직관적으로 잘 부합하기 때문이다. 버스가 급정거할 때 몸이 앞뒤로 심하게 움직일 때마다 우리는 알게 모르게 관성의 법칙을 경험한다. 또 하늘 높이 던진 공이 정점까지 올라갔다가 빠른 속력으로 떨어지는 모습을 보면서 중력가속도를 실감한다.

양자역학이나 상대성이론이 어렵게 느껴지는 것은 그것의 수학적 증명이 어려워서가 아니다. 그것이 설명하는 우주와 만물의 작동방식이 우리가 일상생활에서 경험하는 내용과 직관적으로 잘 부합하지 않기 때문이다. 하나의 입자가 두 곳에 동시에 존재한다든지, 알갱이 하나가 입자이면서 동시에 파동이라든지, 서로 멀리 떨어져 있는 입자끼리 정보 교환 없이 동시에 영향을 주고받는다든지, 인간의 관찰에 의해서 입자의 상태가 변한다든지 하는 것은 우리가 이해하는 일상적인 사물들의 특성과는 거리가 멀다. 또 중력에 의해서 공간이 휜다든지, 속도에 의해서 질량이 더 커진다든지, 속도가 빨라질수록 시간이 느려진다든지, 질량이 곧 에너지라든지 하는 것 역시 일상적인 경험과는 상당한 괴리가 있다. 그래서 '어렵게' 느껴지는 것일 뿐이다. 그러나 이렇게 이상하고 어렵게 느껴지는 현대물리학이 고전물리학보다는 우주의 작동방식을 훨씬 더 정확하게 보여주고 있다.

고전물리학과 양자역학은 마치 천동설과 지동설처럼 서로 양립할 수 없다. 사실을 더 잘 설명하는 세계관을 원한다면 양자역학의 설명을 받아들이는 수밖에 없다. 물론 상대성이론이나 양자역학이 완벽한 이론이라는 것은 아니다. 여전히 풀 수 없고 설명할 수 없는 문제가 많은 허점투성이 이론이다. 그럼에도 불구하고 적어도 고전물리학보다는 훨씬 더 설명력이 뛰어난 이론이다. 여기서 설명력이 뛰어나다는 것은 현실 세계의 모습과 인간의 경험을 합리적으로 잘 설명해준다는 뜻이 아니다. 오히려 그 뛰어난 설명력 때문에 양자역학이 보여주는 세계는 이상하고, 기묘하고, 비합리적이고, 비상식적이고, 이해하기가 어렵다. 우리가 고전물리학이 보여주는 세계가 자연스럽고 합리적이라고 느끼는 이유는, 그것이 사실과 더 잘 부합하기 때문이 아니라 '상식'이라 불리는 우리의 비합리적이고 왜곡된 세계관과 잘 부합하기 때문이다.

물론 고전물리학만 갖고도 축구공이 어떻게 날아갈지, 비행기나 미사일이 어떻게 날아갈지, 대포나 미사일을 어떤 각도와 힘으로 쏘아야 할지 등의 문제를 충분히 계산해낼 수 있다. 그러나 그것은 모두 어느 정도 '대충' 계산해도 되는 문제들이어서 그렇다. 축구공이나 미사일을 구성하는 미립자들의 작동방식까지 면밀하게 고려하자면 고전물리학으로는 도저히 불가능하다. 축구공을 발로 차는 순간 이 우주에 어떠한 변화가 일어나는지를 더 정확하게 설명하려면 고전물리학만으로는 부족하다. 양자역학이 완벽하다는 것은 아니다. 하지만 고전물리학보다는 분명히 더 정확하고 옳은 이론이다. 고전물리학이 설명할 수 있는 것은 물론이고 설명해내지 못하는 많은 것들도 더 잘 설명해낼 수 있다. 우리가 익숙하게 느끼는 고전물리학의 세상은 상당히 '왜곡'된 현실이다. 헬름홀츠의 말처럼 일상생활에서는 해가 동쪽에서 뜨고 서쪽으로 지는 것처럼 보인다. 이것은 우리에게 매우 익숙한 일상적 '현실'이지만 지구의 자전이라는 '사실'과는 거리가 먼 왜곡된 현실이다.

우리가 제기해야 할 중요한 질문은 이것이다. 왜 잘못된 고전물리학은 우리의 일상적인 경험과 잘 부합하는 데 반해서 세계를 더 정확하게 설명하는 양자역학은 부자연스럽게 느껴질까? 왜 인간의 감각과 경험의 방식은 과학적 사실보다는 왜곡된 환상을 더 편하고 자연스럽게 받아들이는 걸까? 그것은 우리 뇌가 구현해내는 일상적인 세계의 모습은 실제 세계의 모습과 다르기 때문이다. 감각시스템을 통해 우리 의식에 전달되는 세계의 모습은 실제와는 완전히 다른 허구다. 전도몽상이다. 일상적인 경험이 주는 세계의 모습이 허구이기 때문에 그러한 허구의 모습을 기반으로 만들어진 고전물리학도 허구일 수밖에 없다. 하지만 그렇기에 우리의 상식과 직관에는 잘 부합한다.

기계론적 세계관의 기본 전제들

우리 뇌가 구현하는 세계의 모습은 왜곡된 허구이긴 하지만 무작위적인 허구는 아니다. 우리 뇌는 아무렇게나 멋대로 왜곡하지는 않는다. 뇌는 생존과 번식에 도움이 되는 방향으로 현실을 왜곡한다. 눈앞에 보이는 나무에 내 몸에 열량을 공급해줄 열매가 열려 있으면 그것을 얼른 알아보고, 손을 뻗어서 딴 다음, 냄새를 맡아 상하지 않았나 확인하고, 맛있다고 느끼면서 먹을 수 있도록 뇌는 진화했다. 나의 신체를 위협할 수 있는 맹수는 피하고 먹잇감에는 돌도끼를 던져 사냥할 수 있도록 최적화된 것이 우리 뇌의 인식 시스템이다. 그리고 이러한 세계관의 완성본이 고전물리학이다. 양자역학은 우주의 본모습을 훨씬 더 정확하게 우리에게 보여주고 있다. 그런데 그렇게 '실제 모습'으로서의 우주를 파악하는 것은 사실 토끼 사냥에는 별 도움이 안 된다. 그러나 레이저 광선을 만든다든가, 반도체와 컴퓨터를 만든다든가, 와이파이와 인터넷을 구축한다든가 하는 데 있어서는 양자역학이 필수적이다.

전통적인 고전물리학의 기계론적 세계관은 여전히 우리의 일반적인 상식이다. 인문사회과학이든 자연과학이든 거의 모든 학문 분야가 암묵적으로 받아들이고 있는 이 기계론적 세계관은 다음과 같은 기본적인 전제들을 공유하고 있다.

더 이상 분해되지 않는 독립적인 입자들이 외적으로 영향을 주고받는다.
이러한 외적인 상호작용을 통해 입자들은 다양한 현상을 만들어낸다고 본다. 외적인 상호작용을 한다는 것은 사물들이 자기 자신의 실체성과 고정성을 유지한 채 상호작용한다는 것을 뜻한다. 마치 서로 부딪히며 움직이는 당구공과 같은 입자들의 상호작용의 결과로 온갖 사물을 이해하는 것이다. 생명현상이든 물리현상이든 정치·사회·경제·문화의 어떤 현상이든 그 바탕에는 변치 않는 독립적인 구성요소들이 있다는 것이다. 사회 현상을 이해하는 데도 이러한 세계관은 그대로 적용된다. 더 이상 분해되지 않는 고립되고 독립된 단위로서의 개인들이 상호작용해서 사회를 이룬다고 보는 것이 그 예다. 학문과 분석단위에 따라 그 입자는 미립자일 수도 있고 분자일 수도 있으며 세포일 수도 있다. 개인일 수도 있고, 조직이나 국가일 수도 있고 혹은 우주의 항성일 수도 있다.

독립적인 입자들의 상호작용은 인과관계로 설명될 수 있다.
시간의 축에 따라 하나의 입자가 다른 입자에 영향을 준다는 것이 인과관계의 기본구조다. 인간의 언어 구조 자체가 이미 인과관계적 설명에 최적화돼 있다. 자연과학이든 인문사회과학이든 '무엇이 무엇에 어떤

　　　　　　　　　　　　　　　　　　　　　　　　내면소통

영향을 주는가?'가 연구 문제의 기본 패턴이다. 인과관계의 바탕이 되는 시공간은 칸트의 주장대로 인간의 의식이나 경험 이전에 선험적으로 주어지는 것으로 본다. 사물들의 상호작용을 경험하는 인간의 의식과 기억을 통해 시간이라는 개념이 사후적으로 생겨난 것이라고 봐야 타당하지만, 기계론적 세계관은 시간을 인간의 모든 경험에 앞서서 인간의 경험과는 상관없이 객관적이고도 선험적으로 존재하는 것으로 간주한다.

전체는 부분의 모임이다.
사물의 본질은 그것을 이루는 구성요소에 있다고 본다. 구성요소로서 독립적인 입자들의 특성과 그것들의 상호작용 방식이 완벽하게 기술될 수 있다면 전체에 대해서는 별도의 개념화가 필요 없다고 본다. '전체는 부분들의 합보다 크다'라는 것은 입자들의 특성과 상호작용의 방식이 모두 파악되지 않았을 때만 타당한 말이 된다.

이러한 기본 전제를 지닌 기계론적 세계관의 핵심은 독립적인 입자, 즉 전체를 이루는 부분들을 본질적인 것으로 본다는 데 있다. 전체는 작은 원소들이 모여서 만들어낸 것에 불과하며, 전체에 대한 이해는 그것을 구성하는 작은 알갱이들의 특성과 그들 사이의 상호작용 방식(주로 인과관계)을 이해함으로써 가능하다고 본다. 즉 실체나 본질은 어디까지나 구성요소인 원소에 있는 것이고, 그것들이 모여서 이뤄낸 전체는 인간의 인식작용이 만들어낸 일종의 추상적이고 개념적인 존재라고 보는 것이다.

양자역학은 이러한 기계론적인 세계관이 근본적으로 잘못되어 있음을 명확하게 보여준다. 양자역학적 상태에서 독립적인 입자란 없다. 일시적으로 그렇게 보이는 것만 있을 뿐이다. 공간적으로 멀리 떨어진 미립자들까지도 서로 얽혀 있고 중첩상태에 있으므로 인과관계로 설명하기 어렵다. 입자들은 고유한 자기만의 위치나 특성을 유지하지도 않는다. 게다가 현재 상태가 과거 상태에 영향을 미치기도 해서 시간의 흐름을 거스르는 인과관계(?)를 보이기도 한다.

데이비드 봄에 따르면 이 모든 것은 우주가 독립적인 알갱이들이 모여서 이뤄진 것이 아니라 전체가 유기적으로 연결된 하나의 커다란 덩어리임을 보여주는 것이다.[325] 봄은 기계론적 세계관의 핵심이라 할 수 있는 객관적이고도 고정된 실체 중심의 사고보다는 유기적이고 과정 중심적인 사고가 이 세계를 이해하는 더 정확한 방식이라고 본다. '어떤 항구적인 고정된 실체가 있고 그 실체들이 외적으로 영향을 주고받는 것이 이 세계의 기본질서'라는 관점에서 벗어나야 한다는 것이다. 심지어 양자'역학(mechanics)'이라는 말에도 이미 기계론적 세계관이 반영되어 있다. 봄은 양자역학보다는 양자'유기학(organics)'이라고 부르는 것이 더 사실에 부합한다고 주장한다.

내재적 질서로서 이 세계를 바라보기 위해서는 기본적인 사유의 단위가 '입자'나 '실체'가 아니라 '사건'이나 '과정'이 돼야 한다.[326] 주어진 고정된 실체들이 먼저 존재하고 나서 그들이 상호작용을 해서 일련의 과정을 만들어내는 것이 아니라, 전체로서의 과정 자체가 더 본질적이다. 우주의 본래 모습은 전체적인 하나의 과정임에도 인간의 추상화, 개념화, 언어화가 구성 요소로서의 '부분'과 고정된 실체라는 개념을 만들어냈던 것이다. 전체적인 과정 속에서의 일정한 부분들을 인간이 자의적으로 분리하여 추상화하고 개념화해서 이러저러한 사물들로 구분하고 그 사물들 간의 관계를 파악하고자 하는 기계론적 세계관에서 벗어날 필요가 있다.

기존 뇌과학 역시 기계론적 세계관에 갇혀 있다

기계론적인 세계관은 세계에서 벌어지는 많은 일을 직교좌표계(Cartesian coordinates)의 관점에서 바라본다. 17세기에 데카르트가 고안해낸 2차원의 직교좌표계는 기계론적 세계관에 결정적인 영향을 미쳤다. 우리가 어린 시절부터 배운 x축과 y축으로 이루어진 그래프가 대표적인 직교좌표계다. 이 '그래프'는 우리의 삶과 의식에 깊숙이 스며들어 있다. 주식시세, 바이러스 확진자 추세, 특정 정당이나 정치인에 대한 지지율 변화, 기후의 변화, 기업의 매출이나 영업실적 등 여러 가지 통계 자료와 트렌드 정보가 직교좌표계를 통해 표현된다. 지구상 어디에 있든 나의 위치를 실시간으로 표시해주는 GPS 내비게이션 시스템 역시 마찬가지다.

여기에 축을 하나 더한 3차원의 직교좌표계는 우주의 객관적인 공간이라고 가정된다. 3차원 직교좌표계는 프리스턴의 뇌 영상 통계분석 프로그램인 SPM의 기본적인 세계관이기도 하다. 3차원의 직교좌표계로 표시되는 뇌 공간에서 복셀이라는 단위로 표시되는 작은 알갱이들이 어떻게 활성화되거나 비활성화되는가(산소농도가 일시적으로 어떻게 변화하는가)를 분석하는 것이 곧 fMRI 분석이다. 활성화되는 복셀의 위치가 뇌의 특정 해부학적 부위에 해당하면 그 부위가 특정 조건에서 활성화되었다고 결론을 내리는 것이다.

기계론적 세계관은 직관적으로 이해하기 쉽다. 그러나 염두에 둬야 하는 것은 보통 가로세로 높이가 각각 2밀리미터로 설정되는 fMRI 이미지에서의 복셀(voxel=볼륨+픽셀)은 전체로서의 뇌를 인간이 자의적으로 나눈 것이라는 사실이다. MRI 기계가 2초에 한 번씩 뇌 전체를 빠르게 스캐닝할 때 구분할 수 있는 최소 단위가 2밀리미터 내외이기 때문에 그러한 크기의 복셀이 설정되었을 뿐 무슨 이론적이거나 실체적인 근거가 있는 것도 아니다. 뇌는 복셀이라는 단위가 모여서 이뤄진 것이 결코 아니다. 오히려 전체로서 하나인 뇌를 우리가 자의적으로 2×2×2밀리미터의 자그마한 정육면체로 나누고 추상화해서 복셀이라는 개념으로 구분하는 것뿐이다.

전체로서의 뇌가 구체적인 실체이며 부분으로서의 복셀은 추상적인 개념에 불과하다. 그런데 복셀들의 상관관계나 기능적 연결성 등에 집중하다 보면 어느새 복셀(혹은 뇌의 특정 부위나 신경연결망의 노드들)이 고정된 실체이며 선험적으로 주어진 것인 양 착각하게 된다. 현대 뇌과학 연구는 다양한 뇌 부위들의 연결성(상호작용성)을 중요한 분석 대상으로 보는데, 이는 분명 기계론적 세계관의 관점에서 뇌를 바라보는 것이고, 인간이 자의적으로 나눈 부분들 간의 상관관계 혹은 인과관계를 발견하고자 하는 것이다.

뇌과학에서 기계론적 세계관을 극복하고자 한다면 우선 기능적 실체로서의 뇌를 데이비드 봄이 말하는 '전체성(wholeness)'을 지닌 하나의 '바다'와 같은 존재로 보고 복셀들을 '물결'로 보는 것이 타당하다. 자연과학은 물론 사회과학에서도 상황은 마찬가지다. 기계론적 세계관은 전체로서 하나인 인간과 사회를 자의적으로 나누고는 그렇게 나눈 부분들을 마치 본래의 실체인 양 다룬다. 원래 전체로서 하나인 부분들을 자의적으로 나누어 개념화한 후에 그 부분들의 상호관계와 인과관계를 밝히고자 하는 것이 대부분의 사회과학이 하는 일이다. 그렇게 한참을 하다 보면 인간이 자의적으로 나눈 부분들을 마치 선험적이고도 자연적으로 존재하는 구성요소이자 본래적 실체로 착각하게 된다.

직교좌표계와 해석기하학을 창안해낸 데카르트는 기계론적 세계관의 창립자이기도 하다. "나는 생각(인식)한다, 고로 존재한다"라는 그의 유명한 명제를 통해서 알 수 있듯이 그는 인간의 본성을 '인식하는 주체'로 보았다. 17세기에 등장한 데카르트의 이 명제를 통해서 우주는 인식의 대상인 '사물'과 인식의 주체인 '정신'으로 이분법적으로 나뉘게 되었다. 주관과 객관이 명확하게 구분되기 시작하면서 인간만이 인식주체이고 다른 모든 우주와 자연은 인간의 인식 대상이 되었다. 이로부터 과학주의가 탄생하면서 모든 대상을 객관적으로 관찰하고 기술할 수 있다는 믿음이 자리 잡았다.

과학주의는 인간 이외에는 어떠한 존재도 정신이나 의식을 지니지 않는다고 믿는다. 그러나 인류는 지난 수천 년 동안 문화권에 상관없이 세상 만물에 '영혼'이 깃들어 있다고 생각했다. 태양이든 달이든 산이든 바위든 나무든 호랑이든 모두 영혼을 지닌 것으로 여겨졌다. 그런데 데카르트 이후 '영혼을 지닌 세계(animated world)'는 갑자기 사라지고 영혼은 오로지 인간에게만 있는 것으로 되어버렸다. 모든 자연물은 영혼을 잃어버리고 한낱 사물들로 전락했다. 동물들도 움직이는 기계에 불과할 뿐 영혼을 지닌 존재는 아니었다. 여기서 자연물을 정복의 대상으로 보는 폭력적인 인간중심주의가 탄생했다.

인간의 몸 역시 사물의 일부로 전락했다. 인간의 본성은 몸이 아니라 정신에 있다는 생각도 데카르트 철학의 필연적인 결과다. 데카르트에 따르면 이 세상에는 두 종류의 존재가 있다. 하나는 일정한 공간을 점유하고 있는 사물로서의 연장체(res extensa)이고, 다른 하나는 인간의 정신이자 인식의 주체인 인식체(res cogitans)다. 몸은 연장체의 일부로서 인간이 소유한 어떤 것이 되었다. 인간의 정신만이 인간의 본성이고 몸은 그저 물건과도 같은 것이기에 '고귀한' 이념이나 가치를 위해서는 내 몸을 희생하거나 타인의 몸을 파괴하는 것이 당연하다고 여기는 전도된 가치관이 널리 퍼지게 되었다. 하지만

내면소통

어떠한 이념이든, 국가를 포함한 어떠한 조직이든 모두 인간의 몸을 위해 봉사해야지 그 반대가 되어서는 안 된다. 인간의 몸은 최우선의 가치여야 한다. 몸이야말로 인간성의 기반이고, 정신은 몸의 어떤 기능에 불과하다. 인간의 몸을 희생해서 얻을 수 있는 더 귀한 가치란 없다.

　　데카르트에 의해 확립된 기계론적 세계관은 보편적이고도 당연한 세계관이라기보다는 17세기에 등장했다가 20세기 들어서 과학의 급속한 발전과 함께 역사의 뒤안길로 빠르게 사라져가는 세계관이다. 기계론적 세계관은 현대물리학에 의해서 폐기되었고, 직교좌표계는 아인슈타인의 새로운 공간 개념으로 대체되었다. 양자역학에서 직교좌표계는 별 유용성이 없다. 몸과 마음의 이원론은 바렐라 등의 생물학자, 메를로-퐁티 등의 철학자, 다마지오나 프리스턴 등 여러 뇌과학자에 의해 폐기처분되고 있다. 그런데도 '평균적인 민주시민'을 길러낸다는 세계 각국의 의무교육에서는 여전히 칸트나 데카르트의 기계론적 세계관을 어린 학생들에게 주입시키고 있는 까닭에 여전히 우리의 '상식'은 기계론적 세계관에 머물러 있다. 안타까운 일이다. 앞으로 살펴볼 내면소통 이론은 기계론적 세계관과 몸-마음의 이분법적인 관점을 지양하고 몸과의 내면소통의 중요성을 최대한 강조할 것이다.

전체로서의 우주와
내재적 질서

상대성이론을 극복하는 전체성

상대성이론은 거대한 우주를 설명하는 데는 유용하지만 미시적인 세계의 미립자를 설명하는 데는 적절치 않다. 상대성이론 역시 기계론적 세계관의 영향 아래서 엄격한 연속성, 엄격한 결정주의, 엄격한 국지성을 전제로 하기 때문이다. 그러나 양자역학은 다음과 같은 불연속성, 비결정성, 비국지성을 전제하고 있다.[327]

불연속성

원자핵의 주변을 도는 전자들은 특정한 궤도를 따라 움직인다. 따라서 한 궤도와 다른 궤도 사이에 전자가 존재할 수는 없다. 그런데 전자가 궤도를 바꿀 때는 한 궤도에서 다른 궤도로 바로 '점프'해버린다. 즉 궤도와 궤도 사이를 '지나가지도 않은 채' 궤도를 바꾸는 것이다.[328] 이러한 불연속성은 기계론적 세계관으로는 설명할 수 없다.

비결정성

모든 물질과 에너지는 두 가지 성질을 동시에 지니며 주변 환경(실험이나 관찰 여부)이라는 맥락에 따라 입자처럼 행동하기도 하고 파동처럼 행동하기도 한다. 이 역시 기계론적 세계관을 무너뜨리는 것이다. 왜냐하면 기계론적 세계관에서는 특정 입자나 사물들이 주변 맥락에 따라 자신의 본질을 바꾸지 않기 때문이다. 그런데 양자역학에서의 입자들은 마치 생명체처럼 환경에 따라 자신의 모습을 바꾼다.[329] 즉 입자들은 두 가지 상태를 확률적으로 모두 지닌 중첩상태(superposition)에 놓여 있으며, 그 본성이 결정되어 있지 않은 것이다.

비국지성

양자역학에서 입자들은 비국지적 연결성을 갖는다. '국지성(locality)'이라 함은 특정 사물이 특정한 공간적 위치에 있다는 것인데, 미립자에는 이러한 특성을 부여하기 어렵다. 하나의 입자가 두 곳에 동시에 있을 수도 있고, 서로 멀리 떨어져 있는 입자들이 강하게 얽혀 있기도 하기 때문이다. 기계론적 세계관에서는 서로 가까이 있는 것들끼리만 영향을 주고받기에 이는 불가능한 일이다.

기계론적 세계관이 이러한 입자들의 특성을 도저히 설명할 수 없다는 것은 그 세계관에 근본적인 문제가 있음을 뜻한다. 입자들이 확실히 보여주는 것은 "모든 것은 서로 보이지 않는 연결성에 의해서 한 덩어리로 짜여 있다(woven together)"라는 사실이다.[330]

데이비드 봄은 미시세계의 양자역학과 거시세계의 상대성이론 사이의 이러한 간극을 어떻게 극복하고 두 이론적 틀을 통합할 수 있을지 고민했다. 그는 두 이론체계의 차이점에 초점을 맞추기보다는 먼저 두 이론체계의 공통점에서 출발해야 한다고 생각했다. 그 공통점은 우주 전체의 '깨어지지 않는 전체성(unbroken wholeness)'이다.[331]

봄에 따르면 기존의 양자역학이나 상대성이론 모두 기계론적 세계관으로부터 커다란 영향을 받았다. 기본적으로 입자나 부분을 실체로 보면서 정작 전체를 '잉여' 개념으로 본다는 측면에서도 그러하다. 봄은 '전체라는 개념은 없어도 되는데 생각하기 편하니까 추상적으로 만들어낸 것'이라고 보는 기계론적 세계관의 관점을 근본적으로 바꿔야 한다고 주장한다. 인간이 자의적으로 만들어낸 추상적 개념은 '전체'가 아니라 오히려 '부분'이다. 양자역학은 모든 것이 유기적으로 '하나의 전체'를 이룬다는 것을 일관되게 보여준다. 봄이 제안하는 우주의 모습은 '하나의 유기적 전체(organic whole)'다.

우주는 본래 전체로서의 한 덩어리인데, 인간이 자의적으로 구분하고 나누고 개념화해서 부분들을 만들어낸 것이다. 기계론적 세계관의 기반이 되는 구성요소들이야말로 인간의 인식작용에 의해 구분된 일종의 추상적이고 개념적인 존재라는 것이다. 원래 한 덩어리인 우주를 인간이 자의적으로 부분들로 나누고 개념화해 인과관계를 통해 설명하려고 하는데, 이러한 접근으로는 우주의 본래 모습을 제대로 설명할 수 없다는 것이 봄의 입장이다.

봄에 따르면 우주는 처음부터 '전체로서의 하나' 혹은 '하나로서의 전체'다. 인간이 인식하는 개별적인 사물이란 그 전체로서의 하나에 어떤 국지적인 에너지 흐름이나 뭉침이 발생하고(마치 바람이 불면 잔잔한 수면에 파도가 이는 것처럼), 그러한 뭉침(일어섬 혹은 구성된 파도) 하나하나를 개별적인 것으로 추상화(개념화)한 것에 불과하다. 말하자면 커다란 사물(은하계)에서부터 작은 사물(미립자)에 이르기까지 모두 거대한 바다를 이루는 한 덩어리에서 나온 크고 작은 파도들에 지나지 않는다.

인간이 자의적으로 거대한 바다의 일부인 '파도'를 독립적인 실체라고 따로 떼어서 보고, 파도들의 상호작용과 인과관계를 설명하려 한 것이 지금까지의 기계론적 세계관이다. 독립적이고 개별적인 파도들이 영향을 주고받으며 상호작용하는 것처럼 보이는 진정한 이유는 그 파도들이 모두 거대한 바다의 부분이기 때문이다. 개별적인 파도들의 집합체로 바다를 이해하려는 것은 주객이 전도된 것이다. 파도의 본질을 이해하려면 바다 전체를 봐야 한다. 전체로서의 바다를 이해해야 부분으로서의 파도를 이해할 수 있다. 부분은 전체를 통해서만 이해될 수 있다. 파도를 통해서 바다를 이해할 수 있는 것이 아니다. 오히려 전체로서의 바다를 보아야 파도를 이해할 수 있다. 부분들의 상호작용이나 인과관계를 통해서만 전체를 이해할 수 있다는 고전물리학의 세계관은 본말이 전도된 것이다.

내재적 질서와 외재적 질서

봄은 기계론적 관점에서 개별적인 사물들의 관계를 설명하는 기본 틀을 '외재적 질서(explicate order)'라 부른다. 외재적 질서에서 부분으로서의 사물들은 외적으로 전개되고 펼쳐져 나간다. 한편 우주를 거대한 하나의 덩어리로 보는 전체성 관점에서는 개별적인 사물들이 외적인 상관관계를 갖기보다는 내적으로 전개되고 펼쳐져 들어가는 '내재적 질서'를 갖는 것으로 이해된다.

사물들이 마치 당구공처럼 독립적이고 고유한 개별성을 유지하면서 전체를 구성하고 외적인 상호작용을 하는 것을 외재적 질서라 한다면, 사물들이 마치 끊임없이 생겨났다 사라지는 파도처럼 거대한 바다의 부분으로서 내재적인 상호작용을 하는 것이 곧 내재적 질서다. 당구공은 당구대 위에서 '외향적 펼쳐짐'을 하지만 파도는 다시 바다로 펼쳐져 들어가는 '내향적 펼쳐짐'을 한다.

봄은 외재적 질서로도 우주의 작동원리를 어느 정도 설명할 수는 있으나 (당구공이나 로켓의 움직임을 고전물리학으로 예측하는 것 등) 이러한 경우는 어디까지나 본질적으로 내재적 질서인 우주의 특수한 상황에 불과하다고 본다. 외재적 질서는 내재적 질서와 대립하는 개념이 아니라 내재적 질서의 한 특수한 형태일 뿐이라는 것이다.

개별적인 사물의 모습으로 드러나 서로 구분되는 것처럼 보이는 모든 것은 마치 물결이나 파도처럼 표면적인 것일 뿐 사실 우주는 '하나로서의 전체'다. 표면 아래에서 드러나지 않는 전체로서의 질서가 바로 내재적 질서이고, 내재적 질서의 일부가 표면에 드러나는 것이 외재적 질서다. 기계론적 세계관이 세상의 본질적 모습이라 착각하는 것이 바로 외재적 질서인데, 사실 외재적 질서는 내재적 질서의 극히 일부이며 특수한 한 형태에 불과하다.[332] 마치 수면 위의 물결이라는 외재적 질서가 바다 전체라는 내재적 질서의 극히 일부인 것과 마찬가지다. 외재적 질서에서 사물들 사이의 상호작용은 외향적 펼쳐짐인데, 이 역시 내재적 질서의 작동방식인 내향적 펼쳐짐의 특수한 한 형태다.

끊임없이 안으로 펼쳐져 들어가는 내재적 질서가 우주의 보편적인 모습이며 본래의 실체다. 외재적 질서 혹은 외향적 펼쳐짐은 추상화된 관점에서의 기술에 불과하다. 말하자면 슈뢰딩거의 파동함수가 내재적 질서의 기술이며, 입자들의 인과적 상호작용에 대한 논의는 외재적 질서 차원에서의 설명이라 할 수 있다.

아인슈타인의 '통일장 이론(unified field theory)'은 어느 정도 내재적 질서와 전체성의 관점을 받아들인 이론이라 할 수 있다. 입자와 그것의 배경이 되는 공간과 에너지까지 모두 우주에 연속적으로 분포된 하나의 덩어리(field)로 보기 때문이다. 여기에 중력까지 포함시키면 그야말로 '모든 것의 이론(theory of everything)'이 된다. 이 공간이라는 배경과 에너지나 입자라는 실체를 하나의 동일한 덩어리로 보는 것은 파도 하나하나를 독립된 입자가 아닌 거대한 바다라는 배경(장)의 일부로 보는 것에 비유할 수 있다. 이처럼 배경과 현상 사이에는 본질적인 차이가 없다고 보는 것이 전체성(wholeness)의 관점이다.

앞에서 살펴본 배경자아와 경험자아 역시 본질적으로 구분되는 두 개의 실체라기보다는 하나의 전체성을 지니는 개념이다. 바다와 같은 본래적 실체가 배경자아이고, 물결처럼 특정한 맥락에서 일시적으로 드러나곤 하는 것이 경험자아다. 마음근력 향상을 위한 내면소통 훈련은 일상생활에서 늘 느껴지는 경험자아를 넘어 그 뒤에 배경처럼 존재하는 본래 모습으로서의 배경자아를 알아차리고 그것과 하나가 되기 위한 수행 과정이라 할 수 있다.

유기론적 세계관과
전체적 움직임

내향적 펼쳐짐: 테일러-쿠에트 실험

데이비드 봄은 안으로 향하는 내향적 펼쳐짐(enfoldment)과 바깥으로 향하는 외향적 펼쳐짐(unfoldment)의 총합을 '전체적 움직임(holomovement)'으로 개념화한다. 내향적으로 펼쳐져 들어왔다가 다시 외향적으로 펼쳐져 나가는 움직임의 총합이 곧 우주의 '근본적인 실체(primary reality)'라는 사실을 강조한다. 인간이 인식하는 사물, 대상, 형태, 입자 등은 전체적 움직임의 결과에 따라 떠오르는 부차적인 것에 불과하다는 것이다.[333] 어떤 물질적 실체나 독립적 입자로 드러나는 모든 것의 본질은 끊임없이 흘러가는 전체적 움직임이다. 이러한 '흐름'이 상대적으로 안정적일 때에는 미립자나 사물 등 고정된 실체로 우리에게 드러난다. 그것은 마치 소용돌이(vortex)가 하나의 고정된 '실체'로 보이는 것과 같은데, 사실 그 본질은 끊임없이 움직이는 전체로서의 '유체의 흐름'인 것과 마찬가지다.

이런 점에서 로돌포 지나스가 말한 '소용돌이로서의 나(I of the vortex)'의 개념은 의미심장하다. 앞에서 살펴본 의식 역시 일종의 소용돌이와 같다. 하나의 독립적인 실체처럼 보이지만 사실 소용돌이의 본질은 내향적으로 끊임없이 펼쳐지는 내재적 질서다. 우리는 각자 자기 자신을 하나의 고정된 실체처럼 느끼지만, 사실은 끊임없이 내향적으로 펼쳐지며 흘러가는 내재적 질서다. 하나의 별도 그렇고, 너도 그렇고, 나도 그렇고, 미립자도 그렇다. 이 세상 모든 존재가 그렇다.

우주의 기본질서는 내향적 펼쳐짐인데, 봄은 이를 '내재적 질서'라 부른다. 여기서 '내재적(implicate)'은 라틴어에 뿌리를 둔 말로 '안으로 접혀 들어간다'라는 뜻이다. 모든 것은 다른 모든 것 속으로 접혀 들어간다. 전체로서의 우주가 하나의 부분으로 접혀 들어가며, 다시 하나의 부분이 전체로서의 우주로 접혀 들어가면서 펼쳐진다. 외적인 상호작용을 하는 사물들로 구성된 것처럼 보이는 세계는 이러한 깊은 내재적 질서로부터 생겨난다. 한편 서로 외적인 관계를 지닌 독자적인 사물로 된 세계는 외향적 펼쳐짐을 하는 세계이며, 이를 외재적 질서(explicate order)라 부를 수 있을 것이다. 분명한 사실은 외재적 질서는 본질적으로 내재적 질서인 전체적 움직임의 일시적이고도 특수한 형태에 불과하다는 것이다.

예를 들면 전자는 특정한 위치에서 에너지 덩어리인 배경으로부터 외향적 펼쳐짐을 통해 잠시 나타났다가 다시 내향적 펼쳐짐을 통해 배경으로 들어갔다가 또다시 근처 다른 곳으로 펼쳐져 나왔다가 다시 배경으로 들어가기를 반복한다. 이때 드러나는 존재에만 초점을 맞춰서 그 미립자를 하나의 독립적 실체로 바라본다면 마치 하나의 전자가 궤도를 따라 돌다가 중간 이동 없이 다른 궤도로 마술처럼 건너뛰는 것으로 보이게 된다. 이것이 전자의 '불연속성'이다. 따라서 우리는 생명체가 아닌 미립자에 불과한 전자도 내향적-외향적 펼쳐짐의 반복을 통해서 끊임없이 자기 자신을 '재생산' 또는 '자가복제'를 한다고 봐야 한다.[334] 이러한 관점이 기계론적 세계관에 대비되는 유기론적 세계관이다.

유기론적 세계관은 우주를 커다란 하나의 덩어리로서의 전체로 파악한다. 그 덩어리는 인간의 감각기관으로는 도저히 인식할 수 없는 암흑물질이나 암흑에너지를 포함한 전체다. 밤하늘에 보이는 수많은 별이나 우리가 보거나 만질 수 있는 물질들은 우주라는 커다란 에너지 덩어리에 군데군데 생겨난 예외적인 구멍에 불과하다. 우리가 인식할 수 있는 모든 대상은 '현상(figure)'에 불과하고, 그것들을 존재하게끔 하는 전체로서의 '배경(background)'이 존재한다. 가령 우리가 볼 수 있는 것은 수면 위의 물결뿐이지만 그 안에는 거대한 바다가 존재하는 것과도 같다. 우주 만물은 각기 독립적으로 존재하는 실체들의 총합이 아니다. 인간이 인식하는 부분으로서의 실체들은 인간이 자의적으로 분류하고 개념화해서 추상화한 것에 불과하다. 나아가 이러한 부분으로서의 실체들은 각기 독립적으로 존재하면서 서로 외적으로 상호작용하는 것처럼 보이지만, 사실은 전체를 이루는 부분이기 때문에 상관관계나 인과관계가 있는 것처럼 보일 뿐이다.

독립적으로 존재하는 태양이라는 하나의 실체가 지구라는 또 다른 하나의 실체를 중력으로 끌어당기며 상호작용하는 것처럼 보이지만, 사실은 태양이나 지구 모두 거대한 전체로서의 우주라는 바다 표면에 드러난 작은 파도들에 불과하다. 파도가 하나 일면 그 옆에 다른 파도의 물결이 생겨나고 영향을 받는다. 이렇게 물결과 물결이 상호작용하며 파도를 일으키는 것처럼 보이는 이유는 물결들 모두가 전체로서의 바다의 일부이기 때문이다.

봄이 제시하는 전체성과 내재적 질서의 개념은 기계론적 세계관에 푹 젖어 있는 사람들로서는 얼른 이해하기 어려운 개념이다. 봄은 유체역학의 테일러-쿠에트(Taylor-Couette) 실험을 통해서 내재적 질서의 개념을 비유적으로 설명한다. [그림 6-1]처럼 투명한 큰 실린더 안에 작은 실린더를 넣은 후에 작은 실린더가 큰 실린더 안에서 회전할 수 있도록 한다. 작은 실린더와 큰 실린더 사이의 공간에 점성이 높고 투명한 액체를 가득 채운다. 투명한 글리세린도 좋고 옥수수 시럽도 좋다. 이것이 테일러-쿠에트 장치다.

이제 기다란 스포이드로 잉크 한 방울을 투명한 액체 속에 떨어뜨린다. 잉크는 투명한 액체에 섞이지 않은 채 마치 하나의 알갱이처럼 떠 있게 된다. 이제 서서히 작은 실린더를 왼쪽으로 회전시킨다. 그러면 회전하는 작은 실린더 표면에 가까운 액체는 실린더를 따라 많이 움직이고, 고정된 바깥쪽 큰 실린더에 가까운 액체일수록 덜 움직이게 된다. 계속 돌리면 잉크는 점점 옆으로 퍼진다. 대여섯 바퀴 돌리면 완전히 퍼져서 눈에 보이지 않게 된다. 하나의 알갱이처럼 보이던 잉크가 사라진 것이다. 그런데 이제 실린더를 반대 방향인 오른쪽으로 서서히 돌리면 원래처럼 잉크 방울이 보이기 시작한다. 마치 투명한 액체에서 입자가 갑자기 생겨나는 것처럼 보이게 된다.[335] 유체역학에서는 이러한 현상을 '테일러-쿠에트 흐름(flow)'이라고 부른다. 이

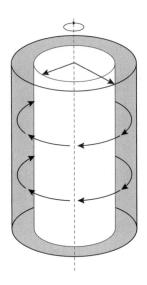

[그림 6-1] 테일러-쿠에트 실험을 위한 장치. 투명한 큰 실린더 안에 작은 실린더를 넣은 다음 작은 실린더가 큰 실린더 안에서 회전할 수 있도록 한다. 작은 실린더와 큰 실린더 사이 공간에 점성이 높고 투명한 액체를 가득 채운다. 작은 실린더를 돌리면 점성이 높은 액체도 따라 돌게 되는데 작은 실린더 표면에 가까울수록 상대적으로 더 빨리 돌게 된다.

는 중심을 공유하는 두 실린더 사이 공간에 점성이 높은 액체를 채워 안쪽 실린더를 회전시킬 때 나타나는 현상이다.

이제 [그림 6-2](710쪽)의 ①처럼 빨간색, 녹색, 파란색 잉크를 한 방울씩 넣고 돌려보자. 그러면 ②와 같이 독립된 입자처럼 보이던 세 개의 잉크 방울들이 완전히 섞이게 된다. 입자가 마치 에너지처럼 공간에 퍼져버리는 것이다. 그러다가 ③처럼 반대 방향으로 돌리면 ④와 같이 다시 독립적인 잉크 방울들이 나타난다.

동영상 자료:
joohankim.com/data

만약 엄청나게 거대한 실린더에 점성이 높은 투명한 액체를 가득 채우고 수많은 잉크 방울을 넣은 후에 돌리면 어떻게 될까? 잉크 방울들은 액체 속으로 퍼져 들어가서 더 이상 보이지 않게 된다. 액체의 양이 충분하다면 완전히 투명하게 보이게 되어 잉크 방울들이 사라진 것처럼 보이는 것이다. 그러고 나서 반대 방향으로 돌리면 투명한 액체 속에서 갑자기 잉크 방울들이 나타난다.

만약 처음에 몇 방울 넣어 한 바퀴 돌리고 다시 몇 방울 넣어 한 바퀴 더 돌리고 하는 식으로 반복하면 어떤 일이 일어날까? 이렇게 n번을 회전시켰다면 어떤 잉크 방울은 n번, 어떤 잉크 방울은 n+1번, 또 다른 잉크 방울은 n+2번… 하는 식으로 각기 다른 '퍼짐 상태'가 된다. 그러고 나서 반대 방향으로 돌렸다가 또 한 번 방향을 바꿔서 돌린다면? 수많은 잉크 방울들이 나타났다 사라지는 것을 보게 될 것이다.

기계론적 세계관은 이러한 잉크 방울들을 하나의 실체 혹은 입자라고 보는 것이다. 잉크 방울 입자들을 각기 독립적인 실체로 보고 그들 사이의 상관관계를 분석하면 일정한 상관관계가 나타나게 마련이다. 1번 입자가 나온 후 일정한 시간이 지나면 2번 입자가 나타난다든지, 3번 입자가 나타날 때마다 4번과 5번 입자는 사라진다든지, 혹은 6번 입자와 7번 입자는 서로 멀리 떨어져 있는데도 항상 동시에 나타난다든지 하는 다양한 관계가 관측될 것이다. 마치 입자들은 상호작용하며 영향을 주고받는 것처럼 보이게 된다. 중첩이든 얽힘이든 불연속성이든 무엇이라고 부르건 간에 입자들 사이에는 다양한 관계가 관측될 것이다. 그러나 사실은 이러한 입자들 모두 투명한 액체라는 거대한 장(field)에 의해 연결되어 있는 것뿐이다. 이때 전체로서의 투명한 액체는 우리 눈에 보이지 않는다. 관찰되는 것은 잉크 방울뿐이다. 마치 관찰되는 것이 미립자나 전자일 뿐이듯이.

비유적으로 설명하자면, 잉크 방울이 투명한 액체 속으로 펼쳐지는 것이 곧 내향적 펼쳐짐을 하는 내재적 질서라 할 수 있다. 우리 눈에 보이는 모든 입자나 사물들은 전체로서의 우주라는 커다란 실린더에 든 잉크 방울들과 같다. 드넓은 바다 수면에 그때그때 일렁이며 나타나는 물결들과도 같은 것이다. 잉크 방울이나 물결을 하나의 독립적인 실체로 간주하고 그들 사이의 외재적 질서(잉크 방울이나 물결의 탄생과 소멸, 인과관계, 상호작용 패턴) 등도 얼마든지 계산할 수 있고 모델링할 수 있다. 그렇게 하는 것이 틀린 것도 아니다. 오히려 일상생활의 일정한 한도 내에서는 그렇게 기계론적으로 보는 것이 더 효율적이고 합리적일 수도 있다. 그러나 그것이 우주의 본질적인 모습은 아니다. 봄은 이러한 외재적 질서는 내재적 질서의 일부 현상을 특수한 방식으로 추상화해 인과론적으로 개념화한 것에 불과하다고 보았다.

이 실험이 의미하는 바를 비유적으로 설명하자면, 우주는 커다란 전체로서의 투명한 젤리 덩어리이고 입자나 사물은 그 젤리에 묻은 티끌이나 작은 흠집과도 같다. 티끌들의 움직임 혹은 상호작용은 젤리의 움직임을 반영하는 것에 불과하다. 사물들이 독립적으로 존재하면서 외적으로 상호작용하고 펼쳐지는 것이 아니라 전체로서의 우주가 그 자신 안으로 펼쳐져 들어가는 것이다. 이렇게 안으로 펼쳐져 들어가는 과정에서 드러나는 극히 부분적인 현상에 대해 기계론적 관점에서 관찰하고 설명하는 것이 지금까지 고전물리학이 해온 일들이다.

다시 한번 강조하자면 외재적 질서는 내재적 질서의 반대 개념이 아니다. 내재적 질서는 외재적 질서처럼 보이는 것들의 본질적인 모습이며 외재적 질서를 포괄하는 개념이다. 마찬가지로 내면소통은 외면소통의 반대 개념이 아니다. 내면소통은 모든 외면소통의 본질적인 모습이며 모든 형태의 소통을 포괄하는 개념이다. 이러한 내면소통의 개념에 대해서는 제7장에서 자세히 살펴볼 것이다.

어항 속의 물고기와 홀로그래피

우주를 투명한 젤리나 점성이 높은 액체로 보는 것에는 단순한 비유를 넘어서는 의미가 있다. 특수상대성이론과 양자역학을 접목하려는 노력에서 탄생한 양자장이론(quantum field theory)은 우주를 상호작용하는 하나의 장(field)으로 본다. 이러한 관점에서 보자면 우주의 텅 빈 공간에 입자들이 떠다니는 것이 아니다. 우주는 '텅 비어 있음으로 꽉 찬' 공간이다. 우주의 에너지 일부가 뭉친 '들뜬상태(excited modes)'가 광자나 전자와 같은 입자처럼 보이는 것이고, 반대로 에너지가 흩어져 약한 부분이 '진공상태(vacuum modes)'인 것처럼 보이는 것뿐이다.[336]

입자들은 독립적으로 존재하는 것이 아니라 전체적인 필드의 일부분으로 존재한다. 마치 거대한 투명한 젤리의 살짝 뭉친 부분이 입자이고 엷은 부분이 공간인 것과도 같다. 같은 필드의 일부분이기에 에너지 상태가 같은 입자들은 완벽하게 똑같다. 예컨대 지금 막 탄생한 뮤온과 1년이 지난 뮤온은 똑같다. 구분할 수 없다. 남은 평균 수명 역시 정확히 같다. 입자는 시간에서 자유롭다. 완벽하게 동일하기 때문에 뮤온이라는 입자에는 시간성이 없다. 마치 원본과 복제본의 차이가 없는 완전복제성을 지닌 디지털 정보와 비슷하다. 디지털 정보에도 시간성은 없다. 뮤온이나 디지털 정보는 시간이 흘러간다고 해서 낡지 않는다. 완벽하게 동일하기 때문이다.

공간은 미립자들이 얽혀 있는 정도에 따라서 결정된다. 강하게 얽혀 있을수록 거리가 더 가까워진다. 거리나 공간은 양자얽힘에서 도출되며, 얽힘으로부터 3차원이든 5차원이든 공간도 정의될 수 있다. 에너지 역시 마찬가지 방식으로 정의된다. 따라서 공간과 에너지는 일정한 관계를 갖는다. 이것은 자연스레 아인슈타인의 상대성이론과도 연결된다. 시공간이 중력에 의해 왜곡되는 것은 파동함수로부터 자연스럽게 도출될 수 있는 것이며, 따라서 상대성이론과 양자역학은 통합될 수 있다.[337] 이러한 관점을 더 확장하면 순수한 양자 개념에서 출발해 파동함수와 양자얽힘을 설명할 수 있을 뿐만 아니라 상대성이론과 나아가 고전역학 이론까지 도출해낼 수 있다.

기계론적 세계관이 외재적 질서의 관점에서 세계를 바라보는 것은 전체로서 하나인 우주를 인간이 자의적으로 나누고 그 나눈 부분들을 각각의 독립적인 실체로 파악해서 그것들 사이의 상관관계를 살펴본다는 뜻이다. 봄은 이러한 상황을 또 다른 비유를 통해서 설명하고 있다.[338] [그림 6-3]에서 보는 것처럼 커다란 직육면체의 어항 안에 물고기가 한 마리 있다고 가정하자. 이 어항 속의 물고기는 측면에서 비추는 카메라 A와 정면에서 비추는 카메라 B에 의해서 관측되고 있다. 옆방에는 두 대의 모니터가 놓여 있고 카메라 A와 카메라 B가 각각 송출하는 이미지를 실시간으로 보여주고 있다. 인간은 자신의 두뇌라는 방에 갇혀서 의식에 비치는 감각정보(모니터에 비치는 영상)를 통해서 우주의 본모습(옆방에 있는 어항)을 추론해내야만 한다.

기계론적 세계관은 두 모니터에 나타나는 물고기를 서로 다른 독립

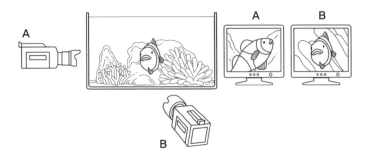

[그림 6-3] 어항 속의 물고기와 차원의 축소. 어항 속에 있는 물고기를 두 대의 카메라와 연결된 모니터로 각각 보여주는 것은 3차원에 있는 하나의 실체를 2차원의 두 개의 이미지를 통해 표현하는 것과도 같다. 이때 두 대의 모니터에 등장하는 물고기의 두 이미지 사이에는 항상 특정한 상관관계가 있는 것처럼 보일 것이다. 만약 모니터를 순차적으로 관찰하는 상황이라면 두 이미지 사이에는 인과관계가 있는 것처럼 보일 수도 있다.

적인 실체로 보는 관점이다. 실제로 달라 보일 것이다. A 모니터에는 옆모습이 보이고, B 모니터에는 앞모습이 보일 테니까. 이때 모니터 A와 B에 비치는 두 물고기의 움직임 사이에는 일정한 상관관계가 있기 마련이다. A 영상의 물고기가 꼬리를 어떻게 움직이느냐에 따라 B 영상의 물고기 머리의 움직임이 결정되는 것이 '발견'될 것이고 이에 관한 인과론적 이론이 수립될 것이다.

하나의 물고기가 두 화면에 서로 다른 모습으로 나타나는 상황은 3차원의 2차원적 표현이다. 두 이미지 사이에는 분명 상관관계가 있게 마련이다. 마찬가지로 우리가 3차원의 세계에서 관찰하고 측정하는 모든 사물이나 입자들은 사실 더 상위 차원에 존재하는 실체의 3차원적인 투영일 가능성이 매우 크다. 우리에게 익숙한 3차원에 존재하는 개별적인 여러 실체들은 사실 상위 차원에 존재하는 동일한 실체의 여러 그림자들에 불과할 수도 있다는 뜻이다. 여러 실체가 서로 상관관계를 갖는 것처럼 보이는 이유는 상위 차원의 모습을 그보다 낮은 차원의 3차원에서 보면 각각 별개로 보이기 때문이다. 이것이 '홀로그래피 우주론'의 핵심적인 아이디어다.

전체를 부분으로 나눠서 기록하는 것이 아니라 전체를 전체로서 기록하는 기술의 대표적인 것이 데니스 가보르(Dennis Gabor)가 발명한 '홀로그

내면소통

래피(holography)'다. 홀로(holo)는 그리스어로 '전체(whole)'라는 뜻이고, 그래프(graph)는 '기록하다' 혹은 '기술하다'라는 뜻이다. 즉 홀로그래피는 '전체를 기록하는 도구'라는 뜻이다.

가보르가 발명한 홀로그래피의 원리는 다음과 같다. 홀로그래피에서는 레이저 빛이 사용된다. 일반적인 빛은 무질서한 데 반해 레이저 빛은 규칙적이고 질서가 잡힌 빛이다. 반투명한 거울에 레이저 광선을 쏘면 절반은 반사되고 나머지 절반은 반투명 거울 뒤에 있는 사물에 부딪혀 산란한 다음 반투명 거울에 있는 원래 반사된 빛과 합쳐져 상호 간섭을 일으키게 된다. 이렇게 합쳐진 이미지는 저장될 수는 있으나 원래 사물의 이미지와는 전혀 달라 보이거나 알아보기 힘든 이미지가 된다. 그러나 이 이미지에 원래 쏘였던 것과 비슷한 레이저 광선을 또다시 투과시키면 마치 사물에 의해서 반사되었던 빛과 같은 파동을 생산해낸다. 이것이 우리 눈에는 3차원의 입체적 이미지로 보이는 것이다.

여기서 중요한 것은 홀로그래피의 모든 부분이 전체 사물의 이미지를 담고 있다는 사실이다. 일반적인 포토그래프 사진은 사물의 한 부분과 사진의 한 부분이 일대일로 대응한다. 즉 사진의 픽셀 하나는 사물의 한 부분에 대응한다. 그러나 홀로그래피는 일부만을 떼어서 봐도 전체 사물의 이미지가 담겨 있다. 다만 좀 흐릿하고 볼 수 있는 각도가 제한될 뿐이다. 그러한 흐릿한 개개의 전체 정보가 모여서 더 분명한 이미지를 만들어낸다. 홀로그래피에서는 모든 부분이 전체에 대한 정보를 담고 있다. 마치 나의 세포 하나에 나의 모든 유전자 정보가 들어 있는 것과 비슷하다. 홀로그래피의 특성은 전체가 부분에 들어 있는 '부분의 전체성'과 전체가 부분으로 드러나는 '전체의 부분성'이다.[339] 홀로그래피의 전체에 대한 정보는 모든 부분으로 내적으로 펼쳐진다.

전체가 부분에 흐릿하게나마 모두 들어 있는 상황은 기계론적 세계관으로는 도저히 설명이 안 된다. 그러나 우주는 마치 홀로그래피와도 같다. 세포 하나에 개체를 이루는 전체 정보가 다 들어 있고, 물 한 방울에 바다가 다 들어 있으며, 한 사람의 의식에 그가 속해 있는 공동체의 언어와 문화 정보 전체가 다 들어 있고, 우리 몸을 이루는 원자들은 우주를 이루는 원자의 구성

비율 그대로 다 들어가 있다. 이것이 우주의 본모습이다. 전체가 부분으로 내향적 펼쳐짐을 하고 있는 것이다.

홀로그래피적인 세계는 우리 일상생활에서도 쉽게 발견할 수 있다. 방 안에 있을 때 방 전체의 모든 부분이 반사하는 빛은 우리 눈에서 망막으로, 다시 시신경을 통해 내향적으로 펼쳐져 들어가며, 그 결과가 방 전체에 대한 지각과 인식이 되어 외향적으로 펼쳐져 나온다. 물결은 바다 전체로 내향적으로 펼쳐져 들어갔다가 다시 또 다른 물결로 외향적으로 펼쳐져 나온다. TV에서는 빛과 소리의 정보가 전파라는 신호로 내향적 펼쳐짐을 했다가 다시 TV 화면과 스피커를 통해 외향적으로 펼쳐지면서 영상과 소리로 나타난다.[340] 망원경으로 우주를 관찰할 때도 마찬가지다. 우주 전체의 시공간 정보가 빛으로 내향적 펼쳐짐을 통해 우리에게 전달된다. 마찬가지의 현상이 입자를 관찰할 때도 나타난다. 우주 전체의 움직임이 입자라는 한 부분에 투영되어 내향적 펼쳐짐을 통해 우리에게 전달되는 것이다.

홀로그래피의 이러한 특성은 특히 '소리'에 잘 나타난다. 소리는 흔히 파동에 비유된다. 하지만 음향물리학 연구자인 존 스튜어트 리드(John Stuart Reid)는 파동보다는 차라리 비눗방울이나 풍선과도 같은 커다란 '버블(bubble)'로 보는 것이 더 정확한 비유라고 설명한다.[341] 커다란 공과도 같은 둥그런 공간에 가득 차 있는 정보 전체는 그 공간의 경계를 이루는 어느 특정한 부분에서 발견되는 정보와 같다. 말하자면 고무풍선 어디에나 그 고무풍선이 전체로서 지닌 모든 정보가 들어 있다는 것이 바로 '홀로그래피 원칙'이다.

사방으로 퍼져나가는 소리는 마치 끝없이 부풀어 오르는 고무풍선과도 같다([그림 6-4], 711쪽). 그 경계에 존재하는 분자 하나의 진동에 전체 진동 정보가 모두 들어 있다. 소리가 퍼져나가는 음향 공간(버블) 전체에 존재하는 각각의 진동들에는 모두 똑같은 정보가 들어 있다. 예컨대 무대 위의 한 연주자가 악기를 연주한다고 하자. 이때 악기 소리는 커다란 고무풍선처럼 구형으로 펼쳐지면서 콘서트홀의 전체 공간으로 펼쳐져 들어간다. 덕분에 우리는 악기로부터 어떤 방향에 있든 같은 연주를 들을 수 있다. 이렇게 펼쳐져 나가는 악기 연주 소리를 음파로든 전자기파로든 어느 지점에서 측정하든 똑같은 정보가 들어 있음을 확인할 수 있다. 부풀어 오른 고무풍선의 내부와 표면 어느 곳에서든 똑같은 정보를 얻을 수 있는 것과 같다. 이러한 현상 역시 기계론적 세계관으로는 설명이 안 된다.

우리의 안쪽 귀에는 돌돌 말려 있는 달팽이관이 있다. 내부에는 림프액이 채워져 있고 그 액체의 움직임을 감지하는 섬모 모양의 청각신경이 분포해 있다. 소리를 듣는 핵심 기관이다. 달팽이관은 쭉 펴도 길이가 3센티미터밖에 되지 않는다. 그런데 달팽이관이 듣는 소리의 음파 길이는 이보다 훨씬 길다. 피아노의 제일 저음(27.5헤르츠)만 해도 그 파장(wavelength)이 약 12.4미터에 이른다. 어떻게 3센티미터밖에 안 되는 달팽이관이 10미터도 넘는 파동에 담긴 소리 정보들을 구분해낼 수 있는 걸까? 기계론적 세계관이나 고전물리학의 관점에서는 도저히 설명할 수 없는 현상이다.

소리 정보는 파동에 실려서 전달되는 것은 맞지만 파동의 각 부위에 서로 다른 정보가 들어 있는 것이 아니다. 만약 그랬다면 달팽이관은 피아노의 다양한 음을 구분해낼 수 없을 것이다. 소리 정보 전체는 한 파동의 모든 부위에 고르고 동일하게 실려 있다. 다만 데이터의 밀도가 다를 뿐이다. 약간 흐릿하게 전체의 정보가 부분에 다 담겨 있다는 뜻이다.

피아노의 특정한 음이 공기 분자의 움직임을 통해 고막을 흔들고, 그 흔들림이 달팽이관 속의 림프액을 진동시킨다. 림프액을 통해 전달된 떨림의 정보가 청각세포의 섬모를 흔들 때 림프액 분자 하나하나의 움직임에는 파동 전체의 정보가 모두 들어 있다. 다시 말해 소리 정보를 실어 나르는 모든 공기와 림프액 분자의 움직임에는 그 소리 전체의 진동에 관한 정보가 흐릿하게나마 모두 담겨 있다. 흐릿한 하나하나의 떨림이 모여서 밀도가 높은 보다 선명한 소리의 정보가 된다. 이처럼 소리는 자신의 정보를 공기나 액체 분자에 모두 고르게 실어 전달한다는 점에서 전형적인 홀로그래픽 성질을 지니고 있다.[342] 연주자의 연주를 통해 발생하는 소리 정보 전체가 공기 분자 하나하나의 움직임 속으로 펼쳐져 들어가는 것이 바로 내향적 펼쳐짐의 전형적인 한 예다.

소리뿐만 아니라 음악도 내재적 질서를 갖는다. 데이비드 봄은 음악 역시 홀로그래픽한 성질을 갖고 있다고 주장하면서 음악을 내재적 질서의 한 예로 들고 있다. 우리가 연주를 들을 때면 지금 이 순간 연주되는 음뿐만 아니라 그 직전이나 조금 전에 연주되었던 음도 함께 듣기 마련이다. 피아노 연주를 예로 들자면 연주자가 건반을 두드리는 순간의 음뿐만 아니라 조금 전에 연주되었던 여러 음의 여운도 함께 듣게 된다. 연주되는 순간의 음과 그 전에 연주되었던 음들의 초기 반사음과 소리의 잔향이 모두 존재하게 되는 것이다.[343] 이러한 것이 우리의 감각기관에 주어지는 외부로부터의 청각정보다. 이 청각정보는 자유에너지 원칙에 따른 능동적 추론에 의해 내적모델과 결합해 청각이라는 지각편린으로 생산되고, 이는 다시 감정이나 기억 등의 생성모델과 상호작용하며 우리 의식으로 펼쳐져 들어간다. 이는 수많은 파동이 하나의 홀로그래피로 펼쳐져 들어가는 구조와 매우 비슷하다.

내재적 질서와
물질-마음 이원론의 문제

물질과 마음은 본질적으로 내재적 질서다

전체로서의 우주는 내향적으로 펼쳐지는 전체로서의 내재적 질서다. 내재적 질서의 대표적인 것이 인간의 의식이다. 우주의 다른 모든 에너지처럼 의식도 일종의 '흐름(in flux)'이다.[344] 물론 의식도 외재적 질서의 형태를 가질 수 있다. 구체적인 생각이나 감정 혹은 기억이 그러한 예다. 그런데 생각이나 감정 뒤에는 언제나 그것을 알아차리는 배경자아가 있다. 사물이 존재하기 위해서는 공간이라는 배경이 있어야 하고, 소리가 존재하기 위해서는 고요함이라는 배경이 있어야 하며, 물결이 존재하기 위해서는 거대한 바다라는 배경이 있어야 하듯이 생각과 감정과 기억이 존재하기 위해서는 배경자아가 있어야 한다. 즉 구체적인 생각이나 감정에는 항상 그것이 내포(imply)하는 전체로서의 내재적(implicate) 질서인 배경자아가 있게 된다.

데이비드 봄의 이론을 따르자면 의식의 본질이야말로 전체로서의 내재적 질서다. 실제로 생각의 구조, 기능, 작동, 내용 등이 모두 내재적 질서 속에서 이루어진다. 생각의 외재적-내재적 질서 사이의 관계는 사물들의 외재적-내재적 질서 사이의 관계와 유사하다. 외재적 질서는 내재적 질서의 특수하고도 부분적인 존재일 뿐이다. 생각이나 감정이나 기억은 배경자아의 일부가 뭉치거나 들뜬상태(excited mode)에 있는 것이라 할 수 있다. 마치 물결은 바다 전체의 극히 일부가 잠시 들떠 있는 상태에 있는 것과 마찬가지다. 알아차림의 주체로서의 배경자아는 생각, 감정, 기억 같은 마음작용의 일종의 장(field)이라 할 수 있는 것이다.

봄은 마음과 물질이 모두 내재적 질서라는 점에서 공통점이 있다고 본다. 상대적으로 독립적이고 구별되는 물질들은 마음의 내재적 질서로부터 외향적으로 펼쳐져 나오는 것이다. 마음과 물질은 공통된 바탕으로부터 나오며 서로 강하게 연결되어 있으므로 본질적으로 크게 다르지 않다고 할 수 있다. 둘은 씨줄과 날줄처럼 '섞여서 짜여(interweave)' 있다. 물질과 마음이 모두 내재적 질서에 바탕을 둔 것이라는 사실을 깨달아야 몸-마음의 이원론에 빠지지 않으면서 둘의 차이점을 제대로 이해할 수 있다.[345]

기계론적 세계관을 정립한 대표적인 철학자인 데카르트는 물질과 마음을 철저하게 구별했다. 데카르트가 직면했던 문제는 마음(인식체)이 도대체 어떻게 본질적으로 완전히 다른 존재인 물질(연장체)을 인식할 수 있는가 하는 것이었다. 이 문제를 해결하기 위해 데카르트는 어쩔 수 없이 신(God)을 끌어들였다. 신은 연장체와 인식체를 모두 창조한 창조주이므로 오직 신만이 둘 사이의 연관성을 만들어낼 수 있다는 것이다. 다시 말해 정신으로서의 인간이 물질을 인식할 수 있는 것은 전적으로 신이라는 존재 덕분이고, 나아가 인간이 이 세상을 인식할 수 있다는 것 자체가 신의 존재를 증명하는 강력한 근거라는 것이다.

물질과 마음의 이원론은 관찰자와 관찰대상의 이원론으로 이어질 수밖에 없는데, 이는 또 다른 심각한 문제를 야기한다. 우리가 우주의 전체성을 논한다 하더라도, 즉 우주를 '하나의 전체'로 본다 하더라도 관찰자와 관찰대상을 구분하는 한 관찰자는 그 전체성에서 벗어나 있을 수밖에 없다. 우주를 '하나의 전체'로 바라보는 관찰자는 관찰대상인 그 우주의 일부가 될 수 없다. 또 관찰자가 여럿 있을 수밖에 없는데, 각각의 관찰자는 다른 관찰자에게 관찰대상으로 드러나게 된다는 문제도 발생한다. 더군다나 데카르트의 논리를 따르자면 우리는 신의 존재를 깨닫고, 신의 뜻을 이해하고, 신의 존재를 믿어야 한다. 어떤 방식으로든 신을 '인식'의 대상으로 삼아야만 하는 것이다. 그러나 신이 인간의 인식 대상이 되는 순간 신은 더 이상 인식의 주체와

내면소통

대상을 통합하는 근거가 될 수 없다.

봄에 따르면 물질과 마음의 이원론 문제는 내재적 질서의 관점으로 간단히 해결될 수 있다. 내재적 질서의 관점에 따르자면 물질과 마음은 원래 '전체로서 하나의 실체(one reality)'의 두 가지 측면에 불과하다. 내재적 질서가 직접적으로 경험될 수 있는 영역이 바로 의식이다.[346] 각 인간의 의식은 전체로서의 존재가 내향적으로 펼쳐진 것이다. 각 개인은 내재적 질서의 일부로서 우주 전체와 다른 인간들 전체와 내적으로 연결되어 있다.

물질과 마음의 통합성을 나타내는 소마-시그니피컨스

물질과 마음이 근원적으로 같은 것이라는 논의를 전개하기 위해 봄은 소마-시그니피컨스(soma-significance)라는 새로운 개념을 도입한다. 소마(soma)는 '몸'이라는 뜻의 그리스어로 물질적인 것을 나타낸다. 소마-시그니피컨스는 물질적인 것과 정신적인 것의 통합성을 가장 일반적인 의미에서 나타내는 말이다.[347] 봄이 굳이 이렇게 새로운 용어를 도입한 이유는 '물질과 마음'이라는 두 단어에는 이미 대비적이고 이분법적인 개념이 깊게 뿌리 박혀 있어서 이 두 단어를 사용해서는 통합성의 관점을 위한 논의를 진전시키기 곤란하기 때문이다. 데카르트 이래 지난 수백 년간 물질과 마음은 완전히 구분되는 별개의 것이라는 확고한 믿음이 많은 사람에게 자리 잡고 있기에 '물질'과 '마음'이라는 단어 대신 새로운 개념을 도입할 수밖에 없다는 것이다. 결국 '소마-시그니피컨스'는 물질과 마음을 하나로 보는 통합적 관점을 전개하기 위한 개념적인 틀이라 할 수 있다.

소마-시그니피컨스의 개념이 함축하는 것은 소마(물질적인 것)와 그것의 의미인 시그니피컨스(정신적인 것)는 하나의 실체(reality)의 두 측면이지 분리된 별개의 존재가 아니라는 점이다.[348] 말하자면 이것은 전체로서의 실체가 드러나는 (외적으로 펼쳐지는) 두 형태인데, 인간 몸의 감각 작용에 의해 지각된 것으로 드러나는 것이 물질이고, 인간의 의식 속에서 드러나는 것이 의미다. 이 둘은 서로를 내포하고 있다. 모든 물질은 의미를 지니고 있으며, 모든

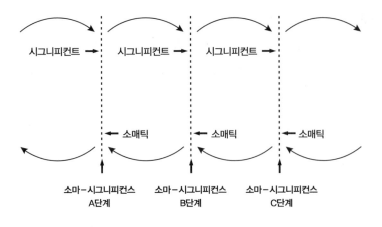

[그림 6-5] 소마-시그니피컨스의 위계적 구조. 소마-시그니피컨스의 관계는 프리스턴의 능동적 추론 시스템의 심층 구조와 비슷하다. 위계적 구조 속에서 상향하는 감각정보가 소마와 관련된 것('somatic')이고, 하향하는 예측오류 시스템이 시그니피컨스와 관련된 것('significant')이라 할 수 있다.

의미는 결국 특정한 사물이나 대상에 관한 것이다. 본질적으로 같은 물질과 의미가 구분되는 것은 인간의 몸과 의식에 의해서다.

　　[그림 6-5]에서 알 수 있는 것처럼 소마-시그니피컨스의 관계는 여러 층위(level)에서 작동한다. 이는 마치 우리가 앞에서 살펴본 프리스턴의 심층(deep) 능동적 추론 시스템에서 상향하는 감각정보와 하향하는 예측오류 시스템이 위계적인 구조를 갖는 것과 매우 유사하다.[349]

　　한편 봄은 소마-시그니피컨스의 관계도 중요하지만 그 반대인 기호-소마(signa-somatic)의 관계도 중요하다고 본다.[350] 몸이 받아들이는 감각정보가 올라가는 상향(bottom-up)의 과정은 소마-시그니피컨스라 할 수 있고, 생성모델에서 비롯되는 예측오류가 내려오는 하향(top-down)의 과정은 기호-소마의 관계라 할 수 있다. 이러한 개념적 유사성은 프리스턴의 자유에너지 원칙과 능동적 추론의 모델이 봄의 내향적 펼쳐짐과 내재적 질서의 개념을 통해 새롭게 재해석될 수 있는 가능성을 시사한다. 현재 프리스턴의 능동적 추론 모델이나 마코프 블랭킷 등의 개념들은 봄의 관점에서 보자면 여전히 기계론적 세계관을 바탕으로 한 것이다. 그러한 한계를 극복하려면 예측오

　　　　　　　　　　　　　　　　　　　　　　　　내면소통

류의 업데이트 과정이나 생성모델의 작동 등을 내향적 펼쳐짐으로 재해석하는 과정이 필요할 것이다. 그러한 접점을 만들어가는 과정에서 내면소통의 관점은 매우 중요한 이론적 틀을 제공할 수 있을 것이다.

Note **소마-시그니피컨스를 음역으로 표기하는 이유**

'soma-significance'를 우리말로 번역하지 않고 '소마-시그니피컨스'라는 음역으로 표기하는 이유는 '몸-의미' 등으로 번역할 경우 자칫 오해를 불러일으킬 수 있기 때문이다. '소마'는 물질적이면서 육체적인 몸을 의미한다기보다 주관성과 객관성이 통합된 존재로서의 몸을 의미한다. 따라서 물질과 정신의 통합성을 강조하는 봄의 입장에서는 'body'보다는 'soma'를 선택하는 것이 올바른 전략이다. 다만 우리말로는 'body'나 'soma' 모두 '몸'으로 번역될 수밖에 없으므로 불필요한 오해를 없애기 위해서 '소마'라고 표기했다.

'significance'도 마찬가지로 굳이 번역하자면 '의미'라고 해야 한다. 그러나 봄은 곧이어 'soma-significance'의 관계를 'matter-meaning'의 관계와 비교하면서 논의를 전개하고 있다. 'significance'도 '의미'라 번역하고 'meaning'도 의미라 번역한다면 독자들은 봄이 무슨 이야기를 하는지 이해하기 힘들 것이다.

'significance'는 기호 'sign'에서 온 말이다. 기호작용의 결과로 생겨나는 의미가 곧 'signficance'이다. 기호는 물질과 의미의 결합체다. 'soma'라는 단어에 이미 주관성과 객관성을 통합하는 뉘앙스가 담겨 있는 것처럼 'significance'라는 단어에도 물질과 의미를 통합하는 뉘앙스가 담겨 있다. 봄은 소마-시그니피컨스가 물질적인 것에서 정신적인 것으로의 내향적 펼쳐짐을 의미한다면 그와 반대로 정신적인 것에서 물질적인 것으로의 외향적 펼쳐짐은 '기호-소마(signa-somatic)'라 부른다. 'signa'는 'sign'의 라틴어다. 이에서도 알 수 있는 것처럼 'soma-significance'에서의 'significance'는 기호에 관한 어떤 것 혹은 '기호작용으로서의 의미'를 뜻한다는 것을 알 수 있다. 따라서 'soma-significance'를 '소마-

기호' 혹은 '소마-기호의미'라 번역할 수도 있겠지만 이 역시 만족스러운 번역이라 할 수는 없다. 오히려 독자들에게 낯설게 느껴지는 한이 있더라도 '소마-시그니피컨스'라고 표기하는 것이 봄의 논지를 정확하게 전달하는 길이라고 믿는다.

물질, 의미, 에너지의 삼자관계와
자아의 세 가지 범주

기호로 가득 찬 우주

봄의 소마-시그니피컨스는 기호학에서의 '기호(sign)'의 개념과 매우 비슷하다. 기호는 물질과 의미의 결합으로 정의된다. 기호는 의미를 실어 나르는 물질인 동시에 물질화된 의미다. 봄이 소마-시그니피컨스 관계의 사례로 드는 것은 종이에 인쇄된 잉크 자국이 독자에게 의미를 전달하는 경우나, 텔레비전 화면을 구성하는 화소들이 시청자에게 의미를 전달하는 경우 등이다. 이것은 모두 '기호현상(semiosis)'이다. 봄은 비록 '기호'라는 용어를 사용하지 않았지만, 그의 소마-시그니피컨스의 관련성에 대한 설명을 살펴보면 결국 우주의 모든 것을 기호현상으로 보고 있음을 알 수 있다.

데이비드 봄의 이러한 관점은 찰스 샌더스 퍼스와 매우 비슷하다. 퍼스 역시 우주가 물질로만 이루어진 것은 아니고 물질과 의미로 이뤄져 있다고 보았다. 그렇기에 "이 우주는 기호로 가득 차 있다"라고 본 것이다. 퍼스의 말을 직접 들어보자.

"어떤 현상을 설명하는 것은 결국 이 우주 전체를 어떻게 파악하느냐에 달려 있다. 그런데 우주 전체는, 단지 물질적 존재들의 집합으로서의 우주뿐 아니라 물질적 존재의 우주를 포함해서 우리가 흔히 '진리'라고 부르는 모든 비물질적 존재까지를 아우르는 전체로서의 이 우주는, 전적으로 기호로

만 구성된 것은 아니라 할지라도 적어도 기호로 가득 차 있다."[351]

봄의 소마(물질)와 시그니피컨스(의미)의 관계는 소쉬르(Ferdinand de Saussure)의 '기의'와 '기표'의 관계와 매우 비슷하다. 기표는 의미를 실어 나르는 기호의 물질적 측면이며, 기의는 기표라는 물질을 통해서 드러나는 의미다. 얼핏 보면 소마-시그니피컨스의 관계는 소쉬르의 기의-기표 개념과 마찬가지로 양자(dyadic)관계처럼 보인다. 그러나 봄은 소마와 시그니피컨스가 관계를 맺기 위해서는 에너지가 필요하다는 점을 강조한다. 즉 소마, 기호, 에너지라는 세 요소가 삼자관계를 이루는 것이다.

소마와 기호의 관계는 물질과 의미의 관계에 적용될 수 있다. 물질과 의미는 서로 내향적으로 펼쳐져 들어가고 다시 외향적으로 펼쳐져 나오는데 이때 에너지가 늘 관여한다. 물질과 에너지는 근원적으로 같은 것이고 그것을 연결해주는 것이 의미라는 사실을 이해하기 위해서는 시공간의 물리학적 의미에 대해 잠시 살펴볼 필요가 있다.

물질을 하나의 고정된 실체로 보는 기계론적 세계관에서는 시공간은 절대적인 것으로서 변하지 않으며 물질과 상관없이 선험적으로 주어진 것으로 본다. 이것이 17세기 이래 데카르트, 칸트, 뉴턴을 거쳐서 우리의 상식이 되어버린 '시공간의 절대성'이다. 시공간의 절대성은 이미 수백 년이 된 낡은 개념이고, 아인슈타인이 100여 년 전에 상대성이론을 통해 폐기처분한 개념이다. 그런데도 지금 21세기를 살아가는 많은 사람에게 여전히 시간과 공간이 절대적이고 변하지 않는다는 기계론적 세계관은 확고한 고정관념으로 깊이 뿌리 박혀 있다.

시공간은 절대적이고 선험적인 존재가 아니라 에너지와 물질에 의해서 생성되고 변화하는 존재다. 시공간이 물질의 전제조건이 아니라 오히려 에너지와 물질이 시공간의 전제조건이다. 이것이 물리학적 사실이다. 상대성이론의 핵심은 시공간의 절대성을 폐기하는 것이다. 기계론적 세계관의 뉴턴 물리학과 아인슈타인 물리학의 결정적 차이가 바로 시공간의 절대성이다. 상대성이론에 따르면 시공간은 중력 등의 에너지에 의해서 얼마든지 생성되고 변형되는 일종의 에너지 장(field)이어서 절대적인 기준은 될 수 없다. 우주에서 변하지 않는 것은 시간도 공간도 아니고 오직 빛의 속도뿐이다.

우주에는 빛에 가까운 속도로 움직이는 것들이 있다. 있는 정도가 아니라 아주 많다. 물질을 이루고 있는 전자나 중성자 같은 미립자들이다. 전자는 빛처럼 한 방향으로 쭉 가는 것이 아니라 반사되어 앞뒤로 움직인다. 이러한 좌충우돌이 시간과 공간을 만들어내며 에너지를 물질 상태로 바꾼다. 물질은 에너지가 응축된 것이다. 이러한 에너지의 응축이 곧 '들뜬상태'다. 좌충우돌의 상태가 멈추면 다시 에너지로 돌아간다. 우주의 모든 물질의 기본 상태는 에너지다. 전자의 좌충우돌 상태가 일정한 패턴을 지니게 되면 물질이 탄생한다.[352] 이처럼 물질과 에너지는 본질적 측면에서 같은 것이다. 에너지의 응축이 곧 물질이 되고 시간과 공간을 탄생시킨다. 따라서 순수한 에너지에는 시간도 공간도 없다.[353]

사람의 몸 역시 물질로 이뤄져 있다. 인간도 에너지로 이뤄진 존재다. 신체를 구성하는 물질적인 부분도 에너지이며 생명현상 자체도 에너지의 작용이다. 의식도 마찬가지다. 의식은 물질이 아닌 순수한 에너지다. 따라서 의식에는 시간도 공간도 없다. 의식이 시간과 공간을 만들어내는 것이지 시간과 공간에 의식이 구속되는 것이 아니다. 따라서 인간의 의식은 시간과 공간을 초월한다. 그것이 의식의 기본적인 특성이다. 의식은 우주 전체에 편재할 수 있다. 순수한 의식은 곧 순수한 에너지이기 때문이다. 의식은 에너지의 흐름으로 나타나는데, 그것이 곧 의미다. 의미와 스토리의 생성 과정인 내면소통 역시 에너지의 흐름이다. 봄은 물질, 에너지, 의미가 삼자관계를 이루고 있다고 본다.[354] 물질을 에너지로 변화시키고 다시 에너지를 물질로 변화시키는 매개체가 바로 '의미'라는 것이다.

우주의 거의 모든 것이 기호로 이루어져 있다고 보는 퍼스 역시 기호현상을 삼자관계로 본다. 이 삼자관계는 양자관계로 압축되거나 환원될 수 없는 기호현상의 기본적인 세 가지 요소로 돼 있다. 퍼스에 따르면 기호현상은 대상과 주체 또는 두 개의 사물 혹은 두 사람 등 두 개체 사이의 양자관계가 아니다. 여기서 기호현상이란 무엇인가에 대해 잠시 살펴보자.

현대 기호학의 창시자라 일컬어지는 퍼스는 기호를 "인간의 정신에 대해 어떤 대상을 대신할 수 있는 모든 것"이라 정의한다. 이미 이 정의에 기호현상의 세 요소가 포함되어 있다. 인간의 정신 혹은 의미, 어떤 대상, 그리

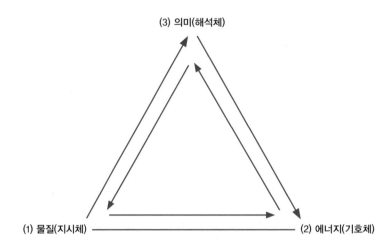

(3) 의미(해석체)

(1) 물질(지시체) ————————————————————— (2) 에너지(기호체)

[그림 6-6] 물질-에너지-의미의 삼자관계와 기호현상의 삼자관계. 봄의 물질-의미-에너지(matter-meaning-energy)의 관계는 퍼스의 기호현상에서의 지시체-해석체-기호체(referent-interpretant-representamen)의 관계와 정확하게 대응을 이룬다. 지시체는 기호체가 가리키는 구체적인 대상이자 물질이며, 해석체는 기호체의 의미다. 에너지로서의 기호체는 대상과 의미를 묶어주어 역동적인 삼자관계를 이룬다.

고 그 대상을 가리키는 기호가 그것이다. 예를 들어 '개'라는 글자가 있다고 하자. '개'라는 글자(문자)는 기호다. 그것은 종이에 잉크로 인쇄되어 있을 수도 있고, 캔버스에 그림물감으로 그려져 있을 수도 있으며, TV 화면에 자막으로 처리되어 있을 수도 있다. 어떠한 물질적 기반을 갖든 모두 기호다. 종이에 잉크로 인쇄된 '개'라는 기호는 인쇄매체를 기반으로 하고, TV 화면에 자막으로 나타난 '개'라는 기호는 TV라는 전자영상매체를 기반으로 하고 있다. 이처럼 동일한 기호 '개'는 다양한 매체, 즉 다양한 물질적 기반 위에 존재할 수 있다.

　기호는 반드시 물질적 기반을 필요로 한다. 기호는 지각되어야만 하기 때문이다. 물질적 기반이 없는 것은 우리 몸에 의해 지각될 수 없으며, 지각될 수 없는 것은 기호가 될 수 없다. 순수한 아이디어나 의미 자체는 그것이 지각될 수 있는 사물에 의해 표현되지 않는 한 기호가 될 수 없다.[355]

　이처럼 기호현상은 언제나 세 요소의 상호작용으로 이루어진다. 지시체(object 혹은 referent), 기호체(sign vehicle 혹은 representamen), 그리고 해석체(interpretant 혹은 sense)다. 여기서 '해석체'는 사람일 수도 있고 그 사람의 기호에 대한 생각일 수도 있고 혹은 기호의 의미일 수도 있다. (1)기호가 가리키는 사물로서의 대상, (2)어떤 대상을 지시하는 기호, (3)대상과 기호를 한데 묶어내는 의미의 세 요소는 서로가 서로에게 의지하며 기호현상을 만들어 낸다. 이 삼자관계에서 각각의 존재는 나머지 둘에 의존한다.[356] 예를 들자면 (1)실제 세상에 존재하는 구체적인 동물로서의 '개'가 대상이며, (2)그 대상을 가리키는 '개'라는 글자나 단어가 기호체이고, (3)네발 달린 충성심 가득한 반려동물이라는 '의미'를 지닌 추상적 존재로서의 '개'가 해석체다. 이러한 삼자관계는 봄의 물질, 의미, 에너지의 삼자관계와 매우 비슷한 구조를 지니고 있음을 쉽게 알 수 있다.

봄의 소마-시그니피컨스 관점에 따른 물질-의미-에너지(matter-meaning-energy)의 관계는 퍼스의 기호현상에서 지시체-기호체-해석체(referent-representamen-interpretant)의 관계와 정확하게 대응을 이룬다([그림 6-6] 참조). 또 이러한 삼자관계는 퍼스의 세 가지 기본 범주인 일차성(firstness), 이차성(secondness), 삼차성(thirdness)과도 대응된다.

자아의 세 가지 범주

내면소통의 관점에서 보자면 구체적이고도 물질과도 같은 존재가 기억자아이고, 그것의 배경이 되는 순수의식이 배경자아이며, 그 둘을 연결해 주는 것이 경험자아라 할 수 있다. 봄과 퍼스의 삼자관계의 관점에서 보자면 자아(self)에는 크게 세 가지 범주가 있음을 알 수 있다.

기억자아(remebering self)
우리가 일상생활에서 '나'라고 칭하는 것이다. 기억자아의 다른 이름이 바로 에고(ego)인데 이는 다른 사람과의 구분과 비교를 통해서만 존재하는 '나'다. 특정한 성향과 성격을 가진 존재이며, 특정한 이력과 개인

사를 지닌 존재다. 그래서 개별자아(separate self)라고도 불린다. 다른 사람과의 구별을 위해 끊임없이 다양한 것을 '소유'하고자 한다. 기억자아가 지닌 것이 바로 자의식이며, 끊임없이 주변 환경이나 사람들에 대해 '반응'하고 '저항'한다. 저항함으로써 구분 짓고 반응한다. 끊임없이 타인과의 비교를 통해 우월감을 느낌으로써 존재 의의를 찾고자 한다. 생각이나 감정의 에너지가 뭉쳐지고 들떠서 기억의 덩어리로 집적된 존재다. 늘 과거에 얽매이고 과거를 미래에 투사함으로써 미래에 대해 불안해한다. 주어진 환경에서 '생존'을 해나가기 위해서 발달된 몸의 움직임들을 조정하기 위한 여러 가지 의도들이 강화된 결과가 곧 기억자아다.

경험자아(experiencing self)

현재 벌어지는 일을 경험할 때 작동하는 자아다. 카너먼이 직장내시경 실험 등 여러 연구를 통해서 그 존재를 밝혀낸 '경험하는 자아'는 현재의 고통이나 즐거움을 경험하는 경험자아다.[357] 경험자아는 항상 지금 여기에 존재한다. 몸의 통증을 느끼거나 혹은 편안함을 느낄 때, 또는 즐거운 일로 행복감을 느낄 때 경험자아는 전면에 드러난다. 행복감은 지금 여기서 벌어지는 일을 통해서만 느낄 수 있다. 미하이 칙센트미하이(Mihaly Csikszentmihalyi)가 이야기하는 '몰입(flow)'의 경험이 대표적인 사례다. 격렬한 운동, 공연예술, 엄청난 자연, 깊은 대화, 진정한 사랑 등을 통해 얻을 수 있는, 에이브러햄 매슬로가 말하는 절정경험(peak experience)의 주체가 바로 경험자아다.[358]

배경자아(background self)

기억자아나 경험자아를 알아차리는 존재다. 배경자아는 순수한 에너지의 흐름과 같이 보이지도 느껴지지도 않는 존재다. 순수한 의식으로서 배경자아는 알아차림의 주체일 뿐 대상이 아니다. 모든 사물 뒤에 그것이 점유하는 텅 빈 공간이 있고, 모든 소리 뒤에 그것이 점유하는 고요한 침묵이 있는 것처럼 모든 기억자아나 경험자아 뒤에는 그 존재를 가능하게 하고, 그것의 존재를 알아차리는 배경자아가 있다. 기억자아는 내가 가진 어떠한 것들의 총합에 불과할 뿐 나 자신이 아님을 깨닫는 존재가 배경자아다. 경험자아가 어떤 것을 경험하는 순간에 '아, 내가 지금 이러한 경험을 하고 있구나'를 알아차리는 존재가 배경자아다. 기억자아가 실체로서의 자아라면 배경자아는 순수한 에너지로서의 자아다.

순수에너지의 형태로 우리의 내면을 가득 채우는 투명한 존재가 바로 순수의식이며 배경자아라 할 수 있다. 에너지 일부가 좌충우돌하여 뭉치고 들뜨는 것이 입자가 되는 것처럼, 의식의 일부가 뭉치고 들뜸으로써 마치 입자처럼 밖으로 드러나는 것이 곧 생각과 감정이고, 이러한 생각과 감정의 흐름이 경험자아를 이룬다. 이러한 생각들이 스토리텔링이 되어 일화기억으로 쌓이는 것이 '자의식'이고 그것의 집적물이 '기억자아(ego)'다.

에너지와 물질을 연결해주는 것이 의미인 것처럼, 배경자아와 기억자아를 연결해주는 것이 경험자아다. 물질이 에너지에서 나오는 것이고 에너지의 특별한 한 형태인 것처럼, 기억자아 역시 배경자아에서 나오는 것이고 배경자아의 특별한 한 형태다. 물질-의미-에너지라는 세 요소가 한데 어우러져 만들어내는 것이 우주의 다양한 현상이고, 대상-기호-해석체라는 세 요소가 한데 어우러져 만들어내는 것이 다양한 기호현상이듯이, 기억자아-경험자아-배경자아라는 세 요소가 한데 어우러져 만들어내는 것이 내면소통 현상이다.

내면소통 훈련의 목표는 기억자아를 부정하거나 없애버리는 것이 아니라 오히려 더 잘 이해하는 데 있다. 세 가지 범주로서의 자아는 하나의 에너지의 세 가지 측면일 뿐이다. 본질적으로 같은 것이다. 문제는 기억자아만 존재한다고 확신하거나 기억자아가 곧 나의 본질이라고 착각하는 데 있다. 기억자아(ego)가 곧 나라고 믿을 때 온갖 고통과 번뇌와 괴로움이 시작된다. 그렇다고 해서 기억자아를 완전히 부정할 수는 없다. 그럴 필요도 없다. 기억자아는 우리가 주어진 환경에서 생존하기 위해서 진화한 결과로 탄생한 매우 유용한 기제다. 다만 기억자아는 배경자아의 특수한 한 형태이고, 에너지가 뭉치고 들뜬 일시적인 상태이며, 끊임없이 변해가는 나라는 존재의 한 측면임을 깨닫는 것이 중요하다. 본래적 의미의 나는 순수의식으로서의 배경자아다. 기억자아와 배경자아를 연결해주는 것이 경험자아다. 배경자아는 경험자아를 통해서 지금 여기에 알아차림의 주체로서 등장한다. 경험자아를 통해서 우리는 배경자아의 존재를 알아차릴 수 있다. 내면소통 훈련의 목표는 기억자아, 경험자아, 배경자아가 모두 하나의 에너지 흐름의 세 가지 측면이라는 사실을 깨닫고 일상생활에서 이러한 자아의 세 측면이 조화롭게 어우러지도록 하는 데 있다. 지금까지 논의한 삼자관계는 다양한 형태로 표현될 수 있는데 정리해보면 다음과 같다.

　　물질 : 의미 : 에너지(matter : meaning : energy)
　　= 지시체 : 해석체 : 기호체(referent : interpretant : representamen)
　　= 일차성 : 이차성 : 삼차성(firstness : secondness : thirdness)
　　= 개별자아 : 경험자아 : 배경자아(separate self : experiencing self : background self)

봄과 프리스턴
: 능동적 정보와 능동적 추론

능동적 정보와 정보의 행위

　내면소통과 관련해서 특히 주목할 만한 것은 봄의 '정보(information)' 개념이다. 봄이 말하는 'information'은 일반적 의미의 '정보'라는 뜻을 포함하면서도 그 이상의 의미를 지닌다. 정보 개념에 관한 봄의 독창적인 아이디어는 1952년에 발표된 '숨겨진 변인(hidden variables)'에 관한 논문에서 나타난다.[359]

　봄은 전자가 실체를 지닌 입자이긴 하지만 양자잠재력(quantum potential)이라는 새로운 종류의 힘에 의해서 '안내(guide)'되는 것이라고 보았다. 물리학에서 잠재력(potential)은 대개 힘의 세기나 크기에 의해서 효과가 결정되는데, 양자잠재력은 힘의 크기가 아니라 오직 '형태(form)'에 의해서만 효과가 결정된다.

　봄은 두 개의 슬릿 실험에 대해서도 파동함수의 붕괴라는 전통적인 코펜하겐 해석 대신에 양자잠재력이라는 능동적 정보(active information)의 개념을 사용해서 새로운 해석을 제시한다. 입자는 두 슬릿 중 하나를 지날 수 있는 잠재력을 지니고 있다. 실제로 전자는 하나의 슬릿만 선택한다. 그런데 양자잠재력은 두 슬릿에 대한 정보를 모두 갖고 있다. 일종의 잠재력으로서 이러한 정보는 활성화(active)된 것이지만, 일단 전자가 하나의 통로를 선택해서 특정한 통로로 지나가는 순간 다른 통로에 대한 정보는 비활성화(inactive)된다. 이것이 마치 '인간 의식의 관찰자 효과'에 의한 것처럼 나타나는 것뿐이다. 실제로는 실험 조건에 대한 정보가 직접 전자 사이에 작동하고 있는 것이다. 봄의 이러한 가설은 수십 년 뒤 실험을 통해서 입증되었다. 전자는 파동이었다가 입자였다가 하면서 상태를 바꾼다기보다는 '능동적 정보'에 의해서 가이드되는 입자로 볼 수 있음이 입증된 것이다.[360] 슈뢰딩거의 파동함수는 능동적 정보로서 입자 운동에 내재되어 있는 것이다.[361]

봄은 물리적 실체로서의 전자를 고정된 입자라기보다는 하나의 '과정'으로 본다. 지속적으로 내부의 구체적인 방향을 향해 붕괴되어가면서 동시에 바깥으로 확장되는 과정에 있다는 것이다. 이러한 과정이 양자잠재력에 의해서 가이드된다. 양자입자나 양자사건이 존재하기 위해서는 양자잠재력 혹은 '정보의 행위(activity of information)'가 필요하다. 정보가 '행위'를 한다는 말은 단순한 메타포가 아니다. 실제로 물리적 실체로서의 정보는 일정한 '행위'를 한다. 무엇인가 행위를 하는 능동적 실체다.[362]

'정보의 행위'라는 개념이 생소하게 들릴 수밖에 없다는 점은 봄 자신도 인정한다.[363] 기계론적 세계관에서 '행위'는 물리적 실체에만 적용되는 개념이었기에 물리적 실체가 아닌 '정보'가 어떤 '행위'를 한다는 것은 상상하기 어렵기 때문이다. 그런데 소마-시그니피컨스의 개념을 통해 살펴보았듯이 물리학적 관점에서 보았을 때 물질과 마음은 모두 에너지로서 본질적인 측면에서는 같은 실체다. 따라서 '능동적 정보(active information)' 또한 물질과 정신의 이론적 통합의 고리를 제시하는 개념이라 할 수 있다.[364]

'정보의 행위'라는 개념에서 '정보'는 우리가 일상생활에서 흔히 접하는 정보와 매우 비슷한 방식으로 작동한다. 클로드 섀넌(Claude Shannon)이 제안했던 정보이론에서 다뤄지는 '정보'는 인간을 위한 주관적(subjective) 정보다.[365] 즉 인간에게 의미를 지니고 영향을 미치는 경우의 정보다. 물리학적 관점에서의 정보는 인간이 아닌 입자를 위한 것으로 객관적(objective) 정보다. 상당히 다른 개념이라 할 수 있다. 그러나 봄의 오랜 공동연구자였던 배질 하일리(Basil Hiley)는 섀넌의 정보이론에서 말하는 '주관적' 정보를 위해서도 물리학적 관점에서의 '객관적' 정보의 개념이 필요하다고 본다.[366] 섀넌의 정보이론이 물리학적 관점의 능동적 정보라는 개념을 통해 보완될 필요가 있다고 보는 것이다.

봄은 양자잠재력 혹은 능동적 정보의 작동방식을 커다란 배가 레이더 신호로 방향을 찾아가는 것에 비유한다. 레이더 신호는 분명히 배의 진행 여부와 방향에 영향을 미친다. 그러나 결코 '힘'으로 배를 끌어당기는 것이 아니다. 배의 움직임은 엔진 힘과 주변 환경인 파도와 바람의 힘으로 움직일 뿐이다. 다만 배는 레이더 신호의 '가이드'를 받아서 따라간다. 배는 레이더 신호라는 '정보'에 의해서 움직이는 것이다. 이때 레이더 신호는 분명 물리학적 실체지만, 한편으론 지속적으로 배의 진행 방향을 '형성시키는 과정에 있는(in-form)' 잠재력이기도 하다. 이러한 잠재력이 정보의 본질이다. 정보(information)는 곧 '형성시키는 과정(in-formation)'인 것이다.[367]

양자잠재력은 전자를 입자와 장(field)의 분리할 수 없는 결합으로 본다. 내재적 질서로서의 장(field)은 능동적 정보로서 입자의 행동을 가이드한다. 이러한 장(field) 개념이야말로 양자물리학과 뉴턴의 고전물리학을 구분짓는 핵심이다. 능동적 정보의 개념은 '나눌 수 없는 전체로서의 우주'와 양자물리학의 '비국지성'의 기반이 된다. 또 능동적 정보의 개념은 물질과 정신을 구분하지 않는 새로운 이론과 자연스럽게 연결되는데, 여기에서 핵심 개념은 독립된 실체들 사이의 외적인 상호작용이 아니라 전체로서 하나인 다양한 요소들의 '내향적 펼쳐짐'과 '참여'다.[368]

봄은 소마-시그니피컨스의 관계 속에서 의식이 몸을 가이드하듯이 능동적 정보가 물질의 형성과 작동을 가이드한다고 본다.[369] 봄의 능동적 정보 개념은 인간의 의식적 생각 자체가 지닌 힘을 양자역학적 정보 개념을 통해서 이론화할 수 있게 한다. 나아가 다양한 인지적 현상과 심리학적 현상, 집단적 의식과 행동, 생명체 안에서의 신체 현상과 정신 현상의 연결성 등에 대한 수학적 설명도 역시 가능하다. 지금까지 뇌과학이나 인지신경과학 분야에서는 신경세포의 작동방식과 관련해 양자물리학적 효과를 제대로 고려해본 적이 없다. 펜로즈와 같은 극소수의 물리학자들이 신경인지 과정과 관련해 양자물리학 관점의 가설을 제시했을 뿐이다. 인지와 의식의 근본적인 작동방식을 설명하기 위해서는 신경세포들 간의 상호작용에 관한 양자물리학적 접근이 필요하다.

봄의 능동적 정보의 개념은 신경세포의 시냅스 연결과 작동방식을 양자물리학의 관점에서 설명할 수 있는 토대를 마련해준다. 뇌의 작동에 의해서 생겨난 자아(self)가 스스로를 돌이켜보고, 생각하고, 스토리텔링하여 자신의 기반이 되는 뇌의 작동방식에 영향을 미칠 수 있다는 것은 고전물리학의 '에너지보존의 법칙'에 어긋난다. 그러나 전자의 파동이 자신의 에너지 수준보다 더 높은 수준의 에너지 장벽을 투과할 수 있음을 보여주는 양자터널효과(quantum tunnelling)는 에너지보존의 법칙을 위반하지 않으면서도 시냅스에서의 세포의 연결작용을 더 구체적으로 설명할 수 있는 가능성을 열어준다.[370] 신경세포들 간의 상호작용이 의식과 인지작용을 생성해내는 과정을 고전물리학으로는 설명하기 힘들다. 하지만 봄의 능동적 정보와 양자잠재력에너지의 개념은 에너지보존의 법칙을 위반하지 않으면서도 뇌의 작동방식을 설명할 수 있다.

프리스턴과 봄의 만남: 능동적 추론과 능동적 정보 개념의 통합 가능성

봄은 우리가 과연 "의식에서 내재적 질서를 발견할 수 있겠는가"라고 묻는다.[371] 의식은 생각의 흐름이다. 모든 생각은 의미를 함축하고 있다. 함축한다는 것은 하나의 생각(단어, 문장)이 그 자체의 의미를 지니면서도 그것을 넘어서서 더 넓고 깊은 뜻으로 펼쳐져 나간다는 뜻이다. '함축하다(implicit)'라는 말은 '내재적(implicate)'이란 말과 어원이 같다. 의미는 항상 생각이나 언어적 표현에 함축된다. 의미의 본질은 그래서 내향적으로 펼쳐지는 내재적 질서다.

하나의 기호는 그 자체로서의 의미를 넘어서서 내재적 질서에 편입됨으로써 다른 의미를 함축할 수 있다. 이것이 곧 가추법적 의미에서의 추론이다. 봄의 소마-시그니피컨스의 구조가 퍼스의 기호생산 모델과 유사성을 갖는 것은 결코 우연이 아니다. 봄의 말대로 "함축이라는 것은 논리적 관점에서 보자면 결국 추론"이기 때문이다.[372] 앞에서 살펴본 사례를 통해 설명하자

내면소통

면, '닳아서 반들반들해진 소매'는 그 옷을 입은 사람이 타자수라는 사실을 '함축'하는 기호이고, 이러한 기호의 '의미'를 발견하는 과정이 곧 추론이다.

이미 살펴보았듯이 '추론'은 프리스턴의 자유에너지 원칙과 능동적 추론 모델에서의 핵심적인 개념이다. 뇌는 기본적으로 능동적 추론을 해내는 시스템이며 그러한 추론 시스템의 정점에 있는 것이 '의식'이다. 의식은 능동적 추론 과정의 결과로서 생겨나는 것이면서 동시에 추론의 과정을 효율적으로 통합하기 위해 생겨난 뇌의 기능이다. 기호학자인 퍼스, 뇌과학자인 프리스턴, 물리학자인 봄이 모두 인간 의식작용의 핵심에 '추론'이 있다고 본다. 추론과 예측오류는 모두 '형성시키는 과정(in-formation)'으로서의 특성을 가졌다. 그것은 배를 움직이는 엔진의 힘을 지닌 것은 아니지만 엔진의 힘을 일정한 방향으로 가이드할 수 있다는 점에서 '능동적'이다. 봄의 핵심적인 개념인 '능동적 정보'와 프리스턴의 핵심적인 개념인 '능동적 추론'에서 공통으로 사용되는 '능동적(active)'이라는 말은 다음과 같은 두 가지 뜻을 함축하고 있다.

첫 번째는 피동적이 아니라 '능동적'이라는 뜻이다. 자유에너지 원칙에서 뇌의 추론 과정은 주어진 자극에 수동적으로 반응하지 않고 역동적 균형상태인 알로스태시스를 향해 끊임없이 능동적으로 예측하고 자신의 모형에 따라 조절을 한다. 그렇기에 동일한 자극에 대해서도 뇌는 상황과 조건에 따라 끊임없이 다른 반응을 보이게 된다. 봄의 능동적 정보 역시 양자잠재력으로서 능동적으로 입자를 형성(formation)시키고 가이드한다.

두 번째는 '행위'와 관련된다는 뜻이다. 생명이란 움직임이다. 신경시스템 자체가 움직임을 위해 존재하고, 동시에 움직임은 감각상태에 영향을 미친다. 우리는 움직임을 전제로 지각하며, 지각된 것을 바탕으로 움직인다. 마코프 블랭킷 모형에서의 감각상태가 추론을 통해 생산해내는 것이 지각(perception)이고, 마찬가지 방식으로 내부상태가 추론을 통해 생산해내는 것이 개념(conception)이다. 이것이 의식의 기반이다. 프리스턴의 능동적 추론은 하나의 생명체가 주어진 환경에서 움직임을 통해 살아남기 위한 시스템이다. 이것이 뇌의 존재 이유다.

봄의 능동적 정보 역시 마찬가지다. 봄은 '정보의 행위'라는 개념을 강조한다. 정보 자체에는 질량이 없으나 에너지에 변화를 주어 질량을 지닌 입자를 형성하는 '행위'를 한다. 특히 형성시키는 과정으로서의 정보의 특성이 분명하게 드러나는 것이 인간의 커뮤니케이션이다. 한 사람의 내부상태인 의식이 형성하는 의미와 생각이 일종의 에너지 흐름으로 다른 사람의 의식으로 펼쳐져 들어가는 것이 커뮤니케이션이다. 봄은 인간의 커뮤니케이션이야말로 내재적 질서와 내향적 펼쳐짐의 대표적인 사례라고 본다. 인간의 커뮤니케이션 과정에는 '전체로서의 우주'의 작동방식 자체가 그대로 투영되어 있다.

　　장(field)이론에 따르면 우주는 텅 비어 있음으로 꽉 차 있다. 에너지로 가득 차 있다. 우리가 지각할 수 없기에 암흑물질 혹은 암흑에너지로 불리는 이 배경으로서의 텅 빈 우주는 하나의 온전한 전체다. 거기에 약간의 흠집이나 구멍이 난 것들이 물질이다. 혹은 에너지 일부가 '들뜬상태'로 진동하면서 뭉친 것이 곧 물질이다. 물질의 본모습은 암흑물질이고 순수한 에너지다. 인간의 의식 역시 순수한 에너지의 일종이다. 에너지로서 의식의 흐름이 일부 들뜨고 뭉쳐진 것이 생각이고 감정이고 개념이고 이야기다. 따라서 생각이나 감정이나 개념은 순수의식 자체와 본질적으로 같다. 모든 물질적 실체가 에너지와 본질적 측면에서 같은 것처럼 말이다.

　　독립적인 실체로 존재하는 구성요소들이 외적인 상호작용을 통해 하나의 집합체로서의 전체를 구성한다는 고전물리학의 관점은 프리스턴의 자유에너지 원칙에도 여전히 남아 있다. 예측오류의 최소화를 위한 시스템으로 뇌를 파악하는 능동적 추론 모델 역시 기본적으로 기계론적 세계관을 기반으로 한다.

　　감각기관을 통해 유입되는 감각자료는 고정된 실체로 간주된다. 감각자료를 평가하는 생성모델이나 그로부터 '계산되어' 나오는 '예측오류' 역시 특정한 값을 가진 개별적인 실체들로 간주된다. 신경세포들 역시 마찬가지다. 전체로서의 바다에 파도처럼 신경세포가 존재한다기보다는 신경세포라는 고정적 실체로서의 입자들이 모여서 뇌라는 전체 구조물을 이룬다고 보는 것이다. 내부상태도 하나의 독립적인 실체이고 외부 환경도 그러하며 그 사이에 경계로서 존재하는 마코프 블랭킷도 그러하다. 모두 고정된 실체다.

신경세포와 신경세포 사이의 '정보' 역시 일종의 입자처럼 간주된다. 정보는 내부상태의 일부도 아니고 감각상태의 부분도 아니며 단지 감각상태에서 내부상태로 전달되는 어떤 실체일 뿐이다. 그것을 바탕으로 정확한 '지각'을 생산해내는 것이 능동적 추론 시스템의 임무다. 행위가 중요한 요소로 작용하지만 이러한 요소들 간의 관계가 작동하는 것이지, 정보 자체가 그 시스템의 일부를 이루는 것은 아니다.

그러나 기계론적 세계관으로 우주나 생명현상을 설명하는 데는 늘 한계가 있다. 결국에는 모순에 부딪힌다. 예컨대 능동적 추론 모델에서는 추론의 결과로서 의식이 생긴다고 본다. 하지만 능동적 추론이라는 개념 자체가 예측오류의 최소화를 '의도'하는 일종의 선험적인 에이전트를 전제하고 있다는 논리적 모순에 빠지고 만다. 의식의 작동방식이나 특징에 대해서는 자유에너지 원칙이 효율적으로 설명할 수 있지만, 그것이 어떻게 생겨날 수 있는지를 설명하는 것은 불가능하다. 신생아에게도 훌륭하게 작동하는 마코프 블랭킷이 있고 능동적 추론 시스템도 있다. 하지만 자의식은 없다. 만 1세와 4세 사이에 도대체 무슨 변화가 일어났기에 자의식이 생겨나게 되는지에 대해서는 자유에너지 원칙이나 마코프 블랭킷 모델만으로는 설명하기 어렵다.

의식과 자의식의 문제는 기계론적 세계관을 극복해야만 합리적인 설명이 가능해진다. 의식을 독립적이고도 부분적인 실체들이 외적인 상호작용을 통해 이뤄내는 현상으로 보는 것을 넘어서는 근본적인 관점의 전환이 필요한 것이다.[373] 봄의 능동적 정보와 내재적 질서의 개념은 우주에 대한 관점뿐 아니라 의식에 대해서도 새로운 관점을 제시해준다. 프리스턴의 자유에너지 원칙과 능동적 추론 모델이 봄의 내재적 질서, 전체성, 내향적 펼쳐짐 등의 개념을 적극 수용한다면 이론적 설명력에서 그야말로 퀀텀 점프가 일어날 수 있을 것이다.

다행히 자유에너지 원칙도 에너지에 관한 물리학적 개념을 빌린 것이고, 능동적 추론 역시 봄의 능동적 정보와 개념적으로 매우 가깝다고 볼 수 있다. 내재적 질서와 내향적 펼쳐짐 개념을 통해 능동적 추론으로서의 의식 작용이나 생성모델의 작동방식을 개념화하는 작업은 상당히 가능성이 있어

보인다. 특히 프리스턴의 능동적 추론 모델을 봄의 능동적 정보 개념과 결합한다면 뇌의 거시적 작동방식과 미시적 작동방식에 관한 새로운 통합적 모델을 구축할 수 있을 것이다. 봄의 내재적 질서와 프리스턴의 자유에너지 원칙의 이론적 통합의 출발점은 아마도 생성질서 혹은 생성모델의 개념에서 그 실마리를 찾아볼 수 있을 것이다.

생성질서와
내면소통

생성질서와 인과관계

기계론적 세계관의 핵심은 인과관계다. 사물들의 관계를 원인과 결과로 파악하는 것이 인과론이다. 인과론의 핵심적 아이디어는 라이프니츠(Gottfried Leibniz)의 시공간에 대한 이론에서 찾아볼 수 있다. 라이프니츠는 시간이나 공간이 선험적으로 주어지는 절대적인 것이 아니라 경험적 사건에 의해서 결정되는 상대적인 것이라고 보았다. 시간은 '연속적인 사건들의 질서, 즉 연속적 질서(the order of sequences)'에서 나오는 것이고, 공간은 '동시에 존재하는 것들의 질서, 즉 공존적 질서(the order of coexistence)'에서 비롯된 것이다.[374] 시간이나 공간은 우리가 직접 경험할 수 있는 것은 아니고 우리가 경험할 수 있는 사건과 사물들에 의해서 개념적으로 구성되는 질서인 것이다.

라이프니츠의 시간과 공간의 개념은 철저한 외재적 질서에 입각한 기계론적 세계관을 반영한다. 사건들의 '연속'이라는 개념 자체가 이미 개별적이고 독립적인 사건들을 전제하고 있다. 공간 속에 흩어져 동시에 존재하는 '공존'의 개념 역시 개별적이고 구분되는 독립적 사물을 전제한다. 당구대에 공들이 여럿 놓여 있는 것처럼 여러 사물이 공존할 때 공간이 구성되고, 공 하나를 쳐서 다른 공들을 움직이게 하는 것처럼 연속적인 사건들에 의해 인과관계가 생겨나며 그에 따라 시간이라는 개념도 생겨난다.

우리의 일상생활에서는 이러한 기계론적 관점으로 살아가는 것에 별 문제를 느끼지 못할 수도 있다. 당구를 치거나 탁구나 골프를 치거나 자동차를 운전하는 것과 같은 일상적인 생활에서는 사물들 간의 외재적 질서와 인과관계를 통해서도 별 어려움 없이 살아갈 수 있다. 그러나 더 깊은 실체의 모습이나 우주의 근본적인 작동원리를 이해하고자 할 때에는 기계론적 세계관은 한계를 드러내기 마련이다.

특히 인간의 의식작용이나 소통과 같은 현상은 외재적 질서만으로는 설명하기 어렵다. 우주의 근본 질서나 양자세계 혹은 인간 내면과 의식의 문제를 이해하기 위해서는 외재적 질서를 포괄하는 내재적 질서의 개념이 필요하다. 내면소통 훈련을 통한 마음근력 키우기와 관련해서도 내재적 질서의 관점이 절대적으로 필요하다. 뇌의 작동방식이나 의식과 감정의 문제는 고정된 실체들의 인과적 질서로는 도저히 제대로 설명해낼 수 없기 때문이다.

기계론적 세계관은 인간의 몸과 마음의 작동방식을 인과론적으로 이해한다. 예컨대 병에 걸리는 것은 외부의 어떤 세균이나 바이러스의 침투에 의한 것이고, 소통을 잘해서 설득이 이뤄지는 것은 타인으로부터 유입되는 어떤 메시지에 의한 것이라는 식이다. 이러한 세계관에서 '바이러스'나 '메시지'는 고정된 실체로서 존재하는 것이고, 그것이 또 다른 고정된 실체인 인간의 몸이나 마음에 영향을 주는 것으로 이해된다. 말하자면 바이러스나 메시지는 원인이고, 질병이나 설득은 결과라는 식이다. 하얀색 당구공이 붉은색 당구공과 충돌할 때 먼저 움직이는 하얀색 당구공이 원인이고, 그것에 의해 움직이게 된 붉은색 당구공이 결과다. 하지만 이러한 인과론만으로는 내면소통의 작동방식을 충분히 설명해내기 어렵다.

바이러스에 감염되는 것은 독극물에 중독되는 것과는 그 성질이 다르다. 어떠한 메시지에 의해서 설득되는 것 역시 물감 한 방울을 떨어뜨려 물의 색깔을 변하게 하는 것과는 성질이 다르다. 봄은 기계론적 세계관의 인과관계를 대체할 수 있는 개념으로 '생성질서(generative order)'를 제안한다. 생성질서는 외적으로 영향을 주고받기보다는 능동적 정보의 영향을 받아 이에 반응함으로써 새로운 질서를 '생성'해낸다는 의미다. 바이러스에 감염되어 폐

내면소통

렴을 잃게 되거나 소통에 의해 설득되어 생각이 바뀌는 것은 인과관계적 관점보다는 생성질서의 관점에서 설명해야 더 정확하게 이해할 수 있다.

인과적 사고방식은 어떤 문제나 현상이 있을 때 그것을 낳은 '원인'을 찾으려 한다. 어느 도시에 공해가 심각한 수준이라면 언제 공장이 세워지기 시작했는지 묻고, 누군가 암에 걸렸다면 어떤 유전자가 문제인지 묻고, 트라우마나 불안장애가 발생하면 어떤 충격이나 사건이 그러한 정신적 문제를 가져왔는지 묻는 식이다. 데이비드 봄은 이러한 연속적 사건들의 외재적 질서와 인과적 사고방식의 한계를 넘어서는 개념적 틀을 제시하는데, 그것이 바로 '생성질서'다.

어느 도시에 공장이 처음 세워진 것이 공해의 계기가 된 것은 맞지만 그것이 모든 것을 결정한 '원인'이라고 보긴 어렵다. 한 공장이 처음 세워지고 난 후에 계속해서 여러 공장이 더 들어서고, 그러한 공장들을 지금까지 가동하고 있다는 총체적 사실이 공해를 만들어내는 것이다. 과거의 어떤 특정 계기보다는 지금 이 순간까지도 계속 '생성'되는 질서에 더 큰 의미를 부여해야 한다는 뜻이다. 암의 경우에도 유전자에 문제가 있다는 사실 때문에 암이 생겼다기보다는 그러한 유전자를 갖고 있으면서도 건강을 해치는 특정한 생활습관을 유지해왔다는 사실이 더 근본적인 문제라고 봐야 한다. 특정 유전자가 어떠한 조건에서든 항상 암을 일으키는 경우란 없기 때문이다. 유전자든 발암물질이든 환경이든 생활습관이든 다른 무엇이든 간에 암을 유발하는 '원인'은 아직 발견된 적이 없다.

과거의 불행한 일이 트라우마나 정신장애의 한 계기가 될 수 있는 것은 분명하지만, 과거의 불행한 일 자체보다는 그 불행한 일이 유발한 고통이나 부정적 정서를 차단하고 억누르는 메커니즘을 계속 작동시키는 현재의 습관이 더 큰 문제를 불러일으킨다. 불행했던 일에 대해 계속 생각하고, 부정적 정서를 불러일으키고 증폭시켜서 강박적 사고를 하는 등 불행한 일 이후의 지속적인 행동, 사고, 인지 패턴의 습관화가 문제를 더 심각하게 만든다. 그렇기에 트라우마를 겪었다고 해서 모두 PTSD(외상후스트레스장애) 환자가 되는 것은 아니다. 오히려 트라우마를 겪었으나 PTSD 환자가 되지 않은 사람의 비율이 훨씬 더 높다. 공해, 암, PTSD 등의 공통점은 그것을 유발하는 데 관여한 '계기'는 분명 있으나, 그 계기를 사태의 '원인'으로 파악하는 것은 전체적인 사태 파악을 못하게 할 우려가 있다는 것이다. 생성질서는 어떤 '계기'뿐 아니라 그러한 계기가 촉발해서 지금 이 순간까지 계속되는 지속적인 과정까지 전체적으로 살펴봐야 함을 시사하는 개념이다. 생성질서야말로 봄이 계속 강조하는 전체로서의 우주, 즉 '전체성'에 입각한 개념이다.

생성질서의 대표적인 사례는 바이러스 감염이다. 인류를 팬데믹의 공포로 몰아넣는 코로나 바이러스 감염 역시 인과관계보다는 생성질서의 관점에서 보는 것이 정확하다. 바이러스에 감염된다는 것은 바이러스가 독립적이고 외적인 실체로서 우리 몸에 어떠한 영향을 주는 것이 아니다. 바이러스는 일종의 DNA 파편들에 불과하다.[375] 그것이 우리 몸 세포 속의 유전자를 교란해 바이러스를 증식시키도록 유도한다. 바이러스는 우리 몸 세포의 복제 시스템을 이용한다. 외부에서 오는 바이러스는 일종의 '능동적 정보'다. 그것의 '가이드'를 받아서 우리의 몸이 스스로 에너지와 단백질을 공급하고 화학작용과 대사작용을 통해서 바이러스를 증식시키는 것이다. 바이러스 감염은 그 자체로서 질병이라기보다는 몸으로 하여금 염증을 비롯한 여러 가지 질병을 만들어내도록 유도한다는 점에서 생성질서의 대표적인 사례라 할 수 있다. 바이러스가 증식할 수 있는 환경을 우리 몸이 스스로 만들어준다는 점에서 바이러스야말로 능동적 정보로서의 '인-포메이션(in-formation)'인 것이다.

바이러스는 마치 배의 진행 방향을 알려주는 무선라디오 신호와도 같은 역할을 한다. 배를 움직이는 힘 자체는 라디오 신호에서 오지 않는다. 라디오 신호는 다만 능동적 정보로서만 작동한다. 실제 배를 움직이는 힘은 배 자체의 엔진에서 나온다. 바이러스는 일종의 능동적 정보인 셈이다. 마치 입자 상태에 영향을 주는 양자잠재력과도 같다. 바이러스는 우리 몸 안으로 내향적 펼쳐짐을 하는 것이다.

바이러스 감염병은 숙주인 사람의 몸이 바이러스에 '협조해서' 생성해내는 생성질서의 대표적인 예다. 숙주의 입장에서는 바이러스에 저항하고 말고 할 선택의 여지가 없다. 우리 세포 자체의 복제 프로그램 등 단백질 작동방식을 바이러스가 이용하는 것이기 때문이다. 물론 면역력이 있는 경우에는 다르다. 대부분의 사람은 코로나바이러스를 이겨낸다. 그러나 소수는 위험한 상황까지도 간다. 중증환자가 되거나 폐와 혈관을 비롯해 여러 장기를 파괴하는 것 역시 바이러스 자체가 아니라 우리 몸의 면역시스템이다. 즉 바이러스에 의한 면역시스템의 교란으로 인해 몸이 스스로를 파괴하는 것이다. 능동적 정보인 바이러스는 우리 몸을 직접 파괴하는 것이 아니라 우리 몸이 스스로 파멸의 길로 가도록 방향만 제시한다. 따라서 바이러스 감염이라는 현상은 기계론적 인과론으로는 설명이 안 된다. 바이러스는 생성질서에 따라 작동하는 능동적 정보다.

하나의 씨앗이 자라서 나무가 되는 것을 생각해보자. 씨앗 하나에는 DNA 정보와 약간의 영양분만 들어 있을 뿐이다. 그것이 나무로 자라나려면 공기, 물, 영양분, 햇빛 등 다양한 요소와 에너지가 주어져야 한다. 씨앗에 담겨 있는 DNA는 일종의 능동적 정보일 뿐이다. 하나의 씨앗이 자라서 나무가 되는 것 역시 외적인 인과관계보다는 능동적 정보의 내향적 펼쳐짐으로 파악하는 것이 적절하다. 바이러스가 몸속에서 증식하는 것이나, 씨앗이 자라나서 나무가 되는 것이나, 수정란이 성체로 성장하는 것 모두 인과관계라기보다는 생성질서다.

앞에서 살펴본 프리스턴의 능동적 추론의 과정 역시 본질적으로 생성질서다. 헬름홀츠나 프리스턴의 감각 경험에 대한 예측 모델에 따르면, 마코프 블랭킷으로서 인간의 감각시스템은 외부자극을 받아들이기만 하는 수동적 시스템이 아니라 내부의 생성모델을 바탕으로 추론하는 능동적 시스템이다. 감각자료는 인간의 뇌가 생산해내는 지각편린의 외부적 '원인'이 아니다. 뇌가 세상 사물을 지각하는 것은 인과론적 과정이 아니다. 뇌는 예측오류를 바탕으로 생성모델 자체를 지속적으로 업데이트한다. 즉 시각, 청각, 촉각 등의 감각 경험은 외부 감각자료와 내부의 생성모델이 지속적으로 피드백을 주고받는 과정에서 생성되어 나오는 것이다. 이러한 과정은 기계론적 세계관의 인과관계 모델로는 설명하기 어렵다. 이것을 보완하기 위해 프리스턴은 '역동적 인과관계 모델(dynamic causal modelling: DCM)'을 제안하기도 한다.[376] 역동적 인과관계 모델은 fMRI 분석을 하는 데 있어서 외부자극이 뇌에 미치는 단선적인 인과적 영향뿐 아니라 뇌의 내적인 생성모델(마코프 블랭킷 내부상태 간의 상관관계 등)의 베이지안 추론 과정까지 고려하는 모델이다. 시간에 따른 연속적이고 선형적인 질서 모델이 아니라는 점에서 봄의 생성질서와 프리스턴의 역동적 인과관계 모델은 상당한 공통점을 지닌다.

생성질서로서의 의식

환경을 지각하고 인식하는 과정뿐 아니라 내부상태의 핵심인 생성모델 역시 생성질서의 일종이다. 우리는 일상생활에서 특정한 외부 사건이 원인이 되어 생각이라는 결과가 생겨나는 것처럼 느낀다. 게다가 특정한 생각이 꼬리에 꼬리를 물면서 일어날 때는 더욱더 그 생각에 특정한 외부 '원인'이 있다고 믿게 된다. 하지만 생각은 특정한 외부 사건을 원인으로 생겨나는 결과가 아니다. 생각은 의식에 의해서 지속적으로 '생성'되는 것이다. 외부 사건은 바이러스와 마찬가지로 능동적 정보로서 우리 의식에 특정 계기와 방향을 제시할 뿐이다. 생각을 만들어내고 지속해가는 것은 의식이라는 내부상태다. 바이러스를 계속 증식시키는 것이 우리 몸이듯이 생각이 생각을 낳도록 하는 것 역시 우리의 의식이다. 그렇기에 생각은 강박적으로 반복되기도 하고 강화되거나 확장되기도 한다. 의식에는 여러 생각이 동시에 공존할 수도 있다. 생각뿐 아니라 기억이나 감정 등은 모두 라이프니츠가 말하는 '연속적 질서(the order of sequences)'와 '공존적 질서(the order of coexistence)'의 성격을 모두 가지면서 그 본질은 생성질서다. 사실 모든 생성질서는 연속성과 공존성을 모두 구현하고 있으며 동시에 그것을 넘어선다.

봄은 분노와 같은 특정한 감정 상태 역시 생성질서로 본다.[377] 기분 나쁜 일이나 모욕적인 언사로 인해 분노가 생기는 것은 마치 바이러스에 감염되는 것과 비슷한 상황이라는 것이다. 외부 원인에 의한 감정의 유발은 결코 인과관계만으로는 설명이 되지 않는다. 분노의 계기가 되는 사건은 마치 바이러스처럼 외부에서 주어지지만 그러한 자극으로부터 분노라는 감정을 만들어내고 키워가는 것은 내부상태의 의식이기 때문이다. 기분이 상했던 일을 반복해서 되뇌고, 스스로의 분노를 끊임없이 합리화하고, 상대방의 잘못을 비난하는 생각을 지속적으로 증폭시킴으로써 분노라는 감정은 계속 유지되거나 점차 강화되기 마련이다.

분노뿐 아니라 불안이나 우울 등 다른 부정적 정서를 유지하고 증폭시키는 과정 역시 마찬가지다. 모두 본질적으로 생성질서다. 특정한 부정적 사건은 마치 바이러스처럼 우리 마음에 작용한다. 생성질서로서 특정한 부정적 생각은 우리 마음에서 증폭된다. 그러한 부정적 생각에 에너지와 영양분을 공급해서 계속 키워나가는 것은 바로 우리 자신이다.

한편 면역시스템이 바이러스 감염 상태를 이겨내듯이 마음의 면역력, 즉 마음근력이 강한 사람은 부정적 사건이 마음을 숙주로 삼아 확산되는 것을 스스로 막을 수 있다. 마음근력은 곧 '감정적 면역력'이기도 하다. 감정적 면역력이 약한 사람에게는 그리 대단하지 않은 부정적 사건이나 트라우마도 커다란 후유증을 남길 수 있다.

몸의 면역력을 키우는 것은 외부 바이러스에 반응하는 몸의 새로운 생성질서를 만드는 것이고, 마음근력을 키우는 것은 외부의 부정적 사건에 반응하는 마음의 새로운 생성질서를 건강한 방향으로 만들어내는 것이다. 특히 부정적 사건이나 실패, 역경 혹은 좌절 등에 잘 대처하고 일종의 '마음의 항체'를 만들어내는 것이 회복탄력성을 강화하는 훈련이라 할 수 있다. 회복탄력성을 비롯한 여러 가지 마음근력을 발달시키는 것은 새로운 생성질서를 만드는 것이다. 외부자극이 의식 속에서 내향적 펼쳐짐을 하는 패턴을 바꿔나가는 것이다. 물론 생성질서의 자동화된 반응 방식을 바꿔나가는 것은 체계적이고도 반복적인 훈련을 통해서만 가능하다.

PTSD 역시 마찬가지다. 과거에 겪은 부정적 사건 자체가 트라우마 스트레스를 유발한다고 보는 것은 문제해결에 도움이 안 된다. 그보다는 지금도 계속해서 부정적 정서를 재생하고 있는 생성질서가 더 큰 문제인 것이다. 과거의 나쁜 경험 자체가 현재 몸과 마음이 아픈 '원인'이 아니다. 과거의 사건은 단지 하나의 계기를 제공할 뿐이다.[378] 원인과 결과가 명확하게 구분되는 단순한 인과관계적 틀에서 벗어나 생성질서의 관점에서 부정적 정서나 트라우마를 바라봐야만 제대로 된 해결책을 마련할 수 있다. 만약에 과거의 경험이 확정적 원인이라면 과거를 바꿀 방법은 없으니 원인 치료는 원천적으로 불가능해지고 다만 대중요법에 만족할 수밖에 없다는 결론이 나온다. 따라서 정신분석학의 전통처럼 과거의 특정한 경험에 집중하기보다는 현재 몸과 마음이 어떻게 스스로 병을 키우고 유지하는지 살펴보는 것이 훨씬 더 중요하다.[379] 병을 유지하고 키우는 것은 지금 이 순간에도 작동하고 있는 생성질서다. 따라서 과거의 부정적 사건에 대해서 살펴보는 것은 그러한 일이 미래에 다시 되풀이되지 않도록 하는 예방적 차원에서만 의미가 있다. 과거의 '원인'에 집착하기보다는 현재의 생성질서를 바꾸는 것이 훨씬 더 효과적이고 올바른 방법이다.

| Note | **내재적 질서의 언어: 레오모드** |

우리가 '실체' 중심적인 기계론적 세계관에서 빠져나오기 어려운 이유 중 하나는 언어다. 대부분의 현대 언어는 기계론적 세계관에 따라 '명사' 중심적으로 발전해왔다. 대부분의 서술에는 주어와 목적어가 있다. 많은 경우 이 서술의 순서는 인과관계의 순서를 함축하고 있다. 그래서 봄은 새로운 방식의 언어 사용을 제안한다. 그것이 바로 '레오모드(rheomode)'다. 레오(rheo-)는 그리스어로 '흐름(flow)'이라는 뜻이다. 명사보다는 동사에 기본적인 기능을 부여함으로써 '과정' 중심의 사유를 하자는 것이 언어의 레오모드다. 사실 한국어는 유럽어들과 비교해 주어의 사용이 강조되지도 않고, 시제나 성, 수의 구별이 뚜렷하지도 않기에 상대적으로 과정 중심적인 레오모드 언어에 더 가깝다고 볼 수 있다.

봄은 다음과 같은 문장을 예로 든다. 'It is raining.' 여기서 주어는 물론 'it'이다. 그는 묻는다. 도대체 '비 내리기'라는 행위를 하는 주어로서의 '비 내리는 자(rainer)'를 반드시 상정해야 하는 이유는 무엇인가? 그 주어가 곧 '비 내리기'라는 사건을 유발한 원인이다. 이러한 기계론적 세계관에서 벗어나 사태를 있는 그대로 정확하게 서술하려면 문장은 이렇게 돼야 한다. 'rain is going on.' 봄의 관점에서 보자면 한국어가 영어나 다른 유럽 언어들보다는 사태를 좀 더 정확하게 표현하는 언어다. 한국 말로는 정확히 봄이 제안하는 것처럼 '비가 오고 있다'라고 하니 말이다.

내면소통

마찬가지로 "개별적인 입자들이 상호작용한다"라고 말하는 것보다는 "전체로서의 우주라는 장(field)에서 상대적으로 일정한 움직임의 형태를 보이는 것들을 추상화한 것이 입자"라고 보는 것이 더 정확하다. 또한 "관찰자가 하나의 대상을 관찰한다"라고 표현하기보다는 "인간과 대상이라고 불리는 두 개의 추상화된 존재들 사이에 분리되지 않는 움직임으로서의 관찰이 진행된다"라고 표현하는 것이 더 정확하다는 것이다.[380] 내면소통의 언어가 본질적 측면에서 레오모드 언어임을 설명하는 일은 이 책의 범위를 넘어서므로 추후 과제로 남겨두고자 한다.

제7장

내면소통과
명상

모든 소통은
내면소통이다

내면소통이란 무엇인가

내면소통의 '내면'은 단순히 외면적인 것과 대비되는 개념으로서의 내면을 의미하는 것이 아니다. 그것은 데이비드 봄의 내재적 질서와 내향적 펼쳐짐을 포괄하는 개념이며 생성질서와 능동적 정보가 이루어지는 장(field)으로서의 '내면'을 의미한다. 또 프리스턴의 능동적 추론이 펼쳐지는 마코프 블랭킷의 내부상태 개념과 생성모델의 핵심으로서 에이전트의 개념도 포괄한다.

내면소통은 모든 소통의 보편적인 모습이며 본래적 실체다. 겉으로 드러나는 모든 형태의 소통에도 내면소통이 작동한다. 외재적 질서로 표현되는 여러 가지 소통 현상들은 내면소통의 특수한 한 형태라고 할 수 있다.

독립된 실체로서의 두 사람이 서로 메시지를 주고받으며 영향을 주고받는 것으로 정의되는 대인커뮤니케이션이나 하나의 매체에 의해 많은 사람이 영향을 받는 것으로 정의되는 매스커뮤니케이션 현상 등은 모두 외재적 질서로 드러나는 소통이다. 하지만 모든 외재적 질서가 그러하듯이 외재적 소통 역시 내재적 질서인 내면소통의 특수한 현상들이다.

우리가 흔히 말하는 '소통'은 대개 나와 다른 사람들 사이의 소통을 뜻한다. 소셜미디어나 대중매체를 통하든 아니면 스마트폰으로 통화를 하든 직접 얼굴을 마주하든 '사람과 사람 사이의 소통'을 의미한다. 그런데 가장 중요한 소통은 한 사람의 내면에서도 일어난다. 이것이 현상적인 의미에서의 내면소통이다.

내면소통은 본질적으로 자기 자신을 향한 '스피치 액트(speech act)'다.[381] 스피치 액트는 언어학자들이 흔히 '화행'으로 번역하는 것으로 일종의 '행위로서의 말하기'다. 즉 어떤 대상을 단순히 묘사하거나 설명하는 데 그치는 것(강아지가 귀엽다, 꽃이 아름답다 등)이 아니라, 특정한 의도의 표현으로 발화 자체가 어떠한 행위가 되는 것(결혼식에서 주례가 '성혼이 되었다'라고 선언하는 것 등)을 말한다. 우리가 살아가는 이 세상에 일정한 변화를 가져온다는 점에서 이러한 발화는 일종의 '행위'다. 그래서 스피치 액트는 곧 '행위로서의 말하기'다.

내면소통은 내가 나에게 무언가를 설명하거나 메시지를 전달하는 행위가 아니다. 나는 나 자신에게 무엇인가를 설명하거나 묘사하는 소통을 할 필요가 없으며 무슨 메시지를 전달할 필요도 없다. 따라서 내면소통은 본질적 측면에서 스피치 액트의 성격을 지닌다. 그것은 내가 나 자신을 향해서 어떠한 '행위'를 하는 것이다. 내가 나를 비난하든 용서하든 격려하든 칭찬하든 모두 무언가 행위를 하는 일종의 스피치 액트다. 그리고 그 행위의 힘은 막강하다. 내가 나에게 하는 말은 나 자신에게 즉각적이고도 강력한 효과를 갖는다. 그래서 내면소통은 중요하다. 내면소통이 곧 나의 정체성을 결정하기 때문이다. 우리는 늘 내면소통을 하면서 살아간다. 원하든 원하지 않든 늘 자기 자신을 새롭게 정의하고 끊임없이 변화시키면서 살아가고 있다. 우리는 내면소통을 통해 우리 자신을 어떠한 방향으로든 변화시켜나갈 수 있다.[382]

내면소통의 개념은 대인소통과의 비교를 통해 더욱 분명하게 드러난다. 먼저 공통점을 살펴보자면, 둘 다 언어를 사용한다. 물론 때에 따라서는 손짓과 발짓으로 얘기할 수도 있고(대인소통), 막연한 생각을 구체적인 언어적 표현 없이 잠시 해볼 수도 있겠지만(내면소통), 거의 모든 대인소통이나 내면소통은 한국어 등 특정한 언어를 사용한다는 공통점이 있다. 따라서 둘 다 특정 언어로 '텍스트화'할 수 있다. 물론 텍스트화의 대상이 되지 않는 소통도 있다. 예컨대 음악이나 무용과 같은 공연예술이 그렇다. 수많은 청중이 오케스트라 연주에 동시에 매료되는 그 시점에는 어떠한 언어적 표현에도 얽매이지 않는 공감이 일어난다. 그 순간 청중들의 내면에서는 '소통'이 생겨난다. '아, 선율이 참 아름답다'라든가, '정말 감동적이다'라든가 혹은 '역시 이 연주자는 훌륭하군' 등등의 언어적 '멘털 코멘터리(mental commentaries)'가 마음 속에 자연스럽게 생겨나기 마련이다. 멘털 코멘터리는 경험하는 일에 대해 자동으로 의미를 부여하거나, 해석하거나, 평가하거나, 판단하는 것을 통칭한다. 어떤 경험을 경험 자체로 받아들이지 않고 자신의 가치관이나 문화, 이데올로기, 취향 등에 따라 즉각적으로 해석을 붙이고 의미를 부여하는 것을 뜻한다. 이러한 멘털 코멘터리는 비록 텍스트화되지 않더라도 분명 내면소통이며, 의식의 중요한 기능이라 할 수 있다.

대인소통과 내면소통의 가장 큰 차이점은 대인소통의 경우에는 입 밖으로 말을 뱉어낸다는 것, 즉 발화(utterance)를 한다는 데 있다. 반면에 내면소통은 자신의 머릿속에서만 특정한 문장이나 메시지를 만들어낸다. 대표적인 내면소통의 형태는 '혼자 생각하기'다. 자신에게 하는 이야기일 수도 있고, 막연한 후회나 걱정일 수도 있으며, 혹은 자기 자신에게 하는 격려나 변명일 수도 있다. 추측, 의심, 확신, 해석, 의미부여 등등 다양한 내용을 담을 수도 있다. 물론 내면소통에서도 '발화'는 가능하다. 혼자 중얼거리거나 독백처럼 이야기할 수도 있다. 그러나 이는 특정한 타인을 향하지 않는다는 점에서 대인(interpersonal)소통에서의 발화와는 본질적으로 다르다. 다른 사람의 이해를 전제로 발화되는 타자지향적 행위가 아니기 때문이다.

내면소통과 대인소통은 별도로 존재하는 것이 아니다. 오히려 내면소통은 대인소통의 필수적인 구성요소이자 전제조건이다. 먼저 내면소통이 있어야만 대인소통이 가능하다. 대인소통은 내면소통의 특수한 한 형태다. 외향적 펼쳐짐과 외재적 질서가 내향적 펼쳐짐과 내재적 질서의 특수한 한 형태이듯 대인소통은 내면소통의 특수한 한 가지 형태다. 대인소통 없는 내면소통은 가능하나 내면소통 없는 대인소통은 상상조차 할 수 없다. 또한 내면소통의 원인이면서 동시에 결과이기도 한 인간의 의식작용은 내재적 질서의 특성이 명확히 드러나는 사례다.

내면소통 이론은 변화의 이론이다. 대인소통에서는 다른 사람의 마음을 움직이는 설득이 주요 효과인 데 반해, 내면소통에서는 자아의 변화가 주요 효과다. 대인소통은 상대방을 바꾸는 것을 지향하지만, 내면소통은 자기 자신을 바꾸는 것을 지향한다. 대인소통에서는 정보의 전달 혹은 타인의 의견 변화가 중요한 관심 사항이지만, 내면소통에서는 자아개념, 자의식, 자기성찰 등 자아의 변화가 중요한 사안이다. 정보의 전달 혹은 설득에 의한 의견 변화는 내향적 펼쳐짐과 생성질서의 성질을 지니므로 그 자체로서 이미 내면소통인 것이다.

Note   **왜 내면(inner) 소통인가?**

커뮤니케이션 학자들은 전통적으로 '내면'소통을 주로 '인트라퍼스널 커뮤니케이션(intrapersonal communication)'이라 지칭해왔다.[383] 사람과 사람 사이의 소통을 대인소통(interpersonal communication)이라고 부르니, 이에 대비해서 한 사람 혹은 인격 '안에서(intra-)' 일어나는 소통이라는 뜻으로 인트라퍼스널이란 표현을 사용한 것이다. 그러나 나는 내면소통에서 내면을 'intrapersonal'보다는 'inner'라고 표현하는 것이 적절하다고 본다.

내면소통의 개념에는 내 생각의 흐름, 감정의 일어남, 상상 대화 등 인트라퍼스널이라 부를 만한 것을 포함하면서도 동시에 그것을 넘어서서 더 근본적인 배경자아의 알아차림까지 포함하기 때문이다. 배경자아는 '한 개인으로서의 사람(person)'이라고 불리는 여러 개념(기억자아나 경험자아 등)이나 현상을 뛰어넘는 보다 깊고도 근본적인 현존(fundamental presence)이다.

배경자아는 '개인으로서의 사람' 이전의 문제이며, 따라서 그것은 '인트라퍼스널'이라 개념화하기에 적절치 않다. 더구나 봄의 내재적 질서나 내향적 펼쳐짐, 프리스턴의 능동적 추론과 마코프 블랭킷 모델의 관점에서 내면소통을 정의하기에도 '인트라퍼스널'이라는 단어는 적절치 않다. 따라서 나는 인트라퍼스널의 요소를 포함하면서도 그것을 뛰어넘는 근원적인 현존과 내재적 질서까지를 아우르는 보다 포괄적인 개념으로 '내면 소통(inner communication)'이라 부르고자 한다.

내면소통

내면소통의 뇌과학적 기반: 언어처리의 이중 흐름

A와 B 두 사람이 대화하고 있다고 가정해보자. A가 B에게 무엇인가 이야기하려면 우선 A의 머릿속에서 특정한 메시지나 내용이 사전에 잠깐이나마 리허설되어야 한다. 물론 즉시성과 즉흥성에 기반한 대화를 하는 경우에는 사전에 말하고자 하는 내용을 완전히 문장으로 만들어놓고 나서 그것을 읽어내듯이 발화하지 않는다. 우리는 대화할 때 즉흥적으로 구체적인 문장을 만들어내는 놀라운 능력을 지니고 있다. 그러나 실제 발화하기 직전에 이미 그 문장을 말할 때 사용되는 혓바닥이나 성대의 움직임을 관할하는 뇌 부위가 활성화된다. 즉 나도 모르는 사이에 나는 내가 말하고자 하는 내용에 대해 무의식적으로 사전 발화 연습을 하고 있는 것이다.

언어중추에는 언어를 알아듣고 이해하는 기능을 주로 담당하는 부위와 말을 하는 것과 관련된 부위가 있다. 말을 하는 운동기능(혀와 입술을 움직이는 등의 기능)을 주로 담당하는 부위는 언어운동 영역인 브로카 영역이고, 말을 알아듣는 것과 관련된 부위는 언어이해 영역인 베르니케 영역이다. 그런데 실제로 발화하기 직전에 언어를 알아듣고 해석해내는 베르니케 영역이 먼저 활성화된다. 즉 내가 하고자 하는 말을 내뱉기 전에 먼저 내 머릿속에서 내 말을 들어보고 해석해보는 과정을 거치는 것이다. 이러한 현상은 특정한 문장을 들을 때도 발견된다. 특정한 단어나 문장을 들을 때 그 문장을 발화할때 관여하는 언어운동신경 부위 역시 같이 활성화된다. 뇌과학자들은 우리가 '말을 할 때' 자신의 목소리를 계속 모니터하는 뇌 부위와 다른 사람의 '말을 들을 때' 작동하는 뇌 부위가 기능적으로 겹친다는 사실도 밝혀냈다.[384] 이러한 연구결과들이 시사하고 있듯이 뇌의 관점에서 보자면 듣는 것이 곧 말하는 것이다.

우리가 어떤 소리를 들을 때에는 우선 일차 청각영역이 활성화된다. 그런데 그것이 사람의 목소리 등 언어일 경우에는 곧바로 베르니케 영역도 활성화된다. 대화를 할 때 우리 뇌는 언어를 듣고 이해하는 청각 관련 부위와 언어를 말할 때 필요한 언어운동신경 부위가 동시에 활성화된다. 즉 상대방의 말을 들을 때 듣는 것과 관계되는 부위만 활성화되는 것이 아니라 내가 직접 말을 할 때(혀와 입술 등을 움직일 때) 관련되는 뇌 부위도 활성화되는 것이다. 예컨대 특정한 단어를 들을 때 그 단어를 듣는 것과 관련된 부위만 활성화되는 것이 아니라 그 단어를 말하는 것과 관련된 부위도 동시에 활성화된다. 물론 '듣기'를 할 때 활성화되는 언어운동신경망의 패턴은 '말하기'를 할 때 활성화되는 언어운동신경망의 패턴과는 약간 다를 뿐이다.[385] 상대방에게 무엇인가를 말한다는 것은 자신의 내면소통의 내용을 음성을 통해서 발화하는 것이다.

이러한 연구결과들은 다른 사람과 대화하는 중에도 자기 머릿속에서는 끊임없이 내면소통이 일어나고 있음을 말해준다. 겉으로는 상대방과 대화하면서 동시에 속으로는 나 자신과도 대화를 하는 것이다. 이처럼 대인소통 역시 내면소통을 기반으로 이루어진다. 이것이 소통의 본질이다. 소통이야말로 봄이 말하는 생성질서의 대표적인 현상이다. 모든 내면소통은 대인소통의 기초이며, 모든 대인소통은 내면소통의 반영이다.

내가 말하는 것을 나는 동시에 듣는 것이며, 내가 듣는 것을 나는 동시에 말하는 것이다. 또 다른 사람의 말을 듣는 순간에도 내 머릿속에서는 듣기 영역뿐 아니라 말하기 영역이 함께 활성화된다. 우리 뇌는 말하기와 듣기를 구분하지 않는다. 말하기와 듣기가 본질적 측면에선 같은 기능이라는 사실은 내면소통과 대인소통 역시 본질적으로 동일한 현상임을 말해준다.[386]

듣기 영역과 말하기 영역 간의 밀접한 상호작용 현상에 대해서는 지난 수십 년간 많은 연구들이 '거울 신경' 이론부터 '리허설' 이론에 이르기까지 다양한 방식으로 해석해왔다. 그중 가장 설득력 있는 새로운 이론은 히콕(Gregory Hickok)의 '위계적 상태 피드백 통제 모델(hierarchical state feedback control model)'이다.[387] 이 모델은 우리 뇌에 별도의 '언어적 의식'이 존재한다는 것을 보여준다.

히콕과 포펠(David Poeppel)의 '언어처리의 이중 흐름(dual-stream model of speech processing)' 이론에 따르면, 청각신경과 언어운동신경 네트워크 사이에는 긴밀한 상호작용이 존재하며, 더 높은 차원에서 두 과정을 지켜보는 전전두엽의 신경망도 존재한다.[388] 이것이 곧 '언어적 자아' 혹은 '언어적 의식'의 기반일 것이다. 이러한 연구결과는 우리 뇌에 말하는 기능을 담당하는 부위와 듣는 기능을 담당하는 부위만 존재하는 것이 아니라 두 영역 간의 상호작용을 바라보는 내면소통의 기능을 위한 뇌 부위도 존재한다는 것을 보여준다. 자기 내면에서의 듣기와 말하기를 동시에 바라보는 것이 바로 이 '의식'이다. 인간의 움직임이나 행동에 대한 의미부여와 의도에 관한 스토리텔링 역시 본질적으로는 이러한 언어적 의식의 기능이다. 움직임뿐 아니라 말하기와 듣기를 전반적으로 통합하고 조절하기 위해 존재하는 것이 곧 의식인 것이다.

글쓰기와 읽기도 내면소통이다

모든 종류의 대인소통(대화, 스피치, 토론, 회의, 협상, 정보 전달 등)은 필수적으로 내면소통을 포함한다. 좀 더 정확히 말하자면 두 사람 이상의 내면소통이 서로 상호작용하는 것이 대인소통이다. 대화에 참여하는 두 사람은 각각 내면소통을 함으로써 대화라는 공동행위를 수행해내는 것이다. 그런데 두 사람의 내면소통이 별개의 것으로 남지 않고 서로에게 영향을 주는 상호작용에 돌입하기 위해서는 B가 A의 발화를 듣는(듣고 이해하고 해석하는) 과정이 필요하다. 상대방의 발화 내용을 듣고 '해석' 또는 '이해'하는 과정 역시 내면소통이다.

지금 나는 이 책을 쓰고 있다. 그런데 지금 내가 쓰고 있는 이 글도 사실은 나의 내면에서 일어나는 나의 생각과 주장을 글로 옮겨놓은 것이다. 모든 글쓰기는 따라서 전형적인 내면소통의 한 형태다. 즉 나의 내면적인 생각은 이 글처럼 그대로 언어로 표현될 수 있다. 언어를 떠나서는 어떤 생각을 한다는 것이 매우 어렵다. 그런데 이 글쓰기라는 내면소통은 독자를 향해 있다. 지금 이 글을 쓰면서 나는 내가 쓰는 글이 독자에게 어떻게 읽힐지를 끊임없이 상상하면서 문장을 만들어가고 글을 써내려간다. 나의 내면소통을 글로 표현하면서 동시에 그것을 독자의 관점에서 읽어내고 있는 것이다. 말하기가 곧 듣기인 것처럼 글쓰기 역시 곧 읽기다. 글을 쓴다는 것 역시 내면소통과 대화의 요소를 모두 포함한다. 글쓰기를 통해 나는 내 목소리를 듣고 내 글을 읽는 독자의 생각을 듣는다.

이 글을 읽고 있는 독자 역시 마찬가지다. 이 글을 읽는 독자의 머릿속에는 분명히 다양한 내면소통이 일어나고 있을 것이다. 쓰기가 내면소통인 것처럼 읽기 역시 내면소통이다. 텍스트로부터 독립적인 독자의 능동적 역할이 반드시 요구된다는 것 역시 '읽기'라는 행위가 본질적으로 내면소통임을 뜻한다.[389]

내면소통의 공동체적 특성

소통을 위해 사회적 규칙인 언어를 사용하는 것은 어쩌면 당연한 일이다. 사람들이 저마다 자신만의 규칙을 고집한다면 서로 소통할 수 없을 테니 말이다. 나와 너를 넘어서는 사회적 규칙을 받아들여야만 소통할 수 있다.

앤서니 기든스(Anthony Giddens)의 '구조화 이론(theory of structuration)'에 따르면, 인간의 사회적 상호작용(소통)에는 자원(어휘)과 규칙(문법)이 필요하다.[390] 자원과 규칙은 각 행위자의 입장에서 보자면 행위의 조건으로 일단 주어지는 것이다. 따라서 특정 언어를 구사하려면 그러한 자원과 규칙을 습득해야만 한다. 그런데 이 자원과 규칙은 누가 의도해서 만들어낼 수 있는 것이 아니다. 문법이라는 규칙은 특정한 집단에 의해서 의도적으로 제정된 것이 아니다. 국회의원들이 모여서 법률을 만들어내듯이 누군가 만들어내는 규칙이 아니란 뜻이다. 문법은 언어 사용자의 언어 사용이라는 행위 자체에 의해서 자연발생적으로 생겨나는 것이다.

언어 사용자들은 이미 존재하는 어휘와 문법에 구속되면서도 동시에 언어 사용이라는 행위 자체를 통해서 끊임없이 언어의 자원과 규칙을 새롭게 수정해간다. 문법은 수많은 언어 사용자의 언어 사용이라는 행위를 통해서 오랜 시일에 걸쳐 자연발생적으로 생겨나는 것이다. 문법학자들은 다만 문법을 '발견'할 뿐이다. 문법이라는 규칙을 생산해내는 것은 문법에 의해 구속되는 언어 사용자 자신이다. 행위자에게 문법과 어휘는 지켜야 할 규범이면서 동시에 자기 행위를 통해서 끊임없이 변화되고 재규정되는 이상한 존재다. 언어의 어휘와 문법은 언어 사용에 강력한 영향을 미치면서도 동시에 언어 사용에 의해서만 영향을 받는다. 이러한 점에서 '언어'라는 현상 역시 인과론으론 설명하기 어려운 대표적인 생성질서다.

　　다른 사람과 소통할 때 문법과 어휘에 의존해야 한다는 것은 당연한 일이다. 그런데 누구와도 상호작용하지 않고 혼자 속으로 하는 내면소통 역시 대부분 언어의 어휘와 문법에 의존한다. 이는 신기하고도 기묘한 일이다. 어떤 생각을 혼자서 머릿속으로 하는 것은 지극히 개인적인 일이라고 우리는 믿고 있다. 우리는 아무도 모르게 혼자서 자신의 행동을 후회하기도 하고, 스스로 반성하기도 하고, 무언가를 생각하기도 한다. 그런데 이러한 개인적이고도 내면적인 일을 수행할 때조차 사회적 규칙인 '언어'를 사용한다는 것은 우리의 '내면' 자체가 얼마나 공동체적인 존재인가를 말해준다. '내 머릿속의 생각은 나만의 것이다'라는 것은 엄청난 착각이다. 나의 생각과 의식은 지극히 공동체적인 산물이다.

　　언어를 사용하는 한 머릿속에서 혼자 하는 생각이라도 '나만의 생각'이 아니다. 일종의 사회적 소통이다. 무슨 반성이나 후회 혹은 결심을 하거나 심사숙고를 할 때도 우리는 특정 '언어'를 사용한다. 나만의 개인적인 사유를 펼칠 때 공동체의 산물인 언어에 의존할 수밖에 없다는 것은 집단과 구별되는, 집단 이전의, 집단을 구성하는 선험적인 개별적 실체로서의 '개인'이라는 개념이 허구임을 의미한다. 한 개인의 정체성을 이루는 기본 바탕인 개인적 사유와 신념체계 등이 본질적으로 공동체적 산물이기 때문이다. 이는 또한 내면소통이 말처럼 그렇게 '내면적'이지만은 않다는 뜻이기도 하다. 내면소통이 언어를 사용하는 한 그것은 이미 공동체적 활동이다. 언어는 일종의 생성질서로서 소통을 통해 의식 속으로 내향적으로 펼쳐져 들어가는 것이다.

　　내면소통이 자아(self)를 구성해가는 과정이며 자의식 자체가 내면소통의 결과라는 점을 생각해보면, 자아나 의식 역시 일종의 사회적 산물이라는 점을 깨달을 수 있다. 선험적으로 존재하는 부분으로서의 개인들이 모여 전체로서의 사회나 공동체를 이룬다고 보는 것은 기계론적 세계관이 만들어낸 환상이다. 우리의 공동체와 나의 의식 간의 관계 역시 홀로그래픽한 특성을 지닌다. 문화, 언어, 가치관 등을 포함한 공동체 전체가 '흐릿하게'나마 나의 의식에 들어와 있는 것이다.

근대화(또는 좀 더 정확히 표현하자면 '유럽화')의 가장 중요한 성과 중의 하나가 '개인의 발견'이라고 하는 것에는 어폐가 있다. 가장 중요한 성과라기보다는 오히려 가장 큰 착각 중 하나다. 본질적 측면에서 공동체적이며 생성질서를 지닌 구성물인 자아를 '고유하고도 개별적인 실체'라고 굳게 믿는 환상은 봄이 비판하는 기계론적 세계관의 전형적인 산물이다. '선험적으로 존재하는 실체로서의 개별적인 개인들이 모여서 공동체를 형성한다'라는 관념 자체가 근대 철학과 이데올로기의 산물이다. 지난 수천 년 동안 인류는 동양과 서양을 막론하고 공동체의 기본 단위로서 '개인'이라는 개념을 가져본 적이 없다. 내면소통에서의 '내면'이 매우 사회적이고도 공동체적인 특성을 지닌다는 사실은 인간의 본성에 대한 새로운 이해의 출발점이 된다.

뇌 발달에 있어서
내면소통의 중요성

늘 감사하며 살아가야 하는 이유

아이의 뇌는 출생 직후부터 신경세포 간의 시냅스 연결이 급속하게 늘어난다. 생후 2년이 되면 시냅스 연결의 숫자가 최고 수준에 다다른다. 마치 거의 모든 신경세포들이 뇌를 꽉 채울 정도로 빽빽하게 연결된다. 그 이후부터는 자주 사용하는 연결망은 더 강화되고, 사용하지 않는 시냅스 연결은 끊어지고 정리된다. 이른바 '가지치기'가 일어나는 것이다. 마치 사람들이 자주 다니는 길이 큰 도로가 되고 다니지 않는 길은 숲속으로 사라지는 것과도 같다. 성인이 되면 생후 2년까지 형성된 시냅스 연결 가운데 절반 정도만 남게 된다. 물론 살아남은 연결망은 더 강화된다. 적절한 환경에서 자주 사용되는 신경세포와 신경망은 제대로 발달한다. 그렇지 못한 연결망은 영구히 사라지거나 덜 발달하게 된다. 예컨대 생후 5년간 아무런 시각 자극을 주지 않으면 그 아이는 영구히 시각장애를 갖게 된다. 눈에 이상이 생기는 것이 아니라 눈이 받아들이는 시각정보를 처리하는 신경망이 제대로 형성되지 않기 때문이다. 다른 여러 뇌 기능도 마찬가지다. 이러한 가지치기의 과정에서 다른 사람과의 소통은 어떠한 시냅스가 어떻게 살아남느냐에 커다란 영향을 미친다.

다른 포유동물과 비교할 때 인간은 1년 정도 일찍 태어난다고 볼 수 있다. 망아지는 태어나자마자 일어나서 걸어 다닌다. 그러나 인간은 첫 돌이 지나야 겨우 일어서서 걷기 시작한다. 신경학적 진화론에 따르자면 인간은 다른 포유동물처럼 어느 정도 생존력을 지닌 상태에서 태어나기에는 뇌가 너무 커져버렸다. 뇌는 커졌지만 직립보행을 하게 되면서 산도는 오히려 좁아졌다. 커다란 뇌를 가진 아이를 출산할 수가 없게 된 것이다. 할 수 없이 뇌가 충분히 성장하기 전에 출산하게 된 것이다. 인간만큼 미성숙한 뇌를 지닌 채 태어나는 포유동물은 없다. 인간의 뇌는 전체 신경망의 6분의 5가 출생 이후에 형성된다. 감정조절, 주의집중, 행동조절 등 전전두피질 중심 기반의 능력도 마찬가지다. 인간과 가장 가까운 유인원인 침팬지는 태어난 직후와 다 자랐을 때의 뇌 크기 차이가 2배에 불과하다. 인간은 4배나 된다.[391]

인간은 태어나서 적어도 한두 해 동안에는 절대 혼자서 살아남을 수 없다. 누군가가 24시간 세심하게 보살펴줘야만 생존할 수 있다. 우리는 모두 양육자의 엄청난 보살핌과 헌신적인 사랑 덕분에 살아남은 것이다. 우리가 늘 감사하며 살아가야 하는 근본적인 이유다. 우리는 각자 잘나서 자기 앞가림하며 살아가는 것이 아니다. 엄청난 사랑을 받은 덕분에 살아남았고 지금 이렇게 계속 살아갈 수 있는 것이다.

여러 뇌 연구결과에 따르면 아이와 양육자 사이의 상호작용은 뇌 구조 발달에 결정적인 영향을 미친다.[392] 양육자와 어린아이의 소통은 아이의 두뇌 발달에 있어서 결정적으로 중요하다. 해리 할로우(Harry Harlow)의 '붉은 털 원숭이 실험'은 새끼가 태어나자마자 어미와 격리해서 키우면 뇌가 제대로 발달하지 못한다는 것을 분명하게 보여주었다.[393] 영양분을 충분히 공급해서 다른 신체는 멀쩡하게 잘 성장해도 뇌는 그렇지 못했던 것이다. 어미와 충분히 접촉하지 못한 채 성장한 붉은 털 원숭이의 뇌는 용적량이 절대적으로 줄어들었을 뿐만 아니라 스테로이드호르몬수용체(SHR)를 충분히 발달시키지 못해 스트레스 상황에 제대로 적응하지 못했다.

양육자가 아이를 안아주고 쓰다듬어주는 신체 접촉을 자주 하고 애정 어린 목소리를 들려주면 아이의 정서발달에 도움이 된다. 또한 양육자는 동공 확대를 통해 아이의 감정 인지 훈련도 시킨다. 어린아이는 양육자나 다른 사람 얼굴 사진의 동공 확대를 보면 같이 동공이 확대된다.[394] 동공 확대는 감정적 흥분을 반영한다. 상대방의 부정적 감정이나 긍정적 감정 표현을 보면 동공이 확대된다. 이것은 마치 편도체의 활성화와도 같다. 강한 관심을 끄는 자극이 주어지면 동공이 확대되는 것이다.

사실 양육자와 아직 언어능력을 제대로 갖추지 못한 어린아이 사이의 소통은 두 사람 사이의 소통이라기보다는 양육자의 혼잣말에 가깝다. 만 3세 반 이전의 아이에게는 아직 마음이론이 형성되지 않아 정상적인 소통이 어렵기 때문이다. 흔히 양육자는 아기에게 묻고 혼자 답한다. 독백(monologue)이면서 동시에 대화(dialogue)이기도 하다. 이것은 양육자의 발화된 '셀프토크(self-talk)'다. 음성으로 표현되는 내면소통이다. 이러한 과정을 통해 아이는 구문 구조를 습득하고 문장을 만들 수 있게 되며 기억자아와 경험자아를 구성해나간다. 양육자의 독백과 대화가 아이의 머릿속에 울림으로 남아 내면소통 능력을 일깨운다.

내면에 각인된 목소리

아이는 만 3세 반에서 4세쯤 되어야 타인의 관점이나 마음 상태를 이해할 수 있는 멘털라이징(mentalizing)의 능력을 갖추게 된다. 이때 비로소 자기 입장과 타인의 입장을 구분할 수 있게 되고, 타인의 입장을 헤아릴 수 있는 '역지사지'의 능력이 생기는 것이다. 타인의 입장을 이해할 수 있을 때 비로소 자의식이 생겨난다. 자의식은 자기 자신을 주인공으로 하는 스토리텔링 능력이다. 이때부터는 자신의 경험에 대해 나름의 의미를 부여할 수 있게 되며, 경험하는 사건들을 일화기억으로 저장하게 된다. 자신이 알고 있는 사실과 다른 내용을 상대방이 알도록 하는 거짓말을 할 수 있게 되는 것도 이때부터다. 독자적으로 내면소통을 해낼 수 있는 능력을 갖추게 되는 것이다.

이 시기 이전은 자아가 형성되기 전이므로 이때의 경험은 일화기억으로 남지 않는다. 즉 아이는 아직 내면소통의 능력을 갖추지 못한 상태이므로 이야기의 덩어리인 일화기억을 형성하지 못하는 것이다. 따라서 우리는 만 3.5세 이전의 일은 기억하지 못한다. 이 시기는 '나'라는 정체성을 지니지 못한 상태이고 '나'는 아직 존재하기 이전이다. 우리가 태어난 시점은 서류상의 생년월일이지만 내가 인간으로서 이 세상에 존재하게 되는 것은 그로부터 3년 반이 지난 시점부터다. 3.5세가 넘어야 인간은 비로소 하나의 '자아'로서 '존재'할 수 있게 된다. 사실 우리의 인생은 그때부터 시작된다. '나의 삶'은 나의 생년월일이 아니라 적어도 그로부터 3년 반은 지나서야 시작되는 것이다.

양육자가 아이를 향해 내면소통을 하면 아이 역시 스스로 내면소통을 할 수 있는 계기를 얻게 된다. 양육자와 아기가 각각 내면소통을 할 수 있게 되었을 때 비로소 양육자와 아기는 대화를 시작할 수 있게 된다. 내면소통은 시간적으로나 논리적으로나 기능적으로나 대인소통보다 우선한다. 양육자와 아이가 서로 소통함으로써 아이의 자아가 구성된다. 대부분의 아이가 경험하는 최초의 타인은(타인의 내면소통은) 보통 양육자다. 양육자의 관점, 양육자의 내면소통은 아이의 자아 형성(스토리텔링의 방식이나 습관)에 커다란 영향을 미친다. 우리의 자아에는 어린 시절 양육자의 내면소통이 깊이 각인되어 있다. 그렇기에 성인이 되어서도 자기 자신에 대해서 생각할 때와 양육자에 대해서 생각할 때, 뇌는 매우 비슷하게 반응한다. 어린 시절 양육자와의 소통을 통해 자아가 만들어졌기에 우리의 뇌는 양육자와 나 자신을 동일시하게 된다.

실제로 여러 뇌 영상 연구에 따르면 사람들이 자기 자신에 대해 생각할 때와 양육자에 대해 생각할 때 뇌가 활성화되는 부위가 거의 정확히 일치한다.[395] [그림 7-1](712쪽)의 실험에서는 피험자들에게 두 개의 단어를 짝지어서 제시하면서 첫 번째 조건에서는 자기 자신(self)과 관련성이 높은 단어를 고르게 했고(붉은색 그래프), 두 번째 조건에서는 주양육자인 어머니(mother)와 관련성이 높은 단어를 고르게 했으며(파란색 그래프), 세 번째 조건(통제 조건)에서는 알파벳 'a'가 포함된 단어를 고르게 했다(녹색 그래프). 그 결과 사람들은 자신에 대해 생각할 때와 주양육자에 대해 생각할 때 뇌의 같은 부위를 사용한다는 것이 밝혀진 것이다.

우리 뇌 깊은 곳에는 양육자와 자기 자신을 동일시하는 기제가 자리 잡고 있다. 특히 양육자를 생각할 때와 자기 자신을 생각할 때 모두 mPFC(내측전전두피질)를 중심으로 활성화가 일어난다. 이러한 '양육자-자아 동일화' 현상은 동서양을 막론하고 발견되는 현상이지만 특히 아시아권 사람들에게서 더욱 두드러지게 나타난다는 연구결과들이 있다.[396] 양육자에게 감사하는 것이 곧 나의 내면에 깊이 각인된 나 자신을 긍정하고 나 자신에게 감사하는 것과 같은 효과를 지닌다. 특히 어린 시절의 양육자 모습과 목소리를 기억하며 그 시절의 양육자에게 감사하는 마음을 갖는 것은 자기긍정과 타인긍정을 동시에 하는 것과도 같은 강력한 효과가 있다.

이러한 연구결과가 의미하는 바는 양육자와 아이의 관계는 두 개의 고정된 실체가 외적인 상호작용을 통해 서로 영향을 주고받는 식으로 형성되는 게 아니라는 것이다. 양육자의 목소리가 아이의 내면에 각인된다는 것은 그것이 돌에 새겨진 글자와도 같은 고정적 실체로 존재한다는 뜻이 아니다. 그것은 양육자의 목소리가 아이의 내면에 펼쳐져 들어와 있다는 뜻이다. 아이의 의식에 양육자의 의식이 내향적으로 펼쳐져 있는 상태인 것이다. 그것은 끊임없이 지속되는 생성질서의 과정이다. 과거 양육자의 목소리는 생성질서로서 끊임없이 아이의 자기가치감을 만들어주고 재생산하게 해주는 존재다.

어린 시절 자아(self)가 형성되어가는 동안 양육자가 지속적으로 들려주는 사랑의 목소리는 아이의 자기가치감의 근원이 된다. 사랑과 보살핌의 목소리는 아이의 자의식에 내재적 질서로 펼쳐져 들어가 짜여지게(interwoven) 된다. 아이는 '누군가 나를 이렇게 보살피고 사랑해주는 것을 보니 나는 분명 가치 있는 존재다'라는 스토리텔링을 습관적으로 하게 된다. 이것이 아이의 '자기가치감(sense of self-worth)'의 근거가 된다. '나는 소중하다'라는 느낌이 자의식에 깊이 박히게 되면 아이는 강력한 마음근력을 지닐 토대를 마련하게 된다. 나는 소중하기에, 비록 실패를 하거나 역경이 닥친다고 해서 스스로 가치가 없는 존재라고 생각하지 않는다. '나는 소중하다'라는 믿음이 확고한 사람은 포기하거나 좌절하지도 않는다. 따라서 회복탄력성을 지니게 된다. 이것이 회복탄력성이 강한 사람들의 공통점 중의 하나가 어려서부터 사랑받았다는 사실인 이유다.[397] 반면에 어려서 버림받거나 학대를 당하면 자기가치감을 유지하기가 어려워지며, 사회적 적응력을 키우기도 어렵다.

　　양육자-자아 동일화 현상에서 볼 수 있는 것처럼 어린 시절 우리가 들었던 사랑의 목소리는 우리의 자아를 구성하는 일부가 되어 여전히 우리 뇌 속에 남아 있다. 마음근력을 강화하기 위해서는 이 목소리를 계속 나에게 들려줘야 한다. 뇌는 어린 시절 양육자의 목소리를 나의 일부라고 생각한다. 따라서 내가 나에게 들려주는 따뜻하고도 사랑스러운 내면소통은 마음근력 훈련의 강력한 요소가 된다. 성인이 된 후에도 양육자의 보살핌과 사랑의 목소리를 회상하고 그것을 스스로의 목소리를 통해 자기 자신에게 이야기해주는 것은 매우 효과적인 내면소통 훈련이 된다. 이러한 긍정적인 셀프토크는 특히 감사하기 훈련이나 자기긍정 등과 결합하면 전전두피질 신경망의 활성화 효과를 보인다. 이는 뇌 영상 연구를 통해서도 입증되었다.[398] 전전두피질 활성화를 위한 자기긍정-타인긍정의 훈련에 대해서는 제10장에서 자세히 다룬다.

내면소통의
유형과 스타일

내면소통의 유형: 셀프토크와 상상소통

내면소통은 대상이 누구냐에 따라 우선 '셀프토크'와 '상상소통 (imagined interaction)'으로 구분할 수 있다. 셀프토크는 내가 나에게 이야기하는 것인데, 이것은 다시 내적 셀프토크와 외적 셀프토크로 구분된다. 내적 셀프 토크는 혼자 속으로 자신에게 이야기하는 것이고, 외적 셀프토크는 입 밖으로 소리를 내어 발화하는 혼잣말이다. 내적 셀프토크에는 여러 가지 생각, 결심, 기도 등 다양한 형태가 있으며 글쓰기나 글 읽기에도 내적 셀프토크 요소가 포함되어 있다. 머릿속에 끊임없이 떠오르는 생각들 역시 내적 셀프토크인데, 이것은 내가 의도대로 계획하거나 예견하기가 힘들다. 예컨대 내가 5분 뒤에 무슨 생각을 하고 있을지 나는 알 수 없으며, 10분 뒤에 무슨 생각을 하겠다고 의도하거나 계획하기도 어렵다. 사실 내 생각은 내가 '하는' 것이라기보다는 내게 '일어나는' 일에 가깝다. 외적 셀프토크에는 소리 내어서 하는 구령, 기도, 주문, 만트라, 자기암시 등이 모두 포함된다. 나도 모르게 소리 내어 중얼거리거나 내뱉는 말도 모두 외적 셀프토크다.

한편 상상소통은 자신이 하고자 하는 말이나 이미 했던 말을 머릿속으로 상상하는 것으로, 구체적인 청중이나 상대방이 존재한다는 점에서 셀프토크와는 다르다.[399] 상상소통에는 앞으로 있을 소통(예컨대 발표나 면접)에 대해서 미리 생각해보는 '예견된' 상상소통과 이미 지나간 대화 내용을 다시 떠올리며 되뇌는 '회고적' 상상소통이 있다.

회고적 상상소통은 인간관계의 갈등 상황에서 많이 일어난다.[400] 그때 이렇게 얘기했어야 했는데 내가 왜 미처 그 얘길 못했을까, 더 강하게 따지거나 비판했어야 했는데 등등의 생각이 꼬리에 꼬리를 물고 계속 일어나서 그러한 부정적 생각에 집착하는 '부정적 반추'의 상태에 빠지게 된다. 이 경우 앞으로의 갈등 상황에서 할 이야기를 미리 예견하고 준비하기도 한다. 사실 인간관계 갈등의 핵심은 실제 말다툼을 하는 순간이 아니라 혼자서 머릿속으로 부정적 상상소통의 내용을 끊임없이 회고하고 예견하는 것을 반복하는 데 있다.[401] 이렇게 함으로써 분노와 증오가 계속 커지고 고통과 불행감이 걷잡을 수 없이 증폭된다. 인간관계의 갈등이 실제로 존재하는 곳은 인간과 인간 '사이'라기보다는 각자의 머릿속이다. 따라서 인간관계 갈등 해결의 열쇠는 두 사람 '사이'에 있는 것이 아니라 각자의 내면소통의 내용을 바꾸는 데 있다.

두 사람 사이에 갈등이나 어떤 문제가 있을 때 두 사람이 만나 '사이에 놓인 문제'를 해결하려고 아무리 애써도 해결이 잘 안 되는 이유다. 타인과의 관계에서 발생하는 갈등의 근본 원인은 각자의 내면소통에 있는데 그것을 바꿀 생각을 안 하기 때문이다. 말하자면 각자의 머릿속에서 이뤄지는 부정적 내면소통 습관이 인간관계 갈등의 근본 원인이다. 이러한 갈등에서 벗어나려면 자기 내면에서 끊임없이 재생산해내는 부정적 내면소통의 습관부터 바꿔야 한다. 타인과의 갈등 상황을 끊임없이 회고하고 예견하며 재생산해내는 부정적 상상소통의 습관을 버려야 한다. 그러기 위해서는 자신도 모르게 저절로 이뤄지는 내면소통의 내용을 늘 알아차리는 능력을 길러야 한다. 실제로 여러 연구가 긍정적 상상소통이 자기 이해, 인간관계 유지, 갈등 관리, 스트레스 해소 등의 효과를 지니고 있음을 발견했다.[402]

예견된 상상소통은 불안증세를 가져오기도 한다. 불안한 사람일수록 예견된 상상소통을 부정적인 방향으로 하는 경향이 있다. 전형적인 것이 대인공포증 혹은 커뮤니케이션 불안증(communication apprehension)이다. 커뮤니케이션 불안증은 앞으로 마주해야 하는 커뮤니케이션 상황을 미리 상상하고 그에 대해 두려움을 갖는 것이다. 발표, 면접, 대화, 스피치, 토론, 회의, 협

　　　　　　　　　　　　　　　　　　　　　　　내면소통

상 등 여러 유형의 커뮤니케이션을 해야 할 때 과도하게 긴장하거나 불안해하는 사람이 많다. 둘이서 하는 대화 상황에 대해 더 불안감을 느끼는 사람도 있고, 대중 앞에 서는 것을 훨씬 더 불안해하는 사람도 있다. 혹은 너덧 명이 모여서 대화를 나누는 상황을 제일 불편해하는 사람도 있으며, 처음 만난 낯선 사람과의 대화에서 가장 큰 불안감을 느끼는 사람도 있다.[403] 모바일 미디어가 일반화된 이후에는 전화 통화를 불편해하는 사람도 많아졌다. 어떠한 형태의 커뮤니케이션 불안증이든 공통점은 실제 커뮤니케이션이 일어나기도 전에 그 상황을 머릿속으로 그려보면서 혼자서 일종의 부정적 상상소통을 한다는 것이다. 커뮤니케이션 불안증이 심한 사람은 특정한 유형의 커뮤니케이션 상황에 대해 부정적 상상소통을 하는 것이 습관이 되어 있다.

커뮤니케이션 불안증은 습관적인 부정적 내면소통이 가장 큰 원인이므로 효과적인 대처 방법은 두려움이 느껴지는 커뮤니케이션 상황에 대해 자연스레 긍정적 내면소통이 일어나도록 반복적인 훈련을 하는 것이다. 실제로 여러 커뮤니케이션 학자가 긍정적 상상소통이 커뮤니케이션 불안증을 감소시키는 효과적인 대응 방법이 될 수 있음을 보고하고 있다.[404] 좀 더 구체적으로 말하자면, 커뮤니케이션 불안증은 다른 사람에게 좋은 평가를 받고 싶다는 욕심이 클수록, 그리고 좋은 평가를 받을 수 있다는 자신감이 낮을수록 심해진다. 따라서 타인에게 잘 보이려는 습관적인 욕심을 버리고, 아울러 나는 타인의 평가로부터 자유롭다는 자신감 혹은 자기존중심(self-respect)을 키워가는 것이 큰 도움이 된다.

내면소통은 의도되었느냐 의도되지 않았느냐의 기준으로도 구분할 수 있다. 외적 셀프토크에도 나도 모르게 저절로 튀어나오는 혼잣말이 있는가 하면, 계획되고 의도된 셀프토크(운동선수들이 흔히 사용하는 "나는 할 수 있다"와 같은 구호 등)도 있다. 내적 셀프토크 대부분은 나도 모르게 저절로 떠오르는 여러 가지 생각들이다. 내 마음이 끊임없이 만들어내는 스토리텔링이며 나의 내면에서 늘 생겨나는 내면의 목소리다.

내적 셀프토크를 통제하고 의도대로 하기란 매우 어렵다. 특히 내 생각은 내가 하는 것이라기보다는 저절로 일어나는 것에 가깝다. 내면소통 훈련의 핵심은 내적 셀프토크를 최대한 통제하는 데 있다. 이는 자신이 원하는 생각만 하고자 한다는 뜻이 아니다. 그것은 불가능하다. 내적 셀프토크인 '생각' 역시 소통의 일종이니만큼 나 혼자 내 마음대로 조절하고 통제할 수는 없다. 내 생각은 내가 하는 것이지만 나만의 것은 아니다. 이것을 깨닫는 것이 내면소통 훈련의 첫걸음이다.

내 생각은 내 마음대로 불러일으켰다 가라앉혔다 할 수가 없다. 어떤 생각을 의도에 따라 떠올리거나 혹은 사라지게 할 수가 없다는 뜻이다. 생각은 나의 의도와 상관없이 나에게 일어나는 하나의 사건이다. 앞으로 5분 뒤에 무슨 생각을 하겠다고 계획하고 실행에 옮길 수 있겠는가? 불가능하다. 앞으로 내가 5분 뒤에 무슨 생각을 하고 있을지 예측이나 할 수 있을까? 불가능하다. 지금 이 책을 읽는 독자의 머릿속에 떠오르는 생각 역시 독자의 의도나 계획에 따라 생겨난 것이 아니다. 그저 독자의 삶에 일어나게 된 하나의 사건일 뿐이다.

내 생각은 나의 것이 아니다. 내 감정 역시 나의 것이 아니다. 내가 만들어낸 것도 아니고, 내가 계획한 것도 아니고, 내가 의도한 것도 아니다. 하지만 내 머릿속에서 떠오르고 다른 사람들은 전혀 알아차릴 수가 없으니 우리는 '나의 생각이나 감정이 곧 나의 것'이라 생각하고, 더 나아가서 '그것이 바로 나'라는 착각에 사로잡히게 된다.

나의 생각이나 감정은 나의 심장이나 내장의 움직임과도 같다. 내가 의도한 것도 계획한 것도 아니라는 점에서 그러하다. 내 심장박동은 나에게 일어나는 하나의 지속적인 사건이지 내가 계획하거나 수행하는 것이 아니다. 내 심장박동은 내 뜻에 따라 생겨나는 것이 아니다. 그것은 분명 내 몸에서 벌어지는 일인데도 '나의 일'이 아니다. 나의 생각이나 감정 역시 그러하다. 내면소통 훈련의 핵심은 나의 생각이나 감정을 하나의 사건으로 알아차리고 한걸음 떨어져서 바라볼 수 있는 능력을 키우는 데 있다. 그런 능력을 지닌 것이 앞에서 살펴본 배경자아다.

내면소통

커뮤니케이션 불안증 극복하기: 존중과 감사하기의 소통 훈련

많은 사람이 커뮤니케이션 불안증 때문에 큰 불편을 겪는다. 특히 대중 앞에서 갑작스럽게 '한마디' 해야 하는 상황은 대부분의 사람에게 공포감을 준다. 어떤 사람들은 대중 앞에 서는 것이 두렵지 않다는 것을 의도적으로 드러내기 위해 과장된 웃음이나 태도를 보이기도 한다. 목소리 톤이 달라지기도 한다. 다른 사람들 앞에서 이야기할 때 표정이나 말투가 평소와 조금이라도 달라진다면 그 사람은 대중 연설에 대한 커뮤니케이션 불안증을 겪고 있다고 보면 된다.

대중 연설만큼이나 많은 사람이 두려워하는 것이 구술 면접 시험이다. 나를 평가하려는 면접관들 앞에서 나 자신에 관해 이야기하는 것은 매우 두렵고도 어려운 일이다. 이때 지나치게 긴장하거나 불안증세를 보인다면 좋은 인상을 주기 어려울 것이다.

대중 연설이든 면접 시험이든 커뮤니케이션 불안증을 줄이는 방법은 두 가지다. 내 앞에 있는 사람들에게 잘 보이려는 욕심을 버리는 것과, 지금 내 모습에 자신감을 가지는 것이다. 면접 시험 보는 회사가 정말 꼭 다니고 싶은 직장이라면 잘 보이려는 욕심이 당연히 커진다. 한편으론 나보다 훌륭한 지원자들이 많을 것이라는 생각에 자신감이 떨어진다. 욕심이 클수록, 자신감이 낮을수록 불안감은 증폭된다.

이러한 상황을 타개하는 가장 좋은 방법은 어떻게든 '욕심'을 버리는 것이다. '이 회사 말고도 좋은 회사는 많다'고 의도적으로 생각하고, '나 정도면 훌륭한 인재다'라는 자신감을 유지해야 한다. 이때 중요한 것이 전전두피질이 활성화되는 긍정적 정서의 유지다. 긍정적 정서는 '자기긍정'과 '타인긍정'을 통해 얻어진다. 내 앞에 있는 면접관은 내가 다니고 싶은 회사에 이미 다니고 있는 사람들이다. 그들에게 감사와 존중의 마음을 가져보라. 동시에 자기 자신을 피동적인 평가의 대상으로만 생각하지 말고 오히려 능동적으로 존중과 감사를 하는 주체라고 생각하라. 면접관에 대해 진정으로 존중하고 감사하는 마음을 가지면 불안증은 사라지고 전전두피질이 활성화되면서 긍정적 정서가 유발되어 호감과 신뢰를 줄 수 있을 것이다.

대중 연설을 할 때도 마찬가지다. 여러 사람 앞에서 이야기할 때는 우선 청중에게 잘 보이려는 마음을 버려야 한다. 스스로 자기 자신을 대중에게 평가받는 대상이라고 생각하지도 말아야 한다. 오히려 사랑과 존중과 감사의 마음을 갖고 청중에게 메시지를 전달하는 주체라고 생각해야 한다. 평가를 받는 피동적 대상이 아니라 존중과 감사의 마음으로 메시지를 전달하는 능동적 주체가 될 때 불안증은 사라지고 호감과 신뢰를 주는 설득력은 올라간다. 존중과 감사하기의 소통 훈련은 실제로 많은 사람이 그 효과를 체험한 방법이니 꼭 사용해보길 바란다.

긍정적 내면소통이 중요한 이유

내면소통은 스타일에 따라 구분해볼 수도 있다. 내면소통의 또 하나의 중요한 특징은 사람마다 특정한 '이야기 스타일'이 있다는 것이다. 이야기 스타일은 곧 설명의 방식이다. 자신이 경험하는 사건에 대해 우리는 자동적으로 의미부여를 하고 흔히 인과관계적인 설명을 한다. 마틴 셀리그먼(Martin Seligman)은 이를 '설명 스타일(explanatory style)'이라 부르고,[405] 다른 학자들은 전통적으로 '귀인 스타일(attribution style)'이라고 부른다.[406] 어떤 사건이 벌어졌을 때 자신도 모르게 저절로 '누가 이러저러한 이유로 그랬을 것'이라고 추론하는 스토리텔링 방식을 가리킨다.

내면소통에도 이러한 '이야기 스타일'이 있다. 가장 기본적인 스타일 분류 방법은 부정적인 것과 긍정적인 것으로 나누는 것이다. 어떤 이유에서든 내가 스스로 나 자신을 깎아내리고, 비난하고, 비판하고, 미워하고, 혐오하는 내면소통을 습관적으로 반복하는 사람은 '부정적' 내면소통 스타일을 지닌 사람이다. 이런 사람은 스스로 편도체를 활성화하고 스트레스 호르몬 수준을 높이는 습관을 지녔기 때문에 당연히 전전두피질의 기능이 저하되어 있고 마음근력도 상대적으로 허약하기 마련이다.

마음근력을 강화하기 위해서는 전전두피질 신경망을 활성화해야 하고, 그러기 위해서는 긍정적인 내면소통 스타일을 습관화해야 한다. 어떤 이유에서든 자기 자신을 존중하고, 격려하고, 믿어주고, 사랑하고, 아끼고, 소중하게 여기는 내면소통을 습관적으로 반복하는 사람은 '긍정적인' 내면소통 스타일을 지닌 사람이다. 이런 사람은 전전두피질을 중심으로 한 신경망이 강화되어 있고 과도한 편도체 활성화로 인한 부정적 정서의 체험을 거의 하지 않는다. 당연히 강력한 마음근력의 소유자가 된다. 내면소통 훈련을 통해서 자기 자신이 어떻게 내면소통을 하는지 그 일정한 패턴과 스타일을 지속적으로 발견하고 알아차리는 것이 매우 중요하다. 왜냐하면 내가 나에게 하는 스토리텔링 스타일이 곧 나 자신의 생각과 행동과 성격을 결정하고 마음근력에도 커다란 영향을 미치기 때문이다.

내가 나 자신에게 하는 내면소통에는 대개 다른 사람들이 나에 대해 어떤 이야기를 하는가에 대한 내 생각이 반영된다. 다시 말해 다른 사람들이 생각하는 나의 모습에 대한 일반화가 곧 에고(ego)로서의 자아다. 나에 대해 다른 사람들이 어떻게 생각할 것이라고 내가 상상하는 것들의 총합이 곧 나 자신이다. 세상을 살아가면서 내가 알게 되고 만나게 되는 모든 사람과의 관계에서 얻어진 습관적인 내면소통이 곧 '나'라는 개념을 결정한다.

내가 다른 사람들을 어떻게 생각하느냐에 따라 내가 보는 내 모습이 달라지기도 한다. 내가 생각하는 타인의 개념이 곧 자아 개념을 결정한다는 뜻이다. 내 삶이 나에게 해를 끼치는 사람들로 둘러싸여 있다고 생각하면 나는 방어적이고 폐쇄적이며 두려움으로 가득 찬 자아를 형성하게 된다. 주변 사람들과 나는 결국 하나의 조화로운 존재라고 여기는 사람은 평화롭고 행복하며 건강한 자아를 만들어간다. 주변 사람들을 부정적으로 생각하는 사람은 결국 스스로를 부정적으로 생각하는 사람이다. 그 악순환은 마음근력을 한없이 약하게 만든다. 주변 사람들과 끊임없이 인간관계 갈등을 겪고 있다면 마음근력이 허약하다는 확실한 증거다.

타인과의 관계는 나의 내면소통에 투영된다. 주변 사람을 무시하고 깎아내리는 사람은 스스로 자기 자신을 비하하고 비난하는 경향도 두드러진다. 타인에게 적대감을 느끼는 사람은 자기 자신을 미워하는 사람이기도 하다. 타인을 용서하지 못하는 사람은 자기 자신에 대해서도 늘 가혹하다. 타인을 존중하지 못하는 사람은 자기존중심도 낮다. 타인을 사랑하지 못하는 사람은 자기 자신도 사랑하지 못한다. 타인을 이익을 얻기 위한 도구로만 생각하는 사람은 자기 자신 역시 특정한 목적을 위한 도구로만 생각한다.

소통 능력은 건강한 '관계'를 맺는 능력이다. 그리고 건강한 관계의 핵심은 '존중'이다. 타인을 존중하는 능력이 소통 능력의 핵심인데, 타인을 존중하는 것은 곧 자기 자신에 대해서도 존중심을 지닌다는 뜻이다. 자기 자신에게 스스로 자부심을 느끼고 존중할 수 있는 사람이 다른 사람도 존중할 수 있다.

존중에는 경외심이 담겨 있다. 무언가 나를 넘어서는 어떤 것을 느낀다는 것이다. 나보다 더 큰 어떤 것을 인정하고 받아들이는 마음가짐이 경외심이다. 눈에 보이는 외양을 넘어서는 더 큰 무엇인가를 발견하려는 마음가짐이 존중심이다. 존중(respect)은 그래서 다시(re-) 보는(spect) 것이다. 내 안에서 나보다 더 크고 위대한 어떤 존재를 깊이 느끼고 알아차리는 것이 자기존중의 마음이다. 나를 존중해야 타인을 존중할 수 있고, 나 자신을 귀하게 여겨야 타인을 사랑할 수 있으며, 나를 용서해야 타인을 용서할 수 있다. 자기 자신을 잘 보살피는 사람이 타인을 배려할 수 있다.

내면소통

내면소통의 힘에 관한 구체적 사례
: 플라시보, 최면, 선문답

내면소통과 커뮤니케이션 효과

모든 소통은 결국 내면소통을 통해서 완성된다. 다른 사람의 말을 듣고 이해하는 과정은 내면소통으로 완성된다. 그래서 같은 말을 들어도 사람마다 다르게 받아들일 수밖에 없다. 모든 커뮤니케이션이 본질적으로 미스커뮤니케이션일 수밖에 없는 이유도 내면소통 때문이다. 즉 의식으로 펼쳐져 들어가는 소통의 내향적 질서 때문이며, 메시지는 외부에서 들어오는 고정된 실체라기보다는 일종의 생성질서이기 때문이다.

소통의 본질을 이해하기 위해서는 기계론적 세계관을 벗어나야 한다. 모든 형태의 커뮤니케이션에서 주어지는 정보는 생성질서를 지닌 능동적 정보다. 모든 정보는 마치 땅에 뿌려지는 씨앗이나 숙주에 기생하는 바이러스와도 같다. 땅이나 숙주가 어떤 상태냐에 따라 씨앗이나 바이러스는 전혀 다르게 성장한다.

우리가 어떤 설명을 듣거나 책을 읽을 때도 마찬가지다. 객관적이고 고정된 실체로서의 메시지가 우리 머릿속에 투입되는 것이 아니라 마치 씨앗이 뿌려지고 바이러스가 퍼지듯이 생성질서로서의 메시지가 펼쳐지는 것이다. 대인소통을 통해서 전해지는 메시지와 정보는 내면소통을 통해서 우리 의식으로 내향적 펼쳐짐을 하는 생성질서를 갖는다.

전통적으로 커뮤니케이션학이나 사회심리학에서는 인간 뇌를 작동 방식을 알 수 없는 일종의 블랙박스로 전제하고서 커뮤니케이션에 투입되는 정보의 내용, 맥락적 조건, 산출되는 결과(프레이밍 효과 등) 등의 관계만 고려해서 여러 이론을 발전시켜왔다. 소통 과정 전반에 대해 능동적 추론 이론과 마코프 블랭킷 모델에 근거해 이론화하고, 소통의 본질을 의식으로 내향적 펼쳐짐을 하는 생성질서로 개념화한다면 커뮤니케이션의 '효과'와 관련해서도 설명력이 강한 완전히 새로운 이론적 틀을 만들어갈 수 있을 것이다.

광고와 홍보의 효과, 여론 형성의 과정 등에 대해서도 내재적 질서와 생성질서의 관점에서 접근할 필요가 있다. 매스커뮤니케이션이나 소셜미디어가 효과를 갖는 것도 궁극적으로는 내면소통을 통해서다. 여론 역시 결국 내면소통이 반영된 결과물이며, 대화나 토론이나 캠페인 등 각종 커뮤니케이션이 설득의 효과를 갖는 것도 결국 내면소통 덕분이다. 내면소통은 모든 형태의 소통에 있어서 출발점이자 귀결점이다. 내면소통의 여러 형태 중 셀프토크에 해당하는 계획, 결심, 반성, 후회, 기도, 판단 등도 모두 내면소통의 특성을 지녔다. 내면소통은 '자아를 변화시키는 힘'이며 따라서 '세상을 변화시키는 힘'이다.

커뮤니케이션 효과를 다루는 대표적인 이론 중에 '2단계 유통(two-step flow of communication)' 이론이 있다. 매스미디어의 효과는 미디어에서 수용자에게로 전달되는 경로에 의해서만 결정되는 것이 아니라 매체의 메시지를 전달받은 수용자가 다른 사람들과의 대화를 통해서 간접적으로 전달하는 메시지 내용에 의해서 완성된다는 이론이다.[407] 매체에서 시청자나 독자에게 직접 전달되는 것이 첫 번째 단계라면, 매체를 소비한 사람들로부터 다른 주변 사람에게 간접적으로 전달되는 것이 두 번째 단계다. 이 두 단계를 모두 살펴봐야만 매체 효과를 제대로 파악할 수 있다.[408]

나는 여기에 한 단계를 더 추가해야 한다고 믿는다. 사람에게서 사람에게로 전달된 메시지를 스스로 해석하고 생각하고 되뇌는 내면소통의 단계도 고려돼야 진정한 의미에서의 매체 효과 전반을 살펴볼 수 있을 것이다. 즉 매체 소비자나 대화 참여자의 내면소통도 살펴봐야 한다. 이들 안에는 다양한 셀프토크와 스토리텔링의 가능성이 존재한다. 같은 사람이 같은 메시지를 들어도 내적인 감정 상태에 따라, 혹은 어떤 스타일의 스토리텔링을 하느냐에 따라서 메시지는 상당히 다른 방식으로 처리될 수 있다. 따라서 우리는 '3단계 유통' 이론의 가능성을 생각해볼 수 있을 것이다. 앞으로의 커뮤니케이션학은 '매체에서 사람으로'라는 1단계와 '사람에서 사람으로'라는 2단계, 그리고 '사람에서 내면으로(뇌와 신경계)'라는 3단계까지를 다루는 학문으로 거듭나게 될 것이다. 3단계 유통 이론은 미디어를 확장된 마코프 블랭킷 모델로 파악함으로써 매스커뮤니케이션, 대인커뮤니케이션, 내면소통을 하나의 모델로 통합적으로 설명할 수 있을 것이다. 이러한 새로운 이론적 틀에 기반해서 사람의 생각, 태도, 여론, 행동 등에 효과적으로 영향을 미칠 수 있는 새로운 커뮤니케이션 전략의 수립도 가능해질 것이다.

내가 나에게 하는 말의 힘: 플라시보

우리 각자에게 '나'라는 존재는 분명한 실체다. 물론 뇌 기능에 장애가 생겨서 자의식이 제대로 작동하지 않을 때 발생하는 코타르증후군(Cotard's syndrome)과 같은 특이한 정신질환을 앓는 사람은 자신이 존재하지 않거나 이미 죽었다고 확신한다. 그러한 경우가 아니라면 우리는 모두 '나'라는 존재가 분명히 있다고 믿는다. 물론 '내가 존재한다'라는 이 느낌은 인간의 의식이 가져오는 한 기능이다. 그런데 이 '나'라는 자의식의 실체는 지속적인 스토리텔링이 만들어내는 것이다. 앞에서 살펴보았듯이 감각상태들이 처리해 올리는 다양한 종류의 감각정보들을 종합적으로 인식하고 그에 따라 주어진 환경에서 다양한 의도에 기반한 행위들을 수행하기 위해서는 지속적인 의미부여와 스토리텔링이 필요하다. 자의식은 지속적인 내면소통 과정 그 자체라고 할 수 있다. 따라서 어떤 내면소통을 하느냐에 따라 어떠한 자아가 형성되는가가 결정된다.

마음근력 훈련은 자신이 원하는 자아를 꾸준히 형성해가기 위해 그에 맞는 내면소통을 반복적으로 하는 것이다. 이때의 의도적인 내면소통은 내적 셀프토크다. 일상에서 자기 자신에 대해 스스로 어떻게 생각하는지에 따라, 즉 내가 스스로 자신에게 반복해서 하는 이야기가 어떤 내용인가에 따라 '나 자신'을 실제로 변화시킬 수 있다. 마코프 블랭킷 모델에서의 내부상태에 자리 잡고 있는 생성모델로서의 에이전트가 습관적으로 하는 스토리텔링과 의미부여의 방식을 바꿔갈 수 있다는 뜻이다. 즉 자아에 대해서 일상적으로 어떻게 생각하는가, 스스로에게 습관적으로 어떤 내면소통을 하는가가 내가 어떤 사람인가를 결정한다. 자의식은 세상에 대한 나의 모든 경험을 총괄하는 존재이므로, 자의식이 바뀌면 곧 내가 몸담고 살아가는 이 세상도 바뀌게 된다. 마음근력 훈련은 나를 바꿈으로써 세계를 바꾸는 일이다.

'나'라는 존재 자체가 일종의 스토리텔링이므로 내가 나에게 하는 내면소통을 바꾸면 나 자신이 바뀌게 된다. 내가 나 자신에게 진심으로 하는 말은 즉각적이면서 절대적인 영향력을 지닌다. 자기 자신에 대해 진심으로 '아! 나는 강하구나'라고 생각하면 그 사람은 실제로 강해진다. 반대로 '아! 나는 지금 아픈 게 확실해'라고 자기 자신에게 말하면 그 사람은 실제로 아픔을 느끼게 된다.

나의 내면소통이, 내가 나에게 하는 말이나 생각이 나 자신에게 강력한 효과를 미치는 현상은 '플라시보 효과(placebo effect)'를 통해 잘 알려져 있다. 밀가루나 식염수를 새로 개발된 신약으로 알고 먹으면, 내가 먹는 이 약이 병을 낫게 해줄 것이라고 믿게 된다. 그러한 '믿음'의 본질은 내가 나에게 하는 내면소통의 일종이다. 이에 따라 약효가 나타나게 되는데 이는 단순히 심리적 차원의 문제가 아니다. 몸은 실제로 낫지 않았지만 나았다고 느낀다든지 그냥 그렇게 생각하는 것에 불과하다는 뜻이 아니다. 플라시보 효과는 실제로 약효가 나타난다는 뜻이다. 위약을 진짜 약이라 '믿고' 먹으면 많은 경우 생물학적이고도 생리적인 변화가 실제로 몸에 나타난다. 나은 것 같은 기분이 드는 것이 아니라 실제로 낫게 된다.

플라시보 효과가 처음 발견된 곳은 전쟁터다. 부상병을 빨리 수술해야 하는 위급한 상황인데 모르핀이 없던 야전 상황에서 어쩔 수 없이 생리식염수를 마치 마취제인 양 주사하고 수술을 하기 시작했다. 그런데 놀랍게도 생리식염수를 맞은 부상병들은 '아, 나는 지금 마취제를 맞는구나'라고 믿었고, 곧 마취제를 맞은 것처럼 통증을 거의 느끼지 못했다. 통증을 비롯해 모

내면소통

든 감각정보는 몸을 통해서 뇌가 능동적으로 추론해내는 것인데, 뇌에서 '나는 지금 마취되고 있다'라는 내용으로 셀프토크를 하면 실제로 통증을 느끼지 않게 되는 것이다.

그 후로 플라시보 효과에 관한 과학적 연구가 쏟아져 나왔다. 통증 완화에서부터 암 치료에 이르기까지 다양한 효과가 있다는 사실도 발견되었다. 플라시보는 이제 모든 신약 개발에서 견고한 기준이 되었다. 신약의 효과는 신약을 먹은 사람과 먹지 않은 사람을 비교해보는 것만으로는 확인해볼수가 없다. 신약을 먹고 병이 나은 사람이 약의 효능 때문인지 플라시보 효과때문인지 알 수 없기 때문이다. 그래서 모든 신약은 그 효과를 인정받으려면 플라시보보다 통계적으로 유의미한 정도로 더 높은 효과를 입증해야 한다. 그런데 이것이 쉽지 않다. 특정 만성질환을 앓는 환자에게 신약이라고 하면서 진짜 약과 가짜 약을 무작위로 처방해준 뒤 효과를 비교해보면 둘 다 비슷한 정도로 호전되는 경우가 많다. 심지어 플라시보가 더 높은 효과를 보이는 경우도 매우 흔하다. 모든 신약은 플라시보를 이기는 것이 큰 과제다. 인간이 개발한 약 중에서 플라시보가 가장 효과적이고 부작용도 없는 안전한 만병통치약이라는 우스갯소리는 단순한 농담이 아니다.

이와 같이 약의 효과나 처치 효과를 살펴보는 실험은 대부분 이중맹검(double-blinded)으로 한다. 환자와 의료인 모두가 투여되는 약이 진짜인지 위약인지 모르게 하는 것이다. 어떤 것이 위약이고 진짜 약인지는 실험을 설계하고 진행하는 연구자만 알고 있다. 의료인이 플라시보인 줄 알고 약을 주게 되면 그 과정에서 환자에게 무의식적으로 의도치 않은 시그널을 줄 수도 있기 때문이다. 따라서 플라시보 효과 측정은 환자에게 약을 처방하는 의료인이나 처방받는 환자나 모두 모르는 상태에서 진행된다.

이러한 이중맹검 실험에서 아무런 약효도 없는 생리식염수가 모르핀 이상의 효과가 있는 것으로 나타났다. 어금니를 발치하는 치과 치료를 받은 환자들을 무작위로 다섯 그룹으로 나누어서 각각 모르핀 4밀리그램, 6밀리그램, 8밀리그램, 12밀리그램과 생리식염수(위약)를 각각 처방했다. 예상대로 모르핀의 투여량이 많을수록 통증 완화 효과는 더 큰 것으로 나타났다. 그런데 생리식염수가 모르핀 4밀리그램 이상의 효과를 나타냈다. 모르핀 4밀리그램은 36퍼센트, 6밀리그램은 50퍼센트의 통증 완화 효과를 보였는데, 위약인 생리식염수도 무려 39퍼센트의 통증 완화 효과를 보인 것이다.[409]

　　플라시보의 효과는 '내가 지금 복용하는 약이 효과가 있을 것이다'라는 믿음의 결과다. 즉 환자가 자기 자신에게 하는 내면소통이 환자의 몸에 변화를 가져오는 것이다. 플라시보 자체가 어떤 효과를 지닌다기보다는 환자의 생각이나 믿음 등 내면소통 자체가 효과를 나타내는 것이다. 따라서 어떤 내면소통을 하는가 하는 '내면소통의 내용'이 효과에도 영향을 미친다.

　　유명한 경제학자인 댄 애리얼리(Dan Ariely) 연구팀이 진행한 플라시보 실험에서는 표시된 가격 자체가 약의 통증 완화 효과에 미치는 영향을 살펴보았다. 피험자 모두에게 플라시보를 먹게 하면서 한 집단에는 최신 진통제라는 설명서와 함께 약 한 알의 가격이 '2.50달러'라는 가격표가 보이게 했다. 다른 집단에는 모든 조건은 똑같지만 약 한 알의 가격이 '0.10달러'로 할인된 가격표가 보이게 했다. 모든 피험자에게 약의 복용 전후에 각각 손목에 전기충격기로 통증 자극을 주었고, 약을 먹기 전과 비교해 약을 먹은 후에 통증이 얼마나 감소하는가를 보고하도록 했다. 정상 가격인 2.50달러의 가격표를 본 집단에서는 85.4퍼센트가 통증 완화를 보고했지만, 할인 가격인 0.10달러의 가격표를 본 집단에서는 61퍼센트만 통증 완화를 보고했다.[410] 이는 '약은 비쌀수록 효과가 더 좋을 것이다'라는 통념이 반영된 결과로서 자기 자신에게 하는 내면소통의 내용이 곧 플라시보 효과의 본질임을 시사한다.

　　플라시보 효과의 의미는 내가 나에게 진심으로 하는 내면소통은 내 마음에 대해서뿐 아니라 내 몸에 대해서도 강력한 효과를 발휘한다는 것이다. 심지어 플라시보는 복용하는 약뿐 아니라 관절에 대한 외과적 수술에서도 효과가 입증되었다. 무릎 관절이 손상되어서 걷지 못하는 관절염 환자 180명을 무작위로 세 집단으로 나눠 진행한 실험에서 한 집단에는 실제로 무릎 관절 내의 죽은 조직을 제거하는 수술을 했고, 두 번째 집단에는 무릎 관절경을 통해 씻어내는 시술만 했으며, 세 번째 집단에는 수술한 척만 하고 그냥 붕대만 감아놓은 플라시보 시술을 했다. 2년 동안 추적 관찰한 결과 놀랍게도 세 집단 모두 비슷한 정도로 무릎 건강을 회복했다. 통증 완화의 정도도 비슷했을 뿐만 아니라 걷거나 계단 오르기 등 실제 무릎의 기능도 모두 비숫한 정도로 좋아졌다.[411] 이제 수술을 받았으니 무릎이 좋아질 것이라는 믿음이 실제로 무릎 관절을 건강하게 만든 것이었다.

만약 플라시보 효과에 대해서 여전히 의구심이 든다면, 그것은 몸과 마음을 철저히 구분하는 이원론에 사로잡혀 있다는 뜻이다. 여전히 데카르트적인 기계론적 세계관에서 벗어나지 못하고 있는 상태라 할 수 있다. 이 상태를 벗어나야 내면소통의 힘을 이해할 수 있게 되며, 그래야 진정한 마음근력 훈련이 가능해진다.

플라시보 효과에 관한 수많은 연구들은 신약뿐 아니라 우리가 일반적으로 복용하는 모든 약(소화제, 해열제, 소염제 등)의 효과에 약 자체의 효능과 더불어 플라시보 효과도 더해진다는 사실을 알려주고 있다. 내복약뿐만 아니라 비타민과 같은 영양제, 운동, 그리고 각종 수술과 시술, 처치, 테라피에도 플라시보 효과가 포함된다. 따라서 무엇을 하든 내가 나에게 어떠한 내면소통을 하는가가 중요하다.

내가 복용하는 약이 부작용이나 해악이 있을 것이라는 부정적 믿음 또한 강력한 효과를 지닌다. 가짜 약을 주면서 "새로 개발된 신약인데 두통이나 복통 등의 부작용이 있을 수 있다"라고 주의사항을 알려주면 실제로 머리나 배가 아프다는 사람이 속출한다. 멀쩡한 우유를 마시게 하고 나서 "방금 실수로 상한 우유를 드렸다. 죄송하다. 혹시 식중독 증상이 나타나면 보상해주겠다"라고 이야기하면 실제로 많은 사람이 갑자기 설사와 구토를 하는 등 식중독 증상을 보인다. 의사가 올바른 약을 처방해도 환자가 그 효능을 믿지 못하면 약효가 나타나지 않는 사례도 많이 발견된다. 이것이 '노시보 효과(nocebo effect)'다.[412] 노시보나 플라시보나 작동방식은 똑같다. 다만 긍정적 내면소통을 통해 몸이 나으면 플라시보이고, 부정적 내면소통을 통해 몸이 더 아프게 되면 노시보다.

만일 '내가 암에 걸린 것 같다'라고 확신하는 사람이 있다면 실제로 그 사람에게 암이 발병할 위험이 증가하기도 한다. '내가 죽을 것 같다'라는 확신이 들면 실제로 사망할 확률도 높아진다. 실증적 연구에서도 '이제 늙었으니 나는 병들고 죽어갈 것이다'라는 믿음을 지닌 사람일수록 수명이 짧아지는 것으로 나타났다. 노년층과 은퇴자들을 대상으로 한 오하이오 종단연구

(OLSAR) 결과에 따르면, 나이 든다는 사실에 대해서 부정적인 생각을 가진 사람들은 그렇지 않은 사람들에 비해서 평균 7.5년가량 수명이 단축되었으며, 심한 경우 23년 이상 더 노화가 진행된 것으로 밝혀졌다.[413] '나이가 든다고 해서 특별히 나빠지는 것은 없다'라거나 '나는 지난해만큼이나 올해도 건강할 것이다'라고 스스로 믿는 사람들은 실제로 노화가 덜 진행되었다. 반면에 '나는 이제 나이가 들었으니 늙을 것이다'라는 내면소통을 하는 사람들에게는 실제로 노화 현상이 더 빠르게 나타나는 경우가 많았다.

무슨 약을 복용하거나 처치를 받아야만 플라시보 효과가 발생하는 것은 아니다. 스트레스를 받는 상황에서도 '내가 언제든지 상황을 통제할 수 있다'라는 믿음만 있으면 실제로 여러 가지 신체 증상이 좋아진다. 큰 소음을 불규칙하게 발생시켜서 피험자들의 스트레스 수준을 높이는 실험이 있었다. 피험자들은 문제풀이 능력을 발휘해서 퀴즈 등을 풀어야 하는 상황이다. 그런데 어디선가 상당히 큰 소음이 불규칙하게 들려온다. 마치 근처에서 공사가 시작된 듯한 소리다. 대부분의 피험자가 심장박동이 빨라지는 등 스트레스에 따른 여러 가지 신체 증상을 보였다. 규칙적으로 들려오는 소음보다는 불규칙적으로 들려오는 소음에 대해 스트레스 반응이 훨씬 더 크게 나타났다. 물론 문제풀이 능력도 현저하게 저하되었고 도중에 문제풀이를 포기하는 사람들도 있었다.

한편 다른 집단에게는 똑같은 상황이지만 언제든 소음을 잠시 멈추게 할 수 있는 '가짜' 버튼을 제공했다. 소음이 너무 방해되는 것 같으면 버튼을 눌러 잠시 소음을 멈추게 할 수 있다고 설명했다. 소음에 대한 통제권이 있다는 믿음을 부여해준 것이다. 피험자들은 '내가 원하면 언제든 소음을 멈출 수 있다'라고 믿었고, 그러자 똑같이 불규칙한 소음을 겪으면서도 스트레스 반응이 현저하게 낮아지고 문제풀이 능력도 향상되었다. 실제로 버튼을 누른 피험자는 없었다. 그렇지만 피험자들은 '내가 언제든 상황을 통제할 수 있다'라는 믿음을 갖게 되자 스트레스 수준이 크게 낮아졌고 이에 따라 문제풀이 능력을 더 많이 발휘할 수 있었다.[414] 캐럴 드웩의 능력성장신념 연구를 통해서도 알 수 있듯이, 나 자신의 능력이 향상될 수 있다는 '믿음'이나 내가 환경을 통제할 수 있다는 '믿음'은 모두 강력한 효과를 지닌다.[415] 이처럼 내면소통은 나 자신의 몸과 마음에 강력한 효과를 발휘한다.

자의식의 일시적 정지: 최면과 선문답

마음근력 훈련을 위해 새로운 내용의 내면소통을 내면화하는 것은 쉬운 일이 아니다. 플라시보 효과에서 중요한 것은 위약이 실제로 효능이 있는 진짜 약이라고 믿는 것이다. 심지어 플라시보임을 알고 복용해도 효과가 있다는 연구도 있다. 내가 먹는 이 약이 비록 가짜 약이지만 플라시보 약에도 효과가 있으리라고 생각하는 사람들에게는 실제로 효과가 나타난다는 것이다. 핵심은 내가 나에게 '진심으로' 이야기하는 것이다.

앞에서 살펴보았듯이 우리 내면에서는 습관적이고 자동적인 스토리텔링이 지속적으로 이뤄지고 있다. 이러한 스토리텔링을 하는 주체를 우리는 '자의식'이라 불렀다. 자의식이 스스로 스토리텔링 내용을 바꾸기는 쉽지 않다. 가령 '이건 가짜 약이니까 효과가 없을 거야'라고 생각하는 사람이 스스로 자기 생각이나 믿음을 바꿔야겠다고 결심한다고 해서 이전의 생각을 버리고 "이건 가짜 약이지만 효과가 있을 거야"라는 새로운 믿음을 갖기는 쉽지 않은 노릇이다.

흔히 '암시'로 번역되는 'suggestion'이라는 단어에는 '제안'이라는 뜻도 있다. 습관적이고 자동적인 기존의 내면소통 내용을 바꾸고 새로운 스토리텔링을 하도록 '제안'하는 것이 곧 '암시'다. 이러한 암시의 효과가 강력히 나타나는 것이 곧 '최면'이다. 최면의 효과는 앞에서 살펴본 마코프 블랭킷 모델과 능동적 추론 이론을 통해 설명할 수 있다.[416]

자의식은 마코프 블랭킷 모델의 내부상태에서 작동하는 '스토리텔러'로서 자신이 보고 듣고 느끼는 모든 경험에 대해 끊임없이 멘털 코멘터리를 부여한다. 또 스스로 하고자 하는 모든 행위에 앞서 의도를 만들어내는 생성모델이다. 지속적이고도 자동적으로 흘러가는 스토리텔링을 보다 효율적으로 생산하기 위해서 우리의 자의식은 습관적으로 작동하는 다양한 생성모델에 의존한다. 이러한 생성모델의 집합체가 곧 자아로서의 '나'라는 관념이 된다.

최면에 걸린다는 것은 외부에서 들려오는 다른 사람의 암시(이야기)를 나의 내면소통으로 그대로 받아들인다는 뜻이다. 외부에서 주입되는 스토리텔링을 나의 '생성모델'로 그대로 받아들일 가능성을 높이기 위해서는 내면에서 작동 중인 생성모델의 스토리텔링을 잠시 멈추거나 약화시켜야 한다. 이것이 바로 최면에서 말하는 '유도(induction)'다. '암시에 잘 걸리는(suggestible)' 사람은 평소 자의식의 스토리텔링이 덜 고정되어 더 유연한 사람이라 할 수 있다. 최면에 걸렸다는 것은 외부에서 주입되는 타인의 스토리텔링이 그대로 나의 내부상태에 있는 생성모델의 스토리텔링으로 작용하는 상태가 되었다는 것이다. 따라서 최면은 내부상태의 능동적 추론 모델의 주체인 에이전트가 교체되는 것이라고 정의할 수 있다.[417]

이러한 최면의 과정을 능동적 추론 이론의 관점에서 살펴보자. 최면 기법 중에 잘 알려진 것이 악수하는 척하다가 순간적으로 최면 상태로 유도하는 것이다. 처음에 최면술사는 피험자와 편하고 자연스럽게 대화를 나누기 시작한다. 그러다가 피험자에게 자연스럽게 다가가면서 웃는 얼굴로 악수를 청한다. 피험자는 악수가 무엇인지 잘 알고 있다. 따라서 이제 무슨 일이 생겨날지도 잘 알고 있다. 그의 내부상태에서는 다음과 같은 스토리텔링이 자동적으로 진행된다. "저 사람이 내게 손을 내밀면서 다가온다. 악수하려는 것이 분명하다. 곧 악수가 시작되는구나. 나도 이제 내 손을 들어 그의 손을 가볍게 맞잡고 몇 차례 흔들면서 서로의 눈을 바라보고 미소 지으면서 인사를 할 것이다." 이 순간 피험자 내부의 스토리텔링은 무슨 일이 벌어질지에 대해 자동적으로 확신하게 된다. 의식적인 차원에서뿐 아니라 감각상태와 행위상태에서의 모든 층위의 능동적 추론 과정 역시 자동으로 척척 진행된다. '악수하기'가 너무도 익숙하고 많이 해본 행위여서 예측오류에 대한 대비는 거의 없는 상태다.

피험자도 미소를 지으면서 손을 내미는 순간, 최면술사는 피험자와 악수하는 척하다가 손이 맞닿기 직전에 재빨리 피험자의 손목을 부드럽게 잡고 피험자의 얼굴 앞으로 들어 올려 피험자로 하여금 자기 손바닥을 보게 한다. 피험자로서는 전혀 상상하지 못했고 경험하지도 못했던 일이 순식간에 벌어진 것이다. 피험자의 내부상태는 순간 혼란에 빠진다. 갑자기 내가 내 손바닥을 보고 있다니! 이것이 무슨 상황인지 얼른 해석이 안 되기 때문에 감각상태나 행위상태도 혼란에 빠지고 멘털 코멘터리나 스토리텔링도 멈춰버린다. 엄청난 예측오류와 서프라이즈가 발생했으나 그에 따른 오류 정정의 메커니즘이나 자유에너지 최소화의 기능이 얼른 작동하지 않는 상태가 되는 것이다. 기존의 생성모델은 순간적으로 쓸모없는 것이 되었고 폐기될 수밖에 없는데도 그것을 대체할 새로운 생성모델은 얼른 생겨나지 않는다. 기존의 자의식은 잠시 스토리텔링을 멈추게 된다. 이렇게 기존의 생성모델은 폐기되었으나 아직 새로운 생성모델이 생겨나기 직전인 이 순간이 자의식이 외부로부터 주입되는 스토리텔링을 그대로 받아들일 가능성이 매우 높아지는 때다.

이때 최면술사가 암시를 주면 피험자는 그러한 암시를 그대로 자신의 스토리텔링으로 처리하여 내려보낸다. 최면술사의 "잠들어(sleep)"라는 한마디가 들려오면 피험자는 그대로 최면 상태에 빠지게 된다. '나는 자고 있다'라는 내면소통을 하는 상황이 곧 최면이다. 수면 중에 뇌는 감각상태로부터 올라오는 상향 감각정보에 대한 해석은 최소화하고, 대신 하향으로 자유로운 해석과 스토리텔링을 내려보내게 된다. 즉 꿈꾸는 상태가 되는 것이다. 꿈꾸는 동안 내부상태는 감각상태가 전해주는 감각정보에 대한 예측오류의 수정이라는 작업을 적극적으로 수행하지 않게 된다.

이제 피험자는 최면술사의 말대로 세상을 보게 된다. 감각상태에서 올라온 다양한 감각정보를 해석하는 스토리텔링을 최면술사의 암시대로 하게 되는 것이다. 최면술사가 너무 덥다고 하면 실제로 더위를 느끼면서 땀을 흘리고, 너무 춥다고 하면 몸을 오들오들 떨게 된다. 벨트를 던져주면서 뱀이라고 하면 진짜 뱀으로 본다. 평소라면 벨트를 보고 잠시 '이게 뱀인가?'라고 생각하더라도 계속 올라오는 시각정보가 해석이 잘못되었음을 알려주고(움직이지 않는다, 모양도 뱀 같지 않다 등) 그에 따라 예측오류의 수정이 자동으로 즉각 일어난다. 그러나 최면 상태에서는 계속 올라오는 감각정보에 의한 예측오류 수정은 일어나지 않고 오히려 최면술사의 스토리텔링에 의한 감각정보의 해석을 그대로 유지하게 되는 것이다.

감각상태뿐 아니라 행위상태 역시 마찬가지다. 지금 달리기를 하고 있다고 말해주면 갑자기 벌떡 일어나서 달리기 시작하고, 이제 잠든다고 말해주면 누워서 자기 시작한다. 감각상태와 행위상태를 통제하던 내부상태의 생성모델이 외부에서 들려오는 최면술사의 스토리텔링에 자기 자리를 내어주게 되는 것이다. 최면은 우리의 생각, 행동, 경험 등이 모두 자신의 내부상태에서 생성되는 이야기에 의한 것이라는 사실을 분명히 보여준다.

내부상태의 스토리텔러인 생성모델을 약화시키는 것 혹은 감각상태와 행위상태의 주체(agency)를 바꾼다는 것은 늘 작동 중이던 자의식을 잠시 멈추는 것을 뜻한다. 갑자기 상황에 전혀 맞지 않는 행동이나 말을 듣게 되면 기존에 작동하던 생성모델은 잠시 멈추게 된다. 내부상태의 스토리텔러가 잠시 사라지는 순간이므로 이때가 상대방의 암시를 무방비로 그대로 받아들이는 상태가 되는 것이다. 또 이러한 상태는 기존에 늘 작동하던 자의식이 잠시 멈추는 순간이므로 기존의 '나'를 되돌아보고 자의식을 재정립하는 기회가 되기도 한다.

영국의 유명한 최면술사인 데런 브라운(Derren Brown)이 들려주는 일화는 낯선 사람과의 갈등이나 싸움을 피하는 특별한 방법을 알려준다.[418] 어느 날 그는 마술 컨벤션에 참여했다가 쇼를 마치고 새벽 3시에 호텔로 돌아가기 위해 화려한 무대복 차림으로 거리를 걷게 되었다. 그때 만취한 사람이 다가오더니 노골적으로 시비를 걸기 시작했다. 상대방이 "뭘 봐?"라며 시비를 걸어올 때 이에 반응해 왜 그러냐고 따지거나 그냥 회피하려고 하는 것은 별 소용이 없다. 폭력적인 대응을 준비하고 있는 사람에게는 이미 예상된 반응이기 때문이다. 그러한 통상적인 대응은 오히려 폭력적인 싸움의 가능성을 높일 뿐이다. 데런 브라운은 최면의 원칙을 이용했다. 갑자기 맥락 밖의 이야기를 꺼내기 시작한 것이다.

그는 취객에게 "우리 집 바깥에 있는 담장은 높이가 4피트도 안 된다"라고 대답했다. 그러자 상대방은 순간 무슨 말인가 해서 "뭐라고?" 하면서 당황하기 시작했다. 데런 브라운은 계속해서 이렇게 이야기했다. "우리 집 담장은 높이가 4피트밖에 안 된다고요. 나는 스페인에 오래 산 적이 있는데, 그 동네의 담장은 다 높았지요. 그에 비하면 우리 동네 집들의 담장은 정말 너무나 낮죠. 말도 안 되게 낮아요." 이렇게 엉뚱한 이야기를 계속 지껄였던 것이다. 이야기를 들으면서 황당해하던 취객은 갑자기 공격성향이 확 낮아지더니 온몸의 긴장이 풀린 듯 그 자리에 주저앉았다. 데런 브라운도 같이 옆에 앉아서 "오늘 무슨 일이 있었느냐?"라고 물었고 그제야 취객은 "여자친구와 싸웠다"라고 하면서 신세 한탄을 하기 시작했다. 둘은 이런저런 대화를 나누다가 각자 갈 길을 갔다. 데런 브라운은 '갑작스레 맥락을 벗어나는(abruptly out-of-context)' 스토리텔링을 함으로써 취객의 내부상태에서 작동하는 폭력적 행위의 생성모델을 무력화하여 위기 상황을 모면할 수 있었던 것이다.

내면소통 훈련 중에서 가장 중요한 요소 중 하나는 나의 내면에서 끊임없이 생성되는 멘털 코멘터리를 스스로 알아차리는 것이다. 우리는 일상생활에서 지속적으로 스토리텔링을 한다. 이 세상이 나에게 주는 수많은 암시에 의해 나의 생각, 행동, 경험 등은 많은 영향을 받게 된다. 문화, 이념, 교육 그리고 다양한 매체와 장르를 통해 주어지는 수많은 암시와 스토리텔링에 최면이 걸린 채 살아가는 것이다. 이것이 곧 전도몽상에 빠져 있는 상황이다. 이러한 최면과 암시로부터 깨어나는 것이 '알아차림'이다.

나의 내부에서 끊임없이 솟아오르는 것처럼 느껴지는 나의 생각이나 경험이 사실은 외부로부터 주입된 온갖 스토리텔링의 결과임을 분명히 알아차리는 것이 내면소통 훈련의 기본 목표다. 내 머릿속을 지배하는, 자동으로 흘러가는, 외부에서 유입된 이야기와 멘털 코멘터리에서 벗어나는 것이 내면소통 훈련의 목적이다. 외부에서 유입된 많은 이야기들은 마치 내 생각인 양 느껴진다. 부정적 스토리텔링은 편도체를 활성화하여 불안이나 분노 등의 부정적 정서를 불러일으킨다. 별로 중요하지도 않은 것에 집착하게 해서 고통과 불행감에서 헤어나오지 못하게 한다. 일상생활에서 내 머릿속에 자동으로 흘러드는 온갖 생각과 행동을 만들어내는 이야기들을 있는 그대로 바라보는 힘이 알아차림의 능력이고 마음근력의 기반이다.

갑작스레 맥락을 벗어나는 대화를 통해서 고정된 자의식 혹은 습관적 스토리텔링을 뒤흔드는 것은 최면술사만의 전유물이 아니다. 선불교 전통의 핵심인 스승과 제자 사이의 선문답 역시 '일상적인 대화 맥락으로부터의 갑작스럽고도 완벽한 일탈'이라는 방법을 즐겨 사용한다. 예컨대 "무엇이 부처입니까?"라는 질문에 대한 동산선사의 대답은 "마삼근(麻三斤)"이었고, "무엇이 무위진인(無位眞人)입니까?"라는 질문에 대한 임제선사의 대답은 "똥 묻은 막대기(乾屎橛)"였다.[419] 이처럼 맥락을 완전히 벗어나는 질문이나 답변을 하나의 짧은 문장이나 단어로 압축한 것이 바로 '화두'이고, 이러한 화두를 집중적으로 바라보는 훈련이 간화선이다. 이에 대해서는 제11장에서 자세하게 다룬다.

선문답을 통해서 제자는 문득 깨달음을 얻게 된다는 것이 간화선 전통의 핵심이다. 선사들은 제자들과 선문답을 나눌 때 갑자기 고함을 치거나 때리는 등의 비언어적 소통을 통해서도 '갑작스레 맥락 벗어나기'를 한다. 얼핏 보기에 말도 안 되는 것처럼 보이는 이러한 언행 덕분에 제자들은 깨달음을 얻게 된다. 바로 이 '말도 안 되는' 언행이 '말이 안 되기' 때문에 제자들의 내부상태에서 늘 작동하던 생성질서가 순간적으로 뒤흔들리게 되고, 기존의 생성질서인 '자의식'이 잠시 자리를 비우는 순간이 생겨나는 것이다. 이때 제자는 자아의 텅 빈 자리를 보면서 배경자아의 존재를 알아차리게 되며, 기존의 고정된 스토리텔링 방식에서 벗어나 '텅 비어 있음'으로서의 '참나'를 문득 만나게 되는 것이다.

내면소통 훈련이나 플라시보, 최면이나 선문답은 그 목적과 방식은 달라도 내부상태의 생성질서로 이뤄지는 스토리텔링을 잠시 멈춤으로써 기존의 자아에 강력한 변화를 가져온다는 공통점이 있다. 특히 최면이나 선문답은 기존의 생성질서를 잠시 멈춰 세움으로써 의식에 새로운 생성질서를 심어주는 기회를 만들어준다.[420] 마음근력 향상을 위한 내면소통 훈련에서도 기존의 생성질서를 잠시나마 무너뜨리는 것은 새로운 생성질서를 수립해가는 좋은 방법이 될 수 있다.

마음근력 훈련으로서의
내면소통 명상

내면소통 명상이란 무엇인가

마음근력 훈련을 위해서는 편도체 안정화와 전전두피질 활성화를 해야 한다. 편도체 안정화를 위해서는 몸과의 내면소통이 필요하고, 전전두피질 활성화를 위해서는 마음과의 내면소통이 필요하다. 내면소통 명상은 어떤 신비로운 경지에 다다르기 위한 특별한 노력도 아니고, 세상을 등지고 비현실적인 자기만의 세계를 추구하는 것은 더더욱 아니다. 내면소통 명상은 마치 운동과도 같다. 꾸준히 운동하는 것이 몸의 건강에 도움이 되는 것처럼 일상생활에서 꾸준히 명상하는 것은 마음의 건강에 큰 도움이 되며, 나아가 마음근력 향상을 위한 좋은 훈련이 된다.

뇌과학자들이 최근 명상의 효과에 대해 지대한 관심을 기울이며 수많은 연구를 쏟아내기 시작한 이유는 전통적인 명상 수행 방법들이 편도체 안정화와 전전두피질 활성화를 위한 훈련 요소들을 체계적으로 잘 발전시켜왔기 때문이다. 종교적 관점에서 보자면 다양한 명상 수행들은 특정 종교적 체험이나 가르침을 실천하기 위한 것이다. 그러나 뇌과학적 측면에서 보자면 명상 수행은 마음근력 강화를 위한 신경과학적 근거가 있는 매우 효과적인 훈련법이다.

마코프 블랭킷 모델을 통해서 살펴보자면 내면소통에는 세 종류가 있다. 첫 번째는 내부상태와 감각상태 사이의 소통이다. 감각기관을 통해 의식으로 올라오는 다양한 감각정보가 능동적 추론을 통해 어떠한 감각과 느낌으로 생산되는지 알아차리는 것이다. 감각에는 시각, 청각, 촉각, 미각, 후각뿐 아니라 고유감각과 내부감각도 포함된다.

두 번째는 내부상태와 행위상태 사이의 소통이다. 움직임과 감정들이 어떠한 움직임을 만들어내는지를 알아차리는 것이다. 의도와 움직임의 관계에 집중하는 소통이라 할 수 있다.

세 번째는 내부상태와 내부상태 사이의 소통이다. 즉 내부상태에 존재하는 여러 에이전트의 관계에 집중하는 소통이다. 스스로 자의식을 돌이켜보거나 배경자아의 존재를 알아차리는 것이 이에 해당한다. 자기 내부상태에서 끊임없이 생성되고 작동하는 자의식을 실시간으로 들여다보려는 시도는 여러 명상 전통에서 공통적으로 발견된다.

그런데 이러한 시도는 대화를 통해서도 가능하다. 우리는 이것을 '인간관계를 통한 명상(social meditation)' 혹은 대화를 통한 명상이라 부를 수 있을 것이다. 내재적 질서(implicate order)가 여기서도 유용한 개념인데, 대화에서는 서로에 대한 영향이 지속적으로 흘러나가고 흘러들어오는 것이기 때문이다. 대화를 하면서도 우리는 알아차림의 능력을 발휘할 수 있다. 대화 중에 나와 다른 사람 사이의 커뮤니케이션을 바라볼 수 있을 뿐만 아니라 순간 순간 일어나는 나와 나 자신 사이의 대화도 알아차릴 수 있다. 따라서 명상은 어떠한 소통 상황에서든 다 할 수 있다. 혼자 조용한 방에 앉아서 하는 명상보다 대화적 명상이 더 깊고 강한 집중력과 주의력을 요구한다. 내가 말을 하면서 동시에 내가 무슨 말을 어떻게 하고 있는지를 명료하게 깨어 있는 상태에서 듣고 바라보는 것이 곧 데이비드 봄이 말하는 '명상적 대화'다.[421]

이러한 세 종류의 내면소통에 집중하는 것이 바로 내면소통 명상이며, 따라서 내면소통 명상에는 크게 세 종류가 있게 된다. 첫 번째가 감각 명상이고, 두 번째가 움직임 명상이며, 세 번째가 배경자아 명상이다. 이들 모두 편도체 안정화와 전전두피질 활성화의 효과가 있지만, 특히 첫 번째와 두 번째가 편도체 안정화와 감정조절에 초점을 맞춘 것이고, 세 번째는 상대적으로 전전두피질 활성화 효과가 더 크다고 할 수 있다.

　　　　　　　　　　　　　　　　　　　　　　　　　　내면소통

이 세 가지 내면소통 모두 '내향적 펼쳐짐'의 성격을 띤다. 신경세포 하나의 떨림도 그 영향이 다른 신경세포들로 펼쳐져 들어가는 내향적 펼쳐 짐이다. 거기에 '전달되는 메시지로서의 정보'란 없다. '형성 중인 과정(in-formation)'으로서의 정보만 있을 뿐이다. 그것이 내재적 질서로서의 능동적 추론의 본질이다. 상향과 하향의 과정이 순차적으로 일어나는 것처럼 보이 지만 사실 이는 바다 수면에 파도가 생겨났다 사라지는 것과 유사하다. 전체 로서 에너지 장(field)이라는 신경세포의 바다에서 일부 에너지가 뭉치고 들떴 다가(활성화되었다가) 다시 전체 시스템으로 펼쳐져 들어가고 또 펼쳐져 나오는 것이다.

마음근력 훈련으로서의 내면소통 명상은 외적 개입이 아니다. 인과관 계를 통해 어떠한 원인을 제공하고자 하는 것도 아니다. 어떠한 개념이나 메 시지를 주입하고자 하는 것도 아니다. 오히려 마음근력 훈련은 '자기생성적 질서(self-generative order)'를 만들어가는 과정이다. 자기생성적 질서는 스스로 알아서 해야 한다는 것이 아니라 '자기 자신에게 일어나는 일'이라는 뜻이다. 내가 나를 객관적인 처치 대상이나 외적인 훈련대상으로 보아서는 곤란하다 는 것이다. 내가 나를 알아차리면서 계속해서 내부상태로 펼쳐져 들어가는 과정에서 '자유로움'이 일어난다. 그 과정을 내재적 질서로 바라보는 것이 내 면소통의 관점이다. 그것이 수행이고 내면소통 명상이다.[422]

전통적인 명상 수행의 핵심은 내가 경험하는 나의 생각, 감정, 감각, 움직임 등을 지금 여기서 실시간으로 알아차리는 데 있다. 지속적이고도 구 체적인 자기참조과정이 곧 명상 수행이다. 이는 곧 배경자아가 경험자아의 다양한 측면을 알아차리는 것이다. 배경자아에 대한 인식이야말로 자기참조 과정의 핵심이므로 알아차림 훈련을 하면 mPFC(내측전전두피질) 중심의 신경 망이 활성화되고 편도체는 안정화된다. 반대로 편도체가 활성화되고 mPFC 신경망 기능이 저하된 상태에서는 알아차림을 하기가 힘들다. 따라서 마음 근력 훈련을 처음 시작하는 사람이라면 몸이 주는 여러 감각정보에 대한 주 의집중과 근육의 이완을 통해서, 특히 호흡에 집중함으로써 먼저 편도체를 가라앉히는 훈련을 해야 한다.

전통적인 명상 수행 방법들을 살펴보면 용어나 개념은 다 달라도 그 핵심에는 공통적으로 내면소통 훈련의 요소가 포함되어 있음을 알 수 있다. 그중에서도 뇌과학적 연구를 통해서 편도체 안정화와 전전두피질 활성화의 효과가 입증된 명상 방법들을 체계적으로 정리한 것이 여기서 소개하는 내면소통 명상이다. 내면소통 명상의 구체적인 내용에 대해서는 제8장에서 살펴보기로 하고, 여기서는 우선 내면소통과 관련된 다양한 명상 전통들이 현대사회에서 어떻게 받아들여지고 있는지를 간략히 살펴보도록 하자.

현대사회에서의 다양한 명상 전통

감성지능이론으로 널리 알려진 대니얼 골먼은 미국의 대표적인 명상 1세대다. 그는 하버드대학 심리학 박사과정 중에 명상과 요가에 심취해서 인도에 다녀오기도 했으며, 박사학위 취득 후에도 명상에 지속적인 관심을 기울이며 연구를 계속했다. 그러다가 대학교수가 되는 길을 포기하고 〈뉴욕 타임스〉 등에 과학 관련 글을 기고하는 과학 기자가 되었고 마침내 세계적인 과학 저널리스트가 되었다. 감성지능(EQ)을 다룬 책으로 세계적인 베스트셀러 작가가 되기도 했다. 그의 감성지능이론에서 설명하는 핵심 개념들은 모두 오랜 명상 수행 경험을 통해 얻은 것이다.

젊은 시절 명상에 심취했던 골먼은 자신의 첫 책을《다양한 명상 경험 (The Varieties of Meditative Experience)》이라는 제목으로 1977년에 출간했다. 1988년에 《명상의 마음(The Meditative Mind)》이라는 새로운 제목으로 재출간된 이 책은 크기는 작아도 상당히 야심찬 책이다.[423] 명상의 모든 것을 간략하게 정리해서 한 번에 가르쳐주겠다는 듯한 저자의 젊은 혈기가 느껴진다. 골먼은 책의 앞부분에 테라와다 불교 명상의 기본 교과서라 할 수 있는《위숫디막가 (Visuddhimagga : 청정도론)》의 복잡한 내용을 알기 쉽게 정리해놓고 있다. 이어서 힌두교의 박티 요가, 유대교의 카발라 명상, 기독교의 헤시카즘 명상, 이슬람교의 수피 명상, 초월 명상, 파탄잘리의 요가, 인도 전통의 쿤달리니 요가, 티베트 불교 명상, 일본 좌선 등 다양한 명상 전통의 주요 내용과 방법을 잘 정리해 소개하고 있다. 이 책을 통해 우리는 명상이 힌두교나 불교 등 특정 종교의 전유물이 아니라는 사실을 분명히 알 수 있다. 여러 문명권의 거의 모든 종교에서 명상 수행을 강조하는 것을 보면 명상 자체에 어떤 특정한 종교성이 있다고 보기는 어렵다. 오히려 각 종교에서 명상 수행을 다양한 방식으로 변형해서 사용해왔다고 보는 것이 타당하다.

힌두교의 박티 요가를 살펴보면 대승불교의 자비 명상과 매우 유사하며, 유대교의 카발라 명상은 한국의 간화선과 통하는 점이 많다. 카발라의 '생명의 나무(The Tree of Life)' 체계도는 《위숫디막가》에서 설명하는 '선정(禪定)의 단계'를 연상시키기도 한다. 카발라 명상의 핵심은 기도문이나 생명의 나무 체계의 한 요소에 온 주의를 집중하는 것이다. 가장 일반적인 수행법은 기도문에서 단어나 주제를 하나 골라서 온 마음과 정신을 바치는 집중적 헌신(kavvanah)을 하는 것이다. 마치 간화선에서 화두 하나에 엄청난 집중을 계속하듯이, 카발라 명상에서도 한 단어나 개념을 골라서 그것에만 헌신적으로 집중한다. 이러한 집중이 계속되면 수행자의 마음 상태는 결국 그 단어를 통해서 그 단어를 넘어서게 된다. 하나의 평범한 단어가 수행자의 마음을 초월적인 상태로 고양해주는 도구의 역할을 한다는 점에서 화두의 역할과 비슷하다. 이러한 집중 수행을 하기 위해서 카발라 수행자는 우선 일상적인 자기 자신의 활동(yesod)을 바라볼 수 있어야 한다. 또 수행자는 자신의 에고(ego)를 명확하게 알아차릴 수 있는 관찰자의 상태(tiferet)에 도달해야 한다. 이러한 개념들은 사띠(sati) 명상 수행의 개념과 거의 흡사하다. 결국 이러한 수행의 종착역은 '깨달은 사람(zaddik)'이 되는 것이다. 즉 개인적인 자아의 굴레를 벗어나 자유롭고 평온하며 오직 신과 함께 존재하는 성인(聖人)이 되는 것이다. 이는 불교에서 '아라한(阿羅漢)'이 되는 것과도 같다. 이렇게 깨달은 상태에 도달하게 되면 더 이상 토라(Torah)를 공부할 필요가 없다. 그 자신이 바로 토라이기 때문이다.[424] 깨달음에 관한 개념 역시 불교에서의 '열반(涅槃)'과 매우 유사하다.

《위숫디막가》는 5세기경에 스리랑카의 붓다고사가 상좌부불교의 수행법을 정리한 것인데, 현대 동남아 중심의 테라와다 불교 수행의 기본적인 텍스트다. 《위숫디막가》 역시 고타마 싯다르타의 사후 천 년 후에 나온 것이어서 후세에 더해진 새로운 해석과 복잡하고 체계적이면서도 세밀한 수행의 여러 단계와 방법들이 정리되어 있다.《위숫디막가》는 수행의 출발점으로 다섯 가지 계율을 강조한다. 살생을 금한다(폭력 억제), 주지 않는 것을 갖지 않는다(소유욕 억제), 음행을 삼간다(감각적 쾌락 억제), 거짓말을 삼간다(비도덕 억제), 술을 삼간다(중독물질 억제) 등이다. 계율이라는 것은 인간이 흔히 저지르기 쉬운 비도덕적인 행위를 금지하는 것이다. 비도덕적 행위를 하면 스트레스에 시달리게 되고 편도체가 활성화되므로 이를 억제하는 규칙을 준수하는 것으로 수행을 시작하는 것은 매우 합리적이라 할 수 있다.

다섯 가지 계율이란 결국 수행을 위해 편도체를 가라앉히고 전전두피질을 활성화할 수 있는 기본 조건 만들기라 할 수 있다. 비도덕적 행위를 금지하는 것 역시 거의 모든 종교에서 공통적으로 나타나는 현상이다. 전전두피질의 신경망을 강화하고자 하는 마음근력 훈련을 위해서도 스트레스의 원인이 될 수 있는 비도덕적인 행위는 하지 않는 것이 좋다. 엄격한 규율 속에 평온한 자유가 있다. 이것은 불교뿐 아니라 진정한 행복을 추구하는 고대 스토아 철학의 기본 입장이기도 하다.

우리의 일상생활에 깊이 들어와 있는 '요가' 역시 대표적인 명상 수행법이다. 서구사회에 요가가 보급되면서 종교적 의미를 많이 벗어버리고 대중적인 운동 프로그램으로 변화되었지만, 전통적인 측면에서 보자면 요가 역시 불안에서 벗어나 마음의 평화를 찾고 깨달음을 얻기 위한 명상 수행이다. 2천 년 전에 쓰인 파탄잘리의《요가수트라》에는 여덟 종류의 기본 요가가 있는데, 그중 하나가 특정한 자세(아사나)를 통해 수행하는 '하타 요가'다. 오늘날 우리 주변에서 흔히 볼 수 있는 요가는 대개 전통적인 하타 요가의 일부 동작들이 일종의 스트레칭 운동으로 변형된 것이다.

하타 요가 이외의 요가는 대부분 참선을 할 때처럼 가부좌를 틀고 앉아서 하는 명상 수행이다. 예컨대 박티 요가는 헌신, 봉사, 연민을 수행의 방법으로 강조한다는 점에서 자애 명상에 가깝고, 라자 요가는 자기 자신을 스스로 더 나은 자아로 발전시키는 것에 중점을 두는 수행이며, 카르마 요가는 자신의 행위에 집중하는 수행이다. 최고의 요가라 일컬어지는 크리야 요가는 이러한 요가 수행 방법들을 제외한 그 밖의 모든 것이라고 할 수 있는데, 한마디로 말해서 순수의식으로서의 진정한 자아를 찾아가는 명상 수행이

내면소통

다. 이러한 다양한 요가들에서도 특정한 자세나 움직임이 강조되기는 하나 어디까지나 보조적인 수단일 뿐이다. 물론 쿤달리니 요가처럼 여러 명상 기법과 다양한 움직임을 통합적으로 적용해서 크리야 요가를 지향하는 방법도 있다.

지금도 많은 사람들이 종교 활동의 일환으로 요가를 수행한다. 그러나 미국으로 넘어가면서 요가의 일부가 건강한 몸을 위한 스트레칭 운동으로 바뀌었다. 종교적 의미를 벗어버리고 운동 프로그램으로 전환됨으로써 널리 확산된 것이다. 전 세계 요가학원에 다니는 사람들을 모두 힌두교도라 할 수는 없다. 하타 요가 전통에서 전해져 내려오는 여러 동작과 자세들을 현대화하여 새롭게 만든 프로그램들이 우리가 쉽게 접할 수 있는 '요가'인 것이다. 그런데 따지고 보면 요가의 특정 동작이나 호흡법은 특정 종교적 전통에서 가져다 쓴 것이지 그 자체에 어떤 종교적 의미가 있는 것은 아니다. 힌두교가 '호흡'을 종교적 의식에 사용하고, 일본 불교가 '걷기'를 종교적 명상으로 사용한다고 해서 우리가 '호흡'이나 '걷기'라는 행위 자체를 종교적이라는 이유로 모두 부정하거나 외면할 수는 없다. 호흡이나 걷기 자체에는 어떠한 종교적 의미도 없다. 특정 종교 전통에서 호흡이나 걷기에 나름의 의미를 부여해서 종교적 색채를 입힌 것뿐이다.

명상 역시 마찬가지다. 명상 자체에는 아무런 종교적 의미도 없다. 불교 등 여러 종교 전통에서 명상에 종교적 의미를 부여해서 가져다 쓴 것뿐이다. 비슷한 효과를 가져다주는 유사한 명상 기법들이 각각의 종교나 문화에 따라 서로 다른 개념으로 이해되고 다른 이름으로 불리기도 한다. 하지만 명상은 명상일 뿐이다. 종교를 좋아하는 사람은 명상에 종교적 의미를 부여하면 되고, 몸과 마음의 건강에 관심이 있는 사람은 명상의 건강 증진 효과를 잘 살펴보면 된다. 내면소통 명상은 종교적인 명상을 마음근력 훈련을 위해 가져다가 사용하자는 것이 아니다. 오히려 수천 년 동안 여러 종교에서 다양한 방식으로 활용해온 내면소통 훈련법들에서 종교적 의미를 걷어내고 뇌과학적 관점에서 효과를 검증해 마음근력 향상을 위한 훈련법으로 사용하자는 것이다.

사띠, 알아차림인가 마음챙김인가?

다양한 명상 방법 중의 하나인 사띠(sati)는 흔히 '마음챙김(mindfulness)'으로 번역된다. 그러나 사띠는 '알아차림(awareness)'으로 번역하는 것이 더 정확하다. 사띠는 원래 집중, 지속적인 알아차림, 경험에 대한 명확한 기억 등의 의미를 포괄하는 말이다. 사띠는 현재 나에게 일어나는 경험이나 생각이나 감정이나 느낌을 명확하게 알아차리고 바라본다는 뜻이다.

그런데 19세기 말에 영국의 팔리어 학자 토머스 데이비즈(Thomas W. R. Davids)가 팔리어 'sati'를 영어로 'mindfulness'라 번역하는 바람에 'mindfulness'가 전 세계적으로 널리 통용되는 말이 되어버렸다. 영어 'mindfulness'는 무언가 마음이 꽉 차 있고(-full) 바짝 긴장하고 있는 상태인 듯한 뉘앙스를 준다. 사띠는 마음(mind)이 꽉 차 있는 상태가 아니라 오히려 마음이 텅 빈 상태다. 이처럼 'mindfulness'는 사띠의 원래 의미와 정반대되는 뉘앙스를 담고 있어 만족스러운 번역이라고 하기 어렵다.

영어 'mindfulness'를 우리말로 충실하게 번역한 '마음챙김' 역시 마음을 단단히 잘 챙기고 바짝 긴장한 상태인 듯한 의미를 담고 있어 사띠의 번역어로는 적절치 않다. '챙긴다'는 것은 잘 관리하고, 유지하고, 잃어버리지 않게 잘 간직한다는 것을 뜻한다. "소지품을 잘 챙겨라", "옷을 잘 챙겨입고 다녀라", "이번에 한몫 챙기겠군" 등등의 용례에서 알 수 있듯이 '챙긴다'라는 말은 영어로 표현하자면 'get', 'hold', 'keep' 등의 의미를 지닌다. 하지만 사띠는 내게 벌어지는 일을 붙잡거나 지키거나 하지 않고 오히려 있는 그대로 바라보고 '놔둔다(letting go)'라는 의미다. 따라서 마음챙김은 영어 'mindfulness'의 번역어는 될 수 있을지언정 팔리어 '사띠'의 번역어로는 적절치 않다.

사정이 이러함에도 지난 100여 년 동안 전 세계적으로 '마인드풀니스'라는 말이 명상을 지칭하는 말로 널리 통용되어왔고, 뇌과학을 비롯한 다양한 학문 분야에서도 마인드풀니스라는 말이 폭넓게 사용되고 있다. 미국과 유럽에서는 마인드풀니스가 명상과 동의어로까지 사용되기에 이르렀다. 하지만 많은 사람들이 사띠의 본래 의미를 이해하게 됨에 따라 '알아차림'이라는 용어의 사용이 늘어나고 있다. 명상의 치유적 효과를 전 세계적으로 널리 알리는 데 크게 공헌한 MBSR 프로그램을 만들 때 존 카밧진이 차라리 ABSR(Awareness-based stress reduction)이라 불렀다면 개념의 혼란을 줄일 수 있지 않았을까 하는 생각도 해본다.

정신과 의사이자 명상 전문가인 대니얼 시겔은 '마인드풀어웨어니스(mindful-awareness)'라는 표현을 쓴다. 이미 널리 사용되고 있는 'mindfulness'라는 말을 갑자기 폐기하기 어려우니 그 뒤에 'awareness'라는 좀 더 정확한 개념을 갖다 붙인 것이다. 시겔은 '마인드풀어웨어니스'라는 표현을 통해 알아차림에 대한 알아차림(지금 내가 어떠한 경험을 하고 있다는 사실을 알아차리고 있다는 것을 알아차리는 것)과 주의에 대해 주의를 두는 것(내가 지금 어디에 주의를 두고 있는지에 대해 주의를 두는 것) 모두 사띠의 핵심이라고 설명한다.[425] 시겔이 말하는 '마인드풀어웨어니스'야말로 사띠의 핵심 개념을 정확히 포착한 것이라 할 수 있다.

이 책에서는 이미 널리 알려진 '마음챙김(mindfulness)'이라는 용어는 관련 연구를 언급하는 경우 등 꼭 필요할 때에만 제한적으로 사용하고, 'sati'의 번역어로는 되도록 '알아차림(awareness)'이라는 용어를 사용했음을 밝혀둔다.

명상의 과학화와 대중화

미국이나 유럽에서는 명상 수행이 아시아의 힌두교와 불교에서 비롯된 전통임을 분명히 알고 있다. 그들은 전통적인 명상법과 이론을 배우기 위해 오래전부터 인도, 동남아, 티베트 등 아시아 각국에서 여러 해를 머물면서 수행하고 연구했다. 전통적인 명상법에서 종교성과 신비주의를 걷어내고 누구나 쉽게 따라 할 수 있는 내용으로 명상 프로그램을 만들어 일반인과 환자들에게 큰 도움을 주고 있다. 그중 가장 널리 알려진 것이 존 카밧진(Jon Kabat-Zinn)이 1970년대에 개발한 MBSR(mindfulness-based stress reduction) 프로그램이다. MBSR은 알아차림을 기반으로 스트레스 감소를 목표로 하는 명상 수행 프로그램이다. MBSR이 크게 성공하자 이를 기반으로 인지 치료와 명상을 접목한 MBCT(mindfulness-based cognitive therapy)도 개발되었다. 존 티즈데일(John Teasdale), 진델 시걸(Zindel Segal), 마크 윌리엄스(Mark Williams) 등이 개발한 MBCT 외에도 많은 명상 프로그램이 다양한 방식으로 개발되어 특히 정신건강의학과에서 치료 목적으로 폭넓게 사용되고 있다. MBSR과 MBCT 등의 프로그램은 우리나라에도 들어와 한국어로 번역되어 사용되고 있다.

MBSR을 개발한 카밧진은 사띠 수행 중심의 테라와다 불교뿐 아니라 한국과 일본의 대승불교 전통의 명상에도 두루 관심이 많은 사람이다. 특히 1970년대에는 미국에 거주하던 우리나라 숭산스님에게 참선 수행을 직접 배우기도 했다. 숭산스님에게서 배운 카밧진이 만든 MBSR을 한국이 역수입해 사용하기에 이르렀으니 뭔가 아쉽기는 하다. 카밧진은 테라와다 불교 전통을 잇는 사띠(알아차림) 훈련뿐 아니라 한국의 전통적인 참선 수행에도 조예가 깊다.

골먼, 카밧진과 더불어 초기 명상의 과학화에 크게 공헌한 사람이 리처드 데이비드슨(Richard Davidson) 교수다. 1970년대 골먼과 함께 하버드대학 심리학과 박사과정에 있던 데이비드슨 역시 명상에 심취했다. 당시만 하더라도 심리학의 주류는 여전히 '행동'을 연구하는 학문이었다. 뇌는 그저 속을 들여다볼 수 없는 블랙박스로 치부하고 특정 자극이나 조건에 대해 어떠한 행동 반응을 보이는지 살펴보는 것이 심리학의 기본이었다. '심리'보다는 '행동'을 주된 연구대상으로 삼는 심리학의 학문적 전통은 지금도 계속되고 있다. 사실 지난 100여 년간 심리학은 인간의 심리를 정면으로 연구하거나 이론화한 적이 거의 없으며 주로 '행동'에 대해서만 이론화하고 연구대상으로 삼아온 '행동과학'이다.

명상에 관심이 많았던 데이비드슨은 감정과 뇌를 연구 주제로 삼겠다고 결심하고 뇌파와 인간의 감정 상태 사이의 연관성을 살펴보는 실험을 시작했다. 지도교수는 물론 주변에서 다들 말렸다. 당시에는 인간의 감정이나 뇌는 심리학에서 다룰 만한 주제가 아니라고 여겼기 때문이다. 그럼에도 데이비드슨은 뇌파를 이용한 감정에 관한 연구를 계속해서 긍정적 정서가 유발되면 특히 좌측전전두엽이 활성화된다는 것을 발견했다. 하지만 당시 주류 심리학에서 외면하던 '감정'이라는 주제에 관심을 갖는 바람에 데이비드슨은 하버드대 심리학과에서 박사학위를 받고도 주요 대학에서 자리를 잡지 못하고 뉴욕주립대학의 자그마한 캠퍼스에서 교수 생활을 시작했다. 하지만 한 우물을 판 덕분에 그는 이제 뇌과학 분야의 대가가 되었다. 특히 달라이 라마와 꾸준히 교류하면서 1990년대 fMRI 연구 초창기에 티베트 고승들의 뇌를 촬영한 연구로 더욱 유명해졌다. 데이비드슨은 뇌과학을 이용해 명상의 효과를 밝히는 연구를 수십 년간 꾸준히 해온 덕분에 이제는 100명이 넘는 연구원을 거느린 대규모 뇌과학 연구소를 운영하는 위스콘신 메디슨대학의 저명한 뇌과학자가 되었다.

1970년대에 데이비드슨이나 골먼보다 조금 더 일찍 요가와 명상 수행을 시작한 사람은 MIT(매사추세츠공과대학)에서 분자생물학 박사학위를 마친 존 카밧진이었다. 당시 숭산스님이 하버드대학과 MIT가 있던 케임브리지에서 명상센터를 운영했는데, 카밧진은 여기서 숭산스님에게 명상을 배우게 된다. 숭산스님의 명상센터에서 멀지 않은 곳에 살던 데이비드슨은 존 카밧진에게 명상을 배우기도 했다.

뛰어난 과학자이면서도 명상에 조예가 깊었던 또 한 사람은 프란시스코 바렐라다. 칠레 출신으로 주로 프랑스에서 활동한 바렐라는 자기 조직화, 체화된 인지, 행위 기반 지각 등의 개념을 통해 생물학의 새로운 관점을 제시한 천재적인 과학자다. 생물학 관점에서 생명과 인간 존재에 대해 새로운 시각을 제시했다는 점에서 그는 생물학을 통해 철학을 한 사람이라 할 수 있다. 인간의 인지작용에 몸이 기반이 된다는 것을 밝힘으로써 인지과학의 새로운 장을 열었으며, 특히 지각 과정 자체에 행위의 가능성이 전제된다는 '행위 기반 지각(enactive perception)'을 통해 인공지능의 발전 방향과 관련해서도 깊은 통찰을 주었다.

바렐라는 불교와 명상에 조예가 깊었으며 특히 나가르주나(龍樹)의 '중관론'을 기반으로 생명현상과 인지에 대한 구성적 관점을 제시했다. 바렐라는 하나의 생명체는 고정된 실체라기보다는 여러 환경 요소와 상호작용한 결과로서 스스로 조직화된 것이라고 보았다. 생명과 그 생명의 환경에는 본래 주어진 고정된 실체가 없으며 오직 다양한 원인이 인연을 맺어 생명체라는 실체가 구성된다는 관점이다.[426] 바렐라의 생명현상에 대한 기본 이해의 바탕에는 이처럼 나가르주나의 공(空)사상이 깔려 있다. 바렐라의 행위주의(enactivism)는 가히 중관론의 공사상과 12연기론의 생물학적 버전이라 할 만하다.

> **Note** **개리슨 인스티튜트의 SRI 프로그램**

2001년에 데이비드슨이 있는 위스콘신 메디슨대학에 달라이 라마가 방문했다. 명상에 대한 과학적 연구결과를 논의하기 위한 행사로 바렐라가 성사시킨 모임이었다. 하지만 정작 바렐라 자신은 참석하지 못했는데, 당시 간암 말기로 투병 중이었기 때문이다. 파리에 있는 집에서 와병 중인 바렐라는 화상 통화로 달라이 라마와 대담했고, 이로부터 며칠 뒤 바렐라는 사망했다.

뉴욕에서 허드슨강을 끼고 차로 한 시간쯤 북쪽으로 달리면 아름다운 강변에 고풍스러운 수도원 건물이 나온다. 원래 가톨릭 신학교였던 건물을 그대로 보존해 2003년에 현대식 명상수행센터로 변신한 '개리슨 인스티튜트(Garrison Institute)'다([그림 7-2], 713쪽). 2004년 여름에 이곳에서 리처드 데이비드슨과 존 카밧진을 비롯해 명상을 연구하는 100여 명의 과학자와 대학원생들이 모여서 5박 6일간 집중적인 명상 수행과 학술발표를 하는 기념비적인 모임을 가졌다. 매년 여름 명상을 과학적인 연구 주제로 삼는 세계 각국의 학자들이 모여서 교류하고 명상 수행을 하는 SRI(Summer Research Institute)의 시작이었다. SRI에서는 매년 유망한 젊은 학자들을 선정해 명상에 관한 과학적 연구를 위해 바렐라의 이름을 딴 연구 기금을 지원하고 있다.

SRI는 MLI(The Mind and Life Institute)가 후원하는 프로그램이다. 애덤 엥겔(Adam Engel)이라는 사업가는 1987년에 프란시스코 바렐라와 달라이 라마, 리처드 데이비드슨과 대니얼 골먼을 한데 모이게 해서 MLI를 지원했다. MLI는 명상과 과학을 통합함으로써 모든 이들의 고통을 덜어주고 번역을 돕자는 취지로 시작된 모임이다.[427] MLI는 SRI 이외에도 2년에 한 번씩 수천 명이 참여하는 국제명상학술대회를 개최하는 등 명상의 과학화를 위해 다양한 활동을 하고 있다.

나는 2018년에 SRI에 교수 연구원으로 참여했다. 세계 39개국에서 온 40명의 학자 및 80명의 대학원생과 함께 5박 6일 동안 고풍스러운 수도원의 느낌이 그대로 살아 있는 개리슨 인스티튜트에 머물면서 매일 새벽에는 기공 수련과 명상, 일과 시간에는 학술토론과 세미나, 저녁에는 요가 클래스와 명상 등 빡빡한 일정의 수행과 학술행사에 참여했다. 온종일 명상과 묵언 수행을 하는 날도 있었다. 참석한 학자들은 다양한 학문적 배경을 바탕으로 명상에 대해 활발히 연구하면서 동시에 오랫동안 명상 수행을 꾸준히 해온 사람들이어서 국경과 학문 분야를 넘어 서로 강한 동료 의식을 느낄 수 있었다. 특히 오랜 수행을 해온 서구의 명상 전문가들은 쉽게 접할 수 있는 사띠나 마인드풀니스 명상과는 상당히 다른 한국의 참선 전통 등에 강한 호기심을 표명하면서 그에 관한 정보를 얻기 어려운 것에 대해 많은 아쉬움을 표했다.

우리나라 명상 대중화의 과제

불교는 지난 2500년간 명상의 다양한 기법들을 발전시켰다. 19세기 팔리어 경전이 영국, 독일 등 서구 학자들에 의해 발견된 이래 유럽과 미국은 불교에 관한 연구를 본격적으로 발전시켰다. 1960년대 이후에는 테라와다 불교 전통의 명상과 인도의 요가 명상이 미국에 널리 퍼지기 시작했고, 달라이 라마의 망명 이후에는 티베트 불교도 널리 소개되었다. 수십 년 전부터 미국과 유럽 여러 나라에서는 아시아의 전통적인 명상 수행을 '알아차림 명상(mindfulness meditation)'이라는 이름으로 적극적으로 받아들여 정신질환자들의 치료뿐 아니라 일반인의 스트레스 관리 프로그램으로 개발해왔다.

1970년대부터 명상에 관심을 기울이고 연구하는 학자들은 극소수였으나 2000년대 중반 이후부터는 명상이 매우 폭넓게 연구되는 주제로 자리를 잡았다. 전 세계적으로 명상에 관한 학술논문 수도 폭발적으로 늘어났다. 구글스칼라 사이트에서 학술자료 검색을 해보면 'mindfulness'로 검색되는 논문이나 학술자료가 무려 55만 3000건에 이른다. 2010년에는 'mindfulness'라는 제목의 권위 있는 학술지도 등장했다. 전 세계적인 상황이 이러한데도 한국에서는 명상에 대한 대중적 관심과 학술적 연구 모두 미미한 수준에 머물러 있다. 구글트렌드를 통해서 살펴보면 전 세계적으로는 2010년 이후부터 명상에 대한 관심이 급속히 증가하고 있는 데 반해 한국에서는 별다른 관심도 없고 오히려 약간 감소하는 추세를 보이는 듯하다.

일상에서의 명상이 널리 보급된 미국이나 유럽과 비교해볼 때 한국에서는 여전히 명상에 대한 오해와 편견이 많다. 특히 명상을 특정 종교와 결부해 바라봄으로써 신비주의적이고 비과학적인 것으로 보는 경향이 강하다. 그 결과 한국은 명상 보급은 물론 연구나 다양한 프로그램 개발에 있어서도 다른 나라들에 비해 매우 뒤처져 있다. 종교적 편견 없이 몸의 건강을 위해서 운동하듯이 마음의 건강을 위해서 명상을 하는 문화가 전 세계적으로 퍼져 나가고 있건만 한국에서는 명상 문화가 이제 막 시작되려는 시점인 듯하다. 아직은 요가나 필라테스처럼 명상을 어디서든 쉽게 배우고 일상생활에서 실천하기가 힘든 실정이다.[428]

세계의 많은 나라에서 명상은 일반인을 위한 마음건강 훈련 프로그램으로 폭넓게 받아들여지고 있다. 전 세계 휴양지의 고급 호텔이나 리조트 대부분은 각종 요가나 명상 프로그램을 제공하고 있다. 서구에서는 명상을 한다고 하면 고학력자와 고소득자의 이미지가 강하다. 실리콘밸리의 IT 기업들은 거의 모두 구성원들에게 회사 차원에서 명상을 적극적으로 권유하고 명상룸 같은 시설이나 교육 프로그램을 지원한다.

명상의 일상화와 급격한 확산은 조깅 문화와 비교해볼 수도 있다. 40~50년 전만 하더라도 일반인이 건강을 위해 일상생활에서 규칙적으로 운동하는 문화는 거의 존재하지 않았다. 운동화를 신고 길거리를 달리는 것은 전문적인 운동선수나 하는 것으로 여겨졌다. 모든 사람이 건강을 위해 일상적으로 운동하는 것이 당연하다는 생각이 널리 퍼진 것은 전 세계적으로도 수십 년이 채 안 된 일이다. 나이키와 같은 운동화 만드는 회사가 조깅 문화

확산을 위한 캠페인을 적극적으로 벌인 것도 달리기의 일상화에 큰 영향을 미쳤다. 명상복, 매트, 좌종, 앱 등 명상용품 생산자가 적극적으로 마케팅을 한다면 조깅 문화가 그랬던 것처럼 명상의 대중화와 확산도 훨씬 더 앞당겨질 것이다. 실제로 서구에서는 모바일 앱을 이용한 명상 프로그램이나 명상용품의 생산과 마케팅이 활발해지면서 일상에서의 명상 훈련이 더욱 빠르게 확산되고 있다.

오늘날 미국과 유럽에서 급속히 퍼져나가고 있는 명상은 동남아 테라와다 불교의 사띠 명상, 인도의 베단타 철학 기반의 명상, 티베트 불교 명상, 일본 조동종(曹洞宗)의 좌선 등이다. 중국이나 한국 불교 전통의 참선이나 간화선은 거의 보급되지 않았다. 테라와다 불교나 티베트 불교 전통이 동북아 불교보다 세계적으로 더 널리 알려진 데는 그 지역 출신의 훌륭한 명상 지도자들이 정치적 이유 등으로 자신의 나라를 떠나서 세계 각국으로 흩어진 것도 한몫했다. 그에 반해서 동북아의 불교는 우물 안 개구리처럼 자기 테두리 안에 안주하며 적극적인 국제화는 물론이고 현대화, 과학화, 대중화에도 소극적인 듯하여 안타깝다.

이제부터라도 종교적 권위나 신비주의의 굴레를 벗어던지고 오랜 전통을 지닌 한국의 명상 문화를 과학적 관점에서 연구하고 마음건강 향상을 위한 프로그램으로 발전시키는 움직임이 널리 확산되기를 기대해본다. 수천 년 이상 이어져온 우리나라의 명상 수행 전통을 이대로 방치하는 것은 아까운 일이다. 특히 여러 전통적인 명상 수행법에 IT 기술을 접목해 다양한 디지털 기기와 데이터를 기반으로 하는 마음근력 향상 솔루션을 개발해낸다면 한국을 넘어서 전 세계 사람들의 마음건강에 큰 도움을 줄 수 있을 것이다.

제8장

편도체 안정화를 위한
내면소통 명상

두려움과 분노는
본질적으로 같다

앞에서 우리는 마음근력의 의미를 살펴보았고, 마음근력의 강화를 위해서는 편도체의 안정화와 전전두피질의 활성화가 필요하다는 것을 살펴보았다. 마음의 기반이 되는 의식의 작동방식에 대해서는 자유에너지 원칙과 능동적 추론 이론을 통해서, 그리고 의식의 본질적인 내용인 내면소통에 대해서는 마코프 블랭킷 모델과 생성질서의 개념을 통해 살펴보았다. 아울러 전통적인 명상 수행법의 핵심에는 마음근력 강화를 위한 내면소통 훈련의 요소가 자리 잡고 있음을 알아보았다.

이제부터는 편도체 안정화를 위해 구체적으로 어떠한 노력을 해야 하는지 살펴보려 한다. 마음근력을 강화하기 위한 선결 조건은 부정적 정서에서 벗어나는 것이다. 즉 두려움과 분노로부터 자유로워지고 편도체를 안정화하는 것이다. 편도체를 안정화하는 것은 결국 감정을 잘 다스린다는 것이며, 이는 마음근력의 핵심인 자기조절력의 기초이기도 하다. 편도체와 관련된 감정은 주로 부정적인 것이다. 물론 강한 관심을 끄는 대상이 나타나거나 매우 기쁠 때에도 편도체는 활성화된다. 그러나 대부분의 경우 편도체는 위기 상황에서 활성화되고 그 위기에 대처할 수 있도록 몸을 준비시킨다. 이 준비 과정에서 일어나는 여러 가지 신체적 변화를 뇌는 두려움이나 불안 등의 '감정'으로 느낀다. 위기 상황이라는 판단 아래 신경시스템이 자동적으로 만들어내는 몸의 상태는 두려움이라는 감정(emotion)으로 해석되는 것이다. 이러한 두려움은 얼른 해소되지 않을 때 분노나 공격성의 감정으로 표출되기도 한다.

'편도체 활성화'란 부정적 정서의 기반이 되는 몸의 여러 가지 현상을 환유적으로 표현한 것임을 다시 한번 강조해둔다. 부정적 정서가 '편도체'라는 뇌의 일부 부위와만 관련된 것은 결코 아니다. 그렇다면 긍정적 정서는 어떠한가? 여기서 한 가지 주의할 점이 있다. '부정적 정서'라는 말은 자칫 오해를 불러일으키기 쉬운 개념이다. '부정'이라는 수식어 때문에 마치 '정서'라는 실체가 존재하고, 그중에서 부정적 정서와 긍정적 정서가 존재하는 것인 양 해석될 수 있기 때문이다.[429]

행복감이나 삶의 만족도, 내재동기 등을 흔히 긍정적 '정서'라고 표현한다. 그러나 이때의 '정서'는 분노나 두려움 등을 가리키는 부정적 정서에서의 '정서'와는 완전히 다른 개념이다. 동일한 하나의 '정서'라는 실체가 있는데 그중 긍정적인 것과 부정적인 것의 두 종류가 있는 것이 아니다. 원래 정서(emotion)는 부정적인 감정만을 지칭하는 개념이다. 행복감이나 삶의 만족도 혹은 즐거움이나 사랑 같은 개념과 분노와 두려움 같은 개념을 모두 포괄하는 상위의 개념은 존재하지 않는다. 원래 감정이나 정서는 본질적으로 부정적인 것이다. 엄밀히 말해서 긍정적 정서의 '정서'는 감정이나 정서가 아니다. 즉 부정적 '정서'에서의 '정서'라는 말과 긍정적 '정서'에서의 '정서'라는 말은 서로 다른 개념이다. 같은 개념에 긍정 혹은 부정이라는 수식어가 붙은 것이 아니라는 뜻이다.

긍정적이지도 않고 부정적이지도 않은 그냥 포괄적인 의미에서의 '정서'란 없다. 정서 혹은 감정에 해당하는 영어 단어는 'emotion'인데, 이는 분노, 짜증, 두려움, 걱정, 공포, 역겨움 등을 일컫는 말이다. 흔히 긍정적 정서라 일컬어지는 행복감은 전전두피질의 활성화와 주로 관련되며 편도체 활성화와 관련된 부정적 정서와는 기본 작동기제가 근본적으로 다르다. 긍정적 정서에서의 '정서'는 '감정'이라기보다는 오히려 '생각'에 더 가까운 것이다. 반면에 즐거움, 행복감, 자부심, 자타긍정, 용서, 감사, 삶에 대한 전반적인 만족도 등의 긍정적 정서는 몸의 작용에 의한 것이라기보다는 주로 마음 작용에 기반한 것이다.

　　　　　　　　　　　　　　　　　　　　　　　　내면소통

반면에 부정적 정서는 전적으로 몸의 작용을 기반으로 한다. 어떤 기억이나 생각이 떠올라서 부정적 정서가 촉발되는 경우에도 다마지오의 신체표지가설 등을 통해 알 수 있듯이[430] 일정한 기억이나 생각이 몸의 변화를 가져오고, 그러한 몸의 변화를 대뇌가 감정으로 해석해냄으로써 감정인지가 일어난다.[431]

나쁜 일에 대한 기억이나 미래에 대한 걱정은 편도체의 활성화를 가져온다. 편도체는 온몸에 '위기 상황'이 발생했음을 알려주는 일종의 경보 시스템과도 같다. 편도체가 활성화되면 신체 여러 부위가 긴장되고 심장박동은 빨라지며 근육에 혈액이 모여 에너지를 발휘하여 위기를 돌파할 수 있는 상태가 된다. 이러한 몸의 변화를 뇌가 감지하여 능동적 추론을 통해 '불안감'이나 '두려움'이라는 감정을 느끼게 되는 것이다. 결국 부정적 감정은 몸 상태에 관한 해석의 결과라 할 수 있다.

물론 편도체 활성화가 언제나 부정적 감정을 유발하는 것은 아니다. 강한 쾌감이나 흥미를 느낄 때도 편도체는 활성화된다. 그러나 지속적인 편도체 활성화는 대부분 습관적인 부정적 감정 유발과 관련된다. 편도체의 지속적인 활성화 상태는 전전두피질 신경망의 작용을 억제해서 마음근력을 약화한다. 마음근력 강화를 위해서는 우선 편도체를 안정화하는 훈련을 통해서 부정적 감정이 유발되는 습관을 잠재우고 감정인지 및 감정조절 능력을 키워야 한다.

편도체 안정화를 통해 부정적 감정을 가라앉힌다고 할 때, 과연 어떠한 부정적 감정을 말하는 걸까? 흔히 부정적 감정에는 분노나 짜증, 불안감이나 두려움, 역겨움, 좌절감, 우울감 등 여러 종류가 있다고 알려져 있다. 그러나 뇌과학적으로 볼 때 부정적 감정은 단 하나뿐이다. 하나의 실체로부터 여러 가지 부정적 감정이 느껴지는 것이다. 여러 부정적 감정은 서로 다른 이름으로 불리고 사회문화적으로 그렇게 통용되는 것일 뿐 근원적으로는 하나의 실체다.

가랑비, 보슬비, 소나기, 장맛비 등은 이름만 다를 뿐 근원적으로는 모두 '비'인 것과 마찬가지다. 시간당 얼마나 내리는 것이 가랑비이고 소나기인지도 정확하지 않다. 우박, 함박눈, 싸라기눈, 진눈깨비 등도 불리는 이름이다를 뿐 모두 '눈'이다. 심지어 눈과 비도 처음부터 정확히 구분되지 않는다. 고도가 높은 곳에서는 얼음알갱이였다가 지표면에 가까워지면서 빗방울로 변하는 경우도 많다. 눈이 덜 녹거나 녹았다가 다시 조금 얼면 진눈깨비가 된다. 눈과 비는 '하늘에서 내리는 물'이라는 점에서 근원적으로 같다. 바람도 마찬가지다. 봄바람, 산들바람, 강풍, 태풍, 회오리바람 등의 다양한 이름으로 불리지만 본질적으로는 모두 '공기의 흐름'이다. 비, 눈, 바람의 다양한 형태에 대한 여러 이름은 대개 사회문화적 산물이지 과학적 실체는 아니다.

감정 역시 마찬가지다. 감정에는 긍정적인 것이나 부정적인 것이 따로 있지 않다(왜냐하면 긍정적 '정서'는 엄밀히 말해서 '정서'가 아니므로). 부정적 감정에 다양한 실체가 있는 것도 아니다. 감정의 실체는 '부정적 감정' 단 하나뿐이고, 그것의 본질은 '두려움(불안감 혹은 공포)' 하나뿐이다. 두려움에서 좌절감과 우울감이 오고 분노와 공격성향이 나온다. 불안감은 여러 가지 다양한 형태로 나타나는 모든 부정적 감정의 근원이다. 두려움과 분노가 별개의 실체인 양 개념화하고 연구하는 것은 마치 가랑비와 소나기를 별개의 실체인 양 다루는 것과 마찬가지라고 할 수 있다. 감정에 대한 이해에서 무엇보다 중요한 것은 가랑비나 소나기나 모두 '비'라는 점을 확실히 해두는 것이다. 즉 분노나 짜증이나 신경질이나 불안감이나 모두 '두려움'의 다양한 형태임을 이해하는 것이 중요하다.

감정은 말하자면 '강수량'에 해당하는 개념이다. 강수량의 원인과 결과에 대해 면밀한 연구를 해야 함에도 불구하고 전통적인 심리학은 통속심리학(falk psychology)에서 분노, 슬픔, 두려움, 역겨움 등의 감정 개념들을 그대로 가져다가 마치 그러한 감정들이 과학적 실체가 있는 것처럼 오랫동안 연구해왔다. 리사 펠드먼 배럿(Lisa Feldman Barrett) 교수의 주장대로 이제 감정에 관한 연구는 뇌의 기본 작동방식에 대한 연구결과들을 바탕으로 귀납적인 방법으로 접근해야 한다.[432] 배럿 교수에 따르면 분노, 슬픔, 공포, 역겨움 등 전통적인 감정의 종류나 개념화는 일상적인 언어나 문화에서 비롯된 것이지 과학적 근거가 있는 것이 아니다. 해결되지 않는 두려움 때문에 좌절감에 빠지고 그에 따라 공격적인 반응이 나오는 것을 분노라 한다면, 두려움과 분노는 본질적으로 서로 다른 감정이 아니다. 역겨움 역시 분노의 한 표현 방식에 불과하다.

　뇌과학 연구들도 전통적인 의미에서 분노, 두려움, 역겨움 등의 감정은 과학적 근거가 있는 실체가 아니라는 입장을 견지하기 시작했다. 분노, 슬픔, 두려움, 역겨움, 행복감 등 심리학에서 오랫동안 '기본 감정'이라고 여겼던 감정들은 각기 관련된 특정한 뇌 부위가 존재하고 심지어 동물들에게도 존재하는 보편적이고도 기본적인 감정이라고 가정되었다. 그러나 수많은 뇌 영상 연구는 어떤 개별 감정에 대응하는 특정한 부위나 특정한 네트워크란 존재하지 않는 것을 분명히 보여주고 있다.[433]

　모든 감정의 본질은 두려움이다. 따라서 감정조절장애의 문제나 습관적인 부정적 정서 유발의 문제는 모두 두려움에서 벗어남으로써 해결될 수 있다. 마음근력을 강화한다는 것은 모든 두려움에서 벗어나 불안감이 없는 상태에 가까워지는 것이다. 특히 실패에 대한 두려움이 사라질수록 중요한 마음근력 중 하나인 회복탄력성이 강해진다.

Note　《데카르트의 실수》와 신체표지가설

　감정이 몸의 여러 상태에 의해서 결정되며 의사결정 등 인지 과정에도 영향을 미친다는 사실을 체계적으로 이론화한 사람은 뇌과학자 안토니오 다마지오다. 그는 신체표지가설(somatic marker hypothesis)을 통해서 인간의 감정은 몸의 특징적인 변화를 통해 인지된다는 이론을 발표했다.[434] 편도체가 활성화되는 것은 변연계에서 일어나는 일이므로 인간의 의식이 직접 인식하지는 못한다. 편도체가 활성화되고 호르몬이 분비되어 심장박동이 빨라지고, 호흡이 불규칙해지며, 근육들이 긴장되는 몇몇 특징적인 신체의 변화가 일어나면 그제야 신체 변화를 감지해 감정의 유발을 인지하게 된다. 나아가 다마지오는 이러한 신체의 변화가 의사결정 과정 등 이성적인 인지활동에 직접적인 영향을 미친다는 사실도 밝혀냈다. vmPFC(내복측전전두피질)나 편도체에 의한 신체 변화가 인간이 스스로 논리적이고 합리적인 판단이라고 여기는 사유과정에 직접적이고도 강한 영향을 미친다는 사실을 밝혀낸 것이다.[435]

심리학자들도 변연계에서 촉발되는 감정 변화를 스스로 인지하는 것은 신체 변화가 대뇌피질에 사후적으로 전달된 이후라는 사실을 밝혀냈다.[436] 화가 나거나 두렵다는 등의 감정 유발은 변연계에서 촉발된 신호가 신체의 특징적인 변화들을 가져오고, 신체표지로 나타나는 이러한 변화들을 대뇌가 감지함으로써 가능한 것이다. 우리의 의식이 스스로 특정한 감정 상태를 인지하는 것은 따라서 변연계가 특정한 흥분 상태에 돌입해 신체의 변화가 생겨난 이후, 즉 0.5초가량 지난 다음이다. 감정은 의식이나 생각보다는 본질적으로 몸의 문제이며, 특정한 무의식적 움직임의 상태인 것이다.

데카르트 이래 인간의 이성은 몸과는 상관없는 영혼과도 같은 존재라 여겨졌는데, 인간의 이성이야말로 오히려 철저하게 몸에 기반하고 있음이 밝혀진 것이기에 다마지오는 자신의 책 제목을 《데카르트의 실수(Descartes' error)》라고 지었다. "나는 인지(생각)한다, 고로 존재한다(cogito, ergo sum)"라기보다는 "나는 느끼고 움직인다, 고로 존재한다"라고 해야 하는 것이다.

나아가 후속 연구들을 통해 다마지오는 인간의 의식이 왜 필요하고 어떻게 생겨났으며 어떻게 작동하는가에 관한 근본적인 물음에 대해 '뇌와 몸이 효율적인 커뮤니케이션을 하기 위한 시스템이 곧 자의식'이라고 답한다.[437] 몸과 뇌의 관계에 있어서 몸은 의식이 다 처리하지 못할 정도로 폭넓게 많은 정보를 주는 데 반해서, 의식이 몸에 주는 정보는 의도나 행동 등 매우 제한적이다. 결국 다마지오 역시 지니스[438]나 월퍼트(Daniel Wolpert)[439]와 마찬가지로 의식을 몸의 효율적인 작동을 위한 수단으로 본 것이다. 의식과 감정에 대한 여러 뇌과학 연구들은 마음근력을 강화하기 위해서는 우리 몸에 새로운 '고정된 행위유형(fixed action pattern: FAP)'을 학습시킬 필요가 있음을 강력하게 시사하고 있다. 이러한 인식을 바탕으로 개발된 것이 제9장에서 다루게 될 고유감각 훈련으로서의 움직임 명상이다.

감정은 마음이 아니라
몸의 문제다

알로스태시스와 감정

감정이 유발되는 기본적인 과정에 대한 보다 깊은 이해를 위해서 알로스태시스(allostasis)의 개념을 살펴보도록 하자. 그리스어로 '알로스(allos)'는 '다름' 또는 '변화'를 뜻하며 '스태시스(stasis)'는 '현상유지'를 뜻한다. 알로스태시스는 서로 반대되는 개념을 결합한 것으로 '변화 속의 안정(stability through change)'이라는 역설적인 개념이다.[440] 수십 년 전부터 알로스태시스의 개념을 주장해온 피터 스털링(Peter Sterling)은 '항상성(homeostasis)'이라는 개념은 생명현상과 어울리지 않는다고 비판한다. 신체조절작용의 근본 목적은 신체 내부 환경의 지속적인 항상성을 유지하는 데 있는 것이 아니라 신체 내부 환경을 끊임없이 변화시켜서 생존과 번식을 더 잘하도록 하는 데 있다는 것이다.[441] 항상성을 유지한다는 것은 피드백을 통해 원래 상태에서 벗어난 차이점을 줄여가는 것을 의미하는데, 이러한 '원상회복'의 조절작용만으로는 생명체가 살아가기에 부족하다. 생명현상을 위한 조절작용은 외부자극에 수동적으로 반응하는 피드백보다는 능동적인 '예측'에 의한 것이어야 한다는 것이 알로스태시스 개념의 핵심이다.

알로스태시스 개념은 생명현상에 관한 모든 것을 관장하고 능동적으로 추론하며 예측하는 '중앙컨트롤타워'의 존재를 전제한다. 항상성 유지 시스템에는 이러한 통합조절센터로서의 뇌의 존재가 필요하지 않다. 예컨대 실내 온도를 일정하게 유지하는 자동온도조절장치는 현재의 온도만 감지해서 미리 설정된 온도를 벗어나는 경우에만 냉방 혹은 난방 기능을 자동으로 가동할 뿐이다. 이러한 장치만으로도 일정한 실내 온도를 유지하는 데 아무런 문제가 없다. 여기에는 온도와 관련된 각종 정보를 통합하고 예측하고 판단해서 여러 하부 기관에 명령을 내리는 중앙통제센터로서의 '뇌'가 필요하지 않다.

항상성 유지라는 개념에는 어떤 이상적인 값이 고정적으로 전제되어 있다. 정상적인 체온은 몇 도인지, 혈압과 심박수는 얼마여야 하는지 등에 관한 값이 미리 정해져 있어야 한다. 그 값에서 벗어나는 경우에만 무언가 피드백을 주어 수정하면 된다. 그러나 우리 몸은 고정된 기계가 아니다. 늘 변화하고 성장하고 움직인다. 체온, 혈압, 심박수, 스트레스 호르몬을 비롯해 각종 호르몬의 혈중 농도, 면역시스템의 가동 상태 등의 최적 조건은 신체 연령, 운동 여부, 대사 상태, 만성질환 여부, 감염 여부, 스트레스 민감도, 물리적 상황, 사회적 상황, 계절의 변화, 외부의 온도와 습도, 일조량, 위도와 고도, 문화 등 수많은 내적·외적 환경 조건에 따라 달라질 수밖에 없다. 가령 내 몸의 적정 체온은 잠을 잘 때와 식사할 때 혹은 일할 때와 운동할 때 각각 다르다. 한창 성장하는 청소년기인지 아니면 활동량이 현저히 줄어든 노년기인지, 현재 실내 온도와 습도는 얼마인지 등등에 따라서도 적정 체온의 기준은 달라진다.

알로스태시스는 이 모든 것에 관한 정보를 감각기관을 통해 받아들여서 처리하는 중앙통제기관인 뇌의 작용을 강조한다. 특히 각 기관으로부터 받은 내적·외적 감각정보에 대해 베이지안 추론에 입각한 예측 모델을 통해 특정한 상태로 나아가기 위해 적극적이고도 능동적인 '예측적 조절'을 한다고 본다.[442] 알로스태시스의 관점이 필요한 것은 '탈바꿈'을 하는 곤충이나 양서류의 경우를 살펴보면 더욱 분명하게 드러난다. 지구상의 전체 동물 중 약 40퍼센트가 '탈바꿈'을 한다.[443] 항상성의 개념만으로는 애벌레가 번데기가 되었다가 나비가 되는 과정을 설명하기가 어렵다. 항상성 유지만을 지향한다면 탈바꿈은 근본적으로 불가능하다. 탈바꿈은 단지 형태만 바뀌는 것을

내면소통

의미하지 않는다. 행동 양식도 근본적으로 달라진다. 애벌레는 기어 다니면서 나뭇잎을 먹으며 교미는 하지 않는 데 반해 나비는 날아다니면서 꽃꿀을 먹으며 교미를 한다. 이러한 변화의 과정에 따라 최적의 균형상태도 끊임없이 달라진다. 이러한 상황에서의 조절작용은 항상성의 개념을 넘어서는 것이다.

항상성과 알로스태시스의 차이점에 대해 로버트 새폴스키 교수는 비유적으로 간단히 설명한다. 몸에 수분이 부족할 때 항상성의 관점에서 해결법은 콩팥이 이를 감지하고 소변량을 줄이는 것이다. 반면에 알로스태시스의 관점에서 해결법은 뇌가 이를 감지하고 콩팥에 소변량을 줄이라고 지시하는 동시에 수분을 많이 배출하는 신체 부위(피부나 입 등)에는 수분 배출량을 줄이라는 신호를 보내고 의식에는 갈증을 느끼도록 하는 신호를 보내는 것이다.[444] 다시 말해 갈증을 느껴 물을 마시면 수분 부족이 어느 정도 회복되리라고 예측하고 동시에 현재의 운동량에 따른 땀 배출량도 예측해서 이에 따라 앞으로 배출해야 하는 소변량도 결정해야 하는 것이다.

알로스태시스는 이처럼 항상성보다 더 포괄적이고 역동적이며 시간의 흐름까지 고려한 개념이라 할 수 있다. 항상성이 외부로부터 주어지는 자극에 대해 부적(negative)인 혹은 정적(positive)인 피드백을 통해 균형을 회복하는 것을 지칭하는 좁은 개념이라면, 알로스태시스는 몸 전체의 신진대사와 면역시스템 등이 모두 관여해 끊임없이 성장하고 변화하며 새로운 균형을 만들어가는 포괄적이고도 역동적인 '예측적 조절' 과정을 의미한다. 또 항상성 유지가 신체의 특정 부위나 기능의 안정성을 위해 국지적으로 어떠한 일이 필요한가에 초점을 맞추는 개념이라면, 알로스태시스는 신체 전반의 작용은 물론 의식과 행동의 변화까지 고려하는 역동적인 과정에서 균형을 이루기 위한 뇌의 통합적인 기능에 방점을 둔 개념이라 할 수 있다.

원래 상태로 계속 되돌아간다는 항상성의 개념만으로는 우리 몸이 환경과 상호작용해 역동적으로 변화함으로써 균형과 안정성을 유지해가는 과정을 담아내기에 부족하다. 프리스턴식으로 말하자면 외부자극뿐 아니라 내부감각까지 고려해 능동적 추론을 함으로써 서프라이즈를 지속적으로 최소화하는 모든 과정이 알로스태시스다. 이 과정에서 핵심적인 개념은 내부감

각에 대한 능동적 추론이다.[445]

　　항상성의 관점에서 벗어나 알로스태시스의 관점에서 우리 몸과 뇌의 작용을 파악하게 되면 질병에 대한 치료의 관점도 달라지게 마련이다. 항상성 유지의 관점에서 질병을 바라보면 특정한 신체 기관이나 기능 이상에 초점을 맞춰서 그것을 원래 상태로 돌려놓기 위한 개입을 하게 된다. 하지만 알로스태시스의 관점에서 질병을 바라보면 몸의 전체적인 변화를 통한 안정성 획득을 추구하게 된다. 스털링은 정신질환자에 대한 약물치료가 '원래 상태로의 회복'이라는 잘못된 전제를 바탕으로 한다는 점을 비판한다.[446] 대부분 정신질환자의 신경망 작동기제를 보면 그 자체로는 별 이상이 없는 경우가 대부분이다. 문제는 오히려 환경에 대한 감각정보의 해석에 따른 잘못된 예측적 조절에서 찾아야 한다. 따라서 알로스태시스 관점은 좀 더 통합적인 관점에서 폭넓은 접근을 해야 함을 강조한다. 중독을 치료하기 위해서는 더 다양한 자극으로부터 즐거움을 느낄 수 있는 기회를 제공한다든가, 우울증 치료를 위해서는 세로토닌이 고갈된 다양한 원인을 파악하고 세로토닌 재흡수 억제제(SSRI) 복용 이외에도 새로운 신체의 움직임이나 식단을 통해서 뇌에 새로운 자극을 준다든가 하는 식으로 말이다.

　　신체의 모든 기능을 통제하고 조절하는 것은 뇌다. 물론 그것이 우리가 의식하거나 의도한다는 의미는 아니다. 중추신경계인 뇌와 몸의 각 부위는 부지런히 정보를 주고받지만 내 의식은 그런 모든 신체 기능에 일일이 관여하지 않는다. 그러한 세세한 신체 작용에까지 다 관여하는 것은 뇌의 입장에서 과부하가 걸리는 비효율적인 일이다. 뇌는 신체 작용의 다양한 불균형 상태를 감정, 느낌, 기분으로 느낄 수 있을 뿐이다. 다시 말해 몸 전체의 작동 과정에서 아직 알로스태시스에 도달하지 못했을 경우에 예측오류 일부가 내 의식에 불편함이나 불쾌감 혹은 고통으로 떠오르게 되는 것이다. 몸이 불편함을 의식에 하소연하는 것이다. 그것이 감정이고 통증이다.

　　우리의 의식은 예측오류 상태를 '불편하고 불쾌한 어떤 느낌'으로 받아들이는데, 그래야 그 상태를 그냥 두지 않고 신속하게 수정할 수 있기 때문이다. 정상적인 경우라면 불쾌한 느낌, 즉 부정적인 감정은 일시적으로 발생했다가 곧 사라진다. 우리 몸은 저절로 균형을 잡아가려는 강력한 능력을 지

　　　　　　　　　　　　　　　　　　　　　　　　　　　　　내면소통

니고 있기 때문이다. 그러나 여러 가지 이유로 예측오류 상태가 지속되고 그에 대한 수정이 신속하게 이뤄지지 않으면 두려움이나 분노 등의 부정적 정서가 시도 때도 없이 불현듯 올라오거나 만성적으로 통증이 지속되는 상태가 된다. 이것이 감정조절장애의 본질이다. 감정이 불편해지면 반드시 통증도 생기게 마련이다. 둘은 본질적으로 같은 것이다.

내부감각에 대한 능동적 추론의 결과

뇌에는 여러 가지 기능을 담당하는 네트워크들이 있는데, 그중에서도 특히 중요한 것이 다음 세 가지 글로벌 네트워크다.[447] 첫 번째는 아무것도 안 하고 있는 상태인 디폴트모드네트워크(DMN)인데 주로 mPFC(내측전전두피질)와 PCC(후방대상피질)가 중심이 되는 네트워크다. 두 번째는 특정한 목표지향적 행위를 하기 위한 중앙수행네트워크(central executive network : CEN)인데 주로 dlPFC(배외측전전두피질)와 PCC가 중심이 된다. 세 번째는 현저한 자극이 느껴질 때 활성화되는 현저성 네트워크(salience network : SN)인데 주로 AI(전방섬엽)와 dACC(배측전방대상피질)가 중심이 된다.

세 가지 글로벌 네트워크 모델에 따르면, 가만히 쉬는 상태인 DMN에서 어떤 과제에 집중하여 일을 수행하려면 CEN이 활성화돼야 하는데 그러기 위해서는 일단 SN이 활성화되는 상태를 거친다([그림 8-1]). 즉 DMN 상태에서 바로 CEN 상태로 넘어가는 것이 아니라 일단 SN의 활성화에 의해서 DMN이 비활성화되고 난 이후에 비로소 CEN이 활성화되기 시작한다는 것이다.[448]

이 세 가지 기본적인 네트워크는 세상을 살아가는 내 몸에 관한 내적 모델을 계산하고 예측하는 시스템이기도 하다. 우리 뇌는 내부와 외부에서 주어지는 다양한 감각정보를 바탕으로 역동적인 균형상태를 유지하기 위해 작동한다. 이 과정에서 세 가지 글로벌 네트워크 시스템이 적극적으로 작동한다. DMN은 주로 내부감각을 살펴보고, CEN은 외부 환경에 대한 행동에 주로 관여한다. 그리고 이 두 시스템이 원활하게 호환될 수 있도록 중간에서

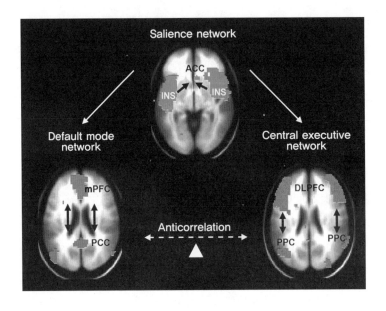

[그림 8-1] 세 가지 글로벌 네트워크 모델. 글로벌 네트워크 모델에 따르면 뇌에는 크게
세 가지 기본적인 네트워크가 존재한다. 아무것도 안 하고 있는 상태인 디폴트모드네트
워크(DMN)에서(왼쪽) 무언가 특정한 목표지향적 행위를 하기 위해서는 중앙수행네트워
크(CEN)로 넘어가야 한다(오른쪽). 그러기 위해서는 현저한 자극이 느껴질 때 활성화되
는 현저성 네트워크(SN) 상태를 일단 거쳐야 한다(가운데).   출처: Nekovarova et al, 2014.

매개 역할을 하는 것이 SN이다. 특히 SN은 신체적으로 고통을 느낄 때뿐 아
니라 사회적으로 고립되거나 인간관계에서 갈등을 느낄 때에도 활성화된다.

   세 가지 글로벌 네트워크는 감정을 경험하고 조절하는 과정에도 깊이
관여한다. 배럿에 따르면 감정을 경험하는 것은 주로 예측을 하는 부위(DMN
과 SN)와 관련되고, 감정을 조절하는 것은 예측오류를 수정하는 부위(CEN과
SN)와 관련된다.[449]

   능동적 추론과 예측을 통해 내적 환경을 조절하는 것(알로스태시스)과
내적 환경을 표상하는 것(내부감각)은 신경시스템의 핵심 기능이다. 이 과정에
서 예측오류가 발생하기 마련이고 이에 대한 수정이 끊임없이 일어난다. 이
러한 예측오류 상태에서는 여러 가지 불편한 느낌이 드는데, 이것이 곧 통증
과 감정의 기반이 된다. 감정과 통증은 알로스태시스를 위한 예측과 예측오

내면소통

류를 수정하는 과정에서 필연적으로 발생하는 현상일 뿐이다. 어떤 이유에서든 알로스태시스 상태에 얼른 도달하지 못하고 예측오류가 지속적으로 발생하는 상태가 부정적 정서의 본질이다. 물론 상황과 상태에 따라 그 '불편함'은 다양한 느낌으로 표상되며, 의식은 그것을 여러 종류의 감정으로 인식하게 된다.

이 과정에서 중요한 역할을 하는 것이 섬엽(insula)이다. 능동적 추론 과정을 통해서 주로 미주신경을 통해 심장, 내장, 호흡기관 등으로부터 올라오는 내부감각 신호는 섬엽을 거쳐 뇌의 여러 부위로 전달된다. 의식 저 아래에서 작동하는 내부감각 중 섬엽에서 처리되어서 그중 일부가 전전두피질에 전달됨으로써 의식에 떠오르게 된다. 또 동시에 dlPFC(배외측전전두피질) 등으로부터 하달되는 안정화 신호는 섬엽을 거쳐서 부교감신경을 통해 심장이나 내장 등으로 전달되어 내려간다. 섬엽은 위계적 구조를 통해 편도체, 운동-감각피질, 보상체계, 전전두피질 등 뇌의 각 부위와 긴밀하게 상호작용하면서 여러 가지 내부감각에 대한 능동적 추론 과정을 전체적으로 조율한다.[450] 이처럼 섬엽은 내부감각(무의식)과 의식을 연결하는 매우 중요한 부위이며, 알로스태시스나 감정인지와 조절에 있어서 핵심적인 기능을 담당한다.[451]

배럿에 따르면 감정이란 우리가 살아가기 위해 '세상을 구성해내는 방식 그 자체'이지 세상에 대한 단순한 반응이 아니다. 배럿의 통합적이고 구성주의적인 감정 개념에 따르면, 감정은 몸의 신진대사와 에너지를 조절하는 전체적인 알로스태시스 과정에서 발생하는 내부감각에서 생겨나는 것이다. 즉 우리 몸이 주어진 환경에서 살아남기 위해 이리저리 애쓰는 과정에서 발생하는 자연스러운 결과가 감정이다.[452]

우리 몸의 여러 기관은 여러 내부감각 자료를 끊임없이 뇌로 올려보내고, 뇌는 이들 자료에 대한 능동적 추론을 통해 현재의 신체 상태가 알로스태시스에 부합하는지를 계속 판단하고 실시간으로 피드백을 내려보낸다. 인간 신체는 내부 혹은 외부 변화에 따라 끊임없이 불균형상태에 빠지게 되는데, 뇌는 역동적 과정을 통해 균형을 바로잡는 알로스태시스를 추구하게 된다. 이때 어쩔 수 없이 생기는 일시적 불균형상태가 불쾌감이나 두려움의 느낌을 유발하는 것이다. 우리는 불쾌감이나 두려움을 느끼면 빨리 그러한 불균형상태에서 벗어나려고 한다. 그러니까 불쾌감이나 두려움은 그것에서 벗어나는 것이 생존에 유리하기 때문에 유발되는 것이다. 역설적으로 들릴지 모르겠지만 불쾌한 감정 자체는 우리 몸이 알로스태시스를 추구하고 있다는 좋은 징조다. 문제는 특별한 불균형이 없는데도 잘못된 능동적 추론에 의해 내부감각 신호들을 잘못 해석해내는 경우다.

우리 신체의 여러 기관들은 끊임없이 온갖 내부감각 정보를 뇌로 올려보낸다. 대부분은 별 의미 없는 노이즈에 가까운 감각정보다. 뇌의 능동적 예측 시스템이 하는 일 중 하나는 무의미한 감각정보들을 가려내어 이를 무시하는 것이다.[453] 우리 몸의 감각기관과 신경시스템에는 수많은 감각정보 가운데 중요한 것을 부각시키고 중요하지 않거나 노이즈에 불과한 것은 무시하는 일종의 '볼륨 조정(gain control)' 시스템이 있다. 이 시스템에 이상이 생기면 중요하지도 않은 노이즈에 불과한 잡다하고도 정상적인 상태의 내부감각 신호의 볼륨을 마구 키워서 마치 무슨 큰일이라도 난 것처럼 의식으로 올려보낸다. 보통의 경우라면 그냥 지나쳤을 평범한 내부감각 정보들이 '이상 신호'로 둔갑하고 이로써 의식에 비상 경고등이 켜짐에 따라 환자는 강한 공포심이나 불쾌감 혹은 통증을 느끼게 된다.

배럿에 따르면, 불안장애나 우울증 등 감정조절장애를 겪는 환자들은 신체의 특정 부위에서 올라오는 일상적인 노이즈에 가까운 별 의미도 없는 감각정보를 불안감이나 불쾌감 등의 감정으로 끊임없이 해석해낸다. 수많은 내부감각 신호를 부정적인 감정으로 해석하고 여기에 확신이 더해져 증폭되는 과정이 반복되는 소용돌이에 갇히는 것이다. 정상적인 상황이라면 신체에서 계속 올라오는 다른 감각정보들을 바탕으로 예측오류를 즉시 수정하고 바로잡는다. 그런데 불안장애나 우울증을 앓고 있는 경우에는 이러한 예측오류를 수정하는 과정이 원활하게 이뤄지지 않게 된다. 신체로부터 올라오는 다양한 내부감각 정보들(별문제 없는 것이나 노이즈에 해당하는 것까지)을 모두 부정적인 감정으로 해석해내고, 그것을 증폭시켜 확신이 더해지는 소용돌이 속에 갇히게 된다. 결과적으로 예측오류의 수정 불능 상태에 빠지게 되면 엄청난 불안감이나 분노나 견디기 힘든 우울감에 휩싸일 수밖에 없다.

예측오류 시스템이 이러한 장애를 겪게 되는 원인에는 물질대사나 면

　　　　　　　　　　　　　　　　　　　　　　　　　　　내면소통

역시스템의 문제 혹은 호르몬이나 신경전달물질의 불균형 등 다양한 생리학적 이슈들이 있을 수 있다. 과거의 나쁜 기억이나 트라우마 경험 역시 능동적 추론 시스템에 장애를 가져오기도 한다.

인지치료가 감정조절에 도움을 주는 이유는 이러한 예측오류를 수정하는 데 도움을 주기 때문이다. 가령 우울증 환자를 대상으로 하는 인지치료는 환자가 느끼는 감정에 대해 스스로 새롭게 해석하고 의미를 부여하도록 하는 데 초점을 맞춘다. 자기 스스로 감정을 해석하는 새로운 개념적 틀이 생기면 기존의 예측오류 시스템을 수정할 수 있게 된다. 인지치료는 특히 환자 뇌의 SN(현저성 네트워크)을 통해서 예측오류를 수정하는 데 도움을 준다.[454] MBSR과 같은 명상 프로그램 등이 치료 효과를 보이는 것 역시 다양한 방법으로 예측오류 습관을 교정할 수 있도록 도와주기 때문이다.

자신이 느끼는 감정이 어떤 것인지를 잘 구분하고 인지하는 사람일수록 감정조절 능력이 뛰어나다.[455] 감정을 인지하는 것은 결국 내부감각에서 주어지는 정보를 얼마나 정확하고 효율적으로 능동적 추론을 해내느냐에 달려 있다. 따라서 감정조절 능력을 키우기 위해서는 내부감각 인지 훈련이 매우 중요하다.

습관적으로 부정적 정서가 유발된다면 마음근력이 약한 상태라고 봐야 한다. 특별한 이유 없이 공포 반응에 휩싸이거나 불안한 마음이 계속되거나 자주 분노가 솟구친다면 몸에서 올라오는 내부감각 신호를 처리하는 능동적 추론 시스템에 문제가 생겼을 가능성이 크다. 그러면 이제 이러한 문제를 내면소통 명상을 통해서 어떻게 바로잡을 수 있을지 좀 더 자세히 살펴보도록 하자. 마음근력을 강화하는 내면소통 명상은 두려움과 분노라는 부정적 정서로부터 영원히 벗어날 수 있는 계기를 마련해줄 것이다. 이를 위해 먼저 감정과 통증이 능동적 추론 과정을 통해 생겨난다는 사실을 이해할 필요가 있다.

감정과 통증은
본질적으로 같다

감정조절장애와 만성통증의 공통점

전통적으로 심리학에서는 감정을 특정한 목표지향적 행위를 하기 위한 준비단계로 보아왔다.[456] 그러나 로돌포 지나스 이래 칼 프리스턴에 이르기까지 현대 뇌과학자와 심리학자들은 감정을 행동 그 자체로 본다. 가령 지나스는 고정된 행위유형(fixed action pattern: FAP)으로,[457] 프리스턴은 내부감각을 바탕으로 한 능동적 추론에서 비롯된 행위상태로,[458] 배럿은 알로스태시스를 위한 신체의 통합적 적응 행위로 본다.[459]

특히 배럿은 두려움이나 분노 등 통상적인 '개별' 감정이 각기 고유한 실체를 갖는다는 전통적인 '감정본질주의'를 비판한다. 배럿의 '감정구성 이론(theory of constructed emotion)'에 따르면, 감정은 신체의 다양한 감각정보에 대한 전반적인 능동적 예측의 과정에서 발생하는 것이며 '개별적인 감정'들은 사회문화적으로 의미가 부여되고 구성된 것에 불과하다. 따라서 부정적 정서 자체를 다스리려는 노력은 별 의미가 없다. 불안장애나 우울증, 분노조절장애, 트라우마 등 다양한 형태의 감정조절장애를 지닌 환자들에게 '개별적인 감정'을 통제하도록 유도하는 것은 헛수고가 될 가능성이 크다. 그보다는 배럿 교수의 말처럼 잘 먹고, 잘 자고, 잘 쉬는 것, 즉 몸을 편안하게 하여 알로스태시스 과정에 도움을 주는 것이 감정조절을 위한 가장 효율적인 방법이라 할 수 있다.

예측 모델에 입각해서 말하자면 마코프 블랭킷이 릴랙스하고 편안히 쉴 수 있도록 하는 것이 필요하다. 신체의 자원을 잘 관리하고 적절한 움직임을 해주는 것은 내부감각이나 고유감각의 추론 오류를 줄여주는 데 큰 도움이 된다. 신체 자원의 고갈이나 불균형상태 때문에 지속적으로 올라오는 부정적인 감정을 인위적으로 '조절'하기 위해 기분 좋은 생각을 하거나 즐거운 추억을 떠올리는 것은 효과적인 대응책이 될 수 없다. 감정은 몸의 문제이기 때문에 생각으로 조절될 수 있는 것이 아니다. 다시 한번 강조하지만, 감정은 몸의 문제이고 일종의 신체 현상이다. 감정은 몸이 주는 다양한 감각정보를 바탕으로 구성되는 것이기 때문에 감정의 조절은 몸을 통해서만 가능하다.

감정조절장애와 본질적으로 같은 것이 만성통증이다. 둘 다 내부감각 정보들에 대한 능동적 추론 시스템의 오류라는 공통점을 지닌다.[460] 따라서 치료의 기본 방향 역시 동일하다. 내부감각 정보에 대한 새로운 해석의 습관과 추론의 방식이 신경시스템에 자리 잡도록 해야 하는 것이다.

통증에는 급성통증과 만성통증이 있는데 이 둘의 작동방식은 매우 다르다. 급성통증은 부상이나 염증 등으로 인해 신체 일부가 손상되었을 때 주로 나타난다. 예컨대 목디스크가 통증을 가져오는 가장 큰 원인은 디스크 수핵을 둘러싼 막의 손상이나 신경 뿌리에 생긴 염증이다. 이러한 급성통증은 염증이 가라앉았거나 상처가 아물면 사라진다. 이에 반해서 만성통증은 구체적인 신체 손상이나 염증 없이도 주로 신경시스템의 오작동으로 인해 나타난다. 만성통증은 허리, 머리, 목, 어깨, 복부, 가슴, 관절 부위 등 신체 여러 곳에서 발생할 수 있다. 특별한 이유 없이 몸 여기저기가 오랫동안 아프게 된다. 더 큰 문제는 이러한 '이유 없는 통증'의 원인을 엉뚱한 곳에서 계속 찾으려 한다는 데 있다. 허리에 특별한 이상이 없어도 얼마든지 요통이 생길 수 있고, 머리에 특별한 이상이 없어도 심한 두통이 있을 수 있으며, 심장에 아무런 문제가 없어도 심한 흉통이 지속될 수 있다는 것을 대부분의 사람들은 상상조차 하지 못한다. 통증을 무조건 몸이라는 일종의 '기계'에 이상이 생긴 신호라고 여기기 때문이다. 대부분의 만성통증은 감정조절장애와 마찬가지로 내부감각에 대한 추론 시스템의 오류 때문에 생긴다는 사실을 이해할 필요가 있다. 그래야 좀 더 빨리 벗어날 수 있다.

감정과 통증은 뇌의 능동적 추론의 결과다

그렇다면 과연 통증이란 무엇인가? 아프다는 것은 과연 어떠한 경험인가? 한 가지 확실한 것은 통증이란 마코프 블랭킷 모델에서 말하는 외부상태에 존재하는 어떤 실체에 대한 경험이 아니라는 사실이다. 예컨대 지나가다가 책상 모서리에 세게 부딪혔다고 하자. 멍이 들 정도로 아프다. 책상 모서리는 내게 엄청난 통증을 가져다주었다. 그러나 통증의 원인은 책상 모서리가 아니다.

통증은 실재하는 외부 사물에 대한 경험과는 근본적으로 다르다. 빛이 환해서 눈이 부시다거나 소리가 너무 커서 시끄러운 것은 우리에게 불쾌한 경험이다. 이러한 불쾌한 경험과 통증은 매우 다른 현상이다. 통증은 내몸의 내부감각에서 올라오는 것으로 나의 내부에만 존재한다. 통증을 타인과 공유하는 것은 근본적으로 불가능하다. 우리는 영화를 같이 보거나 음식을 같이 먹으며 특정한 대상의 경험을 공유할 수 있다. 이러한 경험의 공유야말로 모든 소통의 기본 전제다. 그러나 내가 지금 느끼는 통증을 상대방도 경험하게 하는 것은 불가능한 일이다. 아픔은 전적으로 각자의 내부에 존재하는 것이기 때문이다. 그래서 통증을 묘사하는 말은 매우 주관적일 뿐 아니라 문화권에 따라서 크게 다르기 때문에 번역이 거의 불가능하다. 한국어에서 통증을 묘사하는 욱신거린다, 쑤신다, 뻐근하다, 저릿하다, 결린다 등의 표현은 다른 나라 말로 옮기는 것이 매우 어렵다.

우리는 몸 어딘가에 늘 크고 작은 통증을 느끼며 살아간다. 몸이 아프기도 하고 마음이 아플 때도 있다. 아이젠버거 등의 연구를 통해서 살펴보았듯이 몸이 통증을 느낄 때와 인간관계 단절로 인해 마음이 아플 때에 활성화되는 뇌 부위(dACC, AI 등)도 같다.[461]

통증은 생리학적으로 몸이 잘못되었다는 신호를 뇌가 받아들여 해석한 결과다. 따라서 약물이나 기타 처방을 통해서 몸의 고장난 부분을 고치면 통증이나 증상도 사라진다. 물론 이러한 기계론적 관점으로 충분히 설명되는 경우도 있지만 그렇지 않은 경우도 많다. 통증에 대한 전통적인 기계론적 관점은 다음과 같은 두 가지 사실을 설명하지 못한다. 첫 번째는 신체의 기능에 아무런 이상이 없어도 통증을 느낄 수 있다는 것이고, 두 번째는 플라시보나 가짜 치료를 받아도 통증이 사라진다는 것이다.[462]

이러한 현상을 설명할 수 있는 방법은 통증이 뇌의 능동적 추론의 결과로 발생한다고 보는 것이다. 우리가 고통을 느끼는 이유는 뇌가 몸이 현재 고통 속에 있다고 추론하고 판단하기 때문인데, 그러한 추론의 기반이 되는 것은 유입되는 감각정보, 과거의 사전정보, 맥락 단서(contextual cue) 등을 합친 것이다.[463] 즉 기존의 내부 생성모델과 새로이 유입되는 자극 정보 간의 상호작용에 의해서 통증은 생성된다. 따라서 신체적 증상을 경험하는 것과 객관적인 신체의 이상 사이의 관계는 항상 개인별로 다르고 상황(context)에 따라 다르고, 또 개인과 상황 간의 상호작용에 따라 다를 수밖에 없다.[464]

능동적 추론의 관점에서 보자면 통증은 비물질적인 마음이나 정신에 깃들어 있는 신비로운 정신적 현상이 아니며 근육 조직이나 혈관, 뇌 등 생체 조직에 깃들어 있는 생리학적 증상도 아니다. 통증은 살아 있는 몸이 '의미를 찾는(sense-making)'의 과정에서 발생하는 것이며, 우리가 몸으로 살아가는 이 세상이나 환경과의 뗄 수 없는 관련성을 드러내는 것이다.

프리스턴의 능동적 추론 모델과 정밀정신의학의 관점에서 보자면, 만성통증은 신경시스템이 감각정보에 대한 볼륨 조절에 실패한 상황이다. 만성통증을 포함하여 대부분의 '지속적인 신체 증상(persistent physical symptoms : PPS)'이 발생하는 이유는 환자가 내부감각에 관한 예측오류를 제대로 처리하지 못하고 별 의미 없는 자극에 대해서도 과민반응하는 상태에 빠졌기 때문이다.[465] 특히 만성통증은 뇌가 '통각수용(nociception)'에 기능적으로 중독된 상태라 할 수 있다.[466] 통각수용은 감각신경계의 하나인데 주로 신체에 위해가 될 만한 해로운 외부자극에 반응하는 것이다. 압력, 열, 화학물질, 독성 등 몸에 해로운 자극에 민감하게 반응해 뇌에 통증이라는 형태의 강력한 경고를 보내는 신경시스템이다. 통각수용은 주로 피부에서 발견되지만 골막이나 관절의 표면, 내장기관 등에도 분포한다. 통각수용에 기반한 통증은 신경압박,

디스크, 대상포진 등의 신경병증성 통증(neuropathic pain)이나 심인성 통증과는 구분된다.

만성통증은 고통에 대한 예측과 내부감각 사이에 불일치가 생길 때 일어난다. 즉 통증 자극에 대한 지속적이고도 반복적인 예측오류에 의해서 발생하는 것이다. 몸의 내부에서 올라오는 다양한 감각을 증폭시켜서 과장되게 통증으로 해석하는 것이 만성통증의 핵심 원인이다. 결국 고통은 내부감각 신호에 대한 뇌의 예측 시스템에 의해서 생산되는 것이다. 이는 불안이나 공포, 분노, 우울 등의 부정적 정서가 생산되는 방식과 매우 흡사하다.

이를 베이지안 추론으로 기술하자면, '특정 내부감각이 주어졌을 때 그것이 통증에서 비롯된 것이라는 예측[=p(pain | sensation)]'과 '특정 통증이 주어졌을 때 그에 따라 특정 감각을 느끼게 되리라는 가능성[=p(sensation | pain)]' 사이에 상당한 정도의 불일치가 생길 때 만성통증 등의 지속적인 신체 증상이 발생한다. 이럴 때 환자의 신경시스템은 해롭지 않거나 아무 의미가 없는 자극도 통증의 결과로 해석한다. 무의미한 소음에 불과한 내부감각 신호를 무시하는 능력을 상실한 상태인 것이다.[467] 다시 말해서 소음에 불과한 내부감각 신호의 볼륨 크기를 '줄이는(attenuate)' 능력의 상실 혹은 '주의력 재분산(redeployment of attention)' 능력의 상실이 곧 만성통증의 원인이다. 따라서 만성통증이나 감정조절장애 등의 신체 증상은 '행위와 주의에 대한 선택의 메커니즘' 오류라는 관점에서 살펴봐야만 하는 것이다.[468]

몸이 아프든 마음이 아프든 통증은 그야말로 '전체로서의 한 인간의 전반적인 기능'과 관련된 문제이므로 만성통증 역시 환자의 몸과 마음의 작동방식을 종합적으로 살펴봐야만 정확한 원인을 파악할 수 있다.[469] 앞에서 살펴보았던 봄의 관점에서 보자면 만성통증이야말로 인간의 몸과 의식에 내향적으로 펼쳐지는 내재적 질서이며,[470] 소마-시그니피컨스와 기호-소마의 대표적인 현상이다.[471] 특히 만성통증은 내부감각 신호에 대한 처리 과정의 오류이므로 뒤에서 다룰 내부감각 자각 훈련이 통증 완화와 정서 안정에 큰 효과가 있을 수 있다.

이유 없는 통증(MUS)의 이유

　우리 주변에는 뚜렷한 이유 없이 여기저기 몸이 아픈 사람들이 많다. 이러한 만성통증은 흔히 '의학적으로 설명되지 않는 증상(Medically Unexplained Symptoms: MUS)'이라 불린다. 정밀 검사를 해도 몸에 아무런 이상이 발견되지 않는데도 환자는 극심한 통증이나 몸의 이상 감각을 호소하는 것이다. '감정표현불능증(Alexithymia)' 역시 뚜렷한 이유 없이 만성통증을 유발하는 MUS다.

　우리는 다양한 신체적 상태가 올려보내는 내부감각 신호에 기반해서 감정을 인지한다. 그런데 감정표현불능증 환자의 능동적 추론 시스템은 예컨대 심장이 두근거리는 것을 감정의 변화로 해석하기보다 몸의 이상으로 해석해낸다. 심장이 평소와 조금 다르게 주는 신호를 통증으로 느끼는 것이다. 물론 이러한 '해석'은 의식적인 판단이 아니라 자동적으로 일어나는 무의식적인 과정이다. 내장기관에서 전해지는 미묘한 내부감각의 변화를 감정에 대한 변화로 해석하기보다는 내장기관의 통증으로 잘못 해석하는 것이다. 심지어 그저 평범하고 일상적인 감각정보에 대해서도 과도하게 증폭시켜 통증으로 해석함으로써 극심한 통증을 경험하게 되는 것이다.

　감정표현불능증은 주관적인 감정을 느끼거나 인지하지 못하고 감정에 따른 신체감각을 분별하는 능력이 상실된 상태다. 자신의 감정을 제대로 인지하지도 못하고 표현하지도 못한다. 감정에 관한 인지능력과 표현 능력은 매우 밀접하게 연관되어 있어 마치 동전의 양면과도 같다. 신체와 감정의 관계에 대한 전통적인 관점에 따르면, 감정 유발이 먼저이고 그에 따라 신체적 각성이 일어나는 것으로 되어 있다. 말하자면 불안한 감정이 생긴 후에 그에 따라 심장이 두근거리게 되는 식이다. 그러나 이것은 인과관계가 바뀐 것이다. 불안하기 때문에 심장이 두근거리는 것이 아니라 심장이 두근거리기 때문에 불안감을 느끼는 것이다. 따라서 약물을 써서 심장을 천천히 뛰게 하면 불안감이 대폭 줄어든다. 공황장애를 포함한 여러 가지 불안장애에 가장 기본적으로 사용되는 약물이 베타차단제와 같은 일종의 '심장약'인 이유가 여기에 있다. 심박수가 갑자기 불규칙하게 증가하는 것이 불안감을 유발하는 것이지 그 반대가 아니다. 이처럼 감정 유발은 심장박동이나 내장운동 혹은 특정 근육의 수축 등의 '신체표지'를 통해 일어난다. 이러한 신체표지들이 발생시키는 내부감각에 의해서 감정은 유발되고 인지되는 것이다.

감정표현불능증은 몸에서 올라오는 내부감각을 감정 유발과 연관시키는 능동적 추론 모델에 이상이 생긴 대표적인 경우다. 능동적 추론의 관점은 감정표현불능증을 포함한 여러 유형의 감정조절장애의 진단이나 치료 전반에 걸쳐서 새로운 접근법을 요구한다. 즉 내부감각이나 고유감각 등 신체감각에 대한 자각 능력 향상에 초점을 맞춰야 하는 것이다. 내부감각 훈련이나 고유감각 훈련 등을 통해 '몸에 대한 알아차림' 능력을 키우는 것은 만성통증이나 MUS에 대한 효과적인 대응 방법이다.[472] 특히 터치의 감각을 어떻게 해석할 것인가에 대한 '다양한 해석의 틀을 제공하는 소통(guidance through verbal communication)'과 함께 주어지는 테라피는 환자의 주의력을 재배치하고 알아차림 능력을 키워줌으로써 다양한 감정조절장애와 만성통증에 대한 효과적인 치유법이 될 수 있을 것이다.[473]

내면소통

감정조절장애와
만성통증으로부터 벗어나기

주의력 재배치: 능동적 추론 시스템의 개선

통증에 대한 능동적 추론 시스템에 이상이 생겼다는 것은 중요하지 않은 감각정보를 통증으로 해석하는 자동화된 습관이 뇌의 작동방식 일부로 자리 잡은 상황이라 할 수 있다. 달리 말하자면 건강한 사람이라면 그냥 흘려버리거나 무시했을 내부감각 신호를 습관적으로 통증으로 해석해내는 예측오류의 메커니즘을 지니게 된 상태다. 이러한 '예측오류'는 의식이라는 상위 시스템에서 발생하는 것이 아니라 하위 신경시스템 레벨에서 이상이 생긴 것이다. 따라서 추론 시스템에 이상이 생겼다고 해서 '의식적인' 노력을 통해 정확한 추론을 해낼 수 있는 것은 아니다. 예측오류의 습관이라는 것은 신경시스템 자체에 장착된 것이기에 특정한 의도나 의식적인 노력을 통해 바꿀 수 있는 차원의 문제가 아니다. 그렇다고 해서 개입이나 변화의 노력이 불가능한 것도 아니다. 다만 예측오류는 직접적이고도 의도적인 노력으로 해결될 수 있는 차원의 문제가 아니다. 우리 몸의 신경시스템에 자동적으로 작동되고 있는 추론 시스템을 변화시키는 것은 간접적인 방식을 통해서만 가능하다.

원인이 무엇이든 간에 감정조절장애나 만성통증은 현재 환자의 신경시스템에서 작동하는 추론 시스템의 이상으로 발생한다. 이는 앞에서 살펴본 생성질서의 한 형태다. 분명 원인이나 계기는 있겠지만 그러한 과거의 원인이나 계기가 지금의 모든 현상을 설명해주지는 않는다. 과거의 원인이나 계기를 정확히 밝혀내는 것은 현재의 문제를 해결하는 데 어느 정도 유용한 정보는 될 수 있으나 결정적인 해결책을 제공해주지는 않는다. 지금 여기서 벌어지는 문제의 해결책은 지금 여기서 찾아야 한다.

바이러스가 원인이 되어 감염병을 앓게 되더라도 그 병의 본질은 바이러스 자체에 있지 않다. 감염병 증상은 내 몸의 현재 면역시스템이 여러 장기를 공격함으로써 나타나는 것이다. 그러니까 바이러스 감염이 원인이 되어 환자가 아프거나 죽음에 이르는 것이 아니라 면역시스템이 감염에 대응하는 과정에서 내 몸을 공격하는 것이 문제인 것이다. 마찬가지로 감정조절장애나 만성통증이 지금 진행되고 있다면 그것의 계기가 무엇이든 간에 지금 그러한 감정이나 통증에서 벗어나도록 하는 것이 중요하다. 현재 환자의 신경시스템이 무의미한 감각정보들에 대해 지나치게 민감하게 반응해 부정적 감정이나 통증을 유발하여 환자에게 고통을 주고 있는 지금 이 현상을 바로잡아야 하는 것이지 그것의 계기가 되는 과거의 나쁜 기억에 집중하는 것은 올바른 접근법이 아니다.

중요한 것은 무의미한 내부감각 신호에 지나치게 중요성을 부여하는 신경시스템의 습관을 바꾸는 것인데, 말하자면 감각정보들의 볼륨을 약화시키고 잠잠하게 하는 것이라 할 수 있다. 프리스턴은 이것을 '주의력 재배치(redeployment of attention)'라고 부른다.[474] 노이즈에 불과한 특정한 내부감각 신호들에 집중되었던 주의를 거둬들이고 다른 감각 신호들로 주의를 분산시켜 보내는 것이다.

몸과 마음이 늘 아픈 만성통증 환자에게 꼭 필요한 것이 신경시스템의 주의력 재배치다. 다시 한번 강조해두지만, 여기서 말하는 '주의력(attention)'은 의식 차원에서의 '주의'가 아니다. 내가 어디에 주의를 집중해야겠다는 의지를 발휘해서 바꿀 수 있는 주의력이 아니다. 의식이나 의도보다는 더 아래 차원에서의 문제인 것이다. 즉 나의 뇌와 몸의 신경계에서 나의 의식과 상관없이 작동하는, 자동적인 능동적 추론의 방식을 바꿔야 한다는 뜻이다. 프리스턴이 말하는 '주의력 재배치'는 굳게 마음먹고 의도한다고 해서 되는 것은 아니지만, 간접적인 방식의 훈련을 통해서 얼마든지 달성할 수 있다.

주의력 재배치 훈련의 대표적인 것이 전통적인 사띠 명상이다. 흔히 알아차림 훈련이라 불리는 사띠 명상은 지금 여기서 내 몸이 느낄 수 있는 여러 가지 내·외부 감각정보에 실시간으로 최대한 주의를 집중하는 훈련이다. 내 몸의 감각정보를 실시간으로 느끼는 데 있어서 가장 효율적인 가이드가 바로 호흡이다. 호흡은 늘 지금 여기서 나에게 벌어지고 있는 사건이기 때문이다. 또 호흡에 집중하는 것은 결국 호흡이라는 행위가 내 몸에 어떠한 느낌이나 변화를 가져오는지를 면밀하게 마음의 눈으로 관찰한다는 뜻이기 때문이다. 호흡 명상에 대해서는 제11장에서 자세히 다룬다.

만성통증 환자가 '이렇게 하면 나을 거야'라고 굳게 믿는 어떤 행동을 하는 것은 통증 완화에 큰 도움이 된다. 약의 효능을 믿으며 복용한다든지 혹은 효과가 있을 것이라 믿는 치료행위의 '의례(ritual)'를 치르면, 능동적 추론 시스템은 내부감각의 작은 변화에 대해서도 이를 '통증의 완화 신호'로 해석함에 따라 고통이 크게 줄어든다.[475] 환자의 이러한 '믿음'은 내부감각 자료를 해석해내는 내부 생성모델이나 마찬가지다. 어떠한 의례나 치료행위 혹은 약물 복용 등을 통해서 내부감각 정보를 통증이 아닌 것으로 해석해낼 수 있는 새로운 예측 모델을 심어주는 것이라 할 수 있다. 하지만 트라우마 스트레스나 불안장애 등의 경우에는 치료행위 자체에서 유발되는 약간의 통증 관련 감각이 오히려 과거의 고통과 연관된 기존의 사전믿음을 더 작동시킬 위험성도 있다. 이러한 위험을 방지하려면 다양한 가능성을 지닌 여러 가지 새로운 생성모델을 테스트해보는 것이 필요하다. 가령 두려움이나 공포 반응과 관련된 근육의 긴장에서 발생하는 감각정보는 통증의 해석을 촉발할 가능성이 크므로 근육의 긴장을 완화하는 행위가 유용할 것이다. 결국 문제는 뇌에 어떻게 하면 효율적으로 새로운 예측 모델을 심어줄 수 있겠는가 하는 것이다. 가장 유용한 방법은 감각정보를 제공함과 동시에 그 감각정보를 건강한 방향으로 해석하고 예측해낼 수 있는 해석의 틀(interpretive guidelines), 혹은 맥락적 정보(contextual information)를 함께 제공하는 것이다.[476]

정서적으로나 신체적으로 건강하다는 것은 내부감각이나 고유감각을 포함한 여러 가지 감각정보와 그것이 유발하는 다양한 예측오류 정보에 대해 제대로 가중치를 배분하고 중요한 것에 '선택적 주의'를 둘 수 있다는 뜻이다. 건강하지 못한 병적인 상태는 수많은 감각정보 중에서 의미 있는 중요한 것과 노이즈에 불과한 중요하지 않은 것을 구분해낼 수 있는 능력을 상실한 상태다.

감정조절장애나 만성통증에서 벗어나기 위해서는 자동적 추론 과정에 변화를 가져와야 한다. 무엇보다도 하향 프로세스인 예측오류의 피드백을 담당하는 에이전트의 활동 방식과 해석의 패턴을 바꿔야 한다.[477] 그러기 위해서는 기존의 에이전트를 무력화하고 새로운 에이전트를 일시적으로나마 도입하는 것이 필요하다. 또한 자기 자신을 스스로 돌이켜보는 과정, 즉 자기참조과정도 필요할 것이다.

우리는 지금까지 감정조절장애나 만성통증은 기본적으로 내부감각 신호에 대한 추론 과정의 오류에서 비롯된다는 것을 살펴보았다. 불안장애, 우울증, 트라우마 스트레스, 만성통증 등으로 고통을 겪는 환자들뿐 아니라 일상생활에서 지속적인 스트레스나 분노, 무기력, 다양한 형태의 통증 등으로 불편을 겪는 사람들도 정도의 차이는 있을지언정 내부감각에 관한 추론 과정에서의 문제를 안고 있다고 볼 수 있다.

다시 한번 짚고 넘어가자면, 만성통증뿐 아니라 감정의 문제 역시 '몸'에 관한 증상이다. 분노, 짜증, 공격성, 불안, 공포, 우울, 좌절, 무력감, 역겨움 등의 '감정'은 몸이 내부감각을 통해 뇌로 올려보내는 다양한 감각신호를 바탕으로 내적모델이 생산해내는 것이다. 따라서 통증과 감정의 기본적인 메커니즘은 동일하다. 감정조절장애의 원천은 몸에 있다고 볼 수 있다. 마음이 아파서 몸이 아픈 것보다는 몸이 아파서 마음이 아픈 경우가 훨씬 더 많다.

사람들은 허리가 아프면 허리를 주무르거나 펴면서 몸을 다스리려 한다. 그러나 불안이나 우울에 시달릴 때는 그러한 감정의 근본 원인이 되는 몸을 다스리려 하지 않는다. 그냥 앉아서 이런저런 생각이나 의도로 자신의 감정을 다스리려는 오류를 범한다. 감정을 마치 생각의 일종으로 착각하기 때문이다. 여전히 데카르트적인 심신이원론에서 벗어나지 못하고 있기 때문이다. 생각을 바꾼다고 해서 허리 통증이 사라지지 않듯이 생각을 바꾼다고 해서 불안이나 우울감이 사라지지도 않는다. 생각이나 의도만 갖고서는 감정을 조절하기 어렵다.

물론 불안장애나 우울증에 시달리는 사람은 약간의 움직임도 버겁게 느껴질 수 있다. 그래도 움직여야 한다. 간단한 스트레칭이라도 시작해야 한다. 내부감각과 고유감각에 대한 자각 훈련을 통해서 내 몸의 능동적 추론 시스템이 새로운 방식으로 다양한 감각신호를 처리할 수 있도록 해야 한다. 마음이 아플 때는 무언가 몸을 통한 해결방안을 찾아야 한다는 뜻이다. 이것이 마음근력 훈련의 근본 원칙이자 기본적인 방향이다. 생각을 바꾼다고 해서 감정의 문제가 해결되지 않는다. 몸의 내부감각을 처리하는 시스템 자체에 변화를 가져와야 한다. 이것이 마음근력 향상을 위한 내면소통 훈련의 핵심에 움직임 명상이 있는 이유다.

편도체를 안정시키는 방법

마음근력을 키우기 위해서는 편도체를 안정화하고 전전두피질을 활성화하는 훈련을 해야 한다. 편도체가 활성화될 때 나타나는 신체 변화는 알로스태시스의 교란을 불러온다. 뇌의 예측 모델과 몸이 올려보내는 내부감각 데이터 사이에 불일치가 발생하는 것이다. 감정조절 능력이 정상인 사람의 뇌는 이러한 불균형에 대해 약간의 불쾌감을 느끼거나 혹은 이러한 내부감각 신호를 일종의 노이즈로 처리해 무시한다. 그 결과 긴장되는 상황에서도 별다른 감정의 동요 없이 평온하고 침착하게 대처하게 된다. 이것이 바로 우리가 원하는 감정조절 능력이 뛰어나고 마음근력이 강한 상태다.

반면에 감정조절 능력이 약한 사람의 뇌는 내부감각이 올려보내는 미미한 불일치의 신호조차 과도하게 불쾌한 감정으로 해석하거나 혹은 통증으로 느끼게 된다. 그래서 대부분 불안장애나 우울증은 늘 '신체 증상'이라 불리는 다양한 통증이나 신체기능장애를 동반하게 되는 것이다.

그러면 편도체는 어떻게 해야 안정화할 수 있을까? 편도체는 우리가 '편도체를 안정시켜야지'라는 의도를 갖고 노력한다고 해서 조절되지 않는다. 내 몸의 일부인데도 내 뜻대로 통제되지 않는다. 우리 몸의 많은 기능은 의도와 관계없이 이미 주어진 프로그램대로 저절로 작동한다. 그러한 자율신경계의 일부가 편도체다. 편도체를 안정화하는 것은, 즉 부정적 정서를 가라앉히는 것은 의식적인 생각이나 결심을 통해서 직접적으로 해낼 수 있는 일이 아니다. 편도체를 포함하는 변연계는 의식 저 밑바닥에서 나의 의지와 상관없이 독립적으로 작동하는 자동시스템이기 때문이다.

편도체를 안정시킬 수 있는 것은 간접적인 방법뿐이다. 몸의 상태를 편도체가 활성화되었을 때와 반대되는 상태로 만들어서 지금은 긴장하거나 두려워할 필요가 없다는 신호를 뇌에 줘야 한다. 편도체가 활성화되면 몸 여기저기의 근육이 수축하기 시작한다. 특히 이를 악물 때 사용되는 턱근육, 안면근육, 목과 어깨근육, 복부 등에 긴장이 발생하고 호흡은 불규칙해진다. 한마디로 이를 악물고 어깨를 잔뜩 움츠린 상태로 거칠게 호흡하는 것이 편도체가 활성화된 전형적인 몸의 상태다. 이때 활성화되는 부위들이 주로 뇌신경계와 관련되어 있으며, 교감신경계도 활성화돼 호흡이 가빠지고 심장박동도 불규칙해진다. 우리는 의도를 갖고 직접 편도체를 가라앉힐 수는 없으나, 의도적으로 턱이나 어깨근육의 긴장을 어느 정도 완화할 수는 있다. 안면근육의 긴장을 풀어서 표정을 부드럽게 할 수도 있다. 심장박동도 직접적으로 천천히 뛰게 할 수는 없지만 호흡을 통해 간접적으로 심박수를 어느 정도 조절할 수 있다. 호흡을 조금 길게 천천히 내쉬면 심박수는 느려진다. 이처럼 몸의 긴장을 이완하면 편도체도 그에 따라 어느 정도 안정화된다. 즉 뇌신경계와 관련된 신체 부위들을 의도적으로 이완시킴으로써 감정을 조절할 수 있다. 이것은 우리가 의도적인 방법으로 감정을 조절할 수 있는 거의 유일한 통로다.

분노나 두려움 같은 감정이 일어나면 심장박동이 빨라질 뿐만 아니라 매우 불규칙하게 뛰기 시작한다. 즉 심박변이도(HRV)가 급속히 증가한다. 심장박동에 변화가 오면 우리 뇌는 두려움을 느낀다. 반대로 두려움을 느껴도 심장박동에 변화가 온다. 불안감과 심장박동은 동전의 양면과도 같은 하나의 현상이다. 지속적인 불안감이 계속되면서 심장박동에 변화가 오는 것이 불안장애의 대표적인 증상이다. 불안장애의 증상 중 하나인 공황발작이 일어나면 가만히 앉아 있어도 마치 전속력으로 달리기를 할 때처럼 심박수가 최고조로 빨라지기도 한다. 공황발작을 겪는 사람은 대부분 심장에 이상이 생겼다고 확신하게 되며 곧 심장이 멎을지도 모른다는 극도의 공포감에 휩싸이게 된다. 불안장애를 겪는 환자에게 공통으로 처방되는 기본적인 약이 바로 심장을 느리고 살살 뛰게 하는 베타차단제 계열의 심장약이다. 심박을 통제해서 불안감을 잠재우는 것이다.

우리는 심장박동에도 내 뜻대로 개입할 수가 없다. 스스로 자기 심장을 천천히 뛰게 하거나 규칙적으로 뛰게 할 수가 없다는 것이다. 심장박동은 자율신경계에서 통제되는 시스템이기 때문이다. 내장운동도 마찬가지다. 이 글을 읽고 있는 지금 이 순간에도 당신의 장은 꾸준히 움직이고 있다. 그러나 장운동에 의도적으로 직접 개입할 수는 없다. 개입은커녕 장이 지금 어떻게 움직이고 있는지조차 느끼기 힘들다. 장 역시 자율신경계의 일부이기 때문이다. 그런데 편도체를 안정화하기 위해서는 자율신경계에 어떻게든 개입을 해야 한다.

우리 몸에는 자율신경계의 지배를 받으면서 동시에 의식적인 개입이 가능한 기능이 딱 하나 있다. 바로 '호흡'이다. 호흡은 심장박동이나 장운동처럼 우리가 의식하지 않아도 잠을 잘 때나 깨어 있을 때나 저절로 일어나는 자율신경기능이다. 심장박동처럼 필요에 따라 저절로 빨라지기도 하고 느려지기도 한다. 그러나 심장박동과는 달리 의식적인 개입이 가능하다. 우리는 의도적으로 숨을 잠시 멈출 수도 있고 크게 내쉬거나 들이쉴 수도 있다. 우리 몸의 기능 중에서 완벽하게 자율신경계의 지배를 받으면서 동시에 의도적으로 통제가 가능한 기능은 호흡밖에 없다. 호흡은 우리가 스스로 자율신경계에 관여할 수 있는 가장 효과적인 방법이다. 호흡은 우리의 마음 저 깊은 곳, 저 무의식의 심연으로 내려갈 수 있는 유일한 통로인 셈이다.

지금 한 번 숨을 크게 들이쉬었다가 천천히 내쉬어보라. 이 단 한 번의 호흡만으로도 당신은 당신의 감정 상태에 개입할 수 있다. 실제로 단 한 번의 깊은 호흡만으로도 편도체에 변화가 생긴다. 인류의 긴 역사 속에서 마음을 다루는 대부분의 종교나 스포츠 혹은 심신 단련에는 호흡이 반드시 들어 있다. 천천히 규칙적으로 호흡하면서 턱과 얼굴, 목과 어깨, 복부 등 근육의 긴장을 완화하면 편도체를 안정시킬 수 있다. 부정적 정서는 이처럼 몸을 통해서 조절하는 것이 가장 효과적이다.

편도체 안정화 훈련은 나의 몸 상태를 알아차리고 몸의 목소리를 듣는 것에서 시작한다. 우리의 의식은 보통 외부의 사물과 사건으로 계속 향하게 마련이다. 그 의식의 방향을 180도 되돌려서 나의 내면으로 가져오는 것이 내면소통의 출발인데, 편도체 안정화를 위해선 우선 나의 의식과 의도를 내 몸으로 되돌리는 것이 중요하다. 내 몸이 나에게 주는 여러 가지 감각을 느끼고, 어디가 긴장되고 이완되었는지 알아차리고, 동시에 호흡이 내 몸에 가져오는 변화와 느낌들에 계속 집중하는 것이 바로 내 몸과의 내면소통이다.

한편 전전두피질 활성화는 의식적으로 특정한 생각을 하는 등의 직접적인 노력을 통해 가능하다. 우선 나의 생각이나 감정을 살펴보고 알아차리는 자기참조과정을 하면 mPFC(내측전전두피질) 중심의 디폴트모드네트워크(DMN)가 활성화된다. 또 나와 타인에 대해 긍정적인 생각을 하면 역시 전전두피질 중심의 다양한 신경망이 활성화된다. 이것이 곧 내 마음과의 내면소통이다. 이를 위해서는 자신과 타인에 대한 부정적이고 강박적인 생각을 긍정적인 스토리텔링 습관으로 대체하는 것이 필요하다. 마음근력이 약한 사람은 자신도 모르는 사이에 저절로 마음속으로 상대방을 비난하거나 비하한다. 나아가 자기 자신에 대해서도 끊임없이 비난하고 비하하고 혐오하는 내면적 스토리텔링을 강박적으로 하게 된다. 이것을 용서, 수용, 연민, 감사, 존중, 자애 등의 긍정적인 스토리텔링 습관으로 바꾸는 것이 마음근력 훈련의 핵심이다. 이에 대해서는 제10장에서 다룬다.

편도체 안정화를 위한
뇌신경계 이완 훈련

뇌신경계 이완을 위한 내면소통 명상의 기본자세

지금까지 논의한 내용의 핵심을 간략히 정리해보면 이렇다. 마음근력 훈련을 위해서는 전전두피질의 활성화가 필요하고, 전전두피질의 활성화를 위해서는 우선 편도체를 안정화해야 한다. 편도체를 안정화하기 위해서는 내부감각 신호를 과도하게 부정적 정서나 통증으로 해석하는 능동적 추론 시스템의 오류 상태를 수정해야 한다. 이를 위해 필요한 것이 내면소통 명상이다.

내부감각 신호에 의도적으로 집중함으로써 편도체를 안정화하는 효과적인 훈련법은 오랜 전통을 지닌 다양한 명상법에서 찾아볼 수 있다. 종교적·문화적·역사적 전통에 따라 명상의 종류는 셀 수 없이 많다. 명상은 운동에 비유할 수 있다. 달리기와 같은 육상 종목도 있고, 수영이나 다이빙과 같은 수상 종목도 있으며, 축구나 야구 같은 구기 종목도 있다. 무거운 무게를 드는 근력운동이나 격투기와 같은 무술도 있고, 요가 등의 장력운동도 있다.

명상이 무엇이냐, 명상은 어떻게 하는 것이냐 하고 묻는 것은 마치 운동이 무엇이고 운동은 어떻게 하느냐고 묻는 것과 비슷하다. 한마디로 답하기 곤란할 정도로 명상에는 다양한 종류가 있다. 앉아서 하는 명상만 있는 것이 아니라 누워서 하거나 서서 하는 명상도 있다. 걷기 명상, 달리기 명상, 수

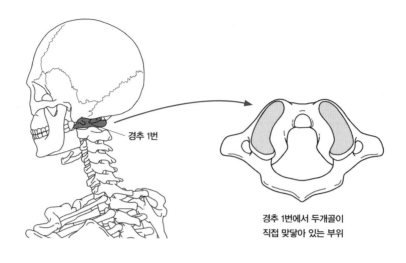

경추 1번

경추 1번에서 두개골이
직접 맞닿아 있는 부위

[그림 8-2] 경추 1번 - 머리와 몸통의 연결 부위. 경추 1번은 몸통과 두개골이 직접 연결되는 유일한 부위다. 두개골은 경추 1번 위에 아슬아슬하게 얹혀 있는 형국이기 때문에 수많은 근육들이 두개골과 몸통 연결에 관여한다. 이 부위의 여러 근육들은 뇌신경계의 지배를 받으며 감정 유발과 직간접적으로 관련된다. 따라서 경추 1번 위에 두개골을 잘 올려놓는 것은 편도체 완화에 큰 도움이 된다. 그러려면 허리를 곧게 펴고 바르게 앉아야 한다.

영 명상도 있다. 타이치나 기공 혹은 쿤달리니 요가나 수피 댄스처럼 움직이며 하는 명상도 있다. 운동이 몸과 마음을 건강하게 해주듯이 명상 역시 마음과 몸을 건강하게 해준다.

명상에는 수없이 많은 종류가 있지만 거의 모든 명상에서 공통적으로 강조하는 것은 허리를 곧게 펴고 경추 1번 위에 머리를 잘 올려놓는 자세를 취하는 것이다. 한마디로 똑바로 앉거나 서는 것이 핵심이다. 우리 몸에서 두개골과 직접 연결되는 유일한 부위인 경추 1번은 무거운 머리의 무게를 오롯이 받아낸다. 그래서 경추 1번을 '아틀라스(atlas)'라고 부르기도 한다. 경추 1번과 두개골이 직접 맞닿아 있는 부위는 대단히 좁다. 머리는 그야말로 경추 1번 위에 아슬아슬하게 얹혀 있는 형국이기 때문에 두개골과 목, 어깨 등 몸통을 연결하는 많은 근육은 늘 긴장 상태에 놓이게 된다. 특히 뇌신경계를 통해 뇌와 직접 연결되는 승모근, 흉쇄유돌근, 교근 등의 긴장은 곧바로 뇌에 부정적 감정으로 받아들여진다. 부정적 감정이나 스트레스가 목과 어깨 부

내면소통

위 근육에 전반적인 긴장을 가져오고 통증을 유발한다는 것은 널리 알려진 사실이다.[478]

편도체 안정화를 위해서는 이러한 부위들의 긴장을 완화하는 것이 매우 중요하다. 그러기 위해서는 무엇보다도 우선 머리가 경추 1번 위에 똑바로 얹혀 있어야 한다. 그래야 뇌신경계와 관련된 부위들의 긴장이 전반적으로 완화될 수 있고, 나아가 부정적 정서를 가라앉히는 데 도움을 줄 수 있기 때문이다. 거의 모든 명상의 기본자세인 '똑바로 앉아서 어깨를 내려뜨리고, 머리·얼굴·목·어깨의 긴장을 이완시키면서 천천히 호흡에 집중하기'는 편도체를 안정화하기 위한 가장 기본적인 방법이라 할 수 있다. 그러면 뇌신경계를 이완하는 내면소통 명상을 시작하기 전에 우선 명상의 기본자세에 대해서 살펴보자.

동영상 자료:
joohankim.com/data

방석에 바르게 앉는 법

전통적인 명상은 주로 앉거나 서서 한다. 물론 내 몸이 전해주는 여러 가지 감각신호를 알아차리는 보디스캔 명상은 누워서 할 수도 있다. 걷기나 달리기, 수영, 타이치, 기공, 고대진자운동, 요가 등 여러 움직임 기반 명상은 다양한 동작을 사용하기도 한다. 어떠한 명상이든 기본자세는 정수리부터 꼬리뼈까지 척추를 곧게 일직선으로 펴는 느낌을 유지하는 것이다. 이러한 명상의 기본자세들은 뇌신경계의 이완과 깊은 관련이 있다.

방석에 앉을 때는 가부좌나 반가부좌로 앉아도 되고, 두 발의 날이 모두 바닥에 닿아도 괜찮다. 가장 편안한 자세를 선택하면 된다. 명상은 내 몸과 마음에 편안함과 고요함을 주는 것을 목표로 한다. 앉는 자세부터가 고통스러우면 명상을 제대로 할 수 없다. 명상을 통해서 깊은 즐거움과 행복을 느끼도록 해야지 고통을 참는 인내심을 발휘하려 해서는 안 된다. 고통과 괴로움을 견뎌내서 무언가를 얻고자 하는 강한 의지를 지닌다면 명상을 하기가 매우 어려워진다. 그러한 '명상'은 명상이라기보다는 참을성 훈련에 가깝다.

좌골(바닥에 앉을 때 느껴지는 두 개의 엉덩이뼈) 바로 밑에 두툼한 방석을 하

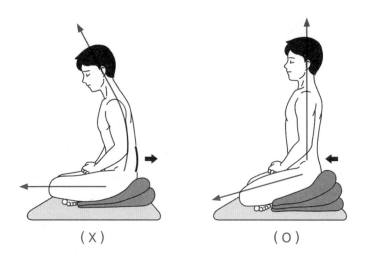

(X)   (O)

[그림 8-3] 방석에 바르게 앉는 법. 명상을 위해 바르게 앉는 법의 핵심은 편안하게 오래 앉아 있는 것이다. 경추 1번 위에 두개골을 잘 올려놓기 위해서 꼬리뼈부터 정수리까지 일직선을 유지하는 것이 중요하다. 다리 모양은 반가부좌든 뭐든 아무래도 좋다. 엉덩이 뼈 아래에 두툼한 방석을 하나 더 포개서 엉덩이 위치가 두 무릎보다 약간 더 높은 위치에 있도록 하면 허리를 곧게 펴고 좀 더 편안하게 오래 앉아 있을 수 있다. 다리가 저리고 무릎이 아파도 꾹 참고 하는 것은 명상이라기보다는 극기훈련에 가깝다.

나 더 포개서 엉덩이 위치가 두 무릎보다 약간 더 높은 위치에 있도록 하면 좀 더 편안하게 오래 앉아 있을 수 있다([그림 8-3]). 두 무릎과 장딴지의 바깥쪽 측면이 최대한 바닥에 닿도록 한다. 두 무릎과 꼬리뼈를 잇는 가상의 선이 정삼각형을 이루게 하고, 그 정삼각형의 중심점 바로 위에 머리가 오게 한다. 거기서 아주 조금씩 머리를 앞뒤 좌우로 움직이면서 가장 편안하게 긴장을 풀 수 있는 머리의 위치를 찾아간다. 사람마다 다리 굵기나 허리, 골반, 고관절, 무릎관절 등의 유연성과 가동범위에 따라 편안한 자세는 조금씩 다를 수 있다. 최대한 편안하게 오래 앉을 수 있는 자세를 스스로 찾아가도록 노력한다.

　　꼬리뼈부터 정수리까지 일직선이 되도록 곧게 허리를 편다. 그 상태에서 최대한 온몸의 긴장을 푼다. 긴장을 푼다고 해서 자세가 무너지거나 해서는 안 된다. 꼬리뼈부터 정수리까지는 일직선으로 놓이게 한 상태에서 어깨, 목, 가슴, 배 등의 긴장을 조금씩 풀어가는 것이 중요하다.

　　　　　　　　　　　　　　　　　　　　　　　　　　내면소통

손은 허벅지 위에 편안하게 얹어놓는다. 손바닥이 천장을 향하도록 하고 서서히 안쪽으로 돌리며 어깨와 팔에 어떤 느낌이 전해지는지 느껴보면서 최대한 긴장이 풀어지는 편안한 위치를 찾아가도록 한다. 보통 손바닥이 천장을 향하는 자세가 편안하게 느껴지지만, 어깨와 목의 긴장도에 따라 손날이 허벅지에 닿도록 하는 것이 더 편할 수도 있고, 드물지만 손등이 천장을 향하도록 하는 것을 더 편안하게 느끼는 사람도 있다. 어깨와 팔이 가장 편안하게 이완될 수 있는 방식으로 손을 양쪽 허벅지 위에 올려놓는다. 명상을 지속함에 따라 편안하게 느껴지는 손의 위치는 조금씩 달라질 수 있다.

또 다른 방법은 왼손을 펴고 왼손 위에 오른손등을 겹쳐서 올려놓는 것이다. 두 손의 손날은 아랫배에 살짝 닿거나 조금 떨어지도록 한다. 이때 오른손가락들의 첫째 마디 바깥쪽이 왼손가락들의 맨 아래 마디의 안쪽에 닿도록 하고 두 엄지손가락의 끝이 맞닿도록 해서 앞에서 보기에 타원을 이루도록 한다. 명상하는 내내 이 타원의 모양이 둥글게 유지되도록 한다. 손의 위치를 바꿔서 오른손 위에 왼손을 올려놓는 것도 가능하다. 혹은 왼손을 가슴 한가운데에 가볍게 올려놓고 오른손은 아랫배에 놓을 수도 있다.

아래턱은 바닥과 평행을 이루도록 턱을 약간 당긴다. 눈은 떠도 좋고 감아도 좋다. 졸리면 눈을 뜬다. 눈을 뜰 때는 대략 2미터 앞의 바닥 한곳을 고요히 응시하면서 시선을 고정한다. 두리번거리거나 눈동자를 움직이면 안 된다. 졸음이 오지 않는다면 눈을 감았다가 졸음이 오면 눈을 뜨는 식으로 해도 된다. 명상하는 동안 자세를 무너뜨리지 않으면서 균형을 잘 잡아서 목, 어깨, 허리, 가슴, 배의 긴장을 계속 풀어준다. 깨어 있음과 알아차림은 명료하게 하되 긴장은 푼다.

의자에 바르게 앉는 법

명상은 꼭 바닥에 방석을 깔고 해야 하는 것은 아니다. 의자에 앉아서도 얼마든지 할 수 있다. 다만 의자에 앉을 때도 가장 중요한 것은 꼬리뼈부터 정수리까지 일직선이 되도록 몸을 곧게 펴는 것이다. 이를 위해서는 되도록 의자 등받이에 등이 닿지 않도록 의자 앞쪽에 걸터앉듯이 앉는 것이 좋다. 등받이에 몸을 기대면 척추의 균형이 무너지기 쉽고 자연히 목과 어깨가

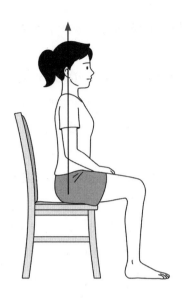

[그림 8-4] 의자에 바르게 앉는 법. 의자에 앉을 때에도 꼬리뼈부터 정수리까지 일직선이 되도록 허리를 곧게 편다. 이를 위해서 의자 등받이에 허리나 등이 닿지 않도록 의자 앞부분에 걸터앉도록 한다. 두 발은 가지런히 해서 무릎 바로 밑에 발목이 놓이도록 하고 바닥에 닿아 있는 두 발바닥의 느낌에 집중한다. 손바닥은 방석에 앉을 때와 마찬가지로 편안하게 다리 위에 올려놓는다.

긴장될 우려가 있기 때문이다. 방석에 앉을 때와 마찬가지로 좌우 두 개의 좌골이 의자 바닥에 닿아 있는 것을 느끼도록 한다. 두 발은 가지런히 해서 무릎 바로 밑에 발목이 놓이도록 하고 바닥에 닿아 있는 두 발바닥의 느낌에 집중한다. 손바닥은 방석에 앉을 때와 마찬가지로 편안하게 다리 위에 올려 놓는다. 손의 모양이나 그 밖의 다른 모든 것은 방석에 앉을 때와 마찬가지다([그림 8-4]).

바르게 서는 법

서서 하는 명상은 앉아서 하는 것 이상으로 집중도 잘되고 명상의 효과도 좋다. 균형을 잘 잡고 바르게 서는 것에 익숙해지면 30분 이상도 편안하게 서서 명상을 할 수 있다. 서서 하는 명상의 핵심 역시 꼬리뼈부터 정수리를 연결하는 가상의 수직선을 곧고 길게 세우는 것이다. 우선 양발을 어깨

내면소통

너비로 벌리고 선다. 점차 익숙해지면 양발을 더 넓게 벌려도 좋다. 처음에는 되도록 양발의 발끝이 정면을 향하도록 일자로 놓는다. 무릎에 혹시 불편함이 느껴지면 발 앞쪽을 약간 바깥쪽으로 벌려도 좋다. 무릎에 무리가 가지 않도록 두 번째 발가락의 방향과 무릎의 방향이 일치하도록 한다.

발바닥 전체에 고루 체중이 실리는 느낌으로 선다. 이를 위해서는 처음에는 발뒤꿈치에 체중이 더 실리도록 했다가 천천히 발가락 쪽으로 무게를 옮기고, 다시 발뒤꿈치로 무게중심을 이동하는 것을 반복해본다. 상체나 하체는 거의 움직이지 않고 고정된 상태를 유지하면서 체중만 천천히 발 앞쪽과 뒤쪽으로 이동시키는 것이다. 이 과정을 통해서 점차 체중이 발바닥 전체에 고르게 분산되는 균형점을 스스로 발견할 수 있다. 이러한 과정 자체가 내 몸이 나에게 주는 여러 가지 감각정보에 집중하는 훈련이며, 내 몸이 나에게 들려주는 '목소리'를 잘 들을 수 있는 능력을 키우는 훈련이다.

체중이 발바닥 전체에 고르게 실린 다음에는 무릎을 살짝 굽혀 다리의 긴장을 푼다. 이때 발목과 무릎이 하나의 수직선으로 놓인다는 느낌을 유지한다. 실제로는 무릎이 발목보다 살짝 앞으로 나오는 경우가 많지만, 그래도 스스로 발목 바로 위쪽에 무릎이 놓인다는 느낌을 유지하면서 무릎을 살짝 굽힌다. 엉덩이가 살짝 뒤로 빠지면서 마치 보이지 않는 의자에 걸터앉는 느낌이 들도록 한다. 꼬리뼈가 내 발뒤꿈치보다 조금 더 뒤쪽의 땅을 향해서 수직으로 내려가고, 그 수직선을 따라 정수리는 높이 올라간다는 느낌이 들면 된다. 이때 배, 가슴, 엉덩이 등 몸 전체의 긴장을 푸는 것이 중요하다.

똑바로 잘 서면 엉덩이가 약간 뒤로 빠지는 듯한 자세가 되면서 체중이 발뒤꿈치 쪽으로 좀 더 실리게 된다. 이때 손을 천천히 들어 올려 균형을 잡는다. 어깨의 긴장을 풀고 툭 떨어트린 채로 손을 천천히 들어 올린다. 팔에도 힘을 빼야 하므로 팔꿈치는 자연히 손의 높이보다는 약간 아래쪽으로 처지게 된다. 팔도 완전히 펴는 것은 아니고 커다란 타원을 그리는 느낌으로 손을 든다. 커다란 나무줄기를 감싸안는 듯한 자세라 할 수 있다. 손바닥은 위를 향해도 좋고 바깥쪽을 향해도 좋지만, 보통은 가슴 쪽을 향하도록 한다. 손-팔-어깨-등을 연결하는 하나의 커다란 타원형을 상상하면서 자세를 견고하게 하고 온몸의 긴장을 푼다. 손에도 힘을 빼고 손가락은 가볍게 쭉 편

[그림 8-5] 바르게 서는 법. 서서 하는 호흡 명상은 온몸의 미세한 변화를 더 잘 느낄 수 있어서 앉아서 하는 명상보다 훨씬 더 집중이 잘된다. 서서 하는 명상 역시 꼬리뼈에서 정수리까지 일직선이 되도록 허리를 곧게 펴는 것이 핵심이다. 이를 위해서 몸통의 무게중심은 발뒤꿈치로 수직으로 떨어지도록 하고 무릎은 발가락 앞으로 나가지 않도록 한다.

다. 손은 가슴 높이에 오도록 하되 어깨나 상완 부위에 통증이 느껴지면 배나 아랫배쯤으로 조금 낮춰도 된다. 가장 집중이 잘되는 위치를 스스로 찾아가도록 한다([그림 8-5]).

천천히 호흡에 집중하면서 하체에도 점차 힘을 빼되 발바닥에서 내린 뿌리가 땅속 깊이 이어져 견고하게 서 있다는 느낌을 찾아간다. 허벅지 근육에 힘을 줘서 버티고 서 있다는 느낌을 버린다. 다리근육의 긴장을 다 풀어도 내 몸의 골격의 기본적인 구조가 균형을 이루어서 근육의 도움을 받지 않고 뼈대 자체가 스스로 서 있다는 느낌을 찾아가도록 한다. 자세는 견고하되 온몸의 긴장이 풀어져 편안한 느낌이 들기 시작하면 제대로 선 것이다. 처음에는 온몸에 힘이 들어가고 여기저기 근육이 긴장될 수밖에 없겠지만 매일 반복적으로 조금씩 훈련하면 곧 복부의 긴장이 완전히 풀어져 내장 전체의 무게가 골반을 통해 발바닥에 그대로 전달되는 것을 느낄 수 있다. 그 순간 뇌신경계와 관련된 많은 신체 부위가 이완되고 편도체는 안정화된다. 이때 찾아오는 편안함과 고요함 속에서 내 몸이 나에게 주는 다양한 감각들을 천천히 즐기면 된다.

바르게 눕는 법

누워서 하는 명상은 특히 잠들기 직전에 하면 수면의 질을 높이는 데 큰 도움이 된다. 푹신한 침대나 소파에 누우면 바닥과 닿는 몸의 감각을 느끼기 쉽지 않으므로 초보자는 어느 정도 단단한 바닥에 눕는 것이 좋다. 눕기 명상에 어느 정도 익숙해진 다음에는 푹신한 침대에 누워서 해도 된다.

마룻바닥이나 카펫 혹은 얇은 요가 매트에 똑바로 눕는다. 베개는 베지 않거나 2센티미터 내외의 낮은 베개를 베도록 한다(수건을 두어 번 접어서 사용하면 적당하다). 양손은 몸통에서 한 뼘가량 떨어진 위치에 편안하게 놓는다. 양발도 두 뼘 정도 떨어지게 놓는다. 일단 손바닥이 천장을 향하도록 한 후에 천천히 조금씩 돌려보면서 어깨와 팔이 가장 편안하게 이완되는 위치를 찾아간다. 때에 따라서는 양손을 몸통 옆에 놓는 것이 불편할 수도 있다. 이런 경우에는 만세 부르듯이 양팔을 들어서 손을 머리 위쪽에 편안히 놓는다. 그러나 이러한 만세 자세는 손을 내리는 것이 불편한 경우에만 사용하도록 한다. 무릎을 펴고 눕는 것이 불편한 경우에는 종아리 아래 발뒤꿈치 뒤편에 한 뼘 정도 높이의 베개를 받쳐도 좋다.

이제 긴장을 풀고 내 몸이 어떻게 누워 있는지를 마음의 눈으로 천천히 관찰한다. 특히 내 몸이 바닥과 어떻게 닿아 있는가를 하나하나 살펴본다. 그런 다음 기분이 내키는 대로 하나의 색을 선택한다. 파란색도 좋고 노란색도 좋고 검은색이어도 좋다. 선택한 색의 잉크를 내 몸 전체에 잔뜩 바르고 하얀색의 커다란 종이에 누우면 종이에 어떤 자국이 생길지 상상한다. 발뒤꿈치, 종아리 뒤편, 허벅지 일부와 엉덩이, 등, 뒤통수, 양팔, 팔꿈치, 손등 등이 어떻게 바닥에 닿아 있는지 하나하나 느껴본다. 내 몸의 오른쪽과 왼쪽이 어떻게 다른지도 살펴본다. 천천히 호흡하면서 온몸의 긴장을 더 이완하고 내 몸이 중력에 의해서 바닥 쪽으로 더 편안하게 내려가는 것을 상상한다.

내 몸이 지금 나에게 어떤 신호를 보내고 있는지 면밀하게 관찰한다.

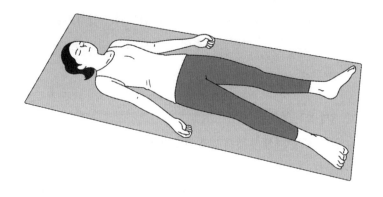

[그림 8-6] **바르게 눕는 법.** 마룻바닥이나 카펫 혹은 얇은 요가 매트 등 단단한 바닥 위에 똑바로 눕는다. 베개는 베지 않거나 수건을 두어 번 접어서 2센티미터 내외의 낮은 베개를 베도록 한다. 양손은 몸통에서 두 뼘가량 떨어진 위치에 편안하게 놓는다. 양발도한 뼘 혹은 어깨너비 정도로 벌린다. 양쪽 발가락 끝이 살짝 바깥쪽으로 벌어져도 좋다. 똑바로 눕는 것이 불편한 경우에는 양손을 머리 위로 올리는 만세 자세를 취해도 된다.

불편한 느낌이나 통증을 주는 곳은 없는지도 살펴본다. 나의 몸은 지금 내게 무슨 이야기를 하고 있는지 들어본다. 몸 곳곳에는 자신이 살아오면서 경험했던 강렬한 감정의 기억들이 숨어 있게 마련이다. 긴장을 풀면 몸 곳곳에 뭉쳐져 있던 감정의 기억들도 조금씩 풀어지기 시작한다. 내 몸 여기저기에 숨어 있는 어떤 느낌이나 감정들의 미묘한 움직임을 느껴본다. 우리 의식에 명료하게 떠오르지 않아 미묘하고 섬세한 느낌으로만 전해지는 내부감각의 신호들은 반복적인 이완 훈련을 통해 더 분명하게 인지할 수 있다.

뇌신경계란 무엇인가

명상 훈련이 어떻게 편도체를 안정화할 수 있는지를 살펴보기 위해서는 무엇보다도 뇌신경계에 대해 먼저 알아볼 필요가 있다. 뇌신경계는 편도체의 활성화에 따른 신체 변화와 깊은 관련이 있다. 우리 몸 대부분의 운동신경이나 감각신경은 뇌로부터 척수를 지나 온몸으로 퍼져 있는 척수신경계를 통해 연결되어 있다. 반면에 머리와 목, 내장기관 등 특정 신체 부위들은 척수를 거치지 않고 뇌의 아랫부분과 직접 연결되어 있다. 이것이 뇌신경계 (cranial nerve system)다.

뇌신경은 뇌와 척수가 연결되는 뇌줄기(뇌간)에서 시작되는데 이곳은 주로 자율신경계나 기본적인 생명작용을 관할하는 부위이며 우리가 의식하지 못하는 무의식의 영역이라 할 수 있다. 인간의 의식작용은 주로 대뇌피질을 기반으로 이뤄진다. 무엇인가를 인식하고 생각하고 판단하고 움직이고 기억하는 것은 모두 최상층(3층)에 자리 잡고 있는 대뇌피질 담당이다. 그 아래 2층에 감정과 보상체계 등의 기능을 담당하는 변연계가 자리 잡고 있다. 변연계의 핵심 부위 중 하나가 편도체다. 변연계 아래에 위치해 뇌의 저변(1층)을 이루는 것이 바로 뇌줄기 혹은 뇌간(brain stem)이다. 말초신경과 중추신경이 만나는 부위라 할 수 있다. 뇌줄기는 다시 간뇌(diencephalon), 중뇌(midbrain), 교뇌(pons), 연수(medulla) 등으로 나뉜다([그림 8-7]). 뇌신경은 모두 뇌줄기에서 시작해서 신체의 특정한 부분들과 연결되어 있다. 뇌신경계의 지배를 받는 이 '특정한 부분들'을 이완함으로써 편도체를 안정시키고자 하는 것이 '뇌신경계 이완훈련'이다.

뇌줄기의 맨 아랫부분인 연수는 숨골이라고도 하는데 호흡, 심장박동, 혈압, 소화 등 기본적인 생명유지에 필요한 핵심 기능을 관할한다. 연수에서 시작하는 뇌신경은 9, 10, 11, 12번이다. 연수 위에 있는 교뇌는 소뇌와의 움직임에 관한 정보를 주기도 하고 수면 및 호흡의 리듬 등을 제어한다. 뇌신경 5, 6, 7, 8번이 교뇌에서 시작된다. 교뇌 위에는 중뇌가 있다. 뇌신경 1, 2, 3, 4번이 중뇌에서 시작된다.

중뇌는 청각과 시각뿐 아니라 의도에 따른 움직임을 제어한다. 청각과 시각은 모두 자신의 의도대로 움직일 수 있는 수의운동과 깊은 연관성이 있다. 의도를 지닌 행위는 동기가 있어야 하는데 이러한 동기부여의 원천이 도파민이다. 도파민은 흔히 보상체계의 핵심 신경전달물질로 알려져 있기도 하다. 그런데 네 개의 도파민 신경회로 중 세 개가 중뇌에 있다. 이 안에 있는 흑질에서 도파민이 생성된다. 앞에서 살펴보았듯이 도파민은 보상이나 새로운 자극에 반응해 '동기'를 만들어내기도 하지만 무엇보다도 근육의 움직임

[그림 8-7] 뇌신경계 12쌍과 뇌줄기

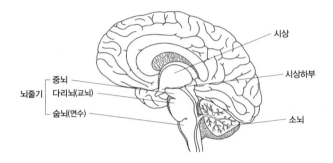

시상
시상하부
중뇌
뇌줄기 다리뇌(교뇌)
숨뇌(연수)
소뇌

1) 뇌신경계 12쌍이 시작되는 곳은 뇌의 아랫부분인 뇌줄기 혹은 뇌간이다. 뇌줄기는 중뇌, 교뇌, 연수 등으로 나뉘는데, 뇌신경 1, 2, 3, 4번은 중뇌에서, 5, 6, 7, 8번은 교뇌에서, 9, 10, 11, 12번은 연수에서 시작된다.

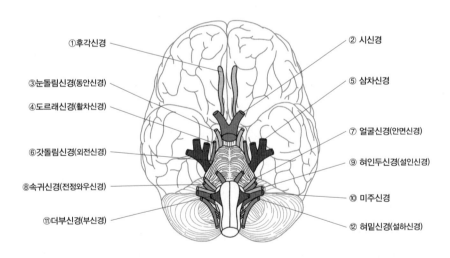

①후각신경
② 시신경
③눈돌림신경(동안신경)
⑤ 삼차신경
④도르래신경(활차신경)
⑦ 얼굴신경(안면신경)
⑥갓돌림신경(외전신경)
⑨ 혀인두신경(설인신경)
⑧속귀신경(전정와우신경)
⑩ 미주신경
⑪더부신경(부신경)
⑫ 혀밑신경(설하신경)

2) 뇌의 밑부분을 아래에서 올려다본 모습이다. 12쌍의 뇌신경이 어디서 시작되는지가 나타나 있다.

순서	이름	유형	신경핵 위치	순서	이름	유형	신경핵 위치
제1뇌신경	후신경 (후각신경)	감각성	뇌줄기	제7뇌신경	얼굴신경 (안면신경)	혼합성	다리뇌 (교뇌)
제2뇌신경	시신경 (시각신경)	감각성	뇌줄기	제8뇌신경	속귀신경 (전정와우신경)	감각성	다리뇌 (교뇌)
제3뇌신경	눈돌림신경 (동안신경)	운동성	중간뇌 (중뇌)	제9뇌신경	혀인두신경 (설인신경)	혼합성	숨뇌 (연수)
제4뇌신경	도르래신경 (활차신경)	운동성	중간뇌 (중뇌)	제10뇌신경	미주신경	혼합성	숨뇌 (연수)
제5뇌신경	삼차신경	혼합성	다리뇌 (교뇌)	제11뇌신경	더부신경 (부신경)	운동성	숨뇌 (연수)
제6뇌신경	갓돌림신경 (외전신경)	운동성	다리뇌 (교뇌)	제12뇌신경	혀밑신경 (설하신경)	운동성	숨뇌 (연수)

출처: 우리말 의학용어 사전(https://medicalterms.tistory.com/455)

을 조절하는 신경전달물질이다. 사실 '동기'는 곧 특정한 행위나 움직임을 불러일으키는 것이다.[479]

중뇌 위에는 간뇌(사이뇌)가 있는데 시상(thalamus)과 시상하부로 이뤄져 있다. 시상은 의식으로 가는 관문이라 할 수 있다. 후각 이외의 여러 감각 정보는 시상을 거쳐 대뇌피질로 전달되어 우리의 의식에 떠오르게 된다. 후각만 시상을 거치지 않고 바로 대뇌에 전달된다.[480] 시상 바로 아랫부분이 시상하부(hypothalamus)인데 자율신경계의 중추이자 스트레스 반응센터라 할 수 있다. 자율신경계는 동공 확대, 타액 감소, 호흡 증가, 심박수 증가, 소화 기능 저하, 방광 축소 등의 작용을 하는 '교감신경계'와 이와는 반대로 동공 축소, 정상 타액, 안정기 호흡, 안정기 심박, 소화 기능 촉진, 방광 이완 등의 작용을 하는 '부교감신경계'가 교대로 작동하면서 우리 몸의 균형을 이룬다. 또한 시상하부는 체온 조절, 식욕 관련 호르몬 분비에 따른 식욕 조절, 갈증 유발을 통한 체내 수분 조절, 수면과 각성상태의 조절, 각종 호르몬의 분비와 억제에 따른 균형 조절에 있어서 중심 역할을 담당한다. 시상하부는 내장의 교감신경계를 활성화하도록 신경망을 통해 직접 영향을 미칠 수도 있고 내분비선 자극을 통해 호르몬으로 간접 통제할 수도 있다.

지금까지 살펴본 연수, 교뇌, 중뇌, 시상, 시상하부 등에서 일어나는 일들은 우리의 의도나 의식 차원에 떠오르지 않는 기능들이다. 대뇌피질 저 아래에 자리 잡은 이곳에서 일어나는 일은 의식이 직접 인지할 수 없다. 따라서 특정한 의도를 갖고 의식적으로 통제할 수도 없다. 감정의 유발은 이러한 무의식의 영역에서 시작된다.

편도체가 활성화되면 그 신호는 뇌줄기의 여러 부위와 연결된 뇌신경계를 통해서 몸의 각 부위로 전달되고, 시상하부와 내분비선을 통해서는 호르몬에 의해 간접적으로 몸의 여러 부위에 영향을 미친다. 중요한 것은 신체에 다양한 변화를 가져오는 대부분의 신호가 뇌신경계를 거친다는 점이다. 자율신경계의 핵심이라 할 수 있는 미주신경 역시 뇌신경 중 하나다. 뇌신경들은 대부분 뇌줄기의 다양한 부위에서 시작되어 몸의 특정한 부위들과 연결된다.

단순화의 오류를 무릅쓰고 쉽게 요약해서 말하자면, 편도체가 활성화함으로써 발생한 신호들은 뇌신경계를 거쳐서 우리 몸에 전달되어 몸을 변화시키고 그렇게 변화된 몸의 상태에 대한 신호들은 다시 뇌신경계를 통해서 시상을 거쳐 대뇌로 전달된다. 뇌신경계가 감정 유발이라는 작용을 통해 의식과 몸을 연결해주는 통로 역할을 하는 것이다. 뇌신경계를 거쳐서 올라오는 다양한 몸의 내부감각 신호들은 대뇌피질의 내적모델에 의해서 능동적 추론을 통해 특정 감정으로 '해석'된다.[481] 만성통증 역시 이와 마찬가지로 내부감각 자료에 대한 추론을 통해 해석된 결과다.

뇌신경계는 좌우뇌에서 모두 12쌍이 뻗어 나와 있으며 몸의 특정한 부위와 연결되어 있다. 1번부터 12번까지 번호가 매겨져 있는 뇌신경계 중에서 후각(1번), 시각(2번), 청각(8번)과 관련된 것은 '감각성' 신경으로 우리가 의도를 갖고 조절하거나 훈련하기가 곤란하다. 이 세 가지 뇌신경계를 제외한 나머지 뇌신경계는 '운동성' 혹은 '혼합성' 신경으로 상대적으로 쉽게 인지하고 조절할 수 있는 부위다([그림 8-8]).

3번(눈돌림근육), 4번(눈돌림근육 중 위쪽 빗근), 6번(눈돌림근육 중 바깥쪽 곧은근)은 안구의 움직임과 관련된 근육과 연결된 운동성 신경이다. 11번도 목과 어깨에 걸쳐져 있는 근육인 흉쇄유돌근 및 승모근과 연결되어 있는 운동성 신

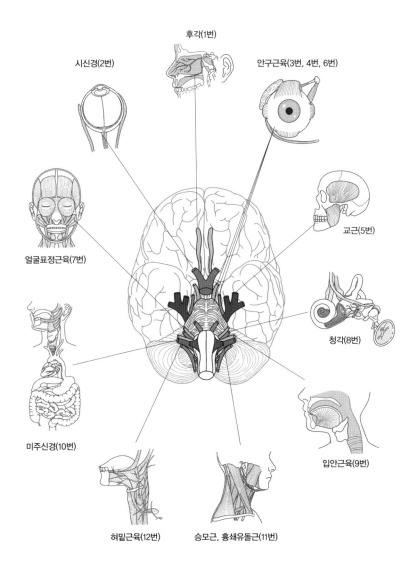

후각(1번)

시신경(2번)

안구근육(3번, 4번, 6번)

교근(5번)

얼굴표정근육(7번)

청각(8번)

미주신경(10번)

입안근육(9번)

혀밑근육(12번)

승모근, 흉쇄유돌근(11번)

[그림 8-8] 뇌신경계 중 운동성 신경과 혼합성 신경이 연결된 신체 부위들. 12쌍의 뇌
신경계 중 1, 2, 8번은 감각성 신경이어서 의도적인 훈련이 곤란하다. 나머지가 운동성(3,
4, 6, 11, 12번) 혹은 혼합성(5, 7, 9, 10번) 신경인데 이들과 연결된 신체의 각 부위는 감정
유발과 직결된다. 운동성 혹은 혼합성 뇌신경과 관련된 부위를 이완시키는 것이 뇌신경
계 이완 훈련이다.

경이다. 편도체가 활성화되면 목이 뻣뻣해지고 승모근 수축으로 인해 어깨가 위로 올라가게 된다. 부정적 정서를 지닌 사람들의 전형적인 자세다. 12번 역시 운동성 신경인데 혀밑근육과 연결되어 있다. 불안하거나 분노에 휩싸이면 혀가 굳어지는 이유다.

나머지 뇌신경들은 모두 혼합성으로 감각신경과 운동신경이 혼합되어 있다. 주로 운동신경의 측면에서 살펴보자면 5번은 깨물근(교근)이라고도 불리는 턱근육과 관련되어 있다. 긴장하거나 불안하면 저절로 이를 악물게 되는 이유다. 7번은 표정을 담당하는 얼굴근육과 연결되어 있다. 감정이 얼굴에 그대로 드러나는 이유다. 9번은 주로 입속의 근육과 연결되어 있다. 10번은 미주신경인데 주로 내장, 심장, 호흡기관 등을 포함하여 많은 내장기관과 연결되어 있다.

편도체가 활성화되면 뇌신경계와 연결된 이러한 부위들이 긴장하게 되고 이러한 긴장이 뇌에 전달되어 감정을 느끼게 된다. 뇌의 입장에서 보자면 뇌신경계와 연결된 이러한 부위들의 긴장이 곧 부정적 정서 그 자체라 할 수 있다. 따라서 감정조절 능력 향상을 통해 마음근력을 강화하기 위해서는 운동성-혼합성 뇌신경계와 관련된 부위들의 긴장을 완화하는 습관을 들이는 것이 매우 중요하다. 내면소통 명상 중 뇌신경계 명상은 이러한 부위의 긴장을 풀고 편안한 신호를 보냄으로써 부정적 정서를 효율적으로 감소시킬 수 있다.

내부감각 자각 능력 향상을 위한 뇌신경계 이완 훈련

내부감각 인지 훈련은 편도체를 안정화하기 위해서 뇌신경계와 연관된 부위를 이완시키는 명상이다. 내부감각 인지 훈련을 처음 시작하는 사람은 우선 앉거나 서서 하는 것이 좋다. 누워서 하는 경우 금방 잠들어버릴 수 있기 때문이다. 누워서 하는 명상은 앉아서 혹은 서서 하는 명상 훈련에 상당히 익숙해진 후에 시도하는 것이 좋다. 또는 잠들기 전에 보다 깊은 수면을 위해서 추가적으로 하는 것을 권장한다.

우선 위에서 살펴본 방법대로 똑바로 앉거나 선다. 모든 명상 자세에서 꼬리뼈부터 정수리까지 일직선이 되도록 허리를 곧게 펴는 이유는 경추 1번 위에 머리를 잘 얹어놓음으로써 목, 어깨, 턱, 얼굴, 복부 등 뇌신경계와 연관된 부위들이 이완될 수 있게 하기 위해서다. 그리고 천천히 호흡을 바라보는 호흡 명상을 한다.

동영상 자료:
joohankim.com/data

교근 이완(5번 뇌신경)

5번 뇌신경계는 삼차신경이라고 불리며 얼굴의 여러 부위와 연관되어 있다. 신체의 여러 근육 중에서 가장 강한 힘을 낼 수 있는 근육이 바로 깨무는 데 사용되는 교근이다. 호흡 훈련을 통해 몸과 마음이 고요해지면 숨을 내쉴 때마다 계속 턱근육의 힘을 빼야 한다. 보통 하루 종일 이를 악물고 일을 하는 현대인은 턱근육이 과도하게 긴장되어 있다. 턱의 힘을 빼려 해도 잘되지 않는다. 혹은 어떻게 해야 턱의 긴장을 풀 수 있는지도 잘 모르는 경우가 많다. 늘 긴장되어 있는 부위이기 때문에 본인의 턱근육이 강하고 단단하게 경직되어 있다는 사실조차 인지하지 못하는 경우가 많다. 턱근육에 늘 힘을 주고 긴장하는 사람은 턱근육이 발달해서 사각턱이 되기도 한다. 또 자는 동안 이를 심하게 갈거나 이를 딱딱 부딪쳐서 치아가 손상되는 경우도 많다. 이런 경우라면 늘 편도체가 활성화된 채로 살아가고 있다고 볼 수 있다.

턱근육을 이완시키는 것만으로도 편도체 안정화에 큰 도움이 된다. 천천히 숨을 내쉬면서 턱과 얼굴 전체의 긴장을 푼다. 입술은 닫혀 있어도 입 안에서 위아래 어금니는 서로 떨어져 있도록 한다. 아래턱이 중력에 의해 툭 떨어지는 느낌이 나도록 턱과 얼굴 전체의 힘을 뺀다. 턱근육의 긴장은 목·어깨·등·배·가슴의 긴장과도 긴밀하게 연결되어 있다. 턱근육을 중심으로 이러한 부위 전체의 긴장이 이완되는 것을 느껴본다. 턱근육은 또한 혀근육을 포함해서 입안의 여러 근육들과도 연결되어 있으므로 턱근육과 함께 혀와 입안도 편안하게 이완되도록 한다.

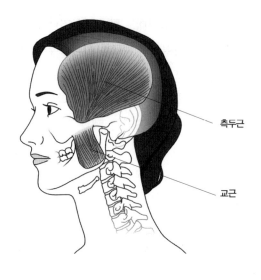

측두근

교근

[그림 8-9] 교근(턱근육)의 이완. 광대뼈에서 시작해서 아래턱에 연결되어 있는 교근과 측두근은 이를 악물 때 긴장하게 되는 근육이다. 편도체가 활성화되면 교근은 긴장되기 마련이다. 교근이 긴장되면 불안감이나 분노 등의 부정적 감정이 쉽게 유발된다. 교근의 이완은 머리와 몸통을 연결하는 여러 다른 근육들도 이완시켜주는 효과가 있다.

이제 천천히 오른손을 들어서 엄지손가락으로 오른쪽 귓구멍 바로 앞에서 시작해서 광대뼈를 따라 점차 얼굴 정면 쪽으로 근육을 마사지하며 호흡에 집중한다. 광대뼈에서 시작하는 교근은 아래턱까지 이어진다([그림 8-9]). 광대뼈에서 아래턱 쪽으로 근육의 결을 따라 계속 마사지를 한다. 5분 가량 지속한다. 특히 통증이 느껴지는 부위를 더 집중적으로 풀어준다. 호흡을 내쉴 때마다 턱근육을 중심으로 온몸의 긴장이 이완되는 것을 느껴보도록 한다. 오른쪽 턱근육을 푸는 것만 5분 정도 지속한 후에 오른손을 내리고 똑바로 앉아 다시 천천히 호흡에 집중하면서 오른쪽 부위의 턱, 목, 어깨 등과 왼쪽 부위의 느낌을 비교해본다. 오른쪽 턱을 풀었으니 오른쪽 턱이 더 부드러운 느낌이 드는 것은 당연하다. 그런데 오른쪽 어깨 역시 더 부드럽고 왼쪽 어깨에 비해 아래쪽으로 내려간 듯한 느낌이 들 것이다. 턱근육을 풀었는데 승모근까지 이완되어서 어깨근육까지 이완된 것이다. 교근 마사지를 통해서 오른쪽 교근은 물론 승모근과 흉쇄유돌근의 긴장까지도 이완되는 효과

내면소통

를 가져왔음을 알 수 있다. 좌우의 달라진 느낌을 잘 기억한 후에 이제 왼쪽 교근도 마찬가지 방법으로 풀어주고 다시 좌우의 턱, 목, 어깨의 느낌들을 비교해본다.

흉쇄유돌근과 승모근 이완(11번 뇌신경)

11번 뇌신경계와 연결된 흉쇄유돌근(sternocleidomastoid: SCM)과 승모근 (trapezius)은 두개골을 쇄골과 어깨에 연결해주는 근육이다. 이 근육들은 모두 교근과 밀접하게 연결되어 있으며 얼굴표정근육 이상으로 감정을 그대로 드러내는 근육들이다. 흉쇄유돌근과 승모근이 경직되어 있으면 교근도 따라서 경직되며 이때 어깨는 위로 들어 올려지게 된다. 일상생활 속에서도 계속 어깨를 툭 아래로 떨어뜨리는 느낌을 유지하는 것이 중요하다.

이제 승모근과 흉쇄유돌근을 이완시켜보자. 먼저 천천히 숨을 내쉬면서 교근의 이완에 집중한다. 천천히 숨을 들이쉬면서 턱을 치켜들었다가 내쉬면서 고개를 천천히 떨군다. 고개는 자연스럽게 끄덕이는 움직임을 하게 되는데 이때 무게중심은 경추 1번에 실리게 된다. 경추 1번은 고개를 위아래로 움직이게 하는 역할을 담당한다. 뒤통수 쪽이 무거워지면서 턱이 들릴 때 교근이 완전히 이완되는 느낌을 유지하도록 한다. 다시 턱을 앞으로 숙일 때 숨을 내쉬면서 머리 무게가 코끝 방향으로 쏠리는 것을 느낀다. 이처럼 고개가 앞뒤로 끄덕이며 시소처럼 움직이는 것을 천천히 고요하게 반복하면서 턱근육에 긴장이 점점 더 빠져나가는 것을 느껴본다. 고개를 움직이는 범위를 점차 줄여간다. 마침내 머리가 앞뒤의 무게중심 사이에 정확히 놓여 전혀 움직이지 않게 되는 지점을 찾아간다. 완벽한 균형감을 느낄 때 내 머리의 두개골이 경추 1번 위에 정확히 균형 잡힌 상태로 놓여 있게 된다. 이때 정수리와 꼬리뼈는 일직선상에 있어야 한다.

아주 천천히 고개를 부드럽게 왼쪽으로 돌리면서 숨을 들이마신다. 완전히 들이마신 다음에 다시 천천히 내쉬면서 고개를 오른쪽으로 돌리기 시작한다. 숨을 다 내쉬었을 때 고개가 오른쪽 끝까지 돌아가 있도록 천천히 고개를 돌린다. 다시 숨을 들이쉬면서 왼쪽으로 고개를 돌린다. 이처럼 들이쉬면서 왼쪽으로, 내쉬면서 오른쪽으로 고개를 돌리는 것을 10회 정도 반복

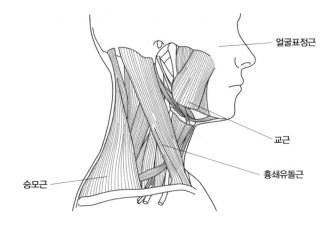

얼굴표정근

교근

흉쇄유돌근

승모근

[그림 8-10] **흉쇄유돌근과 승모근.** 흉쇄유돌근과 승모근은 두개골을 몸통과 연결시켜주는 역할을 하며 교근이나 얼굴표정근과도 밀접하게 관련되어 있다. 흉쇄유돌근과 승모근을 이완시키는 것은 부정적 감정 완화에 큰 도움이 된다. 이들 근육의 긴장 완화를 위해서는 경추 1번 위에 두개골이 균형 있게 잘 얹어지도록 바른 자세를 유지하는 것이 매우 중요하다.

한다. 고개를 좌우로 돌리는 것은 2번 경추가 담당하는 일이다. 턱을 위아래로 끄덕였다가 다시 좌우로 돌리는 것은 턱근육과 흉쇄유돌근의 긴장을 완화해준다. 고개를 끄덕일 때는 모든 것을 수용하고 받아들이는 넓은 마음가짐이 느껴지도록 하고, 좌우로 돌릴 때에는 세상의 모든 면을 다 통찰하겠다는 또 다른 의미에서의 넓은 마음가짐을 느껴보도록 한다.

이제 정면을 보면서 머리와 목이 부드럽게 연결되고 편안하게 긴장이 풀어졌음을 알아차리면서 양쪽 어깨에 주의를 둔다. 먼저 왼쪽 어깨 끝, 어깨와 팔이 만나는 부분에 집중한다. 어깨를 천천히 부드럽게 들어 올리면서 몸의 변화를 느껴본다. 갑자기 힘을 빼서 어깨가 툭 떨어지도록 한다. 마찬가지로 오른쪽 어깨 끝에도 집중을 해서 끌어올렸다가 툭 내려놓는다. 이것을 좌우 번갈아가며 세 차례 반복한다. 이제 숨을 들이쉬면서 양쪽 어깨를 동시에 끌어올렸다가 내쉬면서 툭 내려놓는다.

천천히 호흡에 집중하면서 양쪽 어깨에 주의를 둔다. 숨을 내쉴 때마다 양어깨가 바닥 쪽으로 조금씩 녹아내린다는 상상을 한다. 어깨가 아래로

내면소통

내려가서 양쪽 귀로부터 멀어지는 느낌이 나도록 한다. 이때 턱근육과 얼굴 전체와 목근육도 점점 긴장이 풀어지는 것을 함께 확인하도록 한다.

숨을 천천히 들이쉬었다가 내쉬면서 이번에는 양쪽 어깨를 앞쪽으로 이동시킨다. 몸의 다른 모든 부위는 그대로 편안하게 유지한 상태에서 양쪽 어깨 끝만 앞으로 이동한다. 숨을 천천히 들이마시면서 이번에는 양쪽 어깨 끝을 뒤로 이동시킨다. 가슴 부분은 넓어지고 등 뒤의 견갑골이 모이는 듯한 느낌을 가지면 된다. 다시 내쉬면서는 어깨를 앞으로 보냈다가 들이쉬면서는 어깨를 뒤로 보내는 것을 10회 정도 반복한다. 모두 본인의 호흡 리듬에 맞추어서 자연스럽게 동작을 반복하면 된다. 흉쇄유돌근이나 승모근은 의도를 갖고 직접 이완시키기 어려운 부분이므로 이처럼 고개를 돌린다든가 어깨를 움직인다는 식의 의도를 통해서 간접적으로 이완시키는 것이 핵심이다.

안구근육(3, 4, 6번 뇌신경)의 이완과 EMDR

안구의 움직임을 담당하는 근육들은 상당히 많은 뇌신경계와 관련이 있다([그림 8-11]). 3번 뇌신경은 안구를 움직이는 눈돌림신경과 연관되어 있을 뿐만 아니라 내적인 느낌이나 감정을 조절하는 자율신경계와도 연결되어 있다. 위눈꺼풀올림근육과도 연결되어 있어 긴장하거나 놀라면 눈을 크게 뜨게 만든다. 4번 뇌신경은 도르래신경 혹은 활차신경이라고 불린다. 안구의 위빗근의 운동신경과 관련되어 있으며 안구를 안쪽이나 아래쪽으로 움직이는데 주로 인지적 태도 혹은 주의 집중과 관련된다. 6번 뇌신경은 갓돌림신경 혹은 외전신경이라고 불린다. 안구의 바깥쪽 곧은근의 운동신경과 관련되어 눈의 측면 운동을 관할하는데, 주로 주변 환경에 대한 태도나 움직임과 관련된다.[482]

안구근육을 조절하는 뇌신경계는 어떤 대상을 바라보고 주의를 집중하는 기능과 깊은 관련이 있다. 인간의 의식은 여러 감각 기능 중에서도 특히 시각에 많이 의존한다. 의식의 가장 본질적인 기능은 움직임인데, 우리의 움직임이 시각에 상당 부분 의존하기 때문이다. 외부 환경이 자신의 안위를 위협한다고 판단했을 때, 우리는 눈을 부릅뜨게 된다. 위협적인 존재에 대한 최대한의 정보를 얻기 위해서 집중한다. 강한 의도를 지니게 되었을 때 안구근

① 안구 움직임의 방향에 따라 관여하는 뇌신경계가 각각 다르다

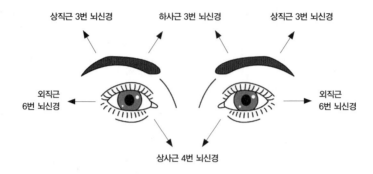

② 안구근육들의 위치

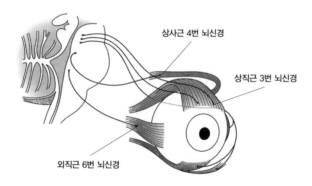

[그림 8-11] 안구근육을 담당하는 뇌신경계. 안구의 움직임을 담당하는 근육들은 상당히 많은 운동성 뇌신경들과 관련되어 있다. 3번 뇌신경은 눈동자를 들어 올리는 것과 관련이 있으며 긴장하거나 놀랄 때 사용되는 근육을 관할한다. 4번 뇌신경은 주로 안구를 아래쪽으로 움직이는 근육을 관할하며 주의 집중과 관련이 깊다. 6번 뇌신경은 눈동자를 측면으로 움직이는 데 관여한다. 안구근육은 가장 많은 뇌신경계와 연결되어 있는 부위여서 눈을 감고 편안하게 이완하는 것도 중요하지만 리드미컬하게 여러 방향으로 움직이는 것도 부정적 감정 완화에 큰 도움을 준다. 대표적인 것이 EMDR 훈련이다.

육은 긴장하게 된다. 나를 위협하는 요인들은 항상 내 바깥에 있다. 스트레스를 받으면 긴장해서 주변 환경을 두리번거리게 된다.

명상할 때 눈을 감거나 같은 곳을 지그시 응시하는 것은 단순히 시각 정보를 제한하는 효과만 있는 것이 아니다. 전체적인 안구의 움직임을 제한함으로써 뇌신경계의 긴장을 이완하려고 하는 것이다. 안구의 움직임을 제한함으로써 편도체를 안정화하기 위함이다. 안구근육을 이완하고 안정시키는 가장 효율적인 방법은 시선의 방향을 내 안으로 돌리는 것이다. 내 주변의 외부 사물을 바라보는 것이 아니라 그 시선의 방향을 180도 바꿔서 나의 내면을 돌이켜보는 것이다. 내 주의(attention) 방향을 내면으로 향하게 하면 안구근육들은 급속히 이완되고 안정화된다. 위협 요소는 항상 외부에 있으며 나의 내면에는 본질적으로 고요함과 평온함이 있기 때문이다.

나의 내면으로 주의를 돌리는 방법 중 가장 효과적인 것이 내 몸 내부에서 전해지는 감각에 주의를 집중하는 것이다. 내장의 느낌이나 심장박동에 주의를 집중해보는 것이다. 이것이 내부감각 훈련이다. 또는 턱이나 목·어깨·허리 등 몸의 근육이나 관절이 전해주는 느낌에 집중해보는 것이다. 이것이 고유감각 훈련이다. 그리고 내부감각과 고유감각을 동시에 느껴볼 수 있는 훈련이 호흡 훈련이다. 나의 감정이나 생각의 흐름 등에 집중하는 자기참조과정 역시 나의 주의를 나의 내면으로 향하게 하는 매우 효과적인 방법이다.

안구근육을 이완하는 또 다른 효과적인 방법은 안구를 좌우로 규칙적이면서 리드미컬하게 움직여주는 것이다. 안구를 좌우로 규칙적으로 움직여주는 것은 편도체를 안정화함으로써 불안감을 순간적으로 해소해주는 효과가 있다. 방법은 간단하다. 머리는 고정하고 눈동자만 움직여서 손가락 끝을 집중해서 바라보라고 하면서 손가락을 좌우로 규칙적으로 움직이면 된다. 또는 컴퓨터나 TV 모니터를 통해서 왼쪽 끝에서 오른쪽 끝 사이를 좌우로 규칙적으로 움직이는 이미지를 보게 하는 것이다.

심한 불안감이나 공황장애 등이 엄습할 때 안구 움직임 운동을 하면 즉각적인 정서 안정의 효과가 있음은 오래전부터 알려져 있었다. 안구 움직임 운동은 특히 PTSD(외상후스트레스장애) 치료에 널리 사용되고 있다. 우울증이나 다른 정신질환과 달리 PTSD와 관련해서는 효능이 검증된 약도 없었기 때문에 더욱 그렇다. 안구 움직임 훈련은 다양한 종류의 불안장애뿐 아니라 만성통증 및 수면장애의 치료와 집중력 향상 등에도 도움이 되는 것으로 알려져왔다.

프랜신 샤피로(Francine Shapiro)는 이러한 안구운동을 체계화해서 '안구운동 둔감화 및 재처리 요법(Eye Movement Desensitization Reprocessing: EMDR)'이라는 상당히 '이상한' 이름으로 소개했다.[483] 환자에게 EMDR을 처방할 경우 안구를 좌우로 움직이는 수평운동을 중심으로 눈동자를 계속해서 움직이는 훈련을 매일 60~90분씩 일주일 혹은 수 주일간 반복하도록 한다. 물론 음향이나 손의 움직임을 추가하기도 하지만 안구운동이 중심이다. 그런데도 샤피로는 물론이고 그 후에 나온 대부분의 EMDR 관련 문헌들이 안구운동과 관련된 근육들이나 그와 직접 관련된 뇌신경계를 언급조차 하지 않는다는 사실은 매우 놀랍다. 여기에는 안구근육이나 뇌신경 등은 '몸'의 문제이고, 트라우마나 불안은 '마음'의 문제 혹은 뇌의 '정보처리 네트워크'의 문제이므로 서로 상관관계가 없다는 전제가 깔려 있다.

다양한 소매틱 움직임 처방이 PTSD나 불안장애 등에 탁월한 효과를 보이는 이유는 감정은 몸의 문제이기 때문이다. EMDR도 마찬가지다. 눈동자를 움직인다는 사실 자체가 특정한 안구근육과 뇌신경에 영향을 주는 것이고 그것이 직접적으로 부정적 정서의 원인이 되는 신체 반응에 변화를 가져오는 것이다. 교근, 얼굴표정근, 혀근육, 흉쇄유돌근이나 승모근, 복근, 횡격막 등 뇌신경계와 관련된 신체 부위를 이완하면 즉각적인 정서 안정 효과가 있는 것처럼 3번, 4번, 6번 뇌신경계와 직접 연관이 있는 안구근육을 이완해주는 것은 불안감 완화에 큰 효과가 있다. 다만 안구근육을 의도적으로 직접 이완하기는 쉽지 않으므로 눈동자를 좌우로 크게 규칙적으로 움직임으로써 경직되어 있는 안구근육을 풀어주는 것이 EMDR의 핵심이다.

EMDR은 안구근육의 이완에 집중하는 일종의 소매틱 훈련이다. 따라서 EMDR과 다른 신체 부위와의 움직임을 결합한 소매틱 훈련은 더욱더 큰 효과를 기대해볼 수 있다. 실제로 EMDR과 일정한 신체 움직임을 통합한 감각-운동 집중(sensorimotor-focused) EMDR이 매우 효과적이라는 연구결과도 있고,[484] 소매틱 움직임 처방으로서 EMDR 치료를 개념화하려는 시도도 있다.[485] EMDR을 통해서 3번, 4번, 6번 뇌신경과 연관된 안구근육을 이완해주는 동시에 다른 뇌신경계와 연관된 신체 부위도 함께 이완해준다면 분명 더 큰 효과를 얻을 수 있을 것이다.

앞으로 내가 연구할 주제 중의 하나가 규칙적인 좌우 움직임과 EMDR 요소를 통합한 움직임이 편도체를 안정화하고 다양한 불안장애 증상을 완화시킨다는 것을 입증하는 것이다. 수천 년의 전통을 지닌 고대운동 중에는 EMDR 훈련의 요소를 포함하고 있는 운동이 의외로 많다. 인도 요기들이 하던 메이스벨(가다)이나 페르시아 전사들이 하던 페르시안밀이 대표적이다. 등 뒤에서 일어나는 규칙적이고 리드미컬한 진자운동을 시각이 아니라 고유감각으로 느끼면서 규칙적인 좌우 안구 움직임과 그에 따른 전신 운동을 결합한 것이 고대진자운동들의 공통된 특성이다. 이러한 운동은 기본적으로 고유감각을 향상시켜주면서 동시에 EMDR의 요소를 지녔다는 점에서 마음근력을 강화하는 데 매우 효과적인 운동이라 할 수 있다. 몸의 단련을 통해 마음을 수련한다는 전통적인 운동법들은 마음근력 향상을 위한 프로그램에 많은 시사점을 준다. 이에 대해서는 제9장에서 자세히 살펴볼 것이다.

EMDR의 중요한 요소 중 하나는 눈의 움직임이든 몸의 움직임이든 모두 반복적인 리듬을 사용한다는 것이다. 간단한 드럼 연주나 댄스 등 리듬을 이용한 움직임은 불안증세나 트라우마를 효과적으로 완화해줄 뿐만 아니라 파킨슨병이나 실어증 치료에도 상당한 도움을 줄 수 있다.[486] 리듬은 뇌 기저핵(basal ganglia)의 도파민 회로를 활성화함으로써 편도체를 빠르게 안정시키는 효과가 있다. 특히 여러 사람과 함께 박자에 맞춰 리듬에 따라 몸을 움직이는 것은 도파민 회로를 자극해 보상체계를 활성화함으로써 커다란 즐거움을 느끼게 해주고, 소속감을 높여주어 긍정적 정서를 유발한다. 또 몸과 마음에도 활력을 주어 부정적 정서 완화에 큰 도움이 된다. 특히 '바른 마음을 위한 움직임(바마움)' 프로그램의 운동은 진자운동의 리듬에 맞추어서 체중과 시선을 좌우로 반복적으로 이동하게 한다. 또한 여러 명이 함께 비트가 강한 음악에 맞추어서 같은 동작을 반복하는 것이 포함되어 있으므로 매우 포괄적이고도 강력한 효과를 지닌 소매틱 EMDR 훈련이라 할 수 있다.[487]

얼굴표정근육(7번), 입안근육(9번), 혀근육(12번)의 이완

7번 뇌신경계는 혀 앞쪽의 미각신경을 비롯해 눈물샘과 혀밑샘과도 연결되어 있지만 주로 표정을 드러내는 얼굴근육과 연결되어 있다. 얼굴표정근육 역시 뇌신경계와 연결된 다른 근육들(교근, 흉쇄유돌근, 승모근, 혀근육, 안구근육 등)과 마찬가지로 감정 유발 및 감정인지와 직결되어 있는 신체 부위다. 이것이 얼굴표정으로 감정이 드러나는 이유다. 화가 나서 얼굴을 찌푸린다기보다는 표정이 찌푸려졌다는 것을 스스로 인지함으로써 자신이 화났다는 것을 인지하게 된다. 이러한 이유로 안면근육을 의도적으로 변화시킴으로써 일정한 감정을 유발하는 것도 가능하다. 찌푸린 표정을 지으면 부정적 정서가 강화되고 반대로 환한 표정을 지으면 기분이 좋아지는 식이다. 양쪽 입꼬리를 올림으로써 웃음 관련 근육을 활성화하면 긍정적 정서가 유발되고 반대로 입술을 오므려서 웃음 관련 근육을 수축시키면 부정적 정서가 유발된다는 것은 이미 오래전부터 널리 알려진 사실이다.[488]

사실 감정은 얼굴표정으로만 드러나는 것은 아니다. 교근, 흉쇄유돌근, 승모근, 혀근육, 안구근육 등은 물론 이와 관련된 많은 근육들이 감정을 유발하거나 드러내는 일종의 표정근육이라 할 수 있다. 인간의 감정 표현은 얼굴로만 드러나는 것이 아니라 온몸을 통해서 드러나게 마련이다. 태도나 자세는 물론 발걸음 등 움직임의 패턴 역시 일종의 '표정'이라 할 수 있다.

9번 뇌신경계는 혀 뒤쪽의 미각신경이나 인두의 감각신경과도 연결되어 있으면서 동시에 인두나 입안근육과도 연결되어 있다. 12번 뇌신경은 혀밑근육과 연결된 운동성 신경으로 혀뿌리의 운동을 담당한다. 긴장하면 혀가 굳어지는 이유다. 얼굴표정근육과 함께 입안근육과 혀근육을 편안하게 이완하는 것은 감정조절에 커다란 도움이 된다.

미주신경(10번 뇌신경)의 활성화

10번 뇌신경계인 미주신경은 12개의 뇌신경계 가운데 가장 길고 넓게 퍼져 있는 신경망이다. 뇌줄기의 아랫부분인 연수에서 시작해 목, 폐, 심장, 위, 장 등 여러 내장기관과 연결되어 있다. 주로 부교감신경계와 관련되어 혈압을 낮추고, 심장박동을 느리게 하며, 호흡을 안정시키고, 소화 기능을 활성화한다. 몸에서 뇌로 올라가는 몸의 변화에 관한 전체 감각정보 중 무려 90퍼센트가 미주신경을 통해서 처리된다. 미주신경은 알로스태시스에 따른 내부감각의 전달자로서 감정 유발과 감정인지 과정에서 핵심적인 역할을 담당한다. 미주신경을 통해서 전달되는 내부감각은 감정뿐만 아니라 인지 과정 전반에도 광범위하게 영향을 미치는 것으로 알려져 있다.[489] 미주신경은 심지어 타인의 감정 상태를 인지하는 과정에도 관여한다.[490] 타인의 분노나 두려움 등의 부정적 정서에 관한 신호들은 내 몸에 일정한 반응을 일으키는데, 그것이 미주신경을 통해 내부감각 자료로서 나의 대뇌에 올라오는 것이다.

　　미주신경은 내장과 심장을 비롯한 여러 신체 기관의 내부감각 신호를 대뇌에 전달함으로써 인지와 정서 반응 전반에 걸쳐서 큰 영향을 미친다. 이것이 내면소통 훈련과 관련해 미주신경에 주목하는 이유다. 특히 미주신경을 통해 장에서 올라오는 내부감각은 특정한 목표지향적 행위를 억제하거나 회피하는 데 결정적인 영향을 미친다는 사실도 밝혀졌다.[491] 어떤 일을 하려는데 왠지 찝찝하고 내키지 않는 듯한 기분을 느껴본 적이 있을 것이다. 혹은 누군가를 만나고 난 후 왠지 껄끄럽고 부담스럽게 느껴진 적도 있을 것이다. 왜 그럴까 이유를 생각해봐도 구체적인 원인은 떠오르지 않지만 '왠지' 느껴지는 꺼림칙한 기분을 우리는 그저 '직관'이라고 하지만 사실 그것은 장이 미주신경을 통해서 올려보내는 경고신호일 가능성이 크다. 미주신경은 감정 상태에 가장 큰 영향을 미치는 뇌신경이며, 따라서 미주신경 활성화는 내부감각 자각 훈련의 핵심이라 할 수 있다. 이에 대해서는 좀 더 자세히 살펴보도록 하자.

내부감각 훈련으로서의
내면소통 명상

미주신경과 내부감각 훈련의 중요성

내부감각에 대한 자각 능력을 키운다는 것은 내 몸이 나에게 하는 이야기를 더 분명하게 알아들을 수 있게 되는 것, 즉 내 몸과의 내면소통 능력이 향상되는 것을 의미한다. 여기서 잠시 내부감각에 대해서 좀 더 자세히 살펴보자. 우리 몸에는 시각·청각·촉각·후각·미각 등 다섯 가지 감각을 받아들이는 별도의 감각기관이 있다. 이들은 모두 외부 환경에 대한 정보를 받아들이는 외부감각기관이다.

외부 환경이 아닌 우리 몸 내부의 정보를 전달해주는 두 개의 감각시스템이 더 있는데, 이것이 바로 내부감각과 고유감각이다. 내부감각은 주로 내장기관의 움직임에 의해 생기는 것이고, 고유감각은 주로 팔다리 등 사지의 움직임에 관한 것이다. 내부감각이나 고유감각이 전달하는 감각정보는 정상적인 상황에서는 대부분 무의식적으로 자동처리된다. 하지만 위급하거나 비정상적인 상황일 때는 뇌의 능동적 추론을 통해 그 의미가 부여된 뒤에 의식에 떠오른다. 이는 허기, 갈증, 가려움, 배변욕 등의 느낌이나 불쾌감, 불안, 분노 등의 부정적 정서 혹은 여러 가지 형태의 통증 등으로 나타난다.

내부감각에는 심장이 두근거리는 느낌이나 위장이 꿈틀하는 듯한 느낌처럼 우리가 의식할 수 있는 것도 있지만, 훨씬 더 많은 내부감각 신호는 우리 의식에 떠오르지 않아 느낄 수조차 없다. 중추신경계는 수많은 내부감각 신호들을 선별해서 별로 중요하지 않은 신호는 무시하고, 반응해야 할 신호에 대해서도 대부분 의식의 개입 없이 알아서 자동적으로 처리한다. 이러한 반응 중에서 일부 내부감각 신호만 의식에 떠오르는데 그것이 불쾌감이나 통증과 같은 것이다. 감정은 내부감각에 대한 반응 중에서 의식에 떠오르는 특수한 한 형태인 셈이다. 따라서 감정을 잘 인지하고 조절하기 위해서는 내부감각 신호에 대한 자각 능력을 키우는 내부감각 훈련이 무엇보다 중요하다.[492]

1960년대에 폴 매클레인(Paul MacLean)은 뇌가 진화론적으로 볼 때 3층 구조로 이뤄져 있다는 '삼중뇌(triune brain)' 이론을 주장했다. 이에 따르면 두 번째 층인 변연계는 일명 '포유류의 뇌'라고도 불리는데, 이 부위는 감정조절이나 사회적 행동과 연관성이 깊고, 미주신경과 인간관계 스트레스 사이에는 강력한 관계가 있다.[493]

삼중뇌 이론은 1990년대까지는 폭넓게 받아들여졌지만, fMRI 기반 뇌 영상 연구가 점차 활발하게 이뤄지면서 많은 비판을 받게 되었다. 하지만 여전히 대뇌피질, 변연계, 뇌간 등의 기본적인 구분은 뇌를 이해하는 데 도움이 되는 통찰력을 제공해준다. 삼중뇌 이론은 특히 변연계-미주신경-장신경계 간의 밀접한 연관성에 주목했다는 점에서 여전히 의의가 있다.

스티븐 포지스(Stephen Porges)는 삼중뇌의 관점을 확장하고 발전시켜서 1994년에 '다중미주신경이론(polyvagal theory)'을 제안했다. 얼굴표정이나 목소리 등으로 드러나게 마련인 감정은 심장박동이나 내장 운동과 직결되어 있다는 점을 강조한 것이다. 미주신경은 감정의 인지나 감정의 표현과 직접 관련되어 있으므로 사람 간의 소통이나 대인관계 행동과도 관련이 깊다고 보았다. 특히 다중미주신경이론은 내장으로부터 대뇌로 올라가는 미주신경이 대뇌작용과 감정 유발 및 행동 등에 강한 영향을 미친다는 점을 강조한다. 즉 내장의 상태가 인간관계와 관련된 행동에 직접적인 영향을 미치며, 인간관계로 인한 스트레스나 편안함은 미주신경의 유전자 발현에도 영향을 미친다는 것이다.[494]

흥미로운 것은 사회신경과학 연구 성과들이 인간관계가 내부감각 신호를 직접 유발할 수 있음을 보여주고 있다는 사실이다. 대표적인 것이 존 카시오포(John Cacioppo) 등이 제안한 '감정의 신체내장구심 모델(somatovisceral afference model of emotion: SAME)'인데, 이는 내장에서 뇌로 올라오는 정보를 바탕으로 감정이 구성된다고 본다.[495] 친밀한 관계에서의 정서적 터치는 C-촉각신경(C-tactile: CTs)을 통해 전달되는데, 외부로부터 주어지는 이러한 감각신호는 마치 자신의 내장으로부터 올라오는 내부감각 신호처럼 후방섬엽으로 바로 연결되며, 따라서 감정경험에 강한 영향을 미치게 된다. 이것이 곧 '인간관계에 기반한 내부감각(social interoception)'이다. 내부감각은 나의 몸의 내부에서만 올라오는 것이 아니라 친밀한 타인의 터치에 의해서도 발생할 수 있는 것이다.[496]

다중미주신경계 이론에 따르면, 미주신경에는 크게 배측(등쪽)미주신경계와 복측(배쪽)미주신경계가 있다. 배측미주신경계는 식물상태 미주신경계이며 위기의 순간에 얼어붙는 파충류나 양서류의 원시적인 스트레스 반응과 관련된 시스템이다. 물론 포유류도 얼어붙는 스트레스 반응을 보이기도 한다. 예컨대 쥐에게 극심한 스트레스를 주면 도망가거나 공격을 하기도 하지만 얼어붙는 반응을 보이기도 한다. 배측미주신경계는 횡격막 아래의 내장기관을 주로 통제하고, 위기 상황이 아닐 때는 소화 기능에 주로 관여하며, 수초화[497]가 되어 있지 않다. 반면에 복측미주신경계는 수초화가 돼 있으며 보다 스마트한 신경계다. 맞서 싸울지 아니면 도망갈지의 반응을 결정하는 교감신경계를 통제한다. 따라서 감정조절력과 관련이 깊으며 인간관계 능력에도 많은 영향을 준다.

내부감각에 대한 능동적 추론이 감정을 형성하는 것이기에 내부감각에 대한 알아차림 능력을 키우는 것은 감정조절 능력을 키우는 데 필수적이다.[498] 최근 점점 더 많은 뇌과학자와 정신과 의사들이 정신건강의 향상과 치유를 위해서 내부감각에 대한 자각 능력 향상에 많은 관심을 기울이고 있다.[499] 심지어 시간에 대한 인지능력 역시 내부감각에 의해서 많은 영향을 받는다.[500] 스스로 ADD(주의력결핍장애)가 있음을 밝히면서 성인 ADD에 관한 통찰력 있는 연구로 많은 주목을 받은 마테 박사 역시 ADD의 중요한 증세 중 하나로 시간에 대한 감각 저하를 들고 있다.[501] 즉 자신이 특정한 일을 하는 데 어느 정도의 시간이 소요되는지 잘 가늠하지 못하고 시간이 얼마나 흐르고 있는지에 대한 자각 능력도 부족한 것이다. 따라서 출근이나 약속 시간 등을 맞추지 못해 늘 지각을 하게 된다. 정상인도 심한 스트레스를 받으면 일시적으로 시간을 자각하는 능력이 저하될 수 있다. 그런데 이러한 증상의 근본 원인 역시 내부감각에 대한 자각 능력 부족이다. 약속에 늘 늦는 버릇이 있는 사람이라면 내부감각 훈련이 큰 도움이 될 것이다.

스트레스를 잘 관리하고 감정조절 능력과 대인관계 능력을 키워서 마음근력을 강화하기 위해서는 미주신경계를 포함한 내부감각 신호 전반에 대한 자각 능력을 키우는 것이 매우 중요하다. 앞에서 살펴본 것처럼 감정은 몸의 내부감각 신호들을 대뇌가 파악함으로써 느끼게 된다. 그런데 불안, 걱정, 두려움, 분노, 짜증, 복수심, 좌절감, 무기력, 우울감 등의 고통스러운 부정적 감정을 어려서부터 지속적으로 느끼게 되면 의식은 몸으로부터 올라오는 여러 감각정보를 차단하는 습관을 지니게 된다. 그렇게 해서라도 부정적 감정의 고통에서 벗어나기 위해서다. 이런 상태가 오래 지속되면 감정인지능력과 조절 능력에 심각한 장애가 발생하게 된다. 몸에서 올라오는 감정 관련 정보를 스스로 단절해버리는 현상은 어린 시절에 학대를 경험했던 트라우마 스트레스 환자들에게서 흔히 나타나는 현상이다.

불안장애, 공황장애, 트라우마, 우울증, 불면증 등의 공통된 특징은 내가 '나 자신으로부터 단절(disconnection from the self)'되었다는 데 있다.[502] 내 몸이 나에게 하는 말을 알아듣지 못하게 된 상태가 곧 트라우마 스트레스 증후군인 것이다. 트라우마 스트레스를 포함한 감정조절장애의 핵심 원인은 과거에 있었던 어떤 불행한 사건에 대한 나쁜 기억이 아니라 현재 몸이 전해주는 신호들을 제대로 처리하지 못하는 데 있다. 그 결과 부정적 감정이나 신체적 통증에 지속적으로 시달리게 되는 것이다. 따라서 치료의 방향 역시 나쁜 기억에 대한 새로운 의미부여나 재처리에 두기보다는 현재 내 몸이 내부감각 신호들을 잘 인지할 수 있도록 회복시키는 것에 초점을 두어야 한다.

내부감각 훈련은 부정적 정서와 직결되는 몸의 내부감각에 대한 자각 능력을 향상시켜 내 몸이 나에게 하는 이야기를 잘 알아들을 수 있도록 하는 훈련이다. 습관적이고 반복적인 부정적 정서 유발로 인해 마음근력이 손상된 현대인에게 꼭 필요한 훈련이다. 스트레스에 지속적으로 시달리게 되면 우리 뇌는 자기 자신을 보호하기 위해 신체로부터 올라오는 다양한 신호를 차단해버리는 시스템을 만들어낸다는 사실을 잊어서는 안 된다. 그 결과 뇌가 내부감각에 대한 능동적 추론을 제대로 해내지 못하는 상태가 되면 불안장애나 우울증 등의 감정조절장애를 겪을 가능성이 높아진다.[503] 현대 뇌과학은 내부감각 자각 훈련이 감정조절장애, 불안장애, 우울증, 트라우마, 강박증, 주의력결핍증 등에 큰 효과가 있음을 밝혀냈고,[504] 실제 치료에도 내부감각 훈련이 점차 폭넓게 사용되고 있다.[505]

호흡을 통한 내부감각 훈련

우리는 보통 숨을 내쉬면 어깨도 내려가고 무언가 편안하게 내려가는 듯한 느낌을 받는다. 사실은 숨을 내쉴 때 내 몸통 한가운데에 있는 횡격막은 밀어 올려진다. 몸통 속 한가운데 있는 횡격막이 밀어 올려질 때 우리 몸은 균형을 유지하기 위해서 몸통 주변이나 어깨는 내려가게 된다. 반면에 숨을 들이쉴 때는 어깨가 약간 들어 올려지고 가슴 부위 공간도 부풀어 올라 무언가 올라가는 듯한 느낌을 받는다. 하지만 사실 들이쉬는 숨에서 횡격막은 내려간다. 이때 몸통 주변은 살짝 들어 올려짐으로써 우리 몸의 균형을 유지하게 되는 것이다.

팔을 쭉 펴서 머리 위로 천천히 들어 올려보자. 자연스럽게 호흡이 들어오는 것을 느낄 수 있을 것이다. 팔과 상체 부분이 위로 올라가면 자연스레 횡격막은 아래로 내려가 몸의 균형을 유지하면서 가슴 속의 공간을 넓혀준다. 팔을 천천히 내리면 상체 부분 전체가 내려오면서 횡격막은 위로 밀려 올라가서 가슴 속의 공간을 좁혀 공기가 나가게 된다.

들숨에서 몸 한가운데에서의 내려가는 느낌과 몸통 주변에서의 올라오는 느낌을 동시에 느껴보도록 하고, 또 날숨에서도 몸 한가운데의 올라오는 느낌과 몸통 주변에서의 내려가는 느낌을 동시에 느껴보도록 한다. 호흡을 통한 내부감각 자각 훈련의 목표는 내 몸 한가운데 가슴과 배의 경계선쯤을 중심으로 무엇인가 내려가는 느낌과 올라가는 느낌을 동시에 명확하게 알아차리는 것이다. 물론 처음에는 잘되지 않는다. 우선 들숨에만 집중해서 횡격막이 내려가는 느낌에 집중하도록 하고 점차 익숙해지면 횡격막이 내려 갈 때 몸의 다른 부위가 올라가는 듯한 느낌을 동시에 느껴보도록 하는 것이다. 이것이 충분히 익숙해진 다음에는 날숨이 주는 내려감과 올라감의 느낌을 명확하게 알아차리는 연습을 하면 된다. 이 훈련만으로도 편도체 안정과 정서조절에 큰 도움을 받을 수 있을 것이다.

동영상 자료:
joohankim.com/data

| Note | **호흡을 통한 내부감각 훈련 실습** |

- 호흡 훈련을 하듯이 꼬리뼈부터 정수리까지 곧게 펴고 앉거나 선다.
- 마음을 가라앉히고 천천히 호흡에 집중한다.
- 긴장을 풀면서 내 몸속으로부터 전해지는 모든 감각에 주의를 집중한다.
- 천천히 들이쉬면서 부풀어 오르는 허파에 주의를 집중한다.
- 숨을 내쉴 때도 허파의 움직임에 따라 생겨나는 미세한 느낌을 알아차린다.
- 숨을 들이쉴 때는 가슴과 배 사이에 가로로 걸려 있는 커다란 횡격막이 아래로 내려간다. 가슴의 공간이 넓어지면서 공기가 들어오게 된다.
- 숨을 천천히 들이쉬면서 내 몸 한가운데의 무엇인가를 아랫배 쪽으로 밀어 내리는 이미지를 마음속으로 그려본다.
- 숨을 천천히 내쉬면서 횡격막이 가슴 쪽으로 올라오면서 공기를 밀어내는 이미지를 상상한다.
- 들숨에 내려가고 날숨에 올라오는 느낌에 계속 집중한다(원하는 만큼 여러 차례 반복).
- 다시 천천히 깊게 들이쉬면서 허파가 안쪽에서 갈비뼈를 바깥쪽으로 밀어내면서 팽창하는 것을 느낀다.

- 천천히 내쉬었다가 다시 깊이 들이쉴 때는 등 뒤로 허파가 팽창하는 느낌을 알아차린다(원하는 만큼 반복).
- 호흡을 천천히 들이쉴 때 몸 안에서 생기는 다양한 느낌들에 집중한다.
- 훈련을 반복할수록 매일 조금씩 다른 느낌이 생겨난다. 어제와 비교해서 오늘 새로이 느껴지는 감각들이 무엇인지를 주의 깊게 관찰한다.
- 호흡이 주는 느낌이 매번 달라지는 것을 알아차리도록 한다(원하는 만큼 반복).

심장박동을 통한 내부감각 훈련

편도체가 안정화되고 마음이 고요해질수록 심장박동은 더 분명하게 느껴진다. 실제로 우울증 환자나 부정적 감정에 시달리는 사람들의 내부감각 인지능력은 저하되어 있다.[506] 그런데 공황장애 등의 불안장애를 겪는 환자들의 경우는 심장박동이 너무나 두근거리고 분명하게 느껴져서 심박수에 대한 인지가 정확해지기도 한다. 이러한 경우는 내부감각 인지능력의 향상으로 심박수에 대한 인식이 정확해진 것이 아니라 심장박동이 비정상적으로 빠르고 강하게 뛰어 심박수에 대한 인식이 정확해지는 것이다. 따라서 정확한 심박수 인식은 내부감각 인지능력이 뛰어나고 정서적으로 안정된 사람들에게도 나타나지만 반대로 불안장애나 공황발작을 겪는 지극히 불안한 상태에서도 심박수에 대한 인지가 정확해질 수 있다.[507] 한편 우울증 환자의 경우에는 심박수에 대한 인지능력이 일반인에 비해 훨씬 더 저하되어 있다는 보고도 있다.[508]

부드럽게 천천히 호흡하면서 주의를 심장으로 가져간다. 내부감각 훈련에 익숙하지 않은 사람은 가만히 앉아서 심장에 주의를 집중한다고 해서 처음부터 심장박동이 분명하게 느껴지거나 하지는 않는다. 그러나 심장박동을 느껴보겠다는 의도를 갖고 가슴 한가운데에 집중해본다.

심장박동을 셀 수 있을 정도가 되면 휴대전화의 타이머 기능을 이용해서 30초간 내부감각을 통해 심박수를 세어본다. 그러고 나서 곧이어 손목에서 맥박이 뛰는 곳을 찾아서 30초간 실제 심박수를 측정한다. 다시 내부감각을 통해 심박수를 세어보고 곧이어 실제 심박수를 측정한다. 가만히 앉아서 몸으로 느껴졌던 맥박수와 실제 맥박수가 일치할수록 내부감각이 정확한 것이다. 스마트워치나 스마트폰의 심박수 측정 앱이 있다면 심박수를 1분간 측정하면서 동시에 눈을 감고 내부감각을 통해 심박수를 세어본 뒤에 이 둘을 비교해봄으로써 심장박동에 대한 내부감각 인지의 정확도를 측정해볼 수 있다.

| Note | **심장박동을 통한 내부감각 훈련 실습** |

- 심장박동은 왼쪽 가슴의 심장 부위보다는 가슴 전체나 복부, 목 주변, 얼굴 주변 등 몸 전체를 통해서 더 잘 느껴진다.
- 몸과 마음을 고요히 가라앉힐수록 심장박동은 조금 더 분명하게 느껴진다.
- 심장박동이 느껴지는 신체 부위가 조금씩 달라질 수도 있다. 그 변화를 놓치지 않고 따라간다.
- 주의가 다른 데로 흩어져 심장박동을 놓치지 않도록 조용히 집중한다(원하는 만큼 반복).
- 다시 천천히 호흡하면서 이번에는 호흡이나 심장박동 등 어느 특정한 부위에 집중하지 않고 몸 내부 전체를 느껴보도록 한다.
- 몸 안에 흐르는 에너지의 흐름 또는 살아 있음의 느낌에 집중한다.
- 구체적이고도 분명한 감각들은 알아차림과 동시에 계속 흘려보낸다.
- 몸 전체를 통해서 전해지는 에너지를 느껴본다.
- 나는 지금 내가 살아 있음을 안다.
- 그 살아 있음의 느낌은 몸에서 온다.
- 나에게 살아 있음의 느낌을 주는 감각이 무엇인지 마음의 눈으로 주의 깊게 계속 관찰한다.

동영상 자료:
joohankim.com/data

장신경계를 통한 내부감각 훈련

전방대상피질(ACC)은 변연계의 일부이면서도 인지작용에도 관여하는데 특히 내장 자율신경으로부터 전달되는 신호를 처리하는 곳이기도 하다. 내장으로부터의 신호는 흔히 'gut feeling'이라 불리는데 말 그대로 '내장의 느낌'이다. 'gut feeling'을 굳이 우리말로 번역하자면 '직감'이 된다. 그런데 우리말의 '직감'은 '뚜렷한 이유는 없지만 왠지 그럴 것 같은', '왠지 마음에 안 드는', '왠지 불길한' 등의 의미를 지닌다. 말하자면 근거 없는 추론 혹은 일종의 두뇌작용의 결과라는 뉘앙스를 지닌다. 하지만 인간의 내장에는 수많은 감각세포가 분포되어 있으며 내장에서 뇌로 올라가는 정보의 양이 뇌에서 내장으로 내려오는 정보의 양보다 훨씬 더 많다. 내장은 소화기관일 뿐만 아니라 일종의 감각기관이기도 하다. 주변 사람이나 환경에 대해 내장은 독자적으로 반응하여 어떤 신호를 우리의 뇌로 올려 보낸다. 그것이 'gut feeling'이고, 이러한 정보를 주로 처리하는 곳이 ACC(전방대상피질) - mPFC(내측전전두피질) 신경망이다. 이 신경망은 감정조절의 기본축이라 불릴 만큼 우리의 내장은 감정에 영향을 미치고 또한 감정 상태는 내장에 큰 영향을 미친다.

내장은 자율신경계로부터 상당한 지배를 받지만 독립적인 기능을 수행하는 고유의 신경시스템을 갖고 있다. 이것이 장신경계(enteric nervous system)인데 5억 개가 넘는 신경세포로 구성되어 있다. 1억 개의 신경세포로 구성된 척수(spinal cord)보다 무려 5배나 많은 것이다. 장신경계의 뉴런들은 99.9퍼센트 이상이 자체적으로 연결되어 있으며, 단 0.1퍼센트 미만이 대뇌와 연결되어 있을 뿐이다. 그나마 대부분이 장에서 뇌로 신호를 올려 보내는 신경세포들이다. 이처럼 장신경계는 뇌나 척수와는 별개로 독자적으로 기억, 판단 등의 기능을 수행하기에 제2의 뇌로 불리기도 한다.[509]

장신경계 역시 뇌에서 발견되는 중요한 신경전달물질을 사용한다. 대표적으로 우리 몸에 있는 세로토닌 전체의 90퍼센트가 장신경계에 존재한다. 신경세포 수는 뇌가 900억에서 1000억 개 정도 되니 장보다는 200배가량 더 많지만 세로토닌은 장에 9배가량 더 많은 것이다. 근육의 움직임이나 보상체계의 핵심적인 신경전달물질인 도파민 역시 약 50퍼센트가 장에 존

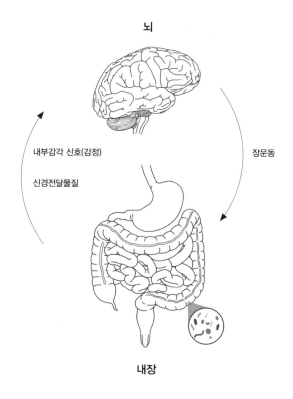

뇌

내부감각 신호(감정)

신경전달물질

장운동

내장

[그림 8-12] 뇌신경계와 장신경계가 주고받는 영향. 뇌신경계와 장신경계는 서로 상호
작용을 한다. 뇌는 장운동과 관련된 정보들을 내려보내고 장은 다양한 내부감각 신호를
올려보낸다. 뇌는 장이 올려보내는 내부감각신호를 바탕으로 감정을 구성해낸다. 장은
세로토닌이나 도파민 등의 신경전달물질을 생산해서 공급하기도 한다.

재한다.

　　장에는 수많은 미생물이 살고 있는데 인간의 몸속에 있는 미생물군집
의 유전체, 즉 인간의 몸에 서식하는 수많은 미생물이 만들어내는 유전정보
총체를 지칭하는 마이크로바이옴이 장과 두뇌의 연결에 커다란 영향을 미치
는 것으로 알려져 있다. 장내의 마이크로바이옴 환경은 감정이나 기분 상태
에 큰 영향을 미치며, 마이크로바이옴에 이상이 생기면 불안장애나 우울증
을 유발하기도 한다.[510] 감정조절의 문제가 장신경계와 매우 밀접한 관련이
있음이 계속 밝혀지고 있는 것이다.

　　예부터 웬만해서는 불안감에 시달리지 않는 사람을 우리말로는 '배짱

이 두둑하다'라고 했고, 영어로는 'get the guts'라고 표현했다는 것은 많은 것을 시사한다. 대인관계에서 일어나는 감정의 문제를 일차적으로 관할하는 곳 역시 'gut feeling'의 정보를 처리하는 장신경계다. 어떤 사람을 만나거나 대화할 때 왠지 찜찜한 느낌이 들거나 뚜렷한 이유 없이 거부감이 느껴지는 것이 바로 이 'gut feeling'이라 할 수 있다.

무언가 불안하고 불쾌하면 먼저 장에서 신호가 온다. 그런데 앞에서 살펴본 것처럼 장신경계로부터 올라오는 내부감각 신호에 대한 능동적 추론에 오류가 생기면 감정인지와 조절에 커다란 문제가 발생한다. 장으로부터는 늘 지속적으로 다양한 신호가 올라오게 마련이며 대부분의 신호는 특별한 의미가 없는 잡음에 불과하다. 그런데 트라우마 등의 강한 부정적 정서의 경험은 별 의미가 없는 신호에 대해서도 그 볼륨을 증폭시키고 과다한 주의를 보내게 함으로써 능동적 추론 과정에 오작동을 유발한다. 그 결과 특별한 이유도 없이 지속적인 통증이나 강한 부정적 정서를 유발하게 된다.

우리 몸의 면역시스템 대부분도 장을 중심으로 작동하는데 장신경계로부터의 내부감각에 대한 신호 처리에 오류가 지속적으로 발생하면 면역시스템에도 교란이 일어나게 된다. 면역시스템의 기능 저하로 인해 감염병이나 종양을 제대로 다스리지 못한다든가 혹은 면역시스템의 과도한 작동으로 자가면역질환에 걸리게 되는 것이다.

늘 장을 편안하게 해야 불안감과 두려움이 사라진다. 부정적 정서가 장의 건강을 해치기도 하지만 불안한 장신경계가 부정적 정서를 유발하는 경우도 많다. 내부감각 훈련의 하나인 장신경계 명상은 일종의 감각기관인 장에 좋은 신호를 보내주고 장을 편안하게 해줌으로써 몸과 마음을 이완하고 안정시키는 것을 목표로 한다.

동영상 자료:
joohankim.com/data

장신경계를 통한 내부감각 훈련 실습

- 호흡 훈련을 하듯이 꼬리뼈부터 정수리까지 곧게 펴고 앉거나 선다.
- 먼저 천천히 호흡에 집중한다.
- 들숨에 배가 약간 부풀어 올랐다가 날숨에 살짝 꺼져 내려가는 것을 알아차린다.
- 천천히 내쉴 때 배를 편안하게 툭 놓아준다는 느낌으로 복부의 긴장을 푼다.
- 스트레스에 시달리거나 긴장하게 되면 배 근육 전체가 경직되고, 자신도 모르게 늘 배에 힘을 주고 있거나 안쪽으로 당기고 있게 된다.
- 숨을 내쉴 때마다 뱃속이 넓어진다는 느낌으로 복부 전체의 긴장을 툭 풀어준다. 이때 배에 힘을 줘서 의도적으로 배를 부풀리거나 하면 안 된다.
- 복부 안에 넓고 텅 빈 자리가 생기는 이미지를 상상하면서 호흡을 내뱉을 때마다 계속 배의 긴장을 푼다. 복부의 긴장을 푸는 효과적인 방법은 먼저 복부근육에 잔뜩 힘을 주어 긴장시켰다가 툭 풀어주는 것이다. 배 전체에 힘을 주면서 호흡을 멈추었다가 툭 풀어주며 내쉬기를 5~6회 반복한다.
- 오른손을 가볍게 복부 오른쪽 아랫부분에 대고 왼손을 오른손등에 포갠다. 오른손바닥이 닿아 있는 부분에 집중하면서 최대한 수축하면서 힘을 주었다가 툭 풀어준다.
- 손의 위치를 조금씩 위쪽으로 옮겨가면서 손바닥이 닿는 부위를 중심으로 수축했다가 이완하기를 반복한다. 손바닥이 닿는 복부 부분만 정확하게 긴장하는 것은 어려운 일이지만 최대한 손바닥 아랫부분에 집중해본다.
- 손을 계속 움직여서 갈비뼈와 복부가 만나는 지점에서 천천히 왼쪽으로 이동한다.
- 왼쪽 갈비뼈와 복부가 만나는 지점에서는 다시 천천히 아래로 내려가고 하복부에서 다시 오른쪽으로 천천히 이동해서 원래 있던 자리로 돌아온다.

- 이렇게 손바닥을 움직이면서 손바닥이 닿는 복부 주변을 긴장했다 이완하기를 반복한다.
- 배의 긴장이 충분히 풀어졌다고 느껴지면 오른손을 복부 오른쪽 아랫부분에 대고 왼손을 오른손등에 포갠 상태에서 두 손으로 장을 부드럽게 살짝 눌러준다는 느낌으로 장이 주는 신호를 손바닥으로 느껴본다.
- 배에 닿아 있는 오른손을 천천히 움직여서 갈비뼈 부분까지 올라왔다가 왼쪽→아래쪽→복부 아래에서 다시 오른쪽으로 천천히 옮겨가면서 내장이 전해주는 느낌을 최대한 느껴본다.
- 손바닥의 이동 속도는 1초에 2~3센티미터 정도가 되도록 한다.
- 이 모든 과정을 통해서 복부와 내장으로부터 전해지는 느낌에 계속 최대한 집중한다.
- 이 과정을 반복할 때마다 조금씩 달라지는 느낌의 차이를 느껴보도록 한다(원하는 만큼 반복).

*여기서부터는 한 달 이상 호흡 훈련을 해서 어느 정도 호흡 훈련에 익숙해진 분만 시도해보길 바란다.

- 다시 천천히 호흡에 집중한다.
- 이번에는 들숨에 배가 약간 홀쭉해지도록 배를 안으로 당기고, 날숨에 배를 풀어줘서 뱃속이 넓어지도록 한다. 처음에는 어색할 수 있으나 호흡의 리듬을 잘 따라가면 자연스럽게 될 수 있다.
- 들숨에 배를 안쪽으로 당길 때 힘을 주거나 하지 말고 자연스럽게 호흡이 아랫배로 들어오는 듯한 느낌으로 들이쉰다.
- 숨을 내쉴 때도 아랫배를 억지로 부풀리거나 하지 말고, 장을 편안하게 쉬게 한다는 의도를 유지하면서 호흡이 아랫배 주변 전체로 빠져나가는 듯한 느낌으로 내쉰다(원하는 만큼 반복).

발견자 자신도 오해했던 EMDR

1980년대 후반 샤피로에 의해서 소개된 EMDR 치료는 상당한 효과가 있는 것으로 널리 알려져 있다. 실제로 우리나라에서도 권위 있는 여러 병원의 정신건강의학과에서 EMDR 치료실을 운영하고 있을 정도로 보편적인 치료법으로 받아들여지고 있다. 그럼에도 불구하고 많은 정신과 의사들은 여전히 EMDR이 과학적 근거가 부족한 치료법이라고 불신한다. 효과를 입증하기 어렵다는 비판도 많다. 실제로 EMDR이 뚜렷한 효과를 거두고 있고 임상적으로 널리 사용되고 있음에도 불구하고 제대로 된 치료법으로 인정받지 못하는 가장 큰 이유는 EMDR 자체의 문제라기보다는 불안장애나 PTSD 같은 감정조절장애의 본질적 원인과 기제에 대한 근본적인 오해 때문이라고 봐야 한다. 사실 EMDR 치료법을 '발견'한 샤피로 자신조차 EMDR이 어째서 효과가 있는지 제대로 설명해내지 못했기 때문이다.

나는 앞에서 우리가 살펴보았던 예측 모델에 입각한 능동적 추론이라는 관점이 감정조절장애에 관한 근본적인 오해에서 벗어날 수 있는 계기를 마련해줄 것으로 믿는다. EMDR이 왜 효과가 있는지를 예측 모델의 관점에서 살펴보는 것은 이러한 근본적인 관점의 전환과 직접적인 관련이 있으므로 이에 대해 좀 더 자세히 살펴보도록 하자.

일단 샤피로 자신도 인정하고 있듯이 EMDR(Eye Movement Desensitization Reprocessing)이라는 이름 자체가 혼동을 준 측면이 있다.[511] 우리말로 직역하자면 '안구운동 민감소실(둔감화) 재처리'가 된다. 안구를 규칙적으로 움직이는 훈련이니만큼 '안구운동'은 맞다. 그러나 '민감소실' 혹은 '둔감화'라는 개념은 좀 생경하다. EMDR이 주로 처방되는 PTSD, 공황장애, 불안장애 등의 증세는 과도한 '민감성'과는 관련이 없다. 물론 특정한 정보나 자극에 지나치게 예민해서 불안장애가 생기기도 하지만, 불안장애의 일반적인 원인을 '민감성'에서 찾는 것은 곤란하다. 게다가 안구운동을 통해 민감성이 어떻게 둔감해질수 있다는 것인지도 분명하지 않다.

더 큰 문제는 '재처리'라는 개념에 있다. 이러한 용어가 사용되었다는 사실을 통해서 우리는 샤피로를 포함한 대부분의 정신의학자가 전통적으로 불안장애를 어떻게 바라보았는지를 가늠해볼 수 있다. 우선 '처리'라는 용어를 사용하고 있음에 주목할 필요가 있다. '처리'는 정보에 관한 용어이고, '재처리'는 안구운동을 통해 정보처리의 새로운 방식을 도입하겠다는 의미를 담고 있다. 여기서 '정보'란 나쁜 기억을 의미한다. PTSD이든 공황장애든 아니면 어떤 불안장애든 근본 원인은 나쁜 기억에 있고, '기억'의 본질은 '정보'이므로 그러한 정보로서의 나쁜 기억을 다른 방식으로 '재처리'하도록 도와줌으로써 불안장애를 치료하겠다는 것이다. 다시 말해서 나쁜 기억을 중심으로 정보가 처리되고 있는 것이 문제이니 그러한 정보처리 방식을 바꿔준다는 의미다. EMDR은 결국 안구운동을 통해서 부정적 기억을 일반적 기억으로 '재처리'해준다는 뜻이다.

샤피로는 당시 대부분의 정신과 의사들이 그러했던 것처럼 PTSD나 불안장애가 기억이라는 정보처리 과정에 이상이 생긴 것으로 보았다. 즉 외부자극에 지나치게 민감하게 반응하고 나쁜 기억에 과도하게 집중함으로써 부정적 감정을 유발하는 것이 문제라고 보았던 것이다. 샤피로는 '적응정보처리(adaptive information processing)' 이론을 기반으로 EMDR이 환자의 새로운 정보처리 방식을 습득하도록 도와주는 효과적인 방법이라 주장했다.[512] PTSD나 불안장애를 '기억'이라는 정보를 어떻게 처리하는가의 문제로 본 것이다.

이처럼 샤피로는 전통적인 관점에 따라 PTSD, 공황장애, 불안장애 등 온갖 감정조절장애의 근본 원인은 '나쁜 기억'에 있다고 믿었던 것이다. 저장된 나쁜 기억이 부정적 감정 반응을 불러일으키는 것이라 굳게 믿은 나머지 안구운동이 불안장애를 급속히 완화해주는 것 역시 나쁜 기억을 다른 방식으로 재처리했기 때문이라고 생각했던 것이다. 이러한 관점은 과학적 근거가 부족한 일종의 통속심리학(folk psychology)과도 같다.

현대 뇌과학의 성과에 바탕을 둔 프리스턴의 능동적 추론 이론, 배럿의 감정구성 이론, 다마지오의 신체가설지표 등을 통해서 이미 살펴본 바와 같이 부정적 감정은 신체의 각 기관으로부터 끊임없이 올라오는 내부감각 정보에 대한 해석과 추론의 결과로 생겨나는 것이다. 그러한 해석과 추론의 과정에 이상이 생기는 것이 불안장애를 포함한 다양한 감정조절장애의 원인이다. 다시 말해서 부정적 감정은 알로스태시스에 도달하기 위한 과정의 불균형상태에 대한 내부감각 정보를 의식이 해석해낸 결과다.

감정은 몸에서 비롯된다. 설령 나쁜 기억을 떠올림으로써 부정적 정서가 유발되는 경우라 할지라도 일단 그러한 기억이 특정 패턴의 과도한 신체 변화를 가져오고 그러한 신체 반응의 결과로 부정적 감정이 유발되는 것이다. 신체가 기억하는 부정적 감정이 그와 관련된 나쁜 기억을 불러온다고 보는 것이 타당하다. 불안감은 어떤 '생각이나 기억'에 의해서 촉발된다기보다는 이미 촉발된 불안감이 특정 기억이나 생각을 불러일으킨다고 봐야 한다. 갑자기 불안감을 느낄 때 스토리텔러인 의식은 그러한 불안감의 원인을 찾아내려 한다. 가장 쉽게 찾을 수 있는 것이 과거의 기억들이다. 따라서 나쁜 기억이 떠오르는 것은 부정적 감정의 원인이라기보다는 결과다.

감정의 원인은 '생각이나 기억'에 있는 것이 아니라 '몸'에 있다. 생각이나 기억이 감정 유발의 직접적인 원인이라기보다는 신체 반응과 내부감각에 의해 유발된 부정적 감정이 관련된 기억이나 생각을 생생하게 되살리는 것이다. 물론 나쁜 기억을 떠올린 다음에 부정적 감정이 생길 수도 있다. 그러나 그러한 경우에도 일단 신체적 변화를 거친 이후에야 부정적 감정은 유발된다.

EMDR이 효과가 있는 것은 안구근육을 규칙적으로 움직임으로써 뇌신경과 관련된 근육들을 이완해주기 때문이다. 부정적 감정의 원인이 되는 안구근육의 긴장을 이완시켜주기 때문에 불안감이 감소하는 것이다. 따라서 EMDR과 함께 턱근육이나 흉쇄유돌근, 승모근, 안면근육 등 다른 뇌신경계와 연관된 근육들을 함께 이완시켜주는 움직임을 추가한다면 그 효과는 더욱더 커진다.[513]

샤피로가 EMDR의 효과를 처음 '발견'한 것은 1980년대다. MRI 기술이 막 도입되기 시작했던 때이고 아직 fMRI 등의 활발한 뇌 영상 연구가 시작되기 이전이다. 이론적으로도 뇌의 기본적인 작동방식을 설명하는 능동적 추론이나 예측오류의 개념도 제대로 자리 잡지 못했던 시절이다. 샤피로는 수평적 안구운동이 왜 나쁜 기억이라는 정보를 재처리할 수 있는지에 관한 적절한 이론적 근거를 제시할 수 없었다. EMDR이 그동안 많은 혼란을 불러일으킨 것은 바로 이 때문이다. 분명 효과는 있는데 왜 효과가 있는지에 대해 발견자 자신부터 오해하고 있었던 것이다.

제9장

고유감각 훈련과 움직임 명상

고유감각 훈련이란
무엇인가

움직임과 의도

의식의 두 가지 기본 작용에는 의도(intention)와 주의(attention)가 있다. 우리가 앞에서 살펴본 내부감각 훈련은 바로 "주의"에 집중함으로써 편도체를 안정시키고자 하는 것이다. 편도체 안정화를 위한 또 다른 효과적인 방법은 바로 "의도"에 집중하는 것이다.

의식이 지닌 의도는 대부분 움직임과 관련이 있다. 모든 의식적인 움직임(행위나 행동)에는 항상 의도가 선행한다. 자신의 의도를 늘 스스로 알아차리고 있어야만 자기조절력을 발휘할 수 있다. 나의 의도에 집중하여 스스로의 의도를 알아차리고, 특정한 의도를 바탕으로 특정한 움직임을 만들어낼 때 편도체가 안정화될 뿐만 아니라 마음근력과 관련된 mPFC(내측전전두피질)를 중심으로 한 전전두피질과 두정엽의 다양한 네트워크가 활성화된다. 의도에 집중하는 훈련의 핵심은 스스로의 움직임에 주의를 집중하는 것이다. 특히 고유감각을 기반으로 하는 움직임 훈련은 의도의 능력과 주의의 능력을 동시에 향상시킬 수 있는 매우 효과적인 방법이다. 의식의 본질적 내용은 움직임에 대한 의도이기 때문이다.

내부감각 훈련이 주의를 중심으로 의도가 가미된 훈련이라면, 고유감각 훈련은 의도를 중심으로 주의가 가미된 훈련이라 할 수 있다. 내부감각 훈련은 "호흡에 집중해야지, 심장박동을 느껴봐야지" 등의 의도로 시작하지만 주로 감각에 대한 주의와 알아차림에 집중하게 된다. 반면에 고유감각 훈련은 움직임에 대한 의도가 더 전면에 드러나며 몸에 전해지는 고유감각을 느끼면서 움직임을 조절해나간다. 예컨대 곧 살펴보게 될 메이스벨이나 페르시안밀 등은 시각이나 촉각이 아니라 손과 팔을 통해 전해지는 고유감각을 이용해서 특정한 움직임의 의도를 실현해내는 훈련이다.

감정조절력을 회복하거나 만성통증에서 벗어나기 위해서는 신경계의 능동적 추론 시스템에 변화를 가져와야 하는데, 이는 움직임을 통해서만 가능하다. 움직임이 신경계에 가져다주는 여러 가지 감각정보를 뇌가 새로운 방식으로 해석할 수 있도록 하는 것이 고유감각 훈련이다. 움직임이 내 몸에 시시각각 전해주는 여러 가지 고유감각 정보에 명료한 주의를 보내 자각하는 훈련이 고유감각 훈련이자 움직임 명상이다.

움직임의 중요성을 이해하기 위해서는 몸의 움직임이 뇌의 작용이나 의식과 관련해 어떠한 의미를 지니는지 살펴볼 필요가 있다. 의식은 자유에너지 원칙, 즉 내적모델을 기반으로 하는 능동적 추론의 오류를 최소화하는 기능을 효율적으로 담당하기 위해 생겨났다. 또 마코프 블랭킷 모델을 통해서 살펴봤듯이 의식이 필요한 근본적인 이유는 움직임 때문이다. 효율적으로 움직이기 위해서는 하나의 통일된 환경을 바탕으로 다양한 감각정보가 통합되어야 하고, 나의 움직임이 환경이나 대상에 미칠 영향을 예측하기 위한 능동적 추론이 필요하다.

움직임(운동)을 위해서는 우선 움직임을 발생시키려는 '의도'가 있어야 하고, 그러한 '의도'를 실행하기 위해서는 몸의 여러 부위가 조화를 이루며 작동해야 한다. 우리의 신체 시스템은 의식이 근육 하나하나에 별도로 '명령'을 내리는 것이 아니라 하나의 커다란 의미를 지닌 의도를 수행하도록 하고 이에 따라 몸의 각 부위가 '무의식적으로' 일하도록 하는 형태로 발전해왔다. 예를 들어 '팔 들기'라는 움직임을 수행할 때 '팔을 든다'라는 의도와 실제 움직임 사이에는 우리가 의식할 수 없는 수많은 단계의 자동화된 신경망 패턴이 있다. 팔을 들 때 실제로 사용되는 수많은 근육에 서로 조금씩 다른 신호를 보내고 순간순간 피드백을 받아 전체적으로 조화를 이뤄서 특정 동작

내면소통

이 나오도록 하는 행위상태의 신경망이 작동하는 것이다. 물론 이러한 과정은 우리의 '의식'에는 떠오르지 않는다. 사실 '팔을 든다'라는 것은 의식에만 존재하는 스토리텔링일 뿐이며, 실제 존재하는 것은 미세한 근육들과 신경망 사이의 복잡한 상호작용이다.

효율적인 움직임을 위해서는 환경에 대한 모니터링 역시 중요한데, 이를 위해서는 다양한 감각정보를 한데 모아서 종합적으로 분석해 의미를 추출해야 한다. 이러한 기능 역시 '의식'이 담당한다. 좀 더 정확히 말하자면, 이러한 기능을 담당하기 위해서 '의식'이 필요했고, 움직임을 효율적으로 통제하기 위해서 끊임없이 의도를 생성해내는 의식을 만들어낸 것이다.

프란시스코 바렐라는 '행위적 지각(enactive perception)'이라는 개념을 제안했다.[514] 지각의 기반이 행위이며, 움직임의 가능성이 지각을 결정한다는 뜻이다. 시각, 청각, 촉각은 물론이고 후각이나 미각 역시 몸의 다양한 움직임을 위해 존재한다. 움직임이 지각의 근본 목적이기에 지각은 움직임의 가능성에 따라 강한 영향을 받을 수밖에 없다. 몸의 감각-운동(sensory-motor) 신경계와 이를 기반으로 하는 인지와 의식이라는 정신적인 현상이 생기는 이유도 결국 환경에 대한 정보를 수집해 판단하고 그 환경 안에서 움직이기 위해서다.[515]

의식은 외부 대상에 내적모델을 투사해 능동적 추론을 함으로써 인지한다. 우리 뇌가 '나'라는 자의식을 만들어낸 이유는 칸트나 사르트르가 생각하는 것처럼 외부적 대상을 투명하게 받아들이기 위해서가 아니다. 의식은 움직임을 위해 뇌가 만들어낸 기능이다. 의식의 본질은 의도에 있고, 의도의 본질은 의미부여에 있으며, 의미부여의 기반은 능동적 추론에 있다. 이러한 의도의 목적은 주어진 환경에서 효율적으로 살아가기 위한 것이다. 나의 몸으로 외부 환경과 상호작용하기 위해서다. 즉 움직이기 위해서다.

움직임은 삶의 핵심이다. 움직임을 위해서는 항상 외부 환경에 대한 지각이 필요하다. 세상에 대한 지각과 그 속에서의 움직임 간의 효율적인 조정을 위해서 '나'라는 자의식이 만들어진 것이다. 지나스는 뇌의 존재 이유가 움직임에 있으며 의식은 움직임을 위한 도구라고 단언한다.[516] 의식이나 '생각'이라는 것은 다름 아닌 내적인 움직임(internalized movement) 그 자체라는 것이다. 뇌는 움직임에 앞서 움직임을 위한 사전행위(premotor acts)를 하는데, 생각이 바로 움직임을 위한 사전행위다. 온갖 생각과 사유의 본질은 의도와 관련된 스토리텔링이며, 모든 의도의 근원에는 움직임이 있다.

미국의 철학자 존 설(John Searle) 역시 의식의 본질은 '의도성(intentionality)'에 있다고 보는데, 의도성의 개념을 따라가 보면 마찬가지로 그 핵심에는 인간의 행위와 움직임이 있음을 알 수 있다.[517] 의도성이란 특정한 대상과 관련해서 나의 행위를 준비하는 상태를 의미한다. 철학자나 뇌과학자 등 인간의 의식에 대해 깊이 천착하는 학자들은 모두 이처럼 의식의 저변에는 인간의 움직임이 있음을 발견하고 있다.

실제 움직임과 움직임에 대한 자각 사이의 괴리

움직임에 대한 자각 훈련인 고유감각 훈련을 할 때 꼭 염두에 둬야 하는 것은 움직임에 대한 의도와 실제 움직임과 그리고 움직임에 대한 자각 사이에는 늘 괴리가 있다는 점이다. 우리는 자신이 어떻게 움직이는지 스스로 잘 알지 못한다. 많은 움직임이 내 의도와는 상관없이 이뤄질 뿐만 아니라 나 스스로 자각하지도 못한다는 사실을 우선 깨달아야 한다. 그래야 편견 없는 초심으로 나의 움직임에 맑고 명료한 주의를 보내기 위한 마음의 준비를 할 수 있게 된다.

뇌과학적 관점에서 보자면 '움직임에 대한 의도'와 '실제 움직임'은 별개의 시스템에 의해서 작동된다. 움직임에 있어서 의도와 실제 움직임 간의 괴리를 발견한 유명한 연구가 있다. 뇌종양 환자에 대한 뇌수술은 흔히 두개골을 연 상태에서 환자를 마취상태에서 깨워서 환자의 반응을 보아가며 진행한다. 뇌의 여러 부위에 자극을 주고 반응을 확인함으로써 언어 기능 등 중요한 기능에 장애를 발생시킬 우려가 있는 부위는 최대한 절제하지 않고 보존하기 위해서다. 개인마다 뇌의 생김새도 조금씩 다르고 각 부위가 관장하는 기능에도 조금씩 차이가 있으므로 실제 뇌 부위에 전기자극을 주어서 잘라내도 괜찮은지를 확인해가면서 수술을 하는 것이다. 이러한 뇌수술 환자

일곱 명을 대상으로 한 연구가 최고의 학술지인 〈사이언스〉에 발표되었다. 이 연구에서는 두정엽과 전운동피질(premotor cortex)이 움직임에 대한 의도나 자각과 어떠한 관련을 지니는지 살펴보았다.[518]

　　피험자들의 오른쪽 두정엽을 자극하자 왼쪽 손·팔·발 등을 움직이고 싶은 의도를 강하게 유발했고, 왼쪽 두정엽을 자극하자 입술을 움직여 말하고자 하는 의도를 유발했다. 그리고 두정엽 부위의 자극 강도를 더 세게 했더니 피험자들은 실제로 팔다리나 입술 등 자신의 몸을 움직였다고 인식했다. 물론 이러한 부위들은 전혀 움직이지 않았고 어떠한 근육 반응도 나타나지 않았다. 한편 전운동피질 부위를 마찬가지로 자극했더니 실제로 팔다리나 입술의 움직임이 나타났다. 그러나 실제로 움직였음에도 불구하고 피험자들은 자신이 팔다리나 입술을 움직이고 싶다는 의도를 전혀 느끼지 못했을 뿐만 아니라 움직였다는 사실 자체를 자각하지 못했다.

　　이 실험 결과는 움직임에 대한 의도나 자각은 두정엽에서 처리되고 실제 움직임은 전운동피질에서 처리된다는 것을 확실하게 보여준다. 다시 말해 실제로는 움직이지 않았음에도 움직임에 대한 의도가 유발되고 움직였다는 인식까지 했으며, 또 반대로 움직이려는 의도도 없고 움직임을 자각하지 못하는 상태에서도 실제로는 팔다리를 움직일 수 있었다.

　　이처럼 움직임에 대한 의도와 실제 움직임은 뇌의 별도 시스템에서 처리되는 개별적인 기능이며 둘 사이에는 언제든 괴리가 있을 수 있다. 그런데 일상생활에서의 경험을 통해서 우리가 스스로 이러한 괴리를 알아차리는 것은 불가능하다. 우리의 의식은 그러한 차이를 인정하지 않기 때문이다. 덕분에 우리는 내가 의도한 대로 나의 몸을 움직일 수 있고 통제할 수 있다는 착각 속에서 산다. 사실 이러한 착각이야말로 내가 나의 움직임을 통해 환경을 통제할 수 있다고 믿는 자의식의 본질적인 모습이며, 그 덕분에 '자아'라는 의식 자체가 존재할 수 있다. 나는 내 의도에 따라 언제든 내 손을 들 수도 있고 내릴 수도 있다는 느낌이 '나'라는 자의식의 근원인 것이다. 움직임 명상을 통해 우리는 움직임을 새롭게 자각할 수 있을 것이고, 이를 토대로 '진짜 나'의 본모습에 다가갈 수 있을 것이다.

의식은 움직임을 위해 존재한다
: 고정된 행위유형(FAP)으로서의 감정

움직임과 의식의 관계

내면소통의 움직임 명상을 이해하기 위해서는 움직인다는 것이 우리 의식과 뇌에 있어서 얼마나 근본적이고 본질적인 문제인지 살펴볼 필요가 있다. 동물에 뇌가 있는 이유는 '움직임' 때문이다. 식물은 움직이지 않기 때문에 뇌가 필요하지 않다. 지나스는 고착성 해양동물인 우렁쉥이류의 예를 든다.[519] 우렁쉥이류의 대표적인 것이 멍게다. 멍게는 동물임에도 마치 식물처럼 평생 바위에 붙어서 살아간다. 따라서 뇌가 없다. 그러나 멍게는 동물이다. 알에서 깨어난 어린 시절에는 올챙이처럼 자유롭게 헤엄치며 다닌다. 올챙이 시절의 멍게는 주변의 환경을 인지하는 감각신경도 있고, 빛을 감지하는 신경계도 있으며, 원시적인 척추도 있고, 당연히 뇌도 있다. 움직이기 때문이다. 성장한 후에 적당한 바위를 찾은 멍게는 자기 머리를 바위에 파묻고 고착된다. 그러고는 평생 같은 자리에서 살아간다. 따라서 움직일 필요가 없고 뇌도 더 이상 필요하지 않게 된다. 바위에 고착된 멍게는 곧 자기 뇌와 척수를 소화해서 흡수해버린다. 스스로 자기 뇌를 먹어버리는 것이다. 멍게는 동물의 뇌와 신경계가 바로 '움직임' 때문에 존재한다는 것을 명확히 보여준다.

신경과학자인 대니얼 월퍼트 역시 의식의 존재 이유는 움직임에 있다고 보았다. 월퍼트는 피험자에게 손이 안 보일 정도로 완전히 깜깜한 방에서

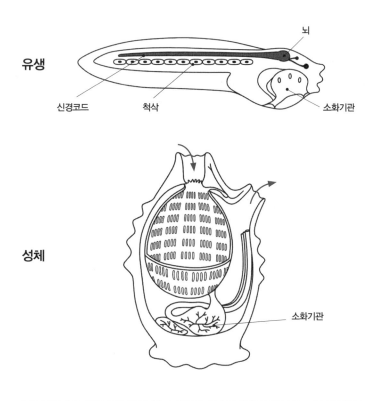

유생

신경코드　　　　척삭　　　　　　　　　　뇌

소화기관

성체

소화기관

[그림 9-1] 자신의 뇌를 먹어버리는 멍게. 물 속을 헤엄쳐 다니는 유생 시절의 멍게에게
는 뇌와 신경계가 있다. 움직여야 하기 때문이다. 그러나 바위에 머리를 박고 고정되면
스스로 자기 뇌를 먹어버린다. 더 이상 움직이지 않기에 뇌가 필요 없게 되는 것이다.

자신의 손을 움직이게 하고 손의 위치를 예측하게 하는 실험을 통해서 내적
모델의 존재를 입증했다.[520] 우리의 뇌에는 움직임과 관련된 예측을 계산하
는 내적모델이 있다는 사실을 밝혀낸 것이다. 특정한 움직임을 하기 전에 내
적모델은 미리 움직임을 계획하고 마음속으로 흉내를 내어 움직임의 결과(가
령 손의 위치와 속도 등)를 예측한다. 이러한 내적모델 덕분에 우리 몸은 특정 상
황에서 좀 더 빠르게 반응할 수 있다. 만약 내적모델 없이 외부자극에 의한
피드백만으로 움직임을 조절한다면 반응하는 데 상당히 오랜 시간이 걸릴
것이다. 내적모델은 또한 '예측과 결과의 차이'라는 피드백을 제공한다. 이러
한 예측오류를 수정하는 과정을 통해 인간은 움직임에 대한 지속적인 학습
기회를 얻는다.

내적모델의 존재는 간지럼 실험을 통해서도 입증되었다. 내가 내 손바닥을 건드리는 것은 별로 간지럽지 않으나 다른 사람이 같은 자극을 주면 간지럽게 느껴진다. 그 이유도 바로 감각-운동 신경계와 관련된 예측 모델 때문이다. 내가 내 손바닥에 어떤 자극을 줄 때 나는 나의 손가락을 스스로 움직이는 것이기 때문에 내 손가락의 움직임이 어떠하리라는 것을 정확하게 예측할 수 있다. 따라서 간지럽게 느껴지지 않는다. 반면에 다른 사람이 자극을 줄 때는 내가 그러한 움직임을 예측할 수 없으므로 간지럼을 느낀다. 이를 입증하기 위해서 월퍼트 연구팀은 로봇팔을 통해서 피험자가 자신의 손바닥에 자극을 주는 일련의 실험을 진행했다.[521]

　　로봇팔을 통한 자극이 실시간으로 전달될 때는 간지럼을 느끼지 않았으나 시간 차이를 두고 전달되자 간지럼을 느꼈다. 스스로 자신의 손바닥을 간지럽히는 상황이지만, 이러한 자극이 로봇팔을 통해 0.1초 뒤에 전달되자 실시간으로 전달될 때보다 약간 더 간지럽게 느낀 것이었다. 0.2초가 지연되었을 때는 더 간지럽게 느꼈으며, 0.3초 지연되어 전달되는 자극은 다른 사람이 간지럽히는 것과 거의 비슷한 정도로 간지럼을 느꼈다. 자극이 전달되는 시간이 지연되면 뇌는 그 자극이 내가 스스로 주는 것이 아니라 다른 사람이 주는 것이라고 추론하기 때문에 간지럽게 느껴지는 것이다. 다시 말해 로봇팔을 움직여서 내가 나의 손바닥에 자극을 주고 있음을 나의 의식이 잘 알고 있다 해도 그와 상관없이 무의식 차원의 능동적 추론 시스템은 자극정보가 타인에게서 전달된 것으로 해석했던 것이다.

　　시간의 지연뿐만 아니라 자극의 방향을 바꿔서 전달하는 실험 역시 결과는 비슷했다. 시간의 지연 없이 실시간으로 자극을 전달하되 다만 자극의 방향을 30도나 60도 정도 틀어서 전달하면 더 간지럽다고 느꼈으며, 90도로 틀어서 자극을 전달했더니 마치 다른 사람이 간지럽히는 것과 비슷한 정도의 간지럼을 느꼈다.

　　이 실험을 통해 알 수 있는 것은 내가 나를 간지럽히느냐 아니냐가 간지러운 정도를 결정하는 것이 아니라 능동적 추론 시스템이 주어진 자극을 어떻게 해석하느냐가 간지러운 정도를 결정한다는 점이다. 자기가 자기 손바닥을 간지럽히는 상황에서도 그러한 자극이 시간 차이를 두고 전달되거나

　　　　　　　　　　　　　　　　　　　　　　　내면소통

방향을 바꿔 전달되면 그 자극은 뇌가 예측하는 것과는 다른 감각정보를 전달해주기 때문에 간지럽게 느끼는 것이다. 손바닥 간지럽히기 실험을 통해 월퍼트 교수는 움직임과 자극에 관한 추론을 담당하는 내적모델이 분명히 존재한다는 것을 입증했다.

지나스나 월퍼트를 비롯한 여러 뇌과학자는 동물의 뇌가 존재하게 된 궁극적인 이유가 움직임에 관한 예측을 하기 위해서라고 본다. 자기 움직임의 결과를 예측해야만 효율적인 움직임을 해낼 수 있기 때문이다. 이러한 예측은 물론 예측오류를 최소화하려는 능동적 추론의 기능에 의해서 이뤄진다. 움직임에 대한 의도와 움직임을 위한 능동적 추론을 효율적으로 처리하기 위해 뇌가 발전시킨 독특한 기능이 바로 의식(consciousness)인 것이다.

우리는 우리에게 주어진 환경 속에서 움직인다. 우리 뇌는 여러 감각기관이 제공하는 다양한 정보를 통합해 움직임이 일어나는 환경을 하나의 세계로 파악한다. 그러한 환경에서 움직임을 통제하고 조율하며 결과를 예측하는 주체가 떠오르는데, 그것이 곧 자의식 또는 자아(self)다. 지나스는 '중앙화된 예측(centralized prediction)'이 곧 자아의 본질이라고 본다. '나'는 나의 움직임을 예측하고 행동하는 존재라는 것이다.

움직임과 시공간 인식

현대 철학자들은 인간의 본성을 몸에서 찾는 데서 한걸음 더 나아가 몸의 움직임 자체를 지각 및 인지와 통합해 인간 본성의 기반으로 보기 시작했다.[522] 움직임에 대한 이러한 접근은 철학뿐 아니라 생물학과 진화론의 관점에도 매우 중요한 분석의 틀을 제공하며 뇌과학에도 많은 시사점을 준다. 특히 인간 의식에 경험의 조건으로서 선험적으로 주어진다고 여겨졌던 칸트식의 시간 개념 역시 움직임에서 비롯된 것이다. 공간이 있기에 움직인다기보다는 움직임의 가능성이 공간이라는 개념 자체를 만들어낸다. 시간이 흐른다기보다는 나의 움직임에 대한 의도와 움직임의 결과 사이의 인과관계를 시간의 흐름으로 느끼는 것이다.

움직임은 물론 공간을 전제로 한다. 그러나 의식이 공간을 인지할 수 있는 것은 움직임을 통해서다. 공간은 그 자체로는 인지되거나 경험되지 않는다. 공간은 인식의 대상이 아니다. 우리는 공간을 점유하는 사물과 그 사물의 움직임을 경험할 수 있을 뿐이다. 이러한 움직임이 공간에 대한 감각을 생성해낸다. 움직임의 가능성이 공간을 생성해낸다. 의식이 움직임의 가능성을 공간으로 추론해내는 것이다. 빈 공간에 손바닥을 대고 마치 투명한 벽에 가로막혀 움직이지 못하는 것처럼 행동하면 그것을 보는 다른 사람들은 그 공간이 무언가에 의해 제한되어 있다고 느낀다. 뇌가 그렇게 추론하는 것이다. 우리는 타인이나 사물의 움직임을 통해 내 움직임의 가능성을 알아차리고 그에 따라 공간의 한계와 구조를 뇌의 능동적 추론을 통해 구성해낸다.

공간이 있기에 움직일 수 있다기보다는 움직일 수 있는 가능성을 공간이라고 추상화하는 것이다. 즉 움직임과 움직임의 가능성이 공간을 만들어낸다. 움직임이 전제되지 않는 공간이란 없다. 마치 시각중추가 전제되지 않는 빛이란 없으며, 청각중추 없이는 소리가 없는 것과 마찬가지다. 또 공간은 아무것도 없이 텅 비어 있는 것이 아니다. 우주에 텅 빈 공간이란 없다. 우주는 에너지로 가득 차 있다. 물질과 반물질, 에너지와 암흑에너지(dark energy)로 가득 차 있다. 우주에 '아무것도 없음'이란 없다. 텅 빈 공간이라는 것은 움직임의 가능성에 의해 구성된 지극히 인간적인 개념에 불과하다.

공간을 공간 자체로 이해하기란 어렵다. 소리 없이 고요함을 고요함 자체로 이해하기 어려운 것과 마찬가지다. 소리의 경험이 있어야 고요함을 알아차릴 수 있다. 문득 소음이 멈췄을 때 비로소 고요함을 느낄 수 있다. 소리의 부재만이 고요함을 탄생시킬 수 있다. 마찬가지로 사물의 부재에 대한 경험이 공간의 경험을 만들어낸다.

고요함과 공간은 우주에만 있는 것이 아니다. 우리 마음속에도 있다. 마음속의 고요함과 공간 역시 내 마음속을 휘젓고 다니는 시끄러운 소음이나 둥둥 떠다니는 사물과도 같은 것들의 경험을 통해서만 느껴진다. 마음속의 소음이나 사물에 대한 격렬한 경험 후에 문득 그러한 소음과 사물의 부재를 느낄 때 마음속에서 고요함이나 텅 빈 공간감이 느껴진다. 마음속의 소음이나 사물이 바로 생각과 감정이다. 소용돌이치는 생각과 감정이 문득 사라지는 상태, 혹은 그 격렬한 소용돌이 가운데에 있는 태풍의 눈과도 같은 고요한 상태에서 내면의 고요함과 공간감이 떠오른다. 바로 이것이 진짜 '나'다. '나'는 고요함과 공간 그 자체다.

사물이 있어야 그 사물이 가리고 있는 공간을 알아차릴 수 있다. 소음이 있어야 그 소음이 가리고 있는 고요함을 알아차릴 수 있다. 마찬가지로 생각과 감정이 있어야 그 생각과 감정이 가리고 있는 배경자아를 알아차릴 수 있다. 복잡한 생각과 격렬한 감정은 고요함과 텅 비어 있음의 순수한 배경자아로 안내하는 길잡이다.

움직임 명상은 움직임의 고요함과 공간감에 대한 알아차림을 통해서 진짜 '나'를 찾아가는 훈련이다. 움직임에 대한 자각은 항상 '지금 여기'에서 일어난다. 움직임 명상의 핵심을 한마디로 요약하고 있는 시츠-존스톤(Maxine Sheets-Johnstone)의 말을 들어보자. "움직임은 정지되어 있음(stillness)이 없는 지속적인 고요함의 현존(continuing presence of silence)"이다. 고요함은 그래서 다이내믹하다. 역동적인 호흡이 그 고요함을 관통한다. 살아 있는 전체로서의 몸의 역동성이 고요함을 관통한다. 그 역동성은 살아 있는 의미이고 몸으로 느껴지는 공명이며 몸에 의해서 드러나는 공명이다. 그렇기에 움직임의 고요함은 강력한 힘을 지닌다.[523]

움직임에 대한 예측과 결과에 대한 의미부여는 의식으로 하여금 과거와 미래라는 개념을 갖게 한다. 시간의 축이 선험적으로 먼저 존재하고 그 맥락에서 움직임이 이뤄진다기보다 움직임에 대한 추론과 스토리텔링이 과거와 미래라는 개념을 만들어내는 것이다. 의식이 없다면 시간도 없다. 시간은 스토리텔링의 산물이다. 시간이나 공간은 인간의 의식으로부터 독립적인 것도 아니고 문화적으로 보편적인 것도 아니다.[524] 지구상 언어의 절반가량에는 과거나 미래형 시제가 없다. 예컨대 아마존 지역이나 호주 원주민 부족들은 사물이나 사건으로부터 독립된 시간의 개념이 없다. 이들 문화에는 사건이나 사물의 순서와 관계만 있을 뿐 시간이라는 개념이 따로 없다. 시간이나 공간이라는 개념은 인간의 경험에 대한 의식의 독특한 모델링 결과라고 보는 것이 옳다.[525] 물리학자 로버트 란자(Robert Lanza)가 간결하게 요약했듯이, 시간이나 공간은 물리적이고 객관적인 실체가 아니라 인간의 의식이 창출해낸 '생물학적 실체'다.[526] 란자에 따르면 우리가 경험하는 사물은 물론이고, 그러한 사물이나 사건이 존재하는 시간이나 공간마저도 우리의 의식에 의해서 생산된 하나의 틀(matrix)이다.[527] 하나의 생명체는 그 자신이 이 우주의 중심이다. 좀 더 정확히 말하자면, 각각의 생명체는 자신이 존재하는 우주를 구성해내며, 따라서 그 우주에서는 자신이 중심이다.

인간이 세상을 지각하는 것은 항상 행위를 전제로 해서다. 움직임은 본질적으로 지각에 선행한다. 행위의 대상이 될 수 있느냐의 여부나 움직임의 가능성을 유발하느냐의 여부에 따라 지각하는 방식과 지각의 범위가 결정된다. 이것이 폰 윅스퀼(Jakob von Uexkull)이 말하는 '움벨트(umwelt)'의 의미이며, 깁슨(James Gibson)이 말하는 '어포던스(affordance)'의 의미다.[528] 움직임의 기반인 의식이 어포던스를 통해 움벨트를 생산해내어 대상을 지각한다. 존재하는 것은 지각하는 주체와 지각대상의 상호작용의 결과물인 '지각편린'뿐이다.

과거나 미래 역시 실체라기보다는 인간의 의식이 움직임을 위해 창출해낸 일종의 개념적 틀이다. 과거나 미래는 실재하지 않는다. 실재하는 것은 무한히 펼쳐지는 지금-여기뿐이다. 삶은 항상 지금-여기에만 존재한다. 의도나 주의는 항상 지금-여기에 있는 것이고, 우리의 모든 움직임 역시 항상 지금-여기에서만 펼쳐진다.

감정은 움직임이다: 고정된 행위 유형으로서의 감정

효율적인 움직임을 위해 우리 뇌가 만들어낸 것은 의식뿐만이 아니다. 움직임을 보다 효율적으로 하기 위해 뇌는 무의식적으로 이뤄지는 '고정된 행위 유형(fixed action pattern: FAP)'도 만들어낸다. 고정된 행위 유형은 의식적인 노력이나 의도 없이 저절로 이뤄지는 여러 작은 움직임들의 묶음이라 할 수 있다.

'걷기'라는 움직임을 생각해보자. 걷기 위해서는 수많은 근육과 관절을 조화롭게 움직여야 한다. 그러나 우리는 '걷는다'라는 의도만 갖고 있을 뿐 걸을 때 필요한 근육과 관절의 여러 가지 자잘한 움직임에 대해서는 어떠한 의도나 개입을 하지 않는다. 사실 할 수도 없다. 워낙 복잡할 뿐만 아니라 그러한 움직임들이 일일이 우리 의식에 떠오르지도 않기 때문이다. '걷기'라는 움직임을 위해 동원되는 몸의 모든 부위에 주의를 집중해서 일일이 의식적인 통제를 해야 한다면 의식이 처리해야 할 정보량은 무척 늘어날 것이며, 이는 매우 비효율적인 일이 될 것이다.[529]

친구와 산책하면서 대화를 나누는 경우를 생각해보자. 우리가 걸으면서도 대화에 의식을 집중할 수 있는 이유는 '걷기'라는 움직임을 고정된 행위 유형에 맡겨둘 수 있기 때문이다. 고정된 행위 유형은 하나의 동작을 위한 다양한 작은 움직임들의 조합이 자동적으로 조화롭게 이뤄지도록 함으로써 동시에 다른 일을 하거나 다른 정보를 처리할 수 있게 한다. 고정된 행위 유형은 우리 의식의 저변에서 일어나는 일이기에 우리는 '미처 의식하지 못한 채' 이러한 고정된 행위 유형을 수행한다. 특정한 고정된 행위 유형은 반복된 훈련이나 습관을 통해서도 얻을 수 있다. 로돌포 지나스는 이를 "차이콥스키의 바이올린 협주곡 A단조를 연주하는 하이페츠의 행위 대부분은 고정된 행위 유형"이라는 식으로 설명하기도 했다.[530]

재미있는 사실은 이러한 고정된 행위 유형이 주로 대뇌핵(basal ganglia)에서 생성된다는 것이다. 크링겔바흐(Morten Kringelbach) 교수팀은 트라우마에 대한 53개의 뇌 영상 연구에 대해 면밀한 메타분석을 실시했다.[531] 분석결과, 트라우마를 겪은 사람들은 전전두엽과 편도체 등 감정조절과 관련된 뇌 부위에서 트라우마를 겪지 않은 사람들과 차이를 보였다. 그러한 차이는 PTSD 증상이 나타나지 않는 사람들에게서도 발견되었다. 즉 겉으로는 특별한 증상이 나타나지 않더라도 트라우마는 뇌의 감정조절력에 어느 정도 영향을 미치리라는 것을 암시한다. 그런데 흥미로운 점은 트라우마를 겪고도 PTSD를 나타내는 사람들과 그렇지 않은 사람들의 차이였다. 이 두 집단은 특히 대뇌핵에서 뚜렷한 차이를 보였다. 즉 PTSD는 대뇌핵과 매우 밀접한 관계가 있음이 발견된 것이다. 대뇌핵은 뇌의 아랫부분이며 대뇌피질과는 달리 주로 무의식적인 정보처리와 관련된 부위다. 이 연구결과는 PTSD 등의 정신질환이나 감정조절장애 등이 상당 부분 무의식적인 움직임이나 근육의 수축과 매우 밀접하게 연관되어 있음을 암시한다.

　　트라우마가 기존의 고정된 행위 유형에 영향을 주었거나 어떤 습관적인 행위(무의식적인 몸의 움직임 혹은 특정 부위의 근육 수축 등)를 새로 만들어내서 PTSD 증상을 일으키는 것이라고 볼 수도 있다.[532] 나쁜 기억이 그야말로 몸에 깊숙이 저장되는 셈이다. 따라서 PTSD 환자에게는 새로운 고정된 행위 유형을 형성해줄 수 있는 소매틱 운동 등이 도움이 될 가능성이 크다. 트라우마나 불안장애 치료 목적으로 널리 사용되고 있는 EMDR 요법 역시 고정된 행위 유형이나 대뇌핵과 관련이 있을 가능성이 크다. 안구를 움직이는 근육들은 뇌신경계를 통해 뇌간과 직접 연결되어 있기 때문이다. 몸을 좌우로 번갈아 움직이는 것과 안구운동을 결합한 소매틱 운동 등에 정신과 의사들이 깊은 관심을 두기 시작하는 이유이기도 하다.

　　지나스는 몸의 움직임뿐 아니라 '감정 역시 일종의 고정된 행위 유형(FAP)'이라고 본다. 특정한 감정 상태는 특정한 근육의 움직임을 위한 사전행위이면서 동시에 그 자체로서 얼굴근육이나 몸의 여러 근육을 수축시키는 일종의 움직임 자체라는 것이다.[533] 이러한 관점에서 보자면 감정 상태의 유발이 표정을 바꾼다기보다는 얼굴의 표정근육이 특정한 형태로 수축하는 것 자체가 감정의 핵심적인 요소라 할 수 있겠다. 이것의 의미는 얼굴근육을 포함해서 몸의 여러 근육을 완전히 이완시킨다면 감정 유발 자체가 어려워진다는 것이다. 온화한 표정을 짓고 완전히 이완된 턱근육, 목과 어깨근육을 유지하면서 분노나 두려움의 감정을 느끼기란 거의 불가능하다. 따라서 감정 조절의 문제는 특정한 몸 근육들과 심장이나 내장기관 등의 조절 문제라 할 수 있다. 나도 모르는 사이에 내 의식을 넘어서서 유발되는 고정된 행위 유형이 곧 내 감정을 말해주는 셈이다. 따라서 감정조절력을 향상하기 위해서는 내 몸의 깊은 근육들의 상태까지 면밀하게 자각할 수 있는 능력을 키울 필요가 있다. 제8장에서 살펴본 뇌신경계와 관련된 다양한 신체 부위의 근육 이완 훈련 역시 움직임을 통해서 이루어진다. 제대로 된 움직임을 통해서만 몸과 마음을 다스리고 편도체를 안정화할 수 있다. 내면소통 훈련이 기본적으로 몸 기반이어야 한다는 것은 곧 움직임 기반이어야 한다는 뜻이다.

깨어 있음
: 움직임을 위한 준비상태

의식의 각성상태와 망상활성계의 감마파 진동

몸의 움직임을 위해 뇌는 여러 감각정보를 내부상태의 의식에 제공하고, 의식은 이를 한데 통합(binding)해서 하나의 환경이라는 이미지를 만들어낸다. 다시 말해 여러 감각정보를 시공간적으로 매핑해서 일관성과 통일성을 부여하는 존재가 바로 의식이다. 그러한 통합이 곧 의식의 핵심 기능이라는 것은 이미 살펴본 바와 같다. 의식은 외부 환경에 대한 정보들뿐만 아니라 몸의 움직임을 위한 다양한 감각정보와 근육들과 관련된 운동정보를 통합하여 의도를 기반으로 하는 움직임을 만들어낸다.[534]

지나스는 특히 시상피질계(thalamocortical system)의 40헤르츠 진동에 주목한다. 이러한 의식의 통합 기능은 시상피질을 중심으로 한 40헤르츠의 감마파에 의해서 주로 이뤄진다는 것이다.[535] 인간의 의식은 중추신경계의 특정한 진동에 기반한다. 뇌간에서 변연계를 거쳐 대뇌피질에 이르는 망상활성계(reticular activating system: RAS)가 감마파로 진동할 때 우리의 의식은 작동한다.[536] 망상활성계는 후뇌, 중간뇌, 전뇌를 연결하는 신경망으로 뇌의 각성상태를 유지하는 데 매우 중요한 역할을 한다.[537]

지나스에 따르면 포유류 중추신경계의 일부 신경세포는 자동리듬의 전기적 진동을 가능하게 하는 특성을 지니고 있다. 시냅스 연결망을 통해서 신경세포들은 진동의 네트워크를 만들어낸다. 이러한 진동의 네트워크에서 신경세포들은 페이스메이커로서 특정한 리듬의 진동을 만들어내기도 하고 특정한 진동에 반응하기도 한다. 이러한 진동과 공명은 다양한 기능과 연관되어 있다. 특정한 상태(수면, 각성, 혹은 특정한 주의집중)를 결정하기도 하고, 운동 조절에 관여하기도 하며, 자주 사용하는 신경망을 강화하는 신경가소성과도 관련이 있다. 특히 시상과 대뇌피질 사이의 회로에서 발생하는 진동의 교란은 정신질환과도 관련성이 있을 것으로 본다.

이러한 관점에서 보자면, 뇌의 기능은 어느 부위가 활성화되는가, 또는 어느 부위가 어떻게 연결되는가 하는 것보다, 어떤 주파수로 진동을 주고받는가에 의해 더 많이 결정된다. 다시 말해 뇌의 같은 부위가 활성화된다 해도 그 부위들의 진동 주파수가 달라짐에 따라 뇌는 다양한 기능을 발휘하게 된다.[538]

인간의 뇌는 외부자극에 대해 수동적인 반응만 하는 게 아니라 다양한 방법으로 능동적으로 반응할 수 있는 능력을 갖추고 있다. 외부 환경에 대해 주관적인 해석을 하는 내적 맥락을 만들어낼 수 있는 셈인데, 이러한 능력은 중추신경계가 자발적으로 특정 주파수의 진동을 만들어낼 수 있다는 사실에서 기인한다. 의식은 외부로부터 주어지는 감각정보에 대한 반응으로서 구성된다기보다는 오히려 내적모델에 의해 만들어지는 자기완결적 시스템이다.

의식에 대한 전통적 관점은 의식의 본질을 외부로부터 주어지는 여러 감각정보를 처리하기 위한 수동적인 장치로 파악하는 것이었다. 지나스는 이러한 전통적인 관점을 단호히 비판한다. 의식은 근본적으로 '닫힌 루프'다. 외부자극 없이도 얼마든지 다양한 기능을 내재적으로 구성해낼 수 있으며 시공간적인 매핑까지 해낼 수 있는 기능을 지닌다.[539] 뇌는 프리스턴식으로 말하자면 능동적 추론을 해내는 기관이며, 봄(Bohm)식으로 말하자면 생성 질서를 만들어내는 기관이다.

마코프 블랭킷 모델의 관점에서 보자면, 우리 의식이 깨어 있다는 의미는 뇌가 활발하게 내적모델을 외부세계에 투사하고 있다는 뜻이다. 이때가 바로 시상을 중심으로 하는 망상활성계가 40헤르츠로 진동하는 때다. 잠

　　　　　　　　　　　　　　　　　　　　　　　내면소통

을 자는 동안에도 인간의 뇌는 40헤르츠로 진동할 수 있는데, 이때가 바로 꿈을 꾸는 상태다.[540] 지니스에 따르면 깨어 있는 상태나 꿈을 꾸는 상태나 모두 동일하게 '의식이 깨어 있는 상태'다. 따라서 뇌의 작동방식이라는 관점에서 보자면 꿈과 현실은 동일한 상태다. 의식의 관점에서 보자면 인간은 경험하는 환경에 대해 적극적으로 추론함으로써 깨어 있는 동안뿐 아니라 꿈꾸는 동안에도 대상을 실체로서 경험한다.

꿈을 꾸고 있을 때도 깨어 있을 때와 마찬가지로 자의식의 작동이나 능동적 추론의 과정은 그대로 진행된다. 다만 꿈을 꾸고 있을 때는 몸에서 올라오는 여러 감각정보가 차단되어 예측오류의 수정이 제대로 이루어지지 않는다는 점 정도만 다르다. 깊게 잠들지 않은 상태에서는 주변의 소리나 몸이 느끼는 감각의 일부가 의식으로 올라오기도 한다. 그때도 의식은 활발하게 능동적 추론을 하지만 예측오류의 수정이 제대로 이루어지지 않아서 제멋대로 해석한다. 이불이 다리를 감싸고 있는 것을 괴물이 내 다리를 잡아당기고 있다고 해석하거나 지나가는 자동차 소리를 괴물의 울부짖음으로 해석하는 식이다. 꿈꾸고 있을 때와 깨어 있을 때의 의식상태가 근원적으로 동일하다는 사실은 우리의 삶 자체가 일종의 꿈과도 같다는 얘기다. 뇌과학은 우리의 삶이 사실은 한바탕 꿈이라는 것을 말해준다. 혹은 장자가 나비가 된 꿈을 꾸는 건지 나비가 장자가 된 꿈을 꾸는 건지 알 수가 없다고 말해주고 있는 것이다.

우리 뇌는 크게 깨어 있는 각성(wakefulness)상태, 깊이 잠든 수면상태(델타파 등 느린 뇌파를 보이는 깊은 수면), 꿈꾸는 상태(렘수면) 등 세 가지 상태를 오간다. 이러한 세 가지 상태는 망상활성계에 의해서 결정된다. 대부분 마취제는 망상활성계를 억제함으로써 혼수상태에 빠지게 한다. 뇌간 등 뇌의 아랫부분에서 시상을 거쳐 대뇌피질 쪽으로 올라가는 상향망상활성계는 대뇌피질 전체를 활성화함으로써 잠에서 깨게 한다. 이때 주로 작동하는 신경회로는 노르아드레날린이나 도파민에 반응하는 신경망이고, 망상활성계는 40헤르츠 전후의 감마파 진동을 보인다.[541]

상향망상활성계가 감마파 진동의 '동기화(synchronization)'를 통해 의식의 각성을 가져온다는 논의는 이미 적잖이 이뤄졌다.[542] 그런데 실제로 40헤르츠의 전기자극을 직접 뇌에 주어 마취상태에서 깨어나게 하는 최초의 실험 결과가 마침 책의 이 부분을 쓰고 있는 동안에 나왔다.[543] 마취를 시킨 붉은 털 원숭이의 중앙외측시상(central lateral thalamus) 부위를 전극을 통해 40헤르츠 주파수로 자극했더니 즉시 의식을 회복하고 깨어난 것이다. 중앙외측(CL) 시상은 뇌간으로부터 올라오는 망상활성계의 정보를 받아들여 대뇌피질로 전달하는 일종의 통로와도 같은 곳이며, 인간의 시상도 마찬가지 역할을 담당한다. 마취상태에 빠진 원숭이의 중앙외측시상을 자극해 망상활성계가 활성화된 상태와 비슷하게 만들었더니 놀랍게도 원숭이는 곧바로 의식을 회복하고 깨어났던 것이다. 하지만 자극을 멈췄더니 곧바로 다시 의식을 잃었다.[544] 이 실험 결과는 의식의 각성상태를 유지하는 데 있어서 시상 부위의 감마파 진동의 동기화가 결정적인 역할을 한다는 점을 확실히 보여주었다.

시상은 뇌 한가운데 가장 깊숙한 곳에 있는 부위인데 시각이나 청각 또는 몸의 감각정보들이 한데 모였다가 대뇌피질로 전달된다. 의식은 주로 대뇌피질의 작용이다. 따라서 우리의 의식이 알아차리는 대부분의 감각정보는 시상을 거친다. 예컨대 우리가 무엇인가를 볼 때, 망막의 시각세포가 감지한 시각정보는 일단 후두엽의 시각피질로 전달되어서 처리된 다음에 시상을 거쳐 의식으로 전달되는데 그제야 우리는 어떤 사물을 볼 수 있게 된다. 이러한 여러 단계를 거치면서 시각정보는 뇌에 이미 존재하고 있던 내적모델을 바탕으로 능동적 추론 과정을 거쳐서 의식에 전달되는 것이다. 시상은 한마디로 후각을 제외한 거의 모든 감각정보를 의식으로 전달해주는 중계소 역할을 하는 곳이라 할 수 있다.

한편 PTSD나 불안장애를 앓고 있는 경우 망상활성계가 과도하게 활성화되는 경향을 보인다. 깜짝 놀랐을 때나 지나치게 긴장한 각성상태의 자극이 지속해서 발생하는 것이다. 정상적으로 작동하는 망상활성계는 반복적인 자극에 대해 빠르게 '습관화'를 만들어내는 기능도 갖고 있다. 거슬리는 소음이나 강한 냄새 등이 오랫동안 지속되면 망상활성계는 신속하게 습관화를 통해 의식이 해당 소음이나 냄새에 덜 반응하게 함으로써 상황에 적응하도록 한다. 하지만 PTSD나 불안장애 환자의 경우에는 이러한 습관화 기능이 현저하게 저하됨에 따라 과도한 각성상태가 지속되고 수면상태를 조절하는 기능에도 장애가 생겨 깊은 수면(느린 뇌파 수면)이 감소하게 된다. 또 렘수면 상태를 증가시켜서 악몽에 시달리게 하고 불면증을 겪게 하기도 한다.[545]

정신질환은 대부분 수면장애를 동반하는데,[546] 이는 망상활성계의 기능과도 깊은 관련이 있다. 한편 내부감각 훈련의 요소를 포함하는 내면소통 명상은 망상활성계를 정상적으로 작동시키는 데 큰 도움을 줄 수 있다. 편안하고 규칙적인 수면을 할 수 있다는 것은 마음근력이 강하고 건강하다는 확실한 지표다. 잘 자야 잘 깨어 있을 수 있다.

감마파 진동이 뇌의 건강에 미치는 영향

감마파 진동이 뇌의 건강과 기능 향상에 결정적 도움을 준다는 것을 확인하기 위한 일련의 연구가 MIT의 차이(Li-Huei Tsai) 교수팀에서 연달아 나오고 있다. 차이 교수팀은 유전자 조작을 한 쥐의 해마체 신경세포를 빛으로 직접 자극하는 옵토제네틱스(optogenetics) 실험을 통해 40헤르츠의 진동을 일으켰다. 그 결과 치매와 관련이 깊은 것으로 알려진 아밀로이드베타(amyloid-β)가 현저하게 줄어드는 것으로 나타났다. 40헤르츠의 진동을 신경세포들이 유지할 경우 치매를 예방할 수 있으리라는 강한 암시를 주는 결과다(참고로, 치매 환자의 뇌에는 아밀로이드베타의 농도가 높다고 알려져 있으나, 아밀로이드베타가 치매의 원인인지 아니면 결과인지는 아직 분명하게 밝혀지지 않았다). 그뿐만 아니라 한 시간가량 40헤르츠의 진동으로 자극을 준 경우와 그렇지 않은 경우를 비교했더니, 미세아교세포(microglia)를 형성하는 유전자의 발현이 유의미하게 증가하는 것이 발견되었다.[547] 한마디로 뇌가 더 건강해진 것이다.

차이 교수팀은 옵토제네틱스로 뇌의 신경세포에 빛으로 직접적인 자극을 주어 활성화하는 실험을 했을 뿐만 아니라 한걸음 더 나아가 40헤르츠 주파수의 깜빡이는 빛을 눈에 보여주는 비침습적 실험도 진행했다. 그 결과 쥐의 시각피질에 40헤르츠의 진동이 일어나는 것이 발견되었다. 한 시간 동안 빛을 보여주고 나서 한 시간 뒤에 시각피질의 아밀로이드베타 농도를 측정했더니 무려 57.97퍼센트나 감소한 것으로 나타났다. 20헤르츠나 80헤르

츠 혹은 랜덤하게 깜빡이는 빛을 보여주었을 때는 이러한 효과가 나타나지 않았다.[548]

차이 교수팀은 또한 소리 자극을 통해 쥐의 청각피질과 해마체에 40헤르츠의 감마파 진동을 일으키는 실험도 진행했다. 일주일간 소리 자극을 받은 쥐들은 공간기억과 인지기억 능력이 향상되었다. 또 아밀로이드베타 농도가 낮아졌으며, 최근 치매의 지표로 여겨지고 있는 인산화된 타우단백질의 농도 역시 낮아졌다.

여기서 그치지 않고 이 대단한 연구팀은 소리와 빛 자극을 동시에 주어서 청각피질과 시각피질에 40헤르츠의 진동을 동시에 일으키는 실험도 진행했다. 앞에서 살펴본 것처럼 뇌의 중요한 기능 중 하나는 시각정보와 청각정보 등 다양한 감각정보를 통합해서 환경에 대한 종합적인 하나의 상(image)을 만들어내는 것이다. 이러한 통합(binding)의 기능은 의식작용의 핵심이며 주로 전전두피질 영역에서 담당한다.

빛 자극을 통해 시각피질에 감마파 진동을 일으키면 시각피질 상태가 좋아지고, 소리 자극을 통해 청각피질에 감마파 진동을 일으키면 청각피질의 상태가 좋아진다는 사실이 확인되었다. 그렇다면 빛과 소리 자극을 동시에 주면 어떻게 될까? 놀랍게도 다양한 자극을 통합하는 전전두피질의 핵심 부위인 mPFC에도 감마파 진동이 일어났고, 그 결과 mPFC 부위의 아교세포 조직이 더 활성화되고 아밀로이드베타 농도는 낮아졌다.[549] 이 결과는 시각과 청각을 동시에 자극함으로써 감마파 진동을 일으키는 것은 뇌의 아밀로이드베타 농도를 낮출 뿐만 아니라 mPFC를 중심으로 한 전전두피질 기능을 전반적으로 강화하는 결과를 가져올 수 있다는 점을 강력하게 시사한다.[550]

차이 교수팀뿐 아니라 전 세계의 여러 학자가 감마 진동의 알츠하이머 치료 효과에 주목하고 있다.[551] 또 다른 대규모 연구에서는 '감마 뇌파'를 유도하는 장면을 커다란 스크린을 통해 고령층의 피험자들에게 보여주었다. 그 결과 알츠하이머 증세가 있거나 인지장애를 겪고 있는 노인들은 건강한 집단에 비해 감마 뇌파가 현저하게 덜 유도되었다. 뇌 기능이 저하되면 빛 자극을 주어도 감마 뇌파가 잘 유발되지 않는다는 사실이 밝혀진 것이다.[552] 이 연구결과는 감마파의 유발 정도를 통해서 알츠하이머를 진단할 수 있다는 가능성도 보여주고 있다.

　　어떠한 사물이나 상황을 파악하거나 혹은 주의를 집중할 때 우리 뇌에서 감마파 진동이 넓게 퍼져나가는 동기화 현상이 일어난다는 것은 오래전부터 알려져 왔다. 망상활성계를 통해 특정한 신경세포들이 일제히 억제되거나 활성화되는 것인데, 이는 주의력이나 작업기억(working memory)의 발휘 등 다양한 인지기능과도 밀접한 관련이 있다. 한편 인지능력이 저하되거나 정신질환이 있을 때 혹은 졸음이 올 때도 감마파 진동의 동기화가 줄어든다.[553] 그렇다면 우리가 명료한 의식으로 깨어 있기를 원할 때는 어떻게 해야 할까? 어떻게 하면 우리의 뇌 깊은 곳에 감마파 동기화가 일어나게 할 수 있을까?

　　쥐를 대상으로 한 실험에서처럼 살아 있는 인간의 뇌에 직접 40헤르츠의 전기자극을 주거나 빛을 쏘이거나 할 수는 없다. 멀쩡한 사람의 뇌에 구멍을 뚫어 깊은 곳에 광섬유를 박아 넣는 것은 상상하기 어렵다. 그렇기에 신경세포 수용체에 유전자 조작을 하고 직접 빛 자극을 주는 옵토제네틱스 실험들은 쥐나 원숭이 등의 동물을 대상으로 할 수밖에 없다. 다행히 이렇게 직접적인 방법을 사용하지 않고도 인간의 뇌에 감마파 진동과 동기화를 강화하는 방법이 있다. 바로 명상이다.

　　러츠(Antoine Lutz)와 그의 동료들은 오랫동안 명상을 한 사람들은 자기 뇌에 감마파 진동을 스스로 일으키고 다른 뇌 부위로 더 넓게 퍼져나가게 하는 동기화 현상을 만들어낼 수 있음을 발견했다.[554] 15~40년에 걸쳐서 1만~5만 시간 명상 수행을 한 티베트 불교 수행자들을 대상으로 한 연구에서 전두엽과 측두엽 부위의 감마파 진동이 더 강하게 나타난 것이다. 일반인과 비교했을 때 이러한 경향은 DMN(디폴트모드네트워크)에서 더욱 뚜렷하게 나타났다. 이는 신경가소성에 의해 뇌의 기본적인 작동방식에 변화가 생겼음을 암시한다. 명상 훈련이 인지능력 향상과 밀접한 관련이 있다는 사실이 또 다른 방식으로 입증된 것이다. 명상이 명료한 의식의 깨어 있음을 가져온다는 것은 단순히 비유적인 표현이거나 기분의 문제가 아니라 분명한 뇌과학적 사실이다. 명상은 뇌의 인지능력을 높여줄 뿐만 아니라 뇌의 전반적인 건강 상태를 양호하게 하는 데에도 큰 도움을 줄 수 있다.

뇌가 망상활성계의 감마파 동기화를 통해 의식의 각성상태(깨어 있음)를 만들어내는 이유는 움직임을 위한 준비상태에 돌입하는 것이라 할 수 있다. 우리가 몸을 움직이면 망상활성계는 활발하게 작동한다. 이것이 각성상태다. 의도적인 움직임을 할 수 있는 상태가 바로 '깨어 있는 각성상태'다. 그렇기에 잠들기 전에 운동을 지나치게 하면 숙면을 방해할 수도 있다. 몸은 지치지만 뇌는 각성상태에 있기 때문이다. 마코프 블랭킷 모델을 통해 이야기하자면, 내부상태가 움직임에 대한 의도를 생성해낼 수 있고, 감각상태가 움직임을 위한 환경정보를 처리할 수 있으며, 나아가 움직임의 결과로서 내부상태로 전해지는 피드백 정보를 통해 예측오류를 수정할 수 있는 상태가 곧 깨어 있는 것이다. 언제든 움직임을 할 수 있도록 준비된 뇌의 상태가 곧 각성상태다. 이제부터 살펴볼 고유감각 훈련은 이러한 움직임의 요소와 명상의 요소를 모두 지닌 '움직임 명상'이라 할 수 있다.

| Note | **뇌파란 무엇인가?** |

뇌파는 두뇌의 신경세포들이 활동할 때 발생하는 전기신호다. 흔히 뇌전도(electroencephalogram: EEG)라고 불린다. 인간의 뇌는 약 1000억 개 정도의 신경세포로 이뤄졌는데, 각 신경세포가 정보를 전달할 때는 축삭돌기를 통해 전류를 흘려보낸다. 전기신호가 축삭돌기 말단에 도달하면 단백질로 이루어진 다양한 종류의 신경전달물질을 쏟아내고 그 신경전달물질에 반응한 다음 신경세포가 다시 전기신호를 만들어내 축삭돌기를 통해 흘려보낸다. 그리고 이것을 반복한다. 이것이 신경세포가 '활성화'된다는 뜻이다. 하나의 신경세포가 한 번 전기신호를 발생시키고 나서 또다시 발생시키는 것을 한 주기라고 하고, 이러한 주기적 전기신호를 측정해내는 것이 곧 뇌파다.

신경세포가 발산하는 전류를 정확하게 측정하려면 신경세포에 전극을 직접 갖다 대야 한다. 캔들(Eric Kandel)은 바다달팽이 신경세포에 전극을 직접 연결해서 기억이 어떻게 형성되는가를 밝혀내기도 했다.[555]

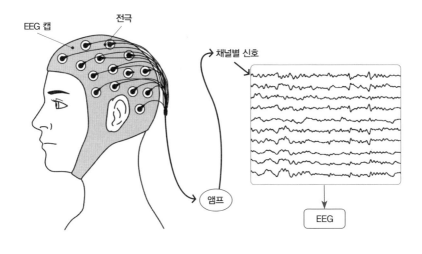

EEG 캡 전극 채널별 신호

앰프

EEG

[그림 9-2] 뇌파를 측정하는 전형적인 모습. 수영모처럼 생긴 EEG 캡에는 여러 개의 구멍이 뚫려 있고 이곳을 통해서 두피에 전극을 부착한다. 각각의 전극(채널)에서 수집된 전기신호를 기록한 것이 뇌파 혹은 뇌전도(EEG)다.

바다달팽이를 실험대상으로 삼은 이유는 신경세포가 눈으로 볼 수 있을 정도로 커서(약 1밀리미터) 개별 신경세포에 전극을 직접 연결하는 것이 가능했기 때문이다. 게다가 전체 신경세포의 수가 2만 개에 불과해서 신경세포 간의 연결망이 학습에 따라서 어떻게 변화하는지, 즉 기억이 어떻게 형성되는지를 살펴볼 수 있었던 것이다.

쥐의 뇌파를 정밀하게 측정하는 최근 실험에서는 쥐의 두개골을 열고 대뇌피질 위에 얇은 전기기판을 덮어서 전기신호를 측정하기도 한다. 그러나 사람에게 이런 실험을 할 수는 없는 노릇이다. 실험을 위해서 사람의 두개골을 열거나 뚫을 수는 없기 때문이다. 그래서 두피에 전극을 갖다 대는 방식으로 측정한다. 신경세포들이 발산하는 전류의 세기는 1~2밀리볼트 정도이고 기껏해야 7밀리볼트 미만밖에 되지 않는다. 이것을 두개골 바깥 두피에 전극을 부착해서 측정하는 것이다.

뇌파 측정의 전형적인 모습은 [그림 9-2]와 같다. 피험자는 수영모처럼 생긴 캡을 쓰게 되는데 그곳에 여러 개의 구멍이 뚫려 있고 그 구멍에 전극을 부착한다. 전극 끝에는 전기신호를 잘 잡아내도록 소금기 있

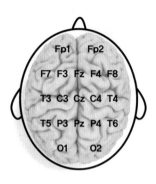

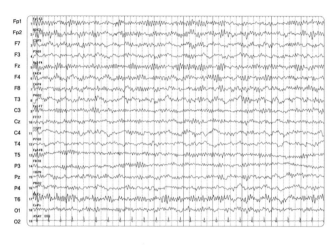

[그림 9-3] 채널별로 수집되는 뇌파 신호. 각각의 채널에는 위치에 따라 이름이 부여되는데, F로 시작하는 것은 앞쪽(Frontal), C로 시작하는 것은 중앙(Central), T는 옆쪽(Temporal), P는 정수리(Parietal), O는 뒤쪽(Occipetal)을 의미한다. 오른쪽 그래프는 채널별로 수집된 뇌파기록이다.

는 젤 같은 전도체를 발라서 두피에 잘 밀착시킨다. 머리숱이 많으면 실험하기가 매우 어렵다. 뭉툭한 전극이 머리카락 때문에 두피에 잘 닿지 않기 때문이다. 머리카락은 단백질이어서 전류가 잘 흐르지 않는다.

전극 하나하나를 '채널'이라고 부르는데, 채널별로 [그림 9-3]과 같은 물결 모양의 뇌파 신호가 잡힌다. 채널에는 보통 약자로 이름을 붙이는데, F로 시작하는 것은 앞쪽(Frontal), C로 시작하는 것은 중앙(Central), T는 옆쪽(Temporal), P는 정수리(Parietal), O는 뒤쪽(Occipetal)을 뜻한다.

[그림 9-3]에서 보는 것처럼 채널 하나하나는 매우 복잡한 양상의 신호를 발산한다. 하나의 채널이 나타내는 신호는 적어도 수천만 개에서 수억 개에 이르는 신경세포들의 전기신호 발산을 뭉뚱그려서 보여주는 것뿐이다.

이것은 마치 1000억 명의 관중(신경세포)이 가득 들어찬 엄청나게 커다란 실내 경기장의 두꺼운 벽(두개골) 바깥에 마이크(전극)를 설치하고 관중들의 박수 소리(전기신호의 리듬)를 측정하는 것과 비슷한 상황이다. 대략 어느 쪽에 있는 관중이 더 열광하는지는 알 수 있겠지만 관중 개개인이 어떤 리듬으로 박수를 치는지는 도저히 알 수가 없다. 이러한 상황에서 관중의 박수 소리 위치나 빠르기를 통해 경기 내용을 짐작하는 것은 역시 매우 어려운 일이다.

게다가 1000억 명의 관중 반응을 측정하기 위해서 경기장 밖에 설치하는 마이크(전극)의 수는 보통 20~30개 내외이고 많아야 64~128개 정도다. 따라서 마이크 하나가 담아내야 하는 관중의 박수 소리는 적어도 수억 개 이상이다. 수억 명의 관중(신경세포)들은 아마도 제각각 조금씩 다른 빠르기의 박자로 박수를 치고 있을 것이다. 그래도 수억 명의 박수 소리를 멀리서 한꺼번에 들어보면 무언가 하나의 박자 같은 것이 느껴질 수도 있다. 그것을 그래프로 나타낸 것이라 보면 된다.

게다가 관중은 경기장 안쪽 벽에 균일하게 분포되어 있지도 않다. 뇌는 쭈글쭈글하게 접혀 있는 입체 구조다. 만약 신경세포가 두개골 안쪽 표면에 균일하게 쫙 퍼져 있다면 위치라도 정확하게 알아낼 수 있을 것이다. 그러나 두피 가까이 있는 신경세포도 있고 깊숙한 곳에(사실 깊숙한 곳에 있을수록 중요한 신경세포일 가능성이 크다) 자리 잡은 것도 있어 두피까지의 거리는 그야말로 천차만별이다. 대뇌피질 아래 깊숙한 곳에 있는 신경세포의 신호는 뇌파 측정으로는 거의 잡히지 않는다. 뇌파 측정은 그런 것을 고려하지 않고 무작정 두피에 전극을 대고 측정하는 것이다. 게다가 사람마다 두개골 모양이나 크기가 다르고 그 속에 들어 있는 뇌의 모습이나 크기도 각각 달라서 뇌파가 줄 수 있는 정보는 그야말로 대략적일 수밖에 없다.

그런데 이런 대략적인 정보도 유용할 때가 있다. 뇌전증 환자의 발작은 뇌의 신경세포들이 과도하게 활성화된 상태다. 그것은 보통 한 부위에서 시작해 마치 공명현상처럼 뇌 전체로 퍼져나간다. 많은 신경세포가 격렬하고 과도하게 활성화되는 상태가 발작으로 나타나는 것이다. 뇌전증 환자의 뇌 어느 부위가 발작이 시작되는 진원지인지 대략이라도 알아내는 것은 처치에 매우 유용한 정보가 될 수 있다. 사실 100여 년 전부터 뇌파 측정이 사용되기 시작한 것도 주로 뇌전증 환자의 진단을 위해서였다.

전기신호의 파동 주기는 보통 헤르츠(Hz)로 나타낸다. 1초에 1번 움직이는 파동을 1헤르츠라고 한다. 만약 1초에 10번 신경세포가 전기신호를 발산한다면 그것은 10헤르츠의 주기를 갖는 것이 된다. 각 채널이 나타내는 주파수가 대략 어느 정도 범위인가 혹은 어느 범위의 주파수가 많이 나타나는가에 따라 편의상 델타파(4Hz 미만), 세타파(4~7Hz), 알파파(8~12Hz), 베타파(13~25Hz), 감마파(30Hz 이상)의 다섯 가지 뇌파로 분류된다. 이러한 구분은 어디까지나 대략적인 것이다. 특정한 채널에서 알파파의 특성이 나타난다고 해서 계속 10헤르츠 내외에서 움직이는 법은 없다. 더 빨라지기도 하고 느려지기도 하는데, 일정한 시간 동안 평균적으로 10헤르츠 내외가 많이 나타나면 그 채널에서 잡히는 신호는 알파파라 보는 것이다. 주파수 분류도 가지각색이다. 감마파를 25헤르츠 이상으로 보는 사람도 있고 30헤르츠 이상으로 보는 사람도 있다. 아무튼 40헤르츠 내외라면 감마파라 할 수 있다.

정상인이 일상생활을 할 때 보이는 주파수는 알파파나 베타파다. 어떤 대상에 긴장해서 의식을 집중하거나 집중적으로 일을 처리할 때에는 베타파가 많이 나타나지만, 편안하게 이완하거나 차분해지면 알파파가 많이 나타난다. 명상 상태에서 평정심을 유지할 때도 알파파가 많이 나타난다. 한 가지 주의할 점은 마음이 차분해졌을 때 상대적으로 알파파가 많이 나타나는 것은 사실이지만, 어떤 사람의 뇌파에서 알파파가 많이 나타난다고 해서 그 사람이 지금 차분한 마음 상태라고 속단해서는 안 된다는 것이다. 알파파보다 더 느린 세타파는 더 긴장이 이완되고 잠

내면소통

이 들 때 나타난다.

한편 꿈도 꾸지 않는 깊은 수면 상태에서 나타나는 뇌파는 파동이 훨씬 더 느려진다. 이때 2~3헤르츠 미만으로 나타나는 델타파는 특이하게도 뇌의 거의 전 영역에 걸쳐서 동시적으로 나타난다. 느려지지만 동시에 신호가 동기화되어서 측정되는 신호의 크기(amplitude)는 커진다. 비유적으로 말하자면, 실내 경기장 관중이 동시에 천천히 일제히 박수를 치기 시작해서 커다란 박수 소리가 나는 상황이라 할 수 있다. 실제 경기장에서 관중이 동시에 박수를 치는 것은 별로 신기한 일이 아니다. 치어리더 손짓에 맞추든지 아니면 다른 사람의 박수 소리를 듣고 따라하면 되기 때문이다. 그러나 두개골에 들어 있는 신경세포는 바로 인접한 신경세포들의 박수 소리(활성화 정보)만 알 수 있다. 이러한 상황에서 전체 신경세포에 명령을 내리는 치어리더나 컨트롤타워도 없는데 어떻게 수백억 개의 신경세포들이 동시성(synchronicity)을 이뤄낼 수 있는지는 정말 수학적으로도 풀기 어려운 신비로운 일이라 할 수 있다.[556]

뇌과학 연구에서 뇌파를 측정해 분석하는 방법에는 두 가지가 있다. 하나는 앞에서 살펴본 것과 같은 주파수 분석(wave analysis)이고, 다른 하나는 사건유발전위(event-related potential: ERP) 분석이다. 뇌과학에서는 원래 주파수 분석을 그다지 중요하게 여기지 않았다. 뇌파 자체가 대략적인 측정일 뿐만 아니라 알파파니 베타파니 하는 것 역시 자의적이고 임의적인 분류여서 과학적 엄밀성이 떨어지며 특정한 의미를 부여하는 것조차 어렵기 때문이다.

fMRI 신호와 비교할 때 뇌파 신호의 장점은 전기신호여서 시간해상도가 뛰어나다는 점이다. 특정한 자극으로부터 얼만큼의 시간이 흐른 뒤에 뇌파 반응이 나타나는가를 1000분의 1초 단위로 측정할 수 있다. fMRI는 신경세포 주변의 혈액 속의 산소농도 변화를 측정하는 것이기에 특정한 자극에 대한 반응이 나오기까지 대략 4초 이상이 걸리는 것에 비하면 시간해상도가 엄청나게 뛰어나다고 할 수 있다.

이러한 특성을 이용한 뇌파 신호 분석이 사건유발전위 분석이다. 특정한 자극을 주었을 때 뇌의 특정 부위에서 크게 출렁거리는 신호의 변화를 살펴보는 것이 사건유발전위 분석의 핵심이다. 예컨대 서로 부조화를 이루는 자극물을 제시하면 그러한 '부조화'에 뇌파가 출렁거리면서 반응한다. 가령 보수적인 신문 제호를 보여주면서 그 아래에 진보적인 문구를 제시하면 그로부터 0.5초 후에 뇌파가 특정한 패턴을 보이면서 반응하는 식이다. 또는 실수를 하게 하면 대략 0.1초 후에 뇌파는 실수유발부적전위(error related negativity: ERN)라는 특징적인 반응을 보이기도 한다. 피험자가 특정한 자극을 받고 나서 몇 밀리세컨드 후에 어떠한 형태의 파장이 나타나는가를 통해 뇌 반응을 추정하는 식이다. 예컨대 포지티브 신호가 0.3초 뒤에 나타나는 신호는 P300, 네거티브 신호가 0.2초 뒤에 나타나면 N200의 반응을 보이는 것이 된다. 뇌과학에서 사용되는 대부분의 뇌파 연구는 알파파나 베타파를 측정하는 주파수 분석이 아니라 이러한 사건유발전위 분석을 기반으로 한다.

전통적으로 주파수 분석은 뇌과학의 본격적인 연구 주제에서 어느 정도 벗어나 있었지만, 최근 뇌과학에서는 감마파를 중심으로 다시 주파수 관련 연구가 활발해지고 있다.[557] 1980년대에 fMRI가 등장해서 본격적인 뇌 영상 연구가 시작되었을 때는 뇌의 어느 특정 부위가 언제 활성화되는가가 연구의 초점이었다. 특정 뇌 부위가 특정 기능과 관련된다고 믿었기 때문이다. 연구가 점차 발전하자 이번에는 여러 부위 간의 기능적-구조적 연결성이 중요하다는 관점이 널리 확산되었다. 특정한 연결망이나 신경회로가 특정한 기능을 담당한다는 생각이 광범위하게 자리를 잡은 것이다. 예컨대 도파민을 주고받으면서 연결되는 회로는 주로 동기부여와 행위라는 기능을 담당한다고 보는 식이다. 사실 이 책도 마음근력을 mPFC(내측전전두피질)를 중심으로 한 신경망의 기능으로 보는 관점을 담고 있다. 그런데 최근 연구 동향에서는 뇌 부위 간의 연결이 어떤 방식의 신호로 연결되는지에 관심을 쏟기 시작했다. 특정 부위가 연결될 때 어떤 주파수의 신호로 소통하는지, 혹은 감마파 등의 특정한 주파수로 연결되는 신경망이 어떤 역할을 담당하는지에 관한 문제가 뇌과학 연구에서 다시금 관심을 얻고 있는 것이다.

움직임 명상을 통한
감정조절

고유감각 훈련의 효과

지금까지 뇌와 의식이 '움직임'을 위해 존재한다는 사실을 살펴보았다. 나아가 우리가 지닌 의도가 근본적으로 움직임을 기반으로 한다는 것과 그러한 의도를 기반으로 하는 스토리텔링이 바로 의식임을 살펴보았다. 또 의식의 깨어 있음이란 곧 움직임을 위한 준비상태이며, 모든 감정의 본질이 바로 고정된 행위 유형으로서의 움직임이라는 사실도 살펴보았다. 움직임은 우리의 몸뿐만 아니라 의식도 깨어나게 한다. 그렇기에 마음근력을 키우기 위한 내면소통 훈련에서 움직임은 매우 중요한 위치를 차지한다. 일정한 움직임을 하려는 의도와 그러한 의도가 만들어내는 몸의 변화를 끊임없이 명료하게 자각하고 알아차리는 과정이 곧 움직임 명상이다.

우리 몸의 움직임이 뇌에 전달되는 경로는 다양하다. 귓속의 전정기관을 통해서는 균형에 관한 정보가 전달되고, 시각정보를 통해서는 주변 사물과 내 몸의 관계에 대한 정보가 전달된다. 뇌는 이러한 다양한 정보들을 종합해서 움직임에 대한 통합적인 능동적 추론을 해낸다. 그렇기에 한 발로 서서 균형을 잡을 때 눈을 감는 것보다는 뜨는 것이 더 유리하다. 눈을 통해서 시각정보를 계속 얻는 것이 내 몸의 균형상태에 관해 더 많은 정보를 주기 때문이다.

전정기관이나 시각정보 이외에도 내 몸의 움직임과 관련된 매우 중요한 감각정보 시스템이 하나 더 있다. 그것이 바로 고유감각(proprioception)인데, 몸의 움직임, 위치, 자세 등에 관한 정보를 감지하는 감각시스템이다. 우리 몸에는 시각·청각·후각·미각·촉각 등의 다섯 가지 감각기관만 있는 것이 아니다. 몸의 위치, 자세, 움직임을 감지하는 별도의 감각시스템이 있다. 눈을 감고 손을 들어 천천히 움직여보라. 나는 내 손의 위치와 움직임을 알 수 있다. 시각이나 촉각이 아니라 바로 고유감각이 전해주는 정보 덕분이다. 뇌졸중으로 고유감각 정보를 처리하는 뇌 부위가 손상된 환자는 움직임에 큰 제약을 받는다. 근골격계나 운동신경계에는 아무런 문제가 없어도 잘 걷지 못한다. 한 걸음 떼어놓을 때마다 계속 눈으로 확인해야만 자신의 발과 다리의 위치를 알 수 있기 때문이다.

고유감각 수용체는 근육, 힘줄, 관절 등에 분포되어 있으며 팔다리의 움직임과 속도, 부하량, 관절의 위치 등을 감지해낸다. 우리 뇌는 고유감각 수용체가 받아들이는 감각정보를 전정기관으로 전해지는 균형정보 및 시각정보와 통합해서 몸의 위치, 움직임, 속도 등을 종합적으로 파악한다. 이를 통해 우리는 팔다리의 위치, 움직임의 방향, 근육에 걸리는 부하량, 빠르기 등에 대한 정보를 얻는다. 한마디로 고유감각은 내 몸이 어떻게 움직이는지 실시간으로 알 수 있게 해주는 감각으로, 움직임과 의식을 연결해주는 중요한 신경시스템이라 할 수 있다. 고유감각 덕분에 우리는 자연스럽게 걷고, 뛰고, 운동을 할 수 있다.

고유감각에 대한 자각 능력을 높여주는 고유감각 훈련은 내부감각 훈련과 마찬가지로 감정조절 능력을 크게 향상시켜준다. 지금까지의 여러 연구가 고유감각에 대한 자각 능력을 향상시키면 감정인지 및 감정조절 능력이 향상되고 트라우마 스트레스 장애나 불안장애, 우울증 등의 개선에도 도움이 된다는 점을 밝혀냈다.[558] 감정적 고유감각이라는 개념을 제안하면서 얼굴근육을 통해 감정을 조절하는 것이 가능하다는 것을 밝힌 연구도 있다. 보톡스 주사를 통해 얼굴근육을 특정한 방식으로 조절함으로써 우울증 증세를 완화할 수 있음을 보여준 것이다.[559] 얼굴근육이 우울증 치료에서 중요한 이유는 그것이 뇌신경의 일부이기 때문이다. 얼굴근육뿐 아니라 뇌신경계와 직접 관련된 다른 여러 근육을 체계적인 방식으로 움직이고 이완하는 것 역시 부정적 감정 유발 습관을 완화할 수 있다.

　　고유감각의 활성도를 낮추면 과도한 부정적 감정 유발을 억제할 수 있다는 사실은 수십 년 전부터 조금씩 알려져왔지만,[560] 고유감각 훈련을 통해서 트라우마나 감정조절장애를 본격적으로 치료하기 시작한 것은 비교적 최근의 일이다. 그 선두주자 중에는 타이치, 기공, 요가 등의 동작을 이용해서 '소매틱 경험(Somatic Experiencing: SE)' 요법을 개발한 르빈(Peter Levine)과 페인(Peter Payne)이 있다.[561] 이들은 움직임에 대한 내적인 알아차림을 강조하면서 근육 및 움직임에 집중하는 고유감각 훈련과 내장이 주는 느낌에 집중하는 내부감각 훈련의 중요성을 강조했다. 특히 르빈은 오래전부터 인지적 혹은 감정적 경험을 통해서는 트라우마 치료가 어려우며 그보다는 몸이 주는 감각과 움직임에 집중해야 한다고 역설해왔다. 특히 트라우마 장애는 마치 물이 펄펄 끓고 있는 주전자의 뚜껑을 꼭 닫아놓은 것과도 같은 상태이므로 내적 에너지를 조금씩 배출시키는 것이 효과적인 치료법이 된다고 보았다. 즉 트라우마 환자는 폭발적인 내적 에너지가 몸 안에 갇혀 있는 상태이므로 적절한 몸의 움직임을 통해서 마치 뚜껑을 조금씩 열어주는 것처럼 감정적 에너지를 조금씩 배출해낼 수 있도록 도와야 한다는 것이다.[562]

　　그 밖에도 여러 연구가 고유감각 훈련의 성격을 지닌 움직임 명상의 불안장애 치료에 대한 효과를 입증했다. 한 메타분석 연구에 따르면, 움직임 명상의 효과에 대한 무선배치실험(randomized controlled trials: RCTs)을 실시했던 36개의 연구 중에서 25개의 실험에서 확실한 효과가 나타났다. 움직임 명상이 가만히 앉아서 하는 명상보다 더 큰 효과가 있음이 입증된 것이다. 개인별 명상 훈련보다는 그룹 훈련이 더 큰 효과를 보였으며, 부작용은 어떠한 실험에서도 보고되지 않았다.[563] 또 다른 메타분석 연구에서는 67개의 무선배치 실험 결과를 분석했는데, 움직임 명상은 불안장애와 우울증에 대부분 효과가 있는 것으로 나타났다. 그중 여섯 개 실험에는 면역 및 염증 반응 조사도 포함됐는데, 모두 코르티솔, 사이토킨, CRP(C반응성단백질), 이뮤노글로빈-G 등의 수치가 유의미하게 낮아졌다. 고유감각 훈련과 내부감각 훈련의 요소를 모두 지닌 타이치와 기공의 효과는 거의 동일하게 나타났다.[564]

이러한 다양한 연구 중에서도 특히 가시적인 연구성과를 거두고 있는 다트머스의과대학의 페인 교수 연구팀은 타이치, 기공, 하타 요가, 알렉산더테크닉, 펠덴크라이스요법 등 다섯 가지 소매틱 운동을 '명상적 움직임 (Meditative Movement: MM)'이라 개념화해 우울증과 불안장애 치료에 적용하기도 했다.[565] 트라우마와 만성스트레스 환자에 대해서도 명상적 움직임을 통해 고유감각과 내부감각에 반복적으로 집중하는 훈련을 하게 함으로써 유의미한 효과를 보았다.[566]

그 밖에도 요가나 타이치 등을 포함한 다양한 명상 활동에 관한 과학적 연구가 폭발적으로 늘고 있다. 1997년부터 2006년까지 10년간 2412편의 학술논문이 발표되었는데 2007년부터 2016년 사이에는 그 수가 1만 2395편으로 증가했다. 타이치나 요가 등을 임상적으로 사용하고 효과를 검증한 논문들 역시 2000년도에는 연평균 20여 편 정도였는데 2014년에는 250편으로 증가했다. 논문 인용 건수 역시 2000년도에는 20건에 불과했으나 2014년도에는 무려 7112건으로 증가했다.[567]

엄밀하게 말하자면 고유감각 훈련이나 움직임 명상의 효과를 입증하는 것은 그리 쉬운 일이 아니다. 단지 움직임 명상이 부정적 정서 완화에 도움을 준다는 사실을 밝히는 것만으로는 충분하지 않다. 왜냐하면 고유감각 훈련이나 움직임 명상이 부정적 정서 완화에 도움을 준다고 할 때, 그 주된 원인이 규칙적인 호흡의 결과인지, 고유감각에 집중한 알아차림의 효과인지, 아니면 그저 일정 시간 긴장을 푼 명상의 효과인지, 혹은 평소 운동을 안 하던 사람이 그나마 운동을 좀 규칙적으로 해서 혈액순환이 잘된 덕분에 생긴 일종의 운동 효과인지, 또는 여러 사람과 함께 어울리면서 운동한 덕분에 긍정적 정서가 높아지고 사회적 친분 관계도 맺었기 때문인지, 또는 그냥 플라시보 효과인지 등을 가려내기가 매우 어렵기 때문이다. 이러한 모든 가능성을 고려해야만, 즉 부정적 정서 완화 효과를 가져올 만한 모든 변인을 통제한 상태에서 실험 처치의 효과만을 정확하게 살펴볼 수 있도록 실험이 설계돼야만 고유감각 훈련과 움직임 명상의 효과를 입증했다고 할 수 있다.

움직임 명상의 효과를 입증하는 또 다른 방법은 뇌 영상 연구를 통한 것이다. 움직임 명상이 부정적 정서 완화와 관련된 뇌의 기능적 또는 구조적 변화를 가져왔다면 상당한 정도로 효과를 입증했다고 볼 수 있다. 움직임 명상에 관한 여러 연구에 대한 한 메타분석은 특히 소매틱 훈련이 부정적 반추와 관련된 뇌 부위를 안정화하는 데 매우 효과적임을 보여주었다.[568] 특히 소매틱 명상은 부정적 반추로부터 지금-여기에 집중하는 현재 지향적 알아차림으로 뇌의 활성화 패턴을 바꾸는 데 커다란 효과가 있는 것으로 나타났다. 불안장애나 우울증 등 감정조절장애의 가장 특징적인 증상 중 하나는 부정적 사건에 대한 기억이나 나쁜 경험을 끊임없이 강박적으로 되새김질하는 것이다. 반추는 강박적인 부정적 내면소통의 습관이라 할 수 있다. 그런데 명상을 하게 되면 PCC(후방대상피질)나 설전부 등 자기부정적 강박 사고와 관련된 뇌 부위의 활성화가 현저하게 줄어든다. 그와 동시에 인지조절력이나 주의력과 관련이 깊은 전전두피질의 dlPFC, mPFC 같은 부위가 활성화된다. 이미 앞에서 살펴보았듯이 이러한 뇌 부위의 신경망 강화는 마음근력 훈련의 기본이 된다. 특히 고유감각이나 내부감각 등 자기 내면의 감각에 집중하는 훈련은 현재 자신에게 일어나는 일에 주의를 집중하는 능력과 관련된 DMN을 활성화한다. DMN이 활성화되면 부정적 경험을 자꾸 반추하도록 하는 시스템은 상대적으로 약해진다.[569]

> Note **명상의 효과를 입증하기 위한 무선배치실험**(randomized controlled trials: RCTs)

무선배치실험은 약의 효과나 처치(치료)의 효과를 검증하기 위한 실험 방법이다. 처치의 효과를 입증하려면 기본적으로 처치를 받은 집단과 받지 않은 집단을 비교해야 한다. 그런데 실험을 하는 사람은 보통 처치의 효과가 입증되기를 강력히 바라는 사람들이다. 자신이 개발한 새로운 약이나 프로그램 처치가 효과가 있음을 입증하기 위해 실험을 하는 경우가 대부분이기 때문이다. 아무리 양심적인 실험자라 하더라도 이럴 때는 자신도 모르게 처치를 받는 집단에는 왠지 잘 나을 것 같은 환자를 배치하고 처치를 받지 않는 통제집단에는 잘 나을 것 같지 않은 환자를 배치할 가능성이 크다. 따라서 환자를 무작위로 나누어서(예컨대 생년이나 환자등록번호 끝자리가 홀수인 환자와 짝수인 환자 두 집단으로 나누기) 처치를 해야 한다. 이러한 무선배치실험은 플라시보 연구를 포함해서 모든 처치의 효과를 입증하는 실험의 기본적인 조건이다. 그런데 실제 무선배치실험의 설계는 여러 다른 조건을 더 고려해야 한다. 불안장애 환자들에게 특정한 방식의 명상을 하게 하고 그 효과를 검증하려는 경우를 생각해보자. 이때 어느 병원 정신과에 찾아오는 환자를 무작위로 두 집단으로 나눠서 한 집단에는 약을 처방하면서 추가로 매일 가만히 앉아서 명상을 10분씩 하게 했고 다른 집단에는 동일한 약만 처방했다고 하자. 6개월 뒤에 두 집단을 비교했을 때 명상을 한 집단의 상태가 더 호전되었다면, 이것이 과연 명상의 효과를 입증하는 것으로 볼 수 있을까? 그렇지 않다. '매일 10분 동안 명상하기'를 하려면 환자들은 매일 10분 동안 조용히 앉아 있어야만 한다. 이 경우 명상을 한 집단이 더 호전된 결과의 원인이 과연 명상 때문인지 아니면 그저 '가만히 앉아 있기' 때문이었는지 알 수가 없다. 따라서 명상을 처방하지 않은 통제집단(비교집단)에도 '매일 가만히 10분간 앉아 있기'를 처방해야 한다. 명상은 하지 않고 그냥 멍하니 앉아 가만히 눈 감고 있던 집단보다 매일 명상을 한 집단이 더 나은 효과를 보였다면 그때 비로소 '명상'의 효과를 입증했다고 할 수 있다. 실제 상황에서의 무선배치실험은 그 밖에도 실험 결과에 영향에 미칠 수 있는 여러 가지 요인들을 최대한 배제하고 순수하게 '처치' 자체의 효과만 살펴볼 수 있도록 세심하게 설계되어야 한다.

의도와 움직임의 새로운 관계 설정

일반적인 운동은 스트레칭이나 근력운동처럼 특정 동작을 배우고 그 동작을 반복함으로써 해당 부위의 근육을 강화하는 것을 목표로 삼는다. 반면에 고유감각 훈련을 위한 운동은 움직임에 대한 '의도'와 그 의도가 가져오는 신체의 움직임 사이의 자동화된 '습관'을 교정하는 것을 목표로 삼는다.

인간이 하는 모든 움직임의 저변에는 무의식적인 습관(혹은 고정된 행위 유형)이 관여하고 있다. 문제는 이러한 무의식적인 습관이 의도를 제대로 반영하지 못할 때 발생한다. 나는 손을 든다고 의도했는데 불필요하게 팔꿈치를 과도하게 들거나 어깨를 들어 올리는 움직임이 섞여서 나오는 경우가 생길 수 있다. 나는 똑바로 선다고 했는데 사실은 척추나 머리가 한쪽 옆으로 혹은 앞이나 뒤로 기울어져 있는 경우도 많다.

움직임의 의도와 결과 사이의 괴리는 특히 스트레스나 불안, 분노 등 부정적 정서에 지속적으로 노출될 때 더욱 커진다. 부정적 정서의 경험이나 스트레스는 의도하지 않은 몸의 과도한 긴장과 불균형을 만들어낸다. 이러한 몸의 불균형은 더 큰 정서적 장애와 통증의 근본 원인이 된다. 고유감각 훈련은 움직임의 의도와 결과 사이의 괴리를 줄이고 기본적인 움직임에 있어서 몸의 균형과 조화를 이루는 데 큰 도움을 준다. 또 바로 그러한 이유로 고유감각 훈련은 우울, 불안, 분노, 트라우마 스트레스 등 부정적 감정의 조절과 통증 완화에도 강력한 효과를 보인다.

고유감각 훈련은 의도와 움직임 사이에 존재하는 무의식적인 움직임 패턴과 그와 관련된 신경망에 새로운 습관을 심어주는 것을 목표로 한다. 따라서 고유감각에 주의를 집중하고 몸의 움직임을 지속해서 알아차리는 것이 훈련의 핵심이다. 몸을 원래 주어진 대로 효율적으로 움직이기 위해서는 나쁜 습관과 결부되어 있는 '의도'를 버려야 한다. 제대로 일어서기라는 동작을 하려면 원래 갖고 있던 '일어선다'라는 의도를 버리고 몸의 자연스러운 상태를 느끼면서 일어서는 훈련을 해야 하는 것이다.

능동적 추론 이론과 마코프 블랭킷 모델을 통해 살펴보았듯이, 하나의 의도에 따른 움직임이 생겨나기 위해서는 수많은 무의식적인 움직임들이 만들어져야 한다. '팔을 들어야지'라는 의도가 실현되기 위해서는 무의식적으로 수많은 근육과 관절 움직임의 조화가 이뤄져야 한다는 뜻이다. 모든 움직임에는 무의식적인 요소의 비율이 훨씬 더 크고 중요하다. 이런 무의식적인 움직임은 대부분 전운동피질에 의해 이뤄진다. 전운동피질에 의한 움직임 중에서 극히 일부만 두정엽 쪽으로 전달되어 자신이 움직였다는 사실을 인지하게 된다. 때로는 무의식적인 움직임이 먼저 일어나고 난 후에야 자신이 그러한 움직임을 했다는 것을 사후적으로 깨닫는다. 자신도 모르게 저절로 어떤 행위를 하는 것은 두정엽과는 별 상관 없이 운동피질 중심으로 벌어지는 사건이다. 예컨대 운동선수가 의도적인 계획 없이도 몰입상태에서 즉각적으로 반응해서 자기도 모르게 멋진 플레이를 해낼 수 있는 것은 전운동피질의 역할 덕분이다.

고유감각 훈련의 대표적인 것은 소매틱 운동(somatic exercise)이다. 소마(soma)는 육체적 몸(physical body)에 대비되는 개념으로 한마디로 '주관적 몸'이라 할 수 있다. 남이 보는 나의 몸이 객관적인 육체적 몸이고, 내가 인지하고 자각하는 것이 주관적 몸인 소마다. 객관적인 몸은 거울에 비친 내 모습이며 주로 시각정보에 의해 구성된다. 반면에 주관적 몸인 소마는 주로 내부감각과 고유감각을 통해 나의 의식에 주어지는 정보에 의해 구성된다. 거울 앞에 서서 거울에 비친 자기 모습을 계속 바라보며 운동하면 나는 주로 육체적 몸인 '보디(body)'를 키우게 된다. 반면 거울에 비친 자기 모습을 보지 않고 고유감각과 내부감각에 집중하면서 운동하면 '소마'를 키우게 된다.

보통 일반적인 운동에서는 특정한 의도를 얼마나 잘 수행해냈는가에 집중한다. 즉 의식에서 몸 근육으로의 정보 흐름에 집중한다. 하지만 소매틱 운동에서는 몸에서 의식으로 올라오는 감각정보의 흐름에 중점을 둔다. 특정한 움직임을 수행하거나 혹은 수행하기도 전에 몸에서 의식으로 올라오는 고유감각에 대한 자각 능력 향상 훈련에 집중하는 것이 소매틱 운동의 핵심이다. 물론 감각에 대한 자각 능력을 향상시키는 것은 마음먹는다고 저절로 되지 않는다. 감각정보가 의식에 전해져서 특정한 의미를 갖기까지는 수많은 '능동적 추론'의 단계를 거친다. 그러한 추론의 과정에서 다양한 왜곡이 일어날 수밖에 없다. 예컨대 내가 '발을 들어야지' 하는 의도가 없었는데도 내 발이 들어 올려지고 있다는 것을 느낀다면 내 의식은 '땅이 솟아오른다' 혹은 '누군가 내 발을 들어 올린다'라는 식으로 해석하게 된다. 물론 실제로 지진이 나서 땅이 들어 올려지거나 운동 경기 중 상대방이 내 발을 들어 올리는 것일 수도 있다. 그러나 내 다리근육이 나의 의도와는 상관없이 수축하면서 생기는 현상일 수도 있다. 또는 나는 '발을 들어야지'라는 의도를 가졌고 거기에 따라 다리근육이 움직였지만, 내가 나의 의도를 자각하지 못했을 수도 있다. 뇌의 다양한 부위에서 의도의 실행이나 의도에 대한 자각을 처리하므로 뇌의 어느 특정 부위가 제대로 작동하지 않는 경우라면 얼마든지 가능한 일이다.

고유감각 정보를 처리하는 뇌의 능동적 추론 시스템이 제대로 작동하지 않는 경우라면, 지금 넘어지고 있으면서도 '내가 지금 넘어지고 있다'라는 사실을 자각하지 못할 수도 있다. 이 사람은 '땅이 갑자기 눈앞에 솟아올라서 내 얼굴을 때린다'와 같은 식의 경험을 하게 된다. 만취해서 넘어지는 사람이 종종 겪는 경험이기도 하다. 이러한 극단적인 경우는 일상생활에서 드물게 나타나지만 조금 낮은 수준에서의 의도와 움직임 사이의 괴리는 누구에게나 흔히 나타나는 현상이다. 대부분의 사람이 '나는 지금 똑바로 걷는다', '나는 지금 똑바로 일어선다'라는 의도를 갖고 몸을 움직이지만, 그리고 똑바로 걷고 일어선다고 느끼지만, 사실은 불균형한 상태에서 약간 삐딱하게 걷거나 한쪽으로 치우친 채 일어서거나 한다. 감각정보를 바탕으로 의식에서 추론을 통해 나의 움직임을 '해석해내는 것'과 실제 움직임 사이에는 늘 괴리가 있게 마련이다. 이러한 괴리가 발생하는 가장 큰 원인은 몸으로부터 올라오는 고유감각 정보를 부정확하게 추론하는 잘못된 추론 습관이다. 이러한 추론은 무의식적으로 저절로 일어나므로 이것을 스스로 알아차리기란 쉽지 않다. 설령 '아, 내가 삐딱하게 걷는구나'라든가 '걸을 때 골반을 쓰지 않는구나'라든가 혹은 '어깨가 말려 있구나', '발을 뻗는 방향이 좌우가 다르구나' 등등을 알아차린다고 해도, 그리고 그렇게 하지 않으려고 마음먹는다고 해도, 그러한 습관은 쉽게 고쳐지지 않는다.

몸은 각 부위가 서로 연결되어 있을 뿐만 아니라 '걷기'라는 하나의 동작을 하기 위해 수많은 미세한 동작들이 몸의 여러 부위에서 동시다발적으로 무의식적으로 일어나기 때문에 '똑바로 걷자'라는 의도를 앞세운다고 해서 반드시 똑바로 걸을 수 있는 것은 아니다. 어깨의 긴장을 풀자, 허리를 펴자, 고개를 들자 등등도 마찬가지다. 이러한 문제를 해결하기 위해서는 의도와 움직임 사이의 관계를 새로 설정하는 것을 연습하고 그것을 반복적으로 훈련함으로써 새로운 습관을 들여야 한다. 여기서 새로운 '습관'이란 새로운 움직임의 습관이라기보다는 움직임에 관한 추론의 새로운 방식을 의미한다. 좀 더 정확히 말하자면, 나의 움직임에 관한 고유감각 정보가 내 의식으로 올라올 때 그것을 자동적으로 해석해내는 능동적 추론 방식을 새롭게 바꾸고 신경가소성을 통해 뇌에 각인시키는 것이다.

고유감각 훈련은 의도와 움직임의 관계, 움직임과 감각정보의 관계에 집중함으로써 의도와 움직임 사이의 괴리를 최소화하는 것을 목표로 삼는다. 그럼으로써 몸의 움직임을 가장 자연스러운 상태로 안내하여 잘못된 자세나 움직임으로부터 오는 통증이나 감정조절장애를 해소하고자 하는 것이다. 실제로 고유감각 훈련의 요소를 포함한 전통적인 소매틱 운동은 몸을 많이 사용하는 운동선수, 무용수, 악기 연주자, 연기자, 성우들 사이에서 인기가 많다.

소매틱 운동에는 다양한 전통과 역사적 배경에 따라 여러 종류가 있으며 기본 개념이나 이론도 조금씩 다르다. 공통점은 고유감각이나 내부감각에 대한 자각을 강조한다는 것이다. 물론 '고유감각'이나 '내부감각'이라는 개념을 전혀 사용하지 않는 전통도 있다. 사실상 고유감각이나 내부감각 훈련의 요소를 강하게 갖고 있으면서도 이와는 별개의 오랜 역사와 독자적인 개념 체계를 지닌 것이 동북아시아의 타이치나 기공 혹은 인도의 하타 요가다. 고대진자운동 역시 소매틱 운동의 성격을 강하게 지닌다. 우리는 오늘날 '소매틱 운동'이라고 불리는 것을 포함해서 마음근력 키우기에 직접적인 도움이 될 만한 다양한 고유감각 훈련들을 살펴볼 것이다. 그전에 우선 누구나 간단히 해볼 수 있는 움직임 명상 하나를 소개한다.

모든 명상은 본질적으로 움직임 명상이다

전 세계적으로 명상 열풍이 불고 있는 요즈음 많은 사람이 명상에 관심을 보인다. 명상은 몸과 마음의 건강과 행복감을 증진한다. 또 누구나 즐겁게 할 수 있는 아주 유익한 취미활동이다. 몸 건강을 위해 운동을 필요로 하듯 마음 건강을 위해서는 명상이 필요하다. 수십 년 전만 해도 열심히 운동하는 사람은 드물었다. 하지만 이제 운동을 해야 한다는 말은 상식이 되었다. 비슷한 현상이 명상에서도 벌어지고 있다. 예전에는 종교인이나 특별한 사람만이 하던 것이 명상이었다. 오늘날 세계 각국에서는 일상생활에서 꾸준히 명상하는 문화가 급속도로 퍼지고 있다.

하지만 명상을 하고 나면 오히려 불안해져 어려움을 호소하는 사람도 있다. 공황장애와 같은 불안장애나 트라우마 스트레스 증상이 있는 사람에게는 차분하게 앉아서 호흡에 집중하는 것 자체가 매우 어려운 일이다. 자신의 내면을 한동안 고요히 들여다볼 수 있다는 것은 이미 멘털이 상당히 건강하다는 의미다. 감정조절장애가 있는 사람은 가만히 앉아서 명상하려고 하면 여러 부정적인 생각이 먼저 떠오르기 마련이다. 온갖 두렵고 부정적인 감정은 점점 불어나 통제하기 힘들 정도로 머릿속을 가득 채운다. 결국에 더 큰 고통을 겪게 된다. 게다가 명상을 통해 뭔가 특별한 경험을 얻어야 한다고 생각하는 사람도 있다. 이러한 편견은 명상을 더욱더 어렵고 힘든 것으로 만들어버린다.

명상의 목적은 특별하거나 신비로운 상태를 경험하는 것이 아니다. 틈틈이 운동하는 습관은 건강에 좋다. 명상도 일상생활에서 꾸준히 조금씩만 해도 마음근력 향상에 큰 도움이 된다. 명상의 핵심은 '가만히 앉아서 생각을 잠재우는 것'이 아니다. 오히려 적극적으로 자신의 몸과 마음에 주의를 기울이는 것이다. 호흡과 몸의 긴장을 가라앉힘으로써 지금-여기에 존재하기 위한 훈련이다. 명상의 핵심은 몸을 다스려 마음을 다스리는 것이다. 모든 수행은 몸을 통해 마음으로 가는 여정이다.

몸을 통해서만 지금 여기에 존재할 수 있다. 마음은 과거나 미래로 달려간다. 과거에 집착하면 분노나 트라우마 스트레스가 일어난다. 미래를 향해 기억을 투사하면 불안이나 두려움이 나타난다. 마음이 과거나 미래에 있을 때 스트레스 반응이 일어나는 것이다. 행복감과 긍정적 정서는 몸과 마음이 지금 여기에 현존할 때에만 가능하다. 명상은 종류, 방법, 전통과 상관없이 몸을 통해 지금 여기에 현존해 부정적 감정을 걷어내는 것이 목표다. 우리는 적극적으로 몸을 쓸 필요가 있다.

다른 모든 종류의 명상과 마찬가지로 마음근력 향상을 위한 내면소통 명상을 할 때에도 몸과 마음은 항상 편안해야 한다. 명상할 때 몸과 마음이 괴로우면 제대로 명상하는 것이 아니다. 명상하는 사람은 이를 악물고 고통을 감내하지 않는다. 명상은 내 몸과 마음에 평온, 고요, 행복을 가져다준다. 명상에서 호흡 훈련을 할 때 호흡은 항상 편안해야 한다. 호흡을 억지로 길게 늘이거나 멈추거나 하면 오히려 편도체가 활성화되어 역효과가 날 수 있다.

　　명상을 하면 평온함, 고요함, 편안함, 즐거움, 행복감이 느껴진다. 만약 그렇지 않다면 명상이 아니라 다른 것을 하면서 애를 쓰고 있는 것이다. 움직임 명상의 일종인 고유감각이나 내부감각 훈련 역시 마찬가지다. 훈련하는 동안 혹시라도 몸과 마음이 불편해진다면 즉시 중단해야 한다. 무언가 잘못하고 있거나 몸에 맞지 않는 것을 억지로 하는 것이기 때문이다. 몸에 안 맞는 운동을 강행하다 보면 결국 건강을 해치게 되는 것처럼 불편한 명상을 억지로 계속하면 오히려 해롭다.

　　움직임 명상을 꾸준히 하다 보면 어느 순간 몸과 마음이 평온해지고 그 평온함 속에서 지극한 행복감이 올라온다. 나의 기억 속에서 여기저기 숨어있던 행복감과 즐거움이 되살아난다. 명상을 통해 지속적으로 움직임과 호흡을 따라가다 보면 무엇에도 얽매이지 않는 자유로움이 온몸으로 퍼져나간다. 실제로 목 뒤, 등, 허리, 어깨, 팔, 다리, 발끝으로 찌릿한 느낌이나 스멀스멀한 쾌감이 느껴진다. 무엇 하나 더 원하는 것이 없을 정도로 완벽한 충족감과 만족감이 차오른다. 마치 모든 것을 충족한 듯한 풍요로움마저 느껴진다. 놀라운 경험이다.

　　내 마음과 몸은 다시 제자리를 찾고 모든 것이 완벽하게 작동한다는 확신이 온몸으로 퍼진다. 내 몸과 마음은 완벽한 조화를 이룬다. 그리고 주변 환경과 아름다운 조화를 이루고 있다. 무엇에도 견줄 수 없는 완벽한 행복감이다. 내 몸과의 내면소통인 움직임 명상 훈련을 통해 누구나 이러한 행복감을 느낄 수 있다. 다음은 쉽게 시작해볼 수 있는 기초적인 고유감각 훈련이다.

Note	**기초적인 움직임 명상 실습**

1. 준비 자세

서서 하는 명상 자세로 똑바로 선다.

꼬리뼈부터 정수리까지 일직선에 놓이도록 한다.

온몸의 긴장을 풀고 호흡에 집중한다.

특히 교근, 승모근, 흉쇄유돌근, 얼굴표정근, 혀근육 등의 긴장이 풀어져 있나를 하나하나 확인한다.

눈을 감거나 아니면 한 점을 정해서 그곳만을 계속 바라본다.

눈동자를 움직이지 않으며 안구근육은 모두 긴장을 푼다.

몸무게가 발바닥에 실리는 것을 느껴본다.

나의 체중이 발바닥을 지그시 누르는 힘을 자각한다.

2. 손바닥으로 얼굴과 가슴, 복부 스캔하기

손바닥을 복부 쪽으로 향하게 해서 두 손을 천천히 들어 올린다.

두 팔로 커다란 나무 기둥을 얼싸안은 듯한 자세로 손바닥이 가슴, 목, 얼굴 앞을 지나도록 한다.

두 팔을 쭉 펴고 손바닥도 쭉 펴서 손가락 끝이 하늘을 찌르도록 하면서 고개를 젖혀 두 손을 바라본다.

두 손을 천천히 내리면서 얼굴은 정면을 향하게 하고 손바닥은 얼굴 쪽으로 향하게 하며 천천히 팔을 내린다.

얼굴쯤 내려올 때 손바닥이 얼굴로부터 한 뼘 정도 떨어지게 하고, 어깨와 팔의 긴장을 풀어 양 팔꿈치를 손의 위치보다 더 낮게 유지하면서 두 손으로 마치 몸을 스캔하듯이 천천히 내린다.

얼굴을 지나 목, 가슴, 배를 거쳐 아랫배까지 천천히 내리면서 손이 지나가는 부분에서 느껴지는 몸속의 내부감각에 집중한다.

손이 복부를 지나 아랫배까지 왔을 때, 잠시 멈추고 온몸의 긴장을 푼다.

복부의 긴장을 풀고 체중이 발바닥으로 툭 떨어지는 감각에 집중한다.

다시 천천히 손을 들어 올리면서 위의 동작을 반복한다.

3. 체중 이동

어깨너비로 두 발을 벌려 똑바로 선 다음 무릎을 약간 구부린다.

무릎과 발목은 지면으로부터 수직선에 놓이도록 해서 무릎이 발끝보다 더 앞으로 나가지 않도록 한다.

꼬리뼈는 발뒤꿈치보다 더 뒷부분의 지면을 향하도록 뒤로 걸터앉은 듯한 느낌이 들도록 한다.

어깨는 툭 떨어뜨리고 손바닥은 배를 향하도록 한다.

천천히 호흡하면서 체중을 발바닥의 앞, 뒤, 좌, 우로 조금씩 이동시킨다.

발 앞쪽에 체중이 실렸다가 뒤꿈치로 옮겨졌다가 다시 좌우로 옮겨지는 느낌에 집중한다. (반복)

체중이 발뒤꿈치로부터 시계방향으로 원을 그려 왼쪽 발날을 지나 발 앞쪽으로 왔다가 다시 오른쪽 발날을 지나 발뒤꿈치로 돌아오는 것을 4회 반복한다.

이번에는 반시계방향으로 마찬가지 방식으로 원을 그리면서 체중을 이동한다. (반복)

체중을 이동하는 내내 꼬리뼈와 정수리는 일직선에 놓인 채로 지면과 수직 상태를 유지하는 것이 중요하다.

몸통이 좌우나 앞뒤로 기울어지면 안 된다.

겉으로 보기에는 체중 이동을 거의 알아차릴 수 없을 정도로 미세하고 조용하게 움직인다.

체중 이동의 느낌이 스스로에게는 분명하게 느껴지지만, 다른 사람의 눈에는 가만히 서 있는 것처럼 보일 정도로 고요해야 한다.

그러기 위해서는 꼬리뼈부터 정수리까지 척추의 축이 흔들리지 않도록 일직선을 유지해야 한다.

계속 집중하면서 온몸의 긴장을 풀고 내 몸이 주는 느낌에 집중한다.

4. 한 발로 서기

천천히 체중을 오른쪽 발로 옮겨간다. 이때에도 몸의 중심축은 흔들리거나 기울어지지 않는다.

왼발을 지면에서 살짝 들 수 있을 정도로 체중을 오른발로 완전히 옮긴다.

체중을 완전히 오른발에 실은 다음에 왼발은 가볍게 들어서 발목에 힘을 뺀다.

중심을 잡기가 어려우면 왼발 엄지발가락만 살짝 땅에 닿도록 한다.

오른쪽 무릎은 살짝 구부리되 발보다 앞쪽으로 튀어나와서는 안 되고 발목과 무릎이 일직선에 있어야 한다.

체중이 오른쪽으로 이동한다고 해서 상체가 오른쪽으로 기울어지면 안 된다.

이때에도 꼬리뼈부터 정수리까지의 척추는 지면으로부터 수직 상태를 그대로 유지한다.

나의 머리 무게가 척추와 골반과 다리를 거쳐 그대로 발바닥에 전달되는 것을 느껴본다.

그 상태에서 체중이 오른발을 통해 지면으로 쑥 내려가는 느낌으로 견고하게 선다.

이를 위해서는 몸의 긴장을 계속 완전히 풀고 있어야 한다.

허벅지의 대퇴근, 무릎 주변, 발목, 어깨, 허리, 복부 등에서 전달되는 고유감각에 최대한 집중한다.

천천히 호흡하면서 몸 어딘가가 긴장을 하고 있나 살펴보면서 하나하나 풀어주도록 한다.

다시 천천히 왼발로 무게중심을 옮기면서 같은 방식으로 체중을 왼발로 완전히 옮겨간다. (좌우 반복)

5. 천천히 걷기

오른손으로 가볍게 주먹을 쥐고 복부 위에 살짝 올려놓는다.

왼손은 손바닥으로 부드럽게 주먹 쥔 오른손 손등을 덮는다.

어깨의 긴장이 완전히 이완된 상태에서 손을 복부에서 살짝 떼어놓는다. 어깨에 조금이라도 힘이 들어가면 다시 손을 복부에 살짝 얹어놓는다.

양쪽 팔꿈치가 90도 정도 되는 위치에 손을 놓도록 한다.

어깨의 긴장을 완전히 풀고, 턱은 지면과 평행이 되도록 한다.

한 발 서기로 체중을 왼발에 싣고 오른발은 엄지발가락이 지면에 가볍게 닿은 상태에서 시작한다.

오른발을 살짝 들어서 발꿈치를 왼쪽 엄지발가락 옆에 내려놓으면서 발바닥 전체로 지면을 지그시 딛는다.

이때 체중은 자연스럽게 왼발에서 오른쪽 발로 옮겨간다.

호흡을 천천히 들이쉬면서 체중을 오른발 쪽으로 옮기면서 왼발은 뒤꿈치를 살짝 든다.

체중이 오른발로 완전히 옮겨간 후에 왼발을 살짝 들어 오른발 쪽으로 가져온다.

이때 왼쪽 발바닥을 지면으로부터 2~3센티미터 정도 띄워서 지면과 평행 상태를 유지하면서 움직인다.

왼쪽 발뒤꿈치를 오른쪽 엄지발가락 옆에 놓는다. 이때 체중은 여전히 오른발에 실려 있어야 한다.

왼발로 지면을 지그시 누르듯이 디디면서 체중을 옮겨가기 시작한다.

마찬가지 방식으로 체중을 왼발로 옮기면서 오른쪽 발을 뒤꿈치부터 서서히 든다.

이런 식으로 한쪽 발뒤꿈치를 다른 쪽 발 엄지발가락 옆에 놓은 정도로 계속 걷는다. (반복)

발을 들고 발바닥이 지면과 평행하게 옮겨지고 내려놓고 하는 등의 모든 동작에서 어떠한 고유감각이 느껴지는가에 집중한다.

체중을 좌우 앞뒤로 이동할 때 몸의 중심축이 어떻게 옮겨가는가를 느껴본다.

동영상 자료:
joohankim.com/data

내면소통

고유감각 훈련의
여러 형태

장력운동과 근력운동

고유감각에 집중하는 훈련의 핵심은 움직임 속에서 내 몸이 주는 여러 신호를 주의 깊게 관찰하는 것이다. 대표적인 것이 요가, 필라테스, 스트레칭과 같은 장력운동이다. 이러한 운동을 할 때 주의할 점은 특정한 자세를 외형적으로 따라 하는 것에만 집중하면 유연성만 향상될 뿐 고유감각 훈련의 효과는 얻기 어렵다는 것이다. 고유감각 훈련의 목표는 특정한 자세를 비슷하게 흉내 내는 데 있지 않다. 그보다는 특정한 자세를 취하고 몸을 움직이는 과정에서 내 몸이 나에게 주는 다양한 신호들을 지속적으로 명료하게 알아차리는 데 집중해야 한다. 가장 중요한 것은 근육과 관절들이 주는 고유감각에 계속 주의를 집중하는 것이다.

우리 주변에서 흔히 접할 수 있는 요가(하타 요가)를 예로 들어보자. 요가는 오랜 전통을 지닌 움직임 명상이며, 고유감각과 내부감각의 자각 능력을 모두 높일 수 있는 매우 훌륭한 소매틱 운동이다. 요가를 진정 요가답게 하려면 특정한 자세를 취하는 것을 목표로 삼아서는 안 된다. 특정한 자세를 취하려 할 때 내 몸이 나에게 주는 고유감각과 내부감각에 집중해야 한다. 내 몸이 나에게 이야기하는 목소리를 들으려 해야 한다. 내 몸과 내면소통을 해야 한다.

이를 위해서는 단 한순간의 호흡도 놓쳐서는 안 된다. 자세 그 자체보다 더 중요한 것이 호흡을 놓치지 않고 따라가는 것이다. 내가 숨을 들이쉬고 있을 때는 '들이쉬고 있다'는 것을 알아차려야 하며, 내쉬고 있을 때는 '내쉬고 있다'는 것을 알아차려야 한다. 매 호흡마다 그렇게 해야 한다. 그리고 한 호흡 한 호흡마다 내 몸의 어느 부위에서 어떠한 감각이 느껴지는가에 집중해야 한다. 이것이 요가다. 요가의 모든 움직임은 호흡을 알아차리기 위한 도구임을 명심해야 한다. 요가를 하는 내내 들숨과 날숨을 하나도 놓치지 않는 것을 일차적인 목표로 삼아야 한다. 이것이 특정한 자세를 취할 수 있느냐의 여부보다 훨씬 더 중요하다. 호흡에 집중하기 위해서 여러 가지 자세를 취하는 것이지 그 반대가 아니다.

요가 수업에서는 흔히 강사의 동작을 따라 하는 것만을 강조하며 특정 자세를 취하려는 의도를 앞세운다. 내 몸이 나에게 주는 고유감각과 내부감각을 바라보는 것이 아니라 거울에 비친 내 모습만을 바라보면서 자세를 취한다. 아무리 어려운 고난도 동작을 해낸다 하더라도 그것은 요가 비슷한 동작을 하는 스트레칭에 불과할 뿐이다.

이제 요가를 할 때는 더 이상 거울에 비친 내 모습을 계속 바라보지 않는 것이 좋다. 그냥 가끔 흘낏 한번 보는 정도로 충분하다. 그보다는 눈을 감고 호흡에 집중하면서 내 몸이 주는 느낌에 집중해야 한다. 얼마나 더 유연해졌는가가 아니라 얼마나 호흡을 놓치지 않고 따라갈 수 있게 되었는가를 발전의 척도로 삼아야 한다. 남이 보는 내 몸(body)이 아니라, 거울에 비친 내 모습이 아니라, 내가 내면의 눈으로 바라보는 내 몸(soma)이 훨씬 더 중요함을 깨달아야 한다.

요가를 하다가 부상을 당하는 경우가 종종 있다. 무리해서 억지로 동작을 따라 하다가 생기는 일이다. 무조건 유연성을 기르는 것이 건강한 몸을 만드는 데 도움이 되는 것도 아니다. 필라테스나 다양한 종류의 스트레칭 운동 역시 마찬가지다. 하나하나의 동작이 나의 코어 근육 깊숙이 어떤 감각을 가져다주는지에 집중하면서 해야 한다. 그렇게 해야만 몸과 마음의 근력을 모두 키울 수 있다.

고유감각 훈련은 요가나 스트레칭과 같은 장력운동을 통해서만 할 수

　　　　　　　　　　　　　　　　　　　　내면소통

있는 것은 아니다. 웨이트트레이닝과 같은 '근력운동'을 통해서도 할 수 있다. 같은 동작을 반복하는 근력운동을 할 때도 호흡을 놓치지 않으면서 동작 하나하나에서 근육과 관절에 전해지는 느낌에 순간순간 계속 집중하면 된다. 고유감각 수용체는 근육에 많이 분포되어 있기 때문에 어떠한 근력운동을 하든 천천히 집중해서 하면 효과적인 고유감각 훈련을 할 수 있다. 몇 킬로그램의 무게를 드는지 혹은 몇 회를 반복할 수 있는지에 집중하는 것은 곤란하다. 정확한 동작을 천천히 하면서 순간순간 내 몸이 나에게 주는 감각에 집중해야 한다. 근육의 움직임과 부하에 집중하면서 근육을 수축시킬 때뿐 아니라 이완시킬 때에도 긴장을 풀지 말고 움직임이 주는 미세한 느낌까지 알아차릴 수 있도록 집중해야 한다. 그래야 같은 시간 동안 운동을 해도 근력운동의 효과를 더 크게 얻을 수 있다.

달리기 명상: 존2(zone 2) 유산소 운동법

유산소 운동을 통해서도 고유감각 훈련을 할 수 있다. 가장 쉽게 할 수 있는 유산소 운동인 천천히 달리기(조깅)를 예로 들어보자. 우선 호흡에 집중하면서 꼬리뼈부터 정수리까지 일직선을 유지하면서 긴장을 푸는 것이 중요하다. 목과 어깨와 팔과 다리와 몸통 그 어느 부분도 긴장되지 않도록 살피면서 천천히 달리기 시작한다. 특히 복부의 긴장을 풀어서 배를 툭 풀어놓는다는 느낌을 유지한다. 머리는 편안하게 세워서 정수리가 계속 하늘 쪽으로 올라간다는 느낌이 들도록 한다. 한편 승모근이 긴장되어 어깨가 들어 올려지지 않도록 계속 어깨를 툭 떨어뜨린다. 귀와 어깨가 점점 멀어진다는 느낌이 들도록 한다. 양 팔꿈치는 대각선이 아니라 앞뒤로 움직이는 느낌을 유지한다. 두 손이 가슴 중앙선 앞쪽으로 오지 않고 되도록 몸 양쪽에서 앞뒤로 움직이도록 해야 어깨 긴장을 풀기 쉽다.

달리기 시작해서 5분 정도 지나면 호흡과 심박수가 점차 안정된다. 이때부터 발바닥이 지면에 닿는 느낌, 팔과 다리에 전달되는 다양한 감각, 얼굴을 스치는 바람, 팔의 움직임이 주는 느낌 등 모든 감각을 알아차릴 수 있도록 집중한다.

한 걸음 한 걸음 달릴 때마다 발바닥에 전해지는 느낌이 매번 조금씩 달라지는 것도 알아차리도록 한다. 그러다 보면 호흡은 더욱 편안해지고 규칙적이 된다. 케이던스는 분당 170~180걸음 정도를 유지하는 것이 자연스럽다. 케이던스가 너무 느리다고 생각하면 보폭을 조금 줄인다. 달리는 속도는 높이지 않으면서도 케이던스는 올릴 수 있다.

달릴 때 허리를 곧게 펴면서 편안하게 명상하는 느낌을 유지하면 두 다리가 저절로 앞으로 쭉쭉 나아가는 듯한 느낌이 든다. 발바닥부터 발목, 무릎, 고관절, 허리, 등, 목 등의 주요 관절이 부드럽고 자유로워져 마치 부드러운 구름 위를 달리는 듯해진다. 지면을 딛는 발바닥에 실리는 체중이 점점 더 가벼워지는 듯한 감각도 생긴다. 엉덩이부터 머리까지 상체는 고요히 앉아 있는 것처럼 평온함을 유지하는데 하체만 편안히 움직이는 듯하여 마치 말을 타고 가만히 앉아 있는 듯한 느낌마저 든다.

어디를 언제까지 가야 한다는 의도도 없다. 지금 여기서 나는 오롯이 존재하며 호흡하고 있을 뿐이다. 지극한 행복감이 온몸에 퍼져간다. 이것이 고유감각에 집중하는 유산소 운동으로서의 달리기 명상이다. 앉아서 하는 명상보다 훨씬 더 집중도 잘되고 명상의 효과도 크다. 고유감각 훈련은 실외에서 하는 달리기 운동뿐 아니라 실내자전거나 로잉머신 등 실내에서 하는 여러 가지 유산소 운동을 통해서도 할 수 있다. 심박수가 평소보다 약간 증가한 상태에서 규칙적인 상태를 한동안 유지하게 되기 때문에 불안감이나 분노 등 부정적 감정 완화에 탁월한 효과가 있다. 고유감각에 집중하는 유산소 운동이야말로 최고의 마음근력 훈련이다.

유산소 운동을 할 때 한 가지 주의할 점이 있다. 대부분 너무 과하게 해서 문제가 된다. 숨을 헐떡이며 체력이 닿는 데까지 최대한도로 운동하려는 우를 범하는 경우가 많다. 그래야 체력 증진에 도움이 되고 운동 효과를 극대화할 수 있다고 착각하기 때문이다. 마음근력을 강화하기 위해서 유산소 운동을 하는 것이라면 정신력의 힘으로 기를 쓰며 이를 악물고 달려야만 한다고 오해하는 사람도 많다. 이렇게 체력의 한계까지 밀어붙이면서 운동하는 것은 그 효과가 미미할뿐더러 오히려 몸과 마음을 약화하는 부작용이 발생할 가

내면소통

능성이 크다. 부상의 위험도 더 커진다. 고유감각 훈련을 위한 유산소 운동을 가장 효율적으로 하려면 심박수가 2단계에 지속해서 머물도록 운동 강도를 조절하는 것이 좋다. 이른바 존2(zone 2) 트레이닝을 강력히 추천한다.

가장 약한 강도의 운동이 1단계라면 최대 심박수에 근접한 정도의 강한 운동이 5단계(zone 5)다. 때에 따라서는 운동 강도를 여섯이나 일곱 단계로 나누기도 한다. 천천히 걷는 정도의 1단계보다 조금 더 센 강도의 운동이 존2 운동이다. 존2 중에서도 심박수가 상단을 유지하는 것이 좋다. 즉 세 번째 단계로 넘어가기 직전의 강도가 적절하다는 뜻이다. 이 부근에서 우리 몸의 신진대사가 가장 효율적으로 이루어진다. 몸으로 들어오는 산소의 양과 근육에 의해서 소비되는 산소의 양이 정확히 균형을 이루는 지점이다. 이보다 더 센 강도로 운동하면 약간씩 무산소 운동으로 전환되면서 몸에 젖산이 쌓이기 시작한다. 젖산 자체는 열량을 발생시키기도 하고 근육의 손상과 통증도 막아주므로 좋은 것이긴 하지만, 젖산이 축적되기 시작했다는 것은 곧 유산소 운동의 최대치 범위를 넘어섰다는 뜻이며 몸이 전혀 다른 형태의 에너지 생산 방식을 채택하기 시작했다는 것을 뜻한다. 따라서 세 번째 단계로 넘어가지 않는 선에서 운동 강도를 유지하는 것이 존2 운동의 핵심이다.

소비되는 산소와 사용되는 산소가 균형을 이루도록 유지하는 존2 운동을 꾸준히 하면 세포의 에너지 생산 효율이 높아진다. 좀 더 정확히 말하자면 미토콘드리아의 능력이 강해질 뿐만 아니라 미토콘드리아의 수도 늘어난다. 면역력 강화와 노화 방지에도 도움이 된다.[570] 이러한 효과는 3단계 이상의 운동에서는 별로 나타나지 않는다. 무조건 열심히 세게 운동하는 것이 꼭 좋은 것만은 아니라는 뜻이다.

가장 효과적인 유산소 운동은 전체 운동시간의 80~90퍼센트를 존2 운동에 할애하고 10~20퍼센트를 격렬한 4~5단계 운동에 할애하는 것이다. 예를 들어 한 시간 유산소 운동을 할 때 50분 정도는 존2 심박수를 유지하다가 마지막 10분(또는 5분) 동안 최대 심박수에 근접한 5단계 운동을 하면 된다. 이렇게 하는 것이 60분 내내 체력이 다 소진되도록 기를 쓰고 운동하는 것보다 체력 증진이나 운동능력 향상에 훨씬 더 효과적이고, 심폐기능 향상에도 훨씬 더 도움이 된다. 극단적인 심폐기능을 요구하는 운동인 사이클 선수들

의 심폐지구력과 마지막 어택에 필요한 강력한 근력과 파워를 키우는 데에
도 고강도 인터벌 훈련보다는 존2 중심의 훈련이 더 효과적이라는 사실도 입
증되었다.[571]

　　물론 존2 운동을 하는 동안에는 고유감각 훈련을 하는 것도 훨씬 더
용이하다. 존2 운동의 어려운 점은 30분이든 50분이든 꽤 긴 시간을 일정하
게 천천히 달려야(운동해야) 한다는 점이다. 자칫 지루할 수도 있고 좀 더 세게
달리고 싶은 충동이 들기도 한다. 잠시 집중하지 않고 달리다 보면 어느새
3단계로 넘어가곤 한다. 따라서 운동하는 내내 나의 몸과 심박수에 집중해야
한다. 존2 유산소 운동은 몸과 마음을 건강하게 해주는 아주 훌륭한 운동 명
상이라 할 수 있다.

| Note | **존2 운동을 위한 심박수 계산법** |

　　나의 존2 심박수를 어떻게 알 수 있을까? 개인마다 다르지만 대체로
최대 심박수의 65~75퍼센트 구간이라고 보면 된다. 정확하게 측정하
고 싶다면 유산소 운동을 하는 동안 실시간으로 젖산 농도를 측정해보
면 된다. 그러나 일반인에게 이는 매우 어려운 일이다. 대신 심박수를 통
해서 근사치를 구해볼 수는 있다. 존2 심박수의 역치(3단계로 넘어가기 전의
최상단)를 구하는 공식은 다음과 같다.

0.7×(최대 심박수-휴지기 심박수)+휴지기 심박수[572]

　　이 공식에 따르면 나의 존2 심박수 역치는 141이다(0.7×(179-52)+52=
141). 그런데 내가 보기에 이 공식은 아무래도 수치가 좀 높게 나오는 듯
하다. 최대 심박수의 거의 80퍼센트에 육박하기 때문이다. 차라리 최대
심박수의 75퍼센트(179×0.75=134)가 더 정확한 2단계 역치를 구하는 방
법인 듯하다.

　　아무튼 이러한 공식에 따라 본인의 존2 역치(최대 유산소 운동 심박수)를
구한 후에 운동 중에 실시간으로 심박수를 계속 모니터하면서 그 심박

　　　　　　　　　　　　　　　　　　　　　　　　내면소통

수를 유지하는 것이 핵심이다. 분당 심박수는 스마트 워치나 스포츠 밴드로 쉽고 정확하게 측정할 수 있다. 휴지기 심박수는 아침에 잠에서 깨자마자 침대에 누운 채로 측정하면 된다. 아침 기상 직후에 누워서 재는 심박수는 그냥 편안하게 가만히 앉아서 재는 심박수보다 약간 낮게 나온다. 나는 가만히 앉아서 재면 분당 심박수가 58 정도 나오는데 아침 기상 직후 일어나기 전의 분당 심박수는 52 정도다.

존2 심박수를 유지하며 운동하는 것은 옆 사람과 간단한 대화를 편안하게 할 수 있는 정도다. 예컨대 운동 중에 전화를 받았다면 상대방이 내가 운동하고 있다는 것을 알아차릴 정도로 약간 호흡은 거칠지만 그래도 편안하게 계속 말을 할 수 있는 정도의 운동 강도다. 존2 유산소 운동은 심장이 고르고 규칙적으로 뛰게 하는 훈련이므로 감정조절 능력 향상에 큰 도움이 된다. 만약 숨이 차서 대화하는 데 방해가 되는 정도라면 이미 존2를 넘어섰을 가능성이 크므로 주의해야 한다.

수영: 물속 명상

유산소 운동을 통한 고유감각 훈련 중에서 최고의 명상법은 수영이다. 물속을 떠가는 수행은 오래전부터 효과적인 움직임 명상의 한 종류로 여겨졌다. 고유감각 훈련이라는 관점에서 볼 때 물속 명상은 여러 가지 면에서 효율적이다. 무엇보다 일상생활에서는 느낄 수 없는 새로운 감각신호들이 엄청 밀려든다. 우선 물에 들어갔을 때 몸 전체에 물이 닿는 느낌이 있다. 그리고 물속에서는 근육과 관절에 전해지는 중력의 느낌이 현저하게 가벼워진다. 동시에 물속에서의 움직임은 공기에서의 움직임보다 훨씬 더 저항이 세다. 따라서 배나 가슴 높이까지 오는 수영장 물속에서 걸어 다니는 것만으로도 엄청난 고유감각 훈련을 할 수 있다. 수영장 한쪽 끝에서 반대편 쪽으로 천천히 일직선으로 걷기만 하면 된다. 몸의 중심을 유지하면서 똑바른 자세로 걷기란 쉽지 않은 일이다. 이때 다리와 팔에 전해지는 느낌, 물속에서 체중을 이동할 때의 느낌, 바닥에 닿는 발바닥의 느낌 등에 집중하면서 호흡을 놓치지 않는다면 훌륭한 움직임 명상이자 고유감각 훈련이 된다.

물론 수영을 하면서도 움직임 명상을 할 수 있다. 우선 물에 떠가는 느낌을 가질 수 있어야 한다. 그러기 위해서는 물에 모든 것을 맡기는 듯한 마음으로 수영을 시작해야 한다. 모든 것을 내려놓은 듯한 느낌으로 온몸에 힘을 빼고 물에 몸을 전적으로 내맡김으로써 물에 저항하지 않을 수 있어야 한다. 그래야 뜬다. '무위자연(無爲自然)'의 느낌이다. '아무것도 하지 않아도 저절로' 뜨는 느낌이 들어야 한다.

수영장에서 보는 대부분의 사람들은 물과 싸워 이기려 한다. 온몸에 힘을 잔뜩 주고 물살을 갈라 앞으로 나아가겠다는 강력한 의도를 지니고 수영을 한다. 그것은 수영일지는 모르지만 결코 움직임 명상은 아니다. 사실 수영을 제대로 하려면 물과 싸워서는 안 된다. 물에 빠지지 않으려고 허우적거리거나 물을 이겨내려고 물과 싸우는 것은 수영이 아니다. 물을 거부하고, 물에 저항하며, 강한 팔다리의 힘으로 물살을 헤쳐가야겠다는 의도를 가지면 어깨와 팔과 다리와 목 등 온몸이 잔뜩 긴장할 수밖에 없다. 물에 저항하면 물에 빠진다. 삶에 저항하면 삶을 헤쳐나가기 힘든 것과 같은 이치다. 우선 물에 저항하지 않는 법을 터득해야 한다.

물에 나를 온전히 내맡기는 완전한 항복(total surrender)을 해야 한다. 물속 명상의 첫걸음은 물에 나 자신을 온전히 내맡기고 물을 받아들이는 것이다. 내가 물을 받아들일 때 물도 나를 받아들인다는 이치를 몸으로 체득해야 한다. 물에 뜨는 느낌이 들면 부드럽게 물속으로 미끄러져 들어가면 된다. 물이 피부에 닿는 느낌을 즐길 수 있어야 한다. 물이 내 온몸을 받쳐주고 부드럽게 미끄러지는 듯 앞으로 나아가는 느낌을 계속 유지하도록 한다.

자유형을 예로 들자면, 팔젓기하는 손과 팔은 부드럽게 물 밖으로 나왔다가 다시 조용히 물속으로 들어간다. 이때 첨벙대는 소리가 나거나 물방울이 튀지 않아야 한다. 엉덩이와 다리 역시 물속에서 부드럽게 움직인다. 발은 늘 물속에 있어야지 수면 위로 올라와서 물을 때리면서 첨벙대서는 안 된다. 그래야 물속을 부드럽게 미끄러지며 뚫고 가는 듯한 느낌이 든다. 특히 목의 힘이 완전히 빠져 있어야 한다. 그래야 머리가 물에 뜨는 듯한 느낌을 즐길 수 있다. 몸이 최대한 길어진다는 느낌을 갖도록 한다. 몸통이 고정된 상태에서 팔을 휘젓는 것이 아니다. 수영하는 내내 가슴이 수영장 바닥을 바라보는 고정된 상태에서 팔만 휘젓지 않도록 한다. 오른손을 뻗을 때에는 오른쪽 겨드랑이부터 옆구리·엉덩이·허벅지에 이르기까지 내 몸의 오른쪽 면이 수영장 바닥을 향하고, 다시 왼손을 뻗을 때에는 몸통을 180도 회전시켜 내 몸의 왼쪽 면 전체가 수영장 바닥을 향하도록 한다. 내 몸의 측면을 통해 떠가야 물의 저항을 최소화하며 부드럽게 미끄러지듯 나아갈 수 있다. 이에 따라 몸통 전체의 회전이 자연스럽게 일어나서 부드러운 롤링이 만들어지고 그러한 롤링의 결과로서 팔젓기가 자연스럽게 일어나야 한다. 팔을 젓는다는 느낌보다는 몸통을 회전시킨다는 느낌이 중요하다. 팔젓기는 그저 몸통 회전의 결과로서 나타나야 한다.

호흡 역시 마찬가지다. 머리를 수면 위로 들어서는 안 된다. 호흡을 하기 위해 머리를 수면 위로 들면 목과 어깨에 힘이 들어가고 고개를 드는 만큼 몸의 균형이 깨어지면서 몸은 가라앉게 되어 있다. 호흡을 위해서는 머리 전체가 물 위에 떠 있는 상태에서 몸통이 롤링할 때 고개가 함께 부드럽게 살짝 돌아가는 것으로 충분하다. 고개를 드는 것이 아니라 몸통이 돌아갈 때 턱도 함께 살짝 돌아가는 느낌이 중요하다. 그것만으로도 충분히 입은 수면 밖으로 나와 호흡을 할 수 있다. 얼굴의 반 정도만 수면 위로 나오도록 한다. 즉 한쪽 눈은 물속에 있어야 한다. 머리를 돌리는 들숨의 순간에도 마치 베개를 베고 옆으로 편안히 누워 있는 듯한 느낌으로 물 위에 머리를 내맡겨 뜨도록 해야 한다.

오른쪽이든 왼쪽이든 계속 한쪽으로만 숨을 쉬어도 되고, 세 번 스트로크에 한 번 고개 돌려 숨 쉬는 식으로 좌우로 번갈아 호흡해도 된다. 물론 네 번 스트로크에 한 번씩 숨을 쉬는 긴 호흡을 가져가도 된다. 처음 물속 명상 훈련을 할 때는 숨을 쉬지 않고 고개가 수면 바로 아래에서 떠가도록 하는 훈련을 먼저 하는 것도 좋다. 처음에는 호흡하지 않고 해야 몸이 떠가는 느낌을 더 잘 느낄 수 있기 때문이다. 언제나 정수리는 항상 진행 방향을 가리키고 있어야 한다.

물 밖에서의 움직임과 물속에서의 움직임은 전혀 다른 고유감각을 전달해준다. 이 상태를 유지하면서 온몸에 전해지는 물의 느낌, 물속으로 미끄러져 들어가는 느낌, 가볍게 떠 있는 느낌 등의 감각에 집중하면서 자연스레 호흡에 집중하면 효과적인 고유감각 훈련이 된다. 물속에서는 약간의 균형만 깨어져도 몸이 떠가는 느낌 전체가 달라진다. 그러한 변화에 집중할수록 물속 명상은 훌륭한 고유감각 훈련이 된다. 아울러 물속 명상 훈련을 하면 훨씬 더 쉽고 편안하게 수영할 수 있게 된다.[573] 거기에다 스트로크 수는 줄어드는데도 속도는 더 빨라지게 되는 것은 덤이다.

고대진자운동: 페르시안밀, 메이스벨, 케틀벨

고대진자운동은 가장 강력한 고유감각 훈련이다. 페르시안밀이나 메이스벨(가다) 혹은 케틀벨의 스내치와 같은 고대진자운동은 기본적으로 자연스러운 진자운동에 몸의 움직임을 맞춰가는 동작으로 구성되어 있다. 중력에 따라 이뤄지는 진자운동이기에 일정한 시간 간격에 따라 몸 전체가 리드미컬하게 좌우 혹은 위아래로 반복해서 움직이게 된다. 흔히 페르시안 요가라고도 불리는 페르시안밀과 인도 요가 수행자들이 하던 가다를 개량해서 만든 메이스벨의 공통점은 진자운동에 있다. 그래서 나는 이 둘을 한데 묶어서 '고대진자운동'이라 부르고자 한다.

케틀벨의 역사 역시 매우 오래되었다. 수천 년 전부터 인도나 중국 등 세계 각국에서 돌로 만든 케틀벨 비슷한 운동기구를 저마다 사용했던 듯하다. 케틀벨의 대표적인 운동법은 케틀벨을 가슴 쪽으로 들어 올리는 '클린', 팔을 쭉 뻗어 케틀벨을 머리 위로 치켜드는 '저크', 한 손으로 케틀벨을 다리 사이로 툭 떨어뜨렸다가 머리 위로 들어 올리는 '스내치' 등이 있다. 이 중에서 케틀벨의 꽃이라 불리는 스내치나 클린 같은 동작 역시 진자운동의 요소를 지니고 있다. 따라서 우리는 케틀벨까지 포함해 페르시안밀, 메이스벨, 케틀벨 이 세 가지를 고대진자운동이라 부를 수 있을 것이다.

페르시안밀은 보통 나무로 만들어진 커다란 방망이를 가리킨다. '밀(meel)'은 방망이란 뜻이다. 손잡이에서 아래로 갈수록 두꺼워져 방망이 끝부분에 무게중심이 있다. 여러 가지 동작이 가능하지만 가장 기본적인 동작은 먼저 방망이를 양손에 하나씩 들고 어깨 뒤로 넘겨서 등 뒤에서 진자운동을 시킨 후에 다시 원위치로 끌어오는 것이다. 왼손에 든 방망이는 방패를, 오른손에 든 방망이는 칼을 상징하기도 한다. 한 손으로 방패를 들고 막은 상태에서 다른 손으로 칼을 들어 올려 내리치는 모습과 비슷하다. 오른손으로 돌린 다음에는 오른손에 든 방망이를 방패 삼고 왼손에 든 방망이를 등 뒤로 돌려서 칼로 내려치듯이 끌어내린다. 이것을 좌우 번갈아 반복한다.

페르시안밀의 핵심은 등 뒤에서 진자운동을 일으키는 방망이에 있다. 등 뒤에서 자연스럽게 진자운동이 만들어지려면 손을 목 뒤로 가져가면서 동시에 방망이의 무게중심이 자유낙하 운동을 할 수 있도록 손목과 어깨의 힘을 빼야 한다. 방망이가 바닥으로 떨어지지 않을 정도로만 살짝 잡고 있으면서 완전히 힘을 빼야 한다. 동시에 체중을 이동시키면서 몸통 회전을 일으킨다. 방망이의 자유낙하 운동은 목 뒤에 있는 손목을 고정점으로 삼아 진자운동을 일으키게 되는데, 몸통 회전과 체중 이동을 통해서 토크(torque)를 순간적으로 가속시킨다. 오른손에 든 방망이를 오른쪽 어깨 너머 등 뒤로 떨어뜨리면서 오른손을 목 뒤에 고정하면 방망이 아래쪽의 무게중심 부분이 진자운동을 일으킨다. 이때 체중을 오른발로 옮기면서 몸의 정면이 왼쪽을 바라보도록 몸통을 회전시키면 등 뒤 왼쪽 부분으로 떨어졌던 방망이의 무게중심이 등 뒤 오른쪽으로 옮겨지면서 진자운동으로 움직이게 된다. 방망이 끝부분의 무게중심이 오른쪽 등 뒤로 올라오는 순간 방망이의 무게는 거의 사라지면서 속력은 느려진다. 진자운동에서는 최저점에서 가장 속력이 빠르고 가장 무겁게 느껴지지만 움직임의 정점인 최고점에서는 추의 속력이 느려지고 가볍게 느껴진다. 바로 그 순간에 몸을 부드럽게 왼쪽으로 틀면서 목 뒤에 있던 오른손을 앞쪽으로 당기면 아주 적은 힘으로도 방망이를 당겨올 수 있다. 연이어서 이번에는 왼손으로 들고 있는 방망이를 왼쪽 어깨 뒤로 넘겨서 목 뒤에 손을 고정하고는 힘을 툭 빼서 방망이의 무게중심이 오른쪽 등 뒤에서 왼쪽 등 뒤로 진자운동을 일으키도록 한다. 동시에 체중을 왼발로 옮기면서 몸통은 오른쪽을 보도록 회전시킨다. 그리고 마찬가지로 왼쪽 등 뒤에 방망이의 무게중심이 다다를 즈음에 왼쪽 어깨 너머로 가볍게 당겨온다. 이것을 계속 반복한다.

동영상 자료: joohankim.com/data

[그림 9-4] **페르시안밀.** 페르시안밀의 움직임은 주로 등 뒤에서 일어나는 진자운동이기에 시각이나 촉각보다는 고유감각을 통해서 전해진다. 온몸으로 전해지는 방망이의 진자운동을 몸 전체의 회전과 중심이동을 통해 다뤄야 한다.

메이스벨은 원래 인도의 요가 수행자가 수천 년 전부터 해오던 '가다 (gada)'라는 이름의 운동기구다. 대나무 끝에 돌을 매달아 두 손으로 잡고 등 뒤로 돌리는 식으로 운동한다. 가다는 원래 인도 힌두교에서 원숭이 신인 하누만이 들고 다니는 일종의 무기다. 《서유기》의 손오공이 휘두르던 여의봉이 바로 '가다'이다. 서양으로 전해질 때 쇠파이프 끝에 둥근 무게추를 단 형태로 보급되면서 메이스벨이라는 이름으로 불리게 되었다. 커다란 막대사탕과 같은 모양의 메이스벨 역시 페르시안밀처럼 등 뒤로 돌린다. 한 손 혹은 두 손으로 막대의 끝을 잡고 무게추를 등 뒤로 넘겨서 두 손을 목 뒤에 고정한 채 진자운동을 일으킨다. 왼쪽 어깨 너머로 무게추를 넘겨서 왼쪽 등 뒤에서 오른쪽 등 뒤로 진자운동을 일으켜 오른쪽 어깨로 끌어왔다가 다시 오른쪽

내면소통

어깨 뒤로 넘겨서 오른쪽 등 뒤에서 왼쪽 등 뒤로 진자운동을 시킨 후에 왼쪽 어깨로 끌어온다. 그리고 이것을 반복한다. 이밖에도 얼굴 앞에 무게추가 오도록 수직으로 세웠다가 등 뒤로 넘겨서 다시 얼굴 앞으로 오게 하는 방법도 있다. 어느 방법이든 메이스벨의 추는 등 뒤 왼쪽에서 오른쪽으로, 오른쪽에서 왼쪽으로 진자운동을 일으킨다. 그리고 진자운동의 최고점, 즉 추의 움직임의 속력이 가장 느려지고 동시에 가장 가벼워지는 지점에서 가볍게 당겨온다는 것은 페르시안밀과 똑같다.

고대 페르시아 전사들이 했다는 페르시안밀이나 인도 요가 수행자들이 했다는 메이스벨의 운동방식은 놀라우리만치 비슷하다. 도구의 생김새는 상당히 다르나 그것을 다루는 방법은 거의 같다. 페르시안밀을 갖고 하는 운동을 페르시안 요가라고도 부른다. 둘 다 움직임 명상으로서의 요가인 셈이다.

핵심은 등 뒤에서 진자운동을 일으키는 것인데 그러기 위해서는 진자운동의 리듬에 몸의 움직임을 맞춰야 한다. 또는 체중 이동이나 몸통 회전 등 몸 전체의 리드미컬한 움직임을 통해 진자운동을 만들어내야 한다. 결국에 진자운동과 몸 전체의 움직임이 조화롭게 하나가 되어야 한다. 보통의 웨이트트레이닝에서 덤벨이나 바벨을 다루는 방식과는 개념 자체가 완전히 다르다. 덤벨 운동은 대부분 단관절 운동이다. 즉 온몸을 고정시킨 채 자극을 주려는 근육만을 고립적으로 움직이는 다양한 동작으로 이뤄진다. 추의 무게로 특정한 근육에 부하를 걸어주는 것이 보통의 웨이트트레이닝이다. 그러나 고대진자운동은 몸 전체의 움직임을 통해 추의 움직임과 하나가 되어 움직인다. 그렇기에 단관절 운동인 덤벨로는 도저히 들 수 없는 무거운 무게를 등 뒤로 가볍게 돌릴 수 있다. 게다가 긴 막대 끝에 무게중심을 매달아 놓아 토크를 대폭 증폭시킨 상태에서 수백 번의 진자운동을 반복한다. 몸통 전체의 회전을 잘 이용해야만 가능한 일이다.

고대진자운동은 온몸의 고유감각을 총동원해야 해낼 수 있는 대표적인 고유감각 훈련이다. 다른 일반적인 근력운동과 비교할 때 고대진자운동의 가장 큰 특징은 시각이나 다른 감각정보가 아니라 거의 전적으로 고유감각에 의지해서 이루어지는 운동이라는 데 있다. 페르시안밀이든 메이스벨이

동영상 자료: joohankim.com/data

[그림 9-5] 메이스벨(가다). 메이스벨의 움직임 역시 페르시안밀과 마찬가지로 주로 등 뒤에서 일어나는 진자운동이기에 온몸으로 전해지는 고유감각을 이용해 다루어야만 한다.

든 진자운동을 직접 눈으로 보면서 통제하지 않는다. 방망이의 주된 움직임은 등 뒤에서 일어나기에 눈으로 보고 통제할 수가 없다. 손과 손목을 통해 전해지는 느낌만으로 진자운동의 정보를 전부 얻어내서 온몸의 움직임을 그에 맞춰야 한다. 팔, 어깨, 등, 몸통, 다리, 발바닥까지 전해지는 무게를 고유감각을 통해 얻어내야만 한다. 그래야 진자운동의 리듬에 맞춰서 체중 이동과 몸통 회전을 조화롭게 이뤄낼 수 있다.

케틀벨의 스내치 역시 진자운동이다. 페르시안밀이나 메이스벨은 긴 방망이 끝에 무게중심이 달린 구조이지만 케틀벨은 무게추만 있으므로 내 팔과 몸통을 일종의 긴 방망이처럼 사용해야 한다. 스내치에서 케틀벨을 내

내면소통

리는 동작에서는 무게추가 거의 자유낙하 운동을 하는 것처럼 팔의 힘을 빼야 한다. 오른손으로 스내치를 하는 경우라면 오른쪽 어깨를 고정점으로 삼아 허리를 펴고 팔을 다리 사이 뒤편으로 쭉 뻗어서 케틀벨이 두 다리 사이를 거쳐 엉덩이 뒤편으로 진자운동을 할 수 있도록 한다. 엉덩이 뒤 최고점에 이르렀던 케틀벨이 진자운동을 통해 다리 사이를 거쳐 몸 앞쪽으로 오는 순간, 최저점을 가장 빠른 속력으로 지나는 순간 허리를 펴고 일어서면서 케틀벨을 눈앞으로 들면 진자운동 정점이 되어 무게가 거의 사라지는 순간이 온다. 이때 몸통을 약간 왼쪽으로 회전시켜주면서 팔을 쭉 뻗어 머리 위로 들면 스내치 동작이 완성된다. 다시 머리 위에 있던 손을 자연스럽게 떨어뜨리면서 허리를 숙여 팔을 엉덩이 뒤로 펴주면 진자운동은 계속 반복된다. 케틀벨의 상하운동은 체중의 좌우 이동과 몸통의 미세한 회전운동과 하나가 되어 부드럽게 움직이게 된다.

진자운동의 핵심은 끝에 달린 무게추의 진자의 움직임과 몸의 움직임을 조화롭게 연동시키는 것이다. 진자운동의 끝에는 무게가 사라지는 지점이 있다. 무게추의 속력이 0이 되는 최고점이다. 반면에 최저점에서는 무게추의 속력이 가장 빠르고 따라서 몸에 전해지는 저항도 강하다. 그 무게를 체중 이동을 통해 온몸으로 받아내면서 무게추가 다시 점차 느려지다가 속력과 무게가 모두 사라지는 바로 그 순간에 살짝 당겨서 어깨나 머리 위에 올려놓는 것이다.

고대진자운동의 고유한 특징은 다음과 같이 정리해볼 수 있을 것이다. 일정한 리듬에 맞추어서 몸의 좌우 회전이나 좌우 교대를 반복적으로 이뤄낸다. 추의 무게(중력)를 사용해서 진자운동을 일으키는데 몸은 진자운동을 통제한다기보다는 자연스러운 추의 움직임을 도와주고 보호함으로써 추의 움직임과 조화로운 하나가 된다. 그러기 위해서는 팔다리보다는 코어 근육의 활용이 더 중요하며 몸의 긴장을 계속 풀어주어야 한다. 일시적으로 근육에 힘을 주는 것이 아니라 부드럽고 반복적이며 규칙적인 움직임을 만들어내야 한다.

페르시안밀이나 메이스벨 운동은 얼핏 보기에는 방망이를 손과 팔로 돌리는 것 같지만 실제로 해보면 온몸의 리드미컬한 움직임으로 돌려야 한다는 것을 알 수 있다. 자연스러운 진자운동을 방해하지 않으면서 내 몸을 움직여야 하므로 사실 내가 방망이를 돌리는 것인지 방망이가 나를 움직이는 것인지 구분하기조차 어렵다. 그야말로 대상과 내가 하나가 되어야 이뤄낼 수 있는 움직임이고, 이러한 움직임을 온몸의 감각을 통해 이뤄내야 하므로 고유감각을 활용할 수밖에 없다. 고대진자운동이야말로 고유감각을 발달시키기 위한 최고의 운동이다. 페르시안밀을 다루는 페르시안 요가나 인도 요기들이 사용하던 가다가 마음을 다스리는 운동으로 전해져 내려온 이유는 분명하다. 모두 강력한 고유감각 훈련이고, 동시에 리드미컬하게 몸통과 시선을 좌우로 향하게 한다는 점에서 매우 효과적인 EMDR 훈련의 요소까지 지니고 있기 때문이다. 고대진자운동은 몸의 고유감각을 이용한 마음근력 훈련의 정수라 할 수 있다.

타이치: 고유감각 훈련과 내부감각 훈련의 종합판

지금까지 살펴본 운동들이 고유감각 중심의 움직임이었다면 이제부터 살펴볼 운동들은 고유감각뿐 아니라 내부감각 훈련까지 동시에 할 수 있는 종합적인 움직임 명상이라 할 수 있다. 장신경계를 중심으로 한 내부감각 훈련과 몸을 통해 느껴지는 고유감각을 강조하는 전통적인 움직임 훈련으로는 타이치, 기공, 쿤달리니 요가 등이 있으며 현대적인 훈련법으로는 펠덴크라이스요법과 알렉산더테크닉 등이 있다. 이러한 훈련법 모두 내적 에너지에 대한 자각 능력을 키우는 것에 중점을 둔다. 사지의 움직임을 통해 횡격막이나 내장의 움직임을 유도하고 그러한 움직임을 가져오는 내부감각을 자각함으로써 미주신경계를 활성화한다.[574]

타이치에는 손과 발의 외적인 움직임을 통해 내장의 에너지와 교감하는 동작이 많다. 실제로 타이치의 '투로(套路)'를 반복하다 보면 온몸의 긴장이 풀리며 내면적인 에너지의 흐름이 느껴진다. 투로는 '상투적인 길'이라는 뜻으로 기본적인 자세들을 연속적으로 잘 구성해서 만들어놓은 것이라 반복적인 연습을 하기에 용이하다. 하나의 투로에는 기의 흐름을 잘 느낄 수 있도록 음양의 조화를 고려한 동작들이 일련의 순서대로 배치되어 있다.

　　동작의 연결 속에서 내장의 움직임이 느껴지며 나아가 골반과 고관절을 통해 내장의 무게가 그대로 발바닥에 전달된다. 동작은 조용하고 부드럽지만 그래서 오히려 강한 힘이 나올 수 있다. 내장으로부터의 에너지를 한순간에 손, 발, 어깨 등으로 자연스레 뿜어내는 것이 '발경(發勁)'이다. 이때 꼬리뼈를 중심으로 한 몸의 기본축은 고정되어 있다. 움직이지 않는 중심점에서 힘이 나온다. 꼬리뼈부터 정수리까지 일직선에 복부가 똑바로 놓인다. 복부와 꼬리뼈가 일직선에서 완벽한 균형상태를 유지하는 입신중정(立身中正)의 상태에 들어서면 뇌신경계와 관련된 모든 근육 부위들이 편안하게 이완된다. 긴장은 불균형에서 오지만 균형을 잡으면 이완된다. 어깨와 팔꿈치도 이완되어 툭 떨어뜨리는 침견추주(沈肩墜肘)를 하게 되면 승모근과 흉쇄유돌근도 이완된다. 이러한 균형과 이완 속의 움직임을 얻으려면 내 몸이 주는 감각신호에 주의 깊고 명료하게 집중해야 한다. 타이치가 고유감각 훈련인 이유다. 타이치에서 강조하는 입신중정이나 침견추주는 비록 명칭은 다르지만 고대진자운동이나 물속 명상의 움직임에서도 그대로 강조된다.

　　타이치의 투로 동작은 번개같이 빠르게 움직이는 부분도 간혹 있으나 대개는 매우 천천히 움직이게 된다. 그 이유는 움직임에 관한 의도 정보와 움직임이 가져오는 결과로서의 감각정보를 면밀하게 자각하면서 움직이기 때문이다. 일반적인 운동이나 움직임에서는 일정한 결과를 기대하는 '의도'를 실현하기 위해서 움직인다. 공을 제대로 맞히거나 상대방을 제대로 타격하겠다는 '의도'를 달성하기 위해 움직이는 식이다. 그러나 타이치 훈련에서는 나의 의도가 나의 몸을 통해 어떻게 순간순간 드러나는가를 관찰하고 또 그러한 움직임이 어떤 느낌을 주는가를 동시에 관찰한다. 의도만큼이나 중요한 것이 내 몸 내부로부터 느껴지는 감각이다. 그것이 '기(氣)'일 수도 있고 다른 어떤 에너지일 수도 있다. 타이치 투로에서의 움직임은 외부세계의 어떤 대상을 향하는 움직임이라기보다는 나의 내부로 향하는 움직임이다. 따라서 움직임을 통해 나의 의식으로 나아가는 엄청난 자기참조과정의 여정이기도 하다. 타이치가 강력한 마음근력 훈련인 이유다.

　　고요함과 텅 비어 있음으로 꽉 차 있는 나의 의식으로 향하는 움직임

[그림 9-6] **타이치의 투로.** 타이치의 투로는 '상투적인 길'이라는 뜻으로 기본적인 자세들을 연속적으로 잘 구성해놓아 반복적인 연습을 하기 용이하도록 만든 것이다. 투로에 집중하는 것은 내부감각 훈련과 고유감각 훈련을 동시에 경험할 수 있는 매우 효과적인 움직임 명상이다. 사진은 단편(왼쪽)과 진보반란추 동작이다.

이기에 타이치의 모든 동작은 고요하다. 그 고요함은 폭발적인 에너지를 응축하고 있으며, 공간 속에서의 움직임이라기보다는 움직임을 통해 새로운 공간이 만들어지는 그런 움직임이다. 고요함과 공간 속에서 나의 의도와 감각이 한데 어우러지는 그런 움직임이다. 그러면서도 나의 주의는 끊임없이 나의 내부를 향한다. 보다 구체적으로는 나의 내장과 관절로 향한다. 관절은 고정된 실체가 아니다. 뼈와 뼈가 관계 맺고 있는 텅 빈 공간일 뿐이다. 내장 역시 마찬가지로 그 본질은 텅 비어 있다. 그 '비어 있음'으로 되돌아가는 움직임 속에서 강력한 에너지가 생겨난다.

한편 타이치는 입신중정을 유지하면서도 끊임없이 좌우로 체중을 이동하면서 동작을 이어나간다. 사실 타이치의 강력한 에너지는 바로 체중 이동에서 나온다고도 볼 수 있다. 타이치의 동작 중 체중이 양발에 5 대 5로 고르게 실리는 경우는 거의 없다. 투로의 모든 동작은 왼발과 오른발이 허실을 번갈아 담당하면서 체중 이동이 진행되고 그에 따라 시선이나 몸통의 방향도 좌우

내면소통

를 번갈아 보게 된다. 나아가 몸의 회전을 통해 동서남북의 여덟 방향과 위아래 움직임까지 아우른다. 타이치는 고유감각과 내부감각 훈련의 결정판일 뿐만 아니라 그야말로 포괄적이고도 입체적인 소매틱 EMDR의 완결판이라 할 수 있다. 그렇기에 지난 수십 년간 무수히 많은 연구가 타이치가 불안장애, 스트레스, 트라우마 등에 유의미한 효과가 있음을 꾸준히 보고하고 있다.[575]

기공과 쿤달리니 요가

타이치나 기공의 여러 동작은 고유감각뿐 아니라 내장의 움직임에 집중하게 함으로써 내부감각도 명확하게 자각할 수 있도록 해준다. 토납법(吐納法) 등의 호흡법이나 상하좌우와 대각선으로 사지를 움직여 내부감각을 계속 일깨우는 오금희(五禽戲) 등의 동작은 내부감각에 대한 자각 능력을 효과적으로 키워준다. 도가 전통의 단전호흡이나 쿤달리니 요가의 '불의 호흡(breath of fire)' 역시 내부감각에 집중하는 호흡 훈련이다. 나는 단전의 존재는 믿지 않는다. 그러나 단전호흡 훈련의 효과는 믿는다. 단전이라고 믿고 나의 내장 감각에 집중하면서 호흡 훈련을 하게 되면 결국 내부감각 자각 능력이 향상될 것이기 때문이다. 내부감각 훈련의 한 방법으로 '단전'이라는 가상의 존재를 가정하고 이에 집중하는 것은 매우 합리적인 방법이다.

쿤달리니 요가에서 말하는 '차크라' 역시 마찬가지다. 나는 차크라가 의학적인 실체로서 우리 몸에 존재한다고는 믿지 않는다. 차크라가 특정한 색깔과 연관된다는 것은 더욱더 신빙성이 없는 얘기다. 색깔은 사물의 내재적인 본성과는 아무런 관계가 없기 때문이다. 색이나 빛은 눈과 뇌의 시각 시스템이 특정한 주파수의 전자기파에 반응해 뇌에서 만들어낸 것에 불과하다. 첫 번째 차크라나 하단전이 특정 색이라고 하는 주장은 내가 볼 때 별 의미 없는 이야기다. 실제로 몸의 각 부위나 차크라나 단전 등에 색깔이나 의미를 부여하는 방식은 문화나 종교 분파의 전통에 따라 제각각이다.

나는 차크라의 존재는 믿지 않지만, 차크라를 일깨운다는 쿤달리니 요가의 여러 크리야(kriya: 일련의 움직임) 요가의 효과는 믿는다. 쿤달리니 요가 동작은 모두 내부감각에 대한 강력한 자각 훈련으로 이뤄져 있기 때문이다. 쿤달리니 요가는 골반기저 부위에 가장 원초적인 첫 번째 차크라가 있다고 가정한다. 그리고 단전과 복부 가운데에도 각각의 차크라가 있다고 상정하는데, 이곳에 집중하면 자연히 장신경계와 미주신경계를 활성화하고 우리 몸이 주는 감각신호들을 더 분명하고 명확하게 알아차릴 수 있게 된다.[576]

쿤달리니 요가는 하타 요가와는 달리 반복적이고도 리드미컬한 움직임을 강조한다는 점에서 고유감각 훈련의 요소를 더 강하게 지니고 있다. 쿤달리니 요가의 동작은 일상적인 움직임을 통해서는 경험할 수 없는 새로운 내부감각과 고유감각의 세계를 열어준다. 재미있는 것은 쿤달리니 요가, 타이치, 오금희에는 신기할 정도로 유사한 동작이 많다는 것이다. 인도의 고대 무술인 칼라리파야트(kalari payattu)가 불교 문화와 함께 중국으로 건너가서 중국 무술로 발전했다는 이야기도 있다. 이러한 수련법들은 문화나 전통에 따라 개념이나 수행 방법을 조금씩 다르게 발전시켰지만, 모두 내부감각과 고유감각의 자각 능력을 향상시키는 훈련법이라는 점에서는 근본적인 공통점을 지닌다. 지난 수천 년간 다양한 종교적 전통에서 이러한 움직임 명상을 통해 수행을 해온 것은 그것이 고유감각과 내부감각 훈련의 성격을 지니고 있기에 사람들의 몸과 마음을 편하고 강하게 해줄 수 있었기 때문이다.

펠덴크라이스의 움직임을 통한 알아차림(ATM)

펠덴크라이스요법(Feldenkrais Method)을 창안한 모쉐 펠덴크라이스에 따르면 "살아 있다는 것은 곧 움직인다는 것이기에 삶이 곧 움직임이다."[577] 그는 의식과 삶과 자기 자신에 대한 명상과 성찰은 모두 스스로의 움직임에 대한 성찰로부터 시작한다고 하면서 움직임 명상의 필요성을 강조했다.

펠덴크라이스는 선구자적인 통찰력을 지닌 사람이다. 현대 뇌과학이 최근에 와서야 겨우 도달한 결론을 이미 수십 년 전부터 개인적인 직관에 근거해서 분명하고도 설득력 있게 주장하고 있기 때문이다. 예컨대 그는 "뇌는 움직임의 기능 없이는 생각할 수 없다"라고 하면서 모든 생각이나 감정의 유발은 몸의 변화를 가져온다고 보았다. 몸의 변화가 곧 움직임으로부터 나오는 것(out of motion), 즉 감정(e-motion)이라는 것이다.[578]

　　제2차 세계대전이 발발하기 전인 1935년, 30대 중반의 펠덴크라이스는 파리의 소르본대학에서 물리학 박사 과정을 밟고 있었으며, 인공 방사능 물질을 생산한 공로로 노벨상을 받은 퀴리 부부의 랩에서 연구원으로 일하고 있었다. 이때 그는 이미 유럽 최고 수준의 유도 선수였다. 프랑스유도협회를 창립했으며, 유럽 최초의 검은 띠 획득자였다.

　　당시 퀴리 랩은 핵분열을 연구하고 있었고, 그곳에서 펠덴크라이스는 원자에 입자를 쏘아대는 기기를 만들었다. 1939년 아인슈타인은 루스벨트 미국 대통령에게 편지를 써서 퀴리 랩에서의 연구로 새로운 개념의 폭탄을 만들 수 있을 것이고 아마도 나치가 이 기술을 탐낼 것이라는 경고를 했다. 1940년에 나치가 파리를 점령하자 유대인이었던 펠덴크라이스는 영국으로 도피해 잠수함을 탐지하는 초음파 기술을 연구했다.[579]

　　그는 영국에서 과학자로 일하면서도 틈틈이 영국 군인들에게 유도를 가르쳤다. 펠덴크라이스에게는 고질적인 무릎 병이 있었다. 스트레스를 받거나 하면 무릎이 퉁퉁 부어서 제대로 걷기조차 힘들었다. 특히 나치를 피해 피난생활을 하는 동안에는 더 심해졌다. 정신적인 고통이 무릎의 통증을 악화시킨다는 사실이 그에게는 중요한 발견이었다. 나중에는 무릎 통증이 더 악화되어 몇 달이고 침대에 누워 있어야 했다. 통증이 없는 한쪽 다리에 의지해 침대에서 겨우 일어나 조금 걸을 수 있는 정도였다. 그런데 공교롭게도 무릎이 멀쩡한 다리에 또 다른 부상을 입어 전혀 쓸 수 없게 되었다. 그야말로 갑자기 두 다리 모두 사용할 수 없어 일어설 수조차 없게 된 것이다. 그러자 무릎의 오래된 통증이 점차 사라지기 시작했다. 멀쩡했던 무릎이 부상으로 전혀 움직일 수 없게 되자 만성 통증에 시달리던 다른 쪽 무릎의 통증이 사라지고 갑자기 움직일 수 있게 된 것이었다. 결과적으로 이번에는 멀쩡해진 쪽 다리에 의지해서 걸을 수 있게 되었다.

　　이러한 현상을 겪으면서 펠덴크라이스는 자신의 무릎 통증에 관해 직접 연구하기 시작했다. 침대에 하루 종일 누워 다리와 몸을 이리저리 움직이며 계속 관찰했다. 말하자면 몸의 움직임에 대한 자각 훈련을 집중적으로 한 것이었다. 펠덴크라이스는 통증과 마음의 관계, 신체 각 부위 간의 관계 등을 살피면서 몸과 마음의 전체적인 연결성에 주목했다. 그는 어떤 하나의 동작을 할 때 몸 전체의 각 부위가 조화롭게 움직여야만 쉽고 편안하고 자연스러운 동작이 나온다는 결론에 도달했다.

악수나 공 던지기 같은 하나의 동작은 팔로만 하는 것이 아니다. 몸과 마음의 거의 모든 기능이 조화롭게 참여해야 균형 있는 동작이 이뤄질 수 있다. 수학 문제 푸는 것이나 글 한 줄 쓰는 것 혹은 말 한마디를 하는 것도 마찬가지다. 긴장하고 애를 써서는 우아한 움직임이 나오기 어렵다. 중요한 것은 균형감과 편안함이다. 긴장이 풀어지고 이완된 상태여야 몸의 효율적인 움직임이 가능해진다. 그는 다양한 몸의 움직임 훈련법을 개발했으며 이를 '움직임을 통한 자각(awareness through movement: ATM)' 훈련이라고 개념화했다.[580] 펠덴크라이스의 '움직임을 통한 자각' 훈련이 정서조절에 미치는 효과에 대해서는 수많은 연구결과가 있으며, 특히 불안증세를 완화하는 데 커다란 효과가 있다는 사실도 입증되었다.[581]

펠덴크라이스 역시 의도와 움직임 간의 괴리에 주목했다. 같은 움직임이라도 어떠한 의도를 갖느냐에 따라 전혀 다른 결과를 가져온다는 것을 발견한 것이다. 간단한 실험을 한번 해보자. 잠시 책을 내려놓고 똑바로 앉은 상태에서 목을 오른쪽으로 끝까지 돌려보라. 목이 어디까지 돌아가는지, 느낌은 어떠한지 잘 기억해둔다. 다시 똑바로 앞을 보고 앉는다. 이제 내 뒤에서 친구가 날 부른다고 상상해보라. 반갑게 날 부르는 소리에 자연스럽게 오른쪽으로 고개를 돌려 뒤돌아본다고 생각하라. 이때 고개는 어디까지 돌아가는가? 느낌은 어떠한가?

오른쪽으로 고개를 돌리는 이 두 동작은 사실상 같은 동작이지만 결과는 상당히 다르다. 의도가 다르기 때문이다. '고개를 오른쪽으로 돌린다'라는 의도와 '날 부르는 목소리 쪽을 쳐다본다'라는 의도는 상당히 다른 것이다. 의도가 다르므로 동원되는 미세한 근육의 시스템도 달라진다.

지금까지 살아오면서 누군가 내 이름을 불러서 뒤돌아본 경험이 여러 번 있을 것이다. 그러한 경험들이 쌓여서 하나의 습관이 된다. 누군가 날 부를 때 돌아보는 특별한 나만의 방식이 생겨나는 것이다. 예를 들자면 어려서부터 무서운 어른이 뒤에서 부르면 깜짝 놀라면서 획 뒤돌아본 적이 많았던 사람과 친구가 뒤에서 같이 놀자고 부르곤 해서 늘 즐거운 마음으로 반갑게 획 뒤돌아본 적이 많았던 사람은 '누가 날 불러서 뒤돌아보기'의 행동을 할 때 상당히 다른 근육들의 조합을 사용하게 마련이다.

마찬가지로 '목을 오른쪽으로 돌리기'라는 동작은 스트레칭이나 특정한 운동을 하면서 많이 하게 된다. '목을 오른쪽으로 돌린다'라는 의도를 실행하는 데 있어서 요가 수련을 오래 한 사람과 타이치를 오래 한 사람은 서로 다른 방식으로 근육의 조합을 사용하게 된다. 이처럼 하나의 '의도'와 '행위' 간의 조합은 사람마다 약간씩 다르다. 사람마다 살아온 경험이 다르고, 체형이나 생활방식도 다르기 때문이다. 결과적으로 사람마다 독특한 걸음걸이가 생겨나고 앉거나 서는 자세도 제각각이 된다.

문제는 어떤 이유에서든 비효율적이거나 불균형한 방식으로 움직임의 의도를 수행해내는 나쁜 습관을 거의 모든 사람이 갖고 있다는 사실이다. 똑바로 서서 무릎을 편 채로 허리를 숙여 두 손으로 바닥을 짚을 때도 마찬가지다. '허리를 굽힌다'라는 의도를 갖고 두 손을 내릴 때, 바닥이 내 손을 향해 올라온다는 상상을 하며 손을 내릴 때, 또 정수리를 바닥으로 향하게 해서 배를 허벅지에 붙이겠다는 의도를 갖고 손을 내릴 때의 결과는 각각 다르다.

펠덴크라이스는 같은 움직임이라 해도 서로 다른 의도를 갖고 움직이면 관여하는 신경시스템이 달라진다는 것을 발견했다. 특정한 움직임에 대한 전혀 다른 '의도의 습관'을 심어주는 것이 중요한데, 문제는 사람마다 무의식적인 습관이 다르고 체형이나 근육의 발달 정도도 다르다는 데 있다. 따라서 어떠한 새로운 습관을 들여야 하는지는 사람마다 다르다. 걷기를 비롯해 어떤 특정 행동을 위한 단 하나의 올바른 방법이란 없다. 그렇기에 다양한 움직임 방식의 반복적인 시도를 통해 '스스로 깨닫는' 자각 능력을 키우는 것이 중요하다. 의도를 버림으로써 몸에 주어진 원래 움직임의 방식을 찾아간다는 점에서 펠덴크라이스요법은 움직임에 관한 무의식 차원에서의 훈련이라 할 수 있다. 움직임에 관한 훈련이면서도 '모범적인 표준 움직임 방식'을 가르치는 것이 아니라(그런 것은 없다) 다양한 의도를 가진 움직임을 통해 스스로 자각하고 깨달으며 무의식적인 움직임의 습관을 바꾼다는 점에서 펠덴크라

이스요법은 움직임 명상 훈련의 새로운 방식을 제시한다고도 볼 수 있다.[582]

　　펠덴크라이스에 따르면 우리는 대부분 자각하지 못하는 나쁜 습관을 갖고 있다. 예컨대 일어설 때 과도하게 몸무게를 앞으로 쏠리게 하는 경향이 있다. 실제 몸의 움직임과는 다른 잘못된 선입견에서 비롯된 오래된 나쁜 습관이다. 이러한 잘못된 몸의 사용이 결국 여러 가지 통증을 불러일으킨다. 아프지 않으려면 몸을 효율적으로 사용해야 하며, 그러기 위해서는 '원래 주어진 대로' 사용해야 한다.[583] 자연 그대로, 있는 그대로의 모습대로 사용해야 한다. 펠덴크라이스는 제대로 잘 움직이기 위해서는 일단 기존의 모든 '의도'를 버려야 한다고 보았다. 일어선다는 의도를 버리고 몸의 자연스러운 상태를 느끼면서 일어서야 한다. 걸을 때도 왼발에 체중을 싣고 오른발에 체중을 싣고 하는 식으로 '의도'를 지니게 되면 걸음걸이가 어색해진다. 의도를 버려야 한다. 장자의 '무위자연(無爲自然)' 철학을 움직임에 적용한 것이 펠덴크라이스요법이라 할 수 있다.[584] 여기서 '의도를 버린다'는 것을 능동적 추론 이론에 근거해서 설명하자면, 각자의 의식에 이미 존재하는 기존의 생성모델을 폐기하고 새로운 생성모델을 찾아가는 것이라고 할 수 있다.

　　펠덴크라이스는 몸 자체에 내재하는 똑똑함(intelligence)을 믿었다. 우리의 의식이 미치지 않는 여러 곳에서 우리 몸이 상당한 지능을 발휘한다고 본 것이다.[585] 따라서 몸이 주는 여러 감각정보에 집중하면서 기본적인 움직임을 다양한 방식으로 반복하면 몸 스스로가 편안하고 올바른 움직임의 방법을 찾아간다고 본 것이다.

　　펠덴크라이스요법에서는 대개 몸의 한쪽만 집중적으로 훈련한다. 한쪽으로만 진행하는 이유는 훈련의 목표가 모든 움직임의 저변에 있는 무의식적인 고정된 행위 습관을 변화시키는 데 있기 때문이다. 다시 말해 특정한 의도된 움직임을 가능하게 하는 신경망의 작동방식을 변경시키는 것을 목표로 삼기 때문이다. 예컨대 오른쪽 목과 어깨 부위가 뭉치고 경직되어 있어서 고개를 왼쪽으로 돌리는 것이 어렵다고 가정해보자. 고개를 오른쪽으로 돌리는 것은 상대적으로 쉽게 느껴진다. 이럴 때 피험자를 편하게 눕게 한 다음 더 편하게 움직일 수 있는 방향인 오른쪽으로 고개 돌리기를 다양한 방식으로 계속 반복하게 한다. 그냥 움직이는 것이 아니라 그 움직임이 주는 미세한 변화를 계속 알아차리도록 훈련을 시킨다. 20분 정도 지나면 원래 편했던 오른쪽으로 고개 돌리기가 훨씬 더 편해진다. 그 상태에서 5분 정도 가만히 누워 있게 한다. 이때 뇌에서는 '오른쪽으로 편하게 고개 돌리기'에 관한 새로운 정보가 '왼쪽으로 고개 돌리기'와 관련된 신경망으로 전이된다. 우리 몸에서는 좌우의 균형을 맞추려는 본능이 늘 작동하기 때문이다. 5분 정도 지난 뒤 원래 불편했던 방향인 왼쪽으로 고개 돌리기 움직임의 느낌이 어떤가를 확인해본다. 놀랍게도 왼쪽으로 고개 돌리기 훈련을 전혀 하지 않았음에도 불구하고 확연한 차이가 느껴진다. 왼쪽으로 고개 돌리기가 오른쪽으로 고개 돌리기처럼 상당히 편안하게 느껴지는 것이다. 그저 외부적인 힘을 가해서 오른쪽 목과 어깨의 뭉친 근육을 풀어주는 마사지로는 별 효과가 없는 경우가 많다. 그보다는 스스로 자각 훈련을 통해서 상대적으로 편한 왼쪽 목과 어깨를 푸는 가벼운 운동을 한 후에 잠시 휴식을 취하면 오른쪽 어깨 뭉친 것이 훨씬 더 효과적으로 풀어진다. 마치 마술과도 같다. 우리 몸은 그만큼 똑똑한 존재다.

우리 뇌에는 몸의 좌우 균형을 지키려는 강한 기제가 작동한다. 오른쪽으로 편하게 고개 돌리기에 관해서 '알아차림'을 하게 되면 고개 돌리는 동작과 관련된 새로운 신경망의 작동방식이 양쪽 움직임에 모두 관여하게 된다. 심지어 이러한 '전이'에 따른 치유 효과는 직접적인 움직임에 따른 변화보다 더 강력하고 지속적이다. 펠덴크라이스는 외부의 동작으로부터 배우는 것보다 내 몸의 한쪽으로부터 다른 한쪽이 배우는 것이 더 강력한 효과를 지닌다고 주장했다. 뇌과학자도 아니고 물리학자가 수십 년 전부터 주장하고 그것을 기반으로 하는 ATM 프로그램까지 만들었으니 대단한 통찰력의 소유자임이 분명하다.

알렉산더테크닉의 무행위(Non-Doing)

알렉산더테크닉을 창안한 프레데릭 알렉산더(Frederick Alexander)도 펠덴크라이스와 마찬가지로 우선 '의도'를 버려야 함을 강조한다. 알렉산더는 이를 '억제(inhibition)'라 불렀다.[586] 잘못된 습관적인 움직임 패턴에서 벗어나기 위한 첫걸음인 셈이다. 습관에서 비롯되는 자동적인 행위를 억제하는 것은 전전두피질을 활성화하며 집중력과 자기조절력 향상을 위한 좋은 훈련이 되기도 한다.

1869년에 태어난 알렉산더는 원래 셰익스피어의 희곡 등을 무대에서 낭송하는 목소리 배우였다. 그런데 어느 날 갑자기 목이 잠기고 쉰 목소리가 나왔다. 목소리 치료를 위해서 온갖 병원에 다니고 백방으로 노력해봤으나 허사였다. 20대 초반의 젊은 알렉산더는 자기 자신을 관찰하며 무엇이 문제인지 찾기 시작했다. 당시에는 비디오카메라가 없었기에 그는 방 안에 거울을 가득 세워놓고 앞모습뿐만 아니라 옆모습도 봐가면서 자신이 낭송하거나 말을 할 때 어떠한 나쁜 습관이 있는지 발견하고자 했다. 펠덴크라이스가 무릎 통증으로 인해 스스로 관찰하기 시작했다면, 알렉산더는 목소리가 잘 안나와서 스스로의 발성 모습을 관찰하기 시작한 것이다. 결국에 그는 발성할 때 목을 치켜드는 등 과도한 긴장으로 인한 나쁜 습관이 자연스러운 발성을 방해한다는 것을 발견했다. 그리고 자신의 습관을 고치고자 다양한 시도를 한 끝에 올바른 몸의 자세와 움직임의 습관을 위한 체계적이고도 독창적인 훈련법을 만들어냈다. 훗날 알렉산더테크닉이라고 불리게 된 그의 훈련법은 목소리뿐 아니라 자세 교정, 통증 완화, 심리적 안정 등의 다양한 효과가 있음이 알려지면서 전 세계에 널리 퍼져나갔다.

알렉산더는 움직임에 관한 새로운 의도를 만들어내는 방법으로 언어적 지시인 '디렉션(direction)'을 제안했다. 디렉션은 올바른 움직임을 위한 일종의 지침인데, 말하자면 짧은 문장으로 표현된 표준화된 의도라 할 수 있다. 알렉산더는 일종의 내면소통 혹은 자기 암시라 할 수 있는 일련의 디렉션을 통해서 움직임을 위한 새로운 의도의 습관을 심어주고자 했다. 디렉션에는 다음과 같은 것들이 있다.

- 내 목은 자유롭다.
- 내 머리는 앞으로, 그리고 위로 향한다.
- 내 척추가 길어지고 넓어진다.
- 내 두 다리는 몸통으로부터 자유롭게 풀려난다.

이러한 디렉션을 통해 알 수 있는 것처럼 알렉산더는 특히 머리와 몸통의 연결 부위 긴장을 이완하고 안정시키는 것을 매우 중시했다. 그가 중점을 두었던 머리-목-몸통은 제8장에서 자세히 살펴본 것처럼 뇌신경계와 직접 연결된 부위이며, 감정 유발 및 감정인지와 밀접한 관련이 있는 부위다. 구체적으로는 흉쇄유돌근, 승모근, 턱근육, 얼굴근육, 혀근육 등이며 관절로는 주로 경추 1번과 2번이 관련된다. 이 부위를 안정화하고 긴장을 완화하는 것은 이미 자세히 살펴본 것처럼 편도체를 안정시켜서 신체의 스트레스 수준을 떨어뜨리고 불안감과 우울감, 분노 등의 부정적 감정을 가라앉게 하는 강력한 효과가 있다. 알렉산더는 자세를 바르게 하고 이 부위의 긴장을 완화하는 것이 자연스러운 목소리를 찾는 데 핵심적인 역할을 한다는 것을 발견했던 것이다.

알렉산더의 디렉션은 일종의 내면소통이다. 반복해서 마음속으로 셀프토크를 하게 되면 저절로 뇌신경계 관련 부위의 긴장이 완화되고 똑바로 서고 걷기 위한 자세가 만들어진다. 결국 움직임에 대한 새로운 의도를 내부상태에서 반복적으로 발생시키는 것이라 할 수 있다. 내 몸의 움직임에 관한 새로운 스토리텔링을 함으로써 새로운 의도의 습관을 만들어낼 수 있게 된다.

펠덴크라이스요법과 비교해보면 알렉산더테크닉은 좀 더 스토리텔링 중심이라 할 수 있다. 일련의 디렉션을 통해 내부상태에서의 새로운 메시지(의도) 생성에 중점을 둔다는 점에서 그렇다. 발목과 무릎을 수직으로 일직선에 둔 상태에서 엉덩이를 뒤로 빼고 엉거주춤한 스쿼트 자세를 취한 멍키 자세나 런지 자세 등 바람직한 모형 자세를 가르치기도 한다. 반면에 펠덴크라이스요법에서는 일종의 주문(mantra)과도 같은 디렉션은 없다. 모든 사람에게 도움이 되는 특정한 모형 자세도 없다. 다만 몸을 통합적으로 사용하는 수많은 단계별 움직임의 세트만이 존재할 뿐이다. 알렉산더테크닉이 내적모델에 직접적인 메시지를 전달함으로써 좀 더 의식적인 훈련에 중점을 둔다면, 펠덴크라이스요법은 다양한 움직임에 대한 자각을 통한 무의식적인 훈련에 중점을 둔다고 할 수 있다.

그렇다고 해서 알렉산더테크닉이 모든 움직임의 새로운 습관을 의도와 의식적인 메시지를 통해서만 심어주려고 하는 것은 아니다. 알렉산더 역시 강한 '목적의식(end-gaining)', 즉 무엇인가 열심히 해보고자 하는 태도를 경계했다. '허리를 펴겠다'라든가 '목의 긴장을 풀겠다'와 같은 구체적인 '의도'를 갖고 훈련하면 역효과가 나게 마련이라는 것을 그 자신이 많은 경험을 통해 터득했기 때문이다. 반드시 '무엇을 이루겠다' 혹은 '해내겠다'라는 굳은 의지는 집착을 낳게 되고 모든 불안과 걱정과 긴장과 스트레스의 근본 원인이 되기 때문에 이를 자제할 것을 강조한다. 더구나 문제는 무의식적인 레벨에서의 의도와 결과 간의 괴리다. 특정한 의도를 잘못 수행해내는 무의식적인 습관이다. 이러한 상태에서 나름대로 강한 의도를 갖고 무엇인가를 '올바른' 시도를 해보려는 것은 결국 잘못된 결과를 초래하기 마련이다.

　　알렉산더는 한마디로 집착을 버리라고 누누이 강조하면서 이를 '무행위(non-doing)'라는 개념으로 강조한다.[587] 알렉산더가 말하는 '무행위'는 종종 오해를 불러일으키는데, 이것은 아무것도 하지 않고 가만히 있는 상태가 아니다. 조용히 가만히 앉아 있는 것은 오히려 엄청나게 어렵고도 힘든, 강인한 의지와 집념을 요구하는 특정한 '행위'이지 '무행위'가 아니다. 알렉산더가 말하는 '무행위'는 한마디로 '의도 없는 움직임(Non-doing is non-intending)'이다.

　　특정한 결과를 목표로 하지 않는 움직임이다. 이 점 역시 장자의 무위자연 사상과 맥이 닿아 있다. 장자의 무위자연 역시 아무것도 하지 않는 것이 아니라 의도된 행위, 결과를 바라는 행위, 집착에 따른 행위를 하지 않는 것을 말한다. 세상 그대로를 있는 그대로 놓아두고 있는 그대로 받아들임으로써, 아무것도 (의도)하지 않음으로써 (자연스럽게) 하지 않은 일이 하나도 없도록 하는 상태다. 알렉산더테크닉 역시 몸이 자연스럽게 움직이는 것을 지향하며 행위자가 특정한 움직임의 의도를 갖고 무엇인가 올바른 움직임을 해내려고 하는 것을 경계하고, 그것을 억제하도록 한다.

　　'똑바로 서야지'라는 의도가 사실은 몸의 불균형을 가져오고, '똑바로 걸어야지'라는 의도가 또 다른 왜곡된 움직임을 가져오는 경우는 매우 흔하다. 의도와 실제 움직임 사이에 잘못된 습관이 개입되기 때문이다. 나쁜 습관으로부터 자유로워지려면 버려야 한다. 그런데 '나쁜 습관을 버려야지'라는 의도는 또 다른 나쁜 습관을 불러온다. 자연스러운 몸의 움직임을 알아차리기 위해서는 모든 의도를 버려야 한다. 어찌 보면 이것이 진정한 자아를 발견

　　　　　　　　　　　　　　　　　　　　　　　　　内面疏通

하는 첫걸음이다. 내 몸의 상태와 내 몸의 움직임과 내 몸이 주는 감각정보를 늘 알아차리고 살펴볼 수 있는 것은 매우 중요한 능력이다. 이것이 '몸과의 내면소통'의 핵심이다. 몸은 늘 변하고 있으므로 내 몸에 관한 새로운 통찰이 지속적으로 요구된다. 펠덴크라이스요법이나 알렉산더테크닉과 같은 소매틱 운동들은 내 몸이 나에게 주는 고유감각에 대한 자각 능력을 향상시키는 데에 매우 효과적인 훈련법이다.

바마움
: 바른 마음을 위한 움직임

내부감각이나 고유감각에 대한 자각 능력 향상에 중점을 두는 소매틱 운동은 마음근력을 강화해줄 뿐만 아니라 정신건강 증진에도 큰 도움이 된다. '바른 마음을 위한 움직임(바마움)' 프로젝트는 다양한 소매틱 운동으로부터 특히 마음근력 향상에 도움이 될 만한 움직임 요소들을 추려내서 현대인이 일상생활에서 쉽게 수행할 수 있는 효과적인 정신건강 향상 프로그램을 만들어내기 위해 시작되었다. 내가 직접 경험해본 여러 소매틱 운동 중에서 실제로 마음근력 강화에 효과가 있다고 확신하게 된 타이치, 알렉산더테크닉, 펠덴크라이스요법, 고대진자운동 전문가들을 한국트라우마스트레스학회장과 대한명상의학회장 등을 역임하신 정신건강의학과 교수에게 소개했다. 동시에 이러한 소매틱 운동 전문가들에게는 각각의 운동들이 몸에만 좋은 것이 아니라 정신건강 증진과 마음근력 강화에도 효과가 있는 것임을 설득했다. 내가 길게 설명하지 않아도 정신과 의사와 소매틱 전문가들은 금방 의기투합했다.

　여러 차례의 준비 미팅을 거치면서 고대와 현대의 소매틱 운동들로부터 정신건강을 위해 가장 효과적인 움직임을 골라낼 수 있으리란 확신이 들었다. 결국에 소매틱 운동들의 움직임 요소와 명상 요소를 결합해 고유감각과 내부감각 자각 훈련을 할 수 있게 하는 '소매틱 통합 움직임 명상(Somatic Integrated Movement Meditation: SIMM)'을 개발했다. 고대진자운동, 타이치 등 전통적인 소매틱 운동과 펠든크라이스요법, 알렉산더테크닉 등 현대적인 소매틱 움직임들을 체계적으로 결합해 독창적인 치료용 프로그램을 개발하게 된 것이다.

2019년 1월 정신건강의학과 교수들과 소매틱 전문가 50여 명 앞에서 바마움 프로젝트의 출범을 알리는 세미나를 개최했다. 그리고 그해 7월 실제로 환자들에게 적용해볼 수 있는 '바마움 프로그램'을 국립정신건강원에서 전국에서 모인 정신과 의사들과 소매틱 운동 전문가 100여 명에게 소개했다. 아울러 바마움 프랙티셔너(practitioner) 양성 교육도 시작했다.

바마움 프로젝트를 위해 각자의 분야에서 평생 연구하고 수행해온 최고의 전문가들이 한자리에 모였다. 나는 혹여나 자신의 분야가 최고라고 생각해 특정 관점을 고집하거나 다른 전통을 내심 폄훼하는 일이 생기면 어쩌나 걱정했다. 움직임 명상 가운데 상당수는 전통적으로 종교적 색채를 띠고 발전해온 데다 각자의 근본적인 세계관과 직결되는 경우가 많아 서로 양보하기 어려운 이견이 발생할 수도 있기 때문이었다. 최신의 뇌과학과 정신건강의학을 오랜 전통의 움직임 명상에 접목한다는 것은 결코 쉽지 않은 일일 터였다. 그러나 지난 수년간의 협업 과정을 거치면서 나의 걱정이 기우였음을 알게 되었다.

바마움 프로젝트에 참여한 전문가들은 모두 자신의 분야에서 일가를 이뤘음에도 다른 움직임 전통에 대해 적극적으로 배우려는 열린 태도를 보였다. 호기심과 배려심을 갖고 상대방의 의견을 존중했다. 그리고 기존에 없던 완전히 새로운 길을 가는 데에도 많은 열정과 관심을 보였다. 바마움은 모든 가능성을 열어놓으면서도 어느 특정한 움직임 전통이나 유행에 쏠리거나 집착하지 않는다고 감히 말할 수 있게 되었다.

우리나라에서도 정신건강의학과를 찾는 환자들에 대한 보조적인 치료 수단으로서 명상이 점차 확산되는 추세다. 그런데 심한 트라우마 스트레스나 각종 불안장애를 겪는 환자의 경우 조용히 앉아서 호흡에 집중한다는 것은 매우 어려운 일이다. 전통적인 명상을 통해 떠오르는 생각이나 감정을 바라보게 하면 온갖 두렵고 부정적인 생각과 감정이 통제하기 힘들 정도로 올라와서 환자들을 더욱 괴롭게 하는 경우도 흔하다. 그러나 이미 살펴본 것처럼 원래 명상은 '가만히 앉아서 생각을 잠재우는 것'이 아니다. 오히려 적극적으로 자신의 몸과 마음에 주의를 기울임으로써 지금-여기에 존재하기 위한 훈련이라 할 수 있다. 명상은 몸을 다스림으로써 마음을 다스리고자 하는 것이며, 수행은 몸을 통해 마음으로 가는 여정이다.

바마움은 마코프 블랭킷 모델을 통해 살펴보았던 몸과 마음을 하나로 보는 '체화된 의식(embodied consciousness)'의 개념을 바탕으로 한 '움직임 명상'이라 할 수 있다. 바마움 프로그램은 불안, 우울, 트라우마, 강박, 공황장애 등 정서조절 문제를 겪는 만성 환자를 치료하는 데 폭넓게 사용될 수 있다.[588]

제 10 장

전전두피질 활성화를
위한 내면소통 명상

- · 알아차림과 자기참조과정
- · 자기참조과정 훈련과 명상의 효과
- · 자기참조과정 훈련의 세 단계
- · 여섯 가지 긍정적 내면소통 명상
  : 용서, 연민, 사랑, 수용, 감사, 존중

알아차림과
자기참조과정

자기참조과정이란 무엇인가

편도체를 가라앉히는 것이 '내 몸과의 내면소통' 훈련이라면, 전전두피질을 활성화하는 것은 '내 마음과의 내면소통' 훈련이라 할 수 있다. 전전두피질을 활성화하는 방법에는 크게 두 가지가 있다. 하나는 나 자신의 현재 상태를 되돌아보는 자기참조과정이고, 다른 하나는 나와 타인에 대한 긍정적 정보를 처리하는 것이다.

생각이나 의도로 나의 감정을 변화시키는 것은 어렵지만, 내 생각을 바꾸는 것은 상대적으로 쉽다. 생각은 의식이 끊임없이 수행하는 스토리텔링이다. 그 이야기 습관을 바꾸는 것이 마음근력 훈련의 핵심이다. 긍정적 정서와 밀접한 관련이 있는 전전두피질의 습관적인 활성화를 위해서는 나와 다른 사람들에 대한 긍정적인 내면소통의 습관이 필요하다.

일상생활에서 우리는 어떤 내면소통을 하고 있는지 의식하지 못한 채 살아간다. 내면소통을 통해서 마음근력을 강화하는 훈련을 하려면 우선 내가 어떤 내면소통을 하는지 지속적으로 알아차리는 것이 중요하다. 지금 나의 내면에 흘러가는 생각들이 무엇인지, 지금 내가 느끼는 감정은 어떤 것인지, 지금 나의 몸 상태는 어떤지 등등에 대해 알아차리는 것이 곧 '알아차림 (awareness)'이다. 나 자신의 생각, 감정, 행동 등을 알아차리는 것은 곧 강력한 자기참조과정이며, 이때 주로 전전두피질 중심의 신경망이 활성화된다.

자기참조과정(self-referential processing)이란 '자기 자신에게 주의를 돌리는 인지적 과정'을 폭넓게 일컫는 말이다. 우리 의식은 일상생활에서 보통 외부의 사물이나 사건에 주의를 집중하며 살아간다. 대부분의 인식 대상은 나의 외부에 있는 것들이다. 그런데 지금 경험하고 있는 나의 느낌이나 감정, 생각 등에 주의를 집중하면 뇌는 자기참조과정 상태로 전환된다. 물론 많은 경우 내면적 경험과 외면적 경험을 동시에 하지만, 그럴 때도 우리 주의는 외부 사물이나 사건에 더 많이 집중된다. 이때 주의를 자기 내면으로 돌려서 자신의 내면적 경험을 주된 인식 대상으로 삼는 것이 자기참조과정이다.

자기참조과정은 자기 자신을 돌이켜보아 현재 모습을 지속해서 알아차리는 기능이다. 과거나 미래의 모습을 기억하거나 상상하는 것은 자기참조과정이 아니다. 자기참조과정은 항상 '지금 여기'에서의 나의 경험에 주의를 집중하는 것이다.

자기참조과정은 마음근력 향상을 위해 매우 중요한 요소이며, 다양한 내면소통 훈련의 공통적인 요소이기도 하다. 뇌과학에서는 자기참조과정 상태를 측정할 때 흔히 자신을 잘 나타내는 형용사를 고르게 하거나, 자신의 현재 상태나 느낌에 대해 생각하도록 한다. 디폴트모드네트워크(DMN) 역시 자기 자신에 대해 생각하거나 자신을 바라보는 타인의 시선을 느끼도록 하면 활성화된다. 자기참조과정에 주로 관여하는 것은 mPFC(내측전전두피질)를 중심으로 PCC(후방대상피질)와 설전부를 연결하는 신경망인데, DMN과도 상당히 겹친다.[589] 자기참조과정이나 DMN에서 공통적으로 발견되는 요소는 역시 mPFC와 관련된 신경망이다.

알아차림 자체인 배경자아를 알아차리기

자기참조과정 훈련의 핵심은 진정한 자아인 배경자아를 인식하는 것이다. 의식은 끊임없는 스토리텔링을 만들어내는 존재다. 이 스토리텔링은 내 머릿속에서 끊임없이 재잘대는 목소리처럼 인식되기도 하고, 그냥 나의 생각, 나의 뜻, 혹은 나의 마음이라 인식되기도 한다. 이렇게 내게 떠오르는 생각 자체를 나 자신과 동일시해서는 곤란하다. '나'는 내면의 생각(스토리텔링)을 알아차리는 주체이지 그 생각 자체가 '나'인 것이 아니다. 나의 '생각'은 내가 인식하는 대상일 뿐이다. '나'는 내가 이러저러한 생각이나 감정을 경험하고 있음을 알아차리는 존재다. 그렇게 알아차리는 인식주체가 '배경자아'다.

배경자아는 나의 뒤에서 혹은 한걸음 떨어져서 내 안에 떠오르는 생각들을 바라보고 알아차린다. 이러한 알아차림 자체가 나의 본질이고 진짜 '나'다. 나는 항상 인식 대상이 아니라 인식주체다. 인식주체인 나는 인식 대상이 될 수가 없다. 따라서 '나'는 인식될 수 없기에 텅 비어 있으며 형용할 수 없는 존재다. 그것은 항상 지금-여기에 존재한다. 과거나 미래의 '나'는 그 본질이 이야기에 불과한 것이고 기억과 인식의 대상일 뿐이다.

내면소통은 내재적 질서로서의 내면에 떠오르는 온갖 생각, 의도, 느낌, 감정을 한걸음 떨어져서 차분히 바라봄으로써 시작된다. 그러한 바라봄이 곧 '셀프토크'의 시작이다. 셀프토크라는 개념 자체가 '자아(self)'라는 실체가 하나가 아님을 함축한다. 동일자는 스스로와 커뮤니케이션할 수 없다. 동일자는 스스로를 화자와 청자로 분리해야만 한다. 스스로를 관찰자와 관찰 대상으로 분리해야 한다. 나를 관조하는 나를 찾아야 한다. 나를 조절할 수 있는 나를 찾아야 한다. 감정을 들여다보고 그 감정에 이름 붙일 수 있는 나를 찾아야 한다. 그 '나'가 바로 배경자아다.

카너먼은 자아를 '경험하는 자아'와 '기억하는 자아'로 나눈다. 현재의 사물과 현상에 몰입해 있어서 자신을 되돌아보지 못하고 주의집중이 대상과 현상에만 함몰되는 존재가 '경험하는 자아'이고, 후에 그러한 경험에 의미를 부여하고 스토리텔링을 하는 존재가 '기억하는 자아'다.[590] 시겔(Daniel J. Siegel) 역시 뇌의 특정 회로를 기반으로 하는 별도의 자아(self)가 존재한다는 전제하에 경험회로(experiencing circuits)와 관찰회로(observing circuits)를 구분한다.[591] 경험회로는 나에게 일어나는 사건을 경험하는 회로로 카너먼의 경험하는 자아와 비슷한 개념이다. 그런데 관찰회로는 사건이 벌어지는 그 순간에 그 사건을 관조하고 그에 대해 의미를 부여하고 스토리텔링하는 자아다. 카너먼의 기억하는 자아가 과거의 일에 대해 스토리텔링을 하는 자아라면, 시겔의 관찰회로는 현재 벌어지는 일에 대해 한걸음 떨어져서 관찰하고 스토리텔링을 하는 자아라 할 수 있다.

카너먼과 시겔의 자아 개념들을 종합해보면 제6장에서 살펴본 바와 같이 우리 각자에게는 세 가지 자아가 존재한다고 볼 수 있다. 하나는 사건이 벌어지는 순간에 그 경험에 함몰되는 '경험자아'이고, 다른 하나는 사건이 벌어지고 나서 과거를 기억하고 되돌아보는 '기억자아'(또는 개별자아)이며,[592] 또 다른 하나는 이 모든 것을 한걸음 떨어져서 관찰하는 자아다. 이 세 번째 자아가 '배경자아'에 가장 가깝다.

보통 심리학에서는 앞의 두 가지 자아만을 다룬다. 그러나 의식을 좀 더 깊이 다루기 위해서는 배경자아의 개념이 필요하다. 일상생활에서 우리는 자신이 하는 일, 해야 할 일, 했던 일에 집중한다. 나의 행동이나 행위에만 집중하기에 주로 경험하게 되는 것은 경험자아와 기억자아뿐이다. 반면에 배경자아를 내 의식 전면에 내세우기 위해서는 나의 '행위'보다는 나의 '존재'에 더 집중해야 한다. 일상적인 행위(doing) 모드에서 내면소통을 자각하는 존재(being) 모드로 전환해야 한다.

배경자아란 내가 이러저러한 경험을 하고 있거나 했었다는 사실을 지금 여기서 늘 알아차리고 있는 자아다. 대상이나 경험에 함몰되어 휩쓸리는 자아가 아니라 지금 여기에 존재하는 나 자신의 존재를 오롯이 알아차리는 자아다. 진정한 자유와 평안함 그 자체가 바로 배경자아다. 평온함을 경험하는 것은 경험자아가 하는 일이고, 배경자아는 평온함을 경험하거나 느낀다기보다는 평온함 그 자체라 할 수 있다. 경험자아는 "나는 지금 평온함을 느끼고 있어(I am at peace)"라고 말하는 존재이지만, 배경자아는 "내가 바로 평온함이야(I am peace)"라고 말하는 존재다.

이러한 배경자아를 내 의식의 전면으로 끌어올리는 일, 그것이 바로 다양한 자기참조과정 훈련의 기본 목표다. 특정한 사건이 벌어지고 있는 바로 그 순간에 사건 자체와 사건을 경험하는 자신으로부터 한걸음 떨어져서 자신의 경험을 관조하는 것이, 즉 격관하는(viewing with a gap) 것이 배경자아다. 전통적인 명상 수행들 역시 이 배경자아로서 온전히 존재하기 위한 다양한 노력이자 방편이라 할 수 있다.

　나 자신을 돌이켜본다는 것에는 두 가지 의미가 있다. 하나는 과거에 일어났던 일을 떠올리면서 되돌아보는 것이다. 후회하든 아니면 뿌듯해하든, 마음 아파하면서 돌이켜보든 아니면 즐거운 마음으로 회상하든 과거의 일을 돌이켜보는 것은 기억자아의 역할이다. 기억자아는 일화기억 속의 '나'를 곧 '진짜 나'라고 착각한다.

　다른 하나는 지금 여기서 경험하는 바로 그 순간순간마다 경험에 대한 내 생각과 느낌과 감정을 알아차리는 것이다. 즉 '경험에 대한 경험하기'다. 매 순간 실시간으로 나의 경험을 성찰해보고 돌이켜보는 것인데, 이것이 바로 사띠 수행의 핵심이며 또한 자기참조과정이기도 하다.[593]

자기참조과정 훈련과
명상의 효과

인지치료와 자기참조과정

자기참조과정 훈련이란 '나 자신을 바라보는(self-observation) 능력'을 키우는 것인데, 이는 알아차림(사띠) 명상의 핵심이기도 하다.[594] 알아차림 명상은 지금 이 순간의 경험을 알아차리되 좋다 혹은 나쁘다 하는 가치 판단을 하지 않는 것이다. 대상을 있는 그대로 받아들이되 특정한 의도를 갖고 반응하지 않는 것이 중요하다. 알아차림을 하려면 내면에서 일어나는 다양한 생각이나 감정을 묘사할 수 있을 정도의 객관화 능력이 필요하다. 여기서 객관화란 자기 내면경험을 '타인에게 설명할 수 있을 만한 이야기'로 만드는 것이다. 의식의 본질은 드한느의 말처럼 다양한 경험을 종합해서 파악하고 그것을 '다른 사람에게 보고할 만한(something reportable to others) 이야기로 만들어내는 주체'인데,[595] 이러한 스토리텔링으로서의 의식작용을 알아차리는 것이 자기참조과정 훈련의 핵심이다.

객관화는 나의 경험을 나의 관점에서만 바라보는 것이 아니라 다른 사람의 관점에서도 바라보는 것이며, 따라서 알아차림 명상은 뇌과학에서 말하는 마음이론과도 밀접한 관련이 있다. 시겔에 따르면 알아차림 명상은 관찰회로와 경험회로를 구분할 수 있게 해주며 나아가 그 둘을 연결하는 관점도 갖게 해준다.[596]

알아차림 명상은 내면에서 일어나는 나의 경험을 바라보는 것이기에 강력한 자기참조과정이 일어나게 하면서 동시에 마음이론도 작동시킨다. 이미 살펴본 바와 같이 자기참조과정이나 마음이론은 모두 mPFC를 중심으로 한 전전두피질 중심의 신경망 활성화와 관련이 깊다.[597] 알아차림 명상이 마음근력 향상을 위한 효과적인 훈련 방법인 이유다.

'지금 여기서 나 자신을 돌이켜보는' 자기참조과정은 내면소통 훈련의 한 형태다. 그것은 지금 여기에서 나와 관련되어 벌어지는 일들에 주의를 집중하는 것이며, 감각기관을 통해서 들어오는 여러 감각자료에 집중하는 것이다. 이러한 나의 경험 자체를 한걸음 떨어져서 관조하고 지켜보는 것이 곧 나의 의식이고 배경자아다. 이러한 배경자아의 존재를 확실히 느끼고, 배경자아와 자의식으로서의 '나'가 하나가 되는 순간, 나는 자유롭고 평화로우며 지금 여기에 깨어 있을 수 있게 된다. 이때 편도체는 차분하게 안정화되고 mPFC는 행복하게 활성화된다. 이러한 상태가 오랫동안 지속될수록 마음근력은 더 강해진다.

늘 깨어 있는 상태에서 오롯이 계속 알아차리기 위해서는, 내가 스스로 나 자신을 알아차리기 위해서는, 내가 늘 나를 바라보기 위해서는, 배경자아가 경험자아와 기억자아를 늘 지켜보기 위해서는, mPFC를 중심으로 한 신경망이 활성화되어야 한다. 그러기 위해서는 우선 과도하게 활성화된 편도체가 안정화되어야 한다. 즉 두려움, 걱정, 분노, 증오 등의 부정적 정서가 가라앉아야 한다. 그래야 마음이 미래나 과거로 달려가지 않고 지금 여기에서 나의 내면에 집중할 수 있게 된다. 그래야 두려움이나 불안감이 사라지게 된다. 실패에 대한 두려움이 없는 상태, 그것이 회복탄력성이며 가장 강력한 마음근력의 상태다. 그 무엇에도 마음에 걸리는 것이 없는 자유로운 상태다.

마음근력이 완전히 무너져서 우울증이나 불안장애를 앓고 있는 환자들의 공통적인 특징은 자기 자신에 대해 끊임없이 부정적인 내면소통을 한다는 점이다. 습관적으로 자기 자신을 과도하게 비난하고, 비판하고, 혐오한다. 스스로 자기 모습을 돌이켜보았을 때 기분이 좋아지거나 뿌듯함을 느끼는 사람은 마음근력이 건강한 사람이라고 할 수 있다. 주변 사람들을 떠올려보았을 때 기분이 좋아지거나 감사함을 느낀다면 마음근력이 건강한 사람이다.

불안장애나 우울증 등의 정신질환에 시달리는 사람들의 예외 없는 공통된 특성이 습관적이고 강박적인 부정적 내면소통이다. 전전두피질을 중심으로 한 신경망에서 자기 자신과 타인에 대한 정보를 처리하며, 그 정보가 긍정적인 내용일 때 사람들은 행복감과 긍정적 정서를 느끼게 된다. 나아가 전전두피질이 활발하게 작동해야 여러 가지 마음근력을 발휘할 수 있게 되고 인지능력도 향상된다.

정신질환 치료에 폭넓게 사용되는 인지치료는 부정적 내면소통의 습관과 그에 따른 행동 습관을 긍정적인 것으로 바꿔나가는 훈련이라 할 수 있다. 특정한 상황에 놓였을 때 자신도 모르게 저절로 하게 되는 내면소통의 방식(상황에 대한 부정적 의미 부여, 과도한 자기비판, 습관적인 분노와 불안 정서 유발 등)을 객관적으로 보게 하고, 같은 상황에서 좀 더 긍정적인 내면소통의 습관을 지니도록 하는 것이 인지치료의 핵심이다.

인지치료는 약물치료만큼이나 효과가 있음이 많은 연구를 통해 밝혀졌다.[598] 마음속으로 하는 습관적인 내면소통의 방식을 바꿔놓는 것이 뇌의 기능 자체를 변화시킨다. 이것이 내면소통 훈련의 힘이다. 자아(self)라는 것 자체가 스토리텔링의 집적물인 일화기억의 덩어리다. 따라서 스토리텔링의 방식을 부정적인 것에서 긍정적인 것으로 바꾸면 뇌의 작동방식이 달라지고, 나아가 뇌의 기능적 연결성이 변화하고 생물학적 구조까지 바뀌게 된다. 예컨대 만성피로감에 시달리는 환자들의 뇌는 회색질(신경세포가 집중적으로 모여 있는 부위)의 볼륨이 줄어들어 있는 것이 발견되었다. 참고로 만성피로감은 흔히 우울증에 동반되는 신체 증상이다. 이러한 환자들에게 인지치료를 실시했더니 전전두엽의 볼륨이 증가했고 여러 인지능력과 문제해결력도 향상되는 것으로 나타났다.[599]

우울증에 대한 인지치료와 약물치료의 효과를 면밀하게 비교 분석한 연구에 따르면,[600] 인지치료와 약물치료는 우울증에 대해 비슷한 치료 효과를 지닌다. 차이가 있다면 약물치료는 편도체를 직접 안정시킴으로써 전전두엽의 기능을 강화하는 데 비해 인지치료는 전전두피질, 특히 OFC(안와전두피질)와 dlPFC(배외측전전두피질)의 기능을 강화함으로써 편도체를 안정화한다.

또 인지치료에는 약물치료에서 흔히 나타나는 재발의 우려도 낮다.

미국의 정신과 의사 아론 벡(Aaron Beck)이 진행한 연구[601] 이래로 전통적인 인지치료의 핵심은 다음과 같다. 첫째, 감정이 상하는 일이 생길 때 동반되는 부정적 생각이나 이미지를 발견하기. 이때 이러한 부정적 '생각이나 이미지'가 내가 나에게 습관적으로 하는 부정적인 내면소통의 내용이다. 둘째, 이러한 부정적 생각이나 이미지를 '자동으로' 불러일으키는 나의 신념체계, 즉 내가 당연하게 생각하는 전제나 믿음 혹은 고정관념 등을 한걸음 떨어져서 객관적으로 바라보기. 셋째, 이러한 믿음에 대해 의문을 던져보기. 과연 그러한 나의 '믿음' 또는 '해석방식'이 유일한 것인가? 다른 설명 방법은 없는가? 이처럼 다른 설명 방법을 찾아내려는 시도가 곧 인지치료의 핵심이다. '다른 설명 방법'이란 나에게 벌어진 사건에 대해 새로운 관점으로 내가 나에게 스토리텔링하는 것이다. 즉 새로운 내면소통의 습관을 만들어가는 것이 인지치료의 핵심이라 할 수 있다. 넷째, 다른 상황에서도 반복적으로 나타나는 부정적인 생각과 이미지를 발견하고 새로운 설명 방식을 공통적으로 적용해보기.

인지치료가 효과적으로 이뤄지려면 환자가 스스로 자신의 내면소통을 살펴볼 수 있어야 한다. 자기 자신이 어떤 부정적 생각이나 강박적 사고를 습관적으로 반복하는지 알아차리도록 하는 것이 인지치료의 관건이다. 이 과정에서 반드시 필요한 것이 자기참조과정의 능력이다. 특히 명상을 기반으로 하는 자기참조과정 훈련 요소가 포함된 인지치료는 매우 효과적이다. 명상에 기반한 꾸준한 인지치료는 뇌를 기능적으로 개선할 뿐만 아니라 구조적인 변화도 가져온다.[602]

명상의 효과와 자기참조과정

우리는 마음근력이 주로 mPFC(내측전전두피질)를 중심으로 하는 신경망을 기반으로 한다는 것을 살펴보았다. 뇌과학자들 역시 mPFC를 중심으로 하는 신경망은 정신건강과 관련해서 아홉 가지의 중요한 기능을 가졌다고 본다.[603] 몸에 대한 통제, 소통능력, 감정조절, 불안조절, 반응유연성, 통찰력, 공감능력, 도덕성, 직관이 그것인데, 모두 마음근력과 밀접한 관련이 있다. 이 아홉 가지 뇌 기능은 모두 알아차림 명상 훈련을 통해 강화할 수 있다. 또 스스로 자기 자신을 자각하고, 자기 자신을 통제하고, 이기주의를 넘어서 타인을 배려하고 존중하는 능력은 모두 전전두피질을 중심으로 하는 신경망과 밀접한 관계가 있는데, 이 역시 알아차림 명상을 통해 강화할 수 있다.[604] 자기동기력의 기반이 되는 창의성을 가능하게 하는 디폴트모드네트워크를 활성화하는 가장 효과적인 방법 역시 알아차림과 명상이다.[605]

　　명상에는 기본적으로 자기참조과정 훈련 요소가 포함되어 있으므로 꾸준히 체계적으로 명상 수행을 하면 mPFC 중심의 신경망이 강화되고 인지능력도 향상된다.[606] 명상에 관한 여러 연구를 살펴보면, 알아차림 명상은 정신적·신체적 건강 증진뿐 아니라 인지능력 향상에도 도움을 준다. mPFC를 활성화하고 편도체를 안정화하며, 감정조절과 관련된 전전두피질의 기능을 향상시킨다. 그야말로 우리가 원하는 마음근력 훈련의 요소를 다 갖고 있는 것이다. 명상의 이러한 효과는 자기참조과정에 관여하는 내측전전두피질(mPFC)-후방대상피질(PCC)-설전부(Precuneus)의 네트워크를 주로 활성화함으로써 얻어지는 것으로 보인다.[607]

　　명상 효과에 관한 766건의 연구를 메타분석한 결과에 따르면, MBCT(알아차림 기반 인지치료)는 만성적인 우울증 환자에게 확실한 효과가 있었을 뿐만 아니라, 60주 뒤에 재발 여부를 조사했을 때에도 여전히 효과가 있는 것으로 나타났다.[608]

　　환자뿐 아니라 일반인을 대상으로 한 연구에서도 명상 훈련은 뛰어난 효과를 보였다. 일반인을 대상으로 8주간(총 42시간)의 마음챙김 명상 훈련을 한 결과, 명상과 감정조절 훈련을 받은 사람들은 부정적인 생각을 반복해서 떠올리는 습관이 유의미하게 줄어들었고, 우울 및 불안의 성향도 감소했다.[609] 아울러 타인의 감정을 인지하는 능력과 부정적인 사건으로부터 자신의 감정을 보호하는 능력은 높아졌다. 더구나 명상 훈련의 이러한 효과는 훈련을 그만두고 5개월 뒤에 다시 검사했을 때도 거의 그대로 유지되는 것으로 나타났다.

체계적이고 반복적인 명상 훈련은 뇌의 작동방식은 물론 구조까지 변화시킨다.[610] 미국 캘리포니아대학교 로스앤젤레스 캠퍼스(UCLA) 연구팀은 명상이 뇌에 미치는 효과를 알아보기 위해 꾸준히 명상 훈련을 해온 사람 22명과 그렇지 않은 사람 22명의 뇌 구조를 고해상도 MRI(자기공명영상)로 촬영해 비교했다. 명상을 한 집단의 평균 명상 기간은 24년이었으며 명상 시간은 하루 10분에서 90분까지 다양했다. 분석 결과 오랫동안 명상을 해온 사람들의 뇌 여러 부위가 명상을 하지 않은 사람들보다 컸고, 따라서 뇌 기능도 잘 발휘되는 것으로 확인됐다. 특히 전전두피질, 기억을 담당하는 오른쪽 해마, 감정조절을 담당하는 OFC 등의 크기가 명상을 하지 않은 일반인들에 비해 더 발달해 있었다.

명상의 효과를 살펴보는 여러 연구는 이처럼 오랜 기간 명상 훈련을 한 사람들과 그렇지 않은 사람들을 비교하곤 했다.[611] 그런데 이러한 방식의 연구에는 자기선택적 편향(self-selection bias)이 존재할 수 있다는 약점이 있다. 즉 오랜 기간 명상 훈련을 한 사람들은 그렇지 않은 사람들에 비해 애초부터 뭔가 다른 점이 있을 수 있는데, 그 차이점을 확인할 수가 없는 것이다. 즉 원래 달랐던 사람들인지 아니면 명상을 통해서 달라진 것인지 검증하기가 어렵다. 그렇기에 명상의 효과를 좀 더 정확하게 파악하려면 같은 피험자가 시간에 따라 어떻게 변화하는지를 분석하는 종단연구나 실험연구를 해야 한다. 명상을 시작하기 전에 상태를 측정하고 명상을 하고 나서 또 측정해서 그 변화의 정도를 검증해야 하는 것이다.

이러한 실험연구를 한 결과에 따르면, 8주간의 마음챙김 명상 훈련을 했더니 우측편도체에서 회색질의 용적량이 줄어들었음이 발견되었다.[612] 두 달이라는 짧은 기간이었지만 기능적 연결성의 변화만 생긴 것이 아니라 구조적인 변화까지 일으킨 것이다. 즉 뇌의 어느 부위가 활성화되면 다른 어떤 부위가 함께 활성화되는 식의 기능적 연결성에 변화가 생기는 것은 물론이고, 더 나아가 단 두 달간의 명상 훈련을 통해 뇌의 구조까지 변화시킬 수 있다는 사실이 입증된 것이다.

8주간 마음챙김 명상 훈련을 받은 사람들의 편도체 활성화가 억제되는 것을 발견한 연구도 있다. 특히 명상 훈련이 다 끝난 후에 일반적인 상황에서 부정적인 이미지 등을 보았을 때도 명상 훈련을 받은 사람들의 편도체는 훨씬 덜 활성화되고 안정적인 상태를 유지하고 있음이 확인되었다. 이는 뇌의 기능적 변화가 정착된 것으로 볼 수 있다.[613]

명상 훈련의 효과를 검증하는 뇌과학 연구들이 대부분 8주간을 훈련 기간으로 삼는 이유는 적어도 8주 정도는 지속적으로 훈련해야 신경가소성의 변화가 나타난다고 보기 때문이다. 즉 훈련의 효과가 신경가소성을 통해 뇌의 기능적 혹은 구조적 변화를 가져오려면 적어도 8주간의 시간이 필요한 것이다. 명상의 효과에 관한 뇌과학 연구를 선도해온 리처드 데이비드슨 역시 8주 동안 하루 한 시간 정도 명상 훈련을 시켰더니 뇌의 작동방식이 달라지고, 면역력이 강화되었으며, 전반적으로 더 행복하고 건강한 몸과 마음을 갖게 되었다고 보고했다.[614]

명상의 효과와 관련해 구조적 변화가 아니라 뇌의 기능적 변화에만 초점을 맞춘다면 8주보다 훨씬 더 짧은 기간을 통해서도 그 효과를 확인할 수 있다. 단 5일간 매일 20분씩 알아차림 명상을 한 집단은 같은 시간 동안 단순한 긴장 완화 훈련을 한 집단에 비해서 피부전도도는 낮아지고, 복부 호흡은 더 깊어졌으며, 흉부 호흡의 속도는 느려졌고, 심박변이도 주파수는 더 높아졌다. 전반적으로 부교감신경계가 더 활발해진 것으로 나타났으며, 전방대상피질(ACC) 등 감정을 조절하는 부위도 더 활성화되었다.[615] 즉 부정적 정서가 유발될 수 있는 신체적 조건이 유의미하게 완화된 것이다.

물론 신경가소성은 좋은 방향으로만 나타나는 것은 아니다. 우리 뇌는 나쁜 조건이나 건강하지 못한 상황에 지속적으로 노출되면 나쁜 방향으로 그 구조와 기능적 연결성이 변화한다. 한마디로 뇌의 나쁜 습관이 장착되어 고정화되는 것이다. 예컨대 지속적인 스트레스에 노출될 경우 편도체의 용적은 커지고 전전두피질과 해마체의 용적은 줄어든다는 연구도 있고,[616] 어려서부터 아동학대 등으로 심한 스트레스에 노출되어 성장한 청소년들의 뇌를 관찰한 결과 긍정적 정서와 관련된 OFC 부위가 줄어들어 있다는 것도 발견되었다.[617]

자기참조과정 훈련의
세 단계

첫 번째 단계: 나 자신과 거리 두기

내면소통은 나 자신과의 대화다. 내가 스스로 나 자신을 알아차리는 자기참조과정을 하기 위해서는 관찰 대상이 되는 나와 관찰하는 나를 구분하고 분리하는 훈련을 먼저 해야 한다. 배경자아와 경험자아 혹은 기억자아가 한데 어우러져 같이 작동하는 한 내가 나를 알아차리고 바라보는 것은 매우 어려운 일이다. 따라서 경험자아나 기억자아를 알아차리는 배경자아를 분리해보는 훈련이 필요하다. 나중에는 배경자아나 경험자아가 결국 하나의 덩어리임을 깨닫게 되겠지만 그러기 위해서는 우선 둘을 구분할 수 있어야 한다. 즉 알아차림의 주체와 알아차림의 대상이 하나임을 깨닫기 위해서는 둘을 구분할 수 있어야 한다.[618]

이러한 구분을 위해서는 내가 스스로 나 자신의 경험을 바라볼 수 있는 '거리 두기' 훈련을 해야 한다. 자신만의 관점에서 벗어나 제3자의 관점에서 바라볼 수 있어야 스스로에 대해 더 정확히 인식할 수 있다. 자아-타인 인지불균형(self-other knowledge asymmetry: SOKA) 이론에 따르면, 우리는 자기 자신에 대해 주변 사람들보다 더 모를 수 있다.[619] 나의 인지능력, 매력, 창의성 등에 대해서 나보다 타인이 더 정확하게 평가하는 경향이 있으며, 내가 원하는 것과 원하지 않는 것에 대해서도 나 자신보다 타인이 더 잘 아는 경우도 많다.

무엇인가를 바라보려면 일정한 거리가 필요하다. 내가 나를 바라보기 위해서도 나로부터 '분리(detachment)'되어야 한다. 나의 감정이나 생각이나 느낌이나 고통 등을 한걸음 떨어져서 바라볼 수 있는 능력은 마음근력의 필수적인 요소다. 이에 대해서는 심리적 거리 두기, 나 자신과 거리 두기 등의 개념으로 많은 연구가 이뤄졌다.

전통적인 인지치료 역시 자신이 겪는 고통스럽고 부정적인 감정을 객관적인 관점에서 바라보는 것으로 시작한다.[620] 인지치료에서는 특히 '자아중심적인 생각에서 벗어나기' 등의 기법을 강조한다.[621] 자기중심적인 고정관념에서 벗어나는 '디센터링(decentering)'은 알아차림 명상의 한 요소이면서 동시에 여러 인지치료의 중요한 기법이기도 한데, 그 핵심은 지각과 반응 사이의 공간에 집중하는 것이다. 외부로부터 전달되는 여러 가지 자극에 대해 자신이 어떻게 자동 반사적으로 반응하는지를 한걸음 떨어져서 바라보는 훈련이다.[622] 외부자극과 거기에 대한 나의 반응 사이에 고요히 머물 수 있다면 분노와 불안장애를 극복할 수 있다.

2010년 미국의 유명 프로농구 선수 르브론 제임스(Lebron James)가 방송 인터뷰를 한 적이 있다. 당시 그는 큰 고민에 빠져 있었다. 자신을 스타로 키워준 팀에 계속 남기로 재계약을 함으로써 의리를 지킬 것인가, 아니면 더 큰 팀으로 옮길 것인가. 선택의 갈림길에 선 그에게 많은 사람의 시선이 집중되었고 그는 큰 심리적 갈등을 겪었다. 결국 더 좋은 조건을 제시한 큰 팀으로 옮기기로 결정한 직후에 그는 한 텔레비전 인터뷰에서 이렇게 말한다. "나는 르브론 제임스를 위한 최선의 결정을 내리고 싶었습니다. 그리고 르브론 제임스를 행복하게 해주고 싶었지요." 자신을 '나'라고 호칭하지 않고 '르브론 제임스'라는 3인칭 관점으로 이야기한 것이다. 게다가 그러한 결정을 내린 것은 '나'지만 그것은 '르브론 제임스'를 위한 것이라고 말한 것이다. 이처럼 자기 자신을 3인칭이나 이름으로 호칭하는 것은 일종의 '나 자신과의 거리 두기'로 스스로 감정을 조절하는 데 큰 도움을 주는 것으로 알려져 있다.

이선 크로스(Ethan Kross) 교수팀은 스트레스를 받는 상황에서 사람들이 자신의 감정, 생각, 행동 등에 대해 셀프토크와 같은 내면소통을 할 때 자기 스스로를 얼마나 객관화하는지 살펴보았다.[623] 피험자들에게 스트레스를 받는 상황에 대해 셀프토크를 하게 하면서 한 집단은 자신을 1인칭 대명사(I, me)로 지칭하게 했고, 다른 집단은 자신을 3인칭 대명사(He, She) 혹은 자신의 이름으로 지칭하게 했다. 그 결과 3인칭 혹은 이름으로 자신을 지칭한 집단이 감정이나 행동을 훨씬 더 잘 조절할 수 있음을 발견했다.

크로스 교수팀은 유사한 연구결과를 뇌파와 fMRI 측정을 통해서도 입증했다. 자신의 이름을 주어로 하는 셀프토크를 통해 스스로를 객관화하면서 자기 감정에 대해 말하게 했더니 '나'를 주어로 셀프토크를 할 때보다 감정조절 효과가 더 크게 나타났다.[624] 이러한 연구결과가 함의하는 바는 두 가지다. 첫째, 자신이 처한 상황을 스스로에게 객관적으로 설명해보는 셀프토크를 하는 것이 감정조절 능력을 키우기 위한 마음근력 훈련으로서 효과가 있을 것이다. 둘째, 그러한 셀프토크는 주어를 '나'로 하기보다는 자신의 이름이나 3인칭 대명사를 사용해 객관화할 때 더 효과가 있을 것이다.

나 자신과의 거리를 두는 또 다른 방법은 자기 감정에 대해서 '이름 붙이기(labeling)'를 하는 것이다. 현재 내가 느끼는 감정이 어떠한지 되도록 구체적으로 묘사하려면 지금 마음속에 떠오르는 감정이나 느낌을 놓치지 말고 계속 알아차려야 한다. 이것은 알아차림 명상의 핵심적인 기법이기도 하다. fMRI 뇌 영상 실험에서 피험자들에게 사람 얼굴 사진들과 함께 몇 가지 감정 단어들을 제시하면서 가장 관련 있어 보이는 감정 단어를 고르게 했다. 대조집단에게는 같은 얼굴 사진들과 함께 몇 가지 사람 이름을 제시하면서 가장 어울리는 이름을 고르게 했다. 그 결과 사람 이름을 고를 때보다 감정 단어를 고를 때 전전두피질이 더 활성화되고 편도체는 안정화되는 것으로 나타났다. 그런데 그러한 효과는 평소 알아차림의 성향이 있는 사람일수록 더 강하게 나타났다.[625] 이러한 연구결과는 스스로 자기 감정에 이름 붙이기를 하는 알아차림 명상을 하게 되면 편도체가 안정화되고 전전두엽은 더 활성화될 수 있다는 점을 시사한다.

우울증이나 불안장애 등 감정조절장애가 있는 사람들은 사소한 외부 자극이 주어졌을 때 거의 자동으로 격렬한 부정적 정서 반응을 보인다. 이러한 자동적인 반응 습관을 고치기 위해서는 자극과 반응 사이에 있는 자아(self)의 작용을 알아차려야 한다. 즉 부정적 내면소통을 지속적이고 습관적으로 만들어내는 자아의 존재를 알아차려야 하는 것이다. 외부에서 전달되는 부정적인 자극(타인의 부정적인 말이나 행동)이 나의 분노나 좌절감을 저절로 유발하는 것이 아니라 그러한 자극과 나의 반응 사이에는 스토리텔러로서의 자아가 있다는 사실을 알아차려야 한다.

이러한 알아차림이 치유의 첫걸음이며, 이를 위해서는 외부자극과 나의 반응 사이에 주의를 집중해야 한다. 그것이 바로 나 자신을 되돌아보는 자기참조과정이다. 그래서 디센터링을 '자아관찰(observing self)'이라고 하고,[626] '목격자로서의 자아(self-as-witness)'라고도 한다.[627] 또 자동적인 반응 과정에 개입해 내가 원하는 방향으로 스스로 자신의 반응을 조절하는 능력을 확보한다는 의미에서 '탈자동화(deautomatization)'라고도 한다.[628]

이를 통해 흔히 '반추(rumination)'라고 하는 끊임없이 반복되는 부정적 내면소통과 강박적 사고를 제어할 수 있게 된다. 말하자면 '나는 쓰레기야'라고 반복적으로 생각하는 상태에서 '아, 나는 지금 내가 쓰레기라고 생각하고 있구나'라고 알아차리는 상태로 전환할 수 있는 것이다.[629] 이 모든 것의 핵심에는 '나 자신과의 거리 두기'와 자기참조과정이 있다.

두 번째 단계: 알아차림과 디폴트모드네트워크의 활성화

우리는 늘 외부 환경에 있는 여러 사건이나 사물에 주의를 집중하며 살아간다. 우리의 인식 대상은 대부분 외부에 있는 것들이다. 우리의 마음은 지금 여기가 아니라 자꾸 과거나 미래로 가려는 경향이 있다. 지금 벌어지는 일보다는 과거에 이미 일어난 일 혹은 앞으로 일어날지도 모르는 일(또는 전혀 일어나지 않을 일)에 대해 집중적으로 생각한다. 이처럼 외부로, 과거로, 미래로 향하는 주의(attention)의 방향을 180도 돌려서 지금 여기에서 나의 내면을 바라보기 위해서는 먼저 아무런 대상에도 집중하지 않는 훈련이 필요하다. 이것이 디폴트모드네트워크(DMN)를 활성화하는 훈련이다.

미국 하버드대학교의 매트 킬링스워스(Matt Killingsworth)와 댄 길버트(Dan Gilbert) 교수팀은 과거나 미래에 대한 생각을 끊임없이 지속하는 상태를

내면소통

'마음방랑(mind-wandering)'이라고 부른다.[630] 편도체가 습관적으로 과도하게 활성화되는 사람은 아무 일도 하지 않고 그냥 있을 때조차 괜히 불안하고 마음이 불편해진다. 반면에 마음근력이 강한 사람은 아무 일도 하지 않고 그냥 혼자 가만히 있을 때도 마음이 편안하고 고요하다.

마음이 과거나 미래로 계속 달려갈수록 인간은 불행감을 느끼게 마련이다. 과거에 대한 생각은 분노를 불러일으키고 미래에 대한 생각은 불안에 떨게 한다. 분노조절장애와 불안장애는 현대인이 겪는 가장 흔한 정신장애다. 사실 인간이 행복을 느끼는 것은 바로 '지금 여기'에 온전히 집중할 때다.

우리가 행복을 추구하기 위해서 하는 다양한 취미활동의 공통점은 지금 여기에 온전히 집중하는 상태가 되기 위한 수단이다. 암벽 등반, 카레이싱, 낚시, 자전거, 달리기, 수영, 서핑, 프리다이빙이나 여러 구기 종목의 스포츠 등은 적어도 그러한 활동에 몰입하는 동안에는 지금 여기에 현존하게 하고, 그래서 행복감을 느끼게 해준다. 물론 이러한 활동을 통한 일시적인 행복감은 오래 지속되지 않는다. 과거나 미래로 달려가는 마음을 잠시 멈춰줄 뿐이므로 활동이 끝나면 다시 불안과 분노의 감정이나 불행감이 엄습하게 마련이다. 지속적인 평온함과 행복감을 유지하려면 아무것도 하지 않으면서도 지금 여기에 현존할 수 있는 능력이 필요하다. 그것이 곧 디폴트모드네트워크가 활성화되는 상태인데, 이를 위해서 필요한 것이 자기참조과정 훈련이다.

우리가 보통 어떤 일을 처리하려 할 때는 뇌의 중앙수행네트워크(central executive network: CEN)가 활성화되는데, 이때 특정한 대상에 주의를 집중할 수 있게 된다. 반대로 아무것도 하지 않는 상태에서는 디폴트모드네트워크가 활성화된다. 이때에는 특정한 대상에 집중하는 것이 아니므로 자연스럽게 자신에 대한 정보처리가 일어나게 된다. 하지만 마음이 불안하거나 분노로 가득할 때는 자신이 아닌 다른 특정한 대상에 대한 정보처리가 많이 일어나므로 디폴트모드 상태가 되기 힘들다.

부정적 감정에 시달리는 사람일수록 아무것도 하지 않고 가만히 있는 상태에서 mPFC가 더 활성화된다. mPFC는 편도체와 밀고 당기기를 하는 부위다. 부정적인 사람의 mPFC는 가만히 있는 상태에서도 자동으로 생겨나는 부정적 감정을 통제하기 위해, 즉 자꾸 활성화되려는 편도체를 가라앉히기 위해 활발하게 활동하게 되는 것이다. 반면에 명상 훈련을 오랫동안 해온 명상 전문가들은 일반인에 비해서 디폴트모드에서의 mPFC 활성화 정도가 상대적으로 낮다.[631] mPFC 네트워크가 이미 강하게 자리 잡아 잘 기능하고 있어서 특별히 더 활성화되지 않는 상태가 되었다고 볼 수 있다. 강력한 근육을 가진 사람은 물건을 들어 올릴 때 근육을 그리 많이 쓰지 않아도 되는 상황과 비슷하다고 할 수 있다.

킬링스워스 교수팀의 '마음방랑' 연구에서는 아이폰 앱을 이용해서 전 세계 83개국 1만 5000여 명에게 수시로 다음과 같은 질문을 던졌다. "지금 기분이 어떤가요?" "지금 뭐 하고 있나요?" "지금 어떤 일을 하면서 동시에 다른 일에 대해서도 생각하는지요?" 그리고 25만여 개의 응답 데이터를 얻었다. 분석결과 46.9퍼센트의 사람들이 일을 하면서 동시에 다른 것에 대해 생각한다고 답했으며, 심지어 30퍼센트가량은 거의 모든 활동을 할 때마다 뭔가 다른 것에 대해 생각한다고 답했다. 가령 식사를 하면서 음식 맛을 음미하기보다는 휴대전화를 보거나 딴생각을 하고, 운동할 때도 운동에 집중하기보다는 TV를 시청하는 식이었다.

현대인은 현재 하는 일에 온전히 몰입하기보다는 동시에 여러 다른 일을 하거나 생각하는, 그야말로 '멀티태스킹'을 습관적으로 하고 있다는 사실이 분명히 드러난 것이다. 그런데 멀티태스킹과 같은 '마음방랑'을 할 때 훨씬 덜 행복한 것으로 나타났다. 사람들은 부정적인 감정을 느낄 때 딴생각을 더 많이 하게 된다고 응답했으나, 시차분석(인과관계의 방향을 확인하기 위한 분석)의 결과는 원인과 결과의 방향이 사람들이 느끼는 것과는 반대임을 보여주었다. 즉 딴생각을 많이 할수록 지금 하는 일에 대해 더 부정적인 감정을 느끼게 되는 것이지, 부정적인 감정을 느껴서 딴생각을 하게되는 것이 아니다.[632]

이 연구가 발견한 중요한 사실은 실제로 무엇을 하는지(doing)보다는 무슨 생각을 하는지(thinking)가 사람들의 행복에 더 큰 영향을 미친다는 것이다. 즉 스스로 어떠한 내면소통을 하고 있는지가 행복감에 더 큰 영향을 미친다. 무엇을 하느냐 자체가 행복감에 미치는 영향은 3~5퍼센트 내외에 불과한 데 반해 그것을 하면서 딴생각을 하느냐의 여부는 무려 11~18퍼센트 정도의 영향을 미치는 것으로 나타났다. 즉 행복해지기 위해서는 어떤 특정한 일을 하는 것보다는, 어떤 일을 하든 그 일에만 집중하고 딴생각을 안 하는 것이 훨씬 더 중요하다는 사실이 입증된 것이다.

멀티태스킹을 하는 사람은 지금 여기에 현존할 수가 없다. 끊임없는 행위 모드에 놓여 있게 됨으로써 편도체가 활성화된다. 자기참조과정 훈련을 하면 외부의 사물이나 사건으로 향해가는 나의 마음을 정지시키고 나의 내부로 돌려놓을 수 있게 된다. 나 자신의 모습을 알아차릴 때 나는 지금 여기에 현존할 수 있다. 그래야 편도체가 안정되고 전전두피질이 활성화된다. 조용히 나 자신을 돌이켜볼 때 전전두피질이 활발하게 기능하면서 창의성이나 인지능력도 향상된다. 이것이 디폴트모드네트워크의 활성화가 창의성을 높이는 이유다.

특정한 일에 집중하는 인지 과정은 중앙수행네트워크(CEN)에서 주로 담당하지만, 창의적인 새로운 관점을 제시하거나 문제해결력을 발휘하게 하는 것은 디폴트모드네트워크(DMN)와 주로 관련된다. 자기조절력에 해당하는 집중력이나 끈기를 발휘하려면 중앙수행네트워크가 필요하지만, 자기동기력에 해당하는 창의성과 문제해결력을 발휘하려면 디폴트모드네트워크가 더 활성화되어야 한다. 마음근력이 강한 사람은 이 두 가지 신경망을 균형 있게 넘나든다.

전통적인 명상의 두 가지 기본적인 방법 역시 이 두 가지 신경망과 관련된다. 흔히 '집중 명상'이라 불리는 사마타(samatha) 수행은 특정한 지각 대상에 주의를 집중함으로써 고요한 선정(禪定)을 추구한다. 넓게 보면 화두선도 이에 해당한다. 이처럼 하나의 대상에 지속해서 주의를 집중하기 위해서는 중앙수행네트워크가 작동해야 한다. 반면에 '통찰 명상'이라고도 불리는 위빠사나(vipassanā) 수행은 특정한 지각 대상을 설정해놓지 않고 그저 지금 여기서 내가 경험하는 모든 것에 폭넓게 주의를 열어놓는 명상(open monitoring meditation)이다. 위빠사나라는 말 자체가 두루(vi-) 본다(passana)는 뜻이다. 이렇게 폭넓게 주의를 열어두는 것은 디폴트모드네트워크와 중앙수행네트워크를 자유롭게 넘나들 수 있어야 가능한 일이다.[633] 그리고 바로 이러한 상태에서 통찰력과 창의성이 발휘된다.

이를 구체적으로 뒷받침하는 연구결과도 있다. 피험자들에게 먼저 자유롭게 딴생각을 하게 만드는 쉬운 과제를 제시한 다음에 어려운 과제를 제시했더니 수행능력이 훨씬 더 높아졌다. 한가롭게 공상을 하거나 마음방랑을 한 다음에 창의성이 더 높아졌던 것이다. 이는 집중하기와 마음방랑을 자유롭게 오가는 상태에서 최적의 문제해결 능력이 발휘될 수 있다는 것을 암시한다.[634]

창의적인 아이디어는 문제 하나를 붙들고 며칠씩 골몰한다고 나오는 게 아니다. 오히려 여가와 공상을 즐기고, 추억을 회상하고, 이런저런 방식으로 자신의 내면세계와 연결되어 생각과 감정이 보다 넓고 자유롭게 흘러다닐 때 창의적 아이디어는 생겨난다. 참고로 비티의 연구에서도 '마음방랑(mind wandering)'이라는 용어가 등장하는데 앞에서 살펴본 킬링스워스와 길버트 교수의 논문과는 상당히 다른 의미로 사용되고 있다.[635] 비티의 연구에서는 마음방랑이 이런저런 생각이 자유롭게 떠오르도록 하는 것, 즉 특정한 한 가지 대상에 집중하지 않는 디폴트모드네트워크 활성 상태를 의미하는 데 반해, 킬링스워스와 길버트의 연구에서는 스트레스를 받으면서 멀티태스킹을 하는 상태라는 의미에 더 가깝다. 비티가 말하는 마음방랑은 디폴트모드네트워크가 활성화되는 것으로 명상상태에 가까우며 창의성의 기반이 되는 것인 반면에, 킬링스워스와 길버트가 말하는 마음방랑은 부정적 정서를 기반으로 하는 것으로 중앙수행네트워크가 활성화되며 불행감의 기반이 되는 것이다.

마음방랑에 관한 또 다른 연구는 현재 하는 일에서 마음이 멀리 떠나서 다른 곳을 방랑하고 있을 때 뇌에서는 우선 mPFC를 중심으로 한 디폴트모드네트워크가 활성화되지만 이와 동시에 중앙수행네트워크도 활성화된다고 보고하고 있다.[636] 즉 마음방랑에는 명상적 요소도 있지만 동시에 과제에 집중하는 대상적 인식 과정도 존재하는 독특한 인지 상태인 것이다. 하지만 자신의 알아차림에 대한 알아차림(meta-awareness)이 부족할수록, 즉 자기참조과정 능력이 부족할수록 마음방랑을 더 심하게 하는 것으로 나타났다.

이상의 연구들을 종합해보면 전전두피질 활성화를 위한 자기참조과정에서 중요한 것은 마음방랑을 하느냐 하지 않느냐, 혹은 어떤 대상에 주의를 집중하느냐의 문제가 아니라 지금 여기에 현존하느냐의 여부라는 점을 알 수 있다. 행복한 마음은 항상 지금 여기에 있는 마음이다. 내 마음을, 내 감정을, 현재 내가 경험하는 것을 제3자의 시각에서 거리를 두고 바라볼 수 있는 능력이 중요하다. 그러기 위해서는 대상과 대상 사이의 빈틈이나 간격에 집중하는 '대상 없는 인식'의 훈련이 필요하다.

일상생활에서 디폴트모드네트워크의 활성화를 통해 자기참조과정 상태에 다다르는 가장 쉬운 방법은 아무것도 하지 않고 조용히 시간을 보내는 것이다. 외부의 사건이나 사물에 집중하는 대신 나 자신의 내면을 돌아보면서 완전히 긴장을 푸는 것이다. 이를 위해 가장 효과적인 방법이 내부감각이나 고유감각에 집중하는 움직임 명상이다.

세계적인 여행 전문가이자 칼럼니스트인 아이어(Pico Iyer)는 세계 곳곳의 유명한 여행지나 리조트 등을 두루 다녀본 사람이다. 그에 따르면 여행을 통해 행복함을 느끼기 위해서는 어느 장소에 있느냐가 아니라 어떤 마음 상태에 있느냐가 중요하다. 캘리포니아 빅서의 해안가 절벽 위에 있는 한 호텔은 1박에 300만 원이 넘는데, 그 호텔이 제공하는 최대의 서비스는 온라인 세상으로부터의 단절이다. 객실에는 전화도 없고 인터넷도 없고 와이파이도 없고 텔레비전도 없다. 체크인할 때 휴대전화도 프론트 데스크에 맡겨야 한다. 할 일이라고는 창 밖으로 먼 바다를 바라보며 조용히 책을 읽는 것뿐이다.

대부분의 사람들은 행복을 위해 일상생활 공간과는 분리된 휴양지에 별장을 가지고 싶어 한다. 그리고 휴양지에 가서는 인터넷과 각종 스마트 기기를 통해 일상생활을 계속 유지한다. 진정한 휴식이 아니다. 아이어는 우리에게는 공간적인 별장보다도 시간적인 별장이 필요하다고 강조한다. 1년 중 단 며칠이라도, 혹은 하루 중 단 몇 분이라도 아무것도 하지 않을 수 있는 나만의 고요한 시간과 조용한 공간을 즐기는 것이 진정한 럭셔리 여행이다.[637]

아이어는 자기 내면을 들여다보면서 조용히 시간을 보낼 때 창의적 영감이 떠오를 수 있다고 설명한다. 역설적으로 들리지만, 세계 곳곳을 돌아다닌 여행 전문가가 추천하는 최고의 여행지는 결국 고요한 우리의 내면이다.[638] 회색 구름으로 덮여 있어도 하늘의 본래 색깔이 푸르듯이 아무리 시끄럽고 복잡한 감정과 생각으로 꽉 차 있더라도 우리의 내면은 본래 고요하고 평화롭고 온전하다. 그 고요함에 침잠하는 것이 곧 자기참조과정 훈련이다.

세 번째 단계: 격관 명상—대상 없는 알아차림

자기 자신과의 거리 두기나 디폴트모드네트워크의 활성화를 통해 자기참조과정 훈련에 어느 정도 익숙해지면 인식의 대상이 없는 상태를 경험하는 훈련을 시작해볼 수 있다. 말하자면 '경험 대상이 없는 경험'이다. 자기참조과정 훈련의 궁극적인 목적은 배경자아와 하나가 되는 것이다. 배경자아를 '발견하겠다'라는 의도를 가지면 실패할 가능성이 크다. 배경자아를 '발견'하거나 '얻을' 수 있는 추구의 대상으로 삼으면 결과적으로 엉뚱한 것을 배경자아로 착각할 우려가 있다. 배경자아는 경험의 대상이 아니기에 발견이나 추구의 대상이 될 수 없다. 배경자아는 언제나 모든 경험의 주체일 뿐이다. 경험의 주체로 오롯이 현존하기 위해서는 특정한 대상에 집중해서는 안 된다.

전통적으로 특정한 대상에 집중하는 것을 사구나(saguna) 명상이라고 한다. 내 몸이 느끼는 감각에 집중하거나 소리나 빛 혹은 색깔에 집중하는 명상이 대표적인 예다. 화두를 집중적으로 참구하는 간화선도 이에 해당한다. 내부감각이나 고유감각에 집중하는 움직임 명상도 일종의 사구나 명상이다. 특정한 대상에 집중하는 것은 우리의 인식작용이 늘 하던 일이기에 명상을 처음 접하는 사람도 사구나 명상은 쉽게 시작할 수 있다.

반면에 대상 없는 집중을 하는 것을 니르구나(nirguna) 명상이라 부른다. 하지만 우리의 인식은 늘 특정한 대상에 집중하는 습관이 있기에 대상 없는 인식 상태를 유지하는 것은 매우 낯설고 어렵게 느껴진다. 처음부터 '집중은 하되 대상 없이 하라'고 하면 막연하게 느껴질 수밖에 없다. 무엇을 어떻게 해야 할지 몰라 당황하게 되는데, 여기에 더해서 '무엇을 하려고 추구하지 말라'고까지 하면 더욱 헷갈리게 된다. 그래서 우선 특정한 대상에 주의를 집중해 사띠 상태를 유지한 다음 그 대상이 서서히 사라지도록 하는 방법이 효과적이다. 특정한 외부 사물이나 사건에 주의를 계속 집중하는 상태에서 그 인식의 대상이 사라지면 자연스레 '대상 없는 인식'의 상태에 놓이게 되는데 이때 강력한 자기참조과정이 일어난다. 말하자면 대상 없는 사띠 혹은 순수한 배경자아의 상태가 되는 것이다. 또 한 가지 방법은 두 개의 사물이나 사건에 집중한 다음에 그 둘 사이의 틈이나 텅 빈 자리에 집중해보는 것이다.

점차 사라지는 대상에 집중하는 첫 번째 방법의 대표적인 사례가 '종소리 격관 명상'이고, 두 대상 사이의 빈틈에 집중하는 두 번째 방법의 대표적인 사례가 들숨과 날숨 사이에 집중하는 호흡 격관 명상이다. 격관(隔觀)이란 말 그대로 '간격(隔)을 바라본다(觀)'는 뜻이다. 사물과 사물 사이의 공간이나 사건과 사건 사이의 틈 혹은 간격을 바라보는 것이 곧 격관이다. 원래 있던 사물의 텅 빈 자리나 고요한 공간을 바라보는 것도 격관이다. 이 두 가지 방법에 대해서 좀 더 구체적으로 살펴보자. 격관 명상은 동영상을 보면서 직접 해볼 수 있다.

동영상 자료:
joohankim.com/data

종소리 격관 명상

대상 없는 인식의 경험 상태로 이끄는 효과적인 방법은 종소리에 집중하는 것이다. 울림이 오래 가는 좌종을 활용하는 것이 좋다. 방법은 차분히 마음을 가라앉히고 그저 종소리라는 하나의 사건에 집중하는 것이다. 종을 치는 순간 종소리는 시작되고 점점 작아지다가 마침내 완전히 사라지는 순간이 온다.

종소리가 울리는 순간 나의 의식은 자연스레 종소리라는 하나의 '대상'으로 향하고, 나는 종소리를 듣고 있다는 사실을 알아차린다. 종소리는 점차 사라져간다. 소리가 작아질수록 그 소리를 들으려는 나의 집중력은 더 커지게 된다. 종소리는 더 작아진다. 이윽고 종소리가 아직 남아 있는지 아닌지 불분명한 미묘한 순간에 이르게 된다. 소리라는 하나의 사건이 고요함에 자리를 양보하는 순간이다. 소리가 아직 남아 있는 것도 아니고 그렇다고 완전히 사라진 것도 아닌 그 순간, 소리와 고요함이 뒤섞이는 그 순간에 나의 사띠는 극대화된다. 어느덧 종소리는 완전히 사라진다. 고요함만 남는다. 종소리라는 대상에 주의를 집중하고 있는 상태에서 종소리가 사라지면 나의 주의는 '대상 없는 주의'가 된다. 계속 듣고 있는데 듣기의 대상이 사라져버리는 것이다.

이제 나는 고요함을 듣게 된다. 침묵을 듣는 상태다. 대상 없는 인식이다. 대상이 사라진 그 순간, 남는 것은 인식의 주체뿐이다. 배경자아만 남는 것이다. 고요함을 듣는 상태에서 나의 의식은 나 자신으로 향하게 된다. 종소리라는 대상으로 향하던 나의 의식이 나의 내면으로 자연스레 되돌아오는 강력한 자기참조과정이 시작되는 것이다. 이러한 회광반조(廻光返照)의 순간에 우리는 '지금-여기'에 현존하는 배경자아를 느끼게 된다. 사실 '배경자아를 느낀다'라는 표현도 정확한 것은 아니다. 배경자아는 인식주체이므로 느낌의 '대상'이 될 수 없기 때문이다. 배경자아는 그래서 항상 텅 빈 자리다. 무(無)다. 알 수 없는 대상이다.

일상생활에서 우리가 들을 수 있는 것은 소리뿐이다. 침묵이나 고요함은 들을 수가 없다. 고요함은 내 밖에 있는 어떤 사건이나 인식의 대상이 아니다. 고요함은 경험 대상이 아니다. 그런데도 우리는 고요함의 존재를 너무도 잘 안다. 종소리가 사라지는 그 순간, 그 텅 빈 자리, 그 고요함의 자리의 존재는 너무도 분명히 드러난다. 고요함은 들을 수 있는 대상은 아니지만 모든 소리의 배경에 항상 존재하고 있다. 마찬가지로 인식주체로서의 배경자아는 우리가 직접 보거나 체험할 수 있는 경험의 대상이 아닌데도 우리의 모든 경험에 항상 배경으로 존재함을 분명히 알 수 있다. 종소리가 점차 작아질수록 고요함은 점차 분명해진다. 종소리가 사라진 그 자리를 고요함이 가득 채우는 것처럼 느껴진다. 그러나 고요함은 소리가 사라지기 때문에 생겨나는 것이 아니다. 고요함은 종소리 이전에도 있었고, 종소리와 함께 있으며, 종소리 이후에도 언제까지나 그대로 있을 뿐이다. 고요함은 늘 거기 그렇게 있다. 모든 소리가 존재하기 위한 전제조건이 바로 고요함이다. 소리는 결코 고요함에 영향을 미치지 못한다. 아무리 시끄러운 소리도 고요함을 파괴하거나 없애지 못한다. 소리는 단지 고요함을 잠시 가릴 수 있을 뿐이다. 구름이 태양을 잠시 가릴 수는 있어도 태양 자체에 영향을 미칠 수는 없는 것과 마찬가지다.

소리와 고요함의 관계는 사물과 공간의 관계와 같다. 어떠한 사물도 공간을 파괴할 수는 없다. 사물들은 다만 일정한 공간을 차지할 수 있을 뿐이다. 잠시 당신의 주변을 둘러보라. 여러 가지 사물이 보일 것이다. 지금 내 앞에는 책상이 있고 그 위에 커피잔이 있다. 이 책상이나 커피잔은 일정한 공간을 차지하고 있다. 그러나 책상이나 커피잔이 점유하고 있는 공간 자체에는 아무런 변화가 없다. 공간은 거기 늘 그렇게 있을 뿐이다. 내가 커피잔을 옮기면 커피잔은 원래 차지하던 공간을 내어주고 다른 공간을 얼른 차지한다. 공간 자체에는 아무런 변화가 없다.

모든 사물은 언젠가는 사라지고 만다. 그러나 사물들이 점유하는 공간은 사물들 이전에도 있었고, 그 사물들과 함께 있으며, 사물들이 사라진 이후에도 계속 있을 뿐이다. 공간이 없으면 이 사물들은 존재할 수 없다. 공간은 모든 사물이 존재하기 위한 전제조건이면서 배경이다. 마찬가지로 고요함은 모든 소리가 존재하기 위한 전제조건이자 배경이다. 또한 마찬가지로 배경자아는 모든 경험이나 생각이나 느낌이나 감정이 존재하기 위한 전제조건이자 배경이다. 내가 하는 모든 경험은 일종의 소음이나 사물과도 같은 것이다. 그러한 것들이 존재하는 배경에는 항상 텅 비어 있고 고요한 배경자아가 있게 된다. 이러한 관계를 도식화하면 다음과 같이 표현할 수 있다.

소리 : 고요함 = 사물 : 공간 = 경험자아 : 배경자아

고요함은 하나다. 너의 침묵과 나의 침묵은 구분되지 않는다. 너의 소리와 나의 소리는 다르지만 너의 고요함과 나의 고요함은 완벽하게 같다. 모든 고요함은 하나다. 마치 공간이 하나인 것과도 같다. 사물들은 구별되지만 모든 사물의 뒤에 배경으로 존재하는 공간은 완벽하게 같다. 이 방의 공간과 저 방의 공간은 언뜻 다르다고 생각되지만, 그것은 벽이나 사물들에 의해 일시적으로 구분되는 것처럼 느껴질 뿐 공간 자체에는 아무런 차이가 없다. 사실상 공간 자체는 벽에 의해서 나누어지지도 않는다. 공간은 나누어질 수가 없다. 일시적으로 세워진 벽에 의해서 잠시 가려질 뿐이다. 마치 소리에 의해서 고요함이 잠시 가려지는 것과도 같다. 벽에 의해서 잠시 가려진 그 자리에도 공간은 그냥 그대로 존재할 뿐이다. 마치 아무리 큰 소리가 있어도 그 소리의 배경이 되는 고요함은 늘 소리 뒤에 그대로 존재하는 것처럼.

내 방의 공간과 내 몸속의 공간 그리고 광대무변한 우주의 공간 역시 완전히 하나다. 고요함도 마찬가지다. 내 내면의 고요함은 우주의 고요함과도 같다. 내 내면의 고요함과 텅 빈 공간은 너의 고요함과 텅 비어 있음이며, 우주의 고요함과 공간이고, 이것이 곧 나의 배경자아다.[639] 배경자아가 인식주체로서의 진짜 '나'다. 배경자아는 그러므로 실체가 아니다. 인식할 수 있는 대상이 아니기 때문이다. 배경자아는 텅 빈 공간이고 적막한 고요함이다. 사물들이 공간 자체에 영향을 미치거나 파괴할 수 없듯이, 소리가 고요함 자체에 영향을 미치거나 파괴할 수 없듯이, 우리의 경험이나 감정이나 생각은 인식주체인 배경자아 자체에 영향을 미치거나 파괴할 수 없다.

배경자아는 우리의 경험과 감정과 기억과 스토리텔링에 의해 다만 일시적으로 가려질 뿐이다. 그렇게 가려져 있기 때문에 우리는 일상생활에서 배경자아의 존재를 느끼기 어렵다. 이러한 가림막 너머를 슬쩍 바라보는 것이 곧 격관 명상이다. 일상의 번잡함과 소음에 가려져 있는 나의 본모습인 고요함을 만나는 것이 격관 명상의 핵심이다. 온갖 경험과 생각과 감정에 가려져 있는 내 안의 텅 빈 공간을 마주하는 것이 내면소통 명상이다. 고요하게 텅 비어 있는 자리로서의 배경자아가 나의 본모습임을 알아차리는 것이 곧 자기참조과정 훈련의 핵심이다.

호흡 격관 명상

격관 명상의 또 다른 방법은 호흡을 인식의 대상으로 삼는 것이다. 들숨이 날숨으로 바뀌고 날숨이 들숨으로 바뀌는 그 순간을 비집고 들어가서, 그 찰나의 순간에 집중하면 그 순간순간들이 마치 영원처럼 무한히 확장되어 그곳에 머무를 수 있게 된다. 먼저 접촉점에 집중하는 호흡 명상과 아랫배에 집중하는 호흡 명상을 차례대로 한다. 우선 코끝에 주의를 집중한다. 천천히 숨을 들이쉬면서 공기가 코끝으로부터 콧속으로 들어가는 것을 느낀다. 약간 차가운 기운이 느껴진다. 천천히 내쉴 때도 코끝에 집중한다. 약간 따뜻한 기운이 코끝을 통해 나가는 것을 느낀다. 이처럼 호흡이 들고 나면서 코끝을 스치는 느낌에 집중하는 명상이 접촉점 호흡 명상이다.

다시 숨을 들이쉬면서 호흡이 코를 지나 목과 기관지와 허파를 지나 복부 아래쪽까지 깊숙이 내려가는 것을 느낀다. 배에 힘을 주거나 긴장해서는 안 된다. 그저 편안하게 자연스럽게 숨을 쉰다. 다만 호흡의 움직임을 그저 바라보고 알아차린다. 내 호흡은 코끝으로부터 저 아랫배까지 편안하게 내려간다. 다시 숨을 내쉴 때는 아랫배로부터 따뜻한 기운이 천천히 올라와서 코끝을 통해 서서히 빠져나가는 것을 느낀다. 천천히 호흡을 반복하면서 공기의 흐름이 코로부터 시작해서 머리, 목, 가슴, 배를 거쳐 저 아래까지 내려갔다가 다시 천천히 배에서부터 시작해서 가슴, 목, 머리를 거쳐 코를 통해 흘러나가는 것을 관찰한다.

들숨은 횡격막이 아래로 내려가면서 복부의 내장기관을 살짝 내리누르게 되므로 자연스레 아랫배가 살짝 나온다. 날숨에서는 횡격막이 가슴 쪽으로 올라가게 되므로 아랫배가 원래 위치로 살짝 들어온다. 의도적으로 아랫배에 힘을 줘서 부풀리거나 하면 안 된다. 호흡에 따라 자연스레 살짝 나왔다 들어가는 아랫배의 느낌에 집중한다. 들숨에서 횡격막이 수축해 아래로 내려갈 때는 반작용으로 몸통이나 어깨는 떠오르는 듯한 느낌을 받는다. 반대로 횡격막이 이완되어 올라올 때는 몸통이나 어깨가 모두 이완되고 아래로 내려가는 듯한 느낌이 든다. 이처럼 횡격막의 움직임과 우리가 느끼는 몸통의 상하 움직임은 반대다. 호흡에 계속 집중하면서 나의 호흡이, 나의 생명의 기운이 저 아래에서 시작해 저 위로 올라갔다가 다시 천천히 내려가기를 반복하는 것을 바라본다. 이제 호흡은 저절로 상하운동을 한다. 마치 활처럼 커다란 원호를 그리면서 복부 저 아래서부터 정수리 맨 위까지 호흡이 상하운동하는 것을 바라본다.

이제 들숨이 날숨으로 바뀌는 순간에 집중한다. 천천히 들이쉬는 숨이 저 아래까지 내려갔다가 다시 천천히 올라오는 날숨으로 바뀌는 순간에, 들숨이 잠시 멈췄다가 날숨으로 바뀌는 바로 그 순간에 집중한다. 들숨에서 횡격막이 아래로 내려간다. 호흡이 나의 아랫배로 내려갔다가 날숨에서 다시 가슴으로 올라오는 횡격막의 움직임을 상상한다. 다시 숨을 들이쉬었다가 내쉬기 직전의 그 순간에 집중한다. 집중이 잘 안 되면 임시방편으로 들숨이 날숨으로 전환되는 그 순간에 1초 정도 잠시 숨을 멈췄다가 내쉬면 된다. 잠시 멈추면 집중이 잘된다. 들숨도 아니고 날숨도 아닌 그 틈에 집중하는 것이 점차 익숙해지면 잠시 멈추는 시간을 0.5초, 0.3초, 0.2초 등으로 점차 줄여나간다.

들숨이 날숨으로 전환되는 그 순간에는 들숨도 없고 날숨도 없다. 아무것도 없는 텅 빈 자리다. 들숨이라는 사건과 날숨이라는 사건에 계속 주의를 집중하다 보면 들숨과 날숨 사이의 텅 빈 자리에도 집중할 수 있게 된다. '대상 없는 알아차림'이 가능해진다. 들숨에서 날숨으로의 전환점에 집중하는 것이 점차 익숙해지면 이번에는 날숨에서 들숨으로의 전환점에 집중하는 것을 마찬가지 방법으로 훈련한다. 날숨에서 들숨으로의 전환점에 집중하는 것도 익숙해지면 이제는 들숨-날숨의 전환점과 날숨-들숨의 전환점에 연속하여 계속 집중하도록 한다. 이것이 들숨과 날숨 사이의 간격을 바라보는 격관 명상이다.

호흡에 집중하되 들숨-날숨의 전환점, 그 간격, 그 텅 빈 고요함, 아무것도 없는 공간에 집중하는 것이다. 호흡을 이용한 격관 명상은 접촉점 혹은 아랫배 호흡 명상에 바탕을 두고 있기에 편도체를 안정화하는 내부감각 훈련이면서 동시에 텅 빈 자리와 고요함을 바라보는 자기참조과정 훈련이기에 전전두피질을 활성화하는 훈련이기도 하다.

격관 명상의 대표적인 예로 종소리의 사라짐을 이용하는 것과 호흡의 간격을 바라보는 것을 소개했지만, 그 기본적인 원리를 이해하고 나면 일상생활에서 다양한 종류의 격관 명상을 시도해볼 수 있다. 걷기나 달리기라는 움직임 속에서 왼발을 내디뎠다가 오른발을 내딛는 전환점에 집중하는 것도 훌륭한 격관 명상이 된다. 음식을 먹을 때, 차를 마실 때, 혹은 다른 사람과 대화할 때도 우리는 수많은 '간격'을 발견할 수 있으며, 그 수많은 간격을 순간순간 바라봄으로써 일상생활 속에서도 격관 명상을 통한 자기참조과정을 훈련할 수 있다.

격관에 관한 단상 ─ 너의 이름은

들숨이 날숨으로

날숨이 들숨으로

바뀌는 그 찰나의 순간

그곳에는 들숨도 날숨도 없다.

아무것도 없이 텅 비어 있음으로써 꽉 차 있는 순간이다.

낮과 밤

들숨이 낮이라면 날숨은 밤이다.

낮이 밤으로 바뀌는 그 순간,

들숨이 날숨으로 변화하는 그 순간,

모든 것이 잠시 정지하는 바로 그 순간이 황혼이다.

낮과 밤의 간격인 황혼은 기적이다.

환했던 대낮이 깊은 어둠으로 전환하는 마법 같은 시간이다.

이때 온 세상은 아름다운 푸르스름함으로 가득 찬다.

천지개벽의 순간이다.

밝은 빛에 익숙했던 우리 눈은 가까운 거리에 있는 사람도 얼른 알아볼 수 없게 된다.

환한 낮에는 누가 있는지 분명히 안다(존재와 정체성이 공존한다).

어두운 밤에는 누가 있는지조차 알 수가 없다(존재도 정체성도 없다).

그러나 어스름해지는 황혼 무렵에는 누군가 있다는 것은 알겠으나,

그것이 누구인지는 잘 알 수가 없다.

존재는 있되 정체성은 사라지는 순간이다.

존재만 남고 이름은 사라지는 순간이다.

거기에 뉘신지? 카타와레도키. 너의 이름은? 이라는 질문이

저절로 나오는 시간이다.

정체성으로부터 자유로워진 존재가 시공간을 초월하는 순간이다.

모든 존재의 정체성이 사라지므로 너와 나의 구별이 사라지고,

시공간을 넘어 너와 내가 하나가 되는 기적의 순간이다.

천천히 들이쉬는 들숨이 잠시 멈췄다가 날숨으로 바뀌는 바로 그 황

혼의 순간에 집중하라.

그 순간에, 그 찰나에, 영원한 지금(eternal now)이 있다.

그것이 고요함으로 텅 비어 있는 배경자아로서의 나의 본모습이다.

이 간격을 바라봄으로써

그 찰나에 영원히 머무는 것을 격관(隔觀)이라 한다.

여섯 가지 긍정적 내면소통 명상
: 용서, 연민, 사랑, 수용, 감사, 존중

자기참조과정으로서의 내면소통 명상은 전전두피질 신경망을 활성화하는 효과적인 마음근력 훈련이며, 어떠한 종교적 의미나 신비주의적 환상과도 관련이 없는 과학적인 훈련방법이다. 한편 자기참조과정 훈련 이상으로 전전두피질 활성화에 직접 도움이 되는 것이 나와 타인에 대한 긍정적 내면소통이다. 나 자신에 관한 정보처리와 다른 사람에 관한 정보처리는 거의 비슷한 신경망을 통해 이루어지며, 둘 다 mPFC(내측전전두피질)를 중심으로 한 전전두피질과 관련이 깊다.

나 자신과 타인에 대한 긍정적 내면소통에는 여러 가지 방법이 있으나 특히 효과가 입증된 것으로는 용서·연민·사랑·수용·감사·존중 등이 있다. 이것은 모두 전통적인 명상 수행의 핵심 주제이며, 동시에 수천 년간 전해 내려온 성인(聖人)들의 가르침이기도 하다. 또한 최신 뇌과학의 연구 주제들이기도 하다.

많은 뇌과학 연구들이 용서·연민·사랑·수용·감사·존중 등은 전전두피질을 활성화하고, 행복감을 증진시키며, 인지기능을 높이고, 면역력을 강화한다는 긍정적 효과를 보고하고 있다. 유교의 가르침인 '측은지심(惻隱之心)', 불교의 가르침인 '모든 중생을 구제하라', 기독교의 가르침인 '네 이웃을 사랑하라'는 모두 '타인긍정'이 핵심이며, 따라서 전전두피질 신경망 활성화와 관련이 깊다. 또한 "마음에 걸리는 것이 없으니 두려울 것이 없다(心無罣礙

無有空怖)"라는 불교의 가르침이나 "너희는 두려워 말라"라는 기독교의 가르침은 모두 편도체를 안정화하는 효과와 관련이 깊다.

　　종교의 관점이 아니라 뇌과학의 관점에서 보자면, 전통적인 종교들이 세계적으로 널리 확산되고 수천 년의 전통을 이어 내려올 수 있었던 것은 그 기본적인 가르침들이 편도체를 안정화하고 전전두피질을 활성화하는 데 도움을 주는 효과 덕분이라 할 수 있다. 종교의 핵심 가르침을 따르니 긍정적 정서가 향상되어 행복해지고, 성취 역량이 향상되어 일이 잘 풀리고, 인간관계 능력이 좋아져서 일이 잘되고, 면역력이 향상되어 아픈 것도 낫게 되어 감사한 마음으로 가르침을 더 잘 실천하는 선순환이 이어졌을 것이다. 현대 뇌과학은 기성 종교의 가르침들이 뇌 건강과 마음근력 향상에 큰 도움이 된다는 것을 여러 과학적 근거를 통해 꾸준히 입증하고 있다.

　　자기긍정과 타인긍정의 여섯 가지 방법은 두 가지 축으로 이뤄진다. 하나는 용서-연민-사랑의 축이고, 다른 하나는 수용-감사-존중의 축이다. 용서-연민-사랑은 신이 인간에게 내리는 축복이다. 신은 인간을 용서하고, 불쌍히 여기고, 사랑으로 지켜주신다. 즉 용서-연민-사랑은 기본적으로 절대자가 인간에게 주는 것이다. 그리고 용서를 하면 연민을 느끼게 되고 연민이 발전하여 사랑이 된다. 또는 사랑의 마음이 흘러넘치면 연민이 되고 연민의 마음으로 모든 죄를 용서할 수 있게 된다.

　　또 다른 축인 수용-감사-존중은 인간이 신에 대해서 하는 것이다. 마음의 문을 열고 자기 내면을 돌이켜보고 절대자를 내 안으로 받아들이는 것이 수용이며, 절대자에 대해 모든 일에 감사하는 것이 기도의 핵심이고,[640] 한없는 경외심으로 절대자를 지극히 존중하는 것이 신앙심이다. 그리고 이 여섯 가지 자타긍정을 하기 위한 필수 조건이 곧 알아차림이다. 자신을 돌이켜보는 자기참조과정 능력이 충분한 사람만이 진정한 자기긍정-타인긍정을 할 수 있다.

용서

긍정적 내면소통의 첫걸음은 용서다. 용서하기(forgiving)는 무엇인가를 '앞으로 주는 것(giving forward)'이다. 뒤돌아보아 과거에 집착하거나 얽매이기보다는 앞을 내다보고 미래를 향해 나가면서 다 내어주는 것이 용서다. 뒤돌아보아 앙갚음하고 빼앗는 것이 복수라면, 앞을 보고 내어주는 것이 용서다. 내가 나를 용서한다는 것은 나 자신을 앞으로 내어주어 늘 지금 여기에 현존할 수 있게 하는 것이다.[641] 심리학적으로 말하자면, 용서란 만성적인 적대감이나 부정적이고 강박적인 반추, 그리고 그러한 것들이 가져오는 부정적인 결과들을 근본적으로 제거하는 인지적이고도 감정적인 과정이다.[642]

용서의 핵심은 그저 "다 괜찮아"라고 말하는 것이 아니다. 과거의 일에 대해 다시 의미부여하고 새로운 이야기를 만들어가는 것이 아니다. 그보다는 항상 지금 여기에 나 자신을 던져 넣는 것이 용서다. 증오나 복수심은 반대로 더 이상 존재하지 않는 과거 일에 매달리고 나 자신을 던져 넣는 것이다. 삶의 지평을 멀리 내다보고 나를 얽매는 모든 것을 놓아버리고 자유롭게 지금 여기에 존재할 수 있게 하는 것이 용서다.

분노를 지닌 채 살아가는 삶은 괴롭다. 많은 사람이 스스로 지닌 증오심과 복수심 때문에 괴로워한다. 누군가를 미워하고 증오하는 것은 내가 나를 아프게 하고 병들고 늙게 한다. 면역력을 엄청나게 떨어뜨리고 텔로미어 길이는 짧아진다(587쪽 Note 참조). 분노를 지니고 사는 것은 불(火)을 가슴속에 품고 사는 것이나 마찬가지다. 분노는 내 속을 태운다. 괴롭다. 그것이 화병이다. 화병은 용서하지 못하고, 타인의 잘못에 집착하는 사람에게 찾아오는 병이다. 분노를 품고 살아가는 것은 잘못은 상대방이 했음에도 불구하고 내가 나를 지속적으로 벌을 주는 것이나 마찬가지다.

용서에는 두 가지 유형이 있다. 하나는 스스로 결단을 내려서 나의 행동을 통제하는 결단적(decisional) 용서이고, 다른 하나는 상황에 대한 인지·동기·감정 상태 등을 바꿔나가는 감정적(emotional) 용서다.[643] 효과 측면에서는 감정적 용서가 더 좋지만 실제로 용서를 해나가는 과정에서는 결단적 용서로 시작하는 것이 더 쉽다. 상대방의 동의를 구하거나 양해를 얻거나 정서적 지지를 추구하면서 조건이나 단서를 다는 용서보다는 스스로 결단을 내려서 과거에 얽매인 나의 집착을 단번에 끊어내는 것이 보다 쉽게 용서할 수 있는 방법이다. 용서는 내가 나를 위해서 하는 것이다. 상대방의 반응에 따라 달라질 필요는 없다.

용서에는 두 가지 측면이 있다. '용서할 수 없다는 생각(unforgiveness = 복수하려는 마음, 불평을 늘어놓는 마음, 불만스러운 마음, 비판하는 마음)'을 줄이는 것과 상대방에 대한 부정적인 생각을 긍정적인 생각으로 바꾸는 것이다.

용서의 대상에는 자기용서와 타인용서가 있다. 자기용서란 자신이 저지른 잘못이나 실수나 어리석은 행동에 대해 스스로 비난하고 자기혐오와 죄책감에 빠지는 것을 그만두는 것이며, 타인용서란 다른 사람이 내게 끼친 해악에 대해 용서하고 너그러운 마음을 지니는 것이다.[644] 한편, '용서성향(forgivingness)'과 '용서상태(forgiveness)'를 구분하기도 한다.[645] 용서성향은 너그럽고 아량이 넓은 성격적인 성향에 가까운 것이고, 용서상태는 현재 용서를 하고 있는 상태를 나타낸다.

진화심리학의 관점에서도 용서에 대한 많은 이론화 작업이 있었다. 상대방이 내게 지금 위해를 가한다면 이에 대해 적절한 응징을 하는 것이 미래의 안정적인 사회생활을 위해 필요할 수도 있다. 그런데 응징에는 사회적·경제적·심리적 비용이 많이 든다. 반면 용서를 함으로써 훨씬 더 적은 비용으로 더 많은 것을 얻을 수도 있다. 그렇기에 인간의 뇌는 상황에 따라 때로는 복수를, 때로는 용서를 적절히 균형을 맞춰서 할 수 있도록 발전했다는 것이 진화심리학의 입장이다.[646] 이러한 관점은 용서를 인간관계의 갈등에 대처하는 하나의 도구적 수단으로 파악하는 것이다.

한편 사회심리학이나 커뮤니케이션 분야에서도 용서에 관한 연구가 꾸준히 이뤄지고 있는데, 대부분 용서를 전략적 관점에서 다룬다.[647] 용서를 전략 커뮤니케이션의 하나로 규정하고 나서 언제 어떠한 용서 전략을 구사해야 하는지 혹은 잘못한 사람은 어떠한 용서 전략이나 사과 전략을 추구하는 것이 좋은지 등을 연구하는 것이다.[648] 그러나 진화심리학이나 커뮤니케이션학의 용서에 대한 이러한 관점은 용서의 진정한 본질을 제대로 파악하지 못한 것이다. 그저 용서를 인간관계를 통해 최대한의 만족을 얻어내려는 전략적인 수단으로만 파악하는 것은 일면 타당한 면도 없지 않으나 진정한 용서의 의미나 방법 혹은 그 효과에 대한 이론화에는 실패할 수밖에 없는 매우 제한된 관점이다. 아직도 많은 학자가 이렇게 전략적이고 도구적인 관점에서 용서를 연구하고 있다는 것은 매우 안타까운 일이다. 무엇보다도 이렇게 제한된 도구적 관점으로는 용서가 어떻게 수많은 뇌과학 연구들이 밝혀내는 것과 같은 치유의 효과를 보이는지를 설명할 수 없다.

> **Note**

텔로미어와 용서의 과학

세포핵 안에 있는 염색체 끝에는 마치 운동화 끈 끝과도 같은 단단한 말단 조직이 있다. 이것이 텔로미어인데, 세포분열을 반복할수록 텔로미어의 길이는 점점 짧아지며 결국 세포는 더 이상 분열을 할 수 없게 되어 수명을 다하게 된다. 텔로미어의 길이는 세포의 노화가 어느 정도 진행되었는가를 말해주는 지표다. 그런데 세포분열 시 텔로미어 길이를 유지해주는 효소인 텔로머레이스의 활동이 활발해지면 세포는 텔로미어 길이를 유지하면서도 분열을 할 수 있게 된다.

그런데 만성적인 스트레스와 부정적인 감정은 텔로머레이스의 활동을 감소시켜 세포 노화를 촉진한다. 실제로 오랜 기간 만성질환을 앓고 있는 아이를 양육하는 부모의 텔로미어 길이를 조사해보니 상당히 짧아져 있었다. 텔로머레이스 효소의 작용에 관한 연구로 노벨의학상을 받은 블랙번(Elizabeth Blackburn) 교수팀의 연구결과에 따르면 꾸준히 명상 훈련을 하면 텔로미어 길이가 짧아지지 않거나 오히려 더 길어진다는 것이 발견되었다.[649] 뿐만 아니라 3개월 동안 집중적으로 명상 훈련을 시켰더니 면역 세포의 텔로머레이스 활동이 활발해져 면역력이 높아지고 여러 가지 건강 지표들이 개선되는 결과도 나타났다.[650]

타인긍정의 한 방법인 자애 명상을 했더니 텔로미어 길이가 길어졌다는 연구결과도 있다.[651] 반면에 적대적이고 공격적인 성향의 사람들은 텔로미어 길이도 짧아져 있었고 세포 노화도 훨씬 더 많이 진행되었음이 발견되었다.[652] 분노와 증오심을 지니고 살면 더 많이 아프고 더 빨리 죽는다. 용서하고 사랑하는 마음을 지니면 훨씬 더 건강하고 오래 산다. 이것이 용서의 과학이다.

왜 용서를 못하게 되었을까

용서를 주제로 하는 강의를 할 때 "분노의 복수심이나 응징의 마음이 에너지를 줄 때도 있지 않느냐"라는 질문을 종종 받는다. 게다가 상대방이 잘못했으니 정의와 공정의 이름으로 분노하고 응징하는 것은 오히려 책임감 있는 행동이 아니냐는 의문도 제기한다. 나는 이러한 생각이 근본적으로 잘못되었음을 깨우쳐주기가 매우 힘들다는 것을 잘 안다. 그런데도 계속해서 용서를 강조하는 것은 일종의 의무감과 사명감 때문이다. 분노를 숭배하는 문화는 우리 모두를 병들게 하기에 반드시 바꿔야만 한다.

상대방이 내게 잘못하면 우선 용서의 마음부터 들어야 하는 것이 정상이다. 그것이 건강한 마음 상태다. 그런데 많은 사람이 상대방의 자그마한 잘못에도 분노하면서 응징이나 복수를 떠올린다. 거의 자동반사적으로 반응한다. 사회 전반에서 이러한 성향은 갈수록 심해지고 있다. 불안장애와 우울증 환자는 갈수록 넘쳐난다. 감정조절장애 환자의 가장 보편적인 특징은 내가 나를 용서하지 못하고 따라서 남도 용서하지 못한다는 것이다. 조그마한 잘못에 대해서도 격렬하게 반응한다. 타인의 잘못으로 벌어진 일에 대해서조차 자기 자신을 엄격하게 처벌하는 어리석음을 반복한다.

용서의 능력을 회복해야 마음근력이 강해지고 다시 건강해질 수 있다. 그러기 위해서 우리는 다음과 같은 질문을 던져야 한다. 우리는 어떻게 해서 용서를 하지 못하게 되었는가? 왜 용서의 능력을 잃어버렸는가? 왜 용서를 폄훼하는 문화를 지니게 되었는가? 왜 용서에 대해 가르치려고도 배우려고도 하지 않게 되었는가? 어쩌다가 이렇게까지 마음근력이 약해지게 되었는가?

우리는 이야기를 만들며 이야기를 통해 살아간다. 스토리텔러인 의식은 끊임없이 이야기를 만들어낸다. 이러한 이야기는 단지 '들려지는 이야기(story-told)'일 뿐만 아니라 '살아지는 이야기(story-lived)'이기도 하다.[653] 우리가 어려서부터 들어온 이야기 구조는 우리가 세상을 인지하는 방식과 세상을 살아가는 방식의 기본 방향을 결정한다.

어린 시절부터 지금까지 우리가 계속 들어온 이야기는 강한 악당과 그에 맞서 싸우는 (지구를 구하고 정의를 지키는) 용감한 주인공을 중심으로 펼쳐진다. 약간의 변형은 있어도 주인공은 대체로 약하고 악당은 늘 강하다. 주인공이 해야 할 일은 강한 적에 맞서 싸우는 것이다. 악당을 용서해서는 결코 안 된다. 그것은 나약한 모습이다. 그러나 주인공은 불굴의 의지로 온갖 역경을 이겨내고 정의의 이름으로 악당에게 통쾌하게 복수한다. 나약했던 주인공을 강하게 만드는 원동력은 대개 복수심이나 증오심이다. 분노의 힘으로 주인공은 악당을 쳐부순다. '도저히 용서할 수 없는' 악당을 정의의 이름으로 처단한다.

우리는 어린 시절부터 만화책이나 영화 등을 통해 이러한 내러티브를 소비하면서 '나'를 주인공에 감정이입한다. 그리고 그러한 주인공의 관점에서 세상을 살아간다. 성인이 되어서도 마찬가지다. 드라마나 영화나 뉴스 스토리나 정치 이야기가 모두 선악의 대립 구도를 가진다. 어떤 이야기를 접하든 누가 '나쁜 놈'이고 '악당'인가부터 파악하려 한다. 물론 그 이야기 속에서 나는 늘 주인공이기에 항상 선하고 정의로운 존재다.

온라인 공간에서 난무하는 악플을 보자. 누구나 다 자기 자신은 옳고 도덕적이며 선하고 현명한데, 악플의 대상은 악하고 부도덕하며 나쁘고 멍청하다. 이러한 근거 없는 자기확신이 과연 어디서 왔는지를 한번 생각해보라. 누구나 "내가 주인공"이라는 환상 속에 살고 있기에 가능한 일이다. 이러한 세계관으로 세상을 살아가다가 혹시라도 어떤 어려움에 맞닥뜨리면 그 어려움의 원인을 제공하는 존재는 당연히 악당으로 간주된다.

사실은 내가 상대방에게 악당일 수도 있다는 생각은 할 여유조차 없다. 나를 괴롭히는 사람은 모두 적이다. 나의 적이라기보다는 이 세상의 적이다. 만약 그 사람이 나보다 사회적 지위가 높거나 권력이 세거나 돈이 많다면 악당임이 더욱더 확실하다. 악당은 모두 강하기에 강자라면 모두 부도덕한 악당임이 분명하다. 그러한 악에 맞서는 것은 정의로운 주인공인 내가 할 일이다. 주인공인 나는 적을 처단해야 한다. 단호하게 응징해야 한다. 그러기 위해서 나는 증오하고 분노해야 한다. 이것이 현대사회에 팽배한 분노의 이데올로기다.

선한 주인공 대 나쁜 악당의 대립 구조로 이 세상을 바라보도록 세뇌된 현대인에게 '용서'라는 개념이 들어설 자리는 없다. 용서는 낯설고 어색한 개념인 반면에, 복수·응징·처단 등은 매우 익숙할 뿐만 아니라 자연스럽기까지 하다. 게다가 악당을 쳐부수는 만화 주인공은 몇몇 예외를 제외하고는 거의 다 남성이고, 복수를 하는 것도 주로 남성이다. 여성과 비교해 상대적으로 남성의 복수 성향이 더 강한 것은 어쩌면 당연한 일인지도 모른다.

싱어(Tania Singer) 교수팀은 경제 게임을 하는 남녀 피험자들을 상대로 '공감'에 관한 연구를 진행했다. 공정한 플레이를 하는 상대에 대해서는 남성과 여성 피험자 모두 비슷하게 공감을 했다. 그러나 부당한 행위를 하는 상대에 대해서는 특히 남성 피험자들이 공감하지 못했다. 대신 복수심과 관련된 뇌 부위가 활성화되었으며, 부당한 행위를 한 상대방이 고통당하는 모습을 볼 때는 보상체계 관련 부위가 활성화되어 쾌감을 느끼는 것으로 나타났다.[654] 이는 남성이 여성과 비교해 응징을 더 좋아하고 용서에 인색한 뇌를 갖고 있으며 복수를 통해 더 큰 쾌감을 얻는다는 것을 보여준다. 실제로 용서에 있어서 남녀 차이가 있는가에 대한 53편의 연구논문에 대한 메타분석에 따르면, 여성이 남성보다 공감을 더 잘하고 용서도 더 잘하는 것으로 나타났다.[655]

한편 만화책이나 영화, 드라마는 분노와 적개심이 사람을 강하게 만든다는 착각을 심어준다. 악당에게 분노를 느끼고 복수심에 불탈수록 주인공은 강해지기 때문이다. 그러나 이는 전혀 사실이 아니다. 오히려 반대다. 분노가 인간을 형편없이 나약하게 만든다는 것은 과학적인 사실이다. 분노는 두려움의 한 표현양식이다. 두려움이 해결되지 않을 때 좌절감과 함께 분노와 공격적 행동이 나타난다. 방어적이거나 공격적인 행동은 모두 두려움 때문에 생겨나는 것이다. 두려움에 떠는 작은 강아지가 더 크게 짖고 공격적인 법이다. 두려움이 없는 큰 개는 짖지 않는다. 조용하고 차분하다. 용서는 강한 사람만이 할 수 있는 용기 있는 행동이다.[656] 분노를 바탕으로 한 복수심은 정신과 신체 건강에 매우 해롭다. 증오심은 오래 지니고 있을수록 몸과 마음을 황폐하고 나약하게 만든다.

용서가 가져오는 변화

우리는 용서를 할 때 비로소 온전한 수용도 할 수 있다. 지금 이대로,

있는 그대로, 모든 것을 열린 마음으로 받아들이는 수용의 마음에서 연민의 마음이 생긴다. 아픔과 부족함에 대해 공감을 하면 상대방의 행복을 바라는 사랑과 자애의 마음이 솟아오른다. 상대방의 강점과 훌륭한 점이 보이고 이는 존중심으로 연결된다. 이 모든 것을 경험하면 자기긍정과 타인긍정의 마음이 동시에 충만해짐으로써 감사하는 마음이 생긴다. 이처럼 용서는 전전두피질 활성화를 위한 긍정적 내면소통의 출발점인 셈이다.

용서는 감정을 통제하는 전전두피질 신경망(dlPFC-vlPFC-dACC)의 활성화와 관련이 깊다. 또 타인의 의도를 고찰하고 타인의 잘못을 판단하는 신경망(mPFC-TPJ)도 용서와 관련이 깊다. 반면에 복수를 하고 싶은 감정은 보상체계를 관할하는 변연계와 더 많이 관련되어 있다.[657]

이탈리아 피사대학교 연구팀은 누군가에게 부당한 대우를 받는 상황을 상상하게 한 후에, 첫 번째 집단에게는 그 사람을 용서하라고 했고 두 번째 집단에게는 그 사람에 대해 불만을 토로하라고 했다. 주어진 시나리오는 다음과 같았다. 어느 날 갑자기 사장이 업무 능력이 부족하다고 하면서 당신을 해고했다. 당장 내일부터 출근하지 말라는 것이다. 이때 두 집단은 서로 다른 시나리오를 받았다. 첫 번째 집단이 받은 시나리오는 '사실 내가 그렇게 최선을 다해 일했던 것은 아니었음을 상기하고 그냥 사장을 용서하기'였고, 두 번째 집단이 받은 시나리오는 '사장의 부당한 처사에 대해 도저히 용서할 수 없음을 생각하고 어떻게 하는 것이 최선의 복수일까를 생각해보기'였다. 그리고 나서 두 집단의 뇌 영상을 비교해보니, 용서를 하는 조건에서는 마음이론이나 공감, 인지를 통한 감정조절 등 마음근력과 관련된 뇌부위(dlPFC, ACC 등)가 더 활성화되는 것으로 나타났다.[658]

또 다른 fMRI 연구에서도 잘못에 대해 진지한 사과를 받아 용서하려는 마음이 생겨날 때 마음이론과 관련된 부위(mPFC, 설전부 등)가 더 활성화되는 것으로 나타났다.[659] 이처럼 뇌과학 관점에서도 용서는 전전두피질 활성화를 위한 매우 효과적인 내면소통 훈련이라 할 수 있다.

그뿐 아니라 용서는 인간관계 갈등에서 오는 스트레스의 악영향을 완화하는 역할을 함으로써 정신적·신체적 건강에 큰 도움을 준다. 누군가에게 적개심을 품거나 증오하는 감정을 계속 품는 것은 건강에 매우 나쁜 영향을 미친다. 심혈관계에도 부정적인 영향을 미치며,[660] 수면도 방해한다.[661] 코르티솔 등의 스트레스 호르몬을 증가시키며,[662] 이러한 분노가 오래 계속될 경우 우울증 등을 유발하기도 한다.

　반면에 용서하는 마음을 지니는 것은 건강에 전반적으로 큰 도움을 준다. 심혈관계의 건강을 증진하고, 심혈관 환자의 생존율을 높이기도 한다.[663] 특히 용서를 잘하는 기질을 지닌 사람은 약물이나 알코올 의존도가 훨씬 낮고, 용서하는 심리상태를 유지하면 심장박동을 포함한 여러 신체 증상이 모두 좋아지는 것으로 나타났다.[664] 이처럼 용서는 건강 상태와도 직결된다. 실제로 용서하는 성향이 높을수록 더 건강한 것으로 나타났다.[665] 특히 회복탄력성을 높이는 역할을 함으로써 신체적·정신적 건강을 증진시킨다.[666] 미국 최고의 병원으로 꼽히는 메이요클리닉에서는 '용서하기'가 건강한 인간관계, 정신건강 증진, 불안증 감소, 혈압 강하, 우울증 완화, 면역력 증강, 심혈관 기능 증진, 자아존중감 증진 등 신체와 정신건강 전반에 폭넓은 긍정적 효과가 있다는 점을 환자들에게 적극적으로 알려주고 있다.[667] 용서는 그야말로 몸과 마음의 건강을 위한 만병통치약이라 부를 만하다.

어떻게 해야 용서할 수 있을까?

　용서는 화해의 시도가 아님을 우선 깨달아야 한다.[668] 다시 잘 지내보자는 것이 아니다. 그보다는 과거의 일을 떠나보내고 흘려보내는 것이다. 분노와 증오라는 집착에서 벗어나 자유로워지는 것이다. 내 인생에서 부정적 감정의 원인이 되는 특정한 사건이나 사람을 지워버리는 것이다. 따라서 용서는 상대방과 함께 둘이서 하는 것이 아니다. 상대방의 동의나 호응이나 인정이 필요하지도 않다. 오히려 상대방은 필요하지 않다. 용서는 나 혼자 하는 것이다. 상대방을 부드럽고 따뜻한 마음으로 지워버리고 흘려보내는 것이다. 상대방을 폭력적으로 파괴하려는 마음이 복수심이라면, 따뜻하고 조용한 마음으로 지워버리는 것이 용서다. 나에게 해악을 끼친 상대방을 부드러운 마음으로 흘려보낸다는 이야기 구조는 현대사회에서 사라져버린 지 오래다. 어색하고 낯설게 들릴 수밖에 없다.

　용서 수행의 전통 중에서 널리 알려진 것 중 하나가 아힘사(ahimsā)이다. 2000여 년 전에 파탄잘리는《요가 수트라》에서 예부터 전해 내려오는 다양한 요가 수행방식을 8단계로 정리했다. 그 첫 단계가 야마(Yama)인데 일종의 금기들이다. 해서는 안 될 것을 안 하는 것이 요가의 시작이다. 다섯 가지 야마 중 첫 번째가 바로 아힘사다. 말하자면 아힘사는 모든 수행의 '시작의 시작'이자 출발점인 셈이다.

아힘사는 '비폭력' 혹은 '불살생'이라 번역되는데, 누구에게든 어떤 해악도 끼치지 않는 것을 의미한다. 어떤 대상에 대해서도 일말의 의도나 악의를 지니지 않는 상태다. 신체적인 폭력은 물론 정신적으로도 해를 끼치지 않는 마음 상태다. 어떤 상황에서도 복수나 앙갚음을 하지 않는 마음가짐이 아힘사다. 아힘사는 용서의 핵심이다.

용서의 본질은 내가 나에게 진심으로 하는 이야기이며 일종의 내면소통이다. 용서의 기본적인 방법은 나에게 해악을 끼친 상대방을 마음속으로 떠올린 다음에 속으로 이렇게 이야기하는 것이다. "나는 당신을 용서한다. 당신이 끼친 해악은 이제 나를 더 이상 구속하지 않는다. 나는 그것에 의해 더 이상 괴로워하지도 않는다. 나는 어떠한 증오심도 복수심도 가지지 않는다. 나는 과거에 의해 구속되지 않는다. 나에게는 늘 펼쳐지는 지금 여기가 더 중요하다. 나는 당신에게 어떠한 해악도 끼치지 않겠다. 나는 당신을 용서한다."

어떤 관점에서 사건을 바라보는가가 용서하는 마음이 좀 더 쉽게 생길 수 있는지의 여부에 영향을 미친다. 상대방의 잘못이 어떤 원칙이나 규칙을 어겼다고 생각하는 '절차적 정의'의 위반이라 생각하면 용서하는 마음이 좀 더 쉽게 들지만, 상대방의 잘못이 나에게 돌아올 이익을 빼앗아간 '분배적 정의'의 위반이라 생각하면 용서할 마음이 훨씬 적은 것으로 나타났다.[669] 말하자면 상대방이 똑같은 잘못을 했더라도 절차적 정의의 관점에서 생각하는 것이 분배적 정의의 관점에서 생각하는 것보다 용서하기가 좀 더 쉬워진다. 이러한 연구결과는 우리가 누군가를 용서하기 위해서는 그의 행위가 나의 이익을 빼앗아갔다는 사실에 집중해서는 곤란하다는 것을 암시한다.

상대방이 나에게 끼친 손해에 집중하는 한 용서하는 마음이 잘 생겨나지 않는다. 그보다는 용서하지 않으면 내가 더 큰 손해를 입게 된다는 사실에 집중하는 것이 필요하다. 용서하는 것은 나의 행복과 건강에 큰 도움이 된다는 것, 따라서 용서는 나를 위해서 하는 것이라는 점을 분명히 깨닫는 것이 필요하다. 용서는 상대방이 아니라 나를 위해서 하는 것이다. 내가 용서했다는 사실을 상대방에게 알릴 필요도 없다. 나에게 해악을 끼친 상대는 내가 용서했다는 사실을 알 자격조차 없다. 용서는 나 혼자 하는 것으로 충분하고 또 그래야 한다.

용서하려면 어떤 식으로든 내게 해악을 끼쳤던 상대방을 떠올리지 않을 수 없다. 당연히 나쁜 기억이 떠오르고 편도체가 활성화될 수도 있다. 분노와 증오의 감정이 마음속에 가득 차버리면 용서는 너무나 어려운 일이 되고 만다. 따라서 편도체를 안정화하는 훈련을 먼저 충분히 해서 분노의 감정이 일어나지 않는 상태가 되었을 때 용서 훈련을 시작하는 것이 좋다. 물론 편도체를 가라앉히는 호흡 명상이나 알아차림 명상을 함께하면 용서의 효과는 더욱 커진다.[670]

고유감각 훈련 역시 편도체 안정화에 도움이 되므로 움직임 명상을 하는 것도 좋다. 실제로 유산소 운동과 유연성 운동은 자기조절력과 더불어 용서하는 능력도 향상시키는 것으로 나타났다.[671] 유산소 운동이나 장력운동을 할 때도 내 몸의 움직임에 대한 고유감각 정보를 늘 자각하는 훈련을 하면 용서할 수 있는 능력도 증진된다.

자기용서는 왜 중요한가

타인을 용서하지 못하는 사람은 대부분 자기 자신도 용서하지 못한다. 타인에 대한 정보처리와 자기 자신에 대한 정보처리는 거의 같은 신경망에 의해서 처리된다. 그렇기에 타인에 대한 모든 부정적 감정은 결국 나 자신에게 투영되기 마련이다. 마음근력과 관련해서 볼 때 자기 자신에게 분노를 자주 느끼는 것은 최악의 습관이다. 자기 자신을 스스로 파괴하는 일이다. 내가 나를 용서하는 자기용서는 나의 몸과 마음을 건강하게 하는 기본 요건이다. 나는 나를 용서해야만 한다. 내가 나를 용서하는 것은 커다란 용기가 필요한 일이다. 증오나 미움을 깔고 있으면 아무 일도 제대로 해낼 수가 없다. 용서를 할 수 있어야 다른 것도 할 수 있게 된다. 자기용서는 모든 것을 받아들이는 수용의 전제조건이기도 하다.

자기용서를 위한 첫 번째 조건은 자기 잘못을 분명히 인정하고 그것에 대한 책임감을 느끼는 것이다. 자신의 부족함, 어리석음, 부도덕함 등을 있는 그대로 받아들이고 인정해야 스스로 용서가 가능해진다. 내 잘못을 스스로 인정하지 않는 한 나는 나를 용서할 수가 없다. 내가 나에게 변명하거나 사실은 내 잘못이 아니라고 심리적인 저항을 계속하면 자기용서가 불가능해진다. 그렇게 되면 자신에 대한 부정적인 내면소통의 뿌리는 사라지지 않고 계속 마음 한쪽에 남아서 스트레스의 근원으로 자라나게 된다. 자신의 잘못을 깨끗하게 인정하고 스스로 용서를 구하고 용서하는 과정을 거쳐야 스트레스의 근원을 제거할 수 있다. 그래야 자기가치감(self-worth)과 자기존중심(self-respect)이 세워질 근거가 마련된다.[672]

잘못된 행위를 하고도 별것 아니라고 생각하거나, 그냥 그럴 수도 있다고 생각하거나, 누구나 실수할 수 있고 그 정도 잘못은 누구나 하는 것이라고 여긴다면, 즉 자신의 잘못된 행위에 대해 통렬한 반성 없이 그냥 넘어간다면 자기용서는 결코 이루어질 수 없다. 자기용서의 시작은 자신의 잘못을 철저하게 인정하고, 받아들이고, 깊이 반성하는 데서 시작한다. 그러한 인정과 반성이 있고 깊이 뉘우치는 마음이 있어야 비로소 나는 나를 용서할 수 있다. 반성과 용서의 과정을 겪고 나면 나는 나 자신을 더욱더 긍정적으로 받아들일 수 있게 된다. 그러한 과정을 거쳐야 진정한 자기존중이 가능해진다. 자기용서는 우리를 자기존중으로 이끌어준다. 진정한 자기반성은 자기긍정으로 가는 확실한 첫걸음이다. 자신의 잘못을 진심으로 인정하고 반성할 수 있어야 자기비난이나 자기혐오에 빠지지 않게 된다. 자기반성을 하지 않는 사람은 자신을 존중할 수 없게 되고, 자신을 비난하게 되고 결국 자기비하와 자기혐오에 빠지게 된다.

나에게 특별한 해악을 끼친 상대방이 있건 없건 우선 해야 하는 것은 자기용서다. 자기비난은 건강에 매우 해로우며, 자기용서는 건강에 매우 이롭다는 연구도 여럿 있다.[673] 자기 자신을 용서하지 못하고 늘 비난하는 내면소통을 하는 사람은 편도체가 활성화될 수밖에 없다. 자기비난의 습관을 지닌 사람은 트라우마 스트레스에 시달리거나[674] 우울증 증세가 나타날 가능성이 컸다.[675] 자신에 대해 부정적인 내면소통을 자주 하고 자아존중이 낮은 사

람일수록 심지어 교통사고를 일으킬 가능성도 큰 것으로 나타났다.[676]

자기용서와 타인용서는 공통점이 많지만 결정적인 차이점도 있다. 그 것은 자기용서를 하지 못할 때의 해악이 타인용서를 하지 못할 때의 해악보 다 훨씬 더 크다는 사실이다. 타인을 용서하지 못하면 늘 분노와 복수심을 안 고 살아가야 한다. 그것은 심신 건강에 매우 해롭다. 그런데 자기용서를 하지 못하는 것은 심신 건강에 훨씬 더 직접적이고 심각한 해악을 끼친다.[677] 이것 이 무엇보다도 먼저 자기용서를 해야 하는 가장 큰 이유다. 다시 한번 강조하 지만, 용서는 타인을 위한 비겁한 행위가 아니라 나 자신을 위한 용기 있는 행위다.

연민

연민(compassion)은 아픔에 공감하는 것이다. 용서의 출발점이 자기용 서이듯이 연민 역시 자기연민에서 출발해야 한다. 나 자신과의 소통을 위해 서는 먼저 나 자신과 화해해야 한다. 나의 몸을, 나 자신을, 나의 위치를, 나의 어리석음을, 나의 이루지 못한 꿈을, 나의 고민과 갈등을, 나의 나약함과 불 안함을, 나의 분노와 슬픔을, 나에게 주어진 모든 것을, 내가 할 수 있는 것과 할 수 없는 모든 것을 있는 그대로 따뜻하게 받아들여야 한다. 따뜻한 마음으 로 전적으로 수용해야 한다. 이것이 브라흐(Tara Brach)가 말하는 '근본적인 자 기수용(radical self-acceptance)'이다.[678]

네프(Kristin Neff)는 이를 '자기연민(self-compassion)'이라고 개념화했다.[679] 용서를 위해 자기용서를 강조하는 것과 같은 맥락이다.[680] 근본적인 자기수 용이든 자기용서든 무엇이라 부르든, 내가 스스로 나 자신을 위로하고 내가 내 아픔과 고통에 공감하는 것이 곧 자기연민이다.

나 자신을 전적으로 받아들일 수 있는 사람은 궁극적으로는 나 자신 밖에 없다. 나마저 나를 부정하고 무시하고 거부한다면 이 세상 그 누구도 온 전히 나를 받아들이지 못할 것이다. 내가 무엇을 못하는가, 나의 단점은 무엇 인가, 내가 고쳐야 할 점은 무엇인가 등등 자신의 약점을 파헤치고 그것을 반성하도록 만드는 의무교육 시스템에서는 늘 자기 자신을 신랄하게 비판하도록 가르친다. 자기 자신에게 가혹한 것이 미덕이라는 잘못된 이데올로기를 주입한다. 그 결과 대부분의 사람이 타인에 대해서는 따뜻한 마음을 지니면서도 정작 자기 자신에게는 가혹하리만치 냉정하다.

지금 가장 친한 친구 한 사람을 떠올려보라. 그 친구가 어처구니없는 실수를 저질러서 주변에 큰 피해를 줬다고 가정해보자. 혹은 큰 잘못을 저지르는 바람에 회사를 더 이상 다닐 수 없게 되었다고 해보자. 여러분은 그 친구에게 무어라고 말할 것인가? 친한 친구이니만큼 물론 따뜻한 위로의 말을 건넬 것이다. 괜찮다고 위로해줄 것이다. 누구나 그런 실수를 할 수 있다고 격려할 것이다. 그런 실수도 용인하지 못하는 회사나 우리 사회 분위기를 같이 성토할 것이다. 이번 기회에 더 좋은 직장으로 갈지도 모르니 오히려 잘되었다고 하면서 용기를 불어넣고 격려와 지지를 보내줄 것이다. 한마디로 그 친구를 따뜻하게 감싸줄 것이다. 그것이 연민이다.

그런데 만약 당신 자신이 그러한 실수를 저질러서 주변에 큰 피해를 주고 직장생활도 더 이상 할 수 없게 되었다면? 아마 당신은 자신을 신랄하게 비판하고 자책할 가능성이 크다. 실수를 저지른 생각만 해도 자신이 끔찍하게 싫고, 자신의 멍청한 모습이 밉게만 느껴질 것이다. "이래서 나는 안 돼"라고 하면서 자학적으로 자기 자신을 비난할지도 모른다. 친구한테는 따뜻하게 연민의 마음으로 대하지만 자기 자신에게는 냉정하리만치 차갑게 대하는 것이다. 이런 사람은 자기 자신을 위로하거나, 지지하거나, 격려하는 내면소통은 들어본 적도 없고 해본 적은 더더욱 없을 것이다. 오히려 가장 신랄하게 자신을 비판하고 비난하고 혐오하는 것에 익숙해져 있을 가능성이 크다.

자기 자신에게 연민의 마음을 갖는 가장 쉬운 방법은 친한 친구를 대하듯 자기 자신을 대하는 것이다. 대부분의 사람이 친한 친구에게는 따뜻하고 친절하게 대한다. 바로 그렇게 따뜻하고 친절하게 나 자신을 대하는 습관을 길러야 한다. 자기연민을 심리학의 본격적인 연구 주제로 만드는 데 크게 공헌한 크리스틴 네프는 이 같은 맥락에서 "당신 자신의 베스트프렌드가 돼라"고 조언한다.[681]

네프는 특히 자아존중감(self-esteem)을 강조하는 미국식 교육이 자기연민의 가능성을 처음부터 막아버린다고 비판한다. 미국식 교육의 가장 큰 이데올로기는 '너는 특별하다'를 강조하는 것이다. 미국의 아이들은 어릴 때부터 자신을 무언가 특별하고 대단한 면이 있는 사람으로 인식하도록 교육받는다. 이러한 교육은 아이들에게 자신감과 용기를 불어넣는 순기능의 측면도 있으나, 한편으로는 무언가 특별해야 한다는 압박이 큰 스트레스로 작용하기도 한다. 아이들은 사실은 자신이 별로 특별하지 않은 것은 아닐까 염려하면서 살게 된다. 그러다 언젠가 자신이 특별할 것이 없는 평범한 사람이라는 것을 깨닫는 순간 엄청난 좌절감을 맛보게 된다. "모두 다 각자 특별하다"라고 배웠기에 "나만 별 볼일 없이 평범하다"라는 생각을 하게 되고, 이는 곧 자기비하와 자기혐오로 이어진다. 자기용서나 자기수용에 대해서는 배워본 적도 없기에 특별하지 않은 자기 모습을 용서하거나 수용할 능력도 없다.

아이들에게 자신감을 심어주는 것도 중요하지만 동시에 자신의 모습을 있는 그대로 인정하고 받아들이는 능력을 키워주는 것은 더욱더 중요하다. 평범하거나 혹은 어딘가 부족하고 모자란 자신의 모습도 따뜻하게 받아들일 용기를 길러줘야 한다. 자기 자신에게 연민을 갖는 것은 나약한 것이 아니라 강한 사람만이 할 수 있는 용기 있는 행동이라는 것을 알려줘야 한다. 자기연민을 통해서 우리는 더 강해질 수 있다. 습관적으로 자기비난을 하는 사람은 오히려 나약한 사람이다.

자기 자신에 대해 스스로 부정적 이미지를 갖고 자기비난, 자기비판, 자기혐오를 하는 사람은 부정적 내면소통의 습관을 갖게 된다. 스스로에 대해 끊임없이 부정적 생각을 하게 되는 것이다. 한 종단연구에 따르면 강박적이고도 반복적인 부정적 생각(repetitive negative thinking: RNT)의 습관을 지닌 사람들은 기억력과 인지능력이 저하되고 심지어 치매의 원인으로 생각되는 아밀로이드베타와 타우단백질마저 증가하는 것으로 나타났다. 우울 성향이나 불안장애가 있다고 해서 타우단백질이 증가하는 것은 아니지만, 반복적인 부정적 사고는 확실히 치매와 관련성이 높은 것으로 나타난 것이다. 뇌 기능과 뇌 건강에 직접 해를 끼치는 것은 우울증이나 불안증 자체보다도 그에 따른 반복적인 부정적 생각과 같은 부정적 내면소통의 습관이다. 이는 우울증이나 불안증이 뇌에 해로운 것은 반복적인 부정적 생각을 통해서라는 것을 암시하는 연구결과이기도 하다.[682] 우울증의 특징 중 하나가 자기 자신에 대해 끊임없이 강박적이고도 반복적인 부정적 내면소통을 하는 것이기 때문이다.

　　오래 계속되는 부정적 정서나 스트레스는 뇌의 기능적 연결성뿐 아니라 구조적 연결성에도 영향을 미치며, 특히 편도체를 강화하는 반면에 전전두피질과 해마체를 약화한다. 루츠와 그의 동료들은 명상 훈련을 오래 한 사람들과 명상 초보자들을 비교하는 연구를 진행했다. 피험자들이 연민 훈련의 일종이라 할 수 있는 자비 명상을 하는 동안 날카로운 비명소리처럼 부정적 감정을 유발하는 소리자극을 들려주었을 때, 명상 훈련을 오랫동안 해온 사람들의 뇌는 공감능력과 관련된 부위가 명상 초보자들보다 훨씬 더 활성화된다는 점이 확인되었다. 자비 명상 훈련이 실제로 뇌 신경회로의 작동방식을 긍정적으로 변화시킨다는 점이 확인된 것이다.[683]

　　마음챙김과 연민 명상 훈련의 효과에 관한 종단연구를 통해 살펴본 바에 따르면,[684] 부정적 정서 자극이 주어졌을 때 명상 훈련을 한 집단의 편도체 활성화 정도는 유의미하게 감소했음이 발견되었다. 편도체 활성화 감소 현상은 명상 훈련을 하지 않는 일상적인 상태에서도 그대로 유지되었다. 하지만 연민 명상은 반드시 일정 기간 오래 해야만 효과가 나타나는 것은 아니다. 싱어와 그의 연구팀은 연민 명상을 단 하루만 한 경우에도 친사회적 행동을 할 가능성이 유의미하게 커진다는 사실을 발견했다.[685] 따뜻한 연민의 마음으로 호흡 한번 하는 것만으로도 우리 뇌에는 긍정적인 변화가 생긴다.

사랑

　　사랑은 상대방이 건강하고 행복하기를 바라는 마음이다. 상대방이 고통을 겪지 않고 편안하고 평온하기를 바라는 마음이다. 상대방의 행복한 모습을 보면서 내가 행복해지는 것, 이것이 사랑이다. 내가 이만큼 좋아해줬으니 상대방도 이만큼은 나를 좋아해줘야 한다고 생각하는 것은 사랑이 아니다. 대가나 보상을 기대하는 것은 사랑이 아니다. 주는 만큼 받겠다는 것은 거래이지 사랑이 아니다. 상대방을 독점하거나 소유하겠다는 마음은 사랑이 아니다. 가령 '내 자식은 내 것'이라는 생각에 사로잡혀서 자식에게 자신의 사고 방식이나 가치관을 강요하는 부모는 자식을 사랑하는 것이 아니다. 자신의 자존심과 성취욕을 자식에게 투영하는 이기적인 행위일 뿐이다. 자식은 부모의 소유물이 아니다. 연인이나 배우자 역시 마찬가지다. 상대방을 '내 것'이라고 생각하는 것은 폭력적인 인간관계의 시작일 뿐 결코 사랑이 아니다.

대중 매체에서 흔히 다뤄지는 연애감정은 사랑의 요소를 포함할 수는 있어도 그 자체로서는 사랑과 거리가 멀다. 순수하게 사랑하는 마음을 경험해보고 싶다면 정말 마음에 드는 반려동물을 길러보라. 바라보기만 해도 마음이 따뜻해지는 귀여운 강아지나 고양이는 우리에게 사랑의 마음을 불러일으킨다. 반려동물에게는 그저 사랑을 퍼준다. 건강하게 잘 지내기만을 바란다. 반려동물이 우리에게 무언가를 해주기를 바라는 마음은 없다. 먹을 것도 주고, 똥도 치워주고, 산책도 시켜주고, 안아주기도 하고, 그저 예뻐하면서 퍼준다. 이것이 사랑이다. 기대나 조건 없이 퍼주는 사랑. 거기에는 용서와 연민도 포함되어 있다. 반려동물의 잘못은 모두 용서된다. "말 못하는 짐승"이라는 한마디에 모든 연민이 담겨 있다. 과거의 잘못뿐 아니라 앞으로 저지를지도 모르는 온갖 잘못들도 미리 다 용서가 된다. 사랑이란 미리 다 용서하는 마음이다. "나는 너를 사랑한다"라는 말에는 너의 어떠한 잘못도 이미 다 용서한다는 뜻이 담겨 있다.

사랑은 주는 것이다. 반려견을 키운다는 것은 반려견에게 다 퍼준다는 뜻이다. 먹을 것도 챙겨주고, 건강도 챙겨주고, 산책도 시켜주고, 운동도 시켜주고, 놀아주기도 하고, 따라다니면서 똥도 치워준다. 내가 개에게 다 퍼줄 때 나는 그 개의 주인이 된다. 주는 사람이 주인이다. 내 인생의 주인이 되려면 나는 나에게 다 퍼줘야 한다. 그것이 자기사랑이다. 인간관계에서도 마찬가지다. 퍼주는 사람이 주인이다. 주는 사람이 리더가 된다. 이것은 과학적인 통계분석을 통해서도 입증된 사실이다.[686]

이기적인 사람이 성공할 가능성이 더 크다는 것은 환상에 불과하다. 남을 도와주려는 성향을 지닌 더 퍼주는 사람(giver)은 단기적으로는 손해 보는 삶을 사는 것처럼 보이겠지만 장기적으로는 더 크게 성공한 삶을 살아간다. 이기적인 성향을 지닌 더 가져가는 사람(taker)은 큰 성취를 이뤄내기 힘들다. 가장 성취도가 높은 사람은 받아가는 것에 비해서 더 많이 주려는 성향을 지닌 사람이다. 딱 해주는 것만큼은 꼭 받아야겠다는 성향의 사람은 중간관리자 정도밖에 되지 못한다. 주는 것보다 더 많이 챙기려는 이기주의자는 똑똑하고 손해 안 보는 삶을 살아간다고 자부할지 몰라도 사실은 가장 어리석은 사람들이다. 그러한 성향의 사람들이 사회의 최하위계층을 이룬다. 퍼주는 사람이 리더가 되고 성공한다. 세상은 주는 사람들의 것이다.[687]

넓은 농장에서 두 사람이 아침부터 하루 종일 밭일을 하고 있다. 해가 뉘엿뉘엿 질 때쯤 두 사람은 하루 일을 마무리하면서 서로 작별 인사를 한다. 그때 고맙다고 말하면서 돈을 주는 사람이 있고, 돈을 받아가는 사람이 있다. 물론 주는 사람이 농장 주인이다. 받아가는 사람은 고용인일 뿐이다. 세상에 대해서도 마찬가지다. 퍼주는 사람이 세상의 주인이 된다. 내가 세상에 대해 끊임없이 "무엇이 필요한가? 내가 무엇을 해드릴까요?"라고 묻는다면 이 세상도 나에게 무엇인가 자꾸 주려고 할 것이다. 반면에 끊임없이 "무엇을 가져갈 수 있을까?"라고 묻는다면 세상도 역시 나로부터 무엇인가를 자꾸 가져가려고 할 것이다.

전통 명상 수행법 중 모든 사람에게 사랑을 나눠주는 것을 '메따(mettā)'라고 하는데, 이는 선정에 드는 최고의 사마타 명상 수행법 중 하나다. 우리 뇌는 다른 사람을 행복하게 해줌으로써 내가 행복해지도록 프로그래밍되어 있다. 보상을 받아서 쾌감을 얻는 정도로는 진정한 행복에 이르지 못한다. 인간이 경험할 수 있는 최고의 행복은 누군가를 사랑함으로써 얻어진다. 연애감정을 통해서 얻어진다는 뜻이 아니다. 연애감정을 통해서 얻어지는 행복감은 보상체계의 활성화에 따른 쾌감에 가깝다. 보상체계 활성화의 쾌감만으로는 전전두피질이 제대로 활성화되지 않는다. 자애 명상을 하면 실제로 긍정적 정서가 증가하고 부정적 정서는 감소한다. 자애 명상과 연민 명상을 함께하면 스트레스 호르몬도 줄고 면역시스템은 강화되며 공감과 관련된 뇌 부위는 더욱 활성화된다.[688] 진정한 사랑을 하려면 먼저 '지금 여기'에 존재해야 한다. 내가 오롯이 고요함과 텅 빔 속에 가득 차도록 현존할 때만 진정한 사랑이 가능하다. 그때 상대방의 진정한 행복을 바랄 수 있다.

사랑의 내면소통을 훈련하는 방법에는 여러 가지가 있지만, 시작은 가장 사랑하는 대상을 마음속에 떠올리는 것이 좋다. 사랑하는 자녀나 배우자, 가족, 친한 친구, 가장 소중한 사람 등을 떠올리면 된다. 얼른 떠오르는 사람이 없으면 어린 시절 자신의 사랑스러운 모습이나 반려동물을 떠올려도 된다. 사랑하는 따뜻한 마음이 가장 잘 일어나는 대상에 집중하면서 천천히 호흡 명상을 한다. 그 대상이 늘 평온하기를, 모든 고통에서 자유롭기를, 늘 행복하기를 진심으로 기원한다. 그 대상으로 향하는 내 사랑의 느낌에 집중한다. 따뜻하고 훈훈해지는 느낌을 잘 기억해두면서 그 마음이 계속 유지되도록 한다.

사랑의 마음이 잘 유지된다고 느껴지면 현재의 내 모습을 떠올리면서 나의 사랑의 마음이 나 자신에게 향하도록 한다.

사랑의 마음을 더 강하게 키워가면서 그 대상을 점차 별로 친하지 않은 사람, 얼굴만 아는 사람, 잘 모르는 사람 등으로 확장해나간다. 사랑의 마음이 계속 잘 유지되면 그다음에는 대상을 점차 미운 사람, 싫은 사람, 도저히 사랑하기 어려운 사람 등으로 계속 넓혀간다.

결국 "원수를 사랑하라"는 가르침을 명상을 통해 수행하는 것이 전통적인 '메따' 명상의 핵심이다. 순서를 정리해보면 다음과 같다. 현재 사랑하는 사람 → 나 자신 → 좋아하지도 싫어하지도 않는 잘 아는 사람 → 얼굴은 알지만 잘 모르는 사람 → 싫어하는 사람 → 미워하고 증오하는 사람. 사랑하는 따뜻하고 훈훈한 마음 상태를 유지하면서 점차 고난도의 대상으로 옮겨가는 것이 메따(mettā) 명상의 기본이다.

용서할 수 있고 연민을 느낄 수 있어야 사랑할 수 있다. 또한 사랑하는 마음이 있으면 용서도 되고 연민도 생긴다. 밉거나 싫은 사람을 생각하는 순간 사랑의 마음이 더 이상 유지되지 않는다고 생각되면 바로 중단하고 다시 호흡에 집중하면서 가장 사랑스러운 대상으로 되돌아간다. 중요한 것은 대상이 아니라 나의 사랑하는 마음 상태다. 어떠한 대상에 대해서도 행복하기를 바라는 따뜻한 사랑의 마음이 계속 유지되도록 하는 것이 중요하다. 메따 명상은 결국 고요함과 텅 비어 있음의 알아차림 상태로 우리를 안내한다. 강력한 자기참조과정의 훈련이기에 전전두피질의 신경망을 효과적으로 활성화하는 것이다.

수용

수용(acceptance)은 받아들임이다. 수용은 내 삶에 펼쳐지는 어떠한 사건에 대해서도 저항하지 않는 마음 상태를 의미한다. 현실을 있는 그대로 받아들이는 마음 상태다. 나에게 벌어지는 일이 그저 나를 통과해서 지나가도록 내버려두는 것이 수용이다. 받아들인다는 것의 핵심은 '저항하지 않는다'는 것이다. 싫다고 생각하는 것을 밀쳐내려고 하는 것, 원하는 것을 끌어당기려고 하는 것은 모두 저항이다. 이러한 저항을 내려놓는 것이 수용이다. 그래서 수용의 다른 이름은 항복(surrender)이다. 여기서 항복한다는 것은 싸움에 져서 굴복한다는 뜻이라기보다는 더 이상 저항하지 않고 주어진 상황을 받아들인다는 의미다. 진정한 수용을 그래서 '완전한 항복(total surrender)'이라고도 표현한다.

우리나라 불교의 소의경전인 《금강경》의 첫 부분에서 고타마의 수제자인 수보리는 "어떻게 하면 우리의 이 마음을 항복시킬 수 있습니까(降伏其心)?"라고 묻는다. 수행의 궁극적인 목적인 완전한 항복의 상태에 어떻게 도달하고 거기에 머물 수 있느냐는 질문이다. 이에 대해 고타마는 "모든 중생을 구제하는 것"이라고 답한다. 생명이 있는 이 세상의 모든 존재를 구제하되 '내가 구한다'라는 자기중심적 생각마저 버리라는 것이 이 가르침의 핵심이다. "네 주변의 모든 사람을 사랑하라"라는 예수의 가르침과 같다. 둘 다 자기긍정과 타인긍정의 삶을 살라는 가르침이다.

용서-연민-사랑의 마음을 훈련하면 자연히 수용의 역량도 커진다. 내가 나를 용서하는 것은 자기수용으로 가는 디딤돌이다. 수용은 또한 감사로 이어진다. 수용-감사-존중은 자기긍정과 타인긍정의 자연스러운 상승 과정이다. 수용은 용서와 존중을 연결하는 연결고리이기도 하다. 자기 자신의 모습을 있는 그대로 깊이 수용하는 근본적인 수용은 강력한 치유의 효과를 발휘한다. 근본적인 수용은 자기긍정과 타인긍정의 첩경이며, 자신과 타인에 대한 사랑을 회복할 수 있는 강력한 힘을 지니고 있다.[689]

수용의 상태에서 편도체는 안정화되며 전전두피질은 활성화된다. 암 환자에게 마음을 내려놓는 적극적 수용으로서의 항복하기 훈련을 시켰더니 환자들의 행복도가 높아졌다는 연구결과도 있다.[690] 만성통증 환자에게 통증을 거부하지 말고 마음으로 받아들이라는 수용 훈련을 시켰더니 역시 전반적인 행복도가 향상되었다. 통증 치료에 조급한 마음으로 매달리는 것을 그만두고 통증이 쉽게 사라지지 않을 것이라는 사실을 담담히 받아들이도록 했더니, 환자들은 오히려 일상생활에 더 잘 적응했으며 결과적으로 정신건강에도 큰 도움을 얻게 되었다.[691]

수용은 집착을 버린다는 것과 같은 뜻이다. 집착을 버린다는 것은 이래도 좋고 저래도 좋고 아무래도 좋은 상태가 되는 것이라고 자칫 오해하기 쉽다. 돈에 대한 집착을 버린다는 것은 더 이상 돈을 원하지도 않고 벌지도 않는다는 뜻이 아니다. 아무것도 원하지 않는 상태는 일종의 정신질환이다. 아무것도 원하지 않는 상태를 무동기증(amotivation)이라고 하는데 조현병 환자에게서 나타나는 대표적인 네거티브 증상 중 하나다. 집착을 버리라는 것은 결코 아무것도 바라지 않는 무동기 상태가 되라는 뜻이 아니다. 삶의 방향이 있고, 에너지를 얻고, 적극적 도전성을 발휘하려면 반드시 바라는 것이 있고 원하는 것이 있어야 한다. 원하는 것을 향한 적극적인 동기는 건강한 마음근력을 위해서도 꼭 필요하다. 스스로 자기 자신에게 동기를 부여하는 힘인 자기동기력의 기반은 무언가를 원하는 데 있다.

집착을 버린다는 것은 아무것도 원하지 않는다는 뜻이 아니다. 원하되 그것 때문에 불행해지지 않는다는 뜻이다. 어떤 것을 원하는 마음 때문에 불행해진다면 그것이 곧 집착이다. 어떤 것을 원하되 집착하지 않는 것을 '선호(preference)'라고 한다. 10억 버는 것보다 100억 버는 것을 더 원하지만 집착하지 않는다면 그 사람은 100억을 '선호'하는 것이다. 선호와 집착의 차이는 원하는 것이 충족되지 않았을 때 분명하게 드러난다. 그것 때문에 불행해지느냐의 여부가 핵심이다. 100억을 원하는데 그것이 충족되지 않았을 때 분노와 좌절감에 빠져들어 불행해진다면 그 사람은 100억에 집착하는 것이다. 100억을 벌었는데 그것을 잃어버릴까 불안해진다면 역시 집착하는 것이다. 100억을 벌면 만족하고 행복하지만 벌지 못한다 해도 크게 불행해지지 않는다면 그것은 선호하는 것이지 집착하는 것이 아니다. 집착하지 않는 사람은 어떤 일을 하는 데 있어서 실패를 두려워하지 않는다. 따라서 적극적 도전성

(reaching out)을 갖게 된다. 그것이 회복탄력성을 지닌 사람들의 특징이다. 집착은 회복탄력성의 최대 적이다.

어떤 사람이 짜장면을 먹었는데 정말 기가 막히게 맛있었다고 하자. 한참 시간이 흐른 후에 문득 그 짜장면이 생각나서 다시 가보기로 한다. 차로 한 시간 이상 걸리는 먼 거리에 있는 음식점이었지만 어렵게 시간을 내서 부푼 기대를 안고 짜장면을 먹으러 갔다. 자리에 앉아 짜장면을 주문하자 주방장이 달려오더니 "정말 죄송하게 되었다"라며 사과한다. 오늘따라 손님이 많이 와서 재료가 다 떨어졌다는 것이다. 그 먼 길을 달려왔는데 재료가 떨어져 짜장면을 먹을 수 없다니! 이때 분노가 치밀어 오르면서 짜증과 화가 나기 시작한다면 그 사람은 짜장면에 집착하는 것이다. "재료가 없으면 빨리 사 와서라도 만들어야지 그거 먹으러 여기까지 왔는데 그냥 무책임하게 없다고 하면 어쩌란 말이냐!"라며 주방장에게 거세게 항의하고 분노를 폭발시킨다면 그는 짜장면 때문에 불행한 사람이 되고 만다. 짜장면을 먹으러 먼 길을 달려온 것은 행복해지기 위해서다. 짜장면을 먹으면 행복해질 수 있다고 믿었던 것이다. 그러나 결국 짜장면 때문에 불행해지고 말았다. 그렇게 원하던 짜장면이 결국은 불행의 원인이 된 것이다.

나에게 행복을 가져다주리라 여겨지는 온갖 행복의 조건들은 그것에 집착하는 순간 불행의 조건이 되고 만다. 짜장면이 없다고 하면 조금 실망하겠지만 곧 담담히 그 상황을 수용하고 "그럼 주방장님, 오늘 짜장면 말고 뭐가 맛있을까요?"라고 물을 수 있는 마음의 여유를 가져야 한다. 즉 원하는 짜장면이 있으면 행복하겠지만 없다고 해서 더 불행해지지는 않는다. 이것이 짜장면을 선호하되 집착하지 않는 상태다.

우리가 살아가는 이 사회는 우리의 행복이 특정한 조건(돈, 권력, 지위, 명예, 성공, 사회적 평판, 외모 등등)에 의존한다고 굳게 믿는다. 대부분의 사람이 그 특정한 조건들에 집착한다. 돈에 집착하는 사람은 돈을 벌수록 늘 돈이 부족하다고 느낀다. 권력에 집착하는 사람은 권력을 얻을수록 자신의 힘이 약하다고 느낀다. 지위에 집착하는 사람은 지위가 높아질수록 더 높은 곳에 있는 사람만 바라보며 더 높이 올라가려 애쓴다. 외모에 집착하는 사람은 늘 다른 사람과 자신을 비교해보며 자신의 단점만을 바라보고 스스로 매력이 없다는 불안감에 시달린다. 그 불안감은 나이가 들수록 더 심해진다. 이처럼 행복의 조건은 집착의 대상이 되는 순간 오히려 불행의 조건이 되어버린다.

지금 스스로에게 질문해보라. 내가 지금 가장 원하는 것이 무엇인가? 그것을 얻지 못하게 되면 나는 불행감을 느낄 것인가? 불행감을 느낀다면 나는 그것에 집착하는 것이다. 그 집착을 버려야 한다. 단지 선호하는 것으로 바꿔야 한다. 그렇게 바꾸는 마음 자세가 곧 수용이다.

오유지족하면 두려움이 사라진다

마음근력을 약화하고 편도체를 활성화하는 가장 큰 원인은 두려움이다. 두려움에서 좌절감이 나오고 좌절감에서 분노가 싹튼다. 사람들이 두려워하는 것은 크게 두 가지다. 하나는 행복의 조건이라고 굳게 믿는 것을 얻지 못하는 것에 대한 두려움이다. 다른 하나는 이미 가졌다고 생각하는 행복의 조건을 혹시라도 잃어버리면 어쩌나 하는 두려움이다. 이러한 두려움을 근본적으로 없애기 위해서는 내가 얻고자 하는 성공이나 성취가 행복을 가져다주지 않는다는 것을 확실히 깨닫고 집착에서 벗어나야 한다. 그리하여 어떠한 상황이든 수용하는 마음의 습관을 길러야 한다.

어떤 것이든 심정적으로 거부하거나 저항하지 않고 조용히 받아들이는 수용의 태도를 지니면 어떠한 실패나 역경도 나를 불행하게 만들 수 없는 상태가 된다. 나의 삶이 어떻게 전개되든, 나에게 어떠한 삶의 조건이 펼쳐지든 늘 만족할 수 있게 된다. 이것을 한마디로 표현하자면 "나는 오로지 만족함만을 안다"라는 오유지족(吾唯知足)의 상태다. 마음에 걸리는 것이 없고 따라서 두려움도 없는 상태다.

오유지족을 다른 말로 표현하자면 이미 가진 것을 원하는 마음 상태다. 우리는 항상 지금 내게 없는 것을 원한다. 어쩌다가 원하는 것을 손에 넣는다 하더라도 얻고 나면 곧 그것을 더 이상 원하지 않게 된다. 그렇기에 끝없이 결핍을 느끼고 늘 불행해진다. 이미 가진 것을 원하라. 그것이 곧 수용이다. 지금 이 순간, 있는 그대로, 지금 이대로 모든 것을 오롯이 수용하면 모든 것에 만족할 수 있고 거기에 무한한 행복이 있다. 마이스터 에크하르트(Meister Eckhart)의 말처럼 모든 것을 가진 상태가 행복한 것이 아니라, 모든 것을 놓아

버려도 더 이상 필요한 것이 아무것도 없는 상태가 진정한 행복이다.[692]

우리 삶을 힘들게 하고 불행하다고 느끼게 하는 것은 우리에게 일어나는 나쁜 일 자체가 아니라 나쁘다고 생각하는 그 일들에 대한 우리 자신의 저항이다. 새 구두와 새 옷을 착용하고 길을 가다가 진흙탕에 발이 빠졌다고 생각해보자. 새 구두와 옷이 엉망이 되어버렸다. 순간 마음으로부터 강한 저항이 일어난다. 믿을 수 없고 받아들이기 힘든 일이 생긴 것이다. 마음속으로 분노가 치밀어 오르고 누군가를 비난하고 탓하기 시작한다. 도로관리를 소홀히 한 구청이나 시청 직원들을 비판하고, 나아가 길도 제대로 살피지 않고 걷는 자기 자신을 비난하고 자책한다. 그 길을 택한 자신의 선택을 탓하고 하필 오늘 이 시간에 이 근처에서 만나자고 한 지인들까지 원망한다. 나 자신과 온갖 사람들을 향해 분노가 치밀어 오른다. 당연히 불행해진다. 진흙탕에 빠져서 불행해진 것이라기보다는 진흙탕에 빠졌다는 사실을 받아들이지 못하기 때문에 불행해지는 것이다. 우리가 어떤 일 때문에 불행해질 때의 전형적인 모습이다. 불행의 원인도 원인이지만 자세히 살펴보면 그 불행한 일에 저항하느라 더 깊은 불행에 빠져든다는 것을 알 수 있다.

수용의 태도를 지닌 사람은 진흙탕에서 얼른 발을 빼서 간단히 조치한 다음에 가던 길을 계속 간다. 기분이 더 좋아질 리는 없지만 그렇다고 해서 크게 화가 나거나 불행해지지도 않는다. 진흙탕에 빠진 사건이 나의 삶을 그냥 통과해서 지나가도록 내버려두는 것이다.

부정적인 사건에 저항하지 않고 그냥 나의 삶을 통과하도록 내버려두는 것은 그 일에 아무런 대처도 하지 않는다는 뜻이 아니다. 오히려 저항하지 않으면 그 일 자체에 더 잘 대처할 수 있다. 진흙 묻은 구두와 옷을 털어내는 일에 집중해 문제를 재빨리 해결할 수 있다. 만약 법적 대응이 필요한 일이라면 분노하지 말고 그냥 차분히 냉철하게 대응해나가면 된다. 문제는 진흙탕에 빠졌다는 사실 그 자체다. 거기에만 집중하면 된다. 그러나 그 사실을 받아들이지 못하고 저항하기 시작하면 이제 문제는 나 자신과 세상으로 넓게 확장되어버린다. 나의 분노, 나의 좌절, 나의 자책감, 세상의 온갖 부조리와 불합리함 등 여러 추가적인 문제로 커져버리는 것이다. 이러한 문제가 우리의 삶을 괴로운 것으로 만들어버린다.

어떤 일에 저항한다는 것은 내가 만들어낸 이야기에 내가 저항하는 것이다. 나의 내면에서 저항의 대상을 만들어내고 스스로 저항하는 것이다. 모든 저항은 내가 나에 대해서 하는 것이다. 모든 분노는 내가 나에 대해서 하는 것이다. 우리는 사건 자체에 저항하는 것이 아니라 사건에 대한 자신의 사의적인 해석에 저항하는 것이다. 우리 삶에서의 모든 심리적 저항과 그 저항에 따른 분노는 나 스스로 만들어내는 것이다. 따라서 나는 그 저항을 내려놓을 수 있다. 만든 사람이 나이기에 내가 없앨 수 있다. 나는 나의 분노를 사라지게 할 수 있다. 이것을 우선 깨달아야만 한다.

우리가 저항하는 것은 두 가지다. 하나는 이미 일어난 일. 다른 하나는 아직 일어나지는 않았으나 혹시 일어날지도 모르는 일. 둘 다 무의미한 저항이다. 지금 잠시 책을 내려놓고 두 손바닥을 마주하게 해서 강하게 밀어보라. 왼손으로는 오른손을, 오른손으로는 왼손을 강하게 밀어보라. 힘들다. 세상일에는 아무런 변화도 주지 않으면서 그저 나 혼자 힘들다. 우리가 하는 저항이 꼭 이와 같다. 왼손과 오른손이 서로 저항하는 것이다. 내가 나를 힘들게 하면서 애쓰는 대부분의 걱정이나 두려움, 분노가 이와 마찬가지다. 어떤 일이 일어났을 때 나쁜 일일수록 그냥 내 삶을 통과해서 지나가게 해야 한다. 그러한 일에 대해 분노나 두려움의 감정을 만들어낼 필요는 없다. 이것이 수용이다.

Note	**내 분노의 진짜 원인 찾아보기**

가보르 마테 박사에 따르면 우리가 어떤 일을 받아들이지 못하는 가장 큰 이유는 고정관념 때문이다. 세상일은 이렇게 혹은 저렇게 되는 것이 마땅하다는 나름의 확고한 믿음을 갖고 있어서다. 지금 벌어지고 있는 일에 저항함으로써 그것을 바꾸고자 하는 것이다. 흔히 이미 지나간 일임에도 불구하고, 다른 사람의 마음이나 행동을 바꾸는 것은 매우 어려운 일임에도 불구하고 말이다. 게다가 우리는 우리를 불행하게 하는 최악의 스토리텔링을 별 근거도 없이 만들어내고 그것에 분노한다. 대부분의 분노는 스스로 만들어내는 것이다. 한 예를 살펴보자.[693]

내면소통

어떤 사람이 급히 집을 수리해야 할 문제가 생겨서 잘 아는 친구인 인테리어 업자에게 집수리를 맡기고 며칠 여행을 떠났다. 당연히 집 수리가 끝났을 거라 생각하고 집에 돌아와 보니 달라진 건 아무것도 없었다. 그 친구는 오지도 않았고 연락도 없었다. 친구의 행동이 괘씸하고 상식적으로 이해가 되지 않는다. 이런 상황이라면 우리는 분노를 느끼게 마련이다.

마테 박사는 묻는다. 이런 상황에서 우리는 왜 화가 나는 걸까? 어떤 일이든 우리의 분노를 저절로 유발하지는 않는다. 우리는 먼저 스토리텔링을 한다. 집이 수리되어 있지 않았고 친구는 연락도 없다는 사실에 의미부여를 하는 것이다. "이건 나를 무시하는 행동이야" 하는 식으로. 친구는 왜 연락도 없이 오지 않았을까. 여러 가지 가능성에 대해 한번 생각해보자고 마테 박사는 제안한다.

물론 그냥 나를 무시해서 안 왔을 수도 있다. 혹은 더 돈 되는 일감이 생겨서 내 집 수리를 미루었고, 그게 미안해서 연락도 못했을 수 있다. 정말 이런 이유라면 화낼 만도 하다. 하지만 다른 가능성은 없는가? 우선 갑자기 아파서 못 왔을 수도 있다. 매우 심하게 아파서 응급실에 실려 가서 입원하고 수술받느라 전화할 겨를이 없었을 수도 있다. 혹은 사고로 다쳤을 수도 있다. 교통사고를 당해 입원 중일 수도 있다. 혹은 자녀가 아프거나 사고를 당했을 수도 있다. 누군가 가까운 사람이 죽었을 수도 있다. 혹은 코로나 확진 판정을 받아 격리되었는데 마침 휴대전화를 잃어버려 연락도 못하는 상황일 수 있다. 이밖에도 수많은 가능성이 있다.

그런데 이러한 어쩔 수 없는 이유로 친구가 오지 못한 것이라면 그래도 화가 났을까? 그렇지 않을 것이다. 오히려 친구의 상황을 이해하고 어쩔 수 없이 못 왔다는 사실을 담담히 받아들이고 수용했을 것이다. 그리고 그 친구를 걱정했을 수도 있다.

수리가 안 되어 있는 집을 보자마자 분노를 느꼈다면 그것은 내가 가장 분노할 만한 최악의 이유를 먼저 떠올리고 바로 그러한 이유로 안 왔을 것이라고 단정해버렸기 때문이다. 아프거나 사고 때문에 어쩔 수 없이 못 왔을 수도 있다. 만약 그렇다면 나는 별로 화가 안 났을 것이고 "그럴 수도 있지"라고 수용하고 저항하지 않았을 것이다. 즉 나는 "친구가 집을 수리하지 않았다"라는 사실 때문에 분노하는 것이 아니다. 불성실하고 무책임한 행동을 했다고 의미부여를 했기 때문에 화가 나는 것이다. 좀 더 정확히 말하면 친구가 '나를 무시했다'고 생각하기 때문에 화가 나는 것이다.

화를 잘 내는 사람은 어떤 일에 대해서 최악의 가능성을 생각하는 습관이 있다. 누군가 나를 무시하지 않을까 늘 두려워하는 마음이 있기 때문에 조금이라도 그렇게 해석할 수 있는 일이 생기면 무조건 그 사람이 "나를 무시했으니 그런 행동이나 말을 한 것이다"라고 단정지어버린다.

마테 박사의 설명에 따라 내 분노의 원인을 찾아보자. 최근 수년간 가장 화가 났던 일을 떠올려보라. 그리고 그 일을 내가 어떻게 '해석'했는가를 면밀하게 검토해보자. 나는 어떤 '단정'을 했는가? 나는 어떠한 '확신'을 갖고 화를 냈는가? 과연 내가 한 '해석'이 유일한 가능성이었을까? 내 분노의 근원에는 어떠한 스토리텔링이 있는가? 나는 무엇에 집착하고 있는가? 모든 분노와 두려움의 근원에는 항상 집착이 있다. 그 집착을 놓아버리는 것만이 분노와 두려움으로부터 자유로워지는 길이다.

집착을 버리고 수용하면 두려움이 사라진다

불교의 기본 텍스트인 《반야심경》은 원저자가 누구인지도 알 수 없는 오래된 경전이다.[694] 《반야심경》의 핵심을 한마디로 정리하자면 "마음에 걸리는 것이 없어야 두려울 것이 없게 되며, 그것이 곧 최고의 행복인 열반에 이르는 길이다"라는 것이다. 마음에 걸리는 것이 없어지려면 무엇인가를 얻고자 하는 마음부터 버려야 한다. 얻을 것이 아무것도 없다는 것을 깨달아야 한다. 그 무엇에도 집착할 것이 없어야 한다. 심지어 진리나 가르침이나 깨달음도 얻고자 매달리면 집착이 된다. 집착이 사라져야 마음에 걸리는 장애물이 다 사라지고, 그래야 모든 두려움이 사라진다. 아무것도 두려워하지 않는 상태가 곧 궁극의 깨달음의 상태이고 진정한 자유의 상태다. 《반야심경》의

지향점은 두려울 것이 하나도 없는 '무유공포(無有恐怖)'다. 편도체 안정화인 것이다.

마음에 걸리는 것이 없다는 것은 살아가면서 실시간으로 벌어지는 일들을 순간순간 모두 수용한다는 뜻이다. 수용은 이미 벌어진 일만 받아들이는 것이 아니라 지금 여기서 벌어지는, 그리고 앞으로 벌어질 모든 일에 대해 미리 수용하는 마음을 갖는 열린 상태다. 틸로파가 말한 "모든 것에 열려 있되 어느 것에도 집착하지 않는 마음(a mind that is open to everything and attached to nothing)"이 곧 수용이다.

무엇에도 집착하지 않는 것은 우리를 '무조건적인' 행복으로 안내한다. 무조건적인 행복은 어떠한 상황에서도 무조건 행복해야 한다는 뜻이 아니다. 그보다는 '어떠한 조건에도 의존하지 않는 행복'이라는 뜻이다. 이러저러한 것을 얻어야 행복해질 것 같다면, 그건 진짜 행복이 아니다. 그러한 행복의 조건은 곧 불행의 조건이 되기도 한다. 이러저러한 조건을 충족해야 얻는 '조건부 행복'은 행복이 아니다. 오히려 더 이상 얻을 것이 아무것도 없음을 확실히 깨닫는 것이 진정한 행복이다. 아무것도 얻을 것이 없으므로 마음에 얽매이는 바가 없고 따라서 공포나 두려움이나 걱정도 생기지 않는다. 아무것도 얻을 것이 없다는 것이 실체이므로 그것을 깨닫는 것은 곧 일체의 전도몽상에서 벗어나는 것을 의미한다. 이것이 무조건적인 행복이다. 행복은 조건에 의한 것이 아니므로 원하는 일이 일어나도 행복할 수 있고 원하지 않는 일이 일어나도 행복할 수 있다. 내가 원하는 것과 원하지 않는 것 모두가 전도몽상이다.

고통은 매우 현실적이다. 인생을 살다 보면 몸이 아프고 마음이 안 아플 수가 없다. 우리 삶에서 이러저러한 고통은 피할 수 없는 것이다. 그러나 고통을 느낀다고 해서 꼭 불행해지는 것은 아니다. 고통 속에서도 얼마든지 행복할 수 있다. 안락함 속에서도 걱정과 불안에 몸부림치며 불행해지는 사람이 많은 것처럼, 우리는 괴로움과 고통 속에서도 얼마든지 행복을 누릴 수 있다.

지금 자신에게 질문을 한번 던져보라. "지금 나는 행복한가?" 행복에 대한 많은 여론조사에 따르면, 대체로 사람들은 '나는 이 정도면 행복하다'라고 생각한다.[695] 당신도 만약 '이 정도면 그래도 행복하다'라고 생각한다면, 행복한 이유가 무엇인지를 떠올려보라. 만약 이러저러한 행복의 조건을 떠올린다면 당신의 행복은 위태롭다. 언젠가는 그러한 행복의 조건 때문에 불행해질 가능성이 크기 때문이다.

만약 누군가 "내 삶은 이러저러한 이유로 행복하다"라고 말한다면 아마도 스스로 행복의 조건을 충족했다고 생각했기 때문일 것이다. 즉 가짜 행복에 현혹된 상태일 가능성이 높다. 그러나 어떤 사람이 물리적 재난과 심리적 고통을 비롯해 흔히 불행하다고 할 만한 일을 겪으면서도 마음속 깊이 행복감을 느낀다면 그 행복은 진짜일 가능성이 크다. 어떠한 조건에 의존하지 않는 무조건적인 진짜 행복일 가능성이 크기 때문이다. 이러저러한 온갖 안좋은 일에도 '불구하고' 행복을 느낀다면 그것이 진짜 행복이다. 어떤 특정한 조건과 상관없이 느끼는 행복이기 때문이다. 오히려 이러저러한 좋은 일 '때문에' 행복을 느낀다면 그건 아마도 가짜 행복일 가능성이 훨씬 더 크다. 모든 집착을 내려놓고 수용하는 마음을 훈련한다면 어떠한 상황에서도 '진짜' 행복을 누릴 수 있다. 온갖 역경과 환란 속에서도 행복할 수 있는 사람이 진짜 행복한 사람이다. 그러한 사람이 강력한 마음근력의 소유자다.

감사

모든 것을 받아들이는 수용의 상태는 감사하는 마음으로 발전할 수 있다. 전전두피질은 자기 자신과 타인에 대한 긍정적 정보를 처리할 때 가장 크게 활성화된다. 그런데 감사하기는 나에게 생긴 어떤 일을 긍정적으로 받아들이면서 동시에 그 일이 누군가 다른 사람 덕분에 일어났다고 생각하는 마음 상태다. 말하자면 감사하기는 지금 나에게 주어진 것을 긍정적으로 수용하면서(자기긍정), 동시에 그것을 준 사람을 긍정적으로 받아들이는 것(타인긍정)이다. 이처럼 자기긍정과 타인긍정이 동시에 일어나기에 감사하기는 전전두피질 활성화를 위한 효과적인 훈련법으로 폭넓게 활용되고 있다. 감사명상이나 감사일기 쓰기 등 다양한 방법의 감사하기는 그 효과가 여러 연구

내면소통

를 통해 입증되었다.

　　감사하기가 뇌에 어떠한 변화를 가져오는지를 구체적으로 살펴보기 위해 나는 강남세브란스 병원의 김재진 교수팀과 공동연구를 진행했다.[696] 단 5분 동안 감사 명상을 해도 그 효과는 분명하게 나타났다. 피험자들에게 헤드폰을 쓰게 하고 MRI 장치 안에 누운 상태에서 내 목소리로 녹음한 감사 명상을 5분간 듣게 했다. 그냥 사람들에게 '감사하라'고 하면 각자 다른 내용으로 감사함에 대해서 생각할 것이고 그에 따라 떠올리는 기억이나 감정 상태도 제각각이 되어 뇌 영상을 통해 일관된 패턴을 읽어내기가 어려우리라 판단되었다. 모든 피험자가 비슷한 감사하기를 할 필요가 있었다. 나는 주양육자(대부분 어머니)에 대한 감사하기가 긍정적 내면소통으로 가장 효과가 있으리라고 판단했다. 그런데 성인인 피험자들은 어머니와의 관계가 각자 다를 터였다. 최근에 사이가 안 좋아졌을 수도 있고, 혹은 어머니가 편찮은 상태여서 어머니 생각만 하면 불안감이나 스트레스가 엄습할 수도 있다. 또는 어머니가 돌아가신 경우도 있을 터였다. 이러한 다양한 상황을 통제하기 위해서 나는 감사 명상을 통해 우선 피험자들에게 자신의 어린 시절을 떠올리도록 했다. 가장 어린 시절의 기억을 생생하게 떠올리게 한 다음에 주양육자(어머니 혹은 다른 가족 구성원)의 최근 모습을 떠올리도록 했다. 그때 어머니가 나를 사랑해주셨던 모습을 생생하게 떠올리면서 "엄마, 고맙습니다. 어머니, 감사합니다"를 마음속으로 반복해서 말하도록 했다. 이러한 감사 명상을 5분간 진행하면서 뇌 여러 부위의 기능적 연결성을 측정했고, 감사 명상 직후 아무것도 하지 않는 상태(resting state)에서의 기능적 연결성도 측정했다. 감사 명상을 5분간 실시한 직후에 얻은 뇌의 기능적 연결성 데이터를 분석해보니 편도체와 전전두피질 사이의 기능적 연결성이 불안이나 우울증세가 많은 사람일수록 유의미하게 증가한 것으로 나타났다. 이러한 결과는 불안이나 우울증세에 시달리는 사람일수록 짧은 명상일지라도 감정조절의 신경망을 활성화하는 데 큰 도움을 준다는 점을 암시한다. 또 감사 명상은 모든 피험자의 심박수를 낮춰주었다. 불안장애 증상을 폭넓게 완화할 수 있음을 암시하는 결과였다.

　　감사 명상을 하는 동안에 뇌의 기능적 연결성이 전전두피질을 중심으로 달라지는 결과는 이러한 훈련을 반복하면 뇌의 신경가소성에 따라 구조적 변화도 가져오리란 것을 암시한다. 실제로 뇌 구조를 분석한 여러 연구는 지속적인 감사하기 훈련이 뇌의 기능뿐 아니라 구조 자체를 바꿀 수도 있음을 보여준다. 감사하는 성향이 습관화된 사람들은 mPFC(내측전전두피질) 신경망이 구조적으로도 더 발달해 있으며, 나아가 생활만족도 수준도 높은 것으로 나타났다.[697] 이처럼 전전두피질의 활성화와 구조적 변화는 감사 성향과 행복감을 이어주는 연결고리라 할 수 있다.

감사하기는 또한 편도체 활성도를 낮추고 편도체 활성화가 가져오는 염증반응도 완화하는 것으로 나타났다.[698] 불안장애와 우울증 환자 260명을 무작위로 두 집단으로 나누어서 한 집단에만 5주간 인터넷과 모바일 앱을 통해서 감사하기 훈련을 하도록 한 연구에서는 통제집단과 비교했을 때 '반복적인 부정적 사고(RNT)'가 유의미한 수준으로 감소한 것으로 나타났다.[699]

한편 감사하기가 강력한 마음근력 훈련의 효과가 있다는 사실이 오래전부터 널리 알려지고 인지치료의 한 방법으로도 큰 인기를 얻다 보니 이에 대한 반성적인 연구도 진행되었다. 우울증이나 불안장애 환자를 대상으로 감사하기 훈련을 한 27개의 연구논문에 대한 메타분석은 감사하기 훈련의 치료 효과가 없는 것은 아니지만 그렇게까지 강한 것은 아니라는 결론을 내리고 있다.[700] 이 메타분석의 의미는 감사하기 훈련을 환자들에게 바로 적용하면 기대한 만큼의 큰 효과는 거두기 어려울 수도 있다는 점을 암시한다. 감사하기 훈련을 할 때는 자기긍정과 타인긍정을 동시에 해야 한다. 따라서 오랜 세월 동안 자기 자신과 주변 사람들에 대해 부정적 내면소통을 반복적으로 해왔을 가능성이 큰 우울증 환자나 불안장애 환자에게는 감사하기 훈련의 효과가 제한적일 수밖에 없다. 이런 경우에는 먼저 수용하기 훈련을 충분히 한 후에 감사하기를 시작하는 것이 좋다. 또 감사는 용서하는 성향과도 매우 밀접하게 연결되므로 감사하기 훈련 전에 용서하는 마음의 습관을 길러두는 것도 큰 도움이 될 것이다.[701]

긍정적 정서의 습관을 기르고 마음근력을 키우는 데에는 여러 가지 방법이 있지만, 그중에서도 감사일기를 쓰는 것이 특히 효과가 있는 것으로 밝혀졌다. 갑자기 일기를 쓰라고 하면 부담을 느끼는 사람도 많다. 그러나 감사일기는 흔히 말하는 그런 통상적인 일기가 아니다. 매일 '어떤 것에 대해' '누구에게' 감사한다는 것을 짧은 문장으로 메모처럼 적는 것이다. 감사일기는 꾸준히 써야 더 큰 효과가 나타난다. 긍정심리학자인 류보미르스키(Sonja Lyubomirsky) 교수는 6주 동안 한 집단에는 매주 한 번씩 감사일기를 쓰게 했으며, 다른 집단에는 3주에 한 번씩 쓰게 했다. 그 차이는 컸다. 3주에 한 번씩 감사일기를 쓴 집단에서는 아무런 효과가 나타나지 않았고, 매주 감사일기를 쓴 집단에서만 긍정적 효과가 나타났다.[702]

전작《회복탄력성》에서도 나는 감사일기 쓰기를 강조했는데, 실제로 감사일기를 써본 많은 분들이 효과를 보았다고 피드백을 주기도 했다.[703] 감사일기 쓰는 법은 다음과 같다. 우선 매일 밤 잠자리에 들기 전에 그날 있었던 일들을 돌이켜보면서 감사할 만한 일을 다섯 가지 이상 수첩에 적어둔다. 인생에 있어서 일반적인 감사한 일이 아니라 그날 하루 동안 있었던 구체적인 일 중에서 감사할 만한 일을 기억해서 적어야 한다. 예컨대 무거운 짐을 옮기는 데 친절히 도와줬던 사람이나 흔쾌히 일을 도와준 직장 동료 등에 대해 감사한 점을 구체적으로 적도록 한다. 그냥 머릿속으로 회상만 하는 것으로는 부족하다. 반드시 손에 펜을 들고 글로 적은 후에 잠자리에 들도록 한다. "이러저러한 일이 있었는데 그 사람에게 감사하다"라는 내용이어야 한다. 자기긍정과 타인긍정의 두 요소가 모두 포함되어야 하므로 감사의 대상이 누구인지 분명히 밝혀야 한다. 이름을 모르면 "그걸 도와줬던 그 사람"이라고 쓰면 된다.

감사일기를 잠자리에 들기 전에 쓰면 우리의 뇌는 그날 하루 있었던 일을 꼼꼼히 회상해보면서 그중에서 감사할 만한 일을 찾게 된다. 다시 말해서 감사한 마음으로 그날 하루의 일을 돌이켜보다가 잠들게 되는 것이다. 잠들기 전에 하는 것이 효과적인 이유는 대부분 기억의 고착화 현상은 잠자는 동안에 일어나기 때문이다. 즉 감사하는 긍정적인 마음으로 그날 하루 일을 회상함으로써 전전두피질의 신경망이 활성화된 상태에서 잠드는 것이 목적이다. 신경가소성을 기반으로 하는 뇌 신경망의 변화는 잠을 자는 동안 가장 활발하게 일어나기 때문이다.

감사일기 쓰기를 며칠 하다 보면 아침에 일어나자마자 우리 뇌는 자동으로 감사한 일을 찾기 시작한다. 우리 뇌는 '오늘 밤에도 하루 중 감사한 일을 떠올려야겠지'라고 예측하면서 감사한 일을 찾기 위해 계속해서 모니터하는 상태가 된다. 즉 일상생활을 하는 동안 늘 감사한 일을 찾게 되며, 자신에게 벌어지는 일들을 감사하게 바라보는 습관이 자연스럽게 생기기 시작한다.

종교가 있는 사람은 감사훈련을 더 효과적으로 할 수 있는데 바로 감사기도를 통해서다. 사실 어떤 종교든 기도는 감사기도여야 한다. 마이스터 에크하르트는 우리가 드릴 수 있는 기도는 "감사합니다" 한마디뿐이라고 단언한다.[704] 이러저러한 소원을 비는 것은 기복신앙에 가깝다. 절대자에게 무엇을 해달라고 요구하는 것은 집착이고 욕심이다. 인생의 비극은 고통을 겪는 데 있는 것이 아니라 자신이 이미 받은 것들의 소중함을 깨닫지 못하는 데 있다.

감사하는 마음은 어떤 것을 기대하지 않았는데도 불구하고 주어졌을 때 더 크게 느끼기 마련이다. 기대하고, 계획하고, 의도하고, 노력해서 일이 이뤄졌을 때는 감사하는 마음이 거의 생겨나지 않는다. 그저 뿌듯한 성취감만을 느끼게 된다. 진정 감사하는 마음을 가지려면 '나'라는 에고에 집착하는 마음, 즉 아집(我執)을 버려야 한다. '모두 다 내가 노력해서 이뤄낸 것이다'라는 마음을 버려야 한다. 어떤 일이든 이뤄지려면 다른 사람의 도움이 없을 수 없으며 운도 따라야 한다. 내 노력도 물론 중요하지만 그게 전부가 아니다. 모든 것을 통제하겠다는 의도를 내려놓아야 한다. 수용의 마음으로 돌아가야 한다. 그래야 내 삶에서 일어나는 어떠한 일에도 감사하는 마음을 가질 수 있게 된다. 모든 일에 감사하는 것, 그것이 역경 속에서도 진정한 행복을 누릴 수 있는 길이다.

존중

어떤 대상을 존중하는 것은 그 대상에서 나를 넘어서는 더 크고 더 높고 더 위대한 어떤 것을 발견한다는 뜻이다. 그냥 겉으로 보이는 모습 너머

더 큰 무엇인가를 보는 마음가짐이 존중심이다. 존중(respect)은 그래서 '다시 (re-) 보기(spect)'다. 그러한 '다시 보기'가 나의 내면으로 향할 때, 나는 내 안에서 나 자신을 넘어서는 어떤 깊은 존재를 느끼게 된다. 이것은 가장 강력한 자기긍정이다. 이러한 '다시 보기'가 타인을 향할 때 깊은 존중과 배려하는 마음이 나온다.

나를 높이는 마음이 남을 낮추는 마음이 되는 것이 아니다. 오히려 반대로 나를 높이는 마음이 타인에 대한 존중으로 발현된다. 나에 대한 존중과 타인에 대한 존중은 같은 마음작용이다. 나에 대한 정보처리나 타인에 대한 정보처리가 거의 동일한 뇌 신경망을 통해 이뤄진다는 사실은 결코 우연이 아니다.

주변 사람들을 무시하거나, 나보다 지위가 낮은 사람을 업신여기거나 함부로 대하는 사람들의 공통점은 속으로 자기 자신을 비하하며 살아간다는 것이다. 내가 나를 무시하기에 다른 사람들도 무시하게 된다. 남을 함부로 대하는 사람은 자기 자신도 함부로 대하게 마련이다. 주변 사람들에게 분노의 갑질을 하는 이는 동시에 자기 자신을 비하하고 학대하는 사람이다. 마음근력이 형편없이 약한 사람이라 할 수 있다.

존중심은 도덕성의 근본이기도 하다. 자기 자신을 귀하게 여기는 사람은 사소한 이익을 위해서 더럽거나 치사하거나 부정한 짓을 하지 않는다. 나의 고귀한 모습을 돈 몇 푼에 팔아넘길 수 없기 때문이다. 반면에 자기 자신을 늘 무시하고 스스로 가치가 없다고 느끼는 사람은 돈을 자기 자신보다도 더 귀한 가치로 여기기 때문에 돈 몇 푼에 양심을 속이고 남도 속인다. 청렴결백한 높은 도덕성은 높은 자기존중심에서 나온다. 자녀를 도덕적인 사람으로 키우고 싶은 부모는 아이들이 스스로에 대한 존중심을 갖고 지켜나갈 수 있도록 배려해야 한다. 어려서부터 '나는 소중한 존재다'라는 자기가치감을 심어주어야 아이가 도덕적으로 건강한 사람으로 성장할 수 있다. 아이의 자기가치감을 짓밟아 스스로 자신의 가치를 폄훼하고 쓰레기라고 느끼게 하면, 아이는 자기존중심을 잃어버리고 결국에 진짜 쓰레기 같은 사람이 되고 만다.

인정중독에서 벗어나기

자기존중심은 자기가치감에서 온다. 어려서부터 '나는 소중하다'라는 자기가치감이 뇌에 각인되어야 자기존중심을 키워갈 수 있다. 자기가치감은 모든 마음근력의 근원이다. 자기 자신을 소중하게 여겨야 역경이나 시련이 닥쳐도 포기하거나 좌절하지 않을 수 있다. 자기가치감은 양육자와의 관계로부터 시작된다. 어려서부터 사랑받으며 자라야 '나는 소중한 존재구나' 하는 자기가치감이 뿌리내릴 수 있다. 어린 시절 주양육자로부터 '조건 없는' 사랑을 받아야 한다. 사랑에 조건이 달린 순간 아이는 한없는 불안감에 사로잡히게 된다. "공부를 잘해야만 사랑받을 수 있다"라는 메시지를 은연중에 계속 전달하면 아이에게는 이것이 커다란 협박으로 다가온다. "공부를 못하면 엄마 아빠의 사랑을 잃어버릴지도 모른다"라는 생각이 들면 아이의 자기가치감에 커다란 구멍이 생긴다. 내가 소중한 것이 아니라 공부가 더 중요하다는 생각이 드는 것이다. 이런 상황에서 아이에게 어쩌다 칭찬이라도 한마디 해주게 되면 아이들은 그러한 칭찬에 엄청난 쾌감을 느끼게 되고, 커가면서 주변 사람의 칭찬이나 인정을 마약처럼 탐닉하게 된다.

칭찬이나 인정을 받으면 엄청난 쾌감을 느끼고 반대로 꾸중이나 비판을 받으면 한없는 괴로움과 두려움을 느끼게 된다. 이러한 과정을 반복하게 되면 결국 아이들은 어려서부터 '인정(recognition)'이라는 마약에 중독된다. 학교에 다니기 시작하면 친구들이나 선생님들로부터 인정을 받기 위해 기를 쓰고 노력하고 사회에 나가면 더 많은 사람에게 인정받기 위해 피눈물 나는 노력을 한다. 행동 하나, 말 한마디, 옷 입는 것, 들고 다니는 가방, 타고 다니는 차, 사는 집, 다니는 직장에 이르기까지 모든 것은 세상 사람들의 인정과 부러움을 받기 위한 수단이 된다.

명품 가방이나 호화로운 식사나 화려한 옷차림에 과감히 돈을 지출하는 이유도 소셜미디어에 올려서 많은 사람에게 인정과 부러움을 얻기 위해서다. 내가 무슨 옷을 입고, 무슨 가방을 들고, 무슨 차를 타고, 어디로 여행을 가고, 무슨 음식을 먹는지 주변 사람들에게 알릴 기회가 없었다면 절대 하지 않았을 그런 소비를 하게 되는 것이다. 이런 것을 흔히 '자기과시'라고 오해하지만, 사실은 인정중독에 빠진 사람들이 마약을 탐닉하듯이 주변 사람의 인정과 부러움을 탐닉하는 것이다. 이러한 소비를 '자기만족'이라고 착각하지만, 사실은 타인으로부터 인정받기 위해 내 삶을 희생하는 것이다. 흔히 내가 좋아서 한다고 하지만 '내가 좋아하는 것'은 사실 그러한 물건이나 소비 자체가 아니라 그 물건이나 소비를 통해 얻을 수 있는 타인의 인정일 뿐이다.

어떤 직장을 택하느냐, 어떤 사람과 결혼하느냐, 아이를 어떻게 키워서 어떤 학교에 보내느냐도 주변 사람의 인정을 얼마나 받을 수 있느냐의 문제로 귀결된다. 어떤 사람과 교류할 것인지도 과연 나에게 인정을 줄 사람인지 아니면 비난을 줄 사람인지에 의해서 결정된다. 어떤 대학을 가고, 어떤 직업을 갖고, 어떤 직장을 선택할지도 타인의 인정 여부에 의해서 결정된다. 안정적인 인정을 받는 사람을 우리는 성공한 사람이라고 부른다. 이런 식으로 '성공'한 사람들은 지금까지 받아온 인정을 한순간에 빼앗길까 봐 전전긍긍하며 살아간다. 그들의 성공 이면에는 깊은 두려움의 심연이 그림자처럼 따라다닌다. 인정이라는 마약에 중독된 사람들은 철저히 사회적 시스템에 의해 통제된다. 사회적 인정 혹은 사회적 체면이라는 시스템에 의해 로봇처럼 움직이는 불쌍한 존재다.

인정중독에 빠진 사람은 결코 행복해질 수 없다. 간혹 인정을 받거나 부러움의 대상이 되어 짜릿한 쾌감을 잠시 맛볼 수는 있겠지만 그것은 곧 엄청난 불안감을 수반한다. 타인의 평가에 나의 모든 행복과 성공이 걸려 있기 때문에 불안할 수밖에 없다. 혹시라도 부정적 평가나 피드백을 받게 되면 엄청난 충격과 고통을 받는다.

현재 아무리 세상의 인정과 부러움을 한 몸에 받는다 해도 그것은 성공이 아니다. 진정한 성공은 사회적 인정이라는 마약에 의존하고 있는 상태가 아니라 그것으로부터 자유로운 상태다. 타인의 인정으로부터 자유로운 삶을 살 수 있어야 진정한 행복이 찾아온다. 인정중독에서 해방되어야 진정한 자유인이 될 수 있고, 그래야 진정한 자기존중이 가능하다. 타인의 시선이나 평가라는 감옥에서 벗어나야 한다.

자신이 인정중독에 빠져 있는지의 여부를 진단하는 방법은 간단하다. 내가 어떤 것을 선택할 때 누군가에게 좋은 인상을 심어주기 위한 것이 아닌지 스스로에게 물어보라. 혹은 누군가의 부러움이나 칭찬이나 인정을 염두에 두고 있는 것은 아닌지? 다른 사람으로부터 비난이나 무시를 받지 않기위해서는 아닌지? 이러한 질문에 대해 모두 '아니다'라고 답할 수 없다면, 인정중독일 가능성이 높다.

어떤 일을 하든 그 누구에게도 마음속으로 그 일에 대해 설명하거나, 해명하거나, 변명하지 않아야 한다. 인정중독에 빠진 사람은 자신의 선택이나 행동에 대해 습관적으로 변명하고 해명하고 설명하는 내면소통을 끊임없이 한다. 타인의 평가나 인정에서 완전히 자유로운 사람은 그 무엇에 대해서도 그 누구에게도 마음속으로 설명하거나 변명하지 않는다.

인정중독에 빠진 사람들의 마음을 지배하는 불특정 다수의 '주변 사람들' 혹은 '세상 사람들'은 실체가 없는 환상에 가깝다. 그 누구도 당신이 생각하는 것만큼 당신에게 관심을 갖지 않는다. 주변 사람들의 시선이나 평가에 집착하지 마라. 그런 것은 존재하지 않는다. '당신에게 관심을 기울이고 흠을 보거나 무시하거나 비난하는 불특정 다수'라는 것은 당신이 만들어낸 환상에 불과하다. 설령 악플을 받는다 해도 그것은 당신 자신에 대한 비난이 아니다. 그 악플을 다는 사람의 머릿속에 특정 이미지로 존재하는 어떤 존재에 대한 비난일 뿐이다. 당신의 본질적인 '나'는 배경자아이며, 이는 다른 불특정 다수의 사람에게 드러날 수 없는 존재다.

게다가 세상 사람들은 당신을 비난하거나 흠볼 시간도 심리적 여유도 없다. 각자 다른 사람의 인정을 받기 위해 애쓰느라 바쁠 뿐이다. 당신 자신을 돌이켜보라. 다른 사람들에게 진지한 관심이 있는가? 아닐 것이다. 아마도 당신 역시 자신의 모습이 어떻게 보일지에만 관심이 있을 것이다. 누구나 다 마찬가지다. 내가 어떻게 보일까를 걱정하는 사람들만 잔뜩 모여 있을 뿐 아무도 다른 사람을 진지하게 보지 않는다. 서로 평가를 받는다고 생각하며 인정받기를 원하는 사람들만 잔뜩 모여 있는 셈이다.

인정중독에서 벗어나는 것이 자기존중 훈련의 첫걸음이고, 자기를 존중하는 마음은 세상을 존중할 수 있는 마음의 근거가 된다. 자기존중심을 강화하는 존중 훈련은 세상에 대한 경외감을 키우는 것에서 시작하는 것이 효과적이다. 세상에 대한 경외심은 세상과 다른 사람을 도구로 보지 않는 것에서 시작한다.

존중 훈련과 경외심

존중 훈련은 수용의 마음가짐을 유지하면서 해야 한다. 완전한 수용의 상태에 놓이게 되면 존중의 마음이 자연스레 자라나기 시작한다. 누구나 한 번쯤은 경험했을 법한 완전한 수용의 한 사례는 대자연의 경이로운 모습을 마주할 때다. 사막에서 밤하늘을 문득 올려다보았는데 머리 위로 쏟아져 내릴 듯한 엄청난 별과 은하수를 마주할 때, 우리 마음은 일상에서 튕겨져 나와 아무런 저항도 할 수 없게 된다. 또는 바다 한가운데서 고개를 들어보니 시선이 닿는 모든 방향으로 끝없는 수평선만 보일 때. 만년설을 뒤집어쓴 장엄한 산봉우리와 문득 마주할 때. 지리산 종주길 좌우로 펼쳐지는 끝없는 산봉우리와 구름바다 위로 석양이 펼쳐질 때. 자연의 충격적인 아름다움과 문득 마주하는 순간 우리의 모든 저항심은 다 사라진다. 그저 다 받아들일 수밖에 없는 완전한 항복 또는 온전한 수용의 상태가 된다. 이것이 경외심이다.

눈앞에 펼쳐지는 것에 대해 일말의 거부나 부정도 할 수 없는 상태, 있는 그대로를 받아들일 수밖에 없는 상태가 곧 마음을 내려놓는 하심(下心)이다. 마음을 내려놓는 것은 단순히 겸손해지거나 비굴해진다는 뜻이 아니다. 저항하지 않고 받아들인다는 뜻이다. 여기서 '마음'이라고 하는 것은 여러 가지 의도가 뭉쳐진 것이다. 이것은 좋고 저것은 싫으며, 이것을 원하고 저것은 피하고 싶다는 마음이 바로 다양한 의도들이다. 이러한 의도의 본질은 저항이다. 현 상황을 부정하고 어떻게 해서든 내 힘으로 바꿔보고 싶다는 마음이 의도다. 경험자아가 하는 일은 대부분 현상에 대한 저항이고 반응이다. 반면에 그러한 경험자아를 조용히 바라보는 배경자아는 어떠한 의도도 없고 저항도 하지 않는다. 그저 텅 빈 공간으로서 다양한 경험들이 존재하도록 자리를 내어줄 뿐이다. 수용을 넘어 경외심을 갖는다는 것은 모든 마음의 저항을 내려놓는다는 뜻이며, 따라서 배경자아에 더 가까워진다는 뜻이기도 하다.

자연에 대한 경외심이 그대로 세상 사람과 사물로 향하도록 하는 것이 존중 훈련이다. 경외심을 지닌다는 것은 대상을 도구로 파악하지 않고 있는 그대로의 가치를 존중한다는 뜻이다. 대자연의 장엄한 저녁노을을 바라보면서 이것을 어떻게 관광상품으로 만들 수 있을까 생각한다면 저녁노을을 돈벌이 수단으로 생각하는 것이다. 그럴 때 대상에 대한 존중심은 사라지고 만다. 만나는 모든 사람을 내게 어떤 이익이 있을까의 관점에서만 바라보는 것, 즉 다른 사람을 나의 이익을 위한 도구로서만 바라보는 것은 소시오패스의 가장 큰 특징이다. 거기에는 어떤 존중심도 없다. 어떤 대상이든 도구로 바라보지 않고 있는 그대로의 가치를 받아들이는 마음의 훈련이 필요하다.

존중력 향상의 첫걸음은 자연이 내게 주는 다양한 감각을 감사하는 마음으로 받아들이고 즐기는 것이다. 밤하늘의 별, 깊은 계곡의 물소리, 봄바람의 부드러움, 숲속의 향기 등등 대자연을 통해 경외심을 느끼기 위해 꼭 멀리 여행을 떠날 필요는 없다.

우리에게 경외심을 불러일으키는 엄청난 대자연은 바로 우리 머리 위에도 항상 있다. 하늘이다. 파란 하늘에 흰 구름이 떠가는 것을 한번 바라보라. 얼마나 장엄하고도 아름다운가. 길을 걷다 보면 우리는 늘 엄청난 하늘을 바라볼 수 있다. 저녁노을 지는 서쪽 하늘의 아름다움은 언제나 경이롭고 대단하다. 그러나 나는 산책이나 운동을 하다가 하늘을 바라보며 그 아름다움을 감상하거나 즐기거나 감탄하는 사람을 거의 본 적이 없다. 간혹 저녁노을을 바라보는 이들이 있지만, 가까이 다가가서 보면 휴대전화를 들이대거나 카메라를 세워놓고 사진 찍으려는 사람들뿐이다. 저녁노을을 그 자체로 경외심을 갖고 바라보지 못하고 사진을 위한 도구로 생각할 뿐이다. 우리의 경외심을 일깨우는 대자연은 거기에 없다. 이 장엄한 장관을 넋을 잃고 바라보는 사람을 찾아보기가 힘들다는 것은 어쩌면 참으로 의아한 일이다. 어떤 관광지의 역사적 유물이나 자연경관보다도 더 장엄하고 아름다운 것이 언제든 마주할 수 있는 하늘이다. 푸른 하늘에 떠가는 흰 구름은 늘 거기에 있다. 그저 고개 들어 바라보기만 해도 엄청난 경이로움이 바로 거기에 있다. 늘 그곳에 있다. 늘 내 안에 있다. 흐리건 맑건 하늘을 경이롭게 바라보는 것은 존중력을 강화하는 좋은 훈련이다. 하늘의 아름다움을 보고 감탄할 수 있는 사람은 마음근력이 약할 수가 없다.

우리 안에는 신성(divinity)이 있다. 우리가 곧 신이라는 이야기가 아니

　　　　　　　　　　　　　　　　　　　　　　　　내면소통

라 우리 안에는 우리를 넘어서는 어떤 요소가 있다는 뜻이다. 요가를 배우다 보면 흔히 듣게 되는 인사말이 '나마스떼'다. 나마스떼는 '나마스(namas-)'와 '떼(te)'의 합성어다. 나마스의 원형은 '나마(nahma)'인데 '떼' 발음 앞에서 '나마스'로 변형된 것으로 '존중한다' 또는 '숭배한다'라는 뜻이다. 떼(te)는 '당신'이라는 2인칭 대명사다. 즉 나마스떼는 "당신을 존중한다"라는 뜻이다. 그런데 '나마'는 일반적인 의미에서의 존중을 넘어서는, 종교적인 숭배에 가까운 존중을 뜻한다.

쿤달리니 요가에서 주로 사용하는 인도 펀자브 지방의 언어인 구르무키에서는 '나모(namo)'라고도 한다. 불교에서 흔히 말하는 '나무아미타불' 혹은 '나무관세음보살'에서의 '나무'가 바로 이 뜻이다. 아미타불과 관세음보살을 진심으로 경배하고 숭배한다는 뜻이다. 한자로는 '南無'라고 쓰면서 '나무'라고 발음하는 이유도 그것이 원래 'nahma'의 음역이기 때문이다. 그래서 '나마스떼'라는 인사말에는 신적인 존재를 숭배하듯이 당신을 존경한다는 뜻이 담겨 있다. 혹은 당신 안에 있는 신성을 경배한다는 뜻이다.

'나마스떼'라는 말에 담긴 의미는 인간 속에 신성이 있다는 것이며, 만나는 사람마다 당연히 존중해야 한다는 것이다. 신은 눈에 보이지 않는다고 하지만 사실 우리 주변에 살아 있다. 우리 주변 사람들을 통해서 우리는 신으로 통하는 길을 본다.

우리 모두의 내면에 신성이 깃들어 있음을 깨닫는 것은 자기가치감을 회복하고 인정중독으로부터 한순간에 빠져나올 수 있는 지름길이다. 앤소니 드 멜로(Anthony de Mello) 신부의 강연에서 들은 우화다. 양의 무리 속에서 자란 새끼 사자가 있었다. 사자는 커서도 자기가 양이라고 생각하고 양처럼 행동하고 양처럼 살았다. 주변을 둘러봐도 양밖에 보이지 않고 양들이 모두 자신을 양처럼 대해주니 자신을 양으로 생각할 수밖에 없었다. 그러던 어느 날 우연히 잔잔한 연못에 비친 자기 모습을 보았다. 자신의 본모습을 본 것이다. 그 순간 자신이 사자임을 깨달은 사자는 순식간에 사자가 되었다. 사자로서의 정체성을 되찾은 것이다. 그 사자는 다시는 양의 무리로 돌아가지 않았다. 이것이 바로 '깨달음'의 의미다. 나의 내면에 있는 진정한 가치를 발견하게 되면 순간적인 단절이 일어나고 다시는 과거의 모습으로 되돌아가지 않는다.

　방콕 왓뜨라이밋 사원에는 높이 3미터에 무게 5.5톤에 달하는 거대한 황금 불상이 있다. 순금으로 만들어진 세계 최대의 불상이다. 13세기경에 제작된 것으로 추정되는 이 불상은 태국 북부 지방에 오래도록 있었다. 아마도 미얀마의 침입과 약탈에 대비한 듯 석고를 입힌 황금 불상은 수백 년 동안 그냥 평범한 석고 불상으로 여겨졌다. 19세기에 이 거대한 석고 불상은 수도 방콕으로 옮겨졌는데, 너무 커서 건물 안으로 옮기지 못하고 얇은 양철 지붕 아래에 수십 년간 방치되다시피 했다. 1955년에 새로운 사원이 건축되어 이 석고 불상을 모시기 위해서 크레인으로 들어 올렸는데 로프가 끊어지는 바람에 바닥에 떨어져 석고 일부가 깨어져 나갔다. 그때 비로소 이 평범한 석고 불상의 정체성이 드러났다. 조심스레 석고를 걷어내자 찬란한 황금 불상의 본모습이 드러난 것이었다. 석고와 진흙에 가려졌던 본모습을 되찾은 황금 불상은 다시는 석고 불상으로 되돌아가지 않는다.

　이처럼 자신의 본래 모습을 깨닫는 내면소통 훈련은 무엇을 더하는 과정이 아니라 잘못된 편견, 아집, 집착을 덜어내는 수행이라 할 수 있다. 어떤 사람이 고타마에게 "수행을 통해서 무엇을 얻으셨습니까?"라고 물어보니 이러한 답변이 돌아왔다. "수행으로 얻은 것은 없다네. 다만 잃은 것은 있네. 더 이상 두려움도, 분노도, 집착하는 바도 없게 되었네."

　자신의 진정한 가치를 깨달은 사람은 더 이상 인정중독의 굴레에 얽매이지 않는다. 삶을 지배해왔던 주변 사람들의 시선이나 평가가 사실은 스스로가 만들어낸 전도몽상임을 깨닫는 순간 다른 사람들의 시선에서 완전히 자유로워진다. 타인의 평가를 의식해서 삶의 결정을 내리지도 않게 된다. 그래도 이 정도 직장은 다녀야 하고, 이 정도 가방은 들어야 하고, 이 정도 옷을 입어야 하고, 이 정도 차를 타야 하고, 이 정도 배우자를 얻어야 하고, 이 정도 평수의 아파트가 있어야 하고, 아이가 이 정도 학교는 다녀야 하고 등등 끝없는 인정 추구의 긴 여정을 끝낼 수 있게 된다.

　타인의 시선과 평가로부터의 자유, 그것이 진정한 자유다. 다른 사람의 평가는 당신의 진정한 가치에 아무런 영향을 미치지 못한다. 진정한 자유를 누리는 온전한 존재로서의 당신의 가치는 누구도 파괴할 수가 없다. 시커

먼 잉크 페인트를 공중에 아무리 뿌려본들 허공의 공기를 검게 만들 수는 없다. 텅 빈 공간은 절대 오염되지 않는다. 세상이 당신을 아무리 비난하고 모욕한다 한들 텅 빈 공간이고 고요한 평온함인 배경자아는 아무런 영향도 받지 않는다. 이걸 깨달으면 진정한 자유와 행복이 시작된다. 이걸 깨달아야 자기가치감을 지키고 자기존중심과 타인에 대한 존중심을 발휘할 수 있는 마음근력을 지니게 된다. 이걸 깨달으면 혼자 있어도 스스로 평온하고 행복할 수 있는 고독을 즐길 수 있게 된다.

즐거운 고독(aloneness)의 상태에 있는 사람은 스스로 행복할 뿐 다른 누구도 필요로 하지 않는다. 반면에 항상 다른 사람을 필요로 하는 사람은 혼자 있을 때 고통스러운 외로움(loneliness)을 겪는다. 이 외로움은 항상 누군가를 필요로 하는 상태다. 누군가를 필요로 하는 사람은 그 사람을 사랑할 수 없다. 누군가를 내 행복의 조건으로 삼는 사람은 상대방에 의해 구속되고 동시에 상대방을 구속하려 하기 때문이다.

"나는 당신이 꼭 필요합니다. 당신이 없으면 내 삶은 불행해집니다"라고 말하는 사람은 "나는 당신을 사랑할 자격도 능력도 없습니다"라고 고백하는 것이나 마찬가지다. "당신이 없어도 오유지족하는 나는 스스로 늘 행복합니다. 당신에게도 내 행복을 나눠드리고 당신을 더 행복하게 해드리고 싶습니다"라고 말하는 사람이 진정 상대방을 사랑할 자격과 능력이 있는 사람이다. "난 너 없으면 안 돼"라는 말은 사랑 고백이 아니라 스스로 불행한 사람이고 상대방도 불행하게 만들겠다는 폭력적인 선언이나 마찬가지다. 현대사회에서 진정한 사랑의 모습은 찾아보기 힘들다. 대중 매체는 병적인 구속과 소유욕과 집착이 난무하는 인간관계를 마치 아름다운 사랑인 양 포장해서 사람들을 세뇌하고 있다. 이렇게 세뇌된 사람은 인간관계에서 갈등을 겪게 마련이고 고통 속에서 불행해지기 마련이다. 안타까운 일이다. 스스로 홀로 설 수 있고, 스스로 행복할 수 있는 성숙한 인간들이 자기가치감과 존중심을 바탕으로 서로를 더 행복하게 하는 진짜 사랑이 보편적인 상식이 되는 날이 언젠가 오기를 기대해본다.

사람들은 보통 평균 150명 내외와 친밀한 인간관계를 유지한다고 한다.[705] 150명이라는 숫자는 여러 영장류의 대뇌피질 두께와 그 영장류들이

유지하는 집단의 크기를 비교한 데이터를 회귀분석해서 추정한 것이기에 비판의 여지가 많은 것은 사실이다. 하지만 인간이 살아가면서 유의미한 관계를 맺고 유지할 수 있는 수가 대략 150명 내외라는 것은 전혀 근거가 없는 이야기는 아니다. 인간의 뇌는 대략 100명에서 200명 내외의 가족, 친지, 동료, 친구 등과 인간관계를 유지한다고 볼 수 있다. 내가 맺고 있는 이러한 인간관계의 네트워크가 곧 나를 결정한다.

각각 100명과 인간관계를 맺고 있는 A와 B가 만나서 협업을 하게 되었다고 가정하자. 이때 A는 B를 통해 B가 알고 있는 100명을 간접적으로 만나게 되는 것이고, B 역시 A를 통해 A가 알고 있는 100여 명을 간접적으로 만나게 되는 것이다. 만약 A가 B에게 나쁜 인상을 주고 신뢰를 얻지 못하면 B는 A에 대해 안 좋은 평가를 할 테고 이 평가는 직접적으로든 간접적으로든 B가 관계를 맺은 100명의 네트워크에 상당 부분 퍼져나가게 된다. 반대로 아주 좋은 인상을 주었고 서로 존중하고 신뢰하는 관계가 형성되었다면 이러한 긍정적 평가 역시 B가 관계를 맺은 100명의 네트워크에 언젠가는 다 전해지게 마련이다. 100명의 사람은 또 각각 100명의 네트워크를 갖고 있을 터이므로 한 다리만 건너도 A와 B는 서로를 통해 1만 명의 사람들과 간접적으로 상호작용을 하게 되는 셈이다. 인간관계의 6단계 법칙에 따르면 이렇게 여섯 단계만 거치면 지구상의 전 인류가 서로 다 연결된다.[706]

우리가 만나는 한 사람 한 사람은 말하자면 전 인류로 통하는 관문이다. 우리는 한 사람 한 사람을 통해 그 한 사람을 훨씬 더 넘어서는 거대한 존재를 만나게 되는 것이다. 만나는 모든 사람을 귀하게 여기고 존중해야 하는 이유다. 한 사람 안에 온 우주가 들어 있다. 대자연 앞에서 느끼는 경외심을 모든 사람에게서 느낄 수 있는 능력이 진정한 존중력이다.

제11장

마음근력 향상을 위한
다양한 전통 명상

명상 수행이란
무엇인가

배경자아와 명상

우리는 지금까지 마음근력을 향상시키기 위한 훈련의 핵심은 편도체 안정화와 전전두피질 활성화(편안전활)임을 살펴보았다. 전통 명상 중에는 편안전활의 요소를 포함하고 있는 수행 방법이 많다. 대부분의 명상은 마음근력을 강하게 하고, 인지능력을 향상시키며, 면역력을 강화하고, 긍정적 정서를 증진시켜 사람을 더 행복하게 한다.

다양한 전통 명상 중에서 종교적 신비주의나 엄숙주의는 모두 걷어내고 현대 뇌과학의 관점에서 볼 때 편안전활에 효과적으로 도움을 줄 수 있는 명상 기법들을 선정하여 재구성한 것이 내면소통 명상이다. 특히 마음근력을 강화하는 효과가 있으면서 일상생활에서 좀 더 쉽게 실행할 수 있는 요소들을 추려내 체계화했다. 우선 편도체 안정화를 위한 것으로 호흡 훈련, 내부감각 훈련, 고유감각 훈련 등을 살펴보았고, 전전두피질 활성화와 관련해서는 자기참조과정 훈련과 자타긍정 내면소통의 용서-연민-사랑-수용-감사-존중 여섯 가지 방법을 하나하나 살펴보았다. 이제 이러한 내면소통 명상의 근거가 되는 여러 전통 명상의 뿌리를 내면소통의 관점에서 좀 더 깊이 살펴보고자 한다.

먼저 분명히 해둘 점은 내면소통 명상은 어떤 특정한 기법이나 지식을 습득하기 위한 훈련이 아니라는 것이다. 신비로운 깨달음을 얻으려는 시도는 더더욱 아니다. 무엇인가를 얻으려는 것은 전적으로 행위(doing) 모드다. 내면소통 명상은 행위보다는 존재(being) 모드에 편안히 머무는 것이다. 그래야 편도체가 안정될 수 있기 때문이다. 전통적인 명상의 목적 역시 무엇인가를 얻는 데 있지 않다. 오히려 내 안에 이미 모든 것이 다 갖춰져 있음을 깨닫는 데 있다. 더 이상 원하는 것이 없기에 집착할 것도 없고, 집착할 것이 없기에 모든 두려움이 사라진다. 명상은 늘 지금 여기서 고요함을 느끼고 온전함과 내가 하나가 되는 것이다. 일상생활에서는 경험자아에 가려져 잘 보이지 않는 본래면목으로서의 '진짜 나'를 보게 된다. 경험자아가 나의 본모습이 아님을 알아차리고, 텅 빈 자리로서의 인식주체, 즉 배경자아가 곧 진짜 나임을 깨달아 모든 괴로움과 부정적 정서에서 한순간에 벗어나는 것이다.

우리의 일상생활은 늘 소음으로 가득 차 있다. 그중 가장 시끄러운 것이 나의 마음이다. 경험자아인 마음은 끊임없이 떠들어댄다. 온갖 스토리텔링을 하는 것이 경험자아의 본성이다. 다른 사람들과 어우러져 일상생활을 영위하려면 경험자아는 꼭 필요하다. 그러나 경험자아에 모든 것을 맡겨버리면 반드시 고통과 불안과 분노가 찾아온다. 경험자아인 내 마음이 곧 진짜 나라고 믿는 착각에서 집착이 일어나고, 이 집착에서 두려움이 생겨난다.

경험자아인 마음은 온갖 느낌과 감정과 생각과 이야기들을 만들어낸다. 그래서 시끄럽다. 그 소음을 넘어서 진짜 나를 발견하려면 마음을 고요하게 해야 한다. 경험자아가 만들어내는 온갖 이야기들은 일종의 꿈과 같은 것에 불과함을 확연히 깨우치는 것이 명상의 즐거움이며 수행의 목적이다. 마음을 고요하게 하는 것이 명상이다. 내 마음속에 있는 텅 빈 공간 혹은 고요한 침묵을 바라볼 수 있어야 한다. 고요함은 우리가 직접 경험할 수 있는 대상이 아니다. 우리는 고요함을 들을 수 없다. 그러나 소리와 소리 사이의 텅 빈 고요함은 분명히 알아차릴 수 있다. 종소리가 사라진 뒤의 고요함을 우리는 분명히 알아차린다. 고요함은 경험의 대상이 아니라 알아차림의 대상이다. 고요함을 느끼는 순간 우리는 알아차림의 상태가 된다. 고요함에서 내면소통 명상은 시작된다.

우리 의식에서 끊임없이 솟아오르는 멘털 코멘터리, 생각, 감정, 스토리텔링 등은 모두 일종의 소음이다. 이러한 소음이 있는 한 텅 빈 자리이며 고요한 침묵과도 같은 배경자아를 알아차리기란 어렵다. 내면의 소음을 가라앉히고 고요함을 알아차리는 것이 명상의 첫걸음이다. 고요함은 외부에 있는 것이 아니라 언제나 우리 내면에 있다. 그 고요함이 배경자아이고 '나'의 본원적 모습이다.

나의 삶은 항상 지금 여기에서 펼쳐진다. 과거나 미래는 경험자아가 만들어내는 이야기의 구조일 뿐이다. 나의 삶은 항상 '지금 여기'에서 펼쳐지는 사건이다. 과거로부터 미래로 향해가는 시간의 축은 인간의 의식과 기억이 만들어낸 허상이다. 실제 나의 삶은 그러한 허상과 상관없이 시간을 초월해서 항상 '지금 여기'에서 계속 펼쳐진다. 존재하는 것은 '끊임없이 펼쳐지는 현존(unfolding presence)'뿐이며 그것이 곧 '영원한 지금(eternal now)'이다.

경험자아는 온갖 기억과 상상을 통해 과거와 미래를 넘나들지만, 경험자아 저 뒤에 혹은 저 깊은 곳에 있는 배경자아는 항상 지금 여기에만 존재한다. 지금 여기에 존재하는 것이 곧 인식주체로서의 진짜 '나'다. 배경자아가 진짜 나임을 깨닫기 위해서는 우선 나의 마음을 지금 여기로 가져와야 한다. 과거의 행위와 미래의 행위에 대해 기억하고 상상하는 경험자아를 한걸음 떨어져서 바라보는 진짜 나는 항상 지금 여기에만 존재하기 때문이다. 경험자아는 내 삶에서 펼쳐지는 일을 내가 통제할 수 있고, 내가 통제해야만 한다고 믿는 에고(ego)다. 사실 그것이 경험자아의 존재 이유다. 나의 특정한 움직임과 행동을 통제하기 위해 생겨난 것이 자아의식이기 때문이다. 문제는 내 몸의 특정한 움직임과 행동을 넘어서 삶의 모든 측면을 내가 통제할 수 있다고 착각하는 것이다. 일상적인 경험자아를 넘어 늘 지금 여기에 존재하는 배경자아를 알아차리는 다양한 방법이 곧 명상이다.

명상: 우연을 있는 그대로 받아들이는 것

우리 삶에서 벌어지는 모든 일의 근본에는 우연이 있다. 인과관계 기반의 스토리텔링으로 설명할 수 없는 것을 우연이라고 한다. 자아의식의 기본 작동방식은 인과관계를 기반으로 하는 스토리텔링이다. 그러한 스토리텔링 구조에 맞지 않는 모든 일을 우리는 우연이라고 부른다. 스토리텔링이 무너지는 그곳에서 우리는 우연을 본다. 인과관계적 설명의 틀이 적용되지 않는 지점에서 우리는 우연을 느낀다. 자아의식은 우연을 본능적으로 거부한다. 스토리텔링이 본질인 자아의식은 더 이상의 스토리텔링이 불가능해지는 우연을 받아들이기를 거부한다. 우연을 우연으로 받아들일 수 없는 인간의 마음이 종교를 만들었고 과학을 발전시켰다. 인간은 삶에서 우연의 요소를 제거하기 위해서 온갖 신화를 만들고, 신을 만들고, 이론을 만들고, 뉴스를 만들고, 때로는 음모론이나 황당한 교리를 만들기까지 한다. 각종 신이나 우주 이론은 이 우연이라는 빈자리를 메울 수 있는 만병통치약이다.

정교한 과학적 이론에서 사이비종교에 이르기까지 모든 '설명'의 본질적인 목적은 같다. 우연을 우연으로 받아들이지 않고 어떻게 해서든지 모든 사안에 대해 인과관계적 스토리텔링을 만들어내려는 것이다. 이러한 시도는 때로는 멋진 이론이나 훌륭한 교리를 생산해내곤 했다. 그러나 인간을 궁극적으로 자유롭게 하지는 못했다. 진정한 자유와 깊은 행복감은 우연을 우연으로 받아들일 때에만 가능하다. 내가 태어난 것, 살아 있는 것, 경험하는 이 모든 것의 기본에는 우연이 깔려 있다. 이러저러한 일은 모두 우연히 발생한 것이다. 따라서 모든 사건을 있는 그대로 받아들이는 것, 어떠한 스토리텔링도 적용하지 않는 것, 그것이 우리를 자유로움으로 이끈다.

우리의 삶은 우연히 일어났다가 우연히 사라지는 것들로 가득 차 있다. 내가 지금 이 순간 여기에 살아 있다는 사실 자체가 우연이다. 지금 내 호흡을 통해 이 공기 분자들이 쏟아져 들어온다는 사실 자체가 완벽한 우연이다. 내 삶 자체가 우연이다. 내 삶의 실패나 성공이 품고 있는 수많은 우연을 잘 볼 수 있어야 한다. 그것을 있는 그대로 투명하게 받아들여야 한다. 우연을 우연으로 받아들이는 것이 최고의 수용이다.

우연이야말로 우주의 신비이고 아름다움이고 인간 세상 너머의 아름다움이다. 우연을 우연으로 바라볼 때 우리의 경험자아는 잠시 멈추게 된다. 인과적 스토리텔링을 기반으로 하는 경험자아는 우연에 대해서는 별로 할 일이 없기에 그 존재감이 약해진다. 그때 우리는 배경자아의 존재를 좀 더 분

　　　　　　　　　　　　　　　　　　　　　　　　내면소통

명히 느낄 수 있게 된다. 내가 가진 것은 지금 이 순간뿐이다. 이것에 만족하지 않고 미래의 무언가를 계속 기대하는 삶을 살면 영원히 불행해진다. 이미 가진 것에 만족하지 않고 아직 갖지 않은 것을 원하는 마음 상태가 바로 불행이다. 오유지족은 지금 여기서 만족할 줄 알아야 한다는 뜻이다.

삶의 조건이나 환경보다 더 중요한 것이 삶 자체다. 그리고 삶 자체는 항상 지금 여기에서만 존재하는 우연의 덩어리다. 필연적인 모든 것은 과거나 미래에 관한 스토리텔링이다. 지금 여기에서 끊임없이 펼쳐지는 우연적인 사건들은 모든 스토리텔링을 넘어선다. 우연을 우연 그대로 받아들이는 것이야말로 배경자아를 알아차리는 가장 빠른 길이다.

인류에게 삶은 원래 우연적인 것이었다. 수렵·채집으로 먹고사는 삶은 우연을 기반으로 한다. 배고프면 돌도끼를 들고 나가서 사냥해서 먹고사는 삶은 우연에 맡겨져 있다. 1년 뒤에 어떻게 먹고살게 될지 알 수 없고 계획할 수도 없기에 걱정도 할 수가 없다. 미래는 전적으로 우연에 맡겨져 있기에 그에 대한 불안은 존재할 수가 없다. 다만 하루하루 현재에 집중해야만 한다. 하지만 약 1만 년 전 농업혁명이 일어난 이래로 인류에게 미래는 통제할 수 있는 것이 되어버렸다. 지금 씨를 뿌리고 경작을 하면 언제 얼마만큼 수확할 수 있는지 예측할 수 있게 된 것이다. 먹고사는 것에 대한 예측이 가능해지자 미래를 통제할 수 있고 통제해야 한다는 강박이 생겨났다. 혹시 홍수가 나거나 가뭄이 들어 계획대로 수확하지 못하게 되면 어쩌나 하는 불안감도 생겨났다. 예측대로 되지 않으면 어쩌나 하는 불안이 인간의 삶을 점차 지배하기 시작한 것이다. 유발 하라리에 따르면 현대인의 가장 큰 마음의 병인 '불안'은 농경사회에 진입하면서 미래에 대한 예측이 가능해졌다는 사실에서 비롯된 것이다.[707]

불안감을 근본적으로 떨쳐버리기 위해서는 미래를 통제할 수 있고 통제해야 한다는 환상을 버리는 것이 무엇보다 중요하다. 우리 삶을 지배하는 우연의 힘을 음미하고 그것을 마음의 문을 열어 받아들이는 수용의 자세가 필요한 것이다. 일어나지도 않은 일을 이리저리 상상해서 미리 걱정하는 것은 일종의 병적인 마음 상태다. 일종의 강박적 사고다. 걱정한다고 해서 결코 해결될 일이 아니다. 존재하지 않는 환영과도 같은 것이기 때문이다.

실재하는 것은 항상 지금 여기서 펼쳐지는 우연으로서의 나의 삶이다. 물론 경험자아를 완전히 떨쳐버릴 수 없는 우리로서는 미래에 대한 계획도 해야 하고 과거를 돌이켜보기도 해야 하므로 삶의 모든 것을 우연에 맡기기는 어렵다. 그러나 적어도 우연을 있는 그대로 받아들이는 겸허함을 마음 한구석에 지니고 있어야 한다. 미래 계획이나 과거에 대한 기억은 모두 스토리텔링에 불과하다. 그것은 삶 자체가 아니다. 삶은 항상 지금 여기서 펼쳐지는 우연적 사건들로 이루어져 있음을 알아차려야 한다. 그것을 그대로 수용할 수 있어야 한다.

경험자아의 활동에는 생각, 기억, 행동, 느낌, 감정 등이 포함되는데 모두 스토리텔링으로 이루어져 있다. 게다가 경험자아 자체가 본질적으로 일화기억의 집적물로 이루어진다. 따라서 경험자아는 과거지향적일 수밖에 없다. 반면에 배경자아는 늘 지금 여기에 있는 존재다. 배경자아만이 지금 여기의 현실에 바탕을 둔 실제적인 존재다. 경험자아의 스토리텔링에 의해서 구성되는 과거와 그 과거의 투사인 미래는 모두 스토리텔링에 불과하며, 그것의 존재 기반은 지금 여기의 배경자아일 뿐이다.

과거를 기억하는 것도, 미래를 상상하는 것도 항상 지금 여기서 일어나는 일이다. 과거에 대해 좌절하거나 분노하고 미래에 대해 걱정하거나 불안해하는 것도 모두 지금 여기에서 일어나는 일이다. 그렇기에 과거와 미래는 항상 지금 여기에 존재한다. 과거와 미래에 끌려다니는 삶은 불행하다. 그 반대여야 행복해진다. 과거와 미래에 끌려가는 것이 아니라 그것을 지금 여기로 끌어오는 것이 배경자아의 내면소통이다. 늘 지금 여기에 존재하는 배경자아는 고요하고 평온하다. 그러한 상태를 지향하는 것이 내면소통 명상이다.

명상을 하는 이유

명상을 애써서 힘들게 한다면 그것은 마음근력 향상을 위한 명상이 아니다. 원래 명상은 무엇을 얻고자 고통을 참아가며 애쓰는 것이 아니다. 일상생활에서 이미 힘들게 노력하면서 살고 있는데 잠시 시간을 내어 명상하면서까지 무언가를 얻고자 아등바등할 필요는 없다. 명상은 '애쓰지 않는 애씀(effortless efforts)'이다.

긴 여행을 하면서 내내 무거운 가방을 들고 다니는 사람이 있다고 하자. 늘 팔과 손이 아프고 온몸이 피곤하다. 그런데 잠시라도 가방을 내려놓을 생각은 안 한다. 아니 못한다. 언제 어디서나 들고 다니는 가방이기에 항상 들고 있어야만 한다는 고정관념에 빠진 것이다. 손이 아프니까 가방 손잡이를 꽉 쥐어보기도 하고 팔이나 어깨에 힘을 주기도 했다가 빼기도 해본다. 그럴 때마다 통증이 잠시 사라지는 것 같지만 역시 손과 팔과 어깨의 통증은 다시 시작된다. 이것이 많은 현대인의 모습이다. 잠시라도 모든 것을 내려놓고 좀 쉬면 좋을 텐데 그것을 못하는 것이다. 가방을 한 번도 내려놓은 적이 없어서 어떻게 손을 놓는지조차 잊어버린 것이다. 명상은 무거운 가방을 내려놓고 쉬는 것이다. 일상에서 툭 튕겨 나오는 것이다. 명상은 뚜렷한 목적을 갖고 무언가를 추구하듯이 하는 것이 아니다. 명상을 제대로 하면 늘 편안하고 행복해져야 한다. 그러기 위해서는 손을 놓고 무거운 가방을 내려놓을 수 있어야 한다. 단순하지만 쉬운 일은 아니다. 그저 내려놓는 것, 이것이 애쓰지 않는 애씀이다.

명상을 꾸준히 하다 보면 몸과 마음이 평온해지고 그 평온함 속에서 지극한 행복감이 올라온다. 때로는 오래전 행복했던 순간순간들의 기억이나 따뜻하고 환한 햇살 아래서 환하게 웃던 어린 시절의 느낌이 문득 되살아난다. 나도 완전히 잊고 지냈던, 완전히 사라져버린 줄 알았으나 내 삶의 기억 속에 숨어 있던 행복감과 즐거움이 되살아난다. 놀라운 경험이다.

명상을 계속 더 하다 보면 아무것에도 얽매이지 않는 자유로움이 온몸으로 퍼져나간다. 때로는 목 뒤로, 등과 허리로, 어깨와 팔로, 다리와 발끝으로 찌릿한 쾌감이 스멀스멀 느껴지기도 한다. 아무것도 원하는 것이 없을 정도로 완벽한 충족감과 만족감이 차오르면서 마치 모든 것을 다 가진 듯한 풍요로움도 느껴진다. 오유지족의 상태다. 내 마음과 몸이 지금 여기에서 제자리를 찾아 모든 것이 완벽하게 작동하는 듯한 확실하고도 강한 느낌이 온몸으로 퍼져나간다. 내 몸과 마음이 완벽한 조화를 이루고 있다는 것을 알게 되고, 내 주변의 모든 것들과 편안하면서도 아름다운 조화를 이루고 있음이 문득 강하게 느껴진다. 그야말로 완벽한 행복감이다.

만약 이 완벽한 행복감을 내가 '얻고자' 노력하고 애썼다면 이 행복감은 그런 노력에 대한 보상에 불과했을 것이다. 그러고는 아마도 더 노력해서 더 큰 행복을 찾으려 계속 애썼을 것이고, 따라서 문득 찾아오는 행복감은 더이상 즐길 수 없게 되었을 것이다. 게다가 한편으로는 나의 애씀과 노력의 대가로 찾아온 이 행복감이 지속되지 않고 혹시 사라져버리지나 않을까 하는 두려운 마음도 스멀스멀 일어났을 것이다.

그러나 나는 명상을 시작하기 전에도, 하는 동안에도, 아무것도 바라지 않았고, 무엇인가를 얻고자 하는 마음도 없었으며, 그저 조용히 내 호흡과 몸과 마음을 바라봤을 뿐이다. 그런데 문득 이렇게 완벽한 행복감이 몰려오니 놀랍기도 하고, 신기하기도 하고, 그저 감사한 마음이 들 따름이다. 아무것도 바라지 않았기에 나는 선물처럼 찾아온 완벽한 행복감에 감사하면서 푹 빠져들 수 있다. 더 바라는 것도, 원하는 것도, 애쓰는 것도, 욕심내는 것도 없이, 이 행복감이 사라질까 두려워하는 마음도 없이, 그저 지극한 행복감 속에서 편안히 머무를 뿐이다. 이러한 행복감은 전전두피질이 활성화되었기에 나타나는 자연스러운 현상이다. 명상은 편도체를 안정화하고 전전두피질을 활성화하는 데 도움을 준다. 명상이 효과적인 마음근력 훈련인 이유다.

불교 전통의
명상법

알아차림(사띠), 통찰 명상(위빠사나), 집중 명상(사마타)

이제 전 세계적으로 널리 알려진 명상법인 알아차림(사띠) 명상에 대해서 살펴보자. 팔리어 사띠(sati)는 지금(now), 주의(attention), 기억(memory), 현존(presence) 등의 의미를 포괄하는 말이다. 산스크리트어로는 스므르띠(smrti)라고 한다. 한자어로는 '이제 금(今)'과 '마음 심(心)'을 합친 글자인 '생각 념(念)'에 가장 가깝다. 사띠는 지금 여기서 나에게 일어나는 내 경험이나 생각이나 감정이나 느낌을 명확하게 알아차리고 바라본다는 뜻이다. 즉 사띠는 지금 내가 경험하고 있는 것에 지속적으로 주의를 두어 알아차리는 것을 의미한다. 대상 자체에 집중하기보다는 지금 여기서 지속적으로 펼쳐지고 있는 나의 경험을 매 순간 놓치지 않고 계속 알아차리는 것이 사띠다. 마코프 블랭킷 모델의 관점에서 보자면 사띠 명상이야말로 전형적인 내면소통의 한 형태다.

사띠 명상이 대상을 '있는 그대로' 알아차리는 명상이라 오해하는 경우도 많다. 우리의 뇌는 능동적 추론의 기계다. 감각정보들을 기반으로 가추법에 따라 추측하고 구성하는 것이 뇌가 하는 일이다. 따라서 인간의 의식에는 '있는 그대로'라는 대상은 존재하지도 않고 존재할 수도 없다. '대상을 있는 그대로 알아차리는 것'은 인간의 뇌가 할 수 없는 일이다.[708]

사띠는 '지금 여기서' 알아차리는 것이긴 한데, 본래 사띠에는 '기억'이라는 의미가 포함되어 있다. 무엇인가를 알아차린다는 것은 이미 일어난 과거의 일에 관한 것이다. 어떤 것을 인지하는 순간 그것은 이미 조금 전에 일어난 과거의 일이다. 즉 '지금 여기'라고는 하지만 엄밀히 말하면 늘 '조금 전'이다. 내가 조금 전에 일어난 일을 지금 알아차리는 것이기에 알아차림의 본질은 기억이다. 사실 모든 스토리텔링도 기억이며, 스토리텔링의 집적물인 일화기억의 덩어리가 곧 자아다.

내면소통의 본질에도 기억이 자리 잡고 있다. 인간에게 기억의 능력이 없다면 어떠한 소통도 불가능하다. 능동적 추론을 가능하게 하는 내적모델과 생성모델의 본질 역시 기억의 덩어리들이다. 과거의 경험에서 오는 기억의 덩어리인 내적모델이 새로 들어오는 감각자료들로 덮어씌워질 때 예외적으로 삐져나오는 부분이 곧 예측오류다. 능동적 추론 이론의 관점에서 보자면 사띠 명상은 바로 이 예측오류에 집중하는 훈련이다.

전통적으로 명상에는 크게 통찰 명상과 집중 명상이 있다. 그런데 '통찰'과 '집중'이라는 말 때문에 자칫 오해하기 쉽다. 일상적으로 사용하는 통찰이나 집중과는 상당히 다른 뜻을 지녔기 때문이다. 팔리어 위빠사나(vipassanā)의 뜻 자체가 '두루두루(vi-)' '꿰뚫어보다(passana)'이다. 영어로는 보통 'insight'로 번역하고, 이를 우리말로 번역한 것이 '통찰'이다. 그래서 우리말로는 '통찰 명상'이 된다.

통찰 혹은 꿰뚫어본다는 것은 무엇을 본다는 뜻일까? 바로 내가 경험하는 온갖 사물과 사건들의 실체를 본다는 것이다. 삶에서 일어나는 모든 일은 결국 나에게 괴로움(dukkha)을 주게 마련이지만(일체개고), 세상 만물이 모두 변하는 것이어서 고정된 실체란 없다(annica)는 것(제행무상), 그리고 그 모든 것을 경험하는 '나'라는 의식의 주체 역시 텅 빈 것이고(annata) 특정한 실체가 없다는 것(제법무아)을 꿰뚫어보는 것이 위빠사나다.

한편, 사마타는 마음이 고요한 상태를 의미한다. 팔리어 사마타(samatha)는 '고요함', '평온함'을 뜻하는 'sama'와 '어떤 상태에 머물다', '지키다'를 뜻하는 'tha'가 합쳐진 말이다. 즉 '평온하고 고요한 상태에 머무는 것'이 곧 사마타다. 영어로는 'tranquility' 혹은 'calmness'로 번역하고, 평온한 알아차림(tranquility awareness)이라 번역하기도 한다.[709] 우리말로는 보통 '집중 명상'이라고 하는데, 사실 고요 명상 혹은 적정(寂靜) 명상이라 부르는 것이 더 정확한 표현일 것이다. 왜냐하면 알아차림(사띠) 명상에서도 '주의를 집중한다'는 등의 표현을 많이 사용하기 때문이다. 지금 여기서 펼쳐지는 나의 경험에 '집중'하는 것이 알아차림 명상이므로 사마타를 또한 '집중' 명상이라고 하면 혼란스러울 수밖에 없다. 아무튼 사마타 수행자가 처음부터 대상 없이 고요한 상태에 이르기는 어려우므로 보통 호흡이나 몸 또는 내면에 집중함으로써 고요함에 이르는 방법을 쓴다. 그래서 사마타를 '집중 명상'이라 부르기도 하지만 사마타의 핵심은 집중보다는 고요함과 평온함에 있다.

고타마 싯다르타는 수행을 통해 두 가지 마음 상태에 다다를 수 있다고 했다. 하나가 마음이 고요하고 평온한 상태인 '사마타'이고, 다른 하나가 사물을 꿰뚫어보는 통찰의 상태인 '위빠사나'다. 고타마는 제자들에게 수행을 지도할 때 '위빠사나'를 따로 떼어서 통찰 명상을 하라고 강조한 적이 없다. 제자들에게 수행을 권할 때 항상 '선정(禪定: jhana)'에 들라고 권했을 뿐이다.

초기 경전 전체를 살펴봐도 위빠사나를 명상의 한 방법으로 별도로 가르치거나 하는 부분은 없다. 위빠사나라는 말 자체가 간혹 언급되기는 하지만, 그것은 항상 사마타와 함께 언급되었다. 그것도 사마타 수행의 대안이나 별도의 수행 방법으로서 언급된 것이 아니다. 마찬가지로 사마타 수행이 위빠사나에 이르기 위한 수단이나 방법으로 강조된 적도 없다. 초기 경전에서는 위빠사나와 사마타가 함께 닦아야 하는 마음 상태의 두 측면으로 언급되고 있을 뿐이다. 몇 가지 예를 살펴보자.

《사마타 숫따》에서는 "수행자는 스스로 사마타를 얻었다고 생각되면 사마타를 통해 위빠사나를 얻기 위해 노력해야 하고, 만약 위빠사나를 얻었다고 생각되면 위빠사나를 통해 사마타를 얻기 위해 노력해야 한다"라고 가르친다. 만약 둘 다 못 얻은 상태라면 "자기 머리에 불이 붙은 사람이 당장 불을 끄기를 원하는 정도로 간절하고도 쉴 새 없이 적극적으로 사마타와 위빠사나를 얻기 위해서 노력해야 한다"라고 강조한다. 또 둘 다 얻었다면 계속 더 높은 상태에 오르기 위해 사마타와 위빠사나를 꾸준히 갈고닦아야 한다고 가르친다.[710]

원하는 것을 얻는 법을 알려주는 경전인 《아칸카 숫따》에서는 우리가
원하는 것 열 가지(행복하고 만족한 삶을 살기, 지금 여기에 현존하면서 어떠한 두려움이나
번뇌나 괴로움도 겪지 않기 등)를 하나하나 성취하기 위해서는 계율도 완벽하게 지
켜야 하고 선정에 드는 것도 게을리하면 안 되지만, 무엇보다도 특히 사마타
와 위빠사나를 함께 열심히 수행해야 한다고 열 차례나 반복해서 강조하고
있다. 게다가 위빠사나와 사마타를 함께 닦음으로써 사선정(四禪定)도 얻을
수 있다고 가르친다.[711]

초기 경전에 가장 많이 등장하는 제자인 아난다 역시 사마타와 위빠
사나를 둘 다 해야 한다고 강조한다. 그는 깨달음을 얻어 '아라한'이 되는 수
행 방법에는 네 가지가 있다고 정리해서 알려준다.[712] 첫 번째는 사마타를 통
해서 위빠사나로 가는 수행이고, 두 번째는 위빠사나를 통해서 사마타로 가
는 수행이며, 세 번째는 사마타와 위빠사나를 함께 닦는 수행이고, 네 번째는
내면에 끊임없이 집중함으로써 저절로 깊은 내면으로 향하는 길이 생기고
그 길을 따라가는 수행이다. 아난다 역시 사마타와 위빠사나는 반드시 함께
해야 하는 수행의 두 측면이라 강조하고 있는 것이다.

사마타와 위빠사나를 같이 닦아야 한다는 것은 동북아의 대승불교에
서도 강조된다. 2세기경에 쓰인 《대승기신론》은 대승불교의 기반을 마련했
다고 볼 수 있는 핵심 텍스트인데, 여기에서도 사마타와 위빠사나는 함께 닦
아야 하는 것으로 강조되고 있다. 사마타는 마음작용이 멈춘 상태라 해서 한
자로 '지(止)'로 의역하며, 위빠사나는 본다는 뜻의 '관(觀)'으로 의역하면서
'지관(止觀)'을 동시에 닦아야 한다는 것을 강조한다.[713]

마음을 가라앉히고 고요한 상태가 되어야 밝고 환한 통찰력으로 나의
경험을 있는 그대로 바라볼 수 있게 된다. 이러한 관(觀)은 실상을 있는 그대
로 꿰뚫어보는 것이므로 그로써 얻는 지혜가 곧 '반야지(般若智)'다. 불교에서
말하는 공부해야 할 것 세 가지, 즉 삼학이 계(戒), 정(定), 혜(慧)인데, 계를 지
키고 마음을 고요하게 닦아 사마타(止)를 얻으면 정(定)에 도달하게 되고, 나
아가 위빠사나(觀)를 얻으면 혜(慧)에 도달하게 되는 것이다. 즉 지와 관은 반
드시 수행해야 할 두 가지 수행 목표다. 이것을 '지관겸수(止觀兼修)'라고도 하
고 '정혜쌍수(定慧雙修)'라고도 한다.

지관겸수와 정혜쌍수는 고려의 지눌이 제창한 사상인데, 새로운 주장이라기보다는 가장 근원적인 기본으로 돌아가자는 주장이라 할 수 있다. 지눌은 정혜쌍수를 기반으로 돈오점수(頓悟漸修)를 주장했는데, 이는 한번 깨달은 뒤에도 계속 수행을 해야 한다는 뜻이다. 이러한 가르침은 초기 경전의 내용과 잘 부합한다고 볼 수 있다.《아칸카 숫따》에도 나오듯이, 사마타와 위빠사나를 계속 수행하면 깊은 선정(jhana)에 들어가게 된다.[714] 지관을 통해 삼매(三昧)에 이르게 된다는 뜻이다.

　　한편, 여전히 수행이 필요한 상황이라면 진정한 깨달음을 얻은 것이라 할 수 없으므로 '돈오돈수(頓悟頓修)'가 맞지 않느냐는 주장도 있으나 '깨달았다'는 것은 수행을 통해 지극한 행복을 늘 느낄 수 있는 상태를 의미하므로 돈오점수든 돈오돈수든 근본적인 차이는 없어 보인다.《반야심경》에서 보듯이 관자재보살이 여전히 반야바라밀다를 깊게 수행하고 있는 것은 아직 못 깨달아서가 아니다. 진정 깨달았기 때문에 반야바라밀다를 깊게 수행할 수 있었고, 오온이 모두 공(空)임을 환히 비춰 보고 일체의 고통을 단번에 건너갈 수 있었던 것이다.

　　마음근력 훈련의 관점에서 보자면 순수한 의식의 주체로서 나의 본성을 깨닫고, 모든 것이 무상하다는 것을 깨우치면 '돈오'이지만, 이것이 우리의 뇌에 진정한 변화를 가져오려면 신경가소성에 의한 신경망의 생물학적 변화가 필요하다. 이를 위해서는 반복적인 훈련이 필요하다. 돈오는 제대로 된 점수를 하기 위한 출발점이며, 점수는 돈오를 통해 변화하기 위한 조건이다. 진정한 변화는 지속적인 훈련을 통해서만 일어난다는 점에서 뇌과학의 관점에서 보자면 돈오점수가 더 설득력이 있는 주장이다.

　　사마타 명상은 특정한 대상에 주의와 의식을 집중하는 것이고, 전전두피질, 특히 배외측전전두피질(dlPFC)을 중심으로 한 신경망을 활성화하는 훈련이다. 또 위빠사나 명상은 지금 내 마음 안에서 일어나는 여러 인식과 감정의 대상을 있는 그대로 바라보는 것이므로 자기참조과정이라고도 할 수 있다. 이 역시 전전두피질, 특히 mPFC(내측전전두피질)를 중심으로 하는 신경망을 활성화하는 훈련이다. 그런데 전전두피질 중심의 신경망을 활성화하려면, 즉 집중 명상과 통찰 명상을 잘하기 위해서는 우선 편도체가 안정되어야 한다. 편도체 안정화를 위해서는 뇌신경계와 자율신경계를 안정시켜야 하는데, 이를 위한 가장 효율적인 방법이 바로 호흡을 통한 내부감각 자각 훈련이다.

뇌과학적 관점에서 보자면, 초기 불교의 수행법이야말로 매우 효과적으로 마음근력을 강화하기 위해 구성된 훈련 프로그램이라 할 수 있다. 하지만 역시 뇌과학의 관점에서 보자면 초기 불교의 수행법이 종교적 교리를 바탕으로 발전하면서 여러 신비주의 요소와 종교적 색채가 덧입혀진 것도 사실이다. 이 책에서 소개하는 마음근력 훈련 프로그램은 초기 불교뿐 아니라 여러 전통적인 명상 수행법들 가운데 뇌과학의 관점에서 볼 때 가장 효과적인 요소들을 추려내 구성한 것이다.

간화선: 선불교의 참선 전통

한국 불교는 화두를 참구하는 간화선을 중시한다. 그러나 인도의 고타마가 창안한 수행법의 핵심은 아나빠나사띠 혹은 수식관이지 화두를 드는 간화선은 아니다. 고타마는 간화선에 관해 이야기한 적이 없다. 간화선은 중국의 도교 전통과 인도의 불교 전통이 결합해 탄생한 동북아 고유의 수행법이다. 불교 종파 가운데 임제종(臨濟宗) 전통이 강한 한국의 조계종(曹溪宗)은 간화선만 고집하면서 테라와다 불교의 수행법을 '소승불교'라 해서 폄훼해왔다. 하지만 아무래도 팔리어 경전의 확산에 따른 세계 불교의 트렌드를 더 이상 무시할 수 없었는지 한국의 조계종도 테라와다 불교의 사띠 수행법을 차츰 수용하기 시작한 듯하다. 그러나 한국의 전통적인 수행법의 핵심은 역시 간화선이라 할 수 있다.

간화선(看話禪)의 '간(看)'은 '본다'는 뜻이며, '화(話)'는 '화두(話頭)'를 말한다. 즉 화두를 바라보아 선(禪)에 이르고자 하는 수행법이다. 12세기 중국 송나라 때 조동종의 굉지선사가 묵조선(默照禪)을 제창해 크게 유행시켰다. 묵조선은 고요하게 앉아 좌선하는 행위 그 자체가 깨달은 부처의 모습이고 앉는 것 자체가 최고의 수행법임을 강조했다.

같은 시기에 활약하던 임제종의 대혜선사는 묵조선을 엉터리 수행법이라고 비판하면서 화두를 드는 간화선을 제창했다. 현재 한국과 중국에서는 간화선을 수련하는 임제종이 최대 종파이고, 일본에서는 묵조선을 들여온 도원선사 덕분에 조동종이 최대 종파다. 그리고 이 묵조선의 수행법이 2차세계대전 이후에 좌선(坐禪: zazen)이라는 이름으로 미국과 유럽에 전파되어 널리 알려졌다. 그 결과 서양에서 유행하게 된 젠(zen) 스타일과 문화는 주로 일본의 묵조선 전통을 기반으로 한 것이라 할 수 있다. 한국이나 중국의 화두선은 서구 대중에게는 널리 알려지지 않았으나, 본격적으로 명상 수행을 하는 인구가 늘면서 위빠사나 전통과는 확연히 다른 한국의 참선 수행에도 관심을 기울이는 서구인들이 점차 늘고 있다.

　　대부분의 화두는 옛날부터 전해 내려오는, 선사와 제자가 대화를 나누는 형식의 설화에서 비롯된 것이다. 좀 더 정확하게 말하자면 대화록 하나하나를 '공안(公案)'이라 부르고, 그 공안의 핵심 아이디어를 담은 짧은 문구를 '화두'라고 한다. 몇 가지 예를 들면 다음과 같은 것들이다.

"무엇이 부처입니까?"라는 질문에 대한 동산선사의 대답.
"마삼근(麻三斤)."

"무엇이 무위진인(無位眞人)입니까?"라는 질문에 대한 임제선사의 대답.
"똥 묻은 막대기(幹屎橛)."

"개에게 불성(佛性)이 있습니까?"라는 질문에 대한 조주선사의 대답.
"없다(無)."

"부처나 조사를 만난다면 어떻게 해야 할까요?"라는 질문에 대한 임제선사의 대답.
"부처도 죽이고 조사도 죽여라(殺佛殺祖)."

"달마조사가 동쪽으로 오신 뜻이 무엇인가요?"라는 질문에 대한 조주선사의 대답.

"뜰 앞의 잣나무(庭前柏樹子)."

"조사가 서쪽에서 온 이유는 무엇입니까?"라는 질문에 대한 조주선사의
대답.

"앞니에 털이 났다(板齒生毛)."

11세기 초에 도언선사가 쓴《경덕전등록(景德傳燈錄)》에는 1700개의
어록 및 행적 등이 정리되어 있다. 이를 '1700공안'이라 부른다. 설두선사는
여기서 100개의 공안을 뽑아서 정리하고 송(頌)을 달아《설두송고(雪竇頌古)》
를 저술했다. 여기에 다시 대혜선사의 스승인 원오선사가 수시(일종의 문제 제
기), 평창(본칙과 송에 대한 해설), 착어(짧은 평가) 등 다양한 형식의 코멘트를 달아
놓은 명작이《벽암록(碧巖錄)》이다. 이 책이 하도 인기를 얻어 사람들이 화두
가 아니라 책에만 의존하게 되는 폐단이 있다 하여 간화선을 제창한 대혜선
사는 자기 스승의 책인《벽암록》을 아예 불태워버렸다는 이야기가 전해 내
려온다.

사실 '공안(公案)'이란 관공서의 공식적인 문서라는 뜻이다. 공안이란
말 속에는 과거 스님들의 언행 기록을 마치 공식적인 문서와도 같이 권위 있
는 텍스트북으로 삼고자 하는 의도가 담겨 있다. 공안이라는 말을 통해 송나
라 때의 불교는 성리학의 유교적인 전통과 경쟁하는 관계였음을 유추해볼
수 있다.

화두는 보통 스승이 제자에게 하나 골라주는 것으로 되어 있다. 수행
자가 아무 화두나 자기 마음 내키는 대로 고르는 것이 아니다. 1700개가 넘
는 공안이 전해져 내려오고《벽암록》에만 100개의 공안이 정리되어 있지만,
수행자는 그저 스승이 내려준 화두 하나를 붙들고 매일 끈질기게 씨름해야
하는 것이 간화선의 전통이다. 수행자가 자율성을 발휘해서 오늘은 이 화두
들었다가 내일은 저 화두 들었다가 하면 안 된다.

대부분의 공안은 스승과 제자의 대화 형식으로 이뤄져 있다. 간화선
은 스스로 깨달음을 추구하는 과정이라기보다는 스승의 절대적인 권위에 의
지해서 깨달음을 얻는 방법이다. 스승과 제자의 일종의 팀워크인 셈이다. 혹
은 멘토링 시스템이다. 화두를 주는 것도 선지식(善知識)이라 불리는 스승이

고, 버럭 화를 내며 고함을 치거나 혹은 죽비로 내려치는 것도 스승이고, 제자가 화두를 통해 깨우쳤는지 아닌지를 판단하는 것도 스승이다.

공안에 등장하는 스승은 '깨달은 사람'이고 대화 상대는 아직 깨닫지 못한 사람이다. 공안 속의 대화는 깨달은 사람과 깨닫지 못한 사람 간의 대화이고 그 구분은 철저하게 지켜진다. 중간이란 없다. 깨달았거나 아니면 아직 못 깨달았거나 둘 중 하나다. 설화가 담긴 공안만이 선사를 깨달은 사람으로 입증해준다. 그러한 설화 이외에는 선사의 깨달음을 입증해주는 다른 어떤 근거도 없다. 따라서 깨달은 자를 깨달은 자로 인정해주고 선사로 등극시켜주는 것은 역설적으로 아직도 못 깨달은, 그리고 앞으로도 깨달을 가망이 거의 없어 보이는 제자들이다.

깨달은 자는 못 깨달은 자들 덕분에 존재한다. 그러나 그 반대는 성립하지 않는다. 못 깨달은 자들이 아직 깨닫지 못한 것은 스승 때문이 아니라 스스로 부족하기 때문이다. 하지만 깨달은 자들은 못 깨달은 자들의 인정 덕분에 깨달은 자의 자격을 획득한다. 스스로 깨달았다고 주장한다 해도 제자나 일반인들이 인정하고 떠받들어주지 않으면 깨달은 자가 되지 못한다. 깨닫지 못한 사람들이 아직 깨닫지 못하고 헤매는 것은 대개 그들의 우매함과 게으름과 무지몽매함 탓으로 여겨진다. 절대 스승 탓으로 돌리지 않는다. 스승이 제대로 가르쳐주지 못해서 아직 못 깨달은 경우는 없다. 스승의 교육 방법에 대해서는 논의 자체가 이뤄지지 않는다. 스승은 제자의 교육에 대해 전혀 책임지지 않는다. 제자가 깨닫지 못하면 전적으로 제자 자신의 잘못이다. 수많은 선사 중에서 제자를 가르치는 교육 방법 때문에 비판을 받은 선사는 하나도 없다. 스승은 늘 절대 선이고 진리이며 따라야 할 존재다. 제자의 본분은 어느 날 갑자기 문득 깨달을 것이라는 희망을 안고 스승의 수수께끼 같은 말을 붙들고 계속 씨름하는 것이다.

선지식이라 불리는 스승에게 절대적 권위를 인정하는 시스템은 제도로서의 불교가 자리를 잡는 데는, 그리고 절이라는 조직의 운영을 위해서는 큰 도움이 되겠지만, 마음근력 향상이라는 교육의 관점에서 보자면 그다지 효율적이지 않다. 선지식의 권위가 꼭 필요한 간화선 수행법은 MBSR과 같은 매뉴얼화된 훈련 프로그램으로 개발하기도 쉽지 않다. 다만 간화선 수행에서 다뤄지는 선문답의 역할에 대해서는 뇌과학적 관점에서 살펴볼 필요가 있다.

공안에 나오는 선사들의 답변의 공통점은 대화의 일상적 맥락이나 '상식'을 완전히 벗어난다는 것이다. 선사들은 말뿐 아니라 맥락에서 벗어나는 행동도 마다하지 않는다. 버럭 고함을 치거나 몽둥이로 내려치거나 갑자기 등을 돌려 자리를 떠나버리기도 한다. '상식'은 일종의 고정관념이고 사람들이 공유하는 해석의 틀이다. 능동적 추론의 관점에서 보자면 상호 공유하는 내적모델이고, 내면소통의 관점에서 보자면 상호 공유하는 자동화된 스토리텔링이다. 어떤 사안에 대해 저절로 일정한 스토리텔링을 만들어내는 생성질서가 바로 자의식이라는 것은 이미 살펴본 바와 같다. 이러한 자의식으로서의 '나'로부터 벗어나고 자유로워져야만 진정한 '나'를 발견할 수 있다. 그러기 위해서는 자동화된 스토리텔링, 즉 습관적인 자의식을 무너뜨려야 한다.

선사의 갑작스럽고도 맥락에서 벗어나는 답변이나 행동은 제자들의 내부상태에서 습관적으로 작동하는 자의식을 순간적으로 뒤흔들어놓는다. 기존의 자의식이 능동적 추론을 포기할 수밖에 없도록 만드는 것이다. 이때 자기참조과정 훈련을 꾸준히 수행해온 제자들은 자의식이 무너져내린 그 텅 빈 자리를 볼 수 있게 되고, 텅 비어 있는 배경자아로서의 진짜 '나'를 문득 알아차리게 된다. 이것이 바로 기존의 생성질서를 잠시 '멈춰 세움'으로써 새로운 생성질서를 의식에 심어주는 기회를 만들어내는 선문답의 기법이다.[715] 이는 평소에 하던 자기참조과정과는 수준이 다른 근본적인 자기참조과정이 이뤄지게 하는 수행법이기도 하다. 이렇듯 간화선 수행의 선문답이 일종의 강력한 충격요법이기에 절대적 권위를 지닌 스승의 존재가 필요했을 것이다.

내면소통 명상에서는 가이디드 명상(guided meditation)을 통해 적절한 순간에 적절한 방식으로 맥락에서 벗어나는 감각자료나 언어자극을 제공함으로써 기존의 생성질서와 능동적 추론 방식을 흔들어놓는 변화를 시도해볼 수 있다. 이것이 간화선의 방법을 매뉴얼화된 현대적 교육 프로그램으로 개발하는 하나의 방법이 될 수 있을 것이다. 우리가 놓치지 말아야 할 간화선의 핵심은 선사들의 황당한 답변 자체에 있다기보다는 그러한 답변이 강력한 자기참조과정을 유발함으로써 기존의 생성질서를 무너뜨리고 자의식의 변화를 일으킬 수 있다는 데 있다.

'이뭣고' 화두와 자기참조과정

　　오늘날 우리나라 수행자들 사이에서 가장 널리 사용되는 화두는 단연
'이뭣고?'이다. '이것은 무엇인가?'의 경상도 사투리다. '이뭣고'를 한자로 하
면 시심마(是甚麼)이고, 영어로는 'What is it?' 정도가 될 것이다. '이뭣고'는 나
에 대한 근본적인 질문이므로 좀 더 정확하게 번역하자면 'Who am I?' 또는
'What am I?'이다. 'Who am I?'는 인도 베단타 철학의 핵심 주제이기도 하다.

　　'이뭣고' 화두를 드는 방법에는 여러 가지가 있을 수 있지만, 널리 알
려진 것 중 하나가 자신의 손가락 끝에 주의를 집중하며 다음과 같은 의문들
을 마음속으로 계속 일으키는 것이다. 먼저 오른손 검지 끝에 주의를 집중하
며 손가락 끝을 살짝 움직여본다. 지금 손가락 끝에 주의를 집중하여 바라보
고 있는 그 주체는 무엇인가? 지금 손가락 끝을 살짝 움직이고 있는 그 주
체에 주의를 집중하여 알아차릴 수 있는가? 손가락을 움직이는 것은 물론
나다. 손가락의 움직임을 바라보는 것도 나다. 둘은 같은 존재인가, 다른
존재인가?

　　'이뭣고' 화두의 기원에 대해서는 몇 가지 설이 있다. 가장 대표적인
것이 925년에 편찬된 선사들의 행적에 대한 기록인《조당집》3권에 나오는
이야기다.

　　　육조 혜능이 회양선사를 만나자 이렇게 묻는다.
　　　"너는 어디서 왔느냐?"
　　　회양선사가 답한다.
　　　"숭산에서 왔습니다."
　　　그러자 혜능선사는 다시 묻는다.
　　　"어떤 물건이 이렇게 왔는가(什摩物 與摩來)?"

이 질문에 회양은 말문이 꽉 막혀 아무런 대답도 하지 못했다. "어떤 물건이 이렇게 왔는가?", 즉 "너라는 실체는 도대체 무엇이냐(What are you)?"라는 물음에 충격을 받은 회양은 그때부터 8년간 이 질문을 붙들고 씨름했다. 이것이 바로 '이뭣고' 화두의 기원이라고 한다. 이야기는 계속된다. 8년간의 수행 끝에 회양은 깨달은 바가 있어 다시 혜능선사를 찾아갔다.

혜능선사가 다시 묻는다.
"너는 어디서 왔느냐?"
"숭산에서 왔습니다."
"어떤 물건이 이렇게 왔는가?"
이에 회양선사는 8년간의 수행 끝에 얻은 답변을 내놓는다.
"그것을 한 물건이라 이른다 해도 맞는 것은 아닙니다(說似一物卽不中)."
그러자 다시 혜능선사가 묻는다.
"수행해서 얻은 것이 있느냐?"
이에 회양선사가 답하기를 "수행해서 얻은 것이 없지는 않지만, 그보다는 감히 오염은 시키지 않게 되었습니다(修證卽不無 不敢汚染)"라고 하였다. 그제야 회양선사는 육조 혜능의 인정을 받게 되었다고 전해진다.

'이뭣고' 화두에 대한 또 다른 기원으로는 《벽암록》의 제51칙이 있다. 설봉선사가 암자에서 수련할 때의 이야기다.

두 스님이 찾아와 인사를 드리자 설봉선사가 손으로 암자 문을 밀치고 몸을 내밀면서 말했다.
"(너희들은) 무엇이냐(是什)?"
이에 대해 두 스님도 또한 말했다(僧亦云).
"(그러는 당신은) 무엇이냐(是什)?"

여기서 '이뭣고' 화두가 나왔다고도 전해진다. '이뭣고' 화두의 기원에 관한 이야기들에서도 알 수 있듯이 '이뭣고'는 결국 '나는 무엇인가'라는 정

내면소통

체성에 관한 질문이다. 내 몸을 이끌고 다니는 이것의 실체는 무엇인가? 내 생각과 감정을 일으키고 경험하는 이 의식의 주체는 과연 무엇인가? 나라는 것, 나의 의식이라는 것, 나의 의식이 인식하는 세상 만물, 즉 내 의식에 비친 세상 만물 모든 것에 대해서 '이것이 무엇인가?'라는 의문을 갖는 것이다. 결국 '이뭣고' 화두는 알아차림을 통해 사마타와 위빠사나를 함께 닦는 것이며 지관겸수와 정혜쌍수를 위한 매우 구체적인 수행 방법이다. 뇌과학적 관점에서 보자면 강력한 자기참조과정을 유발하는 매우 효과적인 mPFC 네트워크 강화 훈련법이라 할 수 있다.

'이뭣고' 화두는 인식주체에 대한 근본적인 질문이다. 그러나 한편으로는 근본적으로 답변할 수 없는 질문이기도 하다. 인식주체는 인식 대상이 될 수 없기 때문이다. 눈은 눈을 볼 수 없고, 칼은 칼을 벨 수 없으며, 물은 물을 씻을 수 없다. 아무리 시력이 좋아도 자기 눈을 볼 수 없고, 아무리 날카로운 칼도 칼 스스로를 벨 수 없으며, 아무리 더러운 물이어도 깨끗한 물로 씻어낼 수 없다. 그래서 '이뭣고?'에 대한 대답은 항상 '모른다'이다. 이 '모른다'는 '안다'의 반대로서의 모름이 아니다. 알 수도 있는 것을 잠시 모르는 상태가 아니다. 이 '모른다'는 근본적인 '모름'이다. 그래서 '모른다' 자체도 또 하나의 화두가 된다.

그렇다면 구체적으로 무엇을 모른다는 것인가? 그것도 모른다. 모름의 대상도 모른다. 무엇을 모르는지 안다면 그것은 모르는 것이 아니다. 모른다고 하자마자 금방 또 알고자 하는 것이 아니라 '모른다'의 그 텅 빈 자리에 그대로 머물러 무한한 자유로움과 고요함을 즐기는 것이 '모른다' 화두의 핵심이다. '모른다' 할 때는 늘 텅 빈 자리가 나타난다. '모른다'는 곧 무(無)다. '있음'의 반대로서의 없음이 아니라 '이뭣고'가 가져오는 알 수 없는 텅 빈 그 자리가 바로 무(無)다. 따라서 '이뭣고' 화두가 지향하는 바는 숭산스님의 '모른다' 화두나, 조주선사의 '무(無)!' 화두와 같다.

이뭣고, 모른다, 무(無)!는 모두 대상 없는 인식을 통해 강력한 자기참조과정 훈련을 하는 수행법이다. 배경자아의 텅 빈 자리를 들여다보는 방법이다. 이와 마찬가지로 '너는 과연 무엇이냐'라는 문제를 제기하는 또 다른 화두는 '부모에게 나기 전에 어떤 것이 참 나인가(父母未生前 本來面目)?'이다. 이 질문은 한 문장으로 되어 있지만 사실 많은 것을 묻고 있다. 부모에게서 태어나기 전에도 과연 나는 존재했는가? 아니면 태어나서 몸을 지니게 된 다음에야 비로소 존재하게 된 것인가? 만약 몸이 나의 본질이 아니라면, 몸이 진짜 나가 아니라면, 혹시 몸이 태어나기 전에도 '본래의 나'가 이미 존재했던 것은 아닐까? 그렇다면 몸이 태어나기 전에 존재했던 '나'는 무엇일까? 그것이 혹시 본래부터 있던 '진짜 나'인 것은 아닐까?

태어나기 전부터 존재하는 것이 '진짜 나(眞我)'라는 것은 인도 베단타 철학의 핵심 개념이다. 즉 아트만(ātman)을 설명하기 위해 널리 사용되었던 개념이 '부모에게서 나기도 전부터 존재했던 나'라는 것이다. 현대에 와서도 베단타 철학의 많은 구루가 여전히 '진짜 나'를 찾는 것을 수행의 궁극적인 목표로 제시하고 있으며, '태어나기도 전의 나는 과연 무엇인가'라는 물음을 던지고 있다. 세계적으로 널리 알려진 라마나 마하리시의 핵심적인 가르침 역시 '진짜 나'를 찾는 것에 관한 것이고, 그 핵심 질문은 "나는 누구인가(Who am I)?"이다.[716] 니사르가닷타 마하라시 또한 '진짜 나'를 의식의 주체인 순수의식이라 강조한다. 그의 대표 저서의 제목은 《내가 그것이다(I am that)》이다.[717] 라마나와 니사르가닷타 두 구루 모두 수행의 궁극적인 목표로 '진짜 나'를 찾아야 함을 강조하고 있으며, 둘 다 "나는 부모에게서 태어나기 전에도 존재했고 그 존재가 진짜 나"라는 것을 역설하고 있다. 순수의식으로서의 '진짜 나'는 내 몸이 생기기 전부터 이미 존재했고, 몸이 죽어서 사라져도 죽지 않고 사라지지도 않는다는 것이다. 베단타 철학에서 태어나고 죽는 것은 다만 형태를 지닌 몸일 뿐 순수의식으로서의 '진짜 나'는 결코 태어나는 일도 없고 태어나지도 않았기에 죽는 일도 없는 존재라는 것이다.

선불교에서 강조하는 참나, 진아(眞我), 불성(佛性) 등의 개념이 결국 인도 베단타 철학의 아트만과 같은 개념이 아니냐는 비판은 오래전부터 있어 왔다. 특히 참나, 진아, 진면목(眞面目), 불성 등 '여래장(如來藏)' 사상의 핵심 개념이 《우파니샤드》의 아트만 개념과 유사하다는 주장은 1980년대 일본에서 '비판 불교'라는 이름으로 제기되어 많은 논란을 불러오기도 했다.

사실 고타마는 고대 인도 브라만교의 기본 개념인 '아트만'을 배격하고 그 대신에 아나타(anattā: '나'라고 할 것이 없음), 아니짜(anicca: 모든 것은 변함), 두

카(dukkha: 괴로움) 등 삼법인(三法印)을 강조함으로써 불교 교리를 세웠다. 따라서 '진짜 나'인 아트만에 대한 철저한 부정이 불교 교리의 출발점인데, 선불교의 '참나'나 '여래장' 사상은 다시 아트만을 끌어들이는 오류를 범하고 있다는 것이다.[718] 물론 그동안 여래장 사상에서의 불성이나 진아는 아트만의 개념과는 다르다는 반론도 다양하게 제기되었지만 그다지 설득력은 없어 보인다. 게다가 오늘날 선불교에서 대표적인 화두로 널리 사용하고 있는 '부모에게서 나기도 전에 이미 존재했던 참나'라는 표현은 베단타 철학에서 아트만을 설명하기 위해 오래전부터 사용해온 개념이다.

제법무아: '나'는 무엇인가?

불교의 기본 교리인 삼법인 중 하나인 제법무아(諸法無我)는 팔리어 'sabbe dhamma anattā'를 번역한 것이다. 'sabbe'의 원형 'sabba'는 '모든', '전체', '전부'라는 뜻이다. 흔히 '법(法)'으로 번역되는 'dhamma'에는 두 가지 뜻이 있다. 하나는 법칙, 이치, 옳은 것, 진리, 고타마가 설파하신 말씀 등의 의미이고, 다른 하나는 사물, 실체, 대상, 존재하는 것 등의 의미다. 여기서 'sabbe dhamma'는 '모든 것(everything)'이라는 뜻이다. 그런데 '담마(dhamma)'는 그냥 사물이라기보다는 인간에게 인식된 사물을 뜻한다. 우리의 마음에 비친 사물들, 즉 '인식 대상'으로서의 모든 것이다. 산스크리트어로는 '다르마(dharma)'이며, 마찬가지로 진리라는 뜻과 만물이라는 뜻을 둘 다 가지고 있다. 달마대사의 '달마'가 바로 이 '다르마'를 한자로 음역한 것이다.

제법무아는 나에 대해 인식하는 모든 것이 '아나타'라는 뜻이다. 아나타는 흔히 무아(無我)로 번역되지만, '이것도 아니고, 저것도 아니다(neti, neti)'라는 본래 의미에 비추어 보자면 비아(非我)가 좀 더 정확한 번역이라 할 수 있다. 결국 내가 인식할 수 있는 나에 관한 모든 것이 사실은 내가 아니라는 것이 제법무아의 의미다. 우리가 일상생활에서 보통 생각하는 '나'는 사실 '나'가 아니라 실체가 없는 텅 빈 껍데기일 뿐이라는 뜻이다.

지금 한 손으로 휴대전화를 들고 바라보라. 내 손 안에 있는 휴대전화,

이것은 분명 나의 휴대전화다. 그러나 이 휴대전화가 곧 '나'인 것은 아니다. 그저 '내 것'일 뿐 '나'는 아니다. 내 휴대전화는 '나'의 어떤 본질적인 한 부분을 이루고 있지 않다. 휴대전화가 고장 나거나 파손된다고 해서 '나'라는 존재의 일부가 훼손되지는 않는다. 휴대전화를 잃어버린다고 해서 나의 본질적인 어떤 부분이 사라지는 것도 아니다. 휴대전화를 바꾼다고 해서 나의 본질적인 부분이 바뀌는 것도 아니다.

내가 지금 입고 있는 옷, 내가 사는 집, 내가 운전하는 차, 나의 지위, 나의 권력, 나의 이미지, 나의 명예, 나의 체면, 나의 업적, 나의 사업, 그 밖에 내가 소유하고 있는 모든 것 역시 휴대전화와 마찬가지다. 이런 것들은 내 것이기는 하지만 그 자체로 '나'는 아니다. 나의 이름, 직업, 나이, 성별, 성격, 몸, 생각, 감정, 기억, 특성, 행동, 습관, 인간관계 등도 마찬가지다. 이런 것들은 '내 것'에 불과하고 '나에 관한 것'일 뿐 그 자체가 곧 '나'는 아니다. 내가 소유하는 그 어떤 것에도 진짜 '나'라 할 만한 것은 없다. 그런데도 대부분의 사람은 '내 것'과 '나 자신'을 구분하지 못한다. '내 것'을 곧 '나'라고 착각한다. 말하자면 내 손 안의 휴대전화가 곧 '나'라고 착각하며 살아가는 것이다.

이 엄청난 착각으로부터 수많은 번뇌와 괴로움과 두려움과 분노가 발생한다. 이 착각이 편도체를 필요 이상으로 과도하게 활성화시킨다. 내가 소유하는 모든 것은 나의 본질과는 전혀 상관없는 것이고, 다만 우연히 나에게 나타났다가 스쳐 지나가는 것뿐이다. 나의 생각이나 감정도 '내 것'일 뿐 '나'가 아니다. 나의 생각이나 감정은 나에게 일어나는 사건일 뿐 내가 아니다. 나의 경험, 감정, 생각, 기억, 느낌 모두 마찬가지다. 이것도 내가 아니고 저것도 내가 아니다. 내가 알아차릴 수 있고, 설명할 수 있고, 인식할 수 있는 것들은 모두 내 경험과 인식의 대상일 뿐, 즉 내가 지닌 어떤 것일 뿐 나 자신이 아니다. 일상적인 관념에서 '나'의 일부라고 믿었던 것들을 하나하나 살펴보면 '나'라고 할 만한 것은 하나도 없다.

그렇다면 '나'는 어디에 있는가. 다시 손에 있는 휴대전화를 바라보라. 휴대전화는 내가 아니다. 하지만 이 휴대전화를 바라보고 인식하고 경험하는 주체는 분명히 있다. 그것이 바로 나다. 휴대전화가 '나'인 것이 아니라 휴대전화를 바라보는 것이 '나'다. 휴대전화라는 대상을 경험하는 주체가 곧

내면소통

'진짜 나'다. 내가 지닌 온갖 소유물들이 '나'인 것이 아니라 그것을 알아차리고 인식하고 경험하는 주체가 '진짜 나'다.

'나'는 인식의 주체이면서 경험의 주체다. 따라서 '나'에 대한 묘사는 불가능하다. 인식의 대상이 될 수 없기에 실체라 할 것도 없다. 눈이 눈을 볼 수 없듯이, 나는 나를 볼 수도 없고 경험할 수도 없다. '나'는 경험의 대상이 될 수 없다. 경험의 주체이기 때문이다. 내가 경험할 수 있는 나에 관한 모든 것은 나의 본질이 아니라 그저 '내 것'에 불과한 것들이다. 그렇기에 인식의 주체로서 '진짜 나'의 자리는 늘 텅 비어 있다. 공(空)이다. 그러나 없는 것은 아니다. 인식의 주체로서 나는 분명히 존재한다. 없는 것이 아니라 늘 있다. 그러나 비어 있다. 텅 빈 공간과도 같다. 공간이 있어야 사물이 존재할 수 있게 된다. 우리가 볼 수 있고 느낄 수 있는 것은 사물일 뿐이지만, 그러한 사물의 존재를 통해 우리는 공간이 존재한다는 것을 안다. 존재하는 모든 사물의 배경에는 텅 빈 공간이 반드시 존재한다. 마치 존재하는 모든 소리에는 고요함이 배경으로 존재하는 것과 같다. 텅 비어 있는 배경으로서 늘 거기 그렇게 존재하는 것이 바로 '나'다. 그것이 '배경자아'다. 그것이 '진짜 나'다.

인식의 주체는 경험의 대상이 아니므로 묘사하거나 설명할 수 없지만, 무엇인가를 인식하고 있다는 것을 알아차리는 순간 인식의 주체로서 '나'의 존재는 부정할 수 없게 된다. '나'는 인식의 대상으로서가 아니라 인식의 주체로서 늘 거기 그렇게 존재한다. 제법무아의 가르침이 인식의 주체까지 부정하는 것은 아니다. 제법무아에서 내가 없다, 이것도 저것도 다 내가 아니라는 것은 인식의 대상으로서 '나'가 없다는 것이다. 제법무아가 부정하는 것은 인식의 주체인 '진짜 나'가 아니라 인식의 대상인 '나에 관한 환상'이다. 제법무아임을 깨닫고 알아차리는 '진짜 나'까지 부정하는 것이 아니다. 그럴 리가 없다.

《우파니샤드》식으로 이야기하자면 아나타를 통해서 진정한 아트만을 발견할 수 있다는 것이고, 선불교식으로 이야기하자면 불성이나 본래면목(아트만)을 통해서 '나'라는 자리가 텅 비어 있음(아나타)을 발견하게 된다는 것이다. 결국 같은 이야기를 두 가지 방식으로 하고 있는 것뿐이다. 두 관점은 종교적으로는 매우 다르지만, 마음근력 훈련을 위한 자기참조과정 훈련이라는 관점에서 보면 근본적으로 같다.

앞에서 살펴본 자기참조과정 훈련에서 '나'는 자기참조를 하는 주체이지 자기참조의 대상이 아니다. 자기참조과정에서 내가 나를 바라본다고 할 때 그 바라봄의 대상은 '진짜 나'가 아니라 내가 지닌 어떤 것일 수밖에 없다. '진짜 나'는 바라봄의 대상이 아니기 때문이다. 나의 내면에 떠오르는 여러 가지 감정, 생각, 느낌을 바라볼 때 우리는 '나'라는 인식의 주체가 분명히 존재한다는 것을 알 수 있다. 이처럼 나와 관련된 어떤 것을 바라봄으로써 인식의 주체인 배경자아의 존재를 알아차리는 것이 내면소통의 출발점이자 목적지다.

내면소통 훈련으로서 자기참조과정의 목표는 나의 생각이나 감정 혹은 몸의 느낌을 바라볼 때 그러한 것들이 곧 '나'가 아니라 경험하는 대상에 불과함을 분명히 알아차리는 것이다. 동시에 '나'는 나의 내면에서 일어나는 생각이나 감정이나 느낌 등의 여러 가지 사건들이 아니라 그것을 바라보는 주체임을 분명히 깨닫는 것이다. 나의 생각이나 감정이나 느낌이 곧 '나'가 아니라 나에게 일어나는 일련의 사건들이라는 것이 분명해질수록 나는 그러한 것들에 휩쓸리지 않고 한걸음 떨어져서 바라볼 수 있게 된다. 인식의 주체로서 나는 늘 고요하고 평온하고 흔들리지 않는 존재라는 것도 점차 분명히 알 수 있게 된다. 홍수가 나서 세상이 휩쓸려 떠내려가도 나는 물이 닿지 않는 모래섬에서 한걸음 떨어져서 홍수를 바라볼 수 있게 된다.

지금까지 살펴본 이뭣고, 모른다, 무(無)! 등의 화두나 '부모에게 나기 전에 어떤 것이 참나인가?'라는 화두는 모두 너 자신을 돌이켜보라는 자기참조과정 훈련이다. 선불교에서는 이를 회광반조(回光返照)라 한다. 늘 바깥으로만 향하는 의식과 주의를 반대로 돌려서 자기 자신을 스스로 비춰 본다는 뜻이다. '내 마음을 돌이켜본다'라는 뜻에서 자심반조(自心返照)라고도 한다. 임제선사는 "깨달음을 다른 데서 구하지 말고 스스로를 돌이켜 비추어 보라. 너의 몸과 마음이 곧 스승이자 부처이니라(回光返照, 更不別求, 知身心與祖佛不別)"라고 했다. 고타마의 마지막 가르침으로 알려진 "다른 그 무엇도 아니고 바로 너 자신만을 섬으로(atta dipa) 삼아 의지하라"라는 가르침과 맥을 같이하는 말이다. 몽산선사는 회광반조 대신에 회광자간(廻光自看)이란 말을 사용했는데 이는 "의식의 빛을 되돌려 스스로를 바라본다"라는 뜻으로 역시 자기참조 과정을 지칭하는 말이다.

'이뭣고'는 질문의 형식이지만 질문이 아니다. 사실 이것은 '오직 모를 뿐'이라는 선언문에 가깝다. 고개를 절레절레 흔들면서 단언하듯이 강한 어조로 내뱉는 숭산스님의 '모른다'라는 외침은 선언문의 형식이나 그 내용은 근본에 대한 질문이다. 둘은 같다. 둘 다 자심반조, 즉 자기참조과정을 통해서 mPFC 중심의 전전두피질 신경망을 엄청나게 활성화하는 강력한 마음근력 훈련이라는 점에서 동일하다.

공안에 담겨 있는 선사들의 이야기는 일상적인 의미나 논리로는 쉽게 설명되지 않는다. 하지만 일상으로부터 탁 튕겨 나와서 습관적이고도 자동적인 스토리텔링의 생성질서를 한 번에 무너뜨리는 힘이 있다. 그렇게 산산이 부서진 일상, 습관, 고정관념, 통념의 파편들 속에는 고요함과 평온함이 있다. 화두를 드는 노력은 특정 개념이나 이야기에 지속해서 집중함으로써 그 개념과 이야기 자체를 넘어서려는 시도다. 간화선에는 또한 고도의 집중력과 과제 지속력이 요구된다. 따라서 자기참조과정과 관련된 신경망뿐 아니라 배외측전전두피질(dlPFC) 중심의 신경망도 강화하는 수행법이라 할 수 있다.

아나빠나사띠가 호흡을 기반으로 편도체 안정화에 초점을 맞추는 수행법이라면, 간화선은 이와 대조적으로 전전두피질 활성화에 초점을 맞추는 수행법이다. 간화선이 전전두피질의 활성화를 통해 편도체 안정화까지 추구하는 수행법이라면, 이와 반대로 (뒤에서 곧 살펴볼) 아나빠나사띠의 호흡 훈련이나 몸 관찰 수행법(Kāyagatā-sati)은 일단 편도체를 안정시키고 나서 전전두피질의 활성화를 도모하는 수행법이다. 물론 두 방법 모두 사용하는 것이 좋다. 하지만 현실적으로 스트레스에 시달리고 편도체가 과도하게 활성화되어 있는 현대인은 호흡 훈련이나 보디스캔 명상 등 편도체 안정화 훈련부터 시작하는 것이 더 효과적인 마음근력 훈련 방법이다.

사념처: 너 자신을 섬으로 삼아라

묵조선이든 화두선이든 스승의 절대적 권위에 의존하는 선불교의 전통은 고타마의 가르침과는 상당히 멀어 보인다. "오직 너 자신을 섬으로 삼고, 피난처로 삼되 다른 어떤 것에도 의지하지 마라"라는 고타마의 가르침에는 스승에게 의지하라는 말이 없다. 고타마는 스승의 지도를 잘 따라라, 스승의 말을 잘 들어라, 뛰어난 스승을 찾아 그에게 복종하라는 식의 가르침을 준 적이 없다. 좋은 스승이 되어 제자들을 잘 길러내라는 가르침도 준 적이 없다. 오히려 "너 자신을 유일한 피난처로 삼고 너 자신만을 의지하라"라고 가르쳤다. 스승에게 의지하지 말라는 뜻이며, 전통이나 권위에도 의지하지 말라는 뜻이다. 함부로 제자를 키우지도 말라는 뜻이다. 그야말로 '각자도생'하라는 뜻이다.

고타마의 이러한 가르침을 따르자면 한 가지 문제가 생긴다. 제도로서의 불교를 유지하는 것이 어려워진다. 절이나 선원이라는 기관을 설립하고 운영하는 것도 힘들어진다. 고타마의 가르침대로 각자 자기 자신을 섬으로 삼아 의지하게 되면 커다란 절이나 권위 있는 종단을 설립하고 유지하기란 거의 불가능한 일이 되고 만다. 신도를 필요로 하는 직업으로서의 승려도 존재하기가 어려워진다.

거대하고 권위 있는 종교 기관이 존재하기 위해서는 위계질서가 잘 잡힌 인적 조직이 필요하고, 스승의 말을 잘 듣고 따르는 제자들이 필요하며, 수행 전문가(승려나 성직자)가 생업에 종사하지 않으면서도 수행에 전념할 수 있도록 이들을 먹여 살리는 대중이라는 집단이 절대적으로 필요하다. 스승의 절대적 권위를 전제로 하는 간화선은 제도로서의 불교를 위해서는 매우 효율적인 전통이라 할 수 있다. 달리 말해서 개개인의 마음근력을 키우기 위한 개별적 수행 방법이라는 관점에서 보자면 간화선은 상대적으로 그리 효율적인 수행법은 아니라고 할 수 있다. 개개인의 마음근력을 키우기 위해서는 고타마의 원래 가르침인 '나 자신만을 섬으로 삼아 그곳에 머무르기'가 더 효과적인 방법이다. "나 자신을 섬으로 삼아라"라는 가르침의 의미를 잠시 살펴보자.

고타마가 열반에 들기 전의 여러 가지 가르침에 대해서는 《대반열반경(Mahā Parinibbāna Sutta. D 16)》에 잘 정리되어 있다.[719] 그중에서도 가장 널리 알려진 것이 바로 "너 자신을 섬으로 삼아라"라는 가르침이다. 고타마가 열반에 들기 전에 시중을 들던 제자 아난다가 "선생님께서 열반에 드시면 우리 제자들은 무엇에 의지해야 합니까?"라고 물었다. 그러자 고타마는 "너 자신을 섬으로 삼고 피난처로 삼아 머물되 다른 어떤 피난처에도 의지하지 말 것이며, 법을 섬으로 삼고 법을 피난처로 삼아 머물되 다른 어떤 것에도 머물거나 의지하지 마라"라고 답변했다.[720]

이것이 고타마의 유훈으로 유명한 '자등명 법등명(自燈明 法燈明)'이다. 풀이하자면 "너 자신과 법을 유일한 등불로 삼아서 그것에 의지하라"라는 뜻이다. 짧게는 "네 안에 등불을 밝혀라"이다. 왜 '섬(dīpa)'이 갑자기 '등불'이 되었을까? 팔리어 'dīpa'에는 두 가지 뜻이 있다. 하나는 등불(light, lamp)이고, 다른 하나는 섬(island)이다. 산스크리트어로 등불은 'dipa'이고 섬은 'dvipa'이다. 다른 산스크리트어 경전에는 이 부분이 'dvipa'로 표현되어 있다. 따라서 여기서의 팔리어 'dipa'는 등불이 아니라 섬으로 보는 것이 타당하다. 바로 연이어 피난처를 의미하는 단어인 'sarana'가 오는 것을 보더라도 등불보다는 섬이 문맥상 맞다. 하지만 중국 불교에서는 4세기경부터 이를 '등불'이라 오역했고, 그것이 계속 전해져 내려와 '자등명 법등명'이라는 유명한 구절이 되었던 것이다.

19세기 팔리어 경전의 발견 이후 대부분의 학자는 이 'dipa'를 '섬'으로 번역하는 데 이견이 없다. 한역에서도 섬으로 번역할 때가 많다. 즉 '자등명 법등명'이 아니라 '자주(自洲) 법주(法洲)'라고 번역하는 것이다. 이때 섬을 '섬 도(島)'가 아닌 '모래섬 주(洲)'로 표현하는데, 그 이유는 여기서 말하는 섬이 바다 한가운데 떠 있는 섬이 아니라 홍수가 날 때 물에 잠기지 않는 모래섬을 의미하기 때문이다. 홍수가 나서 모든 것이 물에 휩쓸려 떠내려갈 때도 모래섬 위는 안전하다. 고타마가 "너 자신을 섬으로 삼아라"라고 말한 것은 "너 자신을 모래섬과도 같은 피난처로 삼아서 거기에 굳건히 머무르라"라는 뜻이다. 삶에서 벌어지는 여러 가지 사건들, 경험들, 생각, 감정, 느낌들에 휩쓸려서 같이 떠내려가지 말고 '나 자신'이라는 안전한 모래섬에 머무르면서 홍수와도 같은 삶의 모든 경험을 고요히 지켜보라는 뜻이다.

그런데 과연 어떻게 하면 나 자신을 안전한 피난처인 섬으로 삼을 수 있을까? 어떻게 해야 삶의 모든 경험을 한걸음 떨어져서 평온하게 바라볼 수 있을까? 그 방법은 과연 무엇일까? 이러한 질문에 대해서도 고타마는 명확한 가르침을 남겼다. 바로 "사념처에 의지하라"이다. 다른 어떤 외부의 대상이나 다른 사람에게 의지하지 말고, 바로 나의 몸(身), 나의 느낌(受), 나의 마음(心), 나의 인식 대상(法)이라는 '나의 네 가지 측면'에 대해 사띠 수행을 하라는 것이다. 그 구체적인 방법이 뒤에서 살펴볼 아나빠나사띠 수행이다. 《대반열반경》에서 언급된 고타마의 네 가지 대상에 관한 수행법은 다음과 같다.

수행자는 세상에 대한 탐욕과 불만을 모두 버리고, 열심히, 온전하게 오롯이 알아차리면서, '몸 안에서 몸을 바라보며(observing body in the body)' 머문다(身隨觀). 열심히, 온전하게, 오롯이 알아차리면서, '느낌 안에서 느낌을 바라보며(observing feeling in the feelings)' 머문다(受隨觀). 열심히, 온전하게, 오롯이 알아차리면서, '마음 안에서 마음을 바라보며(observing mind in the mind)' 머문다(心隨觀). 열심히, 온전하게, 오롯이 알아차리면서, '법 안에서 법을 바라보며(observing mind-object in the mind-objects)' 머문다(法隨觀).

나의 몸, 느낌, 마음, 인식 대상을 바라보며 머무는 것이 곧 나 자신을 섬과 피난처로 삼아 그곳에 머무르는 방법이다. 사념처(四念處)에 주의를 집중한다는 것은 결국 나의 내면으로 주의를 돌리는 것을 의미한다. 그냥 내면에 집중하라고 하면 잘 안 되니까 보다 구체적으로 몸에도 집중해보고 느낌이나 생각에도 집중해보고, 나아가 내가 의식하는 모든 사물에 대한 인식에도 집중해보라는 것이다. 뇌과학적 관점에서 보자면 이러한 수행은 다양한 방식으로 자기참조과정을 불러일으키는 매우 효율적인 방법이다.

사념처에 집중하는 좀 더 구체적인 수행법은 《대념처경(Mahā Sati'paṭhāna Sutta. D 22)》에 잘 요약되어 있다.[721] 핵심은 호흡을 지속적으로 알아차리면서 '내 몸을 몸 안에서 바라보는 것'이다. 즉 나의 내면적인 몸을 온전하게 느끼면서 호흡에 집중하는 것이다.

이를 바탕으로 위빠사나 명상 전통에서는 '몸을 바라보는' 여러 가지

내면소통

수행법을 발전시켰다. 대표적인 것이 아랫배의 움직임에 주의를 집중하는 것이다. 내게 저절로 일어나는 호흡을 바라보면서 내 몸에 집중하면 들숨과 날숨에 따라 아랫배가 살짝 부풀어 올랐다가 내려가는 움직임을 감지할 수 있다. 그 아랫배의 움직임에 지속적인 주의를 보내는 것이 한 방법이다. 또는 코끝에 집중하는 방법도 있다. 숨을 들이쉴 때 공기가 코끝을 가볍게 스치는 지점이 있다. 그것을 '접촉점'이라 한다. 들숨은 차고 시원한 공기가 약간 빠르게 지나가고 날숨은 따뜻하고 축축한 공기가 천천히 지나가는 느낌이 난다. 그것에 계속 집중하는 것이 또 하나의 방법이다. 이를 응용하자면 가슴의 미세한 움직임이나 어깨의 움직임에 집중하는 것도 좋다. 또는 들숨에 몸 전체가 약간 가벼워지고 상승하는 듯한 감각을 느끼다가 날숨에 무겁게 내려앉는 듯한 감각을 느껴보는 것도 좋다. 이것이 몸에 집중하는 방법이다. 나의 호흡을 알아차리면서 내가 지금 호흡을 알아차리고 있다는 사실에 집중하게 되면 나의 주의는 내면으로 향한다. 이때 자기참조과정이 일어나고 그에 따라 mPFC 중심의 신경망은 활성화된다. 동시에 호흡은 자연스레 차분해지고 심장박동도 느려지며 이에 따라 편도체는 안정화된다.

유교 전통의 명상법
: 정좌법

주자의 미발함양

중국은 원래 유교와 도교의 나라다. 중국 불교는 유교 및 도교와 서로 영향을 주고받으면서 발전해왔다. 유교는 송나라 시대에 불교와 도교의 요소를 적극적으로 흡수하면서 성리학으로 재탄생했다. 특히 전통 유교가 송나라 유학자 주희에 의해서 성리학이라는 한 단계 업그레이드된 철학적 체계와 수행 방법을 갖추게 된 데에는 선불교의 영향이 매우 컸다. 주희는 학문의 근본 목적이 인간의 본성을 밝히는 데 있다고 보았다. 인간의 본성(性)이 곧 이(理)라고 보았기에 주자학(朱子學)을 성리학(性理學)이라고도 한다.

주자학에서는 인간의 본성을 밝히는 중요한 방법으로 수양을 강조하며, 보다 구체적으로는 안정된 자세를 잡고 눈을 감은 채 내면에 집중하는 명상 수행을 강조한다. 이를 명좌(瞑坐: 눈을 감고 정좌하는 것) 혹은 정좌(靜坐: 고요히 앉는 것)라고 한다. 주자학이 강조하는 수양론 역시 당송 시대에 크게 발전한 선불교의 영향을 받았다고 할 수 있다. 주자는 불교의 관점과 수행법을 많이 차용하여 성리학 체계를 수립해가면서 동시에 불교의 다양한 측면을 비판함으로써 성리학을 발전시켰다. 불교는 단지 마음에 기반을 두고 있고 성리학은 객관적 세계에 기반을 두고 있어서 세상을 다스리기 위한 학문으로서는 성리학만이 유용하다는 것이 주자의 기본 입장이다.

주자의 행적에는 간화선의 창시자인 대혜선사의 이야기가 여러 차례 등장한다. 과거시험을 보러 갈 때《대혜어록》을 가져갔다는 기록도 있고,《주자어류》에는 주자가 대혜선사를 회상하는 기록이 남아 있기도 하다. 주자의 스승인 이통(연평)은 묵조선의 굉지선사나 간화선의 대혜선사와 동시대에 활약했던 사람이다. 묵조선이나 간화선이 한창 유행하던 시기에 살면서도 이연평은 선불교에 비판적인 시각을 갖고 있었다. 선불교는 일상생활과 단절한 채 칩거하면서 자기만의 깨달음을 얻고자 하기에 실용적인 학문이 될 수 없으며 비현실적이라고 본 것이었다. 이연평은 제자인 주자가 당시 송나라에서 한창 유행하던 선불교에 매력을 느끼고 거기에 빠져드는 것을 보고는 적극적으로 말리기도 했다.

이연평은 주자에게 묵좌징심(默坐澄心)하여 중용에서의 '미발의 기상'을 체득하는 미발체인(未發體認)을 가르쳤다. 묵좌징심은 묵조선의 영향을 받은 개념으로 말 그대로 '묵묵하게 조용히 앉아서 마음을 맑게 하는 것'이다. 중용에서의 '미발'이란 희로애락 등의 감정이 일어나기 이전의 마음 상태로 가장 근본적인 마음작용을 일컫는다. 수양의 기본은 어떠한 감정이나 생각도 '일어나기 이전의(未發)' 근원적인 인식 상태로 돌아가는 것이다. 그런데 이러한 미발의 상태는 반드시 '몸을 통해서 인식(體認)'할 수밖에 없다. 몸으로 느끼게 되는 것, 근원적인 감정 상태를 몸을 통해 알아차리는 것이 바로 '미발체인'이다. 마음의 근원인 미발을 깨닫겠다고 하는 점에서 이는 선불교가 지향하는 견성(見性)과 비슷하다.

주자는 그러나 스승의 방법론인 미발체인으로는 아무것도 얻을 수 없다고 선언하고는 미발체인을 넘어서 미발함양(未發涵養)을 주장하게 된다. 감정과 마음작용이 정지하는 고요한 그 마음의 상태를 일상생활에서도 계속 유지함이 중요하다는 것이다. 뇌과학적 관점에서 보자면, 주자는 앉아서 명상할 때뿐 아니라 일상생활에서도 편도체를 안정화해서 고요한 마음 상태를 유지할 수 있는 마음근력을 강화할 것을 강조한 것이다.

왕양명의 사상마련

명나라 유학자였던 왕양명은 주자학을 비판하면서 양명학(陽明學)을 제창했다. 양명학은 인간의 본성(性)보다는 마음(心)이 곧 이(理)라 하여 '심학(心學)'이라고도 한다. 왕양명은 세상의 모든 사물이 나의 마음과 연관되어 있다고 보았다. 마음을 떠나서는 아무런 사물도 없고(心外無物) 아무런 이치도 없다(心外無理)는 것이 기본 입장이다. 모든 사물은 인간의 마음과 상호작용을 통해 생산된 것이라는 의미에서 왕양명의 '사물'의 개념은 불교의 심적 대상(objects of mind)으로서의 '담마(法)'와 매우 비슷한 개념이다.

왕양명은 또한 '양지(良知)'의 개념을 강조한다. 양지는 '배우지 않아도 선험적으로 알 수 있는 앎'으로서 자발적 도덕성의 근원이 되는 인간의 본성이다. 왕양명은 양지를 길러서 일상생활에서도 양지를 실현하도록 하는 '치양지(致良知)'를 수양의 기본 목표로 제시한다. 치양지를 설명하면서 왕양명은 본래면목(本來面目)이나 상성성(常惺惺) 등의 불교 용어를 그대로 사용한다. 본래면목은 육조 혜능이 처음 사용했다고 알려진 말로 인간의 본래 모습, 본성, 불성, 진아 등을 뜻하는 개념이며, 상성성은 항상 명료하게 알아차리는 상태인 사띠를 의미한다.

양지를 일상생활에서 실천하는 치양지가 곧 지행합일(知行合一)의 상태다. 지행합일이라는 말이 현대에 와서는 '지식과 행동이 일치해야 한다'라는 식으로 와전되었지만, 원래 의미는 인간의 선험적인 도덕적 본성(良知)이 일상적인 삶과 행동에서 시시각각 늘 드러나야 한다는 뜻이다.

왕양명은 치양지를 이루는 방법으로 다양한 수양법을 제시했는데, 첫 번째가 이연평의 전통을 이어받은 묵좌징심의 정좌법이다. 처음 공부를 시작하는 사람은 마음을 집중하기 어려우니 우선 말없이 조용히 앉아 마음을 맑게 하는 것부터 훈련하도록 한 것이다. 이것은 일종의 사마타(집중) 명상이라 할 수 있다.

그다음 방법이 성찰극치(省察克治)다. 생각이 일어나는 그곳에 집중해서 반성적으로 살펴봄으로써 마음을 다스리는 것으로, 일종의 위빠사나(통찰) 명상이라 할 수 있다. 묵좌징심과 성찰극치를 동시에 강조했다는 것은 왕

내면소통

양명 역시 지관겸수의 불교적 수행 전통에 매우 익숙했다는 것을 말해준다.

치양지를 위한 또 하나의 중요한 수양법은 사상마련(事上磨鍊)이다. 이 것은 일상생활에서의 수행을 의미한다. 경험하는 모든 일을 바탕으로 순간 순간 수행을 한다는 뜻이다. 즉 일종의 사띠 명상이라 할 수 있다. 왕양명은 불순물을 없애고 순수한 양지만 남도록 하는 자기 자신에 대한 수양을 혼자 조용히 앉아서 눈감고 하는 것만으로는 부족하다고 보았다. 오히려 사람들 과 상호작용을 하며 여러 가지 일상적인 일을 처리하는 중에도(事上) 꾸준히 자기 자신을 단련하는(磨鍊) 수행을 하는 것이 중요하다고 보았다. 다시 말해 마음근력 훈련을 혼자 방에 앉아 눈감고 하는 것은 초보 단계이고, 더 나아가 기 위해서는 번잡한 일상생활 속에서 마음근력 훈련을 꾸준히 해야 한다는 뜻이다.

제자 육징은 스승 왕양명에게 다음과 같이 묻는다. "혼자 조용히 앉아 서 마음을 고요히 할 때는 수행이 잘되는데 막상 어떤 일을 하게 되면(才遇事) 금방 마음이 흐트러지고 달라지고 맙니다(便不同). 어떻게 하면 좋을까요?" 사 실 이는 명상 수행을 조금이라도 해본 사람이라면 누구나 한 번쯤은 갖게 되 는 의문이다.

이에 대해 왕양명은 "그것은 마음을 고요히 하는 것에만 집중하고 극 기의 훈련은 공부하지 않았기 때문(而不用克己工夫也)"이라고 답한다. 즉 어떠 한 상황에서도 자기 자신을 조절할 수 있는 자기조절력을 향상시키기 위한 마음근력 훈련을 하지 않았기 때문에 새로운 일이 닥칠 때마다 마음이 흔들 리게 된다는 것이다. 그러므로 "모름지기 사람은 일상적인 일에 종사하면서 도 스스로를 연마해야 한다(人須在事上磨)"라고 강조한다. 이것이 '사상마련'이 다. 그래야 어떠한 상황에서도 "흔들리지 않게 되며(方立得住), 능히 고요함에 머물 수 있게 되고(方能靜亦定), 나아가 움직임 속에서도 정좌의 마음 상태를 유지할 수 있게 된다(動亦定)"라고 했다. 사실 수행의 궁극적인 단계는 일상생 활의 모든 행위를 통해서 끊임없이 수행을 해나가는 것이다. 사상마련의 개 념을 통해 왕양명은 현실의 삶 자체가 수행이 되어야 함을 강조한 것이다.[722]

왕양명의 불교 비판의 핵심도 "현실적인 삶을 떠나지 않아야 한다"라 는 입장의 연장이다. 어떤 사람이 "석씨(석가모니)도 마음 수양에 힘쓰고 있는

데(釋氏亦務養心), 천하를 다스릴 수 없다고 합니다. 왜 그럴까요?"라고 물었다. 이에 대해 왕양명은 "석씨는 사물과의 완전한 단절을 주장하고(釋氏卻要盡絶事物), 마음을 환상으로만 간주하여(把心看做幻相) 점차 허적으로 가버리고 만다(漸入虛寂去了). 결국 현실적인 세상과는 아무런 교섭도 없게 된다(與世間若嬔些子交涉). 그래서 천하를 다스릴 수 없는 것이다(所以不可治天下)"라고 답했다. 수행한다고 해서 현실 세계를 전도몽상이라고 보거나 현실과 완전히 담을 쌓아서는 안 된다는 점을 강조한 것이다.[723]

우리나라에서는 퇴계 이황이 《전습록논변》을 통해 왕양명의 철학을 적극적으로 비판한 이래 대부분의 학자들이 양명학을 거부하고 정통 주자학에만 매달렸다. 퇴계를 비롯한 조선의 주류 유학자들이 양명학을 비판했던 표면적인 이유는 불교의 선종과 가깝다는 것이었다. 하지만 주자학도 송대의 선불교 영향을 강하게 받았다는 사실과 왕양명도 여러 차례 불교를 명시적으로 비판했다는 점을 고려하면 조선의 양명학 거부는 순수한 이론적인 이유였다기보다는 정치적 동기가 더 강했으리란 점을 짐작해볼 수 있다.[724]

즙산의 정좌설

명나라 말기의 유명한 사상가 즙산 유종주 역시 왕양명의 전통을 이어받아 정좌(靜坐)의 중요성을 강조했다. 일단 조용히 앉아 있을 수 있는 능력이 모든 학문의 출발점이라는 것이다. 즙산은 "정좌하는 것 이외에 학문을 시작하는 다른 방법은 없다(更無別法可入)"라고 강조한다. "정좌하는 것이 익숙하지 않다면(不會靜坐), 우선 정좌하는 법부터 배워야 한다(且學坐而已)"는 것이다. 그는 묻는다. "만약 정좌하는 법조차 배울 수 없다면(學坐不成), 더 깊은 학문은 과연 어떻게 배울 수 있겠는가(更論甚學)?"

즙산은 정좌설(靜坐說)에서 보다 자세하게 일상생활 속에서의 수행 방법을 설명하고 있다. "일상생활에서 만약 잠시라도 여유가 생긴다면 우선 정좌해라(日用之間, 苟有餘刻且靜坐)." 따로 수행할 시간을 내는 것보다는 틈나는 대로 수시로 정좌하는 습관을 들이라는 이야기다. 즙산의 말을 들어보자.

"정좌하는 중에는 본래 어떠한 일도 없으므로(坐間本無一切事) 아무 일에도 마음 쓸 일이 없는 상태를 유지할 수 있고(卽以無事付之), 마음 쓸 일이 없기에 또한 무심한 상태가 된다(旣無一切事 亦無一切心). 이러한 무심이야말로 본심(본원적인 마음)이다(無心之心, 正是本心). 갑자기 떠오르는 잡생각은 내려놓고(瞥起則放下) 막히고 쌓여가는 집착은 제거해버리면(沾滯則掃除) 늘 깨어 있는 상태를 유지할 수 있게 되니 이 얼마나 좋은가(只與之常惺惺可也)."

이처럼 유교 명상에서도 선불교와 마찬가지로 항상 깨어 있는 상태(常惺惺)를 지향하고 있음을 알 수 있다. 그러나 즙산 역시 유교 명상은 선불교와 그 방법이 다르다는 점을 분명히 해두고 있다. "이러한 수행기술은(此時伎倆) 눈을 감지도 않고 귀를 막지도 않으며(不合眼 不掩耳), 가부좌를 틀고 앉지도 않고, 수식관을 하는 것도 아니며, 화두를 들고 참선하는 것도 아니다(不跏趺, 不數息, 不參 話頭)."

즙산은 자기가 강조하는 정좌법이 바깥세상과 단절하여 수행에만 몰두하는 선불교와 다르다는 것을 거듭 강조하고 있다. "다만 일상생활을 그대로 유지하면서 하는 것이다(只在尋常日用中). 정좌하다가도 지루하거나 피곤해지면 억지로 하지 말고 그냥 일어서면 되고(有時倦則起), 혹시 정좌가 잘되어서 뭔가 느낌이 오면 계속 그것에 응해서 따라가면 된다(有時感則應)." 명상이 잘 안 되는데도 억지로 참으면서 할 필요는 없다는 것이다. 잘되는 날은 더 열심히 하면 되고, 안 되는 날은 그냥 계속 앉아 있지 말고 일어서라는 것이다.

즙산에 따르면 정좌는 반드시 앉아서만 하는 것도 아니다. 일상생활 속에서 다양한 활동을 하면서도 늘 명상 상태에 있을 수 있는 것이 훨씬 더 중요하다고 강조한다. 일상생활을 하면서 "오고 가거나 앉거나 누워 있을 때에도 늘 좌관을 행할 수 있으며(行住坐臥, 都作坐觀), 먹거나 쉬거나 기거할 때에도 늘 정좌 상태에 있을 수 있다(食息起居, 都作靜會)."

묵조선이나 화두선의 수행법을 강조하는 선불교는 현실세계와 완전히 담을 쌓고 허적에 빠지는 것이라는 유교적 관점에서의 비판이 어느 정도 타당한 면도 있다. 그러나 고타마가 가르쳤던 원래 수행법은 유교에서 주장하는 것과 마찬가지로 삶 자체가 수행이 되도록 하는 것이었다.

간화선의 창시자인 대혜선사도 시끄러운 시장통에서 참선하는 것이 진정한 수행임을 밝힌 바 있다. 지눌대사도 대혜선사의 글에 큰 감명을 받고 《수심결》을 썼다. 《수심결》에는 한번 깨달음을 얻은 뒤에도 계속 '훈련'을 해서 몸에 배도록 해야 한다는 '돈오점수' 사상이 잘 나타나 있다. 뇌과학적으로 말하자면 일상생활을 통해서 신경가소성 기반의 마음근력 훈련을 해야 한다는 뜻이다.

　　선불교는 성리학자나 양명학자들이 얘기하는 것처럼 결코 조용한 곳에 틀어박혀 혼자 수행하는 것만을 강조하지 않는다. 현대에 와서 이러한 명상 수행법은 걷기 명상, 달리기 명상, 운동 명상, 먹기 명상, 차 명상 등으로 나타나고 있어 줍산이 말하는 '행주좌와(行住坐臥)'하면서 명상하는 것과 크게 다르지 않다. 또 대부분 사띠 수행은 일상생활에서 늘 사띠의 상태를 유지하는 상성성(常惺惺)을 지향한다. 내면소통을 기반으로 하는 마음근력 훈련 역시 처음 시작하는 초보 단계에서는 조용히 정좌하면서 해야겠지만, 점차 익숙해지면 일상생활에서 여러 가지 일을 하면서도 명상 상태를 계속 유지할 수 있도록 훈련해나가야 한다.

장자의
명상법

심재와 좌망

성리학이 수행의 방법으로 명좌(瞑坐) 혹은 정좌(靜坐)를 강조하게 된 데에는 불교뿐 아니라 장자 철학 역시 큰 영향을 미쳤다. 특히 장자의 '좌망(坐忘)' 개념은 인도에서 넘어온 불교의 사띠 수행법과 결합해 선불교의 묵좌징심이나 유교의 정좌 수행으로 발전했다고 볼 수 있다. 《장자》 내편의 '인간세(人間世)'에는 공자와 안회의 대화가 나온다. 참고로 《장자》에 등장하는 '공자'나 '안회'는 실존 인물이라기보다는 장자의 철학을 대변하는 일종의 아바타와도 같은 가상적 존재다. 《장자》에 자주 등장하는 공자는 여기에 나오는 것처럼 장자의 철학을 대신 말해주는 캐릭터로 등장하기도 하지만 다른 곳에서는 좀 부족한 고정관념의 소유자로 등장한다.

공자는 안회에게 "마음을 재계하라(心齋)"라는 가르침을 준다. 심재에서의 '재(齋)'는 제사(示)를 지내기 전에 몸과 마음을 가지런히(齊) 하고, 깨끗한 것을 먹고, 부정 타는 일을 삼가는 것을 뜻한다. 목욕재계(沐浴齋戒)에서의 '재'의 의미다. 이에 대해 안회가 "저는 가난해서 술도 마시지 않았고 향이 강한 채소를 먹지 않은 지도 여러 달이 되었는데 이 정도면 재계라 할 수 있겠습니까?"라고 묻자 공자는 "그런 것은 제사 지낼 때에나 필요한 재계이지 마음의 재계는 아니다(非心齋也)"라고 답한다. 이에 안회가 "감히 심재가 무엇인지 묻겠습니다(敢問心齋)"라고 하자 공자는 다음과 같이 답한다.

"뜻을 하나로 모으고(若一志) 귀로 듣기보다는 마음으로 듣게나(无聽之以耳而聽之以心). 그리고 나아가서 마음으로 듣기보다는 기로 듣게나(无聽之以心而聽之以氣). 귀는 소리만을 들을 수 있을 뿐이고(耳止於聽), 마음은 그저 외부 사물에 대해 부합하는 데 그치지만(心止於符), 기라고 하는 것은 온갖 사물을 텅 비어 있음으로 대하는 것이네(氣也者 虛而待物者也). 도는 오로지 텅 빈 곳에 모이는데, 바로 이 텅 빈 것이 심재라네(唯道集虛 虛者心齋也)."

여기서 안회가 술도 안 마시고 향이 강한 자극적인 음식도 먹지 않았다는 것은 몸을 깨끗이 했다는 뜻이다. 목욕재계하고 몸을 깨끗이 하는 것은 제사 지낼 때나 필요한 아주 기본적인 사항이라는 뜻이다. 고타마가 이야기하는 사념처 중 '몸(身念處)'에 해당한다. 그리고 '귀로 듣는다'라는 것은 외부 사물에 대한 감각기관의 반응을 말한다. 이는 사념처 중에서 '느낌(受念處)'에 해당하고, '마음으로 듣는다'라는 것은 심념처(心念處)에 해당한다. 나아가서 기(氣)로 듣는다는 것은 만물을 텅 비어 있음으로 대하는 것이라고 했으니 모든 인식의 대상을 공(空)으로 바라보는 법념처(法念處)에 해당한다. '텅 빈 것이 심재'라는 것은 인식의 주체로서 진짜 나의 자리는 텅 비어 있는 아나타라는 뜻이다. 심재를 하라는 장자의 가르침은 '제법무아'를 깨달으라는 말과 거의 같은 뜻이다. 그래서 다음과 같은 대화가 이어진다.

안회가 말한다. "제가 가르침을 듣기 전까지는(回之未始得使), 안회라는 사람이 실제로 존재하는 줄만 알았습니다(實有回也). 그러나 이 가르침을 얻고 나니(得使之也) 안회라는 사람이 있었다는 사실조차 잊게 되었습니다(未始有回也). 이를 텅 비어 있음이라 해도 되겠습니까(可謂虛乎)?" 이처럼 '심재'라는 것은 일상적인 의미에서의 '나'는 가짜이며 진짜 '나'는 텅 비어 있는 인식주체임을 깨달으라는 '제법무아'의 가르침이다.

마음근력 훈련의 관점에서 보면 심재(心齋) 역시 강력한 자기참조과정 훈련이라 할 수 있다. 즉 전전두피질 활성화 훈련이다. 그런데 이미 살펴보았듯이 전전두피질 활성화 훈련을 효율적으로 하려면 우선 편도체를 가라앉히는 것이 필요하다. 불교식으로 말하자면 위빠사나를 잘하기 위해서는 사마타 상태에 드는 훈련이 필요하다. 그래서 뒤에서 살펴볼 아나빠나사띠에서도 사마타와 선정에 드는 방법으로 열두 가지 호흡 훈련을 먼저 제시한 다음 마지막에 네 가지 위빠사나(법관) 훈련을 제시하고 있다.

유교 수행의 관점에서 말하자면, 성찰극치(省察克治)와 사상마련(事上磨鍊)을 통해 항상 깨어 있는 상태(常惺惺)를 유지하기 위해서는 우선 정좌 혹은 묵좌징심부터 시작해야 한다. 이를 뇌과학적 입장에서 보자면 전전두피질을 늘 활성화하기 위해서는 편도체부터 가라앉혀야 한다고 보는 것이다. 물론 우선 편도체를 안정시켜야 한다는 것은 처음 수행을 시작하는 사람을 위한 조언이다. 편도체와 전전두피질은 서로 역동적인 관계에 있어서 편도체 안정화가 전전두피질 활성화에 도움이 될 뿐만 아니라 전전두피질 활성화는 편도체 안정화에 도움이 된다. 그래서 초기 경전에서도 사마타와 위빠사나는 동시에 혹은 순차적으로 수행해야 할 목표로 제시한 것이다. 이러한 관점에서 보자면 심재를 하는 것은 좌망에 도움이 되며 동시에 좌망을 하면 심재를 잘할 수 있게 된다고 보는 것이 타당하다. 그러나 역시 마음근력 훈련에 처음 입문하는 사람은 장자의 좌망(유교의 정좌 혹은 불교의 사마타 수행)부터 시작하여 편도체 안정화를 시도하는 것이 좋다.

좌망에 관한 이야기는 《장자》 내편의 '대종사(大宗師)'에 있는 공자와 안회의 대화에 나온다. 안회가 이렇게 이야기한다. "제가 나아진 것이 있습니다. 저는 인의를 잊었습니다(曰回忘仁義矣)." 하지만 공자는 "좋다. 그런데 아직 부족하다(可矣, 猶未也)"라고 답한다. 훗날 안회가 다시 공자를 만나 이야기한다. "제가 더 나아진 것이 있습니다. 이제 저는 예악도 잊었습니다(曰回忘禮樂矣)." 그러자 공자는 여전히 "좋다. 그러나 아직 부족하다(可矣, 猶未也)"라고 답한다. 시간이 더 지나서 훗날 안회가 다시 공자에게 이렇게 이야기한다. "제가 더 나아진 것이 있습니다. 저는 좌망하게 되었습니다(曰回坐忘矣)." 그러자 공자가 문득 놀라며 되묻는다. "좌망이란 무엇이냐?"

안회가 답한다. "팔다리와 몸을 잊고(墮肢體), 듣는 것과 보는 것도 떨쳐버리며(黜聰明), 형태에 얽매이지 않고 지식도 버리고(離形去知), 크게 통하는 것과 하나가 되는 것(同於大通), 이것을 좌망이라고 합니다(此謂坐忘)." 그러자 공자가 말한다. "도와 하나가 되면 좋다 싫다 하는 분별심이 사라지고(同則無好也), 도와 융화하게 되면 무상에 이르게 되니(化則無常也), 과연 현명하도다.

나도 너의 뒤를 따르련다(而果其賢乎! 丘也請從而後也)."

여기서 장자는 공자를 등장시켜 인의예악(仁義禮樂)이나 지식보다는 진정한 나를 깨달아가는 수행의 중요성을 강조하고 있다. 그런데 좌망에 이르기까지의 과정이 불교의 사념처관의 구성요소와 매우 비슷하다. 우선 "팔다리와 몸을 잊는다"라는 것은 몸에 대한 수행을 통해 몸의 감각을 넘어선다는 뜻으로 이는 신관(身觀)에 해당한다. 그리고 '출총명(黜聰明)'에서 총(聰)은 귀로 잘 듣는 것을 의미하며 명(明)은 눈으로 잘 보는 것을 뜻한다. 즉 '보고 듣는 것을 내친다(黜)'라는 것이니 지각작용이 가져오는 느낌들을 잊는다는 것으로 수관(受觀)이라 할 수 있다. 나아가 '형태에 얽매이지 않고 지식도 버리는' 것은 마음작용과 인식작용을 떠나는 것이니 심관(心觀)이라 할 만하다. 그리하여 '크게 통하는 것과 하나가 되는' 것은 세상 만물의 이치를 꿰뚫어보는 법관(法觀)이라 할 수 있다. 결국《장자》의 좌망의 개념에도 사념처의 요소가 순서대로 잘 나타나 있다. 이러한 좌망의 경지에 이르게 되면 모든 집착과 분별심이 사라지고 제행무상(諸行無常)을 깨닫게 되니, 고타마와 장자가 추구했던 수행의 목표는 같은 것이라 할 수 있다.

호흡이종

《장자》외편의 '각의(刻意)'에 보면 도를 닦기 위해 다양한 노력을 하는 사람들을 비판하는 부분이 있다. 의도적으로 숨을 길게 내쉬고 길게 들이쉬는 취구호흡(吹呴呼吸)을 하거나, 낡은 기운을 뱉어내고 새 기운을 받아들이는 토고납신(吐故納新)을 열심히 하면서 오래 살려고 여러 가지 동물이나 새 흉내를 내면서 나무에 매달리거나 체조를 하는 사람들을 비꼬기도 한다.

장자는 취구호흡이나 토고납신과 같은 쓸데없는 노력을 하지 말라고 말한다. 그러나 후대 도교의 각종 수련법에서는 오히려 취구호흡, 토고납신, 동물 흉내 내기 등을 열심히 한다. 대표적인 예가 '구식법(龜息法)'이다. 거북이 흉내를 내면서 하는 호흡이다. 앉아서 명상하다가 숨을 내쉬면서 이마를 바닥에 닿을 정도로 앞으로 숙였다가 거북이처럼 고개를 뒤로 젖히면서 숨

내면소통

을 들이쉬면서 일어나는 것이다. 방석에 앉은 상태에서 엉덩이는 고정한 채 머리를 크게 원을 그려 돌리거나 몸을 숙이면서 호흡하는 것은 쿤달리니 요가의 기본 자세 중의 하나이기도 하다.

도교에서 강조하는 의도적인 호흡 훈련의 또 다른 예로 종식법(踵息法)이 있다. '종(踵)'은 발꿈치라는 뜻이니 종식법은 '발꿈치로 하는 호흡'이다. 호흡이종(呼吸以踵)이라 부르기도 한다. 실제로 《장자》 내편의 '대종사'에는 다음과 같은 구절이 있다.

"진인(眞人)의 호흡은 매우 깊다(其息深深). 진인은 발뒤꿈치로 호흡하며(眞人之息以踵), 일반인은 목구멍으로 호흡한다(衆人之息以喉)." 이를 바탕으로 도교나 각종 기공에서도 종식법을 강조한다. 도교도 다른 종교와 마찬가지로 호흡 훈련을 수행법의 핵심으로 삼았음을 알 수 있다.

그러나 장자는 결코 열심히 '발꿈치 호흡'을 해서 진인이 되기 위해 노력하라고 가르친 적이 없다. 진인은 발뒤꿈치까지 호흡을 들이쉬고 내쉴 정도로 호흡이 깊고 고요하다는 것을 말했지만, 그것은 진인의 여러 가지 특성 중의 하나로 간단히 언급되었을 뿐이다. 일반인이 호흡을 발꿈치로 하기 위해 애써 노력한다고 해서 진인이 된다는 뜻이 아니다. 무엇인가 되려 하거나, 무엇인가를 도모하거나, 혹은 무엇인가를 얻으려 하는 '의도'에 대해 장자는 철저하게 부정적이다. 장자 철학의 핵심은 '무위자연(無爲自然)'이다. 아무것도 하지 않음으로써 모든 것을 이루는 것이다. 도는 모든 것을 있는 그대로 두는 것으로 모든 것을 완성한다.

의도를 갖고 무엇인가를 이루기 위해서 노력하는 것은 '집착'을 낳고, 집착에 사로잡히면 편도체가 활성화된다. 모든 두려움은 집착에서 온다. 《반야심경》에서 말하는 "더 이상 얻을 것이 아무것도 없는(以無所得故)" 상태가 되어야 마음에 걸리는 것이 없게 된다. 무언가를 얻거나 획득하거나 성취하려는 조바심과 강박관념에서 벗어나야 한다. 아무것도 얻으려 하지 않는 상태, 무엇에도 집착하지 않는 상태가 편도체 안정화를 위해서 필요하다. 그것이 곧 무위자연이다.

장자는 "고요하고 담담하게(恬惔寂寞) 아무것도 집착하지 않아 무엇을 얻으려는 의도나 행위도 하지 않는 것(虛無無爲)"이 중요하다고 강조한다.

"깨달은 사람은 편안히 쉴 줄 아는 사람(聖人休)"이라는 것이다. 아무것도 하지 않아도 스스로의 존재에 대해 편안한 사람이 성인이다. "편안히 쉴 수 있어야 평온함이 생기고(休焉則平易矣), 평온함이 생겨야 담담함이 생긴다(平易則恬惔矣). 그래야 걱정이나 불안감이 생기지 않는다(則憂患不能入)." 이것이 바로 《반야심경》에서 말하는 "마음에 걸리는 것이 없어(心無罫礙) 두려울 것이 하나 없는 무유공포(無有恐怖)"의 상태다. 마음근력 훈련의 관점에서 보자면 완벽한 편도체 안정화의 상태인 것이다.

《장자》의 '대종사'에 나오는 진인(眞人)은 한마디로 자기 자신의 모습을 늘 고요하게 그대로 지켜가는 사람이다. 즉 자기조절력이 매우 뛰어난 사람이라 할 수 있다. 자기조절력이 뛰어난 사람은 감정의 변화, 특히 부정적 감정이 잘 일어나지 않는다. 어떠한 상황에서도 평정심을 유지하는 것이다. 그래서 진인은 "높은 곳에 올라가도 두려워하지 않으며, 물에 들어가도 젖지 않고, 불에 들어가도 뜨거워하지 않는다." 또 진인은 "잘못되어도 후회하지 않고, 잘되어도 자만하지 않는다."[725]

한마디로 편도체가 지나치게 활성화되어 부정적 정서에 휩싸이는 일이 없는 사람이다. 그러나 진인이라고 해서 감정이 전혀 없는 것은 아니다. 다만 그 감정이 자연에 따라 자연스레 드러났다 사라질 뿐이다. "그 모습은 고요하며, 그 이마는 넓고도 편편하다. 서늘하기는 가을과 같으면서도 동시에 따뜻하기가 봄과 같다. 기뻐하고 성내는 것이 사계절과 통하며 세상 만물과 하나가 되어 그 끝을 알 수가 없다."[726] "예부터 진인은 그 모습이 당당하면서도 무너지지 않고, 부족한 듯하면서도 받을 것이 없고, 유유자적하며 홀로이면서도 고집스럽지 않고, 광대하게 텅 비어 있으나 부화뇌동하지 않는다."[727]

물론 스트레스의 연속인 바쁜 일상생활을 살아가는 일반인의 관점에서 보자면 장자가 말하는 진인은 언감생심 도전해볼 엄두조차 안 나는 경지처럼 느껴질지도 모른다. 하지만 내면소통 훈련을 통해서 편도체를 점차 안정화하고 마음근력을 조금씩 강화해나간다면 일상생활에서도 수개월 내에 커다란 변화를 실감할 수 있을 것이다.

호흡 명상 전통
: 아나빠나사띠

왜 대부분의 명상은 호흡을 강조하는가

몸을 통해서 편도체를 안정화하는 방법 중에서 가장 효과적인 것이 호흡이다. 자율신경계 중에서 우리가 의도적으로 개입할 수 있는 기능은 호흡밖에 없기 때문이다. 자율신경의 지배를 받는 심장박동이나 내장운동 등의 기능에는 우리가 의도적으로 개입할 수 없다. 우리가 마음먹는다고 심장박동을 일정한 속도로 천천히 뛰게 하거나 내장운동을 잠시 멈추거나 할 수는 없다. 그러나 호흡은 자율신경계의 지배를 받으면서도 동시에 의도적인 개입을 허용한다. 호흡만이 유일하다. 호흡만이 우리 내면 깊숙한 무의식에 닿을 수 있는 통로다. 호흡이 편도체를 안정화하고 불안감이나 분노 등 온갖 부정적 정서를 가라앉힐 수 있는 강력한 힘을 갖는 이유다.

호흡 명상의 강력한 효과 때문에 수천 년 전부터 오늘날에 이르기까지 수많은 종교에서 다양한 호흡 훈련법을 개발하여 사용했다. 수천 년의 전통을 자랑하는 기성 종교들은 물론이고 새로이 생겨나는 신흥 종교들까지 호흡 명상을 즐겨 사용한다. 그러나 호흡 명상은 그 자체로서 종교적인 의미가 있는 것은 아니다. 그저 여러 종교에서 가져다 쓰고 있는 것뿐이다.

호흡 명상은 불교 수행의 핵심이기도 하다. 호흡 훈련을 수행의 핵심으로 삼았기 때문에 불교가 크게 발전할 수 있었다. 고타마는 보리수나무 아래서 혁신적인 호흡 명상 기법을 개발했다. 그러나 호흡 명상 자체와 불교의 기본 교리 사이에는 직접적인 논리적 연관성이 없다. 고타마가 개발한 혁신적인 호흡 명상 기법은 사띠 수행 중심의 테라와다 불교에서도 사용되었고, 선불교 중심의 대승불교에서도 사용되었다. 나아가 힌두교, 유교, 도교 등 여러 종교 전통에서도 중요한 위치를 차지하고 있다. 현대에 와서는 종교적 함의 없이 정신건강 증진을 목적으로 개발된 다양한 명상 프로그램에서도 호흡 훈련이 널리 사용되고 있다. 물론 내면소통 명상과 같은 마음근력 훈련을 위해서도 중요하다.

호흡이란 말 그대로 내쉬고 들이쉬는 것이다. 호(呼)는 내쉬는 것이고, 흡(吸)은 들이쉬는 것이다. 우리 몸 안에는 허파 바로 아래에 가슴과 배를 나누는 커다란 막이 가로지르고 있다. 이 횡격막은 일종의 근육이다. 숨을 들이쉴 때 횡격막은 수축해서 아래로 내려감으로써 흉곽의 공간이 넓어지고 기압이 낮아져서 공기가 폐로 들어오게 된다. 횡격막이 아래로 내려가기 때문에 복부의 공간이 좁아지고 압력이 커져서 아랫배가 살짝 나오게 되는 것이다. 날숨에서는 횡격막이 이완되면서 위로 올라가 가슴 공간을 좁혀서 폐 속의 공기가 빠져나가도록 한다.

명상할 때는 숨을 들이쉴 때보다 내쉴 때 이완이 더 잘되는 것을 느끼게 되고 온몸의 기운이 아래로 내려가는 듯한 느낌을 받게 된다. 반대로 숨을 들이쉴 때는 흉곽이 넓어지고 어깨도 살짝 밀어 올려지기 때문에 몸의 기운이 위로 상승하는 듯한 느낌을 받게 된다. 두 팔을 양쪽 옆으로 들어 올려도 흉곽이 넓어지기 때문에 숨을 들이쉴 때는 어깨와 팔과 온몸이 들어 올려지는 듯한 느낌을 받게 된다. 하지만 호흡에 있어서 가장 중요한 횡격막은 들숨에 내려간다.

들숨이나 날숨이나 모두 일종의 불균형상태다. 모든 진자운동이 그러하듯이 한 움직임의 끝은 늘 불안정하고 불균형한 상태이며 따라서 균형상태로 되돌아가려는 힘이 생긴다. 호흡 역시 마찬가지다. 들숨에서 흉곽 내 공간을 넓히기 위해 횡격막은 배를 누르면서 아래로 내려간다. 이러한 불균형이 몸 안에 생기면 균형을 찾기 위한 반작용의 에너지가 작동한다. 횡격막이 내 몸 중심에서 내려갈 때 팔다리, 어깨 등 몸의 다른 부위는 올라감으로

내면소통

써 균형을 잡는다. 반대로 날숨에서는 횡격막이 올라가므로 몸의 다른 부위는 내려감으로써 균형을 되찾는다. 그래서 들숨에서는 몸이 약간 떠오르는 듯한 느낌이 들고, 날숨에서는 약간 아래로 처지는 듯한 느낌이 든다. 하지만 그때마다 횡격막은 우리 몸속에서 반대 방향으로 움직인다. 이처럼 들숨과 날숨 하나하나에도 작용과 반작용의 균형이 작동한다. 끊임없이 불균형상태를 만들어냄으로써 결과적으로 온몸의 균형상태를 이뤄내는 것이 호흡이다.

한편 횡격막은 심장을 둘러싸고 있는 심막, 복부의 장기를 둘러싸고 있는 복막, 폐를 둘러싸고 있는 흉막 등과 직접 연결되어 있다. 특히 불안감이나 분노 등의 감정과 관련된 신호를 생산해내는 심장은 심막에 둘러싸인 채 척추 심막인대나 상하 가슴뼈 심막인대 등에 의해 척추와 가슴뼈에 매달려 있다. 또 횡격막과도 인대를 통해 직접 연결되어 있다([그림 11-1]). 횡격막의 움직임에 관한 정보는 심막이나 심막인대를 통해서 심장에 직접 전달된다. 호흡 훈련은 내부감각을 인지하는 훈련일 뿐만 아니라 안정적인 내부감각 정보를 심장에 전달하는 훈련이기도 하다. 또 심장은 심막인대에 의해 경추 4번부터 흉추 4번, 그리고 가슴뼈에 직접 매달려 있다. 척추와 경추를 곧게 펴는 올바른 명상 자세는 심막인대를 이완시켜 심장의 움직임을 편안하게 하는 데 영향을 미칠 수 있다.

횡격막이 아래 방향으로 수축하는 들숨에서는 심장도 아래 방향으로 약간 끌어 내려지고 교감신경도 활성화되어서 심박수가 약간 빨라진다. 날숨에서는 미주신경이 활성화되고 부교감신경을 통해 심박수가 약간 느려진다. 결과적으로 심박수는 일정한 주기를 갖고 호흡에 따라 약간 빨라졌다, 느려졌다를 반복한다. 그것을 심박변이도(heart rate variability: HRV)라고 한다. 심박변이도를 측정하는 지표에는 수십 가지가 있지만 일반적으로 심박변이도가 높은 것이 미주신경이 더 강하게 작동하는 것으로 해석되며, 정서적으로 더 안정적이고 건강하며 스트레스도 낮은 상태로 볼 수 있다.

호흡을 통한 감정조절에 있어서 또 하나 중요한 점은 들숨과 날숨의 길이 비율이다. 보통 호흡을 할 때는 사람마다 약간의 차이가 있지만 들숨의 길이와 날숨의 길이가 거의 비슷하다. 그런데 날숨의 길이를 약간 더 길게 하면 심박수는 내려가고 심박변이도는 올라가게 된다. 이것의 효과는 거의 즉

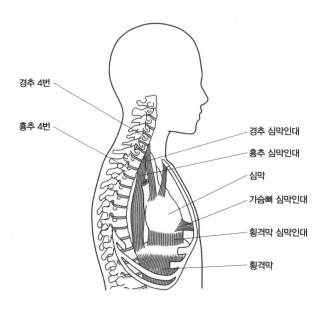

경추 4번

흉추 4번

경추 심막인대

흉추 심막인대

심막

가슴뼈 심막인대

횡격막 심막인대

횡격막

[그림 11-1] 횡격막과 심막. 불안감이나 분노 등의 감정과 관련된 내부감각 신호를 생산해내는 심장은 심막에 둘러싸인 채 척추 심막인대나 상하 가슴뼈 심막인대 등에 의해 경추 4번부터 흉추 4번, 그리고 가슴뼈에 직접 매달려 있다. 또 횡격막과도 인대를 통해 직접 연결되어 있어 횡격막의 움직임에 관한 정보는 심막이나 심막인대를 통해서 심장에 직접 전달된다. 호흡 명상은 내부감각을 인지하는 훈련일 뿐만 아니라 안정적인 내부감각 정보를 심장에 전달하는 훈련이기도 하다. 척추와 경추를 곧게 펴는 올바른 명상 자세는 심막인대를 이완시켜 심장의 움직임을 편안하게 하는 데 영향을 미칠 수 있으며 호흡 명상은 횡격막의 규칙적인 움직임을 통해 심장과 내장기관 전반에 걸쳐서 내부감각 신호를 안정시킬 수 있다.

각적이다. 날숨을 들숨보다 두 배 이상 길게 하면서 두어 번만 호흡해도 온몸의 긴장 수준이 떨어지고, 심박수는 느려지며, 감정도 차분해진다. 편도체가 활성화되어 온몸에 긴장과 스트레스가 느껴진다면 들숨 4초 날숨 8초씩(한호흡당 12초) 10회가량만 호흡을 해도 큰 효과를 볼 수 있다. 스트레스가 심하다고 느끼면 5분간 25회 정도 해도 좋다.[728] 시험이나 발표를 앞두고 긴장감이 올라가는 수험생이나 실전에서의 집중력 강화가 필요한 운동선수들은 즉각적으로 그 효과를 경험할 수 있다.

명상에서의 호흡 훈련이 감정조절과 건강 증진에 즉각적으로 도움을 줄 수 있는 이유도 바로 호흡미주신경자극(respiratory vagal nerve stimulation: rVNS)

내면소통

효과 때문이다.[729] 호흡 훈련은 미주신경을 자극하여 편도체를 안정화하며 전전두피질의 기능은 활성화한다. 따라서 호흡 훈련은 여러 인지능력이나 문제해결력뿐 아니라 의사결정력도 키워주는 효과가 있다.[730]

들숨보다 날숨을 두 배 이상 천천히 오래 내쉬려면 들숨을 약간 깊게 많이 들이쉬는 것이 좋다. 그런데 내쉬는 숨을 길게 한다고 해서 숨이 차고 힘이 들 정도로 너무 무리해서는 안 된다. 몸과 마음이 편안해질 정도로, 턱과 목근육의 긴장이 풀리고 어깨가 내려갈 수 있을 정도로 부드럽고 고요하게 해야 한다. 마음속으로 하나, 둘, 셋, 넷을 세면서 들이쉬고, 내쉬면서는 하나부터 여덟까지 세도록 한다. 몇 번만 해도 효과가 있다. 미주신경자극 호흡을 자기 전에 누워서 하면 깊이 잠드는 데도 큰 도움이 된다. 자기 전에는 조금 더 긴장을 완화하기 위해서 4-4-8 호흡을 해볼 것을 권한다. 4초간 들이쉬고, 4초간 멈추고, 8초간 내쉬는 것을 반복한다. 더 깊게 하려면 4-4-8-2로 한다. 즉 4초간 들이쉬고, 4초간 멈추고, 8초간 내쉬고, 2초간 멈추는 것이 호흡의 한 사이클이 되도록 한다.

미주신경 호흡 훈련은 의도적으로 호흡을 통제하고 조절하는 훈련인 반면에 사띠 명상과 같은 '호흡 알아차리기' 훈련은 호흡에 의도적인 개입을 하지 않고 그냥 자연스레 호흡을 따라가는 것이다. 이는 지금 여기에 온전히 존재하기 위한 가장 효과적이고도 강력한 훈련법이다. 호흡은 항상 지금 여기서 나에게 벌어지는 사건이기 때문이다. 이것을 놓치지 않고 계속 따라가면서 알아차리는 것이 호흡 알아차리기 훈련의 핵심이다. 이때 호흡을 의도적으로 조절하면 안 된다. 호흡마저 또 하나의 의도적인 행위가 되는 것이기 때문이다. 어떠한 의도도 없이 그저 내 코로 들어가는 숨결과 나오는 숨결을 느끼기만 하면 된다.

호흡 알아차리기가 익숙해지면 내 몸의 각 부위가 세상과 만나서 어떠한 느낌을 주는가를 그저 바라보는 수행을 한다. 이때 강력한 자기참조과정이 일어난다. 호흡 바라보기나 사띠는 수행의 한 가지 방법이다. 사띠 자체가 수행이 아니라 수행을 하기 위한 하나의 방편일 뿐이다. 강을 건너면 뗏목을 버려야 하듯이 지금 여기에 존재할 수 있게 되면 호흡 바라보기도 사띠도 버려야 한다. 호흡 훈련이든 사띠든 무엇에든 집착하면 안 된다. 수행 자체가 목적이 되어 그것을 자꾸 추구하게 되고 무엇인가를 얻고자 갈망하게 되면 오히려 편도체가 활성화되는 역효과가 나기 쉽다. 그 어떤 것에도 집착하지 않아야 마음에 걸리는 것이 없게 되고 그래야 두려움이 사라진다. 그것이 마음근력 훈련이다.

《아나빠나사띠 숫따》: 호흡 명상의 교과서[731]

아나빠나사띠(anapanasati)는 고타마가 창안한 획기적인 호흡 명상 기법으로 역사상 가장 위대한 명상법으로도 일컬어진다. 아나(ana)는 들숨을, 빠나(pana)는 날숨을 뜻하며, 사띠(sati)는 알아차림을 뜻한다. 아나빠나사띠는 말 그대로 들숨과 날숨을 알아차리는 수행법이다. 이 호흡 명상법은 초기 경전인 《아나빠나사띠 숫따》에 자세히 소개되어 있다.[732] 숫따(sutta)는 경전이라는 뜻이다. 한자어로 옮기면 아나빠나사띠는 '호흡을 헤아리며 바라본다'는 뜻의 수식관(數息觀)이고, 아나빠나사띠 숫따(anapanasatisutta)는 아나빠나를 '안반'이라 음역하고 사띠를 '수의'라 번역해서 안반수의경(安般守意經)이라고도 한다.

그 내용을 살펴보면 매우 체계적일 뿐만 아니라 그 자체에는 어떠한 종교적 신비주의도 들어 있지 않다. 매우 현대적인 호흡 훈련의 매뉴얼이라 할만하다. 아나빠나사띠 명상 기법은 여러 다른 훈련과도 효율적으로 병행될 수 있다. 자기참조과정이든, 뇌신경계 완화 훈련이든, 내부감각 및 고유감각 자각 훈련이든, 전전두피질 활성화를 위한 자타긍정 내면소통 훈련이든, 움직임 명상이든, 운동 명상이든, 어떠한 마음근력 훈련을 하든 호흡 명상을 함께하면 더 큰 효과를 기대할 수 있다.

왕자의 신분이었던 고타마는 태어난 지 얼마 되지 않은 어린 아들까지 있었는데도 가족을 버리고 혼자 수행의 길을 떠났다. 당시 인도에 널리 알려진 다양한 전통의 명상 수행을 섭렵했고, 깊은 선정에 들어가는 수행들도 성공적으로 완성했다. 그러나 늘 무언가 부족함을 느꼈다. 선정을 추구하는 명상 수행을 포기하고 나서는 거의 먹지도 자지도 않은 채 몸을 극단적으로 혹사하는 고행 수행까지 했다. 6년에 걸쳐 고행 수행을 했음에도 불구하고 역시 무언가 부족했다. 마침내 그는 기존의 모든 수행법을 버리고 새로운 명상 방법을 스스로 창안해냈다. 자신의 호흡을 있는 그대로 바라보는 독창적인 수행법인 아나빠나사띠를 통해 보리수나무 아래에 편안히 앉아서 완전한 깨달음을 얻었다. 고타마의 이야기를 통해 우리가 얻을 수 있는 중요한 교훈이 하나 있다. 수행은 편안해야 한다는 것이다.

도교 전통에서는 호흡을 통해 편도체를 안정화하는 과정을 운기조식(運氣調息)이라 부른다. 기운을 운영하고 호흡을 조절한다는 뜻이다. 호흡을 뜻하는 한자 '식(息)'은 코를 통해 심장을 움직인다는 의미다. 쉬는 것을 휴식(休息)이라고 한다. 한자 뜻을 풀이하자면 호흡을 잠시 내려놓는 것이 쉬는 것이다. 호흡 명상은 힘들게 어떤 일을 하는 것이 아니라 힘들게 하던 일을 잠시 내려놓고 한숨 돌리는 것, 즉 휴식이다. 고통을 유발하면서 하는 수행은 효율적인 방법도 아니고 제대로 된 수행도 아니다. 몸과 마음을 지극히 편안하게 하는 것이 수행의 올바른 방법이다. 마음근력 훈련 역시 마찬가지다. 내면소통 명상을 하는 동안 무언가 불편하거나 통증이 느껴진다면 일단 멈추고 훈련법을 다시 점검해야 한다. 무언가 잘못하고 있을 가능성이 크기 때문이다. 효율적인 마음근력 훈련은 평온하고 편안한 가운데서 이루어진다.

2500년 전 인도에서 태어난 고타마 싯다르타와 지금의 나는 공유하는 경험이 거의 없다. 고타마는 내가 일상적으로 늘 사용하는 스마트폰이나 컴퓨터나 자동차를 상상조차 할 수 없었을 것이다. 또 나는 고타마가 어떤 음식을 먹고 일상생활에서 무슨 경험을 하면서 살았는지 상상조차 하기 힘들다. 2500년 전의 인도 사람과 21세기 한국 사람의 기본적인 사유와 행위는 많이 다를 것이다. 그러나 적어도 숨 쉬기라는 행위만큼은 똑같이 했을 것이다. 고타마가 2500년 전에 호흡하면서 느꼈을 경험은 아마도 지금 내가 호흡하면서 느끼는 것과 거의 같을 것이다.

'호흡'은 그야말로 원초적인 행위이기에 문화적·시간적 차이를 뛰어넘는다. 고타마의 호흡과 내 호흡은 같다. 우리는 다른 사람들이 하는 여러 가지 행위를 즉각적으로 상상하거나 이해하기 힘들다. 특히 개인적이고도 내면적인 행위는 더욱 그러하다. 그러나 호흡만큼은 즉각적으로 이해할 수 있다. 우리는 고타마의 개념이나 사유를 정확히 알 수는 없다. 다만 오래된 텍스트를 통해 미루어 짐작할 뿐이다. 그러나 고타마의 호흡이 나와 같았으리란 점은 확실히 알 수 있다.

나는 당신이 이 책을 읽으면서 무슨 행위를 하고 있는지 알 수가 없다. 식사하면서 읽고 있는지 아니면 차 한 잔 마시면서 읽고 있는지 아니면 자동차 운전을 하면서 오디오북으로 듣고 있는지, 그것도 아니면 누워서 음악을 들으며 읽고 있는지 혹은 화장실에 앉아서 읽고 있는지 도저히 알 수가 없다. 그러나 확실하게 알 수 있는 것 한 가지가 있다. 이 책을 읽는 지금 당신은 계속 호흡을 하고 있을 것이다.

인간이 하는 대부분의 행위는 지금 당장 할 수도 있고 나중에 할 수도 있고 안 할 수도 있다. 그러나 호흡은 '누구나 늘 지금 여기서 계속' 하고 있다. '누구나 늘 지금 여기서 계속' 하는 것은 호흡밖에 없다. 내가 지금 쓰는 이 글을 누가 언제 읽을지 나는 모른다. 그러나 누가 되었든 이 글을 읽으며 호흡을 할 것이란 점은 안다. 내가 지금 컴퓨터 자판을 두드리면서 하는 호흡은 나중에 이 글을 읽는 당신이 하게 될 호흡과 같다는 것도 안다. 언젠가 이 글을 읽고 있을 당신도 지금 이 글을 쓰고 있는 내가 호흡하고 있다는 사실을 안다. 호흡은 우리를 연결해준다. 우리는 호흡을 통해서 하나가 된다.

마음근력이 약해지고 만성적인 스트레스로 인해 편도체가 습관적으로 활성화되면 답답해진다. 숨 쉬기조차 힘들어진다는 뜻이다. 엄청난 스트레스 속에서 살아가는 우리는 숨도 제대로 못 쉬며 살고 있다. 지금, 당신의 호흡은 어떠한가? 숨도 제대로 못 쉰다는 것은 곧 억눌려 있다는 것이다. 두렵거나 불안하면 숨을 죽이게 되어 있다. 두려움의 결과인 분노는 숨을 거칠고 불규칙적으로 만든다. 공황장애와도 같은 강력한 불안이 몰려오면 실제로 호흡곤란을 느낀다. 과거나 미래로 마음이 달려가서 스트레스를 받으면 숨이 막히게 되어 있다.

평온함과 고요함의 경험은 편안한 호흡 속에 있다. 우리가 평생 갈망하는 자유와 행복 역시 고요한 호흡 속에 있다. 행복을 찾아 엉뚱한 곳을 헤매다 보면 숨이 가빠진다. 불행해진다는 말이다. 내 안에 늘 나와 함께 있는 호흡 속에 지극한 행복이 있다. 아나빠나사띠는 호흡을 통해 행복을 찾는 확실하고도 효율적인 방법이다.

아나빠나사띠의 16단계

아나빠나사띠는 지금 이 순간에 내게 반복적으로 일어나는 들숨과 날숨이라는 사건을 끊임없이 알아차리는 명상법이다. 호흡 명상에는 크게 두 가지가 있다. 하나는 호흡을 의도적으로 조절하는 것인데, 깊고 천천히 혹은 빠르고 강하게 하거나 중간에 숨을 멈추거나 하는 것이다. 여러 가지 입모양이나 몸의 자세를 취하기도 한다. 쿤달리니 요가의 다양한 호흡 기법이나 중국 도교 전통의 단전 호흡 등이 그 예다.

다른 하나는 호흡을 있는 그대로 놔두고 마음의 눈으로 바라보면서 시시각각 알아차리는 것인데, 이것이 바로 고타마가 발명한 아나빠나사띠다. 호흡에 주의를 집중하되 특정한 방식으로 의도를 갖고 호흡을 조절하는 것이 아니라 호흡을 그저 알아차리고 바라보는 것이다. 들어오면 들어오는 대로, 나가면 나가는 대로, 호흡에 개입하지 않고, 호흡을 나에게 일어나는 하나의 사건으로 바라보는 것이다.

아나빠나사띠에서 간과하지 말아야 할 점은 숨을 들이쉬고 내쉬는 것을 하나의 동작으로 보지 않고 별개의 동작으로 본다는 점이다. 그래서 '길게 들이쉴 때 길게 들이쉬는 것을 알아차리고, 길게 내쉴 때 길게 내쉬는 것을 알아차려라'라고 한다. 그냥 '긴 호흡을 알아차려라'라고 하지 않는다는 것이다. 이것은 매우 중요한 점인데 왜냐하면 현대에 와서는 '호흡', 즉 들숨과 날숨을 하나의 동작으로 간주하는 경향이 있기 때문이다. 아나빠나사띠의 모든 호흡 훈련은 들이마시면서 이러저러한 것을 하고 또 내쉬면서 이러저러한 것을 하는 것이다.

호흡에 명료한 주의를 집중하면 호흡은 저절로 고요해지고 느려지며 심박수가 낮아지고 심박변이도는 높아진다. 이에 따라 편도체는 안정되고 몸과 마음이 편안해진다. 동시에 나에게 벌어지는 사건인 호흡에 끊임없이 집중하는 것이므로 강력한 자기참조과정이 일어난다. 전전두피질을 중심으로 하는 신경망이 활성화되는 것이다.

이러한 수행법을 정리한 경전이 《아나빠나사띠 숫따》이다. 그런데 호흡 그 자체를 알아차리라고 하면 주의를 어디에 둬야 할지 혼란스러울 수 있다. 고타마는 효율적인 아나빠나사띠를 위해 주의를 두어야 하는 곳 네 가지를 제시한다. 호흡에 지속적인 주의를 두면서 동시에 몸(신념처), 느낌(수념처), 마음(심념처), 인식 대상(법념처), 이 네 군데에 마음을 두라는 것인데, 이를 사념처라 한다.

신념처는 몸에 집중하면서 호흡을 들이쉬고 내쉬는 것이고, 수념처는 느낌과 감각에 집중하면서 호흡을 들이쉬고 내쉬는 것이다. 심념처는 생각과 마음의 작용에 집중하면서 호흡을 들이쉬고 내쉬는 것이고, 법념처는 모든 사물, 즉 모든 인식 대상의 무상함을 보고 번뇌의 사라짐을 보면서 호흡을 들이쉬고 내쉬는 것이다. 이러한 사념처에 대해 각각 네 개씩 모두 16개의 호흡 훈련법을 제시하고 있는 것이 아나빠나사띠의 기본 구조다.

16개의 훈련 중 앞의 12개가 사마타를 통해 선정에 들어가기 위한 것이고, 마지막 네 개가 사마타에서 나오면서 세상의 이치에 대해 통찰하는 위빠사나다. 그런데 이 16개 훈련은 처음부터 끝까지 호흡을 들이쉬고 내쉬면서 진행한다. 편도체 안정화라는 훈련의 토대 위에 집중 명상과 통찰 명상, 즉 전전두피질 활성화 훈련을 하도록 호흡 훈련을 구성하고 있는 것이다.

Note — **아나빠나사띠의 16개 훈련**

몸에 대한 사띠

1. 길게 숨을 들이쉬면서, "나는 길게 들이쉰다"는 것을 알아차리고, 길게 숨을 내쉬면서, "나는 길게 내쉰다"는 것을 알아차린다.
   dīghaṁ vā assasanto, dīghaṁ assasāmîti pajānāti
   dīghaṁ vā passasanto, dīghaṁ passasāmîti pajānāti

2. 짧게 숨을 들이쉬면서, "나는 짧게 들이쉰다"는 것을 알아차리고, 짧게 숨을 내쉬면서, "나는 짧게 내쉰다"는 것을 알아차린다.
   rassaṁ vā assasanto, rassaṁ assasāmîti pajānāti
   rassaṁ vā passasanto, rassaṁ passasāmîti pajānāti

3. 수행자는 몸 전체(sabba,kāya)를 경험하면서 숨을 들이쉬는 것을 훈련
   하고, 몸 전체를 경험하면서 숨을 내쉬는 것을 훈련한다.
   sabba,kaya, paṭisaṁvedī assasissāmîti sikkhati
   sabba,kaya, paṭisaṁvedī passasissāmîti sikkhati

4. 수행자는 몸의 작용(kaya,saṅkhāraṁ)을 고요히 하면서 숨을 들이쉬는 것
   을 훈련하고, 몸의 작용을 고요히 하면서 숨을 내쉬는 것을 훈련한다.
   passambhayaṁ kaya,saṅkhāraṁ assasissāmîti sikkhati
   passambhayaṁ kaya,saṅkhāraṁ passasissāmîti sikkhati

느낌에 대한 사띠

5. 수행자는 지극한 기쁨(pīti)을 경험하면서 숨을 들이쉬는 것을 훈련하
   고, 지극한 기쁨을 경험하면서 숨을 내쉬는 것을 훈련한다.
   pīti,paṭisaṁvedī assasissāmîti sikkhati
   pīti,paṭisaṁvedī passasissāmîti sikkhati

6. 수행자는 행복(sukha)을 경험하면서 숨을 들이쉬는 것을 훈련하고, 행
   복을 경험하면서 숨을 내쉬는 것을 훈련한다.
   sukha,paṭisaṁvedī assasissāmîti sikkhati
   sukha,paṭisaṁvedī passasissāmîti sikkhati

7. 수행자는 마음의 작용(citta,saṅkhāra)을 경험하면서 숨을 들이쉬는 것
   을 훈련하고, 마음의 작용을 경험하면서 숨을 내쉬는 것을 훈련한다.
   citta,saṅkhāra,paṭisaṁvedī assasissāmîti sikkhati
   citta,saṅkhāra,paṭisaṁvedī passasissāmîti sikkhati

8. 수행자는 마음의 작용을 고요하게 가라앉히면서 숨을 들이쉬는 것을
   훈련하고, 모든 마음의 작용을 고요히 가라앉히면서 숨을 내쉬는 것
   을 훈련한다.

passambhayam citta,saṅkhāraṁ assasissāmîti sikkhati

passambhayam citta,saṅkhāraṁ passasissāmîti sikkhati

마음에 대한 사띠

9. 수행자는 마음을 경험하면서(citta,paṭisaṁvedī) 숨을 들이쉬는 것을 훈련하고, 마음을 경험하면서 숨을 내쉬는 것을 훈련한다.

citta,paṭisaṁvedī assasissāmîti sikkhati

citta,paṭisaṁvedī passasissāmîti sikkhati

10. 수행자는 마음을 즐겁게 하면서 숨을 들이쉬는 것을 훈련하고, 마음을 즐겁게 하면서 숨을 내쉬는 것을 훈련한다.

abhippamodayaṁ cittaṁ assasissāmîti sikkhati

abhippamodayaṁ cittaṁ passasissāmîti sikkhati

11. 수행자는 마음에 집중하면서 숨을 들이쉬는 것을 훈련하고, 마음에 집중하면서 숨을 내쉬는 것을 훈련한다.

samādahaṁ cittaṁ assasissāmîti sikkhati

samādahaṁ cittaṁ passasissāmîti sikkhati

12. 수행자는 마음을 자유롭게 하면서(vimokkha) 숨을 들이쉬는 것을 훈련하고, 마음을 자유롭게 하면서 숨을 내쉬는 것을 훈련한다.

vimocayaṁ cittaṁ assasissāmîti sikkhati

vimocayaṁ cittaṁ passasissāmîti sikkhati

법에 대한 사띠

13. 수행자는 무상(anicca)을 바라보면서 숨을 들이쉬는 것을 훈련하고, 무상을 바라보면서 숨을 내쉬는 것을 훈련한다.

aniccânupassī assasissāmîti sikkhati

aniccânupassī passasissāmîti sikkhati

14. 수행자는 집착이 사라지는 것(viraga)을 바라보면서 숨을 들이쉬는 것을 훈련하고, 집착이 사라지는 것을 바라보면서 숨을 내쉬는 것을 훈련한다.

   virāgânupassī assasissâmîti sikkhati

   virāgânupassī passasissāmîti sikkhati

15. 수행자는 번뇌의 멈춤(nirodha)을 바라보면서 숨을 들이쉬는 것을 훈련하고, 번뇌의 멈춤을 바라보면서 숨을 내쉬는 것을 훈련한다.

   nirodhânupassī assasissāmîti sikkhati

   nirodhânupassī passasissāmîti sikkhati

16. 수행자는 모든 것을 놓아버림(patinissaga)을 바라보면서 숨을 들이쉬는 것을 훈련하고, 모든 것을 놓아버림을 바라보면서 숨을 내쉬는 것을 훈련한다.

   paṭinissaggânupassī assasissâmîti sikkhati

   paṭinissaggânupassī passasissāmîti sikkhati

몸에 대한 사띠: 1~4단계

16개 훈련에서 앞부분의 주어와 뒷부분의 서술어는 계속 동일하게 반복된다. 16번 모두 반복되는 주어는 '수행자(bhikkhu)'다. 서술어는 대부분 (16개 중 14개) '숨을 들이마시면서 훈련한다(assasissāmîti sikkhati)'와 '숨을 내쉬면서 훈련한다(passasissāmîti sikkhati)'로 되어 있다. 즉 아나빠나사띠는 '수행자는 이러저러한 것을 하면서 숨을 들이마시는 훈련을 하고, 이러저러한 것을 하면서 숨을 내쉬는 훈련을 한다'라는 식으로 호흡 훈련 방법을 제시하고 있는 것이다.

다만, 맨 앞 두 개의 훈련에서 수행자는 '숨을 들이마시는 것을 알아차린다(assasâmîti pajānāti)'와 '숨을 내쉬는 것을 알아차린다(passasāmîti pajānāti)'로 되어 있다. 즉 이 두 개만 호흡 자체를 '알아차린다(pajānāti)'이고 이후 14개는 모두 들이쉬고 내쉬는 것을 '훈련한다(sikkhati)'로 되어 있다. 아나빠나사띠의 기본 방식은 사념처에 대해 사띠를 하면서 들이쉬고 내쉬는 훈련을 하는 것인데, 앞의 두 개만큼은 호흡 자체를 알아차리라고 되어 있다. 이것은 말하자면 본격적인 호흡 사띠를 하기 위한 준비운동인 셈이다. 다른 모든 '훈련'이 들이쉬고 내쉬는 것이니만큼, 일단 시작은 호흡 자체를 알아차리는 기본 훈련부터 시작하도록 배려한 것이다.

몸에 대한 사띠 네 개는 그래서 다시 두 부분으로 나뉜다. 처음 두 개 훈련이 호흡 자체를 알아차리는 것이고, 뒤의 두 개 훈련은 몸에 관한 사띠를 하면서 들이쉬고 내쉬는 훈련을 하는 것이다. 호흡 자체를 알아차리는 호흡 사띠는 숨을 길게 들이쉴 때는 길게 들이쉰다는 것을 알아차리고, 짧게 들이쉴 때는 짧게 들이쉰다는 것을 알아차린다. 내쉴 때도 마찬가지다.

여기서 주의할 점은 길게 호흡을 했다가 짧게 했다가 하라는 것이 아니다. 아나빠나사띠는 호흡을 조절하거나 통제하는 것이 아니다. 있는 그대로 놓아두고 바라보고 경험하는 것이 중요하다. 나에게서 벌어지는 호흡을 계속 마음의 눈으로 관찰해서 그것이 길면 길구나 하고 알아차리고, 짧으면 짧구나 하고 알아차리라는 뜻이다. 의도적으로 들숨이나 날숨의 길이를 늘이려 한다든지 혹은 들숨과 날숨 사이에 숨을 멈춘다든지 하는 것은 단전 호흡이나 요가 호흡이지 고타마가 창안한 아나빠나사띠가 아니다. 중요한 것은 호흡에 개입하지 않는 것이다. 내가 하는 내 호흡이지만 마치 저 멀리서 벌어지는 일을 호기심을 갖고 바라보듯이 그렇게 한걸음 떨어져서 바라보라는 것이다. 내 호흡이지만 내가 하는 것이 아니다. 내 호흡은 있으나 그 호흡을 하는 나는 없다. 단지 그 호흡을 조용히 바라보는 인식의 주체로서 '나'가 있을 뿐이다.

세 번째 훈련은 '몸 전체를 경험하면서(sabba, kaya, paṭisaṁvedi)' 들이쉬는 것과 내쉬는 것을 훈련하는 것이다. 'sabba'는 전체라는 뜻이고 'kaya'는 몸, 'paṭisaṁvedi'는 경험하면서라는 뜻이다. 따라서 말 그대로 몸 전체를 경험하면서 들이쉬는 것을 훈련하고, 몸 전체를 경험하면서 내쉬는 것을 훈련하라는 것이다. 그런데 《위숫디막가》이래 'sabba, kaya'를 '몸 전체'로 해석하지 않고 '호흡 전체'로 해석하는 전통이 생겨났다.[733] 20세기 들어와서 특히 미얀마의 마하시선원이나 파욱선원과 같은 곳에서는 이것을 '호흡의 시작과 중간 그리고 끝까지를 경험하면서'라고 해석했다. 호흡의 처음과 끝을 놓치지 않고 따라가라는 것이다. 하지만 이러한 해석에는 몇 가지 문제점이 있는데 이에 대해서는 잠시 후에 좀 더 자세히 살펴보도록 하자.

네 번째 훈련은 '몸의 작용을 고요하게 하면서(passambhayaṁ kaya, saṅkhāraṁ)' 들이쉬고 내쉬는 훈련을 하는 것이다. 'passambhayaṁ'은 고요하게 하다, 멈추다라는 뜻이고, 'saṅkhāra'는 조건 지워진, 구성된, 기능, 작용 등의 뜻이다. 즉 몸의 모든 작용을 다 가라앉히고 고요하게 하면서 들이쉬고 내쉬는 훈련을 하는 것이다. 세 번째에서는 몸 전체를 다 경험하면서 호흡 훈련을 하다가, 네 번째에서는 몸의 작용을 모두 가라앉히면서 호흡 훈련을 하라는 것이 아나빠나사띠에서 제안하는 몸에 관한 사띠다.

느낌에 대한 사띠: 5~8단계

다섯 번째부터 여덟 번째까지의 훈련은 '느낌'에 대한 사띠인데, 이 역시 몸에 대한 사띠 훈련과 비슷한 구조로 되어 있다.

처음 세 개는 기쁨(pīti), 행복(sukha), 마음작용(citta, saṅkhāra)을 각각 '경험하면서(paṭisaṁvedī)' 들이쉬고 내쉬는 훈련을 하는 것이고, 마지막은 이러한 모든 마음작용을 '고요하게 하면서(passambhayaṁ)' 들이쉬고 내쉬는 훈련을 하는 것이다. 그래서 몸에 대한 마지막 사띠인 네 번째 훈련과 느낌에 대한 마지막 사띠인 여덟 번째 훈련은 문장 구조가 똑같다. 네 번째가 '몸의 작용을 고요하게 하면서(passambhayaṁ kaya, saṅkhāraṁ)'이고, 여덟 번째가 '마음의 작용을 고요하게 하면서(passambhayam citta, saṅkhāraṁ)'다. 몸(kaya)이 마음(citta)으로 바뀌었을 뿐 나머지는 똑같다.

여기서 말하는 'citta, saṅkhāraṁ'은 느낌으로 나타나는 다양한 마음의 작용을 의미한다. 즉 'citta'는 느낌이나 감정, 마음, 생각 등을 모두 포괄하는 말이다. 'citta,saṅkhāraṁ'의 대표적인 사례가 다섯 번째 훈련에 나오는 '기쁨(pīti)'이나 여섯 번째 훈련에 나오는 '행복(sukha)' 등이다. 그리고 일곱 번째에서는 이러한 모든 마음작용을 충분히 경험하면서 호흡 훈련을 하다가, 여덟 번째는 이러한 마음작용을 모두 고요히 하면서 호흡 훈련을 하는 것이 느낌에 대한 사띠 수행법이다. 따라서 몸에 대한 사띠나 느낌에 대한 사띠는 그 기본적인 순서가 같다. 먼저 충분히 경험하고 나서 그다음에 고요히 하는 것이다.

기쁨(pīti)은 명상 수행 상태에서 느낄 수 있는 기분 좋은 쾌감이나 즐거움 등을 뜻한다. 호흡에 집중하는 훈련을 해서 호흡을 통해 몸 전체를 느끼게 되고 나아가 몸의 작용을 고요하게 할 수 있는 단계에 이르면 '아, 좋다!' 하는 기분이 느껴진다. 이게 기쁨이다. 일상생활에서 숨 막히게 정신없이 돌아가는 삶을 살다가 명상을 하게 되면 누구나 느낄 수 있는 그런 '쾌감'이다. 비유적으로 말하자면 물속에 얼굴을 넣고 호흡을 못해서 괴로워하며 바둥대다가 갑자기 얼굴을 들고 크게 숨을 들이쉴 때 느낄 수 있는 그 편안한 기분이다. 또는 모기 물린 데가 아주 가려운데 참고 참다가 시원하게 긁을 때의 그 쾌감이 바로 기쁨이다. 괴로운 상태에서 탁 벗어날 때 느끼는 짜릿한 쾌감이 여기서 말하는 기쁨(pīti)이다.

《위숫디막가》는 이러한 육체적 쾌감에는 다섯 단계가 있다고 설명한다. 첫 번째는 약한 쾌감인데 온몸의 솜털이 곤두서는 듯한 그런 스멀스멀한 쾌감이다. 두 번째는 짧은 쾌감인데 순간적으로 살짝살짝 지나가는 분명한 쾌감이다. 세 번째는 마치 파도처럼 몸속 전체로 퍼지는 강한 쾌감이다. 네 번째는 제자리에서 하늘로 점프라도 할 정도로 신나고 강한 쾌감이다. 다섯 번째는 온몸을 휩쓸어갈 듯한 거대한 홍수와도 같은 쾌감이다.[734]

기쁨(pīti)이 짜릿하고 분명하고 기분 좋은 쾌감이라면, 행복(sukha)은 이보다 더 폭넓고 잔잔하며 조용하고 편안한 행복감을 의미한다. 기쁨은 육체적인 쾌감에 가까운 것이고, 행복은 좀 더 정신적인 만족감을 뜻한다고 해석하는 경우도 있는데, 이는 받아들이기 어려운 해석이다. 기쁨 역시 정신적인 즐거움을 포괄한다고 봐야 한다. 또 몸 전체가 편안하고 안락한 것 역시 기쁨보다는 행복에 가깝다. 어깨가 뭉치거나 목덜미가 결려서 통증이 있을 때 그 부분의 근육을 마사지해주면 '아, 시원하다. 좋다' 하는 기분 좋은 쾌감이 몰려온다. 이것이 기쁨이다. 반면에 온몸이 편안하고 안락한 웰빙의 상태라면 그것은 행복이다. 번민과 괴로움(dukkha)이 없는 상태가 곧 행복(sukha)이다.

아나빠나사띠 숫따는 기쁨과 행복을 모두 마음의 작용(citta, saṅkhāra), 즉 조건 지워진 '구성된 마음'이라고 본다. 기쁨과 행복은 선정에 있어서 중요한 지표가 되는 느낌들이다. 호흡 훈련을 하면 기쁨이 몰려오고 행복이 느꺼지게 마련이다. 이러한 기분 좋은 쾌감과 편안한 느낌에 집중하며 호흡하는 것이 아나빠나사띠의 다섯 번째와 여섯 번째 훈련이다. 기쁨과 행복을 포함한 여러 느낌이 구성하는 마음작용을 경험하면서 호흡하는 것이 일곱 번째 훈련이고, 느낌에 따라서 조건 지워지는 마음작용들을 고요하게 가라앉히면서 호흡하는 것이 여덟 번째 훈련이다.

마음에 대한 사띠: 9~12단계

아홉 번째부터 열두 번째까지의 훈련이 '마음에 대한 사띠'인데 이 부분 역시 먼저 경험하고 나서 고요하게 하는 순서로 구성되어 있다. 다만 마음을 고요하게 하는 것은 세 가지 방법으로 한다. 몸과 느낌에 대해서는 각각 네 번째, 여덟 번째에서 '고요하게 하면서'라고 했는데, 마음에 대해서는 열 번째와 열한 번째, 열두 번째에 걸쳐서 각각 즐겁게 하고, 집중하고, 자유롭게 하는 세 가지 방식으로 마음을 가라앉히라고 설명한다.

몸에 대한 사띠 부분은 앞의 두 개는 호흡 자체에 대한 알아차림 훈련에 할당되고, 나머지 두 개가 각각 몸에 대한 경험 한 번, 고요하게 하는 것 한 번으로 되어 있다. 그래서 몸에 대한 사띠에서는 '경험하면서'가 한 번, '고요하게 하면서'가 한 번 등장하고, 느낌에 대한 사띠에서는 경험하는 것이 중요하기에 '경험하면서'가 세 번 등장하고 '고요하게 하면서'가 한 번 등장한다. 반면 마음에 대해서는 가라앉히는 것이 더 중요하기에 마음을 고요하게 하는 방법 세 가지(즐겁게 하고, 집중하고, 자유롭게 하고)가 언급되고 '경험하면서'는 한 번만 등장한다. 즉 '경험하고'와 '고요하게 가라앉히고'의 비율이 1:1(몸) → 3:1(느낌) → 1:3(마음)의 흐름으로 진행된다. 매우 정교하게 균형 잡힌 구조임을 알 수 있다.

법에 대한 사띠: 13~16단계

아나빠나사띠의 구조를 보면 앞의 12개 훈련(몸·느낌·마음에 대한 사띠)은 선정에 들기 위한 사마타 훈련이고, 뒤의 네 개 훈련은 선정 상태에서 통찰을 하는 위빠사나 훈련이라 할 수 있다. 그래서 법에 관한 사띠인 마지막 네 개 훈련은 앞의 12개 훈련과는 완전히 다른 방식으로 되어 있다. '경험하면서'도 아니고 '고요하게 하면서'도 아니다. 다만 통찰하고 바라볼 뿐이다. 나의 몸, 느낌, 마음에 관한 사띠가 아니라 세상의 이치에 관한 사띠이므로 내가 무엇을 하기보다는 그저 통찰하고 바라보는 것만 한다.

열세 번째부터 열여섯 번째까지 마지막 네 개 훈련은 그래서 모두 '바라보면서(anupassi)' 들이쉬고 내쉬는 훈련으로 구성되어 있다. 여기서는 동사가 '바라보면서' 하나밖에 없다. 그야말로 '바라보기' 훈련이다. 다만 바라보는 것의 목적어만 각각 달라진다. 고정된 실체란 없으며 모든 것이 끊임없이 변화한다는 무상(anicca), 집착과 욕망의 사라짐(viraga), 타오르던 번뇌의 꺼짐(nirodha), 모든 것이 연기에 따라 흘러가도록 놓아버림(patinissaga) 등을 바라보면서 들이쉬고 내쉬는 것을 훈련하는 것이다.

여기서 한 가지 주의할 점이 있다. 온갖 인식 대상인 세상 만물, 즉 '법(dhamma)'에 대한 사띠는 어떤 상태에 이르기 위해 노력하거나 애쓰라는 뜻이 아니다. 이 점이 중요하다. 모든 것이 무상함을 깨닫기 위해서 노력하라는 뜻이 아니라 그냥 무상함을 바라보라는 뜻이다. 집착과 욕망이 사라지도록 애쓰라는 뜻이 아니라 그냥 집착과 욕망의 사라짐을 바라보라는 뜻이다. 활활 타오르는 번뇌를 어떻게든 꺼뜨리라는 뜻이 아니다. 그저 번뇌의 꺼져감을 바라보라는 뜻이다. 모든 것이 흘러가게 놓아버리기 위해 애쓰라는 뜻도 아니다. 그냥 흘러가게 놓아버리는 것 자체를 바라보라는 뜻이다. 이러한 것이 어떻게 애쓰지 않아도 가능할까? 답은 바로 이 법에 대한 사띠 앞부분에 있는 12개의 훈련에 있다. 몸, 느낌, 마음에 대한 12개의 사띠를 꾸준히 하면 선정에 이르게 되어 법에 대한 사띠인 위빠사나 수행을 자연스레 할 수 있는 상태가 되는 것이다.

몸 전체인가, 호흡 전체인가

아나빠나사띠의 세 번째 훈련에서 언급된 'sabba, kaya'는 말 그대로 '몸(kaya) 전체(sabba)'라는 뜻이다. 그럼에도 불구하고《위숫디막가》이래 미얀마 전통의 선원에서는 이것을 '호흡 전체'로 해석해왔다. 비록 하나의 문구에

내면소통

불과하지만, 그렇게 해석하면 아나빠나사띠 전체에 대한 오해를 불러일으킬 수도 있으므로 그리 간단한 문제는 아니다. 이것을 '호흡 전체'로 해석하는 순간, 사념처의 개념 위에 정교하게 짜인 아나빠나사띠의 훈련체계가 전반적으로 뒤흔들리게 된다. 세 번째 훈련의 정확한 의미 파악뿐만 아니라 아나빠나사띠 전체에 대한 올바른 이해를 위해서도 꼭 필요한 일이므로 이것을 '호흡 전체'라고 해석하는 것의 문제점을 하나씩 살펴보도록 하자.

첫째, 사념처에서 신관이 사라지고 호흡관만 남게 된다. 아나빠나사띠의 핵심은 사념처에 대해 사띠를 하면서 들이쉬고 내쉬는 훈련을 하는 것이다. 그런데 세 번째 훈련을 '호흡 전체를 경험하면서'로 해석하게 되면 네 번째 훈련 역시 '호흡 작용을 고요히 가라앉히고'가 되어버린다. 실제로 미얀마의 선원 등에서는 네 번째 훈련을 '미세한 호흡 훈련을 하라' 혹은 '호흡 자체를 고요하게 하라'라고 가르치고 있다. 그런데 이렇게 해석하면 처음 네 개의 훈련은 모두 호흡에 대한 사띠 훈련이 되고 만다. 사념처에서 '몸'은 사라지고 '호흡'만 남게 되는 것이다. 물론 호흡에 대한 사띠도 몸에 관한 사띠의 일부라 할 수 있겠으나, 적어도《아나빠나사띠 숫따》의 기본 정신은 호흡을 바탕으로 몸, 느낌, 마음, 법 등 사념처에 대한 사띠를 하라는 것이지 호흡 자체에 대한 사띠를 하라는 것은 아니다.

둘째, 고타마는 사념처에 관한 사띠 중에서도 특히 '몸'에 관한 사띠가 중요함을 강조하고 있다.《아나빠나사띠 숫따(M 118/3:78-88)》바로 뒤에 이어서 나오는《까야가타사띠 숫따(M 119/3:88-99)》는 말 그대로 몸에 대한 사띠 경전이다.[735] 그런데《까야가타사띠 숫따》는 도입부에서 우선 아나빠나사띠의 처음 네 개 훈련을 그대로 제시한 후에 그 수행 방법을 자세하고도 친절하게 설명하는 식으로 전개된다. '염신경(念身經)'으로도 불리는《까야가타사띠 숫따》는 아나빠나사띠에서의 '몸에 대한 사띠'의 상세한 해설서라 할 만하다.

《까야가타사띠 숫따》는 몸의 32개 부분에 대한 사띠, 몸의 네 가지 작용 요소인 지수화풍(땅, 물, 불, 바람)에 대한 사띠, 죽은 몸에 관한 사띠 등 상상할 수 있는 몸의 모든 면을 안팎으로 구석구석 살펴보도록 안내한다. 또 몸에 대한 사띠를 통해서 사선정에 들 수 있다는 것도 자세히 설명한다. 아울러 몸에 대한 사띠가 가져오는 좋은 점으로 두려움과 공포를 없애고 어떠한 상황에서도 몸이 편안하고 자유자재할 수 있다는 것도 가르친다. 몸에 대한 사띠를 통해 편안하고 고요해지며(네 번째 훈련) 기쁨(pīti)과 행복감(sukha)이 차오른다고 설명한다. 즉 몸에 대한 사띠를 통해 자연스럽게 다섯 번째, 여섯 번째 훈련으로 넘어가 선정으로 들어갈 수 있음을 설명하는 것이다. 이렇게 볼 때 《까야가타사띠 숫따》는 《아나빠나사띠 숫따》의 부록이자 자세한 해설서라 할 수 있다. 특히 세 번째와 네 번째 훈련에 대한 자세한 설명서인 셈이다. 《까야가타사띠 숫따》의 내용을 통해서도 분명히 알 수 있듯이 세 번째와 네 번째 훈련은 몸 자체에 대한 사띠이지 호흡 자체에 대한 사띠가 아니다.

셋째, 'sabba, kaya'를 '호흡 전체'로 보는 《위숫디막가》나 미얀마 선원들의 해석에 따르면 세 번째 훈련의 의미는 '호흡의 처음과 중간과 끝을 놓치지 말고 전부 따라가라'는 것이다. 그런데 호흡을 '처음부터 끝까지' 놓치지 않고 따라가는 훈련은 이미 첫 번째와 두 번째 훈련에 포함되어 있다. 처음 두 개의 훈련은 "긴 호흡은 길다고 알아차리고 짧은 호흡은 짧다고 알아차리는 것"인데, 호흡이 긴지 짧은지를 알아차리려면 호흡의 처음부터 끝까지 놓치지 않고 따라가야만 한다. 이 훈련들의 핵심은 호흡을 의도적으로 길게 하거나 짧게 하라는 뜻이 결코 아니다. 호흡을 바라보고 호흡이 길면 긴 대로, 짧으면 짧은 대로 알아차리라는 것이다. 그런데 이는 호흡 전체를 놓치지 않고 따라가야만 가능한 일이다. 들숨이든 날숨이든 호흡이 시작된 순간에는 이 호흡이 긴지 짧은지를 알 수가 없다. 끝까지 따라가 보아야만 긴지 짧은지를 알 수 있다. 이처럼 호흡 전체를 놓치지 않고 따라가는 훈련은 처음 두 개의 호흡 알아차리기에 이미 포함되어 있으므로 세 번째 훈련에서의 'sabba, kaya'를 다시 호흡 전체로 해석하는 것은 논리적 모순이다.

넷째, 아나빠나사띠에서 호흡은 16개 훈련 모두에 포함된 근본적인 토대다. 호흡을 알아차리는 것은 모든 사념처 사띠 훈련의 기본 조건이다. 호흡에 대한 알아차림은 모든 종류의 사띠의 배경에 전제조건으로 깔린 것이지 호흡 자체가 경험하거나 고요하게 하는 대상이 아니다. 호흡이라는 기반 위에서 몸, 느낌, 마음, 법에 관해서 '사띠' 수행을 하라는 것이 고타마의 가르침이다. 호흡 자체를 알아차림의 목표로 삼는 것은 첫 번째와 두 번째 훈

내면소통

런뿐이다. 그렇기에 이 두 개에서만큼은 들이쉬고 내쉬는 것을 '알아차린다 (pajānāti)'라고 되어 있으며, 나머지 14개에서는 모두 들이쉬고 내쉬는 것을 '훈련한다(sikkhati)'로 되어 있는 것이다.

다섯째, 나의 몸, 느낌, 마음에 대해서는 모두 '경험'한 다음에 '고요하게' 하면서 들이쉬고 내쉬는 구조가 반복된다. 만약 세 번째와 네 번째 훈련에서 '경험'하는 것과 '고요하게' 하는 것의 목적어가 호흡 자체라면 호흡이 느낌이나 마음과 동급의 위치에 놓이게 된다. 이 자리는 사념처의 첫 번째인 몸이 놓일 자리이지 호흡 자체가 놓일 자리가 아니다.

여섯째, 'sabba, kaya'를 '호흡 전체'로 해석하는 근거로 주로 언급되는 것이 《아나빠나사띠 숫따》의 다음과 같은 구절이다. "이렇게 들이쉬고 내쉬는 것(assāsa, passāsaṁ)은 말하자면 여러 몸 중에 하나의 몸이다." 하지만 이 구절을 근거로 고타마가 호흡 자체를 몸이라고 보았다고 해석하기에는 무리가 있다. 이 구절은 다만 '여러 종류의 몸 중에서 호흡과 관련된 것 역시 하나의 몸'이라는 뜻이다. 《까야가타사띠 숫따》에도 드러나 있듯이 고타마는 몸의 구성요소를 네 가지로 보았는데 땅의 요소(살덩어리), 물의 요소(혈액, 진액), 불의 요소(열기), 바람의 요소(호흡)가 그것이다. 여기서 호흡을 몸의 한 종류라 한 것은 지수화풍 사대(四大) 중에서 '바람의 요소(vāyo dhātu)'를 언급한 것으로 봐야지 호흡 자체가 몸이라고 한 것은 아니라고 보아야 한다.

뒤이어 느낌에 대한 훈련에 대해서도 고타마는 같은 언급을 하고 있기 때문이다. "들이쉬고 내쉬는 것에 주의를 집중하는 것은 말하자면 여러 느낌 중 하나의 느낌(vedanāsu vedanāʼññatara)이다." 이것 역시 호흡을 하는 것이 하나의 느낌을 불러온다는 뜻이지 호흡 자체가 곧 느낌이라는 뜻은 아니다. 마찬가지로 '여러 몸 중에 하나의 몸'은 호흡이 몸의 여러 구성요소나 작용 중 한 측면과 특히 관련된다는 뜻이지 호흡 자체가 곧 몸이라는 뜻이 아니다.

일곱째, 《아나빠나사띠 숫따》가 포함된 《맛지마 니까야》에 대해 많은 연구를 한 아날라요 스님 역시 'sabba, kaya'를 육체로서의 몸 전체로 해석하고 있다.[736] 한편 《쌍윳따 니까야》에 포함된 《낌빌라 숫따》[737]에도 《아나빠나사띠 숫따》의 내용이 거의 그대로 똑같이 나온다. 그런데 《쌍윳따 니까야》를 번역한 보디 스님 또한 'sabba, kaya'를 육체로서의 몸 전체로 해석하고 있다.[738] 또 사띠 명상을 현대적으로 체계화한 고엔카 스님과 아나빠나사띠를 대중에게 쉽게 설명하는 것으로 잘 알려진 틱낫한 스님 역시 'sabba, kaya'가 육체로서의 몸 전체라고 분명히 설명하고 있다.[739]

물론 《위숫디막가》를 영어로 번역한 나나몰리 스님은 《위숫디막가》의 전통을 따라 'sabba, kaya'를 '호흡 전체'로 해석하고 있다.[740] 그러나 그 근거는 《위숫디막가》나 《맛지마 니까야》의 팔리어 주석서(Aṭṭhakathā)일 뿐 《아나빠나사띠 숫따》 자체가 아니다. 초기 경전 어디에도 고타마가 'sabba, kaya'를 '호흡 전체' 혹은 '호흡의 처음과 끝'이라 설명하는 부분은 없다. 이것을 '호흡의 처음, 중간, 끝'으로 해석한 것은 고타마 사후 1000년 뒤에 쓰인 《위숫디막가》의 창의적이고도 독특한 해석이라 할 수 있다. 《위숫디막가》의 또 하나의 독창적인 개념은 일종의 '멘털 이미지'인 '니밋따(nimitta)'이다. 니밋따가 무엇인지 알아보는 것은 명상을 본격적으로 시작하려는 일반인에게도 큰 도움이 될 수 있으니 잠시 살펴보도록 하자.

니밋따란 무엇인가

아나빠나사띠를 통해 종교적 체험을 추구하는 선원에서는 니밋따를 중요시한다. 눈을 감고 호흡 훈련을 하다 보면 무언가 보인다는 것이다. 보통 하얀빛으로 나타나는데, 여러 가지 다양한 빛이나 형태로 나타날 수도 있다. '니밋따가 떠야만' 제대로 된 호흡 훈련을 하는 것으로 인정하기도 한다. 수행의 정도에 따라 다양한 종류의 니밋따가 나타난다고도 한다. 하지만 종교적 수행이 아니라 마음근력을 위해 호흡 훈련을 하는 경우 니밋따와 같은 개념은 불필요할 뿐만 아니라 오히려 방해가 될 수도 있다.

수행의 척도로서 니밋따의 개념은 《아나빠나사띠 숫따》나 《마하사띠 빳타나 숫따》 등의 경전에는 등장하지 않는다. 니밋따는 원래 심상이나 지각 편린을 일컫는 포괄적인 개념에 불과했다. 고타마 사후 1000년 뒤에 쓰인 붓다고사의 《위숫디막가》나 후대의 다른 주석서에서 니밋따의 경험을 수행의 척도로 삼기 시작했다. 고타마는 니밋따라는 개념을 이런 식으로 사용하지 않았으며 수행의 지표로 삼지도 않았다. 오히려 심상이나 지각의 결과로 나타나는 니밋따를 올바른 수행을 위해 극복해야 할 대상으로 보았다. 고타마는 수행의 기본 방법으로 몸, 느낌, 마음, 법이라는 사념처에 대한 사띠를 강조했을 뿐이다. 니밋따는 사념처 어디에도 해당하지 않는 개념이다.

현대에 와서는 미얀마 등 동남아 지역의 선원 등에서 수행의 지표로 니밋따를 강조하고 있다. 무엇이 보이느냐에 따라, 혹은 빛이 무슨 색으로 보이느냐, 크기와 형태는 어떠한가 등에 따라 수행의 성공 여부나 진전 여부를 판가름할 수 있다고 주장한다. 물론 그럴 수도 있다. 그러나 이는 일종의 종교적 신념이나 문화적 전통이라고 봐야 한다. 뇌과학적 입장에서 보자면 무엇이 보이느냐와 수행의 진전 정도는 별 관련이 없다. 우리의 시각중추와 의식은 눈으로 시각정보를 받아들이지 않더라도 어떤 이미지든 만들어낼 수 있기 때문이다. 따라서 니밋따는 수행의 결과라기보다 뇌의 시각중추 작용의 결과라고 봐야 한다.

능동적 추론 이론을 통해서 살펴보았듯이 우리가 '본다'는 것은 내적 모델을 투사하는 것이다. 우리가 무엇인가를 볼 때, 눈의 시신경으로부터 받아들이는 정보보다 시각중추와 대뇌피질에 저장된 내적모델과 각종 기억으로부터 받아들이는 정보가 훨씬 더 많다. 우리는 눈으로 받아들이는 것보다 훨씬 더 많은 정보를 뇌로부터 받아들인다. 우리는 '뇌'로 보는 것이다. 눈으로 받아들인 시각정보에 여러 가지 기존 정보를 투사하여 적극적으로 추론하고 해석하는 것이 뇌가 하는 일이다. 우리의 뇌는 의식이 인지하는 이미지들을 끊임없이 만들어낸다. 그 결과 의식이 깨어 있는 상태에서 한참 눈을 감고 있으면, 명상을 하든 하지 않든 무엇인가를 '보게' 된다. 시신경을 통해 지속적으로 유입되던 시각정보가 눈을 감는 동안 차단된다 하더라도 시각중추는 추론 작업을 계속한다. 얼마의 시간이 지나면 우리 뇌는 무엇인가 이미지를 만들어서 인식작용에 떠오르게 한다. 눈을 감고 있는데도 무엇인가 눈앞에 생생하게 보이는 것이다.

샌프란시스코 앞바다에 있는 알카트라즈섬에는 탈옥이 불가능한 것으로 알려진 전설의 감옥이 있었다. 여러 영화의 소재가 되기도 했던 이 무시무시한 감옥에는 재소자들에게 벌을 주기 위한 독방 감옥이 있었다. 빛도 소리도 들리지 않아 아무런 자극도 받을 수 없는 완전히 깜깜한 방이었는데, 일명 '더 홀(the Hole)'이라고 불렸다. 이 방에 29일간 갇혔던 로버트 루크라는 재소자는 온갖 아름다운 빛과 이미지를 생생하게 보았다고 증언했다. 더 홀에 갇혔던 다른 재소자들도 무엇인가 현란한 빛과 색을 보았다고 했다.[741]

이것이 뇌가 하는 일이다. 눈을 통해 아무런 시각정보가 들어오지 않는 시간이 오래 계속되면 뇌는 반드시 환한 빛이나 신기한 이미지들을 만들어낸다. 눈을 감지 않고 무엇인가 하나의 대상을 계속 오랫동안 바라보아도 비슷한 일이 생긴다. 이미지가 서서히 왜곡되어 보이거나 움직이는 것처럼 보이게 되는 것이다.

나의 개인적인 경험을 말하자면 눈을 감고 명상하기 시작한 지 약 30분가량 지나면 여러 가지 이미지들이 떠오른다. 가장 흔하게 떠오르는 것이 하얀빛이고 그다음이 푸른빛이다. 하얀빛이 온 세상에 퍼져 있는 듯한 느낌을 받을 때도 있고 점점 작아져서 작은 점으로 환히 빛나는 것처럼 보일 때도 있다. 구름처럼 부드럽게 느껴지기도 했다가 눈이 부실 듯이 강력한 빛으로 느껴지기도 한다. 어떤 때에는 마치 3D 입체 안경을 쓰고 보는 듯한 화려한 컬러의 이미지들이 펼쳐진다. 숲이나 나무, 꽃, 버섯들이 보이기도 하고 때로는 동물들 비슷한 모습이 보이기도 한다. 대부분 한 번도 본 적 없는 아름다운 광경이다. 또 흔하게 나타나는 것은 사람들의 얼굴이다. 아는 사람의 얼굴보다는 한 번도 본 적이 없는 듯한 다양한 사람들의 모습이 생생하게 눈앞에 떠올라 섬뜩한 느낌이 들기도 한다. 그런데 이러한 현상은 너무도 자연스럽고 당연한 것이다. 명상을 하든 안 하든 눈을 감고 졸지 않고 깨어 있으면 누구든 다양한 시각적 경험을 하게 마련이다. 눈을 감지 않고 그냥 방바닥을 응시하고 앉아 있어도 20분가량 지나면 방바닥이 서서히 3D 입체로 변형되어 보이기 시작한다. 이 역시 제한된 시각정보를 바탕으로 뇌가 다양한 추론 작업을 함으로써 생기는 자연스러운 현상이다.

니밋따 역시 우리의 뇌가 만들어내는 이미지에 불과하다. 니밋따는 명상을 했기 때문에 생기는 현상이라기보다는 눈을 감고 오랫동안 앉아 있었기 때문에 생기는 현상이다. 사람마다 보는 이미지나 빛은 각각 다르다. 종교적인 생각에 몰두하는 사람에게는 다양한 종교적 이미지가 생생하게 떠오르기 마련이다. 대부분의 사람이 자신의 뇌가 만들어낸 이미지를 보고 종교적 체험이라 착각하게 된다. 무엇인가 신기한 빛을 보고 싶다면 지금 당장 눈을 감고 가만히 앉아서 눈앞에 무엇이 보이는지에 집중해보라. 명상이든 호흡 훈련이든 기도든 무엇이든 해도 좋고 안 해도 좋다. 그냥 음악을 듣고 있어도 좋다. 다만 눈앞에 있는 무엇인가를 보겠다는 의도를 갖고 집중해보라. 졸지만 않으면 된다. 30분이 채 지나기 전에 신기한 많은 것들을 생생하게 보게 될 것이다. 이는 당신의 뇌가 열심히 일하고 있다는 증거일 뿐이지 선정에 들기 시작했다는 지표가 아니다.

명상하는 중에 무언가를 보거나 신기한 경험을 하는 것은 다 뇌가 열심히 일하고 있다는 증거일 뿐이다. 니밋따를 보느냐 마느냐는 마음근력 훈련과 직접적인 관련이 없다. 마음근력 훈련은 전전두피질을 강화하고 편도체를 안정화하는 것인데, 니밋따를 보는 것은 주로 시각중추의 작용이기 때문이다. 따라서 명상 중 무엇인가가 보인다고 해도 놀라거나 할 필요가 전혀 없다. 자연스러운 현상이라 생각하고 거기에 현혹되지 않아야 한다. 명상하다가 무언가 신기한 경험을 하게 되면 그것이 재미있어서 그러한 경험을 다시 하고자 시도하는 경우가 종종 있다. 그러나 그런 신기한 경험에 집중하는 것은 마음근력을 강화하는 노력에 별 도움이 안 된다. 신기한 것이 보인다 해도 그냥 그러려니 하고 호흡에 집중하면서 편도체 안정화 훈련과 전전두피질 활성화 훈련을 해나가는 것이 중요하다.

《아나빠나사띠 숫따》는 마음근력 훈련을 위한 훌륭한 지침서이자 핵심 체크리스트다. 《아나빠나사띠 숫따》에서 강조하는 것도 호흡을 바라보는 훈련을 계속하면 그 결과로서 이러저러한 일들이 생길 수는 있으나 그러한 결과를 얻으려는 '의도'와 '목표'를 세우고 노력해서는 안 된다는 것이다. 기쁨이나 행복을 느끼도록 노력하고 애를 쓰라고도 하지 않는다. 호흡 훈련을 통해서 기쁨이든 행복감이든 어떠한 것을 '추구'해서는 안 된다. 무엇인가를 얻고자 집착하는 마음으로 수행해서는 안 된다. 그저 호흡을 지속해서 바라보며 자연스럽게 기쁨이나 행복감이 느껴질 때까지 마음근력 훈련을 하면 된다.

호흡에 관한
열 가지 단상

진동

호흡은 들숨과 날숨이 주기적으로 반복되는 일종의 진동(oscilliation)이다. 호흡을 포함한 모든 생명현상은 여러 진동으로 이뤄졌다. 시냅스 연결로 이루어진 신경세포들의 작동방식에도 진동이 있다. 그러한 진동들의 신호가 모인 것이 뇌파다. 심장에도 진동이 있다. 그것이 심박이다. 심박수는 일정한 주기에 따라 조금 빨라졌다 다시 느려졌다 하는 것을 반복한다. 심박수 변화의 진동이 심박변이도다. 심박변이도는 감정 상태를 드러내 보여주는 지표다. 근육의 움직임이나 여러 장기의 기능 역시 일정한 진동을 한다. 인간의 삶뿐 아니라 우주 자체가 에너지의 진동으로 이뤄졌다. 밤과 낮, 계절의 변화뿐 아니라 빛을 포함한 전자기파 자체가 에너지의 진동이다. 목소리도, 음악도 물론 모두 공기의 진동이다. 깊은 밤 차가운 밤공기에도 우주의 떨림이 녹아들어 있다. 숨을 깊이 들이켤 때 그 진동과 나는 하나가 된다. 음악을 들으며 호흡하면 나는 음악의 파동과 하나가 된다. 들숨에는 날숨이 있고 날숨에는 들숨이 들어 있다. 들숨과 날숨 사이에서 우리는 텅 빈 고요함을 본다.

변화

호흡 한 번 할 때마다 호흡은 우리의 몸을 변화시킨다. 산소, 탄소 등 새로운 원자가 우리 몸의 일부가 되고 동시에 우리 몸의 일부였던 원자들이 빠져나간다. 호흡은 끊임없는 변화의 과정이다. 변화 속에서도 일정함이 존재한다. 지금 하는 호흡은 절대 반복되지 않는다. 매 호흡이 늘 새로운 호흡이다. 호흡에 집중하는 것이 초심을 유지하는 길이다.

자율신경의 경계

우리 몸의 자율신경계는 스스로 의도를 갖고 통제할 수 없다. 심장박동이나 내장운동은 물론 호르몬을 조절하는 내분비계 등에는 의식이 개입할 여지가 없다. 그러나 호흡은 예외다. 호흡은 자율신경계의 지배를 받으면서도 동시에 의도에 의해 통제될 수 있는 유일한 기능이다. 우리 몸에서 자율신경을 통해 이뤄지는 여러 기능은 의식 저편에 있다. 저 아래 혹은 저 너머의 무의식에 도달할 수 있는 유일한 길이 호흡이다. 호흡은 의식의 표면에 머물지 않고 내면 저 깊숙한 심연으로 내려갈 수 있는 유일한 통로다. 호흡은 우리를 내면으로 안내한다.

몸과 마음

우리는 몸적인 존재다. 호흡은 몸으로 하는 것이지만 마음과도 직결되어 있다. 편안한 호흡을 하면서 화를 내거나 불안해하는 것은 불가능하다. 호흡이 흐트러질 때가 마음이 흐트러지는 때다. 호흡에는 비강, 성대, 허파, 갈비뼈, 횡격막, 복부, 심장, 내장, 근육 등 몸 전체가 관여한다. 호흡은 몸과 마음을 하나로 연결한다.

에너지

호흡은 세포에 산소를 공급하기 위한 움직임이다. 더 구체적으로는 세포 내 미토콘드리아가 에너지를 생산하는 과정에 산소가 필요하기 때문이다. 지금 내가 호흡을 할 때 내 몸 전체가 호흡한다. 여러 장기도 호흡하고 세포 하나하나도 호흡을 한다. 호흡의 움직임을 가능하게 하는 근육세포들도 호흡한다.

움직임

모든 행위와 움직임에는 호흡이 수반된다. 또는 모든 움직임의 기초가 호흡이다. 의식은 움직임을 위해 존재한다. 그러한 움직임을 가능하게 하는 것이 호흡이다. 호흡 자체도 하나의 움직임이며 동시에 모든 움직임은 호흡 덕분에 가능하다.

지금 여기

호흡은 늘 지금 여기에서 일어나는 일이다. 호흡에 집중하는 것은 곧 내 몸과 마음을 지금 여기에 존재하게 하는 것이다. 하이데거는 언어를 '존재의 집'이라고 했다. 나는 호흡이야말로 존재의 집이라고 단언한다. 호흡을 바라봄으로써 우리는 지금 여기에 존재할 수 있다. 호흡과 관련해서는 '호흡을 했다'라는 과거형이나 '호흡을 할 것이다'라는 미래형이 존재하지 않는다. 호흡은 기억되거나 계획되는 것이 아니다. 행위가 아니기 때문이다. 호흡은 행위의 한 유형이 아니라 존재의 방식이다. 우리는 호흡에 집중함으로써 행위 모드에서 존재 모드로 전환될 수 있다. 고타마가 깨달음을 얻은 것은 고행이나 선정 수행을 통해서가 아니라 보리수나무 아래 편안히 앉아서 호흡을 바라보는 수행을 통해서였다. 깨달음을 얻는 가장 중요한 방법은 바로 호흡을 있는 그대로 바라보는 사띠 수행이다. 호흡을 바라봄으로써 깨달음을 얻을 수 있다고 세계 최초로 주장한 사람이 고타마 싯다르타다. 호흡을 지속해서 알아차림으로써 몸 안에서 몸을 바라보는 것이 사띠의 핵심이다.

날숨

날숨에는 우리의 영혼이나 영향력뿐만 아니라 수백 종류의 가스도 담겨 있다. 질소, 산소, 이산화탄소는 물론이고 소량이지만 수소, 메탄, 아세톤, 톨루엔, 황화수소, 일산화탄소, 에탄올 등 다양한 가스가 포함되어 있다. 특정 가스가 얼마나 검출되는가로 건강상태를 진단하기도 한다. 수소와 메탄 등을 만드는 것은 인간의 세포가 아니라 장내 세균이다. 과당흡수장애가 있는 사람이 과일을 많이 먹으면 과당이 제대로 흡수되지 않고 장으로 넘어가 장내 세균을 급속히 번식시켜 수소와 메탄을 많이 배출하게 된다. 우울성향이 있는 사람은 수소와 메탄 배출량이 상대적으로 많다.

소통

목소리를 내어 말하기 위해서는 호흡을 통해 날숨으로 성대를 진동시켜야 한다. 말을 하는 것은 호흡의 한 부분이다. 모든 커뮤니케이션의 원형은 호흡이다. 마음이 통할 때 호흡이 맞춰지게 된다. 소통은 호흡을 맞추는 것이다. 같이 호흡하는 것이 곧 같이 사는 것이다. 호흡은 우리를 하나로 연결한다. 당신의 호흡과 나의 호흡은 같다. 나는 이 글을 읽는 당신이 지금 어디에서 무엇을 하면서 이 책을 읽고 있는지 도저히 알 수가 없다. 그러나 한 가지 확실히 아는 것이 있는데 그것은 바로 지금 당신도 호흡하고 있다는 사실이다.

세상과 하나가 되는 행위

호흡은 우리 몸에 산소를 공급하는 행위다. 태양계에 처음 지구가 생겼을 즈음 수소나 헬륨 이외에 탄소, 철 등 무거운 원소들이 지구 표면에 등장했다. 초기 지구는 한동안 질소로 가득 차 있었다. 산소는 거의 존재하지 않았다. 그러다가 태양빛을 에너지로 저장하는 광합성을 하는 미생물인 시아노박테리아(남세균)가 등장했다. 남세균은 광합성의 결과로 산소를 내뿜기 시작했다. 광합성을 하는 식물이 늘어남에 따라 지구에는 점차 산소농도가 높아지게 되었고 마침내 호흡을 통해 산소를 사용하고 이산화탄소를 내뿜는 다양한 동물들이 등장하게 되었다. 우리가 한 번 호흡을 할 때마다 들이마시는 산소는 모두 광합성의 결과물이다. 호흡을 통해 우리는 수많은 식물과 하나가 된다. 식물이 내뿜는 산소를 들이쉬고 식물의 광합성에 필요한 이산화탄소를 내뿜는다. 호흡을 통해 우리는 지구의 역사에 동참하고 우주와 하나가 된다.

[그림 5-3] 흑백사진인가 컬러사진인가?-색을 채워 넣는 뇌의 추론. 이 사진은 흑백사진이다. 아이들의 옷도 모두 흰색 또는 회색이다. 다만 아이들 옷 위에 여러 가지 색의 선을 교차해 그려 넣었을 뿐이다. 우리의 시각중추는 '선'의 색이 곧 학생들이 입은 옷의 색일 것이라 추론하고, 적당한 색을 채워 넣는 추론을 한다. 이 사진을 컬러사진으로 만드는 것은 우리의 뇌다.

출처: PetaPixel

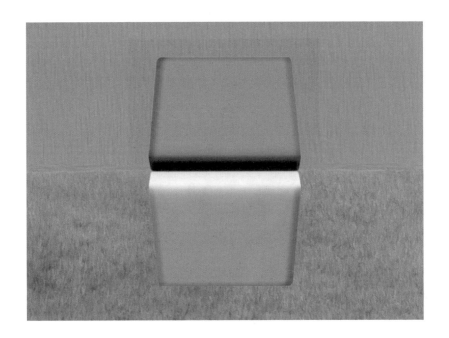

[그림 5-4] **무의식적이고도 자동적인 추론.** 이 그림의 윗면과 아랫면은 같은 색이다. 그 럼에도 다른 색으로 보인다. 같은 색이 다른 색으로 보이면 단순한 '착시' 혹은 '착각'이라 고 생각하기 쉽다. 그러나 같은 색임을 확인하고 난 다음에도 여전히 색은 달라 보인다. 이것은 뇌의 단순한 실수라기보다는 능동적이고도 적극적인 추론의 결과다.

[그림 5-5] 뇌는 '사람의 얼굴'이라는 해석의 틀을 좋아한다. 시각중추에는 사람 얼굴을
인식하는 강력한 내적모델이 존재한다. 그 결과 사람의 얼굴 형태와 조금이라도 비슷한
사물을 보면 그것을 사람 얼굴이라 추론해낸다.　　　주세페 아르침볼도(1527~1593년), 〈정원사〉

　　　　　　　　　　　　　　　　　　　　　　　　内면소통

①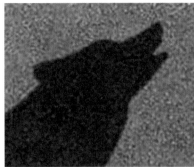

②

③

① 처음 주어진 시각적 자극에 따라 무엇인가의 그림자라고 파악한다.

② 이미 지니고 있는 내적모델 중에서 가장 비슷한 것을 기반으로 저 그림자를 만들어낸 것이 늑대일 것이라고 추론해낸다.

③ 한걸음 뒤로 물러나는 등의 행위를 통해 새로운 시각 자료를 계속 얻고 거기서 얻게 되는 예측오류를 바탕으로 내적모델을 계속 업데이트함으로써 고양이 그림자라는 시지각을 생산해낸다.

[그림 5-8] 행위를 통해 예측오류를 수정하는 과정

마코프 블랭킷
I model the world

블랭킷의 블랭킷
we model the world

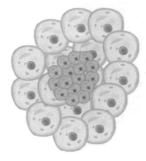

블랭킷들 안의 블랭킷들
we model ourselves modelling the world

[그림 5-10] 마코프 블랭킷으로 이루어진 마코프 블랭킷. 단세포 생물도 하나의 마코프 블랭킷이며, 다세포 생물도 하나의 마코프 블랭킷이고, 하나의 조직도 마코프 블랭킷이다.

출처: Kirchhoff et al., 2018

내면소통

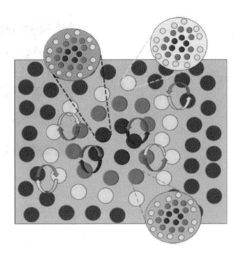

[그림 5-11] 마코프 블랭킷의 중첩구조. 주황색과 노란색 원들이 마코프 블랭킷의 감각
상태와 행위상태이고, 그 안에 있는 빨간색 원들이 내부상태이며, 바깥에 있는 회색 원들
이 외부상태다. 각각의 원 하나하나를 들여다보면 그 안에서 다시 마코프 블랭킷의 구조
를 발견할 수 있다. 출처: Kirchhoff et al., 2018

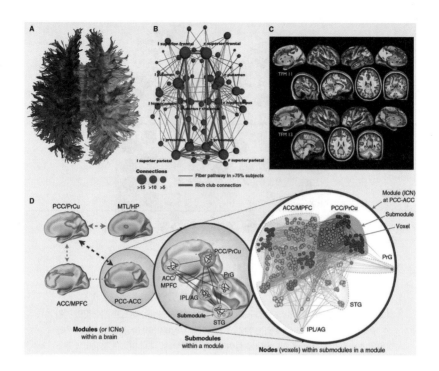

[그림 5-12] **구조적 연결망과 기능적 연결망에서의 중첩구조.** A는 신경다발의 구조적인 모습을 보여주는 DTI(확산텐서이미징) 이미지이고, B는 이러한 DTI 이미지를 바탕으로 뇌의 주요 부위 사이의 구조적 연결성을 보여주는 것이며, C는 휴식상태에서의 fMRI 이미지들이다. 구조적 네트워크뿐 아니라 기능적 네트워크에서도 '네트워크 속의 네트워크'가 여러 층위에 걸쳐 존재한다.

출처: Park & Friston, 2013

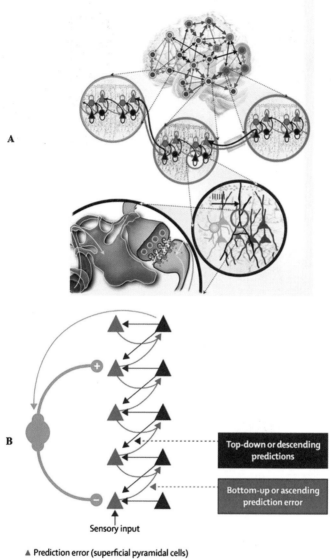

A

B

Top-down or descending predictions

Bottom-up or ascending prediction error

Sensory input

▲ Prediction error (superficial pyramidal cells)
▲ Posterior expectations (deep pyramidal cells)
● Expected precision (neuromodulatory cells)

[그림 5-13] **능동적 추론의 위계적 질서.** 위계적 능동적 추론 과정은 뇌 부위 간에도 존재하고, 하나의 뇌 부위 안에 있는 더 작은 노드들 사이에도 존재하며, 그 아래의 신경세포 단계에도 존재한다. 마코프 블랭킷의 구조만 중첩된 것이 아니라 능동적 추론 과정 역시 중첩되어 있다. 즉 구조적 측면과 기능적 측면이 모두 중첩된 구조를 이루고 있는 것이다.

출처: Ramstead, Badcock & Friston, 2018

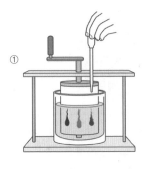

① 스포이드를 사용해서 빨간색, 초록색, 파란색 잉크를 각각 한 방울씩 점성이 높은 투명한 액체 속에 넣는다.

② 가운데 작은 실린더를 여러 번 돌리면 독립된 입자처럼 보이던 세 개의 잉크 방울이 완전히 퍼져서 형태를 잃게 된다.

③ 이제 다시 가운데 실린더를 반대 방향으로 천천히 여러 번 돌려준다.

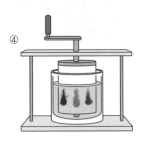

④ 곧이어 독립적인 잉크 방울이 처음의 모습으로 드러난다.

[그림 6-2] 사라졌다 다시 나타나는 잉크 방울

내면소통

[그림 6-4] 홀로그래피의 특성을 지닌 소리. 소리는 음원에서부터 구형으로 펼쳐지면서 모든 방향으로 퍼져나간다. 마치 부풀어 오르는 풍선과도 같다. 콘서트홀에서의 악기의 연주 소리 역시 마찬가지다. 소리의 풍선 내부나 표면 어느 곳에서든 소리 전체의 정보가 담겨 있다. 덕분에 우리는 어느 방향에서든 같은 연주 소리를 들을 수 있다.

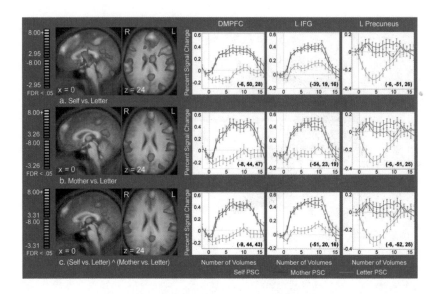

[그림 7-1] 뇌는 나 자신(self)과 양육자(mother)를 동일시한다. 나 자신에 관한 정보를 처리할 때와 주양육자인 어머니에 관한 정보를 처리할 때 몇몇 뇌 부위들은 거의 똑같이 활성화된다. 이 뇌 부위들은 주로 자기 자신에 대한 정보를 처리하는 영역이다. 주양육자의 '목소리'는 나의 자아(self) 개념 안에 뿌리 깊게 박혀 있다. 어린 시절에 들었던 '목소리'는 곧 나 자신의 목소리와 마찬가지다. 어린 시절 사랑과 보살핌의 목소리를 많이 들었던 사람은 평생 스스로를 보살피고 사랑하는 자아가치감을 지니게 된다.

출처: Vanderwal et al., 2008.

① 개리슨 인스티튜트의 입구. 가톨릭 신학교의 현판이 여전히 걸려 있고 건물 위에는 십자가가 그대로 있다.

② 건물 바로 앞에는 부처님이 앉아서 십자가를 바라보고 계신다.

③ 내부에는 성당에서 볼 수 있는 스테인드글라스가 그대로 남아있다. 가운데 바닥에는 의자 대신 명상 방석들이 놓여 있다.

[그림 7-2] 개리슨 인스티튜트의 모습들

주

서문

001 Damasio, 1994

002 Llinás, 2002

003 Friston, 2017a

004 Dehaene, 2014

005 Kim et al., 2022

006 Kim et al., 2022; Esteves et al., 2022

제1장 마음근력 훈련이 필요한 이유

007 Diamond, 1989

008 Lindquist et al., 2012

009 LeDoux et al., 1990

010 LaBar et al., 1995

011 Rosen & Davis, 1988

012 Anderson & Phelps, 1998

013 Atkinson et al., 2007

014 Adolphs et al., 1994

015 Feinstein et al., 2011

016 Damsa et al., 2009

017 Etkin & Wager 2007

018 Sapolsky, 2004

019 Walker, 2017

020 Maté, 2011

021 Kahneman, 2011

022 Jung et al., 2018

023 Chen et al., 2018

024 Lee et al., 2012; Banks et al., 2007

025 De Pisapia et al., 2019

026 Brühl et al., 2014

027 Arruda-Carvalho et al, 2017

028 Gabard-Durnam et al., 2014

029 Gee et al., 2013

030 Bennett & Miller, 2010

031 Wallis, 2013; Johnson et al., 2009

032 Siegel, 2015

033 CASEL, 2005

034 Durlak et al., 2011

035 https://www.merriam-webster.com/dictionary/society

036 Heckman et al., 2006; Hoeschler et al., 2018; Moffitt et al., 2011

037 Robinson, 2009

제2장 세 가지 마음근력의 뇌과학적 근거

038 Eco & Sebeok, 1983

039 Heidegger, 1996, pp. 50-57

040 Kim, 2001

041 Heidegger, 1996

042 Sartre, 1992

043 Buber, 1958

044 Buber, 1965

045 Redelmeier & Kahneman, 1996

046 Kahneman & Riis, 2005

047 Mead, 2015

048 Muraven et al., 2006

049 Bargh & Chartrand, 1999

050 Tiffany, 1990

051 Cohen et al., 2013

052 Moffitt et al., 2011

053 Tang, Hölzel & Posner, 2015

054 Xin et al., 2020

055 Gerlach et al., 2014

056 White, 2019

057 보상체계에 대해서는 제5장을 참고할 것.

058 Manson, 2017

059 Gross, 2014

060 Silvers et al., 2017

061 Winecoff et al., 2013

062 Yu et al., 2017

063 Gilam et al., 2018

064 Hare et al., 2009

065 Sobhani & Bechara, 2011

066 Muraven & Baumeister, 2000

067 Muraven, 2010; Muraven & Baumeister, 2000; Muraven et al., 1999

068 Muraven, 2010

069 Alfonso et al., 2011

070 Short et al., 2010

071 Eisenberger & Lieberman, 2004; Eisenberger, Lieberman & Williams, 2003

072 Eisenberger, 2012a

073 Eisenberger, 2012b

074 Moieni & Eisenberger, 2016

075 Mitchell, Banaji & MacRae, 2005

076 Krueger, Barbey & Grafman, 2009; Mitchell, 2009; Van Overwalle, 2009

077 Homma et al., 2006

078 Gunther et al., 2009

079 St. Jacques et al., 2011

080 van Veluw & Chance, 2014

081 von dem Hagen et al., 2013; Kana et al., 2014; Murdaugh et al., 2014

082 Moriguchi et al., 2006

083 Sul et al., 2015

084 Jo et al., 2019

085 Sato, et al., 2015

086 Maslow, 2013

087 Dweck, 2016

088 Ng, 2018

089 Myers et al., 2016

090 Goleman, 2004

091 Gardner, 2008

092 Heckman & Kautz, 2012

093 Duckworth, 2016

094 Goleman, 2004

095 Gardner, 2008

096 Ryan & Deci, 2000

097 Heckman & Kautz, 2012

098 Goleman, 2004

099 Ryan & Deci, 2000

100 Dweck, 2008

101 Isen et al., 1987

102 Beer et al., 2006

103 Biswal et al., 1995; Biswal, 2012

104 Raichle et al., 2001

105 Uddin et al., 2007

106 Beaty et al, 2014

107 Shamay-Tsoory et al., 2011

108 Li et al., 2019

제3장 마음근력 훈련을 한다는 것

109 Vialle, 1994

110 Vaiserman, 2011

111 Stöger, 2008

112 Sapolsky, 2017

113 Caldji et al., 1998

114 Francis, Diorio, Liu, & Meanye, 1999

115 Francis et al., 2003

116 Kety et al., 1968

117 Kety, 1988

118 Sapolsky, 2010

119 Sapolsky, 2017

120 새폴스키 교수의 이 수업은 내가 지금까지 들어본 수많은 강의 중에서 단연 최고였다. 2010년 봄학기에 진행되었던 이 강의 영상은 아이튠즈나 유튜브에서도 쉽게 찾아들어볼 수 있다. 나는 한 학기 동안의 모든 수업을 처음부터 끝까지 반복해서 들으면서 많은 것을 배우고 깨닫게 되었으며, 세상과 인간과 사회를 보는 새로운 관점을 얻게 되었다. 무언가 속아서 살아왔다는 느낌이 들 정도로, 인간에 관해 연구하는 사회과학도라면 꼭 알아야 하는 기본적인 상식들조차 내가 너무도 모르고 살아왔음을 깨닫게 해주는 수업이었다. 유전학과 내분비학은 물론이고, 아프리카 개코원숭이에 관한 영장류 연구에서 우울증, 조현병, 공격성향에 관한 연구, 뇌과학, 복잡계 이론에 이르기까지의 다양한 주제를 체계적으로 다루는 그의 수업을 듣고 나서부터 나는 새폴스키 교수를 나의 지적인 영웅이자 스승으로 마음 속에 모시고 있다. 이 수업의 많은 내용은 2017년도에 출간된《Behave》에도 잘 정리되어 있다 (Sapolsky, 2017). 어쩌면 내가 지금 쓰고 있는 책 전반에는 인간을 바라보는 새폴스키식의 관점이 저변에 깔려 있을지도 모르겠다.

121 인간의 행동과 직접적인 관련성을 보이는 유전자로 확실히 밝혀진 것은 많지 않다. 모호함을 싫어하는 것과 관련되거나, 위험을 감수하기를 좋아하거나, 도파민 수용체의 민감성으로 인해 행위중독(도박중독 등)에 걸리기 쉬운 성향을 지닌 유전자 등을 발견한 정도다. 그나마 이러한 것들도 환경과 조건에 따라 발현의 정도에 있어서 큰 차이를 보인다. 특정한 유전자의 존재가 특정한 행위나 성향을 가져온다고 말하기는 매우 어렵다. 한편 MAO-A 유전자는 인간 행동에 유전자가 미치는 영향과 관련해서 상당히 많은 오해와 논란을 불러일으킨 바 있다. 특히 인간의 행동을 탐구하는 인문사회과학에 관심이 많은 독자라면 이에 대해 알아둘 필요가 있다.

122 Brunner et al., 1993

123 Cases et al., 1995

124 Sapolsky, 2017

125 Holden, 2008

126 Eccles et al, 2012

127 Halwani & Krupp, 2004

128 Wensley & King, 2008

129 Kim-Cohen et al., 2006

130 Buckholtz, & Meyer-Lindenberg, 2008

131 Caspi et al., 2003

132 Checknita et al., 2020; Frazzetto et al., 2007

133 Byrd & Manuck, 2014

134 Maté, 2019b

135 사실 이것은 잘못 알려진 것이다. 함께 활성화하는 신경세포들이 서로 더 단단하게 연결되는 현상은 스탠퍼드대학의 카를라 샤츠(Carla Shatz)가 1980년대에 최초로 발견했다. "Fire together, wire together"라는 유명한 명제 역시 샤츠의 말이다. 그런데 왜 이것이 도널드 헵의 원칙으로 널리 알려지게 되었는지는 미스터리다. 아마도 잘못된 정보를 계속 퍼 나르는 인터넷 검색 시스템 때문이 아닐까 추측해본다. 샤츠는 하버드대학에서 여성 최초로 신경생물학 박사학위를 취득하고 최초로 스탠퍼드 의과대학의 기초과학 분야 교수가 된 뛰어난 학자다. 2000년에는 하버드대학 신경생물학과 과장으로 초빙되어 갔다가 7년 뒤에는 다시 스탠퍼드대학으로 돌아온다. 그만큼 뛰어난 업적을 인정받은 신경과학자다.

136 Schuler, 2016

137 Sachse et al., 2017

138 Doidge, 2007

139 Milton et al., 2007

140 Kandel, 2007

141 Huberman, 2021

142 Hobson & Pace-Schott, 2002; Koo & Marshall, 2016

143 Fattinger et al., 2017

144 Goleman & Davidson, 2017

제4장 내가 나를 변화시킨다는 것

145 Polkinghorne, 1991

146 Schechtman, 2011

147 Unoka, Berán & Pléh, 2012

148 Ricoeur, 1984

149 Conway, 2005

150 Mead, 2015

151 "A society of minds" in Kaku, 2015, p. 34

152 Pinker, 2007

153 Carter & Frith, 1998

154 Dehaene, 2014; Gazzaniga, 2012; Ramachandran, 2011

155 Ramachandran, 2011

156 Dehaene, 2014

157 Ramachandran, 2011

158 Weiskrantz et al., 1974

159 Abel, 2010; Garner, 2005; Pelham, et al., 2002; Simonsohn, 2011

160 Spira, 2017

161 Steele,1988

162 Crocker & Mischkowski, 2008; Sherman & Cohen, 2006

163 McQueen & Klein, 2006

164 Cohen, 2006

165 Cohen, 2009

166 Steele et al., 1993

167 Schmeichel & Vohs, 2009

168 Koole et al., 1999

169 Creswell, et al., 2005

170 Damasio, 2010

171 Jaynes, 2000

172 Ong, 1982

173 Ong, 1982

174 Lennox et al., 1999; Dierks et al., 1999

175 Gazzaniga, 1989; 2002; 2008

176 Jaynes, 1986

177 예컨대 서양에서는 르네상스 시대에 원근법이 발명된 이후 입체적 그림 그리기가 널리 유행했다. 그
러나 동양화에는 원근법이 없었다. 평면적인 산수화만 있을 뿐이다. 그러나 원근법의 유무를 근거로

해서 서양인의 시각 능력 자체가 동양인의 시각 능력과는 근본적으로 달랐을 것이라고 추정하는 것은 받아들이기 어렵다. 또는 중세에는 원근법이 없던 평면적인 풍경화가 있었고 르네상스 이후에는 원근법이 도입된 입체적인 풍경화가 널리 유행했다고 해서 르네상스를 기점으로 인간의 평면적 시지각 방식이 붕괴하고 입체적인 시각 능력이 생겨나는 대변환이 일어났다고 주장하는 것도 곤란하다. 물론 아니라고 입증하기도 불가능할 것이다. 그 당시와 이전 사람들은 이미 다 죽었으니 말이다. 제인스의 주장도 이와 비슷한 맥락이라 할 수 있다. 다만 우반구의 목소리를 좌반구가 들었고, 그것이 의식의 기원이라는 주장 자체에는 상당한 통찰력이 담겨 있다고 할 수 있다. 이는 현재 뇌과학이 계속 발견하는 바와 일치하는 주장이기 때문이다.

178 Cavanna, et al., 2007; Kuijsten, 2016; Olin, 1999

179 Sartre, 1992

180 Lanza & Berman, 2009

181 Wigner, 1969

182 Schrödinger, 1992/1944

183 Penrose, 1989; 1994

184 Hameroff & Penrose, 1996; Hameroff, 1998

185 Tegmark, 2000

186 Penrose & Hameroff, 2011

187 Stapp, 1997; 2005; 2011

188 미국 채프먼대학교 석좌교수인 미나스 카파토스는 국내 유수 대학의 초빙교수를 역임했으며, 한국과학기술한림원의 외국인 회원으로 선출되었고, 한국에서 대중 강연도 활발히 하고 있다. 여름과 겨울 방학 기간에 서울에 머무르곤 하는 카파토스 교수를 직접 만나 대화를 나눌 기회가 몇 차례 있었다. "의식과 우주의 관계의 핵심은 무엇인가"라는 나의 질문에 대해 그는 '퀄리아(qualia)'라고 강조했다. 우주의 모든 퀄리아는 인간의 경험을 통해서만 생겨난다는 것이다. 우주가 인간에게 (전파망원경이나 전자현미경 등의 측정 도구를 통해서든 아니든) 제공하는 형태나 색깔이나 소리나 질감 등은 모두 인간으로부터 연유하는 퀄리아다. 그러한 퀄리아 없이는 우주는 아무것도 아니다.

189 Chopra & Kafatos, 2017

190 Gibson, 2014; Uexküll, 2010

191 Wigner, 1995

192 Sartre, 2004, p. 119

193 Dennett, 2017

194 Baars, 1997

195 Dehaene, 2014, pp. 8-9; Dehaene, Sergent & Changeux., 2003

196 Gazzaniga, 2012

197 Gazzaniga, 1998

198 Shelton & Kumar, 2010

199 시각 자극과 청각 자극에 대한 반응 속도를 비교하는 아래 동영상을 보면 소리 자극에 반응하여 피험자의 머리가 움직이기 시작하는 것은 0.3초 내외인데(0:55), 깃발을 올리는 시각 자극에 반응하여 피험자의 머리가 움직이기 시작하는 것은 1.2초 내외다(1:03).
https://www.youtube.com/watch?v=9D53fnLtR4k

200 Eagleman, 2017

201 Eagleman, 2017

202 Parsons, Novich & Eagleman, 2013

203 Eagleman, 2008

204 Lanza, 2009

205 Lanza, 2009, p. 104

206 Ramachandran, 2011, p. 255

207 Ramachandran, 2011, p. 258

208 Ramachandran, 2011, p. 251

209 Bar, 2007; Friston, 2003

210 Kanizsa, 1976

211 Eagleman, 2017

제5장 뇌는 어떻게 작동하는가

212 Kaku, 2015, p. 107

213 Eagleman, 2017

214 Dallenbach, 1951

215 Eco&Sebeok, 1983

216 Merleau-Ponty, 2013

217 CP 2.619. 퍼스의 원저작을 인용할 때에는 보통 '퍼스 전집(Collected Papers)' 몇 권의 몇 번째 단락인 가를 표기한다. 'CP 2.619'는 전집 2권의 619번째 단락이라는 뜻이다. 참고로 여기서 인용하는 퍼스 전집은 1994년에 하버드대학 출판사에서 발간한 것이다(Peirce, 1994).

218 CP 2.620

219 CP 2.623

220 CP 2.774

221 CP 2.776

222 CP 5.144

223 CP 7.234

224 CP 5.144

225 Eco & Sebeok, 1983

226 Popper, 2005

227 CP 2.627; 640

228 Eco & Sebeok, 1983

229 CP 2.625

230 CP 3.642

231 Aliseda, 2000

232 Kim et al., 2022; 이러한 생성모델의 최상위층에 존재하는 것이 곧 스토리텔러로서의 자의식이다. 퍼 스 역시 특히 '자기조절력(self-regulation)'과 관련해서는 내가 나에게 이야기하는 '내면 스피치(inner speech)'가 단순한 생각(thinking)보다 훨씬 더 중요하다고 보았다(Colapietro, 1988). 와일리 역시 '내 면 스피치'를 자아 형성의 핵심 요소로 보고 있다(Wiley, 2016).

233 Helmholtz, 1925/1867

234 CP 8.62-90

235 CP. 2. 625

236 Dayan et al., 1995

237 Hinton et al., 1995

238 fMRI는 처음에는 PET(단층촬영) 데이터 분석을 위해 개발된 프로그램이었으나 1994년 fMRI 데이 터 분석을 위해 업그레이드되었고 그 후로도 계속 업그레이드되어 SPM12까지 나와 있다. SPM은 복 셀(볼륨+픽셀의 개념)을 기본 분석단위로 해서 뇌의 공간적 BOLD(Blood oxygen level dependent) 시 그널 활성화 차이를 통계적으로 검증해볼 수 있게 한다. fMRI는 물론 PET, SPECT(단일광자단층촬

영), EEG(뇌전도), MEG(뇌자도) 등 다양한 뇌 영상 데이터를 통계적으로 분석할 수 있다.

239 Friston, 2008

240 Friston, 2013

241 능동적 추론은 'active inference'를 번역한 것인데, 'active'는 '행위와 관련된, 행위적인'의 의미도 물론 지니고 있다. 나는 여기에서의 'active'를 '능동적'이라 번역할까 '행위적'이라 번역할까 많은 고민을 하다가 일단 '능동적'으로 번역하기로 했다. 'active inference'에는 뇌가 수동적으로 추론한다기보다는 적극적으로 예측오류를 수정해가면서 능동적으로 추론한다는 의미가 담겨 있기 때문이다. 하지만 물론 움직임과 행위(action)를 통해서 감각자료에 대한 추론을 한다는 뜻도 함축하고 있다. 'active'의 두 가지 뜻을 모두 담아내려면 '능동-행위적' 추론이라 해야겠지만 그것도 그리 바람직한 번역이라 할 수는 없을 것이다.

242 Helmholtz, 1971/1878

243 Pascual-Leone & Walsh, 2001

244 Friston, 2018

245 Friston et al., 2010

246 Friston, 2018

247 Friston, 2018; Seth, 2013

248 Seth & Tsakiris, 2018

249 Friston, 2010

250 Hohwy, 2016

251 Friston, 2010

252 Friston, 2012

253 Friston, 2013

254 Pearl, 1988

255 Pearl, 1988

256 Kirchhoff et al., 2018

257 Ramstead et al., 2021

258 Friston, 2017b

259 Kim et al., 2022

260 이러한 과정이 메를로-퐁티가 지각의 현상학에서 말한 '지각의 장으로서의 몸(the body as the field of perception)'의 의미다 (Merleau-Ponty, 2013). 이것은 또한 내면소통의 한 측면인 '몸과의 내면소통'의 과정이기도 하다.

261 Varela, Thompson & Rosch, 2016

262 Hofstadter, 2007

263 Llinás, 2002

264 Dehaene, 2014

265 대부분의 사람이 빠져 있는 환상과 망상으로부터 우리가 빠져나올 수 있다면 그것이야말로 진정한 해탈이고 자유다. 이것을 한마디로 표현한 것이 《반야심경》의 '원리전도몽상(遠離顚倒夢想)'이다. 그렇기에 원리전도몽상을 위해서는 내면소통 훈련이 필요하고, 그것이 곧 명상이다.

266 Kim, 2016. 또 이것이야말로 모든 형태의 매체가, 모든 종류의 디지털 미디어를 포함해서, 몸의 확장인 이유다. 웨어러블 컴퓨팅이든, VR이든, 메타버스든 모든 매체의 성공 여부는 소셜 플레이스먼트로서의 몸을 얼마나 적절하게 설정하느냐에 달렸다. 디지털과 모바일 미디어를 확장된 마코프 블랭킷으로 모델링하고 이론화하는 것은 디지털 커뮤니케이션을 이론화하는 데 매우 유용한 관점을 제공해줄 수 있을 것이다.

267 Apps & Tsakiris, 2014

268 Friston, 2017b

269 데카르트의 'cogito, ergo sum'이라는 명제에서 'cogito'는 라틴어 동사 'cogitare'의 1인칭 단수 직설법
　　의 현재형이다. 'I think'보다는 'I recognize'에 가까운 뜻이다. 즉 이런저런 구체적인 생각을 한다는
　　뜻이라기보다는 그런 생각을 포함해서 더 폭넓게 '인식한다'는 뜻이다. 사물의 존재를 의심하는 것
　　을 포함해서 지각하는 것까지 모든 인식작용이 'cogitare'의 의미다. 이러한 모든 인식작용은 마코프
　　블랭킷 모델에 따르자면 내부상태인 것이고, 이는 당연히 감각상태와 행위상태에 관한 능동적 추론
　　을 담당하는 에이전트로 생성되는 것이다. 따라서 "나는 존재한다, 고로 지각하고 인식한다(sum, egro
　　cogito)"라고 봐야 한다는 것이 프리스턴의 입장이고, 나는 물론 이에 동의한다.

270 Dehaene, 2014; Ramachandran, 2011

271 Millière & Metzinger, 2020. 한편 LSD나 실로사이빈(환각버섯) 등의 사이키델릭 테라피가 우울증을
　　비롯한 여러 가지 정신질환에 긍정적인 효과를 보이는 가장 큰 이유는 이러한 향정신성 약물이 능동
　　적 추론 과정을 방해해서 기존의 병적인 '자의식'에 강한 충격을 주기 때문이다. 특히 자의식의 기반
　　이 되는 심층생성모델의 시간적 두께를 붕괴시킴으로써 기존의 '자아' 관념에 근본적인 변화를 가져
　　올 수 있는 것이고, 그 결과 새로운 능동적 추론 시스템이 형성될 수 있는 계기를 만들어주어서 치료
　　에 큰 도움을 주게 되는 것이다(Deane, 2020).

272 Zahavi, 2014; Damasio, 1999

273 Metzinger, 2020. '위상'과 '토닉'의 개념은 원래 근육생리학 개념이다. 특정한 자극이나 상황에서 근
　　육이 짧게 특징적으로 수축되는 것을 위상성 수축이라 하고, 지속적으로 어떤 긴장의 톤이 은근하게
　　계속 유지되는 것을 토닉(긴장성) 수축이라 한다. 메칭거는 이를 원용해서 의식에도 위상 상태와 토
　　닉 상태가 있다고 보았다. 위상 각성이나 수축은 특정한 목적을 위해 일시적으로 근육을 긴장시키는
　　것으로 경험자아의 행위와 관련이 깊으며 토닉 각성이나 수축은 경험자아의 활동을 지속적으로 알아
　　차리고 지켜보는 배경자아의 깨어 있음과 관련이 깊다.

274 불이론은 인도의 아드바이타 베단타(advaita vedanta) 철학의 핵심 사상이다. 진짜 '나'인 아트만
　　(ātman)이 바로 궁극의 실체인 브라만(brahman)이라는 것이다. 불이론은 불교의 공(空) 사상에도 큰
　　영향을 미쳤다.《반야심경》에서 말하는 색'불이'공, 공'불이'색이 바로 불이론이다. 인간의 모든 종류
　　의 경험이라 할 수 있는 색수상행식(色受想行識)의 오온(五蘊)이 모두 공과 다르지 않고 공이 오온과
　　다르지 않다는 것 역시 불이론과 '다르지 않다'.

275 Metzinger, 2020

276 Josipovic, 2010

277 Merleau-Ponty, 2013

278 Bohm, 2002

279 Millière et al., 2018

280 Josipovic, 2014

281 Metzinger, 2009

282 Metzinger, 2003

283 Friston, 2017a

284 Fletcher & Frith, 2009

285 Friston, 2017a

286 Friston, 2017a

287 Pellicano & Burr, 2012

288 Chekroud, 2015; Schutter, 2016

289 Cornwell et al., 2017; Trapp & Kotz, 2016

290 정밀의학이란 원래 진단과 치료에 있어 유전자, 환경, 생활습관 등 개인의 특성에 관련된 방대한 빅데
　　이터를 활용해 개인별로 정확히 진단하고 맞춤형 치료를 하는 새로운 의료 시스템을 의미한다. 2015
　　년 미국 정부에 의해서 정밀의료추진계획(Precision Medicine Initiative)이 발표된 이후에 정밀의료에
　　관한 관심이 고조되었고, 이에 따라 정신의학계에서도 정밀정신의학의 도입을 주장하는 목소리가 커

지고 있다(Gandal et al., 2016; Gratton et al., 2019; Sylvester et al., 2020).

291 Gandal et al., 2016; Gratton et al., 2019; Sylvester et al., 2020

292 Friston, 2017a

293 Friston, 2010

294 Jardri et al., 2017

295 Fletcher & Frith, 2009

296 Fletcher & Frith, 2009

297 Clark, 2012

298 Fletcher & Frith, 2009

299 내 몸 세포 속의 수많은 미토콘드리아의 유전자 정보는 100퍼센트 모친의 난자 속에 있던 미토콘드리아로부터 온 것이다. 세포핵 염색체 속의 DNA는 모친과 부친으로부터 각각 절반씩 물려받지만, 세포핵 바깥에 있는 미토콘드리아의 유전자는 모두 난자로부터 온다. 미토콘드리아 유전자에 문제가 있는 산모는 아이에게 세포핵 DNA만 물려주고 미토콘드리아 유전자는 난자 기증자의 것을 물려줄 수 있다. 실제로 2016년에는 최초로 모친, 부친, 난자 기증자 이렇게 세 사람의 유전자를 지닌 시험관 아기가 태어나기도 했다.

300 Fletcher & Frith, 2009

301 Eco, 1986, p. 287

302 Schultz et al., 1997; Schultz, 1998; Kakade & Dayan, 2002

303 Friston et al., 2009

304 Friston et al., 2009

305 Friston et al., 2009

306 Friston et al., 2009

307 Morrens et al., 2020

308 Gardner et al., 2018

309 Gershman & Uchida, 2019

310 Diederen & Fletcher, 2020

311 이것이 지눌선사가 강조했던 영가현각 스님의 '성성적적(惺惺寂寂)'에서의 '성성'의 의미이며, 슌류 스즈키(Shunryu Suzuki)가 말하는 초심(初心)의 의미이기도 하다 (Suzuki, 2020).

312 West, 2017

313 Kirchhoff et al., 2018

314 McLuhan, 1994

315 Clark, 2017

316 Clark, 2017

317 Ramstead, Badcock & Friston, 2018

318 Kirchhoff et al., 2018

319 Park & Friston, 2013

320 DTI는 물분자의 분포도를 측정하여 특정한 조직의 구조적 이미지를 보여주는 것으로 뇌 연구에서는 주로 신경세포의 축삭돌기로 이루어진 신경다발의 구조를 보여주는 데 사용된다. MRI 뇌 영상 중에서 fMRI는 특정한 자극이나 조건에 대해 뇌가 기능적으로 어떻게 반응하는가를 보는 것이고, DTI는 구조를 보는 것이라 할 수 있다.

321 Park & Friston, 2013. 이 그림은 최고의 학술지인 〈사이언스(Science)〉에 박해정 교수와 프리스턴이 공동 저술한 논문에 나오는 것이다. 이 그림을 포함해서 이 논문에 나오는 여러 이미지들은 모두 박 교수의 뛰어난 그래픽 작업 솜씨를 보여주고 있다. 본인의 과학적인 연구결과물들을 예술적인 재능으로 표현한 것으로 과학적인 예술가 또는 예술적인 과학자만이 해낼 수 있는 성과다. 아름다우면서도 뛰어난 통찰력을 보여주는 이 그림들 자체가 이 논문의 핵심이다. 이 논문에서는 텍스트의 이해를 돕

주

기 위해 그림이 첨부되었다기보다는 그림에 대한 이해를 돕기 위해 텍스트가 첨부되어 있다고도 할 수 있다. 나는 지난 15년 이상 박해정 교수와 여러 가지 뇌과학 관련 공동연구를 해오면서 그를 가까이서 지켜볼 기회가 있었는데, 그는 최고의 뇌과학자인 동시에 뛰어난 비주얼 아티스트다. fMRI든 DTI든, 아니면 카메라로 찍은 사진이든, 손으로 그린 그림이든, 어떤 이미지든 그의 손을 거치기만 하면 그대로 멋진 예술 작품이 된다. 그의 아이패드에는 그가 스케치한 수많은 아름다운 이미지들이 담겨 있다. 그저 뇌과학자로만 불리기에는 아까운, 진정한 의미의 뉴로아티스트다. 뇌과학의 대표적인 학술지 중 하나인 〈뉴로이미지(*NeuroImage*)〉에도 몇 차례 표지 논문을 실었는데, 그 학술지의 표지를 그가 만들어낸 아름다운 DTI 신경망 이미지가 장식하기도 했다.

322 Park & Friston, 2013

323 제11장에서 자세히 살펴볼 아나빠나사띠 명상의 처음 네 개 훈련인 '몸에 대한 사띠'가 1단계에 해당하고, 그 다음 네 개 훈련인 '느낌에 대한 사띠'가 2단계에 해당한다고 할 수 있다.

324 Tsakiris & De Preester, 2018

제6장 내재적 질서와 내면소통

325 Bohm, 2002

326 Bohm, 2002

327 Bohm, 2005, p. 8

328 Bohm, 2005, p. 6

329 Bohm, 2005, p. 6

330 Bohm, 2005, p. 7

331 Bohm, 2005, p. 8

332 Bohm, 2002

333 Bohm, 2005, p. 12

334 Bohm, 2005, p. 15

335 Fonda & Sreenivasan, 2017

336 Carroll, 2019

337 Carroll, 2019. 여기서 한걸음 더 나아가서 두 입자를 일종의 '행위자(agent)'로 보고 그 행위자들 사이의 상호작용이 곧 실체라는 '행위자 사실주의(agential realism)'를 주장하는 사람도 있다. 바라드에 따르면 우주는 서로 내적인 상호작용 혹은 '내면작용(intra-activity)'을 하는 '행위자'들로 이루어져 있는데, 이러한 내면작용이 곧 공간-시간-물질을 결정한다는 것이다. 이러한 내면작용의 관계를 맺고 있는 구성요소들이 곧 얽힘(entanglement)상태에 있게 된다. 바라드는 이러한 얽힘이 양자역학의 자연적인 영역뿐만 아니라 사회적인 영역에서도 존재한다고 주장한다. 양자얽힘의 개념을 그대로 사회적 행위자들 간의 역동성에 확장 적용하고자 하는 시도다(Barad, 2007). 창의적이고 문학적이며 정치적인 주장이긴 하나, 혹은 그럴듯한 시적(poetic) 주장일수는 있겠으나, 과학적인 주장이라고 보기는 어렵다. 우선 양자역학의 입장에서는 자연적인 것과 사회적인 것의 구분이 존재하지 않는다. 생명현상 자체를 물리적 현상으로 보기 때문이다. 우주를, 나아가 학문 전반을, 자연적인 것과 사회적인 것을 양분해서 보는 입장은 전형적인 인문사회학자들의 고정관념일 뿐이기 때문이다.

338 Bohm, 2002

339 Bohm, 2005, p. 22

340 Bohm, 2005

341 Reid, 2017

342 Sheldrake & Sheldrake, 2017; Reid, 2017

343 Bohm, 2002, p. 18

344 Bohm, 2002

345 Bohm, 2005, p.19

346 Bohm, 2005, p. 21

347 Bohm, 2005, p. 72

348 Bohm, 2005, p. 73

349 Ramstead, Badcock & Friston, 2018

350 Bohm, 2005, p. 76. 봄의 소마-시그니피컨스와 기호-소마의 관계의 개념은 생명기호학(biosemiotics) 의 기본적인 관점과도 유사하다(Hoffmeyer, 2008a). 예컨대 호프마이어의 개념인 '기호학적 발판 (semiotic scaffolding)'은 기호를 생명체가 해석하여 그 의미에 맞는 반응이나 행동을 하는 전반적인 생명과정을 일컫는다(Hoffmeyer, 2008b). 기호생산과정 자체가 생명현상의 필수적 요소임을 개념화 한 것이다. 특정한 자극을 받아들이는 생명체가 자신의 맥락과 환경과 상황에 따라 '해석'하는 기호 학적 조절을 한다는 의미. 비록 '세미오틱'이란 말을 사용하지는 않았지만 이러한 과정을 '무의식적 추론'으로 이론화한 사람이 바로 헬름홀츠이고, 이를 발전시킨 것이 프리스턴의 능동적 추론 이론과 마코프 블랭킷 모델이다. 넓게 보면 봄도 프리스턴도 모두 일종의 생명기호학을 하고 있는 셈이다. 한 편, 봄의 개념뿐만 아니라 호프하이머의 기호학적 발판의 개념, 싸이매틱스, 양자역학의 의식에 관한 논의 등을 종합하여 의미와 마인드의 문제를 물리학적 관점에서 통합적으로 이해하고자 하는 조지프 슨의 일련의 논의도 주목해볼 만하다(Josephson, 2019a; Josephson, 2019b; Josephson, 2018).

351 CP 5.448

352 Bohm, 2005, p. 123

353 Bohm, 2005, p. 124

354 Bohm, 2005, p. 124

355 Kim, 2000; Eco & Sebeok, 2015/1983(역자 해제)

356 CP 5.484

357 Kahneman, 2011

358 Maslow, 2013

359 Bohm, 1952. 비유적으로 말해서 우주 전체를 한 덩어리로 연결시키고 있는 보이지 않는 차원의 투명 한 액체(에너지 필드 혹은 배경에너지)를 봄은 '숨겨진 변인'이라 부르고 이론화했다. 1952년 브라질 로 정치적 망명을 가 있던 젊은 시절에 봄은 '숨겨진 변인'을 수학적으로 증명하는 논문을 발표했다. 그는 기존의 양자물리학 이론을 완전히 뒤집어엎는 자신의 논문이 물리학계에 커다란 충격을 줄 것 이라고 확신했다. 그러나 이 논문에 대해서 비판하거나 논박하는 사람은 아무도 없었다. 어느 누구도 그 논문에 대해 언급조차 하지 않았다. 사실 기존의 권위 있는 물리학자들은 이 논문이 출간되자 내심 당황했다. 널리 받아들여지고 있던 코펜하겐 해석과는 완전히 다른 새로운 해석이었으나 수학적으로 나 논리적으로 논박하기 어려웠기 때문이다. 특히 봄의 지도교수였던 오펜하이머는 동료 물리학자 들에게 "우리는 이 논문을 논박하든지 아니면 (논박이 어렵다면) 그냥 무시해야 한다"라고 말했다고 전해진다. 그래서 그랬는지 아무도 이 논문에 대해 언급하지 않았고 결국 봄의 새로운 이론은 주목을 받지 못하다가 수십 년 뒤에야 실험을 통해 입증되었다(Peat, 1997).

360 Bohm & Hiley, 1984

361 Bohm & Kelly, 1990

362 여기서 'active information'은 '능동적 정보'라 번역했고, 'activity of information'은 '정보의 행위'라 번 역했다. 같은 영어 단어가 한 번은 '능동적'으로 한 번은 '행위'로 번역된 것이다. 이는 영어와 한국어 단어가 일대일 대응을 하지 않기에 생기는 어쩔 수 없는 문제다. 영어 'active'에는 능동적이란 뜻도 있 고 행위적이란 뜻도 있다. 이 두 가지 의미를 모두 표현해내는 한국어는 없다. 따라서 번역할 때에는 어쩔 수 없이 둘 중 하나를 선택해야만 한다. 정보가 능동적으로 무엇인가를 해낸다는 측면을 강조 할 필요가 있을 때에는 '능동적 정보'라고 번역했고, 정보가 무언가 행위나 작용을 하는 것이라는 측 면을 강조할 필요가 있을 때는 '정보의 행위'라고 번역했다. 비슷한 고민은 앞에서 프리스턴의 'active

inference'를 '능동적 추론'이라고 번역할 때에도 반복되었다. 사실 이 개념은 행위적 추론이라 번역해도 된다. 추론 과정에서의 '행위'적 측면이 강조되기도 하기 때문이다. 그러나 전체적인 자유에너지 원칙과 예측 모형의 이론적 맥락을 고려할 때, 추론은 뇌가 주어진 정보를 수동적으로 받아들이는 것이 아니라 능동적으로 해석해내는 과정이라는 측면을 강조하는 것이 중요하다고 판단해 '능동적 추론'이라고 번역한 것이었다. 이처럼 번역에서의 어려운 선택에 직면할 때마다 독자들의 혼란을 최소화하기 위해서 괄호에 원래 영어 단어를 표기해두었다.

363 Bohm, 2005

364 Pylkkänen, 2016

365 Shannon, 1948

366 Hiley, 2002

367 Bohm & Hiley, 1995

368 Bohm, 1990

369 Bohm, 2005. 능동적 정보의 개념을 조금 더 확장하면 의식과 무의식의 차이를 정보처리에 관한 수학적 모델을 통해서 이론화할 수 있다는 주장도 있다. 예컨대 크레니코프에 따르면 멘털 공간의 p진수 표현을 통해서 의식과 무의식의 구분이 가능하다(Khrennikov, 2000). 인간의 잠재의식 레벨에서의 정보처리 과정은 고전물리학을 통해 모델링할 수 있으며 의식의 정보처리 과정은 봄의 능동적 정보의 개념(숨겨진 변인 모델과 파일럿 웨이브 모델)을 통해 모델링할 수 있다는 것이다. 하지만 이러한 주장의 이면에는 의식과 무의식이 별도의 작동방식을 갖고 있다는 전제가 깔려 있다. 봄의 내재적 질서와 전체성의 관점에서 보자면 이러한 인위적인 구별을 하는 것 자체가 기계론적 세계관의 잔재라 할 수 있다.

370 Hiley & Pylkkanen, 2005

371 Bohm, 2005, p.12; 폴라니의 암묵적 지식(tacit knowledge)도 내재적 질서의 좋은 예다(Polanyi, 2009). 자전거가 넘어지지 않으려면 넘어지려는 방향으로 핸들을 틀어야 한다. 넘어지려는 정도나 틀어야 하는 각도 사이에는 일정한 상관관계가 있다. 그러나 그러한 상관관계 자체를 학습해서 그것을 적용하려 하면 자전거 타기에 오히려 방해가 된다. 중요한 것은 자전거와 몸의 전체적인 움직임의 조화다. 자전거 타기는 자전거의 무게나 속도뿐만 아니라 타는 사람의 근육, 관절, 고유감각, 균형감각, 운동신경, 시각, 두뇌작용에 이르기까지 모든 것이 전체성을 이루어야 하는 매우 복잡하고 미묘한 움직임이다. 이러한 모든 움직임을 하나하나 명시적(explicit)으로 기술하거나 설명하는 것은 불가능하다. 자전거를 타려면 폴라니가 말하는 "암묵적 지식"이 필요하다. 이것은 일종의 내재적 질서다. 이것이 자전 타기라는 전체적인 움직임 속으로 펼쳐져 들어갔을 때 비로소 자전거를 탄 사람의 움직임에 따른 자전거의 움직임이라는 외향적 펼쳐짐이 드러나게 되고, 그래야 비로소 자전거를 탄 사람의 움직임과 자전거의 굴러감이라는 관계에 대한 외재적 질서에 대한 외적인 묘사가 가능해지는 것이다. 여기서도 다시 한번 확인되지만, 외재적 질서는 항상 훨씬 더 근본적이고 폭넓은 내재적 질서의 일정한 측면에 대한 제한적인 추상화에 불과한 것이다.

372 Bohm, 2005, p.16

373 이러한 관점의 전환과 관련해서 주목해볼 만한 개념이 '정합역학(coordination dynamics)'이다(Kelso, 2013). 부분들이 서로 정보를 교환함으로써 전체를 위한 의미있는 정보를 생성한다는 것인데, 생명현상뿐만 아니라 생명체의 움직임이나 인간의 사회적 행위까지를 아우를 수 있는 유용한 관점이다(Tognoli et al., 2020). 미시적인 세계에서 거시적인 세계에 이르기까지 다양한 층위에서 발견되는 자발적인 자기조직화 과정을 이론화하는 데도 유용하다(Kelso, 1994). 뇌의 능동적 추론과정이나 자의식의 탄생, 인간의 행동 상태 등은 모두 정합역학을 공유함으로써 생겨나는 현상이라 할 수 있다(Kelso, 2014).

374 Evangelidis, 2018

375 바이러스는 살아 있는 생명체라기보다는 RNA 유전자 정보를 담고 있는 단백질 부스러기에 가깝다. 코로나바이러스 하나의 무게는 0.85아토그램이다. 1아토그램은 10의 18승분의 1그램이다. 코로나바

이러스에 감염된 사람이 증상도 보이고 다른 사람에게 바이러스를 전파할 수 있는 환자가 되려면 몸속에서 바이러스가 700억 개 이상으로 증식돼야 한다. 그래봐야 한 사람을 환자로 만드는 코로나바이러스의 총량은 0.0000005그램에 불과하다(Ganapathy, 2020). 우리나라 코로나바이러스 환자가 천만명이라고 가정해보자. 가벼운 증상을 보인 경우가 훨씬 더 많겠지만, 모두 어느 정도라도 증상을 보이는 환자라고 가정한다 해도, 즉 천만 명의 환자가 모두 700억 개의 바이러스를 갖고 있다고 해도 전국을 팬데믹의 공포로 몰아넣는 코로나바이러스의 총량은 겨우 5그램에 불과할 것이다.

376 Friston, Harrison & Penny, 2003

377 Bohm, 1987

378 Bohm&Kelly, 1990

379 Maté, 2011

380 Bohm, 2002

제7장 내면소통과 명상

381 Vocate, 1994

382 커뮤니케이션 학자들은 조지 허버트 미드의 주어로서의 자아(I)와 목적어로서의 자아(me)의 개념을 사용해서 인트라퍼스널 커뮤니케이션을 정의하기도 한다(Macke, 2008; Vocate, 1994). 한국어에는 '주어로서의 나'와 '목적어로서의 나'가 단어로서는 구분이 안 되지만 영어를 포함한 다른 많은 언어에서는 별개의 단어로 표현된다. 편의상 주어로서의 자아(I)를 '주어자아', 목적어로서의 자아(me)를 '목적어자아'라고 부르기로 하자. 미드에 따르면 주어자아는 자발적이고 역동적이며 생물학적 기반에 더 가까운 데 반해, 목적어자아는 내면화되고 조직되며 다른 사람과의 상호작용을 통해 구성되는 존재다(Mead, 2015). 주어자아는 행동하는 행위자이고 목적어자아는 관찰하는 비판가다. 카너먼의 개념을 빌리자면 주어자아는 '경험하는 자아'에 해당하고, 목적어자아는 '기억하는 자아'라 할 수 있다(Kahneman, 2011). 한편 비고츠키(Lev Vygotsky)는 '내면 스피치(inner speech)'를 이야기의 성격과 생각의 성격을 모두 지닌 것으로 본다. 그는 내면 스피치를 일종의 구어적 사유(verbal thought)라고도 하고, "내면 스피치는 자기 자신을 위한 것이고 대인소통은 다른 사람을 위한 것"이라고도 한다. 한편 내면 스피치를 '순수한 의미에서의 사유(thinking)'라고 부르기도 한다(Vygotsky, 2012). 이상을 종합해보면 우리가 여기서 살펴보는 내면소통의 개념은 커뮤니케이션 학자들의 '인트라퍼스널 커뮤니케이션'과 비고츠키의 '내면 스피치'를 모두 포괄하는 개념이라 할 수 있다.

383 Barker&Wiseman, 1966

384 Zheng et al, 2010

385 Cheung. et al, 2016

386 실제로 많은 뇌과학 연구들이 듣기와 말하기 기능이 통합적으로 작동되고 있다는 사실을 밝혀냈다(Dikker et al., 2014; Dikker & Pylkkänen, 2013; Houde et al., 2002; Fruchter et al., 2015; Pylkkänen et al., 2002; Skipper et al., 2005). 한편 시간적 해상도가 fMRI보다 훨씬 더 높고, 공간적 해상도는 EEG(뇌전도)와 비슷한 MEG(뇌자도) 실험은 뇌의 언어 처리 과정 연구에 특히 유용하다. 한 MEG 연구에 따르면, 듣기-청각 영역과 말하기-언어운동 영역의 동시적 활성화 현상은 특정한 속도로 언어를 들려줄 때 가장 분명하게 나타났다. 그 속도는 4.5헤르츠 정도인 것으로 밝혀졌는데, 이는 대부분 언어에 있어서의 발화 속도의 평균과 일치한다(Assaneor & Poeppel, 2017). 즉 내가 평소 말하는 속도의 언어를 들을 때 우리의 뇌는 가장 자연스럽게 반응한다. 이처럼 말하기와 듣기 과정은 인간의 뇌의 관점에서 보자면 본질적으로 같은 종류의 사건인 셈이다(Poeppel et al., 2012).

387 Hickok, 2012

388 Hickok & Poeppel, 2007, 2015

389 Eco, 1979; 1994. 이것이 바로 움베르토 에코가 말하는 '해석의 한계'이자 '독자의 역할'이다.

390 Giddens, 1984

391 Montagu, 1967. 인류학자 몬태규(Ashley Montagu)는 출생 후 첫 9개월을 '제2의 9개월' 혹은 '자궁 밖에서의 회임 기간'이라고 불렀다. 원래 산모 뱃속에 있어야 하는 시기인데 일찍 나왔다는 뜻이며, 태반 속에 있을 때만큼이나 안정적인 정서적 · 신체적 보살핌이 필요한 시기라는 뜻을 함축하고 있다.

392 Siegel, 2020; Siegel, 2012

393 Harlow, 1958

394 Fawcett et al., 2017

395 Vanderwal et al., 2008

396 Chen et al., 2013; Ray et al., 2009; Zhang et al., 2006

397 김주환, 2011

398 Kim et al., 2021; Kyeong et al., 2020

399 Honeycutt, 2002

400 Honeycutt, 1990

401 Honeycutt, 2003

402 Honeycutt & Ford, 2001

403 McCroskey et al., 1985

404 Honeycutt et al., 2009

405 Seligman & Schulman, 1986

406 Anderson et al., 1994

407 Katz, 1957

408 Katz & Lazarsfeld, 1966

409 Levine et al., 1981

410 Waber et al., 2008

411 Moseley et al., 2002

412 Hansen & Zech, 2019

413 Levy et al., 2002

414 Glass, Reim & Singer, 1971; Glass & Singer, 1973

415 Dweck, 2008

416 Jamieson, 2018; Jensen et al., 2017

417 Martin & Pacherie, 2019

418 Brown, 2018

419 Kubose, 1973

420 Kim et al., 2022

421 Bohm, 2005. 봄은 이렇게 말하고 있다. "커뮤니케이션이란 내가 네 안에서 내재적 펼침을 하고 네가 내 안에서 내적인 펼쳐짐을 하는 것을 의미한다. 혼자서 나의 내면을 반성적으로 돌이켜보는 것뿐만 아니라 대화를 통해서 반성적 돌이켜봄을 할 수 있다. 즉 '인간관계를 통한 명상(social meditation)'이 가능하다. 대화가 바로 그것이다."

422 루쉬(Jurgen Ruesch)와 베이츤(Gregory Bateson)은 내면소통을 '1인 소통시스템'으로 파악하면서 '메시지의 출발점과 도착점이 하나의 유기체 영역 안에 존재하는 것'이라 정의한 바 있다(Ruesch & Bateson, 1951). 따라서 매키(Diane Mackie)가 정확히 지적하고 있듯이 내면소통의 핵심은 바로 '스스로를 관찰하는 자(self-observer)'이다(Macke, 2008). 내면소통 명상의 핵심 역시 스스로 자기 자신을 관찰하는 데 있다.

423 Goleman, 1988

424 Goleman, 1988

425 Siegel, 2007a

426 Varela, Thompson & Rosch, 2016

427 Goleman & Davidson, 2017

428 이러한 상황에서 2017년에 대한명상의학회가 창립된 것은 참으로 뜻깊은 일이다. 정신건강의학과 의사들은 명상이 환자 치료에 도움이 된다는 것을 경험적으로 잘 알고 있다. 의사들이 명상에 관한 과학적 연구를 하고 임상 현장에 응용하기 위한 노력이 우리나라에서도 드디어 시작된 것이다. 다른 나라들처럼 우리나라에서도 환자의 치료를 위한 과학적인 명상 프로그램이 다양하게 개발되고 이에 대해 폭넓은 의료보험 지원이 이루어지는 날이 어서 오기를 바란다.

제8장 편도체 안정화를 위한 내면소통 명상

429 감정(emotion)은 상대적으로 일시적인 것이며 정서(affection)는 지속적인 성향에 가까운 것이라고 구분하기도 하지만, 일단 여기서는 근원적으로 동일한 대상을 지칭하는 개념이라 해두자. 한편 느낌(feeling)은 몸이 주는 감각정보를 바탕으로 의식이 일차적으로 막연하게 인지하게 되는 것이고, 이러한 느낌은 특정한 기분 상태(mood)에 영향을 미친다.

430 Damasio, 1994

431 Barrett, 2017a

432 Barrett, 2017b

433 뿐만 아니라 SN(현저성네트워크)는 다양한 여러 감정에서 공통으로 나타난다는 사실도 발견되었다(Touroutoglou et al., 2015).

434 Damasio, 1994

435 Damasio, 1994

436 Kagan, 2007

437 Damasio, 2010

438 Llinás, 2002

439 Wolpert et al., 1995

440 Sterling & Eyer, 1988; McEwen, 1998

441 Sterling, 2012

442 Sterling, 2012

443 Clark, 2017

444 Sapolsky, 2004

445 Corcoran & Hohwy, 2018

446 Sterling, 2014

447 여기서 '글로벌(global)'이라는 단어는 전체적, 전반적, 포괄적이라는 뜻이다. 이러한 포괄적 네트워크는 여기서 말하는 세 개만 있는 것은 아니다. 뇌 신경망에는 구조적 허브와 기능적 허브가 존재하며, 네트워크의 중심 역할을 하는 뇌 부위가 여러 곳에 있다. 특히 셀프에 관한 내측전전두피질-후방대상피질-설전부(mPFC-PCC-precuneus) 네트워크나 움직임을 관할하는 운동피질 부위가 중요한 허브에 해당한다(van den Heuvel & Sporns, 2013).

448 Sridharan, Levitin & Menon, 2008; Nekovarova et al., 2014

449 Barrett, 2017b. 이를 통해서도 공포나 분노와 같은 감정들이 개별적이고도 고유한 실체가 아님을 알 수 있다.

450 Fermin, Friston & Yamawaki, 2022

451 Tan et al., 2022; Zhao et al., 2022

452 Barrett, Quigley & Hamilton, 2016

453 Friston, 2017a

454 Barrett, Quigley & Hamilton, 2016

455 Barrett et al., 2001

456 Moors & Fischer, 2019

457 Llinás, 2002

458 Friston, 2010

459 Barrett, 2017b

460 Limanowski & Friston, 2020; 부정적 감정과 통증은 모두 전방대상피질(ACC)을 중심으로 한 신경망과 관련이 깊다. 그런데 전방대상피질은 인지조절과 목표지향적 행위와도 관련이 깊다. 통증, 감정, 인지조절이 모두 전방대상피질에서 오버랩되는 것이다(Shackman et al., 2011). 부정적 감정과 통증은 인간으로 하여금 일정한 목표지향적 행위를 하게 한다. 통증과 부정적 감정은 그러한 상태로부터 벗어나야 한다는 강력한 시그널인 셈이다.

461 Eisenberger, 2012a; 2012b. 한편, 통증은 생물학적, 심리학적, 인간관계적 측면이라는 세 가지 구성 요소로 이루어져 있다고 여겨져왔다. 이를 생물-심리-인간관계(Bio-psycho-social: BPS) 모델이라고 하는데, 스틸웰과 하먼은 여기서 한걸음 더 나아가서 통증을 행위주의적(enactivism) 관점에서 5E(Embodied, Embedded, Enacted, Emotive, and Extended) 모델로 개념화하자고 제안한다(Stilwell & Harman, 2019). 말하자면 세 가지 구성 요소에 능동적 추론의 관점을 추가적으로 고려해서 통증을 이해하자는 것이다.

462 Ongaro & Kaptchuk, 2019

463 Ongaro & Kaptchuk, 2019

464 Van den Bergh, et al., 2017

465 Friston, 2017a.

466 Vachon-Presseau, et al., 2016

467 Hechler, Endres & Thorwart, 2016

468 Pezzulo et al., 2019

469 Stilwell & Harman, 2019

470 Bohm, 2002

471 Bohm, 2005

472 Calsius et al., 2016; 비슷한 맥락에서 환자에게 '체화된 자아 알아차림(embodied self-awareness)'의 능력을 키워주는 것은 강력한 치료 효과가 있다는 주장도 있다. 환자가 지금 여기서 느끼는 감각이나 움직임, 감정 등을 실시간으로 알아차리도록 가이드함으로써 이러한 '체화된 자아 알아차림'의 능력을 강화해줄 수 있다는 것이다(Fogel, 2013).

473 Kim et al., 2022

474 Friston, 2017a

475 Von Mohr & Fotopoulou, 2018

476 Kim et al., 2022

477 Owens et al., 2018. 내부감각에 관한 능동적 추론 모델은 내부감각 자료가 감정과 자의식을 만들어내는 근원임을 보여준다. 이러한 관점에서 오언스(Andrew Owens)는 신경계와 관련된 여러 가지 질환이나 통증의 문제뿐 아니라 몸과 마음의 여러 가지 문제를 다루는 데 있어서 내부감각에 대한 뇌의 능동적 추론 시스템의 작동방식을 우선으로 고려할 것을 제안한다. 물론 내부감각에 대한 예측오류는 상향식으로 올라오는 자극정보에 대한 잘못된 해석이라는 단편적인 문제만을 지칭하는 것은 아니다. 불안이나 우울 등의 감정조절장애와 만성통증은 자동적이고 메타인지적이며 알로스테시스 시스템 전반의 작동방식과 폭넓게 연관되어 있다.

478 Lundberg et al., 1999

479 흑질에서 도파민이 제대로 생성되지 않으면 근육을 조절하는 능력이 저하되어 제대로 움직일 수 없게 된다. 이것이 파킨슨병이다. 재미있는 사실은 박자가 강한 음악을 들을 때도 뇌가 도파민을 분출한

다는 것이다. 비트가 강한 음악을 들으면 도파민이 분출되어서 신이 나고 홍이 나게 된다. 이때 온몸이 들썩들썩하는 이유도 도파민이 강하게 분출되기 때문이다. 운동할 때 비트가 강한 음악을 들으면 덜 지치고 더 강한 힘을 내서 오랫동안 유산소 운동을 할 수 있다. 헬스클럽에서 괜히 비트가 강한 음악을 틀어주는 것이 아니다. 제대로 걷지도 못하는 파킨슨병 환자에게 젊은 시절 즐겨 듣던 비트가 강한 음악을 들려주면 순간적으로 움직임 능력이 정상으로 회복되어 음악에 맞춰 신나게 춤을 추기도 한다. 강한 비트의 음악이 도파민을 분출시켜주었기 때문이다. 그러다가 음악이 끝나면 곧 다시 움직임의 능력이 제한되면서 환자 모드로 돌아간다.

480 각성상태를 유지해주는 상향망상활성계의 40헤르츠 신호는 바로 이 시상을 거쳐 대뇌피질 전체로 전달된다(Urbano et al., 2012). 이에 대해서는 제9장에서 좀 더 자세히 살펴본다.

481 Barrett, 2017b, p.83

482 Frohlich & Franco, 2011

483 Shapiro, 1989; 1995

484 O'Malley, 2018

485 Schwartz & Maiberger, 2018

486 Russ et al., 2007

487 정신과 의사, 타이치, 소매틱 움직임, 고대진자운동 전문가들과 함께 구성한 '바른 마음을 위한 움직임(바마움)'의 동작 중에는 오른발을 내디며 체중을 옮기면서 동시에 왼손을 들면서 왼쪽을 보고 반대로 왼발을 내디며 체중을 옮기면서 동시에 오른손을 들면서 오른손을 보는 것 등이 있다. 또 페르시안밀의 소형화 버전이라고 할 수 있는 펜듈러를 이용한 진자운동 움직임도 있는데 이 역시 좌우 체중이동, 좌우로 몸통 돌리기, 왼손과 오른손을 번갈아 들면서 좌우 번갈아 바라보기 등의 동작이 통합되어 있다. 이러한 것이 전형적인 바마움의 동작들이며, 이는 모두 내부감각과 고유감각 훈련임과 동시에 소매틱 EMDR의 요소를 지닌 것들이다(채정호 외, 2022).

488 Strack, Martin & Stepper, 1988

489 Paciorek & Skora, 2020

490 Colzato, Sellaro & Beste, 2017

491 Maniscalco & Rinaman, 2018

492 내부감각이라는 개념은 1906년에 출간된 셰링턴(Charles Scott Sherrington)의 《신경체계의 통합적 작용(The Integrative Action of the Nervous System)》이라는 책에서 처음 사용되었다. 이 책에서 셰링턴은 '내부감각수용체(interoceptors)', '내부감각수용체의 장 (interoceptive receptor fields)', '내부감각적 표면(interoceptive surface)', '내부감각적 부위(interoceptive segments)' 등의 개념을 사용했다. 그러나 신기하게도 명사로서의 '내부감각(interoception)'이라는 말 자체를 사용했던 것은 아니다(Ceunen, Vlaeyen, & Van Diest, 2016). '내부감각'이라는 말 자체가 과학 학술지에 등장하기 시작한 것은 1940년대 이후이며, 1947년에는 셰링턴이 자신의 책에 새로운 서문을 달아서 재출간하기도 했다(Sherrington, 1906/1947).

493 MacLean, 1990

494 Porges, 2003; Porges, 2011

495 Cacioppo et al., 2000

496 Burleson & Quigley, 2021

497 수초화는 신경세포에서 전기신호가 흐르는 축삭돌기 부분을 일종의 지방세포인 미엘린이 돌돌 말아서 감싸는 것이다. 구리선으로 된 전깃줄에 고무로 피복을 감싸는 것과도 같다. 수초화가 일어난 신경세포들은 전기신호가 더 빠르고 강하게 전달된다. 앞서 살펴보았던 신경가소성에서도 수초화는 중요한 역할을 담당한다(제3장 참조).

498 Seth & Friston, 2016

499 Tsakiris & De Preester, 2018

500 Wittmann & Meissner, 2018

501 Maté, 2019b

502 Maté, 2011

503 DeVille et al., 2018

504 Chen et al., 2021; Tsakiris & De Preester, 2018

505 Weng et al., 2021; Khoury, Lutz & Schuman-Olivier, 2018

506 Eggart et al., 2019

507 Limmer et al., 2015

508 Pollatos et al., 2009

509 Gershon, 1999

510 Foster & Neufeld, 2013

511 Shapiro, 2002

512 Shapiro, 1989; 1995

513 Schwartz & Maiberger, 2018

제9장 고유감각 훈련과 움직임 명상

514 Varela, Thompson, & Rosch, 2016

515 Gallagher, 2009

516 Llinás, 2002

517 Searle, 1983

518 Desmurget et al., 2009

519 Llinás, 2002

520 Wolpert, Ghahramani, & Jordan, 1995; Wolpert & Ghahramani, 2000

521 Blackemore, Wolpert & Frith, 1998; Blackemore, Wolpert, & Frith, 2000

522 Sheets-Johnstone, 1999

523 Sheets-Johnstone, 1999. 시츠-존스톤의 이야기를 좀 더 들어보자. "아리스토텔레스는 움직임을 공동 체적인 의미(sensu communis)로, 즉 당연한 의미의 결정체인 상식(common sense)으로 보았다. 움직 임에 닻을 내리고 있는 몸의 기호학은 존재론적인 의미를 드러내며 이러한 움직임의 기호학이 곧 인 지적 기호학의 기반이다"(Sheets-Johnstone, 1999). 한편 후설과 헬름홀츠 역시 방법론적으로는 서로 다를지라도 상당히 보완적인 방법으로 움직임과 지각의 관계에 대해 면밀한 분석을 시도했다. 이들 의 분석은 인간의 움직임, 지각, 인지라는 기본적인 기능들이 근원적으로 서로 단단히 연결되어 있다 는 것을 보여준다(Sheets-Johnstone, 2019). 이 세 가지 기능을 통합하는 것이 곧 의도(intention)와 주 의(attention)이고, 일련의 의도와 주의들의 끊임없는 상호작용 속에서 스토리텔러로서의 자의식이 생겨난다.

524 인류가 국가적으로나 전 세계적으로 단일한 시간 개념을 공유하게 된 것은 라디오라는 전파 매체가 등장한 20세기 이후의 일이다. 라디오 이전에는 전국적으로 통일된 시간 개념이라는 것이 현실적으 로 불가능했다. 고용주가 노동자에게 오전 9시까지 출근하라고 명령할 수도 없었다. 사람들의 시계는 제각각 조금씩 달랐다. 그러나 전파 매체인 라디오가 모든 것을 바꿔놓았다. 라디오는 전국적으로 기 준 시각을 온 국민에게 알리는 국가적 시계 역할을 담당했고, 라디오가 매 시각 알려주는 '시보'에 온 국민은 시계를 맞출 수 있게 되었다. 공동체가 동일한 시간을 살고 있다는 개념은 방송 매체의 산물이 다.

525 Buzsáki & Llinás, 2017

526 Lanza & Berman, 2009

527 Lanza & Berman, 2009

528 Uexküll, 2010; Gibson, 2014

529 Llinás, 2002, p. 134

530 Llinás, 2002, p. 136. 그런데 이것은 아무래도 바이올린 협주곡 D장조 Op. 35의 오기인 듯하다.

531 Stark, et al., 2015

532 부정적 정서와 관련된 고정행위유형에는 뇌의 가장 기저부인 뇌간(brainstem)이 깊게 관여하는데, 감
    정과 관련된 뇌간은 크게 세가지 네트워크로 구성된다. 하나는 감각신경으로부터 올라오는 것이고
    (세로토닌 회로), 다른 하나는 운동신경으로 내려가는 것이며(도파민 회로), 세 번째가 이 둘을 중재
    하는 신경전달물질 네트워크(노르아드레날린 회로)다. 이러한 네트워크들의 상호작용을 통해 고정
    행위유형으로서의 감정이 생성된다(Venkatraman, et al., 2017). 보통 특정한 부정적 감정과 관련된
    FAP가 형성되는 데에는 상당한 시일이 소요되지만, 매우 강한 외부 자극에 의해 강한 정서적 충격을
    받은 경우에는 **빠른** 시간내에 부정적인 FAP가 형성될 수 있다. 개인의 후천적인 부정적인 경험에 의
    해 형성된 FAP의 대표적인 것이 불안장애, 공황장애, 대인공포증 등이며 강한 충격으로 **빠른** 시간 내
    에 형성된 FAP의 대표적인 것이 트라우마증후군 혹은 외상후스트레스장애(PTSD)다(Stanley, 2010;
    Ogden et al., 2006).

533 Llinás, 2002. 감정 자체가 일종의 행위이기 때문에 감정에 관한 커뮤니케이션 역시 몸과 행위에
    기반한다. 감정이나 느낌에 관한 언어적 분석을 해보면 대부분의 감정 관련 단어들은 감각운동
    (sensorimortor)과 관련이 깊다(Williams et al., 2020).

534 Llinás, 2002. 외부로부터 입력되는 다양한 정보뿐만 아니라 기억으로부터 제공되는 내적모델까지 한
    데 통합된 결과가 바로 '나'라는 느낌을 주는 자의식이다. 지나스는 데카르트를 패러디하여 이렇게 말
    한다. "뇌는 통합한다. 고로 나는 존재한다(It binds, therefore I am)." 지나스에 따르면 '나'라는 실체는
    없다. 자의식이란 단지 특별한 마음 상태에 불과하다. 우리가 '나'라고 부르는 것은 만들어진 추상적
    존재일 뿐이다. 자아는 뇌의 '추론 작용'에 의해서 생산된 것이다.

535 Llinás, 1988

536 Urbano et al., 2012

537 Garcia-Rill, 2015

538 Llinás, 1988

539 Llinás & Paré, 1991

540 Llinás & Ribary, 1993

541 Urbano et al., 2012

542 Garcia-Rill, 2017

543 Redinbaugh et al., 2020

544 Redinbaugh et al., 2020

545 Garcia-Rill, 2019

546 Walker, 2017

547 뇌를 이루는 세포에는 신경세포(neuron)뿐 아니라 아교(glia)세포도 있다. 아교세포는 마치 아교풀처
    럼 신경세포의 주변에 끈끈하게 붙어서 위치를 고정해주는 역할을 한다고 해서 붙여진 이름이며, 간
    단히 '교세포'라고도 불린다. 신경세포처럼 정보 전달에는 관여하지 않아서 그저 부수적인 역할만 담
    당한다고 여겨졌기에 연구도 거의 이루어지지 않았다. 그러나 점차 아교세포의 다양한 기능이 밝혀
    지면서 연구가 활발히 이루어지고 있다. 아교세포는 일단 신경세포보다 그 수가 압도적으로 많다. 뇌
    를 이루는 세포의 80~90퍼센트가 아교세포다. 종류도 다양하다. 신경세포에 에너지를 공급해주거나
    신경전달물질의 농도를 조절하여 원활한 소통이 가능하도록 돕는 별 모양의 성상아교세포가 있는가
    하면 뇌의 손상을 치유하거나 면역기능을 담당하는 미세아교세포도 있다. 미세아교세포가 작동을 제
    대로 하지 못하게 되면 손상된 신경세포를 고치지 못해 치매가 생길 가능성이 커진다. 한편 신경세포
    는 세포분열을 거의 하지 않는다. 그래서 암에 걸릴 일도 없다. 그러나 아교세포는 활발히 분열한다.
    뇌종양은 거의 아교세포에서 발생한다.

548 Iaccarino et al., 2016

549 Martorell et al., 2019

550 Adaikkan & Tsai, 2020

551 McDermott et al., 2018; Thomson, 2018

552 Murty et al., 2021

553 Urbano et al., 2012

554 Lutz, et al., 2004

555 Kandel, 2007

556 Strogatz, 2012

557 Redinbaugh et al., 2020; Adaikkan & Tsai, 2020

558 Shafir, 2016; Nan, Hinz, & Lusebrink, 2021; Froeliger et al., 2012

559 Finzi & Rosenthal, 2016

560 Gellhorn, 1964

561 Payne, Levine & Crane-Godreau, 2015

562 Levine, 1997; 2010

563 Chen et al., 2012

564 Jahnke, et al., 2010

565 Payne & Crane-Godreau, 2013

566 Schmalzl, Crane-Godreau & Payne, 2014

567 Gerritsen & Band, 2018

568 Payne & Crane-Godreau, 2013

569 Brewer et al., 2011

570 Attia, 2022

571 San-Millán et al., 2020

572 Luks, 2022

573 이와 비슷한 개념의 수영법은 토털 이머션(Total Immersion: TI) 영법으로 알려져 있다. TI 영법을 개발한 사람들이 물속 명상이나 고유감각 운동을 강조하는 것은 아니다. 다만 보다 쉽고 빠르게 배워서 사람들이 편하게 장거리 수영을 할 수 있는 영법으로 개발한 것이다. 하지만 TI 영법의 기본 개념은 전통적인 물속에서의 움직임 명상에 닿아 있다고 볼 수 있다(Laughlin & Delves, 2004). 그런데 TI 영법의 내용을 살펴보면 물에 푹 잠긴다기보다는(total immersion) 모든 것을 받아들이고 물에 저항하지 않는 것이 핵심이라 할 수 있다. 따라서 TI보다는 TA(Total Acceptance) 혹은 토털 억셉턴스 영법으로 부르는 것이 더 적절할 것 같기도 하다.

574 Gerritsen & Band, 2018

575 타이치가 스트레스 완화와 정신건강 증진에 도움이 되며 불안장애, 우울증, 트라우마 치료 등에도 효과가 있다는 연구결과는 많이 나와 있다(Abbott & Lavretsky, 2013; Miller & Taylor-Piliae, 2014; Wang et al., 2014). 권위 있는 여러 의료기관에서도 관절염이나 심장병 환자뿐 아니라 암이나 치매 환자를 위한 타이치 프로그램을 개발하여 시행하고 있다(Wayne & Fuerst, 2013).

576 Woollacott, Kason & Park, 2021

577 Feldenkrais, 1985

578 이러한 관점은 하이데거의 《사유란 무엇인가》라는 책에도 등장한다(Heidegger, 1968). 이 책은 하이데거의 철학을 이해하는 데 있어서 그의 대표작인 《존재와 시간》만큼이나 중요한 저서라 할 수 있다. 여기서 하이데거는 생각에 대해 사유한다는 것은 일종의 손으로 하는 일(handicraft)이라고 주장한다. 손의 모든 움직임은 생각의 요소들을 포함하고 있으며 손이 하는 모든 일 역시 생각에 그 기원을 두고 있다고 본다. 손의 움직임이 곧 생각이고 생각은 손으로 나타난다는 것이다. 현상학자인 정화열은 여기서 한걸음 더 나아가서 "우리가 두 다리로 걷는 것처럼 우리는 두 손으로 말하고 생각한다"라고 설

명한다(Jung, 1995).

579 Doidge, 2015

580 Feldenkrais, 1972

581 Kolt & McConville, 2000

582 펠덴크라이스의 교육 방식은 그래서 불립문자로 전해지던 선 수행의 전수 방법이나 《우파니샤드》의 전통과도 상당한 유사점이 있다.

583 Feldenkrais, 1972

584 Feldenkrais, 1972

585 몸의 각 부분에 독자적인 인성이 있다고 보는 것은 전형적인 도교의 관점이기도 하다. 펠덴크라이스의 철학 배경에는 장자 철학이나 도교적 관점이 깔려 있는 듯하다.

586 Alexander, 2019

587 Alexander, 2019

588 채정호 외, 2022

제10장 전전두피질 활성화를 위한 내면소통 명상

589 Uddin et al., 2007. 이와 관련해서는 제2장 '자기조절력' 부분을 참조할 것.

590 Kahneman, 2011

591 Siegel, 2007b

592 기억자아에서의 '기억'은 일화기억을 의미한다. 일화기억이 집적된 것이 곧 개별자아이며 에고(ego)라고도 불린다. 시겔은 개개인이 별개의 독립적인 존재라고 믿는 문화는 사람의 정신을 황폐화하고 병들게 한다고 비판한다. 개별자아라는 개념 자체가 하나의 질병이라는 것이다. 모든 정신질환 치료의 핵심은 한 개인이 몸으로 한정된 개별자아라는 관념을 넘어서 타인과의 관계성을 회복하는 것이다(Siegel, 2010a). 너와 내가 개별적인 존재가 아님을 알아차리는 과정이 명상이다. 그리고 타인과의 관계 회복에 있어서 가장 중요한 뇌 부위가 바로 mPFC라고 강조한다(Siegel, 2010b).

593 사띠는 팔리어이고, 산스크리트어로는 스므르띠(smrti)라고도 하는데, 원래는 기억이라는 뜻이다 (Levi & Rosenstreich, 2019). 사띠는 한마디로 현재 벌어지는 일들에 대한 기억 또는 주의(attention)라 할 수 있으며, 이러한 사띠의 주체가 바로 배경자아다. 사띠의 개념에 대해서는 제6장 Note를 참조할 것.

594 Baer et al., 2006

595 Dehaene, 2014

596 Siegel, 2007b

597 Farb et al., 2007

598 DeRubeis, Siegel, & Hollon, 2008

599 de Lange, et al., 2008

600 DeRubeis, Siegel & Hollon, 2008

601 Beck, 1970

602 Davidson & McEwen, 2012

603 Miller, 2016

604 Vago & David, 2012

605 Chan & Siegel, 2017

606 Crescentini, Fabbro & Tomasino, 2017

607 Tang, Hölzel & Posner, 2015

608 Kuyken, et al., 2016; 이 밖에도 알아차림 기반 인지치료(MBCT)에 관한 23건의 연구를 살펴본 메타

분석 연구도 있으며(van der Velden, et al., 2015), 명상의 효과를 살펴본 뇌 영상 연구 78건에 대한 메타분석 연구도 있다(Fox et al., 2016).

609 Kemeny, et al., 2012

610 Luders et al., 2009

611 Hölzel, et al., 2007

612 Hölzel, et al., 2010

613 Desbordes, et al., 2012

614 Goleman & Davidson, 2017; Davidson et al., 2003

615 Tang, et al., 2009

616 Davidson & McEwen, 2012

617 Hanson et al., 2010. 참고로 안와전두엽은 안구 바로 윗부분에 위치하며, 내측전전두피질과 밀착되어 있는 부위다. 안와전두엽의 활성화는 긍정적 정서의 유발이나 행복감과도 밀접한 관련이 있다.

618 Spira, 2017

619 Vazire, 2010; Vazire & Carlson, 2011

620 Beck, 1970

621 Hayes et al., 2006

622 Vago & David, 2012

623 Kross et al., 2014

624 Moser, et al., 2017

625 Creswell et al., 2007

626 Fletcher and Hayes, 2005

627 Damasio, 2010

628 Ayduk and Kross, 2010

629 Smith and Alloy, 2009

630 Killingsworth & Gilbert, 2010

631 Brewer, et al., 2011

632 Killingsworth & Gilbert, 2010

633 Lutz et al., 2008

634 Baird et al., 2012

635 Beaty et al., 2015

636 Christoff et al., 2009

637 Iyer, 2011

638 Iyer, 2014

639 배경자아가 고요함 자체임을 깨닫는 것은 베단타 철학식으로 말하자면 우주의 근본과 나의 본성이 둘이 아님을 깨닫고 진정한 자아를 실현하는 것이다. 기독교식으로 말하자면 내가 하느님의 자녀임을, 그리스도를 통해 내가 하느님과 일체(unity)를 이루고 있음을, 나의 삶은 이미 주님의 은총으로 가득 차 있음을 깨닫는 것이다. 이러한 모든 깨달음은 우리를 고요함으로 안내한다. 시끄러운 것은 언제나 에고(ego)의 모습일 뿐이고 하느님은 늘 침묵으로 말씀하신다. 선지자 엘리야는 호렙산의 동굴에서 세상이 무너지는 듯한 자연재해를 목격한다. 먼저 엄청난 바람이 휩쓸고 지나갔다. 그러나 그 태풍 같은 바람 속에 하느님은 계시지 않았다. 바람이 지나간 후에는 거대한 지진이 일어나 땅이 갈라졌으나 그 지진 속에도 하느님은 계시지 않았다. 지진 후에는 거대한 불길이 일어났으나 그 불길 속에도 계시지 않았다. 엄청난 소란이 다 지나간 후에야 미묘하고도 순수한 침묵의 소리(kol demamah dakah)가 찾아왔는데 하느님은 바로 그 고요함 속에 계셨다. "kol"은 목소리(voice), "demamah"는 침묵, 고요함(silence, stillness), "dakah"는 미세한 혹은 순수한(thin, sheer)이라는 뜻이다(Torresan, 2003). 하느님은 시끄러운 소음 속에 계시는 것이 아니다. 소음 속에는 고통과 번뇌와 괴로움이 있을

뿐이다. 고요함 속에 늘 평온함과 온전함과 지극한 행복이 있다. 하느님은 미묘하고도 섬세한 고요함 (delicate sound of silence)으로 존재하신다. 우리의 배경자아 역시 늘 고요하고 텅 비어 있다.

640 Eckhart, 2009

641 Singh, 2020

642 Worthington et al., 2007

643 Worthington, 2005

644 Toussaint et al., 2001

645 Mullet, Neto & Riviere, 2005

646 Billingsley & Losin, 2017

647 McCullough et al., 1998

648 Kelley, 1998

649 Epel et al., 2009

650 Jacobs et al., 2011

651 Hoge, et al., 2013

652 Brydon et al., 2012; Watkins et al., 2016

653 Pearce, 2007

654 Singer et al., 2006

655 Miller et al., 2008

656 McCullough, 2000

657 Billingsley & Losin, 2017

658 Ricciardi et al., 2013

659 Ohtsubo et al., 2018

660 Holt-Lunstad et al., 2008

661 Stoia-Caraballo et al., 2008

662 Berry and Worthington, 2001

663 Chida and Steptoe, 2008

664 Lawler-Row et al., 2008

665 Toussaint et al., 2001

666 Worthington & Scherer, 2004

667 Mayo Clinic Staff, 2020

668 Worthington, 2013

669 Lucas et al., 2018

670 Kappen & Karremans, 2017

671 Struthers et al., 2017

672 Dillon, 2001

673 Toussaint et al., 2017

674 Gray et al., 2003

675 Peterson et al., 1981

676 Norris et al., 2000

677 Hall & Fincham, 2005

678 Brach, 2003

679 Neff, 2003

680 Enright, 1996; Hall & Fincham, 2005

681 Neff, 2003

682 Marchant et al., 2020

683 Lutz, et al., 2008

684 Leung, et al., 2017

685 Leiberg, Klimecki, & Singer, 2011

686 Grant, 2019

687 Grant, 2014

688 Hofmann, Grossman, & Hinton, 2011

689 Brach, 2003

690 Rosequist et al., 2012

691 Viane et al., 2003

692 Eckhart, 2009

693 Maté, 2019a

694 《반야심경》은 《서유기》에도 등장하는 삼장법사 현장이 7세기에 번역했는데 불교 가르침의 핵심을 260자의 한자로 간결하게 설명하고 있다. 오온(지각, 느낌, 생각, 행위, 의식)이 다 공(空)임을 깨달으면 모든 고통과 번민에서 벗어나 열반의 경지에 이른다는 내용이다. '모든 것이 다 공이기에 심지어 부처의 핵심 가르침인 고집멸도의 사성제도 없고, 얻을 수 있는 지혜란 것도 없고 따라서 얻을 수 있는 것이 하나도 없느니라. 그래서 마음에 걸리는 것이 하나도 없고, 마음에 걸리는 것이 없으니, 두려울 것이 전혀 없느니라.' 그리하여 헛된 망상에서 멀리 벗어나서 궁극적인 열반에 이르게 된다는 것이다.

695 Diener, Oishi & Tay, 2018

696 Kyeong, et al., 2017. 한편, 스탠퍼드대 앤드류 휴버만 교수는 자신의 유튜브 강의를 통해 이 논문의 의미와 중요성에 대해 자세하게 설명하고 있다(youtube.com/@hubermanlab).

697 Kong et al., 2020

698 Hazlett et al., 2021

699 Heckendorf et al., 2019

700 Cregg & Cheavens, 2021

701 Neto, 2007

702 Lyubomirsky, Sheldon & Schkade, 2005

703 김주환, 2011

704 Eckhart, 2009

705 Dunbar, 1993

706 Watts & Strogatz, 1998

제11장 마음근력 향상을 위한 다양한 전통 명상

707 Harari, 2015

708 Hoffman, Singh & Prakash, 2015

709 www.dhammatalks.org

710 Samatha Sutta: A 10.54

711 Āka˙nkha Sutta: A 10.71

712 Yuganaddha Sutta: A 4.170

713 《대승기신론》은 "지(止)란 무엇이고, 관(觀)이란 무엇인가? 지(止)란 일체의 대상에 대한 생각을 멈추는 것으로서 사마타 수행을 의미한다. '관'한다는 것은 자신의 몸과 마음을 관찰해 거기서 인연에 의해 일어났다 사라지는 모습을 분명하게 알아차리는 것으로서 위빠사나 관찰 수행을 의미한다"라고 했다. 이처럼 지(사마타)를 통해 선정을 얻고, 관(위빠사나)을 통해 지혜를 얻는 수행법인 '지관'을 동

시에 강조함으로써《대승기신론》은 초기 경전의 가르침을 그대로 계승하고 있다고 볼 수 있다.

714 Āka ̇ nkha Sutta. A 10: 71

715 Kim et al., 2022

716 Ramana, 2004

717 Nisargadatta, 2012

718 Shields, 2016

719 http://dharmafarer.org

720 "attadīpā viharatha attasaraṇā aññasaraṇā dhammadīpā dhammasaraṇā aññasaraṇā." 이를 직역하
     면 다음과 같다. atta는 '너 자신(self)'이란 뜻이고, dīpā는 '섬'이란 뜻이다. viharatha는 '머물다, 그곳에
     살다'라는 뜻이고, saraṇā는 '피난처'라는 뜻이다. anañña는 '그 외 다른 어떤 것'이라는 뜻이고, 여기서
     'dhamma'는 진리로서의 법이다.

721 The Great Discourse on the Focuses of Mindfulness. Translated with notes by Piya Tan. http://
     dharmafarer.org.

722 왕양명, 2010

723 왕양명, 2010

724 김세정, 2005

725 장자, 2010, p. 257

726 장자, 2010, p. 261

727 장자, 2010, p. 265

728 Bergland, 2019

729 Gerritsen & Band, 2018

730 De Couck et al., 2019

731 여기서 다루고 있는 아나빠나사띠에 관한 내용은 〈대한명상의학회지〉에 학술논문으로 발표된 바 있
     다(김주환, 2021).

732 Majjhima Nikāya 3, Upari Paṇṇāsa 2, Anupada Vagga 8. M118/3:78-88

733 Buddhaghosa, 2010

734 Buddhaghosa, 2010

735 Kāyagatāsati Sutta; M 119/3:88-99

736 Anālayo, 2011

737 Kimbilasutta, S54:10

738 Bodhi, 2000

739 Hanh, 2008

740 Ñāṇamoli, 2010

741 Eagleman, 2017

참고문헌

김세정(2005). 《전습록논변(傳習錄論辯)》을 통해서 본 양명심학과 퇴계리학). 《퇴계학보》118, 1-54.

김주환(2011). 《회복탄력성》. 위즈덤하우스.

김주환(2021). 〈아나빠나사띠 숫따를 통해 본 호흡 명상 - "sabba,kaya"의 의미를 중심으로〉. 《명상의학》 1(2). 47-58.

왕양명 저. 김동휘 역(2010). 《전습록》. 신원문화사.

장자 저. 김창환 역(2010). 《장자》. 을유문화사.

채정호 외(2022). 《바른 마음을 위한 움직임》. 군자출판사.

Abbott, R., & Lavretsky, H. (2013). Tai Chi and Qigong for the treatment and prevention of mental disorders. *The Psychiatric Clinics of North America, 36*(1), 109.

Abel, E. L. (2010). Influence of names on career choices in medicine. *Names,58(2),* 65-74.

Adaikkan, C., & Tsai, L. H. (2020). Gamma entrainment: Impact on neurocircuits, glia, and therapeutic opportunities. *Trends in Neurosciences, 43*(1), 24-41.

Adolphs, R., Tranel, D., Damasio, H., & Damasio, A. (1994). Impaired recognition of emotion in facial expressions following bilateral damage to the human amygdala. *Nature, 372(6507),* 669-672.

Alexander, F.M. (2019). *The use of the self.* New York: Spring.

Alfonso, J. P., Caracuel, A., Delgado-Pastor, L. C., & Verdejo-García, A. (2011). Combined goal management training and mindfulness meditation improve executive functions and decision-making performance in abstinent polysubstance abusers. *Drug and Alcohol Dependence, 117(1),* 78-81.

Aliseda, A. (2000). Abduction as epistemic change: A Peircean model in artificial intelligence. In *Abduction and induction* (pp. 45-58). Dordrecht: Springer.

Anālayo, B. (2011). *A comparative study of the Majjhima-Nikāya.* Taipei: Dharma Drum Publishing.

Anderson, A. K., & Phelps, E. A. (1998). Intact recognition of vocal expressions of fear following bilateral lesions of the human amygdala. *Neuroreport: An International Journal for the Rapid Communication of Research in Neuroscience. 9*(16). 3607-3613.

Anderson, C. A., Miller, R. S., Riger, A. L., Dill, J. C., & Sedikides, C. (1994). Behavioral and characterological attributional styles as predictors of depression and loneliness: review, refinement, and test. *Journal of Personality and Social Psychology, 66(3),* 549.

Apps, M. A., & Tsakiris, M. (2014). The free-energy self: A predictive coding account of self-recognition. *Neuroscience & Biobehavioral Reviews, 41,* 85-97.

Arruda-Carvalho, M., Wu, W. C., Cummings, K. A., & Clem, R. L. (2017). Optogenetic examination of prefrontal-amygdala synaptic development. *Journal of Neuroscience, 37*(11), 2976-2985.

Assaneo, M. F., & Poeppel, D. (2017). Listening to speech induces coupling between auditory and motor cortices in an unexpectedly rate-restricted manner. *bioRxiv,* 148288.

Atkinson, A. P., Heberlein, A. S., & Adolphs, R. (2007). Spared ability to recognise fear from static and moving whole-body cues following bilateral amygdala damage. *Neuropsychologia, 45*(12), 2772-2782.

Attia, P. (2022). *Peter Attia on Zone 2 and Zone 5 Training.* https://youtu.be/Eb92hyaoGrU

Ayduk, Ö., & Kross, E. (2010). From a distance: Implications of spontaneous self-distancing for adaptive self-reflection. *Journal of Personality and Social Psychology, 98*(5), 809-829.

Baars, B. J. (1997). *In the theater of consciousness.* New York: Oxford University Press.

Baer, R. A., Smith, G. T., Hopkins, J., Krietemeyer, J., & Toney, L. (2006). Using self-report assessment methods to explore facets of mindfulness. *Assessment,* 13, 27–45.

Baird, B., Smallwood, J., Mrazek, M. D., Kam, J. W., Franklin, M. S., & Schooler, J. W. (2012). Inspired by distraction: Mind wandering facilitates creative incubation. *Psychological Science,* 0956797612446024.

Banks, S. J., Eddy, K. T., Angstadt, M., Nathan, P. J., & Phan, K. L. (2007). Amygdala–frontal connectivity during emotion regulation. *Social Cognitive and Affective Neuroscience, 2*(4), 303-312.

Bar, M. (2007). The proactive brain: Using analogies and associations to generatepredictions. *Trends in Cognitive Sciences, 11*, 280–289.

Barad, K. (2007). *Meeting the universe halfway: Quantum physics and the entanglement of matter and meaning.* Duke University Press.

Bargh, J. A., & Chartrand, T. L. (1999). The unbearable automaticity of being. *American Psychologist, 54*(7), 462-479.

Barker, L. L., & Wiseman, G. (1966). A model of intrapersonal communication. *Journal of Communication, 16*(3), 172-179.

Barrett, L. F. (2017a). The theory of constructed emotion: An active inference account of interoception and categorization. *Social Cognitive and Affective Neuroscience, 12(1)*, 1-23.

Barrett, L. F. (2017b). *How emotions are made: The secret life of the brain.* Houghton Mifflin Harcourt.

Barrett, L. F., Gross, J., Christensen, T. C., & Benvenuto, M. (2001). Knowing what you're feeling and knowing what to do about it: Mapping the relation between emotion differentiation and emotion regulation. *Cognition & Emotion, 15(6)*, 713-724.

Barrett, L. F., Quigley, K. S., & Hamilton, P. (2016). An active inference theory of allostasis and interoception in depression. *Philosophical Transactions of the Royal Society B: Biological Sciences, 371(1708)*, 20160011.

Beaty, R. E., Benedek, M., Kaufman, S. B., & Silvia, P. J. (2015). Default and executive network coupling supports creative idea production. *Scientific Reports, 5*, 10964.

Beaty, R. E., Benedek, M., Wilkins, R. W., Jauk, E., Fink, A., Silvia, P. J., ... & Neubauer, A. C. (2014). Creativity and the default network: A functional connectivity analysis of the creative brain at rest. *Neuropsychologia, 64*, 92-98.

Beck, A. T. (1970). Cognitive therapy: Nature and relation to behavior therapy. *Behavior Therapy, 1(2)*, 184-200

Beer, J. S., John, O. P., Scabini, D., & Knight, R. T. (2006). Orbitofrontal cortex and social behavior: Integrating self-monitoring and emotion-cognition interactions. *Journal of Cognitive Neuroscience, 18(6)*, 871-879.

Bennett, C. M., & Miller, M. B. (2010). How reliable are the results from functional magnetic resonance imaging?. *Annals of the New York Academy of Sciences, 1191(1)*, 133-155.

Bergland, C. (2019). Longer exhalations are an easy way to hack your vagus nerve: Respiratory vagus nerve stimulation (rVNS) counteracts fight-or-flight stress. *Psychology Today, 9.*

Berry, J. W., & Worthington Jr, E. L. (2001). Forgivingness, relationship quality, stress while imagining relationship events, and physical and mental health. *Journal of Counseling Psychology, 48(4)*, 447-455.

Billingsley, J., & Losin, E. A. (2017). The neural systems of forgiveness: An evolutionary psychological perspective. *Frontiers in Psychology, 8*, 737.

Biswal, B., Zerrin Yetkin, F., Haughton, V. M., & Hyde, J. S. (1995). Functional connectivity in the motor cortex of resting human brain using echo-planar MRI. *Magnetic Resonance in Medicine, 34(4)*, 537-541.

Biswal, B. B. (2012). Resting state fMRI: a personal history. *Neuroimage, 62(2)*, 938-944.

Blakemore, S. J., Wolpert, D., & Frith, C. (2000). Why can't you tickle yourself?. *Neuroreport, 11(11)*, R11-R16.

Blakemore, S. J., Wolpert, D. M., & Frith, C. D. (1998). Central cancellation of self-produced tickle sensation. *Nature Neuroscience, 1(7)*, 635.

Bodhi, B. (2000). *The connected discourses of the Buddha: A translation of the Saṁyutta Nikāya*. Boston, MA: Wisdom Publications.

Bohm, D. (1952). A suggested interpretation of the quantum theory in terms of "hidden" variables. I. *Physical Review, 85(2)*, 166-179.

Bohm, D. (1987). How to look at anger. https://youtu.be/DKREWU_PUk8.

Bohm, D. (1990). A new theory of the relationship of mind and matter. *Philosophical Psychology, 3(2-3)*, 271-286.

Bohm, D. (2002). *Wholeness and the implicate order*. New York: Routledge & Kegan Paul.

Bohm, D. (2005). *Unfolding meaning: A weekend of dialogue with David Bohm*. New York: Routledge.

Bohm, D., & Hiley, B. J. (1984). Measurement understood through the quantum potential approach. *Foundations of Physics, 14(3)*, 255-274.

Bohm, D., & Hiley, B. P. (1995). *The undivided universe: An ontological interpretation of quantum theory*. New York: Routledge.

Bohm, D., & Kelly, S. (1990). Dialogue on science, society, and the generative order. *Zygon, 25(4)*, 449-467.

Brach, T. (2003). *Radical acceptance: Awakening the love that heals fear and shame within us*. New York: Random House.

Brewer, J. A., Worhunsky, P. D., Gray, J. R., Tang, Y. Y., Weber, J., & Kober, H. (2011). Meditation experience is associated with differences in default mode network activity and connectivity. *Proceedings of the National Academy of Sciences, 108(50)*, 20254-20259.

Brown, D. (2018). Joe Rogan - Derren Brown Explains Hypnosis. https://youtu.be/IFeL7XGwJTs.

Brühl, A. B., Scherpiet, S., Sulzer, J., Stämpfli, P., Seifritz, E., & Herwig, U. (2014). Real-time neurofeedback using functional MRI could improve down-regulation of amygdala activity during emotional stimulation: A proof-of-concept study. *Brain Topography, 27(1)*, 138-148.

Brunner, H. G., Nelen, M., Breakefield, X. O., Ropers, H. H., & Van Oost, B. A. (1993). Abnormal behavior associated with a point mutation in the structural gene for monoamine oxidase A. *Science, 262(5133)*, 578-580.

Brydon, L., Lin, J., Butcher, L., Hamer, M., Erusalimsky, J. D., Blackburn, E. H., & Steptoe, A. (2012). Hostility and cellular aging in men from the Whitehall II cohort. *Biological Psychiatry, 71*(9), 767-773.

Buber, M. (1958). *I and Thou*. Trans. R. G. Smith, Edinburgh. UK: T. & T. Clark.

Buber, M. (1965). *Between man and man*. Trans. R. G. Smith. New York: Macmillan.

Buckholtz, J. W., & Meyer-Lindenberg, A. (2008). MAOA and the neurogenetic architecture of human aggression. *Trends in Neurosciences, 31(3)*, 120-129.

Buddhaghosa, B. (2010). *The path of purification: Visuddhimagga*. trans. Ñāṇamoli. Kandy: Buddhist Publication Society.

Burleson, M. H., & Quigley, K. S. (2021). Social interoception and social allostasis through touch: legacy of the somatovisceral afference model of emotion. *Social Neuroscience, 16(1)*, 92-102.

Buzsáki, G., & Llinás, R. (2017). Space and time in the brain. *Science, 358(6362)*, 482-485.

Byrd, A. L., & Manuck, S. B. (2014). MAOA, childhood maltreatment, and antisocial behavior: Meta-analysis of a gene-environment interaction. *Biological Psychiatry, 75(1)*, 9-17.

Cacioppo, J. T., Berntson, G. G., Larsen, J. T., Poehlmann, K. M., & Ito, T. A. (2000). The psychophysiology of emotion. *Handbook of Emotion*, (pp. 173-191). Guilford Press.

내면소통

Caldji, C., Tannenbaum, B., Sharma, S., Francis, D., Plotsky, P. M., & Meaney, M. J. (1998). Maternal care during infancy regulates the development of neural systems mediating the expression of fearfulness in the rat. *Proceedings of the National Academy of Sciences, 95(9)*, 5335-5340.

Calsius, J., De Bie, J., Hertogen, R., & Meesen, R. (2016). Touching the lived body in patients with medically unexplained symptoms: How an integration of hands-on bodywork and body awareness in psychotherapy may help people with alexithymia. *Frontiers in Psychology, 7*, 253.

Carroll, S. (2019). *Something deeply hidden: Quantum worlds and the emergence of spacetime.* Dutton.

Carter, R., & Frith, C. D. (1998). *Mapping the mind.* University of California Press.

CASEL(Collaborative for Academic, Social, and Emotional Learning). (2005). *Safe and sound: An educational leader's guide to evidence-based social and emotional learning programs—Illinois edition.* Chicago: CASEL.

Cases, O., Seif, I., Grimsby, J., Gaspar, P., Chen, K., Pournin, S., ... & Shih, J. C. (1995). Aggressive behavior and altered amounts of brain serotonin and norepinephrine in mice lacking MAOA. *Science, 268(5218)*, 1763-1766.

Caspi, A., Sugden, K., Moffitt, T. E., Taylor, A., Craig, I. W., Harrington, H., ... & Poulton, R. (2003). Influence of life stress on depression: moderation by a polymorphism in the 5-HTT gene. *Science, 301(5631)*, 386-389.

Cavanna, A. E., Trimble, M., Cinti, F., & Monaco, F. (2007). The "bicameral mind" 30 years on: A critical reappraisal of Julian Jaynes' hypothesis. *Functional Neurology, 22(1)*, 11-15.

Ceunen, E., Vlaeyen, J. W., & Van Diest, I. (2016). On the origin of interoception. *Frontiers in Psychology, 7*, 743.

Chan, A., & Siegel, D. J. (2017). Play and the default mode network: Interpersonal neurobiology, self, and creativity. *Play and Creativity in Psychotherapy (Norton Series on Interpersonal Neurobiology).*

Checknita, D., Bendre, M., Ekström, T. J., Comasco, E., Tiihonen, J., Hodgins, S., & Nilsson, K. W. (2020). Monoamine oxidase A genotype and methylation moderate the association of maltreatment and aggressive behaviour. *Behavioural Brain Research*, 112476.

Chekroud, A. M. (2015). Unifying treatments for depression: An application of the Free Energy Principle. *Frontiers in Psychology, 6*, 153.

Chen, F., Ke, J., Qi, R., Xu, Q., Zhong, Y., Liu, T., ... & Lu, G. (2018). Increased inhibition of the amygdala by the mPFC may reflect a resilience factor in post-traumatic stress disorder: A resting-state fMRI Granger causality analysis. *Frontiers in Psychiatry, 9*, 516.

Chen, K. W., Berger, C. C., Manheimer, E., Forde, D., Magidson, J., Dachman, L., & Lejuez, C. W. (2012). Meditative therapies for reducing anxiety: A systematic review and meta-analysis of randomized controlled trials. *Depression and Anxiety, 29(7)*, 545-562.

Chen, P. H. A., Wagner, D. D., Kelley, W. M., Powers, K. E., & Heatherton, T. F. (2013). Medial prefrontal cortex differentiates self from mother in Chinese: evidence from self-motivated immigrants. *Culture and Brain, 1(1)*, 3-15.

Chen, W. G., Schloesser, D., Arensdorf, A. M., Simmons, J. M., Cui, C., Valentino, R., ... & Langevin, H. M. (2021). The emerging science of interoception: Sensing, integrating, interpreting, and regulating signals within the self. *Trends in Neurosciences, 44(1)*, 3-16.

Cheung, C., Hamilton, L. S., Johnson, K., & Chang, E. F. (2016). The auditory representation of speech sounds in human motor cortex. *Elife, 5*, e12577.

Chida, Y., & Steptoe, A. (2008). Positive psychological well-being and mortality: a quantitative review of prospective observational studies. *Psychosomatic Medicine, 70(7)*, 741-756.

Chopra, D., & Kafatos, M. C. (2017). *You are the universe: Discovering your cosmic self and why it matters.* New York: Harmony.

Christoff K, Gordon AM, Smallwood J, Smith R, Schooler JW. (2009). Experience sampling during fMRI reveals default network and executive system contributions to mind wandering. *Proceedings of the National Academy of Sciences of the United States of America.* 106: 8719–8724.

Clark, A. (2012). Dreaming the whole cat: Generative models, predictive processing, and the enactivist conception of perceptual experience. *Mind, 121(483)*, 753-771.

Clark, A. (2017). How to knit your own Markov Blanket: Resisting the second law with metamorphic minds. In T. Metzinger & W. Wiese (Eds.). *Philosophy and predictive processing.* Frankfurt am Main: MIND Group.

Cohen, G. L., Garcia, J., Apfel, N., & Master, A. (2006). Reducing the racial achievement gap: A social-psychological intervention. *Science, 313(5791)*, 1307-1310.

Cohen, G. L., Garcia, J., Purdie-Vaughns, V., Apfel, N., & Brzustoski, P. (2009). Recursive processes in self-affirmation: Intervening to close the minority achievement gap. *Science, 324(5925)*, 400-403.

Cohen, J. R., Berkman, E. T., & Lieberman, M. D. (2013). Intentional and incidental self-control in ventrolateral PFC. In Stuss, D. & knight, R. (Eds.) *Principles of frontal lobe function*, pp. 417-440.

Colapietro, V. M. (1988). *Peirce's approach to the self: A semiotic perspective on human subjectivity.* SUNY Press.

Colzato, L. S., Sellaro, R., & Beste, C. (2017). Darwin revisited: The vagus nerve is a causal element in controlling recognition of other's emotions. *Cortex, 92*, 95-102.

Conway, M. A. (2005). Memory and the self. *Journal of memory and language, 53(4)*, 594-628.

Corcoran, A. W., & Hohwy, J. (2018). Allostasis, interoception, and the free energy principle: Feeling our way forward. In Tsakiris, M., & De Preester, H. (Eds.) *The interoceptive mind: From homeostasis to awareness.* Oxford: Oxford University Press. pp. 272-292.

Cornwell, B. R., Garrido, M. I., Overstreet, C., Pine, D. S., & Grillon, C. (2017). The unpredictive brain under threat: A neurocomputational account of anxious hypervigilance. *Biological Psychiatry, 82(6)*, 447-454.

Cregg, D. R., & Cheavens, J. S. (2021). Gratitude interventions: Effective self-help? A meta-analysis of the impact on symptoms of depression and anxiety. *Journal of Happiness Studies, 22(1)*, 413-445.

Crescentini, C., Fabbro, F., & Tomasino, B. (2017). Editorial special topic: Enhancing brain and cognition through meditation. *Journal of Cognitive Enhancement 1*, 81–83.

Creswell, J. D., Way, B. M., Eisenberger, N. I., & Lieberman, M. D. (2007). Neural correlates of dispositional mindfulness during affect labeling. *Psychosomatic Medicine, 69(6)*, 560-565.

Creswell, J. D., Welch, W. T., Taylor, S. E., Sherman, D. K., Gruenewald, T. L., & Mann, T. (2005). Affirmation of personal values buffers neuroendocrine and psychological stress responses. *Psychological Science, 16(11)*, 846-851.

Crocker, J., Niiya, Y., & Mischkowski, D. (2008). Why does writing about important values reduce defensiveness? Self-affirmation and the role of positive other-directed feelings. *Psychological Science, 19(7)*, 740-747.

Dallenbach, K. M. (1951). A puzzle-picture with a new principle of concealment. *The American Journal of Psychology. Vol. 64(3)*, 431 – 433.

Damasio, A. (1994). *Descartes' error: Emotion, reason, and the human brain.* New York: Putnam.

Damasio, A. (1999). *The feeling of what happens: Body and emotion in the making of consciousness.* New York: Harcourt Brace.

Damasio, A. (2010). *Self comes to mind: Constructing the conscious brain.* New York: Vintage.

Damsa, C., Kosel, M., & Moussally, J. (2009). Current status of brain imaging in anxiety disorders. *Current Opinion in Psychiatry, 22(1)*, 96-110.

Davidson, R. J., & McEwen, B. S. (2012). Social influences on neuroplasticity: Stress and interventions to promote well-being. *Nature Neuroscience, 15(5)*, 689-695.

Davidson, R. J., Kabat-Zinn, J., Schumacher, J., Rosenkranz, M., Muller, D., Santorelli, S. F., ... & Sheridan, J. F. (2003). Alterations in brain and immune function produced by mindfulness meditation. *Psychosomatic Medicine, 65(4)*, 564-570.

Dayan, P., Hinton, G. E., Neal, R. M., & Zemel, R. S. (1995). The helmholtz machine. *Neural Computation, 7*(5), 889-904.

De Couck, M., Caers, R., Musch, L., Fliegauf, J., Giangreco, A., & Gidron, Y. (2019). How breathing can help you make better decisions: Two studies on the effects of breathing patterns on heart rate variability and decision-making in business cases. *International Journal of Psychophysiology, 139*, 1-9.

De Lange, F. P., Koers, A., Kalkman, J. S., Bleijenberg, G., Hagoort, P., Van der Meer, J. W., & Toni, I. (2008). Increase in prefrontal cortical volume following cognitive behavioural therapy in patients with chronic fatigue syndrome. *Brain, 131(8)*, 2172-2180.

De Pisapia, N., Barchiesi, G., Jovicich, J., & Cattaneo, L. (2019). The role of medial prefrontal cortex in processing emotional self-referential information: a combined TMS/fMRI study. *Brain Imaging and Behavior, 13(3)*, 603-614.

Deane, G. (2020). Dissolving the self: Active inference, psychedelics, and ego-dissolution. *Philosophy and the Mind Sciences, 1(I)*, 2. https://doi.org/10.33735/phimisci.2020.I.39

Dehaene, S. (2014). *Consciousness and the brain: Deciphering how the brain codes our thoughts*. New York: Penguin.

Dehaene, S., Sergent, C., & Changeux, J. P. (2003). A neuronal network model linking subjective reports and objective physiological data during conscious perception. *Proceedings of the National Academy of Sciences, 100(14)*, 8520-8525.

Dennett, D. C. (2017). *Brainstorms: Philosophical essays on mind and psychology*. Cambridge, MA: MIT press.

DeRubeis, R. J., Siegle, G. J., & Hollon, S. D. (2008). Cognitive therapy vs. medications for depression: Treatment outcomes and neural mechanisms. *Nature Reviews Neuroscience, 9(10)*, 788-796.

Desbordes, G., Negi, L. T., Pace, T. W., Wallace, B. A., Raison, C. L., & Schwartz, E. L. (2012). Effects of mindful-attention and compassion meditation training on amygdala response to emotional stimuli in an ordinary, non-meditative state. *Frontiers in Human Neuroscience, 6*. 1-15.

Desmurget, M., Reilly, K. T., Richard, N., Szathmari, A., Mottolese, C., & Sirigu, A. (2009). Movement intention after parietal cortex stimulation in humans. *Science, 324(5928)*, 811-813.

DeVille, D. C., Kerr, K. L., Avery, J. A., Burrows, K., Bodurka, J., Feinstein, J. S., ... & Simmons, W. K. (2018). The neural bases of interoceptive encoding and recall in healthy adults and adults with depression. *Biological Psychiatry: Cognitive Neuroscience and Neuroimaging, 3(6)*, 546-554.

Diamond, J. (1989). The great leap forward. *Discover, 10(5)*, 50-60.

Diederen, K. M., & Fletcher, P. C. (2020). Dopamine, prediction error and beyond. *The Neuroscientist*, https://doi.org/10.1177/1073858420907591.

Diener, E., Oishi, S., & Tay, L. (2018). Advances in subjective well-being research. *Nature Human Behaviour, 2*(4), 253-260.

Dierks, T., Linden, D. E., Jandl, M., Formisano, E., Goebel, R., Lanfermann, H., & Singer, W. (1999). Activation of Heschl's gyrus during auditory hallucinations. *Neuron, 22(3)*, 615-621.

Dikker, S., & Pylkkänen, L. (2013). Predicting language: MEG evidence for lexical preactivation. *Brain and Language, 127(1)*, 55-64.

Dikker, S., Silbert, L. J., Hasson, U., & Zevin, J. D. (2014). On the same wavelength: predictable language enhances speaker–listener brain-to-brain synchrony in posterior superior temporal gyrus. *Journal of Neuroscience, 34(18)*, 6267-6272.

Dillon, R.S. (2001). Self–forgiveness and self–respect. *Ethics, 112*, 53–83.

Doidge, N. (2007). *The brain that changes itself: Stories of personal triumph from the frontiers of brain science.* Penguin.

Doidge, N. (2015). *The brain's way of healing: Stories of remarkable recoveries and discoveries.* Penguin Books.

Duckworth, A. (2016). *Grit: The power of passion and perseverance* (Vol. 124). New York, NY: Scribner.

Dunbar, R. I. (1993). Coevolution of neocortical size, group size and language in humans. *Behavioral and Brain Sciences, 16(4)*, 681-694.

Durlak, J. A., Weissberg, R. P., Dymnicki, A. B., Taylor, R. D., & Schellinger, K. B. (2011). The impact of enhancing students' social and emotional learning: A meta-analysis of school-based universal interventions. *Child Development, 82(1)*, 405-432.

Dweck, C. S. (2008). *Mindset: The new psychology of success.* Random House Digital, Inc.

Dweck, C. S. (2016). What having a "growth mindset" actually means. *Harvard Business Review, 13*, 213-226.

Eagleman, D. M. (2008). Human time perception and its illusions. *Current Opinion in Neurobiology, 18(2)*, 131-136.

Eagleman, D. M. (2017). *The brain: The story of you.* New York: Vintage Books.

Eccles, D. A., Macartney-Coxson, D., Chambers, G. K., & Lea, R. A. (2012). A unique demographic history exists for the MAO-A gene in Polynesians. *Journal of Human Genetics, 57(5)*, 294-300.

Eckhart, M. (2009). *The complete mystical works of Meister Eckhart.* New York: Crossroad Publishing Company.

Eco, U. (1979). *The role of the reader: Explorations in the semiotics of texts (Vol. 318).* Indiana University Press.

Eco, U. (1986). *The name of the rose.* New York: Warner Books.

Eco, U. (1994). *Limits of interpretation (Advances in semiotics).* Indiana University Press.

Eco, U. & Sebeok, T. A. (Eds.) (1983). *The sign of three: Dupin, Holmes, Peirce.* Indiana University Press. (한국 어판). 《셜록 홈스, 기호학자를 만나다 – 논리와 추리의 기호학》. (2015/1994). 김주환·한은경 옮김. 위 즈덤하우스.

Eggart, M., Lange, A., Binser, M. J., Queri, S., & Müller-Oerlinghausen, B. (2019). Major depressive disorder is associated with impaired interoceptive accuracy: A systematic review. *Brain Sciences, 9(6)*, 131.

Eisenberger, N. I. (2012a). Broken hearts and broken bones: A neural perspective on the similarities between social and physical pain. *Current Directions in Psychological Science, 21(1)*, 42-47.

Eisenberger, N. I. (2012b). The pain of social disconnection: Examining the shared neural underpinnings of physical and social pain. *Nature Reviews Neuroscience, 13(6)*, 421-434.

Eisenberger, N. I. & Lieberman, M. D. (2004). Why rejection hurts: A common neural alarm system for physical and social pain. *Trends in Cognitive Sciences, 8(7)*, 294-300.

Eisenberger, N. I., Lieberman, M. D., & Williams, K. D. (2003). Does rejection hurt? An fMRI study of social exclusion. *Science, 302(5643)*, 290-292.

Enright, R. D. (1996). Counseling within the forgiveness triad: On forgiving, receiving forgiveness, and self-forgiveness. *Counseling and Values, 40(2)*, 107-126.

Epel, E., Daubenmier, J., Moskowitz, J. T., Folkman, S., & Blackburn, E. (2009). Can meditation slow rate of cellular aging? Cognitive stress, mindfulness, and telomeres. *Annals of the New York Academy of Sciences, 1172(1)*, 34-53.

Esteves, J. E., Cerritelli, F., Kim, J., & Friston, K. J. (2022). Osteopathic care as (En) active inference: a theoretical framework for developing an integrative hypothesis in osteopathy. *Frontiers in Psychology*, 167.

Etkin, A., & Wager, T. D. (2007). Functional neuroimaging of anxiety: a meta-analysis of emotional processing in PTSD, social anxiety disorder, and specific phobia. *American Journal of Psychiatry, 164(10)*, 1476-1488.

Evangelidis, B. (2018). Space and time as relations: The theoretical approach of leibniz. *Philosophies, 3(2)*, 9.

내면소통

Farb, A. S., Segal, Z. V., Mayberg, H., Bean, J., McKeon, D., Fatima, Z., et al. (2007). Attending to the present: Mindfulness meditation reveals distinct neural modes of self-reference. *Social, Cognitive, and Affective Neuroscience, 2(4)*, 313–322.

Fattinger, S., de Beukelaar, T. T., Ruddy, K. L., Volk, C., Heyse, N. C., Herbst, J. A., ... & Huber, R. (2017). Deep sleep maintains learning efficiency of the human brain. *Nature Communications, 8*, 15405.

Fawcett, C., Arslan, M., Falck-Ytter, T., Roeyers, H., & Gredebäck, G. (2017). Human eyes with dilated pupils induce pupillary contagion in infants. *Scientific Reports, 7(1)*, 1-7.

Feinstein, J. S., Adolphs, R., Damasio, A., & Tranel, D. (2011). The human amygdala and the induction and experience of fear. *Current Biology, 21(1)*, 34-38.

Feldenkrais, M. (1972). *Awareness through movement* (Vol. 1977). New York: Harper & Row.

Feldenkrais, M. (1985). *The potent self: A study of spontaneity and compulsion.* Frog Books.

Fermin, A. S., Friston, K., & Yamawaki, S. (2022). An insula hierarchical network architecture for active interoceptive inference. *Royal Society Open Science, 9(6)*, 220226.

Finzi, E., & Rosenthal, N. E. (2016). Emotional proprioception: Treatment of depression with afferent facial feedback. *Journal of Psychiatric Research, 80*, 93-96.

Fletcher, L., & Hayes, S. C. (2005). Relational frame theory, acceptance and commitment therapy, and a functional analytic definition of mindfulness. *Journal of Rational-Emotive and Cognitive-Behavior Therapy, 23(4)*, 315-336.

Fletcher, P. C., & Frith, C. D. (2009). Perceiving is believing: a Bayesian approach to explaining the positive symptoms of schizophrenia. *Nature Reviews Neuroscience, 10(1)*, 48-58.

Fogel, A. (2013). *Body sense: The science and practice of embodied self-awareness (Norton Series on Interpersonal Neurobiology).* WW Norton & Company.

Fonda, E., & Sreenivasan, K. R. (2017). Unmixing demonstration with a twist: A photochromic Taylor-Couette device. *American Journal of Physics, 85(10)*, 796-800.

Foster, J. A., & Neufeld, K. A. M. (2013). Gut–brain axis: How the microbiome influences anxiety and depression. *Trends in Neurosciences, 36(5)*, 305-312.

Fox, K. C. R., Dixon, M. L., Nijeboer, S., Girn, M., Floman, J. L., Lifshitz, M., et al. (2016). Functional neuroanatomy of meditation: A review and meta-analysis of 78 functional neuroimaging investigations. *Neurosci. Biobeh. Rev. 65*, 208–228.

Francis, D. D., Szegda, K., Campbell, G., Martin, W. D., & Insel, T. R. (2003). Epigenetic sources of behavioral differences in mice. *Nature Neuroscience, 6(5)*, 445-446.

Francis, D., Diorio, J., Liu, D., & Meaney, M. J. (1999). Nongenomic transmission across generations of maternal behavior and stress responses in the rat. *Science, 286(5442)*, 1155-1158.

Frazzetto, G., Di Lorenzo, G., Carola, V., Proietti, L., Sokolowska, E., Siracusano, A., ... & Troisi, A. (2007). Early trauma and increased risk for physical aggression during adulthood: The moderating role of MAOA genotype. *PLoS One, 2(5)*.

Friston, K. (2003). Learning and inference in the brain. *Neural Networks, 16*,1325–1352.

Friston, K. (2008) Hierarchical Models in the Brain. *PLoS Comput Biol 4(11)*: e1000211. doi:10.1371/journal.pcbi.1000211

Friston, K. (2010). The free-energy principle: a unified brain theory?. *Nature Reviews Neuroscience, 11(2)*, 127-138.

Friston, K. (2012). A free energy principle for biological systems. *Entropy, 14(11)*, 2100-2121.

Friston, K. (2013). Life as we know it. *Journal of the Royal Society Interface, 10(86)*, 20130475.

Friston, K. (2017a). I am therefore I think. In M. Leuzinger-Bohleber, S. Arnold & M. Solms (Eds.), *The unconscious : A bridge between psychoanalysis and cognitive neuroscience* (pp. 113-137). London:

Routledge.

Friston, K. J. (2017b). Precision psychiatry. *Biological Psychiatry: Cognitive Neuroscience and Neuroimaging, 2*(8), 640-643.

Friston, K. (2018). Am I self-conscious?(or does self-organization entail self-consciousness?). *Frontiers in Psychology, 9*, 579.

Friston, K. J., Daunizeau, J., & Kiebel, S. J. (2009). Reinforcement learning or active inference?. *PloS One, 4(7)*.

Friston, K. J., Daunizeau, J., Kilner, J., & Kiebel, S. J. (2010). Action and behavior: a free-energy formulation. *Biological Cybernetics, 102(3)*, 227-260.

Friston, K. J., Harrison, L., & Penny, W. (2003). Dynamic causal modelling. *Neuroimage, 19(4)*, 1273-1302.

Froeliger, B., Garland, E. L., Modlin, L. A., & McClernon, F. J. (2012). Neurocognitive correlates of the effects of yoga meditation practice on emotion and cognition: A pilot study. *Frontiers in Integrative Neuroscience, 6*, 48.

Frohlich, S., & Franco, C. A. (2011). The neuropsychological function of the 12 cranial nerves. *European Psychiatry, 26(S2)*, 417-417.

Fruchter, J., Linzen, T., Westerlund, M., & Marantz, A. (2015). Lexical preactivation in basic linguistic phrases. *Journal of Cognitive Neuroscience. 27:10*, 1912-1935.

Gabard-Durnam, L. J., Flannery, J., Goff, B., Gee, D. G., Humphreys, K. L., Telzer, E., ... & Tottenham, N. (2014). The development of human amygdala functional connectivity at rest from 4 to 23 years: a cross-sectional study. *Neuroimage, 95*, 193-207.

Gallagher, S. (2009). Mind and Life XVIII - Attention, Memory and Mind.

Ganapathy, K. (2020). Covid-19 Innovations-Silver lining in a black cloud. *Economic Times Health World*. https://health.economictimes.indiatimes.com/news/industry/covid-19-innovations-.

Gandal, M. J., Leppa, V., Won, H., Parikshak, N. N., & Geschwind, D. H. (2016). The road to precision psychiatry: translating genetics into disease mechanisms. *Nature Neuroscience, 19(11)*, 1397-1407.

Garcia-Rill, E. (2015). *Waking and the reticular activating system in health and disease*. New York: Academic Press.

Garcia-Rill, E. (2017). Bottom-up gamma and stages of waking. *Medical Hypotheses, 104*, 58-62.

Garcia-Rill, E. (2019). Posttraumatic stress and anxiety, the role of arousal. In E. Garcia-Rill (Ed.) *Arousal in Neurological and Psychiatric Diseases* (pp. 67-81). New York: Academic Press.

Gardner, H. E. (2008). *Multiple intelligences: New horizons in theory and practice*. Basic books.

Gardner, M. P., Schoenbaum, G., & Gershman, S. J. (2018). Rethinking dopamine as generalized prediction error. *Proceedings of the Royal Society B, 285(1891)*, 20181645.

Garner, R. (2005). What's in a name? Persuasion perhaps. *Journal of Consumer Psychology. 15(2)*, 108-116.

Gazzaniga, M. S. (1989). Organization of the human brain. *Science, 245(4921)*, 947-952.

Gazzaniga, M. S. (1998). The split brain revisited. *Scientific American, 279(1)*, 50-55.

Gazzaniga, M. S. (2002). Brain and conscious experience. *Foundations in Social Neuroscience*, 203-214.

Gazzaniga, M. S. (2008). Brain mechanisms and conscious. *Experimental and Theoretical Studies of Consciousness, 755*, 247-262.

Gazzaniga, M. S. (2012). *Who's in charge?: Free will and the science of the brain*. New York: HarperCollins.

Gee, D. G., Humphreys, K. L., Flannery, J., Goff, B., Telzer, E. H., Shapiro, M., ... & Tottenham, N. (2013). A developmental shift from positive to negative connectivity in human amygdala–prefrontal circuitry. *Journal of Neuroscience, 33(10)*, 4584-4593.

Gellhorn, E. (1964). Motion and emotion: The role of proprioception in the physiology and pathologyof the emotions. *Psychological Review, 71(6)*, 457.

Gerlach, K. D., Spreng, R. N., Madore, K. P., & Schacter, D. L. (2014). Future planning: Default network activity couples with frontoparietal control network and reward-processing regions during process and outcome simulations. *Social Cognitive and Affective Neuroscience, 9(12)*, 1942-1951.

Gerritsen, R. J., & Band, G. P. (2018). Breath of life: The respiratory vagal stimulation model of contemplative activity. *Frontiers in Human Neuroscience, 12*, 397.

Gershman, S. J., & Uchida, N. (2019). Believing in dopamine. *Nature Reviews Neuroscience, 20(11)*, 703-714.

Gershon, M. D. (1999). The enteric nervous system: A second brain. *Hospital Practice, 34(7)*, 31-52.

Gibson, J. J. (2014). *The ecological approach to visual perception: Classic edition.* New York: Psychology Press.

Giddens, A. (1984). *The constitution of society: Outline of the theory of structuration.* Berkeley, CA: University of California Press.

Gilam, G., Abend, R., Gurevitch, G., Erdman, A., Baker, H., Ben-Zion, Z., & Hendler, T. (2018). Attenuating anger and aggression with neuromodulation of the vmPFC: A simultaneous tDCS-fMRI study. *Cortex, 109*, 156-170.

Glass, D. C., & Singer, J. E. (1973). Experimental studies of uncontrollable and unpredictable noise. *Representative Research in Social Psychology.*

Glass, D. C., Reim, B., & Singer, J. E. (1971). Behavioral consequences of adaptation to controllable and uncontrollable noise. *Journal of Experimental Social Psychology, 7(2)*, 244-257.

Goleman, D. (1988). *The Meditative Mind: The Varieties of Meditative Experience.* New York: Tarcher/Putnam Book.

Goleman, D. (2004). What makes a leader?. *Harvard Business Review, 82(1)*, 82-91.

Goleman, D., & Davidson, R. J. (2017). *Altered traits: Science reveals how meditation changes your mind, brain, and body.* New York: Avery.

Grant, A. (2014). *Give and take: Why helping others drives our success.* New York: Penguin.

Grant, A. M. (2019). Writing a book for real people: On giving the psychology of giving away. *Perspectives on Psychological Science, 14(1)*, 91-95.

Gratton, C., Kraus, B. T., Greene, D. J., Gordon, E. M., Laumann, T. O., Nelson, S. M., ... & Petersen, S. E. (2019). Defining individual-specific functional neuroanatomy for precision psychiatry. *Biological Psychiatry, 88(1)*, 28-39.

Gray, M. J., Pumphrey, J. E., & Lombardo, T. W. (2003). The relationship between dispositional pessimistic attributional style versus trauma-specific attributions and PTSD symptoms. *Journal of Anxiety Disorders, 17(3)*, 289-303.

Gross, J. J. (2014). *Handbook of emotion regulation.* New York: Guilford.

Gunther, M. L., Beach, S. R., Yanasak, N. E., & Miller, L. S. (2009). Deciphering spousal intentions: An fMRI study of couple communication. *Journal of Social and Personal Relationships, 26(4)*, 388-410.

Hall, J. H., & Fincham, F. D. (2005). Self–forgiveness: The stepchild of forgiveness research. *Journal of Social and Clinical Psychology, 24(5)*, 621-637.

Halwani, S., & Krupp, D. B. (2004). The genetic defence: The impact of genetics of the concept of criminal responsibility. *Health LJ, 12*, 35-70.

Hameroff, S. R. (1998). Funda-Mentality': is the conscious mind subtly linked to a basic level of the universe?. *Trends in Cognitive Sciences, 2(4)*, 119-124.

Hameroff, S. R., & Penrose, R. (1996). Conscious events as orchestrated space-time selections. *Journal of Consciousness Studies, 3(1)*, 36-53.

Hanh, T. N. (2008). *Breathe, you are alive!: The sutra on the full awareness of breathing.* Berkeley, CA: Parallax Press.

Hansen, E., & Zech, N. (2019). Nocebo effects and negative suggestions in daily clinical practice–forms, impact and approaches to avoid them. *Frontiers in Pharmacology, 10*, 77.

Hanson, J. L., Chung, M. K., Avants, B. B., Shirtcliff, E. A., Gee, J. C., Davidson, R. J., & Pollak, S. D. (2010). Early stress is associated with alterations in the orbitofrontal cortex: A tensor-based morphometry investigation of brain structure and behavioral risk. *Journal of Neuroscience, 30(22)*, 7466-7472.

Harari, Y. N. (2015). *Sapiens: A brief history of humankind*. London: Vintage.

Hare, T. A., Camerer, C. F., & Rangel, A. (2009). Self-control in decision-making involves modulation of the vmPFC valuation system. *Science, 324*, 646–648.

Harlow, H. F. (1958). The nature of love. *American Psychologist. 13*, 673-685.

Hayes, S. C., Luoma, J. B., Bond, F. W., Masuda, A., & Lillis, J. (2006). Acceptance and commitment therapy: Model, processes and outcomes. *Behaviour Research and Therapy, 44*(1), 1-25.

Hazlett, L. I., Moieni, M., Irwin, M. R., Haltom, K. E. B., Jevtic, I., Meyer, M. L., ... & Eisenberger, N. I. (2021). Exploring neural mechanisms of the health benefits of gratitude in women: A randomized controlled trial. *Brain, Behavior, and Immunity. 95*. 444-453.

Hechler, T., Endres, D., & Thorwart, A. (2016). Why harmless sensations might hurt in individuals with chronic pain: about heightened prediction and perception of pain in the mind. *Frontiers in Psychology, 7*, 1638.

Heckendorf, H., Lehr, D., Ebert, D. D., & Freund, H. (2019). Efficacy of an internet and app-based gratitude intervention in reducing repetitive negative thinking and mechanisms of change in the intervention's effect on anxiety and depression: results from a randomized controlled trial. *Behaviour Research and Therapy, 119*, 103415.

Heckman, J. J., & Kautz, T. (2012). Hard evidence on soft skills. *Labour Economics, 19(4)*, 451-464.

Heckman, J. J., Stixrud, J., & Urzua, S. (2006). The effects of cognitive and noncognitive abilities on labor market outcomes and social behavior. *Journal of Labor Economics, 24(3)*, 411-482.

Heidegger, M. (1996/1953). *Being and Time: A Translation of Sein und Zeit*. Trans. J. Stambaugh, Albany, NY: State University of New York Press.

Heidegger, M. (1968). *What is called thinking? Trans*. F. D. Wieck & J. G. Gray. New York: Harper and Row.

Helmholtz, H. (1971/1878). The facts of perception in (Ed.) R. Kahl, *The selected writings of Hermann von Helmholtz*, Middletown, CT: Wesleyan University Press.

Helmholtz, H. V. (1925/1867). *Treatise on physiological optics*. Rochester, NY: Optical Society of America.

Hickok, G. (2012). Computational neuroanatomy of speech production. *Nature Reviews Neuroscience, 13(2)*, 135-145.

Hickok, G., & Poeppel, D. (2007). The cortical organization of speech processing. *Nature Reviews Neuroscience, 8(5)*, 393-402.

Hickok, G., & Poeppel, D. (2015). Neural basis of speech perception. *Handbok of Clinical Neurology, 129*, 149-60.

Hiley, B. J. (2002). From the Heisenberg picture to Bohm: a new perspective on active information and its relation to Shannon information. In *Quantum theory: Reconsideration of foundations (Vol. 2)*. Växjö Univ. Press.

Hiley, B. J., & Pylkkanen, P. (2005). Can mind affect matter via active information?. *Mind and Matter, 3(2)*, 8-27.

Hinton, G. E., Dayan, P., Frey, B. J., & Neal, R. M. (1995). The" wake-sleep" algorithm for unsupervised neural networks. *Science, 268(5214)*, 1158-1161.

Hobson, J. A., & Pace-Schott, E. F. (2002). The cognitive neuroscience of sleep: Neuronal systems, consciousness and learning. *Nature Reviews Neuroscience, 3(9)*, 679-693.

Hoeschler, P., Balestra, S., & Backes-Gellner, U. (2018). The development of non-cognitive skills in adolescence. *Economics Letters, 163*, 40-45.

Hoffman, D. D., Singh, M., & Prakash, C. (2015). The interface theory of perception. *Psychonomic Bulletin & Review, 22(6)*, 1480-1506.

내면소통

Hoffmeyer, J. (2008a) *Biosemiotics: An examination into the signs of life and the life of signs*. University of Chicago Press

Hoffmeyer, J. (2008b). Semiotic scaffolding of living systems. In M. Barbieri (Ed.), *Introduction to biosemiotics: The new biological synthesis* (pp. 149–166). Dordrecht: Springer.

Hofmann, S. G., Grossman, P., & Hinton, D. E. (2011). Loving-kindness and compassion meditation: Potential for psychological interventions. *Clinical Psychology Review, 31(7)*, 1126-1132.

Hofstadter, D. R. (2007). *I am a strange loop*. New York: Basic books.

Hoge, E. A., Chen, M. M., Orr, E., Metcalf, C. A., Fischer, L. E., Pollack, M. H., ... & Simon, N. M. (2013). Loving-Kindness Meditation practice associated with longer telomeres in women. *Brain, Behavior, and Immunity, 32*, 159-163.

Hohwy, J. (2016). The self-evidencing brain. *Noûs, 50(2)*, 259-285.

Holden, C. (2008). Parsing the genetics of behavior. *Science, 322(5903)*, 892-895.

Holt-Lunstad, J., Smith, T. W., & Uchino, B. N. (2008). Can hostility interfere with the health benefits of giving and receiving social support? The impact of cynical hostility on cardiovascular reactivity during social support interactions among friends. *Annals of Behavioral Medicine, 35(3)*, 319-330.

Hölzel, B. K., Carmody, J., Evans, K. C., Hoge, E. A., Dusek, J. A., Morgan, L., ... & Lazar, S. W. (2010). Stress reduction correlates with structural changes in the amygdala. *Social Cognitive and Affective Neuroscience, 5(1)*, 11-17.

Hölzel, B. K., Ott, U., Hempel, H., Hackl, A., Wolf, K., Stark, R., & Vaitl, D. (2007). Differential engagement of anterior cingulate and adjacent medial frontal cortex in adept meditators and non-meditators. *Neuroscience Letters, 421(1)*, 16-21.

Homma, M., Imaizumi, S., Maruishi, M., & Muranaka, H. (2006). The neural mechanisms for understanding self and speaker's mind from emotional speech: an event-related fMRI study. *Speech Prosody 2006*.

Honeycutt, J. M. (1990). Imagined interactions, imagery, and mindfulness/mindlessness. In *Mental imagery* (pp. 121-128). Springer, Boston, MA.

Honeycutt, J. M. (2002). *Imagined interactions: Daydreaming about communication*. Hampton Press.

Honeycutt, J. M. (2003). Imagined interaction conflict-linkage theory: Explaining the persistence and resolution of interpersonal conflict in everyday life. Imagination, *Cognition and Personality, 23(1)*, 3-26.

Honeycutt, J. M., & Ford, S. G. (2001). Mental imagery and intrapersonal communication: A review of research on imagined interactions (IIs) and current developments. *Annals of the International Communication Association, 25(1)*, 315-345.

Honeycutt, J. M., Choi, C. W., & DeBerry, J. R. (2009). Communication apprehension and imagined interactions. *Communication Research Reports, 26(3)*, 228-236.

Houde, J. F., Nagarajan, S. S., Sekihara, K., & Merzenich, M. M. (2002). Modulation of the auditory cortex during speech: an MEG study. *Journal of Cognitive Neuroscience, 14(8)*, 1125-1138.

Huberman, A. (2021). Using failures, movement & balance to learn faster: Huberman Lab Podcast #7. https://youtu.be/hx3U64IXFOY.

Iaccarino, H. F. et al. (2016). Gamma frequency entrainment attenuates amyloid load and modifies microglia. *Nature. 540(7632)*. 230–235.

Isen, A. M., Daubman, K. A., & Nowicki, G. P. (1987). Positive affect facilitates creative problem solving. *Journal of Personality and Social Psychology, 52(6)*, 1122-1131.

Iyer, P. (2011). The joy of quiet. New York Times, December 29.

Iyer, P. (2014). *The art of stillness: Adventures in going nowhere*. Simon and Schuster.

Jacobs, T. L., Epel, E. S., Lin, J., Blackburn, E. H., Wolkowitz, O. M., Bridwell, D. A., ... & King, B. G. (2011). Intensive meditation training, immune cell telomerase activity, and psychological mediators.

Psychoneuroendocrinology, 36(5), 664-681.

Jahnke, R., Larkey, L., Rogers, C., Etnier, J., & Lin, F. (2010). A comprehensive review of the health benefits of qigong and tai chi. *American Journal of Health Promotion, 24(6)*, e1-e25.

Jamieson, G. A. (2018). Expectancies of the future in hypnotic suggestions. *Psychology of Consciousness: Theory, Research, and Practice, 5(3)*, 258-277.

Jardri, R., Duverne, S., Litvinova, A. S., & Denève, S. (2017). Experimental evidence for circular inference in schizophrenia. *Nature Communications, 8(1)*, 1-13.

Jaynes, J. (1986). Consciousness and the voices of the mind. *Canadian Psychology/Psychologie Canadienne, 27*(2), 128.

Jaynes, J. (2000). *The origin of consciousness in the breakdown of the bicameral mind.* Boston: Houghton Mifflin Harcourt.

Jensen, M. P., Jamieson, G. A., Lutz, A., Mazzoni, G., McGeown, W. J., Santarcangelo, E. L., ... & Vuilleumier, P. (2017). New directions in hypnosis research: Strategies for advancing the cognitive and clinical neuroscience of hypnosis. *Neuroscience of Consciousness, 2017(1)*, nix004.

Jo, H., Ou, Y. Y., & Kung, C. C. (2019). The neural substrate of self-and other-concerned wellbeing: An fMRI study. *PloS One, 14(10)*, e0203974.

Johnson, S. B., Blum, R. W., & Giedd, J. N. (2009). Adolescent maturity and the brain: the promise and pitfalls of neuroscience research in adolescent health policy. *Journal of Adolescent Health, 45(3)*, 216-221.

Josephson, B. D. (2018). On the fundamentality of meaning. arXiv preprint arXiv:1802.05327.

Josephson, B. D. (2019a). The physics of mind and thought. *Activitas Nervosa Superior, 61(1-2)*, 86-90.

Josephson, B. D. (2019b). A structural theory of everything. *Cosmos and History: The Journal of Natural and Social Philosophy, 15(2)*, 225-235.

Josipovic, Z. (2010). Duality and nonduality in meditation research. *Consciousness and Cognition, 19(4)*, 1119-1121.

Josipovic, Z. (2014). Neural correlates of nondual awareness in meditation. *Annals of the New York Academy of Sciences, 1307(1)*, 9-18.

Jung, H. Y. (1995). Phenomenology, the question of rationality and the basic grammar of intercultural texts. *Analecta Husserliana*, 46, 169-240.

Jung, W. H., Lee, S., Lerman, C., & Kable, J. W. (2018). Amygdala functional and structural connectivity predicts individual risk tolerance. *Neuron, 98(2)*, 394-404.

Kagan, J. (2007). *What is emotion?: History, measures, and meanings.* Yale University Press.

Kahneman, D. (2011). *Thinking, fast and slow.* New York: Farrar, Straus and Giroux.

Kahneman, D., & Riis, J. (2005). Living, and thinking about it: Two perspectives on life. In Huppert, F., Baylis, N., & Keverne, B. (Eds.) *The science of well-being*, Oxford University Press. pp. 285-304.

Kakade, S., & Dayan, P. (2002). Dopamine: Generalization and bonuses. *Neural Networks, 15(4-6)*, 549-559.

Kaku, M. (2015). *The future of the mind: The scientific quest to understand, enhance, and empower the mind.* New York: Anchor Books.

Kana, R. K., Libero, L. E., Hu, C. P., Deshpande, H. D., & Colburn, J. S. (2014). Functional brain networks and white matter underlying theory-of-mind in autism. *Social Cognitive and Affective Neuroscience, 9(1)*, 98-105.

Kandel, E. R. (2007). *In search of memory: The emergence of a new science of mind.* WW Norton & Company.

Kanizsa, G. (1976). Subjective contours. *Scientific American, 234(4)*, 48-53.

Kappen, G., & Karremans, J. C. (2017). Mindful presence: its functions and consequences in romantic relationships. In *Mindfulness in social psychology* (pp. 117-131). Routledge.

Katz, E. (1957). The two-step flow of communication: An up-to-date report on an hypothesis. *Public Opinion*

내면소통

Quarterly, 21(1), 61-78.

Katz, E., & Lazarsfeld, P. F. (1966). *Personal Influence: The part played by people in the flow of mass communications.* Transaction Publishers.

Kelley, D. (1998). The communication of forgiveness. *Communication Studies, 49(3)*, 255-271.Mullet, E., Neto, F., & Riviere, S. (2005). Personality and its effects on resentment, revenge, forgiveness, and self-forgiveness. *Handbook of Forgiveness*, 159-81.

Kelso, J. A. S. (1994). The informational character of self-organized coordination dynamics. *Human Movement Science, 13(3-4)*, 393-413.

Kelso, J. S. (2014). The dynamic brain in action: Coordinative structures, criticality, and coordination dynamics. In Dietmar Plenz & Ernst Niebur (Eds.) *Criticality in neural systems.* pp. 67-104. Wiley: Weinheim, Germany.

Kelso, S. (2013). Coordination dynamics. Encyclopedia of complexity and systems science. https://www.researchgate.net/publication/301949127_Coordination_Dynamics.

Kemeny, M. E., Foltz, C., Cavanagh, J. F., Cullen, M., Giese-Davis, J., Jennings, P., ... & Ekman, P. (2012). Contemplative/emotion training reduces negative emotional behavior and promotes prosocial responses. *Emotion, 12(2)*, 338-350.

Kety, S. S. (1988). Schizophrenic illness in the families of schizophrenic adoptees: Findings from the Danish national sample. *Schizophrenia Bulletin, 14(2)*, 217-222.

Kety, S. S., Rosenthal, D., Wender, P. H., & Schulsinger, F. (1968). The types and prevalence of mental illness in the biological and adoptive families of adopted schizophrenics. *Journal of Psychiatric Research, 6*, 345-362.

Khoury, N. M., Lutz, J., & Schuman-Olivier, Z. (2018). Interoception in psychiatric disorders: A review of randomized controlled trials with interoception-based interventions. *Harvard Review of Psychiatry, 26(5)*, 250-263.

Khrennikov, A. (2000). Classical and quantum dynamics on p-adic trees of ideas. *BioSystems, 56(2-3)*, 95-120.

Killingsworth, M. A., & Gilbert, D. T. (2010). A wandering mind is an unhappy mind. *Science, 330(6006)*, 932-932.

Kim-Cohen, J., Caspi, A., Taylor, A., Williams, B., Newcombe, R., Craig, I. W., & Moffitt, T. E. (2006). MAOA, maltreatment, and gene–environment interaction predicting children's mental health: new evidence and a meta-analysis. *Molecular Psychiatry, 11(10)*, 903-913.

Kim, J. (2000). From commodity production to sign production: A triple triangle model for Marx's semiotics and peirce's economics. *Semiotica 132-1/2*, 75-100.

Kim, J. (2001). Phenomenology of digital-being. *Human Studies, 24(1)*, 87-111.

Kim, J. (2016). Phenomenology of public opinion: Communicative body, intercorporeality and computer-mediated communication. In Jung, H. Y., & Embree, L. (Eds.) *Political phenomenology: Essays in memory of Petee Jung (Vol. 84).* pp. 259-279. New York: Springer.

Kim, J., Esteves, J. E., Cerritelli, F., & Friston, K. (2022). An active inference account of touch and verbal communication in therapy. *Frontiers in Psychology*, 13:828952.

Kim, J., Kwon, J. H., Kim, J., Kim, E. J., Kim, H. E., Kyeong, S., & Kim, J. J. (2021). The effects of positive or negative self-talk on the alteration of brain functional connectivity by performing cognitive tasks. *Scientific Reports, 11(1)*, 1-11.

Kirchhoff, M., Parr, T., Palacios, E., Friston, K., & Kiverstein, J. (2018). The Markov blankets of life: Autonomy, active inference and the free energy principle. *Journal of The Royal Society Interface, 15(138)*, 20170792. https://doi.org/10.1098/rsif.2017.0792.

Kolt, G. S., & McConville, J. C. (2000). The effects of a Feldenkrais® Awareness Through Movement program on state anxiety. *Journal of Bodywork and Movement Therapies, 4(3)*, 216-220.

Kong, F., Zhao, J., You, X., & Xiang, Y. (2020). Gratitude and the brain: Trait gratitude mediates the association between structural variations in the medial prefrontal cortex and life satisfaction. *Emotion, 20(6)*, 917.

Koo, P. C., & Marshall, L. (2016). Neuroscience: A Sleep Rhythm with Multiple Facets. *Current Biology, 26(17)*, R813-R815.

Koole, S. L., Smeets, K., Van Knippenberg, A., & Dijksterhuis, A. (1999). The cessation of rumination through self-affirmation. *Journal of Personality and Social Psychology, 77(1)*, 111-125.

Kross, E., Bruehlman-Senecal, E., Park, J., Burson, A., Dougherty, A., Shablack, H., ... & Ayduk, O. (2014). Self-talk as a regulatory mechanism: How you do it matters. *Journal of Personality and Social Psychology, 106(2)*, 304-324.

Krueger, F., Barbey, A. K., & Grafman, J. (2009). The medial prefrontal cortex mediates social event knowledge. *Trends in Cognitive Sciences, 13*, 103–109.

Kubose, G. M. (1973). *Zen Koans*. Chicago: Henry Regnery Company.

Kuijsten, M. (Ed). (2016). *Gods, voices, and the bicameral mind: The theories of Julian Jaynes*. Julian Jaynes Society.

Kuyken, W., Warren, F. C., Taylor, R. S., Whalley, B., Crane, C., Bondolfi, G., ... & Segal, Z. (2016). Efficacy of mindfulness-based cognitive therapy in prevention of depressive relapse: An individual patient data meta-analysis from randomized trials. *JAMA Psychiatry, 73(6)*, 565-574.

Kyeong, S., Kim, J., Kim, D. J., Kim, H. E., & Kim, J.-J. (2017). Effects of gratitude meditation on neural network functional connectivity and brain-heart coupling. *Scientific Reports, 7*, 5058.

Kyeong, S., Kim, J., Kim, J., Kim, E. J., Kim, H. E., & Kim, J. J. (2020). Differences in the modulation of functional connectivity by self-talk tasks between people with low and high life satisfaction. *Neuroimage, 217*, 116929.

LaBar, K. S., LeDoux, J. E., Spencer, D. D., & Phelps, E. A. (1995). Impaired fear conditioning following unilateral temporal lobectomy in humans. *Journal of Neuroscience, 15(10)*, 6846-6855.

Lanza, R., & Berman, B. (2009). *Biocentrism: How life and consciousness are the keys to understanding the true nature of the universe*. BenBella Books.

Laughlin, T., & Delves, J. (2004). *Total immersion: The revolutionary way to swim better, faster, and easier*. Simon and Schuster.

Lawler-Row, K. A., Karremans, J. C., Scott, C., Edlis-Matityahou, M., & Edwards, L. (2008). Forgiveness, physiological reactivity and health: The role of anger. *International Journal of Psychophysiology, 68(1)*, 51-58.

LeDoux, J. E., Cicchetti, P., Xagoraris, A., & Romanski, L. M. (1990). The lateral amygdaloid nucleus: sensory interface of the amygdala in fear conditioning. *Journal of Neuroscience, 10(4)*, 1062-1069.

Lee, H., Heller, A. S., Van Reekum, C. M., Nelson, B., & Davidson, R. J. (2012). Amygdala– prefrontal coupling underlies individual differences in emotion regulation. *Neuroimage, 62(3)*, 1575-1581.

Leiberg, S., Klimecki, O., & Singer, T. (2011). Short-term compassion training increases prosocial behavior in a newly developed prosocial game. *PloS One, 6(3)*, e17798.

Lennox, B. R., Bert, S., Park, G., Jones, P. B., & Morris, P. G. (1999). Spatial and temporal mapping of neural activity associated with auditory hallucinations. *The Lancet, 353(9153)*, 644.

Leung, M. K., Lau, W. K., Chan, C. C., Wong, S. S., Fung, A. L., & Lee, T. M. (2017). Meditation-induced neuroplastic changes in amygdala activity during negative affective processing. *Social Neuroscience*, 1-12.

Levi, U., & Rosenstreich, E. (2019). Mindfulness and memory: A review of findings and a potential model. *Journal of Cognitive Enhancement, 3(3)*, 302-314.

Levine, J. D., Gordon, N. C., Smith, R., & Fields, H. L. (1981). Analgesic responses to morphine and placebo in individuals with postoperative pain. *Pain, 10(3)*, 379-389.

Levine, P. A. (1997). *Waking the tiger: Healing trauma: The innate capacity to transform overwhelming experiences.* Berkeley, CA: North Atlantic Books.

Levine, P. A. (2010). *In an unspoken voice: How the body releases trauma and restores goodness.* Berkeley, CA: North Atlantic Books.

Levy, B. R., Slade, M. D., Kunkel, S. R., & Kasl, S. V. (2002). Longevity increased by positive self-perceptions of aging. *Journal of Personality and Social Psychology, 83(2)*, 261-270.

Li, Y., Huo, T., Zhuang, K., Song, L., Wang, X., Ren, Z., ... & Qiu, J. (2019). Functional connectivity mediates the relationship between self-efficacy and curiosity. *Neuroscience Letters, 711*, 134442.

Limanowski, J., & Friston, K. (2020). Attenuating oneself: An active inference perspective on "selfless" experiences. *Philosophy and the Mind Sciences, 1(I)*, 6.

Limmer, J., Kornhuber, J., & Martin, A. (2015). Panic and comorbid depression and their associations with stress reactivity, interoceptive awareness and interoceptive accuracy of various bioparameters. *Journal of Affective Disorders, 185*, 170-179.

Lindquist, K. A., Wager, T. D., Kober, H., Bliss-Moreau, E., & Barrett, L. F. (2012). The brain basis of emotion: a meta-analytic review. *The Behavioral and Brain Sciences, 35(3)*, 121-143.

Llinás, R. R. (1988). The intrinsic electrophysiological properties of mammalian neurons: Insights into central nervous system function. *Science, 242(4886)*, 1654-1664.

Llinás, R. R. (2002). *I of the vortex: From neurons to self.* Cambridge, MA: MIT press.

Llinás, R. R., & Paré, D. (1991). Of dreaming and wakefulness. *Neuroscience, 44(3)*, 521-535.

Llinás, R., & Ribary, U. (1993). Coherent 40-Hz oscillation characterizes dream state in humans. *Proceedings of the National Academy of Sciences, 90(5)*, 2078-2081.

Lucas, T., Strelan, P., Karremans, J. C., Sutton, R. M., Najmi, E., & Malik, Z. (2018). When does priming justice promote forgiveness? On the importance of distributive and procedural justice for self and others. *The Journal of Positive Psychology, 13(5)*, 471-484.

Luders, E., Toga, A. W., Lepore, N., & Gaser, C. (2009). The underlying anatomical correlates of long-term meditation: Larger hippocampal and frontal volumes of gray matter. *Neuroimage, 45(3)*, 672-678.

Luks, H. (2022). *Longevity simplified: Living a longer, healthier life shouldn't be complicated.* KWE Publishing.

Lundberg, U., Dohns, I. E., Melin, B., Sandsjö, L., Palmerud, G., Kadefors, R., ... & Parr, D. (1999). Psychophysiological stress responses, muscle tension, and neck and shoulder pain among supermarket cashiers. *Journal of Occupational Health Psychology, 4(3)*, 245-255.

Lutz, A., Brefczynski-Lewis, J., Johnstone, T., & Davidson, R. J. (2008). Regulation of the neural circuitry of emotion by compassion meditation: effects of meditative expertise. *PloS One, 3(3)*, e1897.

Lutz, A., Greischar, L. L., Rawlings, N. B., Ricard, M., & Davidson, R. J. (2004). Long-term meditators self-induce high-amplitude gamma synchrony during mental practice. *Proceedings of the National Academy of Sciences of the United States of America, 101(46)*, 16369-16373.

Lutz, A., Slagter, H. A., Dunne, J. D., & Davidson, R. J. (2008). Attention regulation and monitoring in meditation. *Trends in Cognitive Sciences, 12(4)*, 163-169.

Lyubomirsky, S., Sheldon, K. M., & Schkade, D. (2005). Pursuing happiness: The architecture of sustainable change. *Review of General Psychology, 9(2)*, 111-131.

Macke, F. (2008) Intrapersonal cmmunicology: Reflection, reflexivity, and relational consciousness in embodied subjectivity, *Atlantic Journal of Communication, 16(3-4)*, 122-148.

MacLean, P. D. (1990). *The triune brain in evolution: Role in paleocerebral functions.* Springer Science & Business Media.

Maniscalco, J. W., & Rinaman, L. (2018). Vagal interoceptive modulation of motivated behavior. *Physiology, 33(2)*, 151-167.

Manson, K. F. (2017). *mPFC and its communication with NAc support inhibitory control of approach action* (Doctoral dissertation). Department of Psychology, University of Illinois at Chicago.

Marchant, N. L., Lovland, L. R., Jones, R., Pichet Binette, A., Gonneaud, J., Arenaza-Urquijo, E. M., ... & PREVENT-AD Research Group. (2020). Repetitive negative thinking is associated with amyloid, tau, and cognitive decline. *Alzheimer's & Dementia, 16(7)*, 1054-1064.

Martin, J. R., & Pacherie, E. (2019). Alterations of agency in hypnosis: A new predictive coding model. *Psychological Review, 126(1)*, 133-152.

Martorell, A. J. et al. (2019). Multi-sensory gamma stimulation ameliorates Alzheimer's-associated pathology and improves cognition. *Cell, 177(2)*, 256-271.

Maslow, A. H. (2013). *Toward a psychology of being*. New York: Simon and Schuster.

Maté, G. (2011). *When the body says no: Understanding the stress-disease connection*. John Wiley & Sons.

Maté, G. (2019a). How to reframe a challenging moment and feel empowered: From an interview with Tim Ferris. https://youtu.be/__JLFw2FtEQ.

Maté, G. (2019b). *Scattered minds: The origins and healing of attention deficit disorder*. London: Vermilion.

Mayo Clinic Staff. (2020). Forgiveness: Letting go of grudges and bitterness. https://www.mayoclinic.org/healthy-lifestyle/adult-health/in-depth/forgiveness/art-20047692.

McCroskey, J. C., Beatty, M. J., Kearney, P., & Plax, T. G. (1985). The content validity of the PRCA-24 as a measure of communication apprehension across communication contexts. *Communication Quarterly, 33(3)*, 165-173.

McCullough, M. E. (2000). Forgiveness as human strength: Theory, measurement, and links to well-being. *Journal of Social and Clinical Psychology, 19(1)*, 43-55.

McCullough, M. E., Rachal, K. C., Sandage, S. J., Worthington Jr, E. L., Brown, S. W., & Hight, T. L. (1998). Interpersonal forgiving in close relationships: II. Theoretical elaboration and measurement. *Journal of Personality and Social Psychology, 75(6)*, 1586.

McDermott, B., Porter, E., Hughes, D., McGinley, B., Lang, M., O'Halloran, M., & Jones, M. (2018). Gamma band neural stimulation in humans and the promise of a new modality to prevent and treat Alzheimer's disease. *Journal of Alzheimer's Disease, 65(2)*, 363-392.

McEwen, B. S. (1998). Stress, adaptation, and disease: Allostasis and allostatic load. *Annals of the New York academy of sciences, 840(1)*, 33-44.

McLuhan, M. (1994). *Understanding media: The extensions of man*. Cambridge, MA: MIT press.

McQueen, A., & Klein, W. M. (2006). Experimental manipulations of self-affirmation: A systematic review. *Self and Identity, 5(4)*, 289-354.

Mead, G. H. (2015). *Mind, self, and society: The definitive edition*. Chicago: University of Chicago Press.

Merleau-Ponty, M. (2013). *Phenomenology of perception*. Routledge.

Metzinger, T. (2003). *Being no one: The self-model theory of subjectivity*. Cambridge, MA: MIT Press.

Metzinger, T. (2009). *The ego tunnel: The science of the mind and the myth of the self*. New York: Basic Books.

Metzinger, T. (2020). Minimal phenomenal experience: Meditation, tonic alertness, and the phenomenology of "pure" consciousness. *Philosophy and the Mind Sciences, 1(I)*, 7.

Miller, A. J., Worthington Jr, E. L., & McDaniel, M. A. (2008). Gender and forgiveness: A meta–analytic review and research agenda. *Journal of Social and Clinical Psychology, 27(8)*, 843-876.

Miller, R. (2016). Interpersonal neurobiology: Applications for the counseling profession. *Counseling Today*. 1-5.

Miller, S. M., & Taylor-Piliae, R. E. (2014). Effects of Tai Chi on cognitive function in community-dwelling older adults: a review. *Geriatric Nursing, 35(1)*, 9-19.

Milliere, R., & Metzinger, T. (2020). Radical disruptions of self-consciousness. *Philosophy and the Mind Sciences, 1(I)*, 1-13.

내면소통

Millière, R., Carhart-Harris, R. L., Roseman, L., Trautwein, F. M., & Berkovich-Ohana, A. (2018). Psychedelics, meditation, and self-consciousness. *Frontiers in Psychology, 9*, 1475.

Milton, J., Solodkin, A., Hluštík, P., & Small, S. L. (2007). The mind of expert motor performance is cool and focused. *Neuroimage, 35(2)*, 804-813.

Mitchell, J. P. (2009). Inferences about mental states. Philosophical Transactions of the Royal Society of London, *Series B, Biological Sciences, 364*, 1309–1316.

Mitchell, J. P., Banaji, M. R., & MacRae, C. N. (2005). The link between social cognition and self-referential thought in the medial prefrontal cortex. *Journal of Cognitive Neuroscience, 17(8)*, 1306-1315.

Moffitt, T. E., Arseneault, L., Belsky, D., Dickson, N., Hancox, R. J., Harrington, H., ... & Caspi, A. (2011). A gradient of childhood self-control predicts health, wealth, and public safety. *Proceedings of the National Academy of Sciences, 108(7)*, 2693-2698.

Moieni, M., & Eisenberger, N. (2016). Neural correlates of social pain. In *Social Neuroscience* (pp. 203-222). Routledge.

Montagu, A. (1967). *The human revolution: From ape to man*. New York: Bantam Matrix.

Moors, A., & Fischer, M. (2019). Demystifying the role of emotion in behaviour: Toward a goal-directed account. *Cognition and Emotion, 33(1)*, 94-100.

Moriguchi, Y., Ohnishi, T., Lane, R. D., Maeda, M., Mori, T., Nemoto, K., ... & Komaki, G. (2006). Impaired self-awareness and theory of mind: An fMRI study of mentalizing in alexithymia. *Neuroimage, 32(3)*, 1472-1482.

Morrens, J., Aydin, Ç., van Rensburg, A. J., Rabell, J. E., & Haesler, S. (2020). Cue-evoked dopamine promotes conditioned responding during learning. *Neuron. 106(1)*, 142-153.

Moseley, J. B., O'malley, K., Petersen, N. J., Menke, T. J., Brody, B. A., Kuykendall, D. H., ... & Wray, N. P. (2002). A controlled trial of arthroscopic surgery for osteoarthritis of the knee. *New England Journal of Medicine, 347(2)*, 81-88.

Moser, J. S., Dougherty, A., Mattson, W. I., Katz, B., Moran, T. P., Guevarra, D., ... & Kross, E. (2017). Third-person self-talk facilitates emotion regulation without engaging cognitive control: Converging evidence from ERP and fMRI. *Scientific Reports, 7*:4519.

Muraven, M. (2010). Building self-control strength: Practicing self-control leads to improved self-control performance. *Journal of Experimental Social Psychology, 46(2)*, 465–468.

Muraven, M., & Baumeister, R. (2000). Self-regulation and depletion of limited resources: Does selfcontrol resemble a muscle? *Psychological Bulletin, 126(2)*, 247–259.

Muraven, M., Baumeister, R. F., & Tice, D. M. (1999). Longitudinal improvement of self-regulation through practice: building self-control strength through repeated exercise. *Journal of Social Psychology, 139(4)*, 446–57.

Muraven, M., Shmueli, D., & Burkley, E. (2006). Conserving self-control strength. *Journal of Personality and Social Psychology, 91(3)*, 524.

Murdaugh, D. L., Nadendla, K. D., & Kana, R. K. (2014). Differential role of temporoparietal junction and medial prefrontal cortex in causal inference in autism: an independent component analysis. *Neuroscience Letters, 568*, 50-55.

Murty, D. V. et al. (2021). Stimulus-induced gamma rhythms are weaker in human elderly with mild cognitive impairment and Alzheimer's disease. *eLife, 10*, e61666.

Myers, C. A., Wang, C., Black, J. M., Bugescu, N., & Hoeft, F. (2016). The matter of motivation: Striatal resting-state connectivity is dissociable between grit and growth mindset. *Social Cognitive and Affective Neuroscience, 11*(10), 1521-1527.

Nan, J. K., Hinz, L. D., & Lusebrink, V. B. (2021). Clay art therapy on emotion regulation: Research, theoretical underpinnings, and treatment mechanisms. In *The Neuroscience of Depression* (pp. 431-442). Academic Press.

Ñāṇamoli, B. (2010). *Mindfulness of breathing: Ānāpānasati. 7th edition.* Buddhist Publication Society.

Neff, K. (2003). Self-compassion: An alternative conceptualization of a healthy attitude toward oneself. *Self and Identity, 2(2)*, 85-101.

Nekovarova, T., Fajnerova, I., Horacek, J., & Spaniel, F. (2014). Bridging disparate symptoms of schizophrenia: A triple network dysfunction theory. *Frontiers in Behavioral Neuroscience, 8*, 171.

Neto, F. (2007). Forgiveness, personality and gratitude. *Personality and Individual Differences, 43(8)*, 2313-2323.

Ng, B. (2018). The neuroscience of growth mindset and intrinsic motivation. *Brain Sciences, 8(2)*, 20.

Nisargadatta, M. (2012). *I am that: Talks with Sri Nisargadatta Maharaj.* Acorn Press.

Norris, F. H., Matthews, B. A., & Riad, J. K. (2000). Characterological, situational, and behavioral risk factors for motor vehicle accidents: A prospective examination. *Accident Analysis & Prevention, 32(4)*, 505-515.

O'Malley, A. G. (2018). *Sensorimotor-focused EMDR: A new paradigm for psychotherapy and peak performance.* Routledge.

Ogden, P., Minton, K., Pain, C., & van der Kolk, B. (2006). *Trauma and the body: A sensorimotor approach to psychotherapy (norton series on interpersonal neurobiology).* WW Norton & Company.

Ohtsubo, Y., Matsunaga, M., Tanaka, H., Suzuki, K., Kobayashi, F., Shibata, E., ... & Ohira, H. (2018). Costly apologies communicate conciliatory intention: An fMRI study on forgiveness in response to costly apologies. *Evolution and Human Behavior, 39(2)*, 249-256.

Olin, R. (1999). Auditory hallucinations and the bicameral mind. *The Lancet, 354(9173)*, 166.

Ong, W. (1982). *Orality and literacy: The technologizing of the word.* Methuen, London & NY.

Ongaro, G., & Kaptchuk, T. J. (2019). Symptom perception, placebo effects, and the Bayesian brain. *Pain, 160(1)*, 1-4.

Owens, A. P., Allen, M., Ondobaka, S., & Friston, K. J. (2018). Interoceptive inference: From computational neuroscience to clinic. *Neuroscience & Biobehavioral Reviews, 90*, 174-183.

Paciorek, A., & Skora, L. (2020). Vagus nerve stimulation as a gateway to interoception. *Frontiers in Psychology, 11*. 1659. doi: 10.3389/fpsyg.2020.01659.

Park, H. J., & Friston, K. (2013). Structural and functional brain networks: From connections to cognition. *Science, 342(6158).*

Parsons, B. D., Novich, S. D., & Eagleman, D. M. (2013). Motor-sensory recalibration modulates perceived simultaneity of cross-modal events at different distances. *Frontiers in Psychology, 4*, 46.

Pascual-Leone, A., & Walsh, V. (2001). Fast backprojections from the motion to the primary visual area necessary for visual awareness. *Science, 292(5516)*, 510-512.

Payne, P., & Crane-Godreau, M. A. (2013). Meditative movement for depression and anxiety. *Frontiers in Psychiatry, 4*, 71.

Payne, P., Levine, P. A., & Crane-Godreau, M. A. (2015). Somatic experiencing: using interoception and proprioception as core elements of trauma therapy. *Frontiers in Psychology, 6*, 93.

Pearce, W. B. (2007). *Making social worlds: A communication perspective.* Oxford, England.: Blackwell.

Pearl, J. (1988). *Probabilistic reasoning in intelligent systems: Networks of plausible inference.* San Francisco: Morgan Kaufmann.

Peat, D. (1997). *Infinite potential: The life and times of David Bohm.* New York: Addison-Wesley.

Peirce, C. S. (1994). *The collected papers of Charles Sanders Peirce. Electronic edition. Vol. 1-8.* Cambridge, MA: Harvard University Press.

Pelham, B. W., Mirenberg, M. C., & Jones, J. T. (2002). Why Susie sells seashells by the seashore: implicit egotism and major life decisions. *Journal of Personality and Social Psychology, 82(4)*, 469-487.

Pellicano, E., & Burr, D. (2012). When the world becomes 'too real': A Bayesian explanation of autistic perception. *Trends in Cognitive Sciences, 16(10)*, 504-510.

Penrose, R. (1989). *The emperor's new mind: Concerning computers, minds, and the laws of physics*. Oxford University Press.

Penrose, R. (1994). *Shadows of the mind*. Oxford: Oxford University Press.

Penrose, R., & Hameroff, S. (2011). Consciousness in the universe: Neuroscience, quantum space-time geometry and Orch OR theory. *Journal of Cosmology, 14*, 1-17.

Peterson, C., Schwartz, S. M., & Seligman, M. E. (1981). Self-blame and depressive symptoms. *Journal of Personality and Social Psychology, 41(2)*, 253-259.

Pezzulo, g., Maisto, D., Barca, L., & Van den Bergh, O. (2019). Perception and misperception of bodily symptoms from an Active Inference perspective: Modelling the case of panic disorder. https://doi. org/10.31219/osf.io/dywfs.

Pinker, S. (2007). The mystery of consciousness. *Time, 169(5)*, 58-62.

Poeppel, D., Emmorey, K., Hickok, G., & Pylkkänen, L. (2012). Towards a new neurobiology of language. *Journal of Neuroscience, 32(41)*, 14125-14131.

Polanyi, M. (2009). *The tacit dimension*. Chicago: University of Chicago press.

Polkinghorne, D. E. (1991). Narrative and self-concept. *Journal of Narrative and Life History, 1(2-3)*, 135-153.

Pollatos, O., Traut-Mattausch, E., & Schandry, R. (2009). Differential effects of anxiety and depression on interoceptive accuracy. *Depression and Anxiety, 26(2)*, 167-173.

Popper, K. (2005). *The logic of scientific discovery*. Routledge.

Porges, S. W. (2003). The polyvagal theory: Phylogenetic contributions to social behavior. *Physiology & Behavior, 79(3)*, 503-513.

Porges, S. W. (2011). *The polyvagal theory: Neurophysiological foundations of emotions, attachment, communication, and self-regulation (Norton Series on Interpersonal Neurobiology)*. WW Norton & Company.

Pylkkänen, L., Stringfellow, A., & Marantz, A. (2002). Neuromagnetic evidence for the timing of lexical activation: An MEG component sensitive to phonotactic probability but not to neighborhood density. *Brain and Language, 81(1)*, 666-678.

Pylkkänen, P. (2016). Quantum theory, active information and the mind-matter problem. In E. Dzhafarov, S. Jordan, R. Zhang and V. Cervantes (eds.) *Contextuality from Quantum Physics to Psychology. Advanced series on mathematical psychology Vol 6*. New Jersey: World Scientific, pp. 325-334.

Raichle, M. E., MacLeod, A. M., Snyder, A. Z., Powers, W. J., Gusnard, D. A., & Shulman, G. L. (2001). A default mode of brain function. *Proceedings of the National Academy of Sciences, 98(2)*, 676-682.

Ramachandran, V. S. (2011). *The tell-tale brain: A neuroscientist's quest for what makes us human*. New York: WW Norton & Company.

Ramana, M. (2004). *The spiritual teaching of Ramana Maharshi*. Shambhala Publications.

Ramstead, M. J. D., Badcock, P. B., & Friston, K. J. (2018). Answering Schrödinger's question: A free-energy formulation. *Physics of Life Reviews, 24*, 1-16.

Ramstead, M. J., Kirchhoff, M. D., Constant, A., & Friston, K. J. (2021). Multiscale integration: Beyond internalism and externalism. *Synthese 198, 41-70*. https://doi.org/10.1007/s11229-019-02115-x.

Ray, R. D., Shelton, A. L., Hollon, N. G., Matsumoto, D., Frankel, C. B., Gross, J. J., & Gabrieli, J. D. (2009). Interdependent self-construal and neural representations of self and mother. *Social Cognitive and Affective Neuroscience, 5(2-3)*, 318-323.

Redelmeier, D. A., & Kahneman, D. (1996). Patients' memories of painful medical treatments: Real-time and retrospective evaluations of two minimally invasive procedures. *Pain, 66(1)*, 3-8.

Redinbaugh et al. (2020). Thalamus modulates consciousness via layer-specific control of cortex, *Neuron, 106*, 66-75.

Reid, J. S. (2017). *Secrets of cymatics: The holographic properties of water.* https://youtu.be/uMK3OVBjx2Q.

Ricciardi, E., Rota, G., Sani, L., Gentili, C., Gaglianese, A., Guazzelli, M., & Pietrini, P. (2013). How the brain heals emotional wounds: the functional neuroanatomy of forgiveness. *Frontiers in Human Neuroscience, 7*, 839.

Ricoeur, P. (1984). *Time and narrative.* trans. by K. McLaughlin & D. Pellauer. Chicago: University of Chicago Press.

Robinson, K. (2009). *The element: How finding your passion changes everything.* New York: Penguin.

Rosen, J. B., & Davis, M. (1988). Enhancement of acoustic startle by electrical stimulation of the amygdala. *Behavioral Neuroscience, 102(2)*, 195-202.

Rosequist, L., Wall, K., Corwin, D., Achterberg, J., & Koopman, C. (2012). Surrender as a form of active acceptance among breast cancer survivors receiving psycho-spiritual integrative therapy. *Supportive Care in Cancer, 20(11)*, 2821-2827.

Ruesch, J., & Bateson, G. (1951). *Communication: The social matrix of psychiatry.* New York: Norton.

Russ, B. E., Lee, Y. S., & Cohen, Y. E. (2007). Neural and behavioral correlates of auditory categorization. *Hearing Research, 229(1-2)*, 204-212.

Ryan, R. M., & Deci, E. L. (2000). Self-determination theory and the facilitation of intrinsic motivation, social development, and well-being. *American psychologist, 55(1)*, 68-78.

Sachse, P., Beermann, U., Martini, M., Maran, T., Domeier, M., & Furtner, M. R. (2017). "The world is upside down" - The Innsbruck Goggle Experiments of Theodor Erismann (1883-1961) and Ivo Kohler (1915-1985). *Cortex, 92(222)*, 222-232.

San-Millán, I., Stefanoni, D., Martinez, J. L., Hansen, K. C., D'Alessandro, A., & Nemkov, T. (2020). Metabolomics of endurance capacity in world tour professional cyclists. *Frontiers in Physiology*, 578.

Sapolsky, R. M. (2004). *Why zebras don't get ulcers: The acclaimed guide to stress, stress-related diseases, and coping-now revised and updated.* New York: Holt Paperbacks.

Sapolsky, R. M. (2010). Human Behavioral Biology. Lecture 6: Behavioral Genetics I. Stanford University. https://youtu.be/e0WZx7lUOrY.

Sapolsky, R. M. (2017). *Behave: The biology of humans at our best and worst.* New York: Penguin.

Sartre, J. P. (1992/1943). *Being and nothingness: A phenomenological essay on ontology.* New York: Washington Square Press.

Sartre, J. P. (2004). *Critique of dialectical reason: Theory of practical ensembles(Vol. 1).* Verso.

Sato, W., Kochiyama, T., Uono, S., Kubota, Y., Sawada, R., Yoshimura, S., & Toichi, M. (2015). The structural neural substrate of subjective happiness. *Scientific Reports, 5*, 16891.

Schechtman, M. (2011). The narrative self. In Shaun Gallagher (ed.), T*he Oxford Handbook of the Self.* Oxford: Oxford University Press.

Schmalzl, L., Crane-Godreau, M. A., & Payne, P. (2014). Movement-based embodied contemplative practices: definitions and paradigms. *Frontiers in Human Neuroscience, 8*, 205.

Schmeichel, B. J., & Vohs, K. (2009). Self-affirmation and self-control: affirming core values counteracts ego depletion. *Journal of Personality and Social Psychology, 96(4)*, 770.

Schrödinger, E. (1992/1944). *What is life?: With mind and matter and autobiographical sketches.* Cambridge University Press.

Schuler, R. K. (2016). *Seeing motion: A history of visual perception in art and science.* Walter de Gruyter GmbH & Co KG.

Schultz, W. (1998). Predictive reward signal of dopamine neurons. *Journal of Neurophysiology, 80(1)*, 1-27.

내면소통

Schultz, W., Dayan, P., & Montague, P. R. (1997). A neural substrate of prediction and reward. *Science, 275(5306)*, 1593-1599.

Schutter, D. J. (2016). A cerebellar framework for predictive coding and homeostatic regulation in depressive disorder. *The Cerebellum, 15(1)*, 30-33.

Schwartz, A., & Maiberger, B. (2018). *EMDR therapy and somatic psychology: Interventions to enhance embodiment in trauma treatment*. WW Norton & Company.

Searle, J. R. (1983). *Intentionality: An essay in the philosophy of mind*. Cambridge University Press.

Seligman, M. E., & Schulman, P. (1986). Explanatory style as a predictor of productivity and quitting among life insurance sales agents. *Journal of Personality and Social Psychology, 50(4)*, 832.

Seth, A. K. (2013). Interoceptive inference, emotion, and the embodied self. *Trends in Cognitive Sciences, 17(11)*, 565-573.

Seth, A. K., & Friston, K. J. (2016). Active interoceptive inference and the emotional brain. *Philosophical Transactions of the Royal Society B: Biological Sciences, 371(1708)*, 20160007.

Seth, A. K., & Tsakiris, M. (2018). Being a beast machine: The somatic basis of selfhood. *Trends in Cognitive Sciences, 22(11)*, 969-981.

Shackman, A. J., Salomons, T. V., Slagter, H. A., Fox, A. S., Winter, J. J., & Davidson, R. J. (2011). The integration of negative affect, pain and cognitive control in the cingulate cortex. *Nature Reviews Neuroscience, 12(3)*, 154-167.

Shafir, T. (2016). Using movement to regulate emotion: neurophysiological findings and their application in psychotherapy. *Frontiers in Psychology, 7*, 1451.

Shamay-Tsoory, S. G., Adler, N., Aharon-Peretz, J., Perry, D., & Mayseless, N. (2011). The origins of originality: The neural bases of creative thinking and originality. *Neuropsychologia, 49(2)*, 178-185.

Shamay-Tsoory, S. G., Adler, N., Aharon-Peretz, J., Perry, D., & Mayseless, N. (2011). The origins of originality: The neural bases of creative thinking and originality. *Neuropsychologia, 49(2)*, 178-185.

Shannon, C. E. (1948). A mathematical theory of communication. *The Bell System Technical Journal, 27(3)*, 379-423.

Shapiro, F. (1989). Efficacy of the eye movement desensitization procedure in the treatment of traumatic memories. *Journal of Traumatic Stress Studies, 2*, 199–223.

Shapiro, F. (1995). *Eye movement desensitization and reprocessing: Basic principles, protocols, and procedures*. New York: Guilford Press.

Shapiro, F. (2002). EMDR 12 years after its introduction: Past and future research. *Journal of Clinical Psychology, 58(1)*, 1-22.

Sheets-Johnstone, M. (1999). *The primacy of movement*. John Benjamins Pub.

Sheets-Johnstone, M. (2019). The Silence of Movement: A Beginning Empirical-Phenomenological Exposition of the Powers of a Corporeal Semiotics. *The American Journal of Semiotics. 35.1-2*, 33-54.

Sheldrake, M., & Sheldrake, R. (2017). Determinants of Faraday wave-patterns in water samples oscillated vertically at a range of frequencies from 50–200 Hz. *Water, 9*, 1-27.

Shelton, J., & Kumar, G. P. (2010). Comparison between auditory and visual simple reaction times. *Neuroscience & Medicine, 1(1)*, 30-32.

Sherman, D. K., & Cohen, G. L. (2006). The psychology of self-defense: Self-affirmation theory. *Advances in Experimental Social Psychology, 38*, 183-242.

Sherrington, C. (1906/1947). *The integrative action of the nervous system*. Cambridge University Press.

Shields, J. M. (2016). *Critical buddhism: Engaging with modern Japanese buddhist thought*. New York: Routledge.

Short, B. E., Kose, S., Mu, Q., Borckardt, J., Newberg, A., George, M. S., & Kozel, F. A. (2010). Regional brain activation during meditation shows time and practice effects: an exploratory FMRI study. *Evidence-Based Complementary and Alternative Medicine, 7(1),* 121-127.

Siegel, D. J. (2007a). *The mindful brain: Reflection and attunement in the cultivation of wellbeing.* New York, NY: Norton.

Siegel, D. J. (2007b). Mindfulness training and neural integration: Differentiation of distinct streams of awareness and the cultivation of well-being. *Social Cognitive and Affective Neuroscience, 2(4),* 259-263.

Siegel, D. J. (2010a). *The mindful therapist: A clinician's guide to mindsight and neural integration.* New York, NY: Norton.

Siegel, D. J. (2010b). *Mindsight: The new science of personal transformation.* New York, NY: Random House.

Siegel, D. J. (2012). *Pocket guide to interpersonal neurobiology an integrative handbook of the mind.* New York, NY: Norton.

Siegel, D. J. (2015). *Brainstorm: The power and purpose of the teenage brain.* New York: Penguin.

Siegel, D. J. (2020). *The developing mind: How relationships and the brain interact to shape who we are.* New York: Guilford Publications.

Silvers, J. A., Insel, C., Powers, A., Franz, P., Helion, C., Martin, R. E., ... & Ochsner, K. N. (2017). vlPFC–vmPFC–amygdala interactions underlie age-related differences in cognitive regulation of emotion. *Cerebral Cortex, 27(7),* 3502-3514.

Simonsohn, U. (2011). Spurious? Name similarity effects (implicit egotism) in marriage, job, and moving decisions. *Journal of Personality and Social Psychology, 101(1),* 1-24.

Singer, T., Seymour, B., O'doherty, J. P., Stephan, K. E., Dolan, R. J., & Frith, C. D. (2006). Empathic neural responses are modulated by the perceived fairness of others. *Nature, 439(7075),* 466-469.

Singh, G. (2020). Give yourself forward. https://www.gurusingh.com/ourprayeris/112820.

Skipper, J. I., Nusbaum, H. C., & Small, S. L. (2005). Listening to talking faces: motor cortical activation during speech perception. *Neuroimage, 25(1),* 76-89.

Smith, J. M., & Alloy, L. B. (2009). A roadmap to rumination: A review of the definition, assessment, and conceptualization of this multifaceted construct. *Clinical psychology review, 29(2),* 116-128.

Sobhani, M., & Bechara, A. (2011). A somatic marker perspective of immoral and corrupt behavior. *Social Neuroscience, 6(5-6),* 640-652.

Spira, R. (2017). *Being aware of being aware.* Oxford: Sahaja Publications.

Sridharan, D., Levitin, D. J., & Menon, V. (2008). A critical role for the right fronto-insular cortex in switching between central-executive and default-mode networks. *Proceedings of the National Academy of Sciences, 105(34),* 12569-12574.

St. Jacques, P. L., Conway, M. A., Lowder, M. W., & Cabeza, R. (2011). Watching my mind unfold versus yours: An fMRI study using a novel camera technology to examine neural differences in self-projection of self versus other perspectives. *Journal of Cognitive Neuroscience, 23(6),* 1275-1284.

Stanley, S. (2016). *Relational and body-centered practices for healing trauma: Lifting the burdens of the past.* Routledge.

Stapp, H. (2005). Quantum interactive dualism: An alternative to materialism. *Journal of Consciousness Studies, 12(11),* 43-58.

Stapp, H. P. (1997). Science of consciousness and the hard problem. *The Journal of Mind and Behavior,* 171-193.

Stapp, H. P. (2011). *Mindful universe: Quantum mechanics and the participating observer.* Springer Science & Business Media.

Stark, E. A., Parsons, C. E., Van Hartevelt, T. J., Charquero-Ballester, M., McManners, H., Ehlers, A., ... & Kringelbach, M. L. (2015). Post-traumatic stress influences the brain even in the absence of symptoms:

a systematic, quantitative meta-analysis of neuroimaging studies. *Neuroscience & Biobehavioral Reviews, 56*, 207-221.

Steele, C. M. (1988). The psychology of self-affirmation: Sustaining the integrity of the self. *Advances in Experimental Social Psychology, 21(2)*, 261-302.

Steele, C. M., Spencer, S. J., & Lynch, M. (1993). Self-image resilience and dissonance: The role of affirmational resources. *Journal of Personality and Social Psychology, 64(6)*, 885-896.

Sterling, P. (2012). Allostasis: A model of predictive regulation. *Physiology & Behavior, 106(1)*, 5-15.

Sterling, P. (2014). Homeostasis vs allostasis: Implications for brain function and mental disorders. *JAMA Psychiatry, 71(10)*, 1192-1193.

Sterling, P. & Eyer, J. (1988). "Allostasis: A new paradigm to explain arousal pathology". In Fisher, S.; Reason, J. T. (eds.). *Handbook of life stress, cognition, and health*. New York: John Wiley & Sons.

Stilwell, P., & Harman, K. (2019). An enactive approach to pain: Beyond the biopsychosocial model. *Phenomenology and the Cognitive Sciences, 18(4)*, 637-665.

Stöger, R. (2008). The thrifty epigenotype: An acquired and heritable predisposition for obesity and diabetes? *Bioessays, 30(2)*, 156-166.

Stoia-Caraballo, R., Rye, M. S., Pan, W., Kirschman, K. J. B., Lutz-Zois, C., & Lyons, A. M. (2008). Negative affect and anger rumination as mediators between forgiveness and sleep quality. *Journal of Behavioral Medicine, 31(6)*, 478-488.

Strack, F., Martin, L. L., & Stepper, S. (1988). Inhibiting and facilitating conditions of the human smile: a nonobtrusive test of the facial feedback hypothesis. *Journal of personality and social psychology, 54(5)*, 768.

Strogatz, S. H. (2012). *Sync: How order emerges from chaos in the universe, nature, and daily life*. London: Hachette.

Struthers, C. W., van Monsjou, E., Ayoub, M., & Guilfoyle, J. R. (2017). Fit to forgive: Effect of mode of exercise on capacity to override grudges and forgiveness. *Frontiers in Psychology, 8*, 538.

Sul, S., Tobler, P. N., Hein, G., Leiberg, S., Jung, D., Fehr, E., & Kim, H. (2015). Spatial gradient in value representation along the medial prefrontal cortex reflects individual differences in prosociality. *Proceedings of the National Academy of Sciences, 112(25)*, 7851-7856.

Suzuki, S. (2020). *Zen mind, beginner's mind*. Boulder, CO: Shambhala Publications.

Sylvester, C. M., Yu, Q., Srivastava, A. B., Marek, S., Zheng, A., Alexopoulos, D., ... & Patel, G. H. (2020). Individual-specific functional connectivity of the amygdala: A substrate for precision psychiatry. *Proceedings of the National Academy of Sciences, 117(7)*, 3808-3818.

Tan, Y., Yan, R., Gao, Y., Zhang, M., & Northoff, G. (2022). Spatial-topographic nestedness of interoceptive regions within the networks of decision making and emotion regulation: Combining ALE meta-analysis and MACM analysis. *NeuroImage, 260*, 119500.

Tang, Y. Y., Hölzel, B. K., & Posner, M. I. (2015). The neuroscience of mindfulness meditation. *Nature Reviews Neuroscience, 16(4)*, 213-225.

Tang, Y. Y., Ma, Y., Fan, Y., Feng, H., Wang, J., Feng, S., ... & Zhang, Y. (2009). Central and autonomic nervous system interaction is altered by short-term meditation. *Proceedings of the National Academy of Sciences, 106(22)*, 8865-8870.

Tegmark, M. (2000). Importance of quantum decoherence in brain processes. *Physical Review E, 61(4)*, 4194.

Thomson, H. (2018). "Wave therapy: How flashing lights and pink noise might banish Alzheimer's, improve memory and more". *Nature. 555(7694)*, 20–22. doi:10.1038/d41586-018-02391-6. PMID 29493598.

Tiffany, S. T. (1990). A cognitive model of drug urges and drug-use behavior: Role of automatic and nonautomatic processes. *Psychological Review, 97*, 147–168.

Tognoli, E., Zhang, M., Fuchs, A., Beetle, C., & Kelso, J. S. (2020). Coordination dynamics: A foundation for understanding social behavior. *Frontiers in Human Neuroscience, 14*, 317.

Torresan, P. (2003). Silence in the Bible. *Jewish Bible Quarterly, 31(3)*, 153-160.

Touroutoglou, A., Lindquist, K. A., Dickerson, B. C., & Barrett, L. F. (2015). Intrinsic connectivity in the human brain does not reveal networks for 'basic' emotions. *Social Cognitive and Affective Neuroscience, 10(9)*, 1257-1265.

Toussaint, L. L., Webb, J. R., & Hirsch, J. K. (2017). Self-forgiveness and health: A stress-and-coping model. In *Handbook of the psychology of self-forgiveness* (pp. 87-99). Springer, Cham.

Toussaint, L. L., Williams, D. R., Musick, M. A., & Everson, S. A. (2001). Forgiveness and health: Age differences in a US probability sample. *Journal of Adult Development, 8(4)*, 249-257.

Trapp, S. & Kotz, S. A. (2016). Predicting affective information—An evaluation of repetition suppression effects. *Frontiers in Psychology, 7*, 1365.

Tsakiris, M., & De Preester, H. (Eds.). (2018). *The interoceptive mind: From homeostasis to awareness.* Oxford University Press.

Uddin, L. Q., Iacoboni, M., Lange, C., & Keenan, J. P. (2007). The self and social cognition: the role of cortical midline structures and mirror neurons. *Trends in Cognitive Sciences, 11(4)*, 153-157.

Uexküll, J. (2010). *A foray into the worlds of animals and humans: With a theory of meaning.* Minneapolis: University of Minnesota Press.

Unoka, Z., Berán, E., & Pléh, C. (2012). Narrative constructions and the life history issue in brain–emotions relations. *Behavioral and Brain Sciences, 35(3)*, 168-169.

Urbano, F. J., Kezunovic, N., Simon, C. D., Beck, P. B., & Garcia-Rill, E. (2012). Gamma band activity in the reticular activating system. *Frontiers in Neurology, 3(6)*. 1-16.

Vachon-Presseau, E., Centeno, M. V., Ren, W., Berger, S. E., Tetreault, P., Ghantous, M., ... & Apkarian, A. V. (2016). The emotional brain as a predictor and amplifier of chronic pain. *Journal of Dental Research, 95(6)*, 605-612.

Vago, D. R., & David, S. A. (2012). Self-awareness, self-regulation, and self-transcendence (S-ART): a framework for understanding the neurobiological mechanisms of mindfulness. *Frontiers in Human Neuroscience, 6*, 296.

Vaiserman, A. (2011). Early-life origin of adult disease: evidence from natural experiments. *Experimental Gerontology, 46(2)*, 189-192.

Van den Bergh, O., Witthöft, M., Petersen, S., & Brown, R. J. (2017). Symptoms and the body: Taking the inferential leap. *Neuroscience* & *Biobehavioral Reviews, 74*, 185-203.

van den Heuvel, M. P., & Sporns, O. (2013). Network hubs in the human brain. *Trends in Cognitive Sciences, 17(12)*, 683-696.

van der Velden, A. M., Kuyken, W., Wattar, U., Crane, C., Pallesen, K. J., Dahlgaard, J., ... & Piet, J. (2015). A systematic review of mechanisms of change in mindfulness-based cognitive therapy in the treatment of recurrent major depressive disorder. *Clinical Psychology Review, 37*, 26-39.

Van Overwalle, F. (2009). Social cognition and the brain: A meta-analysis. *Human Brain Mapping, 30*, 829–858.

van Veluw, S. J., & Chance, S. A. (2014). Differentiating between self and others: an ALE meta-analysis of fMRI studies of self-recognition and theory of mind. *Brain Imaging and Behavior, 8(1)*, 24-38.

Vanderwal, T., Hunyadi, E., Grupe, D. W., Connors, C. M., & Schultz, R. T. (2008). Self, mother and abstract other: an fMRI study of reflective social processing. *Neuroimage, 41(4)*, 1437-1446.

Varela, F. J., Thompson, E., & Rosch, E. (2016). *The embodied mind: Cognitive science and human experience.* MIT press.

Vazire, S. (2010). Who knows what about a person? The self–other knowledge asymmetry (SOKA) model.

Journal of Personality and Social Psychology, 98(2), 281-300.

Vazire, S., & Carlson, E. N. (2011). Others sometimes know us better than we know ourselves. *Current Directions in Psychological Science, 20(2)*, 104-108.

Venkatraman, A., Edlow, B. L., & Immordino-Yang, M. H. (2017). The brainstem in emotion: A review. *Frontiers in Neuroanatomy, 11*, 15.

Vialle, W. (1994). "Termanal" science? The work of Lewis Terman revisited. *Roeper Review, 17(1)*, 32-38.

Viane, I., Crombez, G., Eccleston, C., Poppe, C., Devulder, J., Van Houdenhove, B., & De Corte, W. (2003). Acceptance of pain is an independent predictor of mental well-being in patients with chronic pain: Empirical evidence and reappraisal. *Pain, 106(1-2)*, 65-72.

Vocate, D. R. (Ed.). (1994). *Intrapersonal communication: Different voices, different minds*. Psychology Press.

von dem Hagen, E. A., Stoyanova, R. S., Baron-Cohen, S., & Calder, A. J. (2013). Reduced functional connectivity within and between 'social'resting state networks in autism spectrum conditions. *Social Cognitive and Affective Neuroscience, 8(6)*, 694-701.

Von Mohr, M., & Fotopoulou, A. (2018). The cutaneous borders of interoception: Active and social inference of pain and pleasure on the skin. In Tsakiris, M., & De Preester, H. (Eds.). *The interoceptive mind: From homeostasis to awareness*. Oxford University Press. pp. 102-120.

Vygotsky, L. (2012). *Thought and language*. Cambridge, MA: MIT press.

Waber, R. L., Shiv, B., Carmon, Z., & Ariely, D. (2008). Commercial features of placebo and therapeutic. *JAMA, 299(9)*, 1016-1017.

Walker, M. (2017). *Why we sleep: Unlocking the power of sleep and dreams*. New York: Simon and Schuster.

Wallis, L. (2013). Is 25 the new cut-off point for adulthood. *BBC news*, 23.

Wang, F., Lee, E. K. O., Wu, T., Benson, H., Fricchione, G., Wang, W., & Yeung, A. S. (2014). The effects of tai chi on depression, anxiety, and psychological well-being: A systematic review and meta-analysis. *International Journal of Behavioral Medicine, 21(4)*, 605-617.

Watkins, L. E., Harpaz-Rotem, I., Sippel, L. M., Krystal, J. H., Southwick, S. M., & Pietrzak, R. H. (2016). Hostility and telomere shortening among US military veterans: Results from the National Health and Resilience in Veterans Study. *Psychoneuroendocrinology, 74*, 251-257.

Watts, D. J., & Strogatz, S. H. (1998). Collective dynamics of 'small-world'networks. *Nature, 393(6684)*, 440-442.

Wayne, P. M., & Fuerst, M. (2013). *The Harvard Medical School guide to Tai Chi: 12 weeks to a healthy body, strong heart, and sharp mind*. Shambhala Publications.

Weiskrantz, L., Warrington, E.K., Sanders, M.D., and Marshall, J. (1974). Visual capacity in the hemianopic field following a restricted occipital ablation. *Brain. 97(4)*, 709–28.

Weng, H. Y., Feldman, J. L., Leggio, L., Napadow, V., Park, J., & Price, C. J. (2021). Interventions and manipulations of interoception. *Trends in Neurosciences, 44(1)*, 52-62.

Wensley, D., & King, M. (2008). Scientific responsibility for the dissemination and interpretation of genetic research: lessons from the "warrior gene" controversy. *Journal of Medical Ethics, 34(6)*, 507-509.

West, G. B. (2017). *Scale: The universal laws of growth, innovation, sustainability, and the pace of life in organisms, cities, economies, and companies*. New York: Penguin.

White, S. M. (2019). *Optogenetic Inhibition of the mPFC during delay discounting* (MS Thesis), Department of Psychological Sciences, Purdue University.

Wigner, E. P. (1969). Are we machines?. *Proceedings of the American Philosophical Society, 113(2)*, 95-101.

Wigner, E. P. (1995). Remarks on the mind-body question. In *Philosophical reflections and syntheses* (pp. 247-260). Springer, Berlin, Heidelberg.

Wiley, N. (2016). *Inner speech and the dialogical self*. Philadelphia: Temple University Press.

Williams, J., Huggins, C., Zupan, B., Willis, M., Van Rheenen, T., Sato, W., ... & Dickson, J. (2020). A sensorimotor control framework for understanding emotional communication and regulation. *Neuroscience* & *Biobehavioral Reviews. Vol(112)*. 503-518.

Winecoff, A., Clithero, J. A., Carter, R. M., Bergman, S. R., Wang, L., & Huettel, S. A. (2013). Ventromedial prefrontal cortex encodes emotional value. *Journal of Neuroscience, 33(27)*, 11032-11039.

Wittmann, M., & Meissner, K. (2018). The embodiment of time: How interoception shapes the perception of time. In Tsakiris, M., & De Preester, H. (Eds.) *The interoceptive mind: From homeostasis to awareness*. Oxford: Oxford University Press. pp. 63-79.

Wolpert, D. M., & Ghahramani, Z. (2000). Computational principles of movement neuroscience. *Nature Neuroscience, 3(11s)*, 1212-1217.

Wolpert, D. M., Ghahramani, Z., & Jordan, M. I. (1995). An internal model for sensorimotor integration. *Science, 269(5232)*, 1880-1882.

Woollacott, M. H., Kason, Y., & Park, R. D. (2021). Investigation of the phenomenology, physiology and impact of spiritually transformative experiences–kundalini awakening. *Explore, 17(6)*, 525-534.

Worthington Jr, E. L. (2005). More questions about forgiveness: Research agenda for 2005–2015. *Handbook of Forgiveness*, 557-73.

Worthington Jr, E. L. (2013). *Forgiveness and reconciliation: Theory and application*. Routledge.

Worthington Jr, E. L., Witvliet, C. V. O., Pietrini, P., & Miller, A. J. (2007). Forgiveness, health, and well-being: A review of evidence for emotional versus decisional forgiveness, dispositional forgivingness, and reduced unforgiveness. *Journal of Behavioral Medicine, 30(4)*, 291-302.

Worthington, E. L., & Scherer, M. (2004). Forgiveness is an emotion-focused coping strategy that can reduce health risks and promote health resilience: Theory, review, and hypotheses. *Psychology* & *Health, 19(3)*, 385-405.

Xin, Y., Xu, P., Aleman, A., Luo, Y., & Feng, T. (2020). Intrinsic prefrontal organization underlies associations between achievement motivation and delay discounting. *Brain Structure and Function*, 1-8.

Yu, H., Cai, Q., Shen, B., Gao, X., & Zhou, X. (2017). Neural substrates and social consequences of interpersonal gratitude: Intention matters. *Emotion, 17*, 589–601.

Zahavi, D. (2014). *Self and other: Exploring subjectivity, empathy, and shame*. Oxford: Oxford University Press.

Zhang, L., Zhou, T., Zhang, J., Liu, Z., Fan, J., & Zhu, Y. (2006). In search of the Chinese self: an fMRI study. *Science in China Series C, 49(1)*, 89-96.

Zhao, H., Turel, O., Bechara, A., & He, Q. (2022). How distinct functional insular subdivisions mediate interacting neurocognitive systems. *Cerebral Cortex. bhac169*, https://doi.org/10.1093/cercor/bhac169.

Zheng, Z. Z., Munhall, K. G., & Johnsrude, I. S. (2010). Functional overlap between regions involved in speech perception and in monitoring one's own voice during speech production. *Journal of Cognitive Neuroscience, 22(8)*, 1770-1781.

내면소통
삶의 변화를 가져오는 마음근력 훈련

초판 1쇄 2023년 2월 27일
초판 47쇄 2024년 11월 25일

지은이 | 김주환

발행인 | 문태진
본부장 | 서금선
책임편집 | 한성수 편집 1팀 | 송현경
본문 일러스트 | 장통일러스트레이션 사진·동영상 | 아유림스튜디오

기획편집팀 | 임은선 임선아 허문선 최지인 이준환 송은하 김광연 이은지 원지연
마케팅팀 | 김동준 이재성 박병국 문무현 김윤희 김은지 이지현 조용환 전지혜
디자인팀 | 김현철 손성규 저작권팀 | 정선주
경영지원팀 | 노강희 윤현성 정현준 조샘 이지연 조희연 김기현
강연팀 | 장진항 조은빛 신유리 김수연 송해인

펴낸곳 | ㈜인플루엔셜
출판신고 | 2012년 5월 18일 제300-2012-1043호
주소 | (06619) 서울특별시 서초구 서초대로 398 BnK디지털타워 11층
전화 | 02)720-1034(기획편집) 02)720-1024(마케팅) 02)720-1042(강연섭외)
팩스 | 02)720-1043 전자우편 | books@influential.co.kr
홈페이지 | www.influential.co.kr

ⓒ 김주환, 2023

ISBN 979-11-6834-085-5 (03400)

• 이 책은 2020년도 연세대학교 학술연구비의 지원을 받아 저술되었습니다.
• ㈜인플루엔셜은 세상에 영향력 있는 지혜를 전달하고자 합니다. 참신한 아이디어와 원고가 있으신 분은
  연락처와 함께 letter@influential.co.kr로 보내주세요. 지혜를 더하는 일에 함께하겠습니다.